Der Umfang des Fachwissens in der Chemie wächst heute schneller als je zuvor. Weltw… rund 1000 Forschungsarbeiten aus verschiedenen Teilbereichen der Chemie verö… terricht geht es deshalb nicht um den aktuellen Stand der Forschung, sondern un… weniger grundlegender und überschaubarer Fragestellungen. Dazu werden die … Stoffe zunächst auf einfache Weise erklärt. Später werden sie in neuen Zusamme… griffen und mit weiteren Erkenntnissen verknüpft.
Die so im Chemieunterricht gewonnenen Erkenntnisse können wenigen wichtigen Ba…pten zugeordnet werden, die das Fachwissen der Chemie strukturieren. Sie ermöglichen das Einordnen neuer Begriffe und Inhalte in schon bekannte Themen und erleichtern so die Vernetzung von Wissen.
Das Fachwissen ist in die drei Basiskonzepte **Materie**, **Chemische Reaktionen** und **Energie** unterteilt.

Komplexe chemische Vorgänge kann man unter dem Blickwinkel des jeweiligen Basiskonzepts betrachten. So ein Vorgehen soll an dem Beispiel einer Kerzenflamme dargestellt werden:

Chemische Reaktionen

Stoffe lassen sich durch chemische Reaktionen in andere Stoffe mit neuen Eigenschaften umwandeln.

In einer Kerzenflamme reagiert gasförmiges Paraffin mit Sauerstoff. Bei dieser chemischen Reaktion bilden sich aus den Ausgangstoffen die Produkte Kohlenstoffdioxid und Wasser.

Struktur der Materie

Die Eigenschaften von Stoffen hängen von der Art und von der Anordnung der Teilchen ab.

Stoffebene	Teilchenebene
Eine Kerze besteht aus einem festen Brennstoff: meist Paraffin.	Die Paraffin-Teilchen in der Kerze sind eng zusammengepackt.
Wird die Kerze entzündet, erwärmt sich das Paraffin und schmilzt.	Die Bewegung der Paraffin-Teilchen wird heftiger. Der Zusammenhalt zwischen den Teilchen wird dadurch gelockert; die Abstände werden größer.
Das Paraffin wird weiter erwärmt, bis es schließlich verdampft.	Die Geschwindigkeit der Teilchen wird so groß, dass sie nicht mehr zusammenhalten und sich frei im Raum bewegen.

Energie

In Stoffen ist chemische Energie gespeichert. Bei chemischen Reaktionen wird Energie frei oder es muss Energie zugeführt werden.

Wenn eine Kerze brennt, schmilzt Paraffin und verdampft schließlich am Docht. Der Dampf reagiert mit Sauerstoff zu Kohlenstoffdioxid und Wasser. Bei dieser exothermen Reaktion wird Energie an die Umgebung abgegeben. Die Energie kann – wie bei einem Stövchen – zum Erwärmen von anderen Stoffen genutzt werden.

Chemie heute

Sekundarstufe I

Nordrhein-Westfalen

Schroedel

Chemie heute Sekundarstufe I
Nordrhein-Westfalen

Herausgegeben von
Wolfgang Asselborn
Manfred Jäckel
Dr. Karl T. Risch

Mitherausgegeben von
Bernhard Sieve

Bearbeitet von
Prof. Dr. Hans-Dieter Barke
Dr. Gerald Dräger
Markus Görtz
Thomas Kuhn
Elke Radau
Dr. Peter Seym-Born
Horst Stahl
Stefan Wagner
Eva Berndt
Dr. Bernd Dreßel
Jens Kloppenburg
Marion Maybaum
Hans Schriefer
Theo Sombek
Dr. Eberhard Thomas
Michael Walory

Beratung
Dr. Rolf Schulte-Coerne

Mit Beiträgen von
Jana Kießlich

Dieses Werk ist in Teilen eine Bearbeitung von Chemie heute,
ISBN 978-3-507-86016-2, 978-3-507-86042-1, 978-3-507-86043-8,
978-3-507-86044-5, 978-3-507-86063-6, 978-3-507-86192-5
978-3-507-86195-4, 978-3-507-86197-8.

Druck A ^{6} / Jahr 2014
Alle Drucke der Serie A sind im Unterricht parallel verwendbar.

Redaktion: Dr. Sven Horst, Dr. Mario Puchner
Fotos: Michael Fabian, Hans Tegen
Grafiken: Birgitt Biermann-Schickling, Brigitte Karnath, Peter Langner, Liselotte Lüddecke, Karin Mall, Tom Menzel, Heike Möller, Karola Niehoff, Birgit Schlierf, Günter Schlierf, Dr. Winfried Zemann
Satz: typotext, Dortmund
Druck und Bindung: westermann druck GmbH, Braunschweig

ISBN 978-3-507-**86151**-0

Hinweise zum Aufbau des Buches

Die Hauptkapitel beginnen mit „Zentralen Fragen", die das neue Lerngebiet erschließen. Auf den folgenden Informationsseiten werden die neuen Themen behandelt. Merksätze am Ende der Lerneinheiten fassen die wichtigsten Inhalte zusammen. Es schließen sich Aufgaben aus verschiedenen Kategorien an: „Rote Aufgaben" dienen zur Wiederholung der neuen Inhalte. „Schwarze Aufgaben" verknüpfen neues Wissen mit früher Erlerntem und „blaue Aufgaben" verbinden die Chemie mit dem Alltag.
Informationsseiten mit fakultativen Inhalten sind im Inhaltsverzeichnis und neben der Überschrift mit einem Stern gekennzeichnet. Aufgaben zur Selbstkontrolle, die sich auf fakultative Inhalte beziehen, sind mit einer grünen Ziffer versehen.

Exkurs

Exkurse gehen über die im Kerlehrplan vorgeschriebenen Inhalte hinaus und vermitteln einen Eindruck von den vielfältigen Bezügen der Chemie zu Alltag und Technik.

Übersicht

Systematische Zusammenhänge lassen sich am besten durch übersichtliche Darstellungen erfassen. Die Übersichtsseiten enthalten verpflichtende Inhalt.

Theorie

Auf diesen Seiten werden verpflichtende theoretische Grundlagen beschrieben, die helfen, komplexe Inhalte besser zu verstehen.

Steckbrief

Steckbriefe stellen die wichtigsten Informationen zu einem Stoff oder einer Stoffgruppe zusammen. Sie sind dabei als ergänzende Inhalte zu verstehen.

Chemie-Recherche

Auf diesen Seiten werden Zusatzinformationen, Bilder und Aufgaben zum behandelten Thema angeboten.

Praktikum

Im Praktikum üben Schülerinnen und Schüler das experimentelle Arbeiten in der Chemie. Diese Seiten bieten dabei eine Auswahlmöglichkeit verschiedener Experimente.

Projekt

Diese fakultativen Seiten beinhalten Projektaufträge, die in Gruppen bearbeitet werden. Jede Gruppe stellt am Ende ihre Ergebnisse vor.

Methode

Methodenseiten geben praktische Hilfestellungen für die Bearbeitung von Materialien. Die Methoden können obligater oder fakultativer Natur sein. Die Beispiele sind frei wählbar.

Basiswissen

Am Ende jeden Kapitels werden die neuen verpflichtenden Inhalte in kurzer und übersichtlicher Form dargestellt.

Chemie in unserer Welt

Diese fakultative Rubrik vermittelt weiterführende Informationen zur Bedeutung der Chemie in unserem Alltag und zu Berufsfeldern rund um die Chemie.

Prüfe dein Wissen

Diese Aufgabenseite dient zur Wiederholung und Vertiefung und führt die „Wichtigsten Begriffe" auf.

Wissen vernetzt

Fakultative materialgebundene Aufgaben erlauben eine Überprüfung und Sicherung der gelernten Inhalte und erschließen übergeordnete Zusammenhänge.

Inhaltsverzeichnis

☆ fakultativer Inhalt

Böden und Gesteine – Vielfalt und Ordnung

Die Welt der Mineralien

Metalle schützen und veredeln

Wasser – mehr als ein einfaches Lösemittel

Reinigungsmittel, Säuren und Laugen im Alltag

Zukunftssichere Energieversorgung

Der Natur abgeschaut

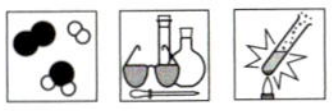

Sofern nicht anders angegeben beziehen sich alle Angaben im Buch auf 20 °C und normalen Luftdruck.

Ausgewählte Laborgeräte

① Dreifuß
② Tondreieck
③ Stehkolben
④ Erlenmeyerkolben
⑤ Messzylinder
⑥ Standzylinder
⑦ Spritzflasche
⑧ Waage
⑨ Trichter
⑩ Kolbenprober
⑪ Drahtnetz
⑫ Reagenzglasständer
⑬ Reagenzglas mit Ansatzrohr
⑭ Stopfen
⑮ Reagenzglas
⑯ Schutzbrille
⑰ Doppelmuffe
⑱ Stativklemme
⑲ Stativ
⑳ Thermometer
㉑ Messpipette
㉒ Vollpipette
㉓ Gasbrenner
㉔ Reagenzglashalter
㉕ Tropfpipette
㉖ Tiegelzange
㉗ Becherglas
㉘ Spatel
㉙ Glasstab

Aufgaben richtig verstehen

Im Unterricht, als Hausaufgaben oder in schriftlichen Leistungsüberprüfungen werden dir wiederkehrend Aufgaben gestellt werden, die es erfolgreich zu bearbeiten gilt. In diesen Aufgaben erscheinen immer wieder dieselben Arbeitsanweisungen.

Damit du die Aufgaben richtig verstehen und lösen kannst, muss die Bedeutung der einzelnen Arbeitsanweisungen bekannt sein. In der unten angegebenen Tabelle kannst du die häufigsten Arbeitsanweisungen finden. Dazu ist kurz beschrieben, was für eine erfolgreiche Bearbeitung der Aufgabe verlangt wird.

anwenden	vorhandene Kenntnisse und Fähigkeiten werden auf einem unbekannten Gebiet genutzt, um neue Erkenntnisse zu erlangen
auswerten	gesammelte Daten und Ergebnisse werden in einer Gesamtaussage zusammengestellt
begründen	gegebene Sachverhalte werden auf bekannte Regeln und Gesetzmäßigkeiten zurückgeführt
berechnen	Ermitteln naturwissenschaftlicher Größen
beschreiben	Sachverhalte strukturieren und mit eigenen Worten wiedergeben
beurteilen	unter Verwendung von Fachwissen begründet Stellung zu einem Sachverhalt nehmen
darstellen	Zusammenhänge und Gegebenheiten gliedern und in geeigneter Form wiedergeben
deuten	Sachverhalte in Zusammenhang stellen und beurteilen
diskutieren	unterschiedliche Meinungen und Ergebnisse zusammentragen, vergleichen und begründet Stellung nehmen
Experiment durchführen	Experimente unter Beachtung der Sicherheitshinweise durchführen
entwickeln	Hypothesen, Experimente und Modelle entwerfen und unter Verwendung von Fachwissen weiter ausarbeiten
erklären	einen Sachverhalt mit geeigneten Mitteln verdeutlichen und begründen
erläutern	mithilfe zusätzlicher Informationen einen Sachverhalt verständlich machen
interpretieren	fachliche Zusammenhänge aus gegebenen Sachverhalten herausziehen, deuten und erklären
nennen	Aufzählen von Sachverhalten, Eigenschaften und Begriffen
skizzieren	einen Sachverhalt auf das Wesentliche reduzieren und mit geeigneten Mitteln wiedergeben
ordnen	Objekte und Sachverhalte in Gruppen gliedern
vergleichen	Gemeinsamkeiten und Unterschiede ermitteln und herausstellen
zeichnen	grafische Darstellung eines Sachverhalts
zusammenfassen	wesentliche Aspekte einer Gegebenheit zusammentragen und in eigenen Worten wiedergeben

1 Chemie – eine Naturwissenschaft

Forscher sind neugierig – und das gilt für Chemiker ganz besonders: die Zahl der Fachbücher zur Chemie lässt sich heute kaum noch überblicken, aber auch nach mehr als 200 Jahren Chemie als Naturwissenschaft gibt es immer wieder Beobachtungen, die zu neuen Fragen führen. Meist geht es darum, die Eigenschaften von nützlichen Produkten wie Arzneimitteln, Farben, Kunststoffen, Textilien und Isoliermaterialien weiter zu verbessern.

Allein in Deutschland arbeiten etwa 500 000 Menschen in den Produktionsbetrieben und Labors der chemischen Industrie. Weitere 500 000 sind mit der Verarbeitung chemischer Erzeugnisse zu Verkaufsprodukten wie Kunststoffartikeln oder Düngemitteln beschäftigt.

Darüber hinaus arbeiten Tausende von Chemikern arbeiten in den Forschungslabors der Universitäten und der chemischen Industrie an der Entwicklung völlig neuer Materialien.

Der Erfolg der Forschung zeigt sich vor allem in der Nutzung neuer Technologien im Alltag. Beispiele dafür sind Energiesparlampen, Solarzellen, Mobiltelefone, elektronische Kameras und Flachbildschirme.

Zentrale Fragen:
- Was ist Chemie?
- Welche Regeln sind beim Experimentieren im Labor zu beachten?

1.1 Was ist Chemie?

Jeder kennt den Spruch „Chemie ist, wenn es knallt oder stinkt" und jeder weiß, dass das längst nicht immer stimmt. Bei physikalischen Vorgängen knallt es oft lauter als bei chemischen. Ein Beispiel dafür ist der Donner, der bei einem Gewitter die elektrischen Entladungen in der Atmosphäre begleitet. Andererseits laufen viele chemische Vorgänge still und leise ab, etwa das Rosten von Eisen oder das Vergilben von Papier. Und der Gestank in einem Schweinestall hat nicht nur chemische, sondern auch biologische Ursachen.

Die Wissenschaften Physik, Chemie und Biologie sind eng miteinander verwandt; es sind **Naturwissenschaften.** Sie beschäftigen sich mit der systematischen Erforschung der Natur. Neben diesen drei Naturwissenschaften gibt es noch zahlreiche andere. Dazu gehören etwa die Geologie, die Meteorologie und die Astronomie. Jede dieser Naturwissenschaften beschäftigt sich mit einem bestimmten Teilbereich der Natur: So befasst sich die Biologie mit der belebten Natur, die Meteorologie mit den Wettervorgängen in der Atmosphäre und die Astronomie mit den Sternen.

Chemie. Der Name Chemie leitet sich von dem ägyptischen Wort „ch'mi" (schwarz) ab. Noch im 15. Jahrhundert wurde die Alchemie als „Schwarze Kunst" angesehen. Gemeint war die Beschäftigung mit scheinbar geheimnisvollen und nur schwer durchschaubaren Vorgängen. Dazu gehörte die Suche nach dem „Stein der Weisen", mit dessen Hilfe unedle Metalle in Gold verwandelt werden sollten.

Heute versteht man unter Chemie die Naturwissenschaft, die sich mit *Stoffen und ihren Eigenschaften* sowie mit *Stoffänderungen* beschäftigt.
Der Begriff Stoff darf hier nicht missverstanden werden, denn er hat im täglichen Leben viele Bedeutungen. So spricht man im Deutschunterricht vom Stoff einer Lektüre; im Textilgeschäft versteht man unter Stoff das Material, aus dem Hosen und Hemden genäht werden und in der Drogenszene meint man mit Stoff wiederum etwas anderes. In der Chemie versteht man unter einem *Stoff* eine Substanz wie Salz, Alkohol oder Sauerstoff, die durch ihre Eigenschaften charakterisiert ist.

Die Aufgabe der Naturwissenschaften besteht darin, die Erscheinungen und Vorgänge in der Natur zu beobachten, ihre Gesetzmäßigkeiten zu ergründen und mittels geeigneter Theorien zu beschreiben. Darüber hinaus sollen die so gewonnenen Erkenntnisse in technischen Anwendungen genutzt werden.

Die Chemie ist eine Naturwissenschaft. Sie beschäftigt sich mit Stoffen und ihren Eigenschaften sowie mit Stoffänderungen.

1 Erläutere, was man unter Naturwissenschaften versteht.
2 Nenne Beschäftigungsfelder der Naturwissenschaft Chemie.
3 Was versteht man in der Chemie unter einem Stoff?
4 Schlage nach, womit sich die Geologie beschäftigt.
5 Nenne Unterschiede zwischen Astronomie und Astrologie.

Ein Alchemist sucht nach dem „Stein der Weisen".

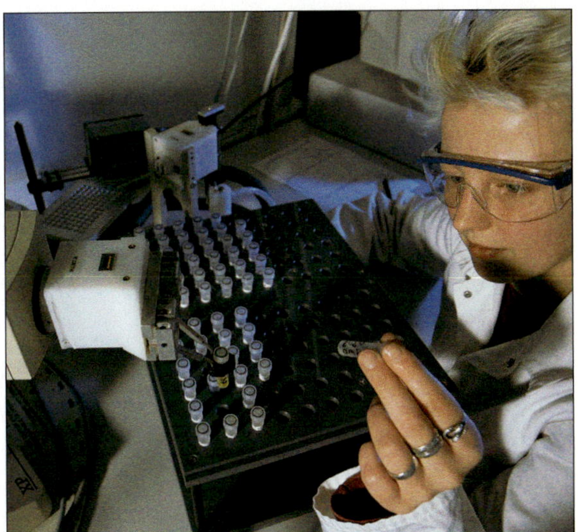

Eine Chemikerin untersucht verschiedene Proben.

Chemie: Pro ...

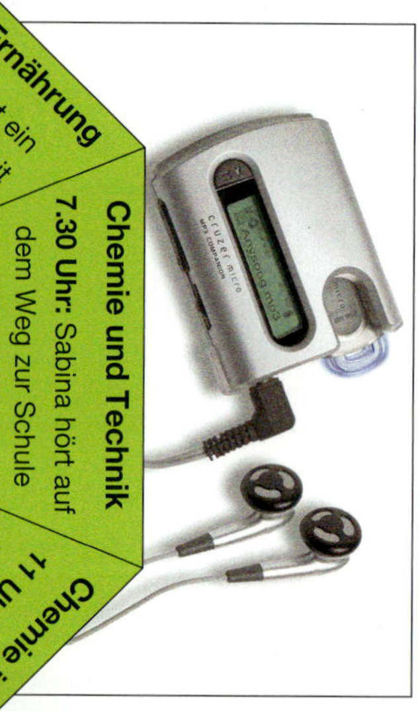

Chemie – traumhaft

5 Uhr: Kurz vor dem Aufstehen hat Sabina noch einen schönen Traum: Sie träumt von Riesenseifenblasen.

Chemie im Badezimmer

6.30 Uhr: Sabina wäscht sich die Haare. Sie nimmt ein mildes Shampoo mit hautfreundlichem pH-Wert.

Chemie und Ernährung

7 Uhr: Sabina isst ein leckeres Brötchen mit Halbfett-Margarine und kalorienreduzierter Marmelade.

Chemie und Technik

7.30 Uhr: Sabina hört auf dem Weg zur Schule Musik mit ihrem MP3-Player. Das Gehäuse ist aus bruchsicherem Kunststoff.

Chemie in der Schule

11 Uhr: So macht Chemieunterricht Spaß: Sabina kann heute selbst experimentieren.

Chemie in der Natur

16 Uhr: Sabina isst gern Erdbeeren. Die roten Früchte enthalten neben Farbstoffen auch viele Duft- und Aromastoffe.

Chemie und Freizeit

17 Uhr: Sabina testet ihre neuen Jogging-Schuhe. Sie sind aus besonders elastischem Kunststoffmaterial.

Chemie und Vergnügen

20 Uhr: Sabina gibt heute eine Fete. Sie schminkt sich mit einem hautfreundlichen Make-up.

... und Contra

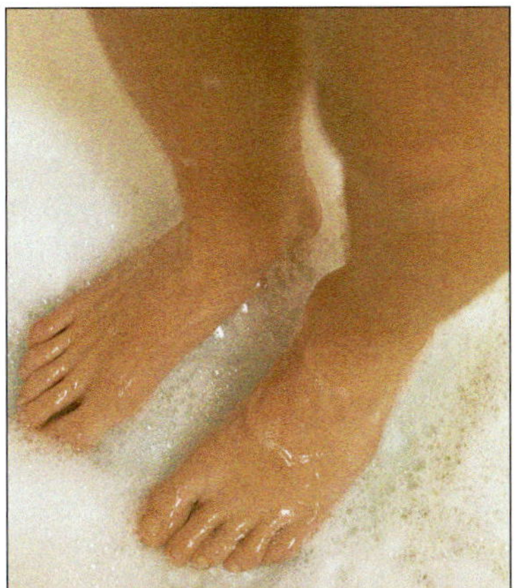

Chemie im Badezimmer

6.30 Uhr: Marc duscht gerne. Dabei verbraucht er viel Wasser und belastet die Umwelt mit Tensiden.

Chemie und Ernährung

7 Uhr: Marc muss den Jogurt stehen lassen. Er reagiert allergisch auf den Verdicker (E 400) und auf den Emulgator (E 483).

Chemie und Technik

7.30 Uhr: In der Morgenzeitung wird von einem Chemieunfall berichtet: Ein Erdöltanker ist auf Grund gelaufen.

Chemie in der Schule

11 Uhr: Marc muss an die Tafel. Sein Körper schüttet Stresshormone aus, chemische Botenstoffe, die ihn nervös machen.

Chemie in der Natur

16 Uhr: Vorsicht vor Giftpilzen! Der Knollenblätterpilz wird leicht mit dem Wiesen-Champignon verwechselt.

Chemie und Freizeit

17 Uhr: Marc lackiert sein Rad. Er arbeitet im Freien, weil einige der Inhaltsstoffe seine Augen reizen.

Chemie und Vergnügen

20 Uhr: Auf Sabinas Fete hat jemand alkoholische Getränke mitgebracht. Marc bevorzugt alkoholfreies Bier!

Chemie – ein Alptraum

5 Uhr: Kurz vor dem Aufstehen träumt Marc von einem Stau. Darin ist die Luft stickig von Abgasen und Feinstaub.

Methode **Sicher experimentieren**

Gefahrensymbole. Von vielen Stoffen, die im Chemieunterricht verwendet werden, gehen Gefahren aus. Die Gefahrensymbole geben Hinweise auf diese Gefahren.

Stoffe, die beim Verschlucken oder Einatmen oder bei Aufnahme durch die Haut schwere Gesundheitsschäden oder gar den Tod bewirken können.

T: Giftig
T+: Sehr giftig

Stoffe, die beim Verschlucken oder Einatmen oder bei Aufnahme durch die Haut beschränkte Gesundheitsschäden hervorrufen können.

Xn: Gesundheitsschädlich

Stoffe, die das Hautgewebe an der betroffenen Stelle innerhalb weniger Minuten vollständig zerstören können.

C: Ätzend

Stoffe, die auf der Haut nach mehrstündiger Einwirkung deutliche Entzündungen hervorrufen können.

Xi: Reizend

Stoffe, die brennbare Materialien entzünden können oder mit diesen explosive Gemische ergeben.

O: Brandfördernd

Stoffe, die schon durch kurzzeitige Einwirkung einer Zündquelle entzündet werden können oder sich an der Luft von alleine entzünden.

F: Leichtentzündlich
F+: Hochentzündlich

Stoffe, die explodieren können.

E: Explosionsgefährlich

Stoffe, die selbst oder in Form ihrer Umwandlungsprodukte geeignet sind, sofort oder später Gefahren für die Umwelt herbeizuführen.

N: Umweltgefährlich

Sicherheitshinweise. Wegen der besonderen Gefahren sind im Chemieunterricht besondere Sicherheitshinweise zu beachten:

1. Schülerinnen und Schüler dürfen Geräte und Chemikalien nicht ohne Genehmigung berühren. Die Anlagen für elektrische Energie, Gas und Wasser dürfen nur nach Aufforderung eingeschaltet werden.
2. In Experimentierräumen darf weder gegessen noch getrunken werden.
3. Versuchsvorschriften und Hinweise müssen genau befolgt werden. Die Geräte müssen in sicherem Abstand von der Tischkante standfest aufgebaut werden. Der Versuch darf erst dann durchgeführt werden, wenn dazu aufgefordert wurde.
4. Die auf den Seiten 168 und 169 aufgeführten Gefahrenhinweise (R-Sätze) und Sicherheitsratschläge (S-Sätze) sind bezogen auf die jeweiligen Stoffe zu beachten.
5. Werden Schutzbrillen oder Schutzhandschuhe ausgehändigt, so müssen sie beim Experimentieren getragen werden.
6. Geschmacks- und Geruchsproben dürfen nur dann vorgenommen werden, wenn die Lehrerin oder der Lehrer dazu auffordert. Chemikalien sollen nicht mit den Händen berührt werden.
7. Pipettieren mit dem Mund ist verboten.
8. Chemikalien dürfen nur in Gefäße umgefüllt werden, die eindeutig beschriftet sind. Auf keinen Fall dürfen Gefäße benutzt werden, die üblicherweise zur Aufnahme von Speisen und Getränken bestimmt sind.
9. Die Haare sind so zu tragen, dass sie nicht in die Brennerflamme geraten können.
10. Der Arbeitsplatz muss stets sauber gehalten werden. Nach Beendigung des Versuchs sind die Geräte zu reinigen. Chemikalienreste müssen vorschriftsmäßig entsorgt werden.

Sicherheitsleiste. Die im Buch beschriebenen Praktikumsversuche sind mit einer Sicherheitsleiste versehen, die mithilfe von acht Symbolkästchen Hinweise zu den Gefahren und zur Entsorgung gibt.

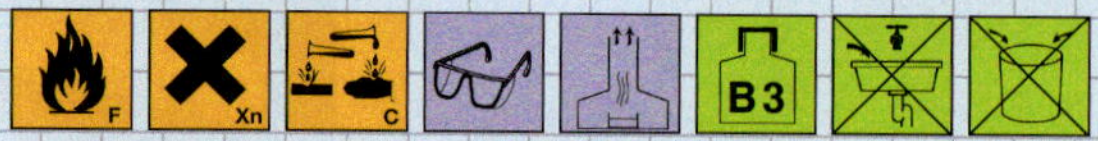

Die drei zuerst angegebenen Symbole enthalten die Gefahrensymbole der verwendeten Stoffe. Die Kästchen 4 und 5 geben Hinweise auf Sicherheitsvorkehrungen beim Experimentieren: Das Symbol „Abzug" bedeutet, dass der Versuch unter dem Abzug durchgeführt werden muss. Man erkennt außerdem, ob Schutzbrillen zu tragen sind. Die letzten drei Kästchen beschreiben die korrekte Entsorgung.
Die genaue Zuordnung der Symbole zu bestimmten Stoffen lässt sich der Stoffliste im Anhang entnehmen.

Richtig entsorgen

Wir wissen alle, dass man Chemikalienreste nicht ohne weiteres in den Abfluss oder den Abfalleimer geben darf. Gefährliche Stoffe müssen vielmehr ordnungsgemäß entsorgt werden. Das gilt besonders für Stoffe, die bei chemischen Experimenten anfallen. Um möglichst wenig Sorgen mit solchen Stoffen zu haben, sollte man folgende Regeln beachten:

Gefährliche Abfälle vermeiden. Zu den wichtigsten Regeln für einen verantwortungsbewussten Umgang mit Stoffen gehört es, *die Entstehung von unnötigen Abfällen oder unnötig großen Mengen an Abfällen zu vermeiden.* Die Anwendung dieser Regel setzt eine sorgfältige Planung der experimentellen Arbeit im Hinblick auf Art und Menge der verwendeten Stoffe voraus.

Gefährliche Abfälle umwandeln. Nicht vermeidbare gefährliche Abfallstoffe sollen in weniger gefährliche Stoffe umgewandelt werden: Säuren und Basen werden neutralisiert. Lösliche Stoffe können zu schwer löslichen umgesetzt werden.
Es ist zweckmäßig, Säuren und Laugen in einem gemeinsamen Behälter zu sammeln. Sie brauchen dann nicht portionsweise neutralisiert zu werden. Dies entspricht der ersten Regel, denn auf diese Weise bleiben die Abfallmengen klein.

Gefährliche Abfälle sammeln. Abfälle, die nicht an Ort und Stelle in ungefährliche Produkte umgewandelt werden können, sind zu sammeln. Von Zeit zu Zeit werden die Abfallbehälter dann durch ein *Entsorgungsunternehmen* abgeholt. Durch das Sammeln in getrennten Behältern wird zum einen die endgültige Beseitigung erleichtert und zum anderen eine Wiederaufbereitung ermöglicht.
Der Fachhandel bietet für das Sammeln gefährlicher Abfälle geeignete Behälter an; es können auch entsprechend beschriftete leere Chemikalienflaschen verwendet werden.

Entsorgungskonzept. Abfallchemikalien müssen nach Stoffklassen getrennt gesammelt werden, damit die ordnungsgemäße endgültige Entsorgung vereinfacht wird. Der folgende Sortiervorschlag ist einfach und übersichtlich und er garantiert eine angemessene endgültige Entsorgung:

Behälter 1 (B1): Säuren und Laugen

Behälter 2 (B2): giftige anorganische Stoffe

Behälter 3 (B3): halogenfreie organische Stoffe

Behälter 4 (B4): halogenhaltige organische Stoffe

Im **Behälter 1** werden saure und alkalische Lösungen gesammelt. Der Inhalt von Behälter 1 sollte neutralisiert werden, bevor der Behälter ganz gefüllt ist. Der neutralisierte Inhalt kann dann in den Ausguss geschüttet werden. Deshalb dürfen giftige Verbindungen wie saure oder alkalische Chromat-Lösungen *nicht* in diese Behälter gegeben werden.

Im **Behälter 2** werden giftige anorganische Stoffe wie Schwermetallsalze gesammelt.

Die endgültige Entsorgung erfolgt hier durch ein Entsorgungsunternehmen.

Im **Behälter 3** werden wasserunlösliche und wasserlösliche halogenfreie organische Stoffe gesammelt. Das gemeinsame Sammeln wasserunlöslicher und wasserlöslicher Stoffe erspart ein weiteres Sammelgefäß und vereinfacht damit das Entsorgungskonzept. Damit sich kein zu großes Volumen an leicht entzündlichen Flüssigkeiten ansammelt, ist durchaus zu erwägen, *geringe Mengen* nicht giftiger wasserlöslicher organischer Abfälle wie Ethanol oder Aceton in den Ausguss zu geben.

Behälter 3 muss von einem Entsorgungsunternehmen ordnungsgemäß entsorgt werden.

In den **Behälter 4** gehören alle Halogenkohlenwasserstoffe, alle sonstigen halogenhaltigen organischen Stoffe sowie die Abfälle aus Halogenierungsreaktionen organischer Stoffe.

Behälter 4 muss von einem Entsorgungsunternehmen ordnungsgemäß entsorgt werden.

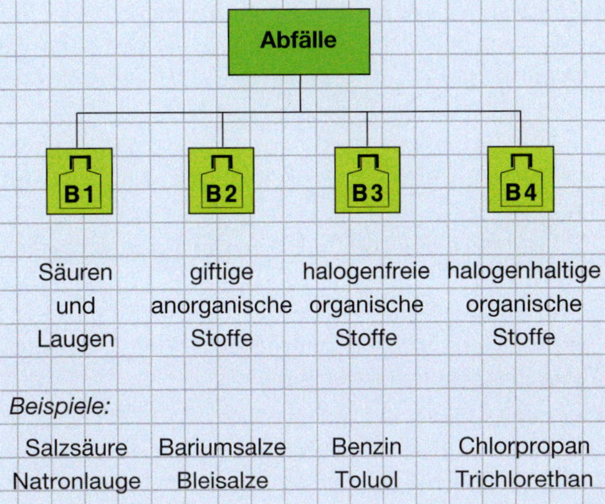

Umgang mit dem Gasbrenner

Bei Versuchen im naturwissenschaftlichen Unterricht müssen häufig Stoffe erhitzt werden. Man verwendet dazu Gasbrenner für Erdgas oder Propangas. Damit man mit diesen Brennern gefahrlos umgehen kann, sind bestimmte Regeln zu beachten.

V1: „Führerschein" für den Gasbrenner

Materialien: Gasbrenner.

Durchführung:

Vorbereitung

1. Stelle den Gasbrenner kippsicher auf eine feuerfeste Unterlage.

2. Schließe den Gasschlauch des Brenners an die Gaszuleitung des Tisches an.

3. Schließe die Gas- und die Luftzufuhr des Brenners.

Achtung: Binde lange Haare zusammen und trage immer eine Schutzbrille.

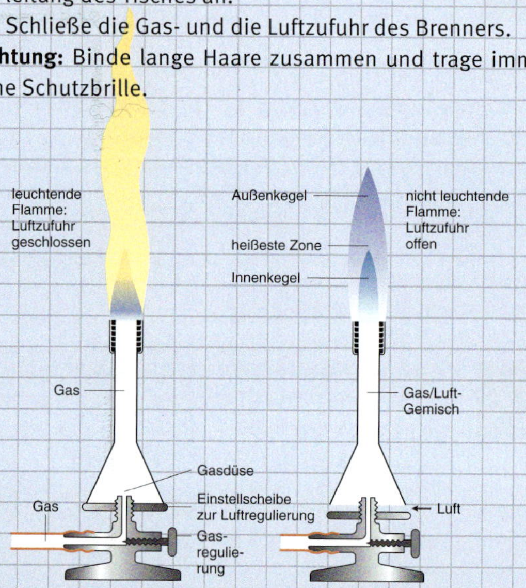

Inbetriebnahme und Einstellung des Brenners

4. Öffne zuerst die Gaszufuhr am Brenner und dann das Ventil an der Gaszuleitung. Entzünde das ausströmende Gas. Arbeite dabei zügig, aber ohne Hektik!

5. Verändere die Höhe der Gasflamme mit der Gasregulierschraube am Brenner, bis die Flamme kräftig gelb leuchtet.

6. Öffne dann die Luftzufuhr, bis du eine blaue nicht leuchtende Flamme erhältst.

7. Die Höhe der Brennerflamme soll der Breite deiner Hand entsprechen. Arbeite nur mit der blauen, aber noch nicht rauschenden Brennerflamme.

8. Um den Brenner zu löschen, schließt du das Ventil an der Gaszufuhr. Die Flamme erlischt.

9. Wiederhole den Ablauf, bis du ihn sicher beherrschst. Jetzt hast du den Führerschein für den Gasbrenner absolviert.

Achtung: Der Gasbrenner darf während der Arbeit nicht unbeaufsichtigt bleiben.

V2: Untersuchung der Brennerflamme

Materialien: Gasbrenner, Magnesiastäbchen.

Durchführung:

1. Entzünde den Gasbrenner und stelle eine blaue noch leicht rauschende Flamme ein. Die Flamme besteht aus einem inneren hellblauen und aus einem äußeren dunkelblauen Kegel.

2. Untersuche mithilfe eines Magnesiastäbchens die beiden Flammenkegel. Halte das Stäbchen zunächst einige Zeit ruhig in den inneren Kegel. Ziehe es dann langsam von unten nach oben durch die Flamme.

Aufgaben:

a) Beschreibe deine Beobachtungen.

b) Wo ist die heißeste Zone der Flamme? Achte besonders auf die Ränder der Flamme und auf den Übergang vom inneren zum äußeren Flammenkegel.

V3: Schmelzen von Glas

Materialien: Gasbrenner, Glasrohr.

Durchführung:

1. Halte ein 30 cm langes Glasrohr an beiden Enden fest und erhitze die Mitte oberhalb des inneren Flammenkegels. Das Glasrohr sollte dabei gleichmäßig gedreht werden.

2. Sobald das Glas anfängt, weich zu werden, ziehe beide Enden außerhalb der Flamme zügig auseinander.

3. Schmilz ein weiteres Glasrohr an einem Ende zu. Drehe es dabei und erhitze das Ende so lange, bis das Glas rot glühend ist.

Aufgabe: Beschreibe deine Beobachtungen.

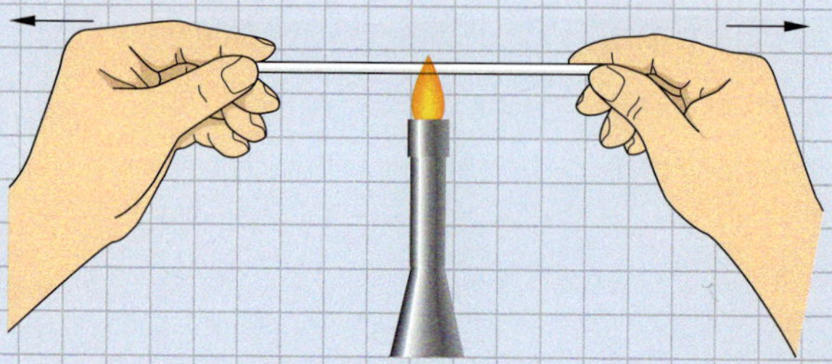

Der Kartuschenbrenner

Ein anderer Brennertyp, der häufig verwendet wird, ist der Kartuschenbrenner. Er wird mit Butan betrieben, das in einem Metallbehälter, der Kartusche, unter erhöhtem Druck flüssig ist. Beim Öffnen des Ventils tritt Butan als Gas aus. Für die Zufuhr von Luft gibt es – je nach Modell – technisch unterschiedliche Lösungen.
Ein Kartuschenbrenner muss unbedingt kippsicher auf einer feuerfesten, waagerechten Unterlage aufgestellt werden. Vor dem Anzünden des Gases wird beim Kartuschenbrenner die Luftzufuhr leicht geöffnet. Erst danach öffnet man das Gasventil. Das ausströmende Gas-Luft-Gemisch muss sofort entzündet werden.
Auch hier gilt: Arbeite zügig, aber ohne Hektik!

Achtung: Butangas ist schwerer als Luft und fließt deshalb beim Ausströmen nach unten. Wird das Gas nicht sofort entzündet, sammelt sich das schwerere Butangas auf der Tischplatte. Beim Anzünden des Gases kann es dann zu einer Stichflamme kommen.

Kartuschenbrenner für Butangas

V4: Schmelzen von Kerzenwachs

Materialien: Gasbrenner; Kerzenwachs (geraspelt).

Durchführung:
1. Fülle ein Reagenzglas etwa 4 cm hoch mit Kerzenwachs.
2. Halte das Reagenzglas schräg in die Flamme und erhitze zunächst den oberen Teil des Wachses so lange, bis es geschmolzen ist. Erwärme dann auch den restlichen Teil des Wachses.
3. Beende das Erhitzen, wenn alles Wachs flüssig geworden ist.

V5: Erhitzen von Wasser

Materialien: Gasbrenner, Siedesteinchen.

Durchführung:
1. Fülle ein Reagenzglas zu einem Viertel mit Wasser. Gib ein Siedesteinchen hinein.
2. Beginne mit dem Erhitzen in Höhe des Flüssigkeitsspiegels. Halte das Reagenzglas schräg in die Flamme und schüttle es dabei leicht hin und her.
3. Beende den Versuch, sobald das Wasser gleichmäßig siedet.

Regeln für das Erhitzen von Stoffen im Reagenzglas

1. Fülle das Reagenzglas immer nur zu einem Drittel.
2. Gib bei Flüssigkeiten ein Siedesteinchen hinein.
3. Halte das Reagenzglas mit einem Reagenzglashalter an seinem oberen Ende fest und führe es schräg in die Flamme.
4. Beginne mit dem Erhitzen in Höhe des Flüssigkeitsspiegels. Schüttle dabei das Reagenzglas leicht, damit der Inhalt gleichmäßig erwärmt wird.
5. Richte die Reagenzglasöffnung niemals auf dich oder andere Personen.

Richtiger Umgang mit Brenner und Reagenzglas

Methode

Richtig experimentieren

Bei Experimenten in der Chemie denken viele sofort an geheimnisvolle Reaktionen, bei denen farbige Flüssigkeiten entstehen und dichter Nebel aufsteigt. Diese und ähnlich spektakuläre Experimente wecken unser Interesse und ziehen uns in ihren Bann.

In der Wissenschaft und auch im Chemieunterricht dienen Experimente aber vorrangig einem anderen Zweck: Sie ermöglichen es, durch direktes Beobachten Fragen zu beantworten, neue Kenntnisse zu erlangen und Zusammenhänge zu verstehen. Beispielsweise kann man aus Experimenten schließen, welche Stoffe und unter welchen Bedingungen miteinander reagieren. Experimente ermöglichen auch Aussagen darüber, ob ähnliche Stoffe ein vergleichbares Verhalten zeigen. Damit erfüllen Experimente eine weitere wichtige Aufgabe: Sie erlauben es, Vermutungen und Voraussagen abzuleiten und diese zu überprüfen.

Um diese Ziele zu erreichen, muss jedes Experiment gründlich vorbereitet und sauber durchgeführt werden. Dabei ist es wichtig, alles genau zu beobachten und dann daraus die Schlussfolgerungen zu ziehen. Zwischen der reinen Beobachtung und der Deutung muss dabei immer klar unterschieden werden.

Der ganze Versuch muss von der Durchführung über die Beobachtungen bis zu den Schlussfolgerungen sauber protokolliert werden, damit man sich zu einem späteren Zeitpunkt alle Einzelheiten vergegenwärtigen kann. Gleichzeitig soll das Protokoll den Versuch auch für andere nachvollziehbar machen.

Die folgenden Hinweise sollen helfen, Experimente richtig durchzuführen, genau zu beobachten und auszuwerten.

Vorbereitung

- Kläre im Gespräch mit deinen Mitschülern oder dem Lehrer die Fragestellung des Versuchs.
- Lies zunächst die gesamte Versuchsanleitung.
- Überlege, warum und in welcher Reihenfolge die einzelnen Arbeitsschritte durchzuführen sind.
- Informiere dich über mögliche Gefahren und die notwendigen Sicherheitsmaßnahmen. Die Sicherheitsleiste, mit der sämtliche Praktikumsversuche dieses Buches versehen sind, hilft dir dabei.

⇩

Durchführung

- Stelle alle notwendigen Geräte und Chemikalien bereit.
- Beginne erst mit dem Experiment, wenn deine Lehrerin oder dein Lehrer es erlaubt.
- Halte dich exakt an die Versuchsanleitung.
- Entsorge gefährliche Stoffe nach Abschluss des Versuches sachgerecht. Auch hier hilft dir die Sicherheitsleiste.
- Reinige anschließend die benutzen Geräte, stelle sie zurück an ihren Platz. Säubere deinen Arbeitsplatz.

⇩

Beobachtung

- Kläre zunächst, welche Beobachtungsaufträge sich aus der Fragestellung und den Arbeitsaufträgen des Versuchs ergeben.
- Skizziere den Versuchsaufbau und notiere Eigenschaften der Ausgangsstoffe wie Farbe, Aggregatzustand oder Beschaffenheit.
- Beobachte den Versuchsablauf genau. Notiere anschließend sofort jede Beobachtung. Protokolliere die Messwerte und die Eigenschaften der entstandenen Reaktionsprodukte.
- Notiere nur, was du siehst, hörst oder riechst. Deutungen und Schlussfolgerungen werden hier noch nicht angestellt. Trenne also klar die Beobachtung von der Auswertung.

⇩

Auswertung

- Gib, soweit möglich, für alle Beobachtungen eine Erklärung an. Berücksichtige dabei die Fragestellung des Versuchs.
- Notiere, welche Stoffe entstanden sind.
- Stelle, wenn möglich, ein Reaktionsschema auf und notiere den Energieumsatz.
- Prüfe zum Schluss, ob die Ergebnisse die zentrale Frage des Versuchs beantworten. Formuliere das Ergebnis in einem abschließenden Satz.

Richtig protokollieren

Methode

In den Naturwissenschaften werden Erkenntnisse aus Experimenten nur dann wissenschaftlich anerkannt, wenn die Versuche reproduzierbar sind, d. h. es muss sichergestellt sein, dass auch andere Wissenschaftler die Versuche durchführen können und zu den gleichen experimentellen Ergebnissen kommen. Aus diesem Grund muss jeder Versuch ganz exakt schriftlich protokolliert werden. Wissenschaftler verwenden dazu ein Labortagebuch.
Auch im Chemieunterricht werden die Versuche daher protokolliert.

Versuchsprotokoll

Erwärmung und Abkühlung von festem Jod

Aufgabe: Erwärme festes Jod und lasse es anschließend wieder auf Raumtemperatur abkühlen.

Materialien: Reagenzglas, Reagenzglasständer, Reagenzglashalter, Gasbrenner, Spatel, Wattebausch, Wasserbad; Jod (Xn, N).

Durchführung: Wir haben mit einem Spatel einen Jodkristall in ein Reagenzglas gegeben und das Reagenzglas mit einem Wattebausch verschlossen. Das Reagenzglas wurde so lange vorsichtig im Wasserbad erwärmt, bis sich Dämpfe bildeten. Dann haben wir das Reagenzglas zum Abkühlen in dem Reagenzglasständer abgestellt.

Beobachtungen:
1. Jm Reagenzglas liegen blauschwarze Kristalle.
2. Beim Erwärmen bildet sich über dem Jodkristall ein violettes Gas, ohne dass das Jod schmilzt.
3. Beim Abkühlen beobachtet man eine Entfärbung. An der Reagenzglaswand bilden sich dabei zahlreiche kleine Kristalle.

Auswertung:
zu 1. Jod bildet blauschwarze Kristalle.
zu 2. Jod verdampft beim Erwärmen, ohne dass es vorher flüssig wird. Diesen direkten Übergang vom festen in den gasförmigen Zustand bezeichnet man als Sublimation.
zu 3. Beim Abkühlen bildet sich aus Jod-Dampf direkt festes, kristallines Jod. Diesen Übergang vom gasförmigen in den festen Zustand bezeichnet man als Resublimation.

Ergebnis:
Jod sublimiert bei Erwärmen; Jod-Dämpfe resublimieren beim Abkühlen.

Aufgabe:
Die Versuchsüberschrift gibt die Aufgabenstellung des Versuchs an.

Materialien:
Gib die Geräte und Chemikalien an, die du für den Versuch benötigst.

Durchführung:
- Lies die Durchführung des Versuchs genau durch.
- Überlege dir, was noch für die Durchführung wichtig ist.
- Schreibe detailiert auf, was du gemacht hast.
- Falls der Versuchsaufbau kompliziert ist, erstelle eine Skizze.

Beobachtung:
- Schreibe gewissenhaft und übersichtlich auf, was du beobachtet hast.
- Notiere nur deine Beobachtungen; Erklärungen und Deutungen gehören zur Auswertung!
- Wenn du deine Beobachtungen nummerierst, kannst du dich in der Auswertung darauf beziehen.

Auswertung:
- Erkläre die beobachteten Veränderungen.
- Schreibe einen Antwortsatz zu der am Anfang gestellten Aufgabe.

Methode

Lernen an Stationen

Arbeit in Kleingruppen

Das Lernen an Stationen (Lernzirkel) ist eine besondere Art der Gruppenarbeit: Die einzelnen Gruppen bearbeiten Aufgabenstellungen an verschiedenen Arbeitsplätzen, den Stationen. Oft unterscheidet man zwischen Pflichtstationen und Wahlstationen: Die Pflichtstationen müssen bearbeitet werden, die Bearbeitung der Wahlstationen ist freiwillig.

An jeder Station sind Materialien bereit gestellt, mit deren Hilfe bestimmte Aufgaben zu erledigen sind. Bei den Materialien kann es sich um Texte, Tabellen, Grafiken oder Abbildungen handeln. In der Chemie gehören zu einem Lernzirkel fast immer Versuche, die durchgeführt und protokolliert werden müssen. Manchmal steht auch die Arbeit mit Modellen im Mittelpunkt einer Station, zuweilen muss man auch am Computer recherchieren oder in anderer Weise arbeiten.

Eine Besonderheit des Lernens an Stationen ist, dass die Schülerinnen oder Schüler in kleinen Gruppen etwa zu Zweit oder zu Dritt an den einzelnen Stationen weitgehend selbständig und eigenverantwortlich arbeiten. Dabei kann man zunächst diejenigen Fragen in Angriff nehmen, die besonders interessieren. Außerdem bleibt immer die Möglichkeit, individuelle Schwerpunkte zu setzen. Gerade beim selbständigen Arbeiten im Team lernt man auch die Fähigkeit, mit anderen Menschen optimal zusammen zu arbeiten.

Am Ende des Lernzirkels steht eine Auswertung mit der gesamten Klasse, in der die Ergebnisse vorgetragen und besprochen werden. Außerdem können hier noch offene Fragen geklärt werden.

Hinweise zum Lernen an Stationen

- Bildet kleine Gruppen, um die Arbeit an den Stationen gemeinsam zu erledigen. Orientiert euch dabei an den Vorgaben der Lehrerin oder des Lehrers zur Gruppengröße.
- Arbeitet an den einzelnen Stationen kooperativ zusammen: Verteilt die Aufgaben so, dass jedes Gruppenmitglied seine besonderen Stärken einbringen kann. Kontrolliert dabei gegenseitig die Einzelergebnisse eurer Arbeit.
- Erstellt einen Zeitplan, aus dem hervorgeht, wie viel Zeit an den einzelnen Stationen zur Verfügung steht. Berücksichtigt dabei die Pflichtstationen und die euch interessierenden Wahlstationen.
- Die Stationen können meist in beliebiger Reihenfolge abgearbeitet werden. Sucht euch eine freie Station aus, an der ihr mit der Arbeit beginnt.
- Lest euch zunächst die jeweiligen Aufgaben sorgfältig durch. Besprecht kurz, was zu tun ist und beginnt dann mit der Arbeit.
- Behaltet bei der Arbeit stets euren Zeitplan im Auge. Die Wahlstationen können dabei auch als Zeitpuffer dienen.
- Besorgt euch die notwendigen Materialien von ihrem jeweiligen Aufbewahrungsort.
- Denkt bei Versuchen an die Sicherheitsbestimmungen, beachtet die Gefährlichkeit der verwendeten Chemikalien (Gefahrensymbole!) und andere mögliche Gefahrenquellen. Beim Experimentieren ist stets eine Schutzbrille zu tragen.
- Wenn Probleme auftreten, diskutiert zunächst in eurer Gruppe. Achtet dabei darauf, dass die anderen Gruppen nicht gestört werden. Erst wenn ihr so nicht weiterkommt, fragt eure Lehrerin oder euren Lehrer.
- Achtet auf eine sachgerechte Entsorgung von Chemikalienresten nach dem Experimentieren. Hinterlasst euren jeweiligen Arbeitsplatz sauber und aufgeräumt.
- Diskutiert an jeder Station eure Ergebnisse in einer kurzen Schlussbesprechung. Fasst die Ergebnisse dann in der jeweils vorgegebenen Form in einer Dokumentation zusammen (als Protokoll, als ausgefülltes Arbeitsblatt, ...).
- Manchmal ist eine Schlussbesprechung in der Klasse vorgesehen, in der die einzelnen Gruppen noch einmal kurz ihr Gesamtergebnis vorstellen. Bereitet diese Präsentation in der Gruppe vor. Klärt ab, wer welche Rolle übernimmt.

Erstellen einer Facharbeit ☆

Recherche im Internet

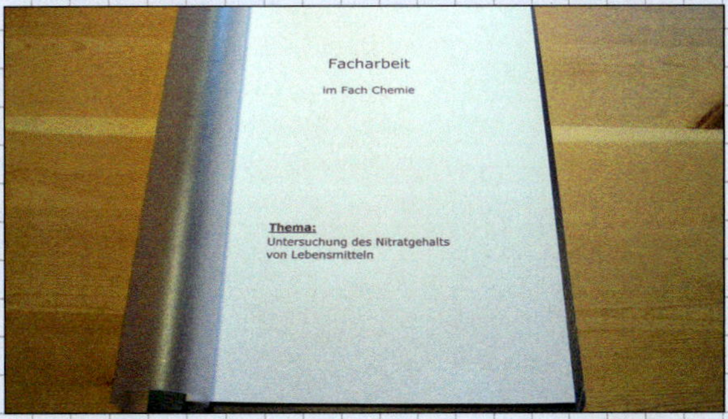

Fertiggestellte Facharbeit

Wie hoch ist der Nitratgehalt in Lebensmitteln? Manchmal möchte man mehr wissen, als man im Chemieunterricht erfährt. Mit der Anfertigung einer Facharbeit kann man sich mit einem Thema über den Unterricht hinaus auseinandersetzen. Sie stellt dabei eine *weitestgehend selbstständige Arbeit* dar.
Welche Anforderungen an Umfang, an den praktischen Anteil und an die Formalien einer solchen Arbeit gestellt werden, sollte vor Beginn mit der Lehrerin oder dem Lehrer besprochen werden.

Arbeitsthema formulieren:
- Sammle erste Ideen und grenze ein Thema ein.
- Formuliere ein vorläufiges Thema; später kannst du es noch ändern oder konkretisieren.
- Besprich mit dem Betreuer das Thema und die inhaltlichen Aspekte. Berücksichtige dabei auch die notwendigen experimentellen Arbeiten.

Tipp: Nimm dir nicht zu viel vor. Beschränke dich auf das Wesentliche.

Material sammeln und auswerten:
- Recherchiere in der Fachliteratur und im Internet.
- Überprüfe die Verlässlichkeit der Quellen im Internet.
- Konkretisiere die Quellen, auf die du dich stützt. Erstelle Exzerpte mit Quellenangabe.
- Werte das Material aus: Suche übereinstimmende zentrale Aussagen. Worin sind eventuell auftretende Differenzen begründet?
- Kläre ab, welche konkreten Versuche durchgeführt werden müssen. Erstelle Materiallisten und Versuchsbeschreibungen. Informiere dich über die Gefahren und über die Entsorgung.
- Führe Experimente frühzeitig durch, damit du dich auf ihre Ergebnisse beziehen kannst.
- Fasse abschließend die theoretischen wie die experimentellen Ergebnisse zusammen.

Tipp: Verzichte nicht auf die Befragung von Experten.

Erstellung der Arbeit:
- Erstelle eine Gliederung. Wähle prägnante und aussagekräftige Überschriften zu den einzelnen Punkten.
- Beschreibe in der Einleitung den Kontext und das Ziel der Arbeit.
- Führe im Hauptteil die einzelnen Aspekte des Themas detailliert aus. Beschreibe die angewandten Methoden. Sind Probleme aufgetreten? Wie wurden sie gelöst? Bewerte deine Ergebnisse kritisch.
- Gib im Schlussteil eine Zusammenfassung der wesentlichen Ergebnisse. Weise auf offene Fragen hin.
- In den Anhang gehören die Protokolle der Experimente, das Literatur- und Quellenverzeichnis sowie eine Erklärung, dass du die Arbeit selbstständig angefertigt hast und dass nur die angegebenen Quellen genutzt wurden.

Tipp: Beginne zeitig mit der Textfassung. Sowohl die Gliederung als auch der eigentliche Text lassen sich im Laufe der Arbeit noch variieren.

Formale Gestaltung und Layout:
- Erstelle die Arbeit mit einem Textverarbeitungsprogramm.
- Berücksichtige die vereinbarten Formalien: Gesamtumfang, Papierformat, Seitenränder, Seitennummerierung, Schriftgröße, einseitiger Druck, Heftung der Arbeit.
- Gib dir besondere Mühe bei der Gestaltung des Titelblattes der Arbeit.

Tipp: Lass die Arbeit am Ende von einem Bekannten kritisch gegenlesen.

Erstellen einer Facharbeit

1. Arbeitsthema formulieren und absprechen.
2. Literaturrecherchen und Laborarbeit durchführen und auswerten.
3. Gliederung erstellen und Textfassung entwerfen.
4. Layout erstellen, Arbeit ausdrucken und Korrektur lesen lassen.

2 Wir untersuchen Lebensmittel

Die Naturwissenschaft Chemie beschäftigt sich mit Stoffen und ihren Eigenschaften. Stoffe begegnen uns überall im Alltag; wir betrachten sie aber meist nur oberflächlich. Bei Stoffen, die wir essen wollen, verschaffen wir uns allerdings einen genauen Eindruck von den Stoffeigenschaften. Das Essen soll nämlich gut schmecken und riechen und schön aussehen. Auch an die Konsistenz der Speisen stellen wir Anforderungen: So soll die gekochte Nudel nicht zu hart sein, die Kartoffel keinesfalls matschig.

Schon beim Einkauf achten wir auf die Qualität von Obst und Gemüse. Während wir uns bei der Beurteilung von Lebensmitteln jedoch nur auf unsere Sinneseindrücke verlassen, verwenden Lebensmittelchemiker zusätzlich Hilfsmittel und Messgeräte.
Auch Veränderungen etwa beim Erhitzen verraten viel über den untersuchten Stoff.

Da man in der Küche viel über Stoffe erfährt, ist sie das geeignete Umfeld, um mit der Chemie zu beginnen.

Zentrale Fragen:
- Welche Stoffeigenschaften gibt es?
- Wie kann man einen Stoff identifizieren?
- Wie sind Stoffe aufgebaut?
- Was geschieht, wenn man einen Stoff erwärmt?
- Wodurch unterscheiden sich Aggregatzustände?

2.1 Eigenschaften von Lebensmitteln

Beobachten von Stoffeigenschaften: Farbe, Beschaffenheit, Geruch, Geschmack.

Beim Einkauf eines Lebensmittels muss man sich für das Angebot eines Händlers entscheiden. Dabei ist es nicht leicht, das Richtige auszuwählen. Anhand einiger Eigenschaften kann man die Qualität des Lebensmittels erkennen, beispielsweise ob das Fleisch frisch oder die Früchte reif sind. Dabei spielen vor allen Dingen Farbe, Geruch und Geschmack eine große Rolle.

Farbe. Viele Früchte wie Erdbeeren oder Tomaten sind im unreifen Zustand grün, im reifen Zustand dagegen rot. Bei der Reifung verändern sich die in den Früchten enthaltenen Farbstoffe. Anhand dieser Farbunterschiede kann man darauf schließen, wie die Früchte schmecken.
Für das Farbensehen gibt es im Auge drei verschiedene Sinneszellen, die bevorzugt die Farben Rot, Blau und Grün wahrnehmen. Durch Mischung der Sinneseindrücke für Rot, Blau und Grün entsteht im Gehirn der jeweilige Farbeindruck.

Geruch. Teetrinker können ihren Lieblingstee am charakteristischen Geruch erkennen. Auch ungeübten Teetrinkern gelingt es, typische Gerüche der verschiedenen Bestandteile eines Früchtetees wahrzunehmen. Auch kann man anhand des Geruchs feststellen, ob ein bestimmtes Lebensmittel unreif, reif, überreif oder faulig ist.
Es gibt tausende unterschiedliche Gerüche. Sie gelangen über die Atemluft an die Sinneszellen der Nasenschleimhaut. Die dort entstehenden Erregungen gelangen dann zum Gehirn.

Geschmack. Lebensmittel haben einen charakteristischen Geschmack. So lässt sich Honig leicht an seinem süßen Geschmack erkennen; Zitronensaft schmeckt dagegen sauer. Beim Schmecken gelangen die Geschmacksträger zu den Sinneszellen auf der Zunge. Der Mensch kann fünf Geschmacksqualitäten wahrnehmen: Süß, sauer, salzig, bitter und fleischig/herzhaft. Aber erst durch die Kombination dieser verschiedenen Sinneseindrücke mit den Geruchswahrnehmungen kommt es zu typischen Geschmacksnoten der einzelnen Lebensmittel.

Farbe, Geruch und Geschmack sind erste Sinneseindrücke von Lebensmitteln. Anhand dieser Eigenschaften kann man sich zwar ein Bild von der Qualität der Lebensmittel machen. Doch oftmals enthalten Lebensmittel unterschiedliche Bestandteile. Da reicht dieser erste Eindruck nicht aus, um die Bestandteile, die sich in den Lebensmitteln befinden, zu identifizieren. Dazu bedarf es weiterer Untersuchungen.

Viele Lebensmittel erkennt man an ihrer Farbe, ihrem Geruch oder ihrem Geschmack. Dabei erhält man durch Beobachten einen ersten Sinneseindruck von ihrer Qualität.

1 Auf einem Wochenmarkt ist es häufig möglich, Obst und Gemüse in die Hand zu nehmen, daran zu riechen und manchmal auch zu kosten. Begründe.

2 Informiere dich in einem Biologiebuch, in welchen Bereichen der Zunge die einzelnen Geschmacksqualitäten bevorzugt wahrgenommen werden. Überprüfe die Informationen, indem du vor einem Spiegel einen Zuckerkristall, einen Tropfen Zitronensaft und einen Salzkristall auf verschiedene Stellen deiner Zunge bringst.

Experimentelle Hausaufgaben:

3 Untersuche eine Probe Brausepulver mit einer Lupe.

a) Wie viele Arten von Kristallen erkennst du?

b) Prüfe die einzelnen Kristall-Arten auf ihren Geschmack.

c) Gib einen Wassertropfen sowohl auf die einzelnen Kristallarten als auch auf eine Probe des Brausepulver-Gemischs. Notiere deine Beobachtungen.

4 Untersuche Essig, Salatöl, Mineralwasser und Apfelsaft. Beschreibe Farbe, Geruch und Geschmack. Notiere deine Beobachtungen in Form einer Tabelle.

2.2 Stoffe und ihre Eigenschaften

süße Lebensmittel

saure Lebensmittel

Viele Lebensmittel lassen sich anhand von Farbe, Geruch und Geschmack voneinander unterscheiden. Manche Lebensmittel stimmen in einer Eigenschaft überein, obwohl sie sonst sehr unterschiedlich sind. So schmecken sowohl Bonbons, Limonade als auch Zuckerrübensirup süß. Man kann vermuten, dass der süße Geschmack durch ein und denselben Bestandteil hervorgerufen wird. Tatsächlich ist in diesen Lebensmitteln Zucker enthalten.

Die typischen Eigenschaften von Zucker sind:
- schmeckt süß
- ist ein weißer, kristalliner Feststoff
- löst sich gut in Wasser
- schmilzt beim Erhitzen und wird dann braun

So wie Zucker oft Bestandteil von süßen Lebensmitteln ist, findet man Essigsäure häufig in sauren Lebensmitteln. Bekannte Beispiele sind saure Gurken, sauer eingelegter Fisch oder Sauerbraten.
Reine Essigsäure ist ätzend und darf nicht verzehrt werden. Essigsäure lässt sich jedoch gut mit Wasser mischen. Eine Mischung mit 25 % Essigsäure wird als Essigessenz bezeichnet und ist immer noch gefährlich. Sie ist daher nicht zum Verzehr geeignet. Ein Gemisch mit etwa 5 % Essigsäure auf 20 Teile Wasser wird als Speiseessig in jeder Küche verwendet. So verdünnter Speiseessig ist nicht mehr ätzend und dient als Würzmittel. Da Speiseessig Mikroorganismen abtötet, wird er auch als Konservierungsstoff genutzt.
Typische Eigenschaften der Essigsäure sind:
- saurer Geschmack
- ist eine farblose Flüssigkeit
- löst sich leicht in Wasser
- verdampft beim Erhitzen
- wirkt ätzend
- wirkt desinfizierend

Solche Bestandteile wie Zucker oder Essigsäure bezeichnen Chemiker als Stoffe. Ein Stoff ist durch eine Reihe verschiedener Eigenschaften gekennzeichnet. Die Kombination dieser Eigenschaften ist wie eine Art Ausweis oder Fingerabdruck für den jeweiligen Stoff, an dem man ihn immer wieder erkennen kann.

> Stoffe werden durch eine bestimmte Kombination von Eigenschaften charakterisiert. Anhand dieser Eigenschaften lässt sich jeder Stoff identifizieren.

1 Vergleiche die charakteristischen Stoffeigenschaften von Zucker und Essigsäure miteinander.
2 **a)** Sage anhand von Farbe, Geruch und Geschmack voraus, welche Stoffe in Tomatenketchup enthalten sind.
b) Vergleiche die Voraussage mit den auf dem Etikett angegebenen Inhaltsstoffen.
3 Im Chemieunterricht sind Geschmacksproben verboten. Begründe diese Maßnahme.
4 Bei Geruchsproben wird die Luft vorsichtig der Nase zugefächelt. Erläutere den Sinn dieser Vorgehensweise.

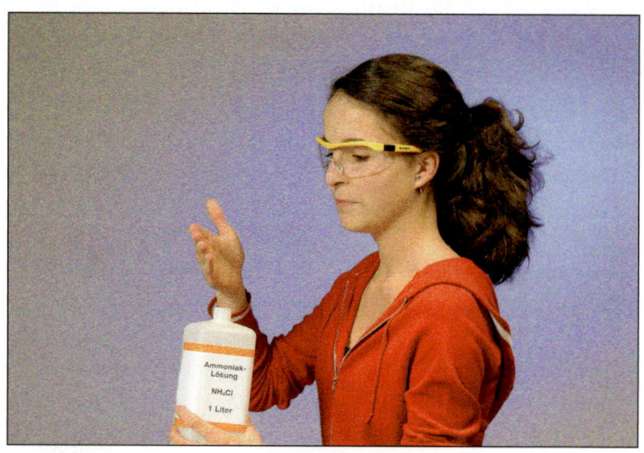

So prüft man den Geruch von Chemikalien

Untersuchung von Stoffen

V1: Untersuchung weißer Pulver

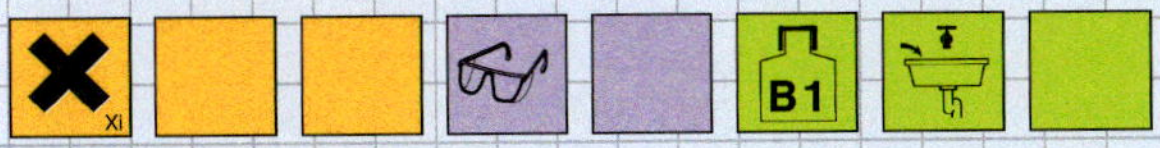

Viele pulverförmige Stoffe sind weiß. Vom Aussehen her kann man sie kaum unterscheiden. Anhand ihrer unterschiedlichen Stoffeigenschaften können sie durch die Kombination mehrerer Untersuchungen eindeutig identifiziert werden.

Materialien: Bechergläser (150 ml), Spatel, Glasstäbe, Leitfähigkeitsprüfer mit Glühlämpchen, Teelöffel, Kerze; Natron, Zitronensäure (Xi), Gips, Kochsalz, Zucker, Universalindikator.

Durchführung:

Löslichkeit:

1. Fülle 100 ml Wasser in ein Becherglas.
2. Gib einen Spatel Natron dazu und rühre mit einem Glasstab um, bis sich der Stoff gelöst hat.
3. Gib weitere Spatel Natron hinzu, bis sich nichts mehr löst.
4. Wiederhole den Versuch mit den anderen Stoffen. Beende die Zugabe nach maximal fünf Portionen.

Hinweis: Die Stoffportionen, die du zugibst, sollten alle möglichst gleich groß sein.

Verhalten gegenüber Universalindikator:

1. Gib zu den Lösungen aus dem Versuch zur Löslichkeit einige Tropfen Universalindikator und achte dabei auf Farbänderungen.

Elektrische Leitfähigkeit:

1. Halte die Prüfspitzen in die Natron-Lösungen und beobachte, ob und wie stark das Lämpchen leuchtet.
2. Wiederhole den Versuch mit den Lösungen der anderen Stoffe.

Hinweis: Spüle die Prüfspitzen des Leitfähigkeitsprüfers nach jeder Prüfung sorgfältig mit Wasser ab.

Verhalten beim Erhitzen:

1. Erhitze Natron auf dem Teelöffel über einer Kerzenflamme und beobachte, ob es sich verändert.
2. Wiederhole den Versuch mit den anderen Stoffen.

Hinweis: Achte besonders auf die Entstehung von Gasen und die Verfärbung der Stoffe.

Verhalten gegenüber Zitronensäure-Lösung:

1. Gib zu den vier festen Stoffen (Gips, Natron, Kochsalz, Zucker) tropfenweise Zitronensäure-Lösung aus dem Versuch zur Löslichkeit.

Aufgaben:

a) Notiere deine Beobachtungen jeweils in einer Tabelle.
b) Fasse die Tabellen der Beobachtungen aller Einzelversuche in einer gemeinsamen Tabelle zusammen.
c) Vergleiche diese Tabelle mit denen anderer Gruppen und entscheide, ob du Versuche wiederholen musst.
d) Beurteile, ob sich aufgrund der Versuchsergebnisse die Stoffe eindeutig voneinander unterscheiden lassen.
e) Erläutere, wie du jeden Stoff von den anderen unterscheiden kannst.
f) Informiere dich über die Eigenschaften der Stoffe.
g) Schreibe einen kurzen Steckbrief zu den einzelnen Stoffen. Gib in dem Steckbrief auch an, wo man die Stoffe im Alltag verwendet und welche Stoffeigenschaften dabei genutzt werden.

V2: Vergleich der Dichten von Speiseöl und Wasser

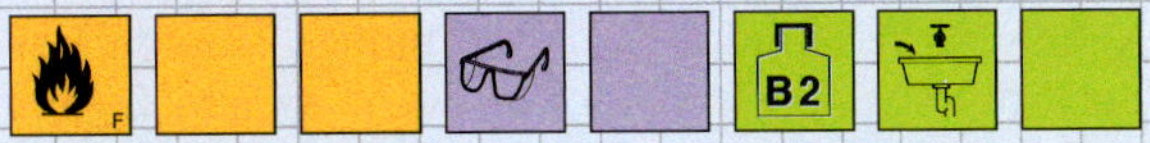

Materialien: 2 Standzylinder, Reagenzglasklammer, Aräometer ($0{,}75\,\frac{g}{ml}$ bis $1{,}00\,\frac{g}{ml}$), Folienstift; Brennspiritus (F), Speiseöl.

Durchführung:

1. Fülle einen Standzylinder zu drei Vierteln mit Wasser, den zweiten zu drei Vierteln mit Brennspiritus.
2. Lass die Reagenzglasklammer in das Wasser sinken und markiere die Eintauchtiefe mit dem Folienstift.
3. Wiederhole den Versuch mit Speiseöl.
4. Wiederhole beide Versuche mit dem Aräometer.

Aufgabe: Notiere alle Beobachtungen und Messwerte.

V3: Fettfleckprobe

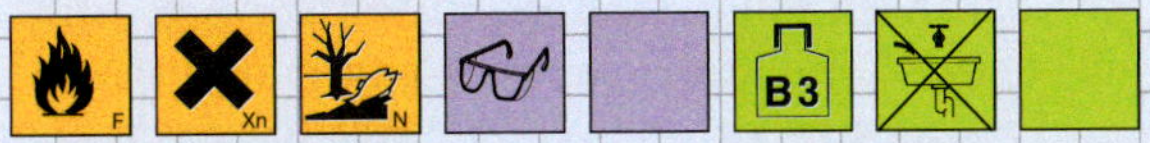

Materialien: Filtrierpapier, Mörser und Pistill; Wasser, Heptan (F, Xn, N), Speiseöl, Pflanzensamen (zum Beispiel Sonnenblumenkerne, Apfelkerne, Walnusskerne).

Durchführung:

1. Gib je einen Tropfen Wasser und Speiseöl auf ein Blatt Papier. Vergleiche die Blätter nach fünf Minuten.
2. Zerreibe die Pflanzensamen unter Zugabe von etwas Heptan. Gib einen Tropfen der Lösung auf ein Blatt Papier. Vergleiche alle Blätter nach fünf Minuten.

Aufgaben:

a) Notiere deine Beobachtungen.
b) Erkläre die unterschiedlichen Versuchsergebnisse für Wasser und für Speiseöl.
c) Erläutere das Versuchsergebnis für die Pflanzensamen.
d) Nenne fünf Nahrungsmittel, für die die Fettfleckprobe positiv ausfallen würde.

2.3 Untersuchung von Stoffen

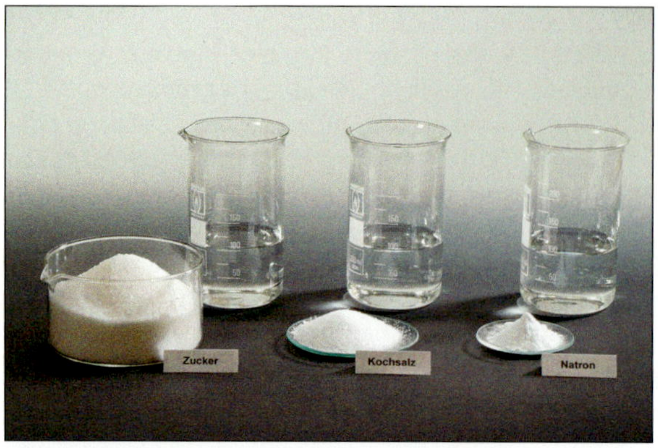

Löslichkeit in Wasser: Zucker, Kochsalz, Natron

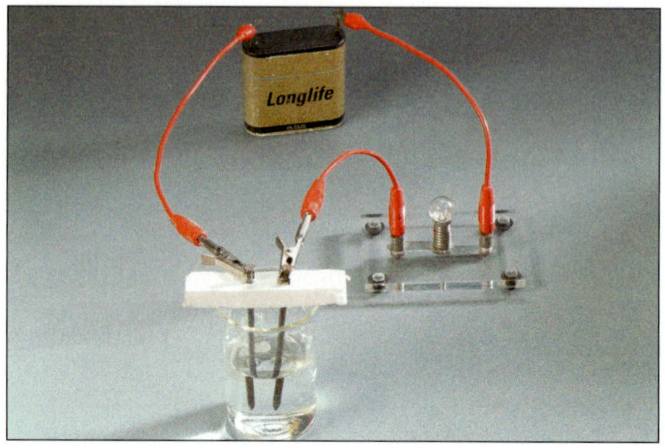

Elektrische Leitfähigkeit einer Zucker-Lösung

Neben Farbe, Geruch und Geschmack spielen bei der Untersuchung von Stoffen auch andere Eigenschaften eine wichtige Rolle. Zu ihnen gehören die Löslichkeit in Wasser und in Benzin, das saure und alkalische Verhalten, die Leitfähigkeit von Strom und von Wärme, die Schmelztemperatur, die Siedetemperatur oder die Zersetzungstemperatur und die Dichte. Diese Eigenschaften lassen sich nicht einfach beobachten: Zu ihrer genauen Untersuchung benötigt man Hilfsmittel.

Löslichkeit. Viele Stoffe lösen sich in Wasser. Salz und Zucker sind bekannte Beispiele. Es gibt aber auch Stoffe, die nicht in Wasser löslich sind, sich dafür aber in Waschbenzin gut lösen. Beispiele für benzinlösliche Stoffe sind Speiseöl und Fett. Die unterschiedliche Löslichkeit in Wasser und Benzin hilft, Stoffe zu erkennen.
Die Löslichkeit eines Stoffes ist eine wichtige Stoffeigenschaft. Bei der Löslichkeit gibt man die Masse eines Stoffes an, die sich in 100 Gramm eines Lösemittels löst. Da Wasser ein häufig gebrauchtes Lösemittel ist, untersucht man häufig die Löslichkeit in Wasser: So lösen sich etwa 200 g Zucker in 100 g Wasser, dagegen nur 36 g Kochsalz und sogar nur 10 g Backpulver.

Wenn beim Lösen eines Feststoffes ein nicht weiter löslicher Rückstand zurückbleibt, erhält man eine *gesättigte Lösung*. Durch Erhöhung der Temperatur kann der Rückstand in vielen Fällen aufgelöst werden, da die Löslichkeit vieler Feststoffe mit der Temperatur steigt. Bei Gasen allerdings sinkt die Löslichkeit mit steigender Temperatur. Da sich die Löslichkeit mit der Temperatur ändert, muss man bei der Angabe der Löslichkeit eines bestimmten Stoffes auch die zugehörige Temperatur angeben, für die dieser Wert gilt.

Saures und alkalisches Verhalten. Einige Lebensmittel enthalten Stoffe, die sauer schmecken. Solche sauren Lösungen sind Essig oder Zitronensaft. In diesen Lösungen sind Stoffe enthalten, die der Chemiker Säuren nennt. Isst man Brausepulver, erkennt man eine Wirkung dieser Säuren: Die Zahnflächen fühlen sich stumpf an, weil Säuren ätzend wirken. In kleinen Wunden sorgen Säuren so für ein Brennen. Die Schmerzen bei Bissen von Ameisen oder Stichen von Brennnesseln sind auf die Ameisensäure zurückzuführen. Als Hausmittel gegen solche Schmerzen werden Seifenlauge oder Salmiakgeist verwendet. Diese Lösungen werden alkalisch genannt. Die meisten Lösungen sind weder sauer noch alkalisch sondern neutral, wie Trinkwasser, Kochsalz-Lösung oder Zucker-Lösung.

Um saure oder alkalische Lösungen erkennen zu können, verwendet man sogenannte Indikatoren (lat. *indicare:* anzeigen). Indikatoren sind Stoffe, die durch Farbänderungen anzeigen, ob eine Lösung sauer, neutral oder alkalisch ist. Ein solcher Indikator ist Rotkohlsaft. In Gegenwart einer sauren Lösung wird er intensiv rot, in alkalischer Lösung verfärbt er sich blau. Im Labor verwendet man stattdessen oft einen Universalindikator. Mit ihm lassen sich noch genauere Aussagen machen.

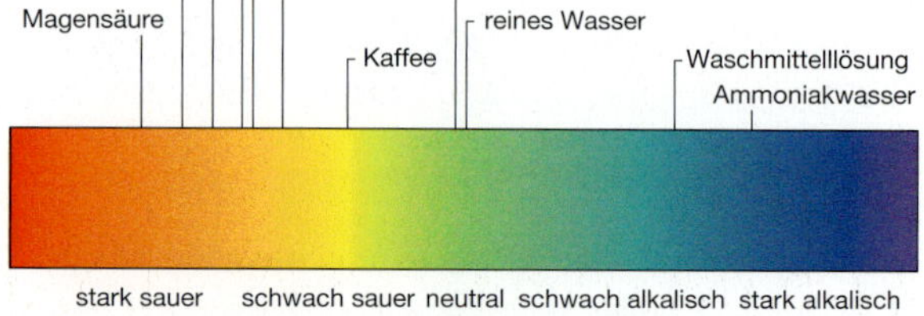

Farbskala eines Universalindikators

Wärmeleitfähigkeit. Töpfe und Pfannen werden häufig aus Metallen hergestellt, die als gemeinsame Eigenschaft eine gute Wärmeleitfähigkeit haben. So wird die Hitze des Herdes beim Kochen gut auf die Speise übertragen. Die Griffe der Töpfe oder Pfannen sind dagegen häufig aus Kunststoff oder aus Holz. Diese sind schlechte Wärmeleiter. Beim Anfassen dieser Griffe verbrennt man sich daher nicht die Finger. Für heiße Getränke nimmt man Tassen aus Porzellan oder Gläser: Auch Porzellan und Glas sind schlechte Wärmeleiter. Diese Materialien halten die Getränke in den Tassen heiß und werden außen nicht zu warm.

Elektrische Leitfähigkeit. Metalle sind nicht nur gute Wärmeleiter, sie leiten auch gut den elektrischen Strom. Elektrokabel bestehen deshalb aus Metallen wie Kupfer. Die elektrische Leitfähigkeit lässt sich einfach durch Anlegen eines Stromkreises mit einer Glühlampe feststellen: Bei allen Metallen leuchtet dabei die Glühlampe. Auch bei einer Kochsalz-Lösung beginnt die Lampe zu leuchten; diese Lösung gehört also auch zu den elektrischen Leitern. Das gilt ebenso für Leitungswasser, da darin salzartige Stoffe gelöst sind. Bei der Prüfung von destilliertem Wasser leuchtet die Lampe dagegen nicht: Destilliertes Wasser ist also ein Nichtleiter. Stoffe, die den elektrischen Strom nicht leiten, werden Isolatoren genannt. Zu den Isolatoren gehören Zucker-Lösungen, aber auch Kunststoff oder Holz.

Löslichkeit, saure und alkalische Eigenschaften einer Lösung, Wärmeleitfähigkeit sowie elektrische Leitfähigkeit sind charakteristische Stoffeigenschaften. Sie lassen sich durch experimentelle Untersuchungen bestimmen.

1 Gib vier Stoffe an, die den elektrischen Strom leiten; nenne vier Stoffe, die Isolatoren sind.
2 Wenn man ein Stück Holz und ein Stück Metall bei Raumtemperatur anfasst, hat man das Gefühl, das Metall sei kälter. Erkläre diese Beobachtung.
3 Erläutere mit eigenen Worten den Umgang mit elektrischen Geräten im Badezimmer mithilfe deiner Kenntnisse über die elektrische Leitfähigkeit von Leitungswasser.
4 In heißen Sommern sterben Fische häufig an Sauerstoffmangel im Wasser. Erkläre dieses Phänomen.

Nachweis von Stoffeigenschaften

Exkurs

Chemische Verfahren, mit denen man Stoffe identifizieren kann, bezeichnet man als Nachweise. Damit kann man zeigen, ob ein Stoff in einer Probe vorhanden ist. Über dessen Menge lassen sich dagegen damit kaum Aussagen machen.

Viele Nachweise beruhen auf Farbänderungen. Damit kann man auch Nährstoffe in Lebensmitteln nachweisen. Solche Stoffe sind beispielsweise Zucker, Stärke oder Fett. Aber auch für viele andere Stoffe gibt es Nachweise.

Glucoseteststäbchen
Mit Glucoseteststäbchen kann man Zucker im Urin nachweisen. Auf den Teststäbchen befinden sich Stoffe, die bereits kleinste Mengen an Zucker anzeigen. Dabei ändert sich die Farbe des Stäbchens von gelb nach grün oder blau. Dieser Nachweis wird in der Medizin verwendet, um die Zuckerkrankheit (Diabetes mellitus) zu erkennen.

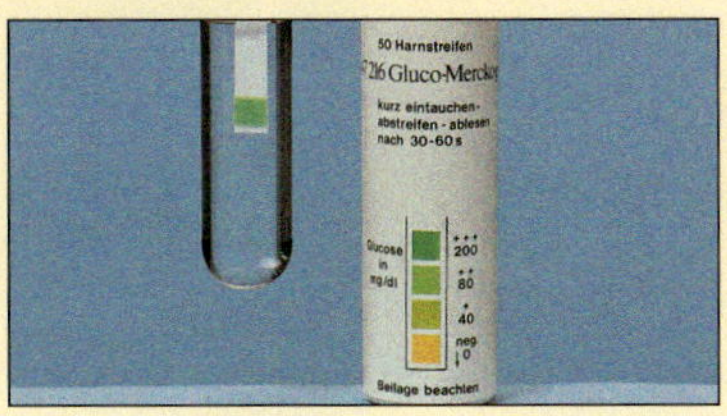

Stärkenachweis
Lebensmittel wie Kartoffeln oder Getreideprodukte enthalten Stärke. Sie gehört zu den wichtigsten Nährstoffen. Im reinen Zustand ist Stärke ein weißes, geruchloses und geschmackloses Pulver. Zum Nachweis von Stärke tropft man eine braune Iod/Kaliumiodid-Lösung auf eine Probe: bei Anwesenheit von Stärke ändert sich die Farbe zu blau-schwarz.

Fettnachweis
Fette sind in vielen Lebensmitteln, in Kosmetika und anderen Alltagsprodukten enthalten. Mit der Fettfleckprobe lassen sich Fette nachweisen: Dazu werden sie mithilfe eines Lösemittels aus der zu untersuchenden Probe gelöst. Die Lösung wird auf ein Blatt Papier getropft. Das Lösemittel verdampft und zurück bleibt ein charakteristischer Fettfleck.

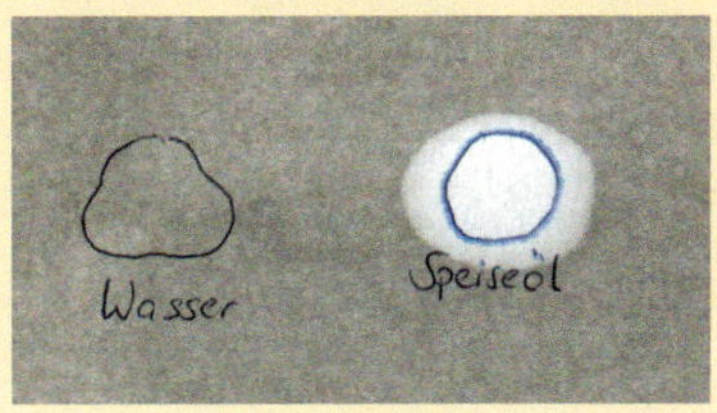

2.4 Aggregatzustände

Eine wichtige Eigenschaft von Stoffen ist, ob sie fest, flüssig oder gasförmig sind. Von Wasser kennen wir alle drei Zustandsformen: Festes Eis, flüssiges Wasser und Wasserdampf sind die unterschiedlichen **Aggregatzustände** des gleichen Stoffes Wasser. Bei 25 °C ist Wasser flüssig, bei −25 °C jedoch fest. Mit der Temperatur ändert sich also der Aggregatzustand eines Stoffes.

Aggregatzustandsänderung. Nimmt man einen Eiswürfel aus dem Gefrierfach, hat er eine Temperatur von etwa −20 °C. Außerhalb des Gefrierfaches steigt die Temperatur langsam an. Bei 0 °C beginnt der Eiswürfel zu *schmelzen*. Es bildet sich flüssiges Wasser. Kühlt man das Wasser ab, *erstarrt* es bei 0 °C wieder zu Eis.
Wird das Wasser erwärmt, so steigt seine Temperatur an. Bei 100 °C bilden sich Blasen aus Wasserdampf im Inneren des Wassers: Das Wasser *siedet* und *verdampft*. Dabei geht es in den gasförmigen Zustand über. Kühlt man Wasserdampf ab, so *kondensiert* er wieder zu flüssigem Wasser.

Hängt man bei Frost nasse Wäsche auf die Leine, so gefriert zunächst das Wasser zu Eis. Etwas später ist die Wäsche aber dennoch trocken: Das Eis ist direkt in den gasförmigen Aggregatzustand übergegangen, ohne dass sich flüssiges Wasser gebildet hat. Diesen direkten Übergang vom festen in den gasförmigen Zustand nennt man *Sublimation*. Der umgekehrte Vorgang heißt *Resublimation:* Bei Frost bildet sich an nebligen Tagen oft Raureif: Aus dem Wasserdampf der Luft entsteht dabei auf direktem Weg Eis.

Schmelztemperatur und Siedetemperatur. Wasser schmilzt bei der gleichen Temperatur, bei der es auch erstarrt: Die *Schmelztemperatur* 0 °C entspricht also der *Erstarrungstemperatur*. Dies gilt für alle anderen Stoffe. Auch der Dampf eines Stoffes kondensiert bei der gleichen Temperatur, bei der die Flüssigkeit siedet. Man spricht hier von der *Siedetemperatur.*
Schmelztemperaturen und Siedetemperaturen sind wichtige Stoffeigenschaften. Ihre Daten werden in Tabellenwerken gesammelt und erlauben den Vergleich und die Identifikation verschiedener Stoffe.

Nicht alle Feststoffe lassen sich in den flüssigen Zustand überführen: Eiweißstoffe zersetzen sich beim Erwärmen schnell unter Bildung einer schwarzen Substanz ohne dabei zu schmelzen. Auch Zucker wird beim Erhitzen braun. In Tabellen findet man dann keine Schmelztemperatur sondern die *Zersetzungstemperatur.*

Stoffe können fest, flüssig und gasförmig auftreten. Mit der Bestimmung der Schmelztemperatur und der Siedetemperatur können Stoffe identifiziert werden.

1 Nenne die drei Aggregatzustände beim Wasser.
2 Gib an, welche Beobachtungen beim Sieden einer Flüssigkeit zu machen sind.
3 Auf einer heißen Herdplatte tanzen Wassertropfen. Erkläre diese Beobachtung.
4 Informiere dich, wie die Temperaturskala von Anders CELSIUS festgelegt wurde. Gib an, welche Rolle dabei Schmelztemperatur und Siedetemperatur spielen.
5 Beschreibe Erscheinungen aus dem Alltag mit den Begriffen Schmelzen, Erstarren, Sieden, Kondensieren, Sublimieren und Resublimieren.
6 Sitzt man in einem kalten Auto, beschlagen oft die Fensterscheiben. Stellt man die warme Lüftung an, so wird die Scheibe wieder klar. Erkläre.

Methode

Bestimmung der Schmelztemperatur ☆

Die Erstarrungstemperatur lässt sich meist genauer bestimmen als die Schmelztemperatur. Dazu wird die Substanz in einem Reagenzglas geschmolzen. Danach lässt man den Stoff abkühlen und misst in bestimmten Zeitabständen die Temperatur. Bleibt die Temperatur über eine gewisse Zeit konstant, hat man die Erstarrungstemperatur erreicht. Bei dieser Methode benötigt man aber größere Stoffproben. Geringere Mengen können auch direkt auf dem Thermometer mit dem Gasbrenner erwärmt werden. Hier wird die Temperatur abgelesen, wenn die Stoffprobe schmilzt.

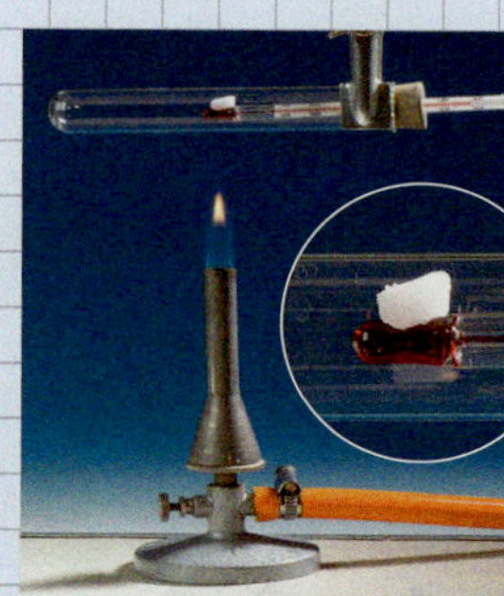

2.5 Dichte

Kauft man eine Tüte Brötchen und eine gleichgroße Tüte Äpfel, merkt man schnell, dass die Tüte Äpfel bedeutend schwerer ist. Natürlich ist aber ein Kilogramm Brötchen genauso schwer wie ein Kilogramm Äpfel. Allerdings nimmt ein Kilogramm Brötchen ein größeres Volumen ein als ein Kilogramm Äpfel. Schneiden wir Brötchen und Äpfel auf, wird schnell klar, dass das Fruchtfleisch eines Apfels dichter gepackt ist als der Teig eines Brötchens. Man sagt, der Apfel hat eine größere Dichte als das Brötchen.

In der Naturwissenschaft versteht man unter der Dichte ϱ (rho) den Quotienten aus der Masse und dem Volumen einer Stoffportion:

$$\text{Dichte} = \frac{\text{Masse}}{\text{Volumen}} \qquad \varrho = \frac{m}{V}$$

Die Dichte wird meist in der Einheit $\frac{g}{cm^3}$ angegeben. Gase haben allerdings eine so geringe Dichte, dass man hier die Einheit $\frac{g}{l}$ verwendet. Das betrachtete Volumen ist hier tausendmal größer als das bei Feststoffen und Flüssigkeiten.

Die Dichte wird zum Beispiel zur Qualitätskontrolle bei Nahrungsmitteln genutzt. Alte Hühnereier schwimmen aufgrund ihrer geringeren Dichte im Wasser, frische Eier dagegen sinken zu Boden. Auch der Zuckergehalt in Fruchtsäften wird über die Dichte bestimmt: Je mehr Zucker im Saft gelöst ist, desto größer ist die Dichte.

Einfluss von Temperatur und Druck. Die Dichte eines Stoffes hängt von der Temperatur ab: Mit steigender Temperatur dehnen sich die Stoffe aus, ihr Volumen nimmt also zu; die Dichte wird kleiner.
Die Dichte ist eine charakteristische Stoffeigenschaft wie die Siedetemperatur oder die Schmelztemperatur. Man muss aber zur Dichte die Temperatur angeben, für die der Wert gilt. Zur Vereinheitlichung wählt man hier meist eine Temperatur von 25 °C.

Bei Gasen hängt die Dichte zusätzlich noch vom Druck ab: Eine Gasportion wird bei Druckerhöhung zusammengepresst. Das Volumen nimmt ab, die Dichte steigt entsprechend. In Tabellen wird die Dichte von Gasen deshalb immer für den normalen Luftdruck von 1000 Hektopascal (hPa) angegeben.

Die Dichte eines Stoffes ist der Quotient aus Masse und Volumen. Die Dichte hängt von der Temperatur und bei Gasen auch vom Druck ab.

1 20 ml Olivenöl wiegen 18,4 g. Berechne die Dichte.
2 Die Dichte von Gold beträgt 19,3 $\frac{g}{cm^3}$. Berechne die Masse eines Goldstückes mit dem Volumen 4 cm^3.
3 a) Ein leerer Messzylinder wiegt 82,2 g. Nachdem er mit 60 cm^3 Alkohol gefüllt wurde, zeigt die Waage 128,4 g an. Berechne die Dichte von Alkohol.
b) Vergleiche mit dem Literaturwert von Ethanol. Erkläre die Abweichung.
4 Für die Verpackung von Lebensmitteln werden unterschiedliche Materialien genutzt. Brötchen kauft man in dünnen Papiertüten, Obst hingegen oft in reißfesten Kunststofftüten. Erkläre dies.
5 Ballonfahrer unterscheiden zwischen Heißluftballons und Heliumballons. Erkläre, weshalb beide Ballontypen aufsteigen und in der Luft schweben.
Experimentelle Hausaufgaben:
6 Stelle je einen Würfel aus Knetmasse und aus Wachs mit einem Volumen von 10 cm^3 her. Bestimme die Dichten.
7 Ermittle die Dichten von Cola und von Cola light, indem du jeweils ein bestimmtes Volumen abmisst und diese Portionen auswiegst. Erkläre den Dichteunterschied.

Bestimmung der Dichte ☆

Methode

Bestimmung der Dichte von Kupfer

Bestimmung der Masse m:

Ergebnis: $m = 98{,}6$ g

Berechnung der Dichte ϱ:
$m = 98{,}6$ g
$V = 11\ cm^3$

$$\varrho = \frac{m}{V} = \frac{98{,}6\ g}{11\ cm^3} = 8{,}96\ \frac{g}{cm^3}$$

Ergebnis: Kupfer hat die Dichte 8,96 $\frac{g}{cm^3}$.

ϱ (Kupfer) = 8,96 $\frac{g}{cm^3}$

Bestimmung des Volumens V:

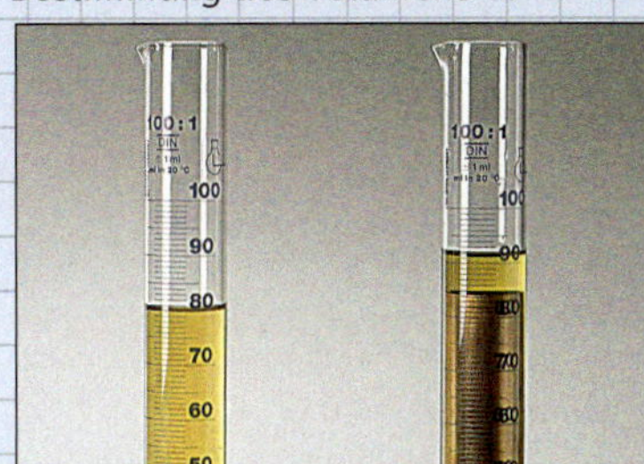

Ergebnis: $V = 11\ cm^3$

2.6 Stoffe steckbrieflich gesucht

Viele Stoffe, die in der Küche verwendet werden, sehen gleich aus oder riechen ähnlich. So sind Zucker und Salz weiß und geruchlos. Untersucht man diese Stoffe aber näher, stellt man fest, dass sie sich in vielen anderen Eigenschaften unterscheiden. Einige wichtige Eigenschaften nutzt man für die Einteilung von ähnlichen Stoffen zu **Stoffgruppen.** Eine mögliche, noch unvollständige Einteilung ist: Metalle, salzartige Stoffe, fettähnliche Stoffe und saure oder alkalische Stoffe.

Metalle. In einem kompakten Stück haben alle Metalle einen typischen metallischen Glanz. Sie sind plastisch verformbar und besitzen eine gute Leitfähigkeit für Wärme und für den elektrischen Strom.

Beispiele: Eisen, Silber, Kupfer

Salzartige Stoffe. Spröde Feststoffe von großer Härte bezeichnet man als salzartige Stoffe oder als Salze. Sie leiten im festen Zustand den elektrischen Strom nicht. Als Schmelze oder in Lösung dagegen sind sie elektrische Leiter. Salze besitzen meist hohe Schmelztemperaturen.

Beispiele: Kochsalz, Natron

Fettähnliche (lipophile) Stoffe. Einige feste oder flüssige Stoffe sind nicht in Wasser, aber gut in Benzin löslich. Sie werden als fettähnlich oder lipophil bezeichnet. Fettähnliche Stoffe haben meist niedrige Schmelztemperaturen und leiten den elektrischen Strom nicht.

Beispiele: Kokosfett, Wachs, Paraffinöl

Saure oder alkalische Stoffe. Einige Stoffe sind gut in Wasser löslich und leiten in wässriger Lösung den elektrischen Strom. Indikatoren werden durch diese Stoffe charakteristisch gefärbt.

Beispiele: Essigsäure, Zitronensäure, Seifenlauge

Nicht nur in der Küche findet man Stoffe, die man nicht sofort identifizieren kann. Hat man aber eine Stoffprobe einer Stoffgruppe zuordnen können, so ist die Zahl der in Frage kommenden Stoffe bereits stark eingeschränkt. Weitere Informationen, um den unbekannten Stoff endgültig zu identifizieren, kann man Eigenschaftstabellen entnehmen.

Gibt es einen Verdacht, um welchen Vertreter der Stoffgruppe es sich handelt, hilft auch ein **Steckbrief** weiter. Bei Steckbriefen in der Fahndung nach verdächtigen Personen gibt man Maße wie Gewicht oder Größe sowie die Farben der Haare und Augen an. Dazu gibt es Informationen über den Charakter des Verdächtigen wie „macht schnell von der Schusswaffe Gebrauch". Auch über die Gegend, in der sich der Verdächtigte häufig aufhält, wird informiert. Natürlich darf ein Foto oder eine Zeichnung nicht fehlen. Ganz ähnlich sind Steckbriefe für Stoffe zusammengestellt: Man findet neben dem Foto eine Angabe zur Farbe des Stoffes und Messgrößen wie Schmelztemperatur und Dichte. Dazu wird beispielsweise mit der Löslichkeit auch das Verhalten des Stoffes beschrieben. Angaben zum Vorkommen oder zur Verwendung des Stoffes ergänzen den Steckbrief.

Um den noch unbekannten Stoff zu identifizieren, sucht man sich unter den Angaben eine Eigenschaft heraus, die man leicht und genau bestimmen kann. Stimmt das Versuchsergebnis mit der Angabe überein, hat man den Stoff identifiziert.

Ähnliche Stoffe lassen sich aufgrund ihrer gemeinsamen Eigenschaften in Stoffgruppen zusammenfassen. Steckbriefe und Eigenschaftstabellen helfen Stoffe zu identifizieren.

1 Begründe die Zuordnung der Beispiele zu Stoffgruppen.
2 Ordne möglichst viele von den in der Tabelle angegebenen Substanzen den Stoffgruppen zu.
3 Erläutere anhand von Beispielen, warum man Fette nicht mit fettartigen Stoffen verwechseln darf. Zeige dieses Problem auch bei anderen Stoffgruppen auf.

Stoff	Elektrische Leitfähigkeit Feststoff	Löslichkeit in Wasser	Elektrische Leitfähigkeit in Lösung	Farbe der Universalindikator-Lösung	Löslichkeit in Benzin	Schmelztemperatur	Zersetzungstemperatur
Eisen	sehr gut	keine	–	–	keine	1535 °C	
Kochsalz	keine	gut	gut	keine Änderung	keine	801 °C	
Kerzenwachs	keine	keine	–	–	gut	54 °C	
Natron	keine	gut	gut	keine Änderung	keine	–	50 °C
Zitronensäure	keine	gut	gut	rot	keine	153 °C	

Stoffe und ihre Eigenschaften

Steckbrief: Kochsalz

Farbe: weiß
schwach glänzend
Dichte: 2,16 $\frac{g}{cm^3}$
schmilzt bei 801 °C
siedet bei 1465 °C
Löslichkeit: 35,8 g
in 100 g Wasser (20°C)
in Benzin unlöslich
als Feststoff elektrisch nicht leitend
in Lösung elektrisch leitend
Indikatorverfärbung: keine

Die bekannteste Eigenschaft des Kochsalzes ist der salzige Geschmack: Es wird deshalb zum Würzen von Speisen verwendet. Kochsalz ist auch als Konservierungsmittel geeignet. So können Fisch oder Gurken in Salzlösung eingelegt und haltbar gemacht werden, Fleisch wird mit Kochsalz eingerieben.

Steckbrief: Eisen

Farbe: silbrig glänzend
Dichte: 7,9 $\frac{g}{cm^3}$
schmilzt bei 1535 °C
siedet bei 2860 °C
Löslichkeit: in Wasser unlöslich
in Benzin unlöslich
als Feststoff elektrisch leitend
Indikatorverfärbung: keine

Schon früh haben die Menschen Eisen aus Eisenerz hergestellt und es wegen seiner Widerstandsfähigkeit als Gebrauchsmetall geschätzt.
Heute wird Eisen mit anderen Metallen zu Stahl veredelt. Für Kochtöpfe zum Beispiel wird Edelstahl verwendet, der auch bei Kontakt mit Wasser kaum rostet.

Steckbrief: Zitronensäure

Farbe: weiß
schwach glänzend
Dichte: 1,66 $\frac{g}{cm^3}$
schmilzt bei 153 °C
zersetzt sich bei 175 °C
Löslichkeit: 60,5 g
in 100 g Wasser (20 °C)
in Benzin unlöslich
als Feststoff elektrisch nicht leitend
in Lösung elektrisch leitend
Indikatorverfärbung: rot

Zitronensäure befindet sich nicht nur im Saft von Zitronen, sondern auch im Fruchtfleisch vieler anderer Früchte.
Sie kann als Säuerungsmittel für Speisen und Getränke genutzt werden und ist beispielsweise in Brausepulver enthalten. Weiterhin wird Zitronensäure auch als Reinigungsmittel zur Kalkentfernung verwendet.

Praktikum Einteilung von Stoffen

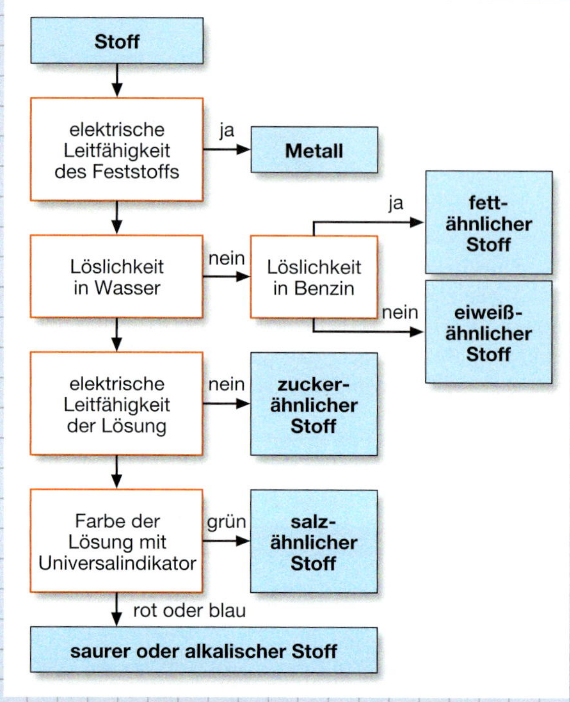

V1: Identifizierung mithilfe der Schmelztemperatur

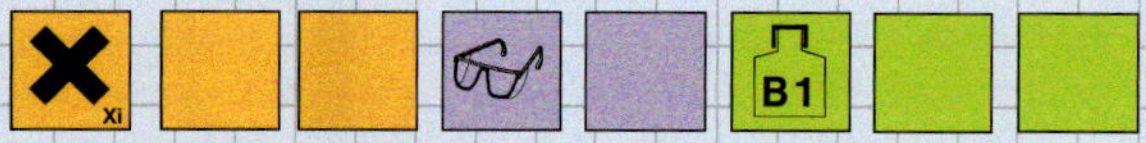

Materialien: Großes Reagenzglas mit doppelt durchbohrtem Stopfen, Thermometer, Gasbrenner
Probe aus der Gruppe der sauren Stoffe (Xi).

Durchführung:

1. Spanne das Reagenzglas waagerecht in das Stativ.
2. Schiebe das Thermometer durch eine Bohrung des Stopfens.
3. Gib eine kleine Menge der Probe auf die Kugel des Thermometers und verschließe das Reagenzglas vorsichtig mit dem Stopfen, so dass die Probe auf dem Thermometer liegen bleibt.
4. Erwärme das Reagenzglas unter der Thermometerkugel vorsichtig. Beobachte dabei die Probe genau und miss die Temperatur, bei der die Probe schmilzt.

Aufgabe: Identifiziere die Probe.

Stoff	Smt	Stoff	Smt
Essigsäure	16	Ascorbinsäure (Zers.)	192
Mandelsäure (D, L)	119	Zitronensäure (Hydrat)	100
Benzoesäure	122	Weinsäure (D)	160
Glykolsäure	80	Zimtsäure (trans)	133

Schmelztemperaturen ausgewählter saurer Stoffe in °C

V2: Untersuchung von Stoffeigenschaften

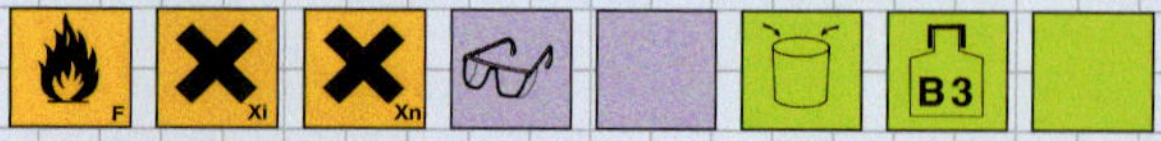

Materialien: Leitfähigkeitsmessgerät, Uhrglasschälchen, Bechergläser, Spatel;
Waschbenzin (F, Xn, N), Universalindikator;
Proben: Eisenspäne, Eiweißpulver (Eiweiß-Sportdrink), Kerzenwachspulver, Kochsalz, Soda, Traubenzucker, Zitronensäure (Xi).

Durchführung:

Elektrische Leitfähigkeit der Feststoffe

1. Gib auf je ein Uhrglasschälchen ein Häufchen des zu untersuchenden Stoffes.
2. Überprüfe die elektrische Leitfähigkeit, indem du die Elektroden des Leitfähigkeitsmessgeräts in die Häufchen hältst.

Löslichkeit in Wasser und in Waschbenzin:

1. Gib jeweils eine Spatelspitze eines Stoffes in ein Becherglas mit Wasser und rühre mit dem Spatel um.
2. Gib jeweils eine Spatelspitze der Stoffe, die sich nicht in Wasser lösten, in ein Becherglas mit Waschbenzin und rühre mit dem Spatel um.

Elektrische Leitfähigkeit wässriger Lösungen:

1. Überprüfe die elektrische Leitfähigkeit der wässrigen Lösungen, indem du die Elektroden des Leitfähigkeitsmessgeräts in die Lösungen eintauchst.

Saure und alkalische Eigenschaften:

1. Gib zu den wässrigen Lösungen etwas Universalindikator in die Lösungen.

Einordnung von unbekannten Substanzen

1. Tausche mit den Nachbargruppen Proben aus, die nicht beschriftet sind und deren Stoff du nicht erkennen kannst.
2. Untersuche die unbekannten Proben wie die zuvor untersuchten Stoffe.

Aufgaben:

a) Notiere deine Beobachtungen.
b) Ordne anhand deiner Beobachtungen die Stoffe ihrer Stoffgruppe zu und begründe deine Zuordnung.
c) Ordne auch die unbekannten Proben den Stoffgruppen zu.
d) Gib die Namen der unbekannten Stoffe an und vergleiche sie mit den Angaben der Nachbargruppen.

Umgang mit Modellen

Fast jeder Tourist hat schon einmal einen Stadtplan benutzt, um sich in einer fremden Stadt zu orientieren. So findet man auf einem Bogen Papier wichtige Informationen über ein Stadtzentrum. Die beschriebene Fläche ist dagegen fast einen Quadratkilometer groß. Deshalb können nur ausgewählte Informationen wie Straßennamen, die Straßenführung, die Lage von öffentlichen Gebäuden und Sehenswürdigkeiten sowie die Fahrtroute von öffentlichen Verkehrsmitteln auf einem Stadtplan dargestellt werden. Informationen, die für die meisten Benutzer unwichtig sind, wie zum Beispiel genaue Angaben über Wohnhäuser oder Geschäftshäuser, fehlen. Ein Stadtplan ist also eine stark vereinfachte und verkleinerte Darstellung einer relativ großen Innenstadt.

Modelle. *Vereinfachte Darstellungen* wie in einem Stadtplan werden allgemein **Modelle** genannt. Im Alltag werden viele Modelle verwendet. Modelleisenbahn oder Modellautos sind beliebte Spielzeuge. Bevor ein Haus gebaut wird, entwirft ein Architekt ein Modell davon. Auch Tafelbilder in der Schule sind Modelle.

In den Naturwissenschaften sollen Modelle Vorstellungen von Bereichen vermitteln, die wir mit unseren Sinnen nicht wahrnehmen können, etwa weil sie zu groß oder zu klein sind. Ein Modell stellt einen Teil der Wirklichkeit bildhaft in vereinfachter Form dar. Die Vereinfachung ist gewollt und dient so zur Veranschaulichung komplizierter Sachverhalte. Mithilfe von Modellen lassen sich viele Erscheinungen und Gesetzmäßigkeiten anschaulich erklären. Wie ein Autofahrer, der von Essen nach Köln fahren will, niemals eine Karte für Wanderer verwenden würde, wählt man auch in den Naturwissenschaften unterschiedliche Modelle, je nachdem, was man beschreiben oder erklären möchte. So gibt es beispielsweise für den Aufbau der Materie unterschiedliche Modelle.

Teilchenmodell. Ein wichtiges Modell in der Chemie ist die Vorstellung, dass Stoffe aus kleinsten Teilchen aufgebaut sind. Das *Teilchenmodell* stellt die Materie in sehr starker Vergrößerung dar. Lange Zeit gab es kein Mikroskop, das leistungsfähig genug war, um die Teilchen, aus denen Stoffe bestehen, sichtbar zu machen. Deshalb wurde das Teilchenmodell anfänglich allein aufgrund des Verhaltens von Stoffen erarbeitet und bei neuen Entdeckungen immer wieder angepasst.

Das Teilchenmodell beschreibt die Bausteine der Stoffe als winzig kleine Kugeln, die sich gegenseitig anziehen. Die Teilchen eines Stoffes sind dabei alle gleich groß; die Teilchen unterschiedlicher Stoffe unterscheiden sich meist in ihrer Größe und in ihrer Masse. Die kleinsten Teilchen sind in ständiger Bewegung. Nimmt die Temperatur zu, bewegen sich die Teilchen heftiger; bei niedrigerer Temperatur hingegen weniger.

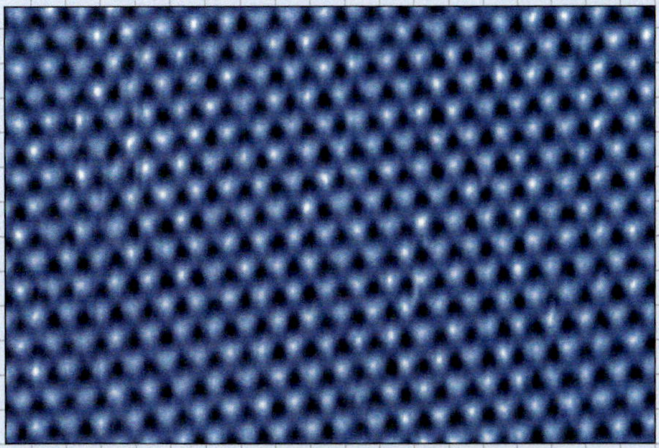
Graphitoberfläche im Rastertunnelmikroskop

In einem Feststoff schwingt jedes Teilchen um einen festen Ort. In einer Flüssigkeit bewegen sich die Teilchen innerhalb des Flüssigkeitsvolumens relativ frei. Bei einem Gas bewegen sich die Teilchen vollständig frei im gesamten Raum. Der Abstand der Teilchen voneinander ist bei Gasen viel größer als bei Flüssigkeiten.

Heute kann man die kleinsten Teilchen mithilfe eines Rastertunnelmikroskops sichtbar machen. Dieses Mikroskop ermöglicht Strukturen einer Größe von nur einem Millionstel Millimeter zu erkennen. Damit konnten die Aussagen des Teilchenmodells bestätigt werden.

1 Erläutere die charakteristischen Merkmale von Modellen. Wähle dazu je ein vergrößerndes und ein verkleinerndes Modell aus.

Teilchenmodell

1. Materie besteht aus kleinsten Teilchen. Im Raum zwischen den Teilchen befindet sich nichts.
2. Die Teilchen verschiedener Stoffe unterscheiden sich in ihrer Größe und ihrer Masse.
3. Zwischen den Teilchen wirken Anziehungskräfte.
4. Die Teilchen sind ständig in Bewegung.
5. Mit steigender Temperatur bewegen sich die Teilchen heftiger.
6. In Feststoffen haben die Teilchen eine dichte Anordnung und schwingen um ihre Plätze. In Flüssigkeiten bewegen sie sich ungeordnet, berühren sich aber gegenseitig. Bei Gasen sind die Anziehungskräfte überwunden. Die Abstände zwischen den Teilchen sind sehr groß.

Theorie

Aggregatzustände im Teilchenmodell

Nach dem Teilchenmodell bestehen alle Stoffe aus kleinsten Teilchen, die sich in ständiger Bewegung befinden. Je höher die Temperatur, desto größer ist die Geschwindigkeit der Teilchen. Zwischen den Teilchen gibt es Anziehungskräfte.

Mit dem Teilchenmodell lassen sich auch die Übergänge zwischen den Aggregatzuständen eines Stoffes erklären. Die folgende Beschreibung der Aggregatzustände am Beispiel von *Eis, Wasser* und *Wasserdampf* gilt ähnlich für alle Stoffe.

Stoff	Erklärung	Teilchenmodell
	In einem Eiskristall sind die Wasser-Teilchen regelmäßig angeordnet. Zwischen den Teilchen herrschen starke Anziehungskräfte, so dass keines seinen Platz verlassen kann. Die Eigenbewegung der Teilchen ist auf Schwingungen um den Platz des Teilchens im Kristall beschränkt.	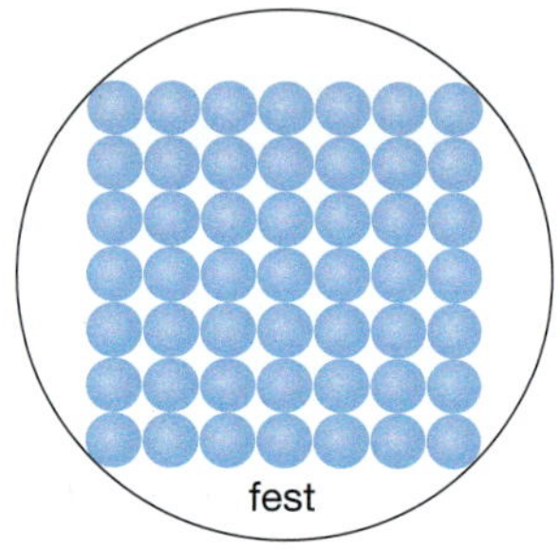
	Die Teilchen in flüssigem Wasser bewegen sich schneller als die Teilchen im Eis. Es existieren zwar noch Anziehungskräfte, aufgrund der größeren Geschwindigkeit sind die Teilchen jedoch beweglicher und damit leichter gegeneinander verschiebbar. Daher nehmen Flüssigkeiten jede durch ein Gefäß vorgegebene Form an.	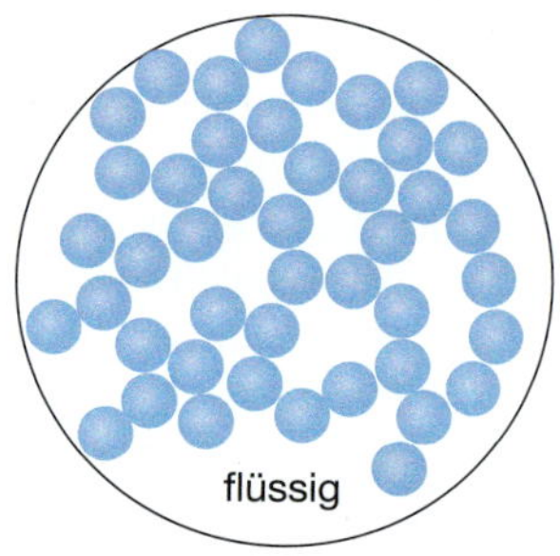
	Im gasförmigen Zustand ist die Geschwindigkeit der Wasserteilchen noch größer als in flüssigem Wasser. Damit werden die Anziehungskräfte zwischen den Teilchen vollständig überwunden. Der Abstand zwischen den Teilchen kann sich daher beliebig vergrößern. Ein Gas nimmt deshalb den gesamten zur Verfügung stehenden Raum ein.	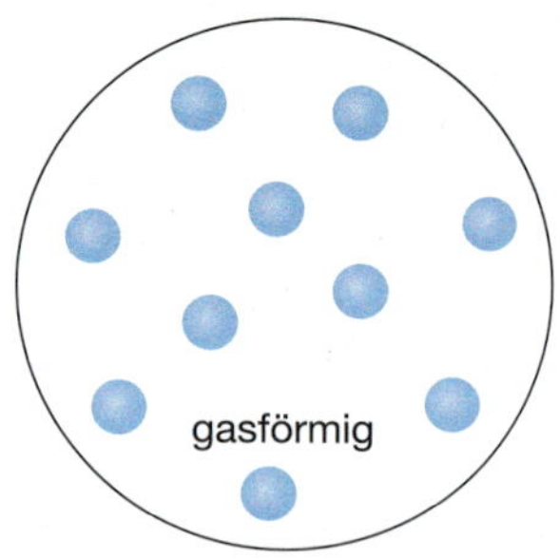

1 Vergleiche die Geschwindigkeit der Wasser-Teilchen im festen, flüssigen und gasförmigen Zustand.

2 Erkläre, weshalb eine Flüssigkeit nicht den gesamten verfügbaren Raum einnimmt.

Aggregatzustände und Temperaturänderung

Exkurs

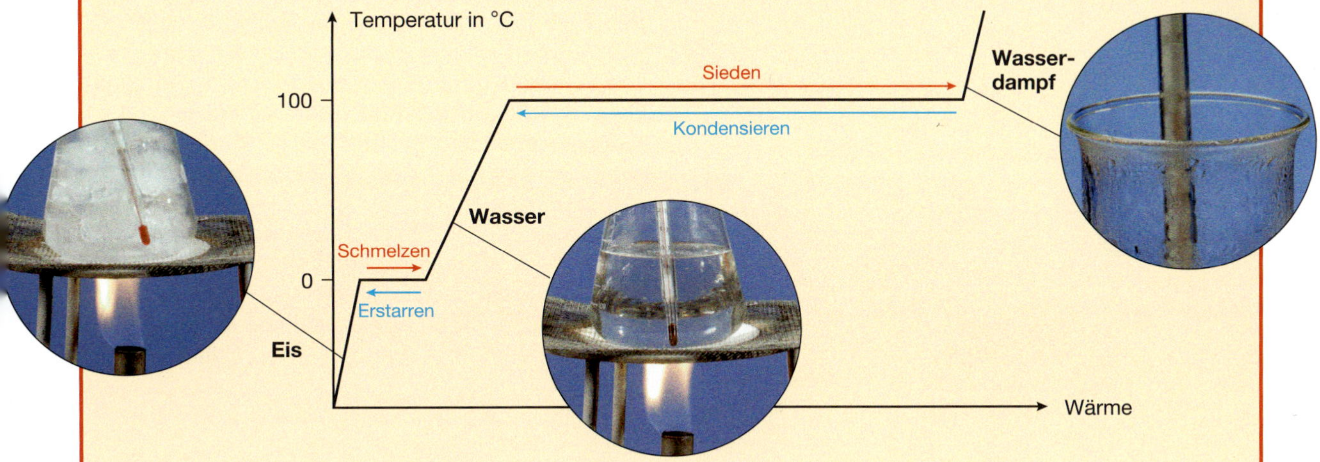

Wärme/Temperatur-Diagramm von Wasser

Der Aggregatzustand eines Stoffes ist abhängig von seiner *Temperatur.* Will man die Temperatur eines Stoffes erhöhen, muss man *Wärme* zuführen. Etwas komplexer sind die Verhältnisse beim Schmelzen und beim Sieden. Um den Zusammenhang bei Aggregatzustandsänderungen untersuchen zu können, erhitzt man mit dem Gasbrenner Eis in einem Erlenmeyerkolben, bis es geschmolzen und das entstehende Wasser schließlich verdampft ist.

Beim Erwärmen steigt die Temperatur des Eises. Diese Beobachtung bestätigt den eingangs beschriebenen Zusammenhang. Ist jedoch die Schmelztemperatur von 0 °C erreicht, so beobachtet man etwas, das jeder Erfahrung widerspricht: Obwohl ständig weiter Wärme zugeführt wird, bleibt die Temperatur konstant bei 0 °C. Erst wenn das gesamte Eis geschmolzen ist und Wasser mit einer Temperatur von 0 °C vorliegt, steigt die Temperatur des Wassers weiter an.
Wenn die Siedetemperatur von 100 °C erreicht ist, beobachtet man das Gleiche wie beim Schmelzen: Obwohl man ständig weiter Wärme zuführt, bleibt die Temperatur bei 100 °C. Erst wenn das gesamte Wasser verdampft ist, steigt die Temperatur des Wasserdampfes über 100 °C hinaus an.

Schmelzwärme und Verdampfungswärme. Wenn man die Beobachtungen erklären will, muss man davon ausgehen, dass die Flamme des Brenners in jeder Sekunde gleich viel Wärme liefert und dass ein bestimmter Teil dieser Wärme von dem Eis und dem Wasser aufgenommen wird. Der Rest erwärmt die Umgebung.
Zunächst bewirkt die aufgenommene Wärme die beobachtete Temperatursteigerung. Während des Schmelzvorgangs, also bei 0 °C, bewirkt die zugeführte Wärme keinen Temperaturanstieg, sondern sie wird für das Schmelzen benötigt. Man spricht von der *Schmelzwärme.* Danach erhöht die zugeführte Wärme wiederum die Temperatur des nunmehr flüssigen Wassers. Bei 100 °C siedet das Wasser. Die dabei aufgenommene Wärmemenge bezeichnet man als *Verdampfungswärme.*
Bei der Kondensation von Wasserdampf wird die Verdampfungswärme wieder frei, ebenso beim Erstarren die Schmelzwärme.

Teilchenmodell. Beim Erwärmen von Eis wird durch die zugeführte Wärme die Bewegungsenergie der Teilchen vergrößert: Die Schwingungen der Teilchen im Kristall werden heftiger. Beim Schmelzen selbst wird die aufgenommene Wärme genutzt, um die Anziehungskräfte zwischen den Teilchen soweit zu überwinden, dass sie ihre Plätze im Kristall verlassen können.

Beim Erhitzen von Wasser nimmt die Geschwindigkeit der Wasser-Teilchen zu. Beim Sieden bleibt die Temperatur konstant; die zugeführte Wärme ermöglicht die Überwindung der Anziehungskräfte zwischen den Wasser-Teilchen. Danach sind die Teilchen im Wasserdampf frei beweglich und jede Wärmezufuhr führt wieder zu einer größeren Geschwindigkeit der Teilchen.

1 Erkläre den Begriff *Schmelzwärme.*
2 Erläutere, wie sich eine Änderung der Temperatur auf der Ebene der Teilchen auswirkt.
3 Erkläre, weshalb man selbst bei hohen Temperaturen im Sommer beim Verlassen eines Schwimmbeckens friert.
4 Während es schneit oder kurz danach registrieren die Meteorologen meist einen kurzen Temperaturanstieg. Erkläre diese Beobachtung.

2.7 Diffusion

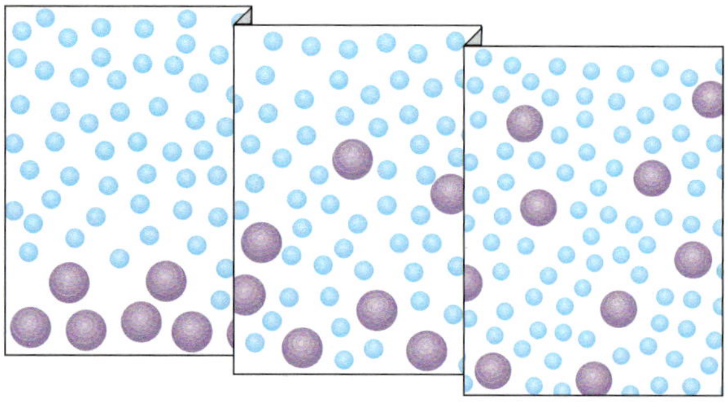

Lösungsvorgang eines Farbstoffs in Wasser

Gibt man ein Stück Kandiszucker in ein Glas mit Tee, so bildet sich zunächst am Boden eine konzentrierte Lösung. Meist wird aber gerührt, um den Lösevorgang zu beschleunigen. Der Tee schmeckt dann nach kurzer Zeit einheitlich süß.

Diffusion im Teilchenmodell. Experimente mit Farbstoffen zeigen, dass sich ein gelöster Stoff auch dann gleichmäßig im Lösemittel verteilen kann, wenn nicht gerührt wird. Man füllt dazu beispielsweise einen Standzylinder mit Wasser und wirft einige Kristalle eines wasserlöslichen Farbstoffs hinein. Am Boden des Zylinders entsteht dann zuerst eine intensiv gefärbte Schicht. Nach einer Stunde hat sich die Färbung schon merklich ausgebreitet; und nach einigen Tagen ist die gesamte Flüssigkeit einheitlich gefärbt. Solche Mischungsvorgänge, die ohne Einwirkung von außen ablaufen, bezeichnet man als **Diffusion.** Eine Erklärung für die Diffusion ergibt sich aus dem *Teilchenmodell:* Die Teilchen sind ständig in Bewegung. Trotz großer Geschwindigkeit kommen sie aber nur langsam voran, denn schon nach einer Strecke von nur 0,00001 mm stoßen sie mit anderen Teilchen zusammen. Ähnlich wie Billardkugeln ändern sie daher ständig ihre Bewegungsrichtung. Insgesamt gesehen entspricht diese Art der Fortbewegung einer unregelmäßigen Zickzacklinie.

Durch Diffusion vermischen sich Stoffe, da ihre Teilchen in ständiger Bewegung sind.

1 Die Diffusion bei Gasen verläuft schneller als bei Flüssigkeiten. Begründe mit dem Teilchenmodell.

2 *Experimentelle Hausaufgaben:*

a) Halte ein Stück Kandiszucker an die Oberfläche eines wassergefüllten Teeglases und lass es nach einiger Zeit fallen. Beschreibe deine Beobachtung.

b) Lege ein rotes Gummibärchen in Wasser. Beobachte über einen längeren Zeitraum und notiere deine Beobachtungen.

Methode

Lernen mit Maps

Das englische Wort Map lässt sich mit „Landkarte" übersetzen. Es beschreibt eine Methode, die helfen kann, einen gelernten Sachverhalt möglichst lange im Gedächtnis zu behalten. Dazu schreibt man aus dem neu Erlernten die wesentlichen Sachverhalte heraus. Die dabei entstehenden kurzen Stichpunkte oder Schlüsselwörter werden durch Linien miteinander verbunden. In der Mitte des Map steht das Thema, von dem Äste ausgehen. Auf den Astlinien stehen die Gliederungspunkte in unterschiedlicher Rangfolge. Nahe am Thema stehen die wichtigsten Unterpunkte. Je weiter man die Astlinien nach außen verfolgt, desto untergeordnetere und speziellere Sachverhalte sind zu finden. So kann man in einem Map sowohl übergeordnete als auch untergeordnete Begriffe eines Themas erkennen. Das hilft auch dabei, neu erworbenes Wissen in bekanntes Vorwissen einzufügen.

Der wesentliche Prozess für das Lernen und Einprägen findet beim Erstellen des Maps statt. Alle Gedanken zu einem Sachverhalt müssen in eine logische „Landkarte" übersetzt werden.

Vorteile einer Darstellung als Map.
- Die zentralen Begriffe eines Themas werden deutlicher herausgestellt als bei einfachen Mitschriften.
- Wichtige Begriffe finden sich in der Nähe des Zentrums, weniger wichtige in den Randzonen.
- Durch die Astlinien zwischen den Begriffen werden die Verknüpfungen zwischen den Schlüsselbegriffen leicht erkennbar.
- Beim Mapping entsteht ein baumförmiges Wissensnetz, bei dem sich für jeden neuen Begriff ein logischer Ort finden lässt.
- Ein Map ist nicht abgeschlossen, sondern nach allen Seiten offen: Auf den Astlinien lassen sich weitere Begriffe ergänzen. Dadurch ergeben sich immer wieder neue Zusammenhänge und neue Wissensstrukturen.

1 Erläutere das Map zum Thema „Stoffe" auf der rechten Seite.

2 Gib weitere Verknüpfungsmöglichkeiten für dieses Map an und begründe.

Wir untersuchen Lebensmittel

Basiswissen

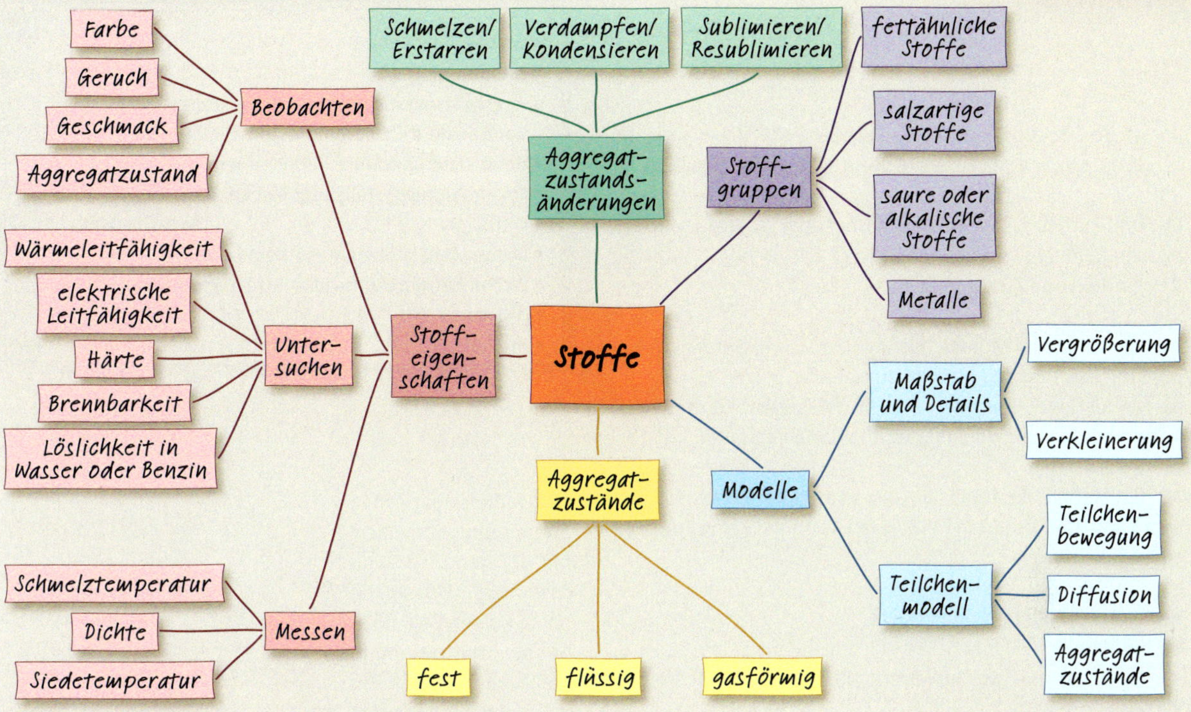

Chemie und Lebensmittel

Chemie in unserer Welt

Sinneseindrücke. Ein leckeres Schulfrühstück sieht gut aus und duftet appetitlich. Dabei stellt sich die Frage, woher Lebensmittel ihr Aussehen, ihren Geschmack und ihren Geruch überhaupt haben.
Sinneswahrnehmungen wie Farbe, Geruch, Geschmack und Konsistenz geben uns erste Anhaltspunkte beim Betrachten von Lebensmitteln. Diese Beobachtungen vergleichen wir mit unseren Vorerfahrungen: Tomatenpüree ist rot; also wird die rote Soße wohl eine Tomatensoße sein.
Doch auch wenn man alle Sinneseindrücke heranzieht, kann man die Stoffe, die in Lebensmitteln enthalten sind, nicht eindeutig identifizieren: So sind Traubenzucker und Fruchtzucker fest, farblos und geruchlos. Auch schmecken beide süß.

Berufsfeld Lebensmittelchemie. Die Identifizierung von Stoffen ist eine Aufgabe der Chemie. Im Studium der Lebensmittelchemie lernt man die typischen Eigenschaften von Stoffen sowie die Methoden der Lebensmittelanalyse kennen. Neben Lebensmittelchemikern gibt es auch lebensmitteltechnische Assistenten, die die Chemiker bei ihrer Arbeit unterstützen.

Identifizierung über Stoffgruppen. Bei der Identifizierung von Stoffen muss man systematisch vorgehen, da die Zahl der in Frage kommenden Stoffe außerordentlich hoch sein kann. Man untersucht zunächst allgemeine Eigenschaften der Stoffe und fasst die Stoffe mit gleichen Eigenschaften in einer Stoffgruppe zusammen. Die Einordnung von Stoffen in die zugehörige Stoffgruppe schränkt die Zahl der möglichen Stoffe erheblich ein.
Jetzt werden speziellere Eigenschaften des Stoffes untersucht, in denen er sich von den anderen Mitgliedern der Stoffgruppe unterscheidet. So führt man beispielsweise bestimmte Nachweise durch, um die Auswahl der möglichen Stoffe weiter einzugrenzen. Manchmal kann der Stoff schon durch einen einzigen Nachweis identifiziert werden.
Anderenfalls bestimmt man spezifische Eigenschaften des Stoffes, die ihn einwandfrei identifizieren: So misst man beispielsweise die Schmelztemperatur und sucht in Tabellenwerken unter den Vertretern der Stoffgruppe den Stoff mit der ermittelten Schmelztemperatur heraus. Oft werden für diese abschließende Identifizierung auch Messwerte wie Siedetemperatur oder Dichte verwendet.

Prüfe dein Wissen

Quiz

A1 a) Erkläre die Begriffe des Fensters.
b) Notiere auf der Vorderseite von Karteikarten den Begriff, auf der Rückseite die Erklärung.
c) Ordne die Begriffe den Basiskonzepten „Materie“, „chemische Reaktion“ und „Energie“ zu.
Begründe deine Zuordnung.

A2 a) Wähle fünf Metalle aus und berechne, welches Volumen jeweils 1 kg des Metalls einnimmt.
b) Nenne zwei Metalle, die in flüssigem Quecksilber schwimmen, und zwei Metalle, die darin versinken.

A3 Ein Metalllöffel fühlt sich anders an als ein Plastiklöffel, wenn man damit seinen heißen Tee umrührt. Begründe diese Beobachtung.

A4 Erkläre die folgenden Effekte:
a) Hängt man bei Frost nasse Wäsche auf die Leine, so wird sie zunächst hart wie ein Brett. Nach einiger Zeit ist die Wäsche aber dann trocken.
b) An sonnigen Wintertagen wird die Schneedecke auch bei Minusgraden dünner.
c) Bei Frost bildet sich Raureif. Autofahrer müssen daher im Winter häufig vor Fahrtantritt die Scheiben vom Eis befreien.
d) Trockeneis, das in Behältern aufbewahrt wird, hat eine konstante Temperatur von −78 °C.

A5 Die Luft in einer Luftpumpe kann man leicht zusammendrücken, feste Stoffe dagegen nicht. Erkläre diese Beobachtung mithilfe des Teilchenmodells.

A6 Bei der Zubereitung von Salat breitet sich Essig-Geruch in der Küche aus.
a) Erkläre, wie es zu der Ausbreitung des Geruchs kommt.
b) Zeichne deine Modellvorstellung der kleinsten Teilchen in Essig-Lösung und im Essigdampf/Luft-Gemisch auf.

Know-how

A7 Im GALILEI-Thermometer sind verschiedene Kugeln enthalten. Die untere der noch schwimmenden Kugeln zeigt die Zimmertemperatur an.
Erkläre, wie die Anzeige funktioniert. Berücksichtige, dass die Dichte von Stoffen mit zunehmender Temperatur abnimmt.

Die wichtigsten Begriffe

- Stoffeigenschaften
- Dichte
- Aggregatzustand, Schmelzen, Erstarren, Sieden, Kondensieren, Sublimieren, Resublimieren
- Schmelztemperatur, Siedetemperatur
- Teilchenmodell, Teilchenbewegung
- Diffusion
- Lösung, Löslichkeit, gesättigte Lösung
- Wärmeleitfähigkeit, elektrische Leitfähigkeit
- pH-Wert
- Indikator

A8 Umfasst man einen „Temperamentmesser“ mit der Hand, so sprudelt die Flüssigkeit nach kurzer Zeit nach oben. Bei temperamentvollen Menschen soll das besonders schnell und heftig geschehen. Erkläre die Funktionsweise.

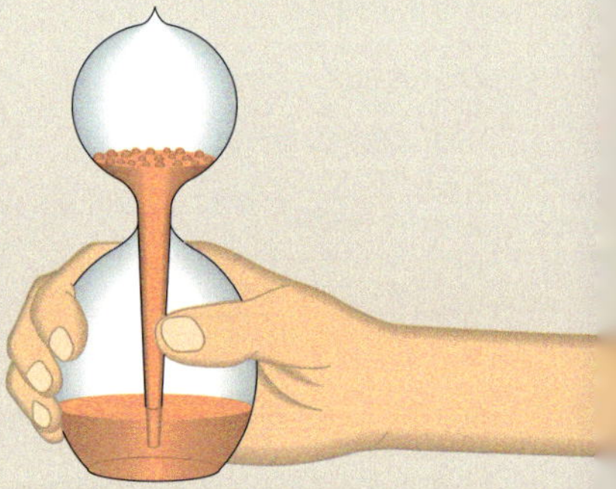

A9 Prüft man reines Wasser, Mineralwasser und ein Stück Metall auf elektrische Leitfähigkeit, erhält man unterschiedliche Ergebnisse. Triff eine begründete Vorhersage.

Natur – Mensch – Technik

A10 In vielen Haushalten stellt man mit einem Wasser-Sprudler selbst Mineralwasser her, indem Kohlenstoffdioxid aus einer Stahlpatrone unter Druck in das Leitungswasser eingeblasen wird.
a) Was passiert bei diesem Vorgang mit dem Kohlenstoffdioxid?
b) Erkläre, warum man häufig die Flasche mit dem Wasser zunächst in den Kühlschrank stellt und das Gas dann in das gekühlte Wasser einleitet.

A11 Kalte Getränke kann man im Sommer in der Sonne einige Zeit kühl halten, wenn man die Flasche mit nassem Zeitungspapier oder nassen Handtüchern umwickelt.
Erkläre diesen Kühleffekt.

Wir untersuchen Lebensmittel

A1 Das Bad des ARCHIMEDES

ARCHIMEDES beim Nachdenken

Im dritten vorchristlichen Jahrhundert lebte ARCHIMEDES als Gelehrter am Hof des Königs HIERON in Syrakus auf Sizilien. Der König hatte sich aus 5 kg reinen Goldes eine Krone anfertigen lassen. Er war im Zweifel, ob der Goldschmied ihn nicht betrogen hätte. Zwar wog die Krone genau 5 000 g, aber war sie wirklich aus reinem Gold? Vielleicht hatte der Goldschmied ein billigeres Metall beigemischt und einen Teil des Goldes für sich abgezweigt. ARCHIMEDES sollte den Sachverhalt klären.
Es wird berichtet, dass ARCHIMEDES gerade über diesen Auftrag nachdachte, als er ein Badehaus betrat. Wie sollte er den Beweis erbringen? Er durfte doch die Krone nicht zerstören. Als er schließlich in die Badewanne stieg, sah er, wie der Wasserspiegel anstieg. Dabei kam ihm die entscheidende Idee und er rief laut „Heureka, heureka!“. Das heißt übersetzt: „Ich hab’s gefunden, ich hab’s gefunden!“
ARCHIMEDES eilte nach Hause, um einen Versuch zu machen: Er nahm einen zweiten Goldklumpen, der die gleiche Masse wie die Krone hatte. Er füllte dann zwei identische Glasgefäße gleichhoch mit Wasser. In eines der beiden Glasgefäße gab er den Goldklumpen, so dass er vollständig im Wasser untertauchte. In das andere Gefäß gab er die Krone. Auch hier achtete er darauf, dass sie vollständig von Wasser bedeckt war.

a) Gib an, welche physikalische Größe des Goldklumpens und der Krone ARCHIMEDES bei seinem Versuch verglichen hat.
b) Erkläre die Vorgehensweise bei diesem Experiment. Welche Stoffeigenschaft wird dabei ausgenutzt?
c) Beschreibe das Ergebnis des Versuches für den Fall, dass der Goldschmied ehrlich war.
d) Berechne das Volumen des Goldklumpens.
e) Berechne das Volumen der Krone, wenn der Goldschmied die Hälfte des Goldes durch Silber ersetzt hätte.

A2 Was ist drin?

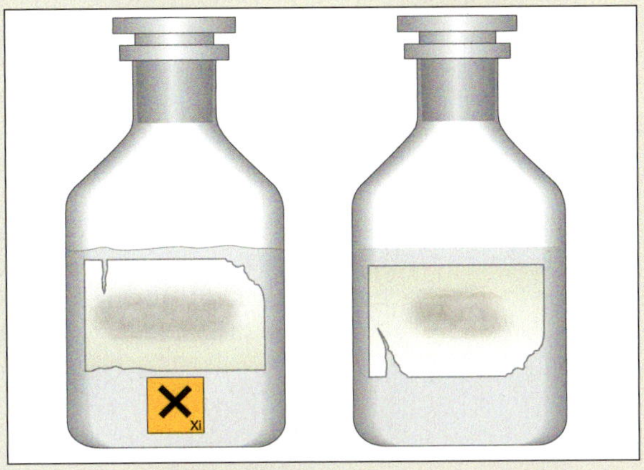

Beim Aufräumen der Chemiesammlung finden die Lehrkräfte für Chemie zwei alte Flaschen mit unleserlichen Etiketten. Darin befinden sich jeweils weiße verklumpte Substanzen, die kaum zu unterscheiden sind. Um herauszufinden, was in den Flaschen enthalten ist, führen die Lehrkräfte mehrere Versuche durch:
Der Stoff aus der Flasche 1 besteht aus weißen Kristallen und ist vollkommen geruchlos. Er leitet den elektrischen Strom nicht. In Wasser ist der Stoff leicht zu lösen, nicht aber in Benzin. Die wässrige Lösung des Stoffes leitet den elektrischen Strom. Wenn man einen Universalindikator zutropft, färbt sich die Lösung rot.
Bei 153 °C beginnt der Stoff zu schmelzen. Wenn die Schmelze über 170 °C erwärmt wird, zersetzt sie sich.
Der Stoff aus Flasche 2 hat fast die gleichen Eigenschaften wie der aus Flasche 1. Der zugetropfte Indikator behält aber seine gelbgrüne Farbe. Bei der Bestimmung der Schmelztemperatur gibt es dann Schwierigkeiten: Man muss sehr stark erhitzen. Erst bei 801 °C schmilzt der Stoff.

a) Beschreibe und erkläre mit eigenen Worten die Vorgehensweise der Lehrkräfte für Chemie.
b) Ordne die untersuchten Stoffe der jeweiligen Stoffgruppe zu. Nenne die charakteristischen Eigenschaften der Stoffgruppen.
c) Notiere für die beiden Stoffgruppen einige Vertreter.
d) Gib an, welcher Stoff sich in welcher Flasche befindet und begründe deine Antwort ausführlich.
e) Du findest auf dem Küchentisch ein Häufchen eines weißen pulvrigen Stoffes. Erkläre detailliert, wie du bei der Identifikation des Stoffes vorgehen würdest, wenn du keine Geschmacksprobe durchführen dürftest.
f) Schlage eine Reihe von Beobachtungsaufträgen und Versuchen vor, mit denen du die Metalle Kupfer, Silber, Aluminium und Blei identifizieren kannst.

3 Lebensmittel – alles gut gemischt

Bei der Zubereitung einer Speise mischt man eine Vielzahl von Stoffen. Will man einen Kuchen backen, braucht man Eier, Mehl, Zucker, Fett und verschiedene Gewürze wie Mandeln oder Vanille. Die Zutaten müssen gut gemischt werden, damit der Kuchen gelingt.

Viele unserer Lebensmittel sind meist selbst schon Gemische: Zerreibt man beispielsweise etwas Pfeffer, so erkennt man verschiedenfarbige Bestandteile. Manche Lebensmittel enthalten auch Zusatzstoffe, etwa um sie haltbarer zu machen oder sie schöner aussehen zu lassen.
Gemische lassen sich aber auch wieder in ihre Bestandteile zerlegen. In der Lebensmittelchemie werden oft bestimmte Bestandteile von Lebensmitteln abgetrennt und untersucht. Einige der Trennverfahren in der Lebensmittelchemie haben Ähnlichkeit mit Arbeitsgängen, die man aus der Küche kennt. Doch die Chemie hat sich auf diesem Gebiet schneller weiter entwickelt und verfügt so über viele ausgeklügelte Trennverfahren.

Zentrale Fragen:
- Wie kann man Gemische erkennen?
- Welche Gemischarten gibt es?
- Welche Trennverfahren gibt es?
- Wie kann man eine feine Verteilung in einem Gemisch erreichen?

3.1 Lebensmittel sind Gemische

Zucker – in der Regel ein Reinstoff

Brausepulver – ein heterogenes Stoffgemisch

Essig – ein homogenes Stoffgemisch

Honig ist ein Stoff, von dem wir zwei Eigenschaften besonders gut kennen: Er ist süß und flüssig. Der süße Geschmack wird durch Zucker hervorgerufen. Doch Zucker ist bei Raumtemperatur ein Feststoff. Honig ist hingegen flüssig, weil er Wasser enthält. Honig ist also kein **Reinstoff,** sondern ein **Gemisch.**

Nur wenige im Haushalt verwendete Stoffe, wie zum Beispiel Salz und Zucker, sind Reinstoffe. Die meisten in der Küche verwendeten Stoffe wie Backpulver, Milch und Schokolade sind Gemische. Sie bestehen aus zwei oder mehreren Reinstoffen. Gemische kann man in Reinstoffe auftrennen. So wird Honig langsam fest, wenn das Wasser verdunstet. Es ist aber unmöglich, absolut reine Stoffe herzustellen. Reinstoffe enthalten daher immer einen kleinen Anteil an anderen Stoffen. Diese Verunreinigungen sind aber so gering, dass sie die typischen Eigenschaften des Reinstoffs nicht merklich verändern.

Heterogene Gemische. Im Brausepulver sind die verschiedenen Bestandteile mit bloßem Auge zu erkennen. Durch geduldiges Aussortieren kann man dieses Gemisch in drei Reinstoffe zerlegen: Natron, Weinsäure und Lebensmittelfarbstoff.
In der Milch erkennt man die Bestandteile deutlich schlechter. Nur mit einem Mikroskop sieht man kleine auf dem Wasser schwimmende Fetttröpfchen. Brausepulver und Milch sind *heterogene Gemische* (griech. *heteros:* verschiedenartig).

Homogene Gemische. Salzwasser oder Essig sind Gemische, deren einzelne Bestandteile man selbst mit dem Mikroskop nicht mehr unterscheiden kann. Sie sehen auch bei stärkster Vergrößerung völlig einheitlich aus. Das gilt auch für Gemische wie Bronze oder Luft. Solche einheitlichen Mischungen bezeichnet man als *homogene Gemische* (griech. *homos:* gleichartig).

Der Aufbau von Reinstoffen und Gemischen kann auch mit dem Teilchenmodell beschrieben werden: Ein Reinstoff besteht nur aus einer Teilchenart, Gemische dagegen aus zwei oder mehreren Teilchenarten. Der Reinstoff Zucker enthält also nur Zucker-Teilchen. Das Gemisch Honig enthält sowohl Zucker-Teilchen als auch Wasser-Teilchen.

Stoffe werden in Reinstoffe und Gemische eingeteilt. Bei den Gemischen unterscheidet man heterogene Gemische und homogene Gemische.

1 Nenne je drei Beispiele für homogene Gemische und für heterogene Gemische.
2 Unterscheide bei den folgenden Stoffen zwischen Reinstoff und Gemisch: Sonnenblumenöl, wasserfestes Sonnenöl, trüber Apfelsaft, Tee, Zucker und Schmuckgold.
3 a) Beschreibe einen Reinstoff, ein homogenes und ein heterogenes Stoffgemisch mithilfe des Teilchenmodells.
b) Fertige dazu je eine Skizze an.
4 Informiere dich über die Bestandteile eines Haarshampoos, einer Zahnpasta, einer Limonade und einer Vollmilchschokolade. Erläutere, ob es sich um heterogene oder homogene Stoffgemische handelt.
5 Der wissenschaftliche Name von Kochsalz ist Natriumchlorid. Es wird in unterschiedlichen Qualitäten verkauft. 500 g Speisesalz kosten weniger als 0,50 €. 500 g Natriumchlorid zur Analyse kosten 12,40 €. Für die gleiche Menge der hochreinen Form, Natriumchlorid 99,99 Suprapur, muss man sogar 239 € bezahlen. Erkläre die Preisunterschiede.
6 Das Etikett zeigt die Inhaltsstoffe von Natriumchlorid zur Analyse. Begründe, weshalb bei dem Natriumchlorid „99,99 Suprapur“ die Liste der in sehr geringen Mengen vorkommenden Stoffe noch sehr viel länger ist.

Natriumchlorid zur Analyse	
Bromid	< 0,005 %
Iodid	< 0,001 %
Sulfat	< 0,001 %
Kalium	< 0,005 %
Kupfer	< 0,005 %
Calcium	< 0,002 %
Eisen	< 0,0001 %
Blei	< 0,005 %
Arsen	< 0,00004 %

3.2 Einteilung von Gemischen

Gemische bestehen aus mehreren Reinstoffen. Je nach Aggregatzustand der beteiligten Reinstoffe verwendet man unterschiedliche Bezeichnungen für die entstehenden Gemische.

Heterogene Gemische. Uneinheitliche Gemische aus festen Stoffen werden als **Gemenge** bezeichnet. So ist Brausepulver ein Gemenge aus Zucker, Farbstoffen, Weinsäure und Zitronensäure.

Sind feste Stoffe in Wasser aufgeschlämmt, spricht man von einer **Suspension.** Größere und kleinere Partikel des Feststoffes sind dabei in einer Flüssigkeit verteilt. Suspensionen entmischen sich relativ schnell. Schüttelt man etwa eine Flasche mit Orangensaft, so setzt sich das Fruchtfleisch nach kurzer Zeit wieder am Boden ab.

Verrührt man ein Gemisch aus Öl und Wasser, verteilt sich das Öl in feinen Tröpfchen gleichmäßig im Wasser. Es bildet sich eine **Emulsion.** Lässt man diese Emulsion eine Weile stehen, entmischen sich die Bestandteile wieder. Milch ist eine über längere Zeit stabile Emulsion feiner Fetttröpfchen in Wasser. Sie enthält von Natur aus Emulgatoren, die eine Entmischung verhindern. Ein Emulgator ist auch das Lecithin, das im Eigelb vorkommt. Mit Öl, Essig und Eigelb stellt man eine sehr bekannte Emulsion her: die Majonäse. Milch ist ein Beispiel für eine *Öl-in-Wasser-Emulsion.* Sind dagegen Wassertröpfchen im Öl verteilt, liegt eine *Wasser-in-Öl-Emulsion* vor. Ein Beispiel dafür ist Margarine.

Unter **Rauch** versteht man ein Gemisch von Feststoffpartikeln in einem Gas. Wenn mit Holz oder Kohle geheizt wird, steigt aus den Schornsteinen Rauch auf, der Asche und Ruß enthält.
Sind feinste Flüssigkeitströpfchen in einem Gas verteilt, spricht man von einem **Nebel.** Im normalen Sprachgebrauch werden aber Rauch und Nebel nicht immer unterschieden. Oft sind auch gleichzeitig feste und flüssige Bestandteile in einem Gas fein verteilt. Fachleute sprechen dann von einem **Aerosol.**

Ist ein gasförmiger Stoff in einer Flüssigkeit oder in einem Feststoff verteilt, spricht man von einem **Schaum.** Oft sind süße Nachspeisen wie Mousse au Chocolat aufgeschäumt.

Homogene Gemische. Aus verschiedenen Gasen bildet sich immer ein homogenes Gemisch. Das bekannteste Gasgemisch ist die Luft, in der neben Sauerstoff und Stickstoff auch andere Gase enthalten sind.

Gemische, die man durch das Zusammenschmelzen verschiedener Metalle erhält, bezeichnet man als **Legierungen.** Es handelt sich oft um homogene Feststoffgemische. Besonders bekannt ist Messing, eine Kupfer/Zink-Legierung. Legierungen mit Quecksilber werden als Amalgame bezeichnet. Das als Zahnfüllung verwendete Amalgam enthält neben Quecksilber auch Silber, Kupfer und Zinn.
In der Küche findet man Töpfe, Pfannen und Bestecke aus Edelstahl. In dieser Legierung wird Eisen durch andere Metalle vor dem Rosten geschützt.

Alle anderen homogenen Gemische werden als **Lösungen** bezeichnet. In Limonaden sind Zucker und Farbstoffe in Wasser gelöst; im Wein ist es flüssiger Alkohol. Sprudel enthält gasförmiges Kohlenstoffdioxid. Gase können sich sogar in Feststoffen lösen. So lösen sich in Platin große Mengen an Wasserstoff-Gas und können auf diese Weise gespeichert werden.

Gemenge, Emulsionen, Suspensionen, Schäume und Aerosole sind Beispiele für heterogene Gemische. Gasgemische, Legierungen und Lösungen gehören zu den homogenen Gemischen.

1 Erkläre den Unterschied zwischen Schaum und Nebel.
2 a) Zeichne das Gemisch Luft im Teilchenmodell.
b) Erkläre, warum Gasgemische immer homogen sind.
3 Übertrage die Tabelle in dein Heft und vervollständige sie mit anderen Stoffkombinationen. Trage die Begriffe für die verschiedenen Gemischtypen ein. Finde für jeden Begriff ein neues Beispiel.

	fest/fest	fest/flüssig	fest/gasförmig	...
homogenes Gemisch				
Beispiel				
heterogenes Gemisch				
Beispiel				

4 Ordne die folgenden Gemische einem Gemischtyp zu: Majonäse, Orangensaft, Bronze, Sandstein, Pfützenwasser, Mineralwasser.
5 Erkläre, weshalb aus einem Kühlschrank kalte Nebel entweichen können.
Experimentelle Hausaufgaben:
6 Schüttele die folgenden Stoffe jeweils mit Wasser: Mehl, Zucker, Brennspiritus, Öl, Zahnpasta, Waschpulver.
a) Erkläre, welche Gemischtypen entstehen.
b) Stelle eines der entstandenen Gemische im Teilchenmodell dar.

Heterogene Gemische …

Feststoff und Feststoff

Granit: ein **Gemenge**

Feststoff und Flüssigkeit

Orangensaft: eine **Suspension**

Flüssigkeit und Flüssigkeit

Milch: eine **Emulsion**

Feststoff und Gas

Grillfeuer: ein **Rauch**

Gas und Flüssigkeit

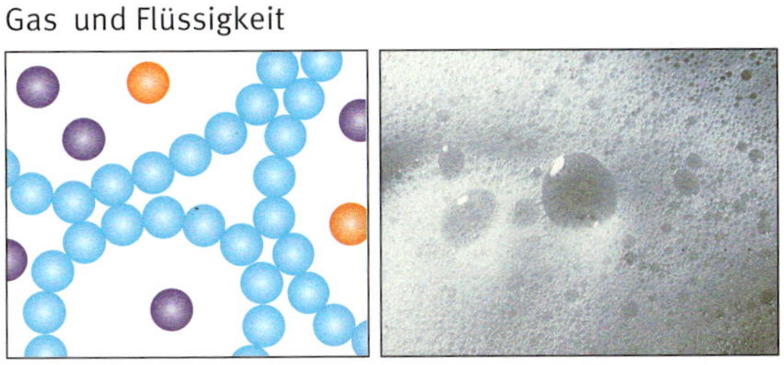

Schaum: Luft in einer Flüssigkeit

… und homogene Gemische

Feststoff und Feststoff

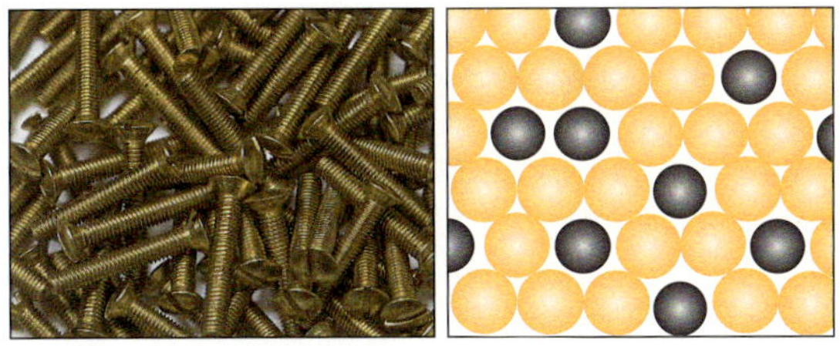

Messing: eine **Legierung**

Feststoff und Flüssigkeit

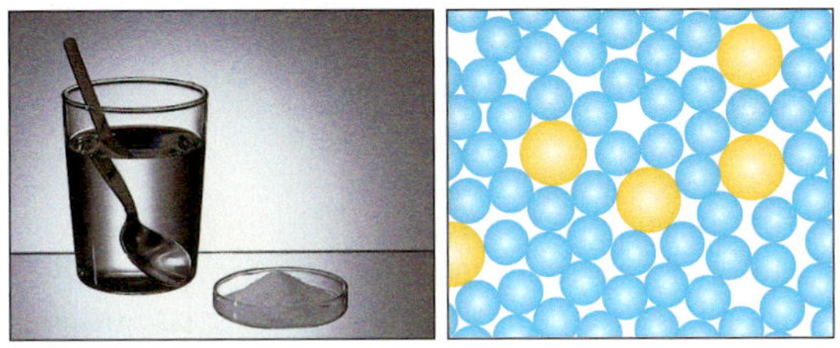

Zuckerwasser: eine **Lösung**

Flüssigkeit und Flüsigkeit

Branntwein: eine **Lösung**

Gas und Feststoff

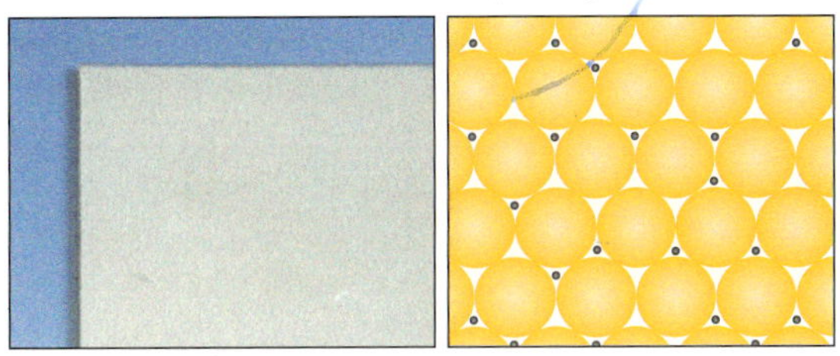

Wasserstoff/Platin: eine **Lösung**

Gas und Flüssigkeit

Sprudel: eine **Lösung**

3.3 Speiseeis – ein köstliches Gemisch ☆

Eiscafé mit vielen verschiedenen Eissorten

Zutaten für die Speiseeisherstellung

Eiscafés bieten uns eine überwältigende Fülle verschiedener Eissorten. Neben Klassikern wie Vanille-Eis oder Erdbeer-Eis finden sich auch zahlreiche neue Geschmacksrichtungen. Der Phantasie sind dabei kaum Grenzen gesetzt.

Inhaltsstoffe im Speiseeis. Trotz dieser Vielfalt an Geschmacksrichtungen enthalten die meisten Eissorten die gleichen Grundzutaten: Milch, Sahne und Zucker. Zucker verleiht dem Speiseeis seine Süße. Milch und Sahne liefern Fett, das als Geschmacksträger dient. Zudem macht es das Eis geschmeidig. Je nach Fettgehalt unterscheidet man verschiedene Eissorten: Sahneeis ist ausgesprochen fettreich und daher besonders cremig. Im Gegensatz dazu enthält Fruchteiscreme deutlich weniger Fett.

Mit weiteren Zutaten wie pürierten Früchten, gehackten Nüssen oder Schokolade wird das Speiseeis aromatisiert. Es erhält so seinen typischen Geschmack. Beispielsweise besteht Stracciatella-Eis aus Sahneeis mit geraspelter Zartbitterschokolade.
Die Liste möglicher Zutaten für die Eisherstellung ist nahezu unbegrenzt. Sie reicht von Kakao, Kaffee und Schokolade über Nüsse, Nougat und Mandeln bis hin zu Chili und Curry.

Sorte	Anforderung (Angaben in Gew. %)
Cremeeis Eiercremeeis	50 % Milch und 270 g Vollei oder 90 g Eigelb je Liter Milch; enthält kein zusätzliches Wasser
Sahneeis	mind. 18 % Milchfett aus Sahne
Milcheis	mind. 70 % Vollmilch
Eiscreme	mind. 10 % der Milch entstammendes Fett
Fruchteis	Fruchtanteil mind. 20 %
Fruchteis-creme	mind. 8 % der Milch entstammendes Fett, deutlich wahrnehmbarer Fruchtgeschmack
(Frucht-) Sorbet	mind. 25 % Frucht; Milch oder Milchbestandteile werden nicht verwandt
Wassereis	Eis, das nicht die Anforderungen für Milcheis, Fruchteis oder Fruchtsorbet erfüllt; mit einem Fettgehalt von weniger als 3 %

Eissorten entsprechend der Speiseeisverordnung

Manche Zutaten verlieren bei der Verarbeitung ihre typische Farbe, andere enthalten zu wenig Farbstoff um die gesamte Eismasse zu färben. Zugesetzte Farbstoffe lösen das Problem: Durch die Zugabe eines roten Farbstoffs sieht Erdbeer-Eis dann so aus, wie wir es kennen.

Herstellung von Speiseeis. Die einzelnen Zutaten für Speiseeis werden zunächst gemischt und dann unter ständigem Rühren soweit gekühlt, bis sich Eiskristalle bilden. Die hierfür notwendige Temperatur erzeugte man früher mit *Kältemischungen:* Mischt man gestoßenes Eis mit Kochsalz, so kühlt die entstehende Lösung stark ab. Mithilfe solcher Kältemischung lässt sich die notwendige Temperatur von −10 °C mühelos erzielen. Heute übernehmen Kühlaggregate, die nach dem gleichen Prinzip wie Kühlschränke funktionieren, diese Aufgabe. Mit ihrer Erfindung wurde Speiseeis zu dem, was es heute ist: eine alltägliche Köstlichkeit für Groß und Klein.

Bei der Herstellung von Speiseeis werden die Hauptzutaten Milch, Sahne und Zucker miteinander gemischt und anschließend auf unter 0 °C abgekühlt.

1 Gib die Zutaten für Stracciatella-Eis an.

2 Erläutere mithilfe der Tabelle die Klassifizierung der verschiedenen Eissorten.

3.4 Speiseeis – naturwissenschaftlich betrachtet ☆

Eismaschine mit feststehendem Schaber

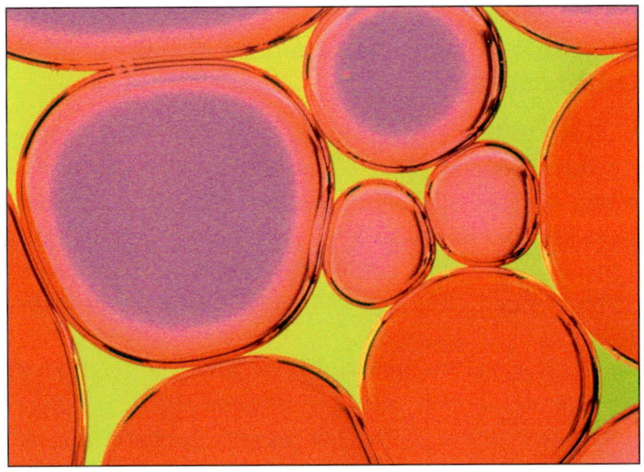

Emulsion gefärbter Öltröpfchen unter dem Mikroskop

Milch und Sahne sind wichtige Zutaten der Speiseeisherstellung. Das darin enthaltene Fett erkennt man unter dem Mikroskop als kleine Fetttröpfchen in der wässrigen Flüssigkeit. Die fein verteilten Fetttröpfchen und das Wasser bilden eine *Emulsion*. Ohne weitere Hilfsmittel trennen sich Emulsionen innerhalb kurzer Zeit.

Emulgatoren. In Milch und Sahne finden sich Stoffe, die die Trennung verhindern. Man nennt sie *Emulgatoren*. Sie umhüllen die kleinen Fetttröpfchen und wirken so als Vermittler zwischen Fett und Wasser.

Beim industriell hergestellten Speiseeis reichen die natürlich vorkommenden Emulgatoren nicht aus, um die Eis-Emulsion über längere Zeit stabil zu halten. Daher werden bei der Herstellung von Eiscreme noch weitere Emulgatoren zugesetzt. Sie verstärken die Wirkung der natürlichen Emulgatoren und halten die Fetttröpfchen im Eis fein verteilt. Daneben erleichtern sie die gleichmäßige Verteilung der Luft beim Gefrieren. Das Speiseeis wirkt so leicht und cremig.

Herstellprozess. Bei der Speiseeis-Herstellung wird die Emulsion auf unter 0 °C abgekühlt. Das Wasser gefriert zu Eiskristallen. Wachsen diese zu großen, zusammenhängenden Eisstückchen zusammen, stört das den Genuss: Auf der Zunge fühlt sich das Eis dann ausgesprochen unangenehm an. Die Bildung größerer Eiskristalle verhindert man durch permanentes Rühren und gleichzeitiges Abschaben der Eismasse von den Kühlflächen.
Beim Rühren gelangen auch viele kleine Luftblasen in die Eismasse. Dabei nimmt das Volumen des Eises beträchtlich zu. Der Fachmann spricht vom *Aufschlag*. Erst durch diesen Aufschlag wird das Eis cremig und zergeht angenehm auf der Zunge.

Stabilisatoren. Industriell hergestelltes Speiseeis muss oft monatelang im Tiefkühlfach lagerfähig sein und darf seine Eigenschaften nicht verändern. Dieses Ziel erreicht man durch den Zusatz von *Stabilisatoren*. Stabilisatoren sind Stoffe, die Wasser sehr gut binden können. Das Eisgemisch wird dadurch zähflüssiger, eingeschlossene Luftbläschen bleiben fein verteilt. Es entsteht ein stabiles Gemisch aus kleineren Eiskristallen, Fett und Luft. Stabilisatoren binden zudem das Wasser in so kleinen Einheiten, dass keine größeren Eiskristalle entstehen. Ein Ausfrieren des Wassers im Tiefkühlfach wird auf diese Weise verhindert.

Speiseeis ist ein Gemisch aus Eiskristallen, fein verteilten Fetttröpfchen und Luftbläschen.

1 Berechne mit dem Diagramm, wie viel Gramm Zucker in einer 70 g schweren Kugel Speiseeis enthalten sind.
2 Ein Liter gefrorenes Wasser wiegt rund 1 kg. Begründe, warum ein Liter Speiseeis nur 500 g wiegt.

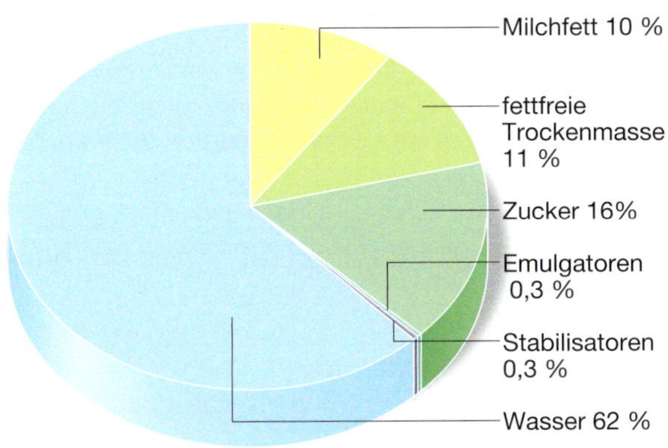

Zusammensetzung von industriell hergestellter Eiscreme

Praktikum

Herstellung von Eiscreme

Hinweise zum sicheren Umgang mit Lebensmitteln im Chemieunterricht:

- Lebensmittel dürfen nicht im Chemieraum verarbeitet werden, sondern beispielsweise im Klassenraum.
- Man darf ausschließlich saubere Geräte verwenden, die nicht schon bei anderen chemischen Experimenten benutzt wurden. Es empfiehlt sich, neue Glasgeräte zu nehmen und diese von den übrigen getrennt aufzubewahren.
- Es dürfen nur Zutaten aus dem Lebensmittelgeschäft verwendet werden. Auch Chemikalien mit einer E-Nummer oder dem Zusatz: *„Lebensmittelqualität"* sind erlaubt. Essbare Chemikalien müssen mit dem Hinweis *„Lebensmittel"* gekennzeichnet und von den übrigen Chemikalien getrennt aufbewahrt werden.

Fruchtiges Speiseeis

V1: Traditionelles Vanilleeis

Materialien: Bechergläser (600 ml), Heizplatte, Handmixer, Teigschaber, Thermometer, Waage, Messbecher, Edelstahlschüssel (1000 ml) mit Styropor®-Behälter als Kühlbad; H-Milch (3,5 %), Sahne, Haushaltszucker, Vanillezucker, Ei, Vanilleschote, Eiswürfel, Kochsalz.

Durchführung:

1. Fülle den Styropor®-Behälter mit einer Kältemischung aus 1200 g Eiswürfeln, 300 g Kochsalz und 250 ml Wasser und stelle die Edelstahlschüssel in diese Mischung.
2. Gib 80 ml Sahne, 80 ml Milch, ein Ei, 25 g Zucker, ein Päckchen Vanillezucker und das Mark einer halben Va-nilleschote in das Becherglas. Rühre das Gemisch anschließend mit dem Mixer 5 Minuten lang auf höchster Stufe.
3. Erwärme das Gemisch im Becherglas auf 70 °C. Rühre dabei ständig mit dem Mixer.
4. Fülle den Großteil des Gemisches in die Edelstahlschüssel, sobald eine Temperatur von 70 °C erreicht ist. Rühre dann ständig weiter und kratze die gefrorene Schicht mit dem Schaber von den Wänden des Gefäßes.
5. Wiederhole den Kühlungsschritt mit dem kleineren Teil des Ansatzes, ohne dabei die Mischung in der Schüssel umzurühren.

Aufgaben:

a) Notiere deine Beobachtungen.
b) Vergleiche den Geschmack des Vanilleeises in beiden Teilen des Gemisches.
c) Deute das Ergebnis.

V2: Traditionelles Erdbeereis

Materialien: Bechergläser (600 ml), Heizrührer mit Rührstäbchen, Handmixer, Mixer, Teigschaber, Thermometer, Waage, Messbecher, Edelstahlschüssel (1000 ml) mit Styropor®-Behälter als Kühlbad;
H-Milch (3,5 %), Sahne, Haushaltszucker, Vanillezucker, Ei, frische oder tiefgefrorene Erdbeeren, Eiswürfel, Kochsalz.

Durchführung:

1. Stelle eine Kältemischung wie in Versuch 1 her.
2. Zerkleinere 60 g Erdbeeren im Mixbecher zu Mus.
3. Gib 80 ml Sahne, 60 ml Milch, ein Ei, 25 g Zucker, ein Päckchen Vanillezucker in das Becherglas. Rühre das Gemisch anschließend mit dem Mixer 5 min auf höchster Stufe.
4. Erwärme das Gemisch im Becherglas auf 70 °C. Rühre dabei ständig mit dem Mixer.
5. Fülle das Gemisch in die Edelstahlschüssel sobald die Temperatur erreicht ist. Rühre dann ständig weiter und kratze die gefrorene Schicht stets mit dem Schaber von den Wänden des Gefäßes. Gib das Fruchtmus hinzu, sobald das Gemisch auf 20 °C abgekühlt ist. Rühre anschließend ständig weiter.
6. Wiederhole den Versuch ohne Zugabe von einem Ei.

Aufgaben:

a) Notiere deine Beobachtungen und vergleiche das Ergebnis beider Ansätze.
b) Erläutere, welche Aufgabe das Ei bei der Herstellung von Eiscreme hat.
c) Vergleiche den Geschmack dieses Erdbeereises mit dem von handelsüblichem Erdbeereis.

3.5 Trennen einer Tütensuppe

Trennen einer Tütensuppe: Sieben und Aussammeln.

Trennung durch Sedimentieren und Dekantieren

Wahrscheinlich hat jeder schon einmal eine Tütensuppe zubereitet. Kaum zu glauben, dass aus den trockenen Krümeln, die man in der Tüte findet, mit etwas heißem Wasser eine wohlschmeckende Suppe wird. Da ist es schon interessant zu wissen, welche Bestandteile sich im Tüteninhalt verbergen.

Aussortieren. Sieht man sich das Gemenge der Tütensuppe genauer an, erkennt man mit bloßem Auge, dass einige Krümel sich in ihrer Größe, ihrer Farbe, sowie in ihrer Form ähneln und andere nicht. Große Nudelstücke unterscheiden sich von kleinen Gewürzkörnchen, und rote Paprikastückchen sehen ganz anders aus als weiße Salzkristalle.
Gibt man die Tütensuppe in ein Sieb, lassen sich die Nudelstücke vom Rest der Suppe trennen. Mithilfe einer Pinzette kann man dann aus dem Rückstand die ähnlichen Bestandteile *aussortieren.*

Sieben und Aussortieren sind wichtige Verfahren zur Trennung von Gemengen. Dabei ist man darauf angewiesen, Substanzen aufgrund ihres Aussehens unterscheiden zu können. Jedoch nicht jedes Gemisch lässt sich durch Sieben oder Aussortieren trennen. Deshalb benötigen wir noch andere *Stofftrennverfahren.*

Extrahieren. Eine andere Möglichkeit zur weiteren Trennung der Tütensuppe besteht darin, die Suppe mit Wasser zu mischen: Zuckerartige und salzartige Stoffe lösen sich dabei. Wasserunlösliche Stoffe wie eiweißähnliche Stoffe lösen sich nicht. Fettähnliche Stoffe bilden die typischen „Fettaugen" auf dem Wasser.
Solche Stofftrennungen aufgrund von unterschiedlichen Löslichkeiten in dem verwendeten Lösemittel werden *Extraktion* genannt. Die Zubereitung von Kaffee ist ebenfalls eine Extraktion. Dabei werden zum Beispiel Aromastoffe aus dem Kaffeemehl in heißem Wasser gelöst. Zurück bleibt brauner Kaffeesatz.

Sedimentieren. Lässt man eine zubereitete Tütensuppe einige Zeit stehen, bildet sich ein Bodensatz aus unlöslichen Stoffen wie Gemüse oder Fleischstücken. Allgemein bilden Stoffe hoher Dichte eine Bodenschicht, auch Sediment genannt. Aufgewirbelte leichte Partikel schweben im Wasser. Das Abtrennen von Sediment und Flüssigkeit erfolgt durch **Dekantieren.** Dabei wird die Flüssigkeit vorsichtig vom Bodensatz abgegossen.

Filtrieren. Oft bleibt das Gemisch aus Tütensuppe und Wasser sehr lange trübe. Verantwortlich dafür sind die feinen Bestandteile der Würzmischung, die nicht so schnell zu Boden sinken. Sie können durch *Filtrieren* von der Lösung getrennt werden. Die kleinen Poren im Filtrierpapier halten dabei die festen Bestandteile der Suspension zurück, während das Wasser ungehindert hindurchfließen kann. Auch bei der Zubereitung von Kaffee oder Tee wird die entstehende Suspension filtriert.

Eindampfen. In der klaren Lösung kann man keine Partikel der Tütensuppe mehr erkennen. Wenn man die Lösung jedoch so lange erhitzt, bis das gesamte Wasser verdampft ist, bleiben weiße Kristalle zurück. Beim *Eindampfen* der Lösung verdampft das Wasser wegen der niedrigeren Siedetemperatur eher als Zucker, Salz oder andere gelöste Stoffe. Mithilfe dieses Verfahrens können beim Kochen zum Beispiel auch Soßen dickflüssiger gemacht werden.

Stoffgemische können mithilfe von Trennverfahren in ihre Bestandteile zerlegt werden. Dabei nutzt man die unterschiedlichen Eigenschaften der Stoffe.

1 Nenne je ein Beispiel für die Trennverfahren Sedimentieren und Dekantieren. Erläutere sie.
2 Bei der Zubereitung einer schmackhaften Tütensuppe muss das Gemisch mit Wasser erhitzt werden. Begründe.

Trennverfahren

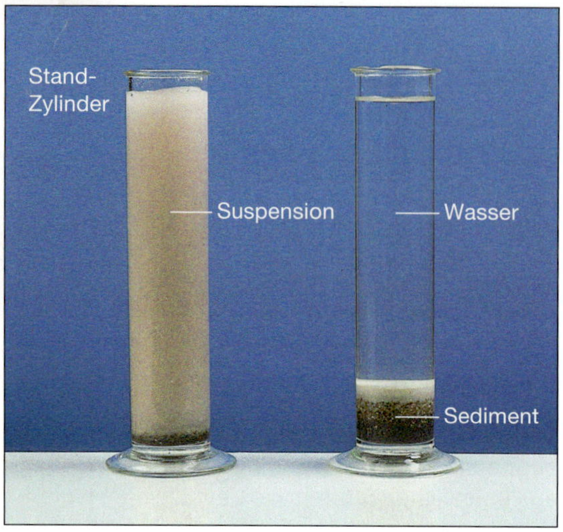

Sedimentieren. Aus einer Suspension lässt sich der Feststoff durch *Sedimentation* von der Flüssigkeit trennen. Der Feststoff muss dazu eine größere Dichte als die Flüssigkeit haben. Nachdem sich der Feststoff abgesetzt hat, kann man die Flüssigkeit vorsichtig abgießen.

Trennprinzip: Unlösliche Feststoffe haben meist eine höhere Dichte als die Flüssigkeit. Aufgrund der Schwerkraft sinken sie deshalb nach unten. Die Absetzgeschwindigkeit hängt dabei von der Dichte und der Größe der Feststoffpartikel ab. Das Verfahren lässt sich gut für schwere Partikel anwenden. Sehr leichte Partikel setzen sich nur langsam ab.

Beispiel: Mechanische Klärung von Wasser im Absetzbecken einer Kläranlage. Schwimm/Sink-Verfahren bei der Trennung von Kunststoffen.

Filtrieren. Eine andere häufig eingesetzte Methode, um bei einer Suspension Feststoff und Flüssigkeit zu trennen, ist die *Filtration.* Dazu müssen die Poren im Filter kleiner sein als die Feststoffpartikel.

Trennprinzip: Die kleinsten Teilchen von Flüssigkeiten und von gelösten Stoffen sind wesentlich kleiner als die Filterporen. Sie gelangen durch den Filter und bilden das klare *Filtrat.* Die ungelösten Feststoffpartikel dagegen bestehen aus sehr vielen fest zusammenhängenden Teilchen. Die Partikel sind so groß, dass sie nicht durch die Poren des Filters passen. Sie bleiben deshalb als Rückstand auf der Filteroberfläche zurück. Als Filtermaterialien werden Papier, poröses Glas, poröse Keramik oder Kunststofffolie mit feinen Poren verwendet.

Beispiel: Filtrieren von Kaffee.

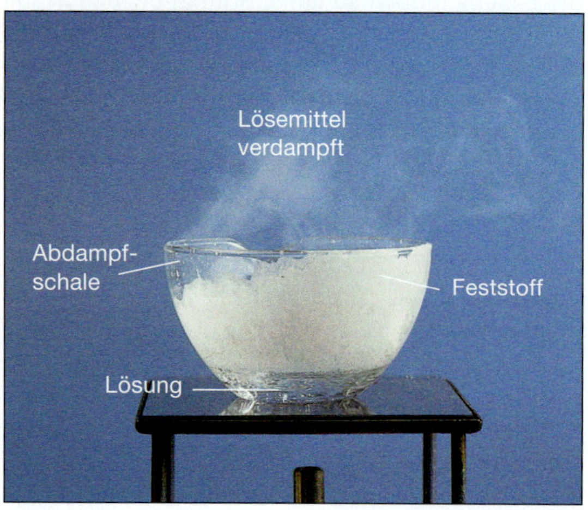

Eindampfen. Aus der Lösung eines Feststoffs kann ein Feststoff durch *Eindampfen* von Lösemitteln abgetrennt werden.

Trennprinzip: Beim Erhitzen verdampft zunächst das Lösemittel, denn seine Siedetemperatur ist wesentlich niedriger als die des gelösten Stoffs. Die Konzentration des gelösten Stoffs steigt deshalb allmählich an, bis sich die kleinsten Teilchen des Feststoffs wieder zu Kristallen zusammenlagern.

Beispiel: Gewinnung von Salz aus Meerwasser.

3.6 Weinbrennen – eine Destillation

Wein entsteht bei der alkoholischen Gärung von Traubenmost. Der Alkoholgehalt kann recht unterschiedlich sein: Er reicht von 5 % bei Tafelweinen bis zu 18 % bei Dessertweinen. Ein Teil des produzierten Weins wird in Brennereien zu Weinbrand destilliert.

Destillation. Erwärmt man Wein in einer Destillationsapparatur, verdampft zuerst der Alkohol mit einer Siedetemperatur von 78 °C. Er kondensiert dann im Kühler und wird in einem Gefäß aufgefangen. Solange reiner Alkohol destilliert, bleibt die Dampftemperatur unverändert. Da sich jedoch die Siedetemperaturen von Alkohol und Wasser nur wenig unterscheiden, verdampft auch zunehmend Wasser mit. Anstatt die Stoffe vollständig zu trennen, wird der Alkohol im Destillat nur angereichert.
Beim Brennen von Wein ist die unvollständige Trennung sogar gewollt. So bilden Aromastoffe des Weins mit Alkohol und Wasser den Weinbrand, der dann noch in Holzfässern reifen muss. Erst hier erhält er auch seine braune Farbe.

Ein Gemisch von Flüssigkeiten kann durch Destillation aufgetrennt werden, wenn sich die Siedetemperaturen der Bestandteile deutlich unterscheiden.

Destille in einer Weinbrennerei

1 Erläutere, warum man ein Gemisch aus Öl und Wasser nicht durch Destillation trennt.

2 Alkohol, der durch Gärung enstanden ist, wird auch als Autokraftstoff verwendet.
Erläutere die unterschiedlichen Anforderungen an die Destillationsapparaturen für Bio-Alkohol und für Weinbrand.

Destillation

Praktikum

V1: Aufnahme des Siedediagramms Aceton/Wasser

Materialien: Destillationsapparatur mit Rundkolben (100 ml), Heizhaube und Thermometer, Siedesteinchen, Uhr, Bechergläser, Porzellanschale, Pipette; Aceton/Wasser-Gemisch (F,Xi).

Durchführung:

1. Baue die Destillationsapparatur auf.
2. Fülle den Rundkolben etwa zur Hälfte mit dem Gemisch und setze einige Siedesteinchen zu.
3. Kennzeichne das erste Becherglas und stelle es unter den Ausgang des Kühlers.
4. Erhitze das Gemisch und miss die Temperatur im Abstand von einer Minute.
5. Wechsle das Becherglas aus, wenn die Temperatur besonders stark ansteigt.
6. Beende die Destillation, wenn nur noch etwa 10 ml Flüssigkeit im Rundkolben übrig sind.
7. Überprüfe die Brennbarkeit der Destillatportionen an einigen Tropfen in der Porzellanschale.

Aufgaben:

a) Notiere die Temperaturen und weitere Beobachtungen mit der zugehörigen Zeit.
b) Fertige ein Zeit/Temperatur-Diagramm an.
c) Kennzeichne im Diagramm die Bereiche, in denen die beiden Bestandteile des Gemisches überdestillieren.

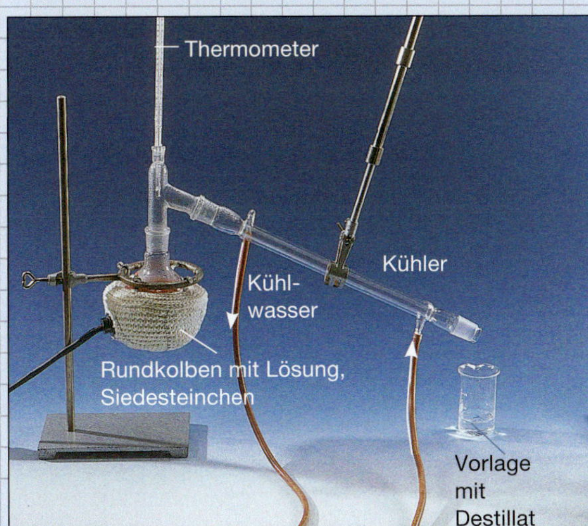

Methode — Durchführung von Projekten ☆

Arbeit in einer Projektgruppe

Darstellung der Ergebnisse

Untersuchungen von Lebensmitteln auf einzelne Inhaltsstoffe sind oft sehr aufwändig. Sie erfordern manchmal mehrere Experimentierschritte. Deshalb bietet es sich an, arbeitsteilige Methoden wie die Projektarbeit anzuwenden.

Bei der Vorbereitung eines Projekts werden in der Klasse **Projektgruppen** gebildet, die unter einem *Gesamtthema* die Bearbeitung von einzelnen *Teilthemen* übernehmen. Jede Projektgruppe wählt einen Gruppenleiter und einen Zeitwächter. Der Gruppenleiter leitet die Diskussion in der Projektgruppe und wendet sich bei Fragen an die Lehrkraft. Der Zeitwächter kontrolliert, ob die Projektgruppe die Arbeit in der vorgegebenen Zeit schaffen kann und mahnt gegebenenfalls zu einer zügigeren Arbeitsweise.

Themenfindung in den Projektgruppen:

- Alle Gruppenmitglieder diskutieren konkrete Fragestellungen aus dem Gesamtthema. Jedes Gruppenmitglied bringt seine Vorschläge ein.
- Entscheidet dann gemeinsam, welches Teilthema bearbeitet werden soll und formuliert es genau.

Tipp: Das Thema soll so gewählt werden, dass sich alle Gruppenmitglieder in die Arbeit einbringen können.

Planung des Projekts:

- Entscheidet in der Projektgruppe, welche Aufgaben *gemeinsam* erledigt werden und verteilt Aufgaben an *einzelne* Gruppenmitglieder.
- Die Arbeitsverteilung wird in einem *schriftlichen* Plan festgehalten, der auch genaue Vorgaben enthält, bis zu welchem Zeitpunkt die Arbeit erledigt sein muss.
- Die Planung wird dem Lehrer oder der Lehrerin vorgestellt. In diesem Gespräch entscheidet sich letztlich, ob sich alle Vorstellungen umsetzen lassen.

Tipp: Wichtig ist, dass jedes Gruppenmitglied seine Aufgaben im Rahmen des Teilprojektes genau kennt und termingerecht erledigt.

Projektdurchführung:

- Arbeitet während der Projektdurchführung nach dem vereinbarten Plan einzeln oder in eurer Projektgruppe.
- Besprecht regelmäßig gemeinsam den Fortschritt der Arbeit.
- Helft euch gegenseitig bei Schwierigkeiten. Kommt ihr nicht weiter, holt euch bei der Lehrkraft Hilfe.

Tipp: Erledigt verlässlich alle übernommenen Arbeiten.

Abschluss des Projektes:

- Tragt die Ergebnisse *rechtzeitig* zusammen.
- Begründet, welche Vorhaben sich als nicht realisierbar herausgestellt haben.
- Entscheidet, in welcher Form die Ergebnisse vorgestellt werden sollen.

Tipp: Für die Durchführung weiterer Projekte sollte in der Projektgruppe kritisch Bilanz gezogen werden.

Präsentation der Ergebnisse:

- An der Präsentation muss die gesamte Gruppe gemeinsam arbeiten.
- Alle Gruppenmitglieder müssen einen Teil der Arbeit vorstellen.
- Das Ziel ist erreicht, wenn durch die Präsentation andere Schüler von den Ergebnissen überzeugt werden.

Arbeiten mit der Projektmethode

1. Thema und Aufgabe formulieren, Projektgruppen bilden.
2. Gemeinsam Informationen sammeln und Thema strukturieren.
3. Arbeitsplan aufstellen und schriftlich fixieren.
4. Arbeiten nach Plan einzeln und in der Gruppe; regelmäßige gemeinsame Fortschrittsberichte.
5. Ergebnisse zusammenstellen und bewerten.
6. Präsentation als Vortrag, Poster, Film oder in anderer Form.

Inhaltsstoffe einer Tütensuppe

Jede Menge Tütensuppen

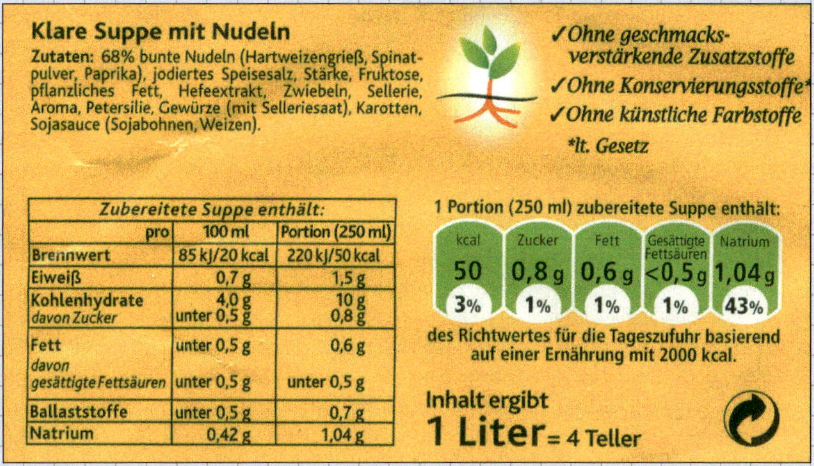

Klare Suppe mit Nudeln

Zutaten: 68% bunte Nudeln (Hartweizengrieß, Spinatpulver, Paprika), jodiertes Speisesalz, Stärke, Fruktose, pflanzliches Fett, Hefeextrakt, Zwiebeln, Sellerie, Aroma, Petersilie, Gewürze (mit Selleriesaat), Karotten, Sojasauce (Sojabohnen, Weizen).

✓ Ohne geschmacksverstärkende Zusatzstoffe
✓ Ohne Konservierungsstoffe*
✓ Ohne künstliche Farbstoffe
*lt. Gesetz

Zubereitete Suppe enthält:

pro	100 ml	Portion (250 ml)
Brennwert	85 kJ/20 kcal	220 kJ/50 kcal
Eiweiß	0,7 g	1,5 g
Kohlenhydrate *davon Zucker*	4,0 g unter 0,5 g	10 g 0,8 g
Fett *davon gesättigte Fettsäuren*	unter 0,5 g unter 0,5 g	0,6 g unter 0,5 g
Ballaststoffe	unter 0,5 g	0,7 g
Natrium	0,42 g	1,04 g

1 Portion (250 ml) zubereitete Suppe enthält:

kcal	Zucker	Fett	Gesättigte Fettsäuren	Natrium
50	0,8 g	0,6 g	<0,5 g	1,04 g
3%	1%	1%	1%	43%

des Richtwertes für die Tageszufuhr basierend auf einer Ernährung mit 2000 kcal.

Inhalt ergibt
1 Liter = 4 Teller

Fertiggerichte erfreuen sich steigender Beliebtheit. Das vielseitige Angebot in Supermärkten ist ein Beweis dafür. Doch was enthält die Tüte oder Dose? Ernährt man sich gesund, wenn man regelmäßig Fertiggerichte isst? Lassen sich Bestandteile der Suppen auch chemisch nachweisen? Diesen Fragen kann man mit einer Recherche nach weiterführenden Informationen und mit einfachen Experimenten auf den Grund gehen.

A1: Informationen über Tütensuppen
- Sucht im Internet oder in der Bücherei nach Informationen zu folgenden Themen:
  - Zubereitungsmöglichkeiten von Tütensuppen
  - Nahrungsbestandteile und Nährstoffe
  - Nährwert und Brennwert
  - Kennzeichnung von Lebensmitteln
  - Gesunde Ernährung
- Tragt eure Ergebnisse in Form von Kurzreferaten vor.

V1: Trennung der Bestandteile einer Tütensuppe
- Wählt mithilfe des Buches geeignete Stofftrennverfahren aus, mit denen die Bestandteile einer Tütensuppe isoliert werden können.
- Besprecht mit der Lehrkraft, welche Experimente durchgeführt werden sollen.
- Erstellt einen Arbeitsplan, führt die Experimente durch und protokolliert die Ergebnisse.
- Stellt die Ergebnisse für die einzelnen Stofftrennverfahren in Kurzreferaten vor und fertigt ein Poster über die verwendeten Trennverfahren an.

V2: Nachweis von Stärke, von Traubenzucker und von Fett
- Stellt mithilfe des Buches die Nachweismethoden für Stärke, Traubenzucker und Fett zusammen. *Hinweis:* Führt den Nachweis von Stärke mit dem Gemenge und den Nachweis von Fett und Traubenzucker mit der angerührten Suppe durch.
- Besprecht mit der Lehrkraft, welche Experimente durchgeführt werden sollen.
- Erstellt einen Arbeitsplan, führt die Experimente durch und protokolliert die Ergebnisse.
- Stellt die Ergebnisse für die einzelnen Nachweisverfahren in Kurzreferaten vor.

A2: Inhaltsstoffe
- Informiert euch über die Inhaltsstoffe einer Tütensuppe.
- Gebt an, weshalb diese Stoffe in der Tütensuppe enthalten sein müssen.
- Recherchiert die Wirkung von Geschmacksverstärkern und Konservierungsstoffen.
- Erstellt eine Präsentation zu den Inhaltsstoffen.

V3: Bestimmung des Fettanteils mit der „Fettaugenmethode"
Der Fettanteil verschiedener Tütensuppen lässt sich mithilfe der Fläche der Fettaugen bestimmen. Dazu werden verschiedene Suppen laut Anweisung zubereitet und in gleichen Gefäßen die sich bildenden Fettaugenflächen miteinander verglichen.

Exkurs

Doping-Kontrolle – eine Anwendung der Chromatografie

Doping-Kontrollen im Leistungssport werden seit den Olympischen Spielen in Mexiko 1968 durchgeführt. In der Regel werden die Erstplatzierten und weitere, nach dem Zufallsprinzip ausgewählte Teilnehmer kontrolliert. Die Sportler müssen sich innerhalb einer Stunde nach Ende des Wettkampfes in der Doping-Kontrollstelle einfinden. Dort müssen sie zwei Urinproben abgeben, die so genannte A-Probe und die B-Probe. Beide Proben werden versiegelt und mit einer Codenummer versehen ins Labor gegeben. Ist die A-Probe positiv, so wird der Sünder über die Codenummer ermittelt und dann über das Ergebnis informiert. Erst dann wird auch die B-Probe untersucht. Bestätigt sich die Analyse der A-Probe, so wird der Dopingsünder – meist für mehrere Jahre – für Wettkämpfe gesperrt.
Die Laboranalyse der Doping-Proben erfolgt nach vorgegebenen Analyseverfahren. Im Mittelpunkt stehen dabei *chromatografische Verfahren*. Dabei handelt es sich um moderne Trennverfahren und eine Analysetechnik, mit der man kleinste Mengen eines Stoffes aus einem Gemisch abtrennen und identifizieren kann.

Prinzip der Chromatografie. Grundlage der Chromatografie ist ein Wechselspiel von Adsorbierbarkeit und Löslichkeit der zu trennenden Stoffe: Man benötigt ein geeignetes Adsorptionsmittel, an dem die Bestandteile unterschiedlich gut gebunden werden und ein Lösemittel, in dem sich die zu trennenden Stoffe unterschiedlich gut lösen.
Das zu trennende Gemisch wird auf das Adsorptionsmittel aufgetragen. Anschließend strömt das Lösemittel über die Stoffprobe. Die Bestandteile, die nicht sehr fest adsorbiert sind und sich am besten in dem Lösemittel lösen, werden dabei mitgeschwemmt. Die Bestandteile, die sehr fest adsorbiert und schlecht löslich sind, bleiben dagegen zurück. Auf diese Weise werden die Bestandteile des Gemischs getrennt.

Papier-Chromatografie. Im einfachsten Fall benutzt man bei der Chromatografie als Adsorptionsmittel saugfähiges Papier und als Lösemittel Wasser. Mit diesem einfachen Verfahren lassen sich beispielsweise schwarze Tinte und auch manche Filzstift-Farben trennen. In der Praxis hat die Papier-Chromatografie allerdings kaum noch Bedeutung.

Gel-Chromatografie. Heute steht eine große Palette chromatografischer Verfahren zur Verfügung. Bei der Gel-Chromatografie benutzt man anstelle des Adsorptionsmittels eine gelartige Substanz mit Poren ganz bestimmter Größe, in die sich die Teilchen der zu trennenden Stoffe unterschiedlich gut einlagern können.
Das Gel wird in eine senkrecht stehende Röhre eingefüllt, das zu trennende Gemisch wird von oben auf die so vorbereitete *Chromatografie-Säule* gegeben. Mit Wasser oder einem anderen Lösemittel wird dann die Probe durch die Säule „gespült". Da sich die Teilchen der einzelnen Mischungsbestandteile unterschiedlich gut in die Poren des Gels einlagern und auch unterschiedlich schnell von dem Lösemittel herausgewaschen werden, kommen die einzelnen Bestandteile der Probe nacheinander am unteren Ende der Säule an. Dort können sie dann einzeln entnommen werden.
Auf diese Weise können bei der Doping-Kontrolle einzelne Stoffe aus der Urin-Probe isoliert und dann identifiziert werden.

Die Gel-Chromatografie besitzt auch in der Biochemie eine besondere Bedeutung, denn hier hat man häufig Teilchen ganz unterschiedlicher Größe. Insgesamt sind chromatografische Verfahren aus allen Bereichen der analytischen Chemie nicht mehr wegzudenken. Ihr Einsatz reicht von der Lebensmittelkontrolle über die Umweltanalytik bis zur Entwicklung neuer Arzneimittel und zur Früherkennung angeborener Stoffwechselerkrankungen bei Neugeborenen.

Dopingverdacht im Radsport

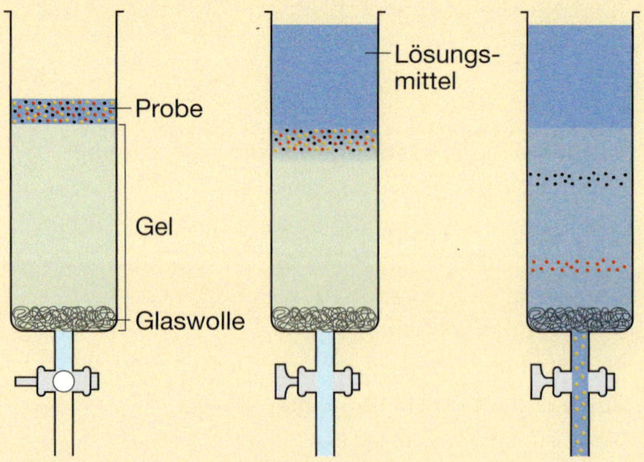

Schema einer Gel-Chromatografie

Lebensmittel – alles gut gemischt

Basiswissen

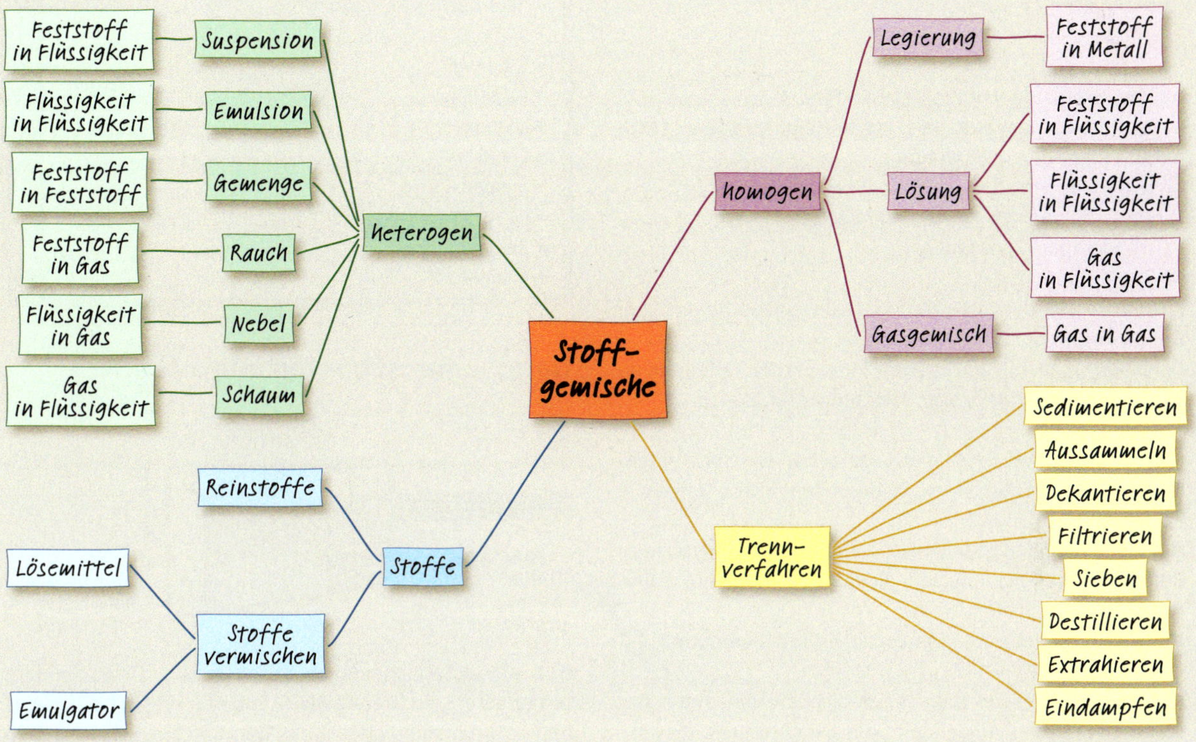

Lebensmittel enthalten Zusatzstoffe

Chemie in unserer Welt

Lebensmittelüberwachung. Für unsere Ernährung sind wir auf Lebensmittel angewiesen. Doch die Auswahl von Lebensmitteln ist nicht beliebig. Wir müssen mit unseren Speisen und Getränken alle Nährstoffe aufnehmen, die wir zum Leben brauchen. Wichtig ist aber auch, dass die Lebensmittel keine schädlichen Stoffe enthalten.
Früher wurden die Speisen von Königen durch den Mundschenk gekostet. Er musste garantieren, dass die Lebensmittel unverdorben und frei von Giften waren. Heute hat die Lebensmittelchemie diese Aufgabe übernommen. Die Lebensmittel werden dabei in ihre Bestandteile zerlegt. Danach werden die einzelnen Inhaltsstoffe untersucht und identifiziert. Der Gehalt der Inhaltsstoffe wird dann auf dem Lebensmitteletikett angegeben.
Heute müssen auch kleinste Mengen von allergieauslösenden Stoffen wie etwa Spuren von Nüssen, Ei oder Soja ausgewiesen werden. So kann der Verbraucher schon beim Einkauf darauf achten, welche Stoffe in den Lebensmitteln enthalten sind.

Lebensmittelzusatzstoffe. Die Chemie hat noch weitere Aufgabenfelder im Zusammenhang mit Lebensmitteln. So werden Konservierungsstoffe zugefügt, um Lebensmittel haltbarer zu machen. Auch die Farbe oder der Geschmack können durch Zusatzstoffe beeinflusst werden.
Daneben gewinnt man aus Lebensmitteln auch Stoffe, die in der Küche gebraucht werden. Stärke zum Binden von Soßen, Lecithin als Emulgator und Glutamat als Geschmacksverstärker sind nur einige Beispiele. Auch die Gewinnung von Zucker aus Zuckerrohr oder Zuckerrüben ist ein chemischer Prozess, der natürlich von Chemikern überwacht wird.
Oft nutzt man von Chemikern entwickelte Trennverfahren, um Stoffe aus Lebensmitteln zu entfernen: So wird Koffein aus Kaffee entfernt oder Kakao entölt und von Bitterstoffen befreit.
Seit einiger Zeit haben in der professionellen Küche neue Arbeitstechniken Einzug gehalten, die für das Arbeiten im Labor entwickelt wurden. Man gart im Drucktopf oder kühlt mit flüssigem Stickstoff.

Prüfe dein Wissen

Quiz

A1 a) Erkläre die Begriffe des Fensters.
b) Notiere auf der Vorderseite von Karteikarten den Begriff, auf der Rückseite die Erklärung.
c) Ordne die Begriffe den Basiskonzepten „Materie", „chemische Reaktion" und „Energie" zu.
Begründe deine Zuordnung.

A2 Suche aus der folgenden Liste die Stoffe heraus, bei denen es sich um Gemische handelt:
Edelstahl, Diamant, Backpulver, Marmelade, Kaffeepulver, Aluminium, Leitungswasser, Mineralwasser, Benzin.

A3 Nenne je zwei Beispiele für folgende Gemischtypten: Suspensionen, Emulsionen, Legierungen und Lösungen.

A4 a) Ordne folgende Gemische einem Gemischtyp zu: Beton, Bodylotion, Apfelsaft, Sekt, Tinte, Ketchup, Styropor, Hausmüll, Schlagsahne.
b) Zeichne für jedes der Gemische ein Teilchenmodell.

A5 Gib Verfahren an, mit denen sich die einzelnen Bestandteile aus dem folgenden Gemisch abtrennen lassen:
a) Wasser/Alkohol/Farbstoff-Gemisch
b) Sand/Salz/Eisenspäne
c) Rauch in der Luft

Know-how

A6 Wasser ist durch Tinte blau gefärbt. Durch welche Verfahren könnte man den Farbstoff vom Wasser trennen? Gib die Vorteile und Nachteile der Verfahren an.

A7 Man gibt jeweils einen Teelöffel der folgenden Stoffe in ein Glas mit Wasser und rührt um: Zucker, Mehl, Öl, Essig, Grieß. Beschreibe deine Beobachtungen. Gib für alle entstehenden Gemische den Gemischtyp an.

A8 Es macht einen geschmacklichen Unterschied, ob du Tee drei oder fünf Minuten ziehen lässt. Begründe.

A9 Manche dickflüssigen Medikamente muss man vor Gebrauch schütteln. Nenne den vorliegenden Gemischtyp. Beschreibe, was sich bei längerem Stehen der Medikamente beobachten lässt.

A10 Manche Flüsse führen im Sand und Schlamm kleine Goldkörnchen mit sich. Beschreibe das Verfahren des Goldwaschens. Welche Eigenschaft wird zum Trennen genutzt?

Die wichtigsten Begriffe

- heterogenes Gemisch
- homogenes Gemisch
- Gemenge
- Legierung
- Lösung
- Emulsion
- Suspension
- Rauch, Nebel, Aerosol
- Sedimentation
- Extraktion

Natur – Mensch – Technik

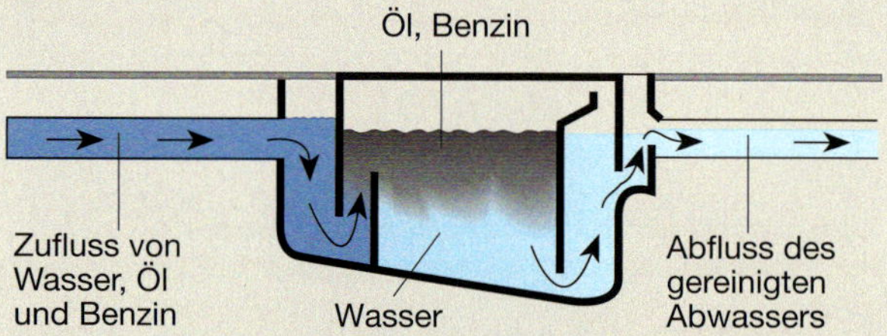

A11 a) Autowaschanlagen müssen mit Ölabscheidern ausgerüstet sein. Nenne die Gründe für diese Maßnahme.
b) Beschreibe und erkläre das Trennprinzip. Schreibe dazu einen kurzen Informationstext.

A12 Informiere dich über den Aufbau und die Wirkungsweise von Rußpartikelfiltern in neuen Dieselfahrzeugen.

A13 Ein Gemisch aus den Kunststoffen Polypropylen, Polyethylen, Polystyrol und Polyvinylchlorid soll getrennt werden.
a) Das Schwimm/Sink-Verfahren ist eine Möglichkeit. Beschreibe das Verfahren mithilfe der Tabelle rechts.
Erkläre das Wirkungsprinzip des Verfahrens.
b) Eine andere Möglichkeit ist die Trennung der Stoffe in einem Hydrozyklon. Bei diesem Verfahren werden die Kunststoffe zunächst gemahlen und dann mit Wasser in den Hydrozyklon gegeben. Erläutere das Wirkungsprinzip.

Kunststoffe	Dichte ($\frac{g}{cm^3}$)
Polypropylen	0,91
Polyethylen	0,95
Polystyrol	1,05
Polyvinylchlorid	1,30

Trennmittel	Dichte ($\frac{g}{cm^3}$)
Wasser	1,0
Kochsalz-Lösung	1,2
Fixiersalz-Lösung	1,28

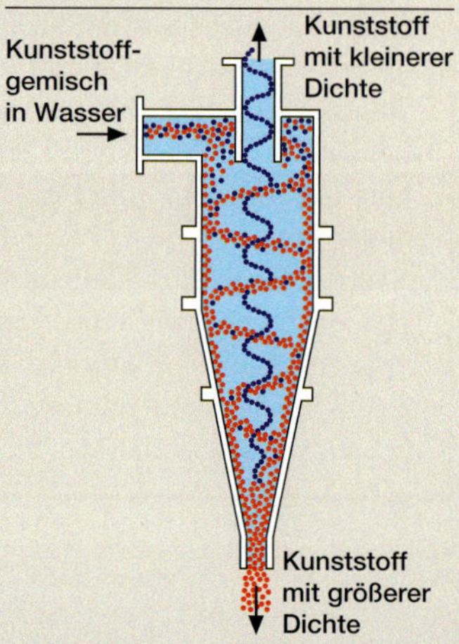

A1 Salzgewinnung

Lüneburg, eine Stadt in der Lüneburger Heide, verdankte ihren früheren Reichtum dem Salz aus einem Salzstock, der unmittelbar unter der Altstadt liegt. Das Grundwasser löste das Steinsalz heraus. Diese Sole wurde hochgepumpt und in großen, mit Holz beheizten Siedepfannen eingedampft. Das zum Heizen der Öfen benötigte Holz wurde in mühsamer Arbeit aus den Wäldern der Umgebung herangeschafft.
Salz war früher ein kostbares Gut und sehr teuer. Die Arbeit an den Siedepfannen war hart. Jeder musste mit anfassen! Der Siedemeister überwachte den Siedeprozess. Frauen und Kinder führten Hilfsarbeiten aus. Sie sorgten für das Feuer, leerten die Siedepfannen und füllten das Salz in Säcke.

a) Viele Orte, an denen Salz gefunden wurde, tragen die Silbe „hall“ oder „salz“ im Namen. Suche im Atlas nach solchen Orten.
b) Heute wird Salz aus unterirdischen Steinsalz-Lagerstätten gewonnen. Suche im Atlas Orte, an denen in Deutschland Steinsalz abgebaut wird.
c) Informiere dich über die Entstehung der Lüneburger Heide. Stelle einen kurzen Bericht zusammen.
d) Vergleiche die Bedeutung des Salzes im Mittelalter mit seiner Bedeutung heute. Schreibe einen kurzen Informationstext.
e) Auf den Verpackungen von Speisesalz für den Haushalt findet man meist Angaben über Zusatzstoffe. Stelle die Angaben für einige Handelsprodukte in Form einer Tabelle zusammen. Gib dabei auch an, welchen Zweck die einzelnen Zusatzstoffe haben.

A2 Zuckerherstellung

Bis Anfang des 19. Jahrhunderts konnte Zucker nur in tropischen Ländern aus Zuckerrohr gewonnen werden. In Europa blieb Zucker deshalb ein Luxusprodukt. Die erste kleine Fabrik zur Gewinnung von Zucker aus Rüben wurde 1802 in Schlesien errichtet.

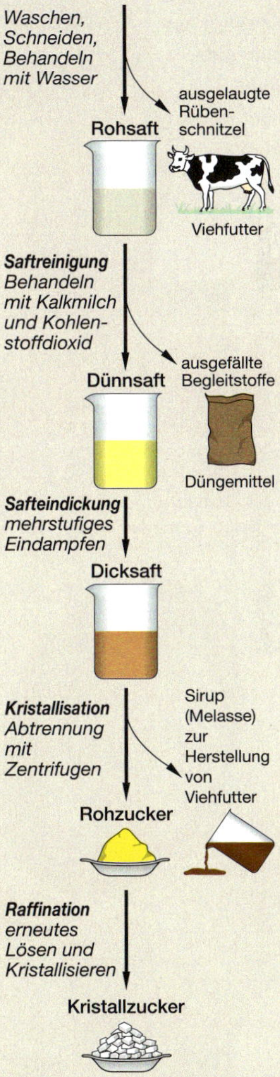

a) Stelle die einzelnen Schritte der Gewinnung von Zucker aus der Zuckerrübe in einer Tabelle zusammen. Gib an, welche Trennverfahren dabei angewendet werden.
b) Erläutere, was mit den Nebenprodukten der Zuckerherstellung geschieht.
c) Frage zuhause nach, wie viel an Haushaltszucker monatlich in eurer Familie verbraucht wird. Vergleiche diesen Wert auch mit den Angaben deiner Klassenkameraden.

4 Chemie in der Küche

Es ist ein tolles Erlebnis, mit Eltern und Freunden in der Küche zu stehen und gemeinsam leckere Speisen zuzubereiten. Die Suppe köchelt auf dem Herd, der Braten bruzzelt, verführerische Düfte ziehen durch das ganze Haus: so appetitlich kann Chemie sein.
Die Küche ist im Prinzip nur ein Chemielabor und auch die Handgriffe ähneln denen eines Chemikers: Stoffe werden abgefüllt, verrührt und erhitzt. In der Küche verwendet man geeignete Lösemittel wie beispielsweise Wasser oder Öl. Durch Erhitzen kann man aus Lebensmitteln ein schmackhaftes Essen zubereiten.
Die Zubereitung gelingt aber nicht immer reibungslos. Wie im Chemielabor benötigt man in der Küche Geschick und Übung.

Zentrale Fragen:
- Wie verändern sich Lebensmittel bei der Zubereitung?
- Was sind die Kennzeichen einer chemischen Reaktion?
- Welcher Zusammenhang besteht zwischen Energieumsatz und der chemischen Reaktion?
- Was bedeutet der Begriff Energieumwandlung?
- Welche Rolle spielen chemische Reaktionen im Alltag und in der Natur?

4.1 Kochen, Braten, Backen – Vorgänge in der Küche

Kross gebratenes Fleisch

Ein gekochtes Ei

Gebackene Plätzchen

In der Küche werden Lebensmittel durch verschiedene Verfahren für den Verzehr zubereitet. Dabei werden sie auf unterschiedliche Weise erhitzt: So werden beispielsweise Fleisch oder Fisch gebraten, Eier oder Nudeln werden gekocht und Plätzchen oder Brot werden gebacken.

Braten. Wenn man rohes Fleisch kauft, hat es eine rötliche Farbe und ist sehr weich. Man kann es in roher Form essen; leichter verdaulich und schmackhafter wird das Fleisch, wenn man es kocht oder brät.
Gibt man ein Stück Fleisch in eine heiße Pfanne, so stellt man schon nach kurzer Zeit eine Veränderung fest: die rötliche Farbe an der Oberfläche ist verschwunden; das Fleischstück sieht nun hellbraun aus. Brät man das Stück noch einige Minuten bei großer Hitze weiter, so setzt sich die Veränderung fort: An der Oberfläche bildet sich eine dunkelbraune Kruste.
Wenn man das Fleischstück nun aufschneidet, kann man auch Veränderungen im Inneren des Fleisches erkennen. Es sind offensichtlich neue Stoffe entstanden, die andere Eigenschaften haben als das rohe Fleisch. Niemand wundert sich, dass das Fleisch auch nach dem Abkühlen in seinem gebratenen Zustand verbleibt. Bleibende Veränderungen beim Erhitzen sind uns vertraut.

Kochen. Schlägt man ein rohes Ei auf, so treten zwei flüssige Stoffe aus: das klare Eiweiß und das Eigelb. Kocht man ein rohes Ei im Wasserbad, so wird das vorher klare Eiweiß langsam undurchsichtig. Nach etwa sieben Minuten ist das Eigelb fest: das Ei ist hartgekocht.
Hier entstehen also auch neue Stoffe mit neuen Eigenschaften. Die Veränderung der Bestandteile des Eies ist dauerhaft und bleibt nach dem Abkühlen erhalten.

Kartoffeln und verschiedene andere Gemüsearten wie Mohrrüben oder Blumenkohl sind im rohen Zustand hart, werden aber durch das Kochen weich und entfalten ihr typisches Aroma.

Backen. In der Weihnachtszeit ist das Plätzchenbacken sehr beliebt. Ein Plätzchenteig besteht aus Mehl, Zucker, Eiern und Backpulver. Außerdem kommen noch bestimmte Aromen, wie beispielsweise Vanille, hinzu. Der Teig ist sehr weich und leicht verformbar.
Im Ofen wird die Masse ausgebacken. Dabei wird der Plätzchenteig langsam dunkler und das Volumen der Plätzchen nimmt zu. Die fertigen Plätzchen sind gelbbraun und fest und sie duften herrlich. Auch hier sind offensichtlich neue Stoffe entstanden. Dank der gewünschten Eigenschaften dieser Stoffe verzehren wir die gebackenen Plätzchen gern.

Beim Kochen, Braten und Backen verändern sich die Lebensmittel. Die neu entstandenen Stoffe weisen neue Eigenschaften auf. Bei den Vorgängen in der Küche spielt die Veränderung der Temperatur eine große Rolle.

1 Beschreibe die Veränderungen, die beim Backen eines Kuchens stattfinden.
2 Nenne die Veränderungen, die du bei der Herstellung von Eischnee beobachten kannst. Vergleiche sie mit der Herstellung einer Majonäse und der Veränderung beim Braten eines Spiegeleies.
3 Nenne weitere Beispiele aus der Küche, bei denen Lebensmittel chemisch verändert werden.
4 In Kochbüchern werden weitere Zubereitungsarten genannt. Informiere dich über die folgenden Garverfahren und beschreibe kurz die Unterschiede: Dünsten, Dampfgaren, Schmoren, Pochieren, Frittieren.

4.2 Karamellisieren – eine chemische Reaktion

Eine Crème Brûlée wird zubereitet.

Karamellisierter Zucker verleiht Desserts eine besonders edle Geschmacksnote. Um Karamellmasse herzustellen, gibt man Zucker mit ein wenig Wasser in einen hitzebeständigen Topf und erhitzt vorsichtig. Bei der Zubereitung einer Crème Brûlée gibt man den Zucker auf eine Crememasse und erhitzt ihn dort mit einem Gasbrenner, so dass die oberste Zuckerschicht karamellisiert.

Erhitzen von Zucker. Im Labor kann man die Karamellbildung genau untersuchen. Dazu erhitzt man langsam etwas Zucker. Schon nach kurzem Erwärmen wird der Zucker flüssig. Zunächst ist die Schmelze farblos. Nach einiger Zeit wird sie jedoch leicht bräunlich und zunehmend zähflüssig: Man nimmt den typisch süßlichen Karamellgeruch wahr.
Erhitzt man weiter, steigen beißend riechende Nebel auf. Die Schmelze wird erst dunkelbraun, dann bildet sich ein schwarzer voluminöser Schaum, der erstarrt und sich nach dem Abkühlen nicht mehr verändert.

Chemische Reaktion. Mit zunehmender Temperatur findet eine dauerhafte Veränderung des Zuckers statt: aus dem weißen kristallinen Feststoff bilden sich beim Erhitzen und gasförmige Stoffe und ein voluminöser schwarzer Feststoff.
Solche Vorgänge, bei denen neue Stoffe entstehen, bezeichnet man als *chemische Reaktion.* Die entstehenden Stoffe nennt man Produkte. Die Produkte unterscheiden sich von den Ausgangsstoffen durch ihre Eigenschaften.

Bei vielen Vorgängen in der Küche laufen chemische Reaktionen ab. So entstehen auch beim Braten eines Fleischstücks, beim Kochen eines Eies oder beim Backen von Plätzchen neue Stoffe. Man erkennt diese neuen Stoffe daran, dass sie im Vergleich zu den Ausgangsstoffen anders aussehen und einen anderen Geruch, einen anderen Geschmack oder eine andere Konsistenz aufweisen.

Bei chemischen Reaktionen entstehen neue Stoffe. Die Produkte unterscheiden sich durch ihre charakteristischen Eigenschaften von den Ausgangsstoffen.

1 Beschreibe, woran man erkennt, dass bei der Karamellbildung neue Stoffe entstehen.
2 Erkläre, woran man beim Braten von Fleisch, beim Kochen von Eiern und beim Backen erkennen kann, dass chemische Reaktionen stattgefunden haben.
3 Bei der Zubereitung von Süßspeisen erhitzt man die Zutaten weniger als etwa beim Braten von Fleisch. Begründe die vorsichtigere Arbeitsweise.
4 Begründe, warum das Erwärmen von Kuvertüre keine chemische Reaktion ist.
5 Nenne chemische Reaktionen aus deinem Alltag außerhalb der Küche. Gib dazu die Veränderungen an.

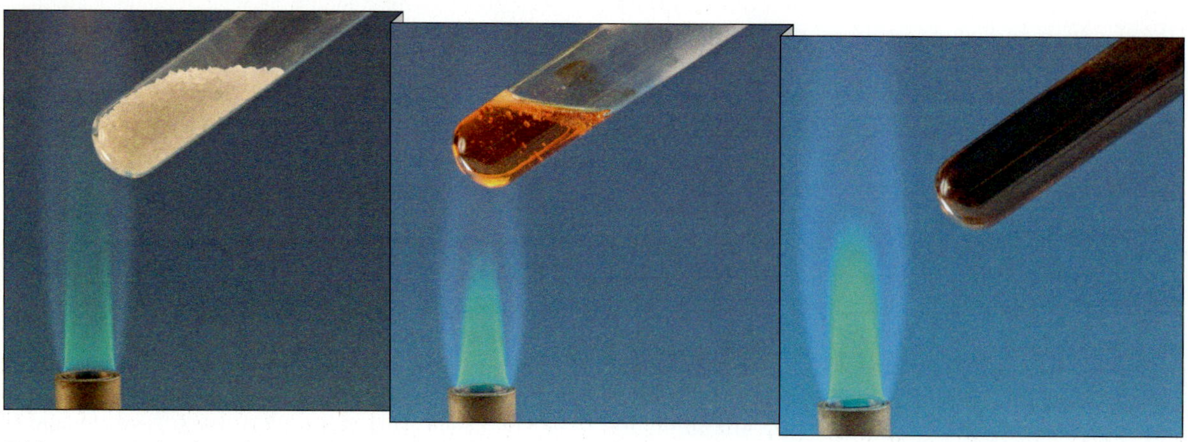

Erhitzen von Zucker im Labor

Lebensmittel verändern sich

Praktikum

V1: Erhitzen von Zucker

Materialien: Spatel, Adsorptionsstopfen, Gasbrenner; Zucker.

Durchführung:

1. Gib zwei Spatel Zucker in ein Reagenzglas. Verschließe es anschließend mit einem Adsorptionsstopfen.
2. Erhitze vorsichtig bis eine Reaktion einsetzt. Erwärme anschließend noch etwas weiter.

Aufgaben:

a) Notiere deine Beobachtungen.
b) Handelt es sich um eine chemische Reaktion?

V2: Erhitzen von Kuvertüre

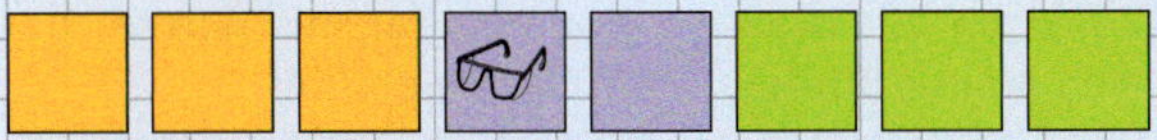

Materialien: Metalltopf, Heizplatte, Löffel; Kuvertüre.

Durchführung:

1. Gib in einen kleinen Metalltopf etwas Kuvertüre.
2. Erwärme die Kuvertüre und lass wieder abkühlen.
Hinweis: Es darf kein Wasser in den Topf gelangen.

Aufgaben:

a) Notiere deine Beobachtungen.
b) Handelt es sich um eine chemische Reaktion?

Selbst hergestellte Karamellbonbons

Experimentelle Hausaufgabe:
Karamellbonbons zum Selbermachen

Materialien: Pfanne, Backpapier; Butter, Zucker, süße Sahne.

Durchführung:

1. Schmilz ein Stück Butter in einer kleinen Pfanne bei mittlerer Temperatur.
2. Rühre einen Esslöffel Zucker und zwei Teelöffel süße Sahne hinzu.
3. Gib das hellbraune Gemisch auf ein Backpapier.
Hinweis: Achte darauf, dass das Gemisch nicht zu dunkel wird.

Aufgaben:

a) Notiere deine Beobachtungen.
b) Informiere dich über verschiedene Arten von Karamell.

Reifungsprozesse

Exkurs

Chemische Reaktionen finden nicht nur in der Küche und im Labor statt. Auch in der Natur laufen chemische Reaktionen ab. Ein Beispiel ist das Reifen von Obst.
Ein unreifer Apfel ist grün, schmeckt sauer und ist hart. Ein reifer Apfel dagegen hat eine gelbrötliche Farbe, schmeckt süß und ist weicher. Bei dem Reifungsprozess sind also neue Stoffe entstanden.
Beim Reifen werden grüne Pflanzenfarbstoffe zunächst zu gelben und dann zu roten Farbstoffen umgewandelt. Die im Apfel enthaltene geschmacklose Stärke wird zu Zucker umgewandelt. Außerdem werden die sogenannten Gerüststoffe, die den unreifen Apfel hart machen, teilweise abgebaut: Der Apfel wird weicher.

Unreife und reife Äpfel

4.3 Chemische Reaktionen im Labor

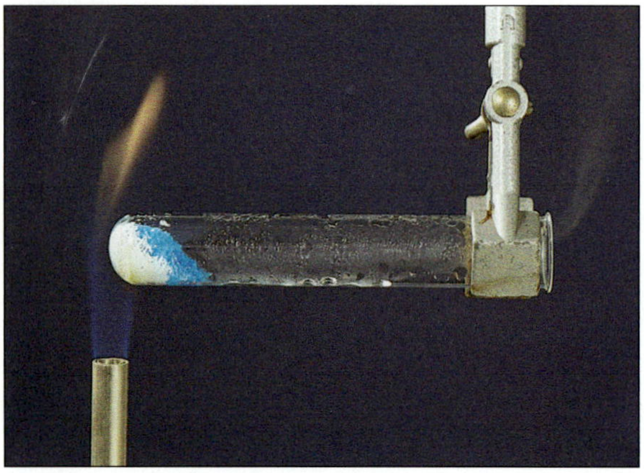

Blaues Kupfersulfat-Hydrat wird erhitzt

Weißes Kupfersulfat reagiert mit Wasser

Bei der Zubereitung von Lebensmitteln in der Küche finden zahlreiche chemische Reaktionen statt. Lebensmittel sind in den meisten Fällen Gemische verschiedener Stoffe. Die einzelnen ablaufenden Reaktionen lassen sich daher nicht ohne Weiteres identifizieren. Die Prozesse beim Kochen, Backen und Braten sind nur auf den ersten Blick einfach.
Um die Vorgänge bei einer chemischen Reaktion genauer untersuchen zu können, betrachtet man deshalb in der Chemie zunächst einfache überschaubare Reaktionen. Dazu eignen sich Laborexperimente mit Kupfersulfat und Kupfersulfat-Hydrat besonders gut.

Bildung von weißem Kupfersulfat. Erhitzt man blaues Kupfersulfat-Hydrat, so verschwindet die blaue Farbe; gleichzeitig entstehen Tröpfchen einer farblosen Flüssigkeit, die sich als Wasser erweist. Außerdem hat sich ein neuer Stoff gebildet: weißes Kupfersulfat. Es hat also eine chemische Reaktion stattgefunden.

Um die chemische Reaktion kürzer beschreiben zu können, verwendet man ein Reaktionsschema. Für die Bildung von weißem Kupfersulfat und Wasser aus blauem Kupfersulfat-Hydrat lautet das Reaktionsschema:

Kupfersulfat-Hydrat $\longrightarrow$ Kupfersulfat + Wasser

Im Reaktionsschema notiert man zunächst den Namen des Ausgangsstoffs. Es folgen der Reaktionspfeil und der Name des Produkts. Der Pfeil gibt also die Richtung der Reaktion an. Sind mehrere Ausgangsstoffe oder Produkte vorhanden, so verbindet man diese mit einem Pluszeichen.

Das Reaktionsschema liest man als: „Kupfersulfat-Hydrat reagiert zu Kupfersulfat und Wasser."

Bildung von blauem Kupfersulfat-Hydrat. Tropft man Wasser auf weißes Kupfersulfat, so entsteht ein blauer Stoff. Dabei erwärmt sich das Gemisch. Durch die Reaktion von weißem Kupfersulfat mit Wasser hat sich blaues Kupfersulfat-Hydrat gebildet.
Das Reaktionsschema für diese Reaktion lautet:

Kupfersulfat + Wasser $\longrightarrow$ Kupfersulfathydrat

Dieses Reaktionsschema liest man als: „Kupfersulfat reagiert mit Wasser zu Kupfersulfat-Hydrat."

Die Bildung von blauem Kupfersulfat-Hydrat ist die Umkehrung zu der Bildung von weißem Kupfersulfat. Die Bildung von weißem Kupfersulfat ist also eine umkehrbare Reaktion.
Viele Reaktionen sind jedoch nicht so einfach umkehrbar. So werden aus gebackenen Plätzchen nicht wieder rohe Teighäufchen und aus knusprig gebratenem Fleisch wird kein rohes Fleischstück mehr. Die meisten Reaktionen, die bei der Zubereitung von Lebensmitteln stattfinden, sind für uns nicht umkehrbar.

Chemische Reaktionen können in Kurzform durch ein Reaktionsschema beschrieben werden. Die Ausgangsstoffe werden auf der linken Seite und die Produkte auf der rechten Seite notiert. Die Reaktion wird durch den Reaktionspfeil dargestellt.

1 Nenne die Veränderungen, die zeigen, dass bei der Reaktion von Kupfersulfat mit Wasser eine chemische Reaktion stattfindet.

2 Zucker reagiert beim Erhitzen zu Karamell. Stelle ein Reaktionsschema auf.

3 Benenne Ausgangsstoffe und Produkte bei drei selbst gewählten chemischen Reaktionen aus dem Alltag.

4.4 Energie bei chemischen Reaktionen

Ein gemütliches Feuer

Energie begegnet uns in vielen verschiedenen Erscheinungsformen: Als Licht, als Wärme, als elektrische Energie und als Bewegungsenergie.
Im Alltag spricht man fälschlich davon, dass Energie verbraucht wird. Energie ist da, sie kann weder verbraucht noch neu geschaffen werden. Energie kann aber von einer Energieform in andere Energieformen überführt werden. So wird im Backofen elektrische Energie in Wärme und in der Glühlampe elektrische Energie in Licht und Wärme umgewandelt. In der Chemie betrachtet man noch eine weitere Energieform: In Stoffen ist Energie chemisch gespeichert. Man spricht daher von chemischer Energie.

Stoffe und Energie. Alle Stoffe haben eine bestimmte Menge an chemischer Energie. Manche Stoffe dienen auf Grund ihres hohen Energiegehalts als Brennstoffe. Ihre Energie wird beim Verbrennen als Wärme und als Licht frei. Andererseits gibt es auch Vorgänge, bei denen von außen Energie zugeführt werden muss. Stoffe nehmen bei einer chemischen Reaktion Energie auf oder geben Energie ab: Sie tauschen also mit der Umgebung Energie aus. Der Energieaustausch kann in Form von Wärme, von Licht, von Bewegungsenergie oder auch von elektrischer Energie erfolgen. Bei allen chemischen Reaktionen spielt der Wärmeaustausch eine zentrale Rolle.

Energieumsatz. Wird bei einer chemischen Reaktion Wärme an die Umgebung abgegeben, so spricht man von einer **exothermen** Reaktion. Wird bei einer chemischen Reaktion Energie aus der Umgebung aufgenommen, so spricht man von einer **endothermen** Reaktion.
Auch bei der Reaktion von weißem Kupfersulfat mit Wasser wird Energie ausgetauscht: Bei der Bildung von Kupfersulfat-Hydrat wird Wärme frei. Es handelt sich also um eine *exotherme* Reaktion. Für die Rückreaktion zu weißem Kupfersulfat muss Wärme zugeführt werden. Diese Reaktion ist also *endotherm*. Im Reaktionsschema gibt man den Energieumsatz nach einem Semikolon im Anschluss an die Produkte an.

Da bei chemischen Reaktionen ein Energieaustausch stattfindet, ist der Energiegehalt der Ausgangsstoffe ein anderer als der Energiegehalt der Produkte. Den Energiegehalt kann man übersichtlich in einem **Energiediagramm** darstellen.

Bei chemischen Reaktionen findet ein Energieumsatz statt. Bei exothermen Reaktionen wird Energie an die Umgebung abgegeben. Bei endothermen Reaktionen wird Energie aus der Umgebung aufgenommen.

1 Erkläre, was man unter „Energieerhalt" versteht.
2 Gib je ein Beispiel für eine exotherme Reaktion an, bei der Energie in Form von Wärme, von Bewegungsenergie oder von Licht frei wird.

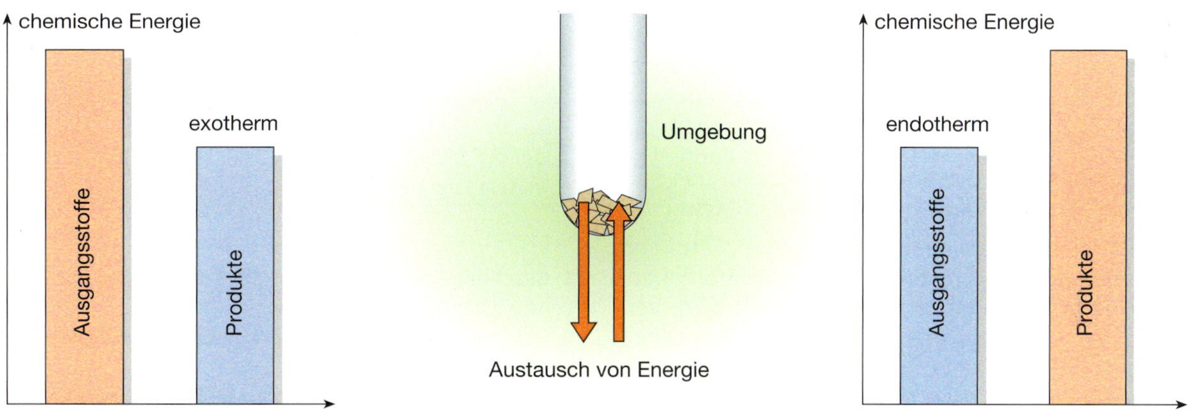

Energieaustausch bei chemischen Reaktionen

4.5 Lebensmittel haben es in sich – Nahrung und Energie ☆

Brennwertangaben auf einem Milchkarton

Ein Fettbrand auf dem Herd

Alle Lebewesen benötigen Energie. Pflanzen beziehen sie aus dem Sonnenlicht. Menschen und Tiere erhalten die lebensnotwendige Energie durch den Abbau von Nährstoffen, die in Lebensmitteln enthalten sind. Dieser Abbau ist eine Abfolge von langsam ablaufenden exothermen Reaktionen.

Energiegehalt von Lebensmitteln. Wie alle Stoffe enthalten Lebensmittel *chemische Energie.* Der Energiegehalt ist dabei abhängig von den enthaltenen Nährstoffen. Auf Verpackungen von Lebensmitteln ist ihr Energiegehalt häufig als Brennwert angegeben. Diese Angabehat die Einheit Kilojoule (kJ) pro 100 g oder pro 100 ml. Häufig findet man auch noch Angaben in Kilokalorien (kcal). Dabei handelt es sich um eine ältere Einheit, die im Lebensmittelbereich immer noch verwendet wird; 1 kcal entspricht etwa 4,2 kJ. Mit 1 kJ kann man etwa 240 ml Wasser um 1 °C erwärmen. Für die Erwärmung von 1 l Wasser um 1 °C werden also etwa 4,2 kJ oder genau 1 kcal benötigt.

Der Energieumsatz im Körper kann mit einfachen Mitteln nicht beobachtet werden. Man kann allerdings Nährstoffe auch außerhalb des Körpers verbrennen und so den Energiegehalt der Lebensmittel ermitteln: Verbrennt man ein Stück Würfelzucker in einer besonderes isolierten Apparatur, einem sogenannten Kalorimeter, so könnte man mit der freiwerdenden Energiemenge 1 l Wasser um 4 °C erwärmen. Die gleiche Menge an Fett liefert mehr als doppelt so viel Energie.

Fett hat einen sehr hohen Energiegehalt. Fett kann sich auch in der Küche entzünden und verbrennen, wenn es in einer Pfanne zu stark erhitzt wird. Versucht man dann, das brennende Fett mit Wasser zu löschen, so kommt es zu einer Explosion mit hohen Stichflammen. Die Feuerwehr warnt immer wieder vor Unfällen bei solchen Fettbränden.

Energiebedarf. Auch bei völliger Ruhe braucht der Mensch Energie. Man bezeichnet diese Energiemenge als *Grundumsatz.* Er hängt von verschiedenen Faktoren ab: Jüngere Menschen haben einen höheren Grundumsatz als ältere Menschen. Bei Frauen ist er niedriger als bei Männern. Außerdem haben schwergewichtige Personen einen höheren Grundumsatz als leichtgewichtige.
Die Energiemenge, die ein Mensch für Leistungen über den Grundumsatz hinaus benötigt, bezeichnet man als *Leistungsumsatz.* Er hängt von Art und Dauer der Tätigkeit ab: Bei einer Stunde Fußballspielen verbraucht man beispielsweise zehnmal so viel Energie wie in einer Stunde Chemieunterricht.
Im Durchschnitt benötigt eine erwachsene Frau ungefähr 8000 kJ, ein erwachsener Mann ungefähr 10 000 kJ Energie pro Tag.
Essen wir zu viel, übersteigt die Energiezufuhr den Energiebedarf. Die Energiebilanz ist nicht mehr ausgeglichen und überschüssige Energie wird in Form von Körperfett gespeichert. Übergewicht mit zahlreichen gesundheitlichen Risiken ist die Folge. Essen wir zu wenig, so können sich ebenfalls gesundheitliche Schäden ergeben. Ein wesentliches Ziel einer ausgewogenen Ernährung liegt also in einer ausgeglichenen Energiebilanz.

Alle Lebensmittel haben einen bestimmten Energiegehalt. Der Energiehalt wird in Kilojoule (kJ) pro 100 g oder pro 100 ml angegeben. Die Energiezufuhr sollte mit dem Energiebedarf übereinstimmen.

1 Beschreibe den Unterschied von Grundumsatz und Leistungsumsatz des Menschen.

2 Beschreibe, woran man erkennen kann, dass Lebensmittel Energie enthalten.

3 Stelle verschiedene Lebensmittel mit sehr hohem Energiegehalt und mit sehr geringem Energiegehalt zusammen.

4.6 Gesunde Ernährung ☆

Zum Leben benötigen wir ständig Energie: Wir bewegen uns, wachsen, denken und halten unsere Körpertemperatur konstant. Selbst für Atmung und Verdauung benötigen wir Energie. Diese Energie erhält unser Körper aus der Nahrung.
Eine zu üppige Ernährung und fehlende körperliche Bewegung können jedoch zu Übergewicht und zu Krankheiten führen. Die Nahrungsmenge muss folglich dem Energiebedarf angepasst sein. Bei der Auswahl der Lebensmittel kommt es aber nicht nur auf die Menge an. Auch die richtige Zusammensetzung der Nahrung ist wichtig.

Inhaltsstoffe der Nahrung. Alle natürlichen Nahrungsbestandteile bezeichnet man als **Nährstoffe.** Sie werden nach ihrer Bedeutung für unseren Körper in Hauptnährstoffe und Ergänzungsstoffe unterteilt: Fette, Kohlenhydrate und Eiweiße bilden die *Hauptnährstoffe*. Bei ihrem Abbau wird die benötigte Energie frei. Der Energiegewinn ist hierbei unterschiedlich groß: Ein Gramm Fett liefert etwa 39 kJ, ein Gramm Kohlenhydrate und ein Gramm Eiweiß jeweils 17 kJ.

Die Hauptnährstoffe dienen nicht nur der Energieversorgung, sondern auch als Baustoffe für das Wachstum und die Erneuerung von Zellen und Organen. Eine zentrale Rolle spielen hier die Eiweiße. Sie sind beispielsweise am Aufbau von Muskeln, Haut und Haaren beteiligt.

Mit der Nahrung nehmen wir auch Vitamine, Mineralstoffe, Ballaststoffe und Wasser zu uns. Diese *Ergänzungsstoffe* liefern keine Energie, sind aber für eine gesunde Ernährung unentbehrlich. So spielen Vitamine und Mineralstoffe eine wesentliche Rolle bei der Regulierung des Stoffwechsels. Ballaststoffe sind unverdauliche Bestandteile von Pflanzen, die im Darm quellen und die Darmtätigkeit verstärken. Wasser dient als Baustoff, Lösemittel und Transportmittel.

Unsere Nahrung muss die verschiedenen Nährstoffe in einem bestimmten Verhältnis enthalten. Kein Lebensmittel allein erfüllt diese Anforderung. Bei der Ernährung müssen wir daher auf eine abwechselungsreiche Auswahl der Lebensmittel achten.

Tipps für eine gesunde Ernährung. Unsere Nahrung besteht aus verschiedenen Lebensmitteln. In dem dargestellten Ernährungskreis sind diese zu Gruppen zusammengefasst. Die Größe des Ausschnittes steht für den Anteil, den die jeweilige Lebensmittelgruppe in einer gesunden Ernährung ausmachen sollte:
Brot, Nudeln, Reis und Kartoffeln enthalten reichlich *Kohlenhydrate* und Ergänzungsstoffe, aber kaum Fett. In einer gesunden Ernährung nehmen sie den ersten Platz ein.

Gemüse und Obst sind kalorienarm und reich an Ergänzungsstoffen. Bei einer ausgewogenen Ernährung sollten täglich fünf Portionen Gemüse und Obst auf dem Speiseplan stehen.
Milch und Milchprodukte enthalten wertvolles *Eiweiß* sowie Vitamine und Mineralstoffe. Die Empfehlung lautet hier: Täglich Milch und Milchprodukte verzehren.
Viele Menschen nehmen mit der Nahrung zuviel tierisches Eiweiß zu sich. 300 bis 600 Gramm Fleisch und Wurst pro Woche reichen völlig aus.

Fett und fettreiche Lebensmittel sind besonders energiereich und können Übergewicht fördern. Ihr Anteil sollte möglichst gering sein. Auf versteckte Fette in Wurstwaren, Käse, Süßigkeiten sowie in Fastfood-Gerichten müssen wir besonders achten.

Reichlich Flüssigkeit zu trinken, lautet eine weitere Empfehlung. Täglich sollten wir 1,5 Liter Wasser oder andere kalorienarme Getränke zu uns nehmen.

Eine gesunde Ernährung enthält eine angemessene Menge nährstoffreicher und energiearmer Lebensmittel, die abwechslungsreich miteinander kombiniert werden.

1 Erkläre die Begriffe Nährstoff, Hauptnährstoff und Ergänzungsstoff und verdeutliche die Zusammenhänge in grafischer Form.
2 Notiere, was du an einem Tag gegessen hast. Vergleiche diese Aufstellung mit den Empfehlungen für eine gesunde Ernährung.

Chemie-Recherche

Location: http://www.schroedel.de/chemie_heute.html

Suche:

Chemische Reaktionen im Alltag

Ergebnisse:

→ **Vom Sauerstoff zum Kohlenstoffdioxid**
Wie alle Tiere und Pflanzen gewinnt der Mensch die Energie, die er benötigt, aus exothermen Reaktionen. Mit der Nahrung nehmen wir Nährstoffe wie Kohlenhydrate, Fett und Eiweißstoffe auf. Die Atmung liefert den Reaktionspartner Sauerstoff. Nährstoffe und Sauerstoff werden mit dem Blut zu den einzelnen Zellen transportiert. Dort reagieren sie in einer exothermen Reaktion miteinander. Als Reaktionsprodukte entstehen Wasser und Kohlenstoffdioxid, die ausgeschieden werden.

→ **Vom Kohlenstoffdioxid zum Sauerstoff**
Das bei der Atmung von Menschen und Tieren frei gewordene Kohlenstoffdioxid sammelt sich nicht in der Atmosphäre an, sondern wird in der Natur wieder umgewandelt: Tagsüber nehmen die grünen Pflanzen Kohlenstoffdioxid und Wasser auf und produzieren daraus Traubenzucker. Als Nebenprodukt entsteht dabei der für uns lebensnotwendige Sauerstoff. Die Reaktion von Kohlenstoffdioxid mit Wasser ist endotherm, als Energiequelle wird das Sonnenlicht benötigt. Man bezeichnet diesen gesamten Vorgang als Photosynthese.

→ **Vom rohen Teig zum fertigen Kuchen**
Wenn der Hefeteig angerührt ist, stellt man ihn zur Seite und wartet, bis er „aufgegangen" ist. Das dauert etwa eine halbe Stunde. In dieser Zeit nimmt das Volumen des Teiges deutlich zu. Ursache dafür ist die Bildung eines gasförmigen Stoffes, dessen Bläschen den Teig aufblähen. Bei dem Gas handelt es sich um Kohlenstoffdioxid, das aus Zucker gebildet wird. Die für das „Aufgehen" notwendige Hefe bringt diese Reaktion in Gang. Je höher die Temperatur ist, desto schneller erfolgt die Gasentwicklung und desto schneller geht der Teig auf. Steigt die Temperatur jedoch über 42 °C, so stirbt die Hefe ab.

→ **Vom Brotteig zum Zucker**
Jeder kennt das: Kaut man lange genug auf einem Stück Brot, so schmeckt es süß. Aus dem Auftreten des süßen Geschmacks als neuer Eigenschaft kann man schließen, dass ein neuer Stoff entstanden ist. Dabei handelt es sich um Traubenzucker. Also muss eine chemische Reaktion stattgefunden haben. Chemisch gesehen besteht Brot im Wesentlichen aus Stärke. Durch die Reaktion mit dem Speichel entsteht dabei unter anderem süßer Traubenzucker.

Experimentelle Hausaufgabe:
Wir stellen Brausepulver her

Materialien: Teelöffel, Trinkglas;
Zucker, Zitronensäure, Natron.

Durchführung:
1. Zwei Teelöffel Zucker, zwei Teelöffel Zitronensäure und ein Teelöffel Natron werden in einem Glas durch Schütteln gut vermischt.
2. Gib etwas von dem Gemisch auf ein Stück Papier und prüfe Aussehen und Geschmack.
3. Stelle Brauselimonade her, indem du einen Teelöffel des Gemisches im Glas mit Wasser übergießt.

Aufgaben:
a) Notiere deine Beobachtungen.
b) Entscheide, ob bei der Herstellung von Brause eine chemische Reaktion stattfindet. Begründe.

Chemie in der Küche

Basiswissen

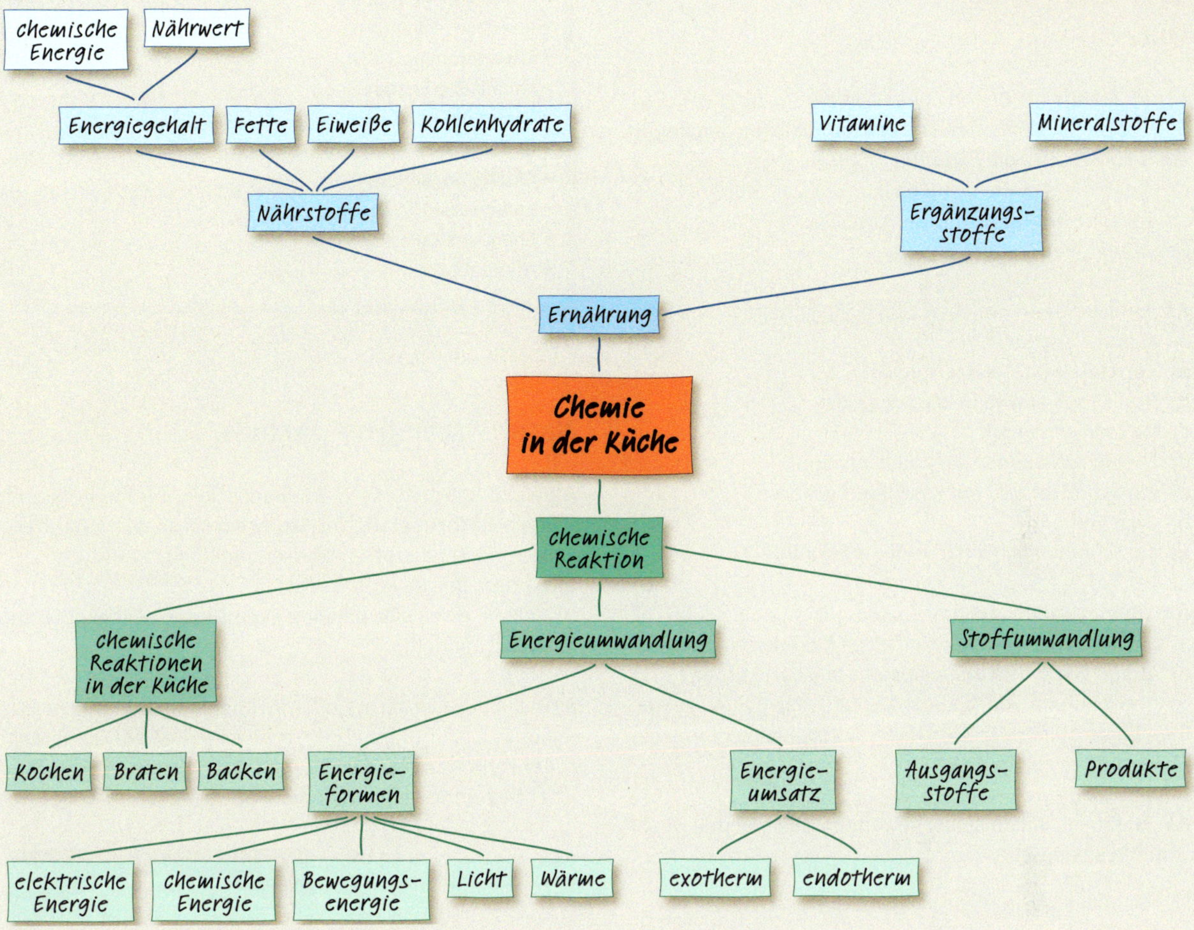

Kochen und Chemie

Chemie in unserer Welt

Immer mehr Menschen achten auf eine gesunde ausgeglichene Ernährung. Hierbei sind die Angaben zu den Inhaltsstoffen auf Verpackungen und das Wissen um den Energiegehalt von Lebensmitteln hilfreich.

Das Ziel einer guten Köchin oder eines guten Kochs ist es, ein schmackhaftes Essen zuzubereiten. Er muss sich dabei über die chemischen Grundlagen der Kochkunst im Klaren sein. Er weiß, dass die Reaktionen, die er durch die Temperaturveränderung hervorruft, von ihm nicht einfach rückgängig gemacht werden können. Auch wenn man als Köchin oder Koch nicht auf die Methoden der Chemiker zurückgreift, ist man dennoch auf die Untersuchungsergebnisse der Lebensmittelchemie angewiesen.

Der Beruf des Lebensmittelchemikers ist hochinteressant, da er neben den genannten Bereichen auch noch das Gebiet Lebensmittelkontrolle beinhaltet.

Molekulare Küche. Ganz moderne Köche greifen noch stärker auf die Erkenntnisse der Chemie zurück. Die sogenannten Molekularköche verwenden neben den üblichen Küchentechniken auch solche aus der Lebensmittelchemie, um Gerichte mit völlig neuartigen Eigenschaften zu erzeugen: Schäume und Gelees aus Gemüse, heißes „Eis“, das beim Abkühlen im Mund schmilzt, Bonbons aus Olivenöl oder „Kaviar“ aus Melonen. Auf die Erkenntnisse der modernen Chemie greift man auch zurück, wenn es um das Haltbarmachen und Konservieren von Lebensmitteln geht.

Prüfe dein Wissen

Quiz

A1 **a)** Erkläre die Begriffe des Fensters.
b) Notiere auf der Vorderseite von Karteikarten den Begriff, auf der Rückseite die Erklärung.
c) Ordne die Begriffe den Basiskonzepten „Materie“, „chemische Reaktion“ und „Energie“ zu.
Begründe deine Zuordnung.

A2 Entscheide, in welchen Fällen eine chemische Reaktion abläuft. Begründe.
a) Kochsalz wird in Wasser gelöst.
b) Brausepulver wird in Wasser gelöst.
c) Wasser verdampft.
d) Für ein Käsefondue wird Käse erwärmt.
e) Ein Schnitzel wird mit Käse überbacken.
f) Obst verfault.
g) Ein Erdbeermilchshake wird hergestellt.

A3 Nenne die Beobachtungen, die zeigen, dass es sich bei folgenden Vorgängen um exotherme Reaktionen handelt:
a) Abbau von Nährstoffen im menschlichen Körper,
b) Umwandlung von blauem Kupfersulfat-Hydrat zu weißem Kupfersulfat,
c) Verbrennen einer Kerze.

A4 Erkläre an einem selbst gewählten Beispiel den Begriff „Energieaustausch“.

Know-how

A5 Zeichne ein Energiediagramm für den Vorgang der Fettverbrennung.

A6 Stelle jeweils das Reaktionsschema auf. Gib dabei den Energieumsatz an:
a) Umwandlung von weißem Kupfersulfat zu blauem Kupfersulfat-Hydrat.
b) Umwandlung von blauem Kupfersulfat-Hydrat zu weißem Kupfersulfat.

A7 In der Umgangssprache wird häufig vom Energieverbrauch von Geräten oder im Haushalt gesprochen. Beurteile die Verwendung dieses Begriffs.

A8 Nenne die Energieform, in die die chemische Energie bei folgenden Vorgängen jeweils umgewandelt wird:
a) Eine Batterie wird entladen.
b) Ein Stück Kohle wird verbrannt.
c) Ein Wärmepack wird aktiviert.
d) Ein Airbag wird gezündet.

Die wichtigsten Begriffe

- chemische Reaktion
- Reaktionsschema
- Energieformen
- chemische Energie
- exotherm
- endotherm
- Aktivierungsenergie
- Katalysator
- Energiegehalt
- Nährstoffe

Natur – Mensch – Technik

A9 Viele Sportler essen Traubenzucker, um ihrem Körper Energie nachzuliefern. Im Stoffwechsel reagiert Traubenzucker mit Sauerstoff zu Wasser und Kohlenstoffdioxid.
a) Notiere das Reaktionsschema.
b) Gib an, ob es sich um eine endotherme oder exotherme Reaktion handelt.

A10 Ein Silvesterfeuerwerk wird abgebrannt. In welche Energieformen wird dabei die chemische Energie der in den Feuerwerkskörpern enthaltenen Chemikalien umgewandelt? Begründe deine Antwort.

A11 Blanchieren ist die Bezeichnung für ein kurzes Eintauchen von Lebensmitteln in kochendes Wasser. Das schonende Verfahren wird vor allem angewandt, um das Braunwerden von Gemüse zu verhindern. Manche Lebensmittel sind nach dem Blanchieren verträglicher. Vor dem Einfrieren werden Lebensmittel blanchiert, um sie haltbarer zu machen.
Gib an, ob beim Blanchieren chemische Reaktionen ablaufen. Begründe deine Antwort.

A12 Erhitzt man einen dünnen Glasstab in der rauschenden Flamme des Gasbrenners, so wird der Stab weich und beginnt zu leuchten. Die Leuchtfarbe verändert sich bei steigender Temperatur von Rot über Orange nach Gelb. Lässt man den Stab wieder Abkühlen, so wird er wieder fest und leuchtet nicht mehr.
Vergleiche diesen Vorgang mit den chemischen Reaktionen von Kupfersulfat-Hydrat zu Kupfersulfat und von Kupfersulfat zu Kupfersulfat-Hydrat.

A1 Chemische Reaktionen rund um die Kartoffel

Im 16. Jahrhundert gelangte die Kartoffel aus Südamerika nach Europa. Hier wurde die Pflanze zunächst wegen ihrer schönen Blüten in Ziergärten angebaut. Erst in Hungerzeiten in der Mitte des 18. Jahrhunderts erkannte man ihren Wert als Nahrungsmittel: Die Kartoffel enthält viel Stärke und ist reich an Vitaminen. Sie wurde daher zu einem wichtigen Grundnahrungsmittel.

Sowohl beim Wachstum einer Kartoffelpflanze als auch bei der weiteren Verwendung von Kartoffeln spielen chemische Reaktionen eine zentrale Rolle.

1. Im Frühjahr werden Saatkartoffeln auf dem Acker gepflanzt. Die Kartoffelknollen keimen aus und es wachsen dann neue Kartoffelpflanzen. Bei der Photosynthese bilden sich in den grünen Pflanzenteilen Reservestoffe: Dabei wird mithilfe des Sonnenlichts aus Kohlenstoffdioxid und Wasser neben Sauerstoff auch Zucker gebildet. Ein Teil des Zuckers wird in Stärke umgewandelt und in neu gebildeten Kartoffelknollen gespeichert.

2. Bei der maschinellen Kartoffelernte kommen Roder zum Einsatz: Sie reißen den Boden auf und trennen die Kartoffelknollen von den restlichen Pflanzenteilen. Gelegentlich werden dabei auch einzelne Kartoffeln zerquetscht. Sie bleiben auf dem Acker liegen und verfaulen.

3. Die geernteten Kartoffeln gelangen zum Verbraucher und kommen beispielsweise gekocht als Salzkartoffeln auf den Tisch. Im menschlichen Körper wird die in den Kartoffeln enthaltene Stärke zu Traubenzucker umgewandelt, der dann in den Muskeln verbraucht wird.

4. Kartoffeln lassen sich zu Tiefkühl-Pommes-Frites verarbeiten. Eine Maschine schält dazu die Kartoffeln und schneidet sie in Stäbchen. Anschließend werden sie bei 160 °C frittiert und dann tiefgefroren.

5. Kartoffeln können zur Stärkeproduktion eingesetzt werden. Dabei wird die Kartoffel zunächst zerrieben und die Stärke ausgewaschen. Der entstandene Stärkebrei wird dann noch getrocknet.

6. Eine weitere Verwendungsmöglichkeit für Kartoffeln besteht in der Herstellung hochprozentiger alkoholischer Getränke: Bei der alkoholischen Gärung bilden Hefepilze aus Kartoffelstärke Alkohol, der anschließend destilliert wird.

Kartoffelpflanze mit Kartoffelknollen

Kartoffelernte: Vom Acker ...

a) Überprüfe und entscheide bei jedem der sechs Punkte, ob bei den beschriebenen Vorgängen chemische Reaktionen ablaufen.
b) Stelle Reaktionsschemata der jeweiligen Reaktionen auf.
c) Begründe, ob es sich bei den einzelnen Vorgängen um exotherme oder endotherme Reaktionen handelt.

... auf den Tisch

5 Feuer und Flamme

Ein Abend an einem Lagerfeuer ist ein Erlebnis, an das man sich gerne erinnert: Man genießt das flackernde, geheimnisvolle Licht und die wohlige Wärme, die von dem Feuer ausgehen. Hängt man dann einen Teekessel in die Flammen, kann man mit heißem Tee die Wärme auch innerlich fühlen. Kommt ein leichter Wind auf, beobachtet man, wie glimmende Äste und Zweige hell aufflammen. Am Ende ist ein ganzer Stapel Holz verheizt, und zurück bleibt ein Häufchen Asche, in der nur noch wenig Glut glimmt, die schließlich völlig erlischt. Gelegentlich nimmt ein solcher Abend auch einen unglücklicheren Verlauf. Blasen an den Fingern oder angesengte Haare gehören dabei noch nicht zu den schlimmsten Folgen: Im Einzelfall muss die Feuerwehr anrücken und Schlimmeres verhindern.

Zentrale Fragen:

- Welche Bedingungen müssen erfüllt sein, damit ein Feuer entfacht werden kann und selbstständig weiterbrennt?
- Wie ist der Vorgang der Verbrennung aus wissenschaftlicher Sicht zu erklären?
- Welche Rolle spielt die Luft bei der Verbrennung?

5.1 Eine Kerzenflamme – naturwissenschaftlich betrachtet

Flammenrand einer Kerze

Eine Kerze erlischt bei Luftabschluss

Nicht nur zu Weihnachten ist man fasziniert vom Leuchten einer Kerzenflamme, von ihrem Flackern, wenn die Luft sich bewegt, und vom Glühen des Dochtes, wenn man die Flamme ausbläst. Es ist aber auch interessant, die Kerzenflamme mit den Augen der Wissenschaft zu betrachten. Kerzen bestehen aus unterschiedlichen Materialien: Früher wurden sie aus Bienenwachs hergestellt, heute verwendet man vorwiegend *Paraffin,* das aus Erdöl gewonnen wird. In der Längsachse der Kerze befindet sich ein Baumwollfaden als *Docht.*

Funktion des Dochtes. Wenn man eine Kerze anzündet, bildet sich um den Docht herum sehr schnell eine kleine Pfütze aus geschmolzenem Paraffin. Man könnte daher vermuten, dass bei der Kerze das flüssige Paraffin brennt. Um diese Vermutung zu überprüfen, schmilzt man etwas Paraffin in eine Porzellanschale und versucht, die Schmelze mit einem brennenden Holzspan zu entzünden. Das gelingt nicht. Auch festes Paraffin lässt sich nicht mit einem Holzspan entflammen.

In der Flamme verbrennt offensichtlich weder festes noch flüssiges Paraffin. Die Funktion einer Kerze muss daher mit dem Docht zusammenhängen: Der Docht wirkt wie ein Vergaser. Er saugt flüssiges Paraffin auf und verdampft es. In der Flamme verbrennt dann Paraffin-Dampf. Diese Vermutung kann man mit einem einfachen Experiment bestätigen: Bläst man eine Kerzenflamme aus und nähert dem Docht sofort ein brennendes Streichholz, so springt die Flamme auf den Docht über, manchmal bis zu 2 cm weit. Direkt nach Löschen der Flamme ist also noch gasförmiges Paraffin vorhanden, das leicht wieder entzündet werden kann.

Kerzenflamme. Naturwissenschaftlich gesehen besteht eine Flamme im Wesentlichen aus glühenden Gasen, die in charakteristischen Farben leuchten. Daneben enthält die Kerzenflamme oft auch glühende Rußpartikel. Eine Kerzenflamme leuchtet im oberen Teil sehr hell, im unteren Teil ist sie eher dunkel. Hält man ein Stück Papier ganz kurz in den hellen Teil der Flamme, so fängt das Papier an, ringförmig am *Außenrand* der Flamme zu brennen. Diese Zone der Flamme ist die heißeste Zone; die dunkleren Bereiche sind dagegen nicht so heiß. Hält man ein Ende eines etwa 5 cm langen Glasrohres in den dunklen Teil der Kerzenflamme und nähert dem anderen Ende ein brennendes Streichholz, so lässt sich eine Flamme am Glasrohr entzünden. Diese *Tochterflamme* zeigt, dass sich noch unverbrannter Paraffindampf in der Mitte der Kerzenflamme befindet: er kann mit dem Glasrohr nach außen abgeleitet und entzündet werden.

Ersticken der Kerzenflamme. Stellt man ein Becherglas über eine brennende Kerze, so erlischt sie bald. Je kleiner das Gefäß ist, umso schneller geht die Flamme aus. Zur Verbrennung ist *Luft* notwendig. Luft ist ein homogenes Gasgemisch, das im Wesentlichen Sauerstoff und *Stickstoff* enthält. Nur der Sauerstoff unterhält Verbrennungsvorgänge; ist er verbraucht, so *erstickt* die Flamme.

In einer Kerzenflamme brennt am Docht gasförmiges Paraffin. Für die Verbrennung ist Sauerstoff notwendig.

1 Erkläre die Funktion eines Dochtes beim Brennen von Kerzen oder Teelichtern.

2 Beschreibe eine Kerzenflamme aus naturwissenschaftlicher Sicht.

3 Recherchiere, wie eine Öllampe aufgebaut ist und erkläre ihre Funktion. Schreibe einen kurzen Sachtext.

Experimentelle Hausaufgabe:

4 Stelle drei verschieden große Gläser bereit. Entzünde drei Teelichter. Stülpe je ein Glas über ein Teelicht und miss die Zeit, bis die Flamme erlischt. Erkläre.

Theorie Aktivierungsenergie

In einem Feuer laufen chemische Reaktionen ab; Brennstoffe werden dabei in andere Stoffe umgewandelt. Energetisch gesehen handelt es sich dabei um exotherme Reaktionen: Je nach Größe des Feuers spürt man die wohlige Wärme oder die sengende Hitze.

Jeder weiß, wie man ein Feuer entfacht: Zunächst muss man die Brennstoffe mit einem Feuerzeug oder einem Streichholz anzünden. Energetisch betrachtet muss man also Energie zuführen. Dann erst kommt die Verbrennung in Gang und die exothermen Reaktionen setzen Energie frei.

Beim Anzünden eines Feuers muss also zunächst Energie zugeführt werden, dann erst können die exothermen Reaktionen starten. In der Chemie bezeichnet man die Energie, die man zuführen muss, um eine Reaktion in Gang zu setzen, als Aktivierungsenergie.

Aktivierungsenergie im Modell. Den Start einer exothermen Reaktion kann man sich durch ein einfaches Modell veranschaulichen: Ein Tennisball ist in einer Dachrinne gelandet. Bevor er wieder auf den Boden gelangen kann, muss er über den Rand der Rinne gehoben werden. Erst dann kann er von alleine zu Boden fallen. Genauso muss man die Stoffe bei vielen Reaktionen zunächst in einen

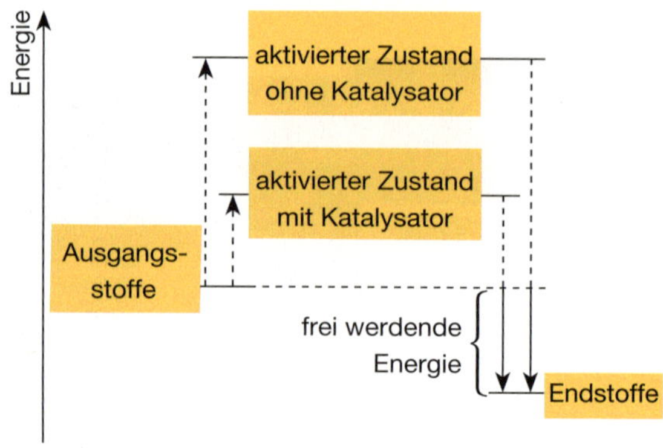

Energiediagramm einer exothermen Reaktion mit und ohne Katalysator

energiereicheren Zustand, den sogenannten aktivierten Zustand, bringen. Dann läuft die exotherme Reaktion von alleine ab.

Katalysatoren. Bei vielen Reaktionen ist die Aktivierungsenergie so hoch, dass sie gar nicht ablaufen. Ein Beispiel ist die Umwandlung giftiger Autoabgase in ungefährliche Stoffe. Um diese Umwandlung in Gang zu setzen, benutzt man einen Katalysator. Katalysatoren sind Stoffe, die die Aktivierungsenergie herabsetzen und so Reaktionen erst ermöglichen. Der Katalysator wird dabei nicht verbraucht.

Praktikum Kerzenversuche

V1: Experimente mit einer Kerze

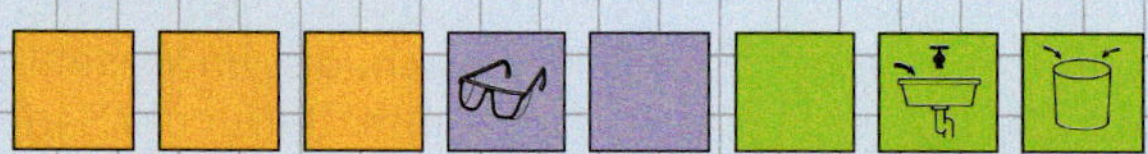

Materialien: Becherglas (250 ml), Glasrohr mit Spitze (5 cm), Tiegelzange, Trichter, gebogenes Glasrohr, Schlauchstücke, Kolbenprobe;
Kerze oder Teelicht. Streichhölzer, Kalkwasser.

Durchführung:

1. Zünde die Kerze an und beobachte sie genau.
2. Halte das Glasrohr mit der Tiegelzange mitten in die Flamme und mit der Spitze schräg nach oben. Führe eine Streichholzflamme an das spitze Ende des Glasrohres.
3. Stülpe das Becherglas über die brennende Kerze und versuche, die Flamme durch Zufuhr von Luft vor dem Erlöschen zu retten.
4. Blase die Kerzenflamme aus. Entzünde den entstehenden Qualm mit einer darüber gehaltenen Streichholzflamme (Fernzündung).

Untersuchung der Verbrennungsgase

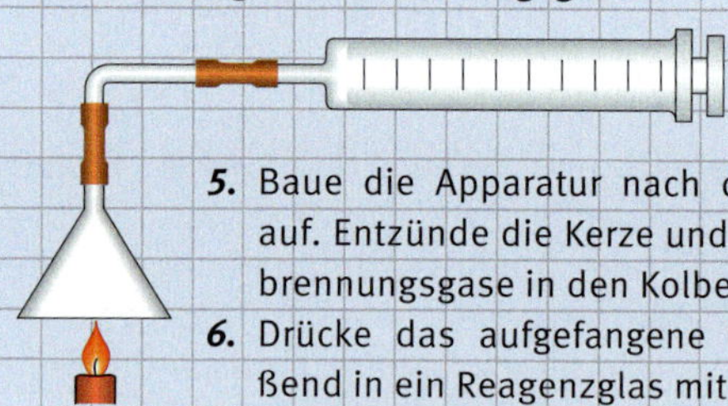

5. Baue die Apparatur nach der Abbildung auf. Entzünde die Kerze und ziehe die Verbrennungsgase in den Kolbenprober.
6. Drücke das aufgefangene Gas anschließend in ein Reagenzglas mit Kalkwasser.

Aufgaben:

a) Beschreibe das Aussehen der Kerzenflamme. Wo ist sie hell, wo dunkel?
b) Erkläre deine Beobachtungen bei den Arbeitsschritten 3 und 4.
c) Notiere deine Beobachtungen bei der Untersuchung der Verbrennungsgase und erkläre sie.
d) Beschreibe, was mit dem Paraffin passiert, wenn die Kerze brennt.

5.2 Geschichte des Feuermachens ☆

Blitzeinschläge können ein Feuer entfachen

Reibungswärme entzündet trockenes Gras

Feuer spielte in der gesamten Menschheitsgeschichte eine entscheidende Rolle. Erst seitdem man Wohnhöhlen heizen und Speisen warm zubereiten konnte, wurde das Leben auch in den kalten Regionen der Erde erträglich. Heute wäre ein Leben ohne Feuer für uns undenkbar.

Feuermachen. Funde von Holzkohlenresten im Vorderen Orient belegen, dass Feuer bereits vor rund 800 000 Jahren genutzt wurde. Zunächst waren es wohl Blitzeinschläge, die das Holz trockener Sträucher oder Bäume entzündeten. Die so entstandenen Feuer hielten die Menschen sorgfältig am Brennen.
Der Wunsch, selbständig und jederzeit Feuer machen zu können, erfüllte sich, als man mit einem *Feuerstein* Funken schlagen konnte. So fand man in einer Höhle im heutigen Belgien 10 000 Jahre alte Stücke Eisenkies, die Schlagspuren durch einen Feuerstein aufweisen. Man schlug wohl mit dem harten Feuerstein, dem sogenannten Flint, kräftig auf das Stück Eisenkies und erzeugte so Funken, mit denen man trockenes Brennmaterial entfachte. Diese Brennstoffe wurden später auch als Zunder bezeichnet; das Wort „zünden" weist noch heute auf diese Art des Feuermachens hin. Bei einer anderen Methode wurde ein *Stab aus Hartholz* so schnell auf einem Brett gedreht, dass die dabei erzeugte Reibungswärme trockenes Holz oder Gras entflammen konnte.

Als man im Mittelalter die Glasbearbeitung beherrschte, konnte man erste *Brenngläser* anfertigen. Mithilfe gebündelter Sonnenstrahlen konnte trockenes Holz entzündet werden. Auch heute noch nutzt man das Prinzip der Lichtbündelung zur Erzeugung höherer Temperaturen. Dabei wird aber nicht mehr Holz entzündet, sonderen Wasser erhitzt. Beispiele sind Solarkocher oder Sonnenöfen.

Streichhölzer und Feuerzeuge. Mit der Erfindung der Streichhölzer wurde das Feuermachen sehr viel einfacher. Ein Streichholzkopf enthält besondere Brennstoffe, die durch das Reiben an der Reibfläche der Streichholzschachtel entzündet werden können.

Die Bedeutung von Streichhölzern sank mit der Verbreitung von Benzinfeuerzeugen. Sie enthalten mit Benzin getränkte Watte. Durch Reiben eines Stahlrades auf einem Feuerstein entzündete man das am Docht verdampfende Benzin.

Die heute genutzten Feuerzeuge sind dagegen meist Gasfeuerzeuge mit Piezozündung: Ein kleiner Tank enthält Butan, das unter Druck flüssig gehalten wird. Öffnet man das Ventil, dann strömt das Gas aus. Durch Drücken des Piezozünders wird ein Funke erzeugt, der das Gas entzündet.

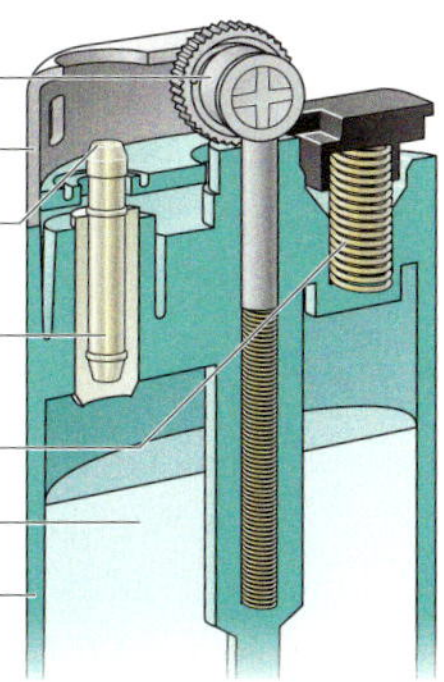

Zum Feuermachen braucht man eine Zündquelle und leicht entzündliche Brennstoffe.

1 Beschreibe, wie man mithilfe einer Bohrmaschine und eines Holzbrettes ein Feuer entfachen könnte.
2 Erkläre, wie Benzinfeuerzeuge und Gasfeuerzeuge funktionieren. Beschreibe die Unterschiede.
3 Man spricht beim Brennstoff für Feuerzeuge und Campingkocher oft von „Flüssiggas". Erläutere diesen Begriff.
4 Erläutere ausführlich, wie du vorgehst, um mit Streichhölzern ein Osterfeuer zu entzünden.
5 Beschreibe, wie das Leben aussehen könnte, wenn wir nicht gelernt hätten, Feuer zu machen .

5.3 Wissenschaftliche Betrachtung einer Grillparty

Grillen – eine Wissenschaft für sich. Anzünden, Qualmbildung und Glut

Markus feiert Geburtstag und will im Freien grillen. Er holt Holzkohle und zusätzlich Holz und Papier: „Wir machen damit erst einmal ein Holzfeuer. Dann können wir die Holzkohle auflegen". Trotz des guten Ratschlags kommt das Feuer schlecht in Gang. Es qualmt und droht immer wieder auszugehen. „Damit das Feuer richtig brennt, müssen wir Luft zufächeln", bemerkt Carola. Mit einem Kehrblech schlägt Carola vor der spärlichen Glut auf und ab. Schließlich brechen erste Flammen hervor. „Noch ein bisschen Wind, und wir können die Holzkohle darauf legen", sagt sie.

Feuermachen aus chemischer Sicht. Die beschriebenen Tipps für das Entzünden eines Grillfeuers sind allgemein bekannt. Das richtige Verständnis dafür liefert aber erst eine wissenschaftliche Betrachtung: Um ein Grillfeuer anzuzünden, benötigt man *Brennstoffe*, also brennbare Stoffe wie Papier, trockenes Holz oder Holzkohle. Außerdem benötigt jede Verbrennung *Sauerstoff*.
Eine wichtige Rolle spielt auch der *Zerteilungsgrad* des Brennstoffs: So gelingt es kaum, ein dickes Stück Holz zum Brennen zu bringen. Vielmehr muss man das Holz zunächst in kleine Holzscheite zerkleinern und es dann anzuzünden. Das hat den Vorteil, dass die Luft besser an das Holz herankommt. Bei lockerer Schichtung des Brennmaterials ist die Luftzufuhr optimal, die Frischluft erreicht die Brennstoffe schneller und gleichzeitig an vielen Stellen.
Stoffe brennen nur, wenn die *Zündtemperatur* erreicht wird. Dazu genügt bei einem Streichholz bereits die Reibungswärme an der Reibfläche. Mit einem brennenden Streichholz lassen sich dann Papier und Holzspäne anzünden. Man benötigt dazu eine Zündtemperatur von etwa 300 °C. Durch das Holzfeuer wird schließlich auch die Entzündungstemperatur der Holzkohle erreicht. Mit der Entzündungstemperatur wird die Aktivierungsenergie für die Reaktion bei der Verbrennung geliefert.

Feuer und Flamme. Solange die Temperatur zu niedrig ist, bildet sich bei einem Holzkohle-Feuer viel *Qualm*. Dabei handelt es sich um ein Aerosol, das flüchtige, brennbare Substanzen enthält. Daher lässt sich der Qualm auch mit einem brennenden Holzspan entzünden. Nach einiger Zeit bildet sich schließlich eine rote *Glut* oder eine Flamme, die nur noch wenig qualmt und sehr heiß ist. Während das Leuchten einer Flamme auf glühenden Gasen beruht, handelt es sich bei der Glut um leuchtende Feststoffe, die Licht abstrahlen. Je höher die Temperatur der Glut ist, desto heller ist diese Strahlung.

Am Schluss bleibt von den Brennstoffen nur noch *Asche* zurück. Es handelt sich dabei nicht um ein Verbrennungsprodukt, sondern um einen Rückstand aus den nicht brennbaren Stoffen, die in Papier, Holz oder Grillkohle enthalten sind. Reine Holzkohlenasche sieht weiß aus. Sie kann als Pflanzendünger verwendet werden.

Für ein Feuer benötigt man einen Brennstoff mit einem geeigneten Zerteilungsgrad und eine gute Luftzufuhr. Auch muss die Zündtemperatur erreicht werden.

1 Du möchtest einen Stapel dicht gepacktes Zeitungspapier verbrennen. Erläutere, wie du vorgehst.
2 Alte Herde aus Eisen enthalten zwei Klappen: eine Öffnung für den Brennstoff und eine Luftklappe. Erkläre diese Bauweise.
3 Birkenrinde enthält Harze und Öle, sie brennt deshalb besonders gut. Begründe die gute Brennbarkeit.
4 Die Entzündungstemperatur von Benzin beträgt 200 °C. Plane ein Experiment, mit dem du diesen Messwert bestätigen kannst.
5 Grillkohlenasche sieht weiß aus. Sieh in einem Lexikon oder im Internet nach, welche weißen Substanzen in der Asche enthalten sind.

Suche:

Brennbare Stoffe im Alltag

Schroedel

Ergebnisse:

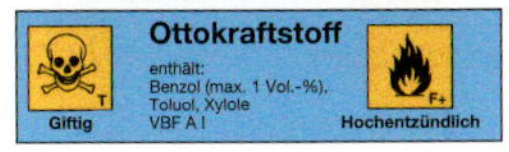

→ **Striktes Rauchverbot an Tankstellen**

„Rauchen verboten!" – Dieses Schild hat sicherlich jeder schon einmal an einer Tankstelle gesehen. Der Grund für das strikte Rauchverbot liegt auf der Hand: Die Kraftstoffe Benzin, Diesel oder Flüssiggas, die im Motor zusammen mit der Luft explosionsartig verbrennen, können auch an der Luft leicht entzündet werden. Benzin und Flüssiggas gehören zu den leichtentzündlichen Stoffen; vielfach reicht schon ein winziger Funke aus einem Feuerzeug oder einer glimmenden Zigarette. An Tankstellen wird durch ein Flammensymbol auf orangem Feld auf diese Gefahr hingewiesen. Ein Totenkopfsymbol zeigt an, dass Benzindämpfe giftig sind.

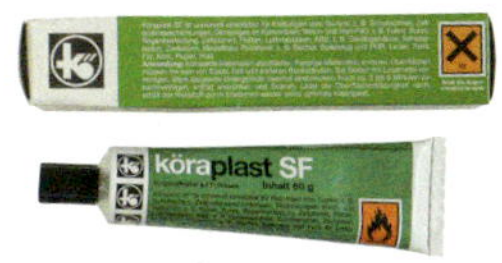

→ **Lacke und Klebstoffe enthalten brennbare Lösungsmittel**

In vielen Hobbykellern stehen Reste von Lacken, Klebstoffen oder Dichtungsmassen. In diesen Produkten sind Gefahrstoffe enthalten. Auf Verpackungen findet man daher Gefahrensymbole, die auf leichtentzündliche, hautreizende oder gesundheitsschädliche Stoffe hinweisen. Leichtentzündliche Lösemittel sind Bestandteile vieler Haushaltskleber. Früher enthielten auch viele Lacke solche Lösemittel. Heute sind dagegen viele Farben auch mit Wasser als Lösemittel erhältlich.

→ **Lampenöl**

Als Alternative zu Kerzen werden in Öllampen spezielle brennbare Öle verwendet. In der Zusammensetzung handelt es sich meist um Erdöldestillate wie Petroleum und Paraffin oder um Alkohole. Meist sind sie noch gefärbt und parfümiert. Bei richtiger Dochteinstellung der Öllampe russt das Öl nicht und auch Geruchsbelästigungen sind gering.

→ **Flambieren mit Alkohol**

Beim Flambieren (franz.: *flamber* = abflammen) wird die Speise mit hochkonzentrierten alkoholischen Getränken übergossen. Der verdunstende Alkohol wird entzündet. Beim Flambieren nimmt die Speise Aromastoffe des verwendeten Getränks auf. Zum Flambieren eignen sich Rum oder Weinbrand.

→ **Brennspiritus**

Brennspiritus ist Ethanol (Alkohol), das durch Zugabe eines Vergällungsmittels ungenießbar gemacht wurde. Der Spiritus kann damit ohne Alkoholsteuer als Brennstoff für Spiritusbrenner verkauft werden. Auf keinen Fall sollte man Spiritus zum Anzünden eines Grillfeuers verwenden: Stichflammen können gefährliche Brandverletzungen verursachen.

→ **Grill- und Feueranzünder**

Feueranzünder aus wachsgetränkten Holzspänen brennen geruchlos und extrem lange. Sie bringen jedes Grillfeuer und Kaminfeuer einfach und sicher zum Brennen.

→ **Treibmittel in Spraydosen**

Spraydosen sind bequem und schnell bei der Hand. Ein Druck auf den Sprühknopf genügt und schon sind die gewünschten Wirkstoffe gleichmäßig verteilt – wie auch die in der Spraydose enthaltenen Treibgase. Spraydosen dürfen inzwischen als Treibgase keine ozonschichtzerstörenden FCKWs (Fluorchlorkohlenwasserstoffe) mehr enthalten. Heute werden als Treibgase häufig Propan und Butan eingesetzt. Diese Gase sind leicht entzündlich. Deshalb niemals in eine offene Flamme sprühen: Es besteht ernste Verbrennungsgefahr!

5.4 Verbrennung – Reaktion mit Sauerstoff

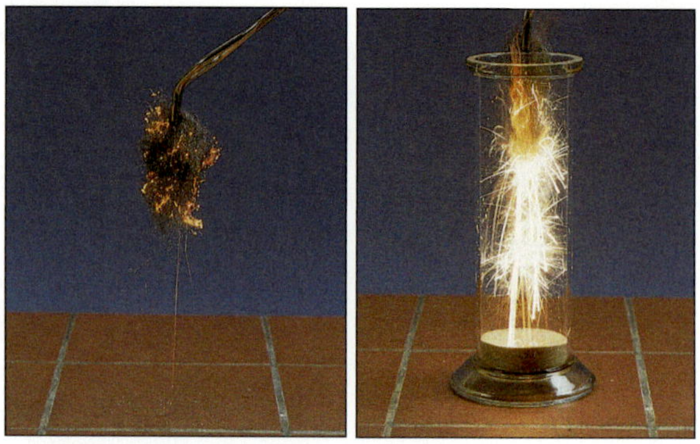

Verbrennung von Eisen in Luft und in Sauerstoff

Verbrennung von Kohlenstoff in Luft und in Sauerstoff

In der Chemie als der Wissenschaft von den Stoffen und den Stoffänderungen will man genau wissen, was bei einer Verbrennung geschieht. Besonders einfach lässt sich die Verbrennung von Holzkohle untersuchen. Gute Holzkohle ist fast reiner Kohlenstoff. Sie verbrennt, ohne Asche zu hinterlassen.

Reaktionspartner Sauerstoff. Holzkohle glüht rot auf, wenn man sie in eine heiße Brennerflamme bringt. Bläst man Luft hinzu, wird die Glut deutlich heller; die Temperatur steigt. Nimmt man anstelle von Luft reinen Sauerstoff, so glüht Holzkohle noch heller auf und es bilden sich Flammen. Bei der Verbrennung spielt Sauerstoff also eine wichtige Rolle: Die Verbrennung von Kohle ist eine *chemische Reaktion* von Kohlenstoff und Sauerstoff. Bei dieser Reaktion entsteht *Kohlenstoffdioxid.* Dieses Gas lässt sich mit Kalkwasser nachweisen.

Das Reaktionsschema für die Reaktion von Kohlenstoff mit Sauerstoff lautet:

Kohlenstoff + Sauerstoff ⟶
Kohlenstoffdioxid; exotherm

Wenn bei der Reaktion nicht genug Sauerstoff zur Verfügung steht, bildet sich das farblose Gas *Kohlenstoffmonooxid:*

Kohlenstoff + Sauerstoff ⟶
Kohlenstoffmonooxid; exotherm

Kohlenstoffmonooxid ist ein starkes Atemgift. Als die Wohnungen noch mit Kohleöfen geheizt wurden, gab es immer wieder tödliche Vergiftungen, wenn die Luftzufuhr zum Ofen nicht ausreichend war.
Im Gegensatz zu Kohlenstoffdioxid ist Kohlenstoffmonooxid brennbar. Es verbrennt mit blauer Flamme zu Kohlenstoffdioxid:

Kohlenstoffmonooxid + Sauerstoff ⟶
Kohlenstoffdioxid; exotherm

Oxidation. Ebenso wie Kohlenstoff reagieren auch andere Stoffe mit Sauerstoff zu *Oxiden.* Man sagt, die Stoffe werden *oxidiert.* Der Name leitet sich von *oxygenium,* dem lateinischen Namen für Sauerstoff ab. Eine Reaktion mit Sauerstoff heißt dementsprechend auch *Oxidation.*

Metalloxide. Nicht nur Brennstoffe wie Paraffin, Papier oder Holzkohle reagieren mit Sauerstoff, sondern auch viele Metalle. Bei der Oxidation von Metallen bilden sich feste Oxide. So entsteht beispielsweise bei der Reaktion von Eisen mit dem Sauerstoff schwarzes *Eisenoxid.* Bei der Reaktion von Magnesium mit Sauerstoff bildet sich das weiße *Magnesiumoxid:*

Eisen + Sauerstoff ⟶ Eisenoxid; exotherm

Magnesium + Sauerstoff ⟶
Magnesiumoxid; exotherm

Die Oxidation von Metallen ist eine exotherme Reaktion. Magnesium reagiert dabei heftiger mit Sauerstoff als Eisen.

> Eine Oxidation ist eine chemische Reaktion mit Sauerstoff. Bei dieser exothermen Reaktion entstehen Oxide.

1 Beschreibe die Beobachtungen, die man bei der Reaktion von Holzkohle mit Luft und mit reinem Sauerstoff machen kann. Erkläre die Unterschiede.

2 Bei starkem Erhitzen an der Luft glüht Kupferblech und es bildet sich ein schwarzes Reaktionsprodukt. Notiere das Reaktionsschema und erkläre, welcher Stoff oxidiert wird.

3 Recherchiere die Dichte von Kohlenstoffdioxid. Vergleiche mit der Dichte von Luft.

4 Recherchiere im Internet, wie man sich die Giftwirkung von Kohlenstoffmonooxid erklären kann.

Reaktionen mit Sauerstoff

V1: Nachweis von Sauerstoff

Materialien: Standzylinder mit Deckglas, Holzspan; Sauerstoff, Kalkwasser.

Durchführung:

1. Fülle den Standzylinder mit Sauerstoff.
2. Entzünde einen Holzspan an der Luft. Tauche den *brennenden* Holzspan in den Standzylinder und nimm ihn wieder heraus.
3. Blase die Flamme am Holzspan aus und tauche den nur noch *glimmenden* Holzspan in den Zylinder.
4. Gib in den Standzylinder etwas Kalkwasser, verschließe mit dem Deckglas und schüttele den Zylinder.

Aufgaben:

a) Notiere deine Beobachtungen.
b) Erkläre das Verhalten des glimmenden Holzspans.
c) Deute die Reaktion des Kalkwassers.

V2: Nachweis von Kohlenstoffdioxid

Materialien: 2 Kolbenprober, Verbrennungsrohr, zwei durchbohrte Stopfen, Becherglas (50 ml), Gasbrenner; Holzkohle, Sauerstoff, Kalkwasser.

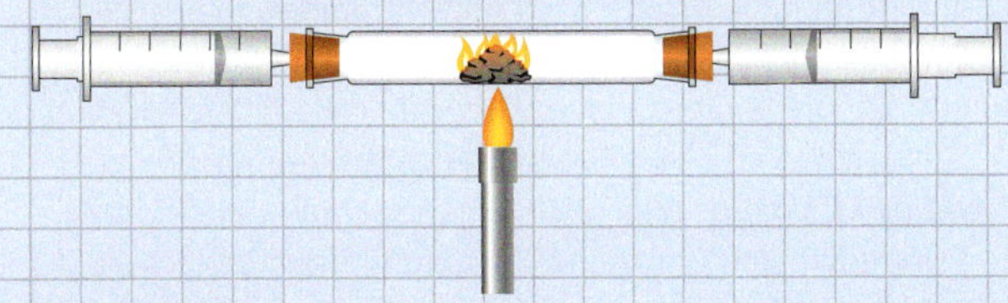

Durchführung:

1. Gib in das Verbrennungsrohr einige kleine Stücke Holzkohle und spanne es zwischen zwei Kolbenprober ein.
2. Fülle einen der Kolbenprober mit 100 ml Luft. Prüfe, ob die Apparatur luftdicht verschlossen ist.
3. Erhitze die Holzkohle mit der rauschenden Flamme des Gasbrenners. Drücke die Luft dabei langsam von einem Kolbenprober in den anderen und zurück.
4. Leite schließlich den Inhalt des Kolbenprobers in ein kleines Becherglas mit etwas Kalkwasser ein.

Aufgaben:

a) Notiere deine Beobachtungen.
b) Beschreibe den Ablauf der Reaktion. Verwende dabei geeignete Fachbegriffe.
c) Erkläre die Beobachtungen im 4. Arbeitsschritt.

V3: Vergleich der Brennbarkeit von Metallen

Materialien: Tiegelzange, Gasbrenner; Kupferdraht, Eisennagel, Eisenwolle, Magnesiumband.

Durchführung: Halte die Proben einige Zeit über den Innenkegel einer Brennerflamme.
Hinweis: Blicke beim Versuch mit Magnesium nicht direkt in die Flamme.

Aufgaben:

a) Notiere deine Beobachtungen in einer Tabelle. Achte dabei besonders auf die Stoffeigenschaften vor dem Erhitzen, das Verhalten beim Erhitzen und die Stoffeigenschaften nach dem Erhitzen.
b) Erkläre, warum sich der Eisennagel und die Eisenwolle unterschiedlich verhalten.
c) Stelle für alle abgelaufenen Reaktionen die Reaktionsschemata auf.
d) Ordne die Metalle nach der bei der Oxidation frei werdenden Energie.

V4: Verbrennung von Magnesium

Materialien: Glaswanne, Standzylinder, Hülse von einem Teelicht, Gasbrenner, Tiegelzange; Magnesiumband.
Hinweis: Besprecht in eurer Gruppe zunächst den Ablauf des Versuchs und verteilt dann die Arbeitsaufgaben.

Durchführung:

1. Das Magnesiumband wird so in die Teelichthülse gesteckt, dass ein Stück herausragt.
2. Die Hülse wird auf die Wasseroberfläche gelegt.
3. Das Magnesiumband wird entzündet und der Standzylinder wird schnell darübergestülpt.
   Die Öffnung des Standzylinders muss während des Versuchs unter der Wasseroberfläche bleiben.

Aufgaben:

a) Notiere deine Beobachtungen.
b) Schätze den Wasserstand im Standzylinder nach dem Abkühlen. Stelle in mehreren Skizzen den Ablauf des Versuchs dar.
c) Stelle das Reaktionsschema für die abgelaufene Reaktion auf.
d) Begründe, weswegen die Öffnung des Standzylinders während des Versuches unter der Wasseroberfläche sein soll.

Exkurs

Feuerwerk

Oft ist ein Feuerwerk der Höhepunkt eines großen Festes. Die Zuschauer warten oft lange, bis es endlich so weit ist. Dann sind sie fasziniert von den farbigen Leuchtspuren, die am dunklen Nachthimmel aufsteigen, zerplatzen, in alle Richtungen auseinander fliegen und dann langsam verglühen.

Schwarzpulver. Bereits vor rund eintausend Jahren wurden in China mit der Erfindung des Schwarzpulvers die Grundlagen der Feuerwerkskunst entwickelt. Zur Herstellung von Schwarzpulver zerrieb man Salpeter, Schwefel und Holzkohle und mischte die Stoffe gründlich. Durch den Kohleanteil ist das Gemisch dunkel gefärbt; daher stammt auch der Name Schwarzpulver.

Schwarzpulver brennt nach der Zündung mit heller Flamme ab; es bildet dabei in einer sehr schnellen Reaktion heiße, gasförmige Verbrennungsprodukte wie Kohlenstoffdioxid und Schwefeldioxid. Das gebildete Schwefeldioxid kann man dabei an seinem charakteristischen Geruch leicht erkennen. Bei der Reaktion von Schwarzpulver nimmt das Volumen sehr schnell um ein Vielfaches zu. Wird Schwarzpulver in einem geschlossenen Behälter entzündet – etwa in der Papphülse eines Böllers – so baut sich durch die schnell entstehenden Gase ein hoher Druck auf: der *Böller* explodiert dann mit lautem Knall.

Raketen. Zur Herstellung von *Silvesterraketen* verwendet man einseitig geschlossene Papphülsen. Darin befindet sich der *Treibsatz* aus Schwarzpulver, der mit einer Zündschnur gezündet wird. Die sich bildenden heißen Gase strömen aus der Öffnung der Papphülse aus und treiben die Rakete hoch in den Himmel.
Für die Entwicklung der passenden Geräuschkulisse enthält die Rakete einen *Knallsatz* mit zusätzlichem Schwarzpulver. Sind farbige Leuchterscheinungen gewünscht, ergänzt man noch den passenden *Leuchtsatz*. Es handelt sich um kleine Tonkugeln, die mit Schwarzpulver und bestimmten Salze beschichtet sind: Natriumsalze sorgen für gelbe Funken, Lithiumsalze für rote; Bariumsalze verursachen grüne Lichterscheinungen, Kupfersalze blaue.

Der Umgang mit Böllern und mit Silvesterraketen ist nicht ungefährlich: Immer wieder gibt es leichtere oder auch schwere, manchmal sogar tödliche Verletzungen. Am Besten lässt man sich von den Eltern zeigen, wie man sicher mit Feuerwerkskörpern umgeht.

1 Beschreibe den Aufbau einer Silvesterrakete.
2 Beschreibe die Erfahrungen, die du bereits mit Raketen oder Knallern gemacht hast.
3 Erläutere, weshalb man nicht versuchen sollte, Knallkörper selbst zu bauen.

Feuer und Flamme

Basiswissen

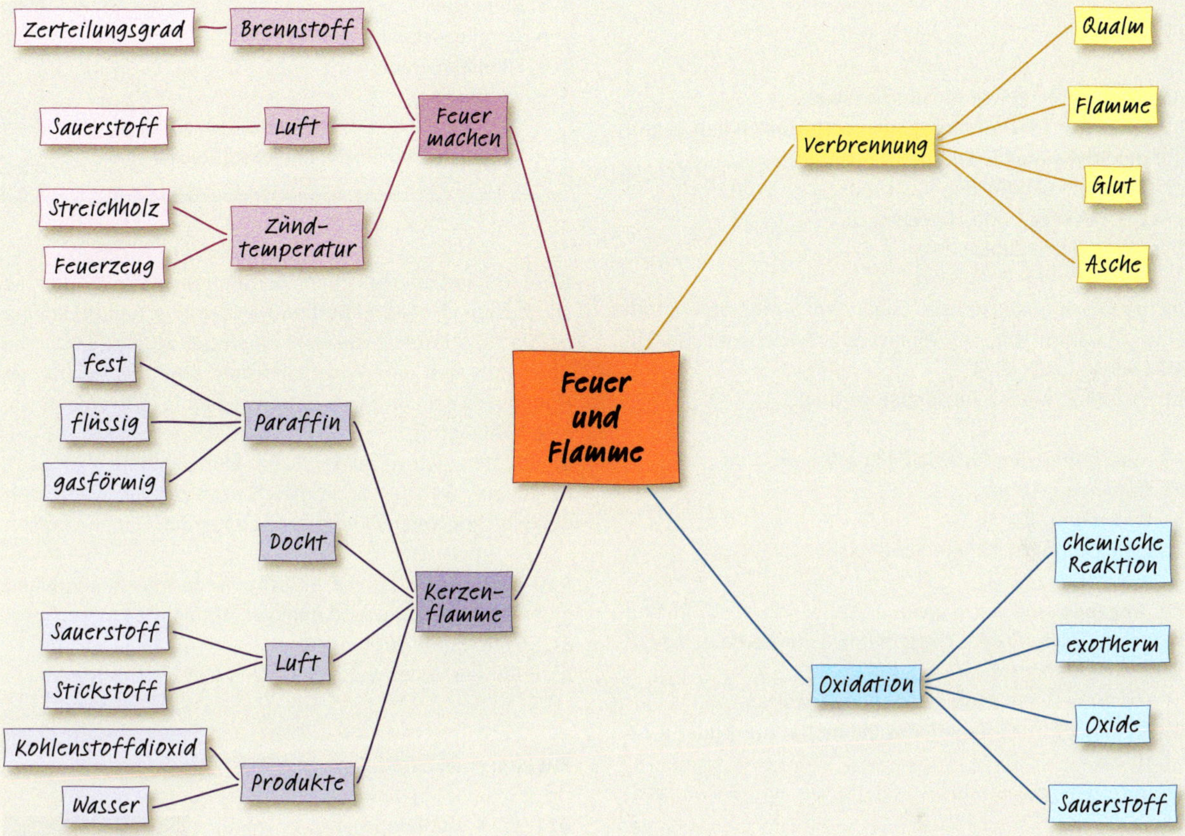

Feuer – chemisch betrachtet

Chemie in unserer Welt

In einem Feuer laufen chemische Reaktionen ab, bei denen Brennstoffe mit Sauerstoff reagieren. Aus dieser Perspektive sind das Entzünden eines Feuers und auch die Kontrolle über den Ablauf der Verbrennung Aufgaben aus dem Bereich der Chemie.

Geschichtliches. Sicherlich haben sich die Menschen in der Steinzeit, die ihr Feuer mit Eisenkies und Feuerstein entzündeten, nicht direkt als Chemiker verstanden. Andererseits ist es aber einleuchtend, dass die Entwicklung von Zündhölzern von Chemikern betrieben wurde und dass die Fortschritte bei gut geeigneten und sicheren Brennstoffen und Treibstoffen Aufgaben der Chemie sind.

Theorie der Oxidation. Die gesamte Entwicklung auf diesem Gebiet war nur möglich vor dem Hintergrund tragfähiger Theorien, mit denen man gleichzeitig bekannte Erscheinungen erklären und Vorhersagen über bisher unbekannte Sachverhalte machen konnte. Eine ganz wichtige Rolle spielte dabei die Theorie, dass sich bei Verbrennungsreaktionen Sauerstoff mit den Brennstoffen verbindet: die Theorie der Oxidation.

Berufe rund ums Feuer. Ohne die Grundlagen, die die Chemie in diesem Bereich geliefert hat, gäbe es alle Berufe nicht, die in der Vergangenheit etwas mit Brennstoffen zu tun hatten und heute noch etwas damit zu tun haben: Das begann vor mehr als zweitausend Jahren mit den Menschen, die Öllampen und Wachsfackeln herstellten, ging über die Kerzenzieher im Spätmittelalter und reicht heute bis zu den Ingenieuren und Facharbeitern in Erdölraffinerien und Kraftwerken, die Verfahren entwickeln und verbessern mit, denen sich Erdgas und Erdöl reinigen und aufbereiten lassen. Auch Pyrotechniker, die Feuerwerke machen, sind eigentlich Chemiker.

Prüfe dein Wissen

Quiz

A1 a) Erkläre die Begriffe des Fensters.
b) Notiere auf der Vorderseite von Karteikarten den Begriff, auf der Rückseite die Erklärung.
c) Ordne die Begriffe den Basiskonzepten „Materie“, „chemische Reaktion“ und „Energie“ zu.
Begründe deine Zuordnung.

A2 a) Gib an, welche der folgenden Stoffe Brennstoffe sind: Paraffin, Wasser, Pflanzenöl, Sauerstoff, Benzin, Alkohol, Kerosin, Glas.
b) Erläutere, wie sie verwendet werden.

A3 Beschreibe den Unterschied zwischen:
a) Flamme und Glut,
b) Rauch und Qualm,
c) Verbrennungsprodukten und Asche.

A4 Gegeben sind die folgenden Stoffe: Kohlenstoffdioxid, Kohlenstoffmonooxid, Schwefeldioxid, Kupferoxid, Magnesiumoxid, Eisenoxid.
a) Erläutere Gemeinsamkeiten dieser Stoffe.
b) Gib jeweils das Reaktionsschema für die Bildung der Stoffe an.
c) Unterteile die Stoffe in Metalloxide und Nichtmetalloxide.

A5 Grillkohle lässt sich nicht einfach mit dem Streichholz entzünden. Erläutere die Maßnahmen, die man zur Entzündung der Grillkohle ergreift.

Know-how

A6 Erhitzt man einen Eisennagel in der Brennerflamme, so verändert er sich nur an der Oberfläche. Erhitzt man Eisenwolle, so glüht sie auf und wandelt sich zu einem schwarzen Stoff um. Erkläre das unterschiedliche Verhalten.

A7 Erläutere, welche Wirkungen eintreten, wenn folgende Gase in ein Becherglas mit einer brennenden Kerzenflamme geleitet werden: **a)** Kohlenstoffdioxid, **b)** Luft, **c)** Sauerstoff, **d)** Kohlenstoffmonooxid, **e)** Wasserdampf.

A8 a) Die Zündmasse eines Streichholzkopfes enthält unter anderem Kaliumchlorat als Sauerstofflieferant.
Erläutere, welche Vorgänge ablaufen, wenn man mit dem Zündholzkopf über die Reibfläche der Streichholzschachtel streicht.
b) Begründe, weshalb das Holz des Streichholzes mit Paraffin getränkt ist.

Die wichtigsten Begriffe

- Brennstoff
- Zerteilungsgrad
- Zündtemperatur
- Verbrennung
- Oxidation, Oxidieren, Oxide
- Kohlenstoffmonooxid, Kohlenstoffdioxid

A9 Verringert man bei einem Gasbrenner die Luftzufuhr, so verändert sich die Brennerflamme: Die rauschende Flamme ist blau bis farblos; sie geht in eine leuchtende Flamme über. Hält man eine Porzellanschale über die leuchtende Flamme, so sammelt sich unter der Schale schwarzer Russ, also Kohlenstoff.
a) Erläutere, wie es zu der Russbildung kommt.
b) Erkläre, welches Ergebnis zu erwarten ist, wenn man den gleichen Versuch mit der rauschenden Flamme macht.

A10 Eine Kerzenflamme erlischt, wenn man hineinbläst, glühende Holzkohle wird dagegen entfacht.
a) Erkläre beide Wirkungen.
b) Erläutere, unter welchen Bedingungen sie auftreten.

Natur – Mensch – Technik

A11 Eine Glühlampe wird an einer Stelle mit einem Brenner stark erhitzt, bis ein Loch entsteht. Eine zweite Glühlampe bleibt unverändert. Beide Lampen werden gleichzeitig eingeschaltet. Notiere, welche Beobachtungen zu erwarten sind.

A12 Früher wurde das Blitzlicht beim Fotografieren durch Verbrennung von Magnesiumdraht in einem Kolben erzeugt, der mit Sauerstoff gefüllt war. Die Zündung erfolgte mit einer Batterie. Erkläre die Vorgänge.

A13 Am Nyos-See in Kamerun ereignete sich 1987 ein katastrophales Unglück: Aus dem See wurden große Mengen Kohlenstoffdioxid freigesetzt. In dem Tal, in dem der See liegt, erloschen zuerst die Herdfeuer – und dann erlosch auch alles Leben. Es gab mehr als 1700 Tote.
a) Erläutere, weshalb die Freisetzung von Kohlenstoffdioxid zu dem Unglück führen konnte. Berücksichtige dabei die Eigenschaften des Gases und die landschaftlichen Bedingungen.
b) Stelle begründete Vermutungen an, welche Rolle das Wetter dabei spielen könnte.

A1 Die Holzpellet-Heizung

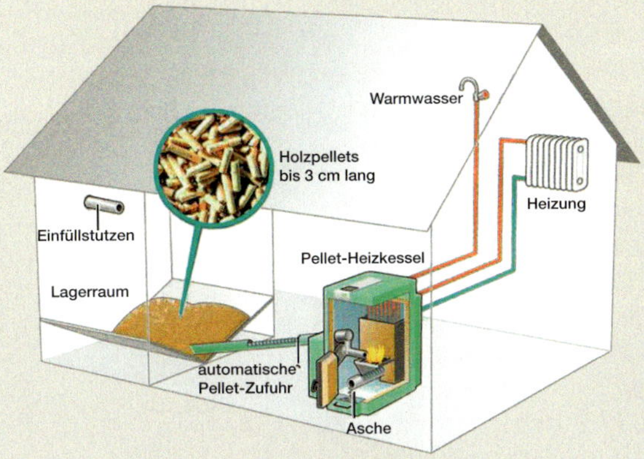

Aufbau einer Heizungsanlage für Holzpellets

Heizöl und Erdgas zur Befeuerung von Zentralheizungen werden immer teurer. Deshalb wurden Heizanlagen entwickelt, die mit Holz arbeiten. Darin werden in vielen Fällen aber keine Holzscheite verheizt, sondern sogenannte Holzpellets: Das sind bis zu 3 cm lange und etwa 1 cm dicke Presslinge, die aus Holzspänen oder Sägemehl gepresst werden. Holzpellets sind gegenüber Stückholz stets gleich groß und können daher besser maschinell transportiert und dem Brenner zugeführt werden.

Die bei der Verbrennung der Pellets freiwerdende Wärme wird zum Aufheizen von Wasser verwendet. Dieses Wasser wird im Kreislauf durch die Heizkörper und dann zurück in den Heizkessel geführt.
Die entstehenden Abgase gelangen durch den Kamin in die Luft, die Asche wird in einer Aschebox aufgefangen, und von Zeit zu Zeit mit dem Müll entsorgt.

Durch das Verheizen von Holz spart man große Mengen Heizöl ein; das Erdöl kann so für andere Anwendungen als zum Heizen genutzt werden. Holzpellets sind in den letzten Jahren zwar teurer geworden, aber man schont mit ihnen auch die Umwelt: Bei der Verbrennung von Erdöl-Produkten gelangt zusätzliches Kohlenstoffdioxid in die Atmosphäre, das möglicherweise den Klimawandel beschleunigt. Das bei der Verbrennung von Holz gebildete Kohlenstoffdioxid wurde dagegen kurz zuvor beim Wachstum des Holzes der Atmosphäre entnommen und wird dann nur zurückgeführt; es handelt sich also nicht um *zusätzliches* Kohlenstoffdioxid.

a) Beschreibe mit eigenen Worten die Funktion einer Holzpellet-Heizungsanlage.
b) Begründe, warum Holzpellets und keine Holzscheite verwendet werden.
c) Erläutere die Vorteile, die eine solche Heizanlage gegenüber der Ölheizung oder Gasheizung ausweist.

A2 Der Verbrennungsmotor im Auto

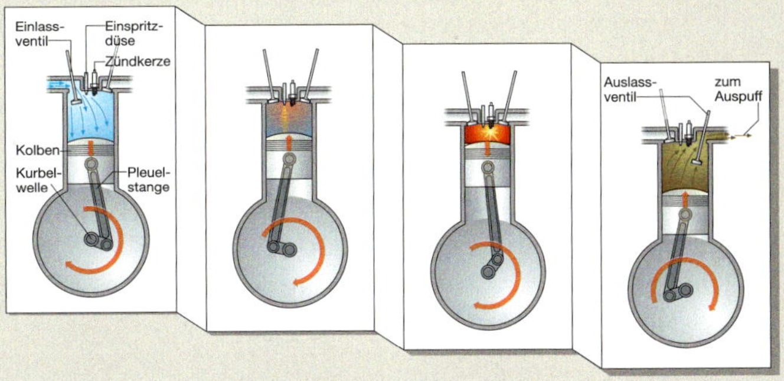

Die vier Takte des Automotors

Benzin verbrennt an der Luft ruhig und gleichmäßig. Ein Benzin-Luftgemisch verbrennt dagegen explosionsartig. Im Motor nutzt man diese explosionsartige Verbrennung in einem abgeschlossenen Raum, dem sogenannten Zylinder. Hier wird ein Teil der bei der Verbrennung frei werdenden Wärme in Bewegungsenergie umgewandelt. Die dabei in einem Zylinder ablaufenden Vorgänge entsprechen vier sich ständig wiederholenden Takten:
Im *1. Takt* öffnet sich das Einlassventil; der sich nach unten bewegende Kolben saugt Luft von außen in den Zylinder. Im *2. Takt* wird diese Luft stark zusammen gepresst; sie erhitzt sich dabei auf etwa 400 °C. Nun wird Benzin fein zerstäubt in den Zylinder eingespritzt. Im *3. Takt* erzeugt die Zündkerze einen Zündfunken, der das Benzin/Luft-Gemisch zur Explosion bringt. Dadurch wird der Kolben nach unten bewegt. Im *4. Takt* öffnet sich das Auslassventil; der sich nach oben bewegende Kolben drückt die heißen Reaktionsprodukte in die Auspuffanlage. Das Auslassventil schließt und das Einlassventil wird wieder geöffnet.

In einem Vierzylindermotor können sich diese Vorgänge etliche tausendmal in der Minute wiederholen. Die Kolbenbewegungen werden dabei über Kupplung und Getriebe auf die Räder übertragen.

a) Vergleiche den Vorgang der Verbrennung von Benzin in einer Abdampfschale und im Motor.
b) Erkläre mithilfe der Abbildung die Funktionen von Kolben, Pleuelstange und Zündkerze.
c) Beschreibe, wie die Auf-und-Ab-Bewegung des Kolbens in eine Kreisbewegung umgewandelt wird. Erkläre, weshalb diese Umwandlung notwendig ist.
d) Erläutere, welche Energieformen bei den Vorgängen in einem Viertaktmotor auftreten.
e) Stelle das Reaktionsschema für die Verbrennung von Benzin mit Sauerstoff auf.

6 Feuer – bekämpft und genutzt

Feuer strahlt oft Gemütlichkeit und wohltuende Wärme aus – ob im Sommer beim abendlichen Grillfest oder im Winter vor dem Kamin. Hintergrund ist in beiden Fällen eine einfache chemische Reaktion, bei der Brennstoffe mit Sauerstoff reagieren und dabei Energie liefern.

Beim Umgang mit Feuer und Zündquellen muss man jedoch Vorsicht walten lassen. Manchmal gerät ein kleines Feuer außer Kontrolle und schnell entsteht ein großer Brand, der nur noch durch die Feuerwehr bekämpft werden kann. Nur sie hat die passenden Hilfsmittel, um einen Brand schnell zu kontrollieren und zu löschen.

In Kraftwerken nutzt man die chemische Energie von Brennstoffen, um in kontrollierten Verbrennungsvorgängen letztlich elektrische Energie zu gewinnen.

Zentrale Fragen:
- Unter welchen Bedingungen entstehen Brände?
- Welche Maßnahmen sind vor Ort zu treffen, um die Ausbreitung des Feuers zu verhindern?
- Wie löscht man Brände?
- Welche Brennstoffe werden in Kraftwerken eingesetzt? Wieviel Energie liefern sie?
- Wie wird die chemische Energie der Brennstoffe umgewandelt?

6.1 Brandentstehung – Brandbekämpfung

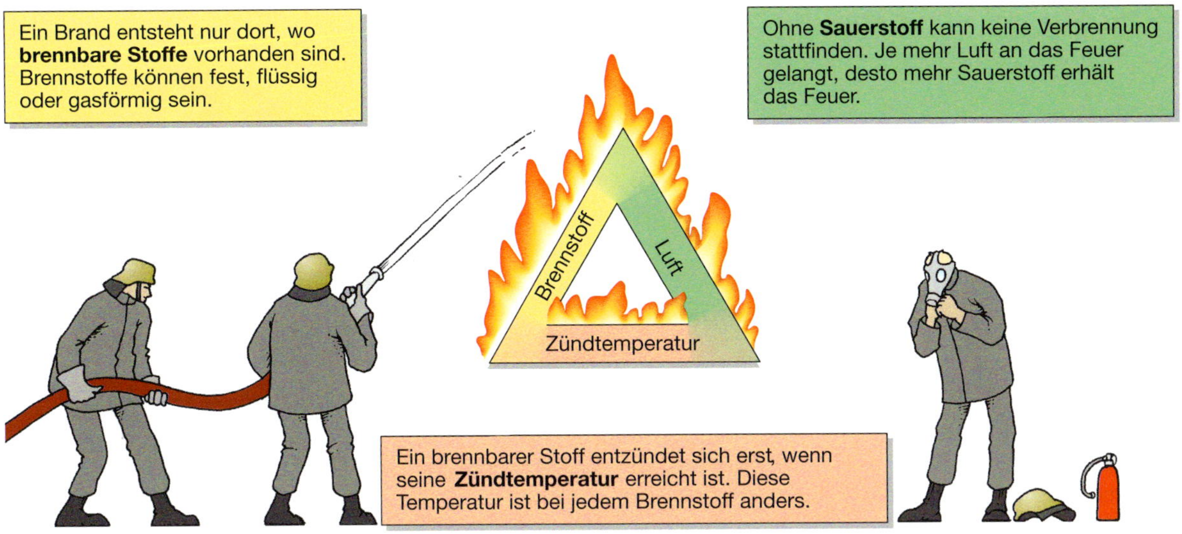

Voraussetzungen für die Entstehung von Bränden

Ein Brand kann sehr leicht entstehen, beispielsweise verursacht durch Reibung von brennbarem Material, durch Glut, Funkenflug oder Hitze.
Die Brandgefahr hängt dabei vom Zerteilungsgrad der brennbaren Stoffe ab: Je stärker das Brennmaterial zerkleinert und verteilt ist, desto leichter entflammt es. Damit es jedoch tatsächlich zu einem Brand kommt, müssen mehrere Voraussetzungen gleichzeitig erfüllt sein.

Vorraussetzung für einen Brand. Ganz ähnlich wie beim Entzünden eines Feuers muss neben einem *brennbaren Stoff* auch genügend *Sauerstoff* vorhanden sein. Überdies muss zunächst die *Zündtemperatur* erreicht werden. Bei den brennbaren Stoffen kann es sich um feste, um flüssige oder auch um gasförmige Stoffe handeln.
Kommt es zu einem größeren Brand, so muss die Feuerwehr anrücken, um das Feuer zu löschen.

Brandbekämpfung. Bei der Brandbekämpfung arbeiten alle Feuerwehren dieser Welt nach den gleichen Prinzipien: Sie versuchen, wenigstens eine der drei Voraussetzungen für einen Brand auszuschalten.

Das wichtigste Hilfsmittel ist Löschwasser. Die Löschwirkung beruht hauptsächlich auf einer starken Abkühlung des Brandherdes. Die Temperatur des brennenden Materials wird schließlich so weit erniedrigt, dass sie unterhalb der Zündtemperatur liegt. Nach dem gleichen Prinzip kann ein kleines Feuer bereits durch einen Luftzug gelöscht werden, ähnlich wie beim Ausblasen einer Kerze.

Ein Brand kann auch bekämpft werden, indem man den Zutritt von Frischluft und damit die Zufuhr von Sauerstoff verhindert. So kann ein kleines Lagerfeuer einfach gelöscht werden, indem es mit Sand abgedeckt wird. Ganz ähnlich wirken auch die meisten Handfeuerlöscher: Das unbrennbare Gas Kohlenstoffdioxid oder ein Löschpulver wird unter hohem Druck auf den Brandherd geleitet. Brennendes Öl löscht die Feuerwehr mit Löschschaum. Das Feuer erstickt, da der Schaum den Zutritt von Frischluft verhindert.

Die Bekämpfung von Bränden wird vielfach unterstützt, indem man brennbares Material beseitigt. So reißen Feuerwehrleute bei Wohnungsbränden brennende Möbelstücke heraus und werfen sie nach draußen, um sie dort zu löschen. Bei Waldbränden werden Brandschneisen in den Wald geschlagen, um so die Ausbreitung des Brandes zu verhindern. Ein ausbrechender Waldbrand kann dann nicht so leicht auf den benachbarten Bereich überspringen.

Ein Brand wird gelöscht, indem man den Brennstoff entfernt, den Sauerstoffzutritt verhindert oder die Zündtemperatur des Brennstoffes unterschreitet

1 Nenne die Bedingungen, die zur Entstehung eines Brandes führen und erkläre, nach welchen Prinzipien ein Brand gelöscht werden kann.
2 Informiere dich über Verhaltensregeln bei Gasgeruch. Erkläre die einzelnen Maßnahmen.
3 Informiere dich über die Entstehung von Waldbränden. Beschreibe mögliche Schutzmaßnahmen.

Chemie-Recherche

Location: http://www.schroedel.de/chemie_heute.html

Suche:

Löschen – Retten – Bergen – Schützen (I)

Ergebnisse:

→ Alarmierung der Feuerwehr

Notrufnummer **112** anrufen und folgende Angaben machen:

Wer meldet? … (Namen, Adresse)
Wo brennt es? … (Ort, Straße, Hausnummer)
Was brennt? … (Feuer, Unfall)
Wie ist die Situation? … (Verletzte Personen)
Warten auf Rückfragen! … (Was sagt der Feuerwehrmann?)

→ Feuermelder

Die einfachste Möglichkeit, der Feuerwehr einen Brand zu melden, ist der Handdruckmelder, besser bekannt als „Feuermelder“. Zum Auslösen des Feueralarms wird die Scheibe eingeschlagen und der Knopf mehrere Sekunden lang gedrückt.
Danach muss man unbedingt das Eintreffen der Feuerwehr abwarten, um ihr den Brandort zu zeigen.

→ Sirenen

Auch im Zeitalter moderner Nachrichtentechnik spielen Sirenen immer noch eine große Rolle, wenn es um die Alarmierung der Freiwilligen Feuerwehr geht. Während es in größeren Städten undenkbar wäre, die Feuerwehr bei oft mehreren Einsätzen pro Tag über Sirenen zu alarmieren, ist dies besonders für kleinere Feuerwehren auf dem Land mit wenigen Einsätzen im Jahr meist die einzige Möglichkeit, sie überhaupt alarmieren zu können. Die Sirene erzeugt einen lautstarken Ton ganz bestimmter Tonhöhe, der im Freien über etwa 6 km weit zu hören ist. Selbst gegen den Wind beträgt die Hörweite 3 km.

→ Rauchmelder warnen rechtzeitig

Bei Wohnungsbränden sind es meist nicht die Flammen, die das Leben der Bewohner bedrohen, sondern die giftigen Rauchgase, die während der Schwelbrandphase entstehen.
Fast alle Brandopfer sind an den Folgen einer Rauchvergiftung durch die geruchlosen Gase Kohlenstoffmonooxid und Kohlenstoffdioxid gestorben – schon wenige Lungenfüllungen Kohlenstoffmonooxid sind tödlich. Die Menschen werden oft im Schlaf von Bränden überrascht. Innerhalb von Minuten kann Rauchgas Bewusstlosigkeit verursachen. Rauchmelder schlagen Alarm, bevor es lebensgefährlich wird.

→ Löschdecke

Brennt die Kleidung eines Menschen, müssen die Flammen schnellstens erstickt werden. Mit einer Löschdecke aus schwer entflammbaren Textilien oder einer normalen Decke kann die brennende Kleidung gelöscht werden. Wenn keine Löschdecke zur Verfügung steht, können die Flammen auch durch Wälzen auf dem Boden erstickt werden.

→ Feuerschutztüren

Ein wichtiger Baustein bei der Planung des Brandschutzes sind Feuerschutztüren. Sie verhindern die Ausbreitung von Feuer und Rauch in Gebäuden. Oft werden die Türen im Brandfall automatisch geschlossen. Der Schwenkbereich dieser Schutztüren darf nicht verstellt und die Türen dürfen auch nicht offen verkeilt werden.

Löschen – Retten – Bergen – Schützen (II)

Schroedel

Ergebnisse:

Brandklassen
Je nach Art der brennenden Stoffe unterscheidet man vier verschiedene Brandklassen durch die Kennbuchstaben A, B, C und D. Vor dem Einsatz eines Feuerlöschers sollte man prüfen, ob der entsprechende Kennbuchstabe auf dem Löscher angegeben ist.
Die meisten Handfeuerlöscher enthalten ein als ABC-Pulver bezeichnetes Löschmittel. Sie sind gleichermaßen für die Brandklassen A, B und C geeignet

Brandklasse	Feuerlöscher
A feste Stoffe, die Glut bilden: z. B. Holz, Papier	Pulverlöscher, Nasslöscher, Schaumlöscher
B flüssige Stoffe oder Stoffe, die flüssig werden: z. B. Öl, Wachs	Pulverlöscher, Nasslöscher, CO_2-Löscher
C gasförmige Stoffe: z. B. Erdgas	Pulverlöscher
D brennbare Metalle: z. B. Magnesium	nur Spezialpulverlöscher mit Pulver

Flucht- und Rettungsplan
Flucht- und Rettungspläne in Gebäuden geben für den Gefahrenfall Auskunft über das richtige Verhalten und die Flucht ins Freie. Gleichzeitig bekommt man eine Übersicht über vorhandene Hilfsmittel wie Feuerlöscher, Löschdecken oder Tragen.
Flucht- und Rettungspläne sollen immer für alle gut sichtbar angebracht werden.

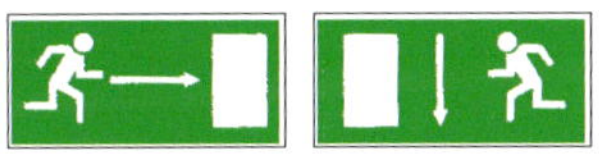

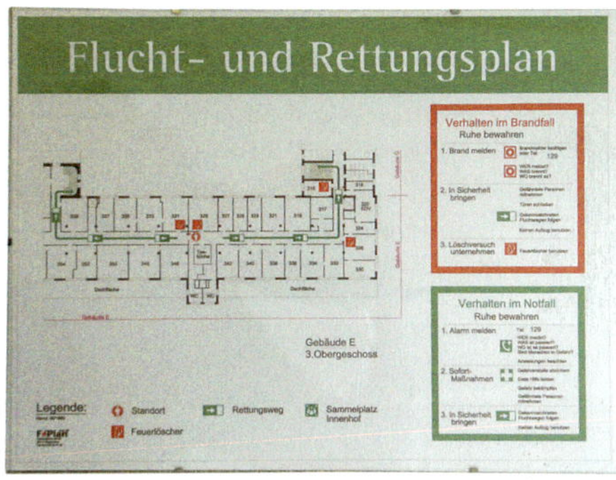

Fluchtweg – Notausgang
„Da geht's lang!" – Gibt im Notfall den kürzesten und sichersten Weg aus einem Gebäude an. Fluchtwege dürfen nicht verstellt oder von innen verschlossen werden.

Löschwasserschlauch – Feuerlöscher
Der Schlauch ist schon angeschlossen und sofort einsatzbereit. Der Feuerlöscher ist das wichtigste Gerät zur sofortigen Bekämpfung von Bränden.

Verbot offener Flammen
Hier dürfen weder Streichhölzer noch Feuerzeuge benutzt werden.

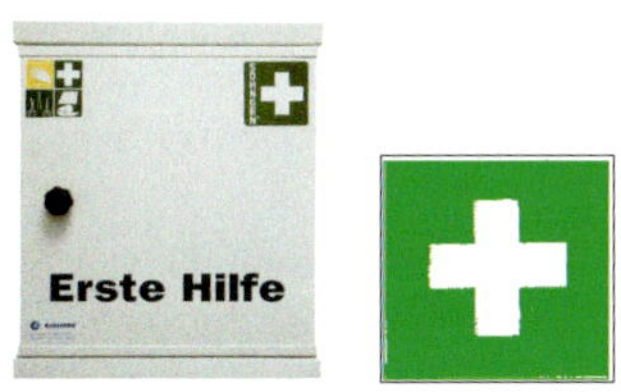

Verbandkasten
Vom Pflaster bis zum Verbandmaterial findet man hier alles Notwendige für die Erste Hilfe. Der Inhalt muss regelmäßig überprüft und je nach Verbrauch ergänzt werden. Laut Vorschrift muss in jedem Kraftfahrzeug ein Verbandkasten vorhanden sein, damit bei Unfällen schnell Erste Hilfe geleistet werden kann.

Aufgaben

1 Erläutere die chemischen Grundlagen für den Einsatz von Handfeuerlöschern und Löschdecken zur Brandbekämpfung.
2 Nenne Aufgaben der Feuerwehr und ordne sie den Bereichen Löschen – Retten – Bergen – Schützen zu.
3 Nenne die Regeln für den Feueralarm an deiner Schule.
4 Studiere den Fluchtplan an deiner Schule und beschreibe den Fluchtweg ausgehend vom Chemieraum.
5 Nenne Vorsorgemaßnahmen oder Schutzeinrichtungen in deiner Wohnung oder der näheren Umgebung.
6 Erkläre, weshalb du durch einen falschen Alarm andere Menschen in Gefahr bringen würdest.

6.2 Feuerlöscher ☆

Oft genügt bereits ein Handfeuerlöscher, um kleinere Brände zu löschen. Dazu muss man allerdings mit seiner Handhabung vertraut sein.
Im Falle eines Brandes wird der Feuerlöscher aus der Halterung entnommen und in der Nähe des Brandherdes sicher aufgestellt. Anschließend zieht man den Sicherungssplint heraus, richtet die Sprüheinrichtung auf die Brandstelle und öffnet das Ventil. Da die Füllmenge des Feuerlöschers nur für kurze Zeit ausreicht, sollte gegebenenfalls ein zweiter Löscher bereitstehen. Nach dem Einsatz muss der Feuerlöscher durch einen neuen ersetzt werden, selbst wenn er nicht vollständig entleert wurde.
Man unterscheidet Nasslöscher, Kohlenstoffdioxidschnee-Löscher, Trockenlöscher und Schaumlöscher. Dabei muss man prüfen, ob der Löscher für den jeweiligen Brand geeignet ist. Kennbuchstaben weisen auf die verschiedenen Brandklassen hin:
- A steht für brennbare feste Stoffe,
- B für brennbare Flüssigkeiten,
- C für brennbare Gase und
- D für brennbare Metalle.

Feuerlöscher, auf denen die Brandklassen A, B und C angegeben sind, eignen sich zum Löschen von brennbaren Feststoffen, Flüssigkeiten und Gasen. Bekommt man einen Brand nicht selbst unter Kontrolle, muss die Feuerwehr gerufen werden.

Kleinere Brände können durch den Einsatz geeigneter Handfeuerlöscher bekämpft werden.

1 Gib an, in welchen Brandfällen ein Feuerlöscher eingesetzt werden kann, der die Buchstaben A, B und C trägt?
2 Beschreibe für den Nasslöscher und für den Schaumlöscher, nach welchem Prinzip der Brand gelöscht wird.
3 Warum dürfen Feuerlöscher nicht auf Menschen gerichtet werden? Erläutere, wie brennenden Menschen geholfen werden kann.

Feuerlöscher im Vergleich

Ein **Nasslöscher** enthält Wasser als Löschmittel. Nach Abziehen des Sicherungsstiftes und Druck auf den Hebel öffnet sich im Innern des Löschers eine Patrone mit komprimiertem Kohlenstoffdioxid-Gas. Durch den Druck des frei werdenden Gases wird das Löschwasser durch eine Düse gespritzt. Nasslöscher eignen sich zum Löschen einfacher Brände. Vorsicht jedoch bei brennenden elektrischen Anlagen! Es besteht die Gefahr, dass man einen elektrischen Schlag erhält.

In den Druckbehälter eines **Kohlenstoffdioxidschnee-Löschers** (auch Kohlensäureschnee-Löscher genannt) befindet sich flüssiges Kohlenstoffdioxid. Nach dem Öffnen der Schneebrause entweicht es, kühlt sich dabei schlagartig sehr stark ab und erstarrt. So entsteht Kohlenstoffdioxidschnee mit einer Temperatur von unter −78 °C, der die brennenden Gegenstände stark abkühlt. Außerdem bildet sich Kohlenstoffdioxid-Gas, das die Sauerstoffzufuhr unterbindet.

Trockenlöscher enthalten Natriumhydrogencarbonat (Natron) als Löschpulver. In der Hitze gibt diese Verbindung Kohlenstoffdioxid ab, das sich über den Brandherd legt und das Feuer erstickt. Da keine Flüssigkeit vorhanden ist, eignen sich diese Löscher besonders dann, wenn elektrische Anlagen oder Autos brennen.

Schaumlöscher setzt man bei Kraftstoff-, Öl- und Fettbränden ein. Durch eine chemische Reaktion zwischen Aluminiumhydrogensulfat und Natriumhydrogencarbonat (Natron) entstehen bei diesem Löscher-Typ Kohlenstoffdioxid-Bläschen, die das Löschmittel aufschäumen. Der zähe Schaum überzieht den Brandherd, kühlt ihn ab und hält den Sauerstoff fern. Bei einer Notlandung von Flugzeugen wird oft ein solcher Schaumteppich gelegt, um einem Brand vorzubeugen.

Brandbekämpfung

V1: Möglichkeiten der Brandbekämpfung

Materialien: Tondreieck, Metalltiegel mit Deckel, Dreifuß, Gasbrenner, Becherglas (weit), Tiegelzange; Paraffin, Sand.

Durchführung:

1. Gib eine erbsengroße Menge Paraffin in den Metalltiegel und erhitze ihn ohne Deckel, bis das Paraffin zu brennen beginnt. Stelle den Brenner dann beiseite.
2. Nimm den Deckel mit der Tiegelzange und verschließe den Tiegel vorsichtig. Hebe den Deckel nach wenigen Sekunden wieder ab. Wiederhole diesen Vorgang mehrfach.
3. Fülle das Becherglas mit ein wenig kaltem Wasser. Bringe das Paraffin im offenen Tiegel erneut zum Brennen und stelle den Tiegel vorsichtig in das Becherglas, ohne dass Wasser in den Tiegel gelangen kann.
4. Erhitze das Paraffin, bis es sich erneut entzündet. Stelle den Brenner beiseite und gib vorsichtig etwas Sand in den Tiegel.

Aufgaben:

a) Notiere deine Beobachtungen.

b) Erläutere, welche unterschiedlichen Löschmöglichkeiten in den Versuchen genutzt werden.

V2: Wie funktioniert ein Schaumlöscher?

Materialien: Becherglas (200 ml), feuerfeste Unterlage, Porzellanschale, Tropfpipette; Holzspan, Heptan (F, Xn, N), Natriumhydrogencarbonat (Natron), Natriumhydrogensulfat, Spülmittel.

Durchführung:

1. Entzünde den Holzspan auf der feuerfesten Unterlage. Stelle das Becherglas neben den Span und gib schnell je einen Teelöffel Natriumhydrogencarbonat, Natriumhydrogensulfat und Spülmittel hinein.
2. Entzünde fünf Tropfen Heptan in der Porzellanschale. Wiederhole den Löschversuch.

Aufgaben:

a) Notiere deine Beobachtungen.

b) Erkläre, worauf die Wirkung des Schaumlöschers beruht. Erläutere, warum er auch für Benzinbrände geeignet ist.

V3: Wie funktioniert ein Trockenlöscher?

Materialien: durchbohrter Stopfen, Gasableitungsrohr, Becherglas, feuerfeste Unterlage, Gasbrenner, Holzspan; Natriumhydrogencarbonat, Teelicht.

Durchführung:

1. Baue die Apparatur auf und erhitze etwas Natriumhydrogencarbonat im Reagenzglas.
2. Leite das entstehende Gas auf die brennende Kerze.
3. Entzünde den Holzspan und lege ihn auf die feuerfeste Unterlage. Streue fein pulverisiertes Natriumhydrogencarbonat darüber.

Aufgaben:

a) Notiere deine Beobachtungen.

b) Erkläre die Wirkung des Löschpulvers.

c) Begründe, für welche Art von Bränden dieser Löscher einsetzbar ist.

Hinweise zum Verhalten bei Gasgeruch

Erdgas und Stadtgas bilden mit der Luft explosive Gemische. Dank eines beigemischten Duftstoffes riechen die Gase aber so intensiv, dass selbst kleinste Mengen wahrgenommen werden. Schlägt also die Nase Alarm, so ist das noch kein Grund zu Panik! Stattdessen gilt:

Ruhe bewahren und folgende Punkte beachten:

1. Keine Flammen – keine Funken!
Kein Feuer, keine Zigaretten; Lichtschalter und Telefon nicht benutzen!

2. Fenster auf!
Erdgas und Stadtgas sind leichter als Luft und steigen nach oben.

3. Gashahn zu!
Gashähne und Haupthahn schließen!

4. Mitbewohner warnen!
Klopfen – nicht Klingeln!

5. Gaswerk anrufen!
Ein Telefon außerhalb des Hauses nutzen!

Methode

Arbeiten mit Texten

In Büchern, Zeitschriften, Nachschlagewerken und im Internet gibt es eine Flut von Informationen in Form von Texten. Wenn man sich mit diesen Informationen auseinandersetzen will, bietet sich das folgende Vorgehen an:

1. Orientierendes Lesen
Verschaffe dir mithilfe von Zwischenüberschriften, Hervorhebungen im Text, Merksätzen und Abbildungen einen ersten Überblick über den Inhalt.
Die folgenden Fragen können dir dabei helfen: Was ist das Wesentliche? Was weiß ich bereits? Was ist neu?

2. Genaues Lesen
Lies den Text Abschnitt für Abschnitt durch, notiere dir auf einem gesonderten Zettel die wichtigsten Aussagen stichpunktartig (Schlüsselwörter). Falls das Buch oder die Zeitschrift dir gehört, kannst du die wichtigsten Passagen auch unterstreichen. Wenn dir unbekannte Fachbegriffe auffallen, die für das Verständnis des Textes notwendig sind, schau in Nachschlagewerken nach oder frage deine Lehrerin oder deinen Lehrer. Beachte beim Lesen die unten stehenden Markierungsregeln.

3. Zusammenfassen der wichtigsten Inhalte
Lege nach jedem Abschnitt eine kurze Pause ein und überlege nochmals, was du gelesen hast. Vergleiche mit dem Stichpunktzettel, streiche Überflüssiges und ergänze Fehlendes. Fasse jetzt den Inhalt zusammen.

4. Aufgaben zum Text
Falls Aufgaben gestellt sind, versuche sie zu lösen, nachdem du den Text sorgfältig durchgearbeitet hast. Gib nicht gleich auf, wenn du eine Aufgabe nicht auf Anhieb lösen kannst; beschaffe dir zusätzliche Informationen, die dir weiterhelfen könnten.

Markierungsregeln

1. Lege Bleistift, Radiergummi, Lineal, Textmarker und dünnen Rotstift bereit. Falls das Buch nicht dein Eigentum ist, fertige eine Kopie der Seite an.
2. Unterstreiche beim Durchlesen wichtige Stellen mit dem Bleistift.
3. Überfliege das Unterstrichene nochmals und finde die Schlüsselbegriffe heraus. Diese werden mit dem Textmarker gekennzeichnet.
4. Unterstreiche Informationen, die der Erläuterung der wichtigen Begriffe dienen, in Rot. Achte darauf, nicht zu viel zu unterstreichen. Es wird sonst unübersichtlich.
5. Schreibe die Schlüsselbegriffe auf den Stichpunktzettel. Der Stichpunktzettel sollte zur weiteren Verwendung im Unterricht oder zum Lernen stets zur Hand sein.

Großfeuer setzte giftige Gase frei

Bei einem Großbrand in einem Reinigungsmittelbetrieb ist am Mittwoch eine riesige Giftgaswolke freigesetzt worden. Das Feuer war entstanden, nachdem auf dem Betriebsgelände ein Großtank mit Chemikalien aus bislang noch ungeklärter Ursache explodiert war. Die Polizei forderte die Bevölkerung auf, in ihren Häusern zu bleiben. Kurz nachdem die Feuerwehr angerückt war, brach die Wasserversorgung zusammen. Die Feuerwehrmänner mussten zuschauen, wie der Brand auf die gesamte Halle übergriff.
Eine Analyse der Rauchgase ergab, dass bei dem Brand nitrose Gase, ein Gemisch giftiger Stickstoffoxide, sowie Chlorwasserstoff frei wurden. Diese Gase bilden Säuren, sodass die Atemwege gereizt werden; in höheren Konzentrationen wirken sie sehr giftig. In der weiteren Umgebung des Brandortes wurden am Nachmittag aber keine hohen Gift-Belastungen in der Luft ermittelt.

Ähnlich wie in diesem Artikel, finden sich in den Tageszeitungen häufig Informationen über chemische Reaktionen und die Eigenschaften verschiedener Stoffe.
Wichtige Aussagen über die beteiligten Stoffe und ihr Reaktionsverhalten finden sich in diesem Fall vor allem zum Schluss des Berichtes. Deine Unterstreichungen und Hervorhebungen könnten etwa folgendermaßen aussehen:

Eine Analyse der Rauchgase ergab, dass bei dem Brand nitrose Gase, ein Gemisch giftiger Stickstoffoxide, sowie Chlorwasserstoff frei wurden. Diese Gase bilden Säuren, sodass die Atemwege gereizt werden; in höheren Konzentrationen wirken sie sehr giftig.

Anlass zu einer Suche nach Informationen geben vor allem die Fachbegriffe „nitrose Gase" und „Chlorwasserstoff". Aus einem größeren Lexikon oder anderen Nachschlagewerken lassen sich diese Informationen gewinnen.

1 Recherchiere die Begriffe Stickstoffoxide und Chlorwasserstoff. Erstelle einen kurzen Bericht über die wichtigsten Informationen, die du finden konntest.

6.3 Brennstoffe liefern Energie ☆

Verbrennung von Paraffin liefert Energie

Brennstoffe	Brennwert in kJ/kg
Holz	15 000
Braunkohle	19 000
Steinkohle	25 000
Erdgas	39 000
Heizöl	43 000
Paraffin	45 000

Brennwerte einiger Brennstoffe

Bei einem Brand werden riesige Mengen an chemischer Energie in Wärme und in Lichtenergie umgewandelt – und verpuffen dann nutzlos. Eine sinnvolle Nutzung der bei Verbrennungsvorgängen freigesetzten Wärme erreicht man in Kraftwerken.

Messung der Wärme. Um die Wärmemenge zu beschreiben, die in einem Kraftwerk umgesetzt wird, benutzt man die Einheit Joule (J). Am Beispiel eines kleinen Experimentes lässt sich eine einfache Vorstellung von dieser Einheit entwickeln: Stellt man ein Glas Wasser auf ein Stövchen mit einem brennenden Teelicht, so wird Wärme auf das Wasser übertragen: die Temperatur steigt. Wie stark die *Temperatur* innerhalb von 10 Minuten ansteigt, hängt von der *Masse* an Wasser ab: Um die Temperatur von 1 g Wasser um 1 °C zu erhöhen, benötigt man 4,2 J. Um die Temperatur von 100 g Wasser beispielsweise von 18 °C auf 28 °C zu erhöhen, benötigt man demnach

$100 \cdot 10 \cdot 4{,}2\,J = 4200\,J.$

Ein Kraftwerk wie das Kohlekraftwerk Ibbenbüren liefert in jeder Sekunde eine Energie von 770 Megajoule (MJ). Ein Megajoule entspricht einer Million Joule. Das Kraftwerk liefert also pro Sekunde 770 Millionen Joule. Damit lassen sich in jeder Sekunde knapp 2000 kg Wasser um 100 °C erhitzen.

Brennwert. Zur Erwärmung von Wasser im Haushalt wird niemand auf die Idee kommen, Teelichter zu verwenden. Vielmehr wird man die Energie nutzen, die letztlich von Brennstoffen wie Kohle, Heizöl, Erdgas oder Holz geliefert wird. Ihre Oxidation verläuft in allen Fällen exotherm, allerdings unterscheidet sich die freiwerdende Energie je nach verwendetem Brennstoff. Ein Maß für die freiwerdende Energie ist der *Brennwert* der einzelnen Brennstoffe. Darunter versteht man die Energie, die frei wird, wenn man 1 kg des jeweiligen Brennstoffes verheizt. Die Einheit des Brennwertes ist daher kJ/kg.

Die chemische Energie der Brennstoffe kann in der Praxis nicht vollständig genutzt werden: Bei jeder Energieumwandlung wird ein Teil der Energie in Form von Wärme ungenutzt an die Umgebung abgegeben.

Die Einheit der Energie ist ein Joule. Brennstoffe liefern bei der Verbrennung Energie, die technisch genutzt werden kann. Die verschiedenen Brennstoffe unterscheiden sich in ihrem Brennwert.

1 Berechne die Masse an Wasser, die man mit 1 kg Steinkohle von 20 °C auf 100 °C erhitzen könnte, wenn keine Wärmeverluste eintreten.

Verbrennungswärme

Praktikum

V1 Verbrennungswärme von Paraffin

Materialien: Messzylinder, Becherglas (100 ml), Thermometer; Teelicht.

Durchführung:

1. Miss 30 ml Wasser ab, fülle es in das Becherglas und miss die Temperatur des Wassers. Wiege anschließend das Teelicht.
2. Stelle das Teelicht etwa 3 min unter das Becherglas.
3. Miss die Temperatur des Wassers.
4. Lösche die Flamme, lasse das Wachs erkalten und wiege anschließend das Teelicht erneut.

Aufgaben:

a) Notiere deine Beobachtungen.
b) Berechne die Temperaturdifferenz.
c) Berechne daraus die vom Wasser aufgenommene Wärme.
d) Berechne, welcher Menge an Paraffin die aufgenommene Wärme entspricht.
e) Vergleiche den Wert mit der von dir experimentell bestimmten Menge an Paraffin. Erkläre auftretende Unterschiede.
f) Berechne die tatsächlich gelieferte Wärme.

Chemie-Recherche

Location: http://www.schroedel.de/chemie_heute.html

Suche:

Energieträger

Schroedel

Ergebnisse:

→ Zu den wichtigsten Energieträgern gehören die fossilen Brennstoffe Kohle, Erdöl und Erdgas. Aber auch regenerative Energieträger wie beispielsweise Biomasse gewinnen immer mehr an Bedeutung.

→ **Kohle**

In Deutschland werden Steinkohle und Braunkohle gefördert. Steinkohle wird bergmännisch im Unter-Tage-Betrieb gewonnen, Braunkohle kann dagegen mit riesigen Baggern im Tagebau abgebaut werden und ist dadurch deutlich kostengünstiger.
Da der Bergbau in Deutschland recht teuer ist, wird Kohle zum Teil aus Polen, Russland, Südafrika, Südamerika, Indonesien oder China importiert. Die Vorräte an Kohle reichen noch für einige Jahrhunderte.

→ **Erdöl**

Während Kohle ein fester Brennstoff ist, handelt es sich bei Erdöl um ein Gemisch verschiedener Flüssigkeiten, die man als Kohlenwasserstoffe bezeichnet. Saudi-Arabien, Russland, die USA und der Iran sind die Hauptexportländer für Erdöl. Man schätzt, dass die Vorräte an Erdöl nur noch wenige Jahrzehnte ausreichen.
Die Energieausnutzung von Erdöl ist ähnlich gut wie die bei der Verbrennung von Kohle. Auch bei der Verbrennung von Erdöl entstehen Kohlenstoffdioxid und Schadstoffe, die zu einer Umweltbelastung führen. Deshalb wird Erdöl bereits bei seiner Aufarbeitung zu dem für die Heizung in Haushalten üblichen Heizöl-EL (extra leicht) entschwefelt. Der Schwefel-Gehalt darf höchstens 1 g/kg betragen. Das für die Verbrennung in Kraftwerken verwendete schwere Heizöl enthält dagegen bis zu 10 g/kg Schwefel.

→ **Erdgas**

Zusammen mit Erdöl tritt häufig auch Erdgas auf. Es besteht hauptsächlich aus Methan. Erdgas wird vor allem zum Beheizen von Wohnhäusern verwendet. Es wird aber auch in Kraftwerken zur Erzeugung von elektrischem Strom genutzt und als Treibstoff für Fahrzeuge eingesetzt.
Deutschland verfügt über nur wenige Erdgas-Reserven. Das Gas wird daher überwiegend aus Russland und Norwegen importiert. Die Vorräte an Erdgas reichen etwas länger als die an Erdöl. Der Brennwert von Erdgas ist größer als der von Kohle. Bei der Verbrennung entsteht ebenfalls Kohlenstoffdioxid. Die Umweltbelastung durch Abgase ist jedoch geringer als bei Kohle und Erdöl.

→ **Biomasse**

Organische Stoffe wie Holz, Stroh oder Gülle bezeichnet man als Biomasse. Die Biomasse weist den Vorteil auf, dass sie zeitlich unbegrenzt verfügbar ist und sich auf natürlichem Weg immer wieder neu bildet. Ein weiterer Vorteil besteht darin, dass bei der Verbrennung nur soviel Kohlenstoffdioxid entsteht, wie zuvor von den Pflanzen aufgenommen wurde.
Gegen eine massive Nutzung von Biomasse als Energieträger gibt es jedoch auch Bedenken, da große Ackerflächen für den Anbau von notwendigen Lebensmitteln nicht mehr zur Verfügung stehen.

Aufgaben

1 In einem Gasturbinenkraftwerk wird Erdgas verbrannt. Informiere dich, welche Energieformen auftreten, bis schließlich elektrische Energie an den Kunden geliefert wird.

2 Die fossilen Brennstoffe, die im Moment als Hauptenergieträger dienen, stehen nur noch in begrenztem Maße zur Verfügung. Informiere dich über alternative Energieträger und stelle deren Vorteile und Nachteile auf einem Poster zusammen.

Feuer – bekämpft und genutzt

Basiswissen

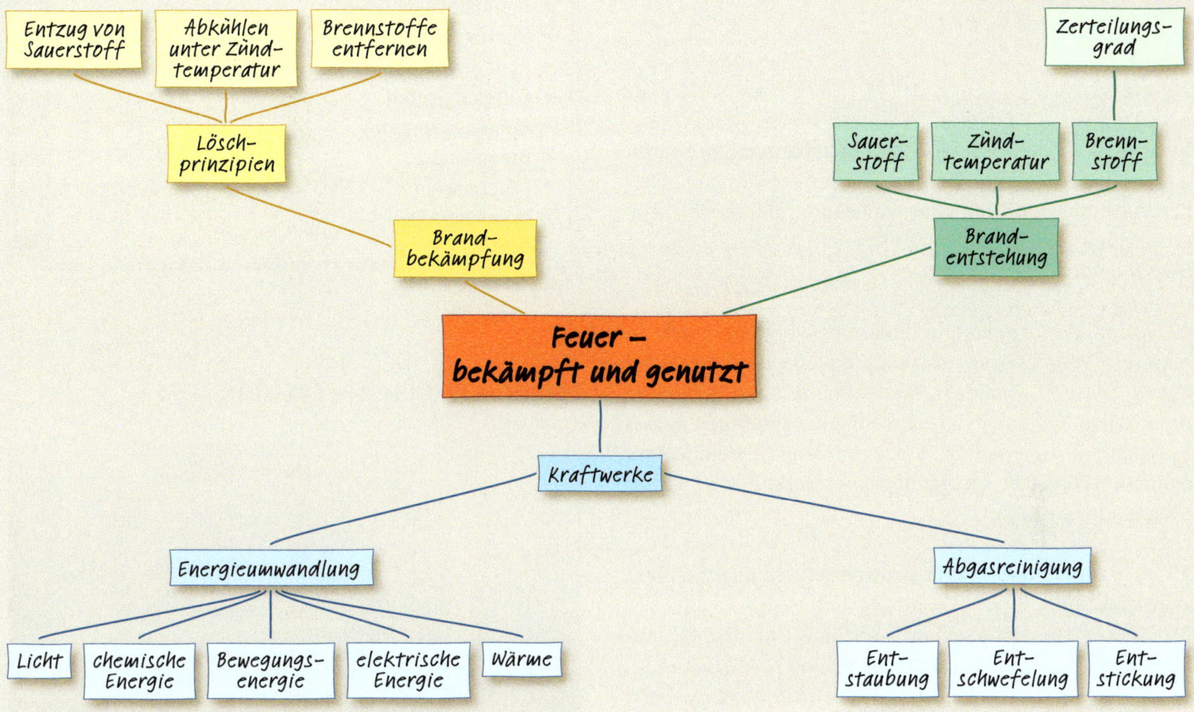

Brände – Bekämpfung und Vermeidung

Chemie in unserer Welt

Brände in Wohnungen werden seit jeher als Katastrophen empfunden. Daher haben sich Menschen schon immer zusammengetan, um gemeinsam dagegen anzugehen. In kleineren Gemeinden erledigt heute die *Freiwillige Feuerwehr* die Brandbekämpfung, größere Städte haben meist eine *Berufsfeuerwehr*.

Feuerwehr im Einsatz. Bei einem Einsatz der Feuerwehr denkt man meist an einen Feuerwehrmann, der auf einer Leiter steht und mit einem Schlauch einen dicken Strahl Wasser in das Feuer spritzt. Oft sieht die Realität jedoch ganz anders aus: Wasser ist nicht immer das geeignete Löschmittel, außerdem verursacht es besonders große Gebäudeschäden. Heute kommen je nach Art des Feuers ganz unterschiedliche Löschmittel zum Einsatz. Ein Beispiel hierfür sind Lösch-Schäume, die sich über den Brandherd legen, die Zufuhr von Sauerstoff unterbinden und so das Feuer löschen.
Auch heute noch ist die Arbeit bei der Feuerwehr hochgefährlich, selbst wenn sie mit moderner Technikunterstützung verrichtet wird.

Vermeidung von Bränden. Am besten ist es, wenn man die Feuerwehr gar nicht rufen muss: Brandvermeidung wird dabei meistens verstanden als die Verhinderung des Kontaktes einer Zündquelle (wie einer Weihnachtskerze) mit einem Brennstoff (wie den Wohnzimmergardinen). Heute geht Brandvermeidung jedoch viel weiter: Sie setzt bei der Arbeit des Chemikers in der Industrie an, der neue Werkstoffe entwickelt, die schwer entflammbar oder gar nicht brennbar sind. Ein Beispiel dafür ist die Schutzkleidung von Feuerwehrleuten.

Beispiel FCKW. Ein anderes Beispiel ist die Geschichte der Fluorchlorkohlenwasserstoffe (FCKW), die man ab den 1930er Jahren als Ersatzstoffe etwa für feuergefährliche Treibgase in Spraydosen benutzte. Erst ab etwa 1980 zeigte sich, dass diese Stoffe die Ozonschicht in der Atmosphäre zerstören. Heute ist ihre Anwendung daher verboten. Daher enthalten Spraydosen häufig brennbare Treibgase, die leicht zu Bränden führen können. Die Suche nach besser geeigneten Ersatzstoffen ist noch im Gange. Wer will mitmachen?

Prüfe dein Wissen

Quiz

A1 a) Erkläre die Begriffe des Fensters.
b) Notiere auf der Vorderseite von Karteikarten den Begriff, auf der Rückseite die Erklärung.
c) Ordne die Begriffe den Basiskonzepten „Materie", „chemische Reaktion" und „Energie" zu.
Begründe deine Zuordnung.

A2 Ordne die folgenden Verbrennungsvorgänge nach ihrem Verwendungszweck als Wärmequelle oder als Lichtquelle: Fackel, Kaminfeuer, Teelicht unter einer Teekanne, Brennerflamme in der Heizungsanlage, Lagerfeuer, Feuerzeugflamme, brennende Kerze in einer Weihnachtspyramide, Windlicht, Gasflamme eines Heißluftballons und brennende Gaslaterne.

A3 a) Nenne Stoffe, die in Kraftwerken als Energieträger genutzt werden.
b) Erkläre den Unterschied zwischen Braunkohle und Steinkohle.
c) Schreibe einen kurzen Text über die Erzeugung von Elektrizität durch Verbrennung von Kohle in einem Kraftwerk.
d) Begründe, weshalb in Heizkraftwerken fein zermahlene Kohle verwendet wird.

Know-how

A4 Beim Experimentieren an deinem Arbeitsplatz kommt es zu einem Brand. Erkläre, welche Maßnahme du zuerst ergreifen würdest. Beschreibe auch die weitere Vorgehensweise.

A5 Gib an, wie sich folgende Feuer am besten löschen lassen:
a) brennende Kerze am Weihnachtsbaum,
b) Kabelbrand an einem elektrischen Gerät,
c) Lagerfeuer,
d) Motorbrand am Auto.

A6 Erläutere, unter welchen Umständen man im Falle eines Brandes eher eine Löschdecke, eher einen Feuerlöscher oder eher Wasser benutzen würde.

A7 Beim all-morgendlichen Duschen verbraucht eine vierköpfige Familie rund 150 Liter Wasser mit einer Temperatur von 38 °C. Die Warmwasserbereitung erfolgt mit einem Gasbrenner. Berechne, wieviel Kilogramm Erdgas (Brennwert: 39 000 kJ/kg) für die Erwärmung des Duschwassers in einem Monat verbraucht werden.

Die wichtigsten Begriffe

- Brennstoff
- Brandentstehung
- Zündtemperatur
- Zerteilungsgrad
- Brandbekämpfung
- Brandschutz
- Feuerlöscher
- chemische Energie

Natur – Mensch – Technik

A8 In großen Nationalparks wird in regelmäßigen Abständen von der Parkverwaltung gezielt Feuer gelegt. Dabei brennt ein Teil des Waldes ab. Beurteile diese Maßnahme.

A9 Begründe, wo man automatische Kohlenstoffdioxid-Löschanlagen einsetzen kann.

A10 Erläutere die folgenden Brandschutzmaßnahmen:
a) Brennbare Materialien dürfen nicht in der Nähe eines Ofens gelagert werden.
b) Eingeschaltete Bügeleisen müssen auf eine nicht brennbare Unterlage oder hochkant abgestellt werden.
c) An Tankstellen und in Farblagern ist das Rauchen und die Benutzung von offenem Feuer verboten.

A11 Beim Löschen von brennenden Erdölbohrlöchern setzt man Sprengstoff ein. Die bei der Sprengung erzeugte Druckwelle löscht den Brand. Erkläre das Prinzip, nach dem bei dieser Methode der Brand gelöscht wird.

A12 Beim Betrieb von Kraftwerken werden je nach Brennstoff unterschiedliche Maßnahmen getroffen, um die Umweltbelastung zu vermindern.
Erläutere die jeweiligen Unterschiede bei der Verwendung von Kohle und von Erdgas.

A1 Sprinkleranlage

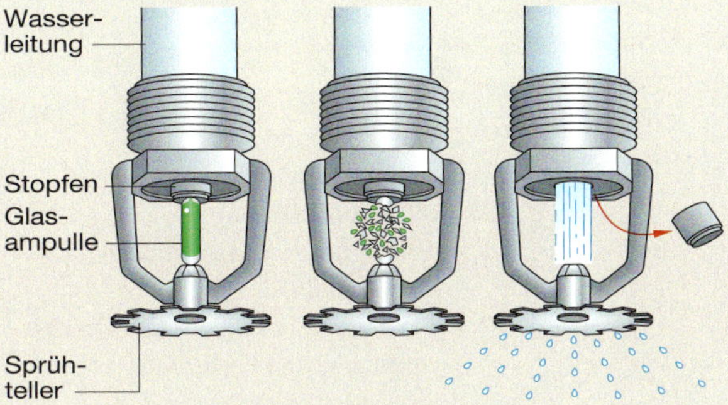

In Kaufhäusern, Krankenhäusern oder in den Hallen von Flughäfen haben Brände besonders schwerwiegende Folgen, da sich dort regelmäßig sehr viele Menschen aufhalten. Daher sind dort **Sprinkleranlagen** zur sofortigen Brandbekämpfung eingebaut. Sobald ein Feuer entsteht, lösen sich solche Anlagen selbständig aus und können den Brand gezielt an der Stelle seiner Entstehung bekämpfen. So wird ein weiteres Ausbreiten eines Brandes verhindert.

Über der Decke befindet sich ein Wasserleitungssystem mit

zahlreichen Düsen. Jede Düse wird von einem Glasröhrchen verschlossen, das mit einer gefärbten Flüssigkeit gefüllt ist. Bricht ein Feuer aus, erwärmt sich das Glasröhrchen. Die darin enthaltene Flüssigkeit dehnt sich aus und das Röhrchen platzt. Dadurch öffnet sich das Ventil und Wasser wird über den Brandherd gesprüht. Die Sprinklerampullen kommen in unterschiedlichen Farben zum Einsatz. Sie sprechen je nach Farbe bei einer Temperatur zwischen 60 °C und 180 °C an.
Bei einem begrenzten Brand werden immer nur die Sprinkler in unmittelbarer Nähe zum Brandherd ausgelöst. Auf diese Weise wird nicht gleich das ganze Gebäude unter Wasser gesetzt. Beim Auslösen der Sprinkleranlage wird gleichzeitig automatisch die Feuerwehr alarmiert.

Aufgaben:

a) Nenne Gebäude, in denen du bereits Sprinkler gesehen hast.

b) Die Sprinkler sind regelmäßig an der Decke verteilt. Erkläre, warum bei einem großen Raum nicht ein einzelner reicht.

c) Beschreibe ausführlich die Funktionsweise des Sprinklers. Erkläre dabei auch, welche Rolle die Flüssigkeit im Sprinklerröhrchen spielt.

d) Erkläre, warum sich eine Sprinkleranlage nicht selbst wieder abstellen kann.

A2 Gefährliche Fettbrände

Eine Fettexplosion wird ausgelöst

Immer wieder berichten Zeitungen über schwere Unfälle, die durch einen Fettbrand in der Küche ausgelöst wurden. Die folgende Meldung ist ein typisches Beispiel dafür:

Heiligabend: Fondue-Topf explodiert

SSV. Tragischer Küchenbrand am Heiligen Abend: Zu dem Unglück mit brennendem Fett kam es bei den Vorbereitungen zum Fondue in einem Einfamilienhaus an der Wichernstraße. Eine 85-jährige und eine 55-jährige Frau hatten einen Topf mit Fett auf dem Herd erhitzt, als das Öl Feuer fing. Eine der Frauen hat offensichtlich versucht, die Flammen mit Wasser zu löschen. Dabei verursachte sie eine sogenannte Fettexplosion mit starker Rauch- und Hitzeentwicklung. Beide Frauen wurden schwer verletzt. Die eingetroffenen Hilfskräfte mussten die Haustür mit Gewalt öffnen. Nachdem sie schließlich ins Haus gelangten, sahen sie, dass die Küche vollständig in Flammen stand. Die Frauen mussten mit schweren Verbrennungen und Rauchvergiftungen ins Krankenhaus gebracht werden.
Die Feuerwehr macht noch einmal darauf aufmerksam, dass es zu einer Fettexplosion kommen kann, wenn brennendes Fett mit Wasser gelöscht wird. Das Wasser wird dabei aufgrund der hohen Temperaturen schlagartig zu Wasserdampf. Dieser dehnt sich dabei um das rund 1700-Fache des Wasservolumens aus. Dabei werden brennende Öltröpfchen mitgerissen. Es entsteht enorme Hitze, der Brand kann sich so auf die ganze Wohnung ausdehnen. Deshalb soll brennendes Fett durch Ersticken gelöscht werden. Dazu kann ein Deckel benutzt werden oder ein Handtuch oder eine Decke. Es besteht auch die Möglichkeit, das brennende Gefäß vorsichtig ins Freie zu tragen.

a) Erkläre, warum es bei Fettbränden oft zu schweren Unfällen kommt.

b) Begründe die von der Feuerwehr vorgeschlagenen Möglichkeiten, eine Fettexplosion zu verhindern.

7 Verbrannt – aber nicht vernichtet

In Müllverbrennungsanlagen wird Hausmüll angeliefert, der nach Aussortieren von recycelbaren Anteilen nicht mehr weiter verwertbar ist. Dieser Abfall wird verbrannt; die dabei freiwerdende Wärme wird in elektrische Energie umgewandelt.
Der Müll ist danach allerdings nicht einfach verschwunden: Am Ende bleiben Feststoffe als Schlacke zurück und gasförmige Produkte gelangen in die Luft.

Der beste Weg zur Verringerung der Müllmassen ist also nicht die Verbrennung, sondern das Vermeiden von Müll!

Zentrale Fragen:
- Wird ein Stoff durch Verbrennen völlig vernichtet?
- Welche Stoffe bleiben bei der Verbrennung übrig?
- Wie verändern sich die Massen der an chemischen Reaktionen beteiligten Stoffe?

7.1 Müll verbrennen – und er ist weg?

In den Haushalten fallen große Mengen Müll an. Der Abfall enthält noch beträchtliche Anteile an verwertbaren Stoffen. Heute versucht man, diese Wertstoffe möglichst zu recyceln. Dazu wird der Müll teilweise bereits in den Haushalten getrennt und danach wieder aufgearbeitet: aus Altpapier wird Umweltpapier hergestellt, aus Altglas entstehen neue Flaschen, Kunststoffe werden eingeschmolzen und zu neuen Produkten verarbeitet.

Nach der Abtrennung von wieder verwertbaren Anteilen bleibt etwa die Hälfte des Hausmülls zurück: Dieser Teil wird meist in einer Müllverbrennungsanlage verbrannt. Weil dabei sehr viel Wärme frei wird, arbeiten Müllverbrennungsanlagen gleichzeitig als Kraftwerke: Sie wandeln chemische Energie zunächst in Wärme und dann in elektrische Energie um.

Bei der Verbrennung des Hausmülls bleiben Asche und Schlacke zurück und es werden gasförmige Verbrennungsprodukte frei. Durch Verbrennen ist der Müll also noch lange nicht weg.
Die Schlacke wird zum Straßenbau verwendet oder auf Müllhalden deponiert. Die Abgase enthalten große Anteile an Staub, die durch Filter abgetrennt werden. Anschließend werden umweltbelastende Gase in einer Rauchgaswäsche durch chemische Reaktionen entfernt. Das gereinigte Abgas gelangt schließlich durch den Schornstein in die Luft.

Massenvergleich bei der Oxidation. Will man wissen, wie viel an Reststoffen von einer Tonne Müll nach der Verbrennung noch übrig bleibt, müsste man diese Stoffe alle wiegen – ein ziemlich aufwändiges Vorhaben.
Im Labor lassen sich solche Untersuchungen einfacher durchführen. Verbrennt man etwa Eisenwolle, so bildet sich durch die Reaktion mit Sauerstoff schwarzes Eisenoxid. Mit einer Waage lässt sich leicht zeigen, dass das entstehende Eisenoxid schwerer ist als das ursprünglich vorhandene Eisen.

Eisen + Sauerstoff ⟶ Eisenoxid

Ursache für die Massenzunahme ist der bei der Reaktion hinzu kommende Sauerstoff.

Entzündet man ein Teelicht, so reagiert Paraffin mit Sauerstoff. Bei der Oxidation bilden sich die farblosen Gase Kohlenstoffdioxid und Wasserdampf:

Paraffin + Sauerstoff ⟶ Kohlenstoffdioxid + Wasserdampf

Lässt man das Teelicht auf einer Waage brennen, so beobachtet man – im Gegensatz zu der Reaktion von Eisen mit Sauerstoff – während des Abbrennens eine dauernde Abnahme der Masse. Die Massenabnahme lässt sich damit erklären, dass die gasförmigen Reaktionsprodukte Kohlenstoffdioxid und Wasserdampf in die Luft entweichen.
Um auch die Masse der gasförmigen Reaktionsprodukte zu erfassen, verwendet man eine Vorrichtung mit Stoffen, die Kohlenstoffdioxid und Wasserdampf binden können und wiegt diese mit. Unter diesen Bedingungen zeigt die Waage auch hier eine Zunahme der Masse: Die Reaktionsprodukte sind durch den hinzu getretenen Sauerstoff schwerer als das Paraffin vor der Reaktion.

Bei einer Verbrennung können die Massenverhältnisse mit der Waage überprüft werden.

1 Eisenwolle reagiert unter Aufglühen mit Sauerstoff zu Eisenoxid. Mithilfe der Waage stellt man fest, dass das entstehende Eisenoxid schwerer ist als das Eisen vor der Reaktion. Erkläre diese Beobachtung.
2 Beim Abbrennen eines Teelichts wird das Paraffin verbrannt, aber nicht vernichtet. Erläutere diese Aussage.

Eisenoxid ist schwerer als die Portion Eisenwolle

Brennendes Teelicht auf der Waage

Praktikum Massenänderung beim Verbrennen

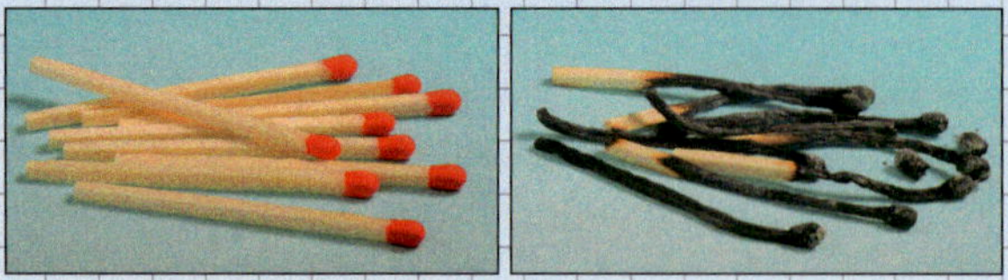

Streichhölzer vor und nach der Reaktion

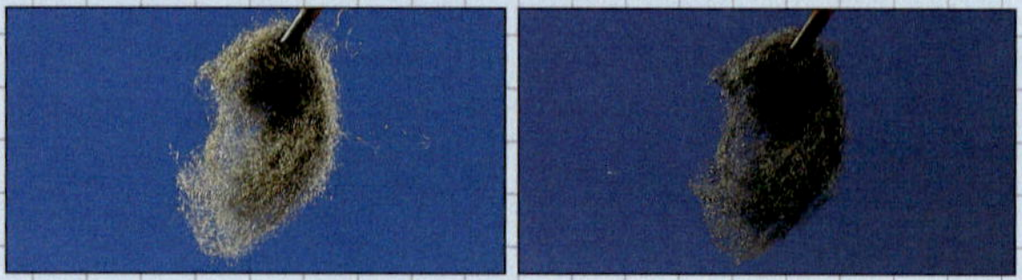

Eisenwolle vor und nach der Reaktion

V1: Streichhölzer

Materialien: Waage, Uhrglas, Gasbrenner, Luftballon; Streichhölzer.

Durchführung:

1. Lege drei Streichhölzer auf das Uhrglas und wiege sie.
2. Entzünde die Streichhölzer, lass sie jeweils zur Hälfte abbrennen und blase sie dann aus. Die Reste werden erneut gewogen.
3. Gib drei Streichhölzer mit den Köpfen nach unten in ein Reagenzglas. Verschließe es mit einem Luftballon und wiege es genau.
4. Erhitze das Reagenzglas mit den Streichholzköpfen mit der rauschenden Brennerflamme, bis sie zünden. Wiege nach dem Abkühlen erneut.

Aufgaben:

a) Notiere deine Beobachtungen.

b) Vergleiche die Messwerte und erkläre die Unterschiede.

V2: Eisenwolle

Materialien: Waage, Tiegelzange, Gasbrenner, Luftballon; Eisenwolle.

Durchführung:

1. Wiege einen apfelgroßen Bausch Eisenwolle.
2. Halte den Bausch Eisenwolle mit der Tiegelzange in die rauschende, nichtleuchtende Flamme des Brenners. Wiege nach dem Abkühlen erneut.
3. Gib einen Bausch Eisenwolle in ein Reagenzglas und verschließe es mit einem Luftballon. Wiege es genau.
4. Erhitze das Reagenzglas mit der rauschenden Flamme des Brenners, bis das Eisen glüht. Wiege nach dem Abkühlen erneut.

Aufgaben:

a) Notiere deine Beobachtungen.

b) Vergleiche die Messwerte und erkläre die Unterschiede.

Exkurs LAVOISIER und die Zerlegung von Quecksilberoxid

Der französische Forscher Antoine Laurent de LAVOISIER konnte 1774 nachweisen, dass sich Quecksilberkalk – die damalige Bezeichnung für Quecksilberoxid – durch bloßes Erhitzen in Quecksilber und „Luft" – heute: Sauerstoff – umwandeln lässt. Aus diesen Reaktionsprodukten konnte er durch Erhitzen wiederum Quecksilberoxid herstellen.
Mit diesem Versuch klärte LAVOISIER die Rolle des Sauerstoffs bei solchen Reaktionen. Er widerlegte damit die damals allgemein anerkannte **Phlogistontheorie.** Nach dieser Theorie enthalten brennbare Stoffe Phlogiston, das beim Verbrennungsvorgang *entweicht.* LAVOISIER konnte mit dem Versuch zeigen, dass beim Verbrennen dagegen ein Stoff *aufgenommen* wird und begründete so die **Oxidationstheorie.**

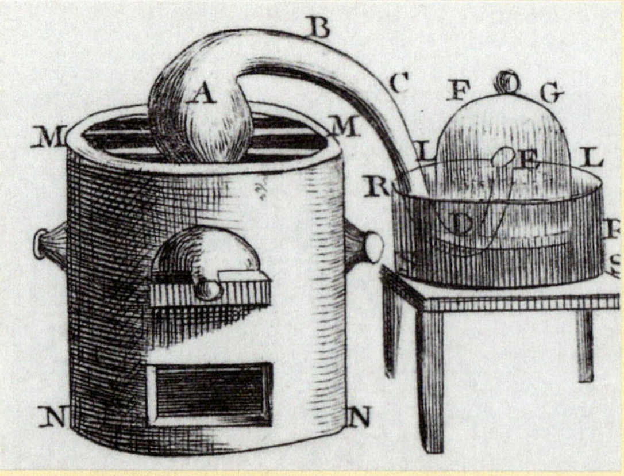

LAVOISIERs Apparatur zur Bildung von Quecksilberoxid

7.2 Gesetz von der Erhaltung der Masse

Masse vor der Reaktion

Kohlekörner verbrennen vollständig

Masse nach der Reaktion

Verbrennt man Holzkohle auf einer Waage, so kann man beobachten, dass die Masse der Holzkohle während der Reaktion abnimmt. Hängt man dagegen Eisenwolle an einen Waagebalken, so nimmt die Masse bei der Verbrennung zu. Das unterschiedliche Verhalten der beiden Stoffe ist darauf zurückzuführen, dass in beiden Fällen die beteiligten gasförmigen Stoffe nicht mit gewogen werden.

Geschlossene Apparatur. Füllt man Eisenwolle in ein Reagenzglas und verschließt es mit einem Stopfen, dann hat man sowohl Eisen als auch Sauerstoff in einer *geschlossenen Apparatur.* Wiegt man diese vor und nach der Verbrennung, dann stellt man fest, dass die Masse nach der Reaktion ebenso groß ist wie die Masse vor der Reaktion: Das gebildete Eisenoxid wiegt genau soviel, wie die Eisenwolle mit dem Sauerstoff zusammen.

Um auch die Verbrennung von Holzkohle in einer geschlossenen Apparatur durchzuführen, gibt man einige Körnchen Kohle in einen mit Sauerstoff gefüllten Rundkolben. Der Kolben wird mit einem Luftballon dicht verschlossen und genau gewogen. Nun erhitzt man den Kolben kräftig an der Stelle, an der sich die Kohlekörner befinden. Sobald sie hell aufleuchten, nimmt man den Brenner weg und schwenkt den Kolben in kreisenden Bewegungen. Dabei beobachtet man, dass die Kohlekörner hell leuchten und dann verglühen. Wenn man den Kolben dann erneut wiegt, stellt man fest, dass sich auch bei diesem Versuch die Masse nicht verändert hat.

Öffnet man den Kolben und gibt etwas Kalkwasser hinein, so beobachtet man eine Trübung: sie beweist die Gegenwart von Kohlenstoffdioxid. Da zuvor in dem Kolben nur Holzkohle und Sauerstoff waren, muss sich das Gas bei der Reaktion gebildet haben:

Kohlenstoff + Sauerstoff ⟶ Kohlenstoffdioxid

Obwohl die Kohlekörner verschwunden sind, bleibt die Gesamtmasse gleich groß: Das bei der Reaktion entstandene Gas Kohlenstoffdioxid wiegt ebensoviel wie vor der Reaktion der Kohlenstoff und der Sauerstoff zusammen.

Massenerhaltung. In den beiden beschriebenen Fällen besitzen die Reaktionsprodukte die gleiche Masse wie die Ausgangsstoffe. Das gilt grundsätzlich für alle chemischen Reaktionen. Man spricht daher vom *Gesetz von der Erhaltung der Masse.* Diese Gesetzmäßigkeit wurde 1748 erstmals von Michail Wassiljewitsch LOMONOSSOW postuliert. 1789 formulierte schließlich Antoine Laurent de LAVOISIER „Rien ne se perd, rien ne se crée, tout se transforme".

Bei chemischen Reaktionen gilt das Gesetz von der Erhaltung der Masse: die Masse der Reaktionsprodukte ist gleich der Masse der Ausgangsstoffe.

1 Eine Portion Magnesiumspäne wird schwerer, wenn man sie in einem Tiegel verbrennt und den Tiegeldeckel nur ab und zu lüftet.
a) Notiere das Reaktionsschema.
b) Erkläre die Beobachtung.

2 Eine Portion Kupferspäne wird zusammen mit Sauerstoff im verschlossenen Reagenzglas gewogen. Nach Erhitzen und hellem Aufglühen wird erneut gewogen: die Massen vorher und nachher sind gleich groß.
a) Notiere das Reaktionsschema.
b) Erkläre den Unterschied zu Aufgabe 1.

3 In einem verschlossenen Glaskolben befinden sich ein kleines Stück Phosphor und Sauerstoff. Der Glaskolben wird gewogen, er wiegt genau 330 g. Der Phosphor wird mit einem Brennglas durch Sonnenlicht gezündet und verbrennt vollständig, es bleibt weißer Rauch zurück. Der Kolben wird erneut gewogen. Stelle eine begründete Vermutung an, ob sich die Masse ändert.

7.3 Element und Verbindung

Beim Erhitzen von Silberoxid …

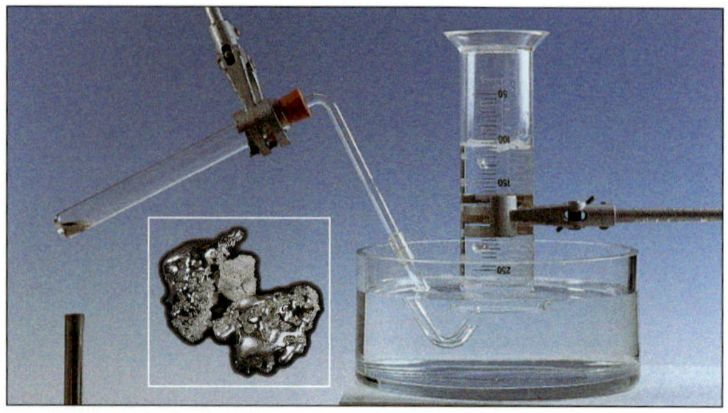

… entstehen Silber und Sauerstoff

Bei chemischen Reaktionen bleibt die Masse erhalten. Bleiben etwa auch die Ausgangsstoffe in den Reaktionsprodukten in einer Form enthalten, in der sie sich wieder zurückgewinnen lassen?

Zerlegung von Silberoxid. Aus Silber und Sauerstoff bildet sich schwarzes, festes Silberoxid, ein neuer Reinstoff mit charkteristischen Eigenschaften. Erhitzt man in einem Reagenzglas Silberoxid mit sehr heißer Flamme, so bildet sich im Laufe von wenigen Minuten eine silberne Kugel: es ist Silber entstanden. Schließt man beim Erhitzen einen Kolbenprober an das Reagenzglas an, erkennt man, dass bei dieser Reaktion ein Gas entsteht. Die Glimmspanprobe zeigt, dass es sich bei dem Gas um Sauerstoff handelt.
Aus Silberoxid sind durch eine chemische Reaktion Silber und Sauerstoff entstanden:

Silberoxid $\longrightarrow$ Silber + Sauerstoff; endotherm

Verbindungen. Sowohl Silber als auch Sauerstoff lassen sich durch eine endotherme Reaktion aus Silberoxid zurück erhalten. Man sagt daher auch, Silberoxid ist eine *chemische Verbindung* aus Silber und Sauerstoff. Eine Verbindung ist kein *Gemisch*, sondern ein Reinstoff mit charakteristischen Eigenschaften.Das gleiche gilt für alle Metalloxide: sie sind Verbindungen aus dem entsprechenden Metall und Sauerstoff.

Elemente. Es gibt zwei Gruppen von Reinstoffen: Alle Reinstoffe, die man durch chemische Reaktionen in andere Stoffe zerlegen kann, nennt man *Verbindungen*. Reinstoffe, die sich nicht weiter zerlegen lassen, bezeichnet man als *Elemente*.
Heute kennt man etwa 110 Elemente, davon gehören rund 90 zu den Metallen und 20 zu den Nichtmetallen. Chemiker verwenden eine tabellarische Übersicht über alle bekannten Elemente: *das Periodensystem der Elemente*.

In dieser Übersicht sind metallische Elemente wie Eisen und Kupfer, aber auch Nichtmetalle wie Kohlenstoff, Schwefel oder Phosphor aufgeführt. Dazu gehören auch bei Zimmertemperatur gasförmige Elemente: Beispiele sind Sauerstoff, Stickstoff oder Edelgase wie Neon oder Argon. Nur zwei Elemente sind bei Raumtemperatur flüssig: das Metall Quecksilber und das Nichtmetall Brom.

Aus den Elementen lassen sich unvorstellbar viele Verbindungen aufbauen: Bis heute kennt man mehr als 10 Millionen Verbindungen. Es gibt Verbindungen aus nur zwei Elementen: Metalloxide sind Verbindungen aus einem Metall und Sauerstoff, Metallsulfide sind aus Metallen und Schwefel aufgebaut: So reagiert Kupfer mit Schwefel zu Kupfersulfid, Eisen mit Schwefel zu Eisensulfid. Es gibt auch Verbindungen aus drei und mehr Elementen: So ist Zucker aus den Elementen Kohlenstoff, Wasserstoff und Sauerstoff aufgebaut.

Allgemein lassen sich Stoffe in Reinstoffe und Gemische einteilen. Bei Reinstoffen unterscheidet man Elemente und Verbindungen, bei Gemischen homogene und heterogene Gemische.

Verbindungen lassen sich in Elemente zerlegen;
Elemente sind nicht in andere Stoffe zerlegbar.

1 Gib je zwei Beispiele für Elemente an, die bei Raumtemperatur fest, flüssig oder gasförmig vorkommen.
2 Verbindungen können aus zwei oder aus mehreren Elementen zusammengesetzt sein. Gib Beispiele an.
3 a) Erstelle ein Schema für die Einteilung von Stoffen in Reinstoffe und Gemische. Unterteile die Reinstoffe in Elemente und Verbindungen und die Gemische in homogen und in heterogen.
b) Gib aus jeder Stoffgruppe des Schemas einen Stoff als Beispiel an.

(Fast) alles über Elemente

Die vier Elemente der griechischen Philosophen

Bereits vor 2500 Jahren sprachen griechische Philosophen von Elementen: Alle Materie sollte sich danach auf die vier Elemente Erde, Wasser, Luft und Feuer zurückführen lassen. Die Grundlage für unseren heutigen Elementbegriff legte der englische Naturforscher Robert BOYLE im 17. Jahrhundert. Er bezeichnete Stoffe als Elemente, die sich mit chemischen Reaktionen nicht weiter zerlegen lassen. Ende des 18. Jahrhunderts schloss LAVOISIER aus seinen Versuchen zur Analyse und Synthese von Verbindungen, dass die ursprünglichen Elemente in den Verbindungen enthalten sind.

Bereits im Altertum kannte man viele Stoffe, die heute als Elemente zu bezeichnen sind: *Gold* und *Silber*, die gediegen vorkommen, *Kupfer, Quecksilber, Zinn* und *Blei*, die durch einfaches Erhitzen aus bestimmten Mineralien gewonnen wurden, und *Eisen*.
Im Mittelalter fanden dann Alchemisten weitere unserer heutigen Elemente. Beispiele sind *Phosphor, Cobalt, Nickel, Arsen, Antimon* und *Bismut*. Als es zu Beginn des 19. Jahrhunderts gelang, Salzlösungen und Salzschmelzen mithilfe der neu entwickelten VOLTAschen Säule als elektrischer Spannungsquelle zu zersetzen, erhielt man weitere metallische Elemente wie *Natrium, Kalium, Magnesium* und *Calcium*.

Im Jahre 1867 veröffentlichte der russische Chemiker Dimitriy MENDELEJEEV eine Anordnung, bei der Elemente mit ähnlichen Eigenschaften untereinander stehen und so Elementfamilien bilden. Damit schuf er das **Periodensystem der Elemente,** das in den folgenden Jahren immer weiter ausgebaut wurde. Da damals nur 64 Elemente bekannt waren, wies das Periodensystem noch viele Lücken auf. MENDELEJEEV sagte voraus, dass weitere Elemente existieren, die diese Lücken ausfüllen. Aufgrund der Ähnlichkeiten in den Elementfamilien konnte man sogar einige Eigenschaften der noch fehlenden Elemente vorhersagen und gezielt nach ihnen suchen. Und tatsächlich fand 1875 der französische Chemiker Paul-Emile Lecoq de BOISBAUDRAN das Element, das im Periodensystem unter Aluminium steht.

Ueber die Beziehungen der Eigenschaften zu den Atomgewichten der Elemente

von

D. Mendelejeff.

Zeitschrift für Chemie 12. Jhrg. (Neue Folge, V. Bd.) (1869), S. 405 u. 406.

H = 1			Cu = 63,4	Ag = 108	Hg = 200
	Be = 9,4	Mg = 24	Zn = 65,2	Cd = 112	
	B = 11	Al = 27,4	? = 68	Ur = 116	Au = 197 ?
	C = 12	Si = 28	? = 70	Sn = 118	
	N = 14	P = 31	As = 75	Sb = 122	Bi = 210
	O = 16	S = 32	Se = 79,4	Te = 128?	
	F = 19	Cl = 35,5	Br = 80	J = 127	
Li = 7	Na = 23	K = 39	Rb = 85,4	Cs = 133	Tl = 204
		Ca = 40	Sr = 87,6	Ba = 137	Pb = 207

Ausschnitt aus MENDELEJEEVs Periodensystem

Nach seinem Heimatland nannte er es *Gallium*. Ebenso entdeckte der deutsche Chemiker Clemens WINKLER 1886 das Element, das unter das Silicium gehört. Er nannte es *Germanium*.
Viele andere Elemente wurden ebenfalls nach Ländern benannt: *Polonium, Francium, Ruthenium* (Russland) und *Indium* sind bekannte Beispiele. Der Name *Kupfer* leitet sich von Zypern ab, *Scandium* von Skandinavien, *Rhenium* ist nach dem Rhein benannt. Von dem Namen von Kontinenten leiten sich *Europium* und *Americium* ab. Auch viele Ortsbezeichnungen finden sich als Name von Elementen wieder: *Holmium* (Stockholm), *Hafnium* (Kopenhagen), *Lutetium* (Lutetia, lat.; Paris). Nach dem kleinen schwedischen Bergwerksort Ytterby sind gleich vier Elemente benannt: *Ytterbium, Yttrium, Terbium* und *Erbium*.

In den letzten 80 Jahren wurden mehr als 20 Elemente entdeckt, die in der Natur nicht vorkommen, weder elementar noch in Verbindungen. Eine nicht unbedeutende Rolle spielte dabei in den letzten Jahrzehnten eine deutsche Forschungseinrichtung in Darmstadt; zwei der dort erstmals hergestellten Elemente erhielten die Namen *Darmstadtium* und *Hassium* (Hessen).
Viele geografische Bezeichnungen standen Pate bei der Benennung von Elementen; den umgekehrten Fall gab es nur ein einziges Mal: Das Land Argentinien ist nach dem Element Silber (lat. Argentum) benannt.

1 Suche nach Elementen, die **a)** nach Himmelskörpern, **b)** nach Personen benannt sind.
2 Die Elemente Rubidium, Cäsium und Rhodium sind nach Farben benannt. Recherchiere im Internet oder im Lexikon nach den Hintergründen der Namensgebung.

7.4 Analyse und Synthese

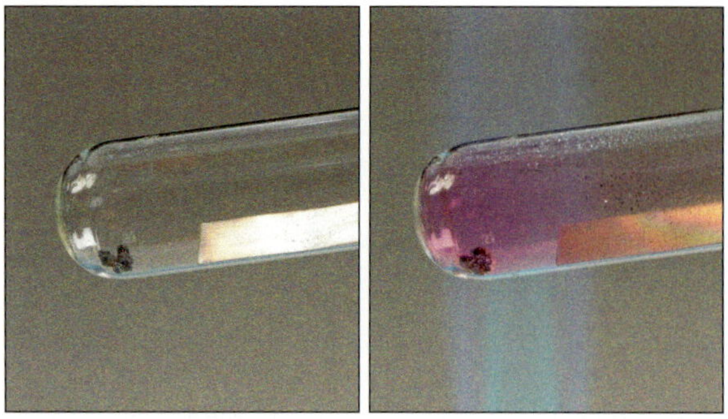

Synthese von Silberiodid aus Silber und Iod

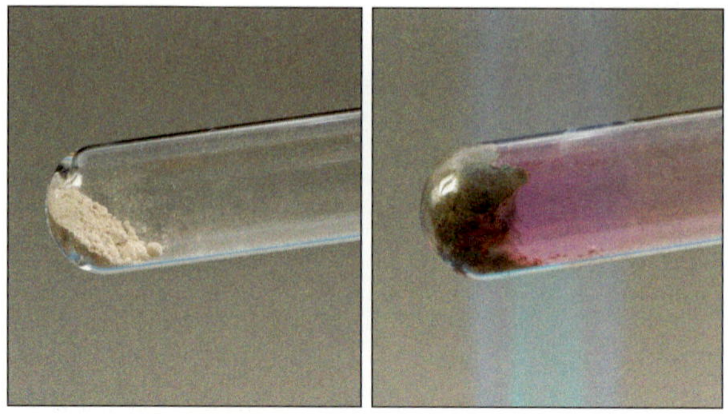

Analyse von Silberiodid: es entstehen Silber und Iod

Die Verbindung Silberoxid lässt sich durch Erhitzen in die Elemente Silber und Sauerstoff zerlegen. Eine solche Zerlegung nennt man *Analyse.* Auch die Analyse von Silberiodid ist ebenso einfach durchzuführen: Beim Erhitzen zersetzt sich Silberiodid unter Bildung von Iod-Dampf und Silber:

Silberiodid $\longrightarrow$ Silber + Iod; endotherm

Aus den Elementen Silber und Iod kann man wiederum Silberiodid herstellen:

Silber + Iod $\longrightarrow$ Silberiodid; exotherm

Eine solche Herstellung einer Verbindung aus den Elementen nennt man *Synthese.* Heute wird der Begriff oft auch dann verwendet, wenn man nicht von den Elementen, sondern von anderen Verbindungen ausgeht.

Die Synthese im herkömmlichen Sinne ist die Umkehrung der Analyse. Auch viele andere chemische Reaktionen sind umkehrbar. Diese *Umkehrbarkeit* zeigt, dass Substanzen durch chemische Reaktionen nicht endgültig vernichtet werden. Die Elemente bleiben in den Verbindungen erhalten. Daher kann man sie aus den Verbindungen wieder gewinnen.

Die Zerlegung einer chemischen Verbindung wird Analyse genannt. Die Reaktion mehrerer Elemente zu einer Verbindung heißt Synthese. Die Analyse ist die Umkehrung der Synthese.

1 Quecksilberoxid lässt sich aus den Elementen herstellen. Es lässt sich durch Erhitzen auch zerlegen. Notiere das Reaktionsschema für die Analyse und für die Synthese.

Praktikum — Analyse und Synthese

V1: Synthese und Analyse von Kupferiodid

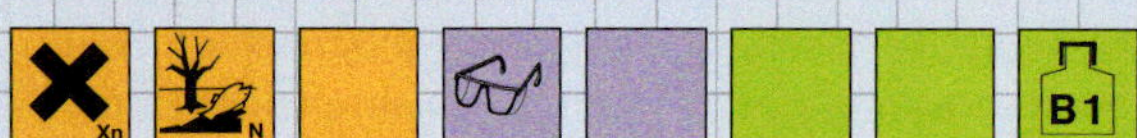

Materialien: Pinzette, Luftballon, Gasbrenner, Reibschale und Pistill;
Kupferblech-Streifen (1 cm x 8 cm), Iod (Xn, N), Kupferiodid.

Durchführung:

a) Synthese

1. Gib einen Iod-Kristall mithilfe der Pinzette in ein Reagenzglas.
2. Falte den Kupferblechstreifen ziehharmonikaförmig und klemme ihn in mittlerer Höhe in das Reagenzglas.
3. Verschließe das Reagenzglas mit dem Luftballon.
4. Erhitze zunächst den Iod-Kristall mit kleiner Flamme, bis die entstehenden Iod-Dämpfe das Kupferblech erreichen. Erhitze nun auch das Kupferblech.
5. Lass das Reagenzglas nach der Reaktion abkühlen und entnimm vorsichtig das Reaktionsprodukt.

b) Analyse

6. Zerkleinere Kupferiodid in der Reibschale zu feinem Pulver.
7. Fülle das Pulver in ein Reagenzglas und erhitze es mit heißer Flamme.

Aufgaben:

a) Notiere und erkläre deine Beobachtungen.
b) Formuliere beide Reaktionsschemata.
c) Nenne Gemeinsamkeiten und Unterschiede beider Reaktionen.

7.5 Atome – Grundbausteine der Stoffe

DALTONs Atommodell bringt Ordnung in die Welt der Chemie

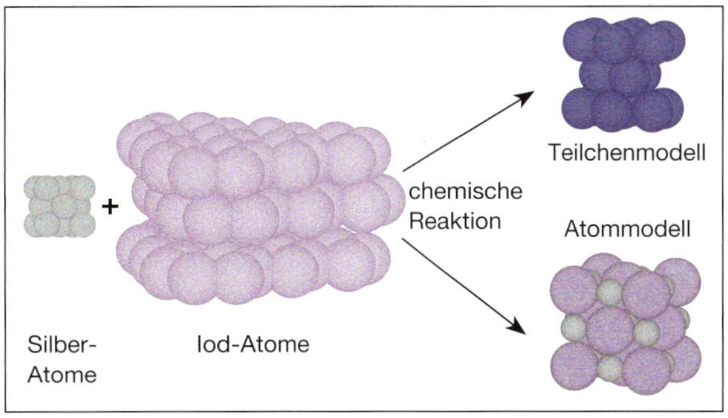

Bildung von Silberiodid: Teilchenmodell und Atommodell

Mit dem Teilchenmodell kann man nicht erklären, weshalb sich aus einer Verbindung die Elemente zurückgewinnen lassen. Dieses Problem wurde zu Beginn des 19. Jahrhunderts von dem englischen Naturforscher John DALTON gelöst. DALTON verknüpfte das Teilchenmodell mit dem Elementbegriff, indem er postulierte, dass jedes Element aus einer eigenen Art von besonderen Teilchen, den Atomen, aufgebaut ist. Die Teilchen von Verbindungen sind danach aus mehreren Arten von Atomen zusammengesetzt.

DALTONs Atommodell. Die Überlegungen DALTONs führten zu einer Modellvorstellung, die viele experimentelle Befunde seiner Zeit erklären konnte. DALTON stellte sich dabei die Atome modellhaft als kleine Kugeln vor.
Die wichtigsten Aussagen von DALTONs *Atommodell* lassen sich folgendermaßen zusammenfassen:

- Die kleinsten Teilchen der Elemente sind die unteilbaren Atome. Atome können weder erzeugt noch vernichtet werden.
- Die Atome eines Elements sind alle gleich, die Atome unterschiedlicher Elemente unterscheiden sich voneinander. Es gibt also genau so viele Atomarten, wie es Elemente gibt. Ein elementarer Stoff ist daher aus lauter gleichen Atomen aufgebaut.
- Bei einer chemischen Reaktion bleiben die Atome erhalten. Sie werden lediglich neu angeordnet. Eine Verbindung ist daher aus den Atomen der Elemente aufgebaut, aus denen die Verbindung besteht. Verbindungen enthalten also unterschiedliche Atome.

Nach diesem Atommodell ist die gesamte Materie aus rund 100 verschiedenen Arten von Atomen aufgebaut. Auch alle Verbindungen bestehen aus diesen 100 Arten atomarer Bausteine.

Leistungen des Atommodells. Mit dem Atommodell wird die Vorstellung über die Natur der Teilchen stark vereinfacht: Nach dem Teilchenmodell gibt es so viele Teilchenarten wie es Stoffe gibt. DALTON reduziert die Anzahl der Teilchenarten auf rund 100. Damit ist das Atommodell gleichzeitig eine Weiterentwicklung und eine Vereinfachung des Teilchenmodells.
Das Atommodell von DALTON liefert auch eine Erklärung, in welcher Form die Elemente in ihren Verbindungen enthalten sind, nämlich in Form ihrer Atome: Bei der Reaktion von Silber mit Iod wird der Verband der Silber-Atome aufgelöst, ebenso der Verband der Iod-Atome. Dann werden die Atome neu angeordnet. In Silberiodid liegt ein Verband von Atomen vor, bei dem Silber-Atome und Iod-Atome jeweils abwechselnd nebeneinander angeordnet sind.

Arbeiten mit dem Atommodell. In Abbildungen und in Modellbaukästen stellt man die Atome der verschiedenen Elemente in unterschiedlichen Farben dar. So verwendet man für Sauerstoff-Atome meist rote Kugeln und für Kohlenstoff-Atome schwarze Kugeln. In Wirklichkeit haben Atome jedoch keine Farbe. Erst wenn unvorstellbar viele Kohlenstoff-Atome in bestimmter Weise angeordnet sind, treten die Eigenschaften von Kohlenstoff auf: das schwarze Aussehen, eine bestimmte Dichte und eine bestimmte Schmelztemperatur.

Die kleinsten Teilchen von Elementen sind nicht weiter zerlegbare Atome. Das Atommodell erklärt, weshalb man aus Verbindungen die jeweiligen Elemente zurück gewinnen kann.

1 Erkläre die Vorteile, die das Arbeiten mit dem Atommodell gegenüber dem einfachen Teilchenmodell hat.
2 Begründe, weshalb man aus der Verbindung Silberiodid die Elemente Silber und Iod zurückgewinnen kann.

Basiswissen

Verbrannt – aber nicht vernichtet

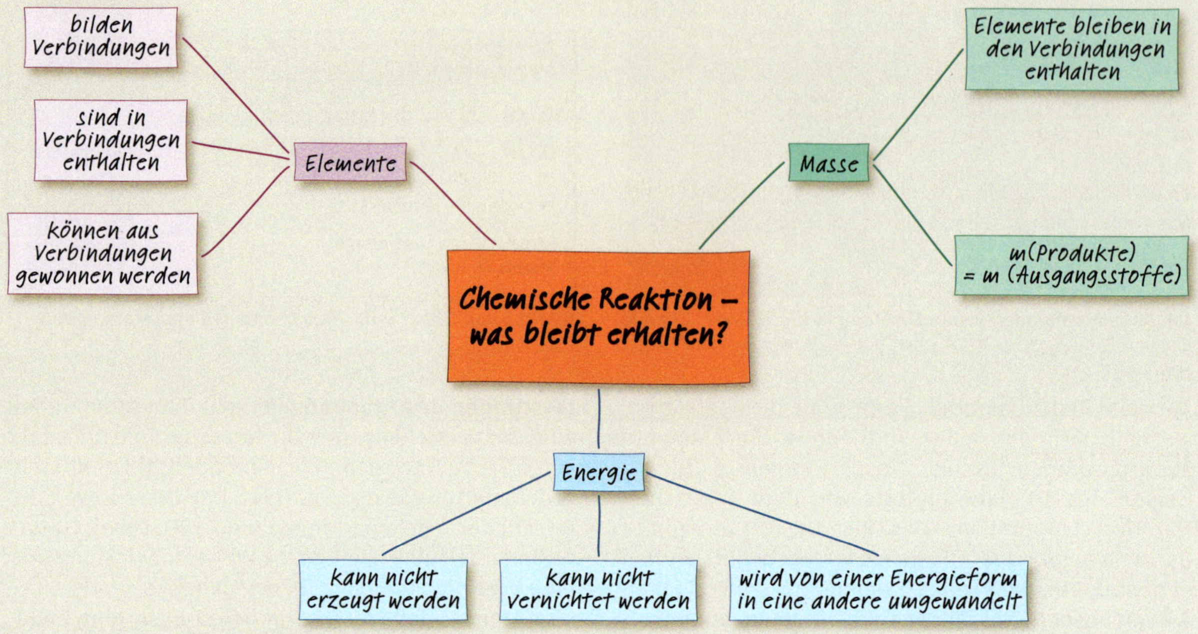

Chemie in unserer Welt

Verbrennungen sind Stoffumwandlungen

„Verbrannt – aber nicht vernichtet" zeigt, dass wir unseren Müll im Prinzip nicht mehr loswerden. Mithilfe von Chemie und Ingenieurwissenschaft lässt sich die Müllmenge aber erheblich verringern: Brennbare Bestandteile des Mülls werden verbrannt und die dabei entstehenden schädlichen Abgase gereinigt. Bei der Entsorgung müssen wir alle einen Beitrag leisten, indem wir unseren Müll sinnvoll sortieren.

Erhaltung der Masse. Die Chemie macht verständlich, weshalb wir unsere Abfälle im Prinzip nicht mehr loswerden. Müll ist ein Gemisch verschiedener Elemente und Verbindungen, die letztlich alle aus Atomen aufgebaut sind. Ob der Müll auf einer Deponie gelagert oder ob er verbrannt wird: Die darin enthaltenen Atome sind unzerstörbar. Durch chemische Reaktionen können sie lediglich umgruppiert werden. Eng mit diesem Prinzip verbunden ist das *Gesetz von der Erhaltung der Masse.* Es garantiert, dass die Gesamtmasse der Stoffe bei den Prozessen der Müllverbrennung nicht geringer wird.

Es gibt nur eine sinnvolle Lösung, um zu verhindern, dass wir irgendwann im Müll ersticken: Wir müssen aus dem Abfall die wieder verwertbaren Stoffe gewinnen. Man spricht dabei von *Recycling.*

Chemie schafft Ordnung. Der Begriff des *Elements* erleichtert den Überblick über die Vielfalt der Stoffe ungemein: Statt mehr als zehn Millionen verschiedener Reinstoffe muss man nur noch rund einhundert verschiedene Elemente betrachten, um einen Überblick über die stoffliche Welt zu erhalten. Aus diesen einhundert Elementen sind alle *Verbindungen* aufgebaut. Im *Periodensystem* sind die Elemente zu Gruppen mit ähnlichen Eigenschaften zusammengefasst. Diese bewährte Anordnung der Elemente hilft, den Überblick zu behalten.
Eine ähnliche Vereinfachung, wie sie der Elementbegriff bei den Stoffen bringt, schafft das *Atommodell* auf der Ebene der kleinsten Teilchen. Die Teilchen aller Stoffe lassen sich letztlich auf rund 100 Arten von Atomen zurückführen.

Analyse und Synthese. Eine wichtige Aufgabe von Chemikerinnen und Chemikern ist es, Stoffe zu analysieren, sie dabei in ihre Bestandteile und letztlich in ihre Elemente zu zerlegen: Im Labor helfen dabei moderne Analysegeräte und eine computerunterstützte Auswertung der Ergebnisse.
Eine ebenso wichtige Rolle spielt die Synthese: An Universitäten und in den Forschungsabteilungen von Firmen werden so neue Stoffe für den Kunststoffsektor oder für die Pharmaindustrie entwickelt.

Verbrannt – aber nicht vernichtet

Prüfe dein Wissen

Quiz

A1 a) Erkläre die Begriffe des Fensters.
b) Notiere auf der Vorderseite von Karteikarten den Begriff, auf der Rückseite die Erklärung.
c) Ordne die Begriffe den Basiskonzepten „Struktur der Materie“, „chemische Reaktion“ und „Energie“ zu. Begründe deine Zuordnung.

A2 Nenne zwei Elemente und zwei Verbindungen. Gib bei den Verbindungen an, aus welchen Elementen sie aufgebaut sind.

Know-how

A3 Man wiegt einen Eisennagel und einige Jahre später denselben, aber verrosteten Nagel. Beschreibe und begründe, ob er leichter oder schwerer geworden ist.

A4 Verbrennt man wenig Alkohol in einer Porzellanschale, so ist die Porzellanschale nach der Verbrennung leer.
Erläutere, ob der Alkohol unwiederbringlich vernichtet ist.
Plane ein Experiment, mit dem du die Erhaltung der Masse bei einer Alkohol-Verbrennung zeigen kannst.

Die wichtigsten Begriffe

- Gesetz von der Erhaltung der Masse
- Chemische Elemente
- Chemische Verbindungen
- Analyse, Synthese
- Atom
- Atommodell

A5 Erläutere, wie die Begriffe *Element* und *Atom* miteinander verknüpft sind.

Natur – Mensch – Technik

A6 Es gibt Geschichten über Alchimisten, die im 15. Jahrhundert Gold aus Kupfer und Zink herstellen konnten. Begründe, ob diese Geschichten wahr sind.

A7 Kupferdächer sehen an Neubauten rotbraun aus. Langsam verfärben sich diese Dächer und werden grün. Erkläre, ob der grüne Stoff ein Element oder ein Verbindung ist.

Wissen vernetzt

A1 Die Phlogiston-Theorie – ein Irrweg der Chemie

In jeder Wissenschaft bemüht man sich, die vielfältigen Erfahrungen nach übergeordneten Gesichtspunkten zu ordnen.
Phlogiston-Theorie. Die erste Vorstellung, mit der sich Verbrennungsvorgänge allgemein erfassen ließen, wurde bereits um 1700 entwickelt: Georg Ernst STAHL, Professor der Medizin in Halle, stellte 1697 die Phlogiston-Theorie auf (gr. *phlogistos:* brennbar). Er ging dabei von der längst bekannten Tatsache aus, dass bei der Verbrennung Stoffe mit völlig anderen Eigenschaften entstehen. Die Verbrennungsprodukte der Metalle bezeichnete man damals als *Kalke*. STAHL nahm an, dass alle brennbaren Stoffe einen bestimmten Stoff enthalten, der sie brennbar macht: das *Phlogiston*. Bei der Verbrennung sollte dieses Phlogiston entweichen und von der Luft aufgenommen werden.
Ein Metall ist nach dieser Auffassung aus dem Metallkalk und Phlogiston zusammengesetzt. Im Sinne eines heutigen Reaktionsschemas für die Verbrennung würden wir die STAHLsche Vorstellung folgendermaßen wiedergeben:

Metall $\longrightarrow$ Metallkalk + Phlogiston

Fast 100 Jahre lang waren fast alle Naturforscher Anhänger der Phlogiston-Theorie. Auch als man erkannt hatte, dass mit der Bildung der Metallkalke eine Massenzunahme verbunden ist, hielt man an der Theorie fest. Man machte einfach die Annahme, Phlogiston habe eine negative Masse.

Oxidationstheorie. LAVOISIER, der anfangs selbst die Phlogiston-Theorie vertrat, hat diese Lehre um 1780 widerlegt. Er führte Experimente über die Verbrennung der Metalle durch. In seiner Oxidationstheorie führte er die Massenzunahme auf die Vereinigung der Metalle mit Sauerstoff zurück. Damit konnte er die Beobachtungen des *Gesetzes von der Erhaltung der Masse* neu deuten.

a) Formuliere das Reaktionsschema für die Bildung von Kupferoxid aus den Elementen.
b) Notiere das Schema dieser Reaktion im Sinne der Phlogistontheorie.
c) LAVOISIER fand mit seinen Experimenten auch die Oxidationstheorie. Erläutere seine Ergebnisse und vergleiche mit der Phlogistontheorie.

8 Luft – ein lebenswichtiges Gasgemisch

Aus dem Weltraum berichten die Astronautinnen und Astronauten immer wieder begeistert vom Anblick der Erde. Aus einigen hundert Kilometern Höhe sehen sie die Lufthülle als blaue Schicht über der Erdoberfläche. Diese dünne Luftschicht ist eine Grundvoraussetzung für das Leben.
Menschen und Tiere können nur dort überleben, wo ausreichend Luft zum Atmen zur Verfügung steht. Wenn keine Luft zum Atmen vorhanden ist, muss sie mitgenommen werden. Die Astronauten führen ihren Luftvorrat im Raumschiff mit. Taucher transportieren ihre Atemluft in einer Stahlflasche. Die Wasserspinne baut sich in ein Netz zwischen Wasserpflanzen eine Luftglocke aus Luftbläschen, die sie von der Wasseroberfläche mitnimmt.
Alle Lebewesen, von den Mammutbäumen bis hin zu den Mikroalgen, benötigen Luft. Die Natur hat unterschiedlichste Wege entwickelt, Luft auch unter Wasser und im Boden zur Verfügung zu stellen und somit auch hier das Leben zu ermöglichen.

Zentrale Fragen:
- Welche Rolle spielt Luft für das Leben auf unserer Erde?
- Wie ist Luft zusammengesetzt?
- Welche Folgen hat die durch Menschen verursachte Luftverschmutzung?
- Wie kann man der Luftverschmutzung entgegenwirken?

8.1 Atmosphäre im Wandel

Der lange Weg zur Atmosphäre

Vor mehr als drei Milliarden Jahren war unsere Erde ein heißer Ball ohne schützende Gashülle. Durch ständig einschlagende Meteoriten wurden große Mengen an Energie frei, die mit dazu beitrugen, dass auf der Urerde über lange Zeit sehr hohe Temperaturen herrschten. Als die Oberfläche sich langsam etwas abkühlte, bildete sich die feste Erdkruste. Das darunter liegende Erdinnere ist aber immer noch heiß und flüssig. Dadurch kommt es auch heute noch zu Vulkanausbrüchen, bei denen heiße Lava, Asche und Gase an die Oberfläche gelangen.

Uratmosphäre. Die durch Vulkanausbrüche freigewordenen Gase bildeten mit der Zeit eine erste Atmosphäre. Diese Uratmosphäre enthielt bereits Wasserdampf, aber noch keinen Sauerstoff.
Allmählich wurden die Meteoriteneinschläge seltener und die Erde kühlte sich weiter ab. Daher kondensierte der Wasserdampf zu Wolken, Regen fiel auf die Erde und die ersten Meere entstanden. Viele der in der Atmosphäre und der Erdkruste enthaltenen Stoffe lösten sich im Urmeer.

Im Wasser der Urmeere entstand auch das erste Leben. Es entwickelten sich Organismen, die Sauerstoff produzierten. Dieses Gas gelangte in die Luft und veränderte dadurch die Atmosphäre. Im Laufe von Jahrmillionen pendelte sich langsam eine konstante Zusammensetzung ein. Heute bleibt der Sauerstoff-Gehalt durch ein komplexes Wechselspiel zwischen Tieren und Pflanzen stabil.

Klimawandel. Seit der Industrialisierung greift der Mensch im stärkeren Maße in das Gleichgewicht der Natur ein. Er verändert dabei auch die Zusammensetzung der Atmosphäre. Begriffe wie Treibhauseffekt und Klimawandel, aber auch saurer Regen und Ozonloch beschreiben diese Eingriffe. Sie mahnen uns aber auch zu einem bedächtigeren und verantwortungsbewussteren Umgang mit unserer Umwelt. Denn das Handeln der Menschen kann Folgen für das gesamte Leben auf der Erde haben.

Über Jahrmillionen hat sich eine Atmosphäre entwickelt, die das Leben auf der Erde in seiner heutigen Form ermöglicht.

1 Beschreibe, welche Entwicklungsstadien die Erde durchlaufen hat, bis die heutige Atmosphäre entstand.
2 Erläutere ausführlich, inwiefern der Mensch Einfluss auf das Gleichgewicht der Natur nimmt.

Der Mensch nimmt Einfluss auf das Gleichgewicht der Natur

8.2 Die Lufthülle ☆

Wenn wir von Luft sprechen, dann meinen wir im Allgemeinen das Gas, das uns umgibt und das wir einatmen. Aus unserer Perspektive scheint die Luft grenzenlos zu sein. Vom Weltraum aus zeigt sie sich aber nur als ein dünner, blau schimmernder Gasmantel um die Erde. Dieser Eindruck erklärt sich aus dem Verhältnis zwischen dem Erddurchmesser von 12 740 km und der Höhe der Lufthülle von etwa nur 100 km. Bei einem Globus mit einem Durchmesser von 25 cm wäre die Luftschicht nur 2 mm dick.

Die Lufthülle wird als *Atmosphäre* bezeichnet. Bis zu einer Höhe von 100 km enthält sie 99,999 99 % aller Luft-Teilchen. Zum Weltall hin besitzt sie keine scharfe Grenze. Daher findet man auch in Höhen über 1000 km noch Luft-Teilchen. Allerdings nimmt ihre Anzahl pro Volumeneinheit hier sehr schnell ab. Das heißt, die Dichte der Lufthülle ist umso kleiner, je weiter man sich von der Erde entfernt.

Man teilt die Lufthülle in mehrere **Schichten** ein:
– bis 10 km Höhe: Troposphäre,
– bis 70 km Höhe: Stratosphäre,
– ab 70 km Höhe: Ionosphäre.

In der **Troposphäre** spielt sich das Wettergeschehen ab.
Forschungsballons steigen bis in die **Stratosphäre** auf. In einer Höhe von 20 km bis 40 km befindet sich die oft genannte *Ozonschicht,* die uns vor den UV-Strahlen der Sonne schützt. Obwohl nur wenig Ozon in dieser Schicht vorhanden ist, hätte die Zerstörung der Ozonschicht schwerwiegende Folgen für das Leben auf der Erde.

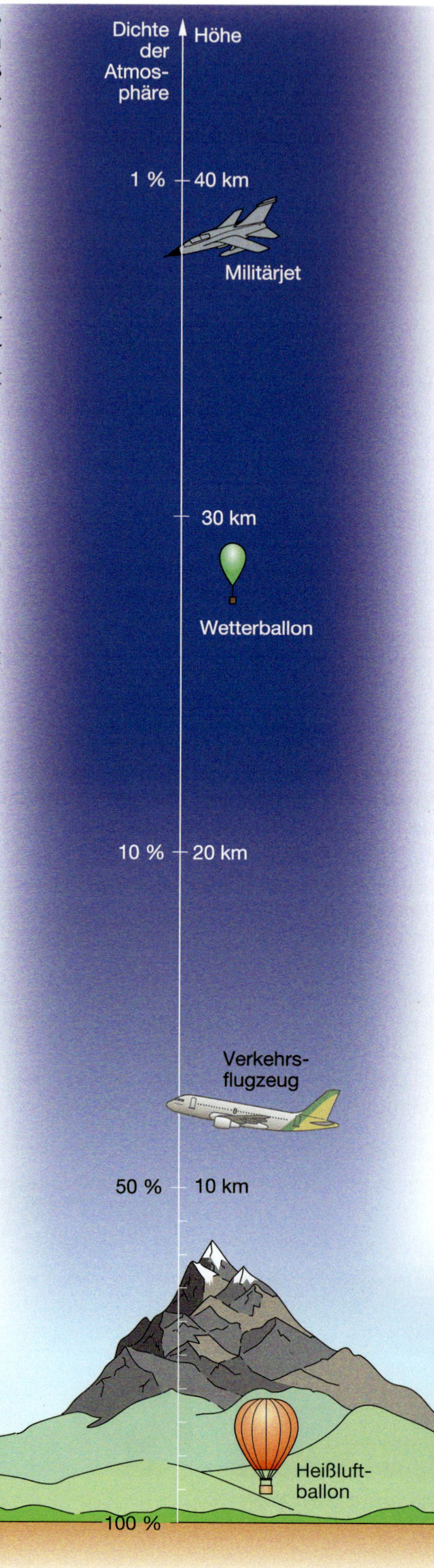

Die Atmosphäre übt einen Druck von etwa 1000 hPa auf die Erdoberfläche aus: Auf jeden Quadratzentimeter drückt also eine Masse von 1 kg. Mit zunehmender Höhe verringert sich der Luftdruck. Schon in 6000 m Höhe ist er nur noch halb so groß wie in Meereshöhe. Wer auf einen so hohen Berg steigen will, muss seinen Körper deshalb daran gewöhnen, bei jedem Atemzug nur mit der Hälfte an Sauerstoff auszukommen. Diese Höhenanpassung dauert mehrere Tage. In 8000 m Höhe können sich die Menschen ohne Sauerstoffversorgung nur maximal einen Tag aufhalten. Jede körperliche Leistung bereitet wegen des Sauerstoffmangels größte Mühe.

In Verkehrsflugzeugen, die in 10 km Höhe fliegen, werden die Passagiere durch eine Druckkabine vor dem verminderten Druck geschützt. Sie hält einen Luftdruck aufrecht, wie er in 2200 m Höhe herrscht. Gleichzeitig wird die Luft noch mit Sauerstoff angereichert. Die Außentemperatur beträgt hier −50 °C. Daher muss im Flugzeug zusätzlich ständig geheizt werden.

Unter der Atmosphäre versteht man die Lufthülle der Erde. Ihre Dichte nimmt von der Erdoberfläche zum Weltraum hin stark ab.

1 Beschreibe, welche unterschiedlichen Schichten die Atomsphäre hat.
2 Gib an, welcher Luftdruck in 6000 m Höhe herrscht.
3 Erkläre, warum die Luft im Flugzeug mit Sauerstoff angereichert werden muss.

8.3 Luft – mehr als nichts ☆

Wind – Luft bewegt

Luft braucht Raum

Ein heftiger Sturm kann viel Zerstörung anrichten. Aber auch schon beim Fahrradfahren hat man oft mit lästigem Gegenwind zu kämpfen. Ein Segelboot dagegen benötigt den Wind, um sich fortzubewegen. Bei schnellen Bewegungen leistet die Luft, die sonst von uns kaum wahrgenommen wird, erheblichen Widerstand. Dennoch umgibt sie uns immer und überall, auch wenn wir sie nicht spüren.

Luft hat Volumen. Will man Orangensaft durch einen Trichter in eine Flasche gießen, die mit einem durchbohrten Gummistopfen verschlossen ist, bleibt der Orangensaft im Trichter stehen: Die Flasche ist zunächst vollständig mit Luft gefüllt – und wo Luft ist, ist kein Raum für einen anderen Stoff. Wenn die Luft aber durch eine zweite Öffnung ausströmen kann, fließt der Saft problemlos in die Flasche und verdrängt dabei die Luft. Mit einem Einleitungsrohr, das in ein mit Wasser gefülltes Glas taucht, kann man die ausströmende Luft erkennen. Fängt man diese Luft wieder auf, so kann man auch ihr Volumen messen.

Luft hat Masse. Wenn eine bestimmte Luftportion ein bestimmtes Volumen besitzt, dann sollte sie doch auch eine Masse aufweisen. Diese Vermutung lässt sich mit einem Experiment untersuchen. Zunächst wiegt man einen Ball. Dann pumpt man ihn kräftig auf und wiegt ihn anschließend erneut. Es stellt sich heraus, dass er tatsächlich ein wenig schwerer geworden ist. Seine Masse hat um 2 g bis 3 g zugenommen, je nachdem, wie viel Luft zusätzlich hineingepresst wurde.

Die Massenzunahme beim Ball ist zwar gering. Betrachtet man aber die Luft in einem Klassenraum, so kommt einiges zusammen. Ein Klassenraum mit einer Breite von 7 m, einer Länge von 10 m und einer Höhe von 3 m enthält 210 m^3 Luft. Das sind 210 000 Liter. Da bei normalem Druck die Dichte von Luft 1,2 Gramm pro Liter beträgt, ergibt sich für die Luft im Klassenraum eine erhebliche Masse von 252 kg, die sich nicht einfach wegtragen lässt.

Eine Luftportion besitzt ein bestimmtes Volumen und eine bestimmte Masse. Die Dichte von Luft beträgt 1,2 Gramm pro Liter.

1 Gib Situationen an, in denen man Luft spürt.

2 In eine Pressluftflasche wurden 2400 l Luft hineingepumpt. Berechne, um wie viel die Masse der Flasche zugenommen hat.

3 Ein Stahlbehälter enthält 18 kg Pressluft.
Berechne, welches Volumen die Luft hätte, wenn sie nicht zusammengepresst wäre.

4 Bei der Formel 1 muss während des Boxenstopps die Betankung der Fahrzeuge möglichst schnell erfolgen. Dazu wird aus dem Tank die Luft abgesaugt und das Benzin kann nachfließen.
Erkläre diese Vorgehensweise.

Luft hat Masse

8.4 Luft zum Leben

Experiment von PRIESTLEY

Der englische Naturforscher Joseph PRIESTLEY führte Ende des 18. Jahrhunderts ein Experiment durch, das heute aus Tierschutzgründen unvorstellbar wäre: er experimentierte mit drei Behältern, die er luftdicht verschließen konnte und setzte in den ersten eine Maus, in den zweiten Behälter eine Pflanze und in den dritten eine Maus zusammen mit einer Pflanze.
Nach einiger Zeit beobachtete er, dass die Maus im ersten Behälter starb. Im zweiten Behälter ließ die Pflanze nach einigen Tagen ihre Blätter hängen und ging ein. Im dritten Behälter waren zu diesem Zeitpunkt sowohl die Maus als auch die Pflanze immer noch wohlauf.
PRIESTLEY schloss daraus, dass sowohl die Maus als auch die Pflanze die Zusammensetzung der Luft in den Behältern verändern. Er untersuchte die Luft in jedem der drei Behälter, indem er eine brennende Kerze hineinhielt. Die Kerze erlosch im Behälter mit der toten Maus sofort. In den beiden anderen Behältern brannte die Kerze dagegen weiter.

Die Maus hat der Luft im ersten Behälter einen Bestandteil entzogen, den sie zum Leben benötigt und den eine Kerze zum Brennen braucht.
Die Pflanze hat die Zusammensetzung der Luft im zweiten Behälter so verändert, dass der für sie lebenswichtige Bestandteil nun fehlt. Die Kerze kann jedoch in diesem Behälter brennen. PRIESTLEY schloss daraus, dass die Maus und die Pflanze unterschiedliche Bestandteile der Luft zum Leben benötigen.
Im dritten Behälter verbrauchen sowohl die Maus als auch die Pflanze weiterhin die jeweiligen Bestandteile der Luft. Da aber beide überleben, müssen sie gleichzeitig auch den Stoff neu produzieren, den der jeweilige andere zum Leben benötigt. So ermöglichen sich die Pflanze und die Maus gegenseitig das Überleben.
Bei dem Gas, das die Maus zum Atmen benötigt, handelt es sich um Sauerstoff. Der für die Pflanze lebensnotwendige Luftbestandteil ist Kohlenstoffdioxid.

Atmung. Praktisch alle Lebewesen brauchen Sauerstoff. Frische Luft enthält Sauerstoff und sehr wenig Kohlenstoffdioxid. In der ausgeatmeten Luft jedoch befindet sich weniger Sauerstoff als zuvor, aber mehr Kohlenstoffdioxid. Unser Körper wandelt also beim Atmen einen Teil des Sauerstoffs in Kohlenstoffdioxid um.
In der Lunge geht der Sauerstoff in das Blut über und wird dann zu den einzelnen Körperzellen transportiert. Durch chemische Reaktionen entsteht in den Zellen Kohlenstoffdioxid, das über das Blut zur Lunge gelangt und ausgeatmet wird.

Photosynthese. Pflanzen benötigen Kohlenstoffdioxid zum Leben. Sie nehmen das Gas über Spaltöffnungen an der Unterseite ihrer Blätter auf. Bei der anschließenden chemischen Reaktion entsteht Sauerstoff.

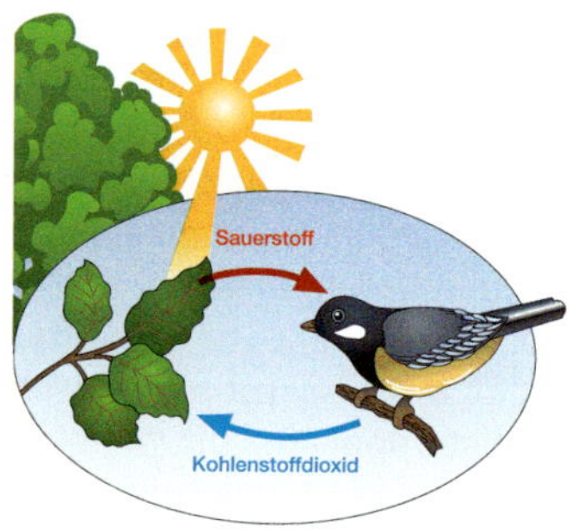

Da dieser Vorgang auch Licht benötigt, bezeichnet man ihn als Photosynthese (griech. *phos:* Licht). Aus dem Wechselspiel von Atmung und Photosynthese ergibt sich ein natürlicher Kreislauf von Sauerstoff und Kohlenstoffdioxid, der das Leben ermöglicht.

Sauerstoff und Kohlenstoffdioxid stehen in einem ständigen Kreislauf. Bei der Atmung wird Sauerstoff verbraucht und Kohlenstoffdioxid frei. Bei der Photosynthese entsteht aus Kohlenstoffdioxid wieder Sauerstoff.

1 Beschreibe, was man beobachten würde, wenn man das Experiment von PRIESTLEY mit einem Fisch und einer Wasserpflanze in mit Wasser gefüllten Behältern durchführt. Vergleiche beide Versuche.

8.5 Luft – ein Gasgemisch

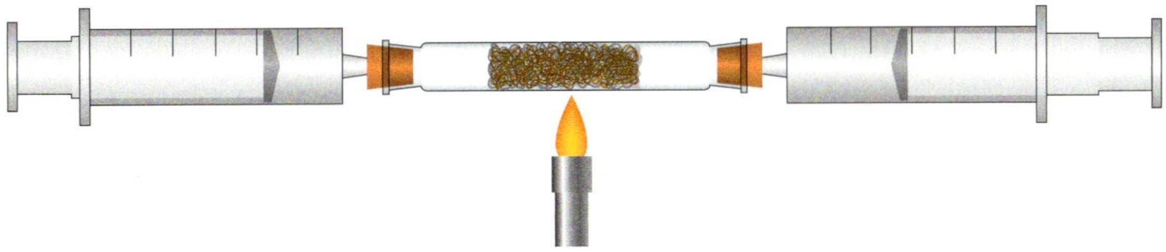

Luft ist kein Reinstoff, sondern ein Gasgemisch. Der wichtigste Bestandteil ist Sauerstoff. In einem einfachen Experiment kann man den Anteil an Sauerstoff in Luft bestimmen: Mit einem Kolbenprober wird ein bestimmtes Luftvolumen abgemessen. Die Luft wird dann mehrfach über glühende Eisenwolle in einen zweiten Kolbenprober und zurück gedrückt.
Ist die Apparatur abgekühlt, misst man das Gasvolumen erneut: Es hat sich um ein Fünftel verringert. Da die Volumenabnahme nicht mehr größer wird, wenn man mehr Eisenwolle nimmt, muss der reagierende Bestandteil der Luft vollständig verbraucht sein.
Bei diesem Fünftel der Luft handelt es sich um Sauerstoff, der mit Eisen zu Eisenoxid reagiert hat:

Eisen + Sauerstoff $\longrightarrow$ Eisenoxid

Die Luft enthält also etwa 21 % **Sauerstoff.** Hauptbestandteil ist mit 78 % ein Element, das die Verbrennung nicht unterhält, sondern Flammen erstickt. Man bezeichnet es daher als **Stickstoff.**

Neben Stickstoff und Sauerstoff enthält Luft noch zu etwa 1 % andere Gase. Den größten Teil davon nimmt das Edelgas Argon ein. Der Anteil an Kohlenstoffdioxid beträgt nur 0,04 %.

Diese Angaben gelten nur für saubere und trockene Luft. Die Luft der Atmosphäre enthält aber immer einen gewissen Anteil an Wasserdampf: Bei 20 °C kann ein Liter Luft bis zu 23 ml Wasserdampf aufnehmen. Das entspricht 17 g Wasserdampf pro Kubikmeter Luft. Die Luft ist dann bei dieser Temperatur mit Wasserdampf gesättigt. Man sagt: Die *relative Luftfeuchtigkeit* beträgt 100 %.
Bei höheren Temperaturen kann die Luft noch mehr Wasserdampf aufnehmen. Kühlt man warme, feuchte Luft ab, so scheiden sich Wassertröpfchen ab: Es bilden sich Nebel, Tau oder Regen.

Steckbrief: Stickstoff

Entdeckung: 1772 D. RUTHERFORD, 1772 CAVENDISH
Eigenschaften: farbloses, geruchloses Gas
Dichte: 1,16 $\frac{g}{l}$ (bei 20 °C und 1000 hPa)
Schmelztemperatur: −210 °C
Siedetemperatur: −196 °C
erstickt Flammen, ist chemisch reaktionsträge
Verwendung: als Kältemittel (z. B. in der Lebensmitteltechnik), zur Herstellung von Ammoniak (für stickstoffhaltige Mineraldünger)

Steckbrief: Sauerstoff

Entdeckung: 1772 SCHEELE (Erhitzen von Salpeter); 1774 PRIESTLEY (Erhitzen von Quecksilberoxid)
Eigenschaften: farbloses, geruchloses Gas
Dichte: 1,33 $\frac{g}{l}$ (bei 20 °C und 1000 hPa)
Schmelztemperatur: −219 °C
Siedetemperatur: −183 °C
Löslichkeit in Wasser (bei 20 °C und 1000 hPa aus der Luft): 8,8 $\frac{mg}{l}$
reagiert mit fast allen Elementen zu Oxiden
Verwendung: als Atemgas in Atemgeräten; als Reaktionspartner beim Schweißen und beim Raketenantrieb
Nachweis: Glimmspanprobe

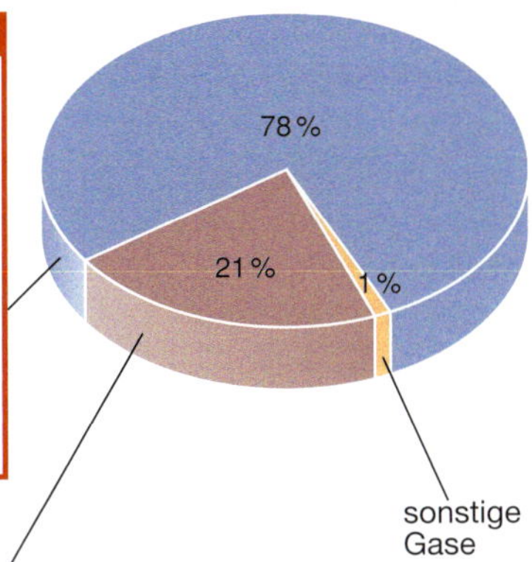

Gas	Anteil in 1000 ml Luft
Stickstoff	780,8 ml
Sauerstoff	209,5 ml
Argon	9,3 ml
Kohlenstoffdioxid	0,4 ml
Sonstige Edelgase	0,024 ml
Methan	0,0016 ml
Wasserstoff	0,0005 ml
Kohlenstoffmonooxid	0,0002 ml
Stickstoffoxide	0,0000005 ml
Ozon	0,0000004 ml

Die Luft ist ein Gasgemisch aus 78 % Stickstoff, 21 % Sauerstoff und 1 % sonstigen Gasen. Daneben enthält Luft stets Wasserdampf.

1 Vergleiche die Reaktionsfähigkeit von Sauerstoff und Stickstoff.

2 a) Begründe, dass der oben gezeigte Versuch nur aussagefähig ist, wenn am Ende des Versuchs noch unverbrannte Eisenwolle erkennbar ist.
b) Erkläre, weshalb $\frac{4}{5}$ des Volumens an Luft zurückbleiben.

3 Schlage nach, was man unter Edelgasen versteht und wofür sie verwendet werden.

Exkurs — Gas aus Flaschen

Unter Wasser atmen und sich fortbewegen wie ein Fisch, das ist – seit es Tauchanzüge und Pressluftflaschen gibt – schon lange kein Traum mehr.

Taucherflaschen. Beim Tauchen kann man inzwischen neben Pressluft auch spezielle Gasmischungen verwenden. Pressluftflaschen enthalten normale Atemluft unter hohem Druck, also ein Gemisch aus einem Fünftel Sauerstoff und vier Fünftel Stickstoff.

Beim Tauchen mit Pressluft kann es ab 60 m Tiefe zu einem *Tiefenrausch* kommen: das Urteilsvermögen ist gestört, die Koordinationsfähigkeit eingeschränkt, ein Glücksgefühl kann sich einstellen, aber gelegentlich auch Angst und Unwohlsein. Verursacht wird der Tiefenrausch, weil sich Stickstoff unter Druck besser im Blut löst. Unmittelbar damit verbunden ist eine weitere Gefahr: Beim Auftauchen perlt der gelöste Stickstoff aus. Die gebildeten Gasbläschen bleiben in den feinen Blutgefäßen stecken und blockieren so den Sauerstofftransport durch das Blut.

Die Risiken lassen sich vermindern, wenn man Stickstoff/Sauerstoff-Gemische mit erhöhtem Sauerstoff-Gehalt einsetzt. Diese als *Nitrox* bezeichneten Atemgase enthalten – je nach Tauchtiefe – Sauerstoff mit einem Anteil zwischen 32 % und 40 %.

Laborgasflaschen. Druckgase werden nicht nur von Tauchern, sondern auch von Chemikern, Schweißern, Medizinern oder Campingköchen verwendet. Um das Gas aus der Druckflasche zu entnehmen, benutzt man **Druckminderer** in unterschiedlichen Ausführungen. Er besteht aus drei Ventilen: Öffnet man das erste Ventil, so kann man den *Flaschendruck* und daher auch den Füllstand der Flasche ablesen. Über ein weiteres Ventil lässt sich der *Arbeitsdruck* einstellen, also der Druck, mit dem das Gas aus der Flasche strömen soll. Dieser ist meist viel geringer als der Flaschendruck. Der Arbeitsdruck lässt sich mit Hilfe eines Manometers ablesen. Über das letzte Ventil kann das Gas mit dem jeweiligen Arbeitsdruck entnommen werden.

Übersicht — Einfache Nachweisreaktionen

Nur wenige Stoffe lassen sich – ähnlich wie Kupfer oder Gold – direkt an ihrem Aussehen erkennen. Eisen verrät sich unter den vielen silberglänzenden Metallen erst allmählich durch die Bildung einer Rostschicht, also durch die Reaktion mit dem Sauerstoff aus der Luft. Ähnlich wie Eisen kann man auch verschiedene farblose Gase oder farblose Flüssigkeiten an ihrem Reaktionsverhalten gegenüber anderen Stoffen unterscheiden. Geeignet für den *Nachweis* von Stoffen sind Reaktionen, die rasch einen deutlichen Effekt ergeben. Dieser Effekt sollte im Idealfall *spezifisch* für einen ganz bestimmten Stoff sein und sich schon mit geringen Mengen gut erkennen lassen.

Nachweis von Sauerstoff mit der Glimmspanprobe

Ein glimmender Holzspan flammt auf, wenn man ihn in einen Standzylinder mit reinem Sauerstoff hält.
Ganz ähnlich ist der Effekt in Gasgemischen, in denen der Sauerstoffanteil wesentlich größer ist als in Luft.

Nachweis von Kohlenstoffdioxid mit Kalkwasser

Leitet man Kohlenstoffdioxid oder ein kohlenstoffdioxidhaltiges Gasgemisch in klares Kalkwasser, so bildet sich eine weiße Trübung. Mit diesem Test lässt sich sogar die geringe Menge an Kohlenstoffdioxid in der Raumluft nachweisen.

Nachweis von Wasser mit weißem Kupfersulfat

Wasser bildet mit weißem Kupfersulfat blaues Kupfersulfat-Hydrat.
Eine Blaufärbung mit der zu untersuchenden Flüssigkeit weist deshalb auf Wasser oder eine wasserhaltige Lösung hin.

Untersuchung von Luft

V1: Gasentwicklung bei der Photosynthese

Materialien: Becherglas (2 l, hoch), Trichter, Spatel, Holzspan, Lampe;
Kaliumhydrogencarbonat, Wasserpest.

Durchführung:

1. Fülle das Becherglas mit Wasser und versetze es mit einer Spatelspitze Kaliumhydrogencarbonat.
2. Gib nun einige Sprossen Wasserpest in das Becherglas und stülpe den Trichter über die Pflanze. Setze anschließend ein mit Wasser gefülltes Reagenzglas auf den Trichterauslauf. Achte darauf, dass dabei keine Luft in das Reagenzglas gelangt.

3. Stelle die Lampe so auf, dass der Lichtstrahl genau auf die Wasserpest fällt und warte etwa eine halbe Stunde.
4. Nimm das Reagenzglas vorsichtig vom Trichter und führe einen glimmenden Holzspan ein.

Aufgaben:

a) Notiere deine Beobachtungen.
b) Gib an, welches Gas entstanden ist und erkläre die Nachweisreaktion.
c) Begründe, warum zusätzlich Kaliumhydrogencarbonat im Wasser gelöst wird.

Hinweis: Kaliumhydrogencarbonat setzt in Wasser Kohlenstoffdioxid frei.

V2: Untersuchung der Atemluft

Materialien: Trinkhalm, Petrischale;
Kalkwasser, weißes Kupfersulfat.

Durchführung:

1. Fülle ein Reagenzglas 2 cm hoch mit Kalkwasser.
2. Tauche den Trinkhalm in das Kalkwasser. Atme über die Nase ein und vorsichtig über den Trinkhalm aus. Blase dabei so langsam, dass das Kalkwasser nicht spritzt.
3. Gib Kupfersulfat in die Petrischale und hauche mehrmals auf die Kristalle.

Aufgaben:

a) Notiere deine Beobachtungen.
b) Erläutere die Nachweisreaktionen.
c) Erkläre, wie das gleiche Experiment ausfällt, wenn es mit frischer Luft, anstelle der ausgeatmeten Luft, durchgeführt wird.

V3: Dichte von Luft

Materialien: Enghals-Steilbrustflasche (250 ml, Polypropen), durchbohrter Stopfen, Glasrohr mit Hahn, Schlauch, Wasserstrahlpumpe, Wanne, Messzylinder (500 ml).

Durchführung:

1. Schiebe das Glasrohr mit Hahn in den Stopfen und verschließe damit die Flasche. Schließe den Schlauch an der einen Seite an das Glasrohr an und an der anderen an die Wasserstrahlpumpe.
2. Evakuiere die Flasche und verschließe sie, indem du den Hahn zudrehst. Wiege die luftleere Flasche.
3. Öffne langsam den Hahn. Wiege die Flasche nun erneut.
4. Evakuiere die Flasche nochmals mit der Wasserstrahlpumpe und verschließe den Hahn.
5. Tauche die Flasche in die mit Wasser gefüllte Wanne und öffne den Hahn unter Wasser. Schließe den Hahn wieder, wenn kein Wasser mehr einströmt.
6. Nimm die Flasche aus dem Wasser, entferne das Glasrohr, schütte das eingeströmte Wasser in den Messzylinder und lies das Wasservolumen ab.

Aufgaben:

a) Notiere deine Beobachtungen.
b) Berechne die Dichte von Luft mithilfe deiner Messdaten.

V4: Untersuchung der Eigenschaften von Stickstoff

Materialien: Holzspan, Stopfen;
Stickstoff.

Durchführung:

1. Fülle ein Reagenzglas mit Stickstoff aus der Gasflasche und verschließe es schnell mit einem Stopfen, damit keine Luft eindringt.
2. Öffne das Reagenzglas und führe sofort eine Glimmspanprobe durch.

Aufgaben:

a) Notiere deine Beobachtungen.
b) Vergleiche das hier durchgeführte Experiment mit einem Experiment, in dem anstelle von Stickstoff Sauerstoff verwendet wird.

8.6 Schadstoffe in der Luft

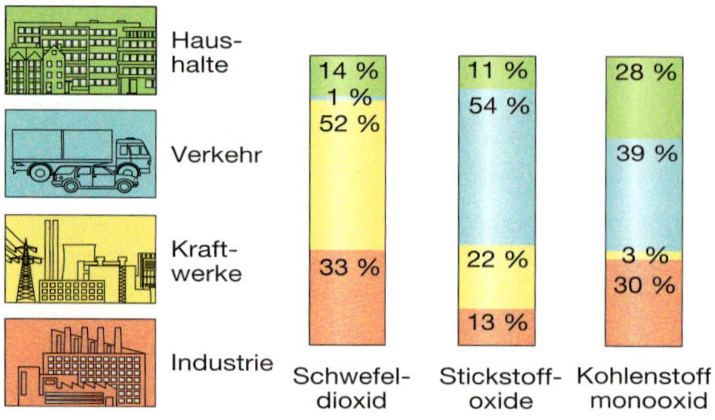

Luftschadstoffe: Verursacher (Deutschland 2008)

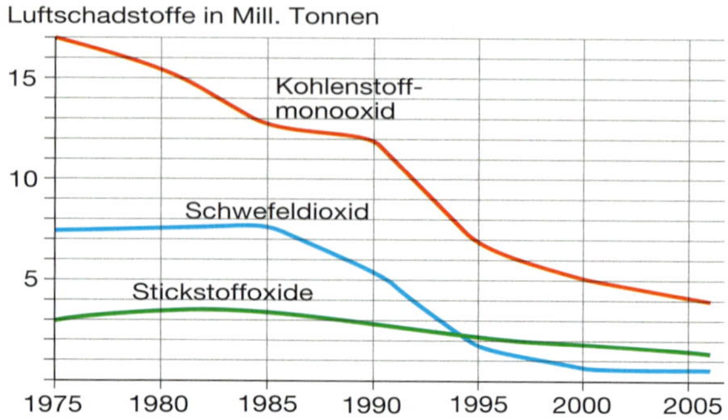

Emissionen von Luftschadstoffen in Deutschland

Durch natürliche Prozesse und Reaktionen sind schon immer Stoffe in die Luft gelangt, die für den Menschen gesundheitlich bedenklich sind. Ebenso gab es aber auch schon immer Reaktionen, die diese Stoffe wieder aus der Atmosphäre entfernen. Unser stetig wachsender Bedarf an Energie wird heute überwiegend durch die Verbrennung von Kohle und Erdöl gedeckt. Mit den bei der Verbrennung entstehenden Abgasen gelangen auch unterschiedliche Schadstoffe in die Atmosphäre. Der steigende Ausstoß birgt auch gesundheitliche Risiken für den Menschen.

Feinstaub. Bei der Verbrennung von Kraftstoffen in Autos und von Brennstoffen in der Industrie entstehen feine Rußpartikel. Je kleiner diese Staubpartikel sind, desto tiefer können sie beim Einatmen in die Lunge eindringen und zu Atemwegserkrankungen führen. Die Verwendung von Partikelfiltern kann den Ausstoß dieses Feinstaubs in die Atmosphäre wesentlich reduzieren. Zudem gibt es seit 2008 in einigen Städten Umweltzonen, in die nur Autos einfahren dürfen, deren Feinstaubausstoß einen bestimmten Grenzwert nicht überschreitet.

Stickstoffoxide. Entstehen bei Verbrennungen sehr hohe Temperaturen, so bilden sich aus dem Stickstoff und dem Sauerstoff der Luft Stickstoffoxide. Hauptquellen von Stickstoffoxiden sind Kraftwerke, Kraftfahrzeugmotoren und Flugzeugmotoren. Stickstoffoxide sind sehr giftig. Bei dem hohen Verkehrsaufkommen in Großstädten ist die Konzentration an Stickstoffoxiden in der Luft dort oft bedenklich hoch. Moderne Motoren arbeiten bei höheren Verbrennungstemperaturen, da so der Kraftstoff effizienter genutzt wird. Dabei entstehen im Motor mehr Stickstoffoxide. Zugleich nimmt die Anzahl der Fahrzeuge auf unseren Straßen stetig zu. Damit wäre eine steigende Umweltbelastung zu erwarten, doch durch den Einbau von Katalysatoren konnte der Ausstoß an Stickstoffoxiden erheblich gesenkt werden.

Schwefeldioxid. Steinkohle, Braunkohle und Erdöl enthalten Schwefel. Beim Verbrennen entsteht das giftige Gas Schwefeldioxid. In den letzten 30 Jahren ist es gelungen, durch den Einbau von **R**auchgas**e**ntschwefelungs**a**nlagen (REA) in Kraftwerken und Industrieanlagen das Schwefeldioxid weitgehend aus den Abgasen zu entfernen. Mit Kalk wird das Schwefeldioxid als Gips (Calciumsulfat) gebunden. Der anfallende REA-Gips wird wirtschaftlich genutzt: Die jährlich rund 2 Millionen Tonnen Gips aus Kohlekraftwerken in Deutschland werden zur Herstellung von Gipsbaustoffen und von Zement verwendet. REA-Gips deckt damit die Hälfte des gesamten deutschen Gipsbedarfs. Einige Gipsbergwerke mussten in den letzten Jahren geschlossen werden, da der REA-Gips billiger als der Naturgips ist.

Kohlenstoffmonooxid. Wenn bei der Verbrennung von Kohle oder Benzin zu wenig Sauerstoff zur Verfügung steht, bildet sich Kohlenstoffmonooxid. Atmet man auch nur einen kleinen Anteil Kohlenstoffmonooxid mit der Luft ein, so besteht Lebensgefahr. Das eingeatmete Kohlenstoffmonoocid wird im Blut an die roten Blutzellen gebunden. Da die roten Blutzellen so keinen Sauerstoff mehr transportieren können, verschlechtert sich die Sauerstoffversorgung des Körpers bis schließlich der Tod eintritt. Die innere Erstickung kann nur durch Beatmung mit reinem Sauerstoff verhindert werden.

Der Mensch setzt durch Industrie, Verkehr und Haushalte Schadstoffe frei. In den letzten Jahrzehnten ist es gelungen, den Ausstoß zu verringern.

1 Beschreibe in einem kurzen Sachtext die Methoden, die zur Vermeidung des Schadstoffaustoßes genutzt werden.

2 Diskutiert in der Gruppe, welche Auswirkungen Luftschadstoffe auf die Umwelt und den Menschen besitzen.

Rollenspiel ☆

Jeden Tag spielen wir bestimmte Rollen, auch wenn wir es gar nicht wahrnehmen: wir sind nicht nur Schüler, sondern auch Teilnehmer im Straßenverkehr, Kunden im Supermarkt und noch vieles andere mehr. Ein Rollenspiel bietet die Möglichkeit, bewusst eine bestimmte Rolle zu übernehmen.

Im Unterricht werden zu einem vorgegebenen Thema Rollen mit unterschiedlichen Standpunkten und Interessen erarbeitet. In einem Rollenspiel unterscheidet man zwischen Spielern, Beobachtern und einem Spielleiter. Der Schüler, der eine bestimmte Rolle übernimmt, handelt dann im Spiel so, wie es durch die ausgewählte Rolle vorgegeben wird. Man kann zusätzlich jede Rolle durch eigene Gedanken und Argumente selbst gestalten. Der Ablauf eines Rollenspiels gliedert sich in eine Vorbereitungsphase, die Durchführung und die anschließende Auswertung.

Spielleiter. Meistens übernimmt der Lehrer die Rolle des Spielleiters. Er organisiert das Spiel und gibt die zu vergebenen Rollen vor. Zudem achtet er darauf , dass die jeweilige Rolle eingehalten wird. Dazu kann er auch in das Rollenspiel eingreifen.

Spieler. Die eigentlichen Akteure in einem Rollenspiel sind die Spieler. In der Vorbereitungsphase bilden sich Gruppen, die die ausgewählten Rollen vorbereiten. Sie erarbeiten die Positionen zu dem Thema des Rollenspiels und formulieren für den Spieler Argumente, die zur Rolle passen. Anschließend wählt die Gruppe einen Spieler aus, der im Rollenspiel die ausgewählte Rolle einnimmt. Der Spieler versucht während der Durchführung, den Standpunkt seiner Gruppe gegenüber den anderen Rollenspielern zu vertreten.

Beobachter. Während des eigentlichen Rollenspiels übernehmen die Gruppenmitglieder, die nicht als Spieler gewählt wurden, die Aufgabe als Beobachter. Sie beobachten die Durchführung des Rollenspiels und sind die Berater der Spieler. Dabei sollen sie darauf achten, welche Argumente benutzt wurden. Sie sollen in der anschließenden Auswertungsphase den Verlauf der Argumente wiedergeben und beurteilen. Sie haben auch die Aufgabe, anschließend unterschiedliche Sichtweisen eines Problems mithilfe der angeführten Argumente zusammenfassend darzustellen. Gegebenenfalls stellen sie fest, ob nicht vertretene Sichtweisen und somit Rollen während des Spiels fehlten.

1 Plant ein Rollenspiel zum Thema „Reduzierung von Schadstoffen im Autoverkehr".
2 Führt das Rollenspiel durch und wertet es aus.
3 Beschreibt, wie sich eure eigene Position durch das Rollenspiel geändert hat.
4 Nennt weitere Problemfelder zum Thema „Luft", die euch für ein Rollenspiel geeignet scheinen.

Vorbereitung

- Für jede Rolle wird eine Gruppe gebildet.
- Der Spielleiter vergibt an jede Gruppe eine Rollenkarte, auf der alle relevanten Informationen zu der Rolle aufgelistet sind.
- Die Gruppe erarbeitet gemeinsam die Rolle mit ihrer Position und wählt anschließend einen Spieler aus.

Durchführung

- Der Klassenraum wird spielgerecht gestaltet.
- Der Spielleiter führt in das Spiel ein.
- Die Spieler stellen ihre jeweilige Rolle dar. Dabei kommt es besonders auf die Darlegung und Lösung des behandelten Problems an.
- Die Beobachter verfolgen die Argumente und machen sich Notizen.

Auswertung

- Die Beobachter geben den Spielverlauf wieder und interpretieren ihn. Am Ende werden alle Argumente zusammengefasst

Projekt Luft

Verkehrsaufkommen zu Hauptverkehrszeiten

Umweltzonen – Schutz vor Feinstaubbelastung

Auf der Suche nach frischer Luft und Erholung verlassen viele Urlauber zu Beginn der Sommerferien die Städte und fahren hinaus aufs Land oder ans Meer. An diesen Tagen bilden sich auf Deutschlands Straßen Autoschlangen in einer Gesamtlänge von mehreren hundert Kilometern. Schon im fließenden Verkehr stoßen die Autos Unmengen an Schadstoffen aus. Doch durch die Staus wird die Umweltbelastung noch größer: Die Motoren werden, auch wenn die Autos im Stau stehen, nicht ausgestellt und produzieren weiter Schadstoffe.

A1: Luftqualität in der Stadt
- Informiert euch über die Begriffe „Emission“ und „Immission“.
- Fasst die Meinungen in eurer Gruppe über die Luftqualität in eurer Stadt zusammen. Notiert mögliche Ursachen für eine schlechtere Luftqualität.
- Erkundigt euch, welche Emissionsquellen es in eurer Stadt gibt.
- Setzt euch mit der Behörde für Umweltschutz in Verbindung und erfragt, ob eure Vorstellungen von der Luftqualität mit den offiziellen Messungen übereinstimmen.
- Führt eine Befragung von Bürgern eurer Stadt zum gleichen Thema durch.
- Stellt in einer Übersicht die Ergebnisse aus den drei Quellen zusammen und vergleicht sie.

V1: Untersuchung der Staubbelastung
- Plant einen Versuch, mit dem ihr die Staubbelastung an verschiedenen Stellen im Freien erfassen könnt.
- Besprecht eure Versuchsplanung mit der Lehrkraft.
- Erstellt einen Arbeitsplan, führt die Versuche aus und protokolliert eure Ergebnisse.
- Prüft die Untersuchungsergebnisse auf einen Zusammenhang zwischen Staubmenge und Probenort.
- Stellt eure Ergebnisse in einer Präsentation vor.

V2: Fahrzeugaufkommen und Schadstoffmessung
- Führt an einer viel befahrenen Kreuzung in der Nähe eurer Schule eine Verkehrszählung durch. Zählt dafür zu unterschiedlichen Tageszeiten die PKWs und LKWs.
- Erstellt ein Diagramm, in dem ihr die Zahl der gezählten Kraftfahrzeuge nach PKWs und LKWs gegen die Tageszeit auftragt. Trefft anhand des Diagramms Aussagen über die Luftqualität zu unterschiedlichen Tageszeiten. Ergänzt das Diagramm, indem ihr die Hauptzeiten, an denen Schüler diese Kreuzung überqueren, markiert.
- Stellt eure Ergebnisse in einem Kurzreferat vor.

A2: Umweltzonen
- Informiert euch darüber, wozu Umweltzonen eingerichtet werden.
- Recherchiert, wo in Nordrhein-Westfalen Umweltzonen zu finden sind und zeichnet diese in eine Landkarte ein.
- Diskutiert in eurer Gruppe, welchen Einfluss diese Zonen auf die Luftqualität haben sollen.
- Plant in der Klasse ein Rollenspiel zum Thema „Umweltzone“.

V3: Wintersmog

Im Winter wird manchmal eine kalte Luftschicht am Boden durch eine warme Luftschicht überlagert. Bei einer solchen Inversionswetterlage kann sich Smog bilden: eine Mischung aus Abgasen (engl. *smoke:* Rauch) und Nebel (engl. *fog:* Nebel).
- Erklärt, wie Wintersmog entstehen kann.
- Besprecht eure Versuchsplanung mit der Lehrkraft.
- Führt euren Versuch durch und wertet ihn aus.
- Recherchiert, welche gesundheitlichen Folgen Smog haben kann.

8.7 Saurer Regen

In den 1970er und 1980er Jahren gab es gelegentlich Schlagzeilen wie „Regen so sauer wie Essig!“. Solche Meldungen machten auf eine schwerwiegende Belastung unserer Umwelt aufmerksam: Saurer Regen war über viele Jahre ein aktuelles Thema.
Kohle, Benzin und Heizöl enthalten immer auch etwas Schwefel. Werden diese Energieträger in Kraftwerken, Heizungsanlagen oder Automotoren verbrannt, entsteht als Nebenprodukt *Schwefeldioxid*. Über die Abgase kann Schwefeldioxid in die Luft gelangen. Mit Wasser und Sauerstoff aus der feuchten Luft bildet sich aus Schwefeldioxid schließlich *Schwefelsäure;* Regen, der bereits von Natur aus leicht sauer ist, kann deshalb relativ stark sauer werden. Neben Schwefelsäure spielt auch *Salpetersäure* eine wesentliche Rolle beim sauren Regen: Sie entsteht aus *Stickstoffoxiden*.

Durch die ständig wachsende Nachfrage an Energie verbrennt der Mensch immer mehr fossile Energieträger. Die wachsenden Emissionen von Schwefeldioxid und Stickstoffoxiden führten in der zweiten Hälfte des 20. Jahrhunderts zu einer deutlichen Versauerung des Regens.

Waldschäden. Nach dem jährlich erscheinenden *Waldschadensbericht* sind rund 20 % der Bäume in unseren Wäldern deutlich geschädigt. Als Hauptursache gilt der saure Regen; wahrscheinlich spielt aber auch der erhöhte Ozongehalt der Luft eine Rolle bei diesem Waldsterben.

Auf welche Weise der saure Regen Bäume schädigt, ist noch nicht genau erforscht. Man nimmt an, dass der saure Regen Veränderungen im Boden bewirkt und dadurch die Pflanzenwurzeln geschädigt werden. Zusätzlich wäscht der saure Regen aber auch wichtige Mineralien aus dem Boden aus und die Bäume können sie somit nicht mehr aufnehmen.

Zerstörung von Bauwerken. Nicht nur Bäume werden geschädigt, auch Hausfassaden, Betonbrücken und Kunstdenkmäler werden durch sauren Regen angegriffen und zersetzt. Besonders davon betroffen sind viele alte Baudenkmäler.
Die Schäden durch den sauren Regen verursachen Kosten in Höhe von mehreren Milliarden Euro pro Jahr.

Maßnahmen gegen sauren Regen. Zur Vermeidung von saurem Regen wird die Emission von Schwefeldioxid und Stickstoffoxiden verringert: Heute sind Kraftwerke mit Rauchgasentschwefelungsanlagen und Entstickungsanlagen ausgerüstet. Dadurch konnte seit 1980 die jährliche Emission an Schwefeldioxid von 7,5 Millionen Tonnen auf etwa 0,6 Millionen Tonnen reduziert werden. Knapp die Hälfte der Stickstoffoxid-Emissionen stammt aus dem Straßenverkehr, etwa ein Viertel aus Kraftwerken. Mit einem Katalysator werden die Stickstoffoxide wieder in Stickstoff umgewandelt und so aus dem Abgas entfernt. Die jährlichen Stickstoffoxid-Emissionen in Deutschland konnten seit 1980 von etwa 3 Millionen Tonnen auf die Hälfte reduziert werden.

Saurer Regen entsteht aus Schwefeldioxid und Stickstoffoxiden in Abgasen. Die schwerwiegenden Folgen konnten durch Erniedrigung der Emissionen dieser Stoffe reduziert werden.

1 Erläutere die Entstehung von saurem Regen und benenne die Hauptverursacher.
2 Begründe, warum durch den Einbau von Katalysatoren saurer Regen verhindert werden kann.

Schadstoffausstoß und Schadstoffeinwirkung

8.8 Treibhauseffekt

Ein Treibhaus speichert Wärme ...

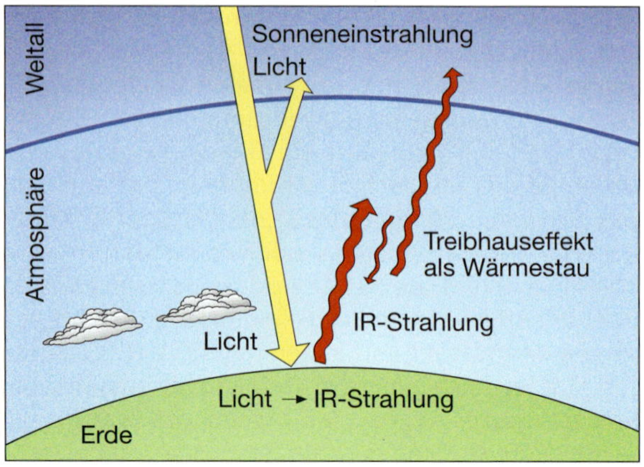

... unsere Atmosphäre auch

In der öffentlichen Diskussion spielt seit vielen Jahren die Entwicklung des Klimas eine wichtige Rolle. Dabei wird immer wieder vom Treibhauseffekt gesprochen. Wenn man die Klimadiskussion verstehen will, muss man wissen, was mit dem Begriff Treibhauseffekt gemeint ist. Dazu muss man verstehen, wie ein Treibhaus funktioniert.

Bei einem Treibhaus bestehen Wände und Dach aus Glas. Aus den Eigenschaften dieses Baustoffes erklärt sich die Funktion eines Treibhauses: Glas lässt das von der Sonne eingestrahlte Licht ohne Weiteres durch. Das Licht erwärmt den Boden, der dann Wärme abstrahlt. Die Wärmestrahlung, die vom Boden ausgeht, kann allerdings nicht durch das Glas dringen, sie wird daher im Treibhaus zurückgehalten. So kommt es zu einem Wärmestau und zu einer Temperaturerhöhung: Die Temperatur im Inneren des Treibhauses liegt um 10 °C bis 20 °C über der Außentemperatur.

Natürlicher Treibhauseffekt. Die Erdatmosphäre wirkt wie das Glas eines Treibhauses und führt so zu einem Treibhauseffekt auf der Erde. Die Funktion des Glases wird dabei von Stoffen wie Wasserdampf, Kohlenstoffdioxid, Distickstoffoxid (Lachgas) und Methan übernommen. Diese Stoffe gelangen in geringen Mengen aus natürlichen Quellen in die Atmosphäre. Sie lassen die Sonnenstrahlung nahezu vollständig passieren, während sie verhindern, dass die Wärme in den Weltraum entweicht. Man spricht hierbei von einem *natürlichen Treibhauseffekt;* Wasserdampf, Kohlenstoffdioxid, Distickstoffoxid und Methan bezeichnet man als Treibhausgase.

Der natürliche Treibhauseffekt bewirkt, dass die durchschnittliche Temperatur an der Erdoberfläche statt −18 °C angenehme +15 °C beträgt. Nur so werden auf unserer Erde Bedingungen geschaffen, die Leben in der heutigen Form ermöglichen.

Anthropogener Treibhauseffekt. Der Anteil an Treibhausgasen in der Atmosphäre wird durch die Aktivitäten des Menschen verändert. Durch die zunehmende Verbrennung von Kohle, Erdgas und Erdöl, aber auch durch Brandrodung, gelangt immer mehr Kohlenstoffdioxid in die Atmosphäre. Zusätzliches Methan wird durch Massentierhaltung freigesetzt. Auch sind in den letzten Jahrzehnten neue treibhauswirksame Stoffe wie Fluorchlorkohlenwasserstoffe (FCKW) hinzugekommen. Die dadurch bewirkte Temperaturerhöhung bezeichnet man als *anthropogenen Treibhauseffekt* (griech. *anthropos:* Mensch und *genesis:* Entstehung, Entwicklung).

Eingriffe des Menschen. Die mittlere Temperatur in der Atmosphäre ist seit 1950 alle zehn Jahre um etwa 0,1 °C angestiegen. Inzwischen ist das Eis in der Arktis um etwa 15 % abgeschmolzen und der Meeresspiegel ist um etwa 20 cm angestiegen. Die Hypothese, dass dieser Temperaturanstieg anthropogen bedingt sei, ist wissenschaftlich allerdings noch nicht allgemein akzeptiert. In der Diskussion sind daneben beispielsweise Effekte, die auf Veränderungen der Sonnenaktivität zurückgeführt werden.

Der Treibhauseffekt beruht auf einem Wärmestau durch Spurengase. Unter dem anthropogenen Treibhauseffekt versteht man die Verstärkung des natürlichen Treibhauseffektes durch Gase, die durch Aktivitäten des Menschen in die Atmosphäre gelangen.

1 Erkläre, wie der natürliche Treibhauseffekt entsteht.

2 Oft werden Felder auch mit Plastikfolie abgedeckt. Erläutere die Funktion der Folie.

3 Informiere dich über die Ursachen des erhöhten Ausstoßes an Methan in die Atmosphäre.

Chemie-Recherche

Location: http://www.schroedel.de/chemie_heute.html

Suche:

Erderwärmung

Schroedel

Ergebnisse:

→ **Wetter**

Die Troposphäre verändert sich ständig, da durch Verwirbelungen und Winde ein steter Austausch von Wärme stattfindet. Den Zustand der Troposphäre an einem Ort zu einem bestimmten Zeitpunkt bezeichnet man als Wetter. Das Wetter ändert sich in kurzen Zeiträumen. Dabei setzen wir Sonnenschein und blauen Himmel mit gutem Wetter und Regen oder Gewitter mit schlechtem Wetter gleich.

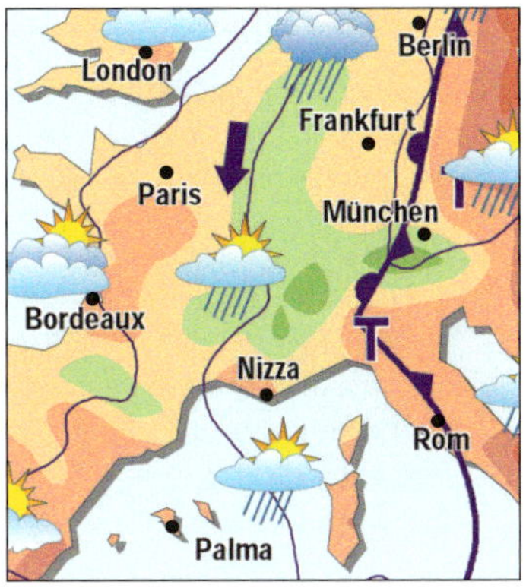

→ **Klima**

Wird das gesamte Wettergeschehen über einen Zeitraum von Jahren betrachtet, so spricht man von Klima. Wichtige Faktoren wie die Höhe der Region und deren Entfernung zum Äquator beeinflussen das Klima. Klimazonen werden in Abhängigkeit von ihrer Lage zum Ozean als maritim oder kontinental bezeichnet.

→ **Klimawandel**

Die natürliche Veränderung des Klimas der Erde wird als Klimawandel bezeichnet. Man kann heute durch die Untersuchung von Eisbohrkernen aus der Arktis oder Gesteinsablagerungen in unterschiedlichen Regionen belegen, dass das Klima schon oft drastischen Veränderungen unterworfen war. Warme und kalte Perioden wechselten sich immer wieder ab. Dabei ist vor allem die Veränderung der Erdumlaufbahn um die Sonne für eine unterschiedliche Intensität der auf der Oberfläche ankommenden Sonnenstrahlung verantwortlich. Aber auch die Sonnenaktivität selbst ist Schwankungen unterworfen. Ebenfalls besitzen Meteoriteneinschläge und Vulkanausbrüche Einfluss auf das globale Klima.

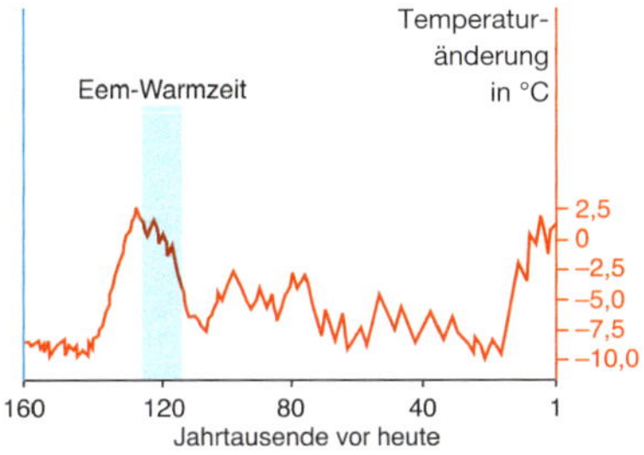

→ **globale Erwärmung**

Die Klimaveränderung der letzten Jahrzehnte wird als globale Erwärmung bezeichnet. Seit Beginn des 20. Jahrhunderts ist eine Zunahme der mittleren Lufttemperatur um 0,74 °C zu verzeichnen. Um diesen Wert zu beurteilen, wird oft auf die mittlere Temperatur während des mittelalterlichen Optimums ab 800 verwiesen. Sie betrug nur 1 °C mehr als in der ab 1500 folgenden kleinen Eiszeit.

Seit mehreren Jahrzehnten konnte ein Maximum der Sonnenaktivität nachgewiesen werden. Zusätzlich besitzt die Erde momentan eine nähere Umlaufbahn zur Sonne. Jedoch wird von der Mehrzahl der Klimaforscher der anthropogene Treibhauseffekt für die globale Erwärmung verantwortlich gemacht.

Die Folgen der Erwärmung sind schwer vorauszusagen, da in der Natur Mechanismen auf Klimaveränderungen existieren, die sowohl einen abschwächenden als auch einen verstärkenden Effekt besitzen können. Wahrscheinlich ist, dass durch häufigere Hitzewellen und Dürren, aber auch durch die Versaurerung der Ozeane der Lebensraum für Tiere, Pflanzen und Menschen drastischen Veränderungen ausgesetzt sein wird.

Auch wenn der Beitrag des Menschen zur globalen Erwärmung schwer einzuschätzen ist, ist bewusstes Energiesparen und nachhaltiger Schutz der Umwelt sinnvoll.

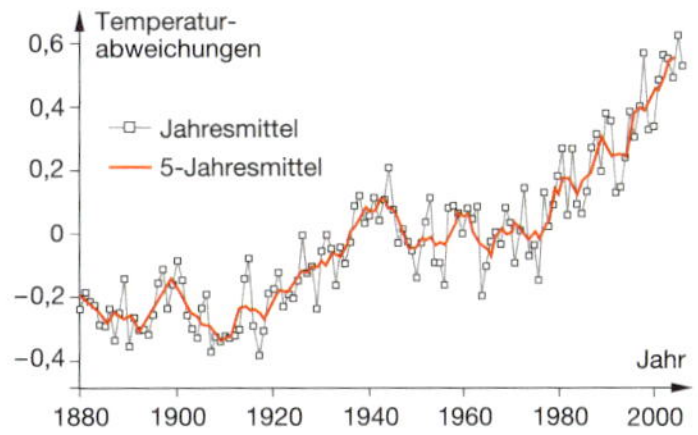

Aufgaben

1 Erkläre den Unterschied zwischen den Begriffen Wetter und Klima in eigenen Worten.

2 Diskutiere die Aussage: „Seit der Industrialisierung nimmt der Mensch Einfluss auf das Klima".

3 Plant ein Rollenspiel zum Thema „Klimawandel – welchen Einfluss haben wir auf die Zukunft der Erde".

Praktikum Treibhauseffekt

V1 Modellversuch zum Treibhauseffekt

Materialien: zwei Bechergläser (2 l), Glasplatte, zwei Thermometer (0 °C bis 100 °C), Energiesparlampe, schwarze Pappe.

Durchführung:

1. Schneide die Pappe so zurecht, dass sie die Böden der Bechergläser bedeckt und lege sie hinein.

2. Platziere die Thermometer in den Bechergläsern und verschließe eines von beiden mit der Glasplatte.

3. Bestrahle mit der Lampe beide Bechergläser und beobachte dabei die Veränderung der Temperatur.

Aufgaben:

a) Notiere deine Beobachtungen.

b) Erkläre, warum sich die abgelesenen Temperaturen auf den beiden Thermometern unterscheiden.

c) Erläutere, inwieweit das Becherglas ein Modell für die Atmosphäre der Erde darstellt.

V2 Kohlenstoffdioxid absorbiert Wärmestrahlung

Materialien: zwei Bechergläser (2 l), zwei Thermometer (0 °C bis 100 °C), Styroporplatte, Wärmestrahler; Kohlenstoffdioxid.

Durchführung:

1. Lege ein Thermometer in ein Becherglas. Fülle es mit Kohlenstoffdioxid und verschließe es sofort mit der Styroporplatte. Lege auf die Styroporplatte das zweite Thermometer und stülpe das zweite Becherglas darüber.

2. Erwärme mit dem Wärmestrahler beide Bechergläser gleichmäßig und beobachte den Temperaturverlauf auf beiden Thermometern für etwa 15 min.

Aufgaben:

a) Notiere deine Beobachtungen.

b) Erkläre, welche Funktion die Styroporplatte hat.

c) Erkläre mithilfe dieses Versuchs, wie sich ein erhöhter Kohlenstoffdioxid-Gehalt in der Atmosphäre auswirkt.

Exkurs Klimaschutz – eine globale Aufgabe

Der Schutz der Erdatmosphäre wurde 1992 zum zentralen Thema der **Konferenz von Rio de Janeiro,** einer weltweiten, von den Vereinten Nationen ausgerichteten Umweltkonferenz. Ergebnis war eine Klimavereinbarung mit dem Ziel, „die Treibhausgaskonzentration in der Atmosphäre auf einer Höhe zu stabilisieren, die gefährliche, störende Einwirkungen des Menschen auf das Klima verhindert". Die Industriestaaten vereinbarten, den Kohlenstoffdioxidausstoß bis zum Jahr 2000 auf den Stand von 1990 zurückzuführen. Bei einer Folgekonferenz in Kyoto (Japan) wurde 1997 das **Kyoto-Protokoll** verabschiedet. Man verpflichtete sich, den Ausstoß von sechs Treibhausgasen im Zeitraum von 2008 bis 2012 um mindestens 5,2 % unter das Niveau von 1990 zu senken.

Der Hauptproduzent an Treibhausgasen, die USA mit knapp 30 % des Ausstoßes, hat das Protokoll zwar unterschrieben, will es aber nicht umsetzen.

Die **Klimakonferenz von Bali 2007** hatte vor allem zum Ziel, neue Vorgaben für die Zeit nach dem Auslaufen des Kyoto-Protokolls festzulegen. In der Laufzeit bis 2020 soll der Ausstoß von Treibhausgasen noch weit unter das Niveau von 1990 gesenkt werden.

Da sich ein langsamer Einstellungswandel in den USA vollzieht, besteht Hoffnung, dass sich die Amerikaner bald mehr für den Klimaschutz einsetzen werden. Wachsende Länder wie China und Indien, die bisher weniger Interesse an einem gemeinsamen Klimaschutz zeigen, gewinnen allerdings auch immer mehr an Gewicht.

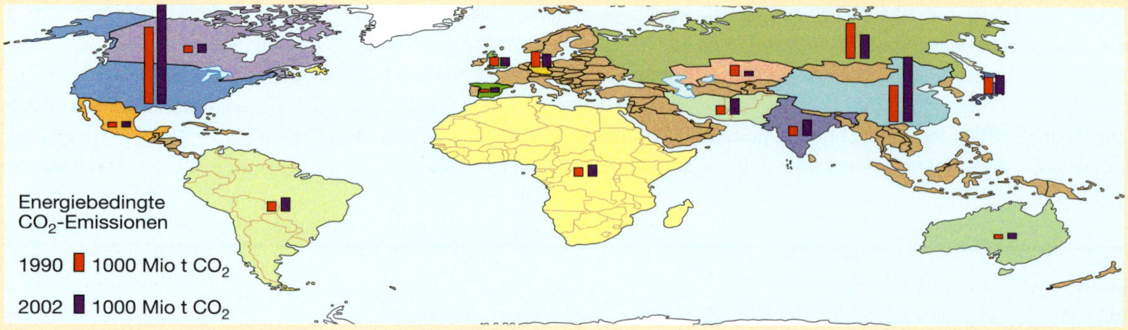

Luft – ein lebenswichtiges Gasgemisch

Basiswissen

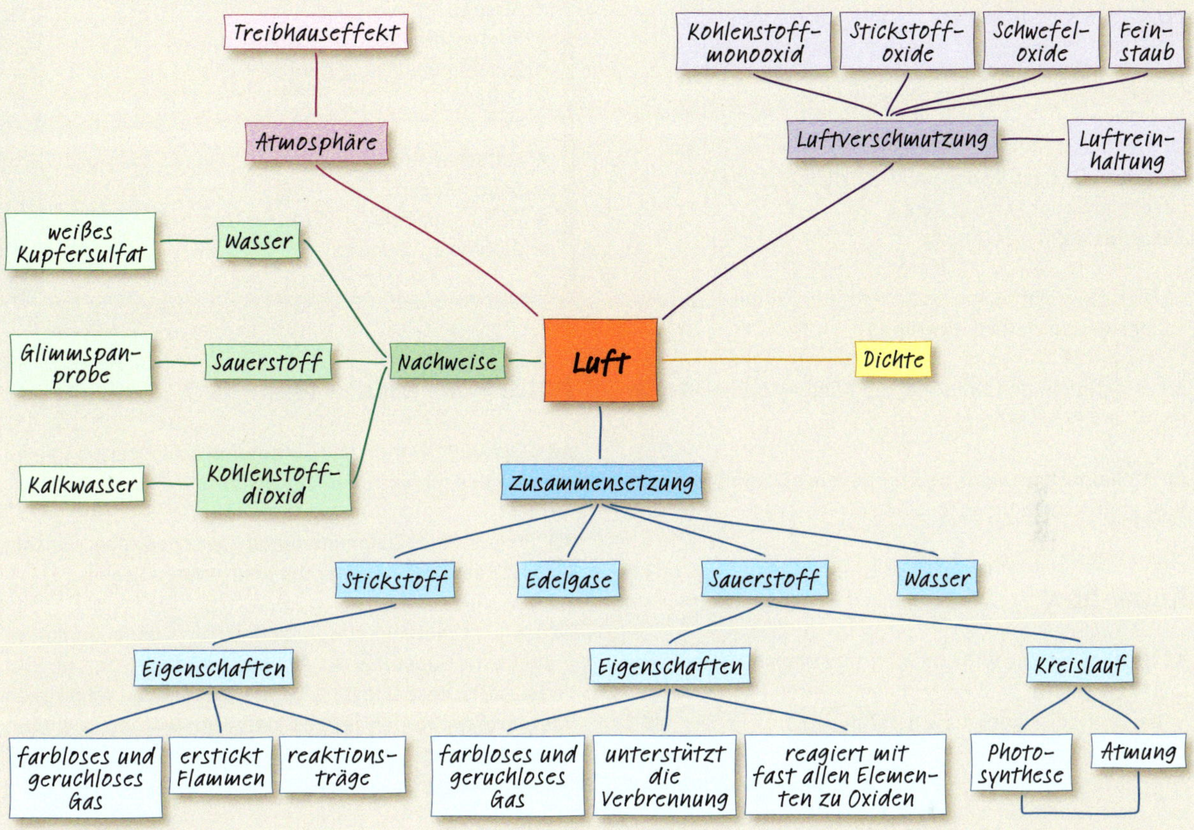

Chemie schafft Probleme – Chemie löst Probleme

Chemie in unserer Welt

Bedeutung der Luft. Die Luft enthält den lebenswichtigen Sauerstoff. Aber auch die anderen Luftbestandteile besitzen wichtige Bedeutung in Natur und Technik. Bunte Werbeleuchtröhren werden mit Edelgasen gefüllt; flüssiger Stickstoff kühlt medizinische Proben; Argon hilft als Schutzgas beim Schweißen.

Einfluss des Menschen. Durch Anwendung der Technik verändert der Mensch die Zusammensetzung der Luft. Durch industrielle Prozesse und durch den Betrieb von Verbrennungsmotoren gelangen Schadstoffe wie Schwefeldioxid und Stickstoffoxide in die Luft. Aber auch das bei der Verbrennung von Brennstoffen gebildete Kohlenstoffdioxid verändert langfristig die Zusammensetzung der Luft und führt zu Klimaveränderungen. Sogar die Landwirtschaft produziert klimaschädliche Gase. Ein Beispiel ist das beim Reisanbau und bei der Rinderzucht gebildete Methan.

Fortschritte durch Chemie und Technik. Druckgase und verflüssigte Gase werden vielseitig eingesetzt. Diese Gase könne durch chemische Verfahren so rein gewonnen werden, dass sie sogar für medizinische Zwecke Verwendung finden. Die Atmosphärenchemie ermittelte die Reaktionsabläufe von Schadstoffen in verschiedenen Luftschichten. Diese Erkenntnisse legten den Grundstein für den Klimaschutz. Man erkannte die Bedrohung unserer Zukunft und den dringenden Handlungsbedarf. Der Maßnahmenkatalog wurde von Forschern entwickelt und von staatlichen Institutionen vielfach bereits erfolgreich durchgesetzt: Wärmeschutzmaßnahmen senken den Verbrauch an Brennstoffen; Autos sind sparsamer; die benötigten Brennstoffe sind weitgehend von Schwefel befreit; Katalysatoren zerstören die Schadstoffe in Abgasen; Partikelfilter befreien Abgase von Feinstaub, alternative Energiequellen versorgen uns ohne Schadstoffausstoß.

Prüfe dein Wissen

Quiz

A1 a) Erkläre die Begriffe des Fensters.
b) Notiere auf der Vorderseite von Karteikarten den Begriff, auf der Rückseite die Erklärung.
c) Ordne die Begriffe den Basiskonzepten „Materie", „chemische Reaktion" und „Energie" zu.
Begründe deine Zuordnung.

A2 Luftsauerstoff kann nicht mit der Glimmspanprobe nachgewiesen werden. Begründe.

A3 Beschreibe den Kreislauf von Kohlenstoffdioxid in Atmung und Photosynthese.

A4 Definiere den Begriff „anthropogener Treibhauseffekt". Beschreibe seine Ursachen und Folgen.

Know-how

A5 Erkläre, welche Wirkungen zu erwarten sind, wenn man folgende Gase in eine Kerzenflamme leitet:
Sauerstoff, Stickstoff, Kohlenstoffdioxid.

A6 Begründe, warum eine Mund-zu-Mund-Beatmung Leben retten kann, obwohl wir Kohlenstoffdioxid ausatmen.

A7 Im Eis der Polregionen sind kleine Luftbläschen eingeschlossen. Diese geben Aufschluss über die Zusammensetzung der Luft zur Zeit der Bildung des Eises. Je tiefer man dabei bohrt, umso älter sind die Einschlüsse.
a) Gib an, wie sich in einem Bohrkern die Zusammensetzung der Luft vermutlich verändert, wenn Einschlüsse eines Zeitraums von 150 Jahren betrachtet werden.
b) Beschreibe, wie diese Veränderungen mit der Entwicklung der Menschheit zusammenhängen.

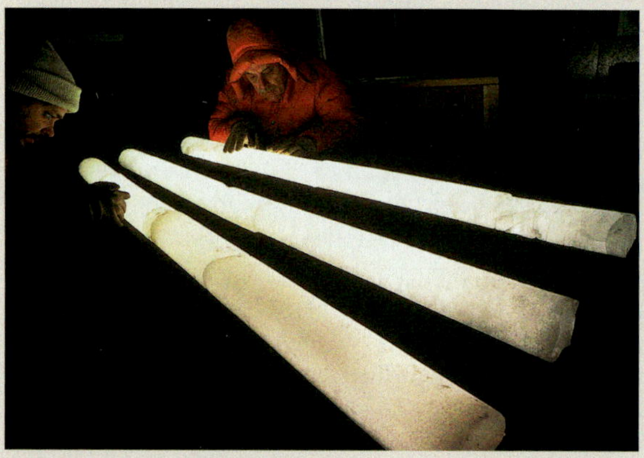

Die wichtigsten Begriffe

- Atmosphäre
- Atmung
- Photosynthese
- Zusammensetzung der Luft
- Sauerstoff
- Stickstoff
- Luftschadstoffe
- Saurer Regen
- Treibhauseffekt
- Globale Erwärmung

Natur – Mensch – Technik

A8 Begründe, warum man in einer geschlossenen Garage niemals den Motor laufen lassen darf.

A9 Erkläre den Zusammenhang zwischen dem Einsatz eines Katalysators im PKW und dem sauren Regen.

A10 Ein verbotenes Dopingmittel für Ausdauersportler enthält eine Substanz, die den Sauerstofftransport im Blut verbessert. Diese Substanz wird auf natürliche Weise auch von unserem Körper frei gesetzt, wenn wir uns in großen Höhen befinden. Erkläre, warum dieser natürliche Mechanismus biologisch sinnvoll ist.

A11 Bei normaler Wetterlage nimmt die Temperatur der Luft bis in 400 m Höhe gleichmäßig ab. Bei Inversionswetterlage besteht die dargestellte Temperaturverteilung.

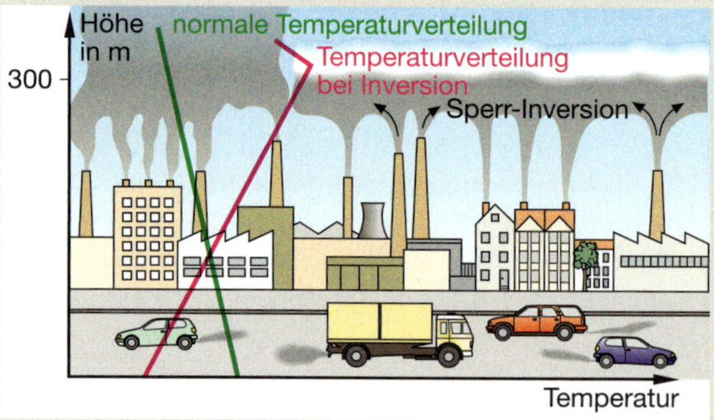

a) Erkläre, warum der Luftaustausch in Bodennähe behindert ist.
b) Nenne geeignete Maßnahmen, mit deren Hilfe die schädlichen Auswirkungen einer solchen Wetterlage minimiert werden können.

A12 Die Entwicklung von Elektroautos soll neue Möglichkeiten der schadstoffarmen Fortbewegung schaffen. Erläutere, welche Bedeutung solche Autos für die globale Erwärmung besitzen könnten.

Luft – ein lebenswichtiges Gasgemisch

A1 Klimaschutz – Kräftemessen mit Horrorzahlen

Bei der Bemühung des Umweltministeriums um Senkung des Ausstoßes an Kohlenstoffdioxid hat man den Eindruck, viele kleinere Quellen zu reduzieren, die Hauptquellen jedoch totzuschweigen, nämlich die Braunkohlewerke. Die Grundversorgung mit elektrischer Energie nach dem Abschalten der Kernkraftwerke ist nach dem Urteil vieler Fachleute nur mit einem vermehrten Einsatz von Kohlekraftwerken möglich.

Die Deutsche Physikalische Gesellschaft hat bereits 2005 eine Studie zum Klimaschutz und zur Energieversorgung vorgelegt: Wenn Deutschland die künftigen nationalen wie internationalen Ziele des Klimaschutzes nicht deutlich verfehlen wolle, sei eine längere Laufzeit der Kernkraftwerke unausweichlich. Deutschland hat seit 1995 den Ausbau der Windenergie und von Solarkraftwerken betrieben, Frankreich hat dagegen den Bau von Kernkraftwerken gefördert. Das Ergebnis ist, dass pro Kopf und Jahr in Frankreich sieben Tonnen Kohlenstoffdioxid freigesetzt werden, in Deutschland aber zehn! (Tölzer Kurier 6.9.2007)

Der Artikel verdeutlicht, dass Deutschland den Ausstieg aus der Energieerzeugung durch Kernkraftwerke plant. Diese Art der Energie gilt als kohlenstoffdioxid-neutral, da hierbei kein Kohlenstoffdioxid frei wird. Mit Kernkraftwerken ist jedoch immer auch ein potentielles Risiko von Strahlenschäden verbunden. Vor allem die Lagerung des radioaktiven Abfalls stellt ein noch nicht gelöstes Problem dar. Eine kohlenstoffdioxid-neutrale Alternative sind Windkraftwerke und Solarkraftwerke. Da aber der Raum für Windkraftwerke in Deutschland äußerst begrenzt ist und Solarzellen immer noch nicht effektiv genug sind, muss Kohle zur Hauptenergiequelle werden.

a) Lies den Artikel und prüfe mithilfe der Informationen des vorherigen Kapitels, ob dieser fachlich korrekte Aussagen enthält.

b) Benenne die Folgen der Verbrennung von Kohle in Kraftwerken für die Umwelt.

c) „Deutschland plant den Ausstieg aus der Energieerzeugung durch Kernkraftwerke". Diskutiere mithilfe des Artikels diese Aussage.

A2 Stickstoff – eine Spezialgasfüllung für Autoreifen?

Ein Autofahrer war skeptisch in Bezug auf die Werbeaussagen und Zeitungsmeldungen über Vorteile von Stickstoff als Füllgas für Autoreifen. Er richtete deshalb eine Anfrage an die Wissensredaktion einer Wochenzeitung. Dies war die Antwort des zuständigen Redakteurs:

Offenbar wurmt es manche Tankstellen und Reifendienste, dass Luft immer noch umsonst ist, und man sinnt auf teure Alternativen. Eine Zeit lang war das Gas SF_6 in Mode, das allerdings sehr teuer ist und außerdem die Ozonschicht schädigt. Jetzt wird N_2 propagiert, reiner Stickstoff, zum Preis von einigen Euro pro Reifen. N_2 ist aber just der Stoff, der 80 Prozent der Luft ausmacht. Was soll es bringen, die restlichen 20 Prozent vornehmlich Sauerstoff auch durch Stickstoff zu ersetzen?

Die vorgebrachten Argumente sind zahlreich, und fast alle sind unseriös. Ein verringerter Rollwiderstand des Reifens tritt nur dann auf, wenn zuvor der mit Normalluft gefüllte Pneu ständig mit zu wenig Druck gefahren wurde.

Der dürftige wahre Kern der Stickstoffgeschichte: Die N_2-Moleküle diffundieren etwas langsamer als die Sauerstoffmoleküle durch die Reifenhülle. Der Druckverlust durch Diffusion macht aber bei einem normalen Reifen allenfalls ein zehntel Bar pro Jahr aus, sagt ein ADAC-Reifenexperte. Und wer seinen Reifendruck nur selten kontrolliert, handelt sowieso fahrlässig.

a) Nenne die Vorteile von Stickstoff gegenüber Luft als Füllgas für Reifen, die von Tankstellen und Reifenhändlern angegeben werden.

b) Stelle die Meinung des Redakteurs bezüglich der Stickstofffüllung von Autoreifen dar.

c) Bewerte die Teilchendarstellung von Stickstoff und Luft in der Anzeige. Entwickle eine besser zutreffende Darstellung.

9 Ohne Wasser läuft nichts

Ein Wasserfall ist immer ein faszinierender Anblick, ein Sinnbild für Leben und Bewegung, für Dynamik und Erfrischung. Das Rauschen des Wassers und die angenehme Kühle laden den Wanderer zu einer Pause ein. Mit der Hand schöpft er das erfrischende und klare Wasser.

In vielen Ländern ist es ein lang ersehnter Regenguss, der eine willkommene Erlösung bringt. Das Regenwasser wird gesammelt und ist so eine wichtige Wasserquelle.

Aktuell suchen Raumsonden sogar Wasser auf anderen Planeten: Das Wasser ist mit dem Leben so eng verbunden, dass die Suche nach Leben mit der Suche nach Wasser beginnt.

Zentrale Fragen:
- Was macht Wasser so lebenswichtig?
- Was zeichnet Trinkwasser aus?
- Wie können wir die Ressource Wasser erhalten?
- Ist Wasser gleich Wasser?
- Was löst sich in Wasser?
- Wie betrachtet der Chemiker den Stoff Wasser?

9.1 Wasser – Lebensraum für viele

Die Erde aus dem Weltraum betrachtet

Der Rhein – Transportweg und Freizeitstätte

Ein Blick aus dem Weltraum zeigt, dass die Erde heute überwiegend mit Wasser bedeckt ist. Das war nicht immer so. Erst nachdem sich die vorher glutflüssige Erdoberfläche abgekühlt hatte, entstanden Meere. Damit war eine Grundlage für Leben gegeben.

Wasser und Leben. Vor etwa 2 Milliarden Jahren bildeten sich in der sogenannten „Ursuppe“ erste lebensnotwendige Stoffe. Im Wasser begann damit die Entwicklung der Lebewesen. Zuerst bildeten sich Einzeller wie Bakterien und Algen. Es dauerte aber noch fast 1,7 Milliarden Jahre, bis die ersten Tiere das Land eroberten. Bei den Wirbeltieren ist offensichtlich, wie sich aus den Wassertieren die Landtiere entwickelt haben könnten: Fische leben ausschließlich im Wasser; Amphibien durchlaufen ihr Larvenstadium im Wasser und sind nach der Metamorphose an Feuchtgebiete gebundene Landtiere; Vögel und Säuger sind Landtiere, die auch in wasserarmen Landschaften leben können. Sie sind aber auch weiterhin auf Wasser angewiesen.

Lebewesen bestehen zu einem hohen Prozentsatz aus Wasser; beim Menschen sind es ungefähr 60 %. Wasser transportiert Stoffe und Wärme. Wir müssen dafür etwa zwei Liter Flüssigkeit am Tag trinken. Während ein Mensch mehr als 40 Tage hungern könnte, ist er schon nach 4 bis 10 Tagen verdurstet.

Wasser und Mensch. Die menschliche Geschichte ist eng mit dem Wasser verbunden: Nahezu alle großen Städte wurden am Wasser gegründet. Die Kultur der Babylonier entwickelte sich in Mesopotamien, dem Zweistromland an Euphrat und Tigris. Für die Ägypter war der Nil die Lebensader. Die Bewässerung der Felder mit Flusswasser wurde mit der Zunahme der Bevölkerung immer wichtiger.

Auch in Deutschland wurden die bedeutendsten Städte an Flüssen oder am Meer gegründet. Die Gewässer waren so bedeutend, dass Landschaften wie das Ruhrgebiet und Städte wie Wuppertal nach ihnen benannt wurden.
In der Bedeutung des Wassers trat im Laufe der Geschichte ein Wandel ein. Die Menschen wurden durch den Bau von Brunnen zwar unabhängiger vom Flusswasser, doch die Bedeutung der Flüsse als Verkehrswege nahm zu. Schwere Waren konnten hierauf einfach und schnell verschifft werden. Auch heute noch werden viele Güter in Containerschiffen auf dem Wasser transportiert. Daneben stieg auch der Industriebedarf an Brauchwasser.

Auch in ihrer Freizeit halten sich Menschen gern in der Nähe von Wasser auf. Einfache Badeseen standen am Anfang einer weitreichenden Entwicklung. Dann wurden die Wasserwege auch für Wassersport genutzt. Paddeln, Segeln oder Motorbootfahren gewannen immer mehr Freunde. Radwege entlang der Flüsse ergänzten das Freizeitangebot.
In den letzten Jahren wurden sogar am Wasser gelegene, ehemalige Industrieanlagen für Freizeitprojekte umgestaltet. So entstanden die Anlagen im Duisburger Innenhafen oder im Düsseldorfer Medienhafen.

Das Leben entwickelte sich im Wasser. Alle Lebewesen sind auf Wasser angewiesen. Wasser bestimmt Kultur und Geschichte des Menschen.

1 Skizziere den Bedeutungswandel des Wassers für den Menschen. Schreibe einen kurzen Sachtext.

2 Nenne weitere Landschaften und Städte, die nach einem Gewässer benannt wurden. Nimm dabei den Atlas zu Hilfe.

Chemie-Recherche

Location: http://www.schroedel.de/chemie_heute.html

Suche:

Wasser ganz verschiedener Art

Ergebnisse:

→ **Oberflächenwasser**

Das Wasser in Seen, Flüssen, Talsperren und Kanälen wird zusammengefasst als Oberflächenwasser bezeichnet. Es wird neben dem Grundwasser zur Trinkwassergewinnung verwendet. Aus Oberflächenwasser wird auch Brauchwasser gewonnen, das nicht die hohe Qualität des Trinkwassers besitzt. Es kann als Kühlwasser oder zur Bewässerung eingesetzt werden. Seen und Flüsse sind außerdem beliebte Freizeit- und Erholungsgebiete sowie wichtige Lebensräume für Tiere und Pflanzen.

→ **Mineralwasser**

Wenn Regenwasser im Boden bis in tiefe Schichten versickert, löst es auf seinem Weg Mineralstoffe aus den Gesteinsschichten heraus. Besonders mineralstoffreiches Quell- oder Grundwasser wird zu Mineralwasser verarbeitet: Gelöste Eisensalze werden aus dem Mineralwasser entfernt. Dann wird das Mineralwasser häufig noch mit quelleigenem Kohlenstoffdioxid versetzt. Es löst sich als Kohlensäure und verleiht dem Wasser einen leicht säuerlichen, erfrischenden Geschmack. Auf dem Flaschenetikett werden die Quelle und der Gehalt an Mineralstoff angegeben.

→ **Hartes Wasser**

Wasser, das besonders viel gelösten Kalk enthält, wird als hartes Wasser bezeichnet. Beim Erhitzen bilden sich aus dem gelösten Kalk in Wasser unlösliche Kalkablagerungen. Das Grundwasser in Gegenden, deren Gestein viel Kalkstein enthält, ist besonders hart. Zu diesen Gegenden zählen das Weserbergland und Teile der Eifel.

Bei vielen Anwendungen stört die Kalkablagerung. Hartes Wasser wird deshalb mit chemischen Verfahren enthärtet: In der Spülmaschine wird der Kalk durch Kochsalz ersetzt. Waschmitteln werden Stoffe hinzugesetzt, die Kalkablagerungen in der Maschine oder auf der Wäsche verhindern.

Die Wasserhärte wird beim Trinkwasser durch die Härtebereiche Eins (weich) bis Vier (sehr hart) angeben.

→ **Salzwasser**

Im Meerwasser sind zahlreiche verschiedene Salze gelöst, das Wasser schmeckt „salzig“; deshalb spricht man auch von Salzwasser. Der Salzgehalt in einem Liter Wasser liegt zwischen 20 g in der Ostsee, 38 g im östlichen Mittelmeer und fast 250 g Salz im Toten Meer. Aus dem Meerwasser kann salzarmes Süßwasser gewonnen werden, das dann als Trinkwasser oder zur Bewässerung zur Verfügung steht. In „Salzgärten“ wird aus dem Meerwasser Meersalz gewonnen.

→ **Destilliertes Wasser**

Für Dampfbügeleisen und auch bei vielen chemischen Experimenten braucht man reines Wasser. Früher wurde dieses Wasser durch Destillation von Leitungswasser erhalten. In der Praxis verwendet man heute meist Wasser, dem die gelösten Mineralstoffe mit anderen Verfahren entzogen wurden. Trotzdem spricht man auch heute noch von destilliertem Wasser. Als Trinkwasser ist destilliertes oder demineralisiertes Wasser ungeeignet, da es keine lebensnotwendigen Mineralstoffe enthält.

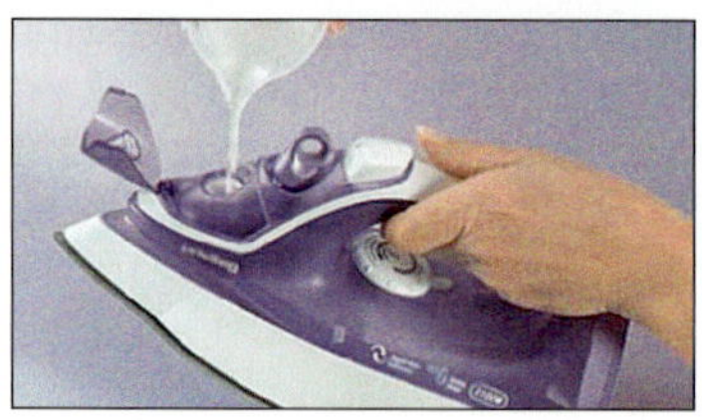

Aufgaben

1 Gib an, welchen Unterschied du erwartest, wenn du 100 ml destilliertes Wasser und 100 ml Nordseewasser vollständig verdampfen lässt.

2 Beschreibe die Bedeutung von Salzwasser für den Menschen. Vergleiche mit der Bedeutung von Süßwasser.

3 Erläutere, warum sowohl Salzwasser als auch destilliertes Wasser nicht zum Trinken geeignet sind.

9.2 Wassernutzung

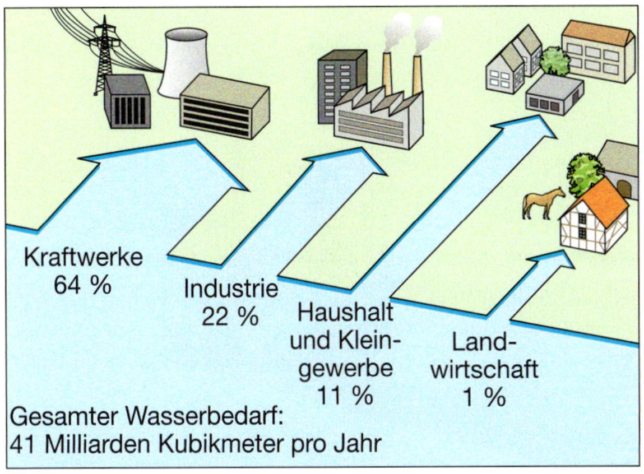

Anteile der Verbraucher am Wasserbedarf

Regenwasseranlage

Für alle Lebewesen, auch für uns Menschen, ist Wasser ein wichtiger Bestandteil der Ernährung. Wir decken unseren Wasserbedarf über wasserhaltige Nahrungsmittel und über Getränke.

Privater und öffentlicher Wasserbedarf. Wir nutzen Wasser aber nicht nur als Lebensmittel, sondern auch für die Körperreinigung, zum Wäschewaschen, für die Toilettenspülung und für viele andere Zwecke. Jeder von uns braucht so am Tag im Durchschnitt etwa 128 Liter Trinkwasser. Im öffentlichen Bereich kommen noch einmal fast 150 Liter pro Person dazu. Wasser wird dort beispielsweise für Schwimmbäder oder zur Pflege der Grünanlagen verwendet.

Wasserbedarf in der Industrie. Von der insgesamt genutzten Wassermenge verbrauchen Haushalte, Landwirtschaft und Kleingewerbe nur etwa 12 %. Fast zwei Drittel des Brauchwassers werden in Kraftwerken benötigt und auf die Industrie entfallen etwa 22 %.
In Kraftwerken und in der Industrie wird das Kühlwasser lediglich erwärmt und nicht durch andere Stoffe verunreinigt. Es kann wieder abgekühlt und so mehrfach verwendet werden. Erwärmtes Kühlwasser wird auch dort eingesetzt, wo Wärme im Betrieb benötigt wird.

Der Wasserbedarf für einzelne Industriegüter ist mitunter sehr groß. Nach Angaben der Industrie benötigt man für die Produktion eines Mikrochips nahezu 80 l Wasser. Für ein Auto sind es bis zu 400 000 Liter. Dabei werden auch die Wassermengen für die Stahlherstellung, für die Produktion der Bauteile oder Reifen eingerechnet. Selbst die Zuckerherstellung erfordert etwa 80 Liter Wasser für ein Kilogramm Zucker. Es gibt aber in allen Bereichen zusätzliche Verfahren, diesen Wasserbedarf zu verringern.

Sparsamer Umgang mit Wasser. Die zur Verfügung stehende Menge an Wasser für Trinkwasserzwecke ist begrenzt. Dennoch ist das im privaten und öffentlichen Bereich genutzte Wasser in den meisten Fällen kostbares Trinkwasser. Für viele Zwecke könnte man aber auch Brauchwasser aus Hausbrunnen oder gesammeltes Regenwasser verwenden. Bei neu gebauten Häusern werden beispielsweise Regenwasserzisternen gebaut, um Toilettenspülung und Waschmaschine mit Regenwasser zu betreiben.

Aber auch ohne solche zusätzlichen Einbauten kann und muss jeder seinen Beitrag zum sparsamen Umgang mit Trinkwasser leisten.
- Bei der Toilettenspülung verringert die Spartaste den Verbrauch.
- Beim Duschen benötigt man nur ein Drittel der Wassermenge eines Vollbads.
- Beim Zähneputzen kann der Wasserhahn geschlossen sein.
- Voll beladene Waschmaschinen und Geschirrspüler nutzen die Wassermenge besser.

Wasser wird vielfältig genutzt. Der nutzbare Wasservorrat auf der Erde ist begrenzt. Mit Wasser und Trinkwasser muss daher sparsam umgegangen werden.

1 Nenne Beispiele für Wassernutzungen.
2 Berechne anhand der Grafik, wie viel Kubikmeter Wasser die einzelnen Verbrauchergruppen umsetzen.
3 Recherchiere, nach welchem Prinzip eine wasserlose Toilette arbeitet.
4 **a)** Gib an, in welchen Bereichen Trinkwasser durch Brauchwasser oder Regenwasser ersetzt werden kann.
b) Plane, wie du zu Hause Wasser sparen kannst.
c) Diskutiert in der Klasse eure Sparpläne.

9.3 Trinkwasser – (k)ein Naturprodukt? ☆

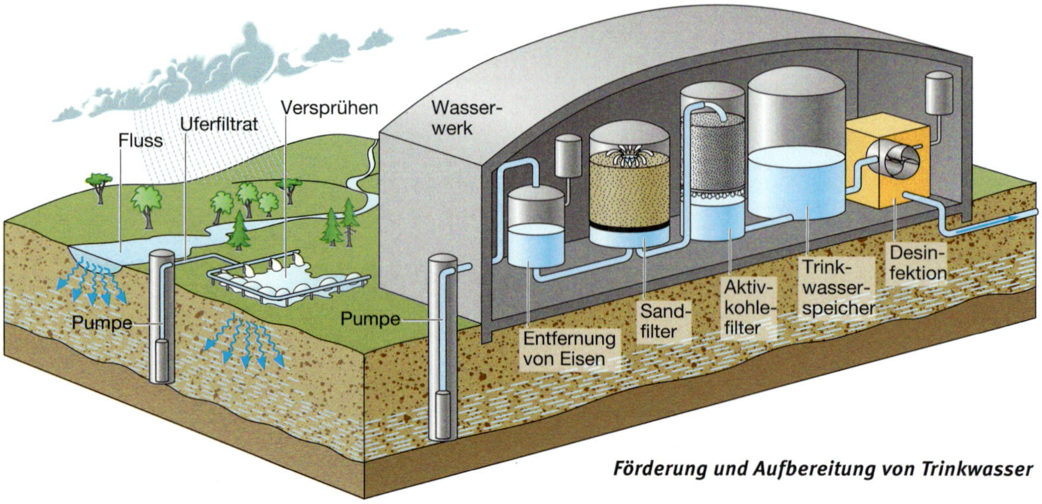

Förderung und Aufbereitung von Trinkwasser

Die Wasserqualität des Rheins hat sich in den letzten Jahren deutlich gebessert. Aber wer würde dieses Wasser trinken? Doch tatsächlich gewinnen die Wasserwerke in Köln und in vielen anderen Städten am Rhein einen großen Teil ihres Trinkwassers aus diesem Fluss. Überwiegend wird aber Grundwasser zu Trinkwasser aufbereitet.

Trinkwasser aus Grundwasser. Durch Versickern von Niederschlägen entsteht Grundwasser. Um daraus Trinkwasser zu gewinnen, wird das Grundwasser aus Tiefbrunnen hochgepumpt und in ein Wasserwerk geleitet. Hier werden die im Grundwasser gelösten Eisensalze zusammen mit noch vorhandenen anderen Trübstoffen durch Sandfilter entfernt. Die weitere Aufbereitung erfolgt über Aktivkohlefilter. Bevor das so gereinigte Wasser in das Trinkwassernetz eingespeist wird, kann Chlor oder Chloroxid zugesetzt werden. Diese Chlorung bewirkt, dass sich in den langen Leitungen keine Bakterien oder andere Keime ansiedeln und vermehren können.

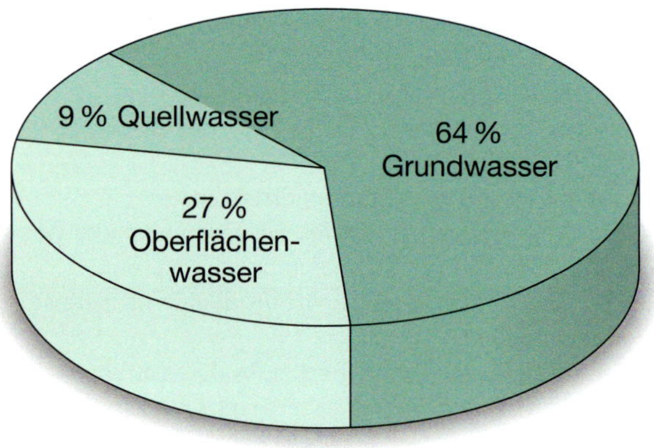

Herkunft unseres Trinkwassers

Trinkwasser aus Oberflächenwasser. Vor allem in großen Ballungsgebieten lässt sich nicht genügend Trinkwasser aus Grundwasser gewinnen. Man muss daher Wasser aus Seen oder Flüssen verwenden: Kleinere Flüsse werden dazu oft zu Talsperren aufgestaut, deren Wasser jedoch meist viele Verunreinigungen einhält. Bei der Reinigung wird das Rohwasser durch dicke Schichten aus Kies und Sand filtriert. In einer weiteren Reinigungsstufe leitet man Ozon in das Wasser ein. Ozon ist eine sehr reaktionsfähige Form des Sauerstoffs, die Bakterien und andere Krankheitserreger abtötet. Außerdem ballen sich in Gegenwart von Ozon kleinste Schmutzteilchen zu größeren Flocken zusammen. Eine dicke Aktivkohleschicht adsorbiert anschließend auch diese Verunreinigungen. Abschließend kann das Trinkwasser noch gechlort werden.

Trinkwasser aus Uferfiltrat. Wo Mangel an Grundwasser besteht, entnehmen die Wasserwerke Wasser aus einem Fluss und lassen es in der Uferzone versickern. Dabei wird es auf dem Weg durch den sandigen Untergrund auf natürliche Weise gereinigt. Einige Hundert Meter vom Fluss entfernt fördern Pumpen das Wasser als Uferfiltrat aus Tiefbrunnen wieder herauf. Anschließend wird es ähnlich wie Flusswasser zu Trinkwasser aufbereitet.

Trinkwasser kann aus Grundwasser, Oberflächenwasser und Uferfiltrat gewonnen werden. Zum Schutz vor Keimen wird das Trinkwasser oft mit Chlor versetzt.

1 Erläutere, warum Flusswasser meistens nicht direkt als Trinkwasser verwendet wird, sondern als Uferfiltrat.
2 Erkundige dich über die Herkunft eures Trinkwassers.

9.4 Wasser – ein kostbares Gut

Nur etwa drei Hundertstel der Wassermenge auf der Erde sind Süßwasser. Selbst davon kann aber nur ein geringer Anteil als Trinkwasser genutzt werden. Schon daran wird deutlich, dass Wasser ein kostbares Gut ist. Wasser ist aber auch deshalb so kostbar, weil es durch keinen anderen Stoff ersetzt werden kann.

Wasser ist lebensnotwendig. Für die Ernährung ist Wasser sehr wichtig, denn wir können nur wenige Tage ohne Wasseraufnahme überleben. Bei Wassermangel im Körper werden Zellfunktionen beeinträchtigt und es kommt zu Krankheitserscheinungen wie Schwindelgefühl und Fieber. Neben der Menge an Trinkwasser muss auch die hygienische Qualität stimmen. In vielen Ländern herrscht jedoch ein Mangel an einwandfreiem Wasser; dies führt zu Krankheiten, erhöhter Sterblichkeit bei Kindern und manchmal sogar zu Kriegen.

Wasser ist wertvoll. Die Versorgung der Haushalte mit Trinkwasser ist nicht billig. In Deutschland kostet ein Kubikmeter durchschnittlich 1,75 €. Außerdem müssen für die gleiche Wassermenge Abwassergebühren von bis zu 4 € gezahlt werden. Um die Menge des entnommenen Wassers zu messen, gibt es in jedem Haushalt eine Wasseruhr. Einmal im Jahr wird die Uhr abgelesen und aus dem Verbrauch werden die Kosten berechnet: Eine dreiköpfige Familie braucht im Monat durchschnittlich 12,6 m^3 Wasser. Dafür müssen bis zu 50 € bezahlt werden.

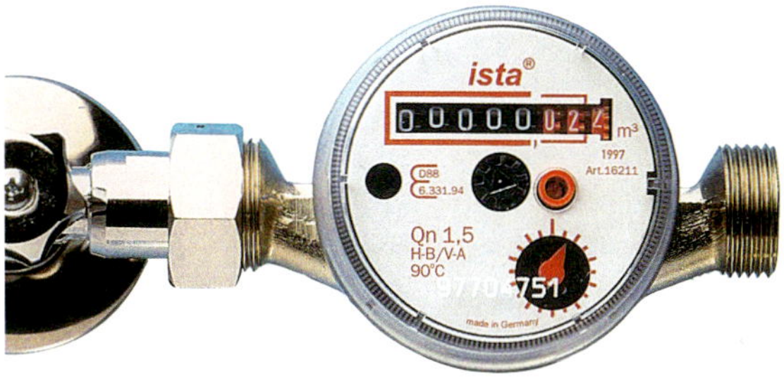

Wasseruhr im Haushalt

Nur ein geringer Anteil der Wasservorräte auf der Erde kann als Trinkwasser genutzt werden. In vielen Ländern herrscht Mangel an hygienisch einwandfreiem Wasser.

1 Lies über mehrere Tage euren Wasserverbrauch ab. Erkundige dich nach dem örtlichen Preis für Trinkwasser und Abwasser. Berechne die vollständigen Wasserkosten.
2 Aus Untersuchungen der UNO geht hervor, dass 80 % der Krankheiten in Entwicklungsländern durch verschmutztes Wasser verursacht werden.
a) Nenne Krankheiten, die durch verschmutztes Trinkwasser verursacht werden können.
b) Recherchiere Länder, für die diese Untersuchungen zutreffen.

Wasserkreislauf

Exkurs

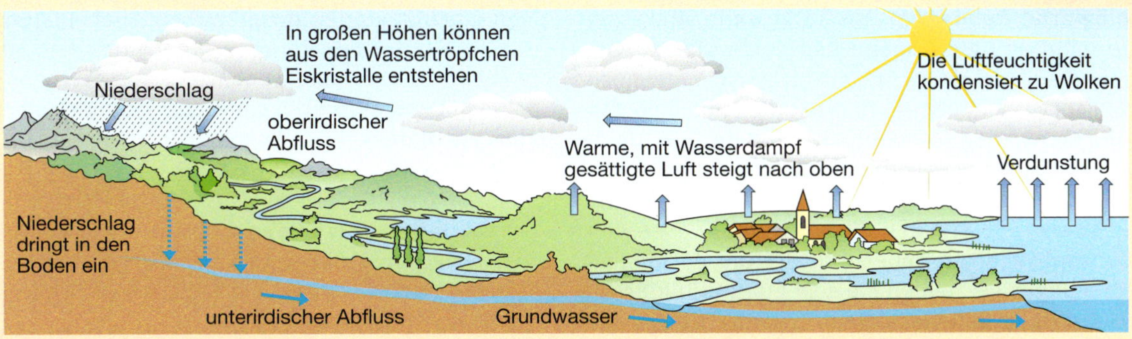

Der Wasserkreislauf in der Natur

Das Wasser auf der Erde befindet sich in einem ständigen Kreislauf. Es verdunstet über den Ozeanen, kondensiert und fällt als Regen wieder auf die Erde. Je nach Klima fallen diese Niederschläge unterschiedlich häufig und ergiebig. Daher ist nutzbares Süßwasser auf der Erde sehr ungleichmäßig verteilt.

1 Erläutere den abgebildeten Wasserkreislauf.

9.5 Kläranlagen reinigen Abwässer

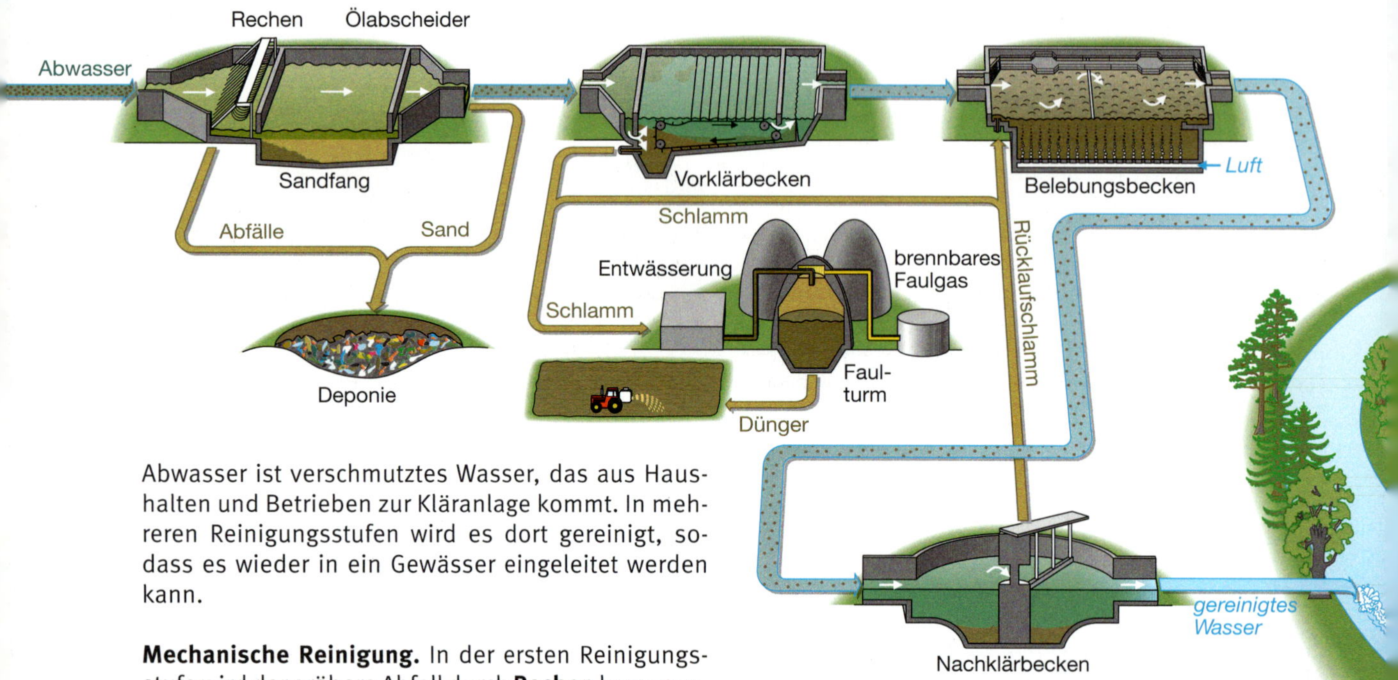

Abwasser ist verschmutztes Wasser, das aus Haushalten und Betrieben zur Kläranlage kommt. In mehreren Reinigungsstufen wird es dort gereinigt, sodass es wieder in ein Gewässer eingeleitet werden kann.

Mechanische Reinigung. In der ersten Reinigungsstufe wird der gröbere Abfall durch **Rechen** herausgesiebt. Was hier an Papier, Holz, Kunststoffen, Glas und Metall hängen bleibt, wird in großen Behältern gesammelt.
Anschließend läuft das Abwasser langsam durch den **Sandfang** und den **Ölabscheider.** Hier setzen sich Sinkstoffe am Boden ab. Fette, Öle und andere an der Oberfläche schwimmende Stoffe werden durch eine Sperre zurückgehalten und abgesaugt.
Durch das sich anschließende **Vorklärbecken** fließt das Abwasser sehr langsam hindurch. Dabei sinkt auch ein Teil der Schwebstoffe zu Boden. Sie werden als Schlamm entfernt.

Biologische Reinigung. Das vorgeklärte Abwasser wird dann im **Belebungsbecken** durch Kleinstlebewesen weiter gereinigt. Die im Abwasser immer noch reichlich vorhandenen Schwebstoffe und gelösten Stoffe dienen den Bakterien als Nahrung.
Im Belebungsbecken verbleibt das Abwasser mehrere Stunden. Dabei wird es ständig von unten belüftet und bewegt. So erhalten die Kleinstlebewesen den lebensnotwendigen Sauerstoff. Bei diesen idealen Bedingungen vermehren sie sich gut und bilden einen flockigen **Belebtschlamm.** Gleichzeitig werden dabei auch unerwünschte Pflanzennährstoffe aus dem Abwasser entfernt.
Aus dem Belebungsbecken wird ständig ein Teil des Belebtschlamms in ein **Nachklärbecken** gepumpt. Die Kleinstlebewesen sinken nach unten, viele sterben ab, denn es fehlen ihnen Sauerstoff und Nährstoffe. Am Boden setzt sich der Schlamm ab. Er wird mit einem Schieber in die vertiefte Mitte des Beckens geschoben. Ein Teil davon wird in das Belebungsbecken zurückgepumpt, der andere Teil kommt in den Faulturm.
Das geklärte Abwasser läuft dann über den gezackten Rand des Nachklärbeckens in eine Rinne. Jetzt darf es in einen Bach oder Fluss eingeleitet werden.

Verwertung und Entsorgung. Die von der Rechenanlage herausgesiebten Abfälle werden auf einer Deponie gelagert oder zusammen mit den im Ölabscheider zurückgehaltenen Abfällen verbrannt. Der anfallende Schlamm wird entwässert und in Faultürmen durch Bakterien zersetzt. Das dabei entstehende Gas wird in Gasmotoren verbrannt, um elektrische Energie zu gewinnen. Soweit der ausgefaulte Schlamm keine schädlichen Stoffe enthält, kann er auch als Dünger genutzt werden.

Das Abwasser wird in mehreren Stufen gereinigt. In der mechanischen Stufe wird es von groben Verunreinigungen befreit. In der biologischen Stufe werden viele gelöste Stoffe durch Bakterien zersetzt. Der gebildete Schlamm wird ausgefault.

1 Beschreibe die Funktionsweise einer Kläranlage.
2 Stelle die Folgen dar, die ein Ausfall der Kläranlage hätte.
3 Recherchiere, welche Folgen Giftstoffe im Abwasser für eine Kläranlage haben können.

Wasser als Lösemittel

V1: Wasser löst Feststoffe

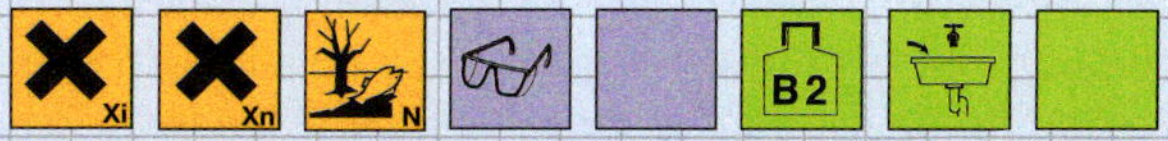

Materialien: Becherglas (200 ml), Waage; destilliertes Wasser, Natriumchlorid (Kochsalz), Kupfersulfat (Xn,N), Natriumcarbonat (Xi).

Durchführung:

1. Löse in 100 ml destilliertem Wasser möglichst viel Kochsalz. Gib portionsweise jeweils 5 g Salz zum Wasser, bis sich trotz gründlichem Umrühren nichts mehr löst.
2. Notiere die gelöste Salzmenge.
3. Wiederhole Schritt 1 mit
  a) Kupfersulfat in 50 ml Wasser
  b) Natriumcarbonat in 50 ml Wasser.
4. Notiere auch hier die gelösten Mengen.

Aufgaben:

a) Rechne jeweils auf 100 ml um und vergleiche die gelösten Mengen.
b) Beschreibe, woran du eine gesättigte Lösung erkennst.

V2: Wasser enthält gelöste Gase

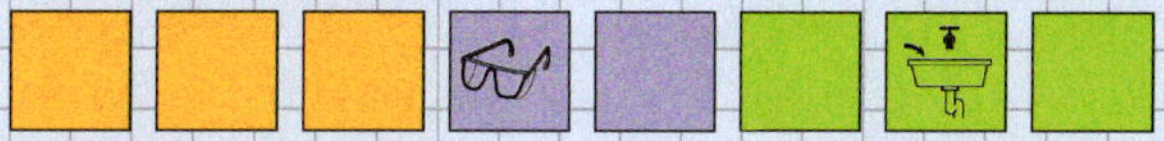

Materialien: Becherglas (400 ml, hoch), Messzylinder (10 ml, 25 ml), Glastrichter, Thermometer, Gasbrenner; Leitungswasser, stilles Mineralwasser.

Durchführung:

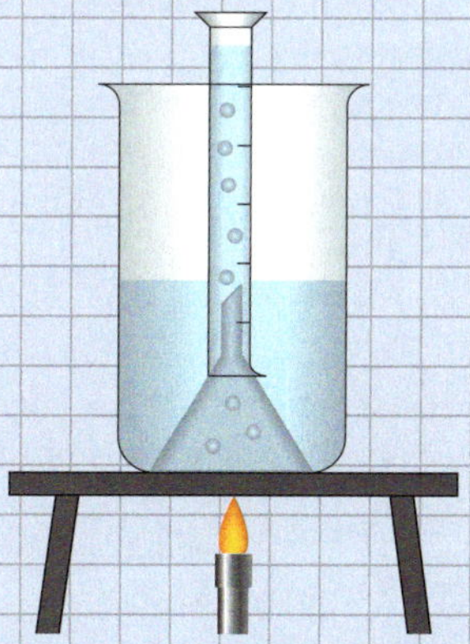

1. Fülle das Becherglas zur Hälfte mit Leitungswasser.
2. Stelle den Trichter auf den Boden des Becherglases und stülpe einen mit Leitungswasser gefüllten Messzylinder (10 ml) darüber.
3. Erwärme das Wasser langsam auf 50 °C und lies nach jeder Temperaturerhöhung um 10 Grad das Gasvolumen im Messzylinder ab.
4. Wiederhole den Versuch mit stillem Mineralwasser. Verwende dabei den 25-ml Messzylinder

Aufgaben:

a) Notiere die Messwerte für die Wasserproben in Form einer Tabelle.
b) Vergleiche die Ergebnisse.

V3: Einfluss der Temperatur auf die Löslichkeit

Materialien: Dreifuß mit Drahtnetz, Brenner, Becherglas (100 ml), Thermometer, Waage, Spatel; destilliertes Wasser, Kaliumnitrat (O).

Durchführung:

1. Stelle mit 50 ml Wasser und Kaliumnitrat eine gesättigte Lösung her.
2. Erwärme die Lösung langsam bis auf 100 °C. Rühre dabei um und gib nochmals 10 g des Salzes hinzu.

Aufgaben:

a) Notiere deine Beobachtungen.
b) Beschreibe den Zusammenhang zwischen Temperatur und Menge an gelöstem Salz.
c) Vergleiche mithilfe der Abbildung auf Seite 125 die Temperaturabhängigkeit der Löslichkeit von Kaliumnitrat mit der von Natriumchlorid.

V4: Wasserhärte

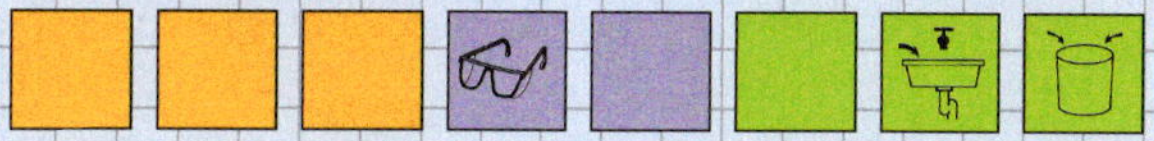

Materialien: Gesamthärte-Teststäbchen; Mineralwasser, Leitungswasser, Meerwasser, destilliertes Wasser.

Durchführung: Tauche ein Teststäbchen in die Wasserprobe und lies den Härtebereich ab.

Aufgabe: Notiere deine Messwerte.

V5: Schaumbildung

Materialien: Stopfen, Tropfpipette; Mineralwasser, Leitungswasser, Meerwasser, destilliertes Wasser, Seifenlösung (alkoholisch (F), nach BOUTRON und BOUDET).

Durchführung:

1. Fülle ein Reagenzglas zur Hälfte mit der Wasserprobe. Gib zwei Tropfen Seifenlösung hinzu, setze den Stopfen auf und schüttle kräftig.
2. Gib weitere Seifenlösung hinzu, bis sich durch das Schütteln ein bleibender Schaum bildet.
3. Wiederhole den Versuch mit den anderen Proben.

Aufgabe: Notiere deine Beobachtungen.

9.6 Wasser löst vieles …

Wasser löst feste Stoffe: Kaliumpermanganat (A), Zucker (B)

Wasser löst Flüssigkeiten: Essigessenz (A), Fruchtsirup (B)

Wasser löst Gase: Kohlenstoffdioxid (A), Sauerstoff (B)

Wasser, mit dem wir im Alltag zu tun haben, ist nur sehr selten reines Wasser. Meistens enthält es noch andere Stoffe. So sind in Trinkwasser Mineralstoffe gelöst; viele Getränke enthalten zusätzlich noch Kohlenstoffdioxid. Solche homogenen Gemische bezeichnet man als Lösungen. Wasser ist dabei das Lösemittel für die gelösten Stoffe.

Feste Stoffe. Besonders gut kann man den Lösungsvorgang bei farbigen Feststoffen wie violettem Kaliumpermanganat erkennen. Dabei entstehen farbige Lösungen.

Flüssigkeiten. Auch viele Flüssigkeiten lösen sich in Wasser. Einige lassen sich sogar in beliebigen Verhältnissen mit Wasser mischen. Das gilt beispielsweise für Alkohol. Im Bier sind in einem Liter Wasser neben anderen Stoffen 50 ml Alkohol gelöst. Ein Liter Spiritus enthält fast 950 ml Alkohol und nur etwa 50 ml Wasser. Auch andere Flüssigkeiten wie Essigsäure oder Fruchtsirup mischen sich vollständig mit Wasser.

Gasförmige Stoffe. Wasser löst auch viele gasförmige Stoffe. Nur weil Wasser gelösten Sauerstoff aus der Luft enthält, können Fische im Wasser über ihre Kiemen atmen. Wird das Gas Kohlenstoffdioxid in Wasser eingeleitet, schmeckt das Wasser erfrischend und leicht säuerlich. Getränke, in denen Kohlenstoffdioxid gelöst ist, bezeichnet man deshalb als kohlensäurehaltige Getränke.
Die Löslichkeit von Gasen in Wasser steigt mit zunehmendem Druck. Beim Abfüllen von kohlensäurehaltigen Getränken wird Kohlenstoffdioxid unter hohem Druck gelöst. Öffnet man die Flasche, sinkt mit dem Druck auch die Löslichkeit und das Kohlenstoffdioxid perlt aus: Aus Limonade, Sprudel, Sekt oder Bier steigen dann Bläschen aufsteigen.

> Wasser ist ein Lösemittel für viele feste, flüssige und gasförmige Stoffe. Lösungen bestehen aus dem Lösemittel und dem gelösten Stoff. Die Löslichkeit von Gasen nimmt mit steigendem Druck zu.

1 Beschreibe in einem Informationstext, welche Bedeutung gelöster Sauerstoff in Flüssen und Seen hat.
2 Informiere dich über die in Erfrischungsgetränken gelösten Stoffe. Stelle sie für einige Getränke nach Art und Menge zusammen.
3 Experimentelle Hausaufgabe: Löse eine Brausetablette in einem Glas Wasser auf. Beschreibe, woran du erkennen kannst, welche Stoffe dabei in Lösung gehen.

9.7 ... aber nicht beliebig viel

Kochsalz, Kupfersulfat, Zucker und viele andere feste Stoffe lösen sich in Wasser. Aber es lassen sich nicht beliebig große Mengen auflösen. In 100 ml Wasser lösen sich bei 20 °C höchstens 36 g Kochsalz. Gibt man weiteres Salz hinzu, bleibt es unverändert als **Bodenkörper** liegen. Die überstehende Lösung ist dann mit Kochsalz **gesättigt.** Von jedem Stoff löst sich also nur eine bestimmte Menge, bis eine *gesättigte Lösung* entstanden ist.

Temperaturabhängigkeit. Beim Erwärmen einer gesättigten Lösung verschwindet der Bodenkörper in vielen Fällen. Er löst sich zusätzlich in der bereits vorhandenen Lösung auf. Lässt man die erwärmte Lösung abkühlen, bilden sich wieder Kristalle. Die Löslichkeit von festen Stoffen ist also von der Temperatur abhängig. In der Regel löst sich umso mehr, je höher die Temperatur des Lösemittels ist. Die Zunahme der Löslichkeit ist allerdings unterschiedlich.

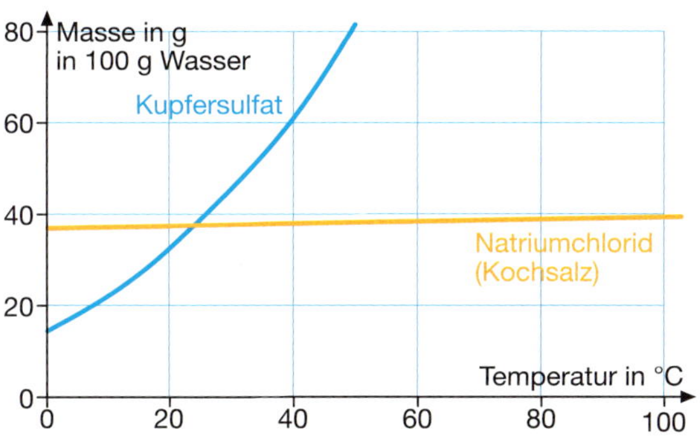

Einfluss der Temperatur auf die Löslichkeit von Natriumchlorid und Kupfersulfat

Auch Gase kann man in Wasser lösen. Die Löslichkeit von Gasen nimmt dabei mit steigendem Druck zu. Mit zunehmender Temperatur der Lösung wird sie hingegen geringer. Daher löst sich in warmen Gewässern weniger Sauerstoff. Im Sommer kann dies für Organismen im Wasser eine tödliche Gefahr bedeuten.

Gehaltsangaben. Mit den Größen Massenanteil w und Massenkonzentration β wird der Gehalt eines Stoffes in einer Lösung angegeben.

Massenanteil:

$$w = \frac{m(\text{gelöster Stoff})}{m(\text{Lösung})}; \quad \text{Einheit } \%$$

Massenkonzentration:

$$\beta = \frac{m(\text{gelöster Stoff})}{V(\text{Lösung})}; \quad \text{Einheit } \frac{\text{g}}{\text{l}} \text{ oder } \frac{\text{mg}}{\text{l}}$$

Lösungen, in denen sich ein Stoff nicht weiter löst, sind gesättigt. Bei vielen festen Stoffen steigt die Löslichkeit mit der Temperatur.
Den Gehalt an einem gelösten Stoff gibt man als Massenanteil oder als Massenkonzentration an.

1 Beschreibe zwei Möglichkeiten, wie man den Bodensatz einer gesättigten Lösung auflösen kann und begründe deine Vorgehensweise.
2 Warme Cola schmeckt abgestanden. Erkläre diese Beobachtung.
3 Erkläre, weshalb Kraftwerke ihr warmes Kühlwasser im Sommer oft nicht mehr in Flüsse einleiten dürfen.

9.8 Wasser ist nicht das einzige Lösemittel ☆

Produkte mit Lösungsmitteln

Fleckentfernung

Lackverdünner und Pinselreiniger

Neben Wasser können auch viele andere Flüssigkeiten als Lösemittel verwendet werden. Insgesamt gesehen spielt Wasser aber die größte Rolle. Denn es ist nicht nur besonders preisgünstig, sondern sehr vielseitig einsetzbar und völlig ungefährlich.

Lösemittel für fettähnliche Stoffe. Andere Flüssigkeiten kommen als Lösemittel dann ins Spiel, wenn man einen Stoff auflösen will, der sich in Wasser schlecht oder gar nicht löst. So ist Benzin in Wasser praktisch unlöslich: Schüttelt man Benzin mit Wasser in einem Reagenzglas, so hat man nach kurzer Zeit wieder zwei Flüssigkeitsschichten. Unten befindet sich Wasser, darauf schwimmt das Benzin mit der geringeren Dichte.

Auch Öle und Fette sind in Wasser unlöslich; sie lösen sich aber in Benzin. Man nimmt deshalb Benzin zu Hilfe, wenn ein Fettfleck aus der Kleidung entfernt werden soll. Dieses *Waschbenzin* ist besonders gereinigtes Benzin. Benzin von der Tankstelle darf keinesfalls verwendet werden. Es enthält viele gesundheitsschädliche und auch giftige Stoffe.

Ähnlich wie Benzin haben viele Lösemittel einen charakteristischen Geruch. So geht der typische Geruch eines Allesklebers vom Lösemittel aus, in dem der eigentliche Klebstoff gelöst ist. Das gilt auch für Nagellack und Nagellackentferner. Anders ist es bei einem Parfüm, das als Lösemittel neben wenig Wasser hauptsächlich Alkohol enthält. Hier machen sich praktisch nur die gelösten Duftstoffe bemerkbar.

Eigenschaften fettähnlicher Lösemittel. Anders als Wasser sind die meisten anderen Lösemittel brennbar. Bei diesen Produkten findet man auf der Verpackung deshalb das Gefahrstoffsymbol mit der Flamme und dem Kennbuchstaben F für leichtentzündliche Stoffe. Beispiele sind neben Alleskleber auch Verdünner für Farben oder Pinselreiniger.

Als weiteres Gefahrstoffsymbol befindet sich oft auch ein Xn für gesundheitsschädlich und ein N für umweltgefährdend auf der Verpackung. Das Einatmen von Lösemitteldämpfen kann zu Gesundheitsschäden führen und die Lösemittel können auch Schäden in der Umwelt verursachen: Wenn sie in Gewässer gelangen, sind vor allem Kleinlebewesen gefährdet.

Lösemittelersatz. Der Einsatz gefährlicher Lösemittel ist seit einigen Jahren stark verringert worden. So findet man bei vielen Anstrichfarben den blauen Umweltengel auf dem Etikett mit dem Hinweis: „wasserverdünnbar". Die früher üblichen Anstrichfarben sind heute weitgehend durch wasserlösliche Stoffe ersetzt worden. Spezielle Verdünner und Pinselreiniger werden dann nicht mehr benötigt. Die Kennzeichnung eines flüssigen Vielzweckklebers als „lösemittelfrei" bedeutet, dass hier nur Wasser als Lösemittel verwendet wurde. Dabei scheint man nicht zu beachten, dass Wasser auch ein Lösemittel ist.

Viele fettähnliche Stoffe lösen sich nicht in Wasser sondern in Lösemitteln wie Benzin. Solche Lösemittel sind meist brennbar und gesundheitsschädlich.

1 Erkläre, warum Lösemittel wie Pinselreiniger nicht auf die Haut gelangen sollten. Überprüfe, ob auf den Gefäßen für solche Reiniger Sicherheitshinweise angegeben sind.

2 Stelle fest, welche Lösemittel du bei euch zu Hause findest. Notiere, wofür sie verwendet werden.

3 In der Autowaschanlage kann man nach der Autowäsche das Auto mit Wachs einsprühen lassen. Zum Entfernen des Wachses von den Scheiben wird ein spezielles Reinigungstuch mitgegeben. Erläutere, was in diesem Reinigungstuch enthalten sein muss.

Lösen und Kristallisieren im Modell

Exkurs

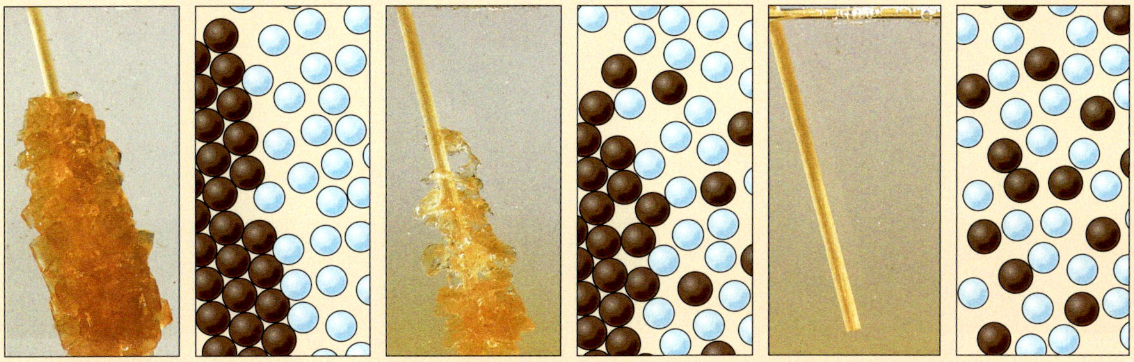

Vor dem Lösen ***Ein Teil ist gelöst*** ***Alles ist aufgelöst***

Die Vorgänge beim Lösen und beim Kristallisieren von Feststoffen kann man mit dem Teilchenmodell verdeutlichen. Als Beispiel kann das Gemisch aus Kandiszucker und Wasser betrachtet werden.

Lösungsvorgang. Wasser und Zucker bestehen aus unterschiedlichen kleinen Teilchen. Im Kandiszucker liegen alle Teilchen dicht nebeneinander und sind an ihre Plätze gebunden. Die Wasser-Teilchen dagegen können sich frei bewegen. Wird Kandiszucker in Wasser getaucht, so stoßen die Wasser-Teilchen mit den äußeren Zucker-Teilchen zusammen. Die gut beweglichen Wasser-Teilchen drängen sich auch zwischen die Zucker-Teilchen. Dadurch werden die Anziehungskräfte zwischen den Zucker-Teilchen geschwächt. Nach und nach können deshalb Zucker-Teilchen aus dem Kristall herausgelöst werden. Wenn das Wasser den Kandiszucker vollständig aufgelöst hat, verteilen sich die Zucker-Teilchen allmählich gleichmäßig zwischen den Wasser-Teilchen.

Kristallisation. Lässt man die Zucker-Lösung längere Zeit stehen, verdunstet das Wasser. Wenn sich eine gesättigte Lösung gebildet hat, entstehen bei weiterer Verdunstung erste Zuckerkristalle. Diese wachsen weiter, bis nach vollständigem Verdunsten des Wassers nur noch die Zuckerkristalle übrig bleiben.

Die Kristallisation entspricht weitgehend einer Umkehrung des Lösungsvorgangs. Beim Verdunsten verlassen einzelne Wasser-Teilchen die Oberfläche. Allmählich verringert sich die Anzahl der Wasser-Teilchen, die sich zwischen den Zucker-Teilchen befinden. Die Anziehungskräfte zwischen den Zucker-Teilchen machen sich immer stärker bemerkbar. Die Zucker-Teilchen ordnen sich wieder regelmäßig nebeneinander zu einem Kristall an.

Mischen von Flüssigkeiten. Wenn man 50 ml Wasser mit 50 ml Spiritus vermischt, so erwartet man als Ergebnis die Summe des Volumens beider Flüssigkeiten, also 100 ml Lösung. Tatsächlich erhält man aber ein geringeres Volumen. Eine Erklärung ergibt sich mithilfe eines **Modellversuchs:** Dabei dienen Erbsen und Senfkörner als Modelle für die kleinsten Teilchen von Spiritus und von Wasser. Mischt man 50 ml Erbsen mit 50 ml Senfkörnern, so bleibt das Gesamtvolumen deutlich unterhalb von 100 ml: Zwischen den Erbsen gibt es noch kleine Hohlräume. Ein Teil der Senfkörner füllt diese Hohlräume aus. Ähnlich ist es beim Mischen von Spiritus und Wasser: Die kleineren Wasser-Teilchen füllen zum Teil die Hohlräume zwischen den größeren Spiritus-Teilchen.

1 Zeichne das Mischen von Spiritus und Wasser im Teilchenmodell.

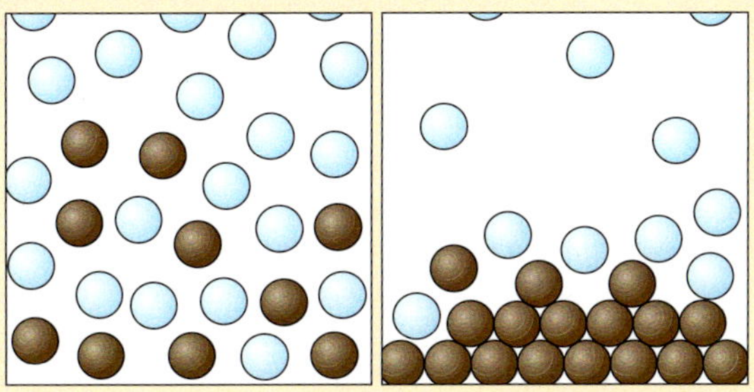

Kristallisation von Zucker

Volumenänderung beim Vermischen

9.9 Saure und alkalische Lösungen

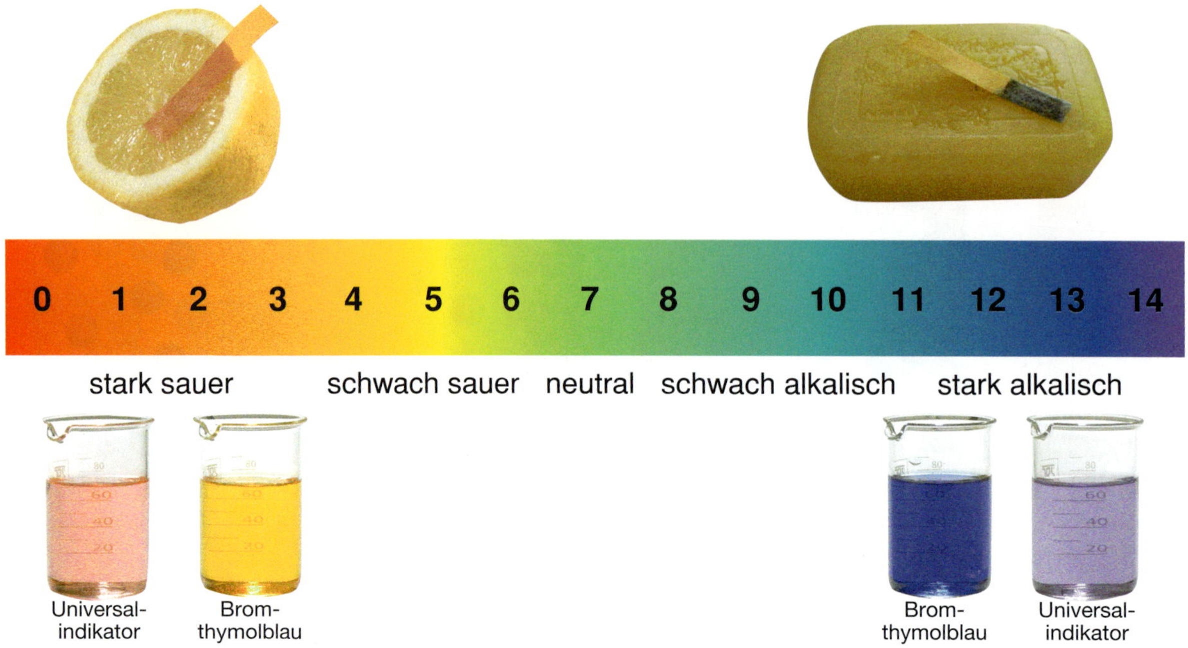

pH-Skala und Indikatorfarbe

Essig und Zitronensaft schmecken stark **sauer.** Hat man einmal zu viel Zitronensaft in den Tee geschüttet, gibt man Zucker hinzu, um den unangenehmen Säuregeschmack abzumildern. Der Tee schmeckt dann süß-sauer. Bei der Herstellung vieler Lebensmittel kommt man aber auch ganz ohne Zucker oder Süßstoff aus, wenn die Zutaten zu sauer sind: Man gibt Natronlauge oder Natron als *Säureregulatoren* hinzu. Die Lösungen dieser Stoffe bezeichnet man als **alkalisch.**
Lösungen, die weder sauer noch alkalisch sind, nennt man **neutral.** Beispiele dafür sind Trinkwasser, Kochsalzlösung und Zuckerlösung.

Indikatoren. Rotkohl wird hellrot, wenn man saure Äpfel oder Essig dazugibt. Eine Prise Natron färbt den Rotkohl blau. In reinem Wasser behält er seine ursprüngliche rotviolette Farbe. Auch zahlreiche andere Farbstoffe – ähnlich wie der Farbstoff des Rotkohls – zeigen in alkalischen Lösungen eine andere Färbung als in sauren Lösungen. Solche Farbstoffe bezeichnet man als *Indikatoren* (lat. *indicare:* anzeigen).

Im Labor wird besonders häufig eine Lösung von *Bromthymolblau* als Indikator eingesetzt. Alkalische Lösungen werden durch diesen Indikator-Farbstoff blau gefärbt, eine Gelbfärbung zeigt eine saure Lösung an, neutrale Lösungen sind grün.

Universalindikatoren enthalten ein Gemisch aus verschiedenen Indikatorstoffen. Universalindikatoren verwendet man im Labor als Lösung oder als Papier.

Der pH-Wert. Um deutlich zu machen, wie stark sauer oder alkalisch eine Lösung ist, gibt man den pH-Wert an. Die übliche pH-Skala reicht von 0 bis 14. Neutrale Lösungen haben einen pH-Wert von 7, saure Lösungen einen pH-Wert kleiner als 7, alkalische Lösungen haben einen pH-Wert größer als 7.

Indikatoren zeigen durch Farbänderungen an, ob saure, neutrale oder alkalische Lösungen vorliegen.
Der pH-Wert gibt an, wie stark sauer oder alkalisch eine Lösung ist. Der pH-Wert 7 kennzeichnet neutrale Lösungen.

1 Erkläre den Begriff *Indikator* an einem selbst gewählten Beispiel. Nenne ein weiteres Beispiel für einen Indikator aus dem Alltag.
2 Erkläre, was man unter dem pH-Wert versteht.
3 Der pH-Wert von Kaffee ist 5, der von Seewasser ist etwa 8. Ordne den Lösungen die Begriffe sauer und alkalisch zu.
4 Nenne Vorteile, die ein Universalindikator gegenüber dem Indikator Bromthymolblau bietet.
5 Übersäuerte Seen werden mit Kalk versetzt. Erläutere dieses Verfahren.

Saure und alkalische Lösungen

V1: Der Radieschenindikator

Materialien: Becherglas (100 ml), kleiner Trichter, Filtrierpapier, Tropfflasche (50 ml), Küchenmesser;
5 große Radieschen, Propanol (Xi, F) oder Brennspiritus (F), Salzsäure (verd.), Haushaltsessig, Mineralwasser (kohlensäurehaltig), Leitungswasser, wässrige Lösung von Natriumhydrogencarbonat (Natron), Natronlauge (verd.; C), Universalindikator-Lösung.

Durchführung:
1. Schäle die Radieschen so dünn wie möglich und gib die Schalen in das Becherglas.
2. Gieße so viel Propanol (oder Brennspiritus) in das Becherglas, dass die Schalen gerade bedeckt sind, und lass die Mischung dann mindestens 15 Minuten lang stehen.
3. Filtriere die Farbstofflösung in die Tropfflasche.
4. Fülle in je ein Reagenzglas etwa 2 cm hoch Salzsäure, Essig, Mineralwasser, Leitungswasser, Natriumhydrogencarbonat-Lösung und Natronlauge.
5. Gib in jedes Reagenzglas etwa 10 Tropfen des Radieschenindikators und vergleiche die Farben.
6. Wiederhole Arbeitsschritt 4 und bestimme den pH-Wert der Lösungen mit Universalindikator.

Aufgaben:
a) Notiere deine Beobachtungen bei der Herstellung des Radieschenindikators.
b) Gib an, welche Farben der Radieschenindikator in den einzelnen Lösungen annimmt.
c) Ordne den Farben einen pH-Wert zu.

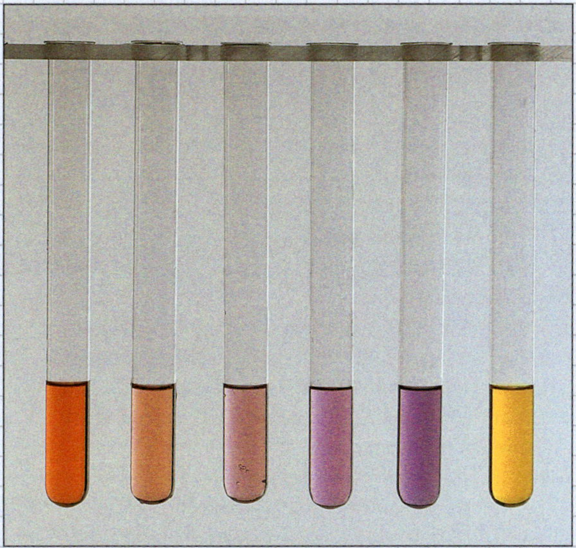

V2: Saure und alkalische Lösungen im Haushalt

Materialien: Tropfpipette;
Kochsalz, Essig, Zitronensaft, Rhabarbersaft, Buttermilch, Waschpulver, Haushaltsreiniger, Entkalker, Jogurt, Sauerkraut, Natron, Abflussreiniger (C), Bromthymolblau.

Durchführung:
1. Gib jeweils eine kleine Probe in ein Reagenzglas mit 5 ml Wasser und schüttle vorsichtig um.
2. Tropfe in jedes Reagenzglas Bromthymolblau-Lösung und schüttle.

Aufgabe: Notiere deine Ergebnisse in Form einer Tabelle.

V3: Saure und alkalische Lösungen im Wettstreit

Materialien: 2 Tropfpipetten;
Essigsäure (5 %), Kalkwasser, Bromthymolblau.

Durchführung:
1. Fülle 1 ml Essigsäure in ein Reagenzglas. Gib einige Tropfen Bromthymolblau-Lösung hinzu und schüttle.
2. Füge tropfenweise Kalkwasser hinzu und schüttle nach jeder Zugabe.
3. Gib zu 2 ml Kalkwasser etwas Bromthymolblau-Lösung und tropfe nach und nach Essigsäure zu.

Aufgabe: Notiere und erkläre deine Beobachtungen.

V4: Oxide bilden saure und alkalische Lösungen

Materialien: Trinkhalm, Tropfpipette;
Universalindikator-Lösung, Phosphorpentoxid (C; B1), Calciumoxid (Xi; B1), Magnesiumoxid.

Durchführung:
1. Gib in drei Reagenzgläser jeweils eine Spatelspitze eines Feststoffes.
2. Füge jeweils 5 ml Wasser hinzu und schüttle.
3. Gib einen Tropfen Universalindikator hinzu.
4. Gib in das 4. Reagenzglas ebenfalls 5 ml Wasser, einige Tropfen Universalindikator und blase ausgeatmete Luft in die Lösung.

Aufgabe: Notiere deine Beobachtungen.

9.10 Wasser = Wasserstoffoxid

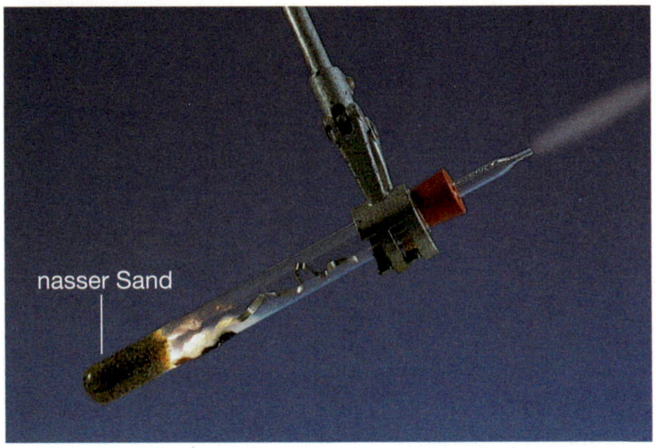

Wasserdampf reagiert mit Magnesium

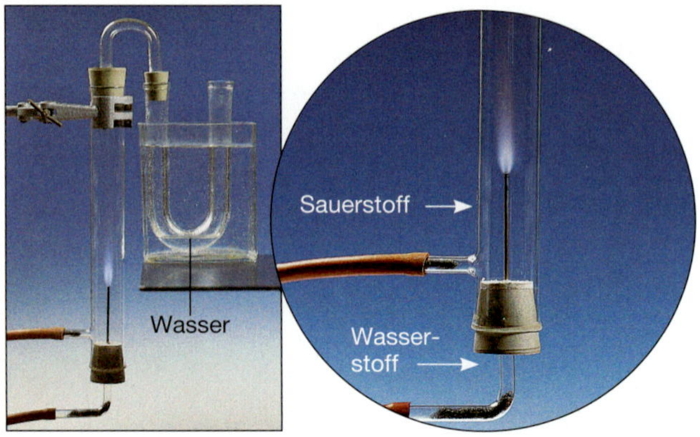

Synthese von Wasser

Im Altertum zählten griechische Philosophen Wasser zu den vier Elementen. Noch heute sprechen wir vom Wasser als dem „nassen Element“. Ob Wasser auch im chemischen Sinne ein Element ist, zeigt ein einfaches Experiment.

Analyse des Wassers. Leitet man Wasserdampf über erhitztes Magnesium, so glüht das Metall auf und reagiert zu weißem Magnesiumoxid. Gleichzeitig bildet sich ein farbloses, brennbares Gas mit sehr geringer Dichte. Dieses Gas ist das Element **Wasserstoff.** Das Reaktionsschema für diese Reaktion lautet:

Wasser + Magnesium ⟶
Wasserstoff + Magnesiumoxid; exotherm

Wasser ist also chemisch zerlegbar und somit kein Element, sondern eine Verbindung aus den Elementen Wasserstoff und Sauerstoff, also ein Oxid. Die chemisch korrekte Bezeichnung für Wasser wäre somit **Wasserstoffoxid.**

Für das Element Wasserstoff verwendet man das Symbol H (gr. *Hydrogenium:* Wasserbildner). Wasserstoff ist das Gas mit der geringsten Dichte: Erst 14 Liter wiegen soviel wie ein Liter Luft. Trotz seiner Brennbarkeit verwendete man Wasserstoff daher lange Zeit als Ballonfüllung.

Synthese von Wasser. Wasserstoff verbrennt an der Luft oder in Sauerstoff mit einer farblosen Flamme. Lässt man das Verbrennungsgas abkühlen, so kondensiert es als eine farblose und geruchlose Flüssigkeit, die als Wasser nachgewiesen werden kann. Die Synthese aus den Elementen Wasserstoff und Sauerstoff bestätigt damit das Ergebnis der Analyse des Wassers.

Wasserstoff + Sauerstoff ⟶ Wasser; exotherm

Wasserstoff verbrennt mit reinem Sauerstoff mit einer sehr heißen Flamme. Man verwendet daher Wasserstoff/Sauerstoff-Brenner zum Schweißen und zum Schneiden schwer schmelzbarer Metalle sowie für die Bearbeitung von Glas.

Elektrolyse von Wasser. Wasser kann auch mithilfe von Gleichstrom zerlegt werden. Dazu werden dem Wasser Salze beigemischt, um die elektrische Leitfähigkeit zu erhöhen. Dann taucht man 2 Metallstäbe in die Lösung und legt eine Gleichspannung an. An einem Pol bildet sich das Element Wasserstoff, am anderen Pol das Element Sauerstoff.
Diese elektrische Wasserzerlegung bezeichnet man auch als Elektrolyse des Wassers. Sie ist die Umkehrung der Synthese des Wassers aus den Elementen.

Wasser ⟶ Wasserstoff + Sauerstoff; endotherm

Wasser ist eine Verbindung aus den Elementen Wasserstoff und Sauerstoff. Wasser kann in diese Elemente zerlegt und aus diesen Elementen synthetisiert werden.

1 Erläutere, weshalb Wasser im heutigen Sinne kein chemisches Element ist.

2 Wasserstoff reagiert mit Sauerstoff zu Wasser.

a) Benenne diese Reaktion

b) Leite her, warum man Wasser auch als Wasserstoffoxid bezeichnen könnte.

3 Erkläre am Beispiel Wasser den Begriff *Synthese.*

4 Erläutere, warum die Zerlegung von Wasser und die Synthese umkehrbare Reaktionen darstellen.

5 Entwirf eine Apparatur zur Elektrolyse von Wasser. Zeichne das Schaltbild und den Versuchsaufbau.

6 Beschreibe dein Vorgehen, wenn du ein Reagenzglas ohne weitere Hilfsmittel mit Wasserstoff füllen willst. Gib an, welche Schwierigkeit dabei auftreten kann.

9.11 Wasserstoff in Labor und Technik

Leitet man ein Wasserstoff/Sauerstoff-Gemisch in eine Seifen-Lösung, so kann man die Seifenblasen mit einem brennenden Holzspan entzünden. Sie explodieren mit lautem Knall. Ein solches Gasgemisch wird daher auch als **Knallgas** bezeichnet. Reiner Wasserstoff brennt dagegen ruhig ab: Hält man eine brennende Kerze an die Öffnung eines mit Wasserstoff gefüllten Glaszylinders, entzündet sich das Gas und verbrennt mit kaum sichtbarer Flamme.
Führt man die Kerze weiter in den Zylinder ein, so erlischt sie. Zieht man die Kerze wieder langsam heraus, entzündet sie sich erneut an der Flammenfront des brennenden Wasserstoffs. Wasserstoff ist also brennbar, unterhält aber die Verbrennung nicht.

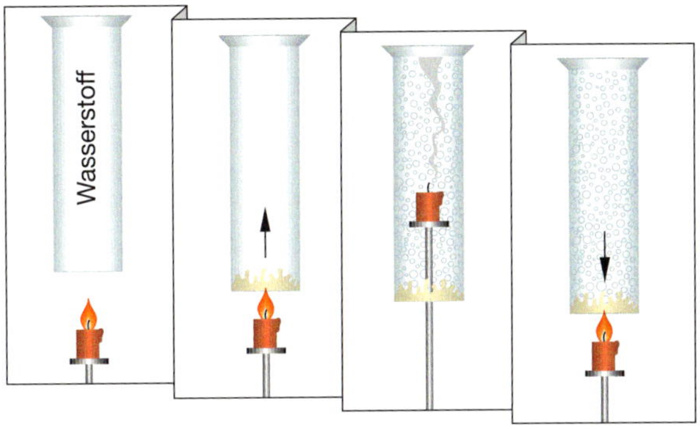

Knallgasprobe. Bei Reaktionen mit Wasserstoff muss man unbedingt prüfen, ob die Apparatur frei von Sauerstoff ist. Dazu führt man die Knallgasprobe durch: Man fängt eine Gasprobe in einem Reagenzglas auf und entzündet sie an der Öffnung des Reagenzglases. Enthält die Gasprobe noch Sauerstoff, entsteht ein pfeifendes Geräusch.

Steckbrief: Wasserstoff

hoch entzündlich

R 12	Hoch entzündlich
S 9	Behälter an einem gut gelüfteten Ort aufbewahren
S 16	Von Zündquellen fernhalten – nicht rauchen
S 33	Maßnahmen gegen elektrostatische Aufladung treffen

Eigenschaften:
- farbloses, geruchloses Gas
- Dichte: $0{,}084 \frac{g}{l}$ (bei 20 °C und 1013 hPa)
- Schmelztemperatur: −259 °C
- Siedetemperatur: −253 °C
- brennbares Gas, unterhält nicht die Verbrennung
- bildet explosives Gemisch mit Sauerstoff (Knallgas)

Wasserstoff im Labor. Die Reaktion von Salzsäure mit einem Metall wie Zink ist die gebräuchlichste Methode, um Wasserstoff in kleinen Mengen herzustellen: Man tropft Salzsäure auf Zinkgranalien und fängt das entstehende Gas auf. Will man einen gleichmäßigen Wasserstoffstrom erzeugen, verwendet man eine Gasdruckflasche mit Wasserstoff. Der auffällig rote Anstrich weist darauf hin, dass sie ein brennbares Gas enthält.

Die Knallgasprobe ist ein Nachweis für Wasserstoff. Wasserstoff bildet mit Sauerstoff ein explosives Gemisch. Reiner Wasserstoff brennt ruhig ab.

1 Erkläre, warum eine brennende Kerze in Wasserstoffgas erlischt.

Wasserstoff

Praktikum

V1: Darstellung und Nachweis von Wasserstoff

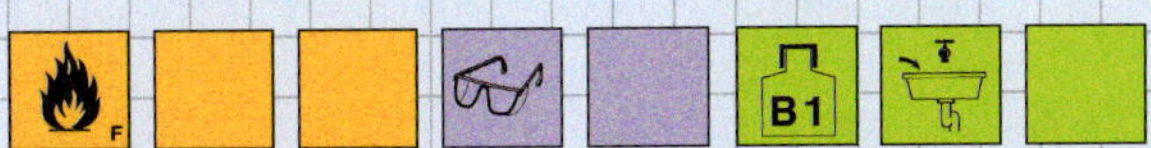

Materialien: Reagenzglas mit seitlichem Ansatz, Schlauch, Gasableitungsrohrstopfen, Stopfen mit Kanüle und Einwegspritze (5 ml), pneumatische Wanne, Gasbrenner; Zink-Granalien (F), Salzsäure (verd.).

Durchführung:
1. Baue die Apparatur wie im Bild auf und gib mit der Einwegspritze langsam verdünnte Salzsäure zu einigen Zink-Granalien.
2. Warte etwas und fange dann das entstehende Gas in zwei Reagenzgläsern auf. Verschließe sie sofort unter Wasser mit einem Stopfen.
3. Führe mit beiden Reagenzgläsern die Knallgasprobe durch und beobachte genau.

Aufgaben:

a) Notiere deine Beobachtungen.

b) Gib die wichtigsten Eigenschaften des entstehenden Gases an.

c) Erkläre, warum du das Gas nicht sofort auffangend solltest.

d) Begründe, wieso bei Reaktionen mit Wasserstoff eine Knallgasprobe durchzuführen ist.

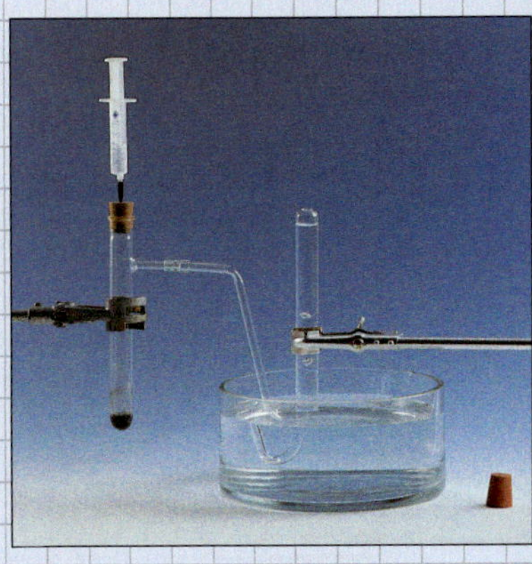

Exkurs

Wasserstoff-Technologie

Gewinnung. Wasserstoff kommt auf der Erde nicht als Element vor. Er muss erst unter hohem Energieaufwand aus Wasserstoff-Verbindungen wie Erdgas oder Benzin oder durch die Zerlegung von Wasser hergestellt werden.
Die elektrische Energie für diese Reaktionen könnte man aus Sonnen-, Wind- und Wasserenergie gewinnen. Die Verwendung von Wasserstoff in großem Maßstab scheiterte bisher jedoch an den hohen Kosten für die Herstellung.

Speicherung und Transport. Wasserstoff kann als Gas in Druckbehältern oder in verflüssigter Form in Stahlbehältern aufbewahrt werden. Um Wasserstoff-Gas zu verflüssigen, muss es unter Druck auf −240 °C abgekühlt werden. Wasserstoff wird über ein Pipeline-Netz oder in Drucktanks per Bahn, Lkw oder Schiff transportiert.

Anwendung. Wasserstoff ist ein umweltfreundlicher Treibstoff für alle Fahrzeuge. Statt schädlicher Abgase bildet sich lediglich Wasserdampf. Wasserstoff kann auf verschiedene Weise als Treibstoff verwendet werden:
Auf den Straßen fahren bereits Versuchsautos mit *Wasserstoff-Motoren,* in denen Wasserstoff an Stelle von Benzin verbrannt wird. Die ersten Wasserstoff-Tankstellen sind auch schon eröffnet. Probleme bereitet jedoch noch die Größe der Tanks.
Eine zweite Art von Fahrzeugen hat einen Elektromotor als Antrieb. Der Strom wird in *Brennstoffzellen* erzeugt. Sie wandeln die Energie, die bei der Reaktion von Wasserstoff mit Sauerstoff frei gesetzt wird, direkt in elektrische Energie um. Getankt wird meist ein flüssiger Kraftstoff. Eine kleine chemische Fabrik an Bord des Fahrzeugs spaltet daraus den Wasserstoff ab.

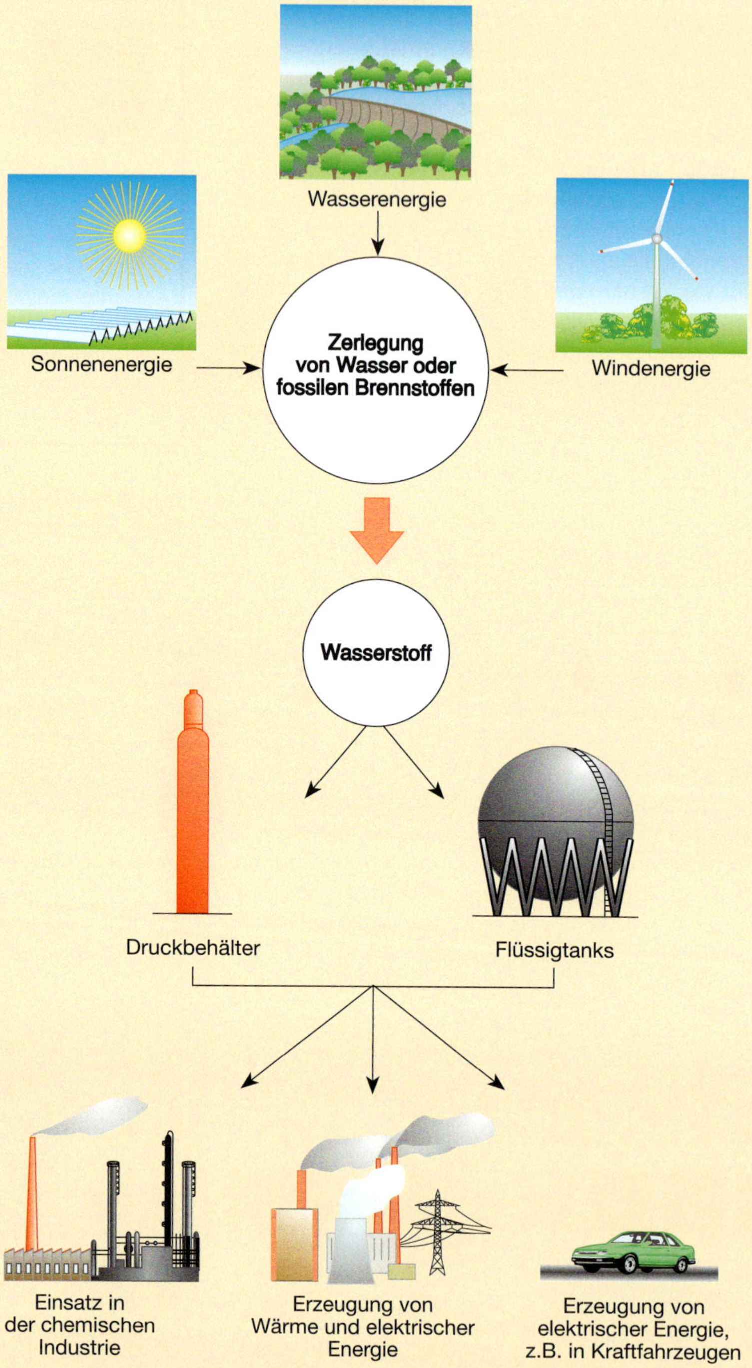

1 Fasse die verschiedenen Möglichkeiten der Gewinnung von Wasserstoff zusammen.

2 Führt ein Rollenspiel zum Thema „Vorteile und Nachteile der Wasserstofftechnologie“ durch.

Ohne Wasser läuft nichts

Basiswissen

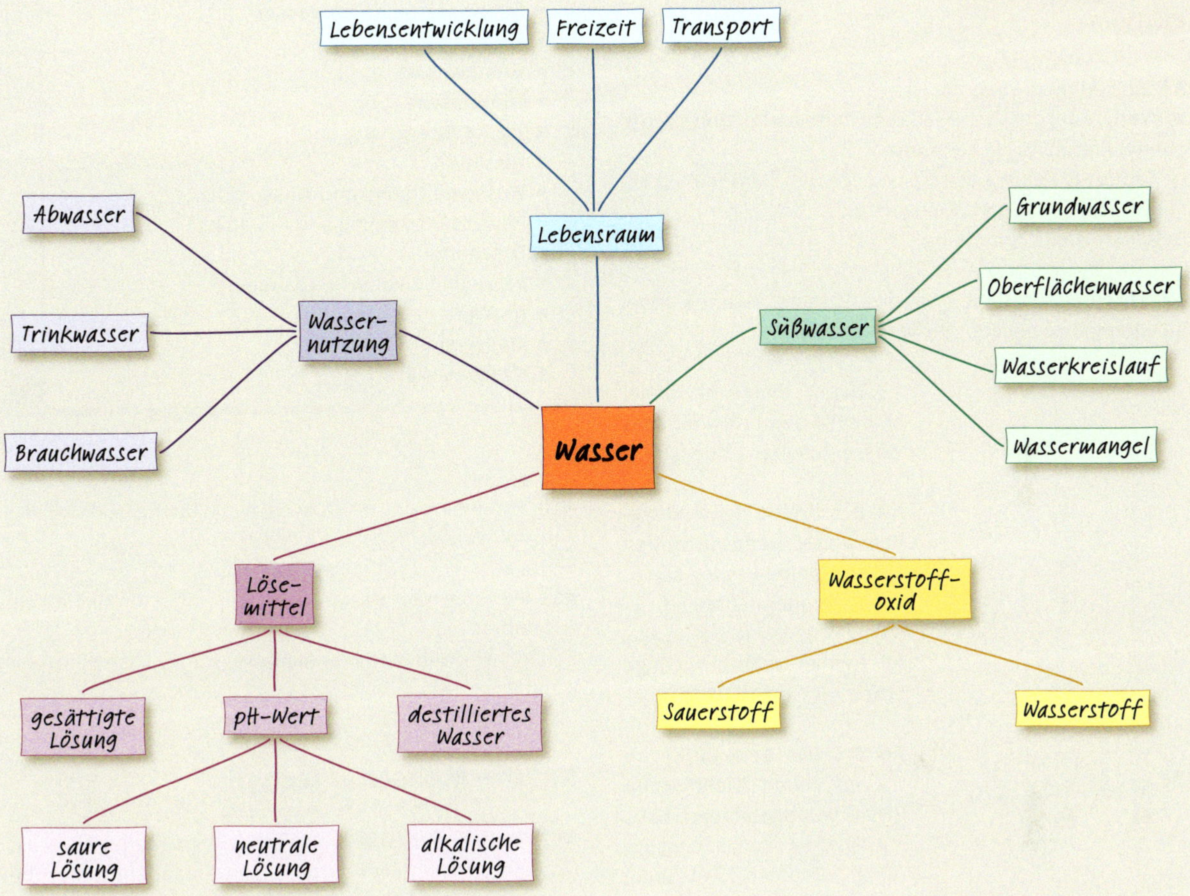

Wasser – eine begehrte Ressource

Chemie in unserer Welt

Wasser ist ein wichtiger Stoff im täglichen Leben. Sein Vorkommen scheint uns sehr oft unbegrenzt. Tatsächlich ist Wasser aber ein knappes Gut. Durch den natürlichen Wasserkreislauf und durch technische Kreisläufe können die begrenzten Vorräte immer wieder genutzt werden.

Wasserüberwachung. Die Überwachung der Wasserqualität ist eine wichtige Aufgabe der Chemie. Chemiker und Laboranten untersuchen regelmäßig unser Trinkwasser, aber auch das Wasser in Schwimmbädern und Badeseen. Chemiker haben die Nachweisreaktionen für die Wasserinhaltsstoffe entdeckt und daraus verlässliche Analyseverfahren entwickelt. Im Alltag stehen uns solche Verfahren als Teststäbchen zur Verfügung um etwa die Wasserhärte im Trinkwasser zu bestimmen.

Die Reinheit von Trinkwasser wird mit chemischen Verfahren überprüft und zur Reinigung werden chemische Verfahren herangezogen. Gleiches gilt bei der Abwasserreinigung im Klärwerk. Für diese Prozesse sind die Kenntnisse über das Lösemittel Wasser wichtig.

Wasserstofftechnologie. Eine spannende Frage war über Jahrtausende das Problem, ob Wasser ein Element oder eine Verbindung ist. Da Wasser in Wasserstoff und Sauerstoff zu zerlegen ist, muss Wasser als Wasserstoffoxid eine Verbindung sein. Der bei der Zerlegung von Wasser entstehende Wasserstoff wird der als wichtiger Energieträger für die Zukunft angesehen, da bei der Verbrennung keine Schadstoffe entstehen. Die aktuelle chemische Forschung sucht Lösungen für die sichere Speicherung von Wasserstoff.

Prüfe dein Wissen

Quiz

A1 **a)** Erkläre die Begriffe des Fensters.
b) Notiere auf der Vorderseite von Karteikarten den Begriff, auf der Rückseite die Erklärung.
c) Ordne die Begriffe den Basiskonzepten „Materie“, „chemische Reaktion“ und „Energie“ zu.
Begründe deine Zuordnung.

A2 Beschreibe den Kreislauf des Wassers, beginne dabei an einer gut geeigneten Stelle.

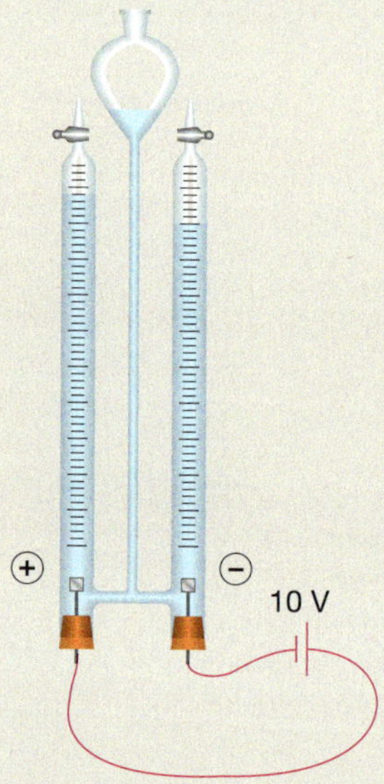

A3 Nenne einige Beispiele, an denen deutlich wird, dass Wasser lebenswichtig ist.

A4 Beschreibe deine Vorgehensweise, wenn du prüfen sollst, ob eine Lösung sauer, alkalisch oder neutral ist.

A5 Nenne weitere wichtige Lösemittel neben Wasser.

A6 Bei der Zerlegung von Wasser durch elektrischen Strom im abgebildeten HOFMANNschen Zersetzungsapparat entstehen zwei Gase. Gib an, um welche Gase es sich handelt und wie man sie nachweisen kann.

A7 Erläutere am Beispiel Wasserstoff den Begriff „Energieträger“. Gib an, welche Vorteile und Nachteile Wasserstoff als Energieträger bietet.

Know-how

A8 Wasser ist ein gutes Lösemittel für viele Stoffe. Beschreibe je ein Experiment, mit dem man beweisen kann, dass im Mineralwasser folgende Stoffe gelöst sind:
a) Feststoffe
b) Gase.

A9 Wenn in einer Apparatur vor dem Erhitzen neben Wasserstoff noch Luft oder Sauerstoff vermutet wird, führt man die Knallgasprobe durch.
a) Beschreibe, wie man dabei vorgeht.
b) Erkläre, was du aus der folgenden Beobachtung schließt: Die Probe brennt fast geräuschlos ab.

Die wichtigsten Begriffe

- Lebensraum Wasser
- Süßwasser und Salzwasser
- Kreislauf des Wassers
- Grundwasser
- Trinkwasser
- Trinkwassergewinnung
- Uferfiltrat
- Wassergebrauch und Wassernutzung
- Abwasserreinigung und Kläranlage
- Lösemittel
- saure und alkalische Lösungen
- pH-Wert
- Wasserstoff
- Knallgasprobe

A10 Formuliere das Reaktionsschema für die Reaktion von Zink mit Wasser.

A11 Parfüme oder Rasierwasser enthalten oft Alkohol als Lösemittel.
Erkläre, weshalb man hier nicht Wasser als Lösemittel verwendet.

Natur – Mensch – Technik

A12 Sodbrennen ist die Folge eines übersäuerten Magens. Magentabletten gegen Sodbrennen enthalten Stoffe, die schwach alkalisch reagieren. Erkläre, wie solche Tabletten die Beschwerden beseitigen können.

A13 Erstelle in Anlehnung an den Wasserkreislauf in der Natur einen Kreislauf für Brauchwasser.

A14 Neben großen Industrieanlagen findet man häufig eine Ansammlung künstlich angelegter Teiche.
Nenne mögliche Gründe für die Anlage solcher Teiche.

Ohne Wasser läuft nichts

A1 Löslichkeit von Gasen

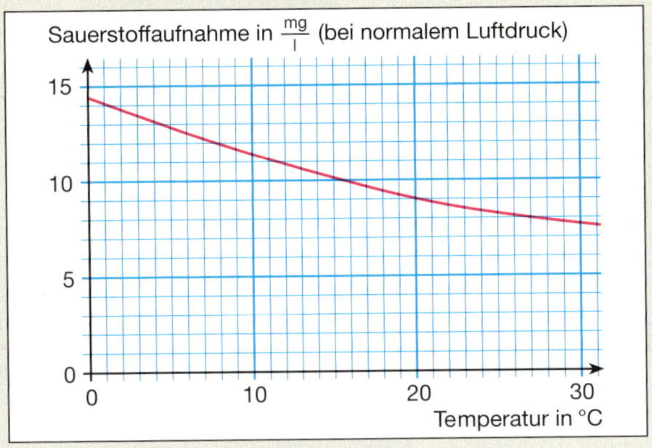

Löslichkeit von Sauerstoff in Wasser

(SV) Fischsterben im Rekordsommer. Deutschland liegt seit über zwei Wochen unter einer Hitzeglocke. Das heiße Wetter macht aber nicht nur den Menschen zu schaffen, sondern auch die Natur leidet unter der Hitze: So führten die anhaltend hohen Temperaturen zu einem massiven Fischsterben. Fischer mussten mehr als 2000 tote Äschen aus dem Hochrhein bergen. Noch lebende, nach Luft schnappende Fische wurden mit Käschern eingefangen und in große belüftbare Wassertröge umgesetzt. Besonders dramatisch war die Situation in den Seitenarmen des Rheins. Unzählige Brassen, Rotaugen und Zander verendeten hier. Einzelne Seitenarme sind streckenweise ausgetrocknet und dadurch von der Wasserzufuhr durch den Rhein abgeschnitten. Wo der Wasserstand bei Normalbedingungen fast zwei Meter beträgt, sind jetzt nur noch bessere Pfützen von 20 bis 30 Zentimeter Tiefe übrig geblieben. Die Hitze hat diese Gewässer ausgezehrt.
Als Sofortmaßnahme ordneten die zuständigen Behörden in Bayern und in Baden-Württemberg an, einige Kraftwerke, die an größeren Flüssen liegen, vom Netz zu nehmen.

a) Erkläre die Ursachen des in der Zeitungsnotiz beschriebenen Fischsterbens.
b) Beschreibe und erläutere das Diagramm.
c) Begründe mithilfe des Diagramms, warum die hohen Temperaturen des Rekordsommers für das Fischsterben verantwortlich sind.
d) Um ein weiteres Fischsterben zu vermeiden, wird eine künstliche Belüftung von Teichen und Seen erwogen. Beurteile, welche Vor- und Nachteile eine solche Maßnahme hätte.
e) Die Wassertemperatur der Nordsee ist in den letzten 40 Jahren um etwa 1,1 Grad gestiegen. Im Laufe dieses Jahrhunderts ist mit einem weiteren Anstieg um 2 bis 4 Grad zu rechnen. Erläutere mögliche Konsequenzen.

A2 Wassernotstand in Barcelona

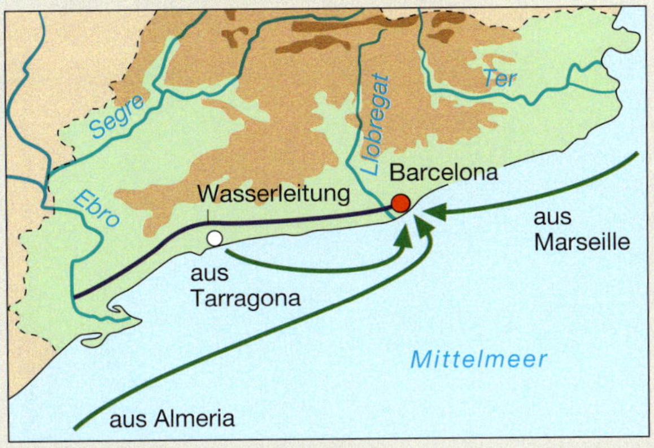

Wasserversorgung von Barcelona

Im Sommer 2008 wurde in Zeitungen berichtet, dass Barcelona in absehbarer Zeit der Wassernotstand drohe. Der Wassermangel ist zum einen die Folge extrem geringer Niederschläge, der zur schlimmsten Dürre seit 60 Jahren führte. Zum anderen hat sich die Bevölkerung in den letzten 50 Jahren verdoppelt, der Wasserverbrauch aber sogar verdreifacht.
Dabei ist in Barcelona der private Wasserverbrauch nicht einmal besonders hoch. Der Pro-Kopf-Verbrauch liegt mit nur 110 Litern pro Tag deutlich niedriger als beispielsweise in Valencia, wo der Verbrauch bei 170 Litern liegt. Im internationalen Vergleich verbrauchen die Einwohner von New York oder Peking mit etwa 600 Litern pro Jahr sogar mehr als das Fünffache. Allerdings ist die Bewässerung in der Landwirtschaft im Großraum Barcelona wenig effizient: Der Wasserverbrauch für Bewässerung ist nahezu doppelt so hoch wie in Israel oder Marokko.
Hoteliers sehen erhebliche Probleme, für ihre Hotelanlagen weiterhin ausreichend Wasser zu haben oder ihre Grünanlagen zu bewässern. Wasserkraftwerke produzieren nur noch halb so viel Strom. Die Waldbrandgefahr nimmt auch im Winter zu. Diese Beobachtungen decken sich mit einer Studie des Umweltverbandes WWF. Diese Studie sagt voraus, dass große Teile der Mittelmeerländer in den nächsten 20 bis 30 Jahren immer trockener werden.
Bei dem akuten Wassermangel kämpfen die einzelnen Regionen um das knappe Wasser. Man diskutiert sogar die Möglichkeit, Flüsse umzuleiten. Die Frage, wem das Wasser gehört, ist auf einmal sehr aktuell.

a) Fasse die Ursachen des Wassermangels zusammen.
b) Recherchiere, ob du weitere Regionen mit ähnlichen Problemen findest.
c) Zur Lösung der Wasserprobleme sollen in Spanien Anlagen zur Meereswasserentsalzung gebaut werden. Informiere dich über die Funktion und Folgen dieses Verfahrens.

10 Kupfer – ein wichtiges Gebrauchsmetall

Bereits vor über 9000 Jahren wurde Kupfer in gediegener Form als Werkstoff für die Herstellung von Schmuckstücken verwendet. Damit war es eines der ersten Gebrauchsmetalle in der Geschichte der Menschheit.
Vor etwa 6000 Jahren entwickelten die Ägypter Verfahren, um das Metall aus Erzen zu gewinnen. Der Name Kupfer leitet sich von einem Fundort der Erze ab (lat. *aes cyprium:* Erz aus Zypern).
Im weiteren Verlauf der Geschichte hat dann Eisen Kupfer in seiner Bedeutung als Werkstoff abgelöst. Aber obwohl Kupfer um ein Vielfaches teurer als Eisen ist, wird es auch heute noch in großen Mengen verwendet.

Zentrale Fragen:
- Welche Bedeutung hat Kupfer für unseren Alltag?
- Welche Eigenschaften haben Kupfer und Kupfer-Verbindungen?
- Wie kann man Kupfer mithilfe chemischer Reaktionen gewinnen?
- Wie viel Kupfer ist in Kupfer-Verbindungen enthalten?

10.1 Kupfer – ständiger Begleiter des Fortschritts

Antike Gegenstände aus Bronze

Leiterbahnen auf einem Chip

Jeder kennt das rötlich glänzende Metall und seine wichtigsten Anwendungsbereiche: Kupfer ist auch heute noch eines der wichtigsten Gebrauchsmetalle.

Geschichte des Kupfers. Seit dem Ende der Steinzeit wurde Kupfer wegen seines *metallischen Glanzes* und seiner guten *Verformbarkeit* vielfältig verwendet, zuerst vor allem als Schmuckmetall.
Mit der zunehmenden Beherrschung der Gewinnung von Kupfer aus *Erzen* wurde es möglich, das Metall in viel größeren Mengen bereitzustellen. So konnte ein großer Teil der vorher aus Stein gefertigten Werkzeuge ersetzt werden.

Später erwies sich eine *Legierung* (siehe hierzu auch Kapitel 3.2) aus Kupfer und Zinn als noch besser geeignet als reines Kupfer, da sie eine deutlich größere Härte aufweist. Bei dieser Legierung handelt es sich um *Bronze*. Der neue Werkstoff ermöglichte die Produktion von Waffen, die zu einer deutlichen militärischen Überlegenheit führten. Es entstanden Hochkulturen, deren Macht und Reichtum auf der Technik zur Herstellung von Bronze und auf dem Handel mit dem Metall beruhten. Die Herstellung von Bronze und ihr Gebrauch haben damit das Leben der Menschen in starkem Maße beeinflusst. Diese Epoche wird daher als *Bronzezeit* bezeichnet.

Trotz der günstigeren Eigenschaften von Bronze haben sich auch Anwendungen von reinem Kupfer erhalten. So wurden im Mittelalter Dächer bedeutender Bauten mit Kupfer belegt. Hier bot das Metall im Gegensatz zu den vorher verwendeten Holzdächern den Vorteil, der Brandgefahr in den Städten effektiv entgegenzuwirken. Auch die sehr gute *Beständigkeit* von Kupfer gegenüber Umwelteinflüssen machte es zu einem wichtigen Bauwerkstoff.

Kupfer heute. Auch heute noch verwendet man Kupfer im Baugewerbe: Es wird zu Rohren verarbeitet, die als Leitungen für Heizöl, Gas und auch Wasser genutzt werden. Nicht nur die gute *Verformbarkeit* macht Kupfer zu einem idealen Werkstoff für diese Anwendungen, sondern auch seine antibakterielle Wirkung. So ist selbst bei längeren Standzeiten von Trinkwasser in der Leitung sichergestellt, dass es nicht zur Ausbreitung von Krankheitserregern kommen kann.

Bei der Verwendung von Kupfer spielt neben dem Bausektor die Elektrotechnik die wichtigste Rolle. Hier wird Kupfer wegen seiner guten *elektrischen Leitfähigkeit* verwendet. Neben Silber ist Kupfer zwar nur der zweitbeste elektrische Leiter, dafür aber wesentlich preiswerter. Ohne Kupfer wäre die Produktion moderner Kommunikationsmittel wie Computern oder Mobilfunktelefonen nicht denkbar.

Darüber hinaus ist Kupfer ein *ausgezeichneter Wärmeleiter* und wird zur Herstellung von Töpfen und Pfannen verwendet. Es leitet die vom Herd abgegebene Wärme schnell weiter und hilft so, Energie zu sparen. Bevorzugt wird es zur Herstellung von Topfböden verwendet.

Kupfer ist eines der ältesten Gebrauchsmetalle in der Menschheitsgeschichte. Es lässt sich leicht verarbeiten und leitet den elektrischen Strom und die Wärme sehr gut.

1 Nenne Beispiele für die Verwendung von Kupfer und Bronze.

2 **a)** Recherchiere die Eigenschaften von Kupfer und erstelle einen Steckbrief. **b)** Bereite einen Kurzvortrag vor, in dem du die Eigenschaften präsentierst.

Projekt

Untersuchung von Kupfer

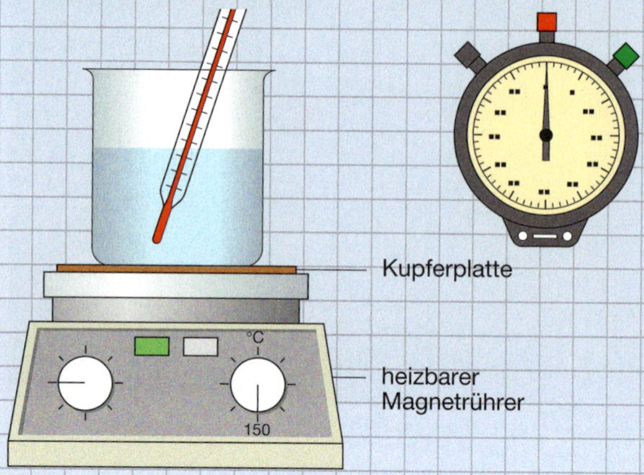

V1: Wärmeleitfähigkeit von Kupfer

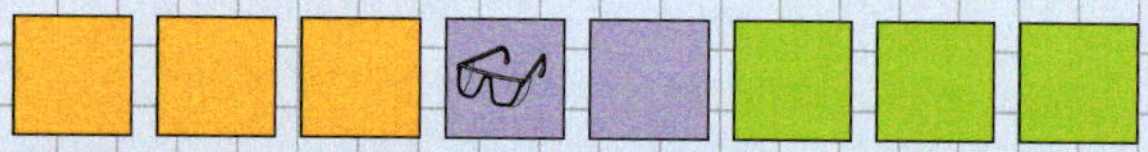

Materialien: Heizplatte, Thermometer (bis 200 °C), Stoppuhr, Tiegelzange, Becherglas (100 ml);
Kupferplatte, Eisenplatte, Glasplatte (gleiche Abmessungen).

Durchführung:

1. Regle die Temperatur der Heizplatte auf etwa 150 °C ein. Kontrolliere die Temperatur mit dem Thermometer.
2. Wenn die Temperatur sich nicht mehr ändert, wird das Kupferblech mittig auf die Heizplatte gelegt und ein Becherglas mit 100 ml Wasser darauf gestellt.
3. Starte die Stoppuhr und miss die Wassertemperatur so lange, bis sie 50 °C erreicht. Lies dann die Stoppuhr ab.
4. Wiederhole das Experiment mit den anderen Platten.

Aufgaben:

a) Notiere deine Beobachtungen.

b) Begründe, weshalb die Böden moderner Töpfe und Pfannen aus Kupfer bestehen.

V2: Experimentelle Hausaufgabe: Kupfer unter Umwelteinflüssen

Materialien: Stahlwolle, Gläser oder Kunststoffbecher, Klebeband;
mehrere Kupferblechstreifen, Essig, Salz, Abflussreiniger
Hinweis: Beachte die Sicherheitshinweise des Herstellers.

Durchführung:

1. Poliere alle Kupferblechstreifen vor dem Experiment mit der Stahlwolle, um eine frische Kupferoberfläche zu erhalten.
2. Klebe einen Teil jedes Kupferblechstreifens mit Klebeband ab. Dieses Stück dient dir später als Vergleichsfläche.
3. Lege einen Kupferblechstreifen an einen sehr trockenen Ort (Heizungsraum) und einen zweiten an einen sehr feuchten Ort (Badezimmer).
4. Fülle in ein Glas je 100 ml Leitungswasser, Salzwasser, Essig und Lösung von wenigen Körnern Abflussreiniger in Wasser. Gib je einen Streifen Kupferblech in die Flüssigkeit.

Aufgaben:

a) Notiere präzise die Bedingungen, die bei deinen Versuchen geherrscht haben.

b) Protokolliere zunächst deine Beobachtungen für eine Woche täglich und dann für einen Monat wöchentlich.

c) Gib an, unter welchen Bedingungen Kupfer angegriffen wird und wann es keine Reaktion zeigt.

d) Hast du Ideen für weitere Experimente? Führe diese Experimente durch und protokolliere sie.

e) Stelle die Ergebnisse deiner Untersuchungen im Unterricht vor.

Hinweis: Nicht immer ergibt sich bei den Experimenten gleich eine deutliche Veränderung. Du solltest daher die Geduld aufbringen, deine Beobachtungen über mehrere Tage zu notieren und auch kleinste Veränderungen festhalten.

V3: Experimentelle Hausaufgabe: Frischhalten von Schnittblumen

Als Ratschlag für die richtige Behandlung von Schnittblumen wird häufig angeführt, dass man ein Stück Kupfer mit in das Blumenwasser geben soll.

Aufgaben:

a) Entwickle Experimente, mit denen überprüft werden kann, ob der Ratschlag wirklich wirksam ist.

b) Führe die Experimente durch und beschreibe deine Beobachtungen.

c) Erkläre den theoretischen Hintergrund des Ratschlags.

d) Recherchiere, welche anderen Möglichkeiten zur Verbesserung der Haltbarkeit von Schnittblumen es gibt. Erstelle dazu eine Übersicht.

e) Bereite einen Kurzvortrag mit deinen Ergebnissen vor.

10.2 Silber und Gold ☆

Silberglanz und Kupfersilberglanz

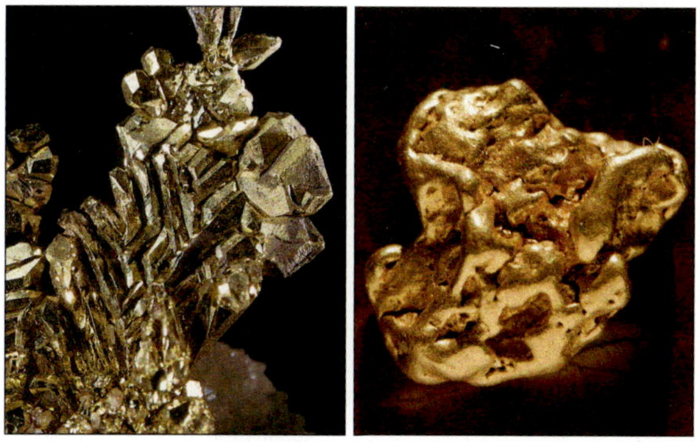

Goldkristall und Goldnugget

Neben Kupfer zählen Silber und Gold zu den Metallen, die bereits seit Jahrtausenden verwendet werden. Bei allen drei Metallen handelt es sich um Edelmetalle. Silber und Gold kommen in der Natur jedoch viel seltener vor; daher sind sie deutlich wertvoller. So kostet ein Kilogramm Kupfer etwa 5 Euro und ein Kilogramm Silber rund 380 Euro. Ein Kilogramm Gold hat dagegen einen Wert von 20 000 Euro.

Silber. Bereits vor 7000 Jahren wurde elementares Silber für Schmuckstücke oder als Zahlungsmittel verwendet. Das Metall kommt in der Natur elementar vor, meist ist es jedoch an Schwefel gebunden.
Solche natürlich vorkommenden Verbindungen bezeichnet man als **Mineralien.** Haben sie einen besonders hohen Metallgehalt, spricht man von **Erzen.** Zu den wichtigsten Silber-Erzen gehören Silberglanz und Kupfersilberglanz. Die bedeutendsten Lagerstätten für Silbererze befinden sich in Peru, Mexiko und Australien.

Silber hat die beste elektrische Leitfähigkeit aller Metalle. Daher wird es in Elektronik und Elektrotechnik in Hightech-Anwendungen eingesetzt, bei denen die Materialkosten keine Rolle spielen.
Im polierten Zustand spiegelt Silber besonders stark; deshalb wird es als dünne Beschichtung in Christbaumkugeln und Spiegeln verwendet. Die keimtötende Eigenschaft von Silber wird neuerdings bei der Produktion medizinischer Geräte und Textilien genutzt. Hier wirkt das verarbeitete Metall praktisch als Dauerdesinfektionsmittel.

Silber ist gegenüber Umwelteinflüssen relativ beständig, es ist allerdings unedler als Gold. Im Kontakt mit Schwefel oder Schwefelverbindungen überzieht sich Silber jedoch mit einem dünnen, schwarzen Belag aus Silbersulfid. Man sagt: Silber läuft an.

Gold. In nahezu allen Kulturen spielte Gold eine besondere Rolle. Die ältesten archäologischen Funde stammen aus dem 6. Jahrtausend vor Christus.
Gold verdankt seine Sonderstellung seinen besonderen Eigenschaften: es hat eine auffallend gelbe Farbe, es ist weich und daher leicht zu verarbeiten und es ist äußerst beständig gegenüber Umwelteinflüssen. Es verliert daher auf Dauer kaum an Glanz. Seine chemische Beständigkeit ist auch die Ursache dafür, dass das Metall in der Natur vor allem elementar vorkommt.

Gold wurde früher bei den Staatsbanken in großen Mengen gelagert; es diente als Währungsreserve. Auch heute gilt es als sichere Geldanlage. Im Wesentlichen wird Gold für die Produktion von Schmuck verwendet. Ein weiteres Anwendungsgebiet ist die Zahntechnik, in der Goldlegierungen zu langlebigen Zahnfüllungen verarbeitet werden.

Silber und Gold sind Edelmetalle. Sie kommen in der Natur daher elementar vor. Sie werden vor allem in der Schmuckindustrie verwendet.

1 Erläutere, weshalb Gold in der Natur zumeist gediegen vorkommt und Silber hingegen nicht.
2 Beschreibe, für welche Zwecke Silber und Gold heute verwendet wird.
3 Erstelle mithilfe deines Atlas eine Tabelle, in der du die wichtigsten Lieferanten für Silbererze und Gold auflistest. Lies die zugehörigen Fördermengen aus den Karten ab.
4 Recherchiere die Eigenschaften von Silber und Gold und erstelle Steckbriefe. Bereite einen Kurzvortrag vor, in dem du die Eigenschaften der Metalle präsentierst.
5 Erkläre, was man unter dem Begriff *gediegen* versteht
6 Suche fünf Begriffe aus der alltäglichen Sprache, die sich auf Edelmetalle beziehen.

Exkurs Kupfergewinnung heute

Bereits in der Antike wurde Kupfer aus Kupfererzen gewonnen. Damals verwendete man dazu Erze, die Kupferoxid enthielten. In einfachen Öfen wurde das Erz mit Holzkohle umgesetzt.
Nach dem Entzünden der Kohle setzt eine exotherme Reaktion ein, bei der sich Kupfer und Kohlenstoffdioxid bilden. Das Kupfer sammelte sich bei diesem Verfahren im unteren Teil des Ofens.

Kupfergewinnung heute. Die heute wichtigsten Kupfererze sind Kupferglanz und Kupferkies. In ihnen ist Kupfer an Schwefel beziehungsweise an Schwefel und Eisen gebunden.

Weil das Metall heute so wertvoll ist, gelten Erzlagerstätten mit einem Kupferanteil von bis hinunter zu 0,3 % als abbauwürdig. Damit ein solches Erz weiterverarbeitet werden kann, muss zunächst das taube Gestein abgetrennt werden, in dem kein Kupfer enthalten ist. Dazu wird das Erz gemahlen und das erhaltene Gesteinsmehl in Wasser aufgeschlämmt.
Dann wird in diese Suspension Luft eingeblasen. Die Kupferminerale bleiben dabei an den Luftbläschen haften und steigen nach oben. In weiteren Arbeitsschritten werden sie von der Suspension getrennt und anschließend getrocknet. Durch diese *Erzaufbereitung* erhält man ein Konzentrat mit einem Anteil von bis zu 50 % Kupfer.

Bei der nun folgenden *Verhüttung* wird das Konzentrat mit Zusatzstoffen versetzt und in einen Ofen eingebracht. Durch Einblasen von Luft und Sauerstoff wird zunächst das im Erz enthaltende Eisen oxidiert. Das entstehende Eisenoxid wird in eine Schlacke umgewandelt, die sich leicht abgießen lässt. Zurück bleibt zunächst geschmolzenes Kupfersulfid. Durch weiteres Einblasen von Luft bilden sich schließlich Kupfer und gasförmiges Schwefeldioxid.

Das so erhaltene Rohkupfer hat einen Kupfergehalt von 98 % bis 99 %. Es enthält Verunreinigungen von Eisen und Zink, aber auch Edelmetalle wie Silber, Gold und Platin sind enthalten.

Für viele Anwendungen ist das gewonnene Rohkupfer aber nicht rein genug. Bei der folgenden Reinigung, der so genannten *Raffination,* werden Verunreinigungen mithilfe von elektrischem Strom weitgehend abgetrennt. Man erhält Reinstkupfer mit einem Reinheitsgrad von 99,99 %. Als begehrte Nebenprodukte fallen dabei Edelmetalle an.

Kupferrecycling. Der Wiederverwertung von Werkstoffen wie Kupfer kommt heute eine immer größere Bedeutung zu. Zum einen werden dabei Rohstoffe geschont und zum anderen kann Energie eingespart werden, die bei der Verhüttung von Kupfererzen aufgebracht werden müsste.
Kupferschrott ist deshalb heute eine besonders wichtige Rohstoffquelle für die Gewinnung von Reinstkupfer. Er ist für die Aufreinigung auf elektrischem Wege bestens geeignet. Deshalb wird die Wiederverwertung von Kupferschrott auch als größte und wirtschaftlichste Kupfermine der Welt bezeichnet. Auf diese Art und Weise wird Kupfer in den Produktkreislauf zurückgeführt.

1 Erstelle ein Fließschema für den Produktionsprozess von Kupfer.
2 In der größten Kupfermine der Welt in Chuquicamata (Chile) werden 180 000 Tonnen Erz pro Tag gefördert. Das Erz hat einen durchschnittlichen Kupfergehalt von 1,5 %. Berechne, wie viel Tonnen Kupfer pro Tag gewonnen werden.
3 Recherchiere, zu welchen Zwecken in Deutschland Kupfer verwendet wird. Erstelle dazu ein Tortendiagramm.

Kupfer – ein wichtiges Gebrauchsmetall

Basiswissen

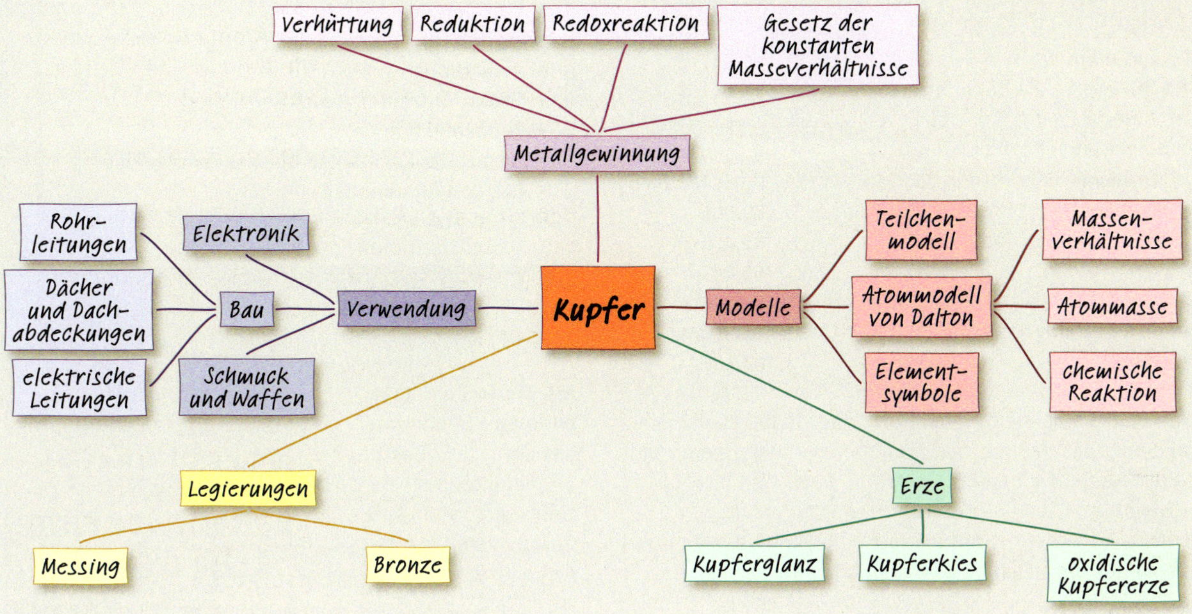

Vom Experiment zum Modell

Chemie in unserer Welt

Die erste Verwendung von Metallen wie Kupfer stammt aus einer Zeit, als die Menschen zufällig gediegene Stücke des Metalls fanden und als Schmuck nutzten. Erst die Chemie erschloss dann eine weiter reichende Anwendung: Mithilfe von Holzkohle konnte man metallische Oxide reduzieren und so das Metall in größerer Menge herstellen. Die damaligen Metallurgen waren praktisch Chemiker, denn sie stellten einen neuen Stoff her. Heute wird die praktische Arbeit in der Produktion ergänzt und weiterentwickelt durch die Anwendung von Modellen und Theorien.

Experiment und Modell im Wechselspiel. Wichtige Grundlagen für unser heutiges naturwissenschaftliches Verständnis der Welt wurden zu Beginn der Neuzeit gelegt. Dazu gehört in erster Linie die zentrale Stellung des Experiments im Prozess der Erkenntnisgewinnung. Experimentelle Untersuchungen gehörten von Anfang an zum Selbstverständnis der Chemie. In der zweiten Hälfte des 18. Jahrhunderts kam mit der Waage als Messinstrument die zahlenmäßige Erfassung chemischer Reaktionen hinzu.

DALTONs Atommodell lieferte im Nachhinein die Theorie für die Massengesetze chemischer Reaktionen. Diese Modellvorstellung führte gleichzeitig aber auch zu neuen Fragestellungen, die nur experimentell zu beantworten waren. Ein Beispiel ist die Bestimmung der Atommassen.

Das Wechselspiel zwischen Experiment und Modell bestimmt auch heute noch die Weiterentwicklung der Naturwissenschaften. Experimentelle Befunde überschreiten immer wieder die Erklärungsmöglichkeiten des zugrunde liegenden Modells. Daraufhin werden Modelle weiterentwickelt und führen ihrerseits wieder zu neuen Fragen, die nur experimentell beantwortet werden können.

Grenzen unseres Wissens. Knapp einhundert Jahre nach DALTON erkannte man, dass seine Atome nicht die allerkleinsten Bausteine der Materie sind: Man entdeckte Elektronen, Protonen und Neutronen.

Heute verwendet man ein Atommodell mit noch kleineren Teilchen, den Quarks. Diese **Elementarteilchen** wurden zwischen 1970 und 1990 experimentell nachgewiesen. Dieses Modell fordert aber auch die Existenz eines weiteren Teilchens, des HIGGS-Teilchens. Für dessen Nachweis wurde für über 3 Milliarden Euro in Genf eine Experimentiereinrichtung, der LHC (engl. **L**arge **H**adron **C**ollider: große Kollisionsanlage für schwere Teilchen) gebaut und 2009 in Betrieb genommen.

Prüfe dein Wissen

Quiz

A1 a) Erkläre die Begriffe des Fensters.
a) Notiere auf der Vorderseite von Karteikarten den Begriff, auf der Rückseite die Erklärung.
c) Ordne die Begriffe den Basiskonzepten „Materie", „chemische Reaktion" und „Energie" zu.
Begründe deine Zuordnung.

A2 Nenne die wichtigsten Stoffeigenschaften von Kupfer und beschreibe in welchen Formen es in der Natur vorkommt.

A3 Erhitzt man Bleioxid auf Holzkohle, so bildet sich Blei.
a) Stelle das Reaktionsschema auf und erläutere an diesem Beispiel die Begriffe *Oxidation, Reduktion* und *Redoxreaktion*.
b) Erkläre, welcher Stoff bei dieser Reaktion das Reduktionsmittel und welcher das Oxidationsmittel ist.

A4 a) Beschreibe, welche Beziehung zwischen der Masseneinheit Gramm und der Masseneinheit u besteht.
b) Suche die Atommasse von Gold heraus und rechne sie in die Einheit Gramm um.

Know-how

A5 Informiere dich über die Stoffeigenschaften von Zink, Aluminium, Blei und Kupfer. Entwickle einen Plan, wie du die Metalle voneinander unterscheiden kannst.

A6 Prüfe Münzen von 2 Cent und 5 Cent mit einem Magneten. Was beobachtest du? Erkläre den Widerspruch zwischen deiner Beobachtung und der Farbe der Münze.

A7 Quecksilberoxid wird durch Wärmezufuhr in Quecksilber und Sauerstoff zerlegt.
a) Stelle das Reaktionsschema auf.
b) Benenne die Reaktion mit einem Fachbegriff.
c) Erkläre, wie man den entstehenden Sauerstoff experimentell nachweisen kann.

A8 a) Nenne die Aussagen des Atommodells von DALTON.
b) Gib die Elementsymbole an: Kupfer, Blei, Schwefel, Kohlenstoff, Wasserstoff, Sauerstoff, Silber, Gold.
c) Gib an, welche Elemente sich hinter folgenden Elementsymbolen verbergen: H, C, Ca, N, Cl.
d) Erkläre, welche Vorteile die heutigen Elementsymbole im Vergleich zu den von DALTON verwendeten Symbolen haben.

Die wichtigsten Begriffe

- Metall, Legierung
- Erz, Mineral
- Oxidation
- Reduktion
- Oxidationsmittel, Reduktionsmittel
- Redoxreaktion
- Gesetz der konstanten Massenverhältnisse
- DALTONs Atommodell
- Elementsymbole

A9 Der in dem abgebildeten Titelblatt verwendete Begriff „Transmutation" bezieht sich auf eine Grundvorstellung der Alchemisten: Bei geschicktem Vorgehen sollte es möglich sein, weniger wertvolle Stoffe in Gold umzuwandeln. Erkläre mithilfe von DALTONs Atommodell, warum alle Versuche dieser Art scheitern mussten.

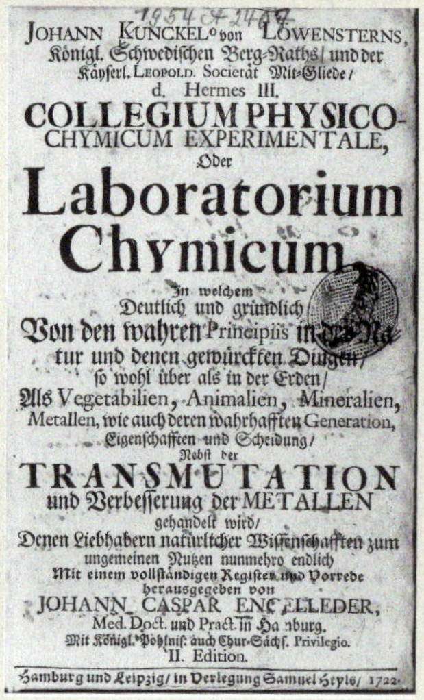
JOHANN KUNCKEL von LÖWENSTERNS,
Königl. Schwedischen Berg-Raths/ und der
Käyserl. LEOPOLD. Societät Mit-Gliede/
d. Hermes III.
COLLEGIUM PHYSICO-CHYMICUM EXPERIMENTALE,
Oder
Laboratorium Chymicum,
In welchem
Deutlich und gründlich
Von den wahren Principiis in der Natur und denen gewürckten Dingen/
so wohl über als in der Erden/
Als Vegetabilien, Animalien, Mineralien,
Metallen, wie auch deren wahrhafften Generation,
Eigenschafften und Scheidung/
Nebst der
TRANSMUTATION
und Verbesserung der METALLEN
gehandelt wird/
Denen Liebhabern natürlicher Wissenschafften zum
ungemeinen Nutzen nunmehro endlich
Mit einem vollständigen Register und Vorrede
herausgegeben von
JOHANN CASPAR ENGELLEDER,
Med. Doct. und Pract. in Hamburg.
Mit Königl. Pohlnis: auch Chur-Sächs. Privilegio.
II. Edition.
Hamburg und Leipzig/ in Verlegung Samuel Heyls/ 1722.

Natur – Mensch – Technik

A10 a) Hochwertige Töpfe besitzen häufig im Boden eine Kupferschicht.
Erkläre, welchen Vorteil die Verwendung dieses Materials hat.
b) Töpfe für Profiköche bestehen fast ganz aus Kupfer.
Erläutere, weshalb diese Töpfe innen oft noch mit einem anderen Metall beschichtet sind.

A11 Edelmetalle wie Gold, Silber und Kupfer wurden wesentlich früher vom Menschen genutzt als unedle Metalle wie Eisen oder Aluminium. Begründe diese Tatsache.

A12 Begründe, warum man Ohrstecker möglichst aus Edelmetallen herstellen sollte.

A13 Überlege, welche im Haushalt verwendeten Gegenstände ganz oder teilweise aus Kupfer oder Messing bestehen. Erläutere, weshalb der Einsatz dieser Materialien im jeweiligen Bereich besonders sinnvoll ist.

Kupfer – ein wichtiges Gebrauchsmetall

Wissen vernetzt

A1 Eine bedeutende Entdeckung in der Steinzeit

5000 Jahre alte Gegenstände aus Kupfer

Vor 6000 Jahren irgendwo in Vorderasien: Eine Gruppe von Menschen sitzt müde um ein Holzfeuer. Die Sonne ist schon lange untergegangen und langsam verglühen die letzten Holzkohlenstücke. Man legt sich zur Ruhe. Am Morgen sucht ein Mitglied der Gruppe vergeblich nach Glutresten in der Asche, um ein neues Feuer zu entzünden. Statt dessen findet er zu seinem Erstaunen kleine, rötlich glänzende Kügelchen. Neugierig durchsucht er die Asche in der Hoffnung, weitere Kügelchen zu entdecken. Aber außer einem schwarzen Belag ist auf dem sonst grünlichgrauen Felsgestein, auf dem die Feuerstelle liegt, nichts zu sehen. Enttäuscht kratzt er etwas von dem schwarzen Belag ab. Lange noch starrt er darauf. Sollten daraus die rötlich glänzenden Kügelchen entstanden sein? Denn nur dort, wo das Holzkohlenfeuer brannte, fanden sich auch die glänzenden Kugeln.
So oder so ähnlich könnte in der Jungsteinzeit die Bildung von Kupfer durch eine chemische Reaktion entdeckt worden sein.

a) Gib die Ausgangsstoffe der chemischen Reaktion an, die zu der beschriebenen Bildung von Kupfer geführt haben. Denke dabei an natürliche Vorkommen von Metallverbindungen.
b) Erstelle ein Reaktionsschema für die Bildung von Kupfer am Lagerfeuer.
c) Entwirf eine Versuchsanleitung für einen Laborversuch, der dem Vorgang im Lagerfeuer entspricht. Zeige dabei auch auf, wie die Reaktionsprodukte nachgewiesen werden können.
d) 1991 wurde auf einem Gletscher in den Ötztaler Alpen eine Eismumie gefunden, die nach ihrem Fundort den Namen „Ötzi" erhielt. Dieser sensationelle Fund hat viele Aufschlüsse über das Leben der Menschen vor etwa 5000 Jahren in Europa ermöglicht.
Recherchiere im Internet über das Leben von „Ötzi". Bereite einen Vortrag vor, in dem du auch erklärst, was das Leben dieses Mannes mit dem Kontext Kupfer zu tun hat.

A2 Messing - eine wichtige Kupferlegierung

Kupfer und Bronze gehören zu den ersten metallischen Werkstoffen. Für die Verwendung als Werkstoff für Werkzeuge und Waffen erwies sich die Legierung Bronze dem Kupfer als überlegen, weil sie deutlich härter und damit geeigneter für derartige Einsatzbereiche war.

Messing, eine weitere Legierung des Kupfers, ist bis heute von besonderer Bedeutung. Es entsteht, wenn Kupfer und Zink in der Schmelze gemischt werden. Der Produktionsprozess ist aufgrund der niedrigen Siedetemperatur von Zink komplizierter als der von Bronze. So wurden erst um 1000 vor Christus in Kleinasien Verfahren entwickelt, die eine Produktion ermöglichten. Als Ausgangsstoffe für die Gewinnung von Messing dienten metallisches Kupfer und Galmei, ein zinkhaltiges Erz. Beim so genannten Galmei-Verfahren wurde in abgeschlossenen Öfen gearbeitet. Dies verhinderte, dass das Zink bei Temperaturen von mehr als 900 °C als Gas entwich. Die Römer perfektionierten diese Technik. Aufgrund ihrer Kenntnisse über die optimale Verhüttungstemperatur und die Auswirkung unterschiedlicher Mischungsverhältnisse konnten sie die Eigenschaften der jeweiligen Legierung steuern. So war es möglich, ein Messing herzustellen, das als Goldersatz für Münzen diente, weil es sich leicht hämmern und prägen lies und über dies hinaus nur schwer zu fälschen war.

Heute werden etwa 60 verschiedene Messingsorten hergestellt, deren Stoffeigenschaften auf die jeweilige Anwendung hin optimiert sind. So ist es etwa möglich, über den Zinkgehalt die Farbe des Materials zu steuern: Bei einem hohen Kupferanteil nimmt die Legierung einen goldroten Farbton an, während bei einem hohen Zinkanteil eine hellgelbe Farbe erzielt wird.
Messing ist je nach Zusammensetzung hart oder weich, starr oder dehnbar. Es ist darüber hinaus ein ausgezeichneter Wärmeleiter, verschleißarm und korrosionsbeständig. Messing ist außerdem hygienisch, weil sich Bakterien auf seiner Oberfläche nicht vermehren können.

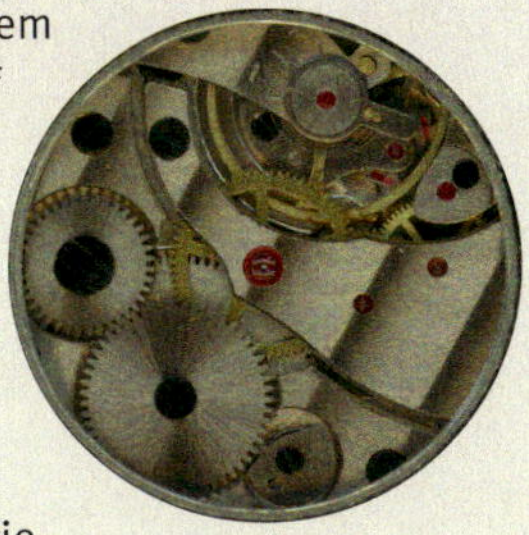

a) Viele Bauteile in mechanischen Uhren werden aus Messing gefertigt. Erläutere, weshalb dieses Material hier zum Einsatz kommt.
b) Erkläre, was man unter einer Legierung versteht. Wie stellt man sie her?
c) Begründe, welche Produkte bei der Verbrennung von Messing entstehen.
d) Recherchiere, wie heute Messing hergestellt wird. Präsentiere deine Ergebnisse in einem Kurzvortrag.

11 Eisenerz und Schrott – Grundstoffe der Stahlgewinnung

Stahl ist einer der wichtigsten Grundstoffe für die Herstellung von Gebrauchsgegenständen. Erst durch die Massenproduktion von Stahl mit Beginn der Industrialisierung wurde unsere moderne Lebensweise überhaupt möglich. Ohne diesen wertvollen Werkstoff wäre die Produktion von Fahrzeugen oder auch der Bau von Wolkenkratzern undenkbar.

Die besonderen Eigenschaften des Stahls verleihen diesem Werkstoff seine herausragende Bedeutung und machen ihn zu einem wirtschaftlich äußerst wichtigen Material.

Zentrale Fragen:
- Wie läuft die Eisengewinnung nach dem Hochofenverfahren ab?
- Welche Rohstoffe benötigt man für die Herstellung von Stahl?
- Welche Eigenschaften hat Stahl?
- Welche Verfahren werden heute zur Stahlgewinnung genutzt?
- Welche weltwirtschaftliche Bedeutung hat Stahl?

11.1 Eisen – ein universell einsetzbarer Werkstoff

Meteoreisen

Schiffsbau

Eisen und seine Legierungen gehören zu den wichtigsten Werkstoffen überhaupt und sind aus der modernen Welt nicht mehr wegzudenken.

Geschichte der Eisengewinnung. Gelegentlich findet man gediegenes Eisen als Meteoreisen, das bei Meteoriteneinschlägen buchstäblich vom Himmel fällt. In Folge derartiger Funde war das Metall bereits etwa 6000 Jahre vor Christus bekannt. Weil die Menge an Meteoreisen jedoch sehr gering und eine Gewinnung aus Erzen technisch kompliziert ist, erlangte das Metall erst viel später seine herausragende Bedeutung.

Seit dem 16. Jahrhundert v. Chr. hatten die Hethiter in Kleinasien praktisch das Monopol, Eisen herzustellen und zu verarbeiten. Mit dem Ende ihres Reiches ab 1200 v. Chr. breitet sich das Wissen über den vorderen Orient und den Mittelmeerraum aus.
Etwa ab 800 v. Chr. war es auch in Europa möglich, Eisen zu gewinnen. In Schachtöfen konnte man so hohe Temperaturen erreichen, dass aus Eisenerzen Eisen mithilfe von Holzkohle erzeugt werden konnte. Dadurch erlangte Eisen eine größere Bedeutung als Kupfer und Bronze. Damit begann eine Epoche, die als Eisenzeit bezeichnet wird.

Im Laufe der Zeit wurden die Verfahren zur Herstellung von Eisen stark verbessert. So kamen im 14. Jahrhundert die ersten Hochöfen auf. Im 18. Jahrhundert wurde Koks an Stelle von Holzkohle als Reduktionsmittel eingesetzt. Ab dem 19. Jahrhundert begann mit der Industrialisierung und dem Bau immer größerer Hochöfen die Massenproduktion von Eisen und Stahl.
Eisen ist bis heute das wichtigste Gebrauchsmetall geblieben. So gesehen, ist die Eisenzeit also noch längst nicht zu Ende.

Eigenschaften von Eisen und Stahl. Der Name Eisen leitet sich vom gotischen Wort „isarn“ ab und bedeutet festes Metall. Tatsächlich hat Eisen eine besondere *Festigkeit,* die beim Stahl, einer Legierung des Eisens, noch stärker in Erscheinung tritt. Unter Festigkeit versteht man sowohl *Zugfestigkeit* als auch *Druckfestigkeit.* Neben der Festigkeit sind auch Zähigkeit und Elastizität wichtige Eigenschaften von Eisen und Stahl. Unter *Elastizität* versteht man die Fähigkeit, einwirkende Kräfte aufzunehmen, sich zu verformen und dann wieder in den ursprünglichen Zustand zurückzukehren. Als *Zähigkeit* bezeichnet man dagegen den Widerstand gegen die Ausbreitung von Rissen und Brüchen.

Verwendung von Stahl. Wegen seiner günstigen Eigenschaften kann Stahl bei der Konstruktion von Brücken und Hochhäusern eingesetzt werden. Mit ihren *Stahlarmierungen* widerstehen die Bauwerke allen Belastungen, auch bei Wind und Sturm.
Stahl kann auf vielfältige Weise bearbeitet werden: Stahl ist schmiedbar und schweißbar und lässt sich so in jede beliebige Form bringen. So kann man daraus ebenso eine Messerklinge herstellen wie die Karosserie für ein Kraftfahrzeug.

Eisen ist das wichtigste Gebrauchsmetall. Es bildet den Hauptbestandteil von Stahl. Aufgrund seiner Härte, Elastizität und Verformbarkeit wird es als Werkstoff für verschiedenste Anwendungsgebiete genutzt.

1 Nenne Vorzüge, die Eisen gegenüber einem Werkstoff wie Kupfer bietet.

2 Erstelle eine Liste von Eisengegenständen im Haushalt. Erkläre, weshalb die entsprechenden Gegenstände aus Eisen gefertigt sind.

11.2 Vom Eisenerz zum Roheisen

Eisen wird aus *Eisenerzen* wie **Magneteisenstein** (Magnetit) und **Roteisenstein** (Hämatit) gewonnen. Sie enthalten bis zu 70 % Eisen. Weitere Bestandteile sind Verbindungen von Mangan, Schwefel und Phosphor. Daneben enthalten Erze taubes Gestein.

Die Erze werden im **Hochofen** zu *Roheisen* verarbeitet. Für die Reduktion wird *Koks* benötigt; er wird aus Steinkohle gewonnen und besteht im Wesentlichen aus Kohlenstoff. Außerdem werden Kalkstein und andere *Zuschläge* zugesetzt. Aus dem tauben Gestein und den Zuschlägen bildet sich eine leicht abtrennbare, flüssige Schlacke. Das entstehende Roheisen enthält rund 10 % Verunreinigungen.

Arbeitsweise eines Hochofens. Der Reaktionsraum eines Hochofens ist ein Schacht von bis zu 40 Metern Höhe und etwa 10 Metern Durchmesser. Die Wände bestehen aus hitzebeständigem Mauerwerk, das von einem Stahlmantel umgeben ist. Der Mantel wird mit Wasser gekühlt, um die beim Betrieb frei werdende Wärme abzuführen.

Der Hochofen wird von oben mit einem Gemisch aus Eisenerz, Zuschlägen und Koks gefüllt. Im unteren Teil wird Heißluft mit hohem Druck eingeblasen. Die beim Betrieb gebildeten Gase verlassen den Hochofen am oberen Abschluss, der *Gicht*. Daher spricht man von Gichtgas.
Das Roheisen und die Schlacke sammeln sich als Schmelze im unteren Teil des Hochofens an. Da die Dichte der Schlacke geringer ist als die des Roheisens, schwimmt sie auf dem Roheisen. So können beide Stoffe einzeln entnommen werden.
Der Hochofen läuft ohne Unterbrechung Tag und Nacht. Dementsprechend müssen regelmäßig neue Ausgangsstoffe zugeführt und die Produkte entnommen werden.

Reaktionen im Hochofen. Die Ausgangsstoffe werden im Hochofen zunächst auf 200 °C bis 400 °C vorgewärmt und dabei getrocknet. Die Wärme dazu liefern die weiter unten im Hochofen ablaufenden exothermen Reaktionen.
In der *Reduktionszone* in der Mitte des Hochofens laufen die wesentlichen chemischen Reaktionen zur Herstellung von Eisen ab: Kohlenstoffmonooxid reagiert dann mit dem Eisenoxid zu Eisen:

Kohlenstoffmonooxid + Eisenoxid ⟶
Eisen + Kohlenstoffoxid; exotherm

Es ist sehr viel besser als Reduktionsmittel geeignet als der feste Koks, da es mit der gesamten Oberfläche des Erzes in Kontakt treten kann.

Im unteren Teil des Hochofens verbrennt Koks mit der eingeblasenen Luft zu gasförmigem Kohlenstoffmonooxid:

Kohlenstoff + Sauerstoff ⟶
Kohlenstoffmonooxid; exotherm

Durch die exotherme Reaktion steigt die Temperatur auf etwa 900 °C; das gebildete Eisen ist noch im festen Zustand.

Im unteren Bereich des Hochofens beträgt die Temperatur bis zu 2000 °C; sie nimmt nach oben hin ab. Ab etwa 1200 °C schmilzt das durch die Reduktion gebildete Eisen. In der *Schmelzzone* tropft das geschmolzene Eisen durch die glühenden Koksstücke. Dabei lösen sich bis zu 5 % Kohlenstoff in dem Eisen.
Das Roheisen sammelt sich am Boden des Hochofens unter der flüssigen Schlacke. Diese schützt das Eisen vor erneuter Oxidation.

Winderhitzer. Das am Hochofen oben austretende *Gichtgas* strömt in einen feuerfest ausgemauerten Winderhitzer. Dort werden die brennbaren Bestandteile des Gasgemisches verbrannt. Anschließend wird frische Kaltluft eingeblasen und durch die glühenden Steine auf rund 1200 °C erwärmt. Die Heißluft wird durch mehrere Düsen in den unteren Teil des Hochofens geleitet.

Weltweit wurden 2007 mehr als 1 Milliarde Tonnen Roheisen erzeugt. Dafür sind mehr als 200 Hochöfen ständig in Betrieb. Als Abfallprodukte des Hochofenprozesses fallen große Mengen Schlacke, Gichtgas und Staub an.

Roheisen wird durch Reduktion von oxidischen Eisenerzen in Hochöfen gewonnen. Als Reduktionsmittel wirkt dabei Kohlenstoffmonooxid, das bei der Verbrennung von Koks entsteht.

1 Erläutere, weshalb die Schlacke das produzierte Eisen vor Oxidation schützt.

2 Gereinigtes Gichtgas besteht aus Kohlenstoffmonooxid, Kohlenstoffdioxid, Wasserstoff und Stickstoff. Nenne die Bestandteile des Gichtgases, die im Winderhitzer verbrannt werden. Stelle die Reaktionsschemata für die Verbrennungsreaktionen auf.

3 Vergegenwärtige dir die Bewegungsrichtungen der Stoffe im Hochofen. Erkläre, weshalb man von einem Gegenstromprinzip sprechen kann?

4 Schlage im Atlas nach, an welchen Standorten in Deutschland Eisenhütten entstanden sind. Erläutere, welche Standortfaktoren heute ausschlaggebend sind.

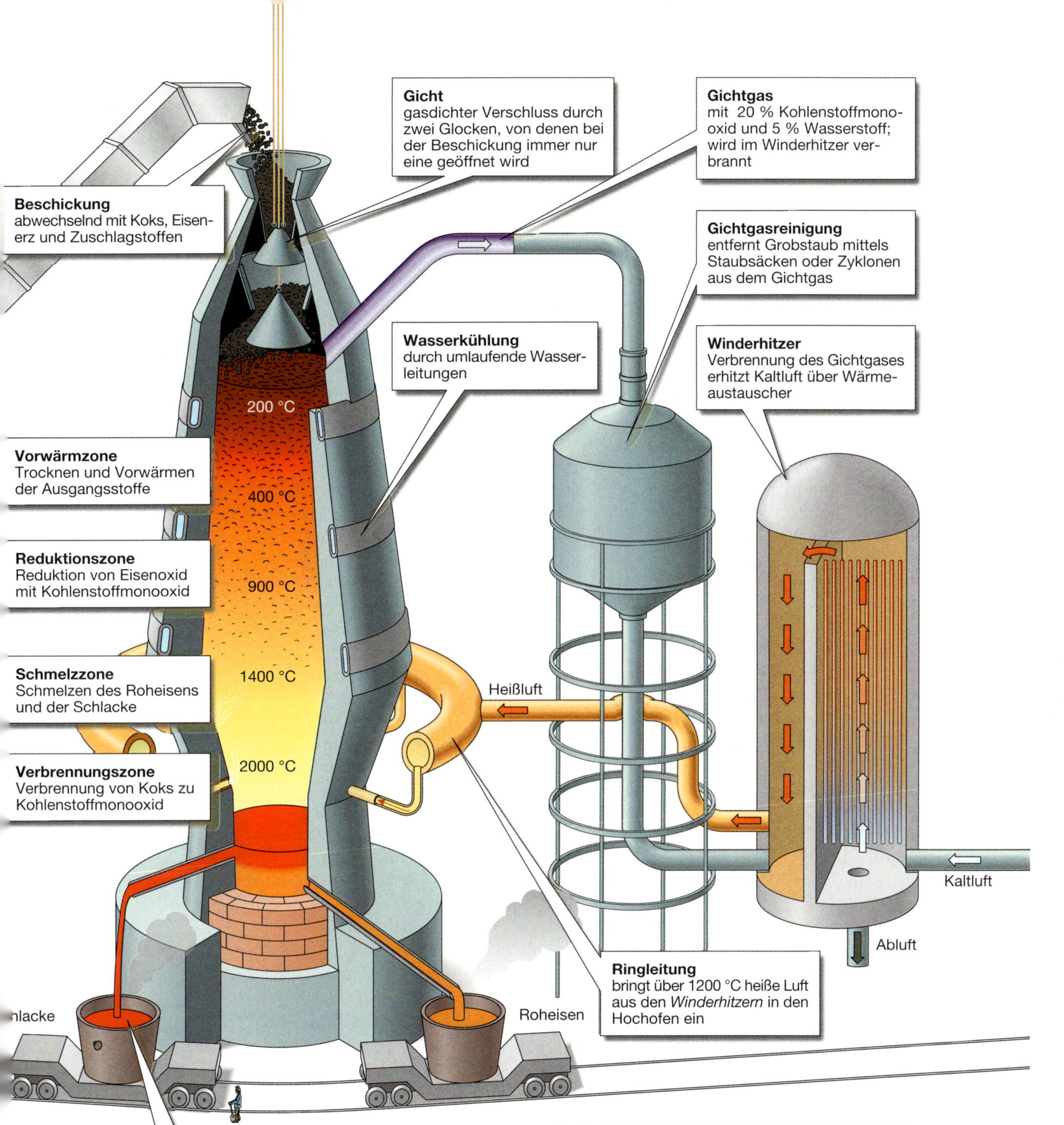

Produktionsdaten eines Hochofens	
Betriebsdauer	10 Jahre ununterbrochen
Produktionsmenge	6000 t bis 12000 t Roheisen pro Tag
Abstich	etwa alle 4 Stunden
Kühlwasserverbrauch	vergleichbar mit dem Bedarf einer Stadt mit 350000 Einwohnern
Mengen zur Produktion einer Tonne Roheisen	1400 kg Eisenerz 486 kg Koks 220 kg Zuschlagstoffe

Erzeugung von Roheisen im Hochofen

11.3 Aus Roheisen wird Stahl

Konverterbefüllung mit Roheisen

Frischen im Konverter

Das im Hochofenprozess gewonnene Roheisen hat eine Reinheit von nur etwa 90 %. Ein Anteil von bis zu 5 % Kohlenstoff und weitere Begleitstoffe wie Mangan, Silicium, Phosphor und Schwefel machen das Roheisen hart und brüchig. Versucht man es mit dem Hammer zu bearbeiten, so zerspringt es. Roheisen lässt sich weder schmieden noch schweißen, darum eignet es sich nur begrenzt als Werkstoff. Es wird zur Herstellung von gusseisernen Pfannen, Gullydeckeln oder für die Produktion von Maschinengehäusen eingesetzt. In erster Linie wird Roheisen jedoch zu Stahl weiterverarbeitet.

Stahlherstellung. Stahl ist eine Eisen-Legierung, die weniger als 2,1 % Kohlenstoff und nur noch geringe Anteile an Mangan, Silicium, Phosphor und Schwefel enthält.
Bei der Stahlherstellung werden die im Roheisen enthaltenen unerwünschten Stoffe mithilfe von Sauerstoff oxidiert. Die ablaufenden Reaktionen sind exotherm. Man bezeichnet diesen Vorgang als *Frischen*. Gleichzeitig können an dieser Stelle des Herstellungsprozesses *Legierungsmetalle* hinzugefügt werden, die die Eigenschaften des Stahls gezielt verbessern. Zu diesen sogenannten *Stahlveredlern* gehören Metalle wie Chrom, Nickel, Cobalt, Wolfram, Molybdän, Mangan, Vanadium und Titan.

Frischen. Der Prozess wird in einem birnenförmigen Tiegel, dem *Konverter*, durchgeführt (lat. *convertere:* umwandeln). Früher wurden verschiedene Verfahren zum Einbringen von Sauerstoff in die Schmelze genutzt.
Bei dem heute üblichen *Sauerstoffaufblas-Verfahren* wird reiner Sauerstoff unter hohem Druck durch ein wassergekühltes Rohr auf eine Schmelze aus Roheisen geblasen, die bis zu 30 % Schrott enthält. Der Schrott dient dabei wie der zugeführte Sauerstoff als Oxidationsmittel.

Sobald der Sauerstoff auf das Roheisen trifft, brodelt die sich erhitzende Schmelze und es sprüht ein Funkenregen aus der Tiegelöffnung. Es handelt sich dabei hauptsächlich um die neu gebildete Schlacke, die geschmolzene Oxidationsprodukte enthält. Der Rest der Verbrennungsprodukte entweicht als gasförmiges Oxid. Es bilden sich unter anderem Kohlenstoffdioxid, Kohlenstoffmonooxid und Schwefeldioxid.
Nach etwa 20 Minuten ist der Frischvorgang beendet. Der Konverter wird geschwenkt und der fertige Stahl in eine *Gießpfanne* gekippt. Von dort wird er zur Weiterverarbeitung in ein Walzwerk transportiert. Hier wird der Stahl zu Blechen, Drähten, Formstahl oder Rohren verarbeitet.

Bei der Stahlerzeugung werden die im Roheisen enthaltenen Verunreinigungen durch Zugabe von Schrott und durch Aufblasen von Sauerstoff entfernt.

1 Erkläre, weshalb der größte Teil des produzierten Roheisens zu Stahl weiterverarbeitet wird, bevor es als Werkstoff genutzt werden kann.

2 a) Beschreibe Aufbau und Funktionsweise eines Konverters. Orientiere dich dabei an dem nebenstehenden Schema.
b) Erkläre die Rolle des Sauerstoffs bei dem Verfahren und erläutere, wodurch die Energieversorgung sichergestellt wird.

3 Erstelle ein Fließschema der Weiterverarbeitung von Stahl im Walzwerk. Nutze hierfür das Internet.

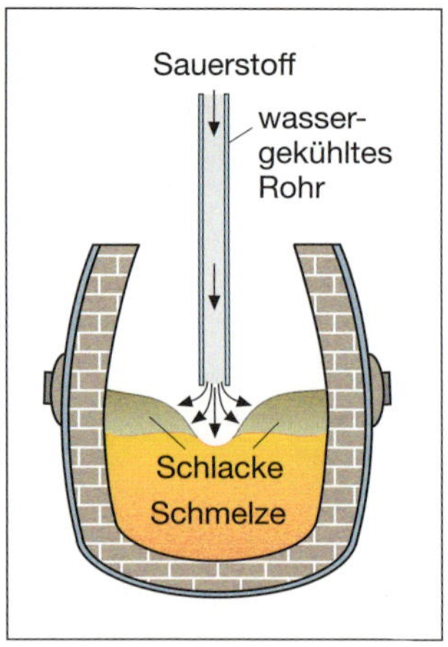

Konverter-Schema

Edelstahl

Exkurs

Als Edelstahl bezeichnet man Stahlsorten, deren Eigenschaften durch die Beimischung geeigneter Stahlveredler und durch besondere Behandlungsverfahren wesentlich verbessert wurden. Edelstähle sind dementsprechend für die jeweilige Anwendung maßgeschneiderte Legierungen des Eisens.

Rostfreier Stahl. Eisen, das mit Sauerstoff und Feuchtigkeit in Kontakt kommt, beginnt bereits nach kurzer Zeit zu rosten. Dem kann man vorbeugen, wenn man rostfreien Stahl verwendet: Solche Stähle enthalten vorwiegend Chrom als Legierungsbestandteil. Weitere wichtige Legierungspartner sind dabei Nickel und Mangan. Rostfreie Stähle werden zum Beispiel zur Herstellung von Kochtöpfen und von Spülbecken verwendet.

Messerstahl. Eine Klinge muss verschiedensten Anforderungen gerecht werden. Sie soll möglichst rostfrei sein. Sie soll sich leicht schärfen lassen und gleichzeitig trotz hoher Beanspruchung lange scharf bleiben – scheinbar widersprüchliche Anforderungen an Härte und Abriebfestigkeit. Hier verwendet man Stähle, denen neben Chrom Molybdän und Vanadium zugesetzt wurden. Molybdän erhöht die Härte und die Korrosionsbeständigkeit des Stahls. Vanadium wird verwendet, um den Stahl elastisch zu machen und so ein Verbiegen oder Brechen der Klinge bei größerer Belastung zu verhindern.

Werkzeugstahl. Werkzeuge sind oft größten mechanischen Belastungen ausgesetzt. Sie sollen die Form, Passgenauigkeit oder Schärfe möglichst lange beibehalten, um oft eingesetzt werden zu können. Der verwendete Stahl muss deshalb auch bei höheren Temperaturen eine besondere Härte aufweisen, was durch den Zusatz von Wolfram erreicht wird. Bereits geringe Mengen dieses Metalls erhöhen die Härte des Stahls beträchtlich.
Metallbohrer werden aus Werkzeugstahl gefertigt und tragen häufig die Aufschrift HSS (engl. *high speed steel:* Schnellarbeitsstahl), was auf die verwendete Stahlsorte hinweist. In ihr kommen die Legierungsmetalle Wolfram, Molybdän, Vanadium, Cobalt, Nickel und Titan zum Einsatz.

1 Recherchiere im Internet, welche Eigenschaften die Stahlveredler im Stahl hervorrufen. Stell deine Ergebnisse in einer Tabelle zusammen.

Legierungen

Exkurs

Prägestempel auf einem Silberbesteck

Reine Metalle sind für viele technische Anwendungen zu weich. Elementares Silber eignet sich beispielsweise nur bedingt zur Herstellung von Schmuck oder Besteck. Um Werkstoffe mit besseren Eigenschaften zu gewinnen, werden die entsprechenden Metalle im geschmolzenen Zustand mit anderen Elementen vermischt. Häufig handelt es sich bei diesen Beimischungen ebenfalls um Metalle. Der Hauptbestandteil dieses Gemisches wird als *Basismetall* bezeichnet, die Beimischung hingegen als *Legierungselement*.

Nach dem Abkühlen erhält man eine *Legierung* (lat. *legare:* vereinigen). Diese Gemische von Metallen haben oft günstigere Werkstoffeigenschaften als die reinen Metalle. Wird Silber zum Beispiel mit 7,5 % Kupfer legiert, entsteht Sterlingsilber. Diese Legierung ist deutlich härter als reines Silber und gleichzeitig genauso unempfindlich gegenüber Umwelteinflüssen. Sie wird dementsprechend zur Herstellung von Silbergeschirr oder von Musikinstrumenten genutzt.

Grundsätzlich kann man zwischen homogenen Legierungen und heterogenen Legierungen unterscheiden. Bei *homogenen Legierungen* sind die Legierungsbestandteile im festen Zustand ebenso wie in der Schmelze so miteinander vermischt wie die Komponenten einer Lösung. Die Zusammensetzung der erstarrten Legierung ist überall gleich.

Bei *heterogenen Legierungen* sind die Bestandteile zwar in der Schmelze mischbar, nicht jedoch im festen Zustand. Hier liegen kleinste Kristalle der jeweiligen Legierungsbestandteile nebeneinander vor.

Praktikum Untersuchung von Eisen und Eisenverbindungen

V1: Eigenschaften von Eisen und Eisenerz

Materialien: Stabmagnet, Papier, Leitfähigkeitsprüfer, Becherglas (100 ml, breite Form), Gleichspannungsquelle, Strommessgerät;
Eisenpulver, schwarzes Eisenoxid, rotes Eisenoxid.

Durchführung:

1. Prüfe die Proben mit dem Stabmagneten auf ihre magnetischen Eigenschaften. Umwickle dabei den Magneten mit dem Papier, damit sich magnetisierbare Partikel nicht dauerhaft an ihm absetzen können.
2. Untersuche die elektrische Leitfähigkeit mithilfe des Leitfähigkeitsprüfers.

Aufgaben:

a) Notiere Deine Beobachtungen in einer Tabelle.
b) Erstelle eine exakte Schaltskizze für die Leitfähigkeitsuntersuchung.

V2: Härte und Verformbarkeit von Eisen und Stahl

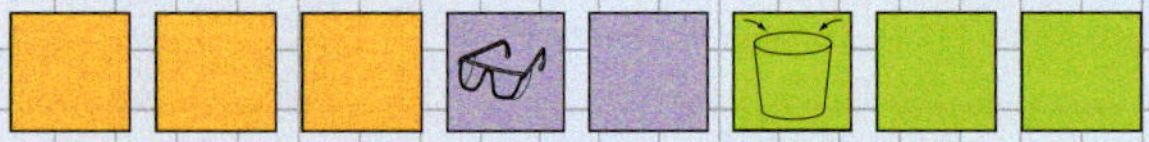

Materialien: Gasbrenner, Glasplatte, Tiegelzange; Eisennagel, Stahlnagel, Rasierklinge, Blumendraht.

Durchführung:

1. Vergleiche die Härte eines Eisennagels und eines Stahlnagels, indem du versuchst, mit beiden Nägeln Glas zu ritzen.
2. Vergleiche die Elastizität und Verformbarkeit eines Blumendrahts und einer Rasierklinge aus gehärtetem Stahl.
   Hinweis: Umwickle die Rasierklinge teilweise mit Papier, damit du sie biegen kannst, ohne dich zu verletzen.
3. Erhitze den Blumendraht und die Rasierklinge in der rauschenden Flamme des Gasbrenners. Lass die Gegenstände langsam abkühlen und untersuche danach die Verformbarkeit.
4. Wiederhole Arbeitsschritt 3. Kühle dabei jedoch beide Prüfstücke schlagartig in einem Wasserbad ab. Prüfe erneut die Verformbarkeit.

Aufgaben:

a) Notiere deine Beobachtungen.
b) Bereite einen Kurzvortrag über die unterschiedlichen Stoffeigenschaften von Eisen und Stahl vor.
c) Informiere dich im Internet über die Arbeitsmethoden in einer Schmiede.

V3: Reaktion von Eisen mit Luftsauerstoff

Materialien: Gasbrenner, Schleifpapier, Porzellanschale; Eisenblech, Eisenwolle.

Durchführung:

1. Poliere das Eisenblech bis es ganz sauber ist und lege es auf das Drahtnetz.
2. Erhitze das Blech mit der rauschenden Flamme des Gasbrenners von unten, bis es glüht.
3. Lege ein Stück Eisenwolle in eine Porzellanschale und halte an ein Ende der Eisenwolle kurz die Flamme des Brenners.
4. Untersuche das Blech und die Eisenwolle nach dem Erkalten.

Aufgaben:

a) Notiere deine Beobachtungen.
b) Stelle die Gemeinsamkeiten und Unterschiede im Verhalten des Eisenblechs und der Eisenwolle dar. Erkläre worauf diese Unterschiede beruhen.
c) Stelle das Reaktionsschema für die Reaktion von Eisen mit Sauerstoff auf.

A1: In zwei Reagenzgläser wird Eisenwolle gegeben. Im ersten Reagenzglas wurde die Eisenwolle vorher mit Wasser befeuchtet; im zweiten ist sie trocken. Beide Reagenzgläser werden umgedreht in ein Wasserbad getaucht.

a) Beschreibe die Veränderungen und erkläre die Unterschiede im Anstieg der Flüssigkeitssäulen.
b) Erläutere, wie hoch das Wasser maximal steigen kann.
c) Nenne die Reaktionsbedingungen unter denen sich besonders schnell Rost bildet.
d) Beschreibe und erkläre, was man beobachten würde, wenn die Reagenzgläser statt in ein Wasserbad in ein Ölbad tauchen würden.

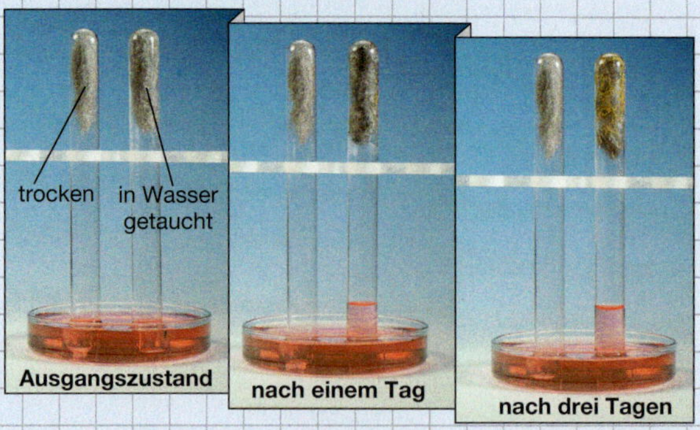

Gewinnung von Eisen

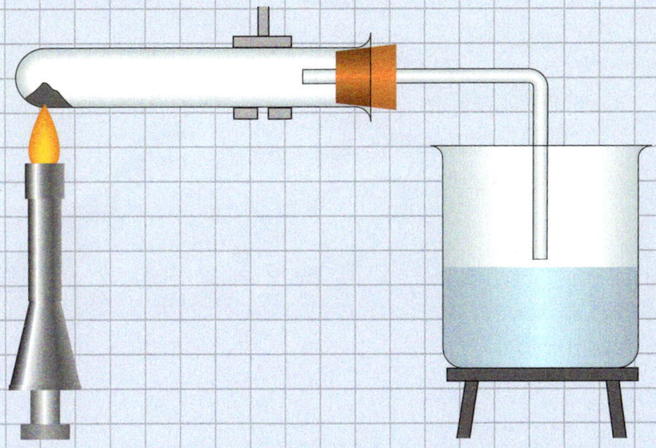

V1: Gewinnung von Eisen im Reagenzglas

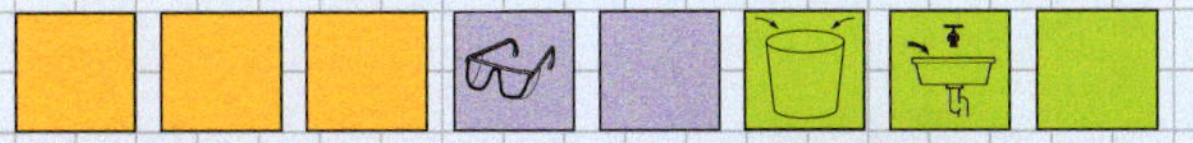

Materialien: schwer schmelzbares Reagenzglas, Gasbrenner, durchbohrter Stopfen mit gewinkeltem Glasrohr, Becherglas (50 ml), Waage, Stabmagnet, Uhrglas; rotes Eisenoxid, Holzkohle-Pulver, Kalkwasser.

Durchführung:

1. Mische im Reagenzglas 2 g Eisenoxid mit 2 g Kohlenstoff.
2. Prüfe von außen die magnetischen Eigenschaften von Eisenoxid und Kohlenstoff.
3. Verschließe das Reagenzglas mit dem Stopfen mit dem Glasrohr.
4. Gib in das Becherglas etwa 25 ml Kalkwasser.
5. Das Gemisch aus Eisenoxid und Kohlenstoff wird stark erhitzt. Die Öffnung des gewinkelten Glasrohrs wird dabei über das Kalkwasser gehalten.
6. Wenn sich keine Veränderung mehr ergibt, lässt man das Reagenzglas erkalten und prüft mit dem Stabmagneten erneut die magnetischen Eigenschaften.

Aufgaben:

a) Notiere deine Beobachtungen.
b) Erläutere die Nachweisreaktion mit Kalkwasser.
c) Stelle das Reaktionsschema für die Nachweisreaktion auf.
d) Stelle das Reaktionsschema für die Umsetzung von Eisenoxid mit Kohlenstoff auf.
e) Erläutere die Reaktion mit den Fachbegriffen Oxidationsmittel und Reduktionsmittel.
f) Vergleiche den Reagenzglasversuch mit der industriellen Eisengewinnung: Ordne den Sachverhalten ihre Entsprechungen im Hochofenprozess zu: Reagenzglas mit Gasbrenner, Holzkohle, Eisenoxid, Gasableitungsrohr.

V2: Projekt Rennofenverfahren

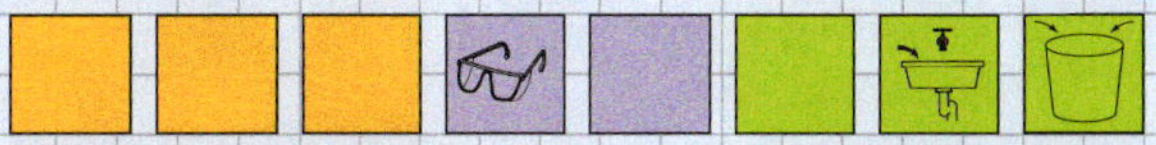

Materialien: Ziegelsteine, Lehm oder Ton, Stroh, Keramikrohr oder Stahlrohr (Länge etwa 30 cm, Durchmesser 3 cm), Spaten, Schaufel, Blasebalg;
Eisenerz, Holzkohle.

Durchführung:

1. Errichte an einem Hang den Rennofen entsprechend der Skizze.
2. Trockne den Rennofen durchgehend 24 Stunden lang mit einem kleinen Feuer.

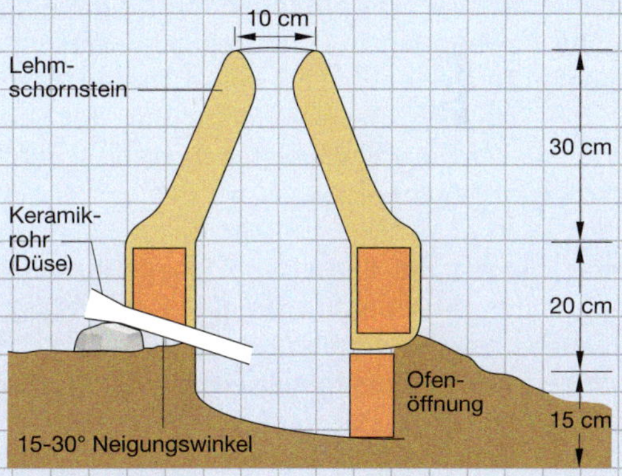

3. Gib anschließend Holzkohle auf die Glut.
4. Wenn die Holzkohle glüht, wird der Rennofen 20 cm hoch mit Eisenerz und Holzkohle im Massenverhältnis 1:2 beschickt.
5. Blase regelmäßig mit dem Blasebalg Luft durch die Düse.
6. Öffne den Ofen nach sechs Stunden.
7. Untersuche nach dem Abkühlen das mit Schlacke durchsetzte Eisen, die Luppe.

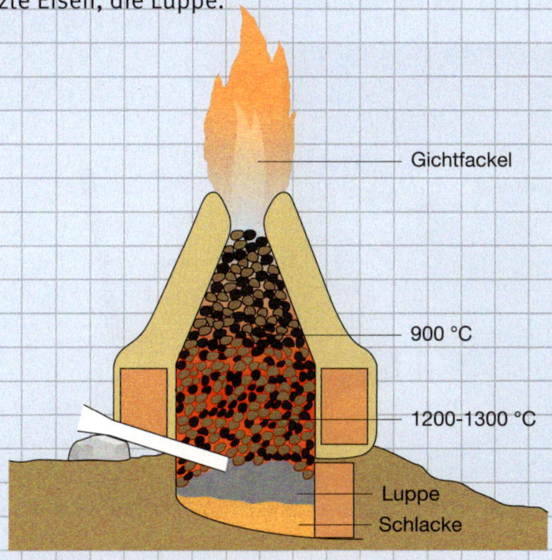

11.4 Thermitverfahren ☆

Verschweißen von Eisenbahnschienen

Schweißnaht

Roheisen wird in großer Menge gewonnen, zu Stahl weiterverarbeitet und abschließend für die entsprechende Anwendung in Form gebracht. Wesentliche Handelsformen sind Bleche, Rohre, Drähte, Stahlträger und Schienen. Bei der Herstellung der Endprodukte müssen die vorgefertigten Bauteile schließlich verschraubt oder verschweißt werden.

Früher wurden die Enden von Eisenbahnschienen miteinander verschraubt, um einen durchgängigen Schienenstrang zu erhalten. Bei der Fahrt war dann im Inneren des Zuges immer ein charakteristisches Geräusch zu hören. Das Verschrauben der Schienen ist heute nicht mehr möglich, da moderne Züge mit deutlich höheren Geschwindigkeiten fahren und aus Sicherheitsgründen deshalb eine möglichst exakte Verbindung der Schienen benötigen.

Schweißen von Schienen. Ein besonderes Schweißverfahren kommt bei der Verbindung von Bahnschienen zur Anwendung. Dabei handelt es sich um das Thermitverfahren. Um die Lücke zwischen zwei Schienenenden zu verschweißen wird an Ort und Stelle aus Eisenoxid und Aluminium durch eine Redoxreaktion Eisen hergestellt. Aluminium reduziert dabei Eisenoxid:

Oxidation (Aluminium → Aluminiumoxid)

Eisenoxid + Aluminium ⟶ Eisen + Aluminiumoxid; exotherm

Reduktion (Eisenoxid → Eisen)

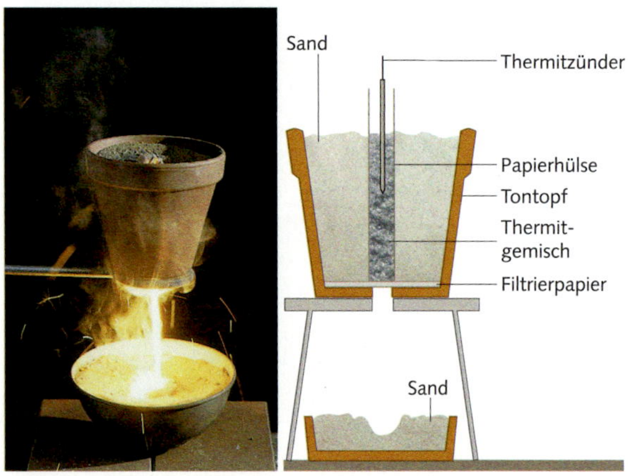

Thermitreaktion im Laborversuch

Zum Verschweißen der Schienenenden bringt man am Schienenspalt eine Gießform an, die mit einem feuerfesten Reaktionsofen verbunden ist. In das Reaktionsgefäß wird die Thermitmischung gegeben. Sie enthält neben Eisenoxid und Aluminiumgrieß noch Legierungsmetalle wie Vanadium und Mangan, damit die Schweißnaht noch stabiler wird.
Nachdem die Enden der Schienen mit Gasbrennern auf etwa 900 °C vorgewärmt worden sind, wird die Mischung gezündet. Augenblicklich setzt eine heftige Reaktion ein:
Bei Temperaturen von weit über 2000 °C entsteht flüssiges Eisen, das aufgrund der höheren Dichte nach unten sinkt. Darüber schwimmt das flüssige Aluminiumoxid, das verhindert, dass der Sauerstoff der Luft mit dem flüssigen Eisen erneut zu Eisenoxid reagieren kann.
Das weißglühende Eisen fließt schließlich in die Gießform und füllt den Schienenstoß von unten nach oben aus. Nach dem Abkühlen wird die Gießform zerschlagen und die Schienenoberfläche glatt geschliffen.

> Beim Thermitverfahren wird Eisen aus Eisenoxid und Aluminium gewonnen. Diese exotherme Reaktion wird beim Verschweißen von Bahnschienen angewandt.

1 Erläutere die Thermitreaktion. Gib auch Reduktionsmittel und Oxidationsmittel an.

2 Erkläre die technische Bedeutung des Thermitverfahrens.

11.5 Reduktion – wer reduziert wen? ☆

Metalle lassen sich aus ihren Oxiden mithilfe geeigneter *Reduktionsmittel* gewinnen. Das Metalloxid gibt während der Reaktion Sauerstoff ab, während das Reduktionsmittel Sauerstoff aufnimmt.

Kohlenstoff als Reduktionsmittel. Um aus Kupferoxid oder Eisenoxid das entsprechende Metall zu gewinnen, verwendet man Kohlenstoff als Reaktionspartner. Das Metalloxid wird zum Metall reduziert. Aus Kohlenstoff bildet sich Kohlenstoffdioxid.
Will man die Reaktion im Reagenzglas durchführen, muss man das Oxid ständig mit dem Brenner erhitzen, um eine Reduktion zu ermöglichen. Während dies beim Kupferoxid noch leicht gelingt, so sind beim Eisenoxid lange Zeit hohe Temperaturen nötig, um eine Reaktion herbeizuführen. Hieraus lässt sich schließen, dass Kupferoxid leichter reduziert werden kann als Eisenoxid: Die Tendenz, Sauerstoff abzugeben ist im Falle des Kupfers stärker ausgeprägt als beim Eisen.

Reduktionswirkung. Neben Nichtmetallen wie Kohlenstoff können auch Metalle für die Reduktion eines Metalloxids eingesetzt werden.
Beim Thermitverfahren lässt sich Eisen mithilfe von Aluminium aus Eisenoxid gewinnen. Auf vergleichbare Weise kann aus Kupferoxid metallisches Kupfer gewonnen werden. In beiden Fällen ist Aluminium das Reduktionsmittel, bei der Reaktion bildet sich Aluminiumoxid.
Ein entscheidender Unterschied zwischen den Reaktionen besteht in ihrer Heftigkeit. Beim Eisenoxid verläuft die Reaktion noch kontrollierbar, beim Kupferoxid hingegen explosionsartig.
Neben Aluminium kann auch Eisen zur Reduktion von Kupferoxid verwendet werden. Bei der Reaktion bildet sich Eisenoxid und Kupfer. Eisen ist in der Lage, Kupferoxid zu reduzieren, es dient als Reduktionsmittel. Umgekehrt kann Eisenoxid von metallischem Kupfer jedoch nicht reduziert werden.

Ein Vergleich zeigt, dass nicht jedes Metall geeignet ist, um andere Metall-Oxide zu reduzieren. Aluminium ist in der Lage sowohl Eisenoxid als auch Kupferoxid zu reduzieren. Eisen hingegen kann nur Kupferoxid, nicht aber Aluminiumoxid reduzieren. Kupfer

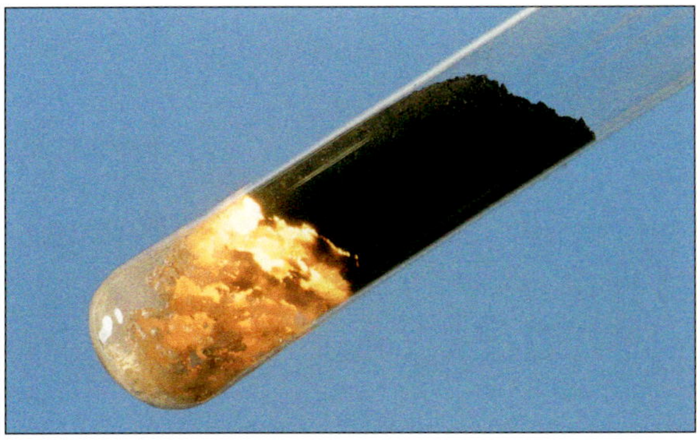

Reaktion von Kupferoxid mit Eisen

eignet sich hier nicht als Reduktionsmittel. Die Reduktionswirkung von Metallen ist also unterschiedlich stark.

Die Metalle lassen sich in einer Rangfolge ihrer Reduktionswirkung, in der sogenannten **Redoxreihe der Metalle,** zusammenstellen. Links in dieser Reihe stehen starke Reduktionsmittel. Dazu gehören Magnesium, Aluminium und Eisen. Sie liefern bei der Umsetzung mit Sauerstoff viel Energie und werden leicht oxidiert. Solche Metalle bezeichnet man als *unedle Metalle.* Im Gegensatz dazu haben Silber, Gold und Platin kaum eine Reduktionswirkung. Sie stehen rechts in der Redoxreihe; es handelt sich um die *Edelmetalle.* Sie werden an der Luft nicht oxidiert.
Je schwächer die Reduktionswirkung eines Metalls, umso stärker ist die Oxidationswirkung des jeweiligen Oxids: Silberoxid ist ein viel stärkeres Oxidationsmittel als Magnesiumoxid.

Die Metalle ordnet man nach der Stärke ihres Reduktionsvermögens in der Redoxreihe. Die unedlen Metalle sind in der Lage, die Oxide edlerer Metalle zu reduzieren.

1 Nenne einige edle und unedle Metalle.
2 Um Zinkoxid zu Zink zu reduzieren, stehen die Metalle Magnesium, Aluminium und Eisen zur Verfügung. Erkläre welche Metalle hierfür geeignet sind.

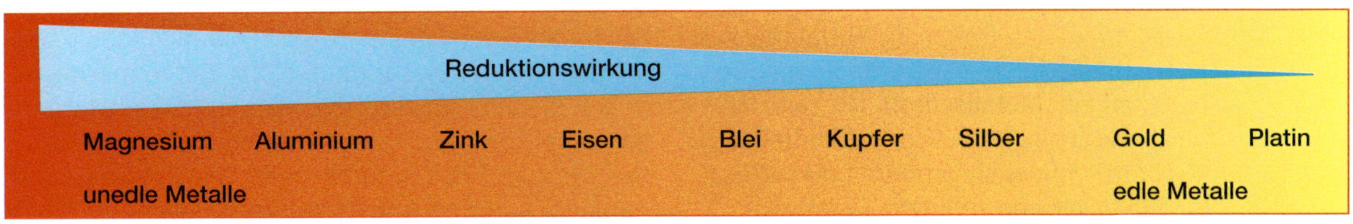

11.6 Recycling von Metallen

Vorsortierter Metallschrott für das Recycling

Recycling im Elektrolichtbogenofen

Mit der zunehmender Industrialisierung und dem steigenden Wohlstand der Gesellschaft sind neue Probleme entstanden:

- Seit den 1970er Jahren ist deutlich geworden, dass Ressourcen wie Erdöl bei gleich bleibender Verwendung irgendwann erschöpft sein werden.
- Außerdem ist eine zunehmende Belastung von Mensch und Umwelt durch Abfallstoffe zu verzeichnen.

Daher kommt einer ressourcenschonenden Wirtschaftsweise und dem Umweltschutz eine immer größere Bedeutung zu. Eine wichtige Möglichkeit, beide Aspekte zu berücksichtigen, besteht in der Wiederverwertung von Werkstoffen, dem **Recycling.** Hierbei werden Abfälle aufgearbeitet, in den Produktkreislauf zurückgeführt und so zur Produktion neuer Güter verwendet. Ziel ist es, sowohl den Rohstoffverbrauch zu senken als auch die Abfallmengen zu vermindern. Mit einer solchen Wirtschaftsweise ist meist gleichzeitig auch eine Energieeinsparung möglich.

Metallrecycling. Die größte Menge an Abfällen entsteht bei der industriellen Produktion: etwa 85 % des gesamten Abfallaufkommens entfällt auf das produzierende Gewerbe. Dementsprechend ist die Abfallvermeidung im Bereich der Industrie besonders wichtig. Die Abfallmenge konnte seit den 1980er Jahren mithilfe des Recyclings deutlich reduziert werden.

Im Bereich der metallerzeugenden Industrie ist der Recycling-Gedanke deutlich älter als in der übrigen Wirtschaft. Hier haben sich frühzeitig Verfahren zur Rohstoffrückgewinnung durchgesetzt: So sammelten früher Alteisensammler Metallschrott wie alte Maschinen oder Fahrräder ein. Beim Schrotthändler wurde der Metallschrott schließlich getrennt und sortiert, um für die Wiederverwertung genutzt zu werden.

Elektrostahl. Neben der Erzeugung von Stahl aus Roheisen, kommt Recycling von Schrott eine immer größere Bedeutung zu. Der jährliche Anteil an recyceltem Stahl beträgt derzeit etwa 35% mit steigender Tendenz.

Ein bedeutendes Recyclingverfahren bei der Stahlerzeugung ist die Herstellung von sogenanntem *Elektrostahl.*
In einem pfannenähnlichen Ofen wird dabei aus Schrott Stahl hergestellt. Die zum Schmelzen des Schrotts benötigte Energie wird durch die Umwandlung von elektrischer Energie in Wärme bereitgestellt. Zwischen zwei Enden einer Spannungsquelle, den *Elektroden,* bildet sich bei hoher Spannung ein *Lichtbogen,* durch den der Strom fließt. Ein Lichtbogen ist praktisch ein kontinuierlicher Blitz, der bis zu 3500 °C heiß ist. Als Elektroden verwendet man Graphitstäbe und den Schrott selbst, so dass sich der Lichtbogen zwischen den Graphitstäben und dem Schrott aufbaut. Der Schrott schmilzt; in der Schmelze erreicht man Temperaturen von bis zu 1800 °C.
Die Schmelze wird mit Zuschlägen und Stahlveredlern versetzt. Dabei bildet sich die Schlacke, die auf dem Stahl liegt und ihn vor Oxidation schützt.
Pro Schmelzvorgang werden in weniger als einer Stunde bis zu 250 Tonnen Stahl hergestellt.

Chemisch gesehen oxidiert der im Schrott gebundene Sauerstoff die unerwünschten Begleitelemente sowie die dem Schrott anhaftenden Verunreinigungen.

Die Herstellung von Elektrostahl hat nicht allein ökologische Vorteile, sondern auch ökonomische Aspekte, die ein Recycling des Werkstoffs Stahl interessant machen: So müssen kaum Rohstoffe außer Schrott zugekauft werden, was den Prozess unabhängiger von den Rohstoffpreisen des Weltmarktes

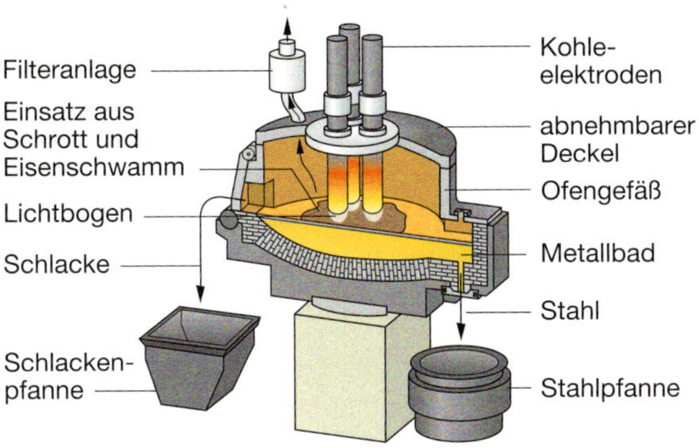

Schema eines Elektrolichtbogenofens

macht. Dementsprechend kostengünstiger wird die Produktion und damit auch der Stahl.
Ein weiterer Vorteil liegt in der größeren Flexibilität, mit der die Recyclinganlagen betrieben werden können. Während ein Hochofen über Jahre hinweg kontinuierlich betrieben werden muss, so kann die Produktion bei Recyclingverfahren angepasst werden. Bei einer höheren Nachfrage kann mehr Stahl gewonnen werden, bei schwacher Konjunktur kann der Ofen zurückgefahren oder abgeschaltet werden.

Recycling ist die Wiederverwertung von Rohstoffen mit dem Ziel Ressourcen und die Umwelt zu schonen. So wird aus Schrott Elektrostahl mithilfe eines Elektrolichtbogens erzeugt.

1 Beschreibe, weshalb die Produkton in einem Elektroofen flexibler ist als in einem Hochofen.
2 Liste Vorteile und Nachteile der Verfahren zur Stahlgewinnung auf und diskutiere, weshalb das Schrottrecycling einen immer größeren Stellenwert einnimmt.
3 Erstelle ein Schaubild der wichtigsten Herstellungsverfahren für Stahl. Informiere dich über das Direktreduktionsverfahren zur Eisengewinnung.

Herstellung und Recycling von Blei

Exkurs

Blei ist ein leicht verformbares, mattgraues Metall. Wirtschaftliche Bedeutung haben Blei und Bleiverbindungen vor allem für die Herstellung von Autobatterien. Bleistäube und Bleiverbindungen sind giftig. Deshalb dürfen sie nicht ins Trinkwasser gelangen.

Herstellung. Blei wird aus Bleisulfid gewonnen. Das angewendete *Röstreduktionsverfahren* verläuft in zwei Arbeitsschritten. Das gemahlene Erz wird zunächst in einem Röstofen erhitzt. Bleisulfid reagiert dabei mit Sauerstoff zu Bleioxid und Schwefeldioxid; diese Reaktion bezeichnet man als *Röstreaktion.* Im zweiten Schritt erfolgt die *Reduktion.* Das Bleioxid wird mit Koks und Zuschlagstoffen in einem Schachtofen erhitzt. Gleichzeitig wird Luft in den Ofen geblasen. Wie beim Hochofen wirkt auch hier das bei der Verbrennung entstehende Kohlenstoffmonooxid als Reduktionsmittel.

Beim Abstich fließt das Blei in Formen und erstarrt. Dieses Rohblei wird weiter gereinigt. In Deutschland werden jährlich etwa 350 000 Tonnen Blei verarbeitet. Über die Hälfte davon ist *Sekundärblei,* also Blei, das aus Altmaterial recycelt wurde.

Recycling von Bleibatterien. Hersteller und Handel von Batterien und Akkus sind verpflichtet diese zurückzunehmen. Der Verbraucher muss im Gegenzug alle unbrauchbar gewordenen Batterien bei den Sammelstellen abgeben. Die Batterien werden dann recycelt.

Durch eine Pfandregelung hat man bei Autobatterien einen nahezu vollständigen Rücklauf erreicht. Über das Recycling kehren somit Blei und Bleiverbindungen in den Produktionsprozess zurück:
Zunächst wird aus den Batterien die Säure entleert und für die Weiterverwertung gesammelt. Die Batterien werden dann mit dem Kunststoffgehäuse in einem Schachtofen zusammen mit Koks und Zuschlagsstoffen erhitzt. Wie bei der Gewinnung von *Primärblei* aus Bleierzen entsteht neben Blei auch eine Schlacke.

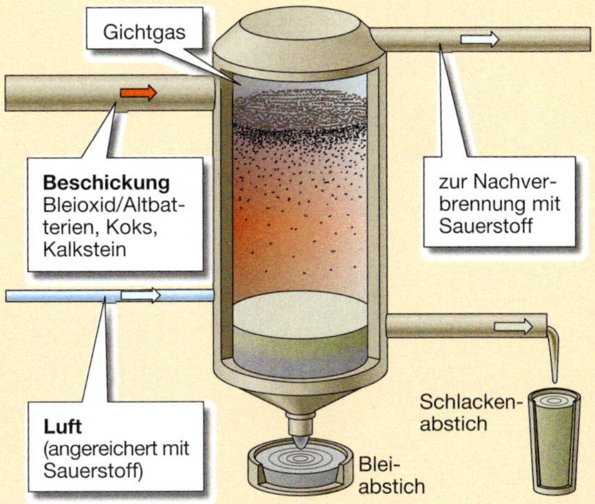

Gewinnung von Blei im Schachtofen

Exkurs Stahl – wirtschaftlich betrachtet

Seit der Industrialisierung ist Stahl praktisch *der* Werkstoff in Industrie und Technik. Die Stahlindustrie war bis in die 1960er Jahre eines der wichtigsten Standbeine der deutschen Volkswirtschaft. Insgesamt 340 000 Menschen waren damals in diesem Industriezweig in Deutschland beschäftigt. Auch heute spielt die Stahlindustrie noch eine wichtige Rolle als Zulieferer für wichtige Bereiche wie die Automobilindustrie, das Bauwesen und der Maschinenbau. 2006 waren noch rund 90 000 Arbeitnehmer in der Stahlindustrie beschäftigt.

Preisbildung. Der Preis für eine Tonne Rohstahl ist seit dem Jahre 2002 zunächst sehr stark gestiegen, dann Ende 2008 aber wieder eingebrochen. Die Preisbewegungen lagen in diesem Zeitraum zwischen 1000 € in der Spitze und rund 300 € am unteren Ende. Der Preis hängt von verschiedenen Faktoren ab: Neben dem Angebot, also der Produktionsmenge von Stahl, bestimmt die Nachfrage den Preis. Während sich das Angebot eher kontinuierlich mit dem Bau neuer Stahlwerke ändert, unterliegt die Nachfrage sehr starken konjunkturellen Schwankungen. So war der Preisanstieg seit 2002 sehr stark durch die entwicklungsbedingte Nachfrage vor allem von China verursacht. Der Einbruch in der zweiten Jahreshälfte 2008 erfolgte vor dem Hintergrund einer weltweiten Abschwächung der Konjunktur.

Rohstoffe. Der Stahlpreis hängt natürlich auch von den Preisen für Eisenerz, Koks und Zuschlagsstoffen ab. Für die Stahlerzeugung benötigt man außerdem Stahlveredler. Diese werden entweder als reine Metalle zugesetzt oder in Form von Schrott zugegeben. Aufgrund der großen Nachfrage sind die Rohstoffkosten stark gestiegen. So hat sich der Preis für Schrott seit 2002 verdreifacht, der für Nickel seit 2002 mehr als verfünffacht. Der weltweite Erzmarkt ist in der Hand von nur drei Konzernen, die rund drei Viertel der Produktion kontrollieren und daher einen großen Einfluss auf den Preis nehmen können.

Stahlproduktion. Weltweit wurden im Jahre 2005 mehr als 1,1 Milliarden Tonnen Stahl erzeugt, davon knapp 200 Millionen Tonnen in der Europäischen Union. Das indische Unternehmen ArcelorMittal ist derzeit der weltweit größte Stahlkonzern. Das Unternehmen produzierte 2005 über 100 Millionen Tonnen Stahl.
Die ThyssenKrupp AG, das größte deutsche Stahlunternehmen, derzeit auf Platz 11 der Weltrangliste, stellte 2005 dagegen nur 16,5 Millionen Tonnen Stahl her. Diese im weltweiten Vergleich eher geringe Produktionsmenge ist auf die Spezialisierung des Unternehmens zurückzuführen. Mit der Produktion von Spezialstählen ist es gelungen, wettbewerbsfähig zu bleiben und sich in ausgewählten Sparten der Stahlindustrie gegenüber den größeren Konkurrenten zu behaupten.

1 Beschreibe die Wege des Stahls, indem du Rohstofflieferanten, Stahlexporteure und Stahlimporteure herausstellst. Arbeite dabei mit der Karte und dem Atlas.
2 Stelle die Entwicklung der Rohstoffpreise graphisch dar. Erkläre, wie sie mit dem Stahlpreis zusammenhängen.
3 Recherchiere im Internet die wichtigsten Stahlhersteller. Stelle dazu eine Tabelle zusammen.

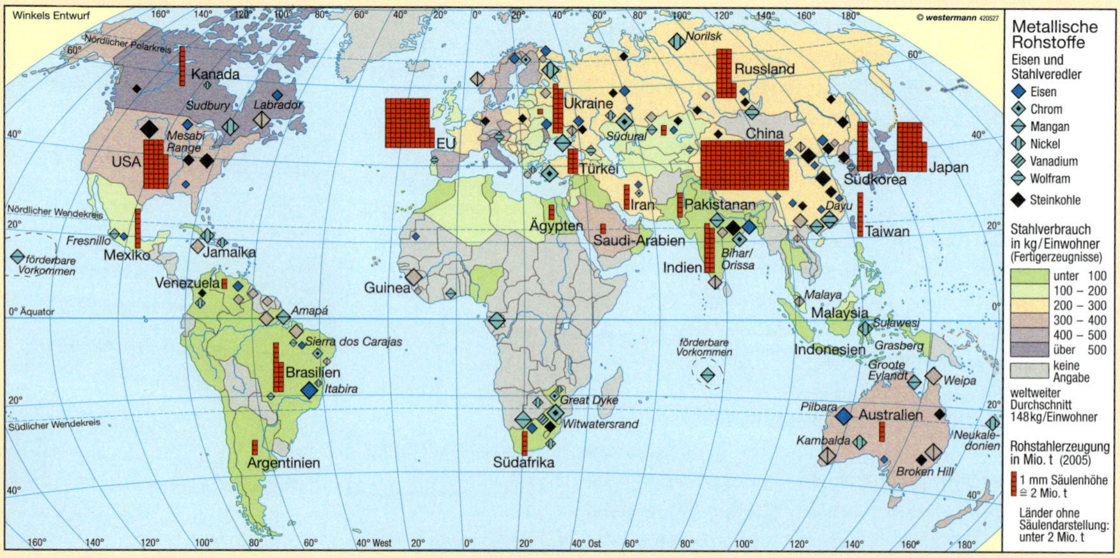

Eisenerz und Schrott – Stahlerzeugung

Basiswissen

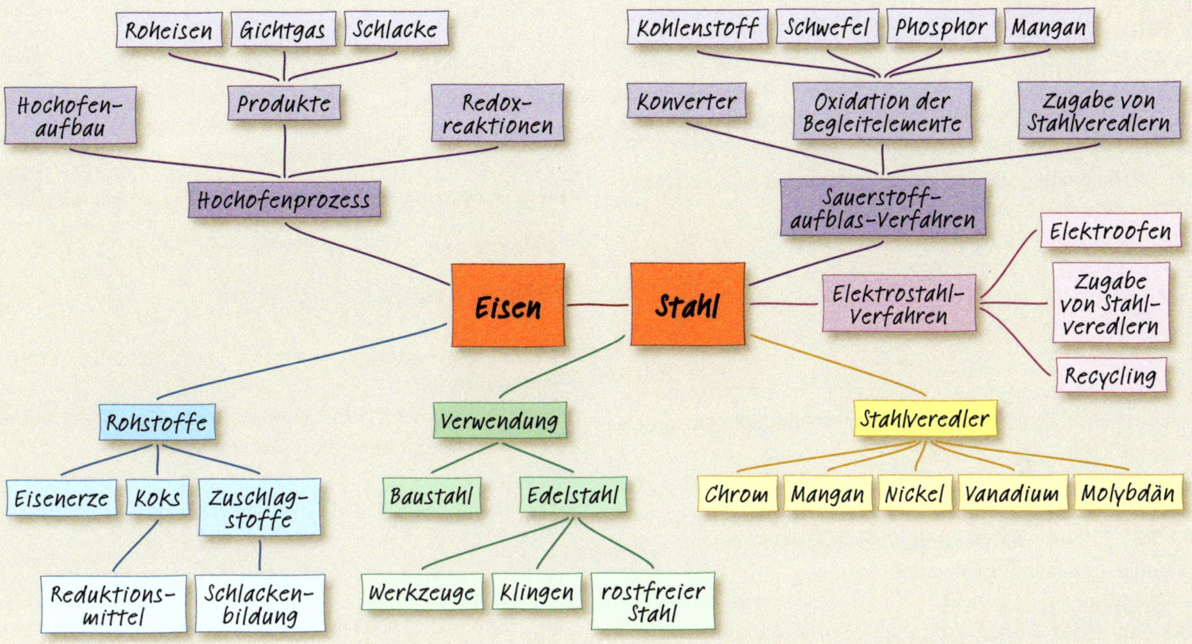

Vom Eisen zum Stahl

Chemie in unserer Welt

Eisen ist der bedeutendste metallische Werkstoff weltweit. Er wird in der Baubranche ebenso benötigt wie für die Herstellung von Maschinen und Werkzeugen. In der eisen- und stahlerzeugenden Industrie werden daher jährlich riesige Mengen dieses Metalls hergestellt.
Obwohl die zur Produktion von Eisen angewandten Prozesse chemischer Natur sind, wird diese Branche nicht der chemischen Industrie zugerechnet, sondern traditionell als eigenständiger Industriezweig verstanden. Auch diese Eigenständigkeit zeigt die besondere Bedeutung von Eisen und Stahl für unsere Gesellschaft.

Roheisen. Im Hochofenprozess wird Roheisen durch die Reduktion von Erzen gewonnen. Der Hochofen wird für mehrere Jahre ununterbrochen betrieben. Mehrmals pro Tag wird flüssiges Eisen abgestochen.
Der Arbeitsplatz am Hochofen ist trotz zahlreicher Verbesserungen des Verfahrens noch immer gekennzeichnet durch extrem hohe Temperaturen, schwere Schutzkleidung sowie viel Staub und Schmutz. Dennoch ist die Herstellung von Eisen heute ein technisch hochentwickelter Prozess: Die Eisengewinnung wird von Ingenieuren ständig weiterentwickelt und den heutigen Anforderungen an Umwelt und Qualität angepasst.

Thermitverfahren. Beim Verschweißen von Bahnschienen wird das Thermitverfahren angewandt. Dabei bildet sich aus Eisenoxid und Aluminium flüssiges Eisen, das in die Lücke zwischen den beiden Schienen fließt und diese ausfüllt. Aluminium dient in diesem Fall als Reduktionsmittel: Es steht in der Redoxreihe der Metalle weiter links.

Stahl. Die weitaus größte Menge des Roheisens wird zu Stahl weiterverarbeitet. Dazu wird zunächst der Kohlenstoffgehalt des Roheisens gesenkt, indem man Sauerstoff in das flüssige Eisen einbläst. Der Prozess wird als Frischen bezeichnet. Später können dem Roheisen Stahlveredler zugesetzt werden, mit denen die speziellen Stoffeigenschaften des Stahls gesteuert werden können.

Eine Alternative zum Hochofenverfahren ist das Elektrostahlverfahren. Hierbei wird Stahlschrott im Lichtbogenofen geschmolzen. Die Schmelze wird dann mit Stahlveredlern versetzt. Das Verfahren gewinnt an Bedeutung, weil es auf dem Recycling von wertvollem Schrott beruht und eine flexiblere Steuerung der Produktionsmenge und der gewünschten Qualitäten erlaubt.

Prüfe dein Wissen

Quiz

A1 a) Erkläre die Begriffe des Fensters.
b) Notiere auf der Vorderseite von Karteikarten den Begriff, auf der Rückseite die Erklärung.
c) Ordne die Begriffe den Basiskonzepten „Materie", „chemische Reaktion" und „Energie" zu.
Begründe deine Zuordnung.

A2 Nenne die wichtigsten Stoffeigenschaften von Eisen und beschreibe, wie es in der Natur vorkommt.

A3 a) Erkläre, weshalb Eisen selten in reiner Form verwandt wird, sondern praktisch ausschließlich in seinen Legierungen.
b) Nenne Legierungsmetalle, die bei der Produktion von Stahl zum Einsatz kommen.
c) Beschreibe, wie Chromzusätze und Nickelzusätze die Eigenschaften von Stahl verändern.

A4 Stelle das Reaktionsschema für die beim Thermitverfahren ablaufende chemische Reaktion auf. Gib Oxidationsmittel und Reduktionsmittel an.

A5 Um Roheisen in Stahl umzuwandeln, bläst man Sauerstoff auf die Schmelze.
a) Nenne Bestandteile des Roheisens, die dadurch entfernt werden, und stelle für die ablaufenden Oxidationen jeweils das Reaktionsschema auf.
b) Erkläre, warum sich die Schmelze beim Sauerstoff-Blasverfahren erhitzt, obwohl keine Wärme zugeführt wird.

Know-how

A6 Erläutere, weshalb man bei Redoxreaktionen in der Industrie
a) meist Koks und nicht unedle Metalle als Reduktionsmittel verwendet.
b) Koks anstelle der früher üblichen Holzkohle einsetzt.

A7 Beschreibe die Schritte zur Herstellung von Stahl.

A8 a) Gib an, wie man mit dem Elektrostahl-Verfahren aus Schrott Stahl gewinnen kann.
b) Begründe, weshalb die Stahlproduktion in Elektroöfen flexibler ist als die Stahlerzeugung im Hochofenprozess und anschließender Behandlung des Roheisens im Stahl-Konverter.

A9 Erkläre mithilfe der Redoxreihe, welches Metall geeignet wäre, um Aluminium aus Aluminiumoxid herzustellen.

Die wichtigsten Begriffe

- Roheisen
- Hochofen
- Stahl
- Edelstahl
- unedles Metall, edles Metall
- Redoxreihe der Metalle
- Recycling

Natur – Mensch – Technik

A10 Früher wurden Fahrradrahmen ausschließlich aus Stahl hergestellt.
Begründe, weshalb man heute statt des Werkstoffs Stahl häufig Aluminium oder Titan verwendet.

A11 Erkläre, warum man Hochöfen häufig an Flüssen errichtet hat.

A12 Platintiegel werden im Labor genutzt, wenn aggressive Stoffe bei hohen Temperaturen reagieren sollen.
Nenne Gründe, warum gerade Platin besonders gut geeignet ist.

A13 In einem Auto-Abgaskatalysator sind nur 2 g feinst verteilter Metalle enthalten.
Nenne Gründe, weshalb sich das Recycling dennoch lohnt.

A14 a) Beschreibe die Preisentwicklung von Nickel.

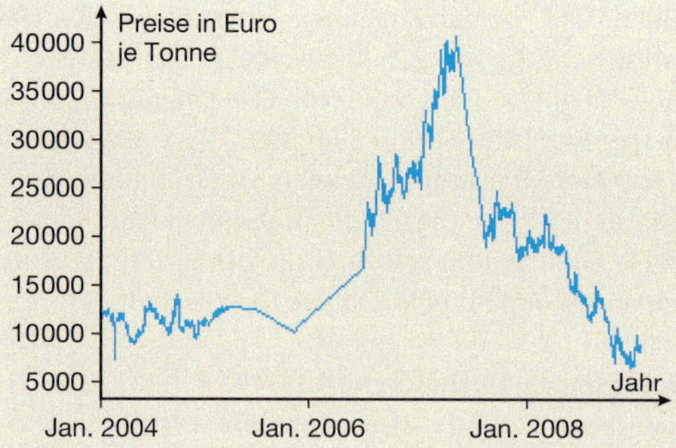

b) Erkläre, welcher sachliche Zusammenhang zwischen dem Preis für Stahl und dem Preis von Nickel besteht.
c) Begründe den deutlichen Anstieg des Preises für Nickel ab dem Jahre 2003.
d) Erkläre, wie man die Frage nach dem wirklichen Wert von Nickel beantworten müsste.

A15 Begründe, weshalb man die Nutzung des Gichtgases im Winderhitzer im weitesten Sinne als Recycling bezeichnen kann.

A1 Zink – Schützt vor dem Rosten

Eisen und einfache Stähle sind für viele Anwendungen nur bedingt geeignet, weil sie unter dem Einfluss von Sauerstoff und Wasser schnell rosten. Daher sind Rostschutzmaßnahmen wie das *Feuerverzinken* notwendig: Dazu taucht man den zu schützenden Gegenstand kurz in eine Schmelze von Zink. Dabei wird eine dünne fest haftende Zink-Schicht gebildet.
Als relativ unedles Metall reagiert Zink an der Luft sehr schnell mit Sauerstoff zu Zinkoxid. Es bildet sich so an der Zinkoberfläche eine weiß-graue Oxid-Schicht. Diese Schicht ist allerdings so dicht, dass der weitere Zutritt von Sauerstoff an das Metall verhindert wird; das Metall unter der Oxid-Schicht wird nicht weiter angegriffen. Der verzinkte Gegenstand ist somit geschützt. Zink wird daher in der Industrie in großen Mengen benötigt.

Für die Gewinnung von Zink geht man von den Erzen Zinkblende und Zinkspat aus. Die Erze werden zunächst unter Luftzufuhr geröstet. Dabei entsteht Zinkoxid, das dann mit Koks umgesetzt wird. Wie im Hochofenprozess bildet sich zunächst Kohlenstoffmonooxid, welches das eigentliche Reduktionsmittel der Redoxreaktion darstellt.
Das so hergestellte Zink enthält noch relativ viele Verunreinigungen. Da Zink bereits bei rund 900 °C siedet, kann es von den Verunreinigungen durch Destillation abgetrennt werden. Das gereinigte Zink wird abschließend in Barren gegossen. In dieser Form kommt es auch meist in den Handel.

a) Erläutere, weshalb Zink für die stahlverarbeitende Industrie von großer Bedeutung ist.
b) Stelle das Reaktionsschema für die Reduktion von Zinkoxid mit Kohlenstoff auf.
c) Stelle Gemeinsamkeiten und Unterschiede der Gewinnung von Eisen und von Zink dar.
d) Erläutere, welcher Widerspruch zwischen der Stellung von Zink in der Redoxreihe und seiner Verwendung als Rostschutz besteht. Erkläre, wie sich der Widerspruch auflösen lässt.

A2 Magnesium brennt unter Wasser

Angezündetes Magnesium kann auch unter Wasser brennen. Man setzt es deshalb für Unterwasserfackeln ein. Die leichte Brennbarkeit des Metalls kann aber auch zu gefährlichen Bränden mit Magnesiumwerkstoffen in der Technik führen.

a) Begründe, warum der Brandsatz einer Unterwasserfackel neben Magnesium und Bindemitteln auch Stoffe enthält, die leicht Sauerstoff abgeben können.
b) Im Gegensatz zu einer Magnesiumfackel erlischt ein brennendes Magnesiumband, wenn man es in Wasser taucht. Erkläre das unterschiedliche Verhalten.
c) Welche Reaktionen könnten bei einer Unterwasserfackel ablaufen? Formuliere Reaktionsschemata und gib Oxidationsmittel und Reduktionsmittel an.
d) Erläutere, welches Gas in den von der brennenden Fackel aufsteigenden Blasen enthalten sein könnte.
e) Ein Magnesiumbrand lässt sich weder mit Wasser noch mit einem Kohlenstoffdioxidlöscher bekämpfen.
Formuliere das Reaktionsschema für die Reaktion von Magnesium mit Kohlenstoffdioxid.
f) Bei einem Experiment wird ein Magnesiumband mit der Brennerflamme an der Luft entzündet und dann in einen Standzylinder mit Kohlenstoffdioxid gehalten.
Stelle Ausgangsstoffe und Reaktionsprodukte modellhaft auf der Teilchenebene dar.
g) Nenne und begründe eine mögliche Löschmethode für einen Magnesiumbrand.
h) Weltweit werden jährlich etwas 500 000 Tonnen Magnesium hergestellt.
Recherchiere, in welchen Bereichen Magnesium und Magnesiumlegierungen hauptsächlich verwendet werden. Nenne auch einige Produkte aus dem Alltag.
i) Metallisches Magnesium wurde erstmals 1808 hergestellt und ab 1860 auch praktisch in der Feuerwerkerei eingesetzt. Als Werkstoff spielt Magnesium erst seit etwa 80 Jahren eine Rolle; in letzter Zeit steigt die Bedeutung stark an. Erläutere einige Gesichtspunkte, die diese Entwicklung erklären.

12 Die Erde, mit der wir leben

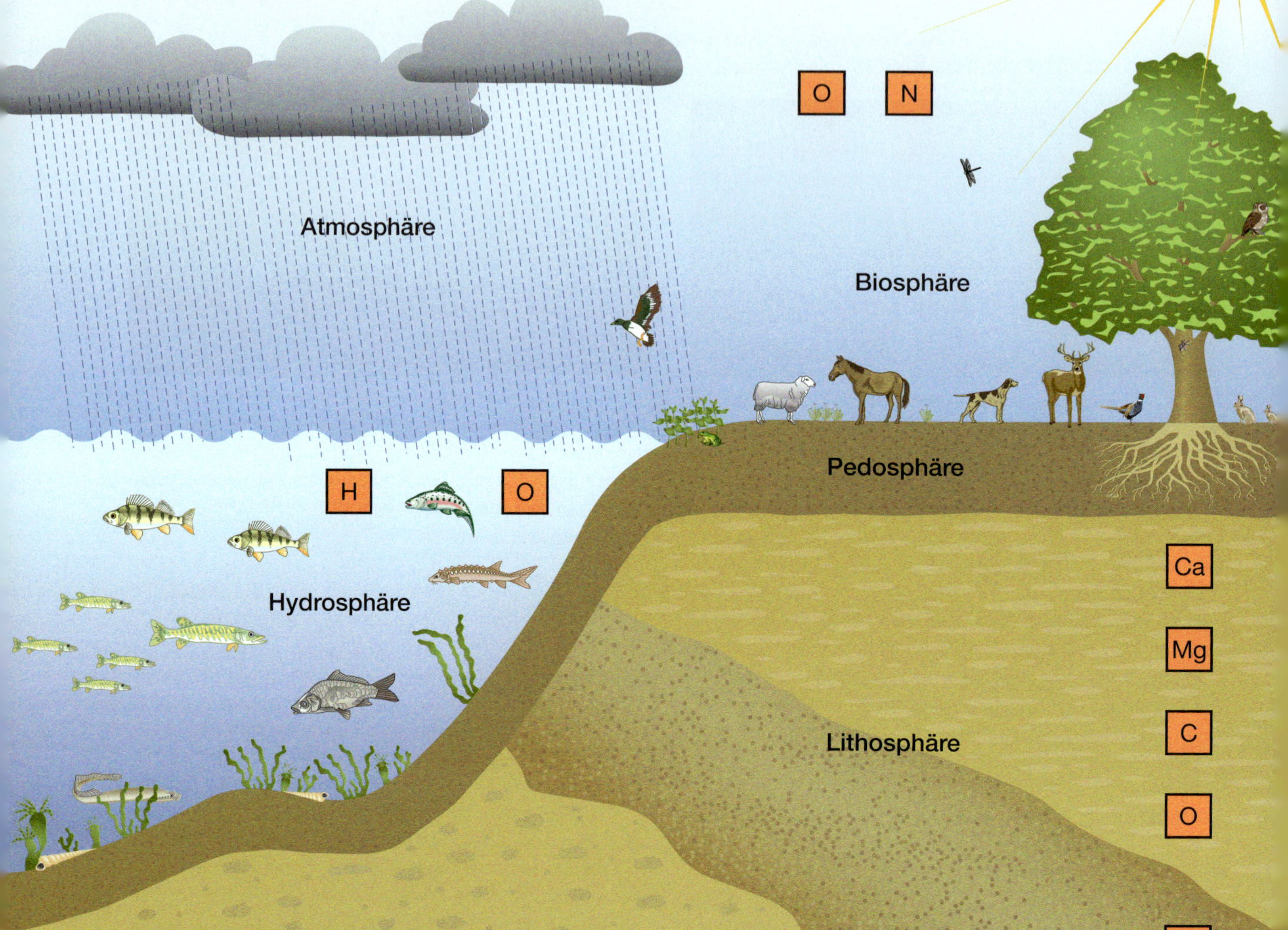

Unsere Erde bildet die unersetzliche Lebensgrundlage für fast 7 Milliarden Menschen. Ihr Durchmesser beträgt etwa 12 700 km, doch nur eine im Vergleich zum Gesamtdurchmesser hauchdünne Schicht von ungefähr 20 km Dicke, die Biosphäre, bietet die Bedingungen, die Leben ermöglichen. Landwirtschaftlich genutzter Boden, umgangssprachlich auch „Erde" genannt, reicht vielfach nicht tiefer als etwa einen Meter. Neben Sonne, Wasser und Luft ist gerade diese „Erde" Grundlage für das Leben. Die auf ihr wachsenden Pflanzen entnehmen dem Boden Mineralstoffe und Wasser und erzeugen zusammen mit dem Kohlenstoffdioxid aus der Luft die Biomasse, von der sich viele Tiere und auch wir Menschen ernähren. Die Begriffe „Mutterboden" und „Mutter Erde", die es ähnlich in vielen Sprachen gibt, machen die besondere Bedeutung des Bodens deutlich.

Doch nicht nur Pflanzen nutzen die im Boden enthaltenen Stoffe. Die gesamte Erdkruste ist ein Reservoir für die chemischen Elemente und Verbindungen, die wir als Rohstoffe und Energielieferanten für unser Leben nutzen.

Zentrale Fragen:

- **Welche Elemente findet man in der Erdkruste?**
- **Welche Eigenschaften haben die Elemente?**
- **Was versteht man unter Elementfamilien?**
- **Wie lassen sich die Elemente nutzen?**

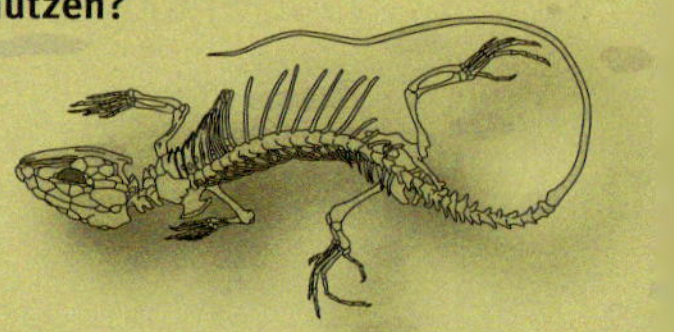

12.1 Die Erdkruste – Fundort für Elemente

Die Erde, unser annähernd kugelförmiger Heimatplanet, ist aus verschiedenen Schichten aufgebaut. Ein Kern aus flüssigem Eisen mit einem Durchmesser von ungefähr 3350 km wird von dem fast genauso dicken Erdmantel aus Magnesium-Eisen-Verbindungen umgeben. Die etwa 50 km dicke Erdkruste bildet zusammen mit dem oberen Erdmantel in einer Mächtigkeit von rund 100 km die feste Gesteinshülle, die *Lithosphäre*. Darunter befindet sich flüssige Magma. Riesige Gesteinsplatten, die die Kontinente und Meeresböden bilden, schwimmen gleichsam auf einem Magmameer. Herausgefunden hat man dies mithilfe seismologischer Untersuchungen.

Elemente der Lithosphäre. In der Gesteinshülle findet man die 92 natürlich vorkommenden chemischen Elemente. Sie liegen mit wenigen Ausnahmen wie beispielsweise Edelmetalle und Kohlenstoff in Form von chemischen Verbindungen vor. Diese Verbindungen sind oft diffus über die ganze Erde verbreitet, wodurch ein Abbau häufig nicht lohnenswert ist. Treten sie aber in Ansammlungen als Gesteine, Mineralien oder Erzlagerstätten auf, lassen sich die Verbindungen als Bodenschätze nutzen. Beispiele dafür sind die Eisenerzvorkommen im Siegerland, die Braunkohlevorkommen im Kölner Raum oder die Salzlager am Niederrhein. Das häufigste Element in der Erdkruste ist Sauerstoff, gefolgt von Silicium und den Metallen Aluminium, Eisen, Calcium, Natrium, Magnesium und Kalium.

Elemente der Atmosphäre. Umgeben wird die Erde von einer Gashülle, der *Atmosphäre*. Auch sie besteht aus verschiedenen Schichten: Die Troposphäre erstreckt sich bis in 10 bis 12 km Höhe. Bis etwa 70 km reicht die Stratosphäre und darüber beginnt die Ionosphäre. Im Unterschied zur Erdkruste enthält die Atmosphäre nur wenige Elemente: Stickstoff, Sauerstoff, in geringer Menge die Edelgase Helium, Argon, Krypton und Xenon, sowie Kohlenstoff, gebunden in Kohlenstoffdioxid.

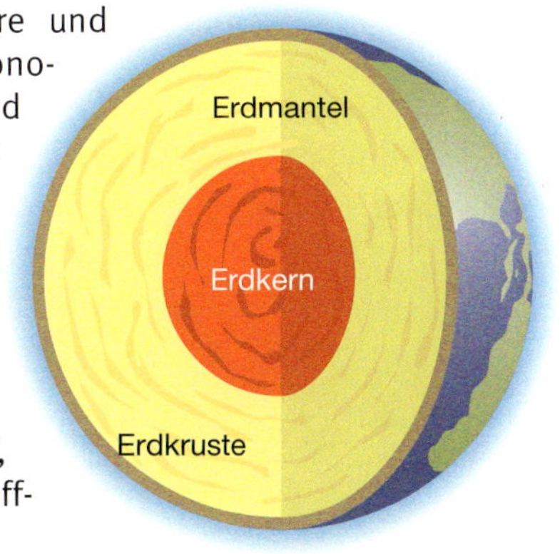

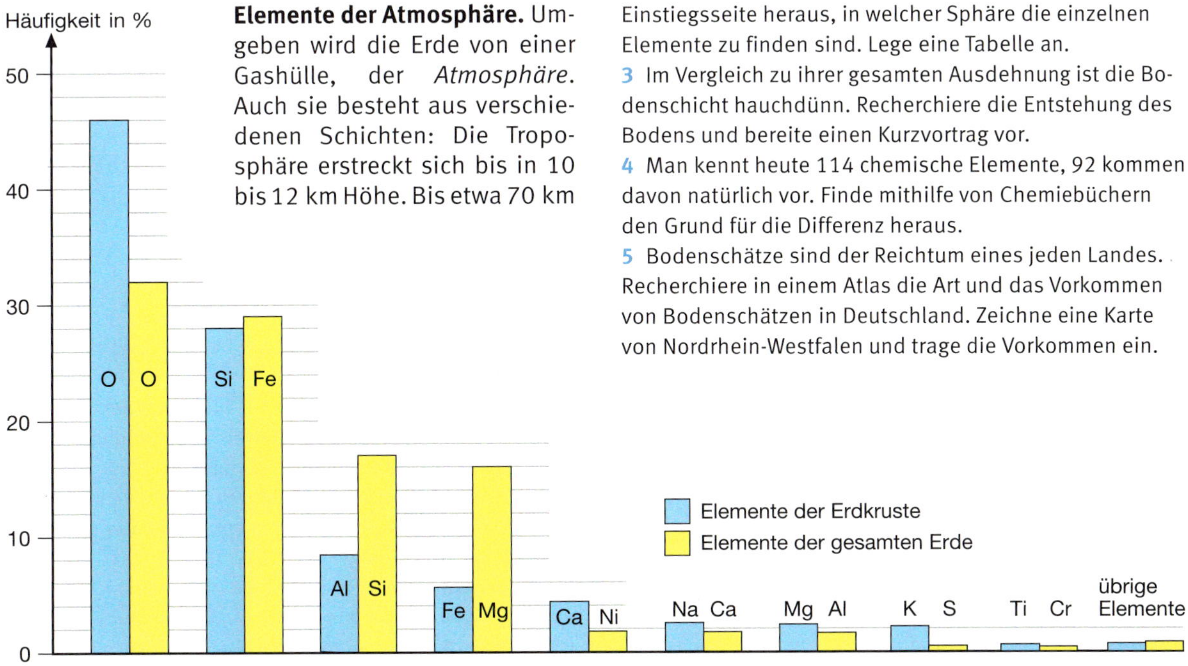

Die häufigsten Elemente der Erde

Elemente der Hydrosphäre. Wie die Atmosphäre ist die *Hydrosphäre*, das gesamte Wasserreservoir auf der Erde, „arm" an Elementen. Hauptsächlich sind dies Wasserstoff und Sauerstoff, gebunden im Wasser. Darin gelöst sind Verbindungen einiger anderer Elemente. Beispiele dafür sind verschiedene Salze.

Die äußersten Schichten der Erde enthalten die natürlich vorkommenden chemischen Elemente meist in Form von chemischen Verbindungen.

1 Beschreibe den Aufbau der Erde mit eigenen Worten.

2 **a)** Vergleiche mithilfe des Säulendiagramms die Häufigkeit der Elemente der Erde mit der der Erdkruste. Gib mögliche Erklärungen für die Unterschiede an.
b) Suche mithilfe des Textes und der Abbildung auf der Einstiegsseite heraus, in welcher Sphäre die einzelnen Elemente zu finden sind. Lege eine Tabelle an.

3 Im Vergleich zu ihrer gesamten Ausdehnung ist die Bodenschicht hauchdünn. Recherchiere die Entstehung des Bodens und bereite einen Kurzvortrag vor.

4 Man kennt heute 114 chemische Elemente, 92 kommen davon natürlich vor. Finde mithilfe von Chemiebüchern den Grund für die Differenz heraus.

5 Bodenschätze sind der Reichtum eines jeden Landes. Recherchiere in einem Atlas die Art und das Vorkommen von Bodenschätzen in Deutschland. Zeichne eine Karte von Nordrhein-Westfalen und trage die Vorkommen ein.

12.2 Calcium – ein Steckbrief wird erstellt

Kalkalpen (Dolomiten)

Reaktion von Calcium mit Wasser

Calcium ist das fünfthäufigste Element der Erdkruste. Ohne es zu wissen sind wir ständig und überall von Calciumverbindungen umgeben: Im Urlaub bewundern wir die grandiosen Felsformationen der Dolomiten, die zum größten Teil aus Kalkstein, einer Calciumverbindung bestehen. Manche Pflanzen gedeihen nur auf kalkhaltigem Boden. Kalk ist ein wesentlicher Bestandteil des Zements und anderer Baustoffe. Gelöst findet er sich in hartem Wasser. Selbst im menschlichen Körper steht Calcium als wichtiger Knochenbestandteil mit 1,5 Gewichtsprozent nach Sauerstoff, Kohlenstoff, Wasserstoff und Stickstoff an fünfter Stelle der Elemente.

Physikalische Eigenschaften. Trotz seiner Häufigkeit haben die meisten Menschen elementares Calcium nie gesehen. Das Element Calcium ist ein silbrig glänzendes Metall. Den metallischen Charakter verrät es durch seine elektrische Leitfähigkeit. Die Dichtebestimmung ergibt einen Wert von 1,54 g/cm^3. Calcium gehört damit, wie das bekanntere Aluminium, zu den Leichtmetallen.

Reaktion mit Sauerstoff. Calcium ist sehr reaktionsfreudig. Beim Erhitzen an Luft verbrennt es mit ziegelroter Flamme. Lässt man es an der Luft stehen, reagiert es allmählich mit Sauerstoff und der Luftfeuchtigkeit. Das glänzende Metall wird langsam matt, und es bildet sich ein grauer Überzug. Seine Reaktivität ist der Grund dafür, dass Calcium nicht elementar, sondern nur in chemischen Verbindungen vorkommt.

Reaktion mit Wasser. Gibt man blanke Calciumspäne in Wasser, steigen Gasbläschen auf; die Knallgasprobe zeigt, dass es sich bei dem Gas um Wasserstoff handelt. Das Reaktionsgemisch erwärmt sich und wird trüb, da ein weißer Feststoff entsteht. Untersucht man den Feststoff, so zeigt sich, dass darin neben Calcium- und Sauerstoff-Atomen noch Wasserstoff-Atome gebunden sind. Man nennt den Stoff **Calciumhydroxid**. Die Lösung ist alkalisch, wie ein zugegebener Indikator anzeigt.

Kalkwasser. Gibt man Calciumhydroxid in Wasser, bildet sich eine trübe Suspension. Calciumhydroxid ist schlecht löslich: in einem Liter Wasser lösen sich nur 1,6 g. Filtriert man die Suspension, erhält man eine klare Lösung, die alkalisch reagiert und *Kalkwasser* genannt wird.
Leitet man Kohlenstoffdioxid durch Kalkwasser, so trübt es sich: Calciumcarbonat, umgangssprachlich auch Kalk genannt, fällt aus. Diese Reaktion dient im Labor zum Nachweis des Gases Kohlenstoffdioxid.

Calcium ist ein reaktionsfreudiges Leichtmetall. Es reagiert mit Wasser, wobei sich das wenig lösliche Calciumhydroxid bildet. Kalkwasser wird im Labor als Nachweis für Kohlenstoffdioxid eingesetzt.

1 Erstelle mithilfe des Textes einen Steckbrief über das Element Calcium.

2 Beschreibe, wie man Kalkwasser herstellt und wofür es im Labor verwendet wird.

3 Calcium-Metall wird an feuchter Luft von einem weißen Feststoff überzogen. Gib an, um welche Verbindungen des Calciums es sich dabei handeln könnte.

4 Finde mithilfe von Biologiebüchern heraus, welche chemischen Elemente neben Calcium am Aufbau der menschlichen Knochen beteiligt sind.

5 In einer Vorratsflasche mit Kalkwasser bildet sich nach einiger Zeit ein weißer Niederschlag, der sich auch nach Erwärmen nicht wieder auflöst. Erkläre, wie dieser zustande kommt und worum es sich dabei handelt.

12.3 Zählen durch Wiegen

Stoffportionen in Masse, Volumen und Stückzahl

Ein Liter Milch, ein Kilogramm Zucker – in diesen Einheiten beschreiben wir im Alltag die Größe der Portion eines Stoffes. Bei Eiern, Würstchen und anderen zählbaren Mengen geben wir meist die genaue Stückzahl an. Auch in der Chemie verwendet man auf der stofflichen Ebene häufig die Masse oder das Volumen, um die Größe einer Stoffportion zu beschreiben. Man sagt beispielsweise: „Ich habe 1 g Calcium abgewogen" oder „In dem Kolbenprober befinden sich 50 ml Sauerstoff".

Bei chemischen Reaktionen reagieren stets Teilchen miteinander. Oft will man daher in der Chemie wissen, wie viele Teilchen in einer bestimmten Stoffportion enthalten sind. Die Teilchen sind jedoch viel zu klein und ihre Anzahl ist viel zu groß, um sie abzählen zu können. Eine Lösung bietet das folgende Verfahren: Will man wissen, wie viele Gummibärchen sich in einer Tüte mit 300 g Inhalt befinden, kann man zunächst ein einzelnes Gummibärchen wiegen. Es soll 2 g schwer sein. Die Anzahl der in der Tüte enthaltenen Bärchen entspricht dann dem Quotienten: $\frac{300\text{ g}}{2\text{ g}} = 150$ Stück.
Wir haben also die Gummibärchen gezählt, indem wir sie gewogen haben.

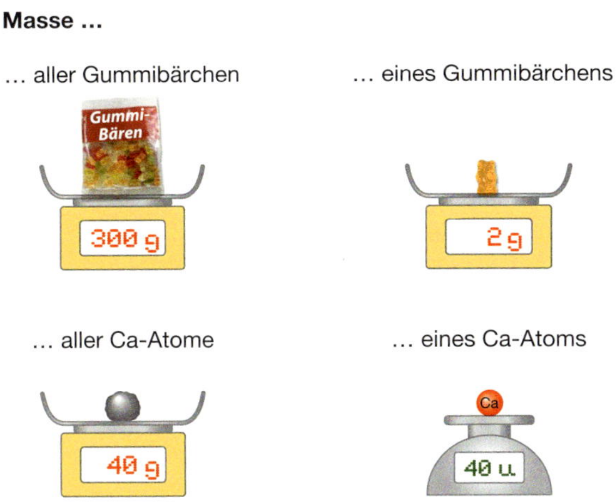

Teilchenzahlen aus Atommassen. Das Prinzip *Zählen durch Wiegen* lässt sich auch auf Teilchen in einer Stoffportion anwenden. So ergibt sich die Anzahl N der Calcium-Atome in einer Portion Calcium, wenn man die Masse der Portion durch 40 u, die Masse eines Calcium-Atoms, dividiert. Für 40 g Calcium ergibt sich dann eine Zahl von etwa 600 Trilliarden Calcium-Atomen ($6 \cdot 10^{23}$ Ca-Atome).

Stoffmenge. Die Zahl $6 \cdot 10^{23}$ hat für das Zählen von Teilchen dieselbe Bedeutung wie das Dutzend. So spricht man von einem Dutzend und meint damit 12 Stück. In der Chemie spricht man von einem **Mol** und meint $6 \cdot 10^{23}$ Teilchen. Ein Mol ist die Einheit einer Zählgröße, die man als *Stoffmenge* bezeichnet. Das Zeichen für die Stoffmenge ist n. Eine Stoffportion hat die Stoffmenge $n = 1$ mol, wenn sie $6 \cdot 10^{23}$ Teilchen enthält. Bei der Angabe von Stoffmengen muss stets klargestellt werden, auf welche Teilchen man sich bezieht.

Rechenbeispiel

$$\text{N (Ca-Atome)} = \frac{m\text{ (Calcium)}}{m\text{ (Ca-Atom)}} = \frac{40\text{ g}}{40\text{ u}}$$

$$1\text{ g} = 602\,200\,000\,000\,000\,000\,000\,000\text{ u} \approx 6 \cdot 10^{23}\text{ u}$$

$$\text{N (Ca-Atome)} = \frac{m\text{ (Calcium)}}{m\text{ (Ca-Atom)}} = \frac{40\text{ g} \cdot 6 \cdot 10^{23}\frac{\text{u}}{\text{g}}}{40\text{ u}}$$

$$= 6 \cdot 10^{23}$$

40 g Calcium enthalten etwa $6 \cdot 10^{23}$ Ca-Atome.
In Worten sind dies 600 Trilliarden Ca-Atome.

Das Mol ist die Einheit der Stoffmenge n. Die Stoffmenge $n = 1$ mol entspricht $6 \cdot 10^{23}$ Teilchen.

1 Begründe, weshalb man in der Chemie oft die Anzahl an Teilchen in einer Stoffportion wissen will.
2 *Experimentelle Hausaufgabe:* Bestimme nach dem Prinzip Zählen durch Wiegen die Anzahl der Schokolinsen in einer Tüte. Zähle anschließend die Schokolinsen und vergleiche mit deinem Rechenergebnis. Beurteile das Verfahren.
3 Berechne die Zeit, die alle Menschen auf der Erde (7 Milliarden) brauchen, um die Stoffmenge von 1 mol zu zählen, wenn jeder Mensch pro Sekunde zehn Teilchen zählt.

12.4 Stoffmengen werden messbar – die molare Masse

Proportionalität zwischen Masse und Anzahl

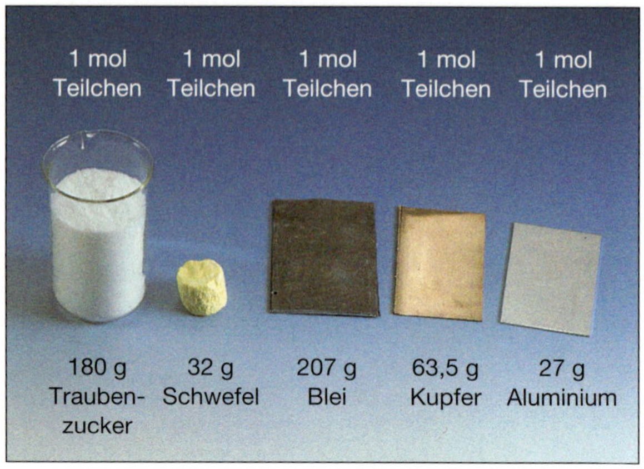

Ein Mol (600 Trilliarden Teilchen) entspricht...

Wenn eine Tüte Gummibärchen mit 300 g Masse 150 Stück enthält, dann sind in einer Doppelpackung mit 600 g zweimal so viele, nämlich 300 Stück enthalten. Die Anzahl an Gummibärchen verhält sich proportional zur Masse der Portion. Diese Proportionalität zwischen der Masse und der Anzahl ist auch für den Bereich der Teilchen anwendbar.

Molare Masse. Die Teilchenanzahl in einer Stoffportion direkt anzugeben, ist aufgrund der riesigen Zahlen sehr umständlich. Meist verwendet man in der Chemie stattdessen die Stoffmenge n, denn dann ergeben sich kleine Zahlenwerte.
Die Stoffmenge ist direkt proportional zur Masse m einer Stoffportion: $n \sim m$. Den Proportionalitätsfaktor bezeichnet man als **molare Masse** oder **Molmasse M.** Es gilt: $m = M \cdot n$

Die molare Masse ist der Quotient aus der Masse und der Stoffmenge einer Stoffportion:

$\mathrm{M} = \frac{m}{n}$; Einheit: $\frac{\mathrm{g}}{\mathrm{mol}}$

Sie ist, wie die Dichte oder die Schmelz- und Siedetemperatur, eine stoffspezifische Größe. Ihre Werte sind im Periodensystem der Elemente angegeben.
Berechnet man die molaren Massen für weitere Elemente, so fällt auf, dass hierbei der Zahlenwert der molaren Masse mit dem der Atommasse übereinstimmt. Nur die Einheiten sind verschieden. So wiegen $6 \cdot 10^{23}$ Sauerstoff-Atome ($n = 1$ mol) 16 g. Jedes einzelne Sauerstoff-Atom wiegt 16 u. Die molare Masse von Sauerstoff beträgt 16 $\frac{\mathrm{g}}{\mathrm{mol}}$. Entsprechend ist die molare Masse von Stickstoff 14 $\frac{\mathrm{g}}{\mathrm{mol}}$ und die von Eisen 56 $\frac{\mathrm{g}}{\mathrm{mol}}$.

Die molare Masse M ist der Quotient aus der Masse m und der Stoffmenge n einer Stoffportion.

1 Erkläre den Zusammenhang zwischen Masse, Stoffmenge und molarer Masse eines Stoffes.
2 Gib die molare Masse von Gold, Zink und Chrom an.
3 Berechne die Stoffmengen von 10 g Kupfer, 50 g Sauerstoff und 40 mg Eisen.
4 Für ein Experiment werden 1,5 mmol Aluminium benötigt. Berechne die abzuwiegende Masse.

Rechenbeispiele

Berechnung der molaren Masse:
Welche molare Masse besitzt Calcium?

Gegeben: m (Ca-Atom) = 40 u

$m\,(\mathrm{Ca}) = 40\,\mathrm{u} \cdot 6 \cdot 10^{23} = 40 \cdot 6 \cdot 10^{23}\,\mathrm{u} = 40\,\mathrm{g}$

$M\,(\mathrm{Ca}) = \frac{m\,(\mathrm{Ca})}{n\,(\mathrm{Ca})} = \frac{40\,\mathrm{g}}{1\,\mathrm{mol}} = 40\,\frac{\mathrm{g}}{\mathrm{mol}}$

Calcium besitzt eine molare Masse von 40 $\frac{\mathrm{g}}{\mathrm{mol}}$.

Berechnung der Stoffmenge:
Wie groß ist die Stoffmenge der Calcium-Atome in 12,5 g Calcium?

Gegeben: m (Ca) = 12,5 g; M (Ca) = 40 $\frac{\mathrm{g}}{\mathrm{mol}}$

$n\,(\mathrm{Ca}) = \frac{m\,(\mathrm{Calcium})}{M\,(\mathrm{Ca})} = \frac{12{,}5\,\mathrm{g}}{40\,\frac{\mathrm{g}}{\mathrm{mol}}} = 0{,}31\,\mathrm{mol}$

12,5 g Calcium enthalten 0,31 mol Calcium-Atome.

Berechnung der Masse:
Welche Masse hat eine Calcium-Portion mit der Stoffmenge 3,2 mol?

Gegeben: n (Ca) = 3,2 mol; M (Ca) = 40 $\frac{\mathrm{g}}{\mathrm{mol}}$

$m\,(\mathrm{Ca}) = M\,(\mathrm{Ca}) \cdot n\,(\mathrm{Ca})$
$= 40\,\frac{\mathrm{g}}{\mathrm{mol}} \cdot 3{,}2\,\mathrm{mol} = 128\,\mathrm{g}$

3,2 mol Calcium wiegen 128 g.

12.5 CaO – eine Verhältnisformel wird bestimmt

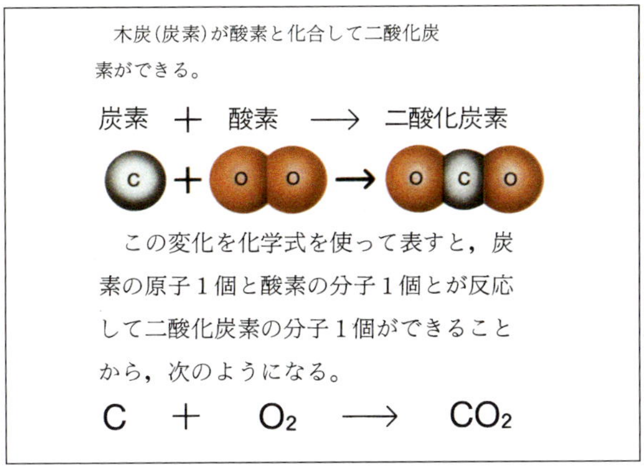
木炭(炭素)が酸素と化合して二酸化炭素ができる。

炭素 ＋ 酸素 ⟶ 二酸化炭素

この変化を化学式を使って表すと，炭素の原子 1 個と酸素の分子 1 個とが反応して二酸化炭素の分子 1 個ができることから，次のようになる。

$C + O_2 \longrightarrow CO_2$

Die Zeichensprache der Chemie ist international.

Bei der Verbrennung von Calcium entsteht ein weißes Pulver: Calciumoxid. Führt man diese Reaktion mit einer genau abgewogenen Masse an Calcium durch und wiegt anschließend das entstandene Calciumoxid, so lässt sich berechnen, mit wie viel Gramm Sauerstoff die abgewogene Calciummenge reagiert hat. Dabei stellt man fest, dass das Metall stets in einem konstanten Massenverhältnis mit Sauerstoff reagiert. So verbinden sich beispielsweise 5,6 g Calcium mit genau 2,24 g Sauerstoff. Berechnet man die Stoffmengen an Calcium- und an Sauerstoff-Atomen und setzt diese ins Verhältnis, so erhält man ein Stoffmengenverhältnis von 1 : 1.

Verhältnisformel. Aus dem Stoffmengenverhältnis folgt, dass jede Calciumoxid-Portion im Verhältnis genau so viele Calcium-Atome wie Sauerstoff-Atome enthält. Chemiker beschreiben die Zusammensetzung von Verbindungen durch chemische Formeln.

Calciumoxid gehört als *Metall/Nichtmetallverbindung* zu den *salzartigen Stoffen*. Die Kristalle solcher Stoffe bestehen aus einer gitterartigen Anordnung sehr vieler Atome. Die chemische Formel für Metall/Nichtmetallverbindungen drückt das Anzahlverhältnis der Atomsorten in der Verbindung aus: Man schreibt es einfach durch tiefer gestellte Zahlen hinter die jeweiligen *Elementsymbole*. Eine solche Formel bezeichnet man deshalb als **Verhältnisformel**. Die Verhältnisformel für Calciumoxid lautet Ca_1O_1. In der Chemie lässt man üblicherweise die Ziffer 1 weg und schreibt vereinfacht **CaO**.

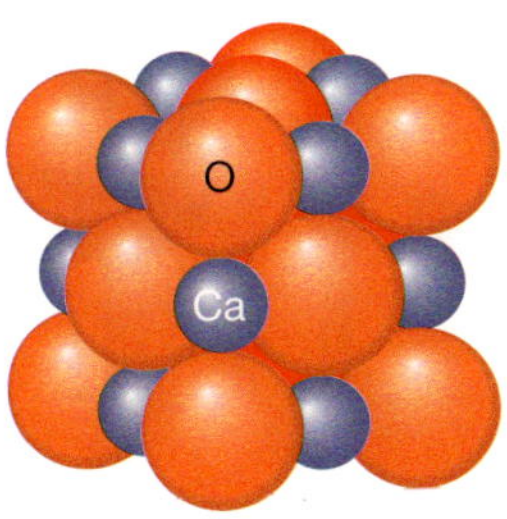

Chemische Formeln werden weltweit einheitlich geschrieben, damit man sich leichter verständigen kann: In den Formeln für Metall/Nichtmetallverbindungen steht das Metall immer an erster Stelle. Die Elementsymbole werden in lateinischer Schrift, die Ziffern als arabische Zahlen geschrieben.

Andere Metall/Nichtmetallverbindungen. Beim Kupfersulfid beträgt das Stoffmengenverhältnis *n* (Kupfer) : *n* (Schwefel) = 2 : 1. Jede Kupfersulfid-Portion enthält stets doppelt so viele Kupfer-Atome wie Schwefel-Atome im Gitter. Die Verhältnisformel lautet daher Cu_2S. Im Aluminiumoxid-Gitter ist das Stoffmengenverhältnis von Aluminium zu Sauerstoff 2 : 3; die Verhältnisformel ist Al_2O_3.

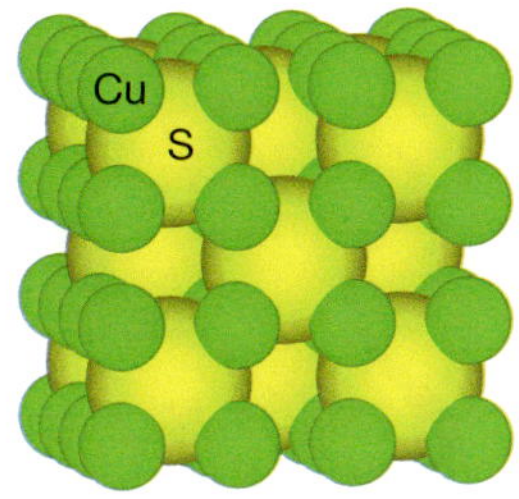

Die Verhältnisformel gibt die Zusammensetzung von Metall/Nichtmetallverbindungen an. Das Stoffmengenverhältnis der Atomsorten wird durch tiefgestellte Ziffern hinter den Elementsymbolen beschrieben.

Welche Formel hat Calciumoxid?

Gegeben: *m* (Ca) = 5,6 g; *m* (O) = 2,24 g

1. Berechnung der Stoffmengen:

$$n\,(\mathrm{Ca}) = \frac{m\,(\mathrm{Ca})}{M\,(\mathrm{Ca})} = \frac{5{,}6\ \mathrm{g}}{40\,\frac{\mathrm{g}}{\mathrm{mol}}}$$

= 0,14 mol Calcium-Atome.

$$n\,(\mathrm{O}) = \frac{m\,(\mathrm{O})}{M\,(\mathrm{O})} = \frac{2{,}24\ \mathrm{g}}{16\,\frac{\mathrm{g}}{\mathrm{mol}}}$$

= 0,14 mol Sauerstoff-Atome.

2. Berechnung des Stoffemengenverhältnisses:

$$\frac{n\,(\mathrm{Ca})}{n\,(\mathrm{O})} = \frac{0{,}14\ \mathrm{mol}}{0{,}14\ \mathrm{mol}} = \frac{1}{1}$$

Das Stoffmengenverhältnis *n* (Ca) : *n* (O) beträgt 1 : 1; die Verhältnisformel ist CaO.

1 a) Eine Verbindung besteht aus den Elementen Kupfer und Schwefel. Erläutere die Vorgehensweise, um die Verhältnisformel zu bestimmen.
b) Zeichne einen möglichen Versuchsaufbau.
2 1,2 g Magnesium reagieren mit 3,5 g Chlor. Ermittle die Verhältnisformel von Magnesiumchlorid. Zeichne einen Ausschnitt aus dem Kristallgitter.
3 Die Verhältnisformel für Calciumhydroxid ist $Ca(OH)_2$. Gib an, in welchem Stoffmengenverhältnis die beteiligten Elemente zueinander stehen.
4 Berechne die in 10 g Calciumoxid enthaltene Masse an Calcium. Berechne auch die Stoffmenge.

12.6 Metalle und Nichtmetalle

Die Lithosphäre enthält alle 92 natürlich vorkommenden Elemente. Viele davon wurden erst in den letzten 200 Jahren meist zufällig entdeckt. Angesichts ihrer Vielzahl versuchte man schon früh Elemente nach ähnlichen Eigenschaften in Gruppen zu sortieren. Ein Beispiel sind die Erdalkalimetalle in der Erdkruste. Grundlegend teilt man die Elemente in *Metalle* und *Nichtmetalle* ein.

Metalle. Bereits in der Antike fasste man die damals bekannten Metalle mit Ausnahme des Quecksilbers aufgrund ihrer ähnlichen Eigenschaften zusammen. Metalle waren nach der damaligen Ansicht jedoch selbst keine Elemente, sondern Mischungen des „Elements Erde". Den ersten Versuch, Metalle wissenschaftlich zu beschreiben, machte der russische Chemiker Michail LOMONOSSOW im 18. Jahrhundert. Er beschrieb Metalle als hämmerbare, glänzende Körper. Heute weiß man, dass etwa vier Fünftel der Elemente Metalle sind. Elementar sind die meisten von ihnen jedoch im Alltag unbekannt. Sie begegnen uns allerdings oft in Form ihrer Verbindungen.

Metalle besitzen eine Vielzahl gemeinsamer Eigenschaften, die typisch für diese Stoffgruppe sind: Sie weisen einen metallischen Glanz und eine gute Verformbarkeit auf; sie haben überwiegend hohe Schmelz- und Siedetemperaturen und leiten den elektrischen Strom sowie Wärme. Die Magnetisierbarkeit ist jedoch keine typische Eigenschaft von Metallen. Nur Eisen, Cobalt und Nickel sind magnetisch.

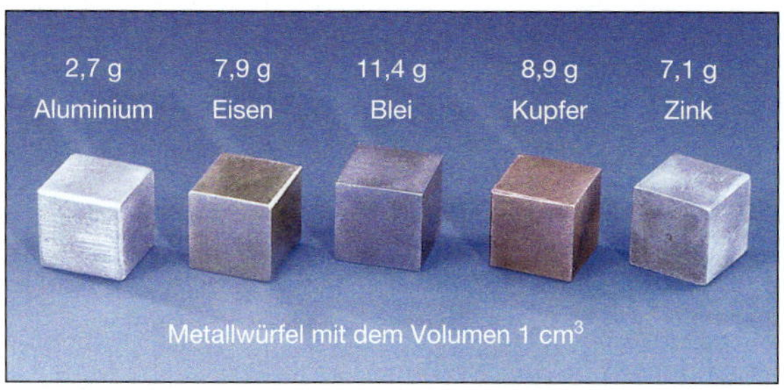

Metallwürfel mit dem Volumen 1 cm³

Einteilung der Metalle. Neben diesen gemeinsamen Eigenschaften weisen Metalle auch Unterschiede auf, wodurch sie sich in Untergruppen einteilen lassen. Auffällig ist die unterschiedliche Dichte. Metalle mit einer Dichte kleiner als 5 $\frac{g}{cm^3}$ nennt man *Leichtmetalle*. Das bekannteste Leichtmetall ist das Aluminium. Zu den *Schwermetallen* mit einer Dichte über 5 $\frac{g}{cm^3}$ gehören Eisen, Blei und sämtliche Edelmetalle.

Einige Metalle verlieren schon nach kurzer Zeit ihren Glanz. Gegenstände aus Aluminium oder Zink erscheinen uns stumpf und matt. Schmirgelt man sie an, erscheint der metallische Glanz zwar für kurze Zeit, verschwindet aber bald wieder. Metalle, die sich an Luft verändern, zählen zu den *unedlen Metallen*. Gold und Platin dagegen behalten ihren Metallglanz über Jahrtausende. Sie zählen zu den *Edelmetallen*.

Nichtmetalle. Im Vergleich zu den Metallen sind die Eigenschaften der Nichtmetalle viel weniger einheitlich. Es gibt feste, flüssige und gasförmige Nichtmetalle. Als Elemente begegnen sie uns im Alltag viel seltener als Metalle, sieht man einmal von den Hauptbestandteilen der Luft, den Gasen Stickstoff, Sauerstoff und den Edelgasen ab. Eine weitere Ausnahme bildet das Element Kohlenstoff als Kohle oder Ruß. Das Element Phosphor begegnet uns heute auf den Reibeflächen von Streichholzschachteln. Früher wurden dünne Hölzer vor der Verwendung in eine Mischung aus weißem Phosphor getaucht. Danach entzündeten sie sich an der Luft selbst. Als technisch bedeutsames Gas findet Wasserstoff im Labor oder in der chemischen Industrie häufige Anwendung.

Elemente lassen sich aufgrund ihrer Eigenschaften in Metalle und Nichtmetalle einteilen. Bei Metallen unterscheidet man Leicht- und Schwermetalle, edle und unedle Metalle.

1 Erstelle eine Liste von Alltagsgegenständen, die ganz oder teilweise aus Metallen bestehen. Gib die verwendeten Metalle an.

2 Stelle an zwei geeigneten Beispielen die Unterschiede zwischen Metallen und Nichtmetallen heraus.

3 Quecksilber ist ein Metall, obwohl es nicht wie die übrigen Metalle ein Feststoff ist.

a) Recherchiere die Eigenschaften dieses Elements.

b) Begründe, warum es den Metallen zugeordnet wird und welche Eigenschaften dagegen sprechen.

c) Beurteile die Eignung des Kriteriums *Aggregatzustand* für die Einteilung von Stoffen in eine Stoffgruppe.

4 Das Element Silicium ist ein so genanntes Halbmetall. Recherchiere, was man darunter versteht.

12.7 Verwandte des Calciums – die Elementfamilie der Erdalkalimetalle

Das Element *Magnesium* hat ähnliche Eigenschaften wie Calcium: Es ist ebenfalls ein silbrig glänzendes Leichtmetall, das sich an der Luft mit einer dünnen Schicht von Magnesiumoxid überzieht. Diese schützt das darunter liegende Metall vor weiterer Oxidation. Daher zeigt sich zunächst auch keine Reaktion, wenn man Magnesium in Wasser gibt. Erst beim Erwärmen entwickelt sich Wasserstoff – ähnlich wie beim Calcium. Ein Indikator zeigt, dass die entstandene Lösung ebenfalls alkalisch reagiert. Erhitzt man Magnesium mit dem Brenner, verbrennt es mit grell leuchtender Flamme.

Wegen ihrer Ähnlichkeit werden Magnesium und Calcium sowie einige weitere Metalle zu einer **Elementfamilie** zusammengefasst. Man bezeichnet die Elemente dieser Gruppe als **Erdalkalimetalle**. Der Name weist darauf hin, dass Verbindungen dieser Elemente in der Erd-kruste zu finden sind. Der Namensteil „alkali" leitet sich vom arabischen *alqaljan* (Holzasche) ab und bezieht sich auf die alkalische Reaktion der Lösungen der Hydroxide in Wasser.

Weitere Erdalkalimetalle. Neben Calcium und Magnesium gehören auch die Elemente Beryllium, Strontium und Barium zu den Erdalkalimetallen. *Beryllium* ist ein stahlgraues, giftiges Leichtmetall. Es weist eine gegenüber den anderen Mitgliedern der Elementfamilie auffällig große Härte und eine hohe Schmelztemperatur auf. Wie die anderen Erdalkalimetalle wird es an der Luft leicht oxidiert. Auch hier bildet sich eine sehr feste Oxidschicht, die keine Reaktion mit Wasser zulässt. *Strontium* und *Barium* sind in elementarer Form ebenfalls silbrig-glänzende Leichtmetalle. Sie überziehen sich an der Luft schnell mit einer dunklen Oxidschicht. Beim Erwärmen entzünden sich beide Metalle.

Bei allen Übereinstimmungen in den Eigenschaften der Erdalkalimetalle gibt es aber auch deutliche Abstufungen. So nehmen die Schmelztemperatur und die Härte vom Beryllium zum Barium tendenziell ab, die Dichte und die Reaktionsfähigkeit nehmen dagegen zu.

Reaktion mit Wasser. Erdalkalimetalle reagieren mit Wasser zu **Erdalkalimetallhydroxiden** und Wasserstoff.

Erdalkalimetall + Wasser ⟶
Erdalkalimetallhydroxid + Wasserstoff; exotherm

Die Erdalkalimetallhydroxide enthalten Erdalkalimetall-Atome, Sauerstoff-Atome und Wasserstoff-Atome im Verhältnis 1 : 2 : 2. Die allgemeine Verhältnisformel lautet daher $Me(OH)_2$. Das Symbol Me steht dabei für die Metall-Atome.

Zur Elementfamilie der Erdalkalimetalle gehören die Elemente Beryllium, Magnesium, Calcium, Strontium und Barium. Es sind reaktionsfreudige Leichtmetalle. Sie bilden wenig lösliche Hydroxide mit der allgemeinen Formel $Me(OH)_2$.

1 **a)** Liste die Elemente der Erdalkalimetalle mit Namen und Elementsymbol auf.
b) Beschreibe detailliert, weshalb man diese Elemente zu einer Elementfamilie zusammenfasst.
2 Gib das Reaktionsschema für die Reaktion von Magnesium mit Wasser an.
3 Früher wurden Kellerräume gekalkt. Dabei trug man eine Suspension von Calciumhydroxid mit Wasser als weißen Anstrich auf. Erkläre, warum dabei besondere Schutzmaßnahmen notwendig waren.

Steckbrief: Erdalkalimetalle

Element, Elementsymbol	Beryllium, Be	Magnesium, Mg	Calcium, Ca	Strontium, Sr	Barium, Ba
Flammenfärbung	keine	keine	ziegelrot	karminrot	fahlgrün
Atommasse	9,0 u	24,3 u	40,0 u	87,6 u	137,3 u
Schmelztemperatur	1285 °C	650 °C	845 °C	771 °C	726 °C
Siedetemperatur	2477 °C	1105 °C	1483 °C	1385 °C	1686 °C
Dichte	$1{,}85\ \frac{g}{cm^3}$	$1{,}74\ \frac{g}{cm^3}$	$1{,}54\ \frac{g}{cm^3}$	$2{,}63\ \frac{g}{cm^3}$	$3{,}62\ \frac{g}{cm^3}$
Härte	hart				mäßig weich
Reaktion mit Wasser	keine Reaktion				lebhaft

Chemie-Recherche

Location: http://www.schroedel.de/chemie_heute.html

Suche:

Erdalkalimetalle und ihre Verbindungen

Schroedel

Ergebnisse:

Beryllium

Das häufigste Beryllium-Mineral ist Beryll ($Al_2Be_3Si_6O_{18}$). Mönche schliffen im Mittelalter aus dem glasartig durchsichtigen Mineral halbkugelige Linsen, die sie als Vergrößerungsglas verwendeten. So leitet sich die Bezeichnung Brille von dem Namen Beryll ab. Der grüne *Smaragd* ist ein Beryll, bei dem ein Teil der Aluminium-Atome durch Chrom-Atome ersetzt ist. Die hellblaue Farbe des *Aquamarins* wird dagegen durch Eisen-Atome hervorgerufen.
Berylliumhaltige Legierungen werden in Mikroschaltern für die Elektronindustrie eingesetzt; vorteilhaft ist das geringe Gewicht bei gleichzeitig hoher Beständigkeit.

Magnesium

Magnesium und Magnesium-Legierungen werden als vielseitige Werkstoffe genutzt. Besonders wichtig sind sie für den Automobil- und Flugzeugbau, denn Magnesium-Legierungen zeigen hohe Festigkeit bei geringem Gewicht. Aber auch Gegenstände des Alltags wie Laptopgehäuse, Lenkräder und Bleistiftspitzer werden aus Magnesium hergestellt. Verengte Blutgefäße des Herzens lassen sich durch Stents aus Magnesium weiten, damit einem Herzinfarkt vorgebeugt werden kann.
Magnesium-Verbindungen werden in Tabletten verwendet, um Muskelkrämpfen, Kopfschmerzen und Konzentrationsstörungen vorzubeugen.

Calcium

Calcium ist das fünfthäufigste Element in der Erdkruste. So wird das Bild ganzer Regionen entscheidend durch Calciumcarbonat ($CaCO_3$) geprägt: Die Kreidefelsen von Rügen, die Kalksteingebirge der Schwäbischen Alb oder das berühmte Marmorgebiet bei Carrara. Calcium-Verbindungen spielen auch eine wichtige Rolle beim Aufbau von Knochen, Zähnen und Muschelgehäusen.
Zum Teil wird elementares Calcium zur Reinigung von Roheisen bei der Produktion von Stahl eingesetzt.

Strontium und Barium

Verbindungen von Strontium und Barium bewirken die roten beziehungsweise grünen Leuchteffekte von Feuerwerkskörpern. Strontiumoxid und Bariumoxid sind wichtige Bestandteile von Gläsern für Bildschirme. Sie halten die gesundheitsschädliche Röntgenstrahlung zurück.
Die wässerige Lösung von Bariumhydroxid wird als *Barytwasser* im Labor verwendet; sie reagiert stark alkalisch. Leitet man Kohlenstoffdioxid in Barytwasser, so trübt sich die Lösung und Bariumcarbonat fällt als weißer Feststoff aus. Diese Nachweisreaktion für Kohlenstoffdioxid ist sogar noch empfindlicher als die Reaktion mit Kalkwasser.

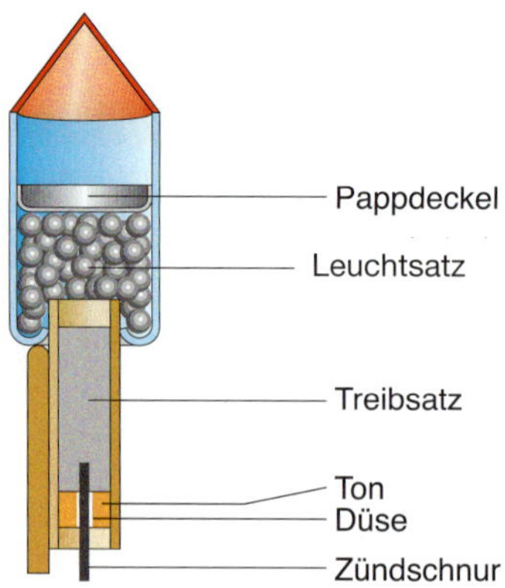

Aufgaben

1 Erkläre die Verwendung von Magnesium-Legierungen im Flugzeugbau.
2 Stelle das Reaktionsschema für die Reaktion von Strontium mit Wasser auf.
3 Erkläre die Funktionen der Einzelteile einer Silvesterrakete. Nutze die Abbildung.
4 Erläutere, warum sich fein verteiltes Calcium an der Luft selbst entzünden kann.

Alkali- und Erdalkalimetalle

V1: Flammenfärbung

Materialien: Gasbrenner, Magnesiastäbchen, Becherglas (100 ml), Uhrgläser, Cobaltglas, Spektroskop; Lithiumchlorid (Xn), Natriumchlorid, Kaliumchlorid, Strontiumchlorid, Bariumchlorid (T), Salzsäure (verd., Xi).

Durchführung:
1. Gib etwas Salzsäure in das Becherglas. Tauche ein Magnesiastäbchen kurz ein und erhitze es dann in der Brennerflamme. Wiederhole diesen Arbeitsschritt, bis keine Flammenfärbung mehr zu erkennen ist.
2. Feuchte das Stäbchen noch einmal mit Salzsäure an. Nimm damit etwas Lithiumchlorid vom Uhrglas auf und halte es in die Flamme.
3. Betrachte die Flamme durch ein Spektroskop.
4. Wiederhole den Versuch mit den anderen Salzen. Beobachte die Flamme im Falle von Kaliumchlorid auch durch das Cobaltglas.
5. Untersuche die Probe eines unbekannten Salzes.

Aufgaben:
a) Notiere deine Beobachtungen.
b) Erkläre, warum das Magnesiastäbchen vor der Untersuchung der Salze ausgeglüht werden muss.

V2: Stoffeigenschaften von Calcium, Magnesium und Lithium

Materialien: Messer, Tiegelzange, Schleifpapier, Leitfähigkeitsprüfer mit Prüfspitzen als Elektroden, Glühbirne, Flachbatterie;
Lithium (F, C), Magnesiumband (F) Calcium (granuliert; F).

Durchführung:
1. Halte ein etwa 1 cm langes Magnesiumband mit der Tiegelzange fest und schneide es mit dem Messer.
2. Überprüfe die elektrische Leitfähigkeit, indem du das Magnesium mit den Enden der Prüfstäbe berührst. Reibe das Metallstück anschließend mit dem Schleifpapier blank und prüfe erneut die Leitfähigkeit.
3. Halte das Magnesiumstück mit der Tiegelzange in die Brennerflamme. Vorsicht: Nicht in die Flamme sehen.
4. Wiederhole die Versuche mit den etwa erbsengroßen Stücken der übrigen Metalle.

Aufgaben:
a) Notiere deine Beobachtungen.
b) Fasse die Eigenschaften der Metalle in einer Tabelle zusammen.

V3: Reaktion von Calcium, Magnesium und Lithium mit Wasser

Materialien: Gasbrenner, Schleifpapier;
Calciumspäne (F), Magnesiumband (F), Lithium (F, C), Thymolphthalein-Lösung (F).

Durchführung:
1. Reibe ein etwa 1 cm langes Magnesiumband mit dem Schleifpapier blank.
2. Fülle die Reagenzgläser jeweils mit 5 ml Wasser, dem einige Tropfen Indikator zugesetzt wurden.
3. Gib die Metallproben in jeweils ein Reagenzglas. Das Lithiumstück sollte etwa reiskorngroß sein.

Aufgaben:
a) Notiere deine Beobachtungen.
b) Entwickle eine Versuchsanordnung, mit der sich die Reaktionsprodukte isolieren und nachweisen lassen.
c) Gib die Reaktionsschemata für die ablaufenden Vorgänge an.
d) Zeige auf, welche Beobachtungen einen Hinweis auf die Dichte der untersuchten Metalle ermöglichen.

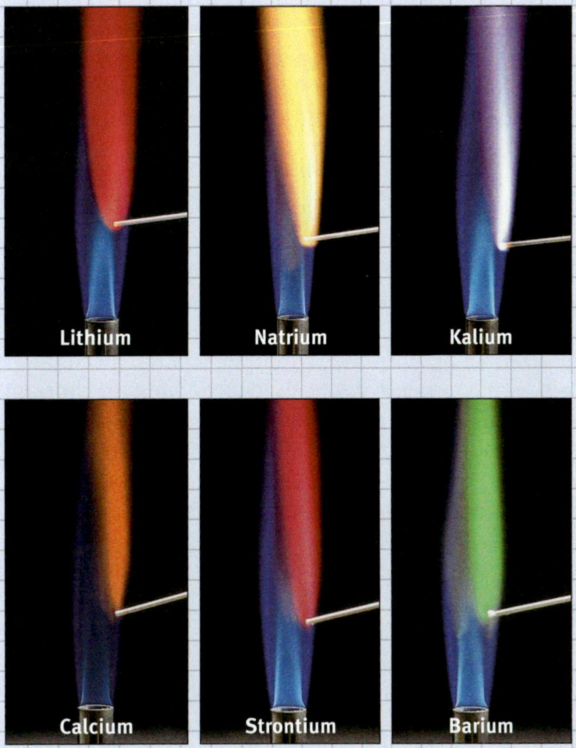

Flammenfärbung der Alkali- und Erdalkalimetalle

12.8 Natrium – ein ungewöhnliches Metall

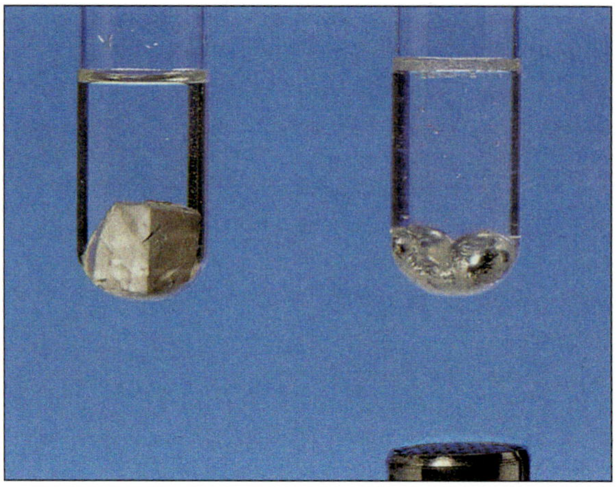

Natrium schmilzt bei 98 °C

Natrium ist eines der häufigsten Elemente in der Erdkruste. In elementarer Form ist Natrium den meisten Menschen dennoch unbekannt. Natrium-Verbindungen wie Kochsalz, Salpeter, Soda oder Natron als Bestandteil des Backpulvers begegnen uns im Alltag dagegen fast täglich.

Eigenschaften. Elementares Natrium zeigt die typischen Eigenschaften eines Metalls: Es glänzt silberfarben und ist ein guter Leiter für Wärme und elektrischen Strom. Im Vergleich zu anderen Metallen hat Natrium auch einige ungewöhnliche Eigenschaften: Seine Dichte ist mit $\rho = 0{,}97\ g/cm^3$ geringer als die von Wasser. Natrium zählt damit zu den Leichtmetallen.

Erhitzt man Natrium, so schmilzt es bereits bei 98 °C; bei Aluminium sind es 660 °C, bei Eisen sogar 1536 °C. Natrium ist so weich, dass man es mit dem Messer schneiden kann. Die frische Schnittfläche ist silbrig glänzend, überzieht sich aber bald mit einem grauen Belag. Diese Veränderung tritt noch schneller ein, wenn man auf die Schnittfläche haucht. Natrium ist nämlich sehr reaktionsfreudig. Daher muss man es unter Paraffinöl aufbewahren.

Vom Natrium zum Natriumhydroxid. Erhitzt man Natrium, schmilzt es und verbrennt mit leuchtend gelber Flamme. Es entsteht ein weißer Feststoff, der mit Luftfeuchtigkeit zum farblosen, weißlich scheinenden **Natriumhydroxid** reagiert. Der Name weist darauf hin, dass diese Verbindung aus den Elementen Natrium, Wasserstoff (Hydrogenium) und Sauerstoff (Oxygenium) besteht. Natriumhydroxid enthält die gleiche Anzahl an Natrium-Atomen, Sauerstoff-Atomen und Wasserstoff-Atomen. Das Atomanzahlverhältnis beträgt 1:1:1. Die chemische Formel lautet also NaOH.

Natrium + Sauerstoff $\xrightarrow{\text{Luftfeuchtigkeit}}$ Natriumhydroxid

Natriumhydroxid kommt in Form kleiner Plätzchen oder Schuppen in den Handel. Ungeschützt offen stehend nehmen sie Wasser aus der Luft auf und zerfließen. In Wasser löst sich Natriumhydroxid unter starker Wärmeentwicklung. Es entsteht eine alkalische Lösung, die **Natronlauge**. Verdünnte Natronlauge fühlt sich glitschig wie Seifenlauge an. Konzentrierte Natronlauge wirkt ätzend und zerstört die Haut. In der Technik bezeichnet man Natriumhydroxid deshalb als *Ätznatron*.

Natriumhydroxid + Wasser $\longrightarrow$ Natronlauge; exotherm

Reaktion von Natrium mit Wasser. Gibt man ein Stück Natrium auf Wasser, so bildet sich eine Kugel aus geschmolzenem Natrium, die sich zischend auf der Wasseroberfläche bewegt. Dabei wird die Kugel kleiner und es bilden sich Schlieren im Wasser. Die entstandene Lösung fühlt sich glitschig an. Gibt man einige Tropfen Thymolphthalein zur entstandenen Lösung, zeigt die auftretende Rotfärbung, dass die Lösung alkalisch reagiert: Es hat sich Natronlauge gebildet.
Bei der Reaktion bildet sich zusätzlich zur Natronlauge ein Gas. Dieses Gas entsteht, wenn das Natriumstück mit dem Wasser in Berührung kommt. Durch den Rückstoß des vorbeiströmenden Gases wird die Kugel angetrieben. Fängt man es auf und führt damit die Knallgasprobe durch, fällt sie positiv aus. Bei dem Gas handelt es sich also um Wasserstoff.

Natrium + Wasser $\longrightarrow$ Natronlauge + Wasserstoff

Natrium ist ein reaktionsfreudiges, weiches Leichtmetall. An der Luft reagiert es sofort mit Sauerstoff und Luftfeuchtigkeit.
Bei der Reaktion von Natrium mit Wasser bilden sich Natronlauge und Wasserstoff.

1 Nenne drei ungewöhnliche Eigenschaften von Natrium.
2 Erkläre, warum die meisten Menschen das Metall Natrium nicht kennen.
3 Beschreibe den Unterschied zwischen Natriumhydroxid und Natronlauge.
4 Legt man ein Stück Natrium auf nasses Filtrierpapier, so bildet sich eine Kugel und das entstehende Gas entzündet sich. Vergleiche diese Beobachtungen mit denen, wenn man ein Stück Natrium auf eine Wasseroberfläche gibt und erkläre die Unterschiede.

12.9 Verwandte des Natriums

Das Element **Lithium** hat ähnliche Eigenschaften wie Natrium: Es besitzt eine niedrige Schmelztemperatur und eine geringe Dichte. Wie Natrium wird es unter Paraffinöl aufbewahrt, um es vor Oxidation zu schützen. Lithium ist allerdings etwas härter. Ebenso wie Lithium ähnelt auch das Element **Kalium** in seinen Eigenschaften dem Natrium. Chemische Verbindungen aller drei Metalle sind Bestandteile der Erdkruste.

Alkalimetalle. Die Elemente Lithium, Natrium und Kalium bilden aufgrund ihrer ähnlichen Eigenschaften eine Elementfamilie – die *Alkalimetalle.* Auch hier leitet sich der Name vom arabischen *alqaljan* ab, da Holzasche zu einem großen Teil aus Alkalimetall-Verbindungen besteht.
Die Alkalimetalle ähneln in ihren Eigenschaften und chemischen Reaktionen den Erdalkalimetallen, unterscheiden sich aber beispielsweise in der Verhältnisformel und der Löslichkeit der Hydroxide.
Neben Lithium, Natrium und Kalium gehören auch **Rubidium** und **Caesium** zu den Alkalimetallen. Diese beiden Elemente sind so reaktionsfähig, dass sie zur Aufbewahrung in luftleere Glasampullen eingeschmolzen werden müssen.
Bei aller Übereinstimmung in den Eigenschaften der Alkalimetalle gibt es aber auch deutliche Abstufungen. So nehmen die Schmelztemperatur und die Härte von Lithium zu Caesium tendenziell ab, die Dichte und die Reaktionsfähigkeit nehmen dagegen zu.

Reaktion mit Wasser. Bei der Reaktion der Alkalimetalle mit Wasser entstehen neben Wasserstoff die Lösungen der Hydroxide. Man bezeichnet sie als **Laugen.** Allgemein gilt folgendes Reaktionsschema:

Alkalimetall + Wasser ⟶
Akalimetallhydroxid + Wasserstoff; exotherm

Die **Alkalimetallhydroxide** sind farblose, hygroskopische (Wasser aufnehmende) Feststoffe. Sie lösen sich gut in Wasser. Die Lösungen sind sehr stark ätzend; daher muss man besonders vorsichtig mit ihnen umgehen und stets eine Schutzbrille tragen.

Reaktion mit Sauerstoff. Alle Alkalimetalle reagieren bereits bei Raumtemperatur mit Sauerstoff. Daher kommen die Alkalimetalle in der Natur nicht als Elemente, sondern nur in Verbindungen vor.
Verbrennt man Alkalimetalle, so färbt sich die Flamme. Die *Flammenfärbung* ist typisch für die einzelnen Elemente. Die gleichen Farben treten auf, wenn man Alkalimetall-Verbindungen in einer Flamme erhitzt. Besonders auffällig sind die gelbe Flammenfärbung des Natriums und die rote Flammenfärbung des Lithiums. Die blassviolette Flammenfärbung von Kalium-Verbindungen lässt sich durch ein Cobaltglas gut beobachten: Das blaue Glas filtert das gelbe Licht von Natrium-Verunreinigungen heraus.

Zur Elementfamilie der Alkalimetalle gehören Lithium, Natrium, Kalium, Rubidium und Caesium. Diese Metalle reagieren sehr leicht mit Sauerstoff. Bei der Reaktion mit Wasser entstehen leicht lösliche Hydroxide der allgemeinen Formel MeOH.

1 Beschreibe, wie sich die Eigenschaften der Alkalimetalle von Lithium zum Caesium ändern.
2 Stelle die Reaktionsschemata für die Reaktion von Lithium und Caesium mit Wasser auf.
3 Die seltenen Elemente Rubidium und Caesium wurden erstmals 1860 in Mineralwässern nachgewiesen. Recherchiere, mit welcher Methode dies den beiden Entdeckern Robert BUNSEN und Gustav KIRCHHOFF gelingen konnte.

Steckbrief: Alkalimetalle

Element, Elementsymbol	Lithium, Li	Natrium, Na	Kalium, K	Rubidium, Rb	Caesium, Cs
Flammenfärbung	karminrot	gelb	blassviolett	rotviolett	blauviolett
Atommasse	6,9 u	23,0 u	39,1 u	85,5 u	132,9 u
Schmelztemperatur	180 °C	98 °C	64 °C	39 °C	28 °C
Siedetemperatur	1370 °C	883 °C	776 °C	696 °C	708 °C
Dichte	$0{,}53\,\frac{g}{cm^3}$	$0{,}97\,\frac{g}{cm^3}$	$0{,}86\,\frac{g}{cm^3}$	$1{,}53\,\frac{g}{cm^3}$	$1{,}87\,\frac{g}{cm^3}$
Härte	mäßig hart				sehr weich
Reaktion mit Wasser	lebhaft				explosionsartig

12.10 Chlor – ein aggressives Nichtmetall

Jeder kennt aus dem Hallenbad den charakteristischen Geruch nach **Chlor.** Man verwendet diesen Stoff, um das Schwimmbadwasser zu desinfizieren. Dabei zeigt sich das reaktive Chlor von seiner guten Seite: Schon mit 0,3 mg Chlor pro Liter Wasser werden Bakterien und andere Krankheitserreger zuverlässig abgetötet. Diese kleine Menge kann aber schon die Augen reizen. In Wasserwerken werden Chlor und chlorabspaltende Verbindungen in geringen Konzentrationen dem Trinkwasser zugesetzt. So sorgt man dafür, dass sich im Leitungsnetz keine Krankheitserreger bilden und das Trinkwasser keimarm bleibt.

40 Schüler wurden bei Chlorgasunfall verletzt

Lüdinghausen (SV). Austretendes Chlorgas hat in einem Gymnasium in Lüdinghausen im Kreis Coesfeld 40 Schüler verletzt. Bei der Chlorbetankung des Schulhallenbads kam es zu einem Bedienungsfehler, wie die Polizei am Montag berichtete. So sei eine größere Menge Chlorgas freigesetzt worden. Schüler, die sich im Hallenbad und der angrenzenden Sporthalle befanden, atmeten das Gas ein und mussten kurzzeitig im Krankenhaus behandelt werden.

Eigenschaften von Chlor. Das Element Chlor (griech. chloros: grün) ist ein gelbgrünes, stechend riechendes, nicht brennbares Gas, das in der Natur nicht elementar vorkommt. Das Elementsymbol für Chlor ist Cl. Da Chlor-Teilchen schwerer sind als Stickstoff- oder Sauerstoff-Teilchen, hat Chlorgas eine größere Dichte als Luft. Im Labor wird gelegentlich Chlorwasser benutzt, eine gesättigte Lösung von Chlor in Wasser.

Gefahrstoff Chlor. Beim Umgang mit Chlor sind besondere Sicherheitsmaßnahmen erforderlich, denn Chlor ist umweltgefährlich und giftig. Selbst in großer Verdünnung wirkt Chlor stark hustenreizend. Bereits ein Anteil von etwa 1 % Chlor in der Atemluft ist für Menschen tödlich. Das stark ätzende Gas zerstört die Lungenbläschen. Immer wieder kommt es zu gefährlichen Zwischenfällen in Desinfektionsanlagen, in denen Wasser mit Chlor versetzt wird.

Herstellung und Verwendung. Wegen seiner hohen Reaktivität kommt Chlor in der Natur nicht elementar vor, sondern nur in Verbindungen. Elementares Chlor wird aus Kochsalz gewonnen. Allein in Deutschland sind es jährlich mehr als 3,5 Millionen Tonnen. Fast das gesamte Chlor wird in der chemischen Industrie verarbeitet: Etwa die Hälfte dient zur Synthese von reaktiven Zwischenprodukten für die Herstellung chlorfreier Endprodukte. Etwa ein Viertel des Chlors verarbeitet man zu Kunststoffen wie Polyvinylchlorid (PVC). Das restliche Viertel wird zu Lösemitteln und in geringem Umfang zu Medikamenten, Pflanzenschutzmitteln und Farbstoffen umgesetzt.

Chlor ist ein sehr reaktionsfähiges, gelbgrünes, giftiges Gas. Es wird zum Desinfizieren von Wasser verwendet. In der chemischen Industrie ist Chlor ein wichtiger Grundstoff für Synthesen.

1 Erstelle einen Steckbrief mit den wichtigsten Eigenschaften des Elements Chlor.

2 Der Kunststoff PVC wird aus Vinylchlorid hergestellt. Beide Verbindungen haben die Verhältnisformel C_2H_3Cl. Berechne den Massenanteil des Chlors in einem Vinylchlorid-Molekül. Damit erhältst du auch den Massenanteil an Chlor in PVC.

3 **a)** Erkläre, warum Schwimmbadwasser und Trinkwasser gechlort wird.
b) Erläutere, warum es in einem Hallenbad stärker nach Chlor riecht als in einem Freibad.

4 Die Verarbeitung von Chlor in der Industrie ist nicht unumstritten. Suche im Internet nach Anwendungen von Chlor in der chemischen Industrie. Liste Argumente für und gegen die Verwendung von Chlor auf.

Exkurs

Bleichen mit Chlor – ein Umweltproblem

Viele Naturfasern sind im Rohzustand gelblich. Beim Färben erhält man nur dann reine Farbtöne, wenn Garne und Tuche zuvor gebleicht werden. Chlor eignet sich als Bleichmittel: Es zerstört viele Farbstoffe. Chlor hatte daher in der Textil- und Papierindustrie für über 100 Jahre eine große Bedeutung.
Bei der Chlorbleiche bilden sich allerdings gefährliche Chlor-Verbindungen, die ins Abwasser gelangen. Um die Umwelt zu schonen, arbeitet man inzwischen zunehmend ohne Chlor.

Auch das Papier dieses Buches wurde chlorfrei gebleicht.

1 Recherchiere, welche Bleichmittel an Stelle von Chlor eingesetzt werden.

12.11 Atome im Multipack – Moleküle ☆

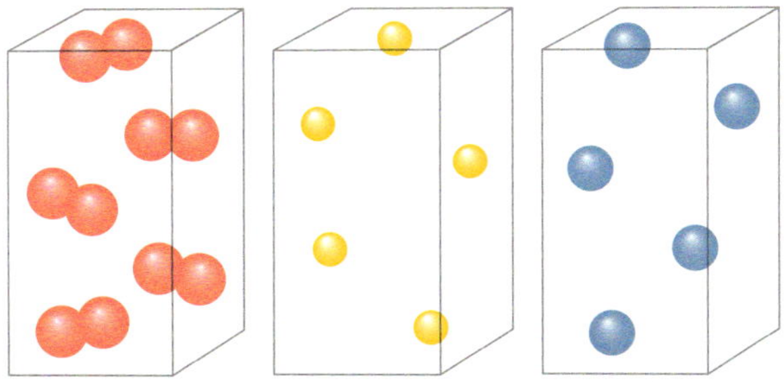

24 l Chlor
1 mol Cl_2-Moleküle
71 g

24 l Helium
1 mol He-Atome
4 g

24 l Argon
1 mol Ar-Atome
40 g

Das Gesetz von AVOGADRO (die Werte gelten für 20 °C und einem Luftdruck von 1013 hPa)

Wiegt man jeweils einen Liter verschiedener Gase, so ergeben sich Unterschiede: ein Liter Chlor wiegt 2,95 g, ein Liter Helium nur 0,17 g, die gleichen Volumina der Gase Sauerstoff und Wasserstoff wiegen 1,33 g beziehungsweise 0,084 g.

Gesetz von AVOGADRO. Berechnet man die in den Gasportionen enthaltenen Stoffmengen der Gasteilchen, erhält man für Chlor einen Wert von 0,083 mol. Für die Gase Wasserstoff und Sauerstoff ergeben sich nahezu identische Werte: Ein Liter Wasserstoff enthält 0,084 mol Wasserstoff-Atome und ein Liter Sauerstoff 0,083 mol Sauerstoff-Atome.

Bereits 1811 stellte der italienische Physiker Amadeo AVOGADRO die Hypothese auf, dass zwischen der Anzahl der Gasteilchen und dem Volumen der Gasportion eine Proportionalität besteht: *Gasförmige Stoffe enthalten bei gleichem Volumen, gleichem Druck und gleicher Temperatur gleich viele Teilchen.* Wegen der Allgemeingültigkeit wird diese Aussage heute als *AVOGADROsches Gesetz* bezeichnet.

Moleküle. Bestimmt man für die Gase Helium und Argon die in einem Liter Gas enthaltenen Stoffmengen, so erhält man jeweils 0,042 mol. In einem Liter Helium sowie in einem Liter Argon sind demzufolge nur halb so viel Gasteilchen enthalten, wie in einem Liter Wasserstoff, Sauerstoff oder Chlor. Dies lässt sich nur verstehen, wenn die Gasteilchen von Wasserstoff, Chlor und Sauerstoff jeweils aus zwei Atomen zusammengesetzt sind. Man sagt: Sie bestehen aus *zweiatomigen Molekülen*. Moleküle sind Teilchen, in denen eine bestimmte, kleine Anzahl von Nichtmetall-Atomen miteinander zu einem zusammenhängenden Teilchen verbunden sind.
Viele nichtmetallische Elemente liegen molekular vor. Beispiele sind Wasserstoff (H_2), Stickstoff (N_2), Sauerstoff (O_2), Chlor (Cl_2), Iod (I_2) oder Schwefel (S_8). Eine Ausnahme bilden die Edelgase. Sie bilden keine Moleküle und kommen daher atomar vor.

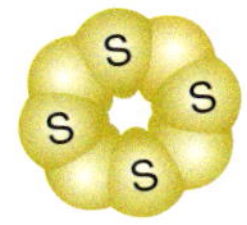

Auch die meisten Nichtmetallverbindungen wie Kohlenstoffdioxid (CO_2), Wasser (H_2O) oder Ammoniak (NH_3) sind Molekülverbindungen. Die Zusammensetzung von Molekülen wird durch Molekülformeln beschrieben. Sie geben die Art und die genaue Anzahl der Atome in einem Molekül an. So folgt aus der Molekülformel H_2O, dass ein Wasser-Molekül aus drei miteinander verbundenen Atomen besteht: zwei Wasserstoff- und einem Sauerstoff-Atom.

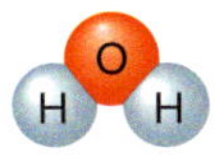

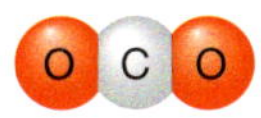

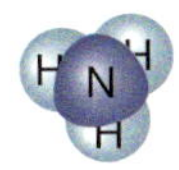

Molares Volumen. Nach dem AVOGADROschen Gesetz nimmt die Stoffmenge $n = 1$ mol bei allen Gasen bei gleicher Temperatur und gleichem Druck dasselbe Volumen ein. Die Stoffmenge ist proportional zum Volumen. Wie bei der molaren Masse leitet man aus dieser Proportionalität eine neue Größe ab: das *molare Volumen* V_m. Es ist der Quotient aus dem Volumen und der Stoffmenge einer Stoffportion:

$V_m = \frac{V}{n}$; Einheit $\frac{l}{mol}$

Das molare Volumen ist unter den gleichen Bedingungen für alle Gase konstant. Für 0 °C und 1000 hPa Luftdruck beträgt es 22,4 $\frac{l}{mol}$. Bei 20 °C und einem Druck von 1013 hPa sind dies 24 $\frac{l}{mol}$, da sich Gase beim Erwärmen ausdehnen.

Alle elementaren Gase mit Ausnahme der Edelgase kommen als zweiatomige Moleküle vor. Die Zusammensetzung der Moleküle beschreibt man durch Molekülformeln. Bei gleichen Bedingungen enthalten gleiche Volumina beliebiger Gase gleich viele Teilchen.

1 Überprüfe das Gesetz von AVOGADRO, indem du die Stoffmengen an Chlor-, Wasserstoff- und Sauerstoff-Molekülen in einem Liter der Gase berechnest.
2 Erkläre den Begriff Molekül mit eigenen Worten.
3 Bei einer Reaktion werden bei Raumtemperatur 28 ml Chlor freigesetzt. Berechne die Stoffmenge und die Masse des Chlors.
4 Übertrage die Kästchenschemata oben in dein Chemieheft und erstelle ein entsprechendes Schema für Kohlenstoffdioxid-Gas und Ammoniak-Gas.
5 100 ml eines gasförmigen Stickstoffoxids zerfallen unter Bildung von 100 ml Stickstoff und 50 ml Sauerstoff. Ermittle die Molekülformel des Oxids.

12.12 Elementfamilie Halogene

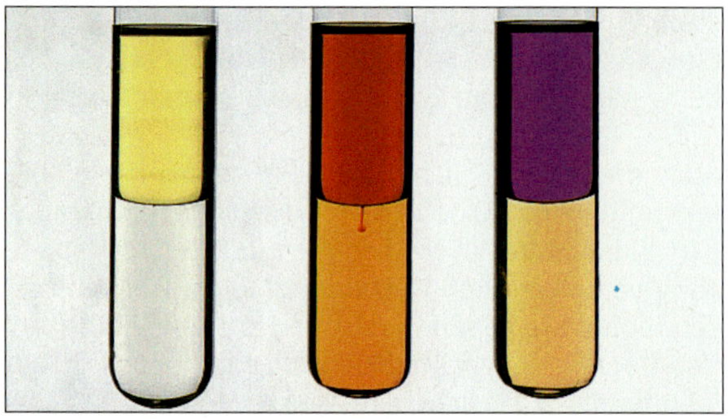

Chlor, Brom und Iod gelöst in Wasser (untere Phase) und in Benzin (obere Phase)

Die Elemente Fluor, Brom und Iod weisen ähnliche Eigenschaften wie Chlor auf. Deswegen wurden diese Elemente zur Elementfamilie der **Halogene** zusammengefasst. Der Name stammt von den griechischen Wörtern *halos* für Salz und *gennáō* für erzeugen und bedeutet daher **Salzbildner**. Er weist darauf hin, dass diese Elemente in der Natur häufig als Bestandteile von Salzen vorkommen. Vielfach sind diese Salze in Lagern in der Erdkruste zu finden. Alle Halogene sind als Element giftig. Sie lösen sich in Wasser, wesentlich besser aber noch in Benzin.

Fluor. Elementares Fluor ist ein äußerst reaktionsfreudiges, blassgelbes Gas. Da es selbst mit Glas reagiert, kann man mit Fluor nur in speziellen Apparaturen experimentieren. Fluor-Verbindungen dienen zur Herstellung von Kunststoffen. Zum Schutz gegen Karies enthalten viele Zahnpasten geringe Mengen an Kaliumfluorid oder anderen Fluor-Verbindungen. Sie härten den Zahnschmelz.

Brom. Neben Quecksilber ist Brom das einzige bei Raumtemperatur flüssige Element. Der Name weist auf den üblen Geruch von Brom hin (griech. *bromos*: Gestank). Die wässrige Lösung wird Bromwasser genannt. Die wichtigste Brom-Verbindung ist Silberbromid. Man verwendet es vor allem für die Herstellung von Filmen und Fotopapieren.

Iod. Das bei Raumtemperatur feste Iod erhielt seinen Namen nach der Farbe des Dampfs (griech. *ioeides*: veilchenfarbig). Mit der gleichen Farbe löst sich Iod auch in Benzin. In Wasser löst sich nur wenig Iod. Die wässerige Lösung ist gelblich-braun.
Iod ist weniger giftig als Chlor. Früher war die alkoholische Lösung als Iod-Tinktur ein bekanntes Desinfektionsmittel für kleine Wunden.

Moleküle. Betrachtet man die Teilchen, aus denen die Halogene aufgebaut sind, so findet man stets zusammengesetzte Teilchen aus jeweils zwei Halogen-Atomen. Man bezeichnet solche Teilchen aus einer bestimmten Anzahl miteinander verbundener Nichtmetall-Atome als **Moleküle.**
In der Chemie wird die Zusammensetzung von Molekülen durch **Molekülformeln** beschrieben. Diese Formeln werden, wie die Verhältnisformeln, aus den jeweiligen Elementsymbolen gebildet. Zusätzlich enthalten sie tiefgestellte Ziffern, die die Anzahl der Atome angeben. Man schreibt diese Ziffern hinter das jeweilige Elementsymbol. Für Chlor-Moleküle ergibt sich damit die Formel **Cl_2**, für Iod-Moleküle **I_2**.

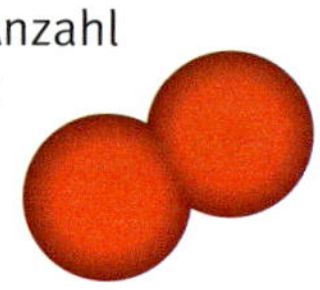

Halogene sind reaktionsfreudige, giftige Elemente, die als zweiatomige Moleküle vorkommen. Sie sind Salzbildner.

1 Erstelle mit den Angaben dieser Seite für jedes Halogen ein Plakat über deren Eigenschaften und Verwendungen.
2 Suche mithilfe des Buches die Molekülformeln von Wasser, Ammoniak und Kohlenstoffdioxid heraus und fertige eine modellhafte Skizze an.

Steckbrief: Halogene

	Atommasse	Schmelztemperatur	Siedetemperatur	Dichte bei 20 °C	Reaktion mit Wasserstoff	Reaktion mit Metallen
Fluor, F_2 (g)	19,0 u	– 220 °C	– 188 °C	1,58 $\frac{g}{l}$	explosionsartig	explosionsartig
Chlor, Cl_2 (g)	35,5 u	– 101 °C	– 34 °C	2,95 $\frac{g}{l}$		
Brom, Br_2 (l)	79,9 u	– 7 °C	59 °C	3,12 $\frac{g}{cm^3}$		
Iod, I_2 (s)	126,9 u	114 °C	185 °C	4,94 $\frac{g}{cm^3}$	sehr langsam	mäßig

Halogene und ihre Salze

V1: Reaktivität von Halogenen

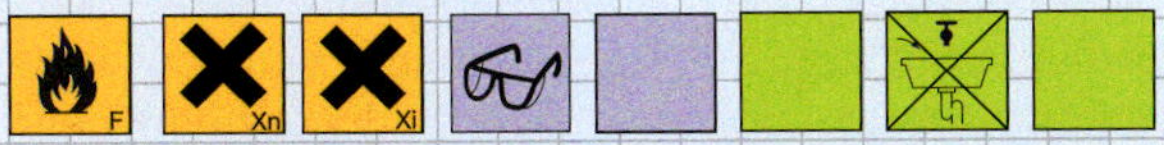

Materialien: Stopfen, Tropfpipette;
Chlorwasser (Xn), Bromwasser (gesättigte Lösung auf vierfaches Volumen verdünnt, Xi), Iod gelöst in Kaliumiodid-Lösung, Kaliumchlorid, Kaliumbromid, Kaliumiodid, Petroleumbenzin (F).

Durchführung:
1. Fülle in ein Reagenzglas 5 ml Chlorwasser und gib einige Kristalle Kaliumbromid hinzu. Verschließe das Reagenzglas mit einem Stopfen und schüttle kräftig.
2. Überschichte das Gemisch mit 2 ml Petroleumbenzin und schüttle erneut.
3. Wiederhole den Versuch mit den folgenden Stoffpaaren: Chlorwasser/Kaliumiodid; Bromwasser/Kaliumchlorid; Bromwasser/Kaliumiodid; Iodlösung/Kaliumchlorid und Iodlösung/Kaliumbromid
4. Lass die Ansätze einige Zeit ruhig stehen.

Aufgaben:
a) Notiere deine Beobachtungen und erkläre die Farben der Benzinschichten.
b) Gib an, bei welchen Kombinationen eine Reaktion stattfand und formuliere jeweils ein Reaktionsschema.
c) Ordne die Halogene nach ihrer Reaktivität. Begründe deine Entscheidung.

V2: Nachweis von Halogeniden durch Fällung

Materialien: Tropfpipetten;
Silbernitrat-Lösung (1 %), Salpetersäure (5 %; Xi), Natriumchlorid-Lösung, Natriumbromid-Lösung, Natriumiodid-Lösung, Salzsäure (verd., C), Leitungswasser.

Durchführung:
1. Gib einige Milliliter Natriumchlorid-Lösung in ein Reagenzglas. Gib dann zwei Tropfen Salpetersäure und einige Tropfen Silbernitrat-Lösung hinzu.
2. Betrachte das Reagenzglas vor einem dunklen Hintergrund und wiederhole den Versuch mit den übrigen Salzlösungen sowie mit Salzsäure und mit Leitungswasser.

Aufgaben:
a) Notiere deine Beobachtungen.
b) Lässt sich die Reaktion einer Chlorid-Lösung von der Reaktion einer Iodid-Lösung unterscheiden?
c) Vergleiche den Chloridgehalt des Leitungswassers mit dem Chloridgehalt der Natriumchlorid-Lösung.

Chlor, Brom und Iod reagieren mit Natrium. *Um die unterschiedliche Heftigkeit vergleichen zu können müssen alle Halogene gasförmig sein*

V3: Sublimation von Iod

Materialien: Schale, Erlenmeyerkolben weit (300 ml), Styropor®-Platte mit Loch für Reagenzglas;
Iod (Xn, N), Eiswasser, heißes Wasser.

Durchführung:
1. Gib einige Iodkristalle in den Erlenmeyerkolben und fülle das Reagenzglas mit Eiswasser.
2. Schiebe das Reagenzglas zur Hälfte durch die Styropor-Platte und hänge es in den Erlenmeyerkolben.
3. Stelle den so vorbereiteten Erlenmeyerkolben in eine Schale, die etwa 3 cm hoch mit heißem Wasser gefüllt ist.
4. Beobachte über einen Zeitraum von etwa 5 min. *Hinweis:* Die Styropor-Abdeckung muss während des gesamten Versuchs geschlossen bleiben.

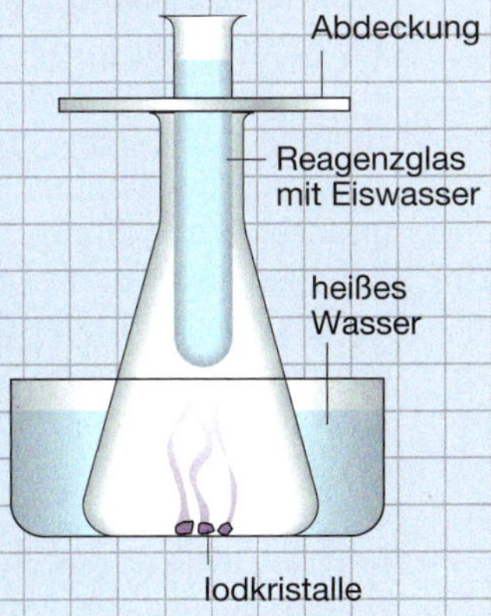

Aufgaben:
a) Notiere deine Beobachtungen.
b) Erkläre deine Beobachtungen unter Verwendung von Fachbegriffen.
c) Recherchiere, wo Iod und seine Verbindungen in der Medizin und in der Technik verwendet werden.

12.13 Halogene bilden Salze

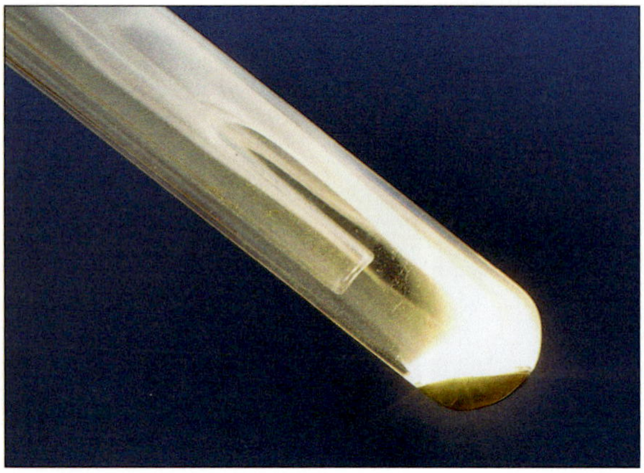

Reaktion von Natrium mit Chlor

Leitet man Chlorgas auf geschmolzenes Natrium, reagiert das Metall mit leuchtend gelber Flamme. Bei der Reaktion verschwindet die grüne Farbe des Chlors und an der Gefäßwand schlägt sich ein weißer, kristalliner Feststoff nieder: Natriumchlorid, im Alltag auch Kochsalz genannt. Die Natriumchlorid-Kristalle sind aus gleich vielen Natrium-Atomen und Chlor-Atomen entstanden. Daher lautet die Verhältnisformel NaCl. Die Reaktion lässt sich übersichtlich durch ein Reaktionsschema beschreiben:

Natrium + Chlor $\longrightarrow$ Natriumchlorid; exotherm

Reaktionsgleichung. Anstelle des Reaktionsschemas verwendet man in der Chemie meist eine Kurzform. In dieser *Reaktionsgleichung* werden die Stoffe durch Formeln dargestellt: atomare Stoffe durch *Elementsymbole*, molekulare Stoffe durch *Molekülformeln* und salzartige Stoffe durch *Verhältnisformeln*. Die Aggregatzustände der beteiligten Stoffe werden dabei als Symbol hinter den Formeln in Klammern angegeben: s (engl. *solid*): fest; l (engl. *liquid*): flüssig; g (engl. *gaseous*): gasförmig und aq (engl. *aqueous*): in Wasser gelöst.

Nach DALTON gilt, dass bei chemischen Reaktionen die Art und die Anzahl der beteiligten Atome unverändert bleibt. Dies bedeutet, dass die tiefgestellten Zahlen in den chemischen Formeln *nicht* verändert werden dürfen. Damit auf beiden Seiten des Reaktionspfeils von jeder Atomart die gleiche Anzahl vorhanden ist, werden vor den Formeln entsprechende Faktoren angegeben. Wie bei den tiefgestellten Zahlen wird der Faktor 1 meist weggelasssen. Für die Reaktion von Natrium mit Chlor ergibt sich nun folgende Reaktionsgleichung:

$2\,Na\,(s) + Cl_2\,(g) \longrightarrow 2\,NaCl\,(s)$; exotherm

Halogenide. Neben Natrium reagiert Chlor auch mit anderen Metallen zu Chloriden, die ähnliche Eigenschaften zeigen wie Kochsalz. So glüht erhitzte Eisenwolle in Chlorgas auf. Dabei entsteht braunes Eisenchlorid. Die Reaktion ist weniger stark exotherm, denn Eisen ist reaktionsträger als Natrium.

$2\,Fe\,(s) + 3\,Cl_2\,(g) \longrightarrow 2\,FeCl_3\,(s)$; exotherm
Eisen, Chlor, Eisenchlorid

Ebenso wie Chlor reagieren auch die übrigen Elemente der Halogene mit Metallen zu *Metallhalogeniden*. Brom reagiert mit Aluminium bereits bei Raumtemperatur. Dabei wird so viel Wärme frei, dass glühendes Aluminium umhergeschleudert wird.

$2\,Al\,(s) + 3\,Br_2\,(l) \longrightarrow 2\,AlBr_3\,(s)$; exotherm
Aluminium, Brom, Aluminiumbromid

Iod ist das reaktionsträgste Halogen. Es reagiert mit Zink nur langsam. Gibt man jedoch einige Tropfen Wasser zu, wird die Reaktion so lebhaft, dass ein Teil des Iods durch die Reaktionsenergie verdampft.

$Zn\,(s) + I_2\,(s) \longrightarrow ZnI_2\,(s)$; exotherm
Zink, Iod, Zinkiodid

Aufstellen von Reaktionsgleichungen

Beim Aufstellen einer Reaktionsgleichung kann man nach folgendem Schema vorgehen:

1. Einsetzen der Formeln und der Elementsymbole

$\square\,Na + \square\,Cl_2 \longrightarrow \square\,NaCl$

Die Kästchen dienen als Platzhalter für Faktoren.

2. Einrichten der Reaktionsgleichung

Ein Cl_2-Molekül enthält 2 Cl-Atome. Damit auf der rechten Seite der Reaktionsgleichung ebenfalls 2 Cl-Atome stehen, muss auf der Seite des Produkts der Faktor 2 eingeführt werden.

$\square\,Na + 1\,Cl_2 \longrightarrow 2\,NaCl$
1 Cl_2-Molekül aus 2 Cl-Atomen; 2 NaCl-Einheiten mit 2 Na- und 2 Cl-Atomen

Da auf der rechten Seite für 2 NaCl-Einheiten 2 Na-Atome benötigt werden, müssen diese auf der linken Seite bereitgestellt werden.

$2\,Na + Cl_2 \longrightarrow 2\,NaCl$

3. Angabe der Aggregatzustände und des Energieumsatzes

$2\,Na\,(s) + Cl_2\,(g) \longrightarrow 2\,NaCl\,(s)$; exotherm

Reaktion von Chlor mit Eisen

Reaktion von Brom mit Aluminium

Reaktion von Iod mit feuchtem Zink

Salze und ihre Namen. Die Reaktionen von Halogenen mit Metallen zu Metallhalogeniden sind typische Beispiele für die Bildung von Metall/Nichtmetallverbindungen – den Salzen. Auch andere Nichtmetalle reagieren in ähnlicher Weise zu salzartigen Stoffen: Aus Sauerstoff und Metallen bilden sich *Metalloxide*. Aus Schwefel und Metallen entstehen *Metallsulfide*.

Bei der Benennung der Salze wird zuerst das Metall genannt. Dann folgen die Silben für das Nichtmetall und dann die Endung -id. Beispiele sind Calciumbromid, Calciumoxid (lat. *oxygenium*: Sauerstoff) und Calciumsulfid (lat. *sulfur*: Schwefel).

Halogene bilden mit Metallen Halogenide.
Chemische Reaktionen lassen sich durch Reaktionsgleichungen beschreiben.

1 Beschreibe den Unterschied zwischen Reaktionsschema und Reaktionsgleichung.

2 In den folgenden Reaktionsgleichungen haben sich Fehler eingeschlichen. Korrigiere sie und begründe dein Vorgehen.
a) $Na + Cl \longrightarrow NaCl$; **b)** $Na + Cl_2 \longrightarrow NaCl$

3 Brom reagiert mit Eisen zu Eisenbromid ($FeBr_3$). Stelle die Reaktionsgleichung auf.

4 Benenne das Salz, das aus der Reaktion von Kalium mit Fluor entsteht.

5 **a)** Für die Elemente Natrium, Brom, Eisen, Schwefel, Aluminium und Sauerstoff gibt es neun Möglichkeiten für die Reaktion eines Metalls mit einem Nichtmetall. Formuliere für jede Möglichkeit das Reaktionsschema.
b) Stelle für die Bildung von Aluminiumoxid (Al_2O_3) und von Natriumbromid (NaBr) aus den Elementen die Reaktionsgleichungen auf.

Bedeutung von Reaktionsgleichungen

Theorie

Reaktionsgleichungen haben verschiedene Bedeutungen. Die Faktoren geben auf der Teilchenebene die Anzahl der beteiligten Teilchen an, auf der Stoffebene beschreiben sie die Stoffmengen. Aus diesen kann man über die molare Masse sowie das molare Volumen der Stoffe die Massen oder bei Gasen das Volumen der Stoffportionen bestimmen.

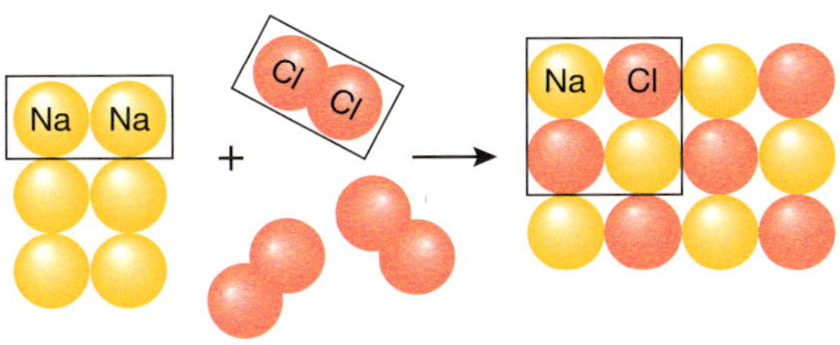

Beispiel: $2\,Na\,(s) + Cl_2\,(g) \longrightarrow 2\,NaCl\,(s)$; exotherm

Teilchenebene:
1 Cl_2-Molekül verbindet sich mit 2 Na-Atomen zu 2 NaCl-Einheiten.

Stoffebene:
1 mol Chlor reagiert mit 2 mol Natrium zu 2 mol Natriumchlorid.

Stoffportionen:
71 g Chlor (= 24 l) reagieren mit 46 g Natrium zu 117 g Natriumchlorid.

12.14 Halogenwasserstoffe

Wasserstoff verbrennt in Chlor; Chlorwasserstoff löst sich gut in Wasser

Die Gase Chlor und Wasserstoff lassen sich mischen, ohne dass eine Reaktion eintritt. Ein einziger Funke lässt das Gemisch jedoch explodieren. Man bezeichnet es daher als **Chlorknallgas**. Gefahrloser verläuft die Reaktion, wenn man eine Wasserstoff-Flamme in ein Gefäß mit Chlor taucht. Das bei der Reaktion entstehende farblose, stechend riechende Gas bildet an feuchter Luft Nebel. Es handelt sich um die Molekülverbindung **Chlorwasserstoff**.

$H_2 (g) + Cl_2 (g) \longrightarrow 2\,HCl (g)$; exotherm

Chlorwasserstoff-Gas löst sich sehr gut in Wasser. Die Lösung färbt Universalindikator rot, sie reagiert also stark sauer. Wässrige Lösungen von Chlorwasserstoff bezeichnet man als **Salzsäure.**

$HCl (g) \xrightarrow{\text{Wasser}} HCl (aq)$; exotherm
Chlorwasserstoff-Gas   Salzsäure

Halogenwasserstoffe. So wie Chlor mit Wasserstoff Chlorwasserstoff bildet, setzen sich auch die anderen Halogene mit Wasserstoff zu gasförmigen *Halogenwasserstoffen* um. Ein Gemisch von Bromdampf mit Wasserstoff reagiert zu **Bromwasserstoff**. Die Reaktion verläuft deutlich langsamer und weniger heftig als beim Chlor.

$H_2 (g) + Br_2 (g) \longrightarrow 2\,HBr (g)$; exotherm

Ioddampf reagiert mit Wasserstoff nur sehr langsam zu **Iodwasserstoff**. Um die Reaktion zu beschleunigen verwendet man einen Katalysator. Fluor dagegen reagiert heftiger mit Wasserstoff als Chlor. **Fluorwasserstoff** löst sich ebenso wie die anderen Halogenwasserstoffe gut in Wasser und ergibt dabei eine saure Lösung, die Flusssäure. Sie kann sogar Glas auflösen. Man nutzt diese Eigenschaft, um Beschriftungsflächen oder Kennzeichnungen dauerhaft in Glas zu ätzen.

Halogene reagieren mit Wasserstoff zu Halogenwasserstoffen. Diese lösen sich in Wasser als Säuren. Die Lösung von Chlorwasserstoff in Wasser heißt Salzsäure.

1 Formuliere die Reaktionsgleichung für die Bildung von Fluorwasserstoff aus den Elementen.
2 Erstelle einen Steckbrief über die Salzsäure.
3 Recherchiere den Ursprung des Namens Salzsäure.
4 Flusssäure wird in Kunststoffflaschen aufbewahrt. Begründe diese Art der Lagerung.
5 Beschreibe den Unterschied zwischen Bromwasserstoff und Bromwasserstoffsäure.
6 Beim Ausströmen von Chlorwasserstoff können sich Nebeltröpfchen bilden. Erkläre diese Beobachtung.

Exkurs

Die Molekülformel von Bromwasserstoff

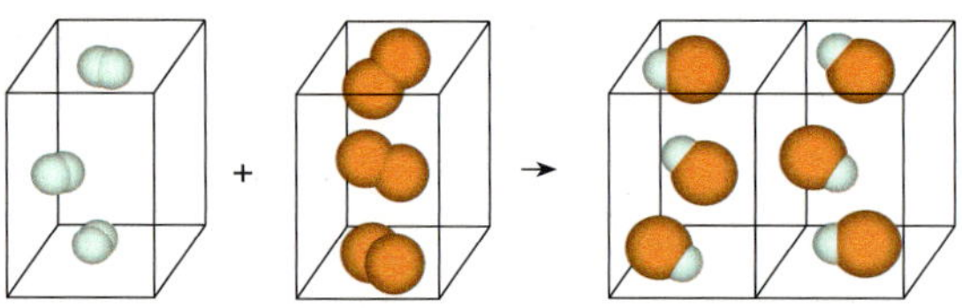

Bei der Reaktion von 10 ml gasförmigem Brom mit 10 ml Wasserstoff entstehen 20 ml Bromwasserstoff-Gas. Mithilfe des **Gesetzes von AVOGADRO** kann man aus diesem Versuchsergebnis in wenigen Schritten die Molekülformel von Bromwasserstoff ableiten.

1. Die Ausgangsvolumina sind gleich; sie werden daher durch zwei gleich große Kästchen dargestellt. Das Endvolumen entspricht dann einem Doppelkästchen.
2. Nach dem Gesetz von AVOGADRO müssen in jedes Kästchen gleich viele Teilchen eingezeichnet werden.
3. Man zeichnet in das Wasserstoff-Kästchen drei H_2-Moleküle, in das Brom-Kästchen drei Br_2-Moleküle.
4. Nun sind sechs Wasserstoff-Atome und sechs Brom-Atome auf die beiden Kästchen des Produktes zu verteilen. In jedes Kästchen müssen daher drei HBr-Moleküle eingezeichnet werden.
Ergebnis: Die Molekülformel von Bromwasserstoff lautet also HBr.

Die Erde, mit der wir leben

Basiswissen

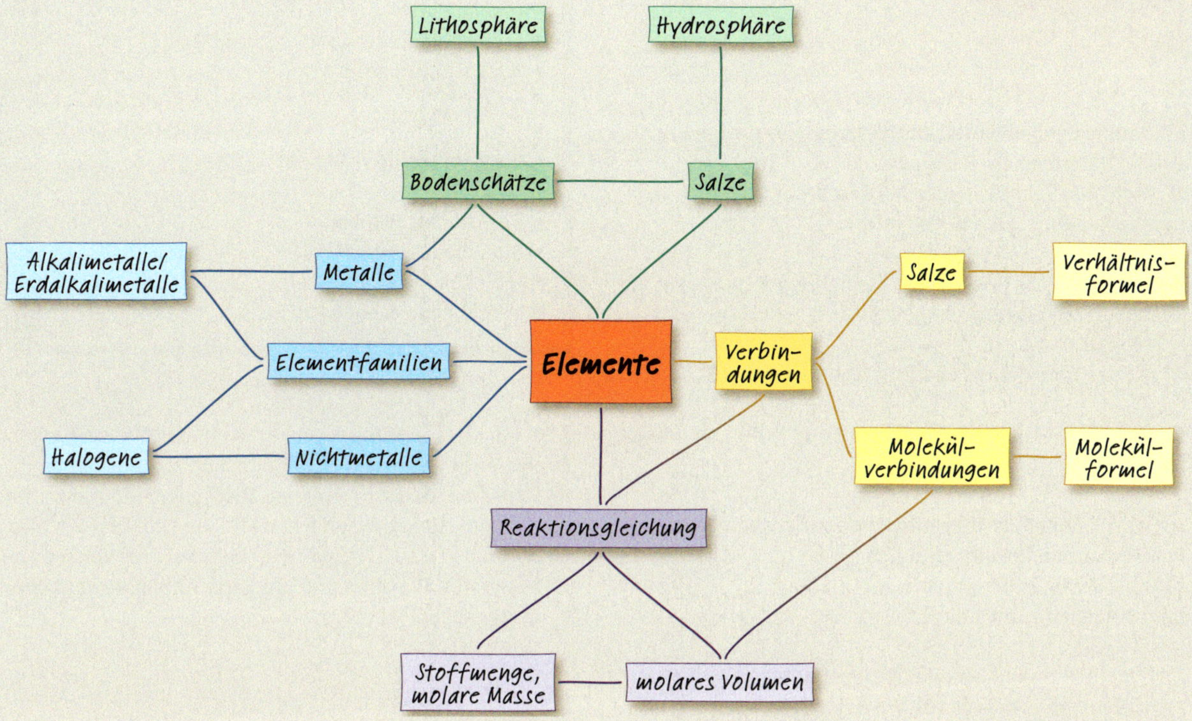

Auf dem Weg zu einer exakten Wissenschaft

Chemie in unserer Welt

Schon im 18. Jahrhundert erkannten Chemiker, dass einige der damals bekannten Elemente sich in ihren chemischen und physikalischen Eigenschaften auffallend ähnlich waren. Diese Elemente fassten sie zu **Elementfamilien** zusammen. Durch das den Elementgruppen zugrunde liegende Prinzip der Ähnlichkeit gelang es beispielsweise neu entdeckte Elemente in die bestehenden Elementfamilien einzuordnen.

Formelsprache der Chemie. *Sprache ist das Tor zu anderen*, so ein Sprichwort. Nur durch diesen Verständigungscode aus Buchstaben, Silben, Worten und Sätzen können wir mit anderen Menschen kommunizieren. Ein solcher Sprachcode ist auch wichtig für das Verständnis der Chemie. Um sich international verständigen zu können, haben Chemiker eine Formelsprache entwickelt, die aus Elementsymbolen, chemischen Formeln und Reaktionsgleichungen besteht.

Molekül- und Verhältnisformeln. So kurz eine Formel auch ist, sie enthält durch ihre verschiedenen Bedeutungsebenen einen hohen Informationsgehalt über die chemische Verbindung.

So gibt die Molekülformel HCl an, dass es sich auf der Stoffebene um die Nichtmetallverbindung Chlorwasserstoff handelt, die aus den Elementen Wasserstoff und Chlor herstellbar ist. Auf der Teilchenebene meint diese Formel ein Chlorwasserstoff-Molekül, das aus einem Wasserstoff-Atom und einem Chlor-Atom besteht. Die Verhältnisformel des Salzes Natriumchlorid NaCl beschreibt das Stoffmengenverhältnis der Atomarten im Kristallgitter.

Bis ins 19. Jahrhundert mussten die Formeln selbst einfacher Verbindungen experimentell über Massen- oder Volumenverhältnisse ermittelt werden. Dabei war es der französische Chemiker Antoine Laurent de LAVOISIER, der als Erster die Waage für die genaue Untersuchung von Stoffen und chemischen Reaktionen eingesetzt hat und die Chemie so zu einer exakten Wissenschaft machte. Die Festlegung von Teilchenzahlen auf die Stoffmenge von einem **Mol** sowie der davon abgeleiteten Größen der **molaren Masse** und des **molaren Volumens** im Jahr 1971 führten zur Vereinheitlichung und Vereinfachung der quantitativen Betrachtungen von Stoffen und Reaktionen.

Prüfe dein Wissen

Quiz

A1 a) Erkläre die Begriffe des Fensters.
b) Notiere auf der Vorderseite von Karteikarten den Begriff, auf der Rückseite die Erklärung.
c) Ordne die Begriffe den Basiskonzepten „Materie", „chemische Reaktion" und „Energie" zu.

A2 Liste die zehn wichtigsten Elemente der Erdkruste auf und gib deren Elementsymbole an.

A3 Nenne fünf Metalle und fünf Nichtmetalle.

A4 Nenne drei Elementfamilien und je drei zugehörige Elemente.

A5 a) Alkalimetalle reagieren mit Halogenen. Ordne die Reaktionsprodukte einer Stoffklasse zu.
b) Gib das Reaktionsschema und die Reaktionsgleichung für die Reaktion von Kalium mit Iod an.

A6 Erkläre, warum Alkalimetalle und Halogene in der Natur nicht elementar vorkommen.

A7 Beschreibe, wie sich nachweisen lässt, dass eine Lösung Bromid enthält.

Know-how

A8 Gibt man ein Stück Natrium auf ein feuchtes Blatt Papier, so entwickeln sich nach kurzer Zeit gelbe Flammen.
a) Nenne den Stoff, der bei der ablaufenden Reaktion verbrennt.
b) Erkläre, warum sich das Reaktionsgemisch nicht entzündet, wenn man Natrium in einer Glasschale mit Wasser reagieren lässt.
c) Setzt man dem Wasser in der Glasschale Thymolphthalein zu, so bilden sich blaue Schlieren. Erkläre diese Beobachtung.

A9 a) Bei der Reaktion von 275 mg Barium mit Wasser werden bei Raumtemperatur 48 ml Wasserstoff frei. Berechne die Stoffmengen an Barium und Wasserstoff und leite daraus die Verhältnisformel von Bariumhydroxid ab.
b) Stelle das Reaktionsschema und die Reaktionsgleichung für die Reaktion des Erdalkalimetalls Barium mit Wasser auf.

Die wichtigsten Begriffe

- Alkalimetalle
- Erdalkalimetalle
- Hydroxid, Lauge
- Halogene
- Salz
- Elementfamilie
- Erdkruste
- Reaktionsgleichung
- Mol, molare Masse
- Molekül, Molekülformel
- Verhältnisformel

A10 Ein kleines Magnesiumkörnchen der Masse 1 mg ist gerade noch unter dem Lichtmikroskop zu erkennen.
a) Berechne die Stoffmenge an Magnesium-Atomen.
b) Stelle die Reaktionsgleichung für die Reaktion von Magnesium mit Wasser auf und berechne, welches Volumen an Wasserstoff-Gas bei Raumtemperatur entsteht, wenn man 1 mg Magnesium einsetzt.

Natur – Mensch – Technik

A11 Beton stellt man aus Wasser, Sand, Kies und Zement her. Gibt man noch Calciumspäne hinzu, entsteht poröser Gasbeton. Erkläre, welche chemische Reaktion dabei abläuft.

A12 Für ein Feuerwerk sollen grüne, rote und violette Raketen gezündet werden. Nenne die Elemente, die in den Leuchtsätzen der Raketenfüllung enthalten sein könnten.

A13 Brom gewinnt man, indem man Chlor in Meerwasser leitet, das geringe Mengen an Natriumbromid enthält.
a) Gib das Reaktionsschema und die Reaktionsgleichung für die ablaufende Reaktion an.
b) Beschreibe die Eigenschaft der Halogene Chlor und Brom, die man diesem Reaktionsverhalten entnehmen kann.

A14 Eine herkömmliche Glühlampe hat nur eine sehr begrenzte Lebensdauer, da ständig Wolfram aus der Glühwendel verdampft. Das Metall schlägt sich am Glaskolben nieder. Bei Halogenlampen ist der Edelgasfüllung etwas Brom oder Iod zugesetzt.
Erkläre mithilfe der Abbildung, wie die Abscheidung von Wolfram vermieden wird.

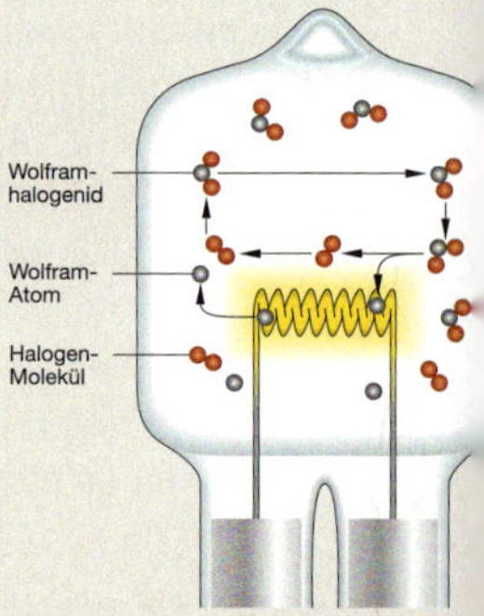

A1 Dolomit und Co – Untersuchung von Gesteinen

Bei seiner Reise in die „Bleichen Berge“, einem Teil der Südalpen fand Deodat de DOLOMIEU 1789 ein ihm nicht bekanntes, dem Kalk ähnliches, hellgraues Gestein. Er untersuchte die chemische Zusammensetzung des Gesteins auf folgende Weise:
Eine in einer Reibschale zerriebene Gesteinsprobe wurde mit Wasser versetzt. Es entstand eine weiß-graue Suspension. Zu dieser Probe tropfte er Salzsäure. Es entwickelte sich ein farbloses Gas, das Kalkwasser trübt. Die verbliebene klare Lösung wurde eingedampft. Das auskristallisierte Salz zeigte eine ziegelrote Flammenfärbung. Durch weitere Untersuchungen fand er heraus, dass es sich bei dem Gestein um ein Mineral mit folgender Verhältnisformel handelt: $CaMg(CO_3)_2$. Dieses Mineral wurde DOLOMIEU zu Ehren später als Dolomit bezeichnet. Seit 1864 wird die Region in den Südalpen, in denen das Mineral Dolomit hauptsächlich vorkommt, Dolomiten genannt.

a) Informiere dich im Atlas über das Gebiet der Dolomiten und liste die Länder auf, in denen sich das Gebirge erstreckt.
b) Deute die von DOLOMIEU durchgeführten Versuche und beschreibe, welche Stoffe er nachgewiesen hat und welche nicht.
c) Stelle für die Reaktionen des Minerals mit Salzsäure sowie für den Nachweis mit Kalkwasser die entsprechenden Reaktionsschemata sowie Reaktionsgleichungen auf.
d) Im Dolomit-Gestein können Lagerstätten für Steinsalz vorkommen. Der Hauptbestandteil von Steinsalz ist Natriumchlorid. Zusätzlich sind Spuren von Kaliumchlorid und Natriumiodid im Steinsalz enthalten. Plane Experimente, mit denen du diese drei Salze im Steinsalz nachweisen kannst. Gehe dabei von den Reinstoffen Natriumchlorid, Kaliumchlorid und Natriumiodid aus. Erstelle ein Fließschema über deine Vorgehensweise und beschreibe die Beobachtungen, die du erwartest.

A2 Eine verhinderte Katastrophe

Tag der offenen Tür an der Schule. Auch der Chemiebereich wurde dafür herausgeputzt. Versuchsapparaturen, farbige Lösungen und Chemikalienflaschen mit für den Laien geheimnisvollem Inhalt sollen das Interesse der Besucher wecken. Besonders gesichert sind auch gefährliche Chemikalien ausgestellt. Die Chemielehrerin hatte gebeten, ihr bei der Betreuung der Besucher zu helfen. Beim Rundgang deutet ein Besucher auf eine Vorratsflasche mit der Aufschrift Natrium. Einige der hellgrauen Stangen in der Flasche sind nicht ganz von einer farblosen Flüssigkeit bedeckt. „Sollte man nicht Wasser auffüllen?“ wirst du gefragt.

a) Du möchtest dem Besucher, der offensichtlich keine chemischen Kenntnisse besitzt, eine begründete Antwort geben, ohne auf wissenschaftliche Details einzugehen. Beschreibe, was du antworten würdest.
b) Erkläre mithilfe der Fachsprache der Chemie, warum der Vorschlag des Besuchers katastrophale Folgen haben könnte. Formuliere dazu eine Reaktionsgleichung.
c) Die hellgrauen Natriumstücke lassen für einen Unkundigen nicht erkennen, dass es sich hierbei um ein Metall handelt. Nenne typische metallische Eigenschaften des Elements Natrium und erkläre, warum diese hier nicht erkennbar sind.
d) Natrium gehört zu den Alkalimetallen. Nenne die anderen Mitglieder dieser Elementfamilie und zähle gemeinsame Eigenschaften und Unterschiede auf.
e) Alkalimetalle bilden bei Reaktion mit Wasser alkalische Lösungen. Formuliere eine allgemeine Reaktionsgleichung. Beschreibe die besonderen Eigenschaften der entstandenen Lösung und erläutere, wie man sie sachgerecht handhabt.
f) Dampft man die Lösung ein, erhält man einen Feststoff. Gib den Namen dieses Stoffes an und beschreibe seine besonderen Eigenschaften und Verwendungsmöglichkeiten.

13 Elemente – Vielfalt gut geordnet

Es gibt derzeit etwa 17 Millionen bekannte chemische Verbindungen und täglich kommen neue hinzu. Bei dieser Vielzahl von Stoffen ist es schwer, den Überblick zu behalten. Vor diesem Problem stand auch der deutsche Chemieprofessor Lothar MEYER, als er Mitte des 19. Jahrhunderts Vorlesungen für Studenten hielt. Er entwickelte eine Ordnung, die sich an den Elementen, aus denen Verbindungen aufgebaut sind, orientiert. Es war bekannt, dass sich Elemente aufgrund ihrer ähnlichen Eigenschaften zu Elementfamilien wie etwa den Alkalimetallen oder Halogenen zusammenfassen ließen. MEYER erkannte darüber hinaus, dass es zwischen den Elementfamilien Ähnlichkeiten gibt und leitete hieraus Gesetzmäßigkeiten ab, nach denen diese zueinander angeordnet werden können. Neben anderen Forschern seiner Zeit war er so an der Erstellung des Periodensystems der Elemente (PSE) beteiligt, in welchem die Elemente systematisch angeordnet sind.

Später stellte sich heraus, dass die regelmäßige Anordnung der Elemente im Atomaufbau begründet liegt. Durch die Kenntnis über den Atomaufbau wurde es darüber hinaus möglich, Vorhersagen über die Reaktion verschiedener Elemente miteinander zu treffen und so Ordnung in die Vielfalt zu bringen.

Zentrale Fragen:
- Nach welchen Gesetzmäßigkeiten lassen sich die Elemente ordnen?
- Aus welchen Bausteinen bestehen Atome?
- Wie ist die Atomhülle aufgebaut?
- Welcher Zusammenhang besteht zwischen dem Bau der Atome und der Stellung der Elemente im Periodensystem?

Der lange Weg zum Periodensystem der Elemente

Eine Aufgabe der Chemie ist die Ordnung und Klassifizierung von Stoffen. Jedoch dauerte es insgesamt über 200 Jahre, bis ausreichend Einzelerkenntnisse vorlagen, um ein vertieftes Verständnis über Ordnungsprinzipien der Elemente entwickeln zu können.

Robert BOYLE definierte 1661 den Begriff des chemischen Elements. Ihm zufolge ist ein Element ein Reinstoff, der mit chemischen Methoden nicht weiter zerlegt werden kann. Dies ermöglichte eine Unterscheidung der Stoffe in *Elemente* und *Verbindungen*.

Etwa hundert Jahre später begann der französische Chemiker **Antoine de LAVOISIER** bei Experimenten Massenbestimmungen vorzunehmen. 1789 stellte er das *Gesetz der Erhaltung der Masse* auf und legte somit einen Grundstein für die chemische Analyse.

Der englische Lehrer und Naturforscher **John DALTON** beschäftigte sich mit den kleinsten Bausteinen der Elemente, den *Atomen*. 1808 veröffentlichte er, dass das Atom die kleinste Einheit der Elemente ist und dass Atome unterschiedlicher Elemente sich in ihrer Masse voneinander unterscheiden. Darüber hinaus formulierte er, dass es sich bei Reaktionen um die Umgruppierung von Atomen handele. Zuvor war es ihm gelungen Atommassen zu bestimmen. Darüber hinaus hatte er eine Tabelle der Atomgewichte erstellt, die eine Vorlage für das Periodensystem der Elemente werden sollte.

Der schwedische Chemiker **Jöns Jacob BERZELIUS** präzisierte die DALTONschen Atommassen mit verfeinerten Messmethoden. Im Laufe von zehn Jahren bestimmte er die Atommassen aller damals bekannten Elemente, die er 1818 in einer Tabelle der Atomgewichte publizierte. Auf ihn gehen auch die noch heute benutzten *Elementsymbole* zurück.

Mitte des 19. Jahrhunderts beschäftigten sich Chemiker mit der Frage, nach welchen Gesetzmäßigkeiten sich Elemente und Verbindungen ordnen lassen. Der deutsche Chemiker Johann **Wolfgang DÖBEREINER** stellte eine Reihe von Dreiergruppen chemisch ähnlicher Elemente zusammen. Bei diesen *Triaden* (griech. *treis*: drei) erkannte er bereits 1816 eine mathematische Beziehung: Die Atommasse des mittleren Elements ergibt sich aus den Atommassen der beiden anderen Elemente. 1829 veröffentlichte er schließlich seine Theorie über eine mathematische Ordnung der Natur. Mithilfe der *Triadenregel* sagte DÖBEREINER die Atommassen von damals unbekannten Elementen wie beispielsweise Brom voraus.

1865 ordnete der englische Chemiker **John NEWLANDS** Elemente nach steigender Atommasse und stellte verwandte Elemente untereinander. Es gelang ihm 35 Elemente in einer übersichtlichen Tabelle einzuordnen. Die Tabelle hatte sieben Spalten. In jedem achten Feld stand so ein verwandtes Element. In Anlehnung an die Musik beschrieb er diese Harmonie der Elemente als „Law of Octaves".

1864 stellte der deutsche Chemiker **Lothar MEYER** die Atommassen der damals bekannten Elemente in einem Buch zusammen. Seine Übersicht umfasste insgesamt 13 Gruppen, in denen jeweils bis zu fünf chemisch ähnliche Elemente untereinander stehen. 1870 stützte er in einem Zeitschriftenbeitrag MENDELEEVs Aussagen. Er zeigte mithilfe einer Grafik, dass sich auch die Größen der Atome mit steigender Atommasse periodisch ändern.

Dimitrij MENDELEEV gehört neben MEYER mit zu den Erfindern des Periodensystems der Elemente. Unabhängig von MEYER hatte er bereits 1869 eine ähnliche Übersicht veröffentlicht und kam damit MEYER zuvor, der seine Zusammenstellung erst 1870 publizierte.

13.1 Das Periodensystem von MENDELEEV ☆

Ueber die Beziehungen der Eigenschaften zu den Atomgewichten der Elemente

von

D. Mendelejeff.

Zeitschrift für Chemie 12. Jhrg. (Neue Folge, V. Bd.) (1869), S. 405 u. 406.

H = 1			Cu = 63,4	Ag = 108	Hg = 200
	Be = 9,4	Mg = 24	Zn = 65,2	Cd = 112	
	B = 11	Al = 27,4	? = 68	Ur = 116	Au = 197 ?
	C = 12	Si = 28	? = 70	Sn = 118	
	N = 14	P = 31	As = 75	Sb = 122	Bi = 210
	O = 16	S = 32	Se = 79,4	Te = 128 ?	
	F = 19	Cl = 35,5	Br = 80	J = 127	
Li = 7	Na = 23	K = 39	Rb = 85,4	Cs = 133	Tl = 204
		Ca = 40	Sr = 87,6	Ba = 137	Pb = 207

Periodensystem von MENDELEEV

Mitte des 19. Jahrhunderts waren 63 Elemente bekannt. Auf der Suche nach einem Ordnungsprinzip für die Elemente wurden solche mit ähnlichen Eigenschaften zu Familien zusammengefasst. Es gelang jedoch zunächst nicht, ein allgemeingültiges Ordnungsprinzip zwischen den Elementgruppen zu finden.

Entwicklung von Ordnungskriterien. Der russische Chemiker Dimitrij MENDELEEV hatte schließlich die Idee für eine sinnvolle Anordnung: Die Elemente wurden nach steigender Atommasse geordnet. Er ordnete sie so, dass die Elemente mit zunehmender Atommasse von oben nach unten und gleichzeitig Elemente mit ähnlichen Eigenschaften nebeneinander standen. Hierdurch zeigte er den Zusammenhang von Atommasse und Eigenschaften eines Elements. Er kam bei der Veröffentlichung seiner Ergebnisse 1869 Lothar MEYER zuvor, der eine ähnliche Anordnung verwendet hatte, diese jedoch erst etwa ein Jahr später publizierte.

Ordnungsprobleme. Beim Ordnen ergaben sich Probleme, weil Lücken im Periodensystem entstanden, die mit keinem der damals bekannten Elemente sinnvoll gefüllt werden konnten. MENDELEEV war jedoch von der Richtigkeit seines Ordnungsprinzips so überzeugt, dass er die Plätze einfach frei ließ. Seiner Ansicht nach müssten die entsprechenden Elemente noch gefunden werden. Tatsächlich fand man 1875 das Element, das er mit der Atommasse 68 angegeben hatte. Es wurde Gallium genannt. In MENDELEEVs Periodensystem war neben dem Element Silicium noch eine weitere Lücke geblieben. Hier sollte ein Element stehen, dass er vorläufig *Eka-Silicium* nannte und dessen Eigenschaften er genau beschrieb. 1885 entdeckte schließlich der deutsche Chemiker Clemens WINKLER dieses Element und nannte es *Germanium*.

Eigenschaften	vorhergesagt	gefunden
Atommasse	70 u	72,6 u
Dichte	5,5 g/cm³	5,3 g/cm³
Formel des Oxids	E-SiO_2	GeO_2
Formel des Chlorids	E-$SiCl_4$	$GeCl_4$
Siedetemperatur des Chlorids	60 – 90 °C	86 °C

Eigenschaften von Germanium

1894 wurde in der Luft ein weiteres Element entdeckt, das Argon. Da es sich in keine Elementfamilie einordnen ließ, wurde eine neue Familie gegründet. Mit Argon als Vorbild entdeckte man danach schnell alle weiteren Elemente dieser Familie, die *Edelgase*.

Gewichtung der Ordnungskriterien. Die Atommasse spielt als Ordnungskriterium für die Elemente eine große Rolle. Bei der Vervollständigung des Periodensystems erwies sich die alleinige Anordnung nach Atommassen jedoch als nicht tragfähig: Ein Tellur-Atom hat eine größere Masse als ein Iod-Atom. Es müsste im Periodensystem hinter dem Element Iod angeordnet werden. Richtig ist aber, das Element Iod hinter dem Tellur einzureihen. Auf diese Weise werden beide Elemente einer Elementfamilie zugeordnet, die die chemischen Eigenschaften besser widerspiegelt. Vergleichbare Situationen ergeben sich bei Argon und Kalium sowie bei Cobalt und Nickel. MENDELEEV war sich dieses Problems bewusst und entwickelte das *Gesetz der Periodizität: Eine periodische Änderung im Bau der Atomhülle entspricht den periodischen Änderungen der Elementeigenschaften.* Ein umfassendes Verständnis hierfür ließ sich erst durch Forschungen zum Atomaufbau erlangen.

Elemente sind im Periodensystem der Elemente systematisch angeordnet. Das Ordnungskriterium ist dabei vorrangig die chemische Verwandtschaft sowie nachrangig die Atommasse.

1 Lies ab, welche Elementgruppen MENDELEEV richtig in sein Periodensystem eingeordnet hatte.
2 Nenne die Ordnungsprinzipien, die MENDELEEV bei der Entwicklung des Periodensystems der Elemente nutzte.
3 Erkläre, warum es keinen Sinn macht, Elemente nach ihrer Farbe anzuordnen.

13.2 Das Periodensystem heute

Im Laufe der Zeit wurden die Lücken in MENDELEEVs Periodensystem geschlossen und falsch eingeordnete Elemente an ihren richtigen Platz verschoben. Es veränderte sich auch die Darstellungsweise: Die Elemente, die in einer Zeile angeordnet waren, werden nun in Spalten angeordnet. Elemente, die in einer Spalte angeordnet waren, stehen nun in einer Zeile.

Aufbau des Periodensystems. Das Periodensystem der Elemente ist eine Tabelle, in der alle Elemente aufgeführt sind. In einer vereinfachten Form werden nur die sogenannten *Hauptgruppenelemente* berücksichtigt. Die Tabelle besteht dann aus acht Spalten und sieben Zeilen.

Die Spalten bezeichnet man als **Gruppen.** In jeder Gruppe steht eine Elementfamilie. Jede Zeile des Periodensystems beginnt mit einem *Alkalimetall* und endet mit einem *Edelgas.* Da so eine periodische Abfolge der Elemente gleicher Familien vorliegt, werden die Zeilen als **Perioden** bezeichnet. Wasserstoff und Helium bilden die erste Periode. Die anderen Perioden bestehen aus acht Elementen.
Die Elemente werden periodenweise von links nach rechts durchnummeriert. So erhält jedes Element eine **Ordnungszahl.** Die historischen Ordnungskriterien wurden durch Erkenntnisse zum Atomaufbau ergänzt. Heute ist der Atomaufbau das alleinige Ordnungskriterium für die Elemente, weshalb man eigentlich vom *Periodensystem der Atome* sprechen müsste.
Zahlreiche Elemente wie Eisen, Kupfer oder Gold sind in der vereinfachten Form des Periodensystems nicht erfasst. Um alle Elemente zu berücksichtigen, werden zwischen der II. und III. Hauptgruppe die *Nebengruppen* eingefügt. Diese Anordnung ist durch die Besonderheiten im Atomaufbau dieser Elemente begründet.

Im Periodensystem stehen links unten die Metalle und rechts oben die Nichtmetalle. Dazwischen stehen diagonal angeordnet Elemente, die teils metallische, teils nichtmetallische Eigenschaften haben. Sie werden deshalb als *Halbmetalle* bezeichnet. Dazu gehört etwa das für Computerchips verwendete Element Silicium.

Im Periodensystem der Elemente sind die Elemente tabellarisch angeordnet. Die Spalten werden als Gruppen bezeichnet, die Zeilen als Perioden. Die Elemente einer Gruppe bilden eine Elementfamilie.

1 Nenne die Elementfamilien der Gruppen I, II, VII und VIII.
2 Gib an, wo im Periodensystem die Metalle und wo die Nichtmetalle stehen. Liste jeweils drei Beispiele auf.
3 Die Ähnlichkeiten sind in den Gruppen I, II, VII und VIII sehr stark ausgeprägt. Bei den Elementen der IV. Hauptgruppe ist das nicht der Fall. Begründe.

…rdnungsprinzip Gruppe …lementfamilie): …e Elemente einer Element…milie stehen untereinander. In…rhalb einer solchen Haupt…uppe nimmt die Atommasse …n oben nach unten zu. …sgesamt gibt es acht Gruppen. …e werden mit den römischen …hlen I (Alkalimetalle) bis VIII …delgase) gekennzeichnet.

…rdnungsprinzip Periode: …e Elemente einer Periode …ehen nebeneinander. Die …rioden werden mit den …hlen 1 bis 7 bezeichnet.

…nthanoide und Actinoide: …er folgen jeweils weitere … Elemente, die in die …ebengruppen eingeschoben …rden müssen. Auch bei …nen ergeben sich Beson…rheiten im Atomaufbau.

Das Periodensystem der Elemente

Atommasse in u — 26,98 / Al — Elementsymbol / Ordnungszahl — 13

Perioden	Hauptgruppen I	II	Nebengruppen III	IV	V	VI	VII	VIII	VIII	VIII	I	II	Hauptgruppen III	IV	V	VI	VII	VIII
1	1,01 H 1																	4,00 He 2
2	6,94 Li 3	9,01 Be 4											10,81 B 5	12,01 C 6	14,01 N 7	16,00 O 8	19,00 F 9	20,18 Ne 10
3	22,99 Na 11	24,31 Mg 12											26,98 Al 13	28,09 Si 14	30,97 P 15	32,07 S 16	35,45 Cl 17	39,95 Ar 18
4	39,10 K 19	40,08 Ca 20	44,96 Sc 21	47,88 Ti 22	50,94 V 23	51,99 Cr 24	54,94 Mn 25	55,85 Fe 26	58,93 Co 27	58,69 Ni 28	63,55 Cu 29	65,39 Zn 30	69,72 Ga 31	72,61 Ge 32	74,92 As 33	78,96 Se 34	79,90 Br 35	83,80 Kr 36
5	85,47 Rb 37	87,62 Sr 38	88,91 Y 39	91,22 Zr 40	92,91 Nb 41	95,94 Mo 42	99 Tc 43	101,07 Ru 44	102,91 Rh 45	106,42 Pd 46	107,87 Ag 47	112,41 Cd 48	114,82 In 49	118,71 Sn 50	121,75 Sb 51	127,60 Te 52	126,90 I 53	131,29 Xe 54
6	132,91 Cs 55	137,33 Ba 56	La-Lu 57-71	178,49 Hf 72	180,95 Ta 73	183,84 W 74	186,21 Re 75	190,23 Os 76	192,22 Ir 77	195,08 Pt 78	196,97 Au 79	200,59 Hg 80	204,38 Tl 81	207,20 Pb 82	208,98 Bi 83	209 Po 84	210 At 85	222 Rn 86
7	223 Fr 87	226 Ra 88	Ac-Lr 89-103	261 Rf 104	262 Db 105	266 Sg 106	264 Bh 107	269 Hs 108	268 Mt 109	271 Ds 110	272 Rg 111	277 112						

Metalle | Metalle | Halbmetalle | Nichtmetalle

13.3 Große Forscher – kleinste Teilchen

Radioaktive Strahlung durchdringt die Papierhülle einer Photoplatte

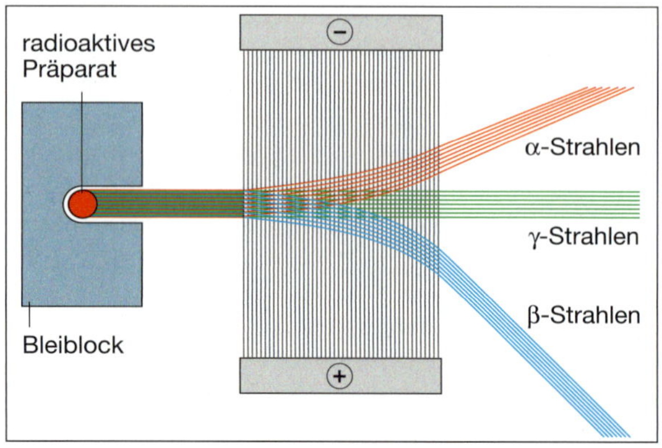

Ablenkung der radioaktiven Strahlen in einem elektrischen Feld

Ende des 19. Jahrhunderts zeigten sich Grenzen des Atommodells von DALTON. So konnte etwa nicht erklärt werden, wie sich Stoffe elektrisch aufladen lassen und weshalb sie daraufhin in einem Magnetfeld abgelenkt werden. Darüber hinaus hatte MENDELEEV bei der Einordnung der Elemente in das Periodensystem festgestellt, dass das Ordnungsprinzip der chemischen Verwandtschaft Vorrang vor dem Ordnungsprinzip nach der Atommasse hat. Dies führte er auf den inneren Aufbau der Atome zurück, was sich jedoch mit dem bestehenden Atommodell nicht erklären ließ.

Strahlenforschung und Radioaktivität. Im 19. Jahrhundert wurden immer mehr Entdeckungen bekannt, die sich mit dem Atommodell nach DALTON nicht erklären ließen. 1895 beschrieb der deutsche Physiker Wilhelm Conrad RÖNTGEN das Phänomen der später nach ihm benannten *Röntgenstrahlung* und löste damit eine Welle weiterer Forschungsarbeiten auf dem Gebiet der Entdeckung und Untersuchung von Strahlungsarten aus.

So entdeckte der französische Physiker Antoine Henri BECQUEREL im darauf folgenden Jahr bei der Arbeit mit Uransalzen, dass von diesen Strahlen ausgehen, die eine lichtdicht verpackte Fotoplatte schwärzen.

Angeregt durch BECQUERELs Arbeit beschäftigen sich auch die in Paris lebenden Wissenschaftler Marie und Pierre CURIE mit diesem Thema und entdeckten 1898 in Uranerzen die Elemente *Polonium* und *Radium*. Diese sind ebenfalls in der Lage, Fotoplatten zu schwärzen und senden demnach die gleiche Strahlung aus. Marie CURIE schlug für diese Strahlung den Namen *Radioaktivität* vor. Für ihre Entdeckung erhielten die drei Wissenschaftler den Nobelpreis in Physik.

Erweiterte Erkenntnisse. Bei der Untersuchung der Radioaktivität stellte sich heraus, dass es unterschiedliche Formen dieser Strahlung gibt.
Der neuseeländische Physiker Ernest RUTHERFORD konnte 1899 zeigen, dass die radioaktive Strahlung nicht einheitlich ist: Sie besteht aus drei unterschiedlichen Strahlungsformen, die er als α-, β- und γ-Strahlung bezeichnete. Im gleichen Jahr wurde die Ablenkung dieser Strahlen im elektrischen Feld untersucht. Es zeigte sich, dass α-Strahlung aus positiv und β-Strahlung aus negativ geladenen Teilchen besteht. Hingegen erwies sich die γ-Strahlung als der Röntgenstrahlung vergleichbar.

Atombestandteile. Bereits 1897 war es dem englischen Physiker Joseph John THOMSON, experimentell gelungen, das *Elektron* als Atombaustein nachzuweisen. Es zeigte sich, dass β-Strahlung aus diesen negativ geladenen Teilchen besteht.

RUTHERFORD fand 1908 heraus, dass α-Strahlung aus Helium-Atomkernen besteht. Für seine herausragenden Leistungen zu den Bausteinen der Atome erhielt er 1908 den Nobelpreis für Chemie. 1919 gelang ihm schließlich der Nachweis des eigentlichen positiven Bausteins von Atomen, des *Protons*.

Entwicklung neuer Atommodelle. Die Erkenntnisse über die Atombausteine führten zur Entwicklung neuer Atommodelle. 1904 entwickelte THOMSON das *Rosinenkuchenmodell.* Er ging von einer kugelförmigen Verteilung der positiven Ladung (Kuchen) und darin beweglichen Elektronen (Rosinen) aus.

RUTHERFORD erforschte zu Beginn des 20. Jahrhunderts den inneren Aufbau von Atomen genauer. Er ließ deshalb in seinem Labor in Manchester hauchdünne Folien aus Blattgold mit α-Teilchen beschießen. Er wusste, dass diese mit ihrer hohen Geschwindigkeit die etwa 1000 Atomschichten der Goldfolie leicht durchdringen konnten. RUTHERFORD interessierte, was mit den α-Teilchen beim Durchgang durch die Folie passierte. Mithilfe eines Zinksulfidschirmes konnte der Durchgang beobachtet werden. Beim Auftreffen der α-Strahlung auf die Zinksulfidschicht waren winzige Lichtblitze zu sehen. Mit diesem Verfahren konnten zum ersten Mal einzelne atomare Teilchen indirekt beobachtet und abgezählt werden.

Bis zum Juni 1909 hatten RUTHERFORDs Mitarbeiter in zweijähriger Arbeit mehr als 100000 Lichtblitze gezählt. Dabei hatten sie entdeckt, dass nur wenige α-Teilchen stark abgelenkt wurden. Noch weitaus geringer war die Zahl der α-Teilchen, die wie zuvor erwartet, reflektiert wurden. Die Versuchsergebnisse waren unerwartet und ließen sich mit dem Rosinenkuchenmodell nicht erklären. RUTHERFORD folgerte, dass es im Atom einen kleinen Bereich geben müsste, in dem die positive Ladung und die Masse konzentriert sind. Anders ließ sich die Durchlässigkeit der Goldfolie für die α-Teilchen nicht erklären. Zwei Jahre später veröffentlichte er dann sein bahnbrechendes *Kern/Hülle-Modell.*

Kern/Hülle-Modell. Nach RUTHERFORDs Modellvorstellung hat ein Atom ein Massenzentrum mit positiver Ladung, den **Atomkern.** Er enthält mehr als 99,9 % der Masse des Atoms, ist aber 10 000-mal kleiner als das Atom selbst. Er gleicht damit einem Stecknadelkopf mitten in einem Heißluftballon.
Um den Atomkern bewegen sich die negativ geladenen, fast masselosen Elektronen. Sie bilden die **Atomhülle.** Insgesamt ist ein Atom *elektrisch neutral,* denn die negative Ladung in der Atomhülle stimmt mit der positiven Ladung des Kerns überein. Das ganze Atom entspricht einer Kugel mit einem Radius von etwa einem zehnmillionstel Millimeter (0,000 000 1 mm).

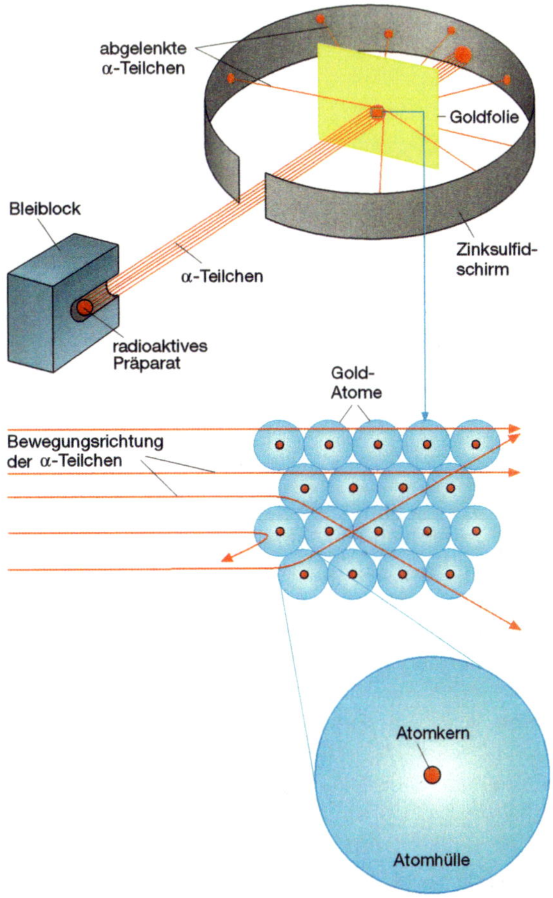

Streuversuch von RUTHERFORD schematisch

Nach dem Kern/Hülle-Modell besteht das Atom aus einem winzigen Atomkern und der Atomhülle. Der Atomkern ist positiv geladen und enthält fast die gesamte Masse des Atoms. In der Atomhülle befinden sich die negativ geladenen Elektronen.

1 Erläutere die folgenden Begriffe: *Radioaktivität, α-Strahlen, β-Strahlen, γ-Strahlen.*
2 Recherchiere, wo radioaktive Strahlung genutzt wird.
3 a) Beschreibe mit eigenen Worten, welche Atomvorstellung RUTHERFORD entwickelt hat.
b) Beschreibe und erkläre mithilfe der Abbildung die Ergebnisse des RUTHERFORDschen Streuversuches.
4 Verdeutliche, woraus RUTHERFORD schließen konnte, dass Atomkerne klein, relativ schwer und positiv geladen sein müssen.
5 Der Name Atom ist griechischen Ursprungs und bedeutet „unteilbares Teilchen“. Erkläre ausführlich, warum diese Bedeutung nur noch historisch zu verstehen ist.

13.4 Der Atomkern

Teilchen	Symbol	Ladung	Masse
Proton	p^+	+1	1 u
Neutron	n	0	1 u
Elektron	e^-	−1	0,0005 u

Elementarteilchen und ihre Eigenschaften

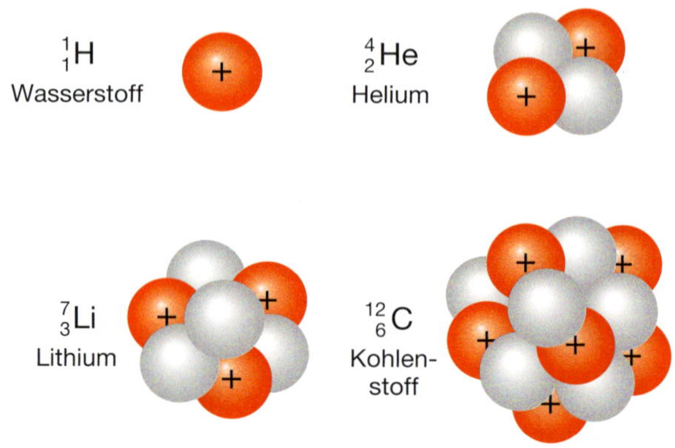

Bau einiger Atomkerne

Die Erkenntnisse RUTHERFORDs zum Atomaufbau lösten einen Forschungsboom aus, der zu einem besseren Verständnis des Ordnungsprinzips des Periodensystems führte. So konnte man zeigen, dass Atome desselben Elementes unterschiedliche Massen haben können, aber dennoch die gleichen chemischen Eigenschaften aufweisen.

Proton. Nach der Entdeckung des *Protons* (griech.: *proton* das Erste) durch RUTHERFORD ergaben Untersuchungen am Wasserstoff-Atom, dass der Kern dieses kleinsten und einfachsten Atoms ausschließlich aus diesem Baustein besteht. Das Proton ist positiv geladen und die Ladung stimmt dem Betrage nach mit der eines Elektrons überein. Die Masse eines Protons entspricht etwa der atomaren Masseneinheit 1 u.

Der Kern des Helium-Atoms enthält zwei Protonen, der des Lithium-Atoms drei. Das schwerste natürlich vorkommende Atom ist das Uran-Atom. Es hat 92 Protonen im Kern. Ordnet man alle Elemente nach steigender Protonenzahl, so nimmt die Zahl der Protonen in den Atomkernen jeweils um *eins* zu. Die Anzahl der Protonen bestimmt die **Kernladungszahl.** Sie ist genauso groß wie die Anzahl der Elektronen in der Atomhülle. Durch die Kernladungszahl wird eindeutig festgelegt, zu welchem Element ein Atom gehört: So ist jedes Atom mit sechs Protonen ein Kohlenstoff-Atom und jedes Atom mit 19 Protonen ein Kalium-Atom. Die Kernladungszahl entspricht also der **Ordnungszahl** eines Elementes im Periodensystem.

Neutron. Mit Ausnahme des Wasserstoff-Atoms haben die Atome aller Elemente eine deutlich größere Masse als die im Atomkern enthaltenen Protonen. So hat ein Lithium-Atom mit drei Protonen eine Masse von 7 u. Da die Elektronen so gut wie keine Masse tragen, muss der Kern neben Protonen noch weitere Bausteine enthalten. Es handelt sich dabei um Elementarteilchen, die keine elektrische Ladung haben, die **Neutronen.** Sie wurden 1932 vom englischen Physiker James CHADWICK experimentell nachgewiesen. Die Masse eines Neutrons ist in etwa so groß wie die Masse eines Protons. Die Bausteine der Atomkerne bezeichnet man zusammenfassend als **Nukleonen** (lat. *nucleus*: Kern). Die Anzahl aller Nukleonen in einem Atomkern ergibt die **Massenzahl** eines Atoms. Symbolisch wird der Aufbau eines Atoms auf folgende Weise dargestellt:

$$^{7}_{3}\text{Li} \qquad \frac{\text{Massenzahl}}{\text{Kernladungszahl}}\ \text{Elementsymbol}$$

Massenzahl (= Nukleonenzahl)
= Zahl der Protonen + Zahl der Neutronen
(Der auf eine natürliche Zahl gerundete Wert der Atommasse ergibt die Zahl der Nukleonen; die Zahl der Neutronen ist die Differenz aus Massenzahl und Kernladungszahl)

$^{7}_{3}\text{Li}$

Beispiel Lithium-Atom
7 Nukleonen
7 − 3 = 4 Neutronen im Kern

3 Protonen im Kern
3 Elektronen in der Hülle

Kernladungszahl
= Zahl der Protonen im Kern
(= Ordnungszahl)
(= Zahl der Elektronen in der Hülle)

Kernkraft. Protonen, die auf den engen Raum eines Atomkerns konzentriert sind, müssten auseinander fliegen, da sie sich als gleichartig geladene Teilchen abstoßen. Das geschieht jedoch nicht, da eine viel stärkere Kraft, die *Kernkraft,* zwischen den Protonen und Neutronen wirkt. Bei vielen Atomkernen, besonders bei solchen mit hoher Protonenzahl, wie im Falle des Radiums, reicht die Kernkraft jedoch nicht aus, um die Bausteine des Kernes dauerhaft zusammenzuhalten. Die Atomkerne zerfallen nach und nach. Dies ist die Ursache der Radioaktivität.

Isotope. Der englische Chemiker Frederick SODDY hatte mit seinen Arbeiten aus den Jahren 1904 bis 1914 zeigen können, dass es unterschiedliche Atome desselben Elementes gibt. Er führte für diese Atome den Begriff *Isotop* (griech.: *isos* gleich und *topos* der Ort) ein und verdeutlichte so, dass sie den gleichen Platz im Periodensystem zugewiesen bekommen müssen. Isotope ein und desselben Elements unterscheiden sich nur in ihrer Neutronenanzahl. Die Anzahl der Protonen im Kern und Elektronen in der Hülle hingegen sind gleich.

Das Auftreten von nicht ganzzahligen Atommassen kann mithilfe der Kenntnis über den Aufbau von Isotopen erklärt werden: Das Element Chlor beispielsweise weist eine Atommasse von 35,5 u auf. Eine genaue Untersuchung ergibt, dass 75 % aller Chlor-Atome die Masse 35 u und 25 % die Masse 37 u haben. Der für Chlor angegebene Wert von 35,5 u beschreibt also nicht die Masse jedes einzelnen Chlor-Atoms, sondern die *durchschnittliche* Masse von Chlor-Atomen im natürlich vorkommenden Isotopengemisch. Die leichteren Chlor-Atome haben neben den 17 Protonen 18 Neutronen im Kern, die schwereren dagegen 20 Neutronen. Um Isotope zu kennzeichnen, gibt man mit dem Elementsymbol die Kernladungszahl *und* die Massenzahl an: $^{35}_{17}Cl$, $^{37}_{17}Cl$.

$^{1}_{1}H$

Auch Wasserstoff-Atome können sich in ihrer Masse unterscheiden. Neben den Wasserstoff-Atomen $^{1}_{1}H$, deren Kern nur aus einem Proton besteht, gibt es solche, die zusätzlich ein oder zwei Neutronen aufweisen.

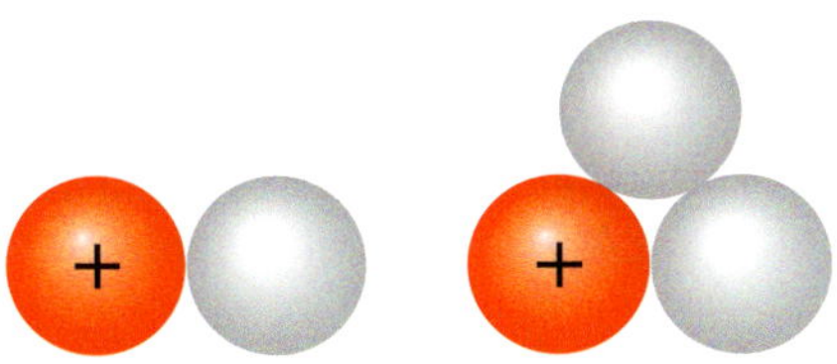

$^{2}_{1}H$ oder $^{2}_{1}D$ $^{3}_{1}H$ oder $^{3}_{1}T$

Diesen Wasserstoff-Isotopen hat man besondere Namen gegeben: *Deuterium* (D) (griech.: *deuteros* der Zweite) für das Isotop $^{2}_{1}H$ und *Tritium* (T) (griech.: *tritos* der Dritte) für $^{3}_{1}H$. Natürlich vorkommender Wasserstoff enthält nur einen sehr kleinen Anteil an Deuterium; Tritium spielt in der Natur keine Rolle. Die durchschnittliche Atommasse ist deshalb nur wenig größer als 1 u (genau: 1,008 u).

Vom Element Kohlenstoff gibt es in der Natur drei Isotope: $^{12}_{6}C$, $^{13}_{6}C$, und $^{14}_{6}C$. Auch hier ergibt sich aus der Häufigkeit der Isotope die durchschnittliche Atommasse von 12,01 u. 1961 wurde vereinbart, die **atomare Masseneinheit** auf das Kohlenstoffisotop $^{12}_{6}C$, zu beziehen. Sie ist als $\frac{1}{12}$ der Masse eines Atoms des Kohlenstoff-Isotops $^{12}_{6}C$ definiert.

$$1\ u = \frac{1}{12} \cdot m\ (^{12}_{6}C - \text{Atom})$$

Wie die meisten Elemente sind Kohlenstoff, Chlor und Wasserstoff *Isotopengemische*. Nur 19 Elemente bestehen aus einer einzigen Atomart. Dazu gehören Natrium, Fluor und Aluminium.

Protonen und Neutronen sind Nukleonen. Ihre Anzahl wird durch die Massenzahl angegeben. Die Ordnungszahl gibt die Zahl der Protonen an und wird auch Kernladungszahl genannt. Sie entspricht bei Atomen der Zahl der Elektronen in der Hülle. Isotope sind Atome eines Elements, die sich nur in der Neutronenzahl unterscheiden.

1 Stelle die Atomkerne der Chlor-Isotope dar.

2 Gib für die folgenden Atome die Anzahl der Protonen, Neutronen und Elektronen sowie die Ordnungszahl an: $^{1}_{1}H$, $^{2}_{1}H$, $^{3}_{1}H$, $^{12}_{6}C$, $^{13}_{6}C$, $^{14}_{6}C$, $^{16}_{8}O$, $^{23}_{11}Na$, $^{27}_{13}Al$, $^{31}_{15}P$, $^{32}_{16}S$, $^{40}_{20}Ca$, $^{127}_{53}I$, $^{137}_{56}Ba$, $^{235}_{92}U$, $^{238}_{92}U$.

3 Berechne mithilfe der Tabelle die durchschnittliche Atommasse für Magnesium, Silicium und Schwefel. Vergleiche deine Ergebnisse mit den Werten im Periodensystem.

4 Vergleiche die Atommassen von Tellur ($_{52}Te$) und Iod ($_{53}I$) im Periodensystem. Erkläre, warum Iod trotz der kleineren Atommasse die größere Ordnungszahl hat.

5 Deuteriumoxid ist die Bezeichnung für schweres Wasser. Gib die Molekülformel, die Molekülmasse und die molare Masse von schwerem Wasser an und recherchiere die Anwendung von Deuteriumoxid.

6 Erläutere, warum Neutronen erst 1932 nachgewiesen werden konnten.

Element	Isotope (Anteil in %)			$\overline{m}$
Wasserstoff	$^{1}_{1}H$ (99,98)	$^{2}_{1}H$ (0,02)		1,008 u
Lithium	$^{6}_{3}Li$ (7,4)	$^{7}_{3}Li$ (92,6)		6,94 u
Kohlenstoff	$^{12}_{6}C$ (98,9)	$^{13}_{6}C$ (1,1)		12,01 u
Sauerstoff	$^{16}_{8}O$ (99,8)	$^{18}_{8}O$ (0,2)		16,00 u
Magnesium	$^{24}_{12}Mg$ (78,7)	$^{25}_{12}Mg$ (10,1)	$^{26}_{12}Mg$ (11,2)	24,31 u
Silicium	$^{28}_{14}Si$ (92,2)	$^{29}_{14}Si$ (4,7)	$^{30}_{14}Si$ (3,1)	28,09 u
Schwefel	$^{32}_{16}S$ (95,0)	$^{33}_{16}S$ (0,8)	$^{34}_{16}S$ (4,2)	32,06 u

Isotopenverteilung und durchschnittliche Atommasse ($\overline{m}$ = durchschnittliche Atommasse)

13.5 Modell der Atomhülle

Von besonderem Interesse für die Chemie ist die Atomhülle, mit den darin enthaltenen Elektronen. Im Jahre 1913 veröffentlichte der dänische Physiker Niels BOHR eine Theorie über den Aufbau der Atomhülle, mit der es möglich war, Unterschiede im chemischen Verhalten der Elemente zu erklären.

Schalenmodell der Atomhülle. Die Elektronen verteilen sich nicht beliebig in der Atomhülle, sondern ordnen sich schalenartig um den Atomkern an. Nach BOHRs Vorstellung bewegen sich die Elektronen in *Elektronenschalen* mit hoher Geschwindigkeit um den Atomkern. Man bezeichnet die Elektronenschalen von innen nach außen mit den Buchstaben **K, L, M, N, O ...** Jede der bis zu sieben Schalen eines Atoms kann nur eine begrenzte Zahl von Elektronen aufnehmen. Für die maximale Anzahl z einer Schale gilt die Beziehung: $z = 2 \cdot n^2$. Dabei ist n die Nummer der Schale.

Elektronenverteilung. Die innersten Schalen werden zuerst besetzt, da hier die Elektronen am stärksten angezogen werden. So befindet sich das einzige Elektron des Wasserstoff-Atoms in der K-Schale. Das Atom des Heliums besitzt zwei Elektronen auf dieser Schale. Damit ist die innere Schale voll besetzt. Ein neu hinzu kommendes drittes Elektron besetzt bereits die L-Schale. In einem Lithium-Atom befinden sich daher zwei Elektronen in der K-Schale und ein Elektron in der L-Schale. Diese wird bei den in der Periode folgenden Elementen weiter mit Elektronen aufgefüllt, bis sie mit acht Elektronen besetzt ist. Im Neon-Atom mit insgesamt zehn Elektronen ist neben der K-Schale (2 e^-) auch die L-Schale (8 e^-) vollständig besetzt.
Die M-Schale kann maximal 18 Elektronen aufnehmen. Nach den gleichen Regeln wie bisher wird vom Natrium- bis zum Argon-Atom die dritte Schale besetzt. Von den 18 Elektronen eines Argon-Atoms gehören zwei zur K-Schale und je acht zur L-Schale und zur M-Schale. Die neu hinzu kommenden Elektronen der beiden folgenden Elemente Kalium und Calcium besetzen bereits die N-Schale. Erst danach werden für die nächsten Elemente von Scandium bis Zink die fehlenden Elektronen der zweitäußersten Schale – der M-Schale – aufgefüllt. Diese Elemente bezeichnet man als *Nebengruppenelemente*. Dieses Besetzungsprinzip erweitert sich im Falle der Elemente der 6. und 7. Periode: Bei den *Lanthanoiden* und *Actinoiden* wird die drittäußere, noch unvollständig besetzte Schale aufgefüllt.

Elektronen in der Außenschale. Die Elektronen der jeweils äußersten Schale eines Atoms heißen *Außenelektronen* oder *Valenzelektronen*. Vergleicht man die Elektronenhüllen der Atome chemisch verwandter Elemente, so fällt auf, dass sie die gleiche Anzahl an Außenelektronen aufweisen: Die Atome der Alkalimetalle besitzen jeweils ein Elektron in der Außenschale. Bei den Erdalkalimetallen sind es zwei; alle Halogen-Atome besitzen sieben Außenelektronen. Daraus folgt, dass die chemischen Eigenschaften der Elemente durch die Zahl der Außenelektronen ihrer Atome bestimmt werden.

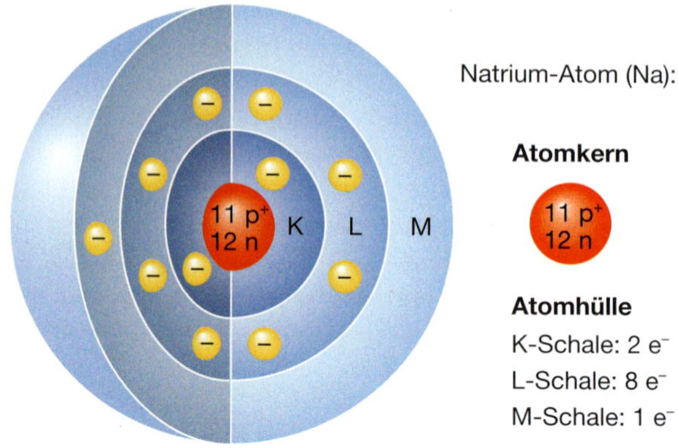

Schalenmodell des Natrium-Atoms

Hauptgruppe		I	II	III	IV	V	VI	VII	VIII
Ordnungszahl		19	20	31	32	33	34	35	36
Symbol		K	Ca	Ga	Ge	As	Se	Br	Kr
	K	2	2	2	2	2	2	2	2
Anzahl der	L	8	8	8	8	8	8	8	8
Elektronen	M	8	8	18	18	18	18	18	18
	N	1	2	3	4	5	6	7	8

Elektronenverteilung der Hauptgruppenelemente der 4. Periode

Die zu den *Edelgasen* gehörenden Elemente Helium, Neon, Argon, Krypton und Xenon ähneln sich in ihren chemischen und physikalischen Eigenschaften besonders. Sie sind farb- und geruchlos und reagieren im Allgemeinen nicht mit anderen Elementen, was ihnen ihren Namen eingetragen hat. Auch untereinander verbinden sich die Atome dieser Elemente nicht: Edelgase kommen atomar vor.

Die Ursache für die Reaktionsträgheit der Edelgase ist in deren Elektronenverteilung zu suchen. Beim Helium-Atom ist die K-Schale mit zwei Elektronen voll besetzt. Alle anderen Edelgas-Atome haben acht Außenelektronen, was der höchstmöglichen

Elektronenanzahl in einer Außenschale entspricht. Eine mit acht beziehungsweise beim Helium-Atom mit zwei Elektronen besetzte Außenschale ist eine sehr stabile Elektronenanordnung. Man spricht auch von einer *Edelgasschale*.

In der Atomhülle bewegen sich die Elektronen in Schalen um den Kern. Jede Schale kann nur eine bestimmte Anzahl an Elektronen aufnehmen. Die Besetzung erfolgt von innen nach außen. Die Zahl der Außenelektronen bestimmt das chemische Verhalten der Stoffe. Eine besonders stabile Außenschale haben die Edelgase.

1 Beschreibe das Schalenmodell der Atomhülle mit eigenen Worten.
2 Fomuliere Regeln für die Besetzung der Schalen.
3 **a)** Gib die Verteilung der Elektronen in den Atomen folgender Elemente an: B, C, N, O, Mg, Al, Si, P, und S.
b) Gib an, wie viele Elektronen sich jeweils in der Außenschale befinden und vergleiche diese Zahl mit der Hauptgruppennummer, in der die Elemente stehen.
4 Ermittle, wie viele Elektronen die Schalen K bis O maximal aufnehmen können.
5 Gib an, welche Schalen die Lanthanoide und die Actinoide mit Elektronen auffüllen.

Schalenmodell

Theorie

Bei Gasen lassen sich durch Anlegen hoher Spannungen Elektronen aus Atomen abspalten. Energiezufuhr bewirkt, dass sich die Elektronen eines Atoms weiter vom Kern entfernen. Ist die Energie groß genug, können einzelne Elektronen die Atomhülle verlassen. Aus ungeladenen Atomen entstehen positiv geladene *Ionen*. Die dafür benötigte Energie ist die **Ionisierungsenergie.**

Für die Ionisierungsenergien des Natrium-Atoms gilt:
- Von den elf Elektronen lässt sich ein Elektron sehr viel leichter aus der Hülle entfernen als alle weiteren.
- Dann folgen acht Elektronen mit nur leicht ansteigenden Werten der Ionisierungsenergie.
- Die Abspaltung der beiden letzten Elektronen erfordert noch wesentlich größere Energiebeträge.

Energiestufen. Die Abstufung der Ionisierungsenergien legt nahe, dass es für die Elektronen eines Natrium-Atoms verschiedene **Energiestufen** gibt: Ein Elektron befindet sich auf der *dritten* Energiestufe. Es ist am weitesten vom Atomkern entfernt und lässt sich am leichtesten abtrennen. Dann folgen die acht Elektronen mittlerer Ionisierungsenergie auf der *zweiten* Energiestufe. Hier steigt die Ionisierungsenergie an, weil die verbleibenden Elektronen nach der Abspaltung eines Elektrons stärker vom Kern angezogen werden. Ihre Abspaltung erfordert deshalb mehr Energie. Die beiden Elektronen mit den größten Ionisierungsenergien befinden sich auf der *ersten* Energiestufe. Sie haben den geringsten Abstand vom Atomkern. Um sie zu entfernen, muss die größte Energie aufgewendet werden.

Schalenmodell. Die drei Energiestufen entsprechen den Schalen, in denen sich die Elektronen des Natrium-Atoms verteilen: Die dritte Energiestufe bildet die **M-Schale.** Die acht Elektronen der zweiten Energiestufe bilden die **L-Schale.** Die Elektronen der ersten Energiestufe befinden sich in der **K-Schale.** Bei den Atomen der anderen Elemente findet man ähnliche Abstufungen der Ionisierungsenergien wie beim Natrium-Atom.

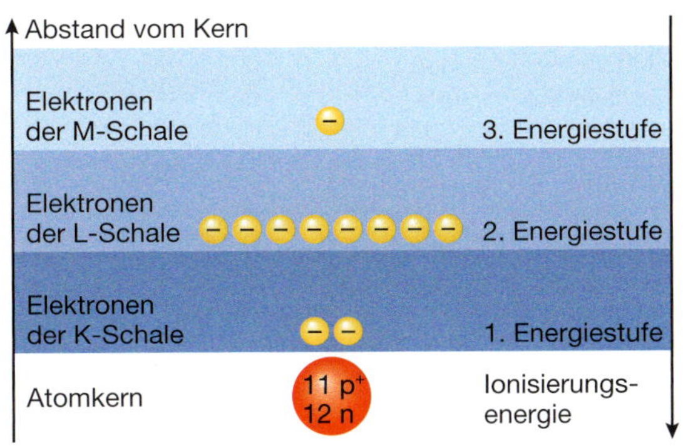

Energiestufen-Diagramm des Natrium-Atoms

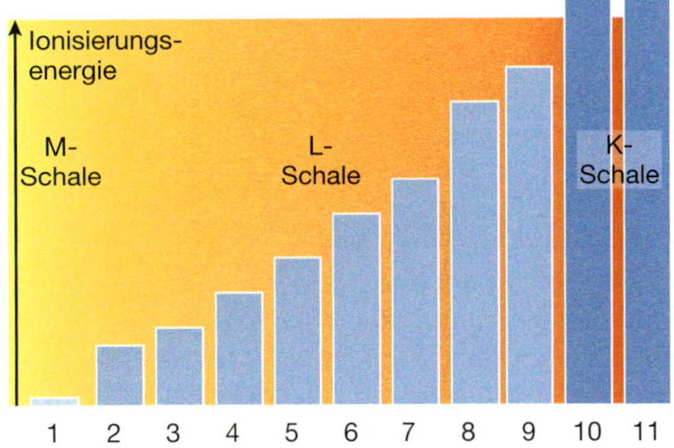

Ionisierungsenergie-Diagramm für das Natrium-Atom

13.6 Atombau und Periodensystem

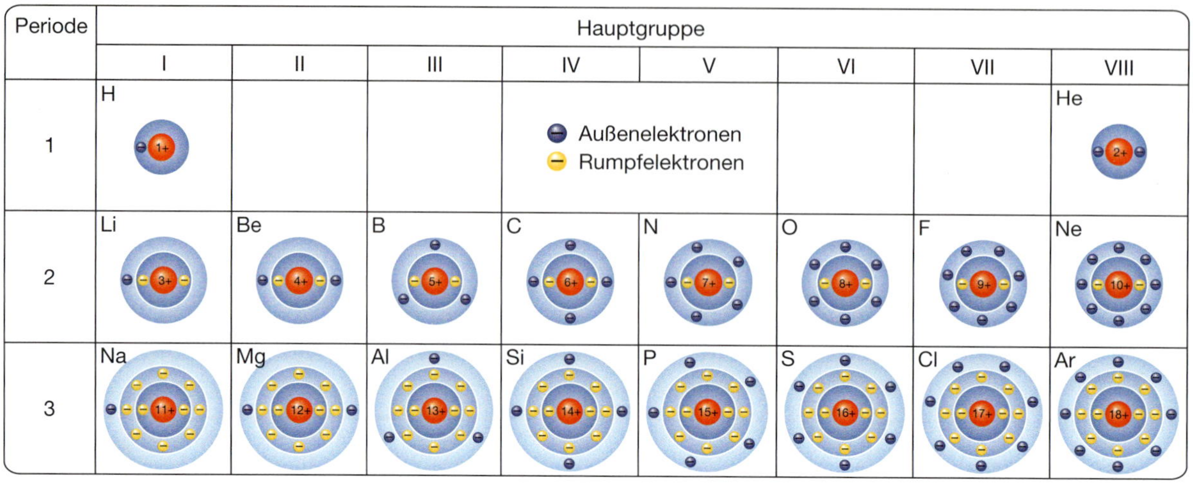

Zwischen dem Atombau und der Stellung der Elemente im Periodensystem besteht ein enger Zusammenhang.

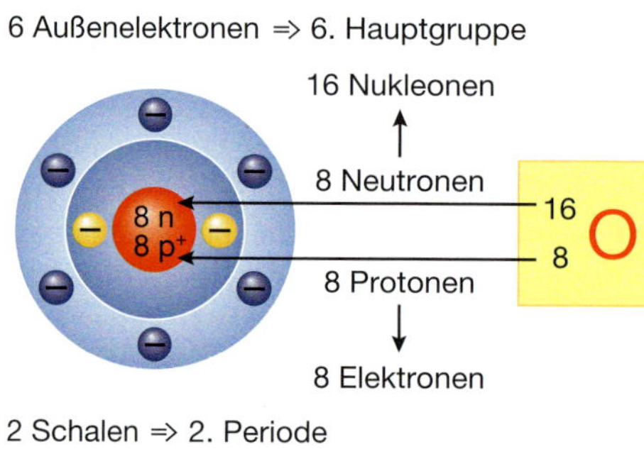

Außenelektronen. Die Elemente einer Elementfamilie zeigen ein ähnliches chemisches Verhalten. So reagieren die Alkalimetalle (I. Hauptgruppe) alle in gleicher Weise. Auch die Halogene (VII. Hauptgruppe) ähneln sich in ihren Eigenschaften. Alkalimetall-Atome besitzen jeweils ein Elektron auf der äußeren Schale und Halogen-Atome besitzen sieben Elektronen auf der äußeren Schale. Offensichtlich bestimmt die Zahl der *Außenelektronen* der Atome das chemische Verhalten der Stoffe. Man kennzeichnet die Außenelektronen deshalb durch besondere Symbole:

Li· ·Be· ·Ḃ· ·Ċ· |Ṅ· |Ō· |F̄· |N̄e|

Die Elementsymbole stehen für den Atomkern mit den abgeschlossenen inneren Schalen. Die Außenelektronen werden durch Punkte und Striche symbolisiert. Ein Punkt steht dabei für ein einzelnes Außenelektron. Bis zu vier Außenelektronen schreibt man als Einzelpunkte, die um das Symbol verteilt werden. Jedes weitere Außenelektron wird mit einem bereits vorhandenen Punkt zu einem Punktepaar zusammengefasst. Jedes Punktepaar schreibt man als Strich, der damit einem **Elektronenpaar** entspricht. Für Schwefel mit sechs Außenelektronen gilt also:

:Ṡ· ≙ |Ṡ·

Atombau und Periodensystem. Die Grundlage für die Anordnung der Elemente im Periodensystem ist die Anzahl der Protonen. Schreibt man alle Elemente mit gleicher Anzahl an besetzten Schalen in eine Zeile und alle Elemente mit gleicher Anzahl an Außenelektronen in eine Spalte, so erhält man eine Anordnung, die dem Periodensystem entspricht. Die *Periodennummer* stimmt mit der Anzahl der besetzten Schalen überein. Die *Hauptgruppennummer* ist gleich der Anzahl der Außenelektronen. Die Stellung eines Elements im Periodensystem spiegelt den Aufbau seiner Atome wider: Bei den Hauptgruppenelementen wird jeweils die äußerste Schale aufgefüllt; bei Nebengruppenelementen wie Eisen oder Kupfer wird die zweitäußerste Schale aufgefüllt, bis diese mit 18 Elektronen besetzt ist.

Atombau	Periodensystem
Anzahl der Protonen = Anzahl der Elektronen	Ordnungszahl
Anzahl der Protonen + Anzahl der Neutronen	Massenzahl
Anzahl der Außenelektronen	Hauptgruppennummer
Anzahl der besetzten Schalen	Periodennummer

1 Gib die Anzahl der Außenelektronen für die Elemente der 3. Periode in der Symbol-Schreibweise an.

2 Zeichne – entsprechend der Abbildung für Sauerstoff – Schemata für die Elemente Li, C und Mg.

Elemente – Vielfalt gut geordnet

Basiswissen

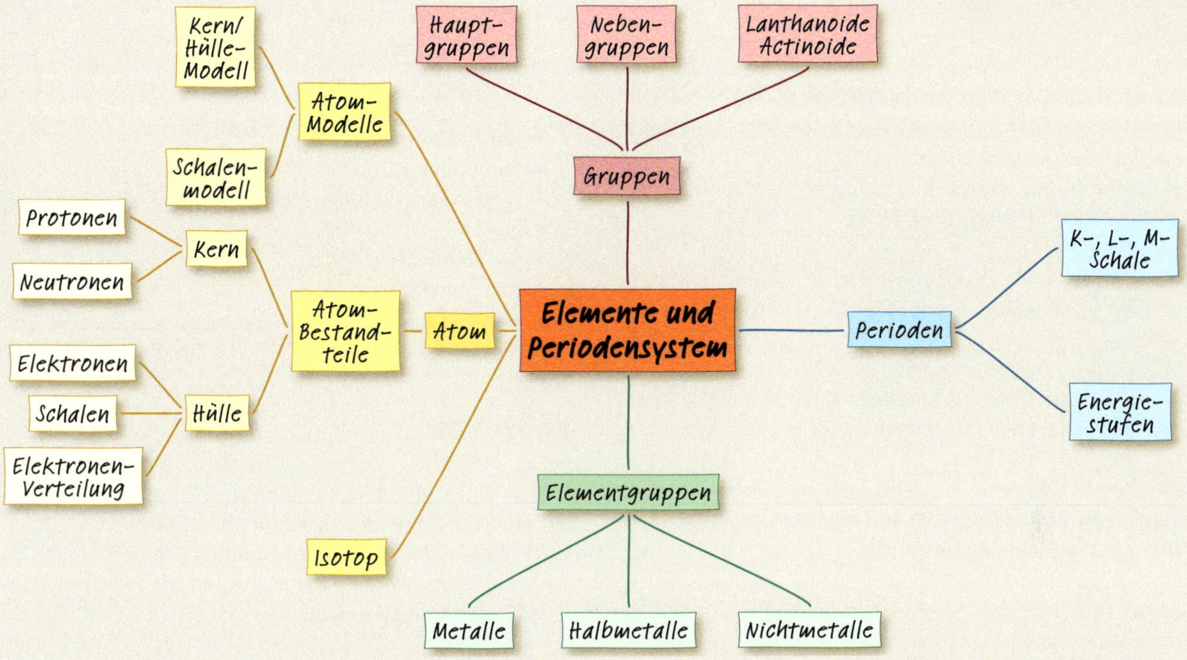

Das Periodensystem

Chemie in unserer Welt

Oft sagen wir: „Nur ein Genie beherrscht das Chaos.“ Im Alltag zeigt sich aber, dass wir keine Genies sind, denn wir verbringen viel Zeit mit Suchen. Mithilfe von Ordnungssystemen lässt sich eine Suche deutlich vereinfachen und beschleunigen. Ein Beispiel sind Bibliotheken: Dort werden Bücher nach Themengebieten und innerhalb dieser nach Autoren sortiert. Insgesamt ermöglichen Ordnungssysteme ein zielgerichtetes Suchen und Klassifizieren von Gegenständen.

Ordnung und Erkenntnisgewinn. Mittlerweile gibt es etwa 17 Millionen Stoffe. Bei dieser großen Zahl ist es notwendig, Ordnungssysteme zu entwickeln, um einen Überblick zu ermöglichen. Ein Beispiel liefert die Einordnung von Substanzen in Stoffgruppen, die sich in bestimmten Eigenschaften ähnlich sind. Hierbei kann etwa zwischen Verbindungen und Elementen unterschieden werden. In diesen Stoffgruppen kann nun weiter unterteilt und geordnet werden.

Im Falle der Elemente hat sich das Periodensystem als unentbehrliches Hilfsmittel erwiesen. Die systematische Anordnung ermöglicht einen schnellen Überblick und schafft darüber hinaus die Möglichkeit einer Vorhersage über die Eigenschaften des jeweiligen Elements.

Erst durch das Periodensystem wurde der schnelle Erkenntnisgewinn in der Chemie Mitte des 19. Jahrhunderts möglich: Nicht nur neue Elemente wurden gefunden, sondern auch die Erforschung der Atombausteine wurde durch die ersten Entwürfe zum Periodensystem ausgelöst. Die so gewonnenen Erkenntnisse bedingten ihrerseits wiederum ein vertieftes Verständnis für die Strukturierung des Periodensystems. So ergab sich eine Spirale des Erkenntnisgewinns, die ohne eine intensive Ordnung und Strukturierung nicht möglich gewesen wäre.

Auch bei der Ordnung von Verbindungen kann das Periodensystem als Hilfsmittel genutzt werden. So lassen sich Verbindungen etwa nach der Art der beteiligten Elemente gruppieren. Für eine umfassende Sortierung ist das Periodensystem jedoch nicht geeignet, weil mit ihm nur bedingt abgeschätzt werden kann, welche Stoffeigenschaften Verbindungen haben. Hier ist eine schrittweise Ordnung in Stoffklassen mit bestimmten Eigenschaften sinnvoller.
So ergibt etwa die Untersuchung eines weißen Feststoffes, dass dieser die Elemente Magnesium und Sauerstoff enthält. Dementsprechend lässt sich die Substanz allgemein der Stoffklasse der Verbindungen zuordnen und im Speziellen den Erdalkalimetalloxiden.

Prüfe dein Wissen

Quiz

A1 a) Erkläre die Begriffe des Fensters.
b) Notiere auf der Vorderseite von Karteikarten den Begriff, auf der Rückseite die Erklärung.
c) Ordne die Begriffe den Basiskonzepten „Materie", „chemische Reaktion" und „Energie" zu.

A2 Gib an, wo im Periodensystem der Elemente Metalle und wo Nichtmetalle eingeordnet sind. Nenne je vier Beispiele.

A3 Nenne die Ordnungskriterien, nach denen das Periodensystem der Elemente aufgebaut ist.

A4 Die Atommasse von $_{53}I$ ist kleiner als die von $_{52}Te$. Erkläre, warum Iod trotz kleinerer Atommasse eine größere Ordnungszahl als Tellur hat.

A5 a) Leite aus dem Symbol $^{31}_{15}P$ den Aufbau des Phosphor-Atoms ab.
b) Vergleiche den Bau der Atome $^{31}_{15}P$ und $^{30}_{15}P$.

A6 a) Ermittle für die Atome mit 6, 8 und 14 Protonen die Zahl der besetzten Elektronenschalen und die Anzahl der Außenelektronen.
b) Gib an, wie viele Neutronen jeweils bei der Mehrzahl der Atome dieser Elemente vorliegen.

A7 Gib an, welche Atome im Modell dargestellt sind.

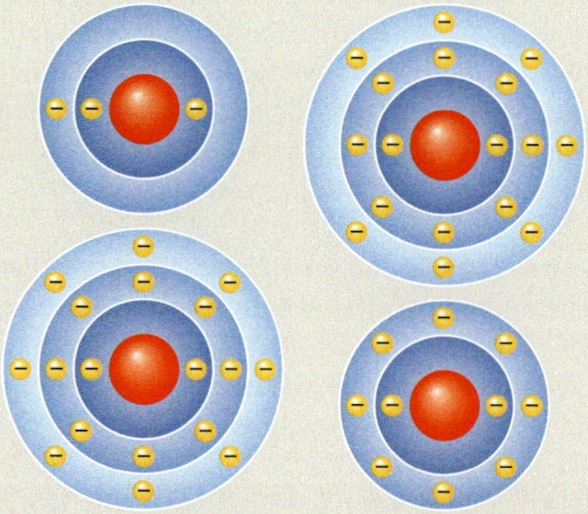

A8 Zeichne das Schalenmodell und das Energiestufenmodell eines Sauerstoff-Atoms.

A9 a) Nenne alle Elemente mit einer besonders stabilen Elektronenverteilung in der Hülle.
b) Gib an, welche chemischen Eigenschaften diese Elemente haben.

Die wichtigsten Begriffe

- Periodensystem der Elemente
- Periode und Gruppe
- Ordnungszahl
- Massenzahl
- Atombau
- Kern/Hülle-Modell
- Elektronen
- Nukleonen: Protonen, Neutronen
- Isotop
- Schalenmodell
- Außenelektronen

Know-how

A10 Im RUTHERFORDschen Streuversuch werden α-Teilchen auf eine Goldfolie gelenkt, in denen 1000 Schichten von Gold-Atomen lückenlos hintereinander liegen.
Erkläre, warum die meisten α-Teilchen die Folie trotzdem ungehindert durchdringen.

A11 a) Vergleiche das Atommodell von DALTON mit dem Kern/Hülle-Modell von RUTHERFORD.
b) Erkläre den Begriff Isotop am Beispiel Wasserstoff.
c) Erläutere, welche Annahme DALTONs durch den Nachweis von Isotopen widerlegt wurde.

A12 Erläutere die Zusammenhänge zwischen dem Atombau und der Anordnung der Elemente im Periodensystem.

A13 Begründe, ob Atome, die die gleiche Atommasse besitzen, zwingend zum gleichen Element gehören müssen.

Natur – Mensch – Technik

A14 Das heutige Periodensystem der Elemente ist erst über einen längeren Zeitraum entwickelt worden. Erstelle für diesen Zeitraum eine Zeitleiste, auf der die geschichtlichen Meilensteine dargestellt sind.

A15 Ergänze folgende Tabelle durch Schätzwerte für das Erdalkalimetall Strontium und vergleiche diese mit den Angaben im Buch.

Element	Mg	Ca	Sr	Ba
Ordnungszahl	12	20	?	56
Dichte in $\frac{g}{cm^3}$	1,7	1,5	?	3,7
Schmelztemperatur in °C	649	839	?	714
Atommasse in u	24,3	39,1	?	137,3

A1 Kernchemie und Altersbestimmung

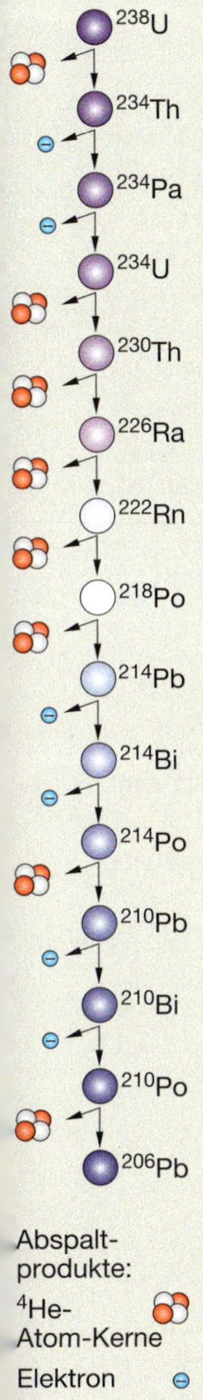

Von vielen Elementen sind radioaktive Isotope bekannt. Besonders häufig kommen diese bei den Elementen der sechsten und siebten Periode vor. Der Grund dafür liegt in der großen Protonenzahl der Atome dieser Elemente: Weil die Kernkräfte hier zu gering sind, um der Abstoßung der Protonen ausreichend entgegenzuwirken, zerfällt der Atomkern in leichtere Atomkerne.
Die Produkte eines solchen *radioaktiven Zerfalls* sind oft selbst radioaktiv und zerfallen ihrerseits weiter. So ergibt sich eine Reihe voneinander abhängiger Zerfallsprozesse, eine *Zerfallsreihe.* Hierbei werden je nach radioaktiver Strahlung typische Isotope als Zwischenprodukte gebildet. Am Ende der Zerfallsreihe entstehen stabile Isotope, die nicht weiter zerfallen.
Die Geschwindigkeit des radioaktiven Zerfalls, ist von der jeweiligen Kernart abhängig. Die Zeitspanne, in der jeweils die Hälfte der Atomkerne eines Isotops zerfallen ist, bleibt immer konstant, egal wie viele Atomkerne zerfallen sind. Sie wird als *Halbwertszeit* bezeichnet. Sie ist eine isotopenspezifische Konstante und wurde für viele radioaktive Isotope ermittelt.
Natürliche Zerfallsprozesse laufen meist sehr langsam ab und können zur Altersbestimmung von Gestein genutzt werden. Die Zerfallsreihe des Urans spielt hier eine besondere Rolle: Aus dem Uran-Isotop ^{238}U entsteht beim radioaktiven Zerfall das stabile Blei-Isotop ^{206}Pb. Anhand des Gehaltes von ^{206}Pb lässt sich der ursprüngliche Gehalt von ^{238}U ermitteln. Die errechnete Zeitspanne, die zur Verringerung des Anfangsgehaltes an ^{238}U nötig war, entspricht dem Alter des Gesteins. Die ältesten Gesteinsproben, die mithilfe radioaktiver Zerfallsreihen datiert wurden, weisen ein Alter von 4,28 Milliarden Jahren auf.

a) Erkläre am Beispiel der letzten drei Isotope der Uran-Zerfallsreihe die beim radioaktiven Zerfall erfolgende Umwandlung der Atomkerne. Verdeutliche deine Aussagen, indem du die jeweiligen Atomkerne modellhaft zeichnest.
b) Recherchiere die Halbwertszeiten der radioaktiven Isotope, die beim ^{238}U-Zerfall gebildet werden. Erläutere, welcher Zerfallsschritt für den Gesamtzerfall ausschlaggebend ist.
c) Erkläre welche Rolle das Kohlenstoffisotop $^{14}_{6}C$ für die Altersbestimmung von archäologischen Funden spielt.
Hinweis: In der Literatur wird häufig auch die Schreibweise C-14 gewählt.

A2 Kernchemie und Energiegewinnung

In der Sonne, dem wichtigsten Energielieferanten für die Erde, verschmelzen jeweils vier Wasserstoff-Atomkerne miteinander und bilden einen Helium-Kern. Bei dieser *Kernfusion* wird sehr viel Energie frei. Die Helium-Atomkerne haben eine minimal geringere Masse als die Summe der einzelnen Wasserstoff-Atomkerne. Bei ihrer Verschmelzung wird also Masse in Energie umgewandelt.

Eine künstliche Umwandlung von leichteren Atomkernen in schwere wollten 1938 Otto HAHN und Fritz STRASSMANN erreichen, indem sie Uran mit Neutronen beschossen. Statt der schweren Kerne bildete sich das leichtere Barium-Isotop ^{144}Ba. Diese erstmalig experimentell durchgeführte *Kernspaltung* kann man sich so vorstellen, dass der Urankern durch Einfangen des Neutrons stark verformt wird. Die abstoßenden Kräfte übersteigen dann die Kernkraft: Der Kern zerbricht; dabei wird Energie frei. Die bei jeder Kernspaltung zusätzlich freigesetzten Neutronen können ihrerseits Urankerne spalten. Es kommt zu einer Kettenreaktion, bei der sehr große Energiemengen freigesetzt werden.

a) Erkläre, weshalb man Kernspaltung und Kernfusion als Kernreaktionen bezeichnet.
b) Beschreibe mithilfe der Abbildung die einzelnen Stufen der Kernfusion von Wasserstoff-Atomkernen zu Helium-Atomkernen. Recherchiere dazu auch die Eigenschaften der bei der Fusion gebildeten Positronen und Neutrinos.
c) Suche Gründe für das besondere Forschungsinteresse an der Kernfusion und erläutere Anwendungsgebiete.
d) Die Kernspaltung von Uran wird sowohl in der Atombombe als auch in Kernkraftwerken genutzt. Recherchiere und beschreibe das jeweilige Funktionsprinzip.
e) Informiere dich über Vor- und Nachteile der Energiegewinnung durch Kernspaltung und formuliere eine eigene Stellungnahme.

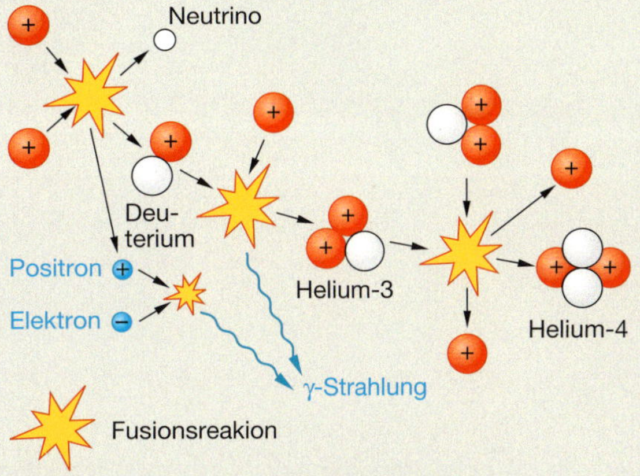

Bildung von Helium-Kernen durch Kernfusion

14 Salz – nicht nur ein Gewürz

Das Tote Meer ist eines der Gewässer der Erde mit dem höchsten Salzgehalt. Durch die außergewöhnlich große Menge an gelöstem Salz ist die Dichte des Meerwassers so groß, dass ein Mensch darin nicht untergehen kann. Der Hauptanteil des gelösten Salzes im Toten Meer ist Kochsalz, in der Chemie Natriumchlorid genannt. Es wird sowohl medizinisch als auch industriell genutzt. Kochsalz dient zum Würzen und Haltbarmachen von Speisen. Es ist aber auch einer der wichtigsten Grundstoffe der chemischen Industrie, aus dem sich eine Vielzahl von Rohstoffen und Produkten gewinnen lässt. Es war Jahrhunderte lang so kostbar, dass man es als weißes Gold bezeichnete.

Zentrale Fragen:
- Was versteht man unter Salzen?
- Welche charakteristischen Eigenschaften haben Salze und Salzlösungen?
- Welcher Zusammenhang besteht zwischen der Bildung von Salzen und dem Aufbau der Atome?
- Wie kann man Formeln von Salzen aufstellen?
- Was versteht man unter der Edelgaskonfiguration?

14.1 Gewinnung von Kochsalz aus Lagerstätten

Die heutigen Salzlagerstätten entstanden vor etwa 250 Millionen Jahren, als die Kontinente noch von weiträumigen Meeren bedeckt waren. Durch geologische Prozesse wurden große Bereiche vom offenen Meer abgetrennt. In Folge der Sonneneinstrahlung verdunstete das Wasser in diesen Becken. Zurück blieben bis zu 500 Meter dicke Salzschichten, die im Laufe der Jahrmillionen von Erdschichten überlagert wurden. Die Deckschichten schützten die Salzschichten vor Verwitterung, so dass sich bis heute die Salzlagerstätten nicht verändert haben.
Aus den Lagerstätten lässt sich das Salz entweder bergmännisch abbauen oder in Salinen aus einer Salzlösung gewinnen. Bedeutende Orte der Steinsalzgewinnung in Deutschland sind: Borth am Niederrhein, Bad Reichenhall und Salzgitter.

Salzbergbau. Um das Steinsalz an die Erdoberfläche zu befördern, werden Schächte bis zu 1000 Meter tief in die Erde getrieben. Dort legt man ein Stollensystem an, von dem ausgehend Abbaukammern errichtet werden, die bis zu 100 Meter lang und 40 Meter hoch sein können. Aus diesen Kammern wird das Steinsalz durch Sprengung gewonnen: Dazu werden eine Vielzahl von Löchern in die Salzschichten gebohrt und mit Sprengladungen befüllt. Bei der Sprengung werden dann die harten Steinsalzschichten aufgebrochen und in kleinere Bruchstücke zerlegt. Radlader und Hydraulikbagger transportieren die Bruchstücke zu Mahlwerken. Über Förderbänder gelangt das zerkleinerte Steinsalz an die Oberfläche. In einer einzigen Sprengung erhält man bis zu 2000 Tonnen Steinsalz; das entspricht etwa 80 LKW-Ladungen. Die größte Gefahr bei den Sprengungen stellt das Oberflächenwasser dar, das durch Risse in das Salzbergwerk eindringen kann.

Abbau von Steinsalz unter Tage

Salinen. In einer Saline gewinnt man das Salz durch Eindampfen einer salzhaltigen Lösung, der Sole. Man spricht deshalb auch von *Kochsalz* oder *Siedesalz*. Die Sole erhält man durch das Anbohren der unterirdischen Salzlagerstätte. Dabei werden zwei ineinander verlaufende Rohre in das Bohrloch eingeführt. In das äußere Rohr wird Wasser unter hohem Druck in die Salzlagerstätte gepumpt. Das Salz löst sich im Wasser; es bildet sich eine konzentrierte Salzlösung. Die Sole gelangt durch das innere Rohr an die Erdoberfläche und wird anschließend in der Saline weiter verarbeitet.

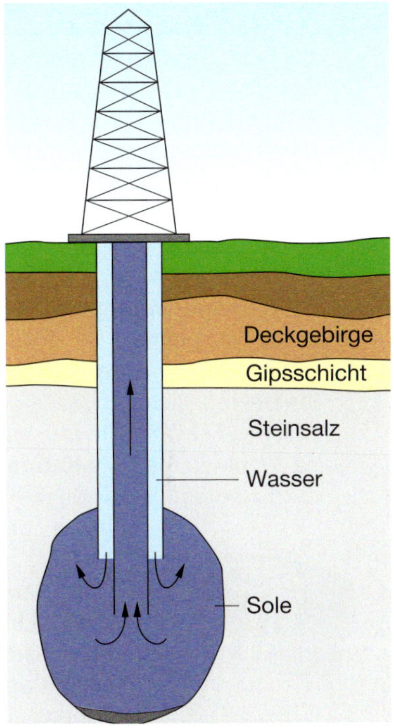

Über Jahrhunderte hinweg erfolgte das Eindampfen von gesättigter Sole in offenen Siedepfannen. Bei der modernen Salzgewinnung arbeitet man in geschlossenen Verdampfern mit Unterdruck, um das Wasser energiesparend zu verdampfen. Am Ende bleibt ein dicker Salzbrei zurück, den man durch Eindicken und Zentrifugieren entwässert und schließlich mit Heißluft trocknet. Je nach Produkt wird das Salz nach verschiedenen Körnungen sortiert und mit Zusatzstoffen wie Iodat und Fluorid versetzt.

Salz wird aus unterirdischen Lagerstätten durch Salzbergbau oder durch Eindampfen von konzentrierten Salzlösungen in Salinen gewonnen.

1 Beschreibe, wie die unterirdischen Salzlagerstätten entstanden sind. Informiere dich in diesem Zusammenhang über die sogenannte Barrentheorie.
2 Entwickle ein Fließschema, das den Weg von der Sole zum Siedesalz verdeutlicht.
3 Informiere dich über den jährlichen Verbrauch von Kochsalz in Deutschland.
4 Recherchiere, wie Salz aus Meereswasser gewonnen wird.

14.2 Mineralwasser – eine Salzlösung

Mineralwasser ist ein Naturprodukt, das aus Tiefenwasser gewonnen wird. Dieses Tiefenwasser bildet sich in vielen Jahrzehnten aus Regenwasser. Beim langsamen Versickern durch die Boden- und Gesteinsschichten wird es nicht nur auf natürliche Art gefiltert, sondern nimmt auch Mineralien auf. Die Zusammensetzung und der damit verbundene Geschmack eines Mineralwassers ist von den gelösten Mineralsalzen abhängig.

Ionen. Im Gegensatz zu destilliertem Wasser leitet Mineralwasser den elektrischen Strom. Das Mineralwasser muss also geladene Teilchen enthalten. In der Chemie werden diese geladenen Teilchen als *Ionen* bezeichnet. Sie unterscheiden sich von neutralen Atomen durch ihre Ladung. Die Bezeichnung Ion bezieht sich auf das Verhalten von Ionen im elektrischen Feld (griech. *Ion*: wandernd). Positiv geladene Ionen werden als **Kationen** bezeichnet und wandern zum Minuspol. Negativ geladene Ionen werden als **Anionen** bezeichnet und wandern zum Pluspol.
Diese Wanderung der Ionen lässt sich als elektrische Leitfähigkeit messen. Sie unterscheidet sich von der Leitfähigkeit der Metalle, bei denen frei bewegliche Elektronen vom Minuspol zum Pluspol wandern.

Ein Blick auf das Etikett einer Mineralwasserflasche zeigt, dass sich im Mineralwasser verschiedene Kationen und Anionen befinden. Die Massenanteile der Kationen und Anionen sind in verschiedenen Mineralwässern unterschiedlich. Das Etikett verrät auch, dass die Metall-Ionen positiv geladen sind, Nichtmetall-Ionen hingegen negativ. Auf dem Etikett werden auch Ionen aufgeführt, die aus mehreren Atomen gebildet werden.

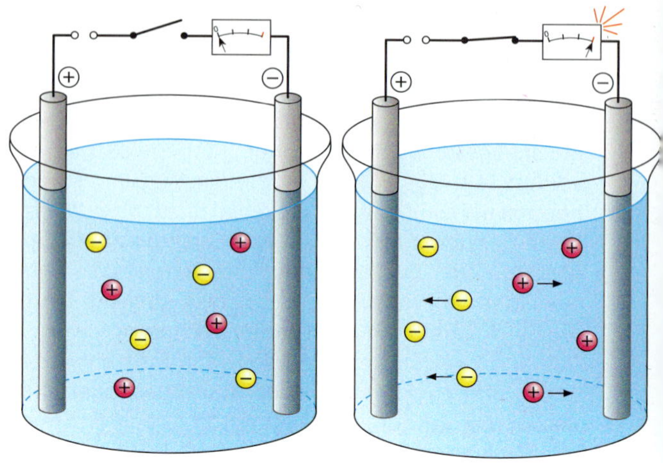

Ionen wandern im elektrischen Feld

Ionenladung. Die Ionen können unabhängig von ihrem Vorzeichen einfach oder mehrfach geladen sein. Die Ladung eines Ions ist von der Anzahl der Elektronen in der Atomhülle und der Anzahl der Protonen im Atomkern abhängig. Besitzt ein Ion ein Elektron mehr in der Hülle als Protonen im Kern, so ist das Ion einfach negativ geladen. Besitzt es dagegen zwei Elektronen weniger in der Hülle als Protonen im Kern, so ist es zweifach positiv geladen. Die Ladung wird am Elementsymbol als Hochzahl notiert.

Name des Ions	Protonenanzahl	Elektronenanzahl	Ionensymbol
Chlorid-Ion	17	18	Cl^-
Natrium-Ion	11	10	Na^+
Calcium-Ion	20	18	Ca^{2+}

Salzlösungen leiten elektrischen Strom. Sie enthalten geladenene Teilchen – Anionen wie das Chlorid-Ion und Kationen wie das Natrium-Ion.

1 In zwei Gläsern befinden sich einmal reines Wasser und einmal Mineralwasser. Beschreibe eine Möglichkeit, wie du herausfinden kannst, in welchem Glas sich das Mineralwasser befindet.

2 Erstelle eine Tabelle nach dem oberen Muster für folgende Ionen: Al^{3+}, N^{3-}, O^{2-}, Mg^{2+}. Formuliere daraus den Zusammenhang zwischen Ionenladung, Protonenzahl und Elektronenanzahl.

3 Vergleiche zwei verschiedene Mineralwässer auf ihre Ionenzusammensetzung und erläutere, warum sie sich unterscheiden.

Elektrische Leitfähigkeit von Lösungen

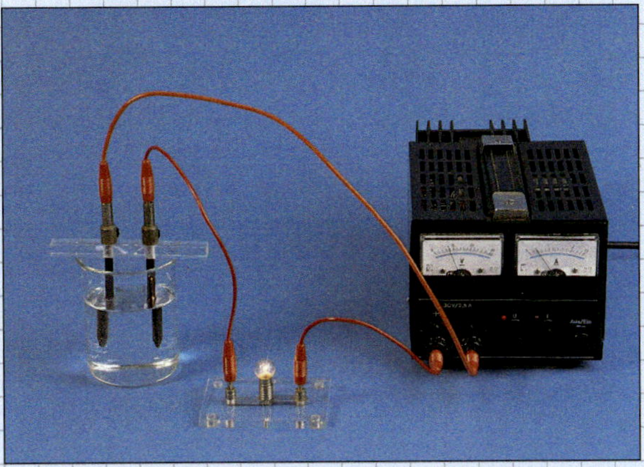

Apparatur zur Messung der elektrischen Leitfähigkeit von Lösungen

V1: Leitfähigkeitsmessungen

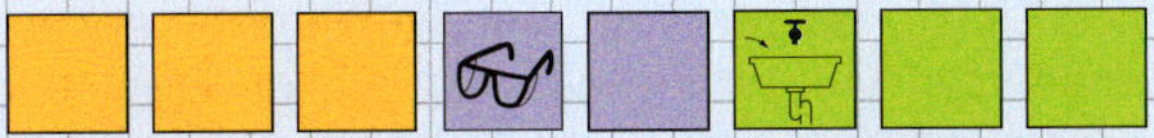

Materialien: Wechselspannungsquelle, Kabel, Krokodilklemmen, Strommessgerät, Fassung mit Glühbirne, 2 Graphitstäbe als Elektroden, 4 Bechergläser (100 ml); verdünnte Natriumchlorid-Lösung, Mineralwasser, Traubenzucker-Lösung.

Durchführung:

1. Baue die Apparatur zur Messung der elektrischen Leitfähigkeit entsprechend der Abbildung auf.
2. Lege eine Spannung von etwa 5 V an und stelle einen Messbereich im Milliampere-Bereich ein.
3. Tauche nun die beiden Graphitstäbe, ohne dass sie sich berühren, in 50 ml destilliertes Was-ser und ermittle die Stromstärke.
4. Wiederhole den Versuch anschließend mit der verdünnten Natriumchlorid-Lösung, dem Mineralwasser und der Traubenzucker-Lösung.
5. Ersetze nun das Amperemeter durch eine Glühbirne in einer Fassung mit entsprechenden Anschlüssen und führe Schritt 3 mit den vier Lösungen erneut durch.

Aufgaben:

a) Ermittle bei den Versuchen die Stromstärke und trage die Werte in eine Tabelle ein.

b) Erläutere, wie es zu den Unterschieden bei den vier Versuchen kommt.

c) Notiere deine Beobachtungen zum fünften Durchführungsschritt. Vergleiche die Methoden zur Ermittlung der elektrischen Leitfähigkeit und beurteile ihre Aussagekraft.

V2: Farbige Ionen im elektrischen Feld

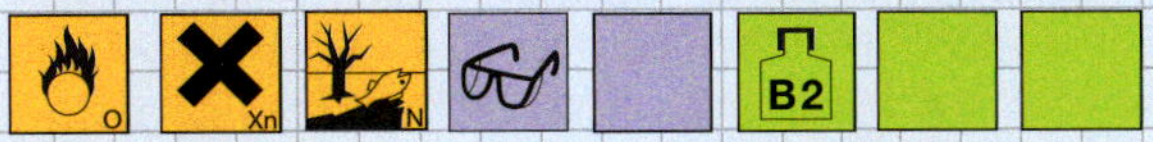

Materialien: Gleichspannungsquelle, Kabel, Glasplatte auf hellem Untergrund, 2 Graphitstäbe;
Kaliumpermanganat (O, Xn, N, B2), Natriumsulfat-Lösung (verd.), Kupfersulfat (Xn, N, B2).

Durchführung:

1. Gib von der Natriumsulfat-Lösung etwa 50 ml in die Mitte einer Glasplatte, so dass ein Flüssigkeitskreis mit einem Durchmesser von etwa 10–15 cm entsteht.
2. Lege einen kleinen Kaliumpermanganat-Kristall in die Mitte des Flüssigkeitskreises.
3. Schließe die beiden Elektroden an die Spannungsquelle an und halte sie anschließend an die gegenüberliegenden Seiten des Flüssigkeitskreises.
4. Lege eine Spannung von etwa 5 V an.
5. Wiederhole den Versuch mit einem Kupfersulfatkristall.

Aufgabe: Notiere und erläutere deine Beobachtungen.

V3: Ionenwanderung in einer Kochsalzlösung

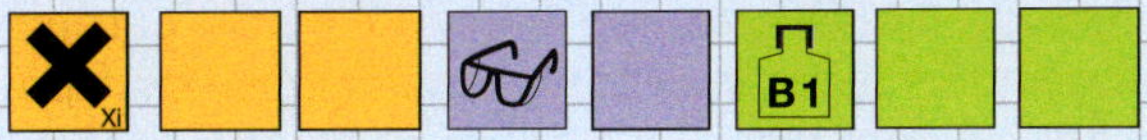

Materialien: Gleichspannungsquelle, Kabel, dreischenkliges U-Rohr, 2 Graphitstäbe, Pipette;
Natriumchlorid-Lösung, Ammoniumsulfat-Lösung, Magnesiastäbchen, Silbernitrat-Lösung (1 %) mit Salpetersäure (verd., Xi) angesäuert.

Durchführung:

1. Fülle die äußeren Schenkel des U-Rohrs mit der Ammoniumsulfat-Lösung gleich hoch. Der mittlere Schenkel wird mit der Kochsalz-Lösung in gleicher Höhe befüllt. Tauche in jeden Außenschenkel einen Graphitstab. Verbinde einen Graphitstab mit dem Pluspol, den anderen mit dem Minuspol der Spannungsquelle.
2. Lege für etwa 20 Minuten eine Spannung von 10 V an.
3. Versetze jeweils eine Probe aus den beiden Außenschenkeln mit einigen Tropfen Silbernitrat-Lösung.
4. Tauche je ein Magnesiastäbchen in die Lösung eines Außenschenkels und halte es in die Brennerflamme.

Aufgaben:

a) Notiere deine Beobachtungen.

b) Informiere dich, welche Ionen mit Silbernitrat-Lösung nachgewiesen werden können und welche Flammenfärbungen bei Alkalimetallen auftreten.

c) Deute deine Beobachtungen.

14.3 Ionen und Edelgaskonfiguration

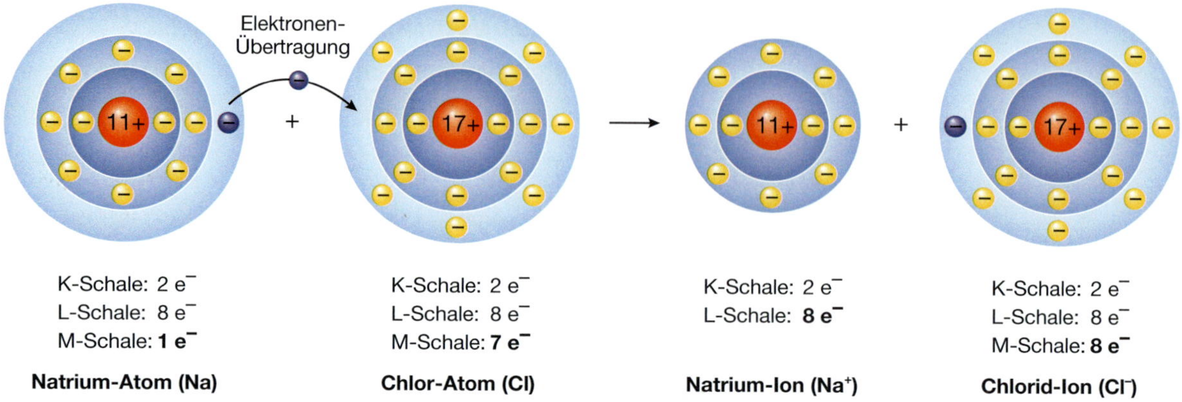

Ionenbildung durch Elektronenübertragung: Die Ionen besitzen eine Edelgaskonfiguration.

Mit dem Schalenmodell lässt sich die Frage beantworten, warum es Ionen mit unterschiedlichen Ladungszahlen gibt: Die Ionenladung hängt von der Anzahl der Außenelektronen des jeweiligen Elements ab. Die Elemente der ersten Gruppe des Periodensystems, die wie Natrium-Atome oder Kalium-Atome *ein* Außenelektron besitzen, bilden *einfach* positiv geladene Ionen. Die Elemente der zweiten Gruppe des Periodensystems, die wie Magnesium oder Calcium *zwei* Außenelektronen besitzen, bilden *zweifach* positiv geladene Ionen.

Edelgaskonfiguration. Die Ladungszahlen ergeben sich nach einer einfachen Regel: Ionen besitzen meist dieselbe Anzahl von Außenelektronen wie die Atome des Edelgases, das ihnen im Periodensystem am nächsten steht. Man sagt, die Ionen haben eine *Edelgaskonfiguration.* Meist haben die Ionen dabei *acht* Außenelektronen. Eine Ausnahme bilden das Lithium-Ion und das Beryllium-Ion, die mit *zwei* Außenelektronen die Edelgaskonfiguration des Helium-Atoms aufweisen.
Diese Regel bezeichnet man auch als **Edelgasregel.** Sie gilt streng genommen nur für die Elemente, die in den Hauptgruppen des Periodensystems stehen, aber auch dort gibt es Ausnahmen.

Ionenbildung. Das Natrium-Atom besitzt in der Atomhülle elf Elektronen: zwei in der K-Schale, acht in der L-Schale und eines in der M-Schale. Das Natrium-Ion hat bei gleicher Kernladungszahl wie das Natrium-Atom die Edelgaskonfiguration des Neons, also zehn Elektronen: zwei in der K-Schale und acht in der L-Schale. Bei der Ionenbildung gibt das Natrium-Atom *ein* Elektron ab. Das Natrium-Ion ist damit *einfach positiv* geladen.

Das Chlor-Atom hat 17 Elektronen mit sieben Außenelektronen in der M-Schale. Das Chlorid-Ion enthält ein zusätzliches Elektron, sodass die M-Schale mit acht Elektronen der Edelgaskonfiguration des Argons entspricht. Bei der Ionenbildung nimmt das Chlor-Atom *ein* Elektron auf. Das Chlorid-Ion ist damit *einfach negativ* geladen.

Die Bildung von Ionen erfolgt durch chemische Reaktionen: Metall-Atome geben Elektronen ab, bis sie eine Edelgaskonfiguration erreichen. Nichtmetall-Atome nehmen diese Elektronen auf; die entstehenden Anionen erreichen dann ebenfalls eine Edelgaskonfiguration. Bei der Reaktion erfolgt also eine **Elektronenübertragung** vom Metall-Atom zum Nichtmetall-Atom.
Die Bildung von Ionen kann durch die Elektronenschreibweise veranschaulicht werden. Für die Bildung des Natrium-Ions und des Chlorid-Ions gilt:

$$Na\bullet \dashrightarrow Na^{+} + e^{-}$$

$$|\overline{\underline{Cl}}\bullet + e^{-} \dashrightarrow |\overline{\underline{Cl}}|^{-}$$

> Bei der Ionenbildung findet eine Elektronenübertragung zwischen Metall-Atomen und Nichtmetall-Atomen statt. Die gebildeten Ionen besitzen Edelgaskonfiguration.

1 Erkläre mithilfe der Edelgasregel, welche Ionen bei der Reaktion von Lithium mit Iod entstehen.
2 Stelle die Reaktion von Calcium mit Schwefel in der Elektronenschreibweise dar.
3 Notiere die Formeln der Ionen, die sich aus folgenden Atomen bilden: Mg, O, F, Al, K, N.

Ionenladung und Periodensystem

Übersicht

Das Periodensystem ist nicht nur ein Ordnungssystem für die Elemente und ihre Atome, sondern auch für ihre Ionen. Aus der Stellung eines Elements im Periodensystem lässt sich auf die Ladung der sich aus den Atomen bildenden Ionen schließen.

- Die Elemente der I. bis III. Hauptgruppe sind *Metalle*. Ihre Atome bilden *positiv* geladene Ionen, die Ladungszahl stimmt mit der Gruppennummer überein. Beispiele aus der 3. Periode sind Na^{+}-, Mg^{2+}- und Al^{3+}-Ionen.

- Die Atome der *nichtmetallischen Elemente* der V. bis VII. Hauptgruppe bilden *negativ* geladene Ionen. Um ihre Ladungszahl zu berechnen, zieht man die Gruppennummer von der Zahl *Acht* ab. Für die der Atome aus der 3. Periode ergeben sich folgende Ionen: P^{3-}-, S^{2-}- und Cl^{-}- Ionen.

Die Vorhersage der Ionenladung der Atome der vierten Hauptgruppe erfolgt nicht nach diesen einfachen Regeln. Die Grenze zwischen Metallen und Nichtmetallen verläuft quer durch diese Hauptgruppe. Kohlenstoff und Silicium bilden in der Regel keine Ionen aus. Beim Zinn und Blei sind zweifach und vierfach positiv geladene Ionen bekannt.

Ionen der Nebengruppen-Elemente. Von den Elementen der Nebengruppen sind vor allem die Gebrauchsmetalle wie Eisen und Chrom bekannt. Aber auch viele Edelmetalle wie Silber, Gold und Platin stehen in den Nebengruppen. Die meisten Nebengruppen-Elemente bilden mehrere Ionensorten. So gibt es beim Eisen sowohl Fe^{2+}-Ionen als auch Fe^{3+}-Ionen. Mit welcher Ionensorte man es im Einzelfall zu tun hat, lässt sich an der Verhältnisformel erkennen. Fe^{2+}-Ionen sind im Eisensulfat ($FeSO_4$) enthalten. Fe^{3+}-Ionen findet man in Eisenchlorid ($FeCl_3$).

1 Gib an, welche Elemente positiv bzw. negativ geladene Ionen bilden.
2 Erkläre, weshalb Edelgas-Atome keine Ionen bilden.
3 Vergleiche die Größe der Atome und Ionen. Erkläre, weshalb die Kationen stets kleiner und die Anionen stets größer sind als die jeweiligen Atome.
4 Begründe die Regeln, nach denen die Ladungszahlen der Ionen metallischer und nichtmetallischer Elemente abgeleitet werden können.
5 Gib die Ionen an, die im grünen Chromoxid (Cr_2O_3) und im braunen Bleioxid (PbO_2) enthalten sind.
6 Ermittle die Verhältnisformel von Bismutsulfid.

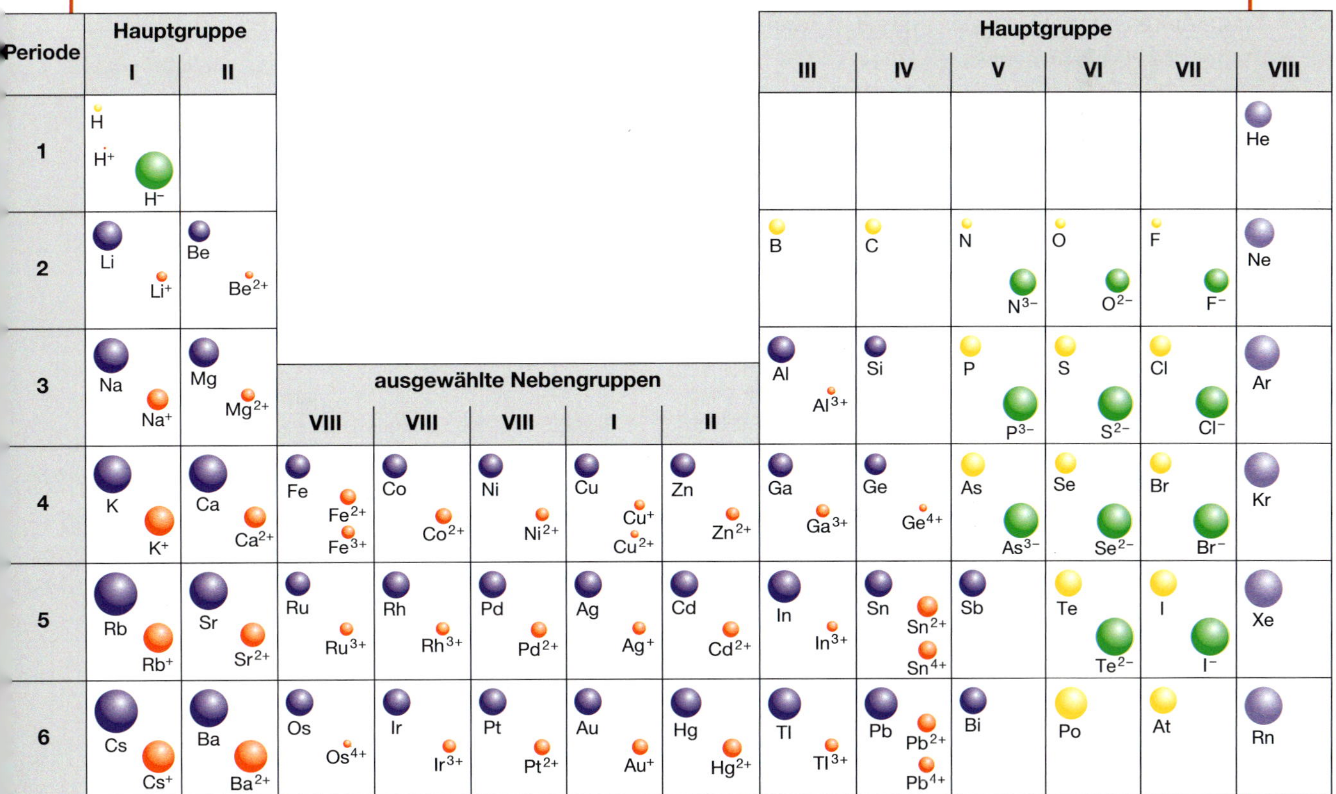

14.4 Ionen im richtigen Verhältnis

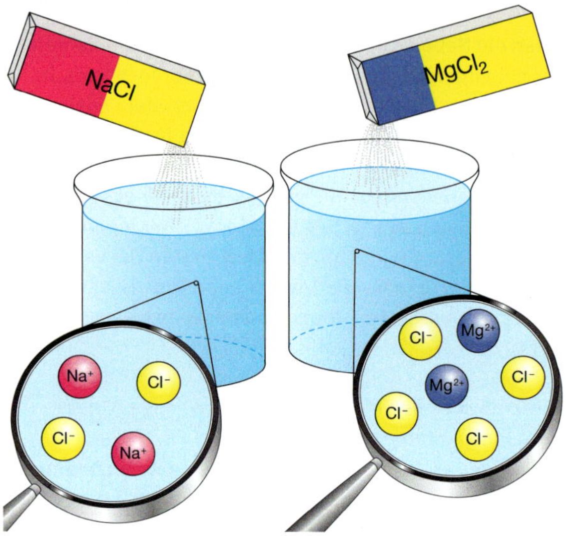

$NaCl$ und $MgCl_2$ werden in Wasser aufgelöst

Mineralwasser ist elektrisch neutral, obwohl es eine Vielzahl an Ionen enthält. Ursache für diese Eigenschaft ist das Anzahlverhältnis der Ionen zueinander. Salzlösungen enthalten stets gleich viele positive wie negative Ladungen. Dadurch gleichen sich die Ladungen gegenseitig aus. So enthält eine Natriumchlorid-Lösung einfach positiv geladene Natrium-Ionen und einfach negativ geladene Chlorid-Ionen. Damit die Lösung elektrisch neutral ist, müssen gleich viele Natrium- wie Chlorid-Ionen in der Lösung vorhanden sein. Diese **Regel der Elektroneutralität** lässt sich auf alle Salzlösungen anwenden, auch, wenn unterschiedlich geladene Anionen und Kationen in der Lösung enthalten sind. Eine Magnesiumchlorid-Lösung enthält zweifach positiv geladene Magnesium-Ionen (Mg^{2+}) und einfach negativ geladene Chlorid-Ionen. Allerdings kommen die beiden Ionensorten in unterschiedlichen Stoffmengen vor. Da die Lösung elektrisch neutral ist, enthält sie doppelt so viele einfach negativ geladene Chlorid-Ionen wie zweifach positiv geladene Magnesium-Ionen.

Verhältnisformeln und Benennung von Salzen. Das Stoffmengenverhältnis von Kationen zu Anionen in Salzlösungen findet sich auch in festen Salzen wieder. Für Salze wird dieses Stoffmengenverhältnis durch eine Verhältnisformel angegeben. Nach dem Prinzip der Elektroneutralität lassen sich diese Verhältnisformeln für Ionenverbindungen leicht erstellen: Man ermittelt das kleinste gemeinsame Vielfache der Ladungen von Kation und Anion und dividiert diese Zahl durch die Ionenladung des jeweiligen Ions. Die so erhaltenen Faktoren ergeben das Stoffmengenverhältnis der Ionen zueinander. Sie werden als tiefer gestellte Zahlen hinter den jeweiligen Ionensymbolen notiert. Der Name eines Salzes wird gebildet, indem man den Namen des Anions an den des Kations anfügt.

Beispiele: Das Stoffmengenverhältnis von Natrium-Ionen zu Chlorid-Ionen im Salz Natriumchlorid $n(Na^+) : n(Cl^-)$ beträgt 1 : 1. Die Verhältnisformel lautet daher Na_1Cl_1 oder $NaCl$ nach Vereinbarung, die Zahl 1 nicht zu schreiben. In Magnesiumchlorid beträgt das Stoffmengenverhältnis von Magnesium-Ionen zu Chlorid-Ionen 1 : 2. Die Verhältnisformel lautet daher $MgCl_2$.

In Salzen und ihren Lösungen sind Ionen enthalten. Die Verhältnisformel gibt das Stoffmengenverhältnis von Kationen zu Anionen in einem Salz an. Dabei gilt die Regel der Elektroneutralität.

1 Gib das Stoffmengenverhältnis von Kationen zu Anionen in den folgenden Ionenverbindungen an: Natriumsulfid, Calciumchlorid, Natriumoxid.
2 Ermittle die Verhältnisformeln folgender Ionenverbindungen: Calciumnitrid, Magnesiumiodid, Kaliumsulfid, Aluminiumoxid.
3 Gib an, welche Eisen-Ionen in den Eisenoxiden mit den Verhältnisformeln FeO und Fe_2O_3 enthalten sind.
4 Benenne die folgenden Salze: K_2S, Mg_3N_2, Na_2SO_4, $MgCO_3$.

Kation	Name	Anion	Name
Na^+	Natrium-Ion	F^-	Fluorid-Ion
K^+	Kalium-Ion	O^{2-}	Oxid-Ion
Cu^{2+}	Kupfer-Ion	S^{2-}	Sulfid-Ion
Ca^{2+}	Calcium-Ion	N^{3-}	Nitrid-Ion
Mg^{2+}	Magnesium-Ion	SO_4^{2-}	Sulfat-Ion
Al^{3+}	Aluminium-Ion	CO_3^{2-}	Carbonat-Ion
Ag^+	Silber-Ion	NO_3^-	Nitrat-Ion

Häufig vorkommende Ionen und ihre Benennung

Salz	Verhältnisformel
Natriumchlorid	$NaCl$
Kaliumchlorid	KCl
Calciumcarbonat	$CaCO_3$
Natriumcarbonat	Na_2CO_3
Calciumsulfat	$CaSO_4$
Natriumnitrat	$NaNO_3$
Kupfersulfat	$CuSO_4$

Wichtige Salze und ihre Verhältnisformeln

Nachweis von Anionen in wässeriger Lösung

V1: Chlorid-Ionen

Materialien: Tropfpipetten;
Salpetersäure (verd.; C), Silbernitrat-Lösung (1 %),
Proben: stark verdünnte Kochsalz-Lösung, stark verdünnte Salzsäure, Leitungswasser, Mineralwasser, destilliertes Wasser.

Durchführung:

1. Fülle Reagenzgläser zu einem Drittel mit den zu untersuchenden Proben.
2. Gib jeweils zehn Tropfen Salpetersäure und zehn Tropfen Silbernitrat-Lösung hinzu und schüttle.
3. Betrachte die Reagenzgläser vor einem dunklen Hintergrund.

Aufgaben:

a) Beschreibe den sich bildenden Niederschlag.
b) Formuliere die Reaktionsgleichung für die Reaktion.
c) Bestimme den Chloridgehalt der Proben mithilfe der folgenden Abbildung.

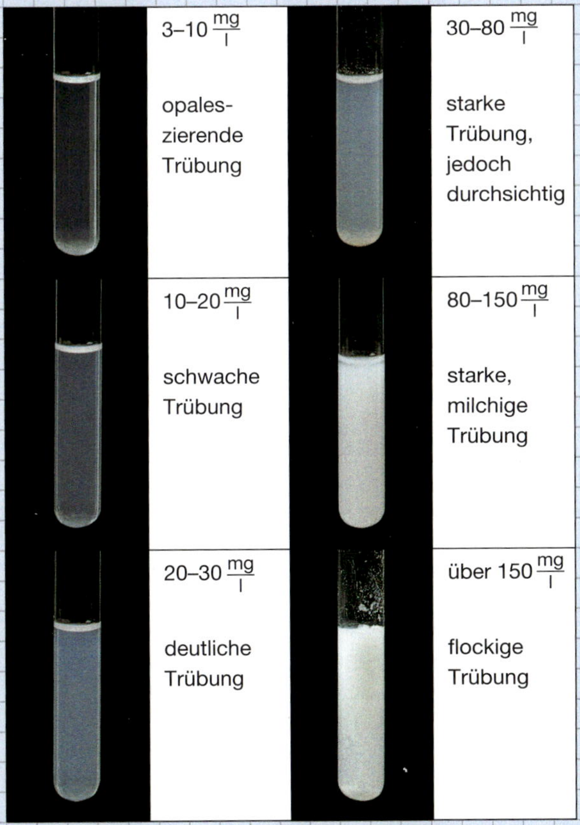

Bestimmung des Chloridgehalts

V2: Bromid-Ionen und Iodid-Ionen

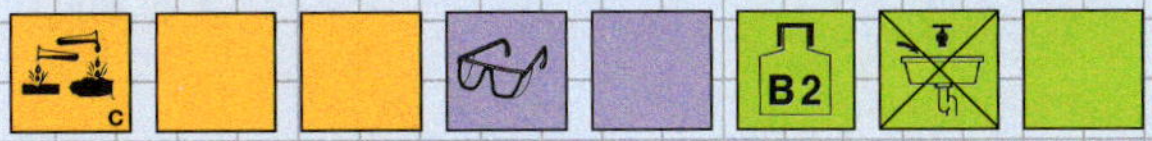

Materialien: Tropfpipetten;
Salpetersäure (verd.; C), Silbernitrat-Lösung (1 %),
Proben: stark verdünnte Kaliumbromid-Lösung, stark verdünnte Kaliumiodid-Lösung.

Durchführung:

1. Fülle Reagenzgläser zu einem Drittel mit den zu untersuchenden Proben.
2. Gib jeweils zehn Tropfen Salpetersäure und zehn Tropfen Silbernitrat-Lösung hinzu und schüttle.
3. Vergleiche die Niederschläge in beiden Lösungen.

Aufgaben:

a) Beschreibe die sich bildenden Niederschläge.
b) Formuliere die Reaktionsgleichungen.
c) Eine Laborantin hegt den Verdacht, dass in ihrem Labor das Etikett der Kaliumchlorid-Flasche und das der Kaliumiodid-Flasche vertauscht wurden. Beschreibe einen Versuch, mit dem sich der Verdacht überprüfen ließe. Gib die zu erwartenden Beobachtungen an.

V3: Sulfat-Ionen

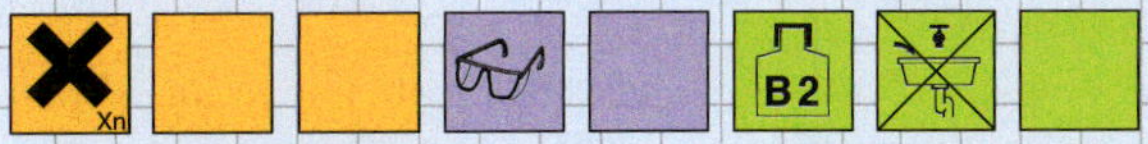

Materialien: Tropfpipette, Spatel;
Natriumsulfat, destilliertes Wasser, Mineralwasser, Bariumchlorid-Lösung (1 %, Xn, B2).

Durchführung:

1. Gib eine Spatelspitze Natriumsulfat in ein Reagenzglas und fülle das Reagenzglas mit destilliertem Wasser etwa zu einem Drittel auf.
2. Tropfe drei Tropfen der Bariumchlorid-Lösung zu.
3. Wiederhole den Versuch mit destilliertem Wasser und Mineralwasser anstatt einer Natriumsulfat-Lösung.

Aufgaben:

a) Beschreibe den sich bildenden Niederschlag.
b) Erläutere deine Beobachtungen und stelle eine Reaktionsgleichung auf.
c) Gib an, wie man experimentell ausschließen kann, dass die Natrium-Ionen die beobachtete Reaktion auslösen.

Methode

Recherchieren im Internet ☆

Salz in der Werra – „Keine Alternative zur Pipeline"

Der Düngemittelhersteller S+W leitet seit vielen Jahren salzhaltige Abwässer in die Werra ein. Pro Jahr sind dies etwa 7 Millionen Kubikmeter einer nahezu gesättigten Salzlösung. Nun plant der Konzern eine 50 Kilometer lange unterirdische Abwasserleitung ...

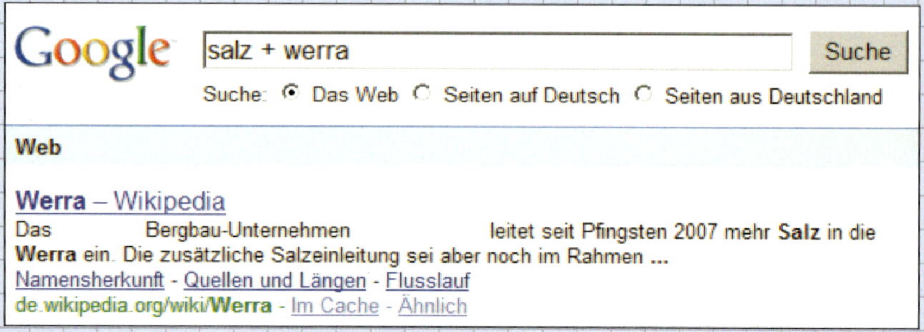

Immer wieder stößt man in Zeitungen oder beim Fernsehen auf interessante Aussagen, zu denen man gern mehr wissen möchte. Auch zum Thema eines Referats im Unterricht oder für eine Projektarbeit müssen Informationen beschafft werden.

Wo kannst du sie am besten finden? Außer Lexika, Fachbüchern und Fachzeitschriften liefern Experten, die sich mit dem Thema beschäftigen, verlässliche Informationen. Am schnellsten geht es oft über das Internet. Unabhängig von der Art der Quellen ist das Verfahren ähnlich. Bei einer Internet-Recherche gehst du am besten folgendermaßen vor:

Suchbegriffe festlegen:

- Notiere alle Stichwörter, die mit dem Thema zusammenhängen.
- Überlege dazu genau, mit welchen Begriffen du suchen willst. Welche Begriffe interessieren nicht?

Tipp: Gibt man nur ein Stichwort ein, dann werden oft Tausende von Seiten angezeigt. Schließt du Begriffe aus oder kombinierst du verschiedene Begriffe, wird die Trefferanzahl überschaubar.

Suche durchführen:

- Rufe eine Suchmaschine auf.
- Gib die Suchbegriffe ein. Du kannst dabei Begriffe miteinander verbinden (+) oder ausschließen (–). Informiere dich mit der Hilfe-Funktion über weitere Suchmöglichkeiten. Nutze auch die „erweiterte Suche".
- Öffne von den angezeigten Ergebnissen nur die Seiten, die wirklich zum Thema passen.
- Prüfe, ob die Seiten das enthalten, was du suchst.
- Nutze die auf den Internetseiten angegebenen Links zu anderen Seiten, um weitere Informationen zu finden.

Tipp: Oft ist es hilfreich, mehrere Suchen mit verschiedenen Kombinationen der Suchbegriffe durchzuführen. Probiere mehrere Suchmaschinen aus, da nicht alle Suchmaschinen für Fachbegriffe gleich gut geeignet sind.

Ergebnisse sichten, bewerten und auswerten:

- Lies die Dokumente genau und kopiere die wichtigsten Abschnitte in ein Textdokument. Notiere dir unbedingt die Internetadressen der Texte.
- Drucke die ausgewählten Texte aus, notiere die wesentlichen Fakten stichpunktartig und stelle die Zusammenhänge schematisch dar.
- Überprüfe, ob die Suchergebnisse von verschiedenen Seiten übereinstimmen. Verlasse dich nie auf nur eine Quelle.
- Hinterfrage die Informationsquellen immer kritisch. Im Internet gibt es niemanden, der die Angaben auf den verschiedenen Seiten überprüfen könnte.
- Stelle die wichtigsten Ergebnisse der Recherche kurz und übersichtlich dar.
- Beachte, dass du fremde Texte und Bilder nicht als deine eigenen ausgeben darfst. Gib daher die Quelle an.

Tipp: Achte besonders darauf, wie alt und wie verlässlich die Informationen sind: Interessenverbände oder Firmen machen oft Werbung. Die Angaben sind dabei manchmal nicht sicher belegt oder Argumente sind einseitig. Texte aus wissenschaftlichen Quellen geben die Information unverfälscht wieder; sie sind aber häufig auch schwer verständlich. In Zeitungsartikeln werden fachliche Informationen dagegen oft so vereinfacht, dass ein falsches Bild entsteht.

Recherche im Internet

1. Lege die Suchbegriffe und mögliche Kombinationen fest. Vermeide zusammengesetzte Stichwörter. Benutze den Singular.
2. Starte die Suche mit einer gut bekannten Suchmaschine.
3. Wähle passende Seiten aus und kopiere die Adresse und wichtige Abschnitte. Folge den Links.
4. Sichte und bewerte die Ergebnisse, fasse zusammen.
5. Gib bei fremden Texten und Bildern die Quelle an.

Übung: Recherchiere im Internet die Gewinnung und Verwendung von Kaliumchlorid.

Diffusion und Osmose

Exkurs

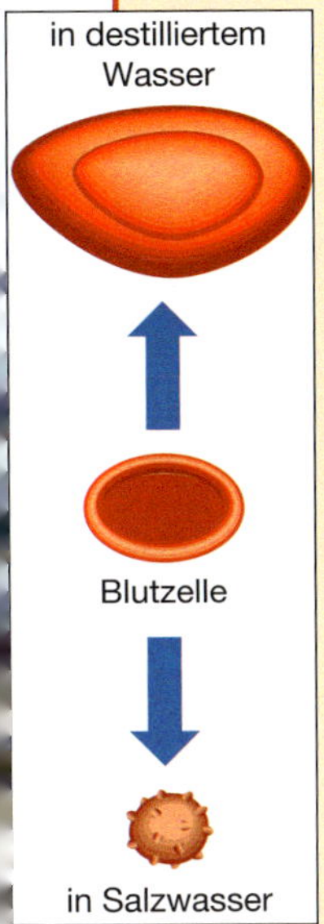

Bei schweren Unfällen verlieren verletzte Personen oft große Mengen an Blut. Dies kann zum Versagen des Herz-Kreislaufsystems führen. Um den Verletzten möglichst rasch wieder zu stabilisieren, wird ihm vom Arzt oder Rettungssanitäter eine Flüssigkeit in die Blutbahn eingetropft. Bei der Infusionsflüssigkeit handelt es sich entweder um eine Blutkonserve oder um eine Kochsalzlösung, die 9 g Kochsalz pro Liter Lösung enthält. Die Menge an darin gelösten Natrium-Ionen und Chlorid-Ionen entspricht der Menge, die ein Liter Blut eines Menschen enthält. Es ist wichtig, dass die Stoffmenge der gelösten Ionen pro Liter *gleich groß* ist. Bei einer zu niedrigen Anzahl an Ionen, wie es beispielsweise in reinem Wasser der Fall ist, können die roten Blutzellen platzen. Eine zu hohe Anzahl an Ionen in der Lösung bewirkt das Schrumpfen der Blutzellen. Dabei verändern sie ihre Form und können dadurch ihre Aufgaben als Sauerstofftransporter nicht mehr erfüllen.

Diffusion. Gibt man auf den Boden eines mit Wassers gefüllten, ruhig stehenden Trinkglases ein großes Stück braunen Kandiszuckers, so löst sich der Zuckerkristall nach und nach auf und die ganze Lösung färbt sich bräunlich. Obwohl man die Lösung nicht durch Rühren durchmischt hat, verteilen sich die Zucker-Moleküle gleichmäßig im Wasser. Erklären lässt sich dies durch *Diffusion*: Die Wasser-Moleküle stoßen aufgrund ihrer ständigen Eigenbewegung gegen die Zucker-Moleküle bis diese gleichmäßig in der Lösung verteilt sind.

Osmose. Die Veränderungen der roten Blutzellen in den verschieden konzentrierten Salzlösungen lassen sich durch Diffusion allein nicht erklären. Zellen sind von einem dünnen Häutchen – der *Zellmembran* – umgeben. Diese trennt die Lösung in den Zellen von der sie umgebenden Lösung. Diese Membran ist nur für Wasser-Moleküle, nicht aber für Ionen oder größere Moleküle durchlässig. Gibt man eine Zelle in eine Lösung, die eine geringere Anzahl an gelösten Ionen enthält als die Zelle selbst, dann würden normalerweise Ionen aus der Zelle herausdiffundieren. Da die Ionen aber von der Zellmembran zurückgehalten werden, diffundieren stattdessen Wasser-Moleküle von außen in die Zelle. Wasser-Moleküle wandern so lange bevorzugt in die Zelle, bis das Verhältnis von Ionen zu Wasser-Molekülen auf beiden Seiten der Membran gleich ist. Die Zelle wird dadurch immer praller und kann im Extremfall sogar platzen. Diese Diffusion durch eine unterschiedlich durchlässige Membran wird als Osmose bezeichnet.
Umgekehrt verhält es sich, wenn eine Zelle in eine Lösung mit einer größeren Anzahl an gelösten Ionen gegeben wird. Nun diffundiert Wasser aus der Zelle heraus in die Lösung und die Zelle schrumpft.

1 Erläutere, wie es zu der Formveränderung der roten Blutzellen kommt, wenn diese in eine Umgebung mit höherer Anzahl an gelösten Ionen gelangen. Veranschauliche deine Aussagen durch eine Folge von zwei Zustandsbildern, die die Vorgänge an der Blutzellmembran zeigt.

2 Erläutere, warum Salatblätter schneller welk werden, wenn sie in einer salzigen Salatsauce statt an der Luft liegen.

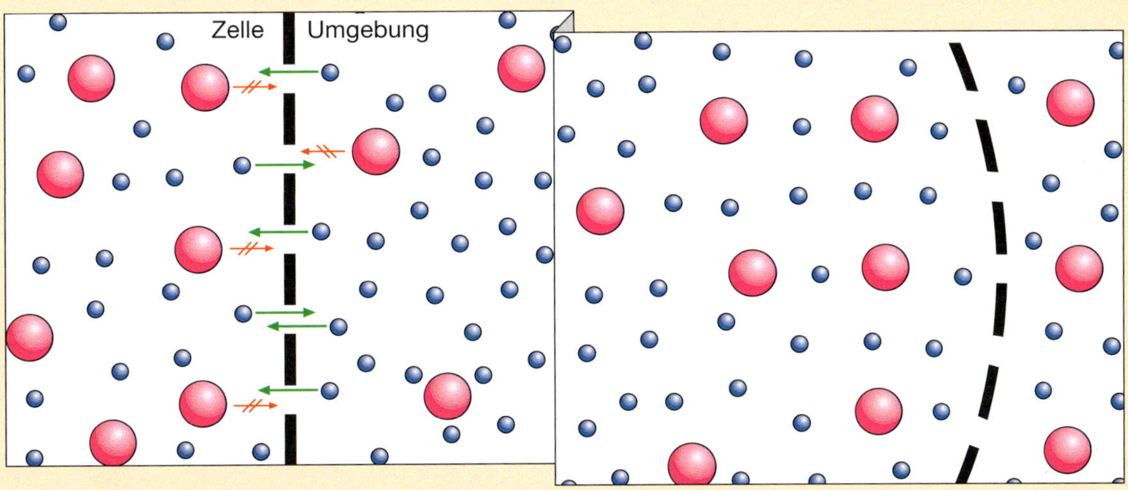

Schema zur Osmose: Ionen (rot) gelangen nicht durch die Zellmembran, Wasser-Moleküle (blau) schon

Chemie-Recherche

Location: http://www.schroedel.de/chemie_heute.html

Suche:

Salze und Gesundheit

Ergebnisse:

→ **Streusalz**

Lösungen haben immer niedrigere Schmelztemperaturen als das reine Lösemittel. So erstarrt Wasser in der Nordsee etwa bei -3 °C. Löst man noch mehr Kochsalz im Wasser, so kann die Schmelztemperatur bis auf -21 °C fallen. Diese Erniedrigung der Schmelztemperatur nutzt man, um vereiste Straßen aufzutauen. Mit Streufahrzeugen wird angefeuchtetes Salz auf den Fahrbahnen verteilt. Meist sind Schnee und Eis dann innerhalb einer Stunde aufgetaut. Doch Streusalz ist schädlich für die Pflanzen am Straßenrand. Auch rosten Fahrzeuge durch Salz schneller. Vor allem im privaten Gebrauch wird statt Streusalz verstärkt Asche oder Rollsplitt eingesetzt.

→ **Elektrolytgetränke – isotonische Durstlöscher?**

Wer Sport treibt, schwitzt. Je nach Intensität verliert man beim Sport 1-2 Liter Flüssigkeit pro Stunde. Mit dem Schweiß gehen dabei auch Mineralsalze verloren, die dem Körper wieder zugeführt werden müssen.
Zu welchem Getränk sollte man greifen? Das Angebot reicht von einfachem Leitungswasser bis zum *isotonischen* Sportgetränk. Der Begriff isotonisch stammt aus dem Griechischen und bedeutet „gleicher Druck". Er soll zum Ausdruck bringen, dass das Getränk die gleiche Konzentration an gelösten Ionen enthält wie Blut. Die Inhaltsstoffe gehen deshalb schneller ins Blut über. Das Trinken spezieller isotonischer Getränke ist jedoch meist nicht notwendig. Als optimal bezeichnet der Deutsche Sportbund die Apfelsaftschorle. Diese Mischung aus ionenreichem Mineralwasser mit einem Drittel Saft versorgt den Körper mit Mineralsalzen und ausreichend Zucker als Energieträger.

→ **Mineralsalze – Wirkstoffe für den Körper**

Unser Körper benötigt neben Nährstoffen und Vitaminen eine Vielzahl an so genannten Mineralsalzen. Sie werden dem Körper meist in Form von gelösten Ionen mit der Nahrung zugeführt. Die Mineralsalze dienen einerseits als *Baustoffe*, wie zum Beispiel Calcium-Ionen und Phosphat-Ionen, die am Aufbau von Knochen und Zähnen beteiligt sind und andererseits als *Reglerstoffe,* wie zum Beispiel Natrium- und Kalium-Ionen, die für Stoffwechselvorgänge im Körper wichtig sind – insbesondere für die Funktion des Nervensystems. Durch eine ausgewogene Ernährung werden wir mit den nötigen Mineralsalzen hinreichend versorgt.

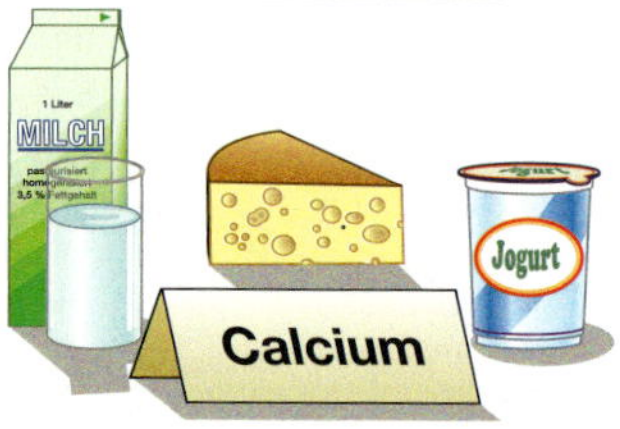

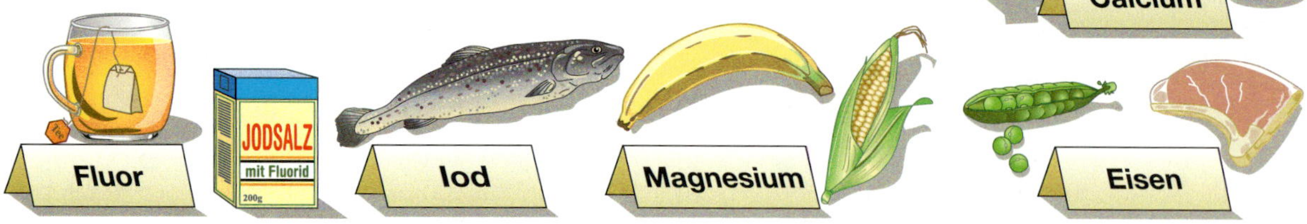

Aufgaben

1 Bei den in Mineralsalzen enthaltenen Elementen unterscheidet man Makroelemente, Mikroelemente und Spurenelemente. Erläutere diese Bezeichnungen und gib jeweils drei Beispiele an.

2 Zu den wichtigsten Mineralsalzen, die wir mit der Nahrung aufnehmen, gehört das Kochsalz. Jedoch ist sowohl eine zu geringe als auch eine zu hohe Aufnahme von Kochsalz auf Dauer nicht gesund. Informiere dich über die Folgen einer zu hohen und einer zu niedrigen Aufnahme von Kochsalz.

3 Bei Wadenkrämpfen empfehlen Ärzte häufig die zusätzliche Einnahme von Magnesiumsalzen. Recherchiere die Wirkung der Magnesium-Ionen auf die Muskulatur.

Salz – nicht nur ein Gewürz

Basiswissen

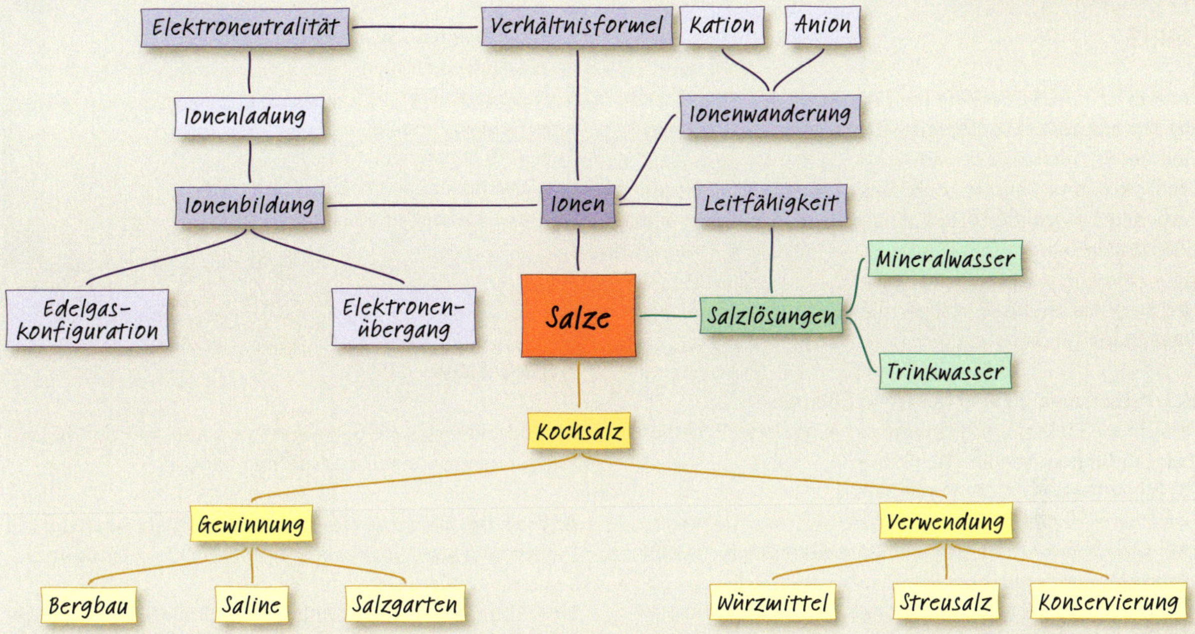

Ionen – wichtige Teilchen

Chemie in unserer Welt

Salz – das weiße Gold. Tagtäglich verwenden wir Kochsalz ohne uns über dessen Wert Gedanken zu machen, da ein Päckchen Kochsalz im Laden heutzutage weniger als einen Euro kostet. Es gab aber auch andere Zeiten, da war Salz als einziges Gewürz so wertvoll wie Gold. So entwickelten sich viele Städte in Gegenden, in denen sich reiche Salzvorkommen im Erdboden befanden. In einigen Ortsnamen findet man die Silben „salz", „hall" oder „hell", der keltischen Bezeichnung für Salz: Salzkotten, Bad Reichenhall oder Hellweg, der Salzstrasse des Mittelalters.

Ionen – eine wichtige Erkenntnis. Lange Zeit sammelte man in der Chemie experimentelle Erkenntnisse, die sich dann im Periodensystem der Elemente niederschlugen. Die Reaktionen von Stoffen konnte man aber noch nicht erklären. Erst die Erkenntnis, dass die Verbindungen von Metallen mit Nichtmetallen aus geladenen Teilchen, den Ionen bestehen, öffnete den Weg für die Naturwissenschaften. Aufnahme und Abgabe von Elektronen und die Bildung einer stabilen Elektronenkonfiguration waren wesentliche Teile der Reaktion. So wurde das Periodensystem verständlich und eine wichtige Denkhilfe. Formeln für Salze konnten vorhergesagt werden und damit waren auch gezielte Synthesen mit passenden Mengen der Reaktionspartner möglich.

Chemische Analyse. Es macht wenig Sinn Salzlösungen zu untersuchen, um die enthaltenen Stoffe festzustellen. In einer Lösung von Natriumchlorid und Kaliumbromid wird man zu dem gleichen Ergebnis kommen wie bei einer Lösung von Kaliumchlorid und Natriumbromid: Alle Salze liegen in Wasser als getrennte Ionen vor. So ermittelt man nur die enthaltenen Ionen durch Nachweise, die man in der chemischen Forschung als geeignet herausgefunden hat. Auch die Massenverhältnisse für die einzelnen Ionen kann man durch charakteristische Reaktionen ermitteln. Die Ergebnisse chemischer Analysen findet man heute auf jeder Mineralwasserflasche, auf vielen anderen Lebensmittelverpackungen und natürlich auch auf Chemikaliengefäßen. Sie stellen auch eine Qualitätsangabe dar.

Mineralienversorgung. Salzig ist eine der wenigen Geschmacksrichtungen, die man mit der Zunge erkennen kann. Dieser Geschmackseindruck verspricht einen hohen Gehalt an Mineralien. Lange Zeit mussten sich die Menschen auf den Geschmack verlassen, um hinreichend Mineralsalze aufnehmen zu können. Heute können die Konzentrationen an Ionen im Blut chemisch bestimmt werden. Bei einer Abweichung vom Normalwert kann man seine Ernährung gezielt umstellen oder in schweren Fällen geeignete Präparate nehmen.

Prüfe dein Wissen

Quiz

A1 a) Erkläre die Begriffe des Fensters.
b) Notiere auf der Vorderseite von Karteikarten den Begriff, auf der Rückseite die Erklärung.
c) Ordne die Begriffe den Basiskonzepten „Materie", „chemische Reaktion" und „Energie" zu. Begründe deine Zuordnung.

A2 Beschreibe die Vorgänge, die zur Bildung einer Salzlagerstätte führen.

A3 Kalium reagiert sehr heftig mit Chlorgas.
a) Gib die Elektronenverteilung der Ausgangsteilchen und der Produktteilchen an.
b) Benenne das entstehende Salz.

A4 Gib für die Atome der Elemente Aluminium, Calcium, Schwefel und Stickstoff
a) die Anzahl der Außenelektronen an,
b) die Formeln für die zugehörigen Ionen an,
c) die Namen der Ionen an.

A5 a) Erläutere, warum die Elemente der 8.Hauptgruppe (Edelgase) keine Ionen bilden.
b) Nenne vier Ionen, die die gleiche Elektronenkonfiguration wie das Argon-Atom besitzen.

A6 Gib die Verhältnisformeln für die folgenden Salze an: Kaliumiodid, Calciumchlorid, Natriumoxid, Magnesiumnitrid, Aluminiumsulfid. Begründe mit Hilfe der Elektroneutralität.

A7 Erläutere, warum Calciumbromid die Verhältnisformel $CaBr_2$ haben muss.

A8 Gibt man Süßkirschen in ein Glas mit destilliertem Wasser, stellt man nach einigen Stunden fest, dass sie alle aufgeplatzt sind. Erläutere dieses Phänomen mit deinen Kenntnissen über Diffusion und Osmose.

Die wichtigsten Begriffe

- Salze
- Salzbergbau, Saline, Sole
- Ion, Kation, Anion
- Ionenladung
- Elektroneutralität
- Verhältnisformel
- Elektronenübergang
- Edelgaskonfiguration, Edelgasregel

Know-how

A9 Skizziere den Aufbau einer Apparatur, mit der du Leitfähigkeitsmessungen durchführen kannst.

A10 a) Die Elemente Magnesium und Fluor bilden nur die Verbindung MgF_2, nicht aber MgF oder MgF_3. Begründe diesen Sachverhalt.
b) Erkläre, welche Verhältnisformel du für die aus Magnesium und Schwefel gebildete Verbindung erwartest.

Natur – Mensch – Technik

A11 Für den Menschen sind Natrium-Verbindungen ein lebenswichtiger Bestandteil der Nahrung. Gib an, in welcher Form Natrium-Verbindungen aufgenommen werden.

A12 Erkläre, warum es lebensgefährlich sein kann, sich die Haare zu föhnen, während man ein Bad nimmt.

A13 In manchen warmen Küstenregionen wird Meersalz in sogenannten *Salzgärten* gewonnen. Dazu wird das Meerwasser in flache Becken eingeleitet. Ansonsten wird nur noch Sonnenschein benötigt.
a) Beschreibe, wie ein solcher Salzgarten funktioniert.
b) Zeichne eine Folge von drei Zustandsbildern, mit denen die Vorgänge in den flachen Becken anschaulich dargestellt werden.
c) Erläutere, warum dieses Verfahren nicht an den Küsten von Nordsee oder Ostsee angewandt wird.

Salz – nicht nur ein Gewürz

Wissen vernetzt

A1 Salze machen Fleisch und Fisch haltbarer

Das Konservieren mit Salz gehört neben dem Räuchern und dem Trocknen zu den ältesten Konservierungsverfahren für Fleisch und Fisch. Bereits die Babylonier sollen vor etwa 4500 Jahren Fleisch und Fisch durch Salz haltbar gemacht haben. Das Wort **Pökeln** geht auf den Holländer Willem de BEUKELS zurück. Er entdeckte Ende des 14. Jahrhunderts, dass man mit einem Gemisch aus Kochsalz, Zucker und Salpeter (Natriumnitrat, $NaNO_3$) Fleisch länger haltbar machen konnte als durch bloßes Einsalzen. Das heute übliche *Nitrit-Pökelsalz* enthält neben Kochsalz (99,5 %) etwas Natriumnitrit ($NaNO_2$) und geringe Mengen an Vitamin C.
Um die konservierende Wirkung von Pökelsalz auf Rindfleisch zu untersuchen, hat man über einen Zeitraum von sieben Tagen die Anzahl der in unbehandeltem, gesalzenem und gepökeltem Fleisch vorhandenen Keime bestimmt. Zusätzlich wurde das Aussehen der Proben verglichen.

Zeit in Tagen	0	1	3	5	7
unbehandelt	534	890	1475	99500	$> 2 \cdot 10^6$
gesalzen	478	785	1150	1650	2360
gepökelt	347	398	453	502	595

a) Übertrage die Messwerte der Wertetabelle in ein geeignetes Diagramm.
b) Beschreibe und vergleiche das Aussehen der Fleischstücke und beurteile das Konservierungsverfahren. Beziehe auch das Diagramm in deine Beurteilung mit ein.

c) Recherchiere die konservierende Wirkung von Nitrit-Pökelsalz. Schreibe einen Informationstext.
d) Informiere dich über Gesundheitsschäden, die durch Nitrit-Ionen verursacht werden könnten. Erkläre, warum es trotzdem zweckmäßig ist, Lebensmittel zu pökeln.

A2 Gradierwerke – Salzgewinnung und Heilklima

Gradierwerk in Salzkotten

Die Gewinnung von Speisesalz in Salinen war über lange Zeit in Mitteleuropa weit verbreitet. Das Erhitzen der Sole erforderte jedoch große Energiemengen. Ein wirtschaftlicher Betrieb war daher nur möglich, wenn zum einen billiges Brennmaterial in ausreichender Menge zur Verfügung stand und zum anderen die Sole einen hohen Salzgehalt aufwies. Um auch salzärmere Lösungen nutzen zu können, baute man früher sogenannte *Gradierwerke*. Eine solche Anlage besteht aus einem meterhohen Holzgerüst, das mit Schwarzdornzweigen gefüllt ist. Über dieses Reisig ließ man die Sole nach unten rieseln, wobei ein Teil des Wassers verdunstete. Unten kam dann eine deutlich salzhaltigere Lösung an.
Für die technische Salzgewinnung spielen Gradierwerke heutzutage keine Rolle mehr, sie werden jedoch oft zu Kurzwecken betrieben. Durch die herabrieselnde Salzlösung wird die Luft in der Umgebung des Gradierwerks mit Salz angereichert. Die kleinen Salzkristalle in der Luft haben eine schleimlösende Wirkung und reinigen die Atmungsorgane von Bakterien. Ein Aufenthalt in der salzhaltigen Luft eines Gradierwerks kann bei Atemwegserkrankungen den gleichen gesundheitsfördernden Effekt haben wie ein Aufenthalt am Meer.

a) Beschreibe das Funktionsprinzip eines Gradierwerks.
b) Erläutere auf Teilchenebene die Vorgänge, die an dem Schwarzdornreisig ablaufen.
c) Vergleiche diese Methode der Salzgewinnung mit heute noch angewandten Verfahren.
d) Gib eine Erklärung dafür, warum heute diese Methode zur Salzgewinnung nicht mehr angewandt wird.
e) Nenne Eigenschaften salzhaltiger Luft, die für den Menschen gesundheitsfördernd sind.
f) Nenne weitere Anwendungen, bei denen man die bakterienabtötende Wirkung von Salz im Alltag nutzt.

15 Mineralien – meist hart, mal weich

Trübe Aussichten. Nach einem Sportunfall muss Kai einen Gipsverband tragen. Um solch einen Verband herzustellen verrührt man Gips mit Wasser zu einem Brei, tränkt damit Leinenbinden und wickelt diese Bandage um den gebrochenen Arm. Beim Aushärten bilden sich unter Einlagerung von Wasser-Molekülen nadelförmige Kristalle, die miteinander verfilzen. Chemisch betrachtet ist Gips das Salz Calciumsulfat ($CaSO_4$). Gips ist ein ziemlich weiches Mineral. Es lässt sich mit einem Messer und sogar mit einem Fingernagel einritzen. Die Festigkeit erhält der Gipsverband erst im Verbund mit den Leinenbinden.

Ein wesentlich härteres Mineral, das ebenfalls in der Medizin eingesetzt wird, ist Korund. Dieses Mineral gehört zu den härtesten Stoffen überhaupt. Es lässt sich nur durch Diamant einritzen. Korund ist chemisch gesehen das Salz Aluminiumoxid (Al_2O_3). Verwendet wird dieser Werkstoff beispielsweise als Kugelkopf in künstlichen Hüftgelenken oder für Zahnimplantate.

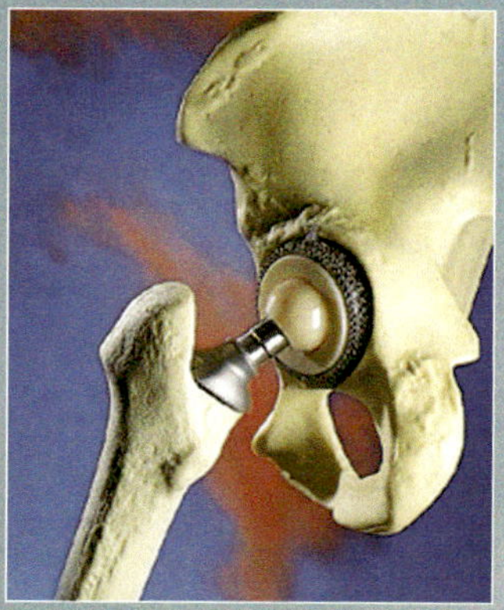

Zentrale Fragen:
- Aus welchen Ionen bestehen Salze?
- Welche Eigenschaften haben Ionenverbindungen?
- Was hält die Ionen in einem Salzkristall zusammen?
- Wie lassen sich die Eigenschaften von Salzen mit der Anordnung der Ionen im Salzkristall erklären?

Chemie-Recherche

Location: http://www.schroedel.de/chemie_heute.html

Suche:

Mineralien als Werkstoffe

Ergebnisse:

→ **Steine – die ältesten Werkstoffe des Menschen**
Bevor Menschen Metalle für die Herstellung von Werkzeugen und Waffen verwendeten, stellten Steine den wichtigsten Werkstoff dar. Steine oder Gestein sind Gemische aus verschiedenen Mineralien; Mineralien dagegen sind Reinstoffe. In der Steinzeit, begannen frühe Formen der Gattung Mensch wie der *Homo erectus* faustgroße Kieselsteine mit anderen Steinen zu behauen. Mit diesen ersten scharfkantigen Faustkeilen ließen sich erlegte Tiere zerteilen. Tierhäute konnten von Fleisch befreit und somit als Kleidung verwendet werden. Auch als Waffen wurden diese Steine eingesetzt.

→ **Ton und Ziegelsteine – feuerfeste Werkstoffe**
Ton ist ein natürlich vorkommendes Gemisch aus feinkörnigen Mineralien, in denen unter anderem die Elemente Aluminium und Silicium enthalten sind. Ton enthält unterschiedliche Mengen an Wasser und ist daher weich und plastisch zu verformen. Verwendung findet Ton vor allem zur Herstellung von Keramik. Erhitzt man geformte Tonschalen oder Vasen in einem Ofen sehr stark, dann härten sie aus. Auf diese Weise stellt man auch Ziegelsteine für den Bau von Wohnhäusern aus Ton her.

→ **Kalk – Mörtel für den Hausbau**
Erhitzt man Kalkstein auf über 1000 °C, so erhält man ein weißes Pulver: Aus Calciumcarbonat entsteht unter Abspaltung von Kohlenstoffdioxid Calciumoxid. Wird dieser Branntkalk mit Wasser versetzt bildet sich Löschkalk. Mit Sand und Wasser vermengt kann man die Mischung als Kalkmörtel für das Mauern verwenden. An der Luft bindet der Mörtel durch Aufnahme von Kohlenstoffdioxid ab: Es bilden sich Calciumcarbonat-Kristalle, die die Sandkörner zu einem festen Baustoff verbinden.

→ **Marienglas – das älteste Fensterglas**
Ehe man Glas kannte und in Fenster einbaute, nahm man aus der Natur ein durchscheinendes Mineral, das Marienglas. Es wurde so genannt, weil es in Russland zur Abdeckung von Ikonengemälden diente. Wie Gips ist auch Marienglas eine Form von Calciumsulfat.

→ **Porzellan – wertvolles Tafelgeschirr**
Seit dem 7. Jahrhundert wird in China Porzellan hergestellt. Die daraus hergestellten Gegenstände waren so begehrt, dass die Zusammensetzung streng gehütet wurde. Im 14. Jahrhundert brachte der Abenteurer Marco POLO das „weiße Gold" nach Europa. Seitdem versuchte man, einen ähnlichen Stoff herzustellen. Den Alchemisten Johann Friedrich BÖTTGER und Ehrenfried Walther von TSCHIRNHAUS gelang dies 1707 in Dresden. Sie mischten das aus Meißen bei Dresden stammende Mineral Kaolin mit Feldspat und Quarzpulver, formten aus dem Brei einen Tiegel und erhitzten diesen stark: das Meißener Porzellan war erfunden.

→ **Talkum – ein weiches Schmiermittel**
In Steinbrüchen sind manchmal perlmuttglänzende Minerale zu finden, die sehr weich sind: sie werden Talkum genannt. Sie werden als Kittmassen oder Schmiermittel verwendet. In Grönland kennt man Talkum auch als Speckstein: Eskimos schnitzen daraus mit einem Messer grünlich glänzende Specksteinfiguren für die Touristen.

Aufgabe

1 Stelle fest, welche Gegenstände in Küche und Bad aus Keramik bestehen.
Recherchiere, wie man diese Gegenstände herstellt und aus welchen Mineralien sie bestehen.

15.1 Viele Mineralien sind Ionenverbindungen

Kochsalzkristalle durch Verdunsten einer Salzlösung

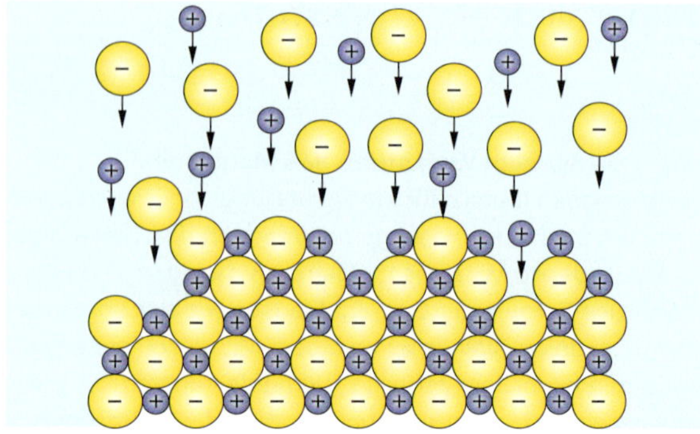

Ionen ordnen sich zu einem Ionengitter

Mineralien wurden zu allen Zeiten in Schächten oder Minen der Erde gefunden. Sie können glasklar oder farbig sein, sehr hart oder weich. Viele Mineralien sind Ionenverbindungen, ein Beispiel ist Steinsalz. Es kommt als weißes oder glasklares Mineral vor, Stücke des Minerals weisen oft Würfelform auf. Zerstört man einen großen Kristall durch Hammerschläge, so weisen die Bruchstücke immer noch rechte Winkel und glatte Flächen auf.

Ionenbindung. Lässt man aus einer Kochsalzlösung das Wasser langsam verdunsten, so erhält man nach einiger Zeit durchscheinende, würfelförmige Kristalle. Beim Verdunsten verlassen Wasser-Moleküle die Lösung, sodass sich nach und nach die in der Lösung enthaltenen positiv geladenen Natrium-Ionen und die negativ geladenen Chlorid-Ionen annähern. Von jedem Ion wirken elektrische Anziehungskräfte in alle Richtungen des Raumes. Diese sind umso größer, je geringer der Abstand zwischen ungleichnamig geladenen Ionen ist. Die Ionen treten infolge dieser Anziehungskräfte wie in einem Schachbrettmuster zu einem **Ionengitter** zusammen. Nach dem vollständigen Eintrocknen der Lösung bleiben nur noch würfelförmige Natriumchlorid-Kristalle zurück.
In einem Natriumchlorid-Kristall ergibt sich somit ein räumliches Ionengitter, in dem sich positiv geladene Na^+-Ionen mit negativ geladenen Cl^--Ionen gegenseitig umgeben. Diese Art der chemischen Bindung heißt *Ionenbindung*. Mit ihr lässt sich der Aufbau der Salze in dreidimensionalen Ionengittern erklären.

Kugelpackungsmodell. Die Chlorid-Ionen sind etwa doppelt so groß wie die Natrium-Ionen. Daher bestimmen sie den Aufbau des Natriumchlorid-Kristalls. Die Chlorid-Ionen bilden eine dichte Packung, deren Lücken mit den kleineren Natrium-Ionen gefüllt sind. Im Kugelpackungsmodell stellt man die Größe der Ionen und ihre Anordnung im Kristall dar.

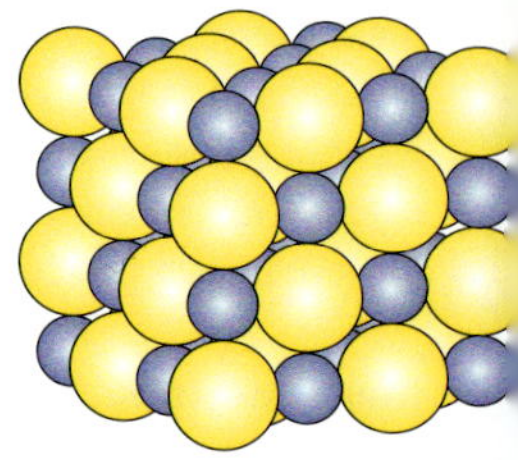

Man erkennt außerdem, dass ein großes Chlorid-Ion von sechs kleinen Natrium-Ionen umgeben ist und umgekehrt. Eine solche Zuordnung nennt man auch *Koordination* und sagt deshalb kurz: Im Natriumchlorid-Kristall gilt für das Na^+-Ion und für das Cl^--Ion die *Koordinationszahl* 6.

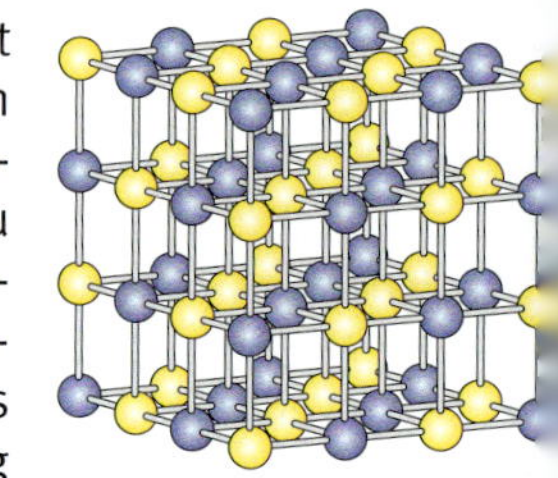

Raumgittermodell. Vielfach reicht es aus, die Positionen der Ionen mit gleich großen Kugeln darzustellen und diese durch Stäbe zu verbinden. Mit dem Raumgittermodell wird die gitterartige Anordnung der Ionen besonders deutlich. Auch ist die Anordnung der Ionen besser dargestellt. Den Raumbedarf der einzelnen Ionen kann man in diesem Modell allerdings nicht erkennen.

Formel. Im Kochsalz-Kristall beträgt das Zahlenverhältnis der Ionen 1:1, deshalb lautet auch die übliche Formel für Natriumchlorid NaCl. Dabei muss man sich bewusst sein, dass es sich nicht um eine Molekülformel, sondern eine Verhältnisformel handelt.

Viele Mineralien sind Salze. Sie sind aus Ionen aufgebaut, die sich in Ionengittern anordnen. Die Ionenbindung hält die Ionen durch elektrische Kräfte zusammen.

1 Zeichne in einer Folge von drei Bildern, wie du dir das Entstehen von Salzkristallen durch Verdunsten von Wasser aus einer Kochsalz-Lösung vorstellst.
2 Vergleiche das Kugelpackungsmodell mit dem Raumgittermodell. Notiere Gemeinsamkeiten und Unterschiede beider Modelle.

Ein Natriumchlorid-Kristall im Modell

V1: Bau eines Kugelpackungsmodells

Materialien: 50 Kugeln, weiß, d = 30 mm, 50 Kugeln, rot, d = 12 mm, Klebstoff.

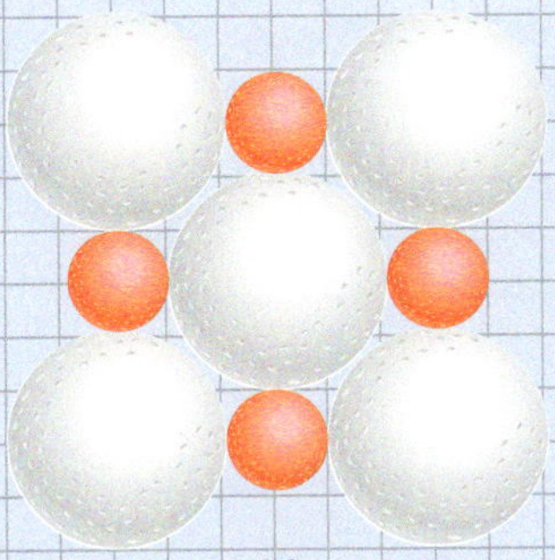

(1)

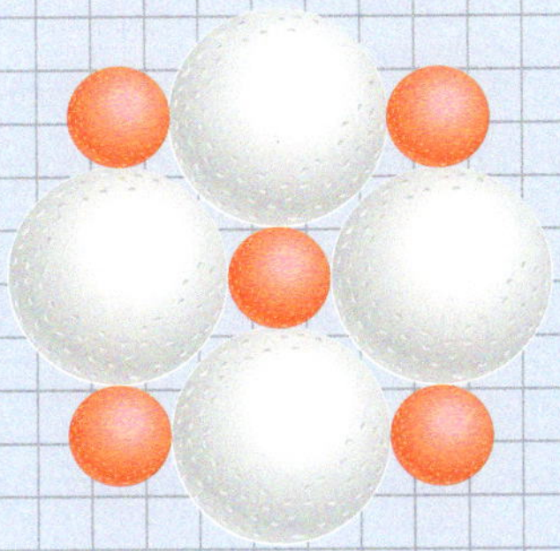

(2)

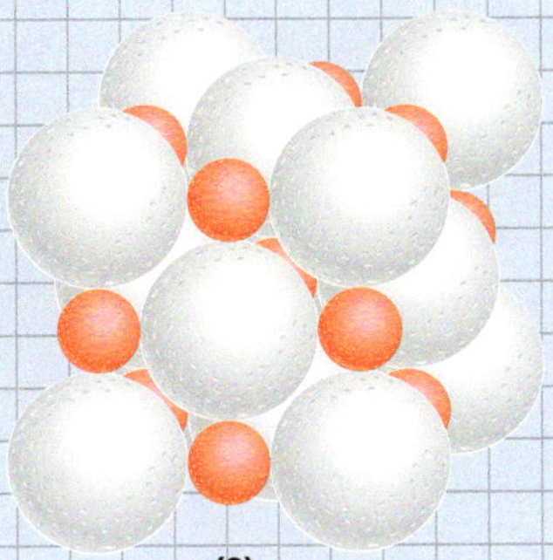

(3)

Dieses Kugelpackungsmodell soll den Aufbau eines Natriumchlorid-Kristalls aus Ionen veranschaulichen. Die weißen Kugeln stellen dabei die Chlorid-Ionen dar, die roten Kugeln die Natrium-Ionen:

Durchführung:

1. Klebe zunächst weiße und rote Kugeln zu zwei Kugelschichten **(1)** und einer Kugelschicht **(2)** zusammen.
2. Fertige nun den Würfel **(3)** an, indem du die Kugelschichten übereinander legst und miteinander verklebst.
3. Baue das Kugeldreieck **(4)** aus einer unteren Lage weißer Kugeln, in der die mittlere Kugel fehlt. Dazu kommt eine Schicht roter Kugeln, die jeweils in die Vertiefung zwischen drei weißen Kugeln gelegt werden. Damit das Anzahlverhältnis zwischen den Kugeln eingehalten wird, muss zwischen jeweils drei roten Kugeln eine Vertiefung frei bleiben. Verklebe nun die Kugeln.
4. Stelle die würfelförmige Kugelpackung **(3)** auf einer Spitze stehend so auf das Dreieck **(4)**, dass die unterste weiße Kugel in das frei gelassene Loch hineinpasst. Lege 9 weiße Kugeln und 3 rote Kugeln so um den Würfel herum, dass die dreieckige Pyramide **(5)** entsteht.

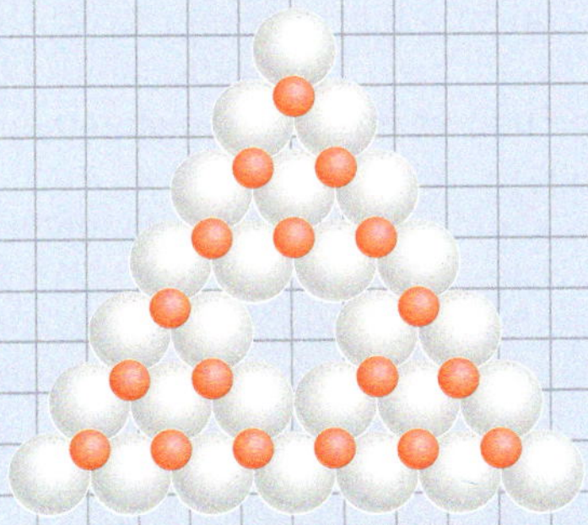

(4)

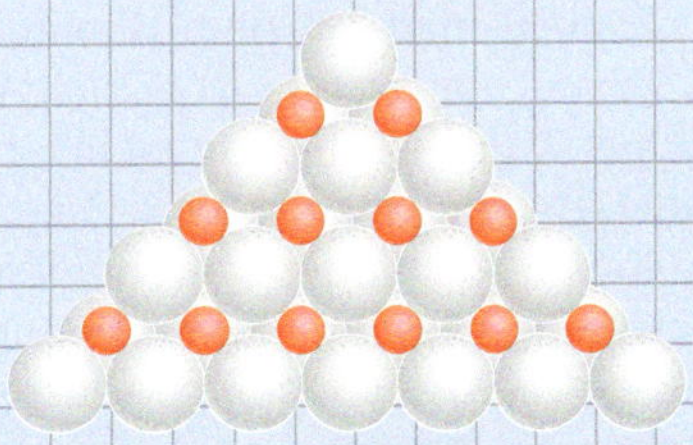

(5)

Aufgaben:

a) Ermittle die maximale Anzahl roter Kugeln, die jeweils die gleiche weiße Kugel berühren.

b) Bestimme das Verhältnis zwischen roten und weißen Kugeln in den Modellen (3) und (5). Vergleiche und erläutere das Ergebnis mit dem Ionenverhältnis in einem Natriumchlorid-Kristall.

Experimentelle Hausaufgaben:

1. Lege dir zwei Sorten unterschiedlich gefärbter weicher Bonbons und eine Packung Zahnstocher zurecht. Baue damit ein Raumgittermodell auf, das dem Modell **(3)** entspricht. indem du zwei unterschiedlich gefärbte Bonbons jeweils mit einem Zahnstocher verbindest und ein dreidimensionales Modell herstellst.
2. Zeichne das gebaute Raumgittermodell perspektivisch auf. Kennzeichne darin alle Positionen für ein Na^+-Ion mit einem Pluszeichen und alle Positionen für ein Cl^--Ion mit einem Minuszeichen.

15.2 Salze – die Struktur bestimmt die Eigenschaften

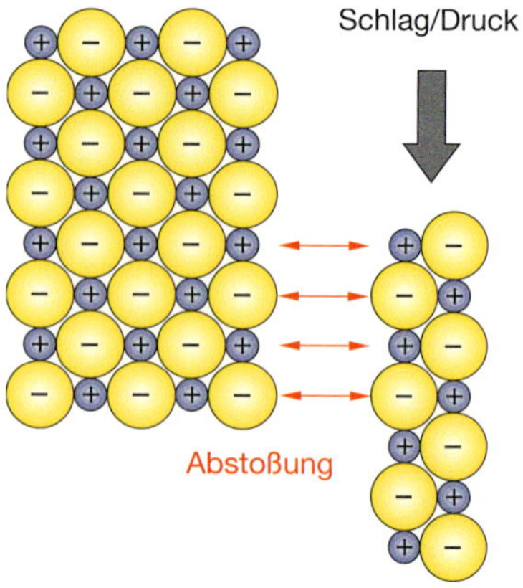

Spaltbarkeit von Salzkristallen

Calcit–Kristall zeigt Doppelbrechung

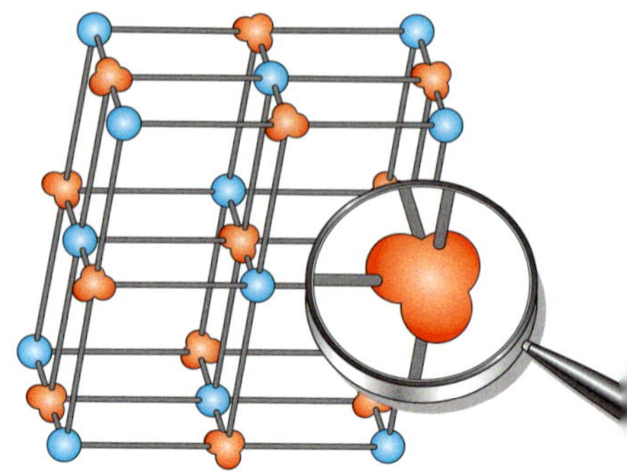

Calcit–Gitter aus Ca^{2+}- und CO_3^{2-}-Ionen

In Kristallen sind die Teilchen nach einem bestimmten, regelmäßigen Muster angeordnet. Dieser innere Aufbau der Kristalle wird **Kristallstruktur** genannt. Sie bestimmt in weiten Teilen die Eigenschaften kristalliner Stoffe. Besonders deutlich wird der Zusammenhang zwischen Struktur und Eigenschaften bei den Ionengittern der Salze.

Härte. Feststoffe wie Kerzenparaffin oder Bienenwachs sind sehr weich, man kann sie leicht mit dem Fingernagel ritzen. Dagegen sind Kochsalz oder Marmor relativ harte Kristalle. Die vergleichsweise große Härte aller Ionenverbindungen lässt sich durch die Ionenbindung erklären: die unterschiedlich geladenen Ionen ziehen sich gegenseitig stark an und bilden ein Ionengitter.

Sprödigkeit. Schlägt man mit dem Hammer auf einen Kochsalzkristall, so zersplittert er nicht in Bruchstücke beliebiger Form, sondern meist in kleine Würfel oder Quader. Bei einem solchen Schlag verschieben sich die Ionenschichten gegeneinander. Dabei gelangen gleichartig geladene Ionen in enge Nachbarschaft und stoßen sich ab. Infolge dessen platzen die Salzkristalle auseinander.

Schmelztemperatur. Eis schmilzt bei 0 °C, Kerzenparaffin bei etwa 50 °C. Leichtes Erhitzen reicht hierbei aus, um die Schmelztemperatur zu erreichen. Will man dagegen Kochsalz in einem Reagenzglas zum Schmelzen bringen, muss man schon Temperaturen von mehr als 800 °C aufwänden. So wie Kochsalz haben die meisten Salze eine hohe Schmelztemperatur. Auch hier hält die Ionenbindung die Ionen im Salzkristall so stark zusammen, dass viel Wärmeenergie nötig ist, um die Anziehung zwischen den Ionen zu überwinden und die Kristalle zu schmelzen.

Kristallform. Kochsalz findet man meist in Form von würfeligen oder quaderförmigen Kristallen. Kristalle des Minerals Calcit haben eine andere Form, sie sind schiefwinklig und werden Rhomboeder genannt. Dieses Mineral heißt auch *Doppelspat:* durch die glasklaren Kristalle hindurch erscheint ein geschriebener Buchstabe doppelt. Calcit heißt chemisch Calciumcarbonat und ist aus Calcium-Ionen (Ca^{2+}) und Carbonat-Ionen (CO_3^{2-}) im Zahlenverhältnis 1:1 aufgebaut. Die Verhältnisformel lautet daher $CaCO_3$. Die besondere Dreiecksform der Carbonat-Ionen bestimmt den Aufbau des Ionengitters.

Elektrische Leitfähigkeit. Ein Kochsalzkristall leitet den Strom nicht. Lässt man aber das Kochsalz schmelzen und taucht zwei Elektroden eines Leitfähigkeitsprüfers hinein, so zeigt das Leuchten einer Glühlampe die elektrische Leitfähigkeit an. Auch die wässrige Kochsalz-Lösung ist leitfähig. Die Ionen sind sowohl in der Schmelze als auch in der Lösung frei beweglich, deshalb können sie den elektrischen Strom leiten. Im festen Salz werden die Ionen durch die Ionenbindung fest auf ihren Gitterplätzen gehalten und können sich nicht frei bewegen: im festen Kristall kann der Strom daher nicht transportiert werden.

Salze bestehen aus Ionen. Die Anordnung der Ionen im Ionengitter und die Ionenbindung bestimmen wichtige Eigenschaften wie Kristallform, Härte, hohe Schmelztemperaturen und die elektrische Leitfähigkeit von Salzschmelzen und Salzlösungen.

1 Versucht man ein Magnesia-Stäbchen (MgO) zu biegen, so zerbricht es. Fertige anschauliche Modellzeichnungen für diesen Vorgang an und erläutere damit das Verhalten von Ionenverbindungen.

15.3 Eigenschaften und Gitterenergie ☆

Härte, Kristall	Salz	Schmelztemp. in °C	Gitterenergie in kJ/mol
1 Talkum	NaF	992	–896
2 Steinsalz	NaCl	801	–780
3 Calcit	NaBr	747	–740
4 Flussspat	NaI	662	–692
5 Apatit kein Reinstoff			–
6 Feldspat	MgO	2800	–3828
7 Quarz	CaO	2570	–3438
8 Topas	BaO	1920	–3092
9 Korund	Al_2O_3	2050	–15195
10 Diamant keine Ionenverbindung			–

Härte, Schmelztemperatur und Gitterenergie

Gitterenergien sind umso größer
a) je kleiner Ionenradien werden,

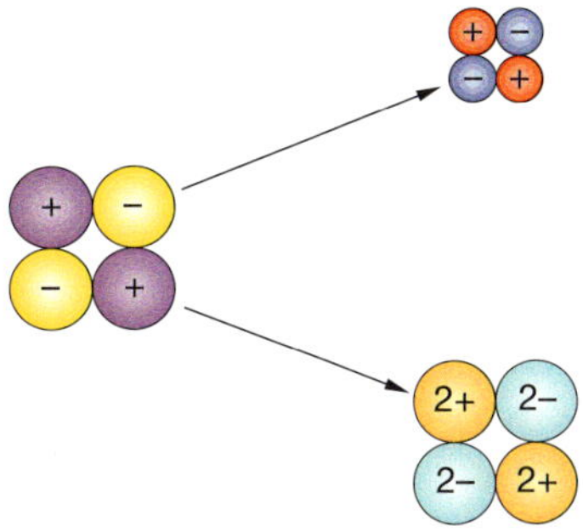

b) je größer Ionenladungen werden.

Ionen	Ionenradien in 10^{-10} m
Na^+	1,16
K^+	1,52
Mg^{2+}	0,86
Ca^{2+}	1,14
Ba^{2+}	1,49
Al^{3+}	0,67
F^-	1,19
Cl^-	1,67
Br^-	1,82
I^-	2,06
O^{2-}	1,26

Gitterenergie, Ionenradius und Ionenladung

Salzkristalle sind hart und spröde, allerdings zeigen sich Unterschiede zwischen verschiedenen Salzen. Ritzt man mit einem Stäbchen aus Magnesia, der mineralogische Name für Magnesiumoxid, einen Natriumchlorid-Kristall, so erkennt man deutlich eine Ritzspur. Umgekehrt lässt sich Magnesiumoxid nicht ritzen, da es zu hart ist. Friedrich MOHS leitete durch Ritzen verschiedener Mineralien eine nach ihm benannte Härteskala ab. Für das härteste Mineral – den Diamanten – legte er den Härtewert 10 fest.

Gitterenergie. Kochsalz-Kristalle haben nach MOHS eine Härte von 2, mineralisches Magnesiumoxid weist dagegen eine Härte von 5 bis 6 auf. Die Ionenbindung zwischen den doppelt geladenen Ionen im Magnesiumoxid ist anscheinend deutlich stärker als zwischen den einfach geladenen Ionen im Kochsalz. Ein Maß für die Stärke des Zusammenhalts von Ionen ist die *Gitterenergie*. Dies ist die benötigte Energiemenge, um die Bindungskräfte zwischen den Ionen im Kristallgitter zu überwinden. Sie wird umgekehrt frei, wenn positiv und negativ geladene Ionen sich zu einem Ionengitter formieren. Um die in einem Mol Magnesiumoxid enthaltenen Magnesium- und Oxid-Ionen voneinander zu trennen, ist eine Energiemenge von 3828 kJ nötig. Diese reicht aus, um eine 11 W-Sparlampe vier Tage lang zu betreiben.

Gitterenergie und Härte. Aus dem Vergleich der Härte von Kochsalz und Magnesiumoxid wird deutlich, dass die Höhe der Gitterenergie von der Ionenladung abhängt. Tatsächlich ist die molare Gitterenergie beim Magnesiumoxid etwa viermal so groß wie die beim Kochsalz. Noch größer sind die Bindungskräfte zwischen den Ionen Al^{3+} und O^{2-} im Korund. Dies erklärt, weshalb Korund mit einer Härte von 9 zu den härtesten Mineralien überhaupt zählt.

Gitterenergie und Schmelztemperatur. Die Höhe der Gitterenergie bestimmt nicht nur die Härte von Salzen, sondern auch die Schmelztemperaturen. Kochsalz schmilzt bei etwa 800 °C, Magnesiumoxid erst bei 2800 °C.
Vergleicht man die Schmelztemperaturen der Natriumhalogenide so stellt man fest, dass die Schmelztemperaturen von Natriumfluorid zu Natriumiodid stark absinken. Da die Ionenladung bei allen vier Salzen gleich ist, muss ein anderer Faktor für die Unterschiede verantwortlich sein: die Größe der Ionen. Die Anionen werden vom Fluorid zum Iodid hin größer. Das Iodid-Ion ist fast doppelt so groß wie das FluoridIon. Mit steigendem Ionenradius werden die Abstände zwischen den positiv und negativ geladenen Ionen größer. Durch den größeren Abstand nehmen die Anziehungskräfte zwischen den Ionen ab und die Gitterenergie wird kleiner.
Allgemein lassen sich Gitterenergien und damit wichtige Stoffeigenschaften wie Härte und Schmelztemperatur durch Vergleich der Ionenladungen und der Ionenradien abschätzen. Zwischen kleinen Ionen mit großer Ionenladung wirken stärkere Anziehungskräfte als zwischen großen Ionen mit kleiner Ladung.

Für die Trennung von Ionen in einem Ionengitter ist die Gitterenergie nötig, bei der Bildung eines Ionengitters wird die Gitterenergie frei. Die Höhe der Gitterenergie steigt mit der Ionenladung und fällt mit größer werdendem Ionenradius.

1 Formuliere die Zusammenhänge zwischen Gitterenergie, Ionenladung, Ionenradius, Härte und Schmelztemperatur mit eigenen Worten.

2 Berechne die Energien, die für die Trennung der Ionen in 1 g MgO und in 1 g NaCl notwendig sind.

Praktikum

Eigenschaften der Salze

V1: Kristallisation aus gesättigter Lösung

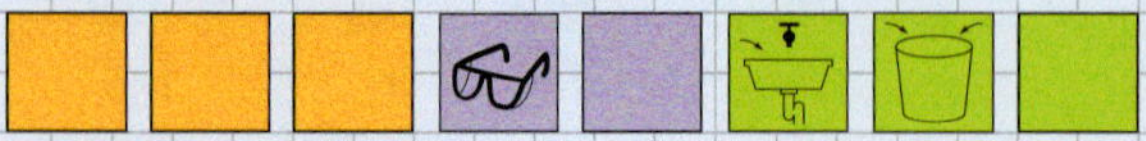

Materialien: Bechergläser (500 ml), Kristallisierschale, Waage, Wasserkocher;
Alaun (Kaliumaluminiumsulfat-Hydrat).

Durchführung:

1. Löse etwa 50 g Alaun in 300 ml heißem Wasser und lasse die Lösung auf Zimmertemperatur abkühlen.
2. Filtriere die entstandenen Kristalle ab.
3. Gieße einen Teil des Filtrats in die Kristallisierschale, bis sie etwa 5 mm hoch gefüllt ist und lasse die Schale an einem möglichst kühlen Ort stehen. Benutze den anderen Teil der Lösung für V2.

Aufgaben:

a) Notiere deine Beobachtungen.
b) Zeichne mit einer Folge von drei Modellbildern deine Vorstellung auf, was beim Lösen eines Alaun-Kristalls geschieht. Vergleiche die Skizzen mit denen deiner Mitschüler.

V2: Züchten von Alaunkristallen

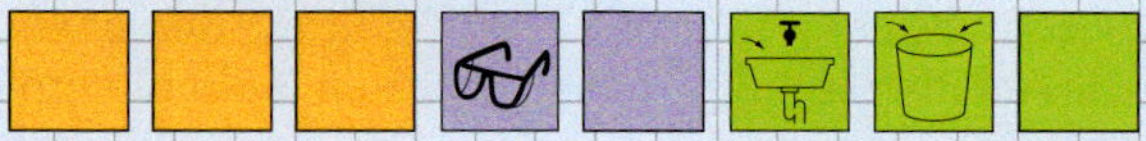

Materialien: Bechergläser, dünner Bindfaden, Holzspieß, Sekundenkleber;
gesättigte Alaunlösung aus V1.

Durchführung:

1. Wähle einen besonders schön geformten Kristall aus V1 aus. Klebe diesen Kristall an einen etwa 20 cm langen Bindfaden. Klebe den Faden so fest, dass der Kristall vollständig in die Salzlösung taucht.
2. Stelle das Becherglas an einen gleichmäßig kühlen Ort und lass es über mehrere Tage ruhig stehen.
3. Kontrolliere das Becherglas jeweils nach drei Tagen und entferne vorsichtig kleine zusätzliche Kristalle am Faden oder am Becherglas. Filtriere die Lösung.
4. Fülle so viel gesättigte Alaunsalzlösung nach, dass der Kristall immer vollständig bedeckt ist.
5. Verwende ein größeres Becherglas, wenn der Kristall zu groß wird.

Aufgaben:

a) Notiere deine Beobachtungen.
b) Zeichne die Kristallform perspektivisch auf.

V3: Kristallisation von Natriumacetat

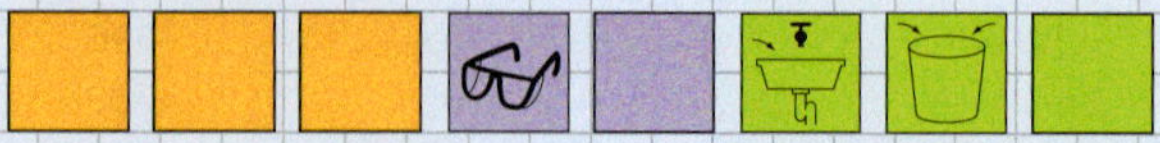

Materialien: Rundkolben (100 ml), Gasbrenner, Thermometer;
Natriumacetat-Hydrat.

Durchführung:

1. Fülle den Rundkolben zur Hälfte mit Natriumacetat-Hydrat und erhitze, bis das Salz vollkommen gelöst ist. Lasse die Lösung abkühlen. Falls das Salz beim Abkühlen auskristallisiert, erhitze erneut.
2. Miss mit dem Thermometer vorsichtig – ohne an der Innenwand zu kratzen – die Temperatur der Lösung.
3. Lasse bei Zimmertemperatur einen Natriumacetat-Hydrat-Kristall als Impf-Kristall in die Lösung fallen, beobachte Veränderungen und prüfe mit dem Thermometer erneut die Temperatur.

Aufgaben:

a) Notiere deine Beobachtungen.
b) Erkläre die Beobachtungen, indem du die Begriffe Ionengitter und Gitterenergie in deine Erklärung einbeziehst.
c) Gib deine Vermutung an, was das Experiment mit einem Taschenwärmer zu tun hat.

V4: Ritzhärte von Mineralien

Materialien: Taschenmesser, Fliese;
Gipsstücke, Marmorbocken, Quarzsand.

Durchführung:

1. Prüfe mit dem Messer, ob Stahl Gips und Marmor zu ritzen vermag.
2. Versuche mit dem Gipsstück das Marmorstück zu ritzen und umgekehrt.
3. Gib Quarzsand auf eine Fliese und reibe kräftig ein Gipsstück und dann ein Marmorstück darauf.

Aufgaben:

a) Notiere deine Beobachtungen.
b) Ordne die verwendeten Mineralien nach ihrer Ritzhärte.

Location: http://www.schroedel.de/chemie_heute.html

Nützliche Steine – edle Steine

Schroedel

Ergebnisse:

Korundkristalle – härter als Stahl

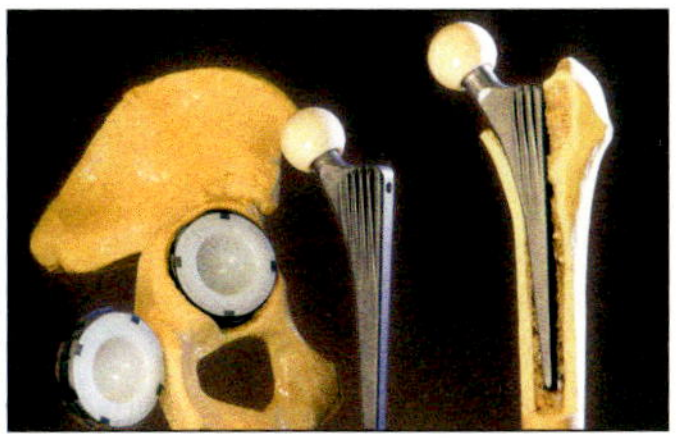

Nach Diamant ist Korund das härteste Mineral. Chemisch handelt es sich bei Korund um Aluminiumoxid. Im Kristallgitter kommen die Ionen Al^{3+} und O^{2-} im Verhältnis 2 : 3 vor; die Verhältnisformel ist also Al_2O_3. Korund-Kristalle sind sehr hart und dienen deshalb als Schleifmittel zum Schärfen von Messern aus Stahl. Sie werden als Lager-steine für Uhren und Messgeräte verwendet. Wegen der großen Härte nimmt man in der Medizin Korund auch als Material für künstliche Hüftgelenke: Gelenkkugel und Gelenkpfanne bleiben formstabil, während sich Metalle mit der Zeit verformen. Bearbeitet werden Korund-Werkstücke mit Schleifscheiben, die mit Diamanten besetzt sind.

Beryll – das erste Brillenglas

Aus diesem glasklaren Mineral wurden im Mittelalter erste Linsen für ein besseres Sehen geschliffen. Deshalb leitet sich die Bezeichnung Brille vom Namen Beryll ab. Später wurden Linsen für Ferngläser oder Mikroskope aus dem Mineral gefertigt, heute wird daraus vor allem das Metall Beryllium hergestellt. Chemisch gesehen ist Beryll ein Aluminiumberylliumsilikat. Das Ionengitter besteht aus Aluminium-Ionen, Beryllium-Ionen und Silikat-Ionen.

Smaragd – ein grüner Edelstein

Der tiefgrün gefärbte Smaragd wird hauptsächlich als Schmuckstein verwendet. Er ist ein Edelberyll: Das Gemisch aus Aluminiumberylliumsilikat mit wenig Chromoxid zeigt eine durchscheinend grüne Farbe. Mit anderen Metalloxiden gemischt ergeben sich auch anders gefärbte Schmucksteine auf der Basis von Beryll.

Rubin und Saphir – rote und blaue Edelsteine

Saphire und Rubine sind sehr hart, weil sie im Wesentlichen aus Aluminiumoxid bestehen und deshalb auch als Edelkorund bezeichnet werden. Die karminrote Farbe enthält der Rubin durch Beimengungen von 0,25 % Chromoxid, wobei ein Teil der Al^{3+}-Ionen im Ionengitter durch Cr^{3+}-Ionen ersetzt wurde.

Der Saphir ist ein Edelkorund, der kornblumenblau gefärbt ist. Diese Färbung resultiert aus der Beimischung von Eisenoxid und Titanoxid. Die entsprechenden Eisen- oder Titan-Ionen ersetzen auch hier die Al^{3+}-Ionen im Ionengitter. Heute stellt man diese Edelsteine durch Zusammenschmelzen der Oxide auch künstlich her. Wegen der großen Härte werden Rubine und Saphire ebenfalls als Lagersteine für Uhren verwendet. Rubinlaser haben heute noch eine Bedeutung bei der Entfernung von Pigmentflecken und Tätowierungen.

Pyritkristalle – goldfarben, aber kein Gold

Goldsucher finden oftmals kleine Kristalle, die im Sonnenlicht wie Gold glitzern – aber leider nicht aus Gold bestehen. Man nennt dieses unechte Gold auch „Katzengold". Für den Experten sind es Pyrit-Kristalle: Eisensulfid, das aus Eisen-Ionen (Fe^{2+}) und Disulfid-Ionen (S_2^{2-}) im Zahlenverhältnis 1:1 zusammen gesetzt ist. Die Formel lautet deshalb FeS_2.

Aufgabe

1 Im Rubin ist ein Teil der Aluminium-Ionen durch Chrom-Ionen ersetzt.
Zeichne mit Hilfe der Ionensymbole auf, wie du dir das Ionengitter des Rubinkristalls schematisch vorstellst.

15.4 Vom Quarz zum Glas ☆

Mehrere günstige Eigenschaften machen Glas zu einem verbreiteten Werkstoff: Glas ist durchscheinend, sehr hart, druckfest und chemisch sehr beständig. Glas lässt sich leicht schmelzen und so in beliebige Formen bringen. Die Eigenschaften können außerdem durch Zusatzstoffe gezielt verändert werden.

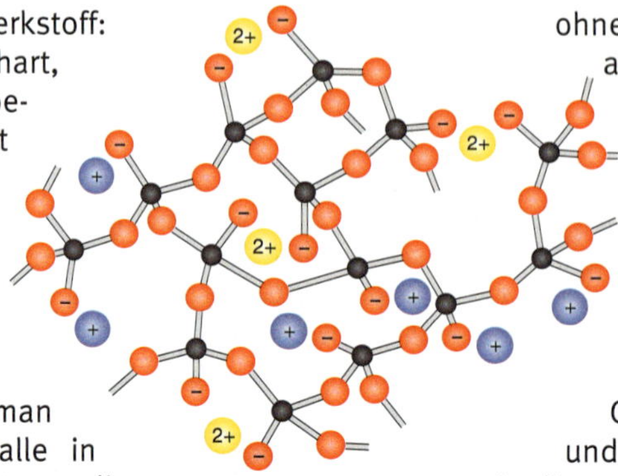

Quarzglas. In der Natur findet man klar durchsichtige Quarzkristalle in Form des Bergkristalls. Schmilzt man diese und lässt die Schmelze abkühlen, so erhält man das chemisch einfachste Glas – Quarzglas. Es ist ein Spezialglas, das erst bei 1700 °C weich wird und selbst dann nicht zerspringt, wenn man es rot glühend in heißes Wasser taucht.

Herstellung von Kalknatronglas. Fensterglas und Gebrauchsgläser bestehen aus Kalknatronglas. Es beginnt bereits bei 700 °C zu fließen. Zur Herstellung werden die Rohstoffe Quarzsand (SiO_2), Soda (Na_2CO_3), und gemahlener Kalkstein ($CaCO_3$) in der **Glashütte** gemischt und anschließend in Wannenöfen langsam auf etwa 1400 °C erhitzt. Dabei entweicht Kohlenstoffdioxid und es bildet sich eine Schmelze. Diese enthält Calcium-Ionen, Natrium-Ionen und Silikat-Ionen. Silikat-Ionen bestehen aus einem Si-Atom und vier O-Atomen, die sich in Form eines Tetraeders um das Si-Atom anordnen. Deshalb spricht man auch von SiO_4-Tetraedern.
Beim Abkühlen bilden die Ionen im Kalknatronglas kein Ionengitter aus. Die SiO_4-Tetraeder verbinden sich zu großen Netzwerken mit negativ geladenen Seitenarmen. Ausgeglichen werden diese Ladungen durch die eingelagerten positiv geladenen Natrium- und Calcium-Ionen. Die Struktur des festen Glases entspricht eher der Anordnung der Ionen in der Schmelze. Man bezeichnet diese Struktur als amorph.

Glas kann man daher im Prinzip als eine ohne Kristallisation erstarrte Schmelze auffassen.

Verarbeitung von Glas. Die weitere Verarbeitung der zähflüssigen Schmelze erfolgt bei 900 °C. Um Hohlkörper wie Flaschen herzustellen, bläst man einen dicken Glastropfen in einer Form auf. Für einfache Gebrauchsgegenstände wie Gläser und Schüsseln wird die Glasschmelze in die gewünschte Form gepresst. Fensterglas wird kontinuierlich als breite Glasbahn aus der Schmelze gezogen. Bei der Herstellung dieser Gläser wird heute bis zu 70 % Altglas eingesetzt. Man recycelt damit nicht nur die Glasabfälle und spart dabei einen Großteil der Rohstoffe ein. Auch der Energiebedarf kann so um fast 20 % gesenkt werden, da man weniger Wärme für das Schmelzen von Glas benötigt. Allerdings werden die Eigenschaften des neuen Glases stark vom Altglas bestimmt. Das fällt bei farbigen Gläsern besonders auf. Die Farbe kann durch Zusätze wie Eisenoxid noch geringfügig korrigiert werden. Sogenannte Glasseifen können bestimmte farbige Gläser sogar entfärben.

Glas besteht aus unregelmäßig verbundenen SiO_4-Tetraedern und verschiedenen Kationen, vor allem Natrium-Ionen und Calcium-Ionen. Gebrauchsglas wird aus Quarzsand, Soda und Kalkstein hergestellt.

1 Beschreibe das Verfahren zur Herstellung und Verarbeitung von Kalknatronglas anhand der unten abgebildeten Grafik.

2 Recherchiere wie man farbige Gläser herstellt.

3 **a)** Erläutere, warum es sinnvoll ist, Altglas zu sammeln.
b) Erkläre, weshalb verschieden farbige Gläser getrennt recycelt werden?

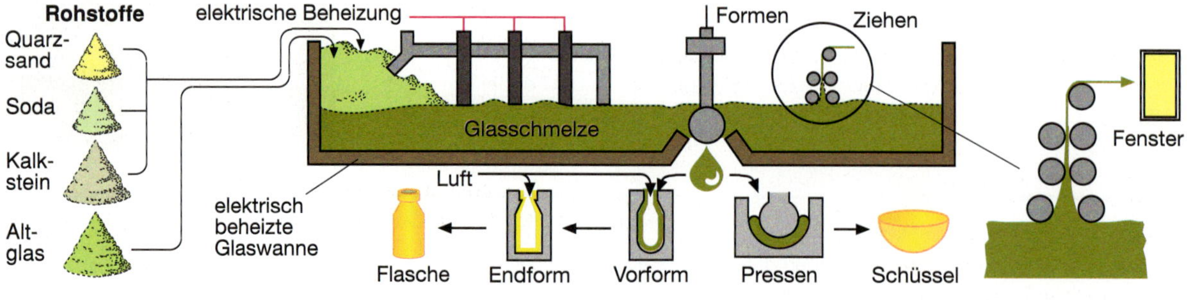

Herstellung und Verarbeitung von Kalknatronglas

Glas: Herstellung und Eigenschaften

V1: Herstellen von Kalknatronglas

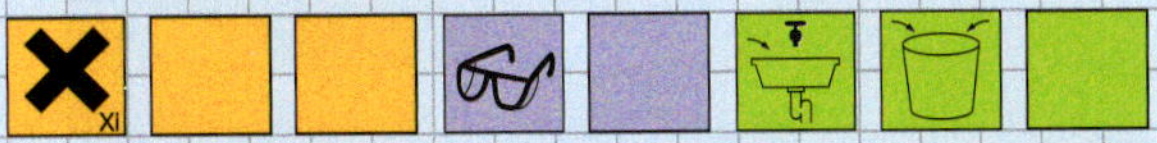

Materialien: Mikrowellengerät, Thermofaxpapier, Blumentopf, Reibschale, Porzellantiegel, Tiegelzange, Fliese, Waage;
Aktivkohle, Quarzsand, Calciumcarbonat, Natriumcarbonat (Xi).

Durchführung:

1. Mit dem Mikrowellengerät können Temperaturen von über 1000 °C erreicht werden. Um den heißesten Punkt im Gerät, den Hotspot, zu finden, wird das Gerät mit Thermopapier ausgelegt, die höchste Energiestufe eingestellt und etwa eine Minute lang beobachtet, wo sich das Thermopapier am deutlichsten färbt.

2. Gib 74 g Quarzsand, 13 g Calciumcarbonat und 13 g Natriumcarbonat in eine Reibschale und vermische alles gut durch. Fülle die Mischung in einen Porzellantiegel.

3. Fülle einen Blumentopf zur Hälfte mit Aktivkohle und drücke den gefüllten Porzellantiegel in die Aktivkohle. Platziere den Blumentopf an den Hotspot und schalte die Mikrowelle für 10 Minuten bei höchster Stufe ein.

4. Nachdem das Gerät abgeschaltet hat, wird der Porzellantiegel mit der Tiegelzange sofort herausgenommen und der Inhalt auf eine Fliese geschüttet.

Aufgaben:

a) Notiere deine Beobachtungen.

b) Recherchiere im Internet, wie Trinkgläser industriell hergestellt werden.

V2: Färben einer glasartigen Schmelze

Materialien: Magnesiastäbchen, Gasbrenner;
Phosphorsalz (Ammoniumnatriumhydrogenphosphat), Kupfer(II)-oxid (Xn), Chrom(III)-oxid, Eisen(II)-sulfat (Xn), Mangan(II)-sulfat (Xn, N).

Durchführung:

1. Erhitze die Spitze eines Magnesiastäbchens in der Brennerflamme bis sie glüht. Tauche die heiße Spitze in Phosphorsalz.

2. Erhitze das an der Spitze haftende Salz vorsichtig bis ein gleichmäßiger Glasfluss entstanden ist.

3. Nimm mit der heißen Phosphorsalzperle eine sehr kleine Menge Kupfer(II)-oxid auf und schmilz die Salzperle nochmals vollständig durch.

4. Stelle auf die gleiche Weise gefärbte Phosphorsalzperlen mit den übrigen Salzen her.

Aufgaben:

a) Notiere deine Beobachtungen.

b) Recherchiere, mit welchen Zusätzen ebenfalls farbige Phoshorsalzperlen hergestellt werden können.

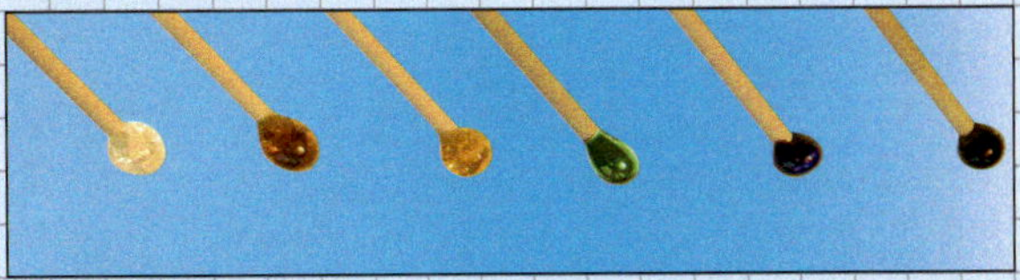

V3: Glasbearbeitung

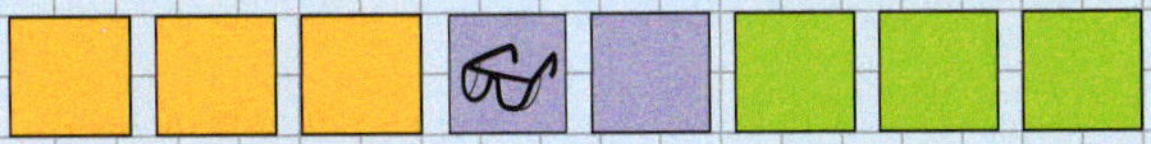

Materialien: Gasbrenner, Glasrohr (Durchmesser 8 mm), Glasschneider.

Durchführung:

1. Schneiden und Brechen:
Ritze ein Glasrohr mit dem Glasschneider. Drehe das Rohr dabei so, dass mehr als die Hälfte des Umfangs angeritzt wird. Brich das Rohr an der geritzten Stelle, indem du beide Daumen aneinander legst und vorsichtig von dir weg drückst.

2. Rundschmelzen:
Erhitze das abgetrennte Ende des Rohrs unter Drehen in der rauschenden Brennerflamme.

3. Zuschmelzen und Kugelblasen:
Erhitze das Ende eines Glasrohrs bis zum Erweichen. Drücke das Ende auf eine feuerfeste Unterlage, sodass es sich schließt. Erhitze diesen Bereich erneut und blase das Glasrohr außerhalb der Flamme langsam auf.

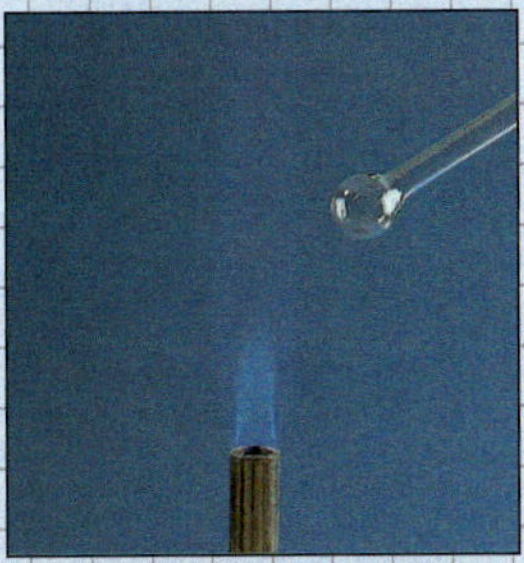

4. Ausziehen:
Halte das Glasrohr an beiden Enden. Erhitze es in der Mitte unter ständigem Drehen, bis es weich wird. Ziehe außerhalb der Flamme an den Enden des Rohrs. Lass abkühlen und brich es nach Anritzen an der dünnsten Stelle.

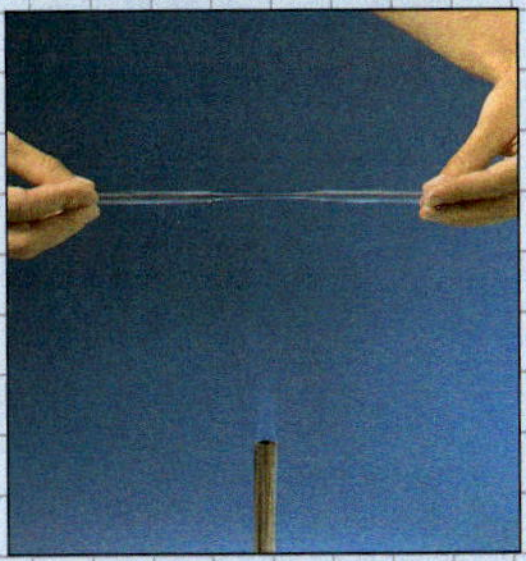

Exkurs

Metallsulfide – Künstlerfarben und Schminken

Quecksilbersulfid (Zinnober)

Bleisulfid (Bleiglanz)

Mineralische Sulfide einiger Metalle wurden schon in der Antike als Farbpigmente genutzt: Das leuchtende Rot des Zinnobers beispielsweise haben bereits die Griechen im 6. Jahrhundert vor Christus für Wandmalereien verwendet. Ab dem 15. Jahrhundert nutzten es auch europäische Maler in großem Umfang, vor allem zur Darstellung von Gewändern und Umhängen. Den goldgelben Farbton des Auripigments findet man auf Wandbildern in Pompeji. Bleiglanz diente im Barock als graues Pigment bei der Wandgestaltung.

Metallsulfide waren jedoch nicht nur in Ölfarben sondern auch in frühen Kosmetikprodukten enthalten. Im alten Ägypten war Bleiglanz ein begehrtes Ausgangsprodukt für Schminke. Echte ägyptische Mascara enthielt vor allem gepulverten Grauspießglanz. Auch der Kajal – der klassische Lidstrich des Orients – wurde aus diesem Pigment hergestellt.

Nicht alle Farbpigmente aus Metallsulfiden sind beständig: Roter Zinnober färbt sich unter dem UV-Einfluss des Sonnenlichts allmählich schwarz.

Nachteilig ist auch die Giftwirkung einiger Metallsulfide. So war in Anatolien die Todesrate beim bergmännischen Abbau von Auripigment so hoch, dass in den Minen nur noch Strafgefangene eingesetzt wurden.

Die teuren Metallsulfid-Pigmente wurden nach und nach durch preisgünstigere und ungefährlichere organische Pigmente ersetzt. So ist *Zinnoberrot* heute vor allem eine Farbtonbezeichnung; die entsprechende Farbe enthält aber weder mineralisches noch synthetisches Quecksilbersulfid und damit keinen Zinnober im ursprünglichen Sinn.

Mineralische oder synthetische Metallsulfid-Pigmente werden heute nur noch in eingeschränktem Umfang verwendet, weil sie toxisch sind. Aufgrund ihrer hohen Deckkraft und der leuchtenden Farben sind sie als Künstlerfarben und bei der Restaurierung alter Gemälde allerdings unentbehrlich.

1 Recherchiere, woher das Mineral Zinnober seinen Namen erhielt.

Antimonsulfid (Grauspießglanz)

Arsensulfid (Auripigment)

Mineralien – meist hart, mal weich

Basiswissen

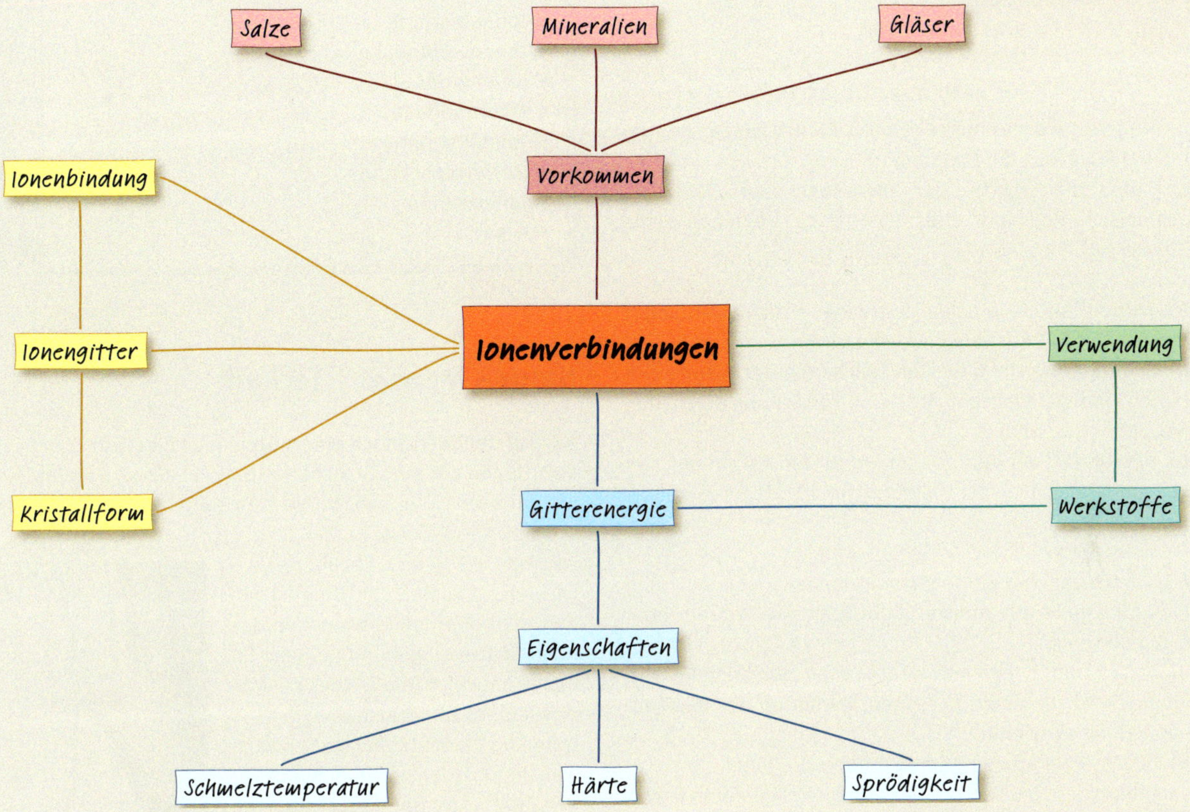

Werkstoff nach Wahl

Chemie in unserer Welt

Die Erde hat uns zu allen Zeiten viele Mineralien und Gesteine geliefert: In der Steinzeit bestanden die Werkzeuge überwiegend aus Stein. Doch auch in Zeitaltern, die von Bronze und Eisen bestimmt waren, hat der Mensch nicht auf Mineralien und andere Ionenverbindungen verzichtet.

Mineralogie. Zu Beginn der Naturwissenschaften war die Mineralogie eine der wichtigsten Aufgaben für Chemiker. Man untersuchte Bodenproben, stellte fest, welche Mineralien enthalten waren und beurteilte, wie wertvoll das abgebaute Material war. Auch heute noch gewinnen wir Mineralien wie Kalkstein, Marmor oder Gips in Steinbrüchen.

Mineralien – aus Ionen aufgebaut. Erst in der Mitte des 19. Jahrhunderts erkannte die Wissenschaft, dass Salze aus Ionen aufgebaut sind. Heute weiß man, dass der Ionenradius und die Ionenladung viele Eigenschaften der Ionenverbindungen bestimmen.

Moderne Werkstoffe. Mit dem chemischen Wissen über Ionen, Ionenbindung und Gitterenergien kann man gezielt Werkstoffe synthetisieren, deren Eigenschaften den Anforderungen besonders entsprechen.
Ein gutes Beispiel ist Korund, der inzwischen als synthetischer Werkstoff mit besonders großer Härte angeboten wird. Keramikmesser mit einer Korundklinge findet man in jedem Haushaltswarengeschäft. Auch Schleifpapier ist mit Korundkristallen belegt. In der Chirurgie werden Prothesen aus Korund implantiert, da sie praktisch keinen Abrieb zeigen und so etwa 20 Jahre im Körper verwendet werden können.
Weiche Mineralien werden für andere Anwendungen benötigt. Sie werden beispielsweise als Schmiermittel eingesetzt. Bei Gummidichtungen würde Schmieröl das Gummi auflösen; mit dem Mineral Talkum hat man ein geeignetes Schmiermittel ohne Nachteile. Wenn besonders heiße Flächen geschmiert werden müssen, kann man kein Schmieröl nehmen, da es verbrennt. Hier verwendet man das Mineral Molybdänsulfid.

Prüfe dein Wissen

Quiz

A1 a) Erkläre die Begriffe des Fensters.
b) Notiere auf der Vorderseite von Karteikarten den Begriff, auf der Rückseite die Erklärung.
c) Ordne die Begriffe den Basiskonzepten „Materie", „chemische Reaktion" und „Energie" zu. Begründe deine Zuordnung.

A2 Wird eine Kaliumchlorid-Lösung erhitzt, verdampft Wasser und Salzkristalle bleiben zurück.
a) Erläutere, welche kleinsten Teilchen in der Lösung enthalten sind. Veranschauliche deine Vorstellung durch eine Skizze.
b) Beschreibe die Veränderungen in der Anordnung der kleinsten Teilchen in der Lösung während des Verdampfens von Wasser.

A3 Zerschlägt man große Steinsalzkristalle, so erhält man kleine Kristalle, die meistens die Form von Würfeln oder Quadern zeigen.
a) Erkläre diese regelmäßigen Formen der Kristalle und veranschauliche deine Aussagen, indem du die Teilchenvorstellung skizzierst.
b) Beschreibe, aus welchen Gründen die Ionen stark zusammenhalten und leite daraus weitere allgemeine Eigenschaften von Ionenverbindungen ab.

A4 Salzkristalle sind elektrisch nicht leitfähig, die Schmelzen der Salze oder die Lösungen in Wasser leiten den elektrischen Strom. Erkläre diese Unterschiede.

Know-how

A5 Bei Zimmertemperatur erweisen sich Kerzenwachs und Butter als ziemlich weiche Stoffe, während Salzkristalle sehr hart sind. Erläutere diese Unterschiede.

A6 Erkläre mithilfe der Gitterenergie, warum Korund zu den härtesten Substanzen zählt. Vergleiche die Schmelztemperatur von Korund mit der Schmelztemperatur von Natriumchlorid.

A7 Metalloxide weisen in der Regel höhere Schmelztemperaturen auf als Metallchloride. Begründe diese Unterschiede. Beschreibe an diesem Beispiel auch den Zusammenhang zwischen Gitterenergie, Ionenladung und Ionenradius.

Die wichtigsten Begriffe

- Mineral
- Ionenbindung
- Ionenverbindung
- Ionengitter
- Gittermodelle
- Kristallstruktur
- Salzeigenschaften
- Ionenradius
- Glas

Natur – Mensch – Technik

A8 Auf der Suche nach einem Steinsalzlager trifft man bei Bohrungen auf eine Schicht aus Kaliumsalzen. Begründe, warum noch tiefer gebohrt werden sollte.

A9 Gips ist neben Kalkmörtel ein wichtiger Baustoff. Im Gips ist neben den Ionen auch Wasser in das Kristallgitter eingebunden. Beim Erhitzen entweicht ein Teil des Kristallwassers; es bildet sich Anhydrit.
Unter der Stadt Staufen am Schwarzwald befindet sich eine Anhydrit-Lagerstätte, die bei Erdarbeiten so angebohrt wurde, dass Grundwasser einsickerte. Dabei stieg der Boden bisher in manchen Bereichen um etwa 30 cm an, so dass in einigen Gebäuden bereits Mauerrisse von mehr als 10 cm Breite entstanden sind.

a) Erläutere, warum sich die Erdschicht ausdehnt.
b) Gib an, aus welchen Ionen Gips besteht.
c) Beschreibe, wie man Gips verwendet.
d) Erläutere den chemischen Vorgang bei der Verwendung von Gips.

A10 Normales Fensterglas wird durch das Zusammenschmelzen von Sand, Natriumcarbonat und Calciumoxid hergestellt.
a) Gib an, welche der Ausgangsstoffe Ionenverbindungen sind.
b) Glas ist bei Zimmertemperatur nicht elektrisch leitfähig. Erkläre, warum hocherhitztes Glas im Gegensatz dazu den elektrischen Strom leitet.
c) Für Gläser mit einer hohen Lichtbrechung setzt man der Glasmischung Bleioxid zu. Erhält ein solches Glas durch Schleifen kantige Konturen, so funkelt Licht an den Kanten wie bei Kristallen. Dieses Glas wird daher auch Kristallglas genannt. Erläutere, warum diese Bezeichnung irreführend ist.

Mineralien – meist hart, mal weich

Wissen vernetzt

A1 Salze sorgen für Schub – Feststofftriebwerke

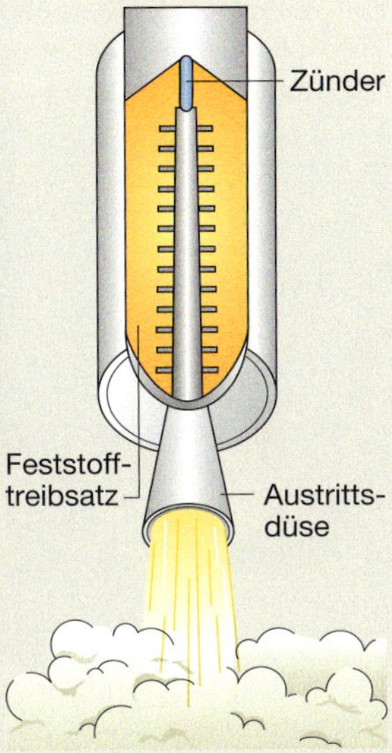

4 – 3 – 2 – 1 – 0: Mit ohrenbetäubendem Krach, großen Dampfwolken und grellem Feuerschein hebt das Space-Shuttle ab. Für den notwendigen Schub sorgen die drei Haupttriebwerke des Shuttles, der größte Teil des Startschubs wird allerdings von den beiden am externen Tank befestigten Feststofftriebwerken, den Boostern, erzeugt. Ihre Brenndauer beträgt etwa 2 Minuten, danach werden sie abgeworfen und landen per Fallschirm im Meer.
Als Treibladung enthalten diese Feststoffraketen ein Gemisch aus der stark oxidierenden Substanz Ammoniumperchlorat und Pulvern verschiedener Metalle wie Lithium, Beryllium, Magnesium und Aluminium. Beim Zünden der Feststoffrakete entsteht aus dem Ammoniumperchlorat unter anderem Sauerstoff, der mit den unedlen Metallen reagiert. Diese Reaktion ist besonders stark exotherm. Die extrem heißen Verbrennungsprodukte erreichen eine Geschwindigkeit von 2700 m/s, wenn man sie aus einer Düse entweichen lässt. Das entspricht etwa der achtfachen Schallgeschwindigkeit. So ergibt sich ein starker Rückstoß, der das Shuttle antreibt. Ähnliche Feststofftriebwerke verwendet man in verkleinerter Form auch im Weltraum, wo die Bahnen von Satelliten häufiger korrigiert werden müssen.

a) Formuliere die Reaktionsgleichungen für die Reaktionen der genannten Metalle mit Sauerstoff
b) Erkläre ausführlich mithilfe der Gitterenergie, weshalb diese Reaktionen so stark exotherm sind.
c) Erläutere, warum gerade diese Metalle für Verbrennungszwecke mit in das Weltall genommen werden.
d) Schätze ab, ob sich Aluminium oder Magnesium besser als Treibladung eignet. Begründe deine Einschätzung.

A2 Salze und Gesundheit

Jodsalz
mit Fluor
Jodiertes Speisesalz

ZIP Jodsalz mit Fluor
ist besonders fein und hat eine hohe Würzkraft. Es zeichnet sich durch gleichbleibend gute Rieselfähigkeit aus und schmeckt wie normales Salz.

Zutaten:
Siede-Speisesalz,
Kaliumfluorid (0,065%–0,088%),
Kaliumjodat (0,0025%–0,0042%),
Trennmittel E 535.

Auf den meisten Salzpackungen steht der Aufdruck *Jod*salz oder *jodiertes Speisesalz*. Enthält dieses Speisesalz wirklich das Halogen Iod? – Natürlich ist mit der Angabe der Zusatz von Iod-Verbindungen gemeint.
Der Körper braucht das Spurenelement Iod, um daraus Schilddrüsenhormone wie das *Thyroxin* herzustellen. Dieses Hormon steigert die Stoffwechselaktivität, steuert den Wärmehaushalt des Körpers und fördert das Wachstum im Kindesalter. Wird zu wenig Iod mit der Nahrung aufgenommen, kann sich eine Unterfunktion der Schilddrüse ausbilden; es wird also zu wenig Schilddrüsenhormon produziert. Infolgedessen können vielfältige Beschwerden auftreten: verminderte Leistungsfähigkeit, Schwäche, Gedächtnisminderung, Gewichtszunahme, Schwellung der Augen und Augenlider. Bei anhaltendem Iodmangel kann sich ein sogenannter Kropf bilden: Die Schilddrüse vergrößert sich, um das durch die Nahrung aufgenommene Spurenelement effektiver aus dem Blut verwerten zu können.
Der Schweizer Arzt Johann Jakob GUGGENBÜHL verfasste 1840 einen Artikel über das regional begrenzte Auftreten von Kropfbildungen und Iodmangelerscheinungen. Besonders häufig waren sie in Alpentälern. Heute weiß man, dass die Nahrungsmittel aus diesen Regionen kaum Iod-Verbindungen enthalten, weil die Böden sehr Iod-arm sind. Da in Mitteleuropa die landwirtschaftlich genutzten Böden allgemein einen relativ geringen Gehalt an Iod aufweisen, kann als Vorbeugemaßnahme das Speisesalz mit Kaliumiodat (KIO_3) angereichert werden. Kritiker dieser Vorgehensweise betonen, dass durch die erhöhte Iod-Zufuhr vermehrt Schilddrüsenüberfunktion auftreten kann.

a) Erkläre, warum iodiertes Salz angeboten wird.
b) Bei einer Schilddrüsenüberfunktion (Hyperthyreose) treten Symptome wie Herzrasen, Hyperaktivität und Gewichtsverlust trotz normaler Ernährung auf. Erkläre.
c) Begründe, wie man bei einer Schilddrüsenüberfunktion mit iodiertem Speisesalz umgehen sollte.

16 Dem Rost auf der Spur

Wenn Stahlkonstruktionen wie Brücken, Kräne oder Fördertürme über längere Zeit Wind und Wetter ausgesetzt sind, beginnt der Zahn der Zeit an ihnen zu nagen. Zuerst verfärben sich nur wenige Stellen braun. Nach und nach wird die gesamte Metalloberfläche mit einer rotbraunen Rostschicht überzogen.

Auch Fahrräder, Zäune, Schiffe und Eisenbahnschienen rosten. Sie bestehen ebenfalls aus Stahl, einer Legierung mit dem Hauptbestandteil Eisen. Der Rost überzieht das Eisen nicht nur mit einer oberflächlichen Schicht, sondern frisst und nagt sich so sehr in das Metall hinein, dass Löcher entstehen.

Diese Korrosion des Eisens verursacht allein in Deutschland jährlich Schäden in Höhe von etwa 35 Milliarden Euro. Nur wenn man weiß, was beim Rosten geschieht und warum gerade Eisen rostet, können diese Verluste vermindert werden. Deshalb ist die Chemie dem Rost schon lange auf der Spur. Untersuchungen zum Aufbau und dem unterschiedlichen Reaktionsverhalten von Metallen bildeten dabei den Schlüssel zum Verständnis von Korrosionsvorgängen und deren Verhinderung.

Zentrale Fragen:
- Wie reagiert Eisen an der Luft?
- Unter welchen Bedingungen rostet Eisen?
- Welche ähnlichen chemischen Reaktionen mit Eisen und anderen Metallen gibt es noch?
- Was ist eine Oxidation?
- Wie sind Metalle aufgebaut?

16.1 Rosten als Reaktion von Eisen und Sauerstoff

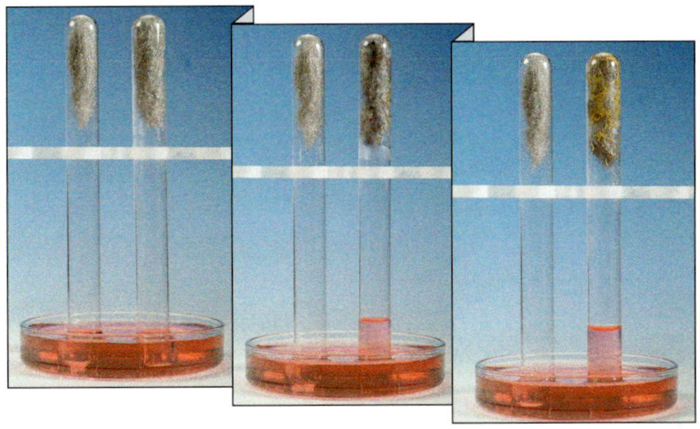

Legt man Eisenwolle einige Tage bei feuchter Witterung an die Luft, verfärbt sich das Metall langsam rotbraun. Auf der Eisenwolle hat sich **Rost** gebildet. Diese chemische Reaktion kann dadurch aufgeklärt werden, dass man alle Bedingungen unter denen sie abläuft, genau untersucht.

Dazu wird zuerst beobachtet, was mit Eisenwolle an trockener Luft passiert. Zunächst verändert sich die Eisenwolle nicht; sie behält ihre silbrig-glänzende Farbe. Erst nach einiger Zeit verfärbt sich das Eisen schwarz. Dabei entsteht das gleiche Produkt wie bei der Verbrennung von Eisenwolle über dem Gasbrenner, das schwarze Eisenoxid. Durch das Erhitzen mit dem Gasbrenner läuft die Reaktion lediglich schneller ab als bei Raumtemperatur.

$$2\,Fe\,(s) + O_2\,(g) \longrightarrow \underset{\text{schwarzes Eisenoxid}}{2\,FeO\,(s)}; \quad \text{exotherm}$$

Beim schwarzen Eisenoxid handelt es sich allerdings nicht um Rost, da es sich von ihm sowohl in seiner Farbe, als auch in seiner Beschaffenheit stark unterscheidet. Dies lässt darauf schließen, dass der Luftsauerstoff allein für das Rosten von Eisen nicht ausreicht. Anscheinend ist dazu auch Feuchtigkeit nötig. Diese Vermutung wird auch dadurch bestätigt, dass schwarzes Eisenoxid nach Zugabe von etwas Wasser an der Luft langsam braun wird, sich also in Rost umwandelt.

Reaktion von schwarzem Eisenoxid mit Wasser

Modellexperiment zum Rosten. Um dem Rosten noch genauer auf die Spur zu kommen, kann man in einem Modellexperiment die Bedingungen beim Rosten simulieren. Man gibt trockene und mit Wasser angefeuchtete Eisenwolle in je ein Reagenzglas und stellt die Reagenzgläser umgekehrt in eine mit Wasser gefüllte pneumatische Wanne. Nach einigen Stunden, verfärbt sich das feuchte Metall braun. Der Wasserstand im Reagenzglas steigt und verdrängt etwa ein Fünftel des Luftvolumens im Reagenzglas. Die trockene Eisenwolle verfärbt sich hingegen nicht. Auch bleibt der Wasserstand in diesem Reagenzglas gleich.

Das lässt darauf schließen, dass Eisen mit Wasser und etwa 20 % der Luft im Reagenzglas, also dem enthaltenen *Sauerstoff*, reagiert hat. Dabei entsteht Eisenoxidhydroxid. Wenn dieser Stoff trocknet, wird daraus rotes Eisenoxid. Es gibt dem Rost die typisch rotbraune Farbe. Rost ist dann die Mischung von Eisenhydroxid und rotem Eisenoxid.

$$4\,Fe\,(s) + 3\,O_2\,(g) + 2\,H_2O\,(l) \longrightarrow \underset{\text{Eisenoxidhydroxid}}{4\,FeO(OH)\,(s)}$$

$$4\,FeO(OH)\,(s) \longrightarrow \underset{\text{rotes Eisenoxid}}{2\,Fe_2O_3\,(s)} + 2\,H_2O\,(l)$$

Für das Rosten sind also sowohl Sauerstoff als auch Wasser notwendig. Es ist eine Form der **Korrosion** (lat. *corrodere:* zernagen), der langsamen oberflächlich beginnenden Zerstörung von Metallen.

Das Rosten ist eine langsame Oxidation, wobei Eisen mit Sauerstoff und Wasser reagiert.

1 Erläutere das Modellexperiment für das Rosten.

2 Im Winter wird bei Frost oft Salz gestreut. Das Salz lässt ungeschützte Autoteile schneller rosten. Plane ein Experiment mit Eisenwolle, um diese Erscheinung zu untersuchen. Führe das Experiment durch.

16.2 Oxidation – auch ohne Sauerstoff?

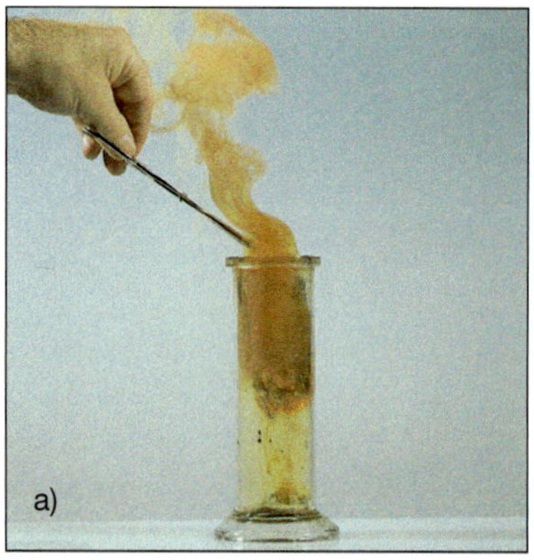

***a)** Eisen reagiert mit Chlor, **b)** Magnesium reagiert mit Chlor, **c)** Magnesium reagiert mit Sauerstoff*

Taucht man brennende Eisenwolle in einen Standzylinder mit Chlor-Gas, zeigt sich eine starke Feuer erscheinung. In reinem Sauerstoff reagiert Eisen genauso heftig. Ein ähnliches Reaktionsverhalten lässt sich auch bei anderen Metallen wie beispielsweise Magnesium beobachten. Sowohl bei der Reaktion mit Chlor als auch mit Sauerstoff sind die Flammen so hell, dass man geblendet wird. Eisenchlorid, Eisenoxid, Magnesiumchlorid und Magnesiumoxid entstehen in exothermen Reaktionen, die alle einer Verbrennung ähneln, obwohl nicht immer Sauerstoff der Reaktionspartner ist.

Auch die Reaktionsprodukte ähneln sich in einigen Eigenschaften. Die Oxide und Chloride sind in ihren Schmelzen und wässrigen Lösungen elektrisch leitfähig und unter dem Mikroskop sind kleine Kristalle zu sehen. Es sind jedes Mal Ionenverbindungen entstanden.

Oxidation – eine Elektronenabgabe. Bei der Reaktion mit Chlor entstehen aus den Atomen eines Metalls Metall-Kationen, wie Mg^{2+}-Ionen. Auch bei der Reaktion mit Sauerstoff reagieren die Magnesium-Atome gleich:

$$Mg \dashrightarrow Mg^{2+} + 2\,e^-$$

Für diese Reaktion wurde der alte Name Oxidation in neuer Bedeutung gewählt. Eine **Oxidation** ist demnach eine **Abgabe von Elektronen** und nicht immer eine Aufnahme von Sauerstoff.
Die bei einer Oxidation freiwerdenden Elektronen können durch Sauerstoff-Atome oder andere Nichtmetall-Atomen aufgenommen werden.

Reaktionen, bei denen Elektronen abgegeben werden, sind Oxidationen. Aus Metall-Atomen entstehen bei einer Oxidation Metall-Kationen.

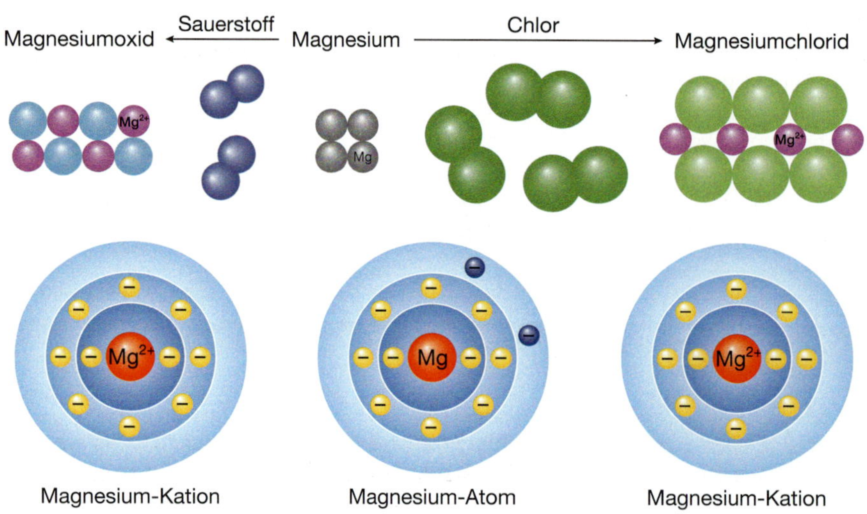

Reaktionen von Magnesium mit Sauerstoff und Chlor auf Teilchenebene

1 Formuliere die Reaktionsgleichung für die Reaktionen von **a)** Aluminium mit Brom und **b)** Natrium mit Chlor.

2 Plane und erläutere ein Experiment, mit dem du prüfen kannst, ob bei der Reaktion von Magnesium mit Chlor Ionen entstanden sind.

3 Magnesiumchlorid kann durch Zugabe von Natronlauge und Erhitzen zu Magnesiumoxid reagieren. Erläutere, ob diese Reaktion eine Oxidation ist.

16.3 Redoxreaktionen als Elektronenübertragung

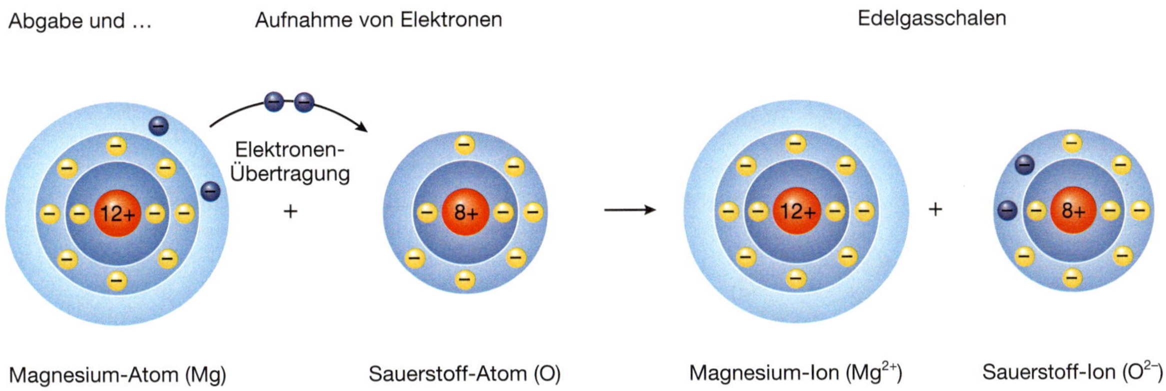

Elektronenübertragung bei der Reaktion von Magnesium mit Sauerstoff

Wenn Metalle mit Nichtmetallen wie Sauerstoff oder Chlor reagieren, werden die Atome zu Metall-Kationen oxidiert. Die Metall-Atome geben dabei Elektronen ab. Sie sind Elektronenspender oder **Elektronendonatoren** (lat. *donare:* schenken).
Die dabei frei werdenden Elektronen werden von den Nichtmetall-Atomen aufgenommen. Es entstehen Nichtmetall-Anionen wie Oxid-Ionen oder Chlorid-Ionen. Die Nichtmetall-Atome sind dabei Elektronenempfänger oder **Elektronenakzeptoren** (lat. *accipere:* empfangen). Allgemein werden Vorgänge, bei denen Elektronen aufgenommen werden, als **Reduktion** bezeichnet.

$O_2 + 4\ e^- \dashrightarrow 2\ O^{2-}$ (Oxid-Ionen)

$Cl_2 + 2e^- \dashrightarrow 2\ Cl^-$ (Chlorid-Ionen)

Redoxreaktionen. Immer dann, wenn ein Metall-Atom oxidiert wird und dabei Elektronen abgibt, nimmt gleichzeitig ein Nichtmetall-Atom die Elektronen auf und wird dabei reduziert. Es kommt zu einer **Red**uktions-**Ox**idations-Reaktion, auch kurz **Redoxreaktion** genannt. Redoxreaktionen sind Elektronenübertragungsreaktionen.

Die Metall-Atome liefern die zur Reduktion benötigten Elektronen; sie sind die Teilchen, mit denen andere Teilchen reduziert werden. Allgemein werden Teilchen, die Elektronen abgeben als **Reduktionsmittel** bezeichnet. Die Nichtmetall-Atome wirken entsprechend als **Oxidationsmittel**.

Aufstellen von Redoxgleichungen. Stellt man Reaktionsgleichungen für Redoxreaktionen auf, so formuliert man zunächst die einzelnen Teilschritte für die *Oxidation* und die *Reduktion* getrennt und fasst sie dann zu einer Gesamtgleichung der *Redoxreaktion* zusammen. Dabei muss die Anzahl der aufgenommenen Elektronen gleich der Anzahl der abgegebenen Elektronen sein. Wie viele Elektronen jeweils abgegeben oder aufgenommen werden, bestimmt die Edelgasregel. Für Metalle, die nicht in den Hauptgruppen zu finden sind, muss die zutreffende Ionenladungen bekannt sein. So kann zum Beispiel Eisen sowohl Fe^{2+}- als auch Fe^{3+}-Ionen bilden.

Oxidation:	$2\ Mg \dashrightarrow 2\ Mg^{2+} + 4\ e^-$
Reduktion:	$O_2 + 4e^- \dashrightarrow 2\ O^-$
Redoxreaktion:	$2\ Mg\ (s) + O_2\ (g) \longrightarrow 2\ MgO\ (s)$
Oxidation:	$Mg \dashrightarrow Mg^{2+} + 2\ e^-$
Reduktion:	$Cl_2 + 2\ e^- \dashrightarrow 2\ Cl^-$
Redoxreaktion:	$Mg\ (s) + Cl_2\ (g) \longrightarrow MgCl_2\ (s)$
Oxidation:	$2\ Fe \dashrightarrow 2\ Fe^{3+} + 6\ e^-$
Reduktion:	$3\ Cl_2 + 6\ e^- \dashrightarrow 6\ Cl^-$
Redoxreaktion:	$2\ Fe\ (s) + 3\ Cl_2\ (g) \longrightarrow 2\ FeCl_3\ (s)$

Bei der Reaktion von Metallen mit Nichtmetallen findet eine Elektronenübertragung statt. Oxidation und Reduktion laufen als Redoxreaktion gleichzeitig ab.

1 Erläutere die Begriffe Redoxreaktion, Reduktionsmittel und Oxidationsmittel.

2 Silberoxid (Ag_2O) reagiert mit Eisen zu Silber und Eisenoxid (Fe_2O_3).

a) Formuliere die Reaktion als Übertragung von Sauerstoff.

b) Entwickle die Reaktionsgleichung für die Elektronenübertragung.

c) Gib für beide Reaktionen jeweils das Oxidationsmittel und das Reduktionsmittel an, vergleiche und begründe.

3 Bestimme für alle auf dieser Seite beschriebenen Redoxreaktionen das Oxidations- und das Reduktionsmittel.

16.4 Edle und unedle Metalle

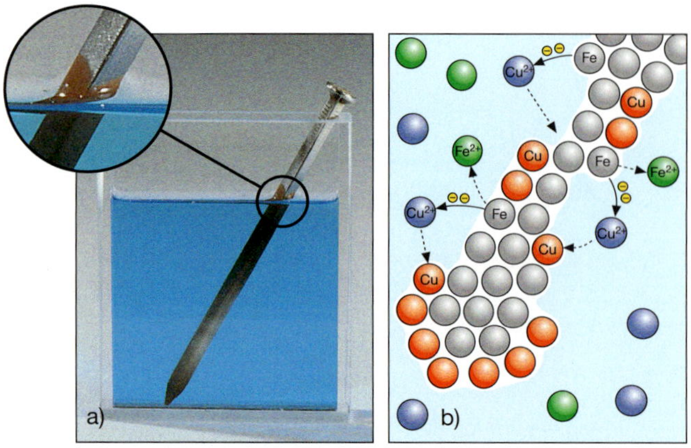

Eisenstab in Kupfersulfat-Lösung: a) Stoffebene, b) Modell

Taucht man einen Eisennagel in eine Kupfersulfat-Lösung, so überzieht er sich mit einer Schicht aus Kupfer. Es handelt sich um eine chemische Reaktion, bei der durch Übertragung von Elektronen Kupfer-Ionen zu Kupfer-Atomen und Eisen-Atome zu Eisen-Ionen reagieren. Die Atome des Eisens geben Elektronen ab, sie werden oxidiert. Die Ionen des Kupfers nehmen die Elektronen auf, sie werden reduziert.

Oxidation: $Fe\ (s) \dashrightarrow Fe^{2+}\ (aq) + 2\ e^-$

Reduktion: $Cu^{2+}\ (aq) + 2\ e^- \dashrightarrow Cu\ (s)$

Redoxreaktion:

$$Fe\ (s) + Cu^{2+}\ (aq) \longrightarrow Fe^{2+}\ (aq) + Cu\ (s)$$

Stellt man umgekehrt einen Kupferstab in eine Eisensalz-Lösung, so erfolgt keine Reaktion; die Kupfer-Atome geben keine Elektronen an die Eisen-Ionen ab. Die Neigung zur Abgabe von Elektronen ist also beim Kupfer weniger ausgeprägt als beim Eisen.

Fällungsreihe der Metalle. Bei Reaktionen mit anderen Paaren von Metallen und ihren Salzlösungen macht man ähnliche Beobachtungen wie im Falle von Kupfer und Eisen. So kann man zum Beispiel auch eine Kupfermünze in einer Silbersalz-Lösung versilbern. Allgemein gilt: Bei der Kombination eines unedleren Metalls mit der Salzlösung eines edleren Metalls wird aus der Salzlösung das edlere Metall abgeschieden, also ausgefällt. Ordnet man Metalle auf der Grundlage solcher Versuche in einer Fällungsreihe, so ergibt sich eine ähnliche Reihenfolge wie in der Redoxreihe der Metalle gegenüber Sauerstoff: Links stehen die unedlen Metalle, sie geben leicht Elektronen ab. Die Tendenz, Ionen zu bilden und in Lösung zu gehen, nimmt von links nach rechts ab. Die Edelmetalle stehen rechts, sie geben nur schwer Elektronen ab. Ihre Ionen dagegen nehmen leicht Elektronen auf und das Metall scheidet sich ab. So löst sich Zink in einer Kupfersulfat-Lösung auf und Kupfer scheidet sich ab: Zink ist unedler als Kupfer. In einer Magnesiumsulfat-Lösung reagiert Zink jedoch nicht, denn Magnesium ist noch unedler als Zink.

Edel oder unedel. Lässt man Zink mit verdünnter Salzsäure reagieren, sieht man Gasblasen aufsteigen, und das Metall löst sich auf. Es bilden sich Wasserstoff und eine Zinkchlorid-Lösung. Die Zink-Atome wirken als Elektronendonator, die Wasserstoff-Ionen als Elektronenakzeptor. Die Chlorid-Ionen sind nicht an der Reaktion beteiligt.

Oxidation: $Zn\ (s) \dashrightarrow Zn^{2+}\ (aq) + 2\ e^-$

Reduktion: $2\ H^+\ (aq) + 2\ e^- \dashrightarrow H_2\ (g)$

Redoxreaktion:

$$Zn\ (s) + 2\ H^+\ (aq) \longrightarrow Zn^{2+}\ (aq) + H_2\ (g)$$

Grundsätzlich gilt: Unedle Metalle reagieren mit verdünnten Säuren zu einer Salzlösung und gasförmigem Wasserstoff. Stellt man dagegen ein Kupferblech oder ein Silberblech in verdünnte Salzsäure, so findet keine Reaktion statt: Edle Metalle reagieren nicht mit verdünnten Säuren.

In der Fällungsreihe sind die Metall von unedel nach edel geordnet. Atome unedler Metalle geben leicht Elektronen ab; sie lösen sich in verdünnten Säuren unter Wasserstoffentwicklung zu Metall-Ionen auf.

1 Beschreibe, worin sich edle und unedlen Metalle unterscheiden.

2 Ordne die Metalle Kalium, Aluminium und Blei nach ihrer Stärke als Reduktionsmittel. Begründe.

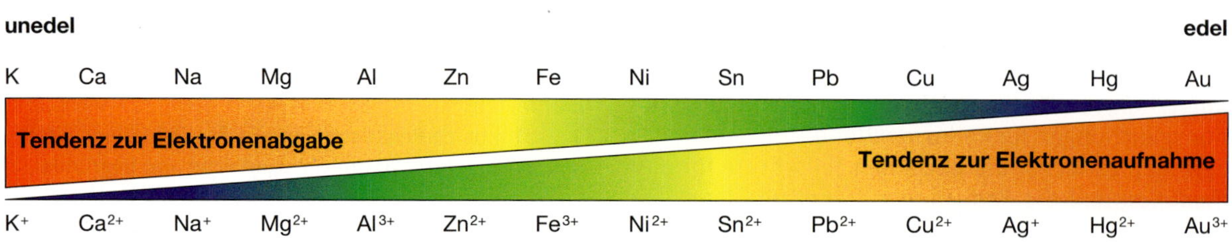

Elektronenübertragung

V1: Fällungsreihe der Metalle

Materialien: drei kleine Bechergläser, Schleifpapier; Eisensulfat (Xn), Kupfernitrat (Xn, B2), Magnesiumchlorid, Magnesiumband (F), Stäbe oder Bleche folgender Metalle: Eisen, Zink, Kupfer.

Durchführung:

1. Bereite die benötigten Salzlösungen vor. Löse dazu jeweils einen Spatel Salz in einem Becherglas mit 50 ml Wasser.

2. Reibe die Metallstäbe mit Schleifpapier blank. Halte sie dann nacheinander in die einzelnen Salzlösungen.

Hinweis: Vor jedem weiteren Test werden die Metallstücke gereinigt, getrocknet und erneut blank gerieben.

Aufgaben:

a) Übernimm die folgende Tabelle in deine Unterlagen und trage deine Beobachtungen ein

	Eisen	Kupfer	Zink	Magnesium
Fe^{2+}				
Cu^{2+}				
Mg^{2+}				

b) Deute deine Beobachtungen.

c) Ordne die Metalle Eisen, Kupfer, Zink und Magnesium in einer Fällungsreihe. Welche Metalle könnten demnach mit einer Eisensulfat-Lösung $FeSO_4$ (aq) reagieren?

V2: Reaktion von Kupfer mit Silbernitrat

Materialien: Uhrglas, Schleifpapier, Tropfpipette; Kupferblech, Silbernitrat-Lösung (verd.).

Durchführung:

1. Stelle das Uhrglas auf einen weißen Untergrund.

2. Gib etwas Silbernitrat-Lösung in das Uhrglas und lege ein kleines blankes Stück Kupferblech hinein.

3. Beobachte die Veränderungen, die im Laufe von fünf Minuten auftreten.

Aufgaben:

a) Beschreibe deine Beobachtungen.

b) Die Reaktion läuft zwischen elementarem Kupfer und Silber-Ionen (Ag^+) ab. Formuliere die Gleichungen für die Teilreaktionen und für die Gesamtreaktion.

c) Ordne Silber in die Fällungsreihe von V1 ein.

V3: Reaktion von Magnesium mit verdünnter Schwefelsäure

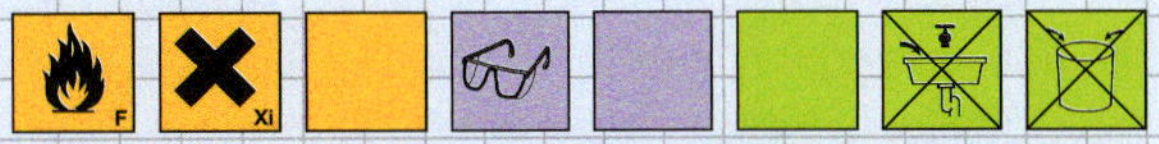

Materialien: durchbohrter Stopfen, Gasableitungsrohr, Messzylinder (10 ml), Wasserwanne, Tropfpipette, Gasbrenner; Magnesiumband (F), Schwefelsäure (verd.; Xi).

Durchführung:

1. Gib einen Streifen Magnesiumband von etwa 10 cm Länge in ein Reagenzglas, füge 10 ml Schwefelsäure hinzu und verschließe das Glas schnell mit dem Stopfen und dem Gasableitungsrohr.

2. Fange das Gas (F+) in einem Reagenzglas auf.

3. *Knallgasprobe:* Führe das Reagenzglas mit der Mündung schräg nach unten über die Brennerflamme.

Aufgaben:

a) Formuliere die Reaktionsgleichung für die Bildung des Gases in Ionenschreibweise.

b) Gib an, zwischen welchen Teilchen eine Elektronenübertragung abläuft.

Hinweis: In verdünnter Schwefelsäure liegen die folgenden Ionen vor: H^+ (aq), HSO_4^- (aq).

V4: Reaktion von Zink mit Eisenchlorid

Materialien: Tropfpipette, Stopfen; Zinkpulver (F), Eisenchlorid-Lösung ($FeCl_3$; $1\,\frac{mol}{l}$).

Durchführung:

1. Gib eine Spatelspitze Zinkpulver in ein Reagenzglas und füge etwa 3 ml Eisenchlorid-Lösung hinzu.

2. Verschließe das Glas mit dem Stopfen und schüttle das Gemisch längere Zeit.

Aufgaben:

a) Notiere deine Beobachtungen.

b) Die Reaktion findet zwischen elementarem Zink und Fe^{3+}-Ionen statt. Es bilden sich unter anderem Fe^{2+}-Ionen. Formuliere die Gleichungen für die Teilreaktionen und die Gesamtreaktion.

c) Ordne den Vorgängen die Begriffe *Oxidation* und *Reduktion* zu. Bestimme das Oxidationsmittel und das Reduktionsmittel.

d) Überprüfe mit deinem Ergebnis die Einordnung der Metalle in die Fällungsreihe nach V1 und V2.

e) Stelle eine Hypothese zum Reaktionsverlauf von Eisen in Zinkchlorid-Lösung auf. Führe dazu ein entsprechendes Experiment durch und protokolliere es.

16.5 Die Metallbindung ☆

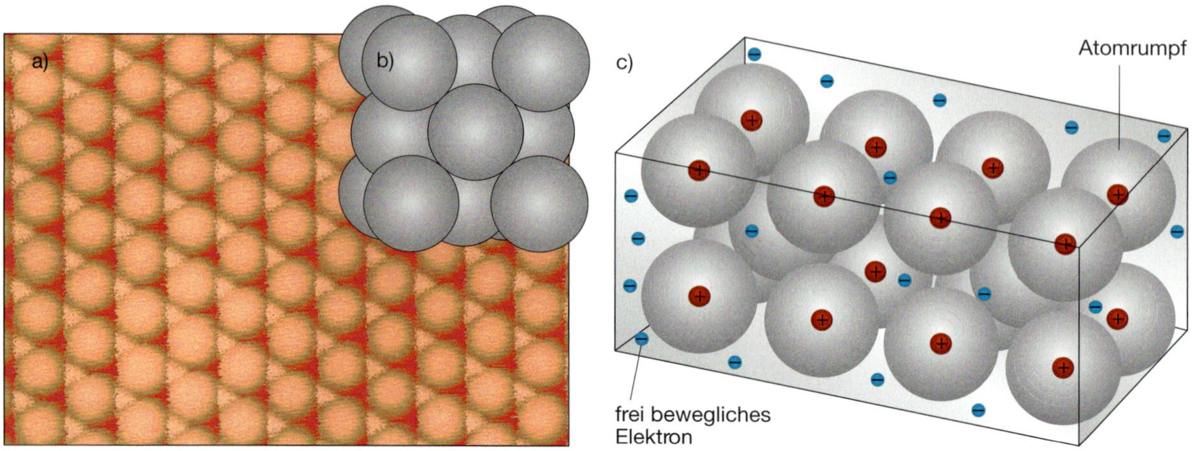

Aufbau der Metalle: a) feld-elektronenmikroskopisches Bild von Kupfer, b) Metallgitter: Cu-Typ, c) Elektronengas-Modell

Die meisten chemischen Elemente sind Metalle. Zu ihnen gehören die Hälfte der Hauptgruppenelemente sowie sämtliche Nebengruppenelemente. Alle Metalle bis auf Quecksilber sind bei Raumtemperatur Feststoffe. Die Metall-Teilchen liegen in einer raumsparenden, dichten Packung vor, in der sie sich kaum bewegen. Diese Struktur wird als Metallgitter bezeichnet. Dabei können sich die Metall-Teilchen unterschiedlich anordnen, sodass unterschiedliche Gitterformen entstehen.

Elektronengas-Modell und Eigenschaften. Charakteristisch für alle Metalle ist ihre gute Leitfähigkeit für Strom und Wärme. Typisch sind auch die plastische Verformbarkeit und der metallische Glanz. Aufbau und Eigenschaften der Metalle lassen sich durch das Elektronengas-Modell beschreiben.
Es geht von der Annahme aus, dass die *Außenelektronen* der Metall-Atome des Metallgitters sich nicht mehr einzelnen Atomen zuordnen lassen. Vielmehr bewegen sie sich nahezu frei zwischen den positiv geladenen *Metall-Kationen,* die man auch als *Atomrümpfe* bezeichnet.
Analog zu der ungeordneten Bewegung von Gasteilchen spricht man deshalb von einem **Elektronengas.**

Nach diesem Modell wird ein Metallkristall durch elektrische Anziehungskräfte zwischen den entgegen gesetzt geladenen Atomrümpfen und den beweglichen Elektronen zusammengehalten.

Elektrische Leitfähigkeit. Fließt ein elektrischer Strom durch einen Metalldraht, so werden die frei beweglichen Elektronen von der Stelle des Elektronenüberschusses (Minuspol) zu der Stelle des Elektronenmangels (Pluspol) verschoben.
Die elektrische Leitfähigkeit der Metalle nimmt mit steigender Temperatur ab: Bei niedriger Temperatur schwingen die Atomrümpfe nur wenig hin und her, die Bewegung der Elektronen wird kaum behindert. Mit steigender Temperatur werden die Schwingungen stärker. Der Elektronenfluss wird dadurch behindert und der elektrische Widerstand nimmt zu.

Wärmeleitfähigkeit. Berührt man Metalle bei Raumtemperatur mit der Hand, so fühlen sie sich kalt an. Die frei beweglichen Elektronen können unsere Körperwärme als Bewegungsenergie aufnehmen und schnell in das Metall transportieren. Der Gegenstand erwärmt sich nicht. Bei Stoffen, die die Wärme kaum leiten, nimmt der Gegenstand Körpertemperatur an.

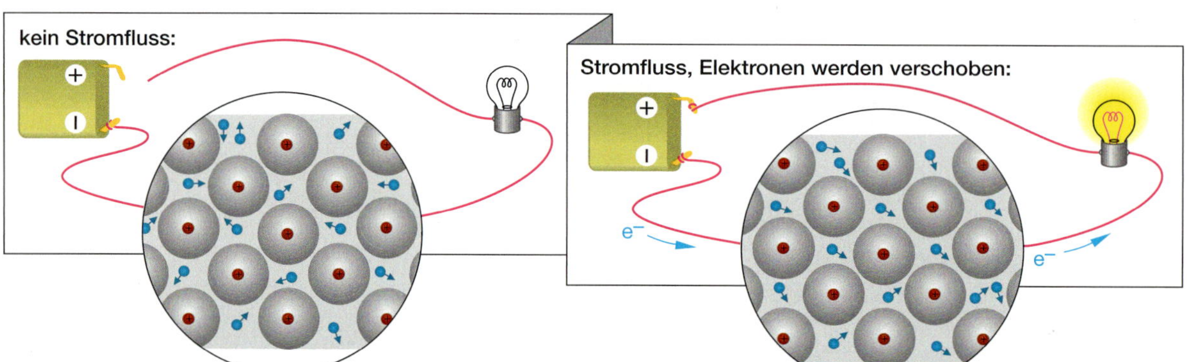

Verformbarkeit. Beim Biegen oder plastischen Verformen eines Metallstücks werden die Kationenschichten im Kristallgitter eines Metalls gegeneinander verschoben. Die Zahl der Nachbarn eines Kations bleibt dabei gleich und auch das Elektronengas verändert sich nicht. Die Metallbindung bleibt also erhalten, das Metall zerbricht nicht.

Bei einem Salzkristall zum Beispiel käme es bei gleicher Beanspruchung zum Bruch der Gitterstruktur. Die Ionenlagen werden gegeneinander verschoben. Statt entgegengesetzter Ladungen liegen damit gleiche Ladungen nebeneinander. Durch die Abstoßungskräfte zerbricht das Ionengitter.

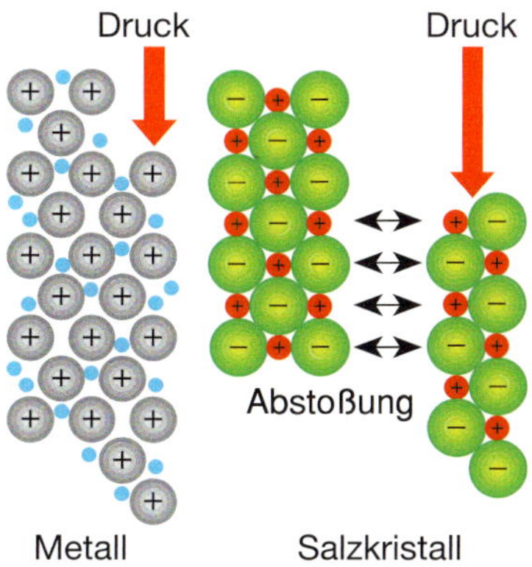

Nach dem Elektronengas-Modell ist ein Metall aus positiv geladenen Atomrümpfen (Metall-Kationen) und frei beweglichen Elektronen aufgebaut. Mit diesem Modell können die typischen Eigenschaften von Metallen erklärt werden.

1 Beschreibe den Aufbau eines Metallgitters.

2 Vergleiche die elektrische Leitfähigkeit eines Kupferdrahts und einer Kupfersalz-Lösung.

3 Erkläre die Veränderungen der elektrischen Leitfähigkeit eines Drahtes, wenn man ihn abkühlt.

4 Begründe, weshalb in einer Sauna keine Metallgegenstände verwendet werden.

Anlaufen von Silber

Exkurs

Nicht nur Eisen korrodiert. Auch andere Metalle können durch die Luft oder in der Luft enthaltene Schadstoffe oxidiert werden. Ein Beispiel dafür ist Silber. Als Edelmetall ist es den meisten Umwelteinflüssen gegenüber relativ beständig. Kommt es jedoch mit Schwefel oder Schwefelverbindungen in Kontakt, läuft es schwarz an. Dabei wird das Silber mit einer dünnen schwarzen Schicht Silbersulfid überzogen. Das Silber reagiert schon mit geringen Mengen Schwefelwasserstoff und Sauerstoff aus der Luft, wobei es zu Silbersulfid oxidiert wird.

$$4\,Ag\,(s) + \underset{\text{Schwefel-Wasserstoff}}{2\,H_2S\,(g)} + O_2\,(g) \longrightarrow \underset{\text{Silbersulfid}}{2\,Ag_2S\,(s)} + 2\,H_2O\,(l)$$

Um das Silber von der unansehnlichen schwarzen Schicht zu befreien, muss es regelmäßig mit einem Lappen geputzt werden. Einfacher lässt sich angelaufenes Silber reinigen, wenn man es mit etwas Alufolie umwickelt in eine heiße Kochsalzlösung gibt. Nach einiger Zeit wird dann das Silber wieder blank. Um ein Anlaufen ganz zu verhindern, kann man zum Beispiel Silberschmuck auch in Aluminium-Folie verpackt lagern.

1 Erkläre die Silberreinigung mit Aluminium-Folie anhand der Fällungsreihe der Metalle. Formuliere die entsprechenden Reaktionsgleichungen.

2 Begründe, weshalb Eierlöffel nicht aus Silber sind.

3 Hochwertige Audiokabel haben vergoldete Stecker. Nenne mögliche Gründe, warum man hier das teure Metall Gold verwendet und nicht das preiswertere Silber.

Silberreinigung

Location: http://www.schroedel.de/chemie_heute.html

Metallwirtschaft

Ergebnisse:

Return to sender

Seit Anfang 2007 müssen Pkw-Hersteller entsprechend der EU-Altfahrzeugverordnung Altautos kostenlos annehmen und zumindest 80 % ihrer Masse recyceln. Stahlschrott aus Altautos ist ein wichtiger Rohstoff für die Stahlerzeugung. Derzeit werden in Europa über 50 % des Rohstahls aus Schrott erschmolzen. Aufgrund der hohen Nachfrage hat sich der Schrottpreis seit 2001 nahezu verdreifacht. Tendenz steigend.

Globalisierung lässt Stahlfirmen verschmelzen

Die Globalisierung hat in den vergangenen Jahren das Bild der Weltstahlindustrie stark verändert. So hat der Zusammenschluss von Thyssen und Krupp das neu entstandene Unternehmen TKS auf Platz Eins in Deutschland und Rang Neun in der Weltrangliste geführt. Auch Weltkonzerne wie Mittal Steel, Arcelor, Riva und Feralpi sind durch Unternehmensübernahmen auf dem deutschen Markt tätig.

Angebot und Nachfrage

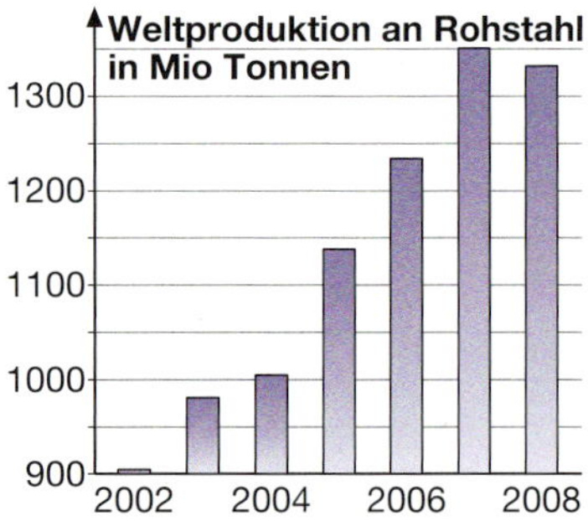

Die Weltproduktion an Rohstahl erreichte im Jahre 2007 mit 1351 Millionen Tonnen einen neuen Höchststand. Rund ein Drittel davon wurde in China produziert, etwa 20 % in den Ländern der EU, der Rest verteilt sich auf Japan, die USA und Russland.
Mit einem Marktanteil von 53 % ist Asien auch in der Stahlverarbeitung der größte Markt (Stand 2008). Allein China hält 32 % am Weltmarkt. Zweitgrößter Markt ist Europa mit 20 %; es folgen die USA mit 11 %.
Nach Schätzungen wächst der Weltstahlmarkt in den nächsten Jahren weiter um durchschnittlich 6 %. Die Weltproduktion wird damit bald auf jährlich mehr als 1400 Millionen Tonnen steigen.

Hohe Zinkpreise beunruhigen Klempnerbranche

Die Börsennotierung für Special-High-Grade-Zink lag Ende 2004 bei durchschnittlich 880 € pro Tonne. Im Jahr 2006 kletterte der Preis bis auf über 3700 € pro Tonne. Die Hintergründe für diese Entwicklung sind vielfältig: Zum einen sank die Fördermenge, denn aufgrund der damals eher niedrigen Preise wurden in den vorangegangenen Jahren weltweit viele Minen stillgelegt. Ein weiterer Grund ist der weltweit gestiegene Verbrauch an Zink seit 2003, insbesondere durch China. Seit 2004 ist China daher nicht mehr der größte Exporteur für Zink, sondern gehört mittlerweile zu den Zink-Importeuren. Inzwischen hat sich der Markt wieder beruhigt: Eine Tonne Zink kostete im Sommer 2009 etwa 1100 €.

Kupferklau auf Baustellen

Hamburg SSV. Zuletzt traf es einen Heizungs- und Sanitärgroßhandel in Hamburg-Norderstedt und das schon zum sechsten Mal innerhalb eines Jahres. Laut Polizeiangaben luden acht Täter nachts aus dem mit Bewegungsmeldern gesicherten Firmenlager Kupferrohre mit einer Gesamtlänge von zwölf Kilometern auf Lastwagen.
Wert der Ware: 60000 €. Bei einem vorherigen Einbruch entfernte die Bande sogar die vor der Lagerausfahrt geparkten Firmenlaster, indem sie diese kurzschlossen.

Aufgaben

1 Die meisten Tageszeitungen berichten auf ihrer Börsenseite regelmäßig über die Preisentwicklung bei Edelmetallen und Nichteisenmetallen. Sammle die Meldungen über einen Zeitraum von mindestens vier Wochen und stelle die Preisentwicklung für Kupfer, Blei, Zink, Zinn, Aluminium und Nickel grafisch dar.

2 Recherchiere mögliche Ursachen der Preisentwicklung.

Dem Rost auf der Spur

Basiswissen

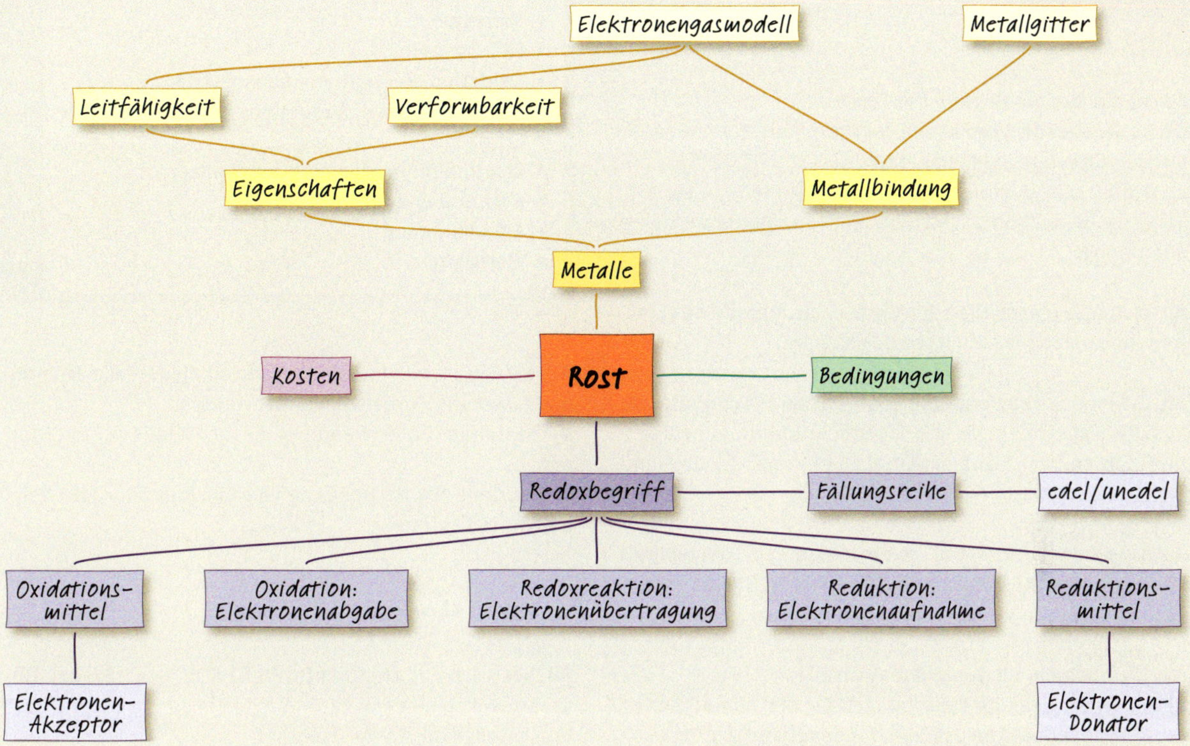

Rosten als Redoxreaktion

Chemie in unserer Welt

Das Rosten von Eisen ist, wie auch alle anderen Korrosionsvorgänge, ein natürlicher Vorgang, der nicht verhindert, wohl aber verlangsamt werden kann. Schon früh waren die Bedingungen bekannt, unter denen Eisen rostet. Auf der Grundlage dieser Erfahrung entwickelten Menschen die ersten Rostschutzverfahren: Einölen, Wachsen, Putzen und das Aufbewahren der Eisengegenstände in einer trockenen Umgebung. Auf diese Weise hielten sie Luft und Wasser vom Eisen fern.

Neuer Redoxbegriff. Lange Zeit hielt sich die Vorstellung, dass eine Oxidation eine Aufnahme von Sauerstoff sei. Doch seit der Aufbau von Atomen mit Elektronenschalen bekannt ist, weiß man, dass bei einer Oxidation Elektronen abgegeben werden. Unabhängig davon, ob der Reaktionspartner Sauerstoff oder ein anderes Nichtmetall ist, läuft die gleiche Reaktion ab. Die Nichtmetall-Atome nehmen die Elektronen auf. Redoxreaktionen wie das Rosten sind Elektronenübertragungsreaktionen. Das **Donator-Akzeptor-Prinzip** ist inzwischen zu einer generellen Betrachtungsweise chemischer Reaktionen geworden.

Edel – unedel. Die Atome verschiedener Metalle haben eine unterschiedliche Tendenz zur Elektronenabgabe; deren Ionen eine unterschiedliche Neigung, Elektronen aufzunehmen. Diese Beobachtungen bildeten für Chemiker die Voraussetzung für die Entwicklung von Maßnahmen, Metalle dauerhaft und zuverlässig vor der Korrosion zu schützen. Die Metalle sind in der Fällungsreihe nach edel/unedel geordnet. Diese Reihe hilft bei der Entscheidung für den Einsatz eines Metalls als Werkstoff. So werden wichtige elektrische Kontakte vergoldet, weil auch schon eine geringe Korrosion den Stromfluss beeinträchtigen kann. Andererseits kann man Heizungsrohre aus dem wesentlich preiswerteren Eisen fertigen, weil das Heizungswasser praktisch keinen elementaren Sauerstoff enthält. Eine geringfügige Korrosion durch Spuren von Sauerstoff stört bei dieser Verwendung nicht. Trinkwasser hingegen enthält geringe Mengen an Chlor, das unedle Metalle oxidieren kann. Daher verwendet man für Trinkwasserleitungen das edlere aber auch teurere Metall Kupfer. Bei Eisenrohren bilden sich bei der Oxidation Eisen-Ionen, die das Wasser ungenießbar machen können.

Prüfe dein Wissen

Quiz

A1 a) Erkläre die Begriffe des Fensters.
b) Notiere auf der Vorderseite von Karteikarten den Begriff, auf der Rückseite die Erklärung.
c) Ordne die Begriffe den Basiskonzepten „Materie", „chemische Reaktion" und „Energie" zu. Begründe deine Zuordnung.

A2 Nenne Eigenschaften der Metalle, die mithilfe des Elektronengas-Modells erklärt werden können.

A3 Zinkspäne reagieren mit Bromwasser. Formuliere die Reaktionsgleichung für die Elektronenübertragungsreaktion. Gib an, welches Element als Elektronendonator und welches als Elektronenakzeptor fungiert.

A4 Eine Zinkplatte wird **a)** in eine Silbersalz-Lösung und **b)** in eine Magnesiumsalz-Lösung gestellt. Stelle begründete Hypothesen für die zu erwartenden Reaktionen auf.

A5 Blei reagiert mit Kupfersulfat-Lösung.
a) Stelle die Reaktionsgleichungen für die Teilreaktionen der Elektronenabgabe und Elektronenaufnahme auf.
b) Ordne den Teilreaktionen die Begriffe Oxidation und Reduktion sowie den Ausgangsstoffen die Begriffe Oxidationsmittel und Reduktionsmittel zu.
c) Fasse die Teilreaktionen zu Redoxreaktionen zusammen.

Know-how

A6 Beim Abbrennen einer Magnesiumfackel unter Wasser entsteht ein farbloses Gas.
a) Gib an, um welches Gas es sich dabei handelt.
b) Notiere die Reaktionsgleichung und erläutere den Begriff Oxidation als Sauerstoff- und Elektronenübertragungsreaktion.
c) Vergleiche die Verbrennung von Magnesium unter Wasser mit dem Rosten von Eisen.

Die wichtigsten Begriffe

- Rost
- Korrosion
- Fällungsreihe
- Oxidation, Reduktion, Redoxreaktion
- Oxidationsmittel, Reduktionsmittel
- Elektronenübertragung
- Elektronendonator, Elektronenakzeptor
- edle und unedle Metalle
- Metallbindung
- Metallgitter

A7 a) Gib an, wo an deinem Fahrrad die Metalle Aluminium, Eisen und Kupfer verwendet werden.
b) Begründe die Verwendung dieser Metalle für ein Fahrrad.
c) Beurteile die Verwendung von Calcium und Gold beim Bau eines Fahrrades.

Natur – Mensch – Technik

A8 Rost scheint bestimmte Stellen zu bevorzugen: Türscharniere an einer Eisentür, Beulen in der Karosserie oder Bruchstellen an einem Eisenrohr.
a) Zeichne einen Ausschnitt aus einem Eisenblech im Modell.
b) Fertige die entsprechende Zeichnung vom Endstück eines zerrissenen Eisenblechs an.
c) Erläutere, wo und warum das zerrissene Eisenblech stärker rostet.

A9 Das aluminothermische Schweißen ist ein wichtiges Verfahren zur Reparatur von Eisenbahnschienen.
a) Erläutere, den Begriff aluminothermisches Schweißen.
b) Stelle anhand der Abbildung eine Reaktionsgleichung für das Verfahren auf.
c) Erkläre anhand der Reaktionsgleichung die Prinzipien einer Redoxreaktion.
d) Erkläre die Verwendung eines Eisenoxid/Aluminiumgemisches in Pulverform und das Zünden der Reaktion mit einer Magnesiumfackel.

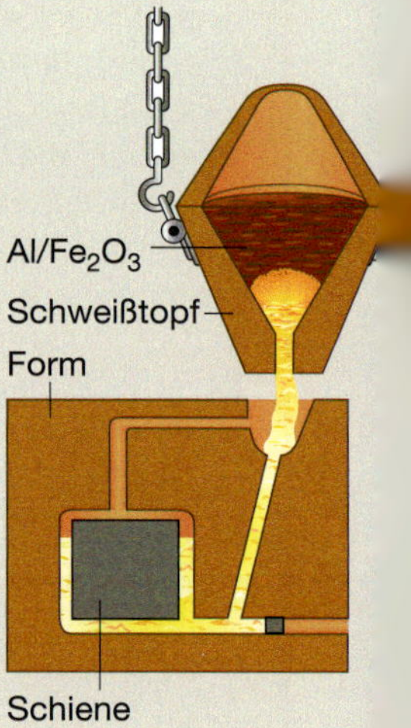

A10 Auf Elektronikplatinen befindet sich eine dünne Kupferplatte. Dort, wo später Leiterbahnen verlaufen sollen, schützt man das Kupfer. Der Rest wird mit speziellen Lösungen weggeätzt. Erkläre, warum man hier keine Salzsäure benutzt.

A1 Wärme durch Rost – Einwegwärmekissen

„Nie wieder kalte Füße. Endlich ein Wärmekissen, das nicht auf der Haut brennt." Ob als bloße Hand- oder Fußwärmer, zur Linderung von Muskelverspannungen oder als Hilfsmittel bei chronischen Erkrankungen der Gelenke und Muskeln, diese Einwegwärmekissen versprechen wohltuende Wärme über Stunden hinweg.

Die Füllung der Wärmekissen besteht aus einem Gemisch aus Eisenpulver, Kochsalz und Aktivkohle sowie etwas Wasser. Die Kissen werden einzeln in luftdicht verschweißten Kunststoffbeuteln, die mit Stickstoff-Gas gefüllt sind, aufbewahrt. Für den Gebrauch eines Wärmekissens reißt man den Kunststoffbeutel auf und klebt das Kissen beispielsweise auf die schmerzende Stelle. Nach etwa fünf Minuten erwärmt es sich auf etwa 60 bis 70 °C. Die Wärmeentwicklung kann je nach Produkt bis zu 24 Stunden betragen. Nach dem Abkühlen kann man das Kissen im Hausmüll entsorgen.

a) Stelle Vermutungen über die Wirkungsweise des Einwegwärmekissens auf.

b) Um zu erklären, wie die Einwegwärmekissen funktionieren, kann man verschiedene Versuche durchführen:

- Misst man die Temperatur des Gemischs, lässt sich an der Oberfläche eine höhere Temperatur messen als im Inneren des Gemischs.
- Gibt man das Einwegkissen in einen Plastikbeutel und verschließt diesen luftdicht, so kühlt sich das Kissen ab. Öffnet man den Beutel, dann steigt die Temperatur wieder.
- Füllt man reinen Sauerstoff in den Plastikbeutel, so wird das Gemisch deutlich heißer als an Luft. Der geschlossene Plastikbeutel wird nach und nach kleiner.
- Das zuvor schwarz-graue Gemisch ist nach dem Abkühlen bräunlich gefärbt.

Deute die jeweiligen Versuchsbeobachtungen und überprüfe die Gültigkeit deiner Vermutung. Erkläre zusammenfassend die Wirkungsweise dieser Wärmekissen und stelle die entsprechenden Reaktionsgleichungen auf.

c) Recherchiere die Bedeutung der Aktivkohle.

A2 Silberrecycling in Fotobädern

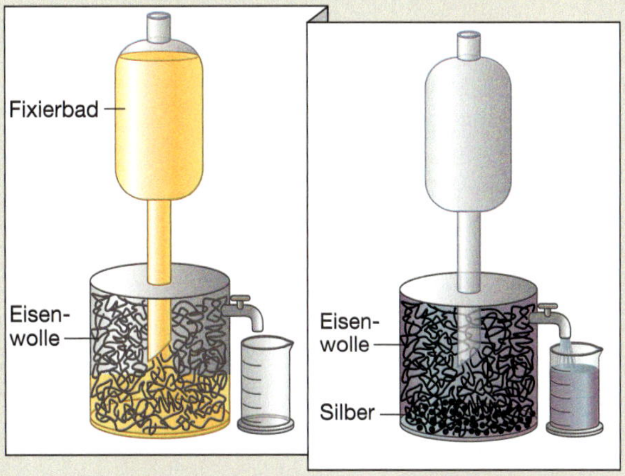

Silber ist ein begehrter Rohstoff und ein knappes Gut. Jährlich werden weltweit etwa 20 000 Tonnen Silber gefördert, doch reichen die Vorräte nach Schätzungen nur noch gut 30 Jahre. Aus diesem Grund ist Silber recht teuer: 100 g Silber kosteten 2009 etwa 40 €. Mehr als 60 % des gewonnenen Silbers werden noch immer in der Fotoindustrie genutzt, auch wenn die wichtiger werdende Digitalfotografie ohne Silber auskommt.

Wie bei den anderen Edelmetallen werden heute silberhaltige Werkstoffe recycelt. Das gilt natürlich auch für die Abfälle bei der Fotoverarbeitung. Etwa 75 % des in einem Fotopapier oder Film enthaltenen Silberbromids (AgBr) werden im Verlauf des Entwicklungsprozesses aus der lichtempfindlichen Schicht herausgelöst und sammeln sich in den fotografischen Bädern an. Aus diesen Lösungen lässt sich Silber sehr leicht wieder zurückgewinnen. Die Zeichnung stellt ein Verfahren zur Gewinnung von Silber aus Fixierbädern dar.

a) Beschreibe das Verfahren und erläutere den Nutzen des Silberrecyclings.

b) Erkläre die ablaufenden chemischen Reaktionen und stelle die Teilgleichungen für die Oxidation und die Reduktion auf. Fasse diese anschließend zur Reaktionsgleichung für die Redoxreaktion zusammen und nenne Reduktions- und Oxidationsmittel.

c) Informiere dich, wie technisch Silber aus Fotobädern zurückgewonnen wird. Vergleiche beide Verfahren miteinander.

d) Informiere dich über den Zweck von Entwickler-, Stopp- und Fixierbad.

e) Gib an, bei welchen Schritten zwischen Fotografieren und dem fertigen Bild Redoxreaktionen ablaufen.

17 Kampf der Korrosion

Bronzefarben glänzt der Eiffelturm im Licht der Abendsonne. Damit dies auch weiterhin so bleibt, steigen alle paar Jahre 25 Anstreicher mit Farbeimern und Pinseln in das Pariser Wahrzeichen, um es vor seinem ärgsten Feind zu schützen – dem Rost. Für jeden Anstrich benötigen sie etwa 60 Tonnen Farbe und verbrauchen dabei rund 1500 Pinsel. Doch dieser enorme Aufwand an Zeit, Geld und Material ist es wert, denn ohne diesen Korrosionsschutz würde der Eiffelturm über die Jahre hin nach und nach korrodieren.

Das Säubern und Anstreichen des Eisens ist jedoch nur eine der zahlreichen Maßnahmen des Korrosionsschutzes. Heute gibt es eine ganze Palette verschiedener Verfahren, Werkstoffe wirksam und dauerhaft vor der Korrosion zu schützen. Ohne das Verständnis über die bei Korrosionsvorgängen ablaufenden Redoxreaktionen und der Faktoren, die die Korrosion von Metallen fördern und hemmen, hätten die modernen Verfahren des Korrosionsschutzes jedoch nicht entwickelt werden können.

Zentrale Fragen:
- Können noch andere Stoffe korrodieren?
- Unter welchen Bedingungen korrodieren Metalle?
- Welche Formen der Korrosion gibt es?
- Wie kann man Metalle wirksam vor Korrosion schützen?
- Was geschieht bei der Elektrolyse?

17.1 Der Zahn der Zeit nagt an allem

Braune Flecken an Fahrradketten, Autokarosserien, oder Brücken – alle Gegenstände aus Eisen rosten, wenn sie mit feuchter Luft, Wasser oder Säuren in Kontakt kommen. Diese langsam voranschreitende Zerstörung von Materialien wird allgemein als **Korrosion** bezeichnet. Starke mechanische Beanspruchungen wie beispielsweise Druck, Zug oder Spannungen im Material beschleunigen zusätzlich die Korrosion. Dabei entstehen Risse im Werkstoff, die eine tiefere Korrosion ermöglichen.

Beispiele für Korrosion. Nicht nur eisenhaltige Gegenstände, auch Werkstoffe aus anderen Materialien korrodieren und zeigen Veränderungen, die letztlich zum Verlust der ursprünglichen Eigenschaften und vielfach zu Schäden führen. So bildet sich auf Dächern und Statuen aus Kupfer nach vielen Jahren eine grüne Schicht aus fest haftenden Kupfersalzen, die sogenannte *Patina*; zunächst metallisch glänzende Zinkgegenstände werden nach wenigen Wochen matt. Auch Metalllegierungen wie Messing und Bronze laufen bei längerer Zeit an der Luft grünlich-braun an und verändern ihre Oberflächenbeschaffenheit.

Korrosion ist nicht nur auf Metalle beschränkt, auch viele andere Werkstoffe sind davon betroffen. Glas beispielsweise verliert seine glatte Oberfläche und erscheint trüb, da das einfallende Licht von der nun rauen Glasschicht gestreut wird. Das Spülen von Glas mit stark ätzenden Reinigern, wie sie in der Geschirrspülmaschine verwendet werden, beschleunigt dieses „Blind"-werden. Auch bei anderen mineralischen Werkstoffen wie Kalkmörtel oder Beton kann durch saure Lösungen die Struktur der Werkstoffe so stark geschädigt werden, dass es auf lange Sicht sogar zur Zerstörung von Bauwerken kommen kann. Ein Beispiel ist die Schädigung von Kalksteinfassaden oder -statuen durch den sauren Regen.

Formen der Korrosion. Die aufgeführten Beispiele lassen sich auf zwei grundlegende Formen der Korrosion zurückführen. Unedle Metalle wie beispielsweise Magnesium, Zink oder Eisen reagieren mit sauren Lösungen unter Bildung von Wasserstoff-Gas. Dabei entsteht eine Salzlösung. Bei dieser *Säurekorrosion* werden die Atome unedler Metalle oxidiert.

Viele Metalle wie auch Eisen korrodieren jedoch nicht nur in sauren Lösungen. Entscheidend für die Korrosion in neutralen und alkalischen Lösungen ist der im Wasser gelöste Sauerstoff. Dieser oxidiert die Metall-Atome und wird dabei selbst zu Hydroxid-Ionen (OH^-) reduziert. Bei dieser *Sauerstoffkorrosion* laufen folgende Vorgänge ab:

Oxidation: $2\ Fe\ (s) \dashrightarrow 2\ Fe^{2+}\ (aq) + 4\ e^-$

Reduktion: $O_2\ (aq) + 2\ H_2O\ (l) + 4\ e^- \dashrightarrow 4\ OH^-\ (aq)$

Redoxreaktion: $2\ Fe\ (s) + O_2\ (aq) + 2\ H_2O\ (l) \longrightarrow 2\ Fe^{2+}\ (aq) + 4\ OH^-\ (aq)$

Aber nicht nur Eisen ist durch den im Wasser gelösten Sauerstoff bedroht. Wasserleitungsrohre aus dem deutlich edleren Kupfer können durch den im Wasser gelösten Sauerstoff angegriffen werden, wenn die Kupferrohre beispielsweise mit einem anderen Metall verbunden werden. Dann kann es zu dem gefürchteten *Lochfraß* und infolgedessen zu einem Wasserrohrbruch kommen.

Korrosion ist die Zerstörung der Oberfläche von Stoffen unter Einwirkung von Wasser, Luftsauerstoff und Säuren.

1 Ordne die im Text genannten Beispiele den Korrosionsformen zu. Suche weitere Beispiele für Korrosion und ordne auch diese entsprechend zu.

2 1999 wurde auf dem Mittelberg nahe der Stadt Nebra in Sachsen-Anhalt eine etwa 3600 Jahre alte Bronzescheibe gefunden, die Himmelsscheibe von Nebra. Erläutere, warum nur die Bronzebestandteile korrodiert sind, jedoch die Goldauflagerungen scheinbar unverändert geblieben sind.

Praktikum

Korrosion und Korrosionsschutz

V1: Korrosion eines Eisennagels

Materialien: 4 Petrischalen, Gasbrenner, Erlenmeyerkolben (300 ml), Messzylinder (100 ml), Waage, Glasstab, Eisenwolle;
Agar-Agar oder Gelatine, Kochsalz, Rotes Blutlaugensalz, Thymolphthalein-Lösung (F), Eisennägel (nicht verzinkt), Eisenblech, verzinkter Draht, Kupferdraht (Klingeldraht).

Durchführung:

1. Erhitze in dem Erlenmeyerkolben 100 ml Wasser mit etwa 2 g Agar-Agar oder Gelatine als Gelbildner, bis eine klare Lösung entsteht.
2. Füge einen Spatel Kochsalz, eine Spatelspitze Rotes Blutlaugensalz und einige Tropfen Thymolphthalein-Lösung hinzu
3. Gib einen Tropfen dieser Lösung auf ein abgeschmirgeltes Eisenblech und lasse die Probe über Nacht stehen.
4. Verteile die restliche Lösung auf die Petrischalen. Lege anschließend folgende Gegenstände hinein:
   - einen unbehandelten Eisennagel;
   - einen Eisennagel, dessen eine Hälfte in der Flamme oxidiert wurde;
   - einen Eisennagel, der in der Mitte mit Kupferdraht umwickelt ist;
   - einen Eisennagel, der in der Mitte mit einem verzinkten Draht umwickelt ist.
5. Lege die Oberteile auf die Petrischalen und betrachte die Veränderungen nach zwei Tagen.

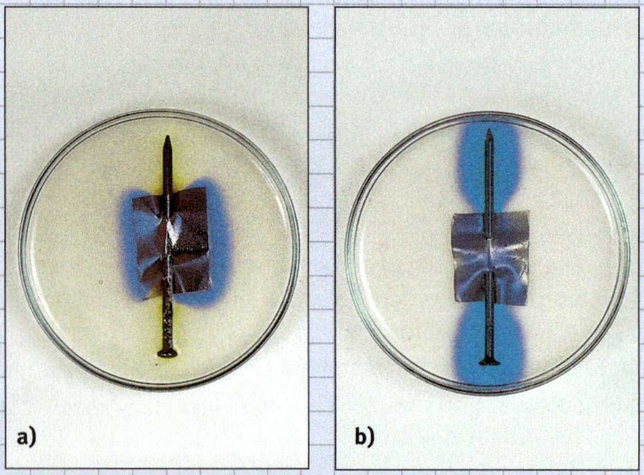

Untersuchen von Korrosionsvorgängen: a) Kupfer und Eisen, b) Eisen und Zink

Aufgaben:

a) Notiere deine Beobachtungen. Zeichne den Nagel jeweils schematisch und kennzeichne die gefärbten Bereiche.

b) Eisen-Ionen (Fe^{2+}-Ionen) bilden mit dem Roten Blutlaugensalz eine blaue Verbindung, das *Berliner Blau*. Die Reaktion ist ein Nachweis für Eisen-Ionen. Die Blaufärbung von Thymolphthalein zeigt an, dass sich Hydroxid-Ionen (OH^--Ionen) gebildet haben. In dieser Reaktion ist der im Wasser gelöste Sauerstoff beteiligt. Gib die Reaktionsgleichungen für die abgelaufenen Reaktionen an und deute den Gesamtvorgang.

c) Auf einem Eisennagel scheint es edlere und unedlere Bereiche zu geben. Gib den Minuspol und den Pluspol auf dem Nagel an.

d) Vergleiche den unbehandelten Nagel mit den Nägeln, die mit Kupfer oder Zink umwickelt wurden. Erkläre, warum nur Zink den Eisennagel vor Korrosion schützt.

V2: Überzüge aus Kupfer und Messing

Xn C N B1 B2

Materialien: Gleichspannungsquelle, Strommessgerät, Becherglas (500 ml), Metallputztuch;
Eisennagel, Kupferblech, Messingblech.
Kupferbad: 10,4 g Kupfersulfat-Hydrat (Xn, N), 52 g Kaliumnatriumtartrat und 15,6 g Natriumhydroxid (C) werden mit Wasser zu 300 ml Lösung gelöst.
Messingbad: 4 g Kupfersulfat-Hydrat (Xn, N), 1,2 g Zinksulfat-Hydrat (Xn, N), 32 g Kaliumnatriumtartrat und 1,6 g Natriumhydroxid (C) werden mit Wasser zu 400 ml Lösung gelöst.

Durchführung:

1. Reinige das Kupferblech und den Eisennagel oder einen anderen Gegenstand aus Eisen mit dem Metallputztuch.
2. Schließe den Eisennagel an den Minuspol und das Kupferblech an den Pluspol an und tauche sie in das Kupferbad. Elektrolysiere bei einer Stromstärke von 0,2 A etwa 15 min lang.
3. Wiederhole den Versuch mit dem Messingbad. Elektrolysiere bei einer Gleichspannung von 5 V etwa 10 min lang. Bewege dabei den Gegenstand vorsichtig in der Lösung.
4. Spüle die Metalle nach der Elektrolyse gründlich mit Wasser ab. Prüfe anschließend mit dem Metallputztuch, ob die Metallüberzüge nach dem Trocknen fest haften.

Aufgaben:

a) Notiere deine Beobachtungen.

b) Vergleiche die Vorgänge im Kupferbad mit denjenigen im Messingbad und gib die Reaktionsgleichungen an.

c) Erstelle eine Schemazeichnung zu den Vorgängen in einer Silbersalz-Lösung, die beim Versilbern von Besteck an den Elektroden ablaufen (Minuspol: Silberblech).

17.2 Putzen alleine hilft wenig

Lässt man sein Fahrrad für einige Zeit bei feuchtem Wetter draußen stehen, bilden sich besonders auf den Speichen schnell Roststellen. Ein Fahrrad, das für die gleiche Zeit in der trockenen Garage stand, zeigt diesen Rost nicht. Findet man jedoch ein Fahrrad, das längere Zeit im Wald lag, so ist dieses Fahrrad nahezu komplett verrostet. Die Erklärung dafür ist einfach: In trockener und sauberer Luft rostet Eisen nicht. In feuchter, schadstoffhaltiger Luft bleibt auf dem Metall ein Flüssigkeitsfilm, in dem sich Gase wie Schwefeldioxid, Kohlenstoffdioxid oder Stickstoffoxide lösen können. Die entstehenden sauren Lösungen beschleunigen die Korrosion. Im Flüssigkeitsfilm gelöste Salze erhöhen die elektrische Leitfähigkeit der Lösung und erleichtern den Ladungstransport. Dies ist auch der Grund, weshalb Autos im Winter besonders stark rosten.

Reinigung und Trocknung. Um Metalle in unseren Breiten vor der Korrosion zu schützen, müssen die Stoffe entfernt werden, die die Korrosion fördern. Die einfachste Form des Korrosionsschutzes ist also das Putzen der Metalloberflächen. Ein regelmäßig geputztes Fahrrad rostet nicht so schnell wie ein verschmutztes. Beim Putzen wird die Oberfläche des Metalls getrocknet. Auch Humussäuren aus anhaftenden Verschmutzungen sowie Salze werden durch diese Reinigung entfernt.

Passiver Korrosionsschutz. Reinigen und Trocknen halten jedoch nicht lange vor, denn schon nach kurzer Zeit entsteht ein neuer Flüssigkeitsfilm auf dem Metall. Ebenso können sich Verschmutzungen wieder ablagern. Putzen alleine reicht daher nicht aus, um Metallgegenstände dauerhaft vor der Korrosion zu bewahren.

Als Korrosionsschutz wird ein Unterlack aufgebracht

Damit der Schutz länger währt, kann man nach dem Reinigen zusätzlich Schutzschichten auf das Metall aufbringen. Beispiele sind das Einölen, das Wachsen, aber auch das Lackieren oder das Ummanteln mit Kunststoffen. Auch der Unterbodenschutz beim Auto aus Bitumen sowie eine Emaillierung bei Töpfen sind solche Schutzschichten. Dabei bilden Öle und Wachse eine Schicht auf der Metalloberfläche, die auf Grund ihrer chemischen Eigenschaften einen abstoßenden Charakter gegenüber Wasser und Salzlösungen hat. Man nennt solche Stoffe, die wasserabstoßend sind *hydrophob* (griech. *hydor:* Wasser; *phobos:* Furcht). Lacke, Bitumen, Kunststoffe und Emaille bilden einen Überzug, der weder Wasser noch Luft durchlässt. Sie werden auf Grund ihrer Beständigkeit oft auf Gegenständen angewendet die längere Zeit der Witterung ausgesetzt sind.

In Verschmutzungen enthaltene Salze und Säuren fördern die Korrosion. Das Reinigen und Trocknen von Metalloberflächen verhindert die Korrosion nur vorübergehend. Einen längeren Schutz erreicht man durch passiven Korrosionsschutz.

1 Erkläre, warum Öle und Wachse als Korrosionsschutz für Metallgegenstände, die stark der Witterung ausgesetzt sind, weniger geeignet sind.

2 Erläutere, warum im Hochgebirge Eisenleitern oder Drahtseile kaum Korrosionsmerkmale aufweisen.

3 Erste Roststellen bei einem Fahrrad lassen sich meist mit Rostumwandlern behandeln. Recherchiere die Zusammensetzung und die Wirkungsweise von Rostumwandlern.

4 Plane ein Experiment, mit dem man die im Text genannten Überzüge auf ihre Eignung als Korrosionsschutz überprüfen könnte.

17.3 Metalle schützen sich selbst und andere

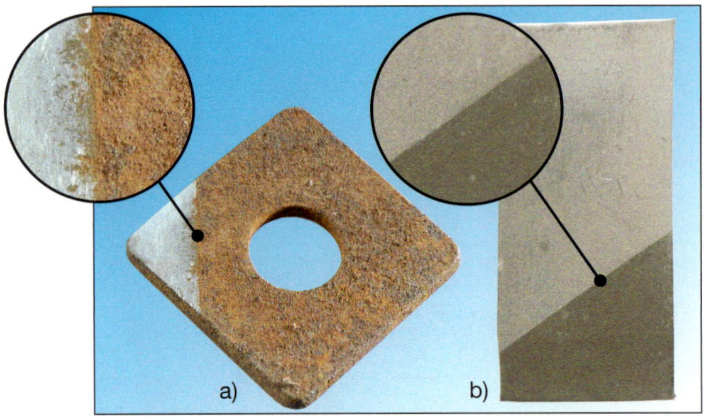

Oberfläche von a) Eisen/Rost und b) Zink/Zinkoxid

Aluminium und Zink zählen neben Eisen zu den wichtigsten Gebrauchsmetallen. Geschätzt werden diese Metalle vor allem wegen ihrer Korrosionsbeständigkeit, obwohl beide Metalle deutlich unedler sind als Eisen und demzufolge leichter korrodieren müssten. Wie ist dies zu erklären?

Metalle schützen sich selbst. Vergleicht man die Oberfläche eines korrodierten Zink- oder Aluminiumblechs mit der eines verrosteten Blechs aus Eisen, zeigen sich Unterschiede. Rost ist porös und blättert ab. Auf Gegenständen aus Zink und Aluminium bildet sich schnell eine glatte und fest haftende Schicht aus Zinkoxid beziehungsweise Aluminiumoxid aus. Diese feste Schicht hält Sauerstoff, Feuchtigkeit und andere korrosionsfördernde Stoffe von den darunter liegenden Schichten fern. Die poröse Rostschicht beim Eisen kann den Zutritt dieser Stoffe und somit die weitere Korrosion nicht verhindern. Metalle wie Zink und Aluminium schützen sich daher durch die fest haftenden Oxidschichten selbst. Dies bezeichnet man als **Passivierung**. Ein ähnliches Verhalten kann man bei Chrom, Nickel, Zinn oder auch Kupfer beobachten. Auch diese Metalle überziehen sich mit einer korrosionsbeständigen Schicht. Meist handelt es sich dabei um Oxide; die grüne Patina beim Kupfer setzt sich jedoch aus verschiedenen Kupfersalzen zusammen.

Metalle schützen andere Metalle. Um Metalle gegen Korrosion zu schützen, kann man sie mit einer Schicht aus einem korrosionsbeständigeren Metall überziehen. Vielfach werden als Überzug edlere Metalle verwendet als das eigentliche Gebrauchsmetall. So schützt bei einem mit Kupfer überzogenen Eisentopf das edlere und somit korrosionsbeständigere Kupfer das Eisen vor der Korrosion. Allerdings ist der Korrosionsschutz hier nur so lange wirksam, wie die Schutzschicht unversehrt ist. Wird die schützende Kupferschicht bei dem Eisentopf verletzt, kommen Sauerstoff und Wasser direkt mit dem darunter liegenden Eisen in Kontakt. Einige Eisen-Atome werden oxidiert und gehen als Fe^{2+}-Ionen in Lösung. An der Stelle, wo zuvor noch die Eisen-Atome waren, ist nun eine Lücke im Atomverband. Die bei der Oxidation abgegebenen Elektronen fließen vom Eisen zur Oberfläche des Kupfers und reduzieren dort Sauerstoff-Moleküle zu Hydroxid-Ionen. Insgesamt löst sich das Eisen auf, während der Kupferüberzug erhalten bleibt. Eine verletzte Schicht aus einem edleren Metall wirkt also korrosionsfördernd.

Überzieht man jedoch Eisen mit einem unedleren Metall wie Chrom – beispielsweise bei verchromten Radkappen – ist das Eisen auch dann noch geschützt, wenn die Chromschicht verletzt ist. Bei intaktem Überzug bildet das Chrom durch Passivierung eine fest haftende Schicht aus Chromoxid. Wird diese verletzt, so löst sich zuerst das unedlere Chrom auf und das edlere Eisen bleibt erhalten.

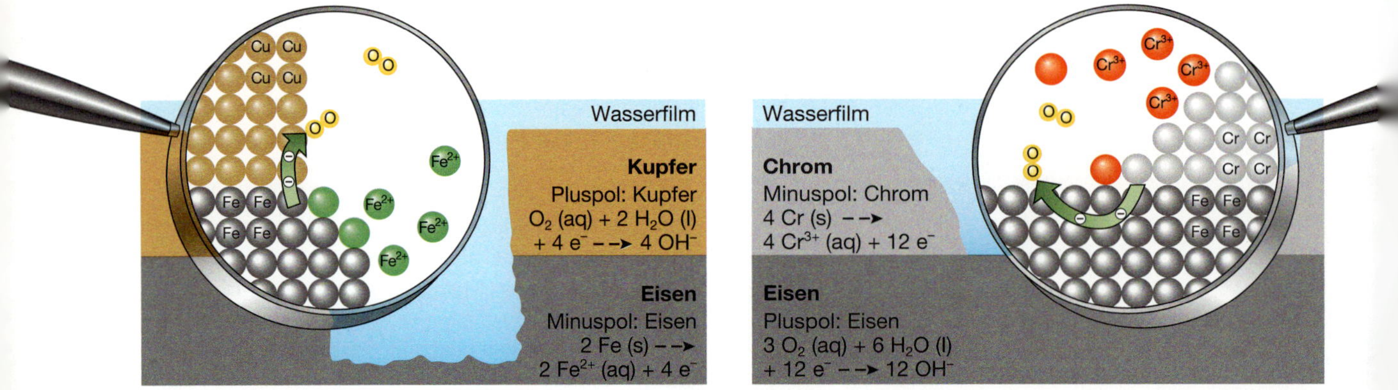

Korrosion bei verkupfertem und verchromtem Eisen

Opferanoden. Um Schiffsrümpfe oder Erdölbohrplattformen wirksam vor der Korrosion zu schützen, bringt man außen Zinkplatten oder -stäbe an. Pipelines oder unterirdische Tanklager werden elektrisch leitend mit austauschbaren Platten aus Magnesium-Legierungen verbunden, die sich in direkter Nähe im Boden oder im Wasser befinden. In beiden Fällen lösen sich die Platten der unedlen Metalle mit der Zeit auf, da deren Atome oxidiert werden und als Ionen in Lösung gehen. Das unedlere Metall wird so zum Minuspol (Anode) und das zu schützende Eisen zum Pluspol (Kathode). Die bei der Oxidation frei werdenden Elektronen fließen durch das Metall zum Eisen und verhindern so dessen Oxidation. Da sich die Platten aus dem unedlen Metall gleichsam für das Eisen opfern, spricht man von einer *Opferanode*.

Einige Metalle bilden an Luft eine fest haftende Oxidschicht. Durch diese Passivierung sind sie vor weiterer Korrosion geschützt. Überzüge aus einem edleren Metall schützen nur, wenn sie unverletzt sind. Überzüge aus einem unedleren Metall verhindern die Korrosion auch bei verletzter Schicht.

1 Beschreibe die im Text genannten Verfahren zum Korrosionsschutz mit eigenen Worten.

2 Erkläre, weshalb ein Fahrrad aus Aluminium besser vor Korrosion geschützt ist als eines aus Stahl.

3 Beurteile, ob intensives Polieren von versilbertem Schmuck oder verkupferten Kannen aus Eisen als Maßnahme zum Korrosionsschutz geeignet ist.

4 In Warmwasserkesseln einer Zentralheizung findet sich häufig ein Magnesiumstab, der mit dem Stahltank leitend verbunden ist.

a) Erkläre die Bedeutung des Magnesiumstabes als Maßnahme zum Korrosionsschutz.

b) Formuliere die Reaktionsgleichungen für die Oxidation und die Reduktion sowie für die Redoxreaktion.

Feuerverzinkung

Exkurs

Laternenmasten, Schrauben, Nägel und Bleche werden häufig durch Eintauchen in eine etwa 450 °C heiße Zinkschmelze *feuerverzinkt*. Dabei überzieht sich das Werkstück mit einer Schicht aus Zink. Damit die Zinkschicht gut auf dem Stahl haftet, müssen die Werkstücke zuvor gründlich gereinigt und vorbehandelt werden. Zuerst wird der Stahl in ein Entfettungsbad getaucht, um Öle und Fette zu entfernen. Um Rost und andere oberflächliche Verschmutzungen abzulösen, wird der Stahl in Beizbäder getaucht und anschließend nochmals gespült. Im Fließmittelbad erhält die Stahloberfläche anschließend einen dünnen Film, der für die hinreichende Benetzung der Stahloberfläche mit der Zinkschmelze sorgt. Der so vorbehandelte Stahl wird in die Zinkschmelze getaucht. Dort, wo das Eisen mit dem Zink in Berührung kommt, bildet sich eine Eisen/Zink-Legierung: Zink-Atome setzen sich in Lücken zwischen Eisen-Atomen. Darauf lagert sich eine etwa 1/100 mm dicke glänzende Zinkschicht ab. Diese wird nach einiger Zeit aufgrund der Passivierung matt. Zum Abschluss werden die Werkstücke durch Luft oder in einem Wasserbad gekühlt.

1 Erstelle mithilfe des Textes und der Abbildung unten ein Fließschema zum Ablauf der Feuerverzinkung und erkläre, weshalb die anfänglich glänzende Zinkschicht allmählich matt wird.

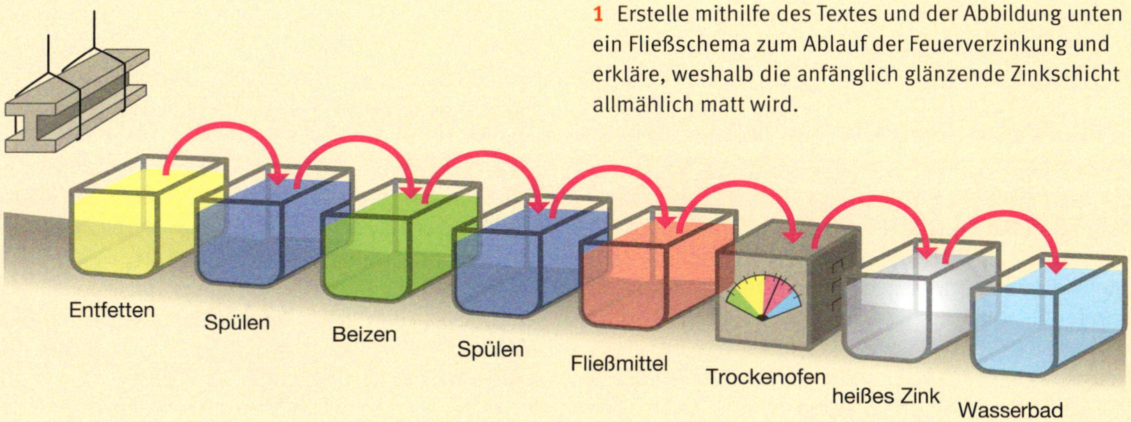

17.4 Elektrischer Anstrich – die Elektrolyse

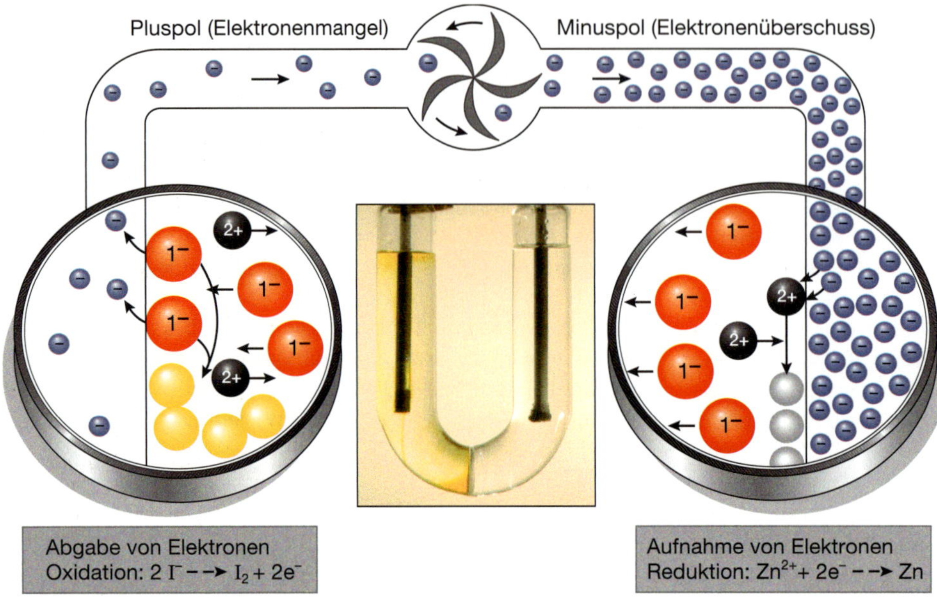

Elektrolyse a) Aufbau, b) Modellvorstellung der Vorgänge

Minuspol (Reduktion):
Zn^{2+} (aq) + 2 e^- ---> Zn (s)
Pluspol (Oxidation):
2 I^- (aq) ---> I_2 (ag) + 2 e^-

Redoxreaktion:
Zn^{2+} (aq) + 2 I^- (aq) ⟶ Zn (s) + I_2 (aq)

Am Pluspol geht das entstehende Iod in Lösung. Am Minuspol scheidet sich Zink ab; dabei bildet sich eine Zinkschicht auf der Graphit-Elektrode. Aufgrund der elektrischen Anziehung wandern weitere Zink-Ionen aus der Lösung zum Minuspol, während weitere Iodid-Ionen zum Pluspol wandern. Nur durch diese *Ionenwanderung* kann die Stoffabscheidung weiterlaufen. Beide Vorgänge laufen jedoch nicht freiwillig ab. Sie werden durch die von der Spannungsquelle zugeführte elektrische Energie *erzwungen*.

Gegenstände aus Eisen werden häufig feuerverzinkt, indem man sie in eine etwa 450 °C heiße Zinkschmelze taucht. Diese Art von Korrosionsschutz ist teuer, weil dafür große Mengen an geschmolzenem Zink benötigt werden. Deutlich kostengünstiger ist das sogenannte *elektrolytische Verzinken*.

Elektrolyse. Taucht man zwei Graphit-Stäbe in eine wässrige Zinkiodid-Lösung (ZnI_2) und legt eine Gleichspannung an, zeigen sich schon nach kurzer Zeit am Pluspol braune Schlieren von elementarem Iod. Gleichzeitig überzieht sich der Graphit-Stab am Minuspol mit einer Schicht aus metallischem Zink. Insgesamt betrachtet wird das gelöste Zinkiodid durch den elektrischen Strom in die Elemente zerlegt. Solch eine Zerlegung eines Stoffes durch Gleichstrom heißt *Elektrolyse*. Den Minuspol bezeichnet man als Kathode, den Pluspol als Anode. Zusammenfassend spricht man von *Elektroden*.

Vorgänge bei der Elektrolyse. Die Zinkiodid-Lösung enthält zweifach positiv geladene Zink-Ionen (Zn^{2+}) und doppelt so viele einfach negativ geladene Iodid-Ionen (I^-). Stößt ein Zink-Ion gegen den Minuspol, so nimmt es zwei Elektronen auf und wird dadurch zum Zink-Atom reduziert. Gleichzeitig geben die Iodid-Ionen am Pluspol je ein Elektron ab. Sie werden so zu Iod-Atomen oxidiert, die dann zu Iod-Molekülen weiterreagieren. Insgesamt findet eine Redoxreaktion statt. Beide Ionensorten verlieren an den Elektroden ihre Ladung, sie werden *entladen*.

Anwendungen der Elektrolyse. Elektrolytisch erzeugte Metallschichten auf anderen leitfähigen Stoffen dienen als Korrosionsschutz und zur Verschönerung von Oberflächen. Beispiele hierfür sind vergoldeter oder versilberter Schmuck sowie verchromte Radkappen beim Auto. Durch Elektrolyse lassen sich auch wichtige Grundstoffe der chemischen Industrie wie Natrium, Zink und Aluminium aber auch Chlor und Wasserstoff aus ihren Verbindungen gewinnen.

Elektrolysen sind elektrisch erzwungene Redoxreaktionen. Kationen wandern zum Minuspol und werden dort reduziert, während Anionen zum Pluspol wandern und dort oxidiert werden. Die sich dabei bildenden Stoffe scheiden sich an den Elektroden ab. Das elektrolytische Verzinken dient als Korrosionsschutz.

1 Beschreibe die Vorgänge bei der Elektrolyse mit eigenen Worten. Erkläre, weshalb es sich um eine erzwungene Redoxreaktion handelt.

2 Formuliere für die Elektrolyse einer Kupferchlorid-Lösung ($CuCl_2$) die an den Elektroden ablaufenden Reaktionen die Teilschritte für die Oxidation und die Reduktion. Leite daraus die Redoxgleichung ab.

3 Erkläre, weshalb bei der Elektrolyse ein geschlossener Stromkreis vorliegt.

Angewandte Elektrolyse – Gewinnung von Reinkupfer

Exkurs

Betrachtet man das Innere eines Handys oder eines anderen elektrischen Gerätes, fällt auf, dass die elektronischen Bauteile auf einer Platine angebracht sind. Verbunden sind diese Bauteile durch hauchdünne Leiterbahnen aus hochreinem Kupfer. Das durch Verhüttung gewonnene Rohkupfer ist hier nicht geeignet, da es noch etwa 2 % Verunreinigungen aus unedlen Metallen wie Eisen, Blei, Arsen oder Zink sowie den Edelmetallen Silber, Gold und Platin enthält.

Die Reinigung des Rohkupfers geschieht durch Elektrolyse. Als Elektrolyt wird eine mit verdünnter Schwefelsäure versetzte Kupfersulfat-Lösung verwendet. Dabei schaltet man das Rohkupfer als Pluspol, als Minuspol dient eine Reinkupfer-Platte. Bei der Elektrolyse löst sich das Rohkupfer auf und die Kupfer-Atome gehen als Ionen in Lösung. Am Minuspol scheidet sich reines Kupfer mit einem Kupferanteil von 99,9 % ab.

Die im Rohkupfer enthaltenen unedlen Metalle gehen auch in Lösung. Ihre Ionen werden jedoch nicht am Minuspol abgeschieden. Die Edelmetalle lösen sich dagegen nicht, sie fallen als *Anodenschlamm* zu Boden.

Reinkupfer wird aus dem Elektrolysetrog gezogen.

1 a) Zeichne eine Apparatur zur Kupfer-Raffination.
b) Formuliere die an den Elektroden ablaufenden Vorgänge.
c) Begründe, ob man statt Kupfersulfat-Lösung auch Wasser als Elektrolyt verwenden könnte.
2 Recherchiere, was man unter den Begriffen Raffination und Königswasser versteht.

Elektrolyse

Praktikum

V1: Elektrolyse von Zinkbromid-Lösung

B2

Materialien: Messzylinder, U-Rohr, 2 Graphit-Stäbe, 2 Klemmen, Gleichspannungsquelle, Kabel, Stativ; Zinksulfat-Lösung ($1 \frac{mol}{l}$), Kaliumbromid-Lösung ($1 \frac{mol}{l}$).

Durchführung:
1. Stelle eine Mischung aus 10 ml Zinksulfat-Lösung und 20 ml Kaliumbromid-Lösung her und fülle damit das U-Rohr zu drei Viertel.
2. Stelle je einen Graphit-Stab in die Schenkel des U-Rohrs. Verbinde jeden Stab mit einem Pol der Gleichspannungsquelle und lege eine Spannung von 10 V an.
3. Elektrolysiere etwas eine halbe Minute lang.

Aufgaben:
a) Notiere deine Beobachtungen.
b) Beschreibe die Vorgänge, die während der Elektrolyse in der Lösung und an den Elektroden ablaufen.
c) Formuliere die Reaktionsgleichungen.
d) Erläutere, warum man statt des teuren Zinkbromids eine Mischung von Zinksulfat und Kaliumbromid elektrolysieren kann.

V2: Kupfergewinnung durch Elektrolyse

B2

Materialien: Messzylinder (50 ml), U-Rohr, 2 Graphit-Stäbe, 2 Klemmen, Gleichspannungsquelle, Kabel, Absorptionsrohr mit Aktivkohle, Stativ; Kupfersulfat-Lösung ($1 \frac{mol}{l}$), Zinkchlorid-Lösung ($1 \frac{mol}{l}$).

Durchführung:
1. Stelle eine Mischung aus 15 ml Kupfersulfat-Lösung und 30 ml Zinkchlorid-Lösung her und fülle damit das U-Rohr zu drei Viertel.
2. Baue die Apparatur nach der Abbildung auf und lege eine Spannung von 10 V an.
3. Elektrolysiere etwa eine Minute lang.

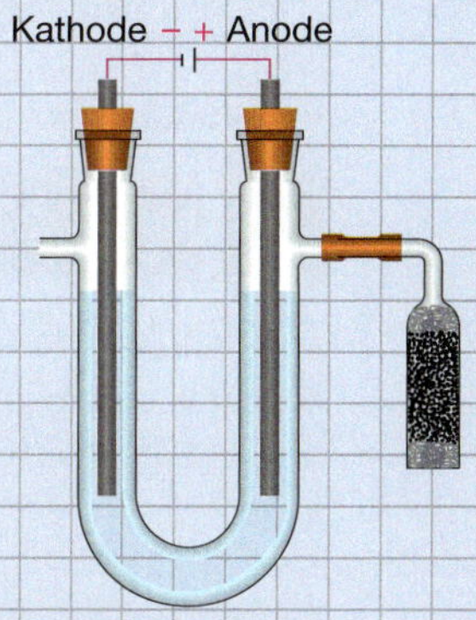

Aufgaben:
a) Notiere deine Beobachtungen.
b) Beschreibe die Vorgänge, die während der Elektrolyse in der Lösung und an den Elektroden ablaufen.
c) Formuliere die Reaktionsgleichungen.

17.5 Galvanisieren

Galvanisieren eines Bären

Versilbertes Besteck, verzinkte Schrauben und Nägel, chromglänzende Armaturen im Bad und vergoldete Schmuckstücke – all diese Gegenstände wurden durch Elektrolyse mit hauchdünnen Metallüberzügen versehen, sie wurden **galvanisiert**. Galvanisierten Gegenständen begegnet man fast überall im täglichen Leben – häufig nur wegen ihrer dekorativen Oberfläche.

Ablauf des Galvanisierens. Ein gereinigtes Werkstück wird in eine Salzlösung des Metalls getaucht, das den Überzug bilden soll und als Minuspol geschaltet. Die in der Salzlösung enthaltenen Metall-Ionen werden bei der Elektrolyse am Werkstück reduziert und lagern sich als Atome darauf ab. So entsteht nach einiger Zeit ein geschlossener Metallüberzug. Als Pluspol dient meist ein Stück des Überzugmetalls selbst. Dort werden die enthaltenen Metallatome oxidiert und gehen als Kationen in Lösung. Demzufolge löst sich diese Elektrode während der Elektrolyse langsam auf.

Galvanisch erzeugte Metallüberzüge sind etwa um den Faktor 100 dünner als die Überzüge, die durch Schmelztauchverfahren wie beispielsweise durch Feuerverzinken hergestellt werden. Das Galvanisieren ist daher ein materialschonendes und kostengünstigeres Verfahren, da zusätzlich keine hohen Temperaturen dafür nötig sind. Zudem lässt sich beim Galvanisieren die Dicke der Metallüberzüge präzise steuern, wodurch die Werkstücke eine hochwertigere Oberfläche erhalten.

Auch nichtleitende Materialien können elektrolytisch mit einem Metallüberzug versehen werden. Für die Herstellung einer solchen *Galvanoplastik* wird ein Gegenstandes mit Graphitpulver bepinselt, wodurch die Oberfläche nun elektrisch leitend wird. In einem Galvanisierbad bildet sich auf der Oberfläche ein Metallüberzug. Diese Technik nutzt man, um beispielsweise originalgetreue Nachbildungen dreidimensionaler Objekte anzufertigen.

Das Galvanisieren ist ein technisch bedeutsames Verfahren zum Korrosionsschutz und zur Verschönerung von Oberflächen, bei dem Gegenstände durch Elektrolyse mit einem Metallüberzug versehen werden.

1 Formuliere die beim Verkupfern eines Eisennagels an den Elektroden ablaufenden Reaktionen.

2 Gebrauchsgegenstände aus Eisen werden häufig galvanisch verzinkt, obwohl Zink unedler als Eisen ist. Erkläre diesen scheinbaren Widerspruch.

Praktikum Galvanisieren

V1: Versilbern einer Kupfermünze

Materialien: Gleichspannungsquelle, Strommessgerät, 2 Klemmen, Becherglas (500 ml), Tropfpipette, Graphit-Elektrode, Kupfermünze, Metallputztuch;
Silberbad (Xi), vorher zubereitet aus 0,6 g Silbernitrat (C), 15 g Thioharnstoff (Xn, N) und drei Tropfen konzentrierter Salpetersäure (C) gelöst in 300 ml Wasser.

Durchführung:

1. Reinige die Kupfermünze gründlich mit dem Metallputztuch.
2. Schließe die Kupfermünze an den Minuspol und die Graphit-Elektrode an den Pluspol der Gleichspannungsquelle an und tauche die Elektroden in das Silberbad.
3. Elektrolysiere bei einer Stromstärke von etwa 0,2 A etwa 10 Minuten lang.
4. Spüle das versilberte Geldstück nach dem Galvanisieren gründlich mit Wasser ab. Prüfe anschließend mit dem Metallputztuch, ob der Metallüberzug nach dem Trocknen fest haftet.

Aufgaben:

a) Notiere deine Beobachtungen.
b) Erstelle eine Schemazeichnung zum Versuchsaufbau.
c) Formuliere die an den Elektroden ablaufenden chemischen Vorgänge.

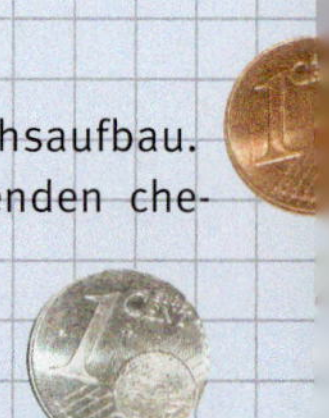

Konservendosen – haltbar durch Zinn

Exkurs

Dicht an dicht stehen sie im Supermarktregal – die Konservendosen – und garantieren Haltbarkeit von Lebensmitteln bisweilen über Jahre. Die Idee, Nahrungsmittel durch Erhitzen in luftdicht verschlossenen Gefäßen zu konservieren, stammte vom französischen Konditor Nicolas APPERT. Allerdings verwendete er damals Glasflaschen. Im Jahre 1810 griff der Kaufmann Peter DURAND APPERTs Idee auf und erhitzte Lebensmittel in Blechkanistern. Am 25. April 1810 ließ er sich die erste Konservendose patentieren, verkaufte das Patent aber an Bryan DONKIN und John HALL, die 1813 die erste Konservenfabrik gründeten.

Herstellung einer Konservendose. Konservendosen bestehen heute üblicherweise aus Weißblech, einem etwa $\frac{1}{2}$ mm dicken Stahlblech, das galvanisch mit einer 0,3 µm dünnen Schicht aus Zinn überzogen wird. Die Zinnschicht gibt dem Weißbleich aufgrund ihres hellen Schimmers seinen Namen. Das Weißblech wird in Tafeln geschnitten, welche zu Dosen geformt werden. In einer Konservenfabrik füllt man die leeren Dosen mit Nahrungsmitteln und verschließt diese durch *Bördeln* luftdicht. Um die Vermehrung von Fäulniserregern zu verhindern und die lange Haltbarkeit der Lebensmittel zu garantieren, werden die Dosen anschließend in einem Druckbehälter für 20 Minuten bei 120 °C sterilisiert. Um Getränkedosen herzustellen, stanzt man aus Weißblech-Tafeln kleine Becher aus. Durch Abstrecken des verformbaren Weißblechs werden diese anschließend in die typische Form gebracht, bevor sie bedruckt, lackiert, befüllt und durch Bördeln verschlossen werden.

Korrosionsschutz durch Zinn. Die hauchdünne Zinnschicht auf dem Stahlblech einer Lebensmittelkonserve schützt das Blech vor der Korrosion. Zinn ist edler als Eisen und ist somit korrosionsbeständiger. Allerdings gilt dies nur, solange die Zinnschicht unverletzt ist. Wird die schützende Zinnschicht an einer Stelle verletzt, was beim Einbeulen einer Konservendose leicht geschehen kann, so liegt das unedlere Eisen frei und rostet sogar stärker als ohne Zinnschicht. Die Lebensmittel darin sind dann durch die entstandenen Eisen-Ionen ungenießbar. Um die Beeinträchtigung des Geschmacks zu verhindern, sind die meisten Konservendosen innen zusätzlich mit einer dünnen Kunststofffolie überzogen. Vorsichtshalber sollte man jedoch eingedrückte Konservendosen nicht mehr verwenden. Gleiches gilt auch für aufgeblähte Konservendosen mit aufgewölbten Deckeln. Diese *Bombagen* können ein Zeichen für verdorbene Lebensmittel sein.

Die Herstellung von Weißblech ist kostspielig, es lässt sich jedoch zu 100 % recyceln, wodurch die Material- und Energiekosten um bis zu 60 % verringert werden können. Derzeit gibt es nach Meinung von Experten keine echten Alternativen zur Verwendung von Weißblech für die Herstellung von Konservendosen. Aluminiumdosen sind zwar leichter, aber wegen des hohen Energiebedarfs in der Herstellung wesentlich teurer.

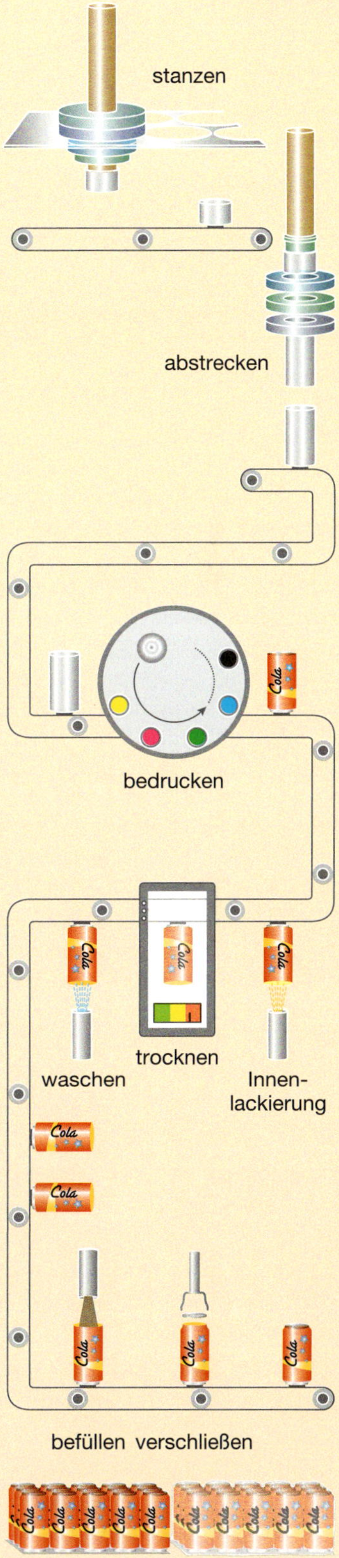

1 Erstelle ein Fließschema zur Herstellung einer Weißblechdose.
2 Erkläre, weshalb das Eisenblech von Konservendosen nicht mit billigerem Zink, sondern mit dem teureren Zinn überzogen wird.

Projekt **Korrosionsschutz rund ums Auto**

„Zwölf Jahre Garantie gegen Durchrostung.“, das versprechen Autohersteller ihren Kunden heute. Echte Rostlauben sind nur noch selten anzutreffen, und dass, obwohl kaum ein anderer Gebrauchsgegenstand so vielen Umwelteinflüssen ausgesetzt ist, wie das Auto. Das Rosten von Autos ist heute kein Problem mehr, da Autokarosserien durch verschiedene Verfahren vor Korrosion geschützt werden können. Vollverzinkte Bleche, das Aufbringen verschiedener Lackschichten, Wachsen und Fetten von Hohlräumen und PVC als Unterbodenschutz sind nur einige Beispiele der Rundumversiegelung von Autokarosserien.

Arbeitsaufträge:

1. Erstellt in eurer Gruppe eine Liste mit den Umwelteinflüssen, die auf eine Autokarosserie einwirken und leitet daraus allgemeine Anforderungen ab, die an die Lackierung eines Autos gestellt werden.

2. Eine Autokarosserie muss in einer Lackierstraße zahlreiche Stationen durchlaufen, bevor am Ende die verschiedenen Lackschichten einen optimalen Korrosionsschutz und makellosen Glanz bieten. Ein Lack alleine kann diese Anforderungen nicht erfüllen. Recherchiert, aus welchen Schichten eine Autolackierung besteht. Ordnet jeder Lackschicht ihre Funktionen zu.

3. Beschreibt die einzelnen Stufen der Auto-Serienlackierung in einem zusammenhängenden Text.

4. Nach der gründlichen Säuberung der Karosserie folgt die Grundierung durch eine Elektrotauchlackierung (ETL). Informiert euch über die Vorgänge bei der ETL und erstellt eine Schemazeichnung.

5. Informiert euch beim Deutschen Lackinstitut in Frankfurt über Umweltschutz-Maßnahmen in der Autolackierung – insbesondere im Bereich der Lösemittel und der Abluftreinigung.

6. Informiert euch über den Beruf des Lacklaboranten. Gebt an, welche chemischen Kenntnisse hier wichtig sind.

V1: Phosphatieren eines Eisennagels

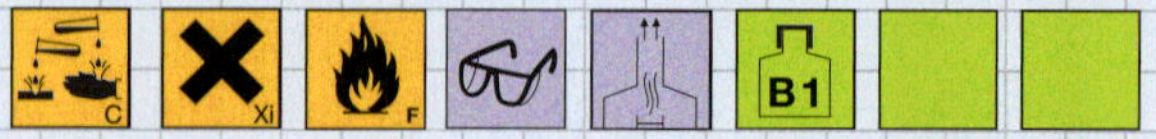

Materialien: Tiegelzange, Erlenmeyerkolben (150 ml), Dreifuß, Keramiknetz, Messzylinder, Reagenzgläser, Gasbrenner, 3 lange Eisennägel (nicht verzinkt), Schmirgelpapier;
Schwefelsäure (verd, Xi), Phosphatierbad (C).
Hinweis: Für das Phosphatierbad wird ein Spatel Zinkpulver (F) im Erlenmeyerkolben mit etwa 100 ml Phosphorsäure (konz., C) versetzt. Das Gemisch wird unter dem Abzug mit dem Gasbrenner so lange vorsichtig erwärmt, bis sich das Zinkpulver gelöst hat.

Durchführung:

1. Fülle das Reagenzglas etwa zu einem Drittel mit dem Phosphatierbad.

2. Schmirgle die Eisennägel blank und stelle zwei Nägel für etwa 2 Minuten in das Phosphatierbad.

3. Spüle die Nägel vorsichtig mit viel Wasser ab und lege sie zum Trocknen auf ein Blatt Papier. Die Nägel sollten *nicht* mit einem Tuch abgetrocknet werden.

4. Stelle nach dem Trocknen je einen unbehandelten und einen behandelten Nagel in ein Reagenzglas mit verdünnter Schwefelsäure und beobachte für etwa 2 Minuten.

2. Entnimm den behandelten Nagel nach der Zeit und kratze ihn mit dem Spatel mehrfach an. Tauche ihn anschließend wieder in die Schwefelsäure.

Aufgaben:

a) Notiere deine Beobachtungen.

b) Beurteile die Bedeutung des Phosphatierens als Maßnahme für den Korrosionsschutz.

c) Formuliere die Reaktionsgleichung für die beim Phosphatieren ablaufende chemische Reaktion.

Fahrzeug mit starken Korrosionsschäden

Lackierstraße in einer modernen Fahrzeugfabrik

Kampf der Korrosion

Basiswissen

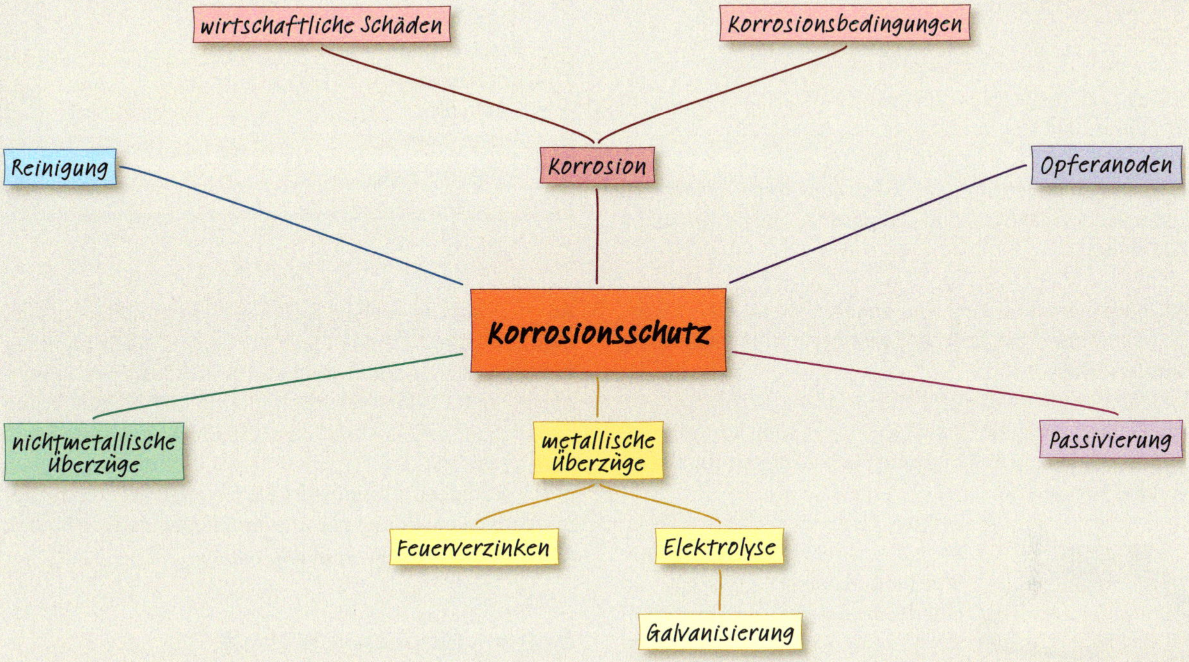

Korrosionsschutz – heute allgegenwärtig

Chemie in unserer Welt

Stetig nagt der Zahn der Zeit an allem, was uns umgibt – auch an Metallen. Diese Erfahrung machen Menschen bereits seit dem Beginn der Bronzezeit vor etwa 5000 Jahren. Heutzutage verschlingt die Zerstörung von Metallen durch Korrosion jährlich mehrere Milliarden Euro. Korrosionsschutz ist daher eine notwendige Aufgabe, insbesondere für die Chemie. Ohne das Verständnis über die bei Korrosionsvorgängen ablaufenden Redoxreaktionen, hätten moderne Verfahren des Korrosionsschutzes nicht entwickelt werden können. Zwar gelang 1742 dem französischen Chemiker MALOUIN erstmalig die **Feuerverzinkung** von Eisen durch Eintauchen in eine Zinkschmelze. Dass sich auf der Zinkoberfläche eine fest haftende Schicht aus Zinkoxid bildet, die das darunter liegende Eisen vor weiterer Korrosion schützt, wusste er nicht. Erst als Sir Humphrey DAVY 1826 die Korrosion auf elektrochemische Vorgänge zwischen zwei unterschiedlich edlen Metallen zurückführte, entwickelten Chemiker gezielt Verfahren, um die Korrosion zu verlangsamen oder zu verhindern. **Opferanoden** aus unedlen Metallen an Schiffschrauben oder in Warmwasserkesseln von Zentralheizungen oxidieren anstelle des Eisens und schützen es durch die Bildung von **Lokalelementen**. Beim **Galvanisieren** werden durch Elektrolyse fest haftende dünne Metallschichten auf einem Gegenstand erzeugt. Dieses von Moritz Hermann von JACOBI 1838 entwickelte Verfahren wird einerseits als Korrosionsschutz eingesetzt, um beispielsweise Schrauben zu verzinken. Andererseits dient es der Verschönerung: Versilbertes Essbesteck, eine vergoldete Kette oder die Armaturen in Bad und Küche sind Beispiele. Auch im Fahrzeugbau spielt der Schutz der Metalle eine große Rolle: Ohne die **Elektrotauchlackierung** könnten Hersteller keine 12jährige Garantie gegen Durchrostung geben. Die Verwendung von leichten Aluminium-Magnesium-Legierungen für Karosserien ermöglicht nicht nur die Entwicklung Kraftstoff sparender Fahrzeuge. Durch die **Passivierung** der an sich unedlen Metalle sind die verwendeten Legierungen sehr korrosionsbeständig.

All dies zeigt, dass Korrosionsschutz eine fortwährende Aufgabe für die Industrie darstellt. Die Chemie liefert dabei den entscheidenden Beitrag, die vorhandenen Verfahren zu optimieren und neue Verfahren zu entwickeln. Angesichts dessen sind die Berufsfelder sehr vielfältig. Ein Beispiel ist die Ausbildung zum **Galvaniseur**. In der dreijährigen Ausbildung erlernen die Auszubildenden die mechanische Bearbeitung von Kunststoffen und Metallen sowie die verschiedenen Beschichtungsverfahren.

Prüfe dein Wissen

Quiz

A1 a) Erkläre die Begriffe des Fensters.
b) Notiere auf der Vorderseite von Karteikarten den Begriff, auf der Rückseite die Erklärung.
c) Ordne die Begriffe den Basiskonzepten „Materie“, „chemische Reaktion“ und „Energie“ zu. Begründe deine Zuordnung.

Die wichtigsten Begriffe

- Korrosion
- Korrosionsschutz
- Passivierung
- Opferanode
- Elektrolyse
- Anode, Kathode
- Galvanisierung

A2 Aluminium und Zink sind unedlere Metalle als Eisen. Erkläre, warum sie trotzdem weniger korrosionsanfällig sind als Eisen.

A3 Erkläre, weshalb Heizungsrohre kaum korrodieren. Beachte dabei die Abhängigkeit der Löslichkeit von Gasen von der Temperatur.

A4 Führt man die Elektrolyse einer Bleichlorid-Lösung ($PbCl_2$) in einem Becherglas durch, erhält man einen so genannten Bleibaum.
a) Schreibe einen kurzen Sachtext, der die an den Elektroden ablaufenden Vorgänge beschreibt.
b) Formuliere die Reaktionsgleichungen für die Teilschritte der Oxidation und der Reduktion. Leite daraus die Redoxgleichung ab.
c) In metallischen Leitern erfolgt der Ladungstransport anders als in Salzlösungen. Erkläre den Unterschied.

Know-how

A5 Nägel und Schrauben sind häufig verzinkt; in Küchen sind bisweilen galvanisch verkupferte Waschbecken und Badarmaturen zu finden.
a) Zeichne eine Elektrolyseapparatur für die galvanische Verzinkung eines Eisennagels und formuliere die Elektrodenvorgänge. Gib auch die Polung an.
b) Vergleiche das Feuerverzinken und das elektrolytische Verzinken hinsichtlich der Kosten und der Eigenschaften der Zinküberzüge.
c) Begründe, weshalb beide Überzüge als Korrosionsschutz für das darunter liegende Eisen geeignet sind.
d) Bei einer Verletzung der Überzüge aus Zink und Kupfer auf Eisen kommt es zu unterschiedlichen Folgen. Formuliere mithilfe von Reaktionsgleichungen die ablaufenden Reaktionen und beurteile die jeweilige Eignung als Maßnahme zum Korrosionsschutz.
e) Gib Methoden an, mit denen man die Korrosionsbeständigkeit der Kupferbeschichtung erhöhen könnte.

A6 Fügt man zwei Eisenbleche mit Kupfernieten zusammen, so korrodiert das Eisen nur leicht, die Verbindung bleibt aber lange stabil. Vernietet man jedoch zwei Kupferbleche mit Eisennieten, korrodieren die Nieten schon nach kurzer Zeit so stark, dass die Bleche nicht mehr zusammenhalten. Erkläre die unterschiedliche Korrosionsgeschwindigkeit. Fertige eine Skizze an, in der du die ablaufenden Reaktionen in Form von Teilgleichungen für den Minuspol und den Pluspol darstellst.

Natur – Mensch – Technik

A7 Die Wassertanks von Zentralheizungsanlagen enthalten so genannte Opferanoden. Meist handelt es sich dabei um Magnesiumstäbe, die elektrisch leitend mit dem Stahltank verbunden sind. Erkläre diese Form des Korrosionsschutzes. Verdeutliche deine Aussagen durch eine Schemazeichnung, in der du sowohl die Polung als auch die Teilvorgänge für die Reduktion und die Oxidation einträgst.

A8 Aluminium wird elektrolytisch durch Reduktion aus einer Schmelze von Aluminiumoxid (Al_2O_3) gewonnen. Die Elektrolyse erfolgt in einer Wanne, die mit Kohleblöcken ausgekleidet ist. Das am Minuspol gebildete Aluminium sammelt sich aufgrund seiner Dichte unter der Aluminiumoxid-Schmelze und ist damit vor Oxidation geschützt. Am Pluspol entsteht Kohlenstoffdioxid.
Beschreibe die Vorgänge am Plus- und Minuspol mithilfe von Teilgleichungen und formuliere die Gesamtreaktion.

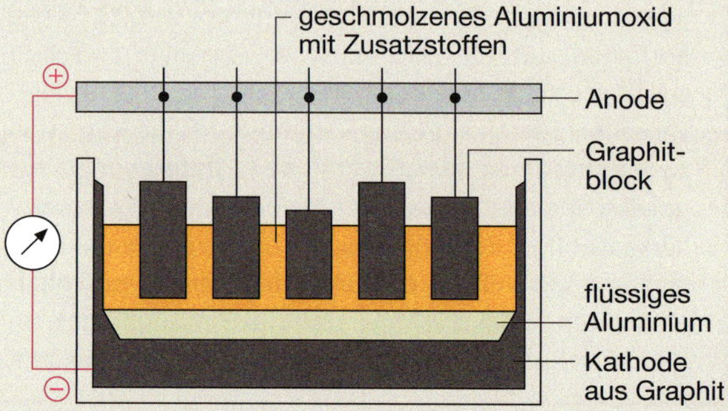

Kampf der Korrosion

A1 Aluminium – widerstandsfähig durch Eloxieren

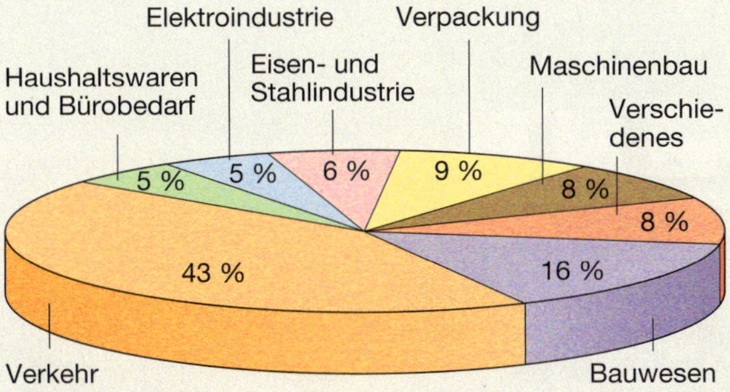

Aluminium ist heute nach Eisen das wichtigste Gebrauchsmetall. Es hat eine geringe Dichte, ist leicht formbar und lässt sich gut zu Legierungen verarbeiten, die leicht und dennoch fest sind. Aufgrund dieser Eigenschaften spielt Aluminium nicht nur in Technik und Industrie, sondern auch in unserem täglichen Leben eine große Rolle. Ein weiterer Vorteil von Aluminium ist seine hohe Korrosionsbeständigkeit. Trotz seines an sich unedlen Charakters reagiert es nicht mit Wasser wie beispielsweise Calcium: Aluminium überzieht sich schon an der Luft mit einer dünnen, *fest haftenden* Schicht aus Aluminiumoxid (Al_2O_3). Diese Schicht schützt das darunter liegende Metall vor weiterer Oxidation. Man sagt, Aluminium ist *passiviert.*

Saure und alkalische Lösungen sowie Lösungen von Schwermetallsalzen zerstören die dünne Schutzschicht und dann auch das Metall. Um die Korrosion zu verhindern, wird die natürliche Oxidschicht durch die **el**ektrolytische **Ox**idation des **Al**uminiums verstärkt.

Im **Eloxal-Verfahren** wird dazu das Werkstück als Anode geschaltet. Die Kathode besteht aus Blei oder Aluminium; als Elektrolyt dient verdünnte Schwefelsäure.

Während sich an der Kathode Wasserstoff bildet, sind die Anodenvorgänge wesentlich komplizierter: Durch Abgabe von Elektronen bilden sich an der Anode Al^{3+}-Ionen. Sie reagieren mit Wasser-Molekülen weiter zu Aluminiumoxid, wobei Wasserstoff-Ionen frei werden. Die Oxidschicht wird durch das Eloxieren um den Faktor 10 auf etwa 0,03 mm verstärkt.

a) Stelle Beispiele für die Verwendung von Aluminium in verschiedenen Bereichen zusammen. Gib die Vorteile der Verwendung von Aluminium gegenüber anderen Metallen an.

b) Aluminium und Calcium gehören zu den unedlen Metallen. Formuliere Reaktionsgleichungen für die Reaktion von Calcium und Aluminium mit Wasser.

c) Erkläre, weshalb Aluminium nicht wie Calcium mit Wasser reagiert.

d) Zeichne eine Elektrolyseapparatur für das Eloxal-Verfahren und formuliere die Elektrodenvorgänge.

A2 Korrosionsschutz an der Nord-West-Ölleitung

Wesseling 2009. Als die Nord-West-Ölleitung (NWO) am 29. November 1958 fertig gestellt wurde, war dies europaweit die erste Mineralölfernleitung überhaupt. Seither sind rund eine Milliarde Tonnen Rohöl und Mineralölprodukte durch die 391 km lange, im Durchmesser 71 cm weite Röhre von Wilhelmshaven zu den Raffinerien im Emsland und dem Rhein-Ruhrgebiet bis Endpunkt Köln/Wesseling transportiert worden. Korrosionsschutz wird bei Pipelines groß geschrieben, denn durch ständige Bodenfeuchte und den hohen Betriebsdruck ist das Pipelinematerial (meist Stahl) besonders gefährdet. Neben der ständigen Kontrolle werden unter anderem folgende Verfahren angewandt:

- Beseitigung von Oberflächenkorrosionen,
- Beschichtung der Stahlrohre durch eine etwa 2 mm dicke Schicht aus Kunststoff auf der Innen- und der Außenseite der Rohre,
- Kathodischer Korrosionsschutz durch Opferanoden oder Fremdstrom-Anoden.

a) Informiere dich über die Trassenführung der NWO. Zeichne eine entsprechende Karte.

b) Begründe die Notwendigkeit der verschiedenen Korrosionsschutzverfahren ausführlich.

c) Erläutere beide Verfahren des kathodischen Korrosionsschutzes bei Pipelines. Recherchiere dazu auch im Internet und anderen Quellen.

d) Informiere dich auf der Homepage der NWO über die laufenden Sicherheitsmaßahmen, um Störfälle und Leckagen zu vermeiden. Gib mögliche Schwachstellen einer Pipeline an und ordne die Sicherheitsmaßnahmen zu.

e) Die Risiken des Ferntransports von Erdgas und Erdöl sind unterschiedlich. Beschreibe die unterschiedlichen Gefahren beim Transport von Erdgas und Erdöl und leite daraus Folgerungen über den Aufbau von Erdgas- und Erdöl-Pipelines ab.

f) Erkläre, weshalb gerade im nördlichen Ruhrgebiet beim Pipelinebau besondere Vorkehrungen getroffen werden müssen.

18 Für jeden Fleck die richtige Lösung

Schrauben und Basteln ist für viele kleine und große Fahrradliebhaber ein besonderes Vergnügen. Doch häufig hinterlassen Öl und Schmutz sichtbare Spuren an Händen und Kleidung. Einfaches Waschen mit Wasser reicht meist jedoch nicht, um diese Verunreinigungen zu beseitigen. Gerade Ölflecken, aber auch anderen hartnäckigen Schmutz kann man oft nur mit Waschbenzin aus der Kleidung entfernen.

Waschbenzin ist jedoch kein Allheilmittel für jeden Fleck. In der chemischen Reinigung wird daher eine Vielzahl von Lösemitteln eingesetzt, die auf den jeweiligen Fleck abgestimmt sind. Die reinigende Wirkung des Lösemittels beruht dabei auf Wechselwirkungen zwischen Lösemittel-Teilchen und Schmutz-Teilchen.

Zentrale Fragen:
- Wie werden Moleküle gebildet?
- Wie erklärt sich die Struktur von Molekülen?
- Wie wirken Lösemittel?
- Welcher Zusammenhang besteht zwischen der Molekülstruktur und den Lösemitteleigenschaften?

18.1 Reinigen auch ohne Wasser

Waschen wie zu Großmutters Zeiten

keine Nassreinigung	chemische Reinigung möglich	keine chemische Reinigung möglich
(A) allgemein übliche Lösemittel verwendbar	(P) Perchlorethylen oder Benzin verwendbar	(F) Benzin oder Fluor-Kohlenwasserstoffe verwendbar

Pflegehinweise

Wer hat das nicht schon einmal erlebt: Die Wäsche wurde mit der Waschmaschine gewaschen, aber die Flecken auf der neuen Lieblingsjeans waren nach dem Waschen immer noch sichtbar. Als besonders hartnäckig zeigen sich dabei Flecken von Öl oder Gras.

Waschen mit Wasser. Unsere Großeltern wuschen die Wäsche mühevoll auf einem Waschbrett. Man konnte dabei zwei Beobachtungen machen: Zum einen konnten Flecken trotz intensiver Bearbeitung nicht immer vollständig entfernt werden, zum anderen wurden die Fasern der Kleidungsstücke im Laufe der Zeit beschädigt. Häufig hinterließ die Reinigung an den Kleidungsstücken deutliche Spuren. Inzwischen verläuft die Wäsche in einer Waschmaschine wesentlich schonender. Dennoch dürfen einige Textilien nicht mit Wasser gewaschen werden, da dabei die Fasern aufquellen und die Textilien ihre Form verlieren.

Reinigen ohne Wasser. Heute benutzt zwar niemand mehr ein Waschbrett, denn fast jeder besitzt eine Waschmaschine. Dennoch muss man besonders wertvolle, empfindliche oder hartnäckig verschmutzte Kleidungstücke häufig in die chemische Reinigung bringen.
In der Reinigung werden Flecken faserschonend entfernt. Statt Wasser werden dort beim Reinigungsprozess andere Lösemittel verwendet. Deshalb spricht man auch von Trockenreinigungen.
Bei der chemischen Reinigung hängt die Wahl des richtigen Lösemittels sowohl von der Art der Verschmutzung als auch vom Material des Kleidungsstückes ab. Für die einzelnen Textilien gibt es daher Symbole als Pflegehinweise auf dem Etikett. Sie geben an, welche Lösemittel beim jeweiligen Kleidungsstück verwendet werden dürfen. Der Pflegehinweis P steht zum Beispiel dafür, dass das betreffende Kleidungsstück mit Tetrachlorethen, das früher Per genannt wurde, gereinigt werden kann.

Lösemittel im Haushalt. Auch im Haushalt findet man verschiedene Lösemittel, die zur Fleckentfernung verwendet werden können, wenn sich Wasser als Lösemittel als ungeeignet erweist.
Ein Beispiel für ein solches Lösemittel ist *Waschbenzin*, das in Drogerien und Baumärkten erhältlich ist. Dabei handelt es sich um ein Stoffgemisch, das Hexan enthält. Waschbenzin ist ein gutes Lösemittel für Fette und Öle.
Ein weiteres Beispiel ist das als Nagellackentferner bekannte *Aceton*. Es wird als universelles Lösemittel für Lacke und Klebstoffe eingesetzt. Aceton löst nicht nur Nagellack, sondern auch andere Farbstoffe wie das Chlorophyll in den grünen Grasflecken.
Ein im Haushalt ebenfalls häufig genutztes Lösemittel ist *Alkohol*. Dieses vielseitige Lösemittel eignet sich besonders gut, um Filzstiftspuren auf Kleidung oder anderen Gegenständen zu entfernen.

Da die nichtwässerigen Lösemittel auch das zu reinigende Material angreifen können, muss man beim Entfernen von Flecken besonders vorsichtig sein.

Nicht alle Textilien dürfen mit Wasser gewaschen werden. In der chemischen Reinigung verwendet man Lösemittel wie Waschbenzin um Textilien schonend zu reinigen.

1 Recherchiere, welche Lösemittel Maler und Lackierer zur Fleckentfernung verwenden.

Praktikum **Lösemittel**

V1: Siedetemperaturen von Lösemitteln

Materialien: Becherglas (200 ml), Thermometer, Stativmaterial, Heizplatte, Siedesteinchen, Stoppuhr;
Aceton (F, Xi), Waschbenzin (F, Xn).

Durchführung:

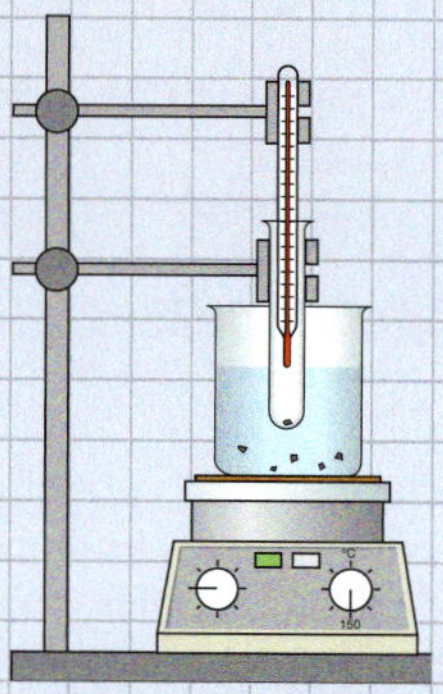

1. Fülle das Becherglas zu einem Drittel mit Wasser und baue die Apparatur entsprechend der Abbildung auf.
2. Gib in das Reagenzglas einige Milliliter Aceton und einen Siedestein.
3. Hänge das Thermometer in das Reagenzglas.
4. Erhitze das Wasserbad auf der Heizplatte.
5. Miss die Temperatur im Aceton im Abstand von einer Minute, bis die Temperatur einige Zeit konstant bleibt.
6. Wiederhole den Versuch mit Waschbenzin anstelle von Aceton.

Aufgaben:

a) Notiere deine Messwerte.
b) Erstelle die Siedediagramme und bestimme die Siedetemperaturen beider Stoffe.

V2: Löslichkeit in verschiedenen Lösemitteln

Materialien: Gummistopfen;
Aceton (F, Xi), Waschbenzin (F, Xn), Speiseöl, Grashalme.

Durchführung:

1. Gib in ein Reagenzglas einige Milliliter Wasser, in ein zweites Reagenzglas Speiseöl und in ein drittes Reagenzglas einige Grashalme.
2. Füge zu jedem Reagenzglas einige Milliliter Aceton hinzu.
3. Verschließe die Reagenzgläser mit einem Stopfen und schüttle kurz.
4. Wiederhole die Versuchsreihe mit Waschbenzin statt mit Aceton.

Aufgaben:

a) Notiere deine Beobachtungen.
b) Vergleiche das Löseverhalten von Aceton und von Waschbenzin.

V3: Elektrische Leitfähigkeit von Lösemitteln

Materialien: Leitfähigkeitsprüfer mit Glühlämpchen, vier Bechergläser (50 ml);
Aceton (F, Xi), Waschbenzin (F, Xn), Kochsalz-Lösung.

Durchführung:

1. Halte den Leitfähigkeitsprüfer in das Aceton und beobachte, ob und wie stark das Lämpchen leuchtet.
2. Wiederhole den Versuch mit den anderen Stoffen.

Aufgaben:

a) Notiere deine Beobachtungen in einer Tabelle.
b) Erkläre die unterschiedlichen Versuchsergebnisse.

V4: Eigenschaften von Kaliumiodid-Lösungen

Materialien: Leitfähigkeitsprüfer mit Glühlämpchen, zwei Bechergläser (50 ml);
Aceton (F, Xi), Waschbenzin (F, Xn), Kaliumiodid.

Durchführung:

1. Fülle etwas Aceton in ein Becherglas und gib eine Spatelspitze Kaliumiodid hinzu.
2. Bestimme mit dem Leitfähigkeitsprüfer die elektrische Leitfähigkeit.
3. Wiederhole den Versuch jeweils mit Waschbenzin und mit Wasser statt Aceton.

Aufgaben:

a) Notiere deine Beobachtungen.
b) Vergleiche die Löslichkeit von Kaliumiodid in Aceton, Wasser und Waschbenzin.
c) Erkläre deine Ergebnisse mithilfe von Versuch 3.

Experimentelle Hausaufgabe: Entfernung von Paprikaflecken

Materialien: Trinkglas;
Paprikapulver, Speiseöl.

Durchführung: Streue etwas Paprikapulver in 50 ml warmes Wasser, gib einige Tropfen Speiseöl hinzu und rühre um.

Aufgaben:

a) Notiere deine Beobachtungen.
b) Begründe, wie du Paprikaflecken aus Kleidungsstücken entfernen kannst.

18.2 Lösemittel sind Molekülverbindungen

Lösemittel im Haushalt

Kochsalz in Kristallen und als Modell

Hexan und Aceton sind häufig verwendete Lösemittel. Wie alle Lösemittel sind sie bei Raumtemperatur flüssig und unterscheiden sich somit deutlich von den festen Ionenverbindungen.

Eigenschaften von Molekülverbindungen. Anders als Salze in Lösungen oder Schmelzen leiten Aceton und Hexan den elektrischen Strom nicht. Die beiden Lösemittel können daher nicht aus Ionen aufgebaut sein. Auch die Siedetemperaturen von Hexan und Aceton weisen darauf hin, das diese Lösemittel keine Ionenverbindungen sind: So siedet zum Beispiel Hexan schon bei einer Temperatur von 69 °C, die Ionenverbindung Lithiumbromid hingegen erst bei 1265 °C. Die beiden Stoffe sind vergleichbar, weil sie die gleiche molare Masse haben.

Stoff	molare Masse	Schmelztemperatur	Siedetemperatur
Hexan	86,2 g/mol	–95 °C	69 °C
LiBr	86,9 g/mol	550 °C	1265 °C
Aceton	58,1 g/mol	–95 °C	56 °C
NaCl	58,4 g/mol	801 °C	1465 °C

Starke elektrische Anziehungskräfte zwischen Kationen und Anionen verursachen die hohen Siedetemperaturen. Die Kräfte in den Molekülen sind offensichtlich anderer Art.

Bindungsverhältnisse in Molekülen. Moleküle sind die kleinsten Teilchen, die aus einer bestimmten Anzahl von Atomen aufgebaut sind. Ihre genaue Zusammensetzung wird durch Molekülformeln ausgedrückt. Hexan-Moleküle enthalten sechs Kohlenstoff-Atome und 14 Wasserstoff-Atome. Die Molekülformel für Hexan lautet entsprechend C_6H_{14}. Aceton-Moleküle enthalten drei Kohlenstoff-Atome, acht Wasserstoff-Atome und zusätzlich noch ein Sauerstoff-Atom. Ihre Molekülformel lautet somit C_3H_6O.

Hexan und Aceton sind wie die meisten anderen Lösemittel und die übrigen bei Raumtemperatur flüssigen Stoffe Molekülverbindungen.

1 Erkläre, warum Salze in Lösungen und in Schmelzen den elektrischen Strom leiten.

Gefahren im Umgang mit Lösemitteln

Exkurs

Lösemittelexplosion in der Schule

(SSV Braunschweig). Am Mittwoch ereignete sich in einem Klassenraum der Humboldt-Schule ein folgenschwerer Unfall im Umgang mit einem Lösemittel. Ein Hausmeister hatte beim Reinigen mit Aceton gearbeitet und sich dabei ahnungslos eine Zigarette angezündet. Infolgedessen kam es zu einer Verpuffung der aufsteigenden Lösemitteldämpfen. ...

Da Lösemittel niedrige Siedetemperaturen haben, verdampfen sie leicht und bilden dadurch zündfähige Luft-Lösemittel-Gemische. Daher sollte mit Lösemitteln nur in gut gelüfteten Räumen gearbeitet werden. Zündquellen jeglicher Art sind zu vermeiden.

1 Recherchiere im Internet nach weiteren Gefahren im Umgang mit Lösemitteln.

18.3 Was Atome in Molekülen zusammenhält

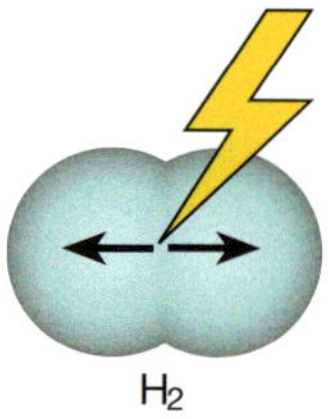

Die Spaltung der Bindung erfordert Energie.

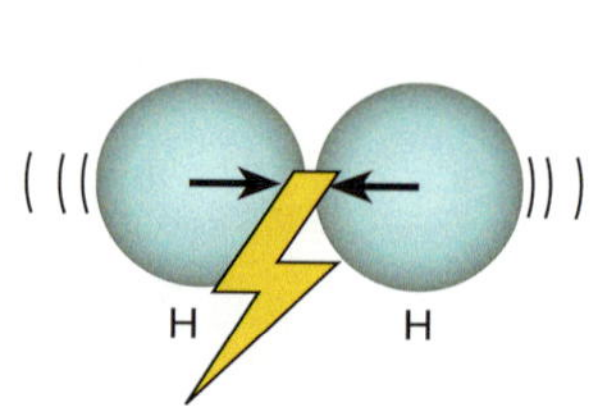

Bei der Bildung der Bindung wird Energie frei.

Hexan und Aceton sind lediglich zwei Beispiele für Molekülverbindungen. Es gibt Millionen verschiedener Stoffe, die aus Molekülen bestehen. Das einfachste Molekül ist das **Wasserstoff-Molekül (H_2).**

Die beiden Wasserstoff-Atome sind in dem Wasserstoff-Molekül fest miteinander verbunden. Nur mit sehr großem Energieaufwand lässt sich die **chemische Bindung** spalten. Wenn sich zwei Wasserstoff-Atome zu einem Wasserstoff-Molekül vereinigen, wird die entsprechende **Bindungsenergie** wieder frei.

Was die beiden Atome in dem Molekül so fest zusammenhält, ist die Anziehung zwischen den negativ geladenen Elektronen und den beiden positiv geladenen Atomkernen. Aber warum verbinden sich gerade *zwei* Wasserstoff-Atome miteinander?
Um das zu verstehen, hilft ein Vergleich mit den Edelgas-Atomen: Edelgas-Atome besitzen eine Elektronenhülle mit vollbesetzter Außenschale. Diese Elektronenverteilung, die **Edelgaskonfiguration**, ist energetisch besonders günstig. Edelgas-Atome gehen daher kaum Bindungen ein. Andere Nichtmetall-Atome können eine Edelgaskonfiguration erreichen, indem sie sich mit anderen Atomen verbinden.

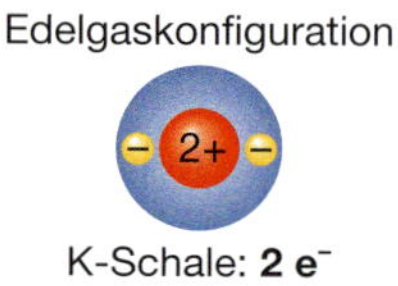

Elektronenanordnung des Helium-Atoms

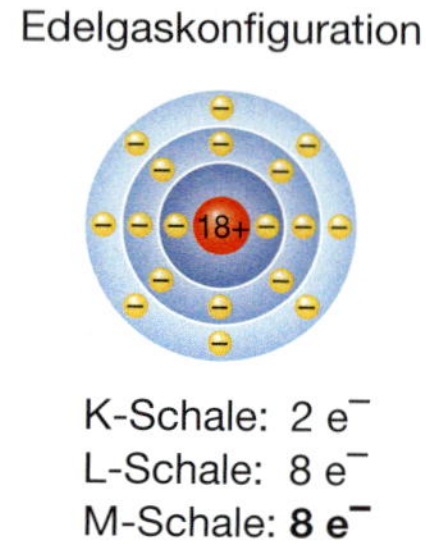

Elektronenanordnung des Argon-Atoms

Wasserstoff-Molekül. Zur vollständig besetzten K-Schale fehlt dem Wasserstoff-Atom noch ein Elektron. Im Wasserstoff-Molekül besitzen die beiden H-Atome insgesamt zwei Elektronen. Jedes H-Atom für sich betrachtet hat mit den zwei Elektronen eine voll besetzte K-Schale, ähnlich wie ein Atom des Edelgases Helium. Man sagt: Im Wasserstoff-Molekül haben die beiden Wasserstoff-Atome ein *gemeinsames Elektronenpaar.* Diese Art der chemischen Bindung wird daher **Elektronenpaarbindung** genannt. Es ist also das gemeinsame Elektronenpaar, das die beiden Wasserstoff-Atome im Wasserstoff-Molekül zusammenhält. Wenn genau zwei Wasserstoff-Atome eine Elektronenpaarbindung eingehen und ein H_2-Molekül bilden, erreichen beide Atome die Edelgaskonfiguration des Heliums.

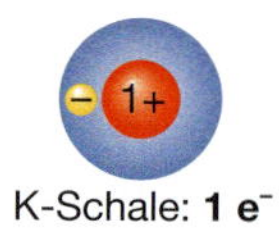

Elektronenanordnung des H-Atoms

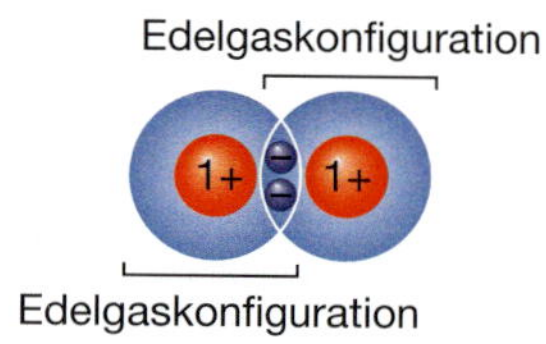

Elektronenanordnung des H_2-Moleküls

Chlor-Molekül. Chlor ist ein Nichtmetall, das aus zweiatomigen Molekülen besteht: Cl_2. Zur vollständig besetzten M-Schale fehlt dem Chlor-Atom noch ein Elektron. Im Chlor-Molekül hat jedes Chlor-Atom durch ein gemeinsames Elektronenpaar acht Außenelektronen. Es erreicht so die Edelgaskonfiguration.

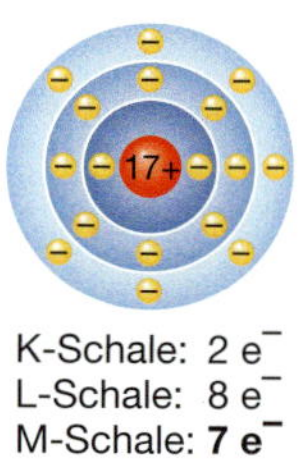

Elektronenanordnung des Cl-Atoms

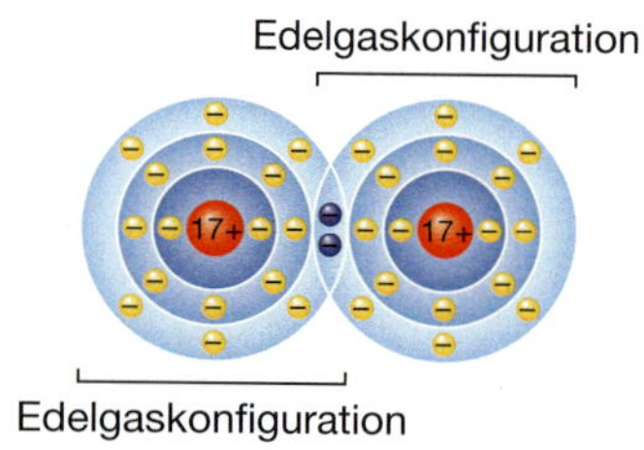

Elektronenanordnung des Cl_2-Moleküls

In Molekülen sind Atome über gemeinsame Elektronenpaare miteinander verbunden. Diese Art der chemischen Bindung nennt man Elektronenpaarbindung.

1 **a)** Zeichne das Schalenmodell des Fluor-Atoms. Gib an, wie viele Elektronen zur Edelgaskonfiguration fehlen.
b) Zeichne das Schalenmodell des Fluor-Moleküls. Markiere das gemeinsame Elektronenpaar.

2 **a)** Entsteht bei der Reaktion von Wasserstoff mit Chlor eine Molekülverbindung oder eine Ionenverbindung? Begründe deine Entscheidung.
b) Stelle die Elektronenverteilung in dem Chlorwasserstoff-Teilchen dar.

Gilbert N. LEWIS: Valence and the Structure of Atoms and Molecules

Exkurs

The Union of Atoms. (...) It was suggested by J. J. THOMSON (1907) that two atoms might be conceived to be held together by electrical forces without electrical polarization. At that time he regarded the positive part of the atom as a sphere in which the electrons were imagined to be imbedded, and he considered the case of two spheres equal in size, overlapping one another (...), with electrons situated symmetrically in the region of overlapping. (...)

The first[1] [chemist] to consider the valence electron as attracting simultaneously the positive parts of two different atoms and thus becoming the agent which binds atoms together, was STARK, who developed this idea very extensively in his „Atomdynamik." (...) in two cases, namely in the union of carbon to carbon and of hydrogen to carbon, he regarded the chemical bond as due to two electrons which jointly tie atom to atom through their lines of force. The figure shows STARKs picture of the structure of (...) the carbonhydrogen bond.

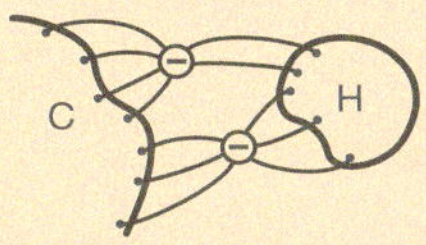

The New Theory of Valence. (...) We have already noted the preponderating tendency of every atom toward an arrangement of electrons with eight in the outermost shell. This arrangement, which Parson and I called the "group of eight," and which has since been more tersely expressed by LANGMUIR as the "octet," is attained when atoms lose or gain electrons to form ions.
(...) The new theory, which includes the possibility of complete ionization as a special case, may be given definite expression as follows: Two atoms may conform to the rule of eight, or the octet rule, not only by the transfer of electrons from one atom to another, but also by sharing one or more pairs of electrons. These electrons which are held in common by two atoms may be considered to belong to the outer shells of both atoms. The discovery that those electrons which are held jointly by two atoms always occur in pairs led to the realization that the "rule of two" is even more fundamental than the "rule of eight." (...)

The Bond. Two electrons thus coupled together, when lying between two atomic centers, and held jointly in the shells of the two atoms, I have considered to be the chemical bond. We thus have a picture of that physical entity, that "hook and eye", which is part of the creed of the organic chemist.

[1] The idea of shared electrons was foreshadowed by RAMSAY in 1908

When two atoms of hydrogen join to form the diatomic molecule, each furnishes one electron of the pair which constitutes the bond. Representing each valence electron by a dot, we may therefore write as the graphical formula of hydrogen H : H. So when the atom of hydrogen with its one electron unites with the atom of chlorine with its seven electrons, they produce the molecule represented by $\mathrm{H}{:}\ddot{\underset{\cdot\cdot}{\mathrm{Cl}}}{:}$. Two chlorine atoms form the molecule $:\ddot{\underset{\cdot\cdot}{\mathrm{Cl}}}{:}\ddot{\underset{\cdot\cdot}{\mathrm{Cl}}}{:}$.

(...) We may be sure, however, that each of the outer shells should be represented by a pair of electrons at each corner of a tetrahedron. Such a tetrahedron would ordinarily be regular only in the case of a symmetrical atom like that of carbon in methane (...).

It will, however, only rarely be expedient to indicate in the simple graphical formula any distortion of the octet, although we may assume that it often occurs. Moreover, we must constantly bear in mind, as in the case of ordinary formula of organic chemistry, that our two-dimensional representation fails to represent the true stereochemistry of the molecule. Thus, at first sight, the formula for water, $\mathrm{H}{:}\ddot{\underset{\cdot\cdot}{\mathrm{O}}}{:}\mathrm{H}$, appears symmetrical, although we really regard the two hydrogens as not symmetrically placed with respect to oxygen, but rather at two corners of a more or less distorted tetrahedron.

By means of this simple assumption, that the chemical bond is a pair of electrons held jointly by two atoms, I showed how the various types of molecules "ranging from the extremely polar to the extremely nonpolar" could be interpreted.
(...) The pair of electrons which constitutes the bond may lie between two atomic centers in such a position that there is no electric polarization, or it may be shifted toward one or the other atom in order to give to that atom a negative, and consequently to the other atom a positive charge. But we can no longer speak of any atom as having an integral number of units of charge, except in the case where one atom takes exclusive possession of the bonding pair, and forms an ion.

1 Erstelle eine Gliederung des Textes, indem du die Kernaussagen der einzelnen Absätze angibst.
2 a) Gib an, welche Gruppen von Elektronen LEWIS anspricht.
b) Gib eine LEWIS-Formel an, bei der die Oktettregel nicht erfüllt ist.
3 Erkläre, warum die richtige Molekülgeometrie in der LEWIS-Formel nicht dargestellt ist.
4 Beschreibe die Geometrie des NH_3-Moleküls nach den Vorstellungen von LEWIS?

18.4 LEWIS-Formeln für Moleküle

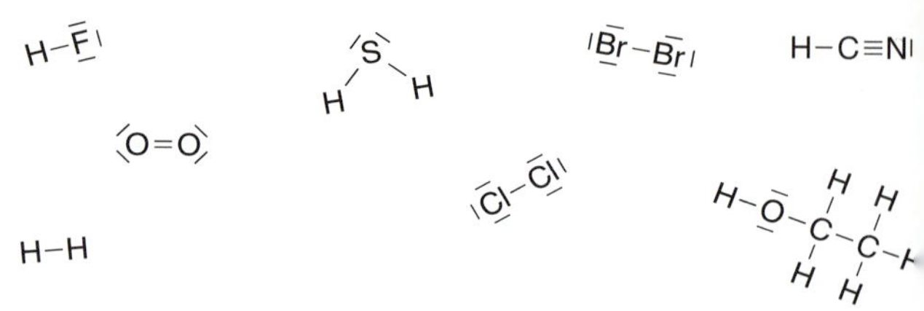

Der amerikanische Chemiker Gilbert LEWIS hat Regeln aufgestellt, wie man die Elektronenverteilung in Molekülen durch Formeln darstellen kann. In diesen *LEWIS-Formeln* werden nur die Außenelektronen berücksichtigt.

Beispiel Methan. Methan ist der Hauptbestandteil des Erdgases. Das Methan-Molekül ist sehr einfach aufgebaut: Ein Kohlenstoff-Atom ist mit vier Wasserstoff-Atomen verknüpft. Die Molekülformel ist CH_4.
Das C-Atom hat in der Außenschale *vier* Elektronen. Die vier Punkte in der Abbildung entsprechen diesen vier Elektronen der L-Schale. Die Punkte werden üblicherweise oberhalb, unterhalb, links und rechts des Elementsymbols gesetzt. Die voll besetzte innere Schale (K-Schale) mit zwei Elektronen bleibt unberücksichtigt.
Zur voll besetzten L-Schale – wie beim Ne-Atom – fehlen dem C-Atom noch vier Elektronen. Es bildet daher vier Elektronenpaarbindungen mit vier H-Atomen aus. Jedes H-Atom trägt ein Elektron zu einer solchen Elektronenpaarbindung bei.
Die LEWIS-Formel des Methan-Moleküls ergibt sich, wenn man die beiden Punkte jedes Elektronenpaares durch einen Bindungsstrich ersetzt.

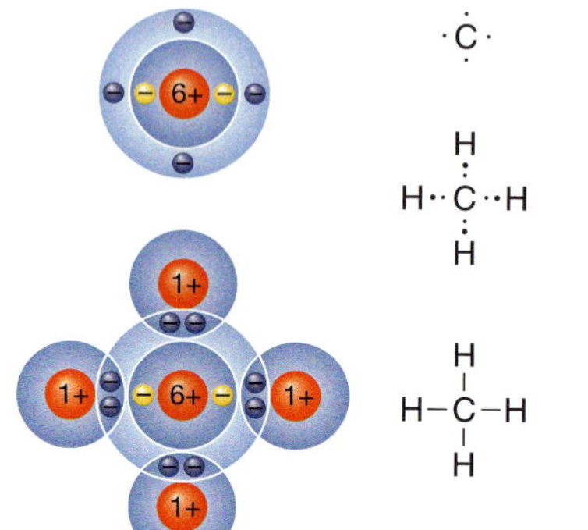

LEWIS-Formel

Beispiel Sauerstoff. Unter den Stoffen, die uns auch in elementarer Form gut vertraut sind, spielt der Sauerstoff eine wichtige Rolle. Er ist in der Luft zu etwa 21 % enthalten und besteht aus Molekülen. Das Sauerstoff-Molekül (O_2) ist aus zwei Sauerstoff-Atomen aufgebaut. Es ist ein Beispiel dafür, dass zwei Atome über mehr als nur ein gemeinsames Elektronenpaar verbunden sein können.
Das Sauerstoff-Atom hat in der Außenschale sechs Elektronen: Die ersten vier Elektronen werden als Punkte über, unter, links und rechts des Elementsymbols dargestellt. Die beiden weiteren Elektronen bilden mit je einem der ersten Elektronen ein Elektronenpaar. Jedes Sauerstoff-Atom hat also zwei Elektronenpaare und zwei *ungepaarte Elektronen.* Die voll besetzte K-Schale bleibt auch hier unberücksichtigt.
Zur voll besetzten L-Schale – wie beim Neon-Atom – fehlen dem Sauerstoff-Atom zwei Elektronen. Es bildet daher mit seinen zwei ungepaarten Elektronen zwei Elektronenpaarbindungen zu einem weiteren O-Atom aus. Werden zwei Atome über *zwei* gemeinsame Elektronenpaare miteinander verbunden, spricht man von einer **Zweifachbindung**.
Im Blausäure-Molekül (HCN) ist das Kohlenstoff-Atom sogar über drei Elektronenpaare mit einem Stickstoff-Atom verbunden. Solche Bindungen werden entsprechend **Dreifachbindungen** genannt.

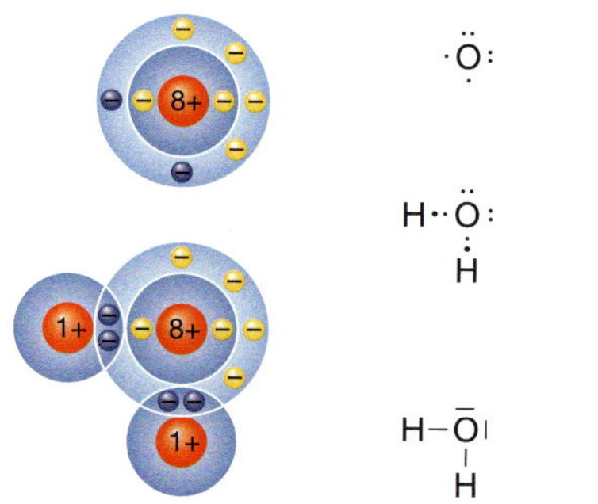

LEWIS-Formel

Oktettregel. Die Beispiele zeigen eine Gemeinsamkeit: Für jedes Atom ergibt sich im Molekül die gleiche Anzahl von Außenelektronen wie bei einem Edelgas-Atom. Diese Edelgaskonfiguration ist energetisch besonders stabil. Im Falle des Wasserstoff-Atoms sind es zwei Elektronen wie beim Helium-Atom. Beim Kohlenstoff-Atom und beim Sauerstoff-Atom sind es **acht** Elektronen wie beim Neon-Atom. Die *Oktettregel* (lat. *octo:* acht) hilft bei der Konstruktion von LEWIS-Formeln:
In einem stabilen Molekül muss jedes Atom von vier Elektronenpaaren umgeben sein, nur das H-Atom hat lediglich ein Elektronenpaar.

Der Aufbau von Molekülen lässt sich mit LEWIS-Formeln beschreiben. Einzelne Elektronen werden als Punkte, Elektronenpaare als Striche dargestellt. Beim Aufstellen der Formel muss die Oktettregel beachtet werden.

1 Stelle schrittweise die LEWIS-Formel des Chlorwasserstoff-Moleküls (HCl) auf, kennzeichne freie und bindende Elektronenpaare und erläutere an diesem Beispiel die Oktettregel.

2 Kohlenstoffdioxid-Moleküle (CO_2) enthalten *Mehrfachbindungen*. Stelle Schritt für Schritt die LEWIS-Formel auf und überprüfe die Gültigkeit der Oktettregel.

3 Es gibt einige, wenige Molekül-Verbindungen, deren LEWIS-Formel nicht die Oktettregel erfüllen. Stelle die LEWIS-Formel von Stickstoffmonooxid (NO) auf und beschreibe die Elektronenverteilung im NO-Molekül.

4 a) Suche dir drei der ganz oben dargestellten Moleküle aus und benenne sie.
b) Gib Vorkommen oder Verwendung der Stoffe an.

LEWIS-Formeln

Atom	Kohlenstoff	Stickstoff	Sauerstoff	Fluor	Neon
Elektronen-konfiguration	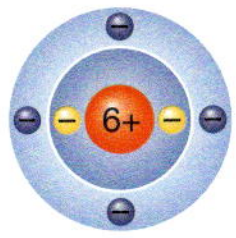	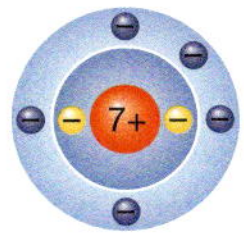	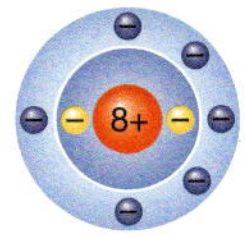	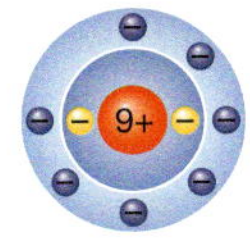	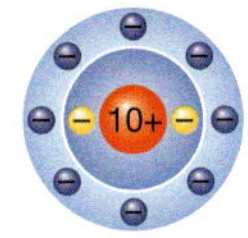
Außenelektronen	4 e⁻	5 e⁻	6 e⁻	7 e⁻	8 e⁻
LEWIS-Schreibweise	·Ċ· (4 Punkte)	·N̈· (5 Punkte)	·Ö: (6 Punkte)	·F̈: (7 Punkte)	:N̈e: (8 Punkte)

Regeln zum Aufstellen von LEWIS-Formeln

1. Die Elementsymbole werden entsprechend der Verknüpfung der Atome im Molekül angeordnet.

2. Man zeichnet an jedem Elementsymbol die Außenelektronen als Punkte ein. Die Elektronen der inneren Schalen bleiben unberücksichtigt.

3. Die Punkte für die Elektronen stehen oberhalb, unterhalb sowie rechts und links neben dem Elementsymbol. Der fünfte bis achte Punkt bildet mit einem schon vorhandenen Punkt ein Punktepaar.

4. Zwischen den Atomen werden nun so viele bindende Elektronenpaare gebildet, dass für alle Atome die Oktettregel erfüllt ist. Dabei sind Einfachbindungen und Mehrfachbindungen bis zur Dreifachbindung möglich.
Wasserstoff-Atome gehen nur Einfachbindungen ein.

5. In der endgültigen LEWIS-Formel werden bindende und nichtbindende Elektronenpaare schließlich durch einen Strich dargestellt.

Molekül	Punkt-Schreibweise	Oktettregel	LEWIS-Formel
Methan	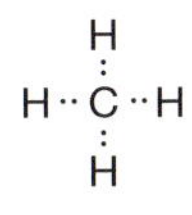	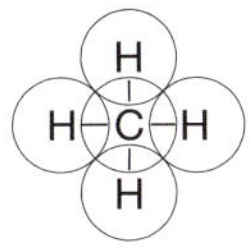	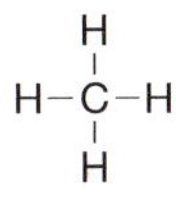
Ammoniak	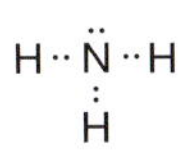	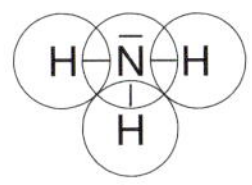	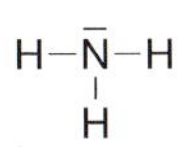
Wasser	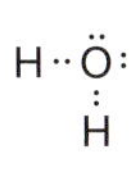	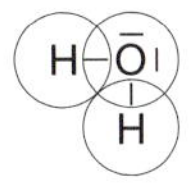	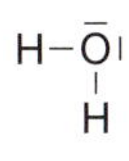
Fluorwasserstoff	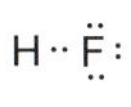	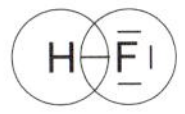	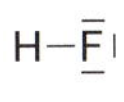
Sauerstoff		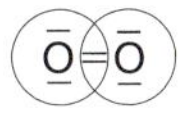	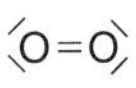
Stickstoff		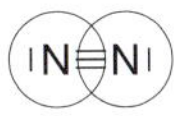	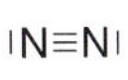
Kohlenstoffdioxid		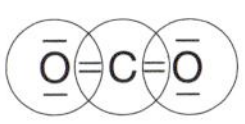	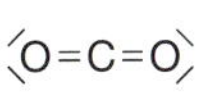

18.5 Moleküle – dreidimensional betrachtet

Beispiel: Methan-Molekül

Wolkenmodell

Kalottenmodell

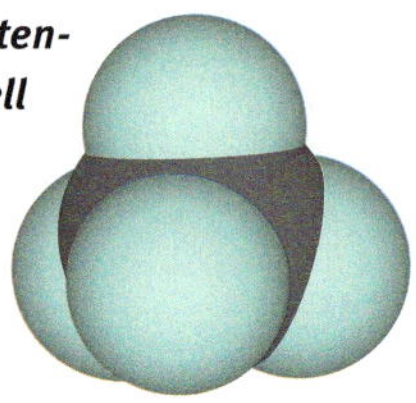

Kugel/Stab-Modell

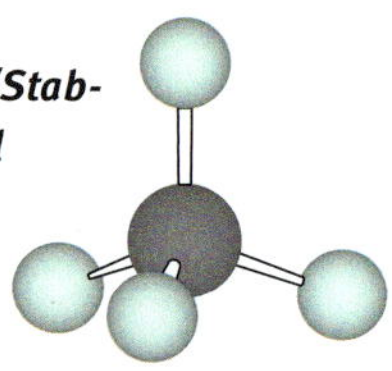

Molekülstruktur

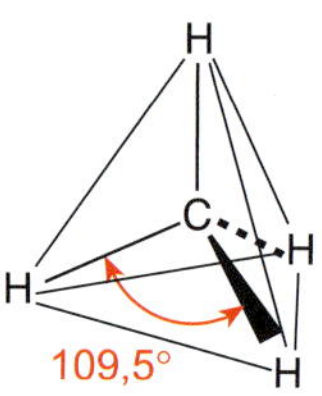

LEWIS-Formel

H
H–C–H
H

1 a) Beschreibe die Grundannahmen des Elektronenpaarabstoßungs-Modells.
b) Zeichne einen Tetraeder und beschreibe seine Form.
2 a) Stelle die LEWIS-Formel von Ammoniak (NH_3) auf und überprüfe die Gültigkeit der Oktettregel.
b) Leite aus der LEWIS-Formel die räumliche Struktur des Ammoniak-Moleküls ab.

Ein Ziel der Chemie ist es, Eigenschaften und Reaktionen der Stoffe erklären und vorhersagen zu können. Dazu ist es wichtig, die räumliche Struktur der Teilchen zu kennen. Ein einfaches Modell, mit dessen Hilfe sich die Struktur direkt aus der Molekülformel ableiten lässt, ist das **Elektronenpaarabstoßungs-Modell.** Es basiert auf zwei Annahmen:

1. Die Außenelektronen halten sich *paarweise* in bestimmten Bereichen um den Atomkern auf: Man stellt sich das modellhaft wie eine Wolke vor und spricht von einer *Elektronenwolke*.

2. Die negativ geladenen Elektronenpaare stoßen sich gegenseitig ab. Dadurch ergibt sich für jede Elektronenpaarbindung eine bestimmte Richtung und für jedes Molekül eine eindeutige Struktur.

***Beispiel Methan:* ein tetraederförmiges Molekül.** Im Methan-Molekül (CH_4) ist das zentrale Kohlenstoff-Atom durch vier Elektronenpaare mit vier Wasserstoff-Atomen verbunden. Die Abstoßung zwischen den vier Elektronenpaaren ist dann am kleinsten, wenn der Abstand zwischen ihnen am größten ist. Sie richten sich deshalb nach den Ecken eines Tetraeders aus. Das Kohlenstoff-Atom bildet das Zentrum des Tetraeders, die Wasserstoff-Atome besetzen die vier Ecken. Der H–C–H-Bindungswinkel beträgt 109,5°.

***Beispiel Wasser:* ein gewinkeltes Molekül.** Im Wasser-Molekül (H_2O) ist das zentrale Sauerstoff-Atom von zwei bindenden und zwei nichtbindenden Elektronenpaaren umgeben. Die vier Elektronenpaare richten sich nach den Ecken eines Tetraeders aus. Im Zentrum des Tetraeders befindet sich das Sauerstoff-Atom. An zwei Ecken des Tetraeders sind die Wasserstoff-Atome, die beiden nicht bindenden Elektronenpaare weisen in die noch freien Ecken. Der H–O–H-Bindungswinkel beträgt hier nur 105°. Man nimmt an, dass sich die nichtbindenden Elektronenpaare stärker abstoßen als die bindenden.

***Beispiel Kohlenstoffdioxid:* ein lineares Molekül.** Im Kohlenstoffdioxid-Molekül (CO_2) ist das zentrale Kohlenstoff-Atom über zwei Zweifachbindungen mit den beiden Sauerstoff-Atomen verbunden.
Für die Ermittlung der Struktur werden **Mehrfachbindungen** wie Einfachbindungen behandelt. Es ergibt sich eine lineare Struktur mit dem O–C–O-Bindungswinkel von 180°.

Das Elektronenpaarabstoßungs-Modell erklärt die räumliche Struktur von Molekülen durch die Abstoßung von Elektronenpaaren. Bei vier Elektronenpaaren ergibt sich eine tetraedrische Anordnung der Elektronenwolken.

Beispiel: Wasser-Molekül

Wolkenmodell

Kalottenmodell

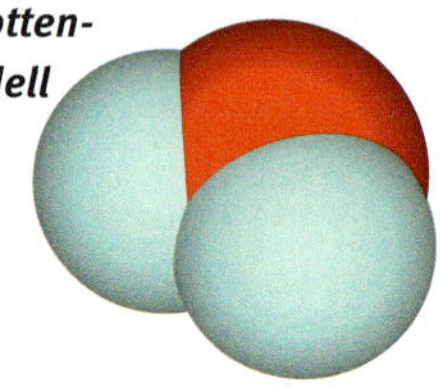

Kugel/Stab-Modell

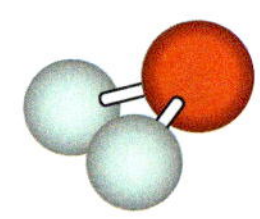

Molekülstruktur

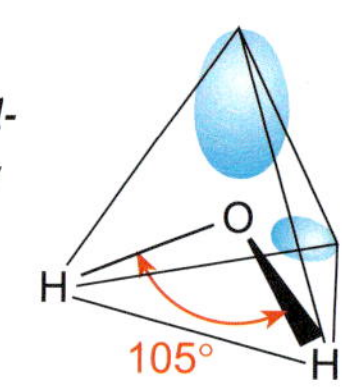

LEWIS-Formel

H–Ō|
H

3 Lachgas (N_2O) ist ein Stickstoffoxid. Das Gas wird als Narkosemittel verwendet.

a) Gib den chemischen Namen an.
b) Stelle die LEWIS-Formel auf. In dem Molekül kommen zwei Zweifachbindungen vor.
c) Überprüfe die Gültigkeit der Oktettregel.
d) Leite aus der LEWIS-Formel die räumliche Struktur her.

Das Elektronenpaarabstoßungs-Modell

Übersicht

Verbindung LEWIS-Formel	Elektronenpaare am zentralen Atom	Räumliche Struktur Bindungswinkel	Molekülmodell
Methan H H–C–H H	4 Einfachbindungen	tetraedrisch 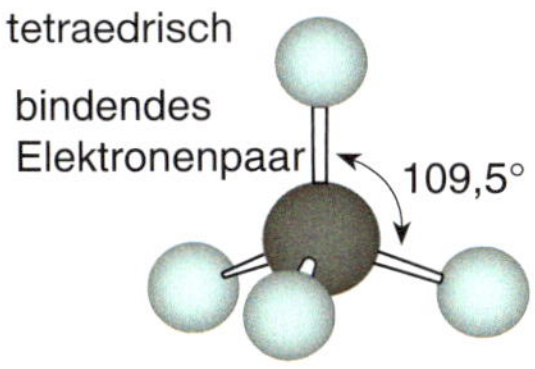	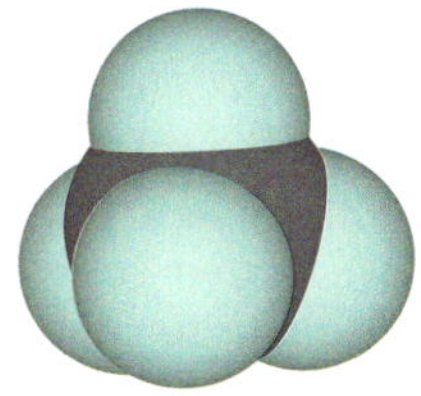
Ammoniak H–N̄–H H	3 Einfachbindungen 1 nichtbindendes Elektronenpaar	pyramidal (unvollständiger Tetraeder) 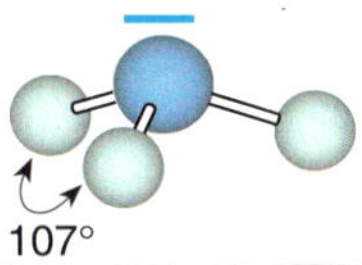	
Wasser Ō H H	2 Einfachbindungen 2 nichtbindende Elektronenpaare	gewinkelt (unvollständiger Tetraeder) 	
Fluorwasserstoff H–F̄|	1 Einfachbindung 3 nichtbindende Elektronenpaare	linear 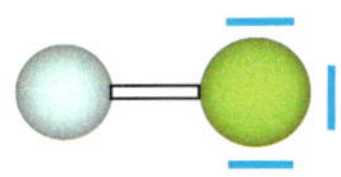	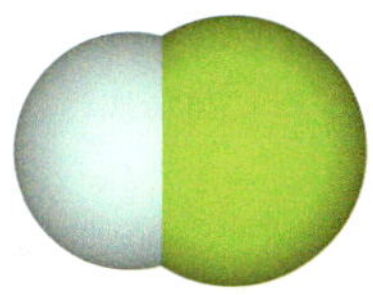
Kohlenstoffdioxid ⟨O=C=O⟩	2 Zweifachbindungen	linear 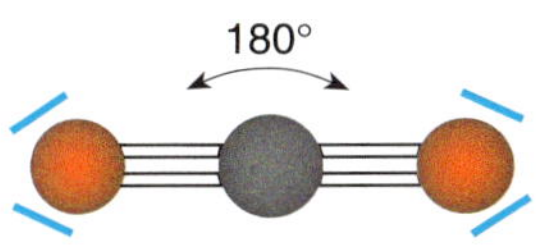	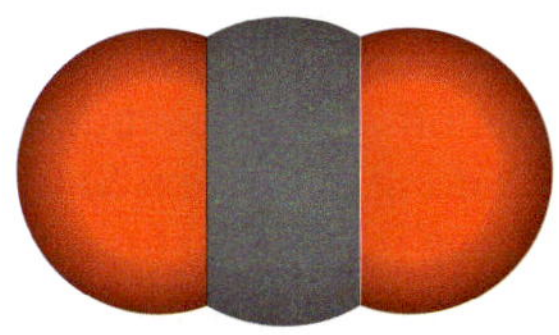
Blausäure H–C≡N|	1 Einfachbindung 1 Dreifachbindung	linear 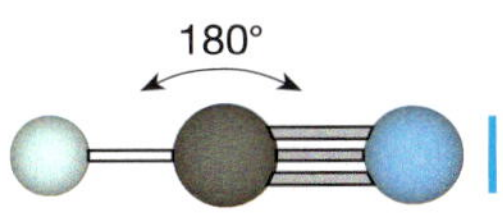	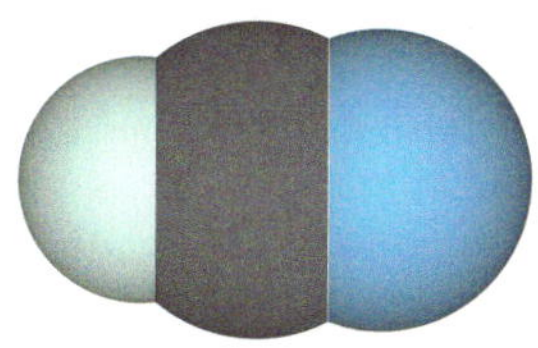
Formaldehyd H C=O⟩ H	2 Einfachbindungen 1 Zweifachbindung	trigonal 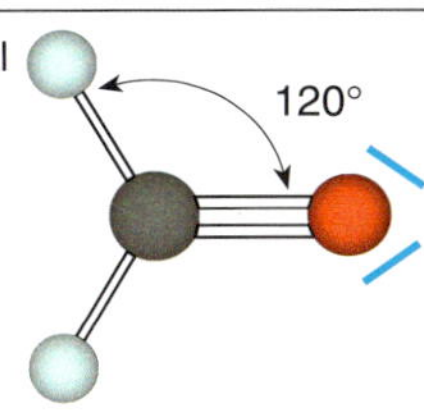	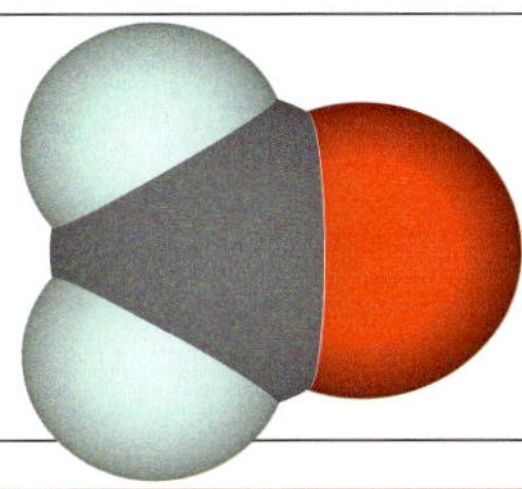

18.6 Hexan-Molekül und Aceton-Molekül – räumlich betrachtet ☆

Auch die räumliche Struktur komplexerer Moleküle wie die der Lösemittel Hexan und Aceton kann mithilfe des Elektronenpaarabstoßungs-Modells hergeleitet werden.

Hexan. Die Molekülformel von Hexan ist C_6H_{14}. Das Molekül besteht nur aus Kohlenstoff-Atomen und Wasserstoff-Atomen. Es gehört damit genau wie Methan (CH_4) zu den sogenannten *Kohlenwasserstoffen*. Die Struktur des Hexan-Moleküls ist daher vergleichbar mit der des Methan-Moleküls.
Die sechs Kohlenstoff-Atome des Hexan-Moleküls sind miteinander verbunden und bilden eine Kette. Die Bindungen um alle Kohlenstoff-Atome sind tetraedrisch angeordnet. Jedes dieser Kohlenstoff-Atome bildet daher ähnlich wie im Methan-Molekül den Mittelpunkt eines Tetraeders und ist von vier bindenden Elektronenpaaren umgeben, die sich nach den Ecken des Tetraeders ausrichten. Die Tetraederecken werden dabei entweder durch benachbarte Kohlenstoff-Atome oder durch Wasserstoff-Atome besetzt.
Die einzelnen Bindungswinkel im Hexan-Molekül entsprechen dem Tetraederwinkel und betragen daher wie im Methan-Molekül 109,5°. Aus der Darstellung der räumlichen Gestalt des Hexans kann man erkennen, dass das Molekül eine Zick-Zack-Form hat, in deren Eckpunkten die Kohlenstoff-Atome sitzen.

Aceton. Die Molekülformel von Aceton ist C_3H_6O. Das Grundgerüst des Aceton-Moleküls bilden die drei Kohlenstoff-Atome, die zu einer Kette miteinander verbunden sind. Das mittlere Kohlenstoff-Atom ist über zwei Einfachbindungen mit den benachbarten Kohlenstoff-Atomen verbunden und über eine Zweifachbindung mit einem Sauerstoff-Atom. Da für die Ermittlung der Struktur im Elektronenpaarabstoßungsmodell Mehrfachbindungen wie Einfachbindungen behandelt werden, ergibt sich an diesem Atom eine trigonale Struktur mit einem C–C–O-Bindungswinkel von 120°.
Die Struktur des Aceton-Moleküls am mittleren Kohlenstoff-Atom ist daher vergleichbar mit der Struktur des Formaldehyd-Moleküls. Die Wasserstoff-Atome werden lediglich durch CH_3-Gruppen ersetzt. Die Struktur der äußeren Kohlenstoff-Atome (C_1 und C_2) entspricht aufgrund der jeweiligen vier Einfachbindungen der Struktur des Methan-Moleküls.

Nach dem Elektronenpaarabstoßungs-Modell hat jedes Kohlenstoff-Atom im Hexan-Molekül eine tetraedrische Anordnung der Bindungspartner. Das mittlere C-Atom des Aceton-Moleküls ist hat dagegen eine trigonale Anordnung.

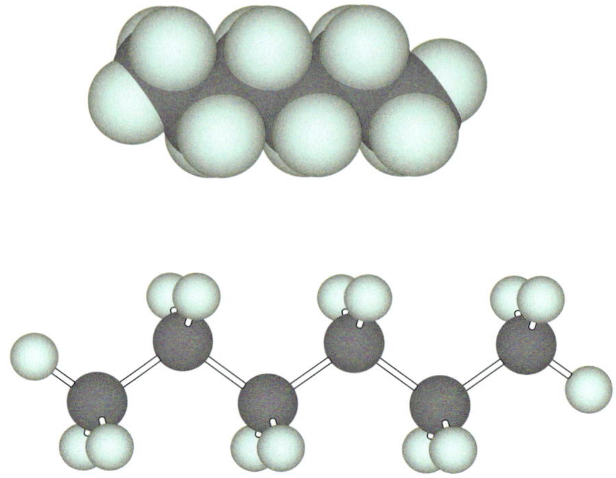

Hexan-Molekül als Kalottenmodell und als Kugel/Stab-Modell

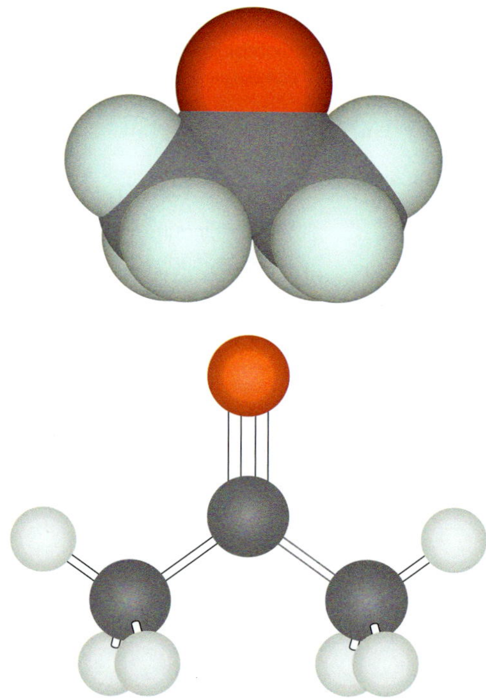

Aceton-Molekül als Kalottenmodell und als Kugel/Stab-Modell

1 Moleküle befinden sich in ständiger Bewegung. Dabei verdrehen sich auch Molekülteile gegeneinander, wenn sie nur durch eine Einfachbindung verbunden sind. Zeichne das Hexan-Molekül im Kugel/Stab-Modell in zwei Positionen, wenn um die zweite C–C-Bindung eine Drehung stattgefunden hat.

Fleckentfernung

V1: Herstellung einer Fleckenpaste

Materialien: Porzellanschale, farbiges Papier, saugfähiges Papiertuch, Glasstab, Handbürste;
Speiseöl, Speisestärke, Waschbenzin (F, Xn).

Durchführung:
1. Lege das farbige Papier auf ein saugfähiges Papiertuch.
2. Gib mit dem Glasstab zwei Tropfen Speiseöl in einigem Abstand voneinander auf das farbige Papier.
3. Sauge das überstehende Öl mit dem Papiertuch auf.
4. Verrühre etwa einen Spatel Speisestärke mit etwas Waschbenzin in einer Porzellanschale, bis eine streichfähige Paste entsteht.
5. Trage die Paste schnell auf einen Fettflecken auf.
6. Klopfe oder bürste nach dem Verdunsten des Lösemittels das trockene Stärkepulver ab.
7. Vergleiche die Fettflecken nach der Behandlung.

Aufgaben:
a) Notiere deine Beobachtungen.
b) Vergleiche dein Vorgehen mit der Gebrauchsanweisung einer Fleckenpaste.
c) Erläutere die Wirkungen des Waschbenzins und der Speisestärke.

V2: Schäden beim Fleckentfernen

Materialien: Bodenfliese, schwarzer Filzschreiber (permanent), Lupe, Pinsel;
heller Acryllack (F, N), Waschbenzin (F, Xn), Brennspiritus (F), Aceton (F, Xi).

Durchführung:
1. Bestreiche die Oberfläche der Fliese mit Acryllack.
2. Schreibe mit dem Filzschreiber drei Wörter auf den getrockneten Acryllack.
3. Versuche mithilfe von je einem der drei Lösemittel jeweils ein Wort zu entfernen.
4. Betrachte die lackierte Fliese nach der Reinigung mit der Lupe.
5. Streue etwas farbiges Kreidepulver auf die Lackschicht und entferne es vorsichtig mit dem Pinsel.

Aufgaben:
a) Notiere deine Beobachtungen.
b) Informiere dich über die Verwendung von Acryllacken.
c) Formuliere Ratschläge zur Reinigung von Oberflächen, die mit Acryllacken überzogen sind.

V3: Verdunsten von Lösemitteln

Materialien: 2 Petrischalen aus Glas, Papiertücher, zwei Stopfen;
Butter, Aceton (F, Xi), Waschbenzin (F, Xn).

Durchführung:
1. Gib in zwei Reagenzgläser jeweils eine Spatelspitze Butter.
2. Gib in eins der Reagenzgläser einige Milliliter Aceton, in das andere einige Milliliter Waschbenzin.
3. Verschließe die Reagenzgläser und schüttle kräftig.
4. Tropfe beide Butterlösungen auf je ein Papiertuch und lasse dieses trocknen.
5. Gib die Butterlösungen in jeweils eine Petrischale und stelle sie für 20 Minuten offen unter den Abzug.

Aufgaben:
a) Notiere deine Beobachtungen.
b) Leite aus dem Versuch einen Ratschlag zur Fleckentfernung ab.

V4: Chromatografie mit verschiedenen Lösemitteln

Materialien: Petrischale, Rundfilter, Schere, verschiedene Filzschreiber, Mikropipette;
Chlorophyll-Lösung (Grashalme mit Sand zerrieben und mit Aceton gemischt), Fließmittel: Aceton (F, Xi), Waschbenzin (F, Xn).

Durchführung:
1. Schneide in die Mitte eines Rundfilters ein 0,5 cm großes Loch.
2. Trage kreisförmig um das Loch getrennte Punkte mit den verschiedenen Filzstiften auf. Ergänze entsprechend mit der Mikropipette einen Punkt mit der Chlorophyll-Lösung.
3. Schneide aus einem weiteren Filter einen 3 cm langen Streifen zurecht, der durch das Loch im Rundfilter passt und als Docht dient.
4. Fülle die Petrischale 0,5 cm hoch mit Aceton und lege den Rundfilter so über die Petrischale, dass der Docht in das Aceton ragt.
5. Wiederhole den Versuch mit Waschbenzin als Fließmittel.

Aufgaben:
a) Notiere deine Beobachtungen.
b) Erläutere die Unterschiede zwischen den beiden Chromatogrammen.

Elektronegativität und Periodensystem

Das Modell der polaren und unpolaren Elektronenpaarbindung ist ein wichtiges Hilfsmittel bei der Erklärung von Eigenschaften und Reaktionen von Stoffen.
Der amerikanische Chemiker Linus PAULING hat bereits 1932 eine Größe eingeführt, mit der sich abschätzen lässt, welches Atom das Bindungselektronenpaar stärker anzieht: die **Elektronegativität**.

Die Elektronegativität ist ein Maß für die Fähigkeit eines Atoms, das gemeinsame Elektronenpaar in einer Bindung anzuziehen. Je stärker die Anziehung ist, desto größer ist der *Elektronegativitätswert*. Die Skala der Werte reicht von 0,7 beim Caesium-Atom bis 4,0 beim Fluor-Atom. Für Edelgas-Atome gibt es keine Werte, da es nur sehr wenige Edelgas-Verbindungen gibt.

Die Elektronegativität hängt von der *Kernladung* und von der *Größe* der Atome ab:
1. Bei gleichem Abstand des Elektronenpaares von dem positiv geladenen Atomkern nimmt die Anziehung mit der Größe der Kernladung zu.
Innerhalb einer *Periode* des Periodensystems befinden sich die für die Elektronenpaarbindungen verantwortlichen Außenelektronen alle in der gleichen Schale, gleichzeitig nimmt die Kernladung von links nach rechts zu: Die Anziehung nimmt zu, die Elektronegativität steigt.
2. Je weiter das Elektronenpaar vom Atomkern entfernt ist, desto schwächer wird die Anziehung.
Innerhalb einer *Hauptgruppe* des Periodensystems wird zwar die Kernladung in 8er-Schritten größer, die Entfernung der Außenelektronen vom Atomkern wächst aber noch stärker an: Die Anziehung nimmt ab, die Elektronegativität sinkt.

Nach diesen Überlegungen haben Fluor-Atome die größte Elektronegativität. Sie sind sehr klein und haben mit neun Protonen schon eine hohe Kernladung. Auch die Atome der übrigen Halogene haben sehr hohe Elektronegativitätswerte, ebenso Sauerstoff- und Stickstoff-Atome. Die Atome der Alkalimetalle haben dagegen die niedrigsten Elektronegativitätswerte. Sie haben innerhalb einer Periode jeweils die kleinsten Kernladungen.

1 a) Beschreibe und erkläre am Beispiel der 2. Periode den Verlauf der Elektronegativitätswerte.
b) Beschreibe und erkläre am Beispiel der VII. Hauptgruppe den Verlauf der Elektronegativitätswerte.
2 Erläutere, warum man für Edelgas-Atome keine Elektronegativitätswerte angibt.
3 Entscheide, ob die folgenden Elektronenpaarbindungen polar oder unpolar sind: N–H, C–H, Cl–Cl, H–Cl. Kennzeichne die Ladungsverschiebungen.

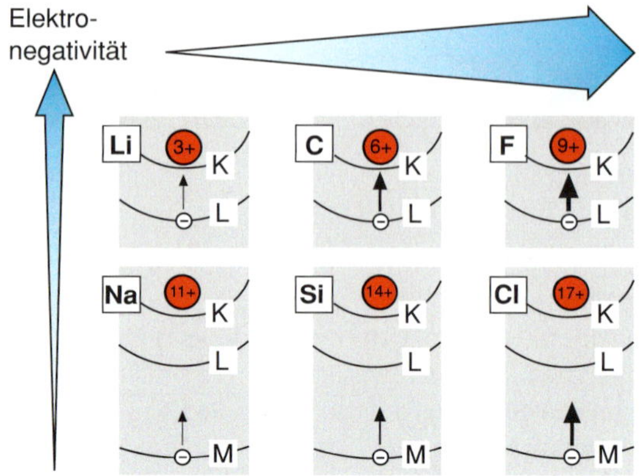

Wer zieht stärker: Abhängigkeit der Elektronegativität eines Atoms von Kernladung und Größe

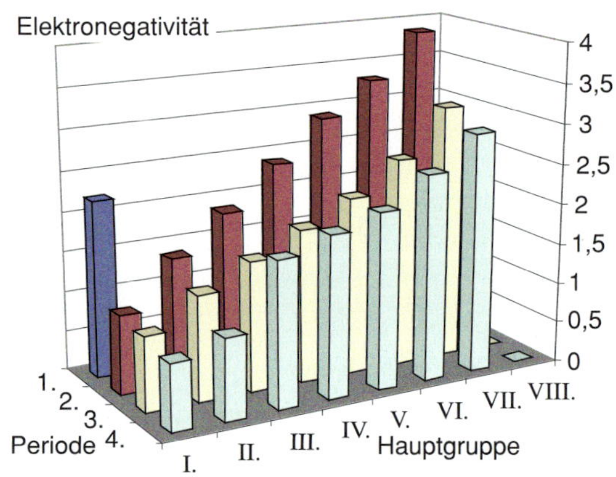

Die Elektronegativität eines Atoms hängt von der Stellung des Elements im Periodensystem ab.

	I	II	III	IV	V	VI	VII	VIII
1	2,1 $_{1}$H							-- $_{2}$He
2	1,0 $_{3}$Li	1,5 $_{4}$Be	2,0 $_{5}$B	2,5 $_{6}$C	3,0 $_{7}$N	3,5 $_{8}$O	4,0 $_{9}$F	-- $_{10}$Ne
3	0,9 $_{11}$Na	1,2 $_{12}$Mg	1,5 $_{13}$Al	1,8 $_{14}$Si	2,1 $_{15}$P	2,5 $_{16}$S	3,0 $_{17}$Cl	-- $_{18}$Ar
4	0,8 $_{19}$K	1,0 $_{20}$Ca	1,6 $_{31}$Ga	1,8 $_{32}$Ge	2,0 $_{33}$As	2,4 $_{34}$Se	2,8 $_{35}$Br	-- $_{36}$Kr
5	0,8 $_{37}$Rb	1,0 $_{38}$Sr	1,7 $_{49}$In	1,8 $_{50}$Sn	1,9 $_{51}$Sb	2,1 $_{52}$Te	2,5 $_{53}$I	-- $_{54}$Xe
6	0,7 $_{55}$Cs	0,9 $_{56}$Ba	1,8 $_{81}$Tl	1,8 $_{82}$Pb	1,9 $_{83}$Bi	2,0 $_{84}$Po	2,2 $_{85}$At	-- $_{86}$Rn

Elektronegativitätswerte nach PAULING

18.7 Moleküle – neutral oder geladen?

Die Ionenverbindung Kaliumiodid ist in Hexan nicht löslich; in Wasser dagegen löst sich das Salz auf. Die entstandene Lösung leitet den elektrischen Strom. In Wasser zerfällt offensichtlich das Ionengitter des Kaliumiodids; es entstehen freibewegliche Ionen.

Beim Abbau des Ionengitters müssen die Anziehungskräfte zwischen Kationen und Anionen überwunden werden. Ohne Temperaturerhöhung bis zum Schmelzen ist das nur möglich, wenn gleichzeitig neue Anziehungskräfte wirksam werden. Als Partner der Ionen kommen dabei nur die Wasser-Moleküle in Frage.

Dipol-Moleküle. Wasser-Moleküle sind elektrisch neutral. Die Anziehungskräfte zwischen Ionen und Wasser-Molekülen erklärt man mit einer ungleichmäßigen Verteilung der positiven und negativen Ladungen im Molekül.
Das Sauerstoff-Atom zieht das gemeinsame Elektronenpaar der H–O-Bindung viel stärker an als das Wasserstoff-Atom. Das Sauerstoff-Atom erhält daher einen größeren Anteil der Bindungselektronen als das Wasserstoff-Atom und damit eine negative Ladung. Diese Ladung ist kleiner als eine Elementarladung; man spricht von einer *Teilladung*. Das Wasserstoff-Atom erhält so eine entsprechende positive Teilladung. Die Ladungsverschiebung in der Bindung kennzeichnet man mit hochgestellten Symbolen δ+ und δ– (delta plus; delta minus) für die jeweiligen Teilladungen. Bindungen wie die H–O-Bindung, bei denen Teilladungen auftreten, bezeichnet man als *polare Elektronenpaarbindungen*.

Nach dem Elektronenpaarabstoßungs-Modell sind Wasser-Moleküle wie auch Aceton-Moleküle gewinkelt gebaut. Durch die Ladungsverschiebung in der Bindung ist eine Seite des Moleküls (das O-Atom) negativ teilgeladen, die andere Seite ist entsprechend positiv teilgeladen. Wegen der beiden Pole spricht man von einem Dipol-Molekül.

Abbau des Ionengitters. Der positive Pol der Lösemittel-Moleküle lagert sich aufgrund seiner Teilladungen an den Iodid-Anionen an. Der negative Pol tritt mit seiner negativen Teilladung umgekehrt mit den Kalium-Kationen in Wechselwirkungen. So werden die einzelnen Ionen aus dem Gitter abgespalten und gehen in Lösung.

Dipol-Moleküle sind elektrisch neutrale Moleküle mit polaren Elektronenpaarbindungen, in denen die Ladung nicht symmetrisch verteilt ist.

unpolare Elektronenpaarbindung

Im Wasserstoff-Molekül werden die beiden negativ geladenen Elektronen der H–H-Bindung gleich stark von den positiv geladenen Atomkernen angezogen. Man spricht in diesem Fall von einer *unpolaren Elektronenpaarbindung.*

polare Elektronenpaarbindung

In einer O–H-Bindung werden die beiden Elektronen des bindenden Elektronenpaares von den acht Protonen des Sauerstoff-Atomkerns viel stärker angezogen als von dem einen Proton des Wasserstoff-Atomkerns. Es kommt zu einer Ladungsverschiebung. Man bezeichnet diese Bindung als eine *polare Elektronenpaarbindung.*

Dipol-Molekül: Die Struktur entscheidet.

Das Wasser-Molekül hat eine *gewinkelte* Struktur. In diesem Fall verstärken sich die Ladungsverschiebungen der beiden polaren O–H-Bindungen. Das Wasser-Molekül ist daher ein *Dipol-Molekül.*

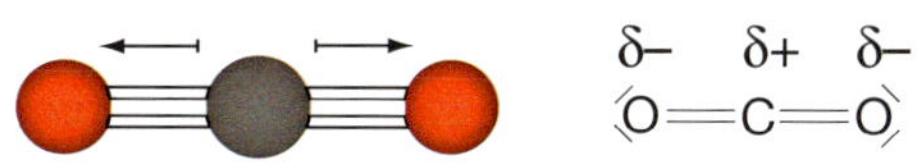

Das Kohlenstoffdioxid-Molekül hat eine *lineare* Struktur. Die Ladungsverschiebungen der beiden polaren C–O-Bindungen sind deswegen genau entgegengesetzt gerichtet. Ihre Wirkungen heben sich gegenseitig auf. Das Kohlenstoffdioxid-Molekül ist daher *kein* Dipol-Molekül.

1 a) Zeichne ein Aceton-Molekül als Kugel/Stab-Modell, gib die Ladungsverteilung an und begründe, warum das Aceton-Molekül ein Dipol-Molekül ist.

18.8 Dipol/Dipol-Bindungen

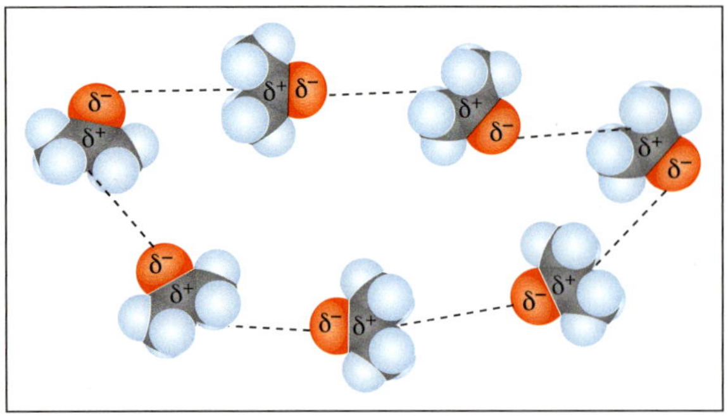

Dipol/Dipol-Bindungen zwischen Aceton-Molekülen

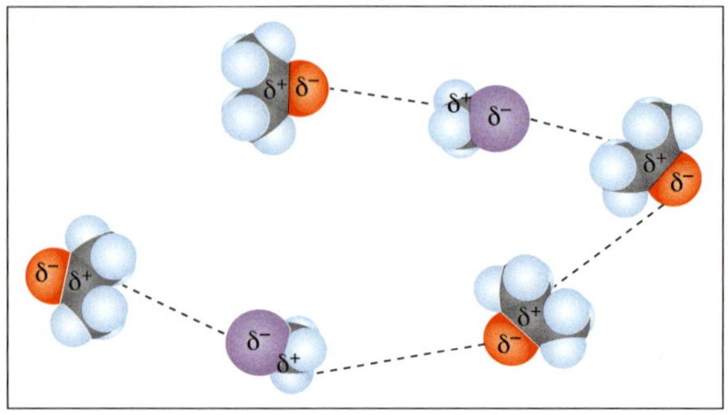

Dipol/Dipol-Bindungen zwischen Iodmethan-Molekülen und Aceton-Molekülen

Viele Molekülverbindungen können drei verschiedene Aggregatzustände einnehmen: *fest, flüssig* und *gasförmig*. Im Feststoff liegen zwischen den Molekülen *Anziehungskräfte* vor, die das Zusammenhalten der Moleküle in einem Kristallgitter ermöglichen. Beim Erhitzen bewirkt die zugeführte Energie eine stärkere Bewegung der Moleküle. Der Stoff schmilzt und nimmt nun einen flüssigen Zustand an. Bei weiterer Energiezufuhr treten einzelne Moleküle aus der Flüssigkeit aus: Der Stoff liegt im gasförmigen Zustand vor. Die Anziehungskräfte zwischen Molekülen werden *zwischenmolekulare Bindungen* genannt. Sie sind deutlich schwächer als Elektronenpaarbindungen.

Dipol/Dipol-Bindungen. Zwischen Dipol-Molekülen entstehen aufgrund der Teilladungen zwischenmolekulare Bindungen, die man als *Dipol/Dipol-Bindungen* bezeichnet. Schwefelwasserstoff-Moleküle und Chlorwasserstoff-Moleküle sind Dipol-Moleküle. Die jeweils resultierenden Dipol/Dipol-Bindungen sind jedoch nicht sehr stark, deshalb sind beide Stoffe bei Raumtemperatur gasförmig.

Bindungen im Aceton-Molekül. Aceton (C_3H_6O) ist im Gegensatz zum ebenfalls aus drei Kohlenstoff-Atomen aufgebauten Propan (C_3H_8) aufgrund der Elektronegativitätsdifferenz bei der C-O-Zweifachbindung ein Dipol-Molekül.
So bestehen zwischen Aceton-Molekülen ebenfalls Dipol/Dipol-Bindungen. Sie führen dazu, dass Aceton eine Siedetemperatur von 56 °C besitzt und bei Raumtemperatur flüssig ist. Propan ist aufgrund der fehlenden Dipol/Dipol-Bindungen bei Raumtemperatur gasförmig und siedet bereits bei -42 °C. Die zwischenmolekularen Wechselwirkungen sind also im Aceton wesentlich größer als beim Propan.

Moleküle in Lösung. Bei Gasen vermischen sich Moleküle oder Atome verschiedener Stoffe immer, weil die Teilchen in ständiger Bewegung sind. Aus dem gleichen Grund vermischen sich oft auch Moleküle eines Stoffes mit den Molekülen des Lösemittels. Wenn sich ein Stoff in einem Lösemittel löst, treten an die Stelle von Bindungen zwischen den kleinsten Teilchen des zu lösenden Stoffes Bindungen zwischen Lösemittel-Molekülen und gelösten Teilchen. Die Stoffe mischen sich aber nur, wenn die Bindungen in der Lösung ähnlich stark sind wie in den Reinstoffen. Erwärmt sich das Gemisch beim Lösen, sind die neuen Bindungen in der Lösung sogar stärker.

Stoffe, die aus polaren Molekülen aufgebaut sind, lösen sich gut in polaren Lösungsmitteln wie Aceton. Denn die Bindungen zwischen Aceton-Molekülen und polaren Teilchen sind relativ stark.

Stoffe wie Fette oder Wachs, die aus unpolaren Molekülen bestehen, lösen sich dagegen nicht in sehr polaren Lösemitteln wie Wasser. Dieses Phänomen ist an einer Fleischbrühe gut zu erkennen. Auf der Oberfläche der Suppe schwimmen Fettaugen, während viele Geschmacksstoffe in der Suppe gelöst sind.

Zwischen den Molekülen eines polaren Stoffes bestehen Dipol/Dipol-Bindungen, die den Stoff zusammen halten. Die gleiche Art von Bindung legt auch vor, wenn der Stoff in polaren Lösemitteln gelöst wird.

1 Erläutere, weshalb sich Iodmethan gut in Aceton löst.

18.9 VAN-DER-WAALS-Bindungen

Halogen		Siedetemperatur	Aggregatzustand (Raumtemperatur)
Fluor, F_2		− 188 °C	gasförmig
Chlor, Cl_2		− 34 °C	gasförmig
Brom, Br_2		59 °C	flüssig
Iod, I_2		184 °C	fest

Siedetemperaturen und Aggregatzustände der Halogene

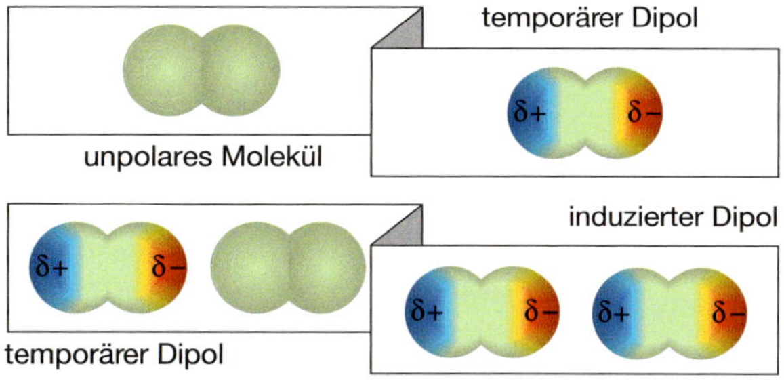

Modell zur Ausbildung von Dipolen

Betrachtet man die Siedetemperaturen der Halogene, so fällt auf, dass diese vom Fluor zum Iod kontinuierlich ansteigen. Es liegen also auch zwischen unpolaren Molekülen zwischenmolekulare Anziehungskräfte vor. Man bezeichnet sie zu Ehren des niederländischen Physikers Johannes Diderik van der WAALS als *VAN-DER-WAALS-Bindungen*.

Induzierte Dipole. Die Elektronen in der Elektronenhülle von Atomen und Molekülen verteilen sich nicht immer gleichmäßig: In manchen Bereichen kommt es kurzfristig zu einer Anhäufung von Elektronen, an anderen Stellen zu einem Elektronenmangel. Dadurch entstehen Teilladungen, die im nächsten Augenblick schon wieder verschwinden und sich an anderer Stelle neu bilden. Man spricht von *temporären Dipolen*.
Solche Dipole wirken sich auch auf benachbarte Atome oder Moleküle aus. Sie verursachen dort eine Ladungsverschiebung: Durch eine negative Teilladung werden dort Elektronen abgestoßen und so ein weiterer Dipol erzeugt. Man spricht dabei von einem *induzierten Dipol*. Solche kurzlebigen Dipole können ihrerseits ebenfalls immer wieder neue Dipole induzieren. Die Bindungen zwischen temporären und induzierten Dipolen sind die Grundlage der VAN-DER-WAALS-Bindungen. Da immer nur ein geringer Anteil der Teilchen als Dipol vorliegt, sind diese Kräfte wesentlich schwächer als die Bindungen zwischen permanenten Dipolen.

VAN-DER-WAALS-Bindungen treten grundsätzlich zwischen allen Atomen, Molekülen und Ionen auf, sie spielen aber praktisch nur zwischen unpolaren Teilchen eine Rolle, da die Bindungen zwischen polaren und geladenen Teilchen stärker sind.
VAN-DER-WAALS-Bindungen bestehen auch zwischen Molekülen in Gemischen. So ist Hexan ein sehr gutes Lösemittel für Fette. Beim Lösen werden die VAN-DER-WAALS-Bindungen innerhalb der Reinstoffe durch neue Bindungen zwischen den Molekülen des Lösemittels und des Fettes ersetzt.

Atomgröße und Berührungsfläche. Vom Fluor zum Iod steigt der Atomradius an. Die Außenelektronen der Iod-Atome sind deshalb weniger fest gebunden als die Außenelektronen der anderen Halogen-Atome. Daher sind die induzierten Dipole beim Iod stärker. Sie bewirken, dass Iod ein Feststoff ist.

Je größer die Oberflächen der Teilchen sind, desto größer ist die Fläche, mit der sie zueinander Kontakt aufnehmen können, und umso stärkere VAN-DER-WAALS-Bindungen bilden sich aus. So nehmen die Siedetemperaturen bei den Kohlenwasserstoffen mit zunehmender Kettenlänge deutlich zu.

VAN-DER-WAALS-Bindungen sind schwache zwischenmolekulare Bindungen, die sich aufgrund von temporären Dipolen bilden.

1 Erkläre, weshalb Fluor und Chlor bei Raumtemperatur gasförmig sind, Brom jedoch flüssig und Iod fest ist.
2 Fette bestehen aus langkettigen, weitgehend unpolaren Molekülen und sind in Hexan sehr gut löslich.
a) Zeichne getrennt einige Hexan-Moleküle und einige Fett-Moleküle jeweils als Striche und zeige die zwischenmolekularen Bindungen in diesen Reinstoffen auf.
b) Wiederhole dies für eine Fettlösung in Hexan.

Kohlenwasserstoff	LEWIS-Formel	Siedetemperatur
Methan CH_4	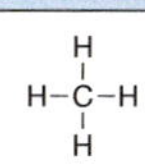	− 164 °C
Ethan C_2H_6	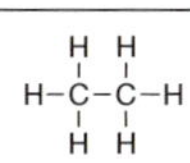	− 89 °C
Propan C_3H_8	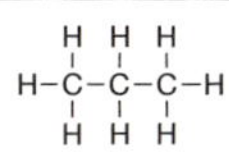	− 42 °C
Butan C_4H_{10}	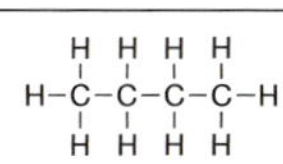	− 0,5 °C

Siedetemperaturen von Kohlenwasserstoffen

Projekt

Flecken – richtig entfernt

Verschiedene Mittel zur Fleckentfernung

Fleckenpraktikum

Flecken sind nichts anderes als farbige oder farblose Substanzen am falschen Ort. Je empfindlicher das Material ist, auf dem sich die Flecken befinden, desto schwieriger ist es, die Flecken ohne Beschädigung des Materials zu entfernen.
Da es für die Fleckentfernung jedoch kein Allheilmittel gibt, muss für jeden Fleck und jedes Material das geeignete Lösemittel gefunden werden.

A1: Verschmutzungen und Lösemittel
- Informiert euch über die Verschmutzungen, die auf der Kleidung oder im Haushalt auftreten.
- Informiert euch, welche Lösemittel in Drogerien und Baumärkten angeboten werden. Notiert euch die Angaben von den Etiketten, die sich auf den Einsatz und auf Gefahren beziehen.
- Erstellt eine Tabelle mit den Lösemitteln und den Verunreinigungen, die durch das jeweilige Lösemittel entfernt werden können.

V1: Lösen von Verunreinigungen
- Plant eine Versuchsreihe, mit der ihr überprüfen könnt, welche Verunreinigung in welchem Lösemittel löslich ist.
- Besprecht eure Versuchsplanung und Sicherheitsvorkehrungen mit der Lehrkraft.
- Führt die Versuche aus und protokolliert eure Ergebnisse in einer Tabelle. Die Löslichkeit kann durch Zeichen wie – für „wenig löslich“ oder ++ für „sehr gut löslich“ angegeben werden.

V2: Materialbeschädigung durch Lösemittel
- Recherchiert, welche Materialien im Haushalt mit Flecken beschmutzt sein können.
- Plant eine Versuchsreihe, mit der überprüfen könnt, welche Materialien von welchem Lösemittel angegriffen werden.
- Besprecht eure Versuchsplanung und Sicherheitsvorkehrungen mit der Lehrkraft.
- Erstellt einen Arbeitsplan, führt die Versuche aus und protokolliert eure Ergebnisse tabellarisch.

A2: Fleckenfibel
- Erstellt eine Broschüre zum Thema: Flecken – richtig entfernt.
- Nehmt darin eure Ergebnisse aus Versuchen und Recherchen auf.
- Ergänzt auch die weiteren Tipps.
- Fotografiert Beispiele, in denen Flecken richtig oder falsch behandelt wurden.
- Illustriert eure Broschüre mit den Fotos.

Weitere Tipps zur Fleckentfernung
- Der Fleck sollte möglichst sofort behandelt werden.
- Beim Ausprobieren fängt man mit dem unpolarsten Lösemittel an.
- Die Farbechtheit muss bei Kleidungsstücken geprüft werden.
- Das Lösemittel wird sparsam um den Fleck herum aufgetragen.
- Das Lösemittel wird am Fleck durch ein Löschpapier oder Ähnliches aufgesaugt.

Für jeden Fleck die richtige Lösung

Basiswissen

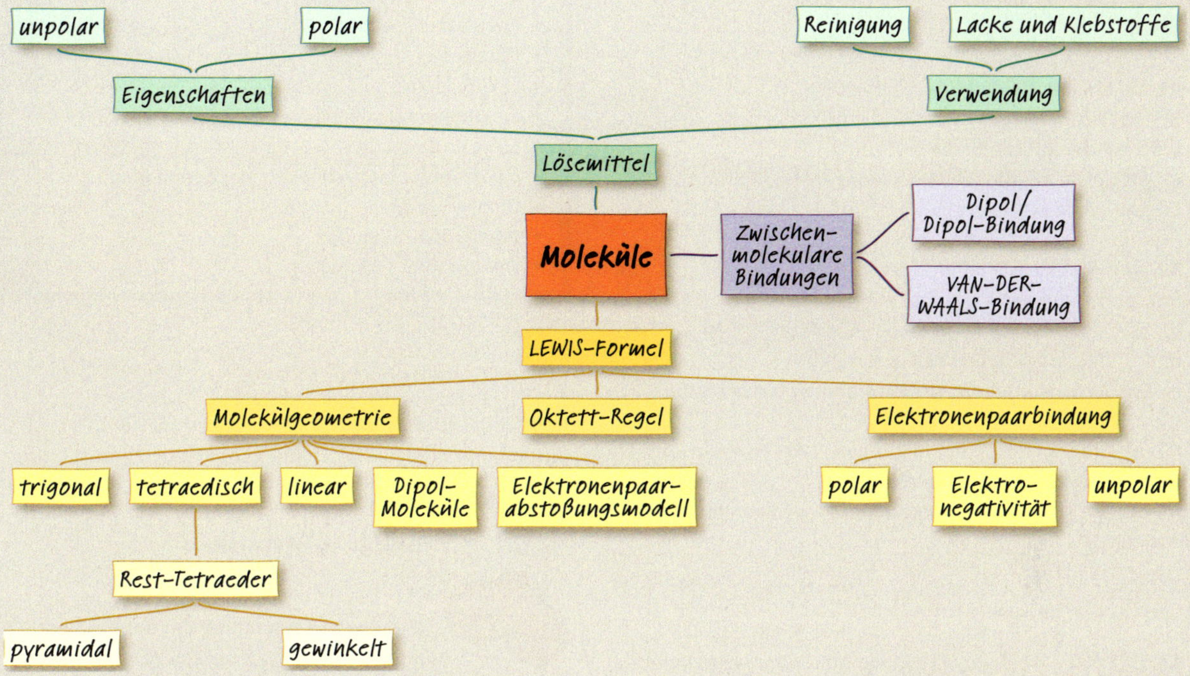

Ohne Lösemittel läuft nichts

Chemie in unserer Welt

Lösemittel sind allgegenwärtig in Arbeitswelt und Haushalt. Bei dem Lösemittel Wasser ist das jedem klar. Unser Körper wäre sogar ohne dieses Lösemittel nicht lebensfähig. Doch seit die chemische Forschung eine Vielzahl von neuen Lösemitteln entwickelt hat, sind viele neue industrielle Prozesse oder technische Anwendungen möglich. Lösemittel braucht man ebenso für Lacke und Klebstoffe wie zur Fleckentfernung oder zur Extraktion.

Lösemittel – ein Problem. „Chemische Reinigungen verseuchen Lebensmittel!“ So oder so ähnlich lauteten noch vor 20 Jahren die Schlagzeilen vieler Zeitungen. In Lebensmittelgeschäften in der Nähe von chemischen Reinigungen hatte man in Nahrungsmittelproben halogenhaltige Lösemittel gefunden. In chemischen Reinigungen verwendete man diese Lösemittel, da sie viele Verunreinigungen wie Fettflecken besonders gut lösen können. Dazu waren sie nicht brennbar und erschienen wegen ihrer geringen Reaktionsfähigkeit auch ungefährlich. Doch die gute Mischbarkeit mit Fetten ließ diese Lösemittel zu einem Problem werden. Sie reichern sich im Fettgewebe von Lebewesen an und führen zu Erkrankungen bis hin zu Krebs.

Wegen der geringen Reaktivität reichern sich die halogenhaltigen Lösemittel auch in der Umwelt an. In der oberen Atmosphäre zerstören sie die Ozonschicht, die uns vor energiereichen Sonnenstrahlen schützt.

Problemlösungen. Wegen der Gefahren für Mensch und Umwelt wurde die Verwendung fast aller halogenhaltigen Lösemittel durch Gesetze weltweit verboten. Eine wichtige Aufgabe der Chemie wurde es, alternative, ungefährlichere Chemikalien zu finden und die Gefahren des Einsatzes gefährlicher, nicht ersetzbarer Chemikalien durch zusätzliche Sicherheitsstandards möglichst auszuschließen.

So arbeiten chemische Reinigungen wieder verstärkt mit Waschbenzin. Hier wurde der Brandschutz verbessert. Bei starken Verschmutzungen verwenden chemische Reinigungen weiterhin Perchlorethen, da es Fett viel besser löst. Allerdings geschieht dies in geschlossenen Anlagen. So gelangen nur noch minimale Mengen dieses Lösemittels in die Umwelt.

Für viele andere Anwendungen hat man andere Lösemittel gefunden. So wird Kaffee unter hohem Druck mit Kohlenstoffdioxid extrahiert, um ihn von Koffein zu befreien.

Prüfe dein Wissen

Quiz

A1 a) Erkläre die Begriffe des Fensters.
b) Notiere auf der Vorderseite von Karteikarten den Begriff, auf der Rückseite die Erklärung.
c) Ordne die Begriffe den Basiskonzepten „Materie", „chemische Reaktion" und „Energie" zu.

A2 a) Gib an, wie viele Elektronenpaarbindungen das Stickstoff-Atom in Molekülen eingeht.
b) Stelle die LEWIS-Formel von Blausäure (HCN) auf und überprüfe die Gültigkeit der Oktettregel.
c) Erläutere, warum das HCN-Molekül linear gebaut ist.

A3 a) Gib an, welche der folgenden LEWIS-Formeln korrekt sind. Korrigiere gegebenenfalls.
b) Gib die Namen und Vorkommen der folgenden Verbindungen an.

|O=C=O| |C≡O| H–S̄–H   H–N̄–H (mit H am N)

A4 Erläutere, weshalb Molekülverbindungen meist niedrigere Siedetemperaturen als Ionenverbindungen haben.

A5 Erläutere, durch welche Kräfte die Atome in Molekülen zusammengehalten werden.

A6 a) Zeichne die LEWIS-Formeln von Hexan und Aceton.
b) Gib für beiden Moleküle alle Bindungswinkel an.
c) Begründe, ob es sich um Dipol-Moleküle handelt.

Know-how

A7 a) Bestimme, welche der folgenden Elementkombinationen Ionenverbindungen und welche Molekülverbindungen ergeben: Schwefel/Sauerstoff, Natrium/Brom, Magnesium/Sauerstoff, Kohlenstoff/Wasserstoff, Stickstoff/Wasserstoff.
b) Benenne die möglichen Verbindungen.

A8 a) Stelle die LEWIS-Formel von Schwefeldioxid auf.
b) Überprüfe die Gültigkeit der Oktettregel.
c) Erläutere mithilfe des Elektronenpaarabstoßungs-Modells, warum das Molekül gewinkelt ist.
d) Begründe, ob ein Dipol-Molekül vorliegt. Kennzeichne gegebenenfalls die Ladungsverschiebungen.

A9 Beschreibe den Unterschied zwischen einer Ionenbindung und einer Elektronenpaarbindung.

Die wichtigsten Begriffe

- Elektronenpaarbindung
- Edelgaskonfiguration
- Oktettregel
- LEWIS-Formel
- Elektronenpaarabstoßungs-Modell
- Elektronegativität
- polare und unpolare Elektronenpaarbindung
- Dipol-Molekül
- Dipol/Dipol-Bindung
- VAN-DER-WAALS-Bindung

A10 Vergleiche Dipol/Dipol-Bindungen mit VAN-DER-WAALS-Bindungen. Stelle deine Überlegungen auch grafisch dar.

Natur – Mensch – Technik

A11 Die Ozonschicht schützt uns vor der gefährlichen UV-Strahlung der Sonne. Über der Antarktis wird die Ozonschicht immer dünner.
a) Ozon ist chemisch gesehen ein naher Verwandter des Sauerstoffs. Seine Moleküle bestehen aus drei Sauerstoff-Atomen. Gib die LEWIS-Formel an.
b) Überprüfe die Gültigkeit der Oktettregel.
c) Begründe die gewinkelte Struktur des Moleküls mit dem Elektronenpaarabstoßungs-Modell.

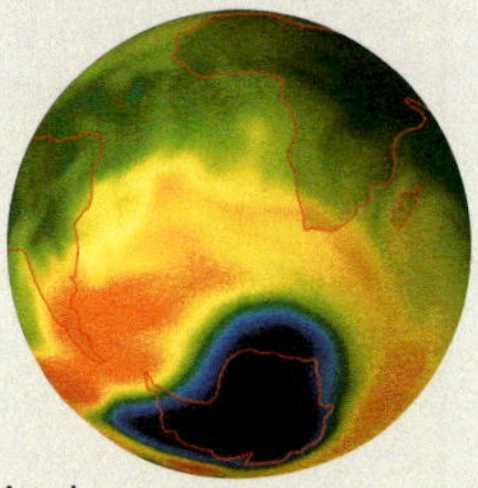

A12 Ein häufig verwendetes Lösemittel ist Essigsäureethylester.
a) Bestimme die Bindungsverhältnisse im Molekül.
b) Markiere polare und unpolare Bereiche im Molekül.
c) Gib an, welche Stoffe Essigsäureethylester lösen kann. Begründe deine Antwort.

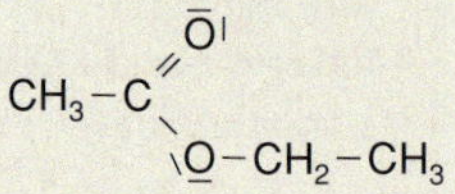

A13 Paraffin ist ein Gemisch fester Kohlenwasserstoffe. Es wird in Kerzenwachs verwendet.
a) Zeichne ein vereinfachtes Kohlenwasserstoff-Molekül mit fünf Kohlenstoff-Atomen und zwölf Wasserstoff-Atomen als LEWIS-Formel.
b) Schlage eine Möglichkeit vor, wie man Wachs-Flecken aus Kleidung oder Tischdecken entfernen kann. Begründe deinen Vorschlag.

Für jeden Fleck die richtige Lösung

A1 Risiken im Umgang mit Lösemitteln

Schutzmaßnahmen beim Lackieren

Die Dämpfe von Lösemitteln sind meistens schwerer als Luft, leicht brennbar und verursachen im Gemisch mit Luft Explosionsgefahr. Zudem sind viele Lösemittel auch gesundheitsschädlich.
Lösemittel können Fette leicht lösen. Fette sind aber auch Bestandteil der natürlichen Schutzschicht der Haut. Durch häufigen Kontakt mit Lösemitteln kann daher diese Schutzschicht zerstört werden, sodass die Haut anfällig für Erkrankungen und Allergien wird.
Gesundheitsschädigende Lösemittel gelangen meist über die Atemwege in den Körper. Manche Lösemittel durchdringen aber auch die Haut und werden so aufgenommen. Als Folge stellen sich bei häufigem Kontakt mit Lösemitteln chronische Krankheiten ein. Aber auch einmaliger Umgang mit Lösemitteln kann schwere Folgen haben.
Ein bekanntes Beispiel ist das Lösemittel Chloroform, das früher auch als Narkosemittel verwendet wurde. Als Narkosemittel wurde es verboten, da es immer wieder Todesfälle bei Narkosen mit Chloroform gab. Beim Krankenhauspersonal, das bei den Narkosen anwesend war, wurden häufig Schädigungen von Leber und Herz beobachtet. Inzwischen stehen solche Halogenverbindungen sogar im Verdacht, krebserregend zu sein.
Bei allen Vorteilen, die Lösemittel bieten, darf man die Risiken nicht übersehen. Es gibt viele Gründe sich beim Umgang mit Lösemitteln zu schützen.

a) Begründe, weshalb es beim Umgang mit manchen Lösemitteln nötig ist, Schutzkleidung zu tragen.
b) Schlage geeignete Schutzmaßnahmen zum Umgang mit Lösemitteln im Haushalt vor.
c) Erkläre, welche Gefahren von restlichen Lösemitteln in Kleidung ausgehen.

A2 CO_2 – ebenfalls ein Lösemittel

CO_2-Extraktionsanlage

Spontan denkt man beim Wort Lösemittel an Wasser oder aber an die intensiv riechenden Bestandteile von Klebstoffen und Lacken, die beim Trocknen verdunsten. Bei allen bisher bekannten Lösemitteln handelt es sich um Flüssigkeiten. Kohlenstoffdioxid ist jedoch bei Raumtemperatur gasförmig, dennoch kann es als Lösemittel benutzt werden. Dazu muss es bei hohem Druck verflüssigt werden.
In diesem Zustand ist Kohlenstoffdioxid für die Technik ein außergewöhnlich interessantes Lösemittel: Es ist ungiftig, wenig reaktiv, nicht brennbar und praktisch geruchlos.
Es ist aufgrund seiner Struktur ein unpolares Lösemittel und löst daher unpolare Stoffe wie Fette, Öle und viele andere Naturstoffe. So wird beispielsweise Kohlenstoffdioxid verwendet, um aus frittierten Lebensmitteln wie Kartoffelchips ein Teil des Fettes zu entfernen. Dies ist insbesondere für die Herstellung von Diätprodukten interessant.

a) Begründe, weshalb Kohlenstoffdioxid für die Technik ein besonders interessantes Lösemittel ist.
b) Erkläre anhand der Molekülstruktur, warum Kohlenstoffdioxid ein unpolares Lösemittel ist.
c) Erläutere, welche Bindungen in einem Kohlenstoffdioxid-Molekül vorliegen.
d) Kohlenstoffdioxid kann man in nachfüllbaren Druckflaschen kaufen. Erkläre, warum man diesen Flaschen mehr Gas entnehmen kann als beispielsweise einer gleich großen Druckflasche mit Sauerstoff.
e) Entweichen größere Mengen an Kohlenstoffdioxid, kondensiert Luftfeuchtigkeit im unteren Bereich der Druckflasche. Hieran kann man sogar erkennen, wie weit die Druckflasche mit Kohlenstoffdioxid gefüllt ist. Erkläre die Beobachtung auch mit den zwischenmolekularen Bindungen.

19 Wasser – alltäglich und doch außergewöhnlich

Aus dem Weltall erscheint die Erde als blauer Planet: Astronauten sind immer wieder fasziniert von seiner Schönheit. Der größte Teil der Erdoberfläche ist mit Wasser bedeckt, an den Polen blitzen die Eiskappen und über Meere und Landmassen ziehen Wolken dahin. Unweigerlich drängt sich der Eindruck auf, dass Wasser auf der Erde allgegenwärtig und damit ein entscheidender Faktor auf diesem Planeten ist.

Wasser formt die Oberfläche der Erde und beeinflusst das gesamte Klima auf unserem Planeten ebenso wie das tägliche Wetter. Ohne Wasser ist kein Leben auf der Erde möglich: In den Zellen aller Organismen dient es als Lösemittel und damit zur Aufnahme und zum Transport aller lebenswichtiger Stoffe.
Alle Eigenschaften des Wassers, die diese bedeutende Rolle für unseren Planeten ermöglichen, lassen sich mit der Struktur der Wasser-Moleküle und mit den zwischen Wasser-Molekülen herrschenden Anziehungskräften erklären.

Zentrale Fragen:
- Welche besonderen Eigenschaften hat Wasser?
- Welcher Zusammenhang besteht zwischen der Struktur der Wasser-Moleküle und den Eigenschaften des Stoffes Wasser.
- Was geschieht beim Lösen eines Salzes in Wasser?
- Welche Kräfte wirken zwischen den Wasser-Molekülen?
- Welche Rolle spielt Wasser als Wärme- und Energieträger?

Wasser als Lösemittel

V1: Wasser als Lösemittel

Materialien: Petrischalen, Tropfpipette, Pinzette; Wasser, Kaliumpermanganat-Kristalle (O, Xn, N), Zuckerwürfel, Tinte.

Durchführung:

1. Fülle zwei Petrischalen mit Wasser, so dass der Boden bedeckt ist.
2. Gib einen Kaliumpermanganat-Kristall in die Mitte einer der beiden Petrischalen.
3. Gib einen Tropfen Tinte auf eine Seitenfläche des Zuckerwürfels.
4. Stelle den Zuckerwürfel so in die zweite Petrischale, dass sich der Tintenfleck auf der Oberseite befindet.
5. Wiederhole die Versuche mit heißem Wasser.

Aufgabe:

a) Notiere deine Beobachtungen und vergleiche sie.
b) Erkläre diese Beobachtungen mithilfe des Teilchenmodells.

V2: Lösen von Salzen – kalt oder heiß?

Materialien: Thermometer, Becherglas (150 ml), Messzylinder (50 ml);
Ammoniumchlorid, Natriumchlorid, Kaliumnitrat (O), Calciumchlorid wasserfrei (Xi) und Calciumchlorid-Hydrat ($CaCl_2 \cdot 6\,H_2O$; Xi), Kupfersulfat, wasserfrei (Xn, N, B2), Eiswürfel.

Durchführung:

1. Gib für die folgenden Arbeitsschritte etwa 50 ml Wasser in das Becherglas. Miss die Temperatur des Wassers.
2. Fülle ein Reagenzglas etwa $\frac{1}{2}$ cm hoch mit Ammoniumchlorid und gib 5 ml von dem Wasser hinzu.
3. Schüttle gut und bestimme während des Lösevorgangs die Temperatur.
4. Wiederhole den Versuch mit den anderen Salzen.
5. Mische in einem Becherglas Calciumchlorid-Hydrat und Eisstückchen etwa im Verhältnis 1 : 3 und miss die Temperaturveränderung.

Hinweis: Das Thermometer sollte zu Beginn der Einzelversuche jeweils die Temperatur des Wassers anzeigen.

Aufgaben:

a) Notiere deine Beobachtungen.
b) Begründe die Temperaturveränderungen bei den einzelnen Versuchen mit dem exothermen oder endothermen Verlauf des jeweiligen Lösevorgangs.
c) Erkläre den energetischen Verlauf der einzelnen Lösevorgänge. Vergleiche dazu qualitativ die Gitterenergie und die Hydratationsenergie bei den einzelnen Salzen und begründe, ob ein exothermer oder ein endothermer Lösungsvorgang vorliegt. Fertige jeweils ein Diagramm nach dem untenstehenden Muster an.

V3: Mischungen von Wasser und Öl

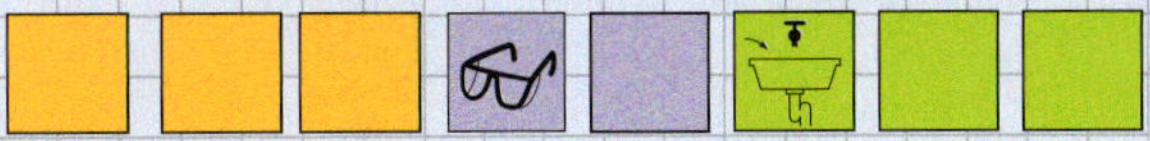

Materialien: Tropfpipette, Stopfen;
Speiseöl, Sudanrot, Wasser, Seifenlösung.

Durchführung:

1. Gib wenige Körnchen Sudanrot in ein Reagenzglas und löse sie in etwa 2 ml Speiseöl.
2. Fülle ein weiteres Reagenzglas etwa bis zur Hälfte mit Wasser und überschichte es mit dem gefärbten Öl.
3. Verschließe das Glas und schüttele kräftig. Lass das Reagenzglas für fünf Minuten ruhig stehen.
4. Wiederhole den Versuch und gib dabei zusätzlich einige Tropfen Seifenlösung zum Öl-Wasser-Gemisch

Aufgaben:

a) Notiere deine Beobachtungen.
b) Erkläre das Ergebnis. Informiere dich dazu über die Wirkung von Seife.

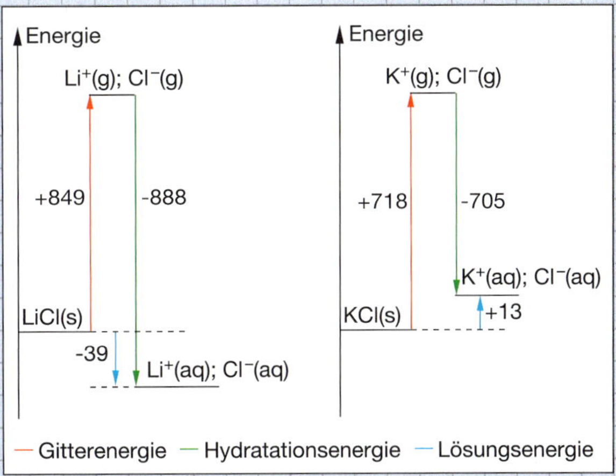

Energieformen beim Lösungsvorgang (Angaben in kJ/mol)

19.1 Das Salz in der Suppe – eine Betrachtung im Modell ☆

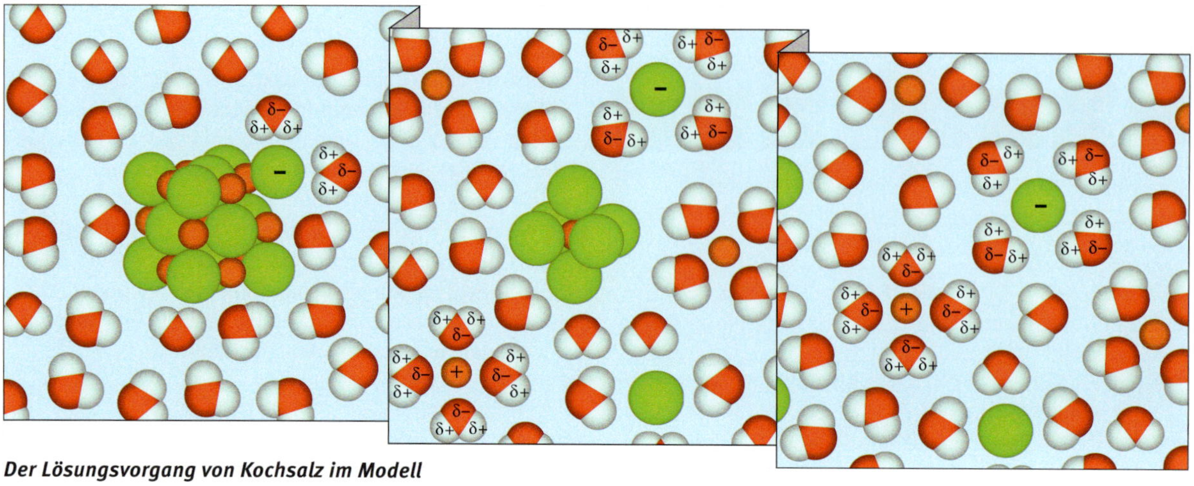

Der Lösungsvorgang von Kochsalz im Modell

Zu viel oder zu wenig Salz in der Suppe – darüber wird bei Tisch öfter diskutiert. Doch wer hat schon einmal darüber nachgedacht, was eigentlich mit dem Salz geschieht, wenn es scheinbar spurlos in der Suppe verschwindet?

Lösungsvorgang. Kochsalz ist eine typische Ionenverbindung. Die Kristalle sind aus Natrium-Ionen (Na^+) und Chlorid-Ionen (Cl^-) aufgebaut. Jedes positiv geladene Natrium-Ion wird dabei von sechs negativ geladenen Chlorid-Ionen auf seinem Gitterplatz gehalten. Umgekehrt ist jedes Chlorid-Ion durch sechs Natrium-Ionen fixiert.
An der Oberfläche des Kristalls sind die Ionen dagegen nur einseitig von entgegengesetzt geladenen Nachbarn umgeben. Daher sitzen Ionen besonders an Ecken und Kanten weniger fest auf ihren Gitterplätzen als solche im Innern des Kristalls.

Gibt man Salz in die Suppe, greifen die Dipol-Moleküle des Wassers zuerst die Ionen an den Ecken und Kanten eines Kristalls an. Aufgrund ihrer negativen Teilladung (δ–) lagern sich dabei die Sauerstoff-Atome der Wasser-Moleküle an die positiven Natrium-Ionen an. Die Wasserstoff-Atome mit ihrer positiven Teilladung (δ+) treten umgekehrt mit den negativen Chlorid-Ionen in Wechselwirkung. Schließlich werden die einzelnen Ionen aus dem Gitter herausgetrennt und gehen in Lösung.
Der Lösungsvorgang schreitet von außen nach innen voran, bis das Ionengitter völlig abgebaut ist. Das Lösen eines Salzes beruht demnach auf Bindungen zwischen Dipol-Molekülen und Ionen.

In der Lösung ist jedes Ion vollständig von einer Hülle aus Wasser-Molekülen, einer **Hydrathülle**, umgeben. Man sagt: Die Ionen sind hydratisiert. In der Reaktionsgleichung weist man durch das Symbol (aq) auf die Hydrathülle hin:

$$NaCl\ (s) \xrightarrow{H_2O} Na^+\ (aq) + Cl^-\ (aq)$$

Die Wasser-Moleküle der Hydrathülle haben eine bestimmte Orientierung. Bei den positiv geladenen Natrium-Ionen weisen die negativ geladenen Enden der Dipol-Moleküle nach innen und die positiv geladenen Seiten nach außen. Bei den negativ geladenen Chlorid-Ionen ist es gerade umgekehrt.

Gitterenergie und Hydratationsenergie. Wenn sich ein Salzkristall auflöst, müssen die Bindungskräfte zwischen den Ionen im Kristallgitter überwunden werden. Die dazu benötigte Energie bezeichnet man als *Gitterenergie*.
Erstaunlicherweise ist der Lösungsvorgang bei manchen Salzen jedoch exotherm. Dies lässt sich nur damit erklären, dass bei der Hydratation der Ionen Energie freigesetzt wird: Die Lösung erwärmt sich, wenn die freiwerdende *Hydratationsenergie* größer ist als die Gitterenergie. Die Summe der aufzuwendenden Gitterenergie und der frei werdenden Hydratationsenergie wird als *Lösungsenergie* bezeichnet.

Salzhydrate. Manche Ionen binden ihre Hydrathülle so fest, dass beim Auskristallisieren des Salzes ein Teil der Wasser-Moleküle mit in das Kristallgitter eingebaut wird. So kristallisiert beim Verdunsten von Wasser aus einer Kupfersulfat-Lösung blaues Kupfersulfat-Hydrat aus, das pro Mol $CuSO_4$ noch fünf Mol Wasser enthält. Dieses *Kristallwasser* wird in der Verhältnisformel angegeben. Man schreibt: $CuSO_4 \cdot 5\ H_2O$. Erst bei kräftigem Erhitzen bildet sich weißes kristallwasserfreies Kupfersulfat.

Das Salz in der Suppe: für manche ein quantitatives Problem

Stoffmengenkonzentration. Zu viel oder zu wenig Salz in der Suppe – letztlich gehört zu einer korrekt begründeten Antwort eine Gehaltsangabe, sei es als Massenanteil in *w* % oder als Massenkonzentration β in der Einheit Gramm pro Liter (g/l).

Im Alltag sind Gehaltsangaben auf der Basis des Massenanteils oder der Massenkonzentration meist ausreichend, in der Chemie erwartet man jedoch in vielen Fällen eine Konzentrationsangabe, die sich auf die Anzahl der Teilchen in einer Lösung bezieht. Eine solche *Gehaltsangabe ist die Stoffmengenkonzentration c* (engl. *concentration*). Sie gibt an, welche Stoffmenge eines Stoffes in einem bestimmten Volumen vorliegt:

$c = \frac{n}{V}$; Einheit: $\frac{\text{mol}}{\text{l}}$

Beispiel: Eine Suppe enthält etwa 1,2 g Salz pro 100 ml. Die Stoffmengenkonzentration ergibt sich folgendermaßen:

1. Man ermittelt die molare Masse *M* von Natriumchlorid:

$$M(\text{NaCl}) = (23 + 35{,}5)\,\frac{\text{g}}{\text{mol}} = 58{,}5\,\frac{\text{g}}{\text{mol}}$$

2. Man berechnet die verwendete Stoffmenge *n*:

$$n(\text{NaCl}) = \frac{m(\text{NaCl})}{M(\text{NaCl})} = \frac{1{,}2\text{ g}}{58{,}5\frac{\text{g}}{\text{mol}}} = 0{,}021\text{ mol}$$

3. Die Stoffmengenkonzentration ist der Quotient aus der Stoffmenge und dem Volumen der Lösung:

$$c(\text{NaCl}) = \frac{n(\text{NaCl})}{V(\text{Lösung})} = \frac{0{,}021\text{ mol}}{0{,}1\text{ l}} = 0{,}21\,\frac{\text{mol}}{\text{l}}$$

Eine Suppe, die 1,2 g Salz in 100 ml enthält, hat eine Stoffmengenkonzentration an Natriumchlorid von $0{,}21\,\frac{\text{mol}}{\text{l}}$.

Beim Lösen von Ionenverbindungen in Wasser bilden sich hydratisierte Ionen. Dabei ergibt sich die Lösungsenergie aus der Gitterenergie und der Hydratationsenergie.
Für Gehaltsangaben in der Chemie verwendet man meist die Stoffmengenkonzentration.

1 Erkläre am Beispiel des Wasser-Moleküls, was man unter einem Dipol-Molekül versteht.

2 Beschreibe den Lösungsvorgang von Kochsalz mit eigenen Worten.

3 Zeichne ein hydratisiertes Natrium-Ion und ein hydratisiertes Chlorid-Ion. Trage alle Ladungen ein und begründe die Orientierung der Wassermoleküle.

4 Begründe, weshalb Gitterenergie und Hydratationsenergie stets ein umgekehrtes Vorzeichen haben.

5 Gibt man einen Löffel Kochsalz in einen 100-ml-Messkolben und füllt mit Wasser auf, so sinkt der Wasserstand, während sich das Salz löst. Gib eine Erklärung für diese Beobachtung.

6 Löst man Kaliumchlorid in Wasser, kühlt sich die Lösung ab. Beim Lösen von Lithiumchlorid erwärmt sich die Lösung. Erkläre diese Beobachtungen mithilfe der Gitterenergie und der Hydratationsenergie.

7 In einem Experiment soll versucht werden, Natriumchlorid in einem Lösemittel zu lösen, dessen Moleküle unpolar sind.
a) Gib ein Beispiel für ein unpolares Lösungsmittel an.
b) Beurteile die Chancen, dass der Versuch gelingt. Begründe deine Aussage.

8 500 ml Zuckerlösung enthalten 3 g Traubenzucker ($C_6H_{12}O_6$). Berechne die Stoffmengenkonzentration.

9 Berechne, wie viel Gramm Kaliumiodid in 100 ml einer KI-Lösung mit der Stoffmengenkonzentration $0{,}01\,\frac{\text{mol}}{\text{l}}$ enthalten sind.

19.2 Wasser – eine außergewöhnliche Flüssigkeit

Schlittschuhlaufen – auf Wasser

Grand Canyon – vom Wasser geformt

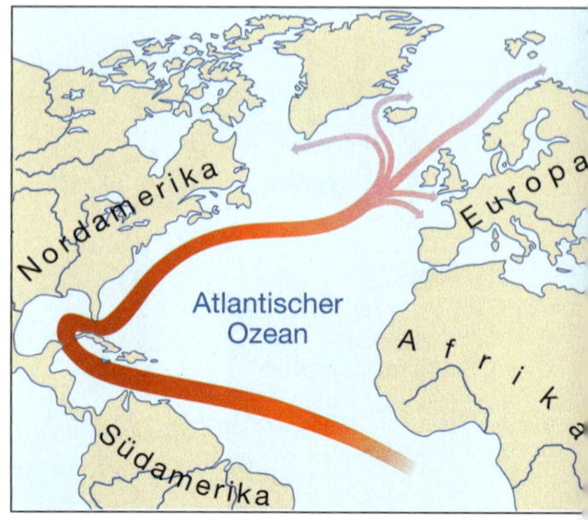

Golfstrom

Alles Leben auf der Erde hängt vom Wasser ab. Ohne Wasser welkt eine Blume schon nach wenigen Stunden und auch ein Mensch kann nur wenige Tage überleben. Unser Körper besteht sogar zu mehr als 60 % aus Wasser. Daher ist Wasser für uns ein ganz und gar vertrauter Stoff. Dennoch kann Wasser mit einigen außergewöhnlichen Eigenschaften aufwarten.

Gleiten auf dem Eis. Schnell und scheinbar reibungslos gleitet eine Schlittschuhläuferin über das Eis. Dabei übt sie durch ihre Masse einen Druck auf das Eis aus, das dadurch schmilzt. Unter dem Hohlschliff der Kufe sammelt sich ein Wasserpolster, auf dem die Schlittschuhläuferin leicht daher gleitet.
Eislaufen ist also in Wirklichkeit keine Fortbewegung auf festem Eis, sondern ein Gleiten auf einem Wasserfilm. Die Grundlage für diese komfortable Art der Bewegung liegt in der unterschiedlichen Dichte von Eis und von Wasser.

Wasser formt die Erde. Ohne Eis und Wasser würde die Oberfläche der Erde anders aussehen, als wir sie kennen. Die gewaltigen Gletscher der Eiszeit haben riesige Geröllhalden vor sich aufgeschoben, die heute noch die Landschaft prägen.
Auch heute noch reißen Bäche und Flüsse Gestein und Erde mit sich und schlämmen es an anderer Stelle wieder an. Über Jahrtausende graben sie sich so durch die Landschaft und es entstehen tiefe Schluchten wie beispielsweise der Grand Canyon in Nordamerika.
Wasser dringt allmählich auch in feinste Risse in Steinen und Felsen ein. Wenn es zu Eis erstarrt, sprengt es selbst das härteste Gestein. Diese *Frostsprengung* beschleunigt die Verwitterung und Abtragung von Gebirgen. Auch hier spielt die unterschiedliche Dichte von Wasser und Eis eine Rolle.

Golfstrom. Das Klima in Europa wird maßgeblich durch den Golfstrom beeinflusst. Diese Meeresströmung ist Teil eines weltweiten Strömungssystems, das sich wie ein Förderband um die Erde zieht. Das Wasser des Golfstroms wird in der Karibik auf etwa 25 °C aufgeheizt und fließt, von Winden getrieben, in Richtung Nordosten. Die in dem Wasser gespeicherten und mit dem Golfstrom transportierten Wärmemengen reichen aus, die durchschnittliche Temperatur in Europa um etwa 5 °C bis 8 °C anzuheben. Erst im Gebiet zwischen Grönland und Nordnorwegen lassen arktische Winde die Wassermassen bis auf knapp unter 0 °C abkühlen.

Wasser ist auch am Wärmetransport in der Atmosphäre beteiligt. Überall wo Wasser verdunstet oder verdampft, kühlt sich die Luft ab.
Der gebildete Wasserdampf wird mit dem Wind transportiert und gelangt schließlich in kältere Regionen. Dort kon-densiert der Wasserdampf und die Luft erwärmt sich. Mit dem Wasserdampf wird also Wärme transportiert.

Wasser besitzt außergewöhnliche Eigenschaften. Dazu gehören das Schmelzen von Eis unter Druck, die Ausdehnung von Eis beim Gefrieren sowie das große Speichervermögen für Wärme.

1 Begründe, weshalb Schlittschuhkufen nicht wie eine Messerklinge geschliffen sind.

2 *Experimentelle Hausaufgabe:* Fülle ein Glas randvoll mit Wasser. Lasse vorsichtig so lange Münzen in das Glas gleiten, bis das Wasser überläuft. Erläutere deine Beobachtungen.

3 Wenn es im Winter schneit, sagt eine alte Wetterregel, sei die schlimmste Kälte gebrochen. Erkläre den wissenschaftlichen Hintergrund dieser Regel.

Liniendiagramme auswerten ☆

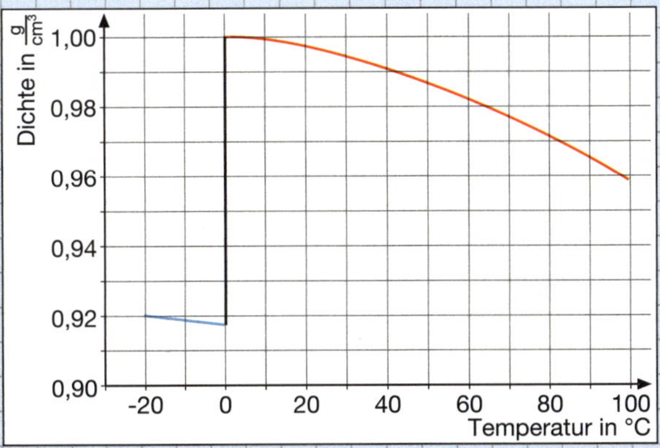

Dichte von Eis und Wasser

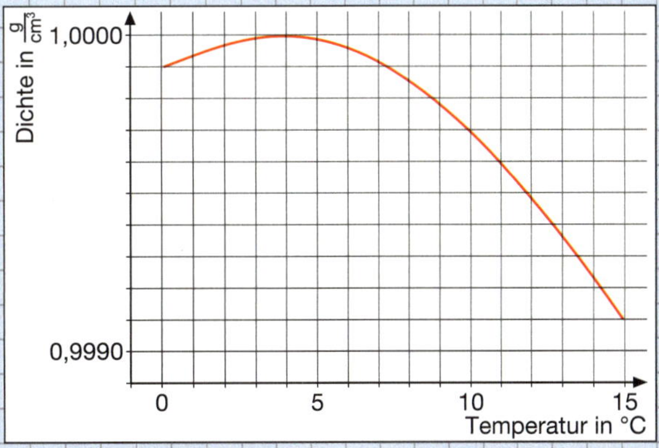

Dichte von flüssigem Wasser

Daten und Zahlen spielen in unserem Leben eine immer größere Rolle. Aber nicht selten verwirren sie mehr als sie aufklären. Wenn man die Daten aber grafisch darstellt, werden Zusammenhänge leichter erkennbar als aus den reinen Zahlenwerten.

Dennoch ist es nicht immer leicht, die Aussagen eines Diagramms sofort zu erkennen. Oft ist es hilfreich, schrittweise vorzugehen, um Schlussfolgerungen zu ziehen. Am Beispiel des Diagramms *Dichte von Eis und Wasser* soll die Vorgehensweise beim Auswerten von Diagrammen verdeutlich werden.

1. *Vorüberlegungen: Lies den Titel des Diagramms und überlege, welche Aussagen veranschaulicht werden.*
Das Diagramm *Dichte von Eis und Wasser* soll veranschaulichen, wie sich die Dichte beim Schmelzen und Erstarren von Wasser verändert.

2. *Bestimme die Art der grafischen Darstellung. Lies die Achsenbezeichnungen ab und gib die Einteilung der Achsen und die Spanne der Werte sowie die Maßeinheiten an.*
Es ist ein Liniendiagramm dargestellt, in dem auf der x-Achse die Temperatur in °C von –20 °C bis +100 °C aufgetragen wurde; die y-Achse beschreibt die zugehörige Dichte in der Einheit g/cm³ von 0,90 g/cm³ bis 1,00 g/cm³.

3. *Beschreibe den Kurvenverlauf. Achte dabei auf auffällige Punkte wie Maximalwerte und Minimalwerte sowie auf Wertesprünge. Oft ist es hilfreich, den Kurvenverlauf in Abschnitte zu gliedern.*
Die Dichte von Eis sinkt im Temperaturintervall von –20 °C bis 0 °C linear von 0,920 g/cm³ auf 0,918 g/cm³.

Beim Schmelzen steigt die Dichte sprunghaft auf einen Wert von 1,00 g/cm³ an und sinkt beim weiteren Erwärmen des Wassers auf +40 °C bis auf 0,99 g/cm³ ab. Die Abnahme der Dichte ist im Temperaturintervall 0 °C bis +10 °C geringer als im weiteren Verlauf.

4. *Ziehe Schlussfolgerungen aus dem Diagramm und ordne die Aussagen in einen Gesamtzusammenhang ein.*
Beim Schmelzen von Eis vergrößert sich die Dichte. Eis hat also eine geringere Dichte (0,92 g/cm³) als Wasser (1,00 g/cm³) bei 0 °C, und damit nimmt Eis bei gleicher Masse ein größeres Volumen ein als flüssiges Wasser.
Diese Erscheinung bezeichnet man als die Dichte-Anomalie von Eis und Wasser. Im Allgemeinen hat ein Feststoff eine größere Dichte als seine Schmelze. Bei Eis und Wasser ist dies umgekehrt. Diese Besonderheit des Wassers lässt das Eis schwimmen und Felsen zerspringen, wenn in Risse eingedrungenes Wasser zu Eis erstarrt.

1 Werte das Diagramm *Dichte von flüssigem Wasser* entsprechend der Anleitung aus.
2 Beschreibe in einem zusammenfassenden Text beide Dichte-Anomalien des Wassers und nenne Beispiele, wo diese Anomalien im Alltag deutlich werden.
3 Berechne anhand der Diagramme:
a) die Volumenzunahme, wenn 1 m³ flüssiges Wasser von 0°C zu Eis von 0°C erstarrt.
b) die Volumenzunahme, wenn 1 m³ flüssiges Wasser von 4°C auf 0°C abgekühlt wird.
4 Recherchiere die Volumenänderung von Gasen beim Abkühlen. Erstelle ein Diagramm für den Bereich 20 °C bis 0 °C. Vergleiche das Ausmaß der Volumenänderung von Gasen mit der Volumenänderung von Wasser.

19.3 Wasserstoffbrückenbindung

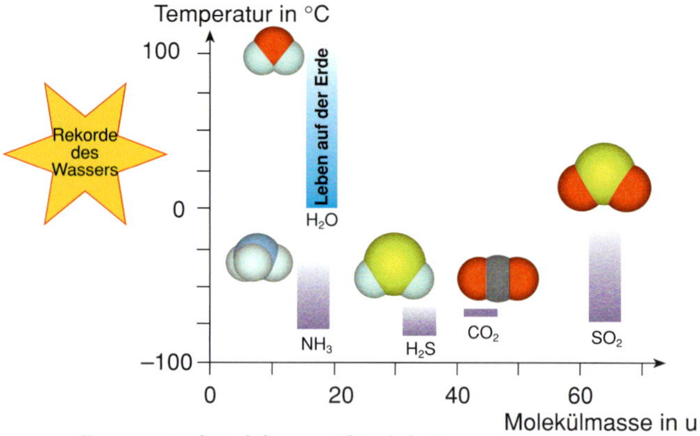

Temperaturbereiche von Flüssigkeiten

Dichte von Feststoff und Schmelze

Zu den außergewöhnlichen Eigenschaften von Wasser gehören neben der großen Wärmekapazität insbesondere die Dichte sowie die Schmelztemperatur und die Siedetemperatur.

Dichte von Wasser. Die ungewöhnlichen Verhältnisse bei der Dichte von Wasser und von Eis stehen in krassem Widerspruch zu folgenden Faustregeln, auf die man sich sonst in der Chemie immer verlassen kann:
- Die Dichte eines Feststoffes ist größer als die Dichte der Flüssigkeit.
- Die Dichte einer Flüssigkeit nimmt mit steigender Temperatur ab.

Auf Wasser trifft keine der beiden Regeln zu:
- Ähnlich wie eine Kerze in geschmolzenem Kerzenwachs sollte Eis in Wasser zum Boden sinken. Gewässer würden dann vom Grund her zufrieren statt von oben nach unten.
- Wasser hat seine größte Dichte nicht bei 0 °C, sondern bei 4 °C. Im Winter sammelt sich deshalb Wasser von 4 °C am Grund eines Sees.

Schmelztemperatur und Siedetemperatur. Wie man an den Halogenen erkennt, nehmen bei chemisch ähnlichen Verbindungen Schmelz- und Siedetemperatur in der Regel mit wachsender Molekülgröße zu.

Gemessen an Stoffen mit ähnlich kleinen und leichten Molekülen sollte Wasser bei etwa −100 °C schmelzen und schon bei −80 °C sieden. Es gäbe auf der Erde keine Gletscher, Flüsse oder Meere, sondern nur noch Wasserdampf und wahrscheinlich kein Leben.
Ursache für die auffallenden Eigenschaften des Wassers sind starke Bindungen zwischen den Wasser-Molekülen, die *Wasserstoffbrücken*.

Wasserstoffbrücken. Strukturelle Voraussetzungen für die Ausbildung von Wasserstoffbrücken sind eine stark polare Bindung zu einem Wasserstoff-Atom und mindestens ein freies Elektronenpaar bei dem Bindungspartner des H-Atoms. Diese beiden Bedingungen sind beim Wasser-Molekül in nahezu idealer Weise erfüllt.

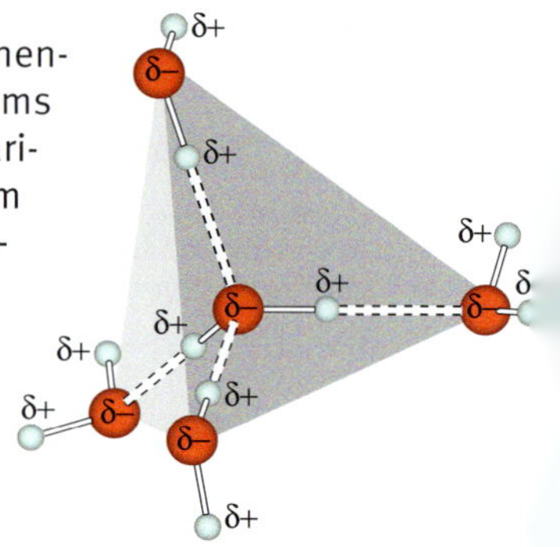

Jedes der freien Elektronenpaare des Sauerstoff-Atoms kann zu einem positiv polarisierten Wasserstoff-Atom eines anderen Wasser-Moleküls eine Wasserstoffbrücke ausbilden. Bei einer Wasserstoffbrücke im Wasser befindet sich also ein H-Atom zwischen einem O-Atom, an das es durch eine Elektronenpaarbindung gebunden ist, und einem O-Atom eines anderen Wasser-Moleküls, von dem es über ein freies Elektronenpaar angezogen wird.
Jedes Wasser-Molekül kann so über seine beiden H-Atome und über die beiden freien Elektronenpaare seines O-Atoms insgesamt vier O–H···O-Brücken ausbilden. Durch diese Wasserstoffbrücken werden Wasser-Moleküle zu Gruppen verknüpft. Beim Verdampfen müssen diese Kräfte zusätzlich überwunden werden. Dies ist die Ursache für die ungewöhnlich hohe Siedetemperatur des Wassers.

Auch zwischen anderen Molekülen können Wasserstoffbrücken vorliegen. Als ausreichend elektronegative Bindungspartner kommen neben Sauerstoff noch Stickstoff und Fluor in Frage. Beispiele für Moleküle, zwischen denen Wasserstoffbrücken wirken, sind also H_2O, NH_3 und HF.

Wasserstoffbrückenbindungen sind weitaus schwächer als Elektronenpaarbindungen, aber wesentlich stärker als VAN-DER-WAALS-Bindungen oder Dipol/Dipol-Bindungen bei Molekülen ähnlicher Größe.

Struktur von Eis. Im Eis ergibt sich aufgrund der Wasserstoffbrücken zwischen den Wasser-Molekülen ein regelmäßig gebautes Gitter mit wabenförmigen Hohlräumen. Jedes Sauerstoff-Atom ist dabei tetraedrisch von vier weiteren Sauerstoff-Atomen umgeben. Verbunden sind die Sauerstoff-Atome über Wasserstoff-Atome, die mit *einem* Sauerstoff-Atom über eine Elektronenpaarbindung, mit dem *anderen* über eine Wasserstoffbrücke verknüpft sind. Da dieses Gitter sehr weitmaschig ist, nimmt es einen großen Raum ein. Mit steigender Temperatur brechen Wasserstoffbrücken auf, das Eis schmilzt. Frei gewordene Wasser-Moleküle können dann Hohlräume besetzen; dadurch finden mehr Wasser-Moleküle im gleichen Raum Platz. Die Dichte nimmt daher bis 4 °C zu. Über 4 °C steigt der Anteil frei beweglicher Wasser-Moleküle an und sie beanspruchen durch ihre zunehmende Beweglichkeit immer mehr Platz. Die Dichte sinkt wieder.

Die Eigenschaften des Wassers werden durch Wasserstoffbrücken bestimmt. Darunter versteht man zwischenmolekulare Bindungen zwischen den H-Atomen eines Moleküls und den O-, N- oder F-Atomen eines zweiten Moleküls.

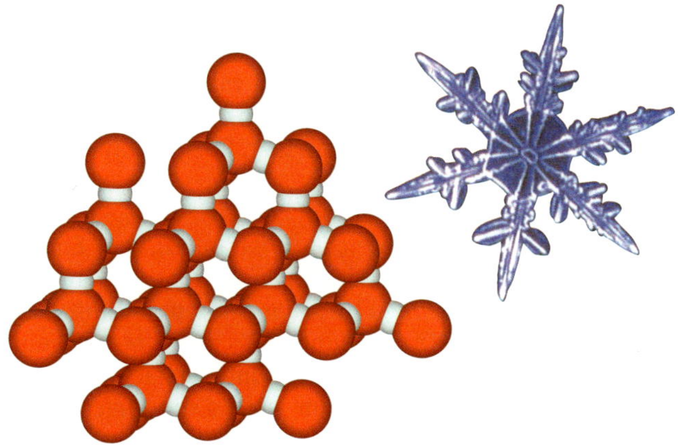

Eisgitter mit Hohlräumen

1 Begründe, warum Methan (CH_4) im Gegensatz zu Wasser bei Raumtemperatur gasförmig ist.
2 Erläutere, ob sich zwischen Ammoniak-Molekülen und Wasser-Molekülen Wasserstoffbrücken ausbilden können. Zeichne dazu jeweils die räumliche Struktur der Moleküle und gib die Teilladungen an.
3 Erkläre, weshalb VAN-DER-WAALS-Bindungen schwächere zwischenmolekulare Wechselwirkungen sind als Wasserstoffbrückenbindungen.
4 Beschreibe detailliert die Ausbildung des Eisgitters und erkläre, weshalb ein Eiswürfel auf dem Wasser schwimmt.
5 Hängt man ein Gewicht mit einer Drahtschlaufe an einen Eiswürfel, so frisst sich der Draht allmählich durch das Eis. Erkläre diese Beobachtung.

Oberflächenspannung des Wassers

Exkurs

Wasserläufer schießen auf ihrer Jagd nach Nahrung über die Wasseroberfläche, ohne dabei einzusinken. Ermöglicht wird diese Fortbewegung durch die Oberflächenspannung des Wassers.

Im Wasser ziehen sich die Wasser-Moleküle durch die Wasserstoffbrücken gegenseitig an. In der Flüssigkeit wirken die zwischenmolekularen Wechselwirkungen in alle Richtungen gleichmäßig und heben sich daher in ihrer Wirkung auf.
An der Oberfläche dagegen können die Wasser-Moleküle nur Wasserstoffbrücken zu anderen danebenliegenden oder darunter liegenden Wasser-Molekülen ausbilden. Zur Luft hin sind keine Wasserstoffbrücken möglich. Dadurch ist die Anziehung der Wasser-Moleküle nicht gleichmäßig; vielmehr werden alle Wasser-Moleküle an der Oberfläche nur nach der Seite und nach unten angezogen. Sie bilden so gleichsam eine „Haut" auf der Wasseroberfläche. Diese Oberflächenspannung erklärt auch die Tropfenbildung beim Wasser: Die Kugelform hat bei gleichem Volumen die kleinste Oberfläche. Kräfte, die zwischen den Teilchen eines Stoffes wirken, werden in der Chemie allgemein als **Kohäsionskräfte** bezeichnet.

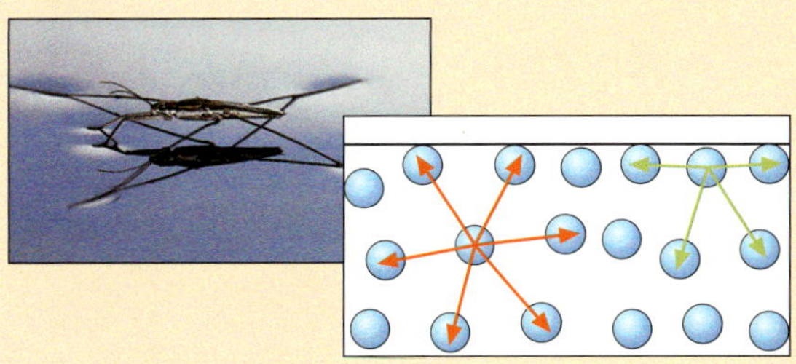

1 Beschreibe und erkläre anhand der Abbildung das Zustandekommen der Oberflächenspannung.

19.4 Wasser als Wärmespeicher ☆

Geht man vor einem Bad im Meer über den trockenen Sand des Strandes, stellt man meist schmerzhaft fest, dass sich der Sand in der Sonne wesentlich stärker aufheizt als das Wasser. Nachts kühlt er auch viel schneller wieder ab.

Wärmekapazität. Gleiche Einstrahlung von Energie in Form von Licht und Wärme führt bei Wasser und bei Sand zu *unterschiedlichen* Temperaturen. Dem entspricht die Feststellung, dass man unterschiedliche Energiebeträge benötigt, um vergleichbare Mengen Wasser und Sand um jeweils die *gleiche* Temperatur zu erwärmen:
Im Falle von Wasser braucht man etwa fünfmal mehr Wärme, um eine Temperaturerhöhung um 1 °C zu erzielen als bei Sand. Dem entsprechend kann Wasser also auch bei gleicher Temperatur fünfmal mehr Wärme speichern. Bei diesem Speichervermögen spricht man von der *Wärmekapazität c*, einer stoffspezifischen Größe wie die Dichte oder die Siedetemperatur.

Die Wärmekapazität von Wasser beträgt 4,2 Joule pro Grad und pro Gramm. In der exakten Beschreibung wird dabei die Temperaturdifferenz in Kelvin angegeben:

$$c\,(Wasser) = 4{,}2\ \frac{\mathrm{J}}{\mathrm{K \cdot g}}$$

Das bedeutet, dass man eine Wärmemenge von 4,2 Joule benötigt, um ein Gramm Wasser um ein Grad zu erwärmen. Bei der gleichen Menge Sand braucht man nur etwa 0,8 Joule. Die unterschiedliche Wärmekapazität ist also die Ursache, dass am Strand der Sand viel wärmer ist als das Wasser.

Nicht nur im Vergleich mit Sand, sondern auch in Relation zu vielen anderen Stoffen besitzt Wasser eine außergewöhnlich hohe Wärmekapazität.

Wärmespeicher Wasser. Die beim Erwärmen von Wasser aufgenommene Wärmeenergie wird in Bewegungsenergie der Moleküle umgewandelt. Bei Wasser-Molekülen ist dabei besonders viel Energie notwendig, denn die Wasserstoffbrücken hemmen die Beweglichkeit der Moleküle. Diese zwischenmolekularen Bindungen müssen zunächst aufgebrochen werden. Umgekehrt wird beim erneuten Knüpfen dieser recht starken zwischenmolekularen Bindungen Energie frei. Die Wasserstoffbrücken zwischen den Wasser-Molekülen sind also die Ursache für die hohe Wärmekapazität von Wasser.

Die Regelung unserer Körpertemperatur nutzt die hohe Wärmespeicherfähigkeit von Wasser. Das Wasser der Schweißperlen verdunstet auf der Haut und kühlt sie dabei ab. So schützt sich der Körper vor Überhitzung.
Die für das Verdampfen erforderliche Energie – die *Verdampfungswärme* – wird direkt der Umgebung entzogen. Wegen der Wasserstoffbrücken zwischen den Wasser-Molekülen ist auch die Verdampfungswärme von Wasser im Vergleich zu anderen Stoffen relativ groß.

Die Wasserstoffbrücken zwischen den Wasser-Molekülen sind die Ursache für die große Wärmekapazität von Wasser und auch für seine hohe Verdampfungswärme.

1 Marines Klima unterscheidet sich deutlich von kontinentalem Klima. Erkläre, weshalb sich Lufttemperaturen über dem Meer nicht so stark ändern wie über dem Festland.

2 **a)** Badekleidung sollte man nicht am Körper trocknen lassen. Gib eine ausführliche Erklärung dafür.
b) Erkläre an diesem Beispiel den Zusammenhang zwischen der „Verdampfungswärme" und der „Verdunstungskälte".

3 Entwickle Methoden, eine Getränkeflasche im Schwimmbad kühl zu halten, ohne sie selbst ins Wasser zu legen.

4 **a)** Feuerwehrleute nutzen beim Löschen von Bränden mit Wasser dessen hohe Verdampfungsenergie. Erkläre dies ausführlich.
b) „Das Löschen mit einem Nebel aus fein verteilten Wassertröpfchen ist effektiver als die Brandbekämpfung mit einem gebündelten Wasserstrahl." Beurteile dieses Zitat aus einem Handbuch für Feuerwehrleute.

Wasserstoffbrückenbindungen geben Form

Exkurs

Ohne die Fähigkeit der Wasser-Moleküle, Wasserstoffbrückenbindungen auszubilden, hätte sich das Leben so, wie wir es kennen, wohl nicht ausbilden können. Als wichtigstes Lösemittel ermöglicht es den Transport von Ionen und polaren Molekülen in und zwischen Zellen. Auch die geordnete, mit Hohlräumen versehene Struktur des Eises wäre ohne Wasserstoffbrücken nicht denkbar.

Fasern – stabil durch Wasserstoffbrücken. Fasern spielen eine besondere Rolle beim Aufbau pflanzlicher und tierischer Organismen. Die sie aufbauenden langgestreckten, kettenartigen und nicht wasserlöslichen Moleküle bestehen bei Pflanzen meist aus *Kohlenhydraten*, bei Tieren sind es vielfach *Eiweiße (Proteine)*. Fasern müssen reißfest und wenig dehnbar sein, aber gleichzeitig eine ausreichende Flexibilität zeigen.

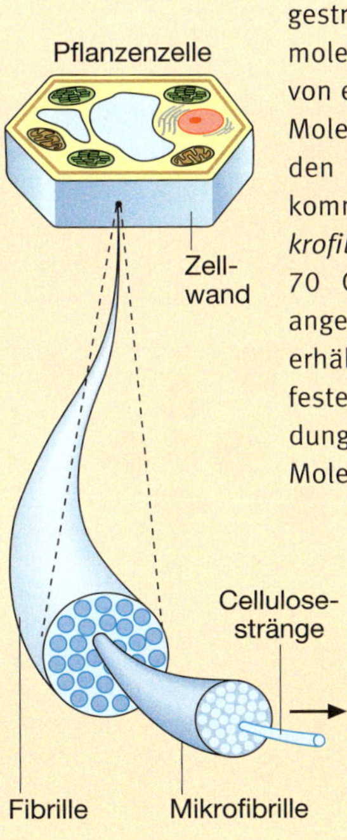

Cellulose-Moleküle sind langgestreckte, unverzweigte Riesenmoleküle, die durch Verknüpfung von etwa 10 000 Traubenzucker-Molekülen entstanden sind. In den Zellwänden der Pflanzen kommt Cellulose in Form von *Mikrofibrillen* vor, in denen bis zu 70 Cellulose-Moleküle parallel angeordnet sind. Ihre Stabilität erhält diese Anordnung, durch feste Wasserstoffbrückenbindungen zwischen den Cellulose-Molekülen.

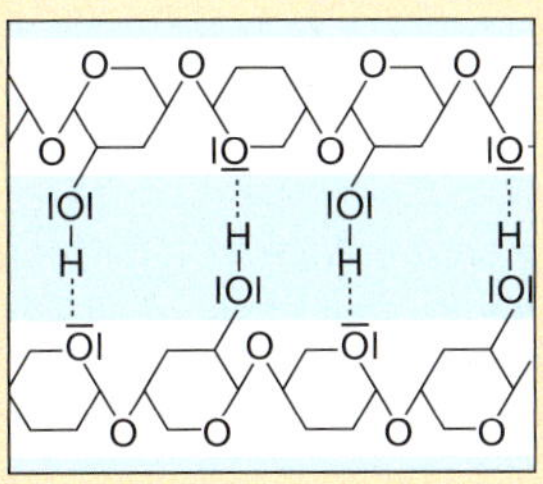

Die von Seidenraupen oder Spinnen produzierte Seide ist ein **Faserprotein.** Proteine sind lange, kettenförmige Moleküle, die durch Verknüpfung von über 100 *Aminosäuren* entstehen.
Die räumliche Struktur der Proteine ergibt sich wie auch bei der Cellulose durch Wasserstoffbrückenbindungen. Häufig sind die Aminosäureketten spiralig zu einer *α*-Helix aufgedreht. Bei der Seide hingegen ordnen sich parallele Ketten über Wasserstoffbrückenbindungen zu einem *β*-Faltblatt an.

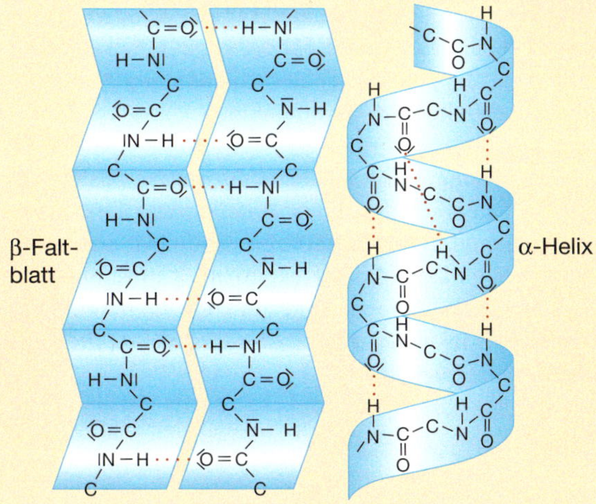

DNA. Auch bei der Struktur und der Funktion unserer Erbsubstanz, der DNA, spielen Wasserstoffbrücken eine entscheidende Rolle. 1953 klärten die Biochemiker James WATSON und Francis CRICK die Struktur der DNA auf: Nach ihrem Modell besteht die DNA aus einer Art Wendeltreppe, auch Doppelhelix genannt, die aus zwei gegenläufigen Strängen besteht. Die Holme dieser Wendeltreppe bestehen aus je einer Kette aus einander abwechselnden Zucker- und Phosphorsäure-Molekülen, die Stufen bestehen aus den so genannten Basen. Es passen immer nur die Basen Adenin und Thymin zueinander sowie Cytosin und Guanin. Die Ursache dafür liegt in der Anzahl der zwischen den Basen möglichen Wasserstoffbrückenbindungen.

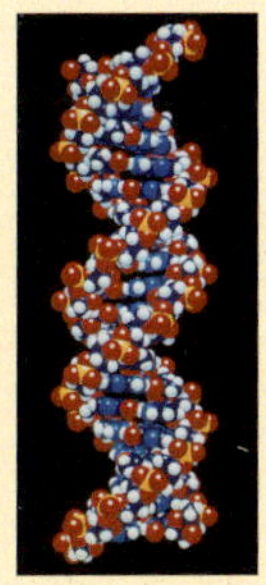

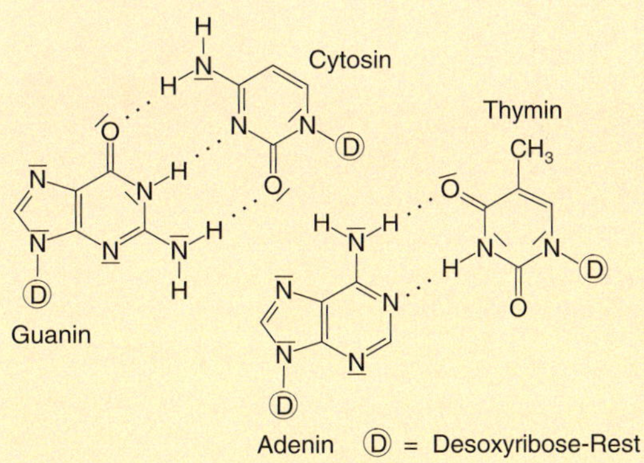

1 Suche in den Abbildungen nach den Atomen, zwischen denen Wasserstoffbrückenbindungen möglich sind. Erkläre, weshalb dort Wasserstoffbrückenbindungen auftreten.

Übersicht

Chemische Bindung und zwischenmolekulare Bindungen

Atome können sich durch **chemische Bindungen** miteinander verbinden. Je nach Art der chemischen Bindung unterscheidet man zwischen Metallbindung, Ionenbindung und Elektronenpaarbindung.

Metallbindung. In Metallkristallen werden die Metallatome untereinander durch *Metallbindungen* zusammengehalten. Dabei besetzen positiv geladene Atomrümpfe die Plätze des Metallgitters. Die negativ geladenen Außenelektronen sind zwischen den Atomrümpfen mehr oder weniger frei beweglich. Man spricht von einem *Elektronengas*.

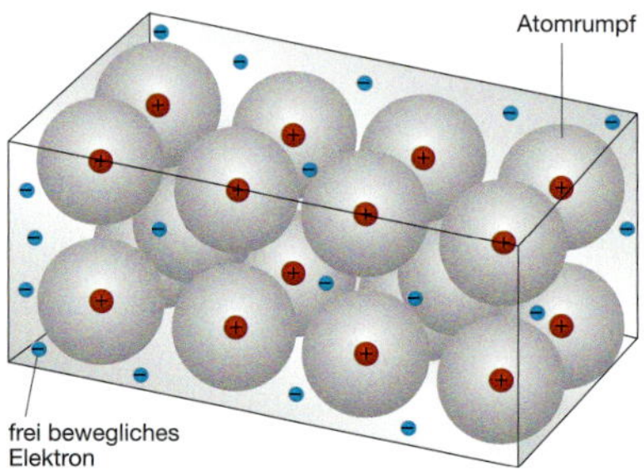

Ionenbindung. Die chemische Bindung zwischen den Ionen in einem Salz-Kristall bezeichnet man als *Ionenbindung*. Die ungerichteten Anziehungskräfte zwischen den positiv geladenen Kationen und den negativ geladenen Anionen halten das Ionengitter zusammen.

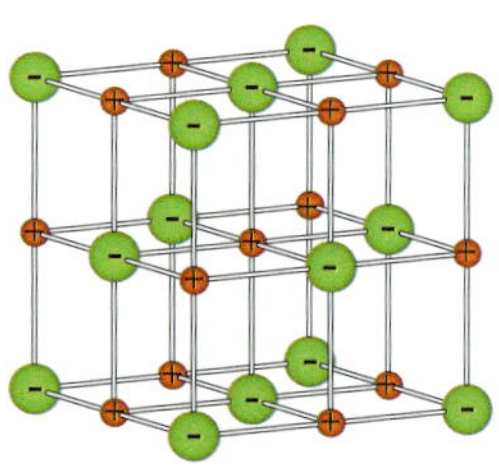

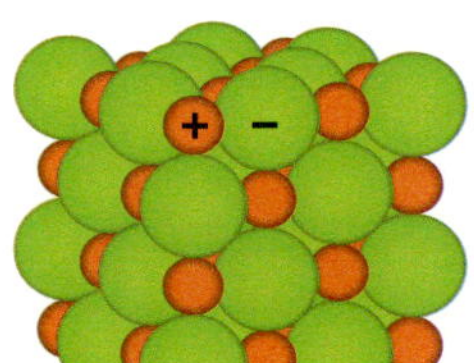

Elektronenpaarbindung. Nichtmetall-Atome verbinden sich untereinander durch gemeinsame *bindende Elektronenpaare* zu Molekülen. Die Bindungselektronen gehören zu beiden an der Bindung beteiligten Atomen. Meist ist in den Molekülen dadurch die Oktettregel erfüllt.

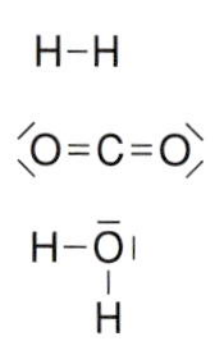

Manche Molekülverbindungen sind bei Raumtemperatur flüssig oder fest. Bei den Anziehungskräften zwischen den Molekülen handelt es sich um **zwischenmolekulare Bindungen**. Diese sind immer um ein Vielfaches schwächer als chemische Bindungen.

VAN-DER-WAALS-Bindungen. Unpolare Moleküle können über kurzzeitig auftretende Dipole miteinander in Wechselwirkung treten. Diese zwischenmolekularen Bindungen sind relativ schwach und abhängig von der Kontaktoberfläche zwischen den Molekülen. Je größer die Oberfläche ist, desto stärker sind die *VAN-DER-WAALS-Bindungen*.

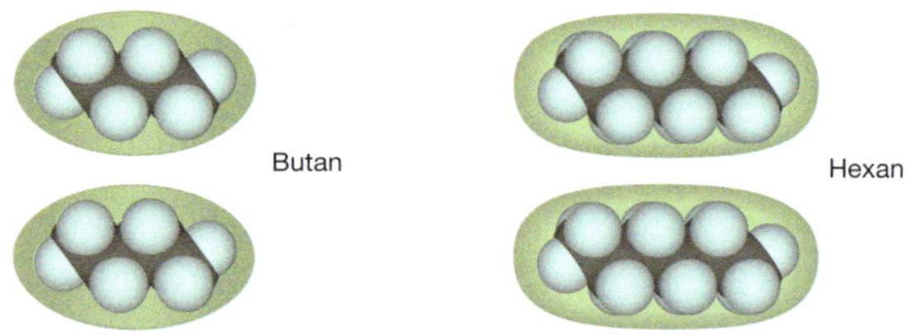

Dipol/Dipol- und Dipol/Ionen-Bindung. Moleküle mit permanentem Dipolmoment bilden untereinander Bindungen aus, die wegen der höheren Ladung etwas stärker sind als VAN-DER-WAALS-Bindungen. Polare Moleküle können auch mit Ionen wechselwirken.

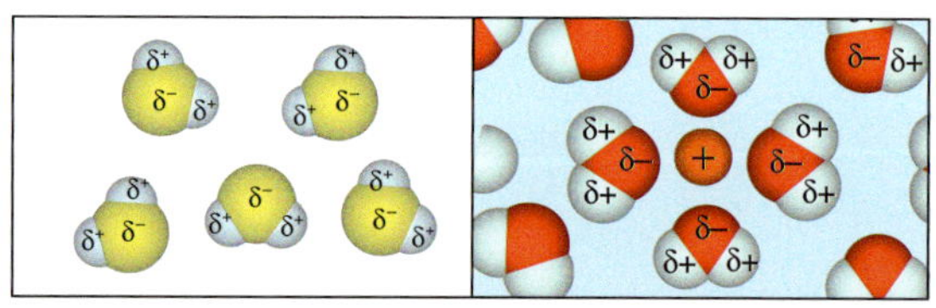

Wasserstoffbrücken. Enthält ein Molekül Fluor-Atome, Sauerstoff-Atome oder Stickstoff-Atome, an die ein oder mehrere Wasserstoff-Atome direkt gebunden sind, so bilden sich die stärksten Formen der zwischenmolekularen Bindungen aus, die *Wasserstoffbrücken*.
In einer Wasserstoffbrücke ziehen die freien Elektronenpaare der stark elektronegativen Fluor-, Sauerstoff- oder Stickstoff-Atome ein polar gebundenes Wasserstoff-Atom eines weiteren Moleküls an. Die starken Bindungen bewirken, dass solche Stoffe verhältnismäßig hohe Siedetemperaturen und Schmelztemperaturen haben. Beispiele sind Wasser und Fluorwasserstoff.

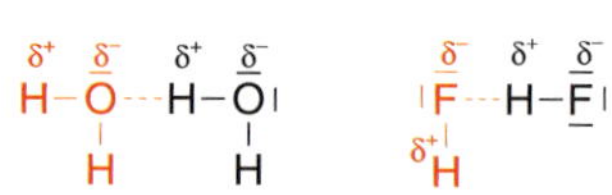

Wasser – alltäglich und doch außergewöhnlich

Basiswissen

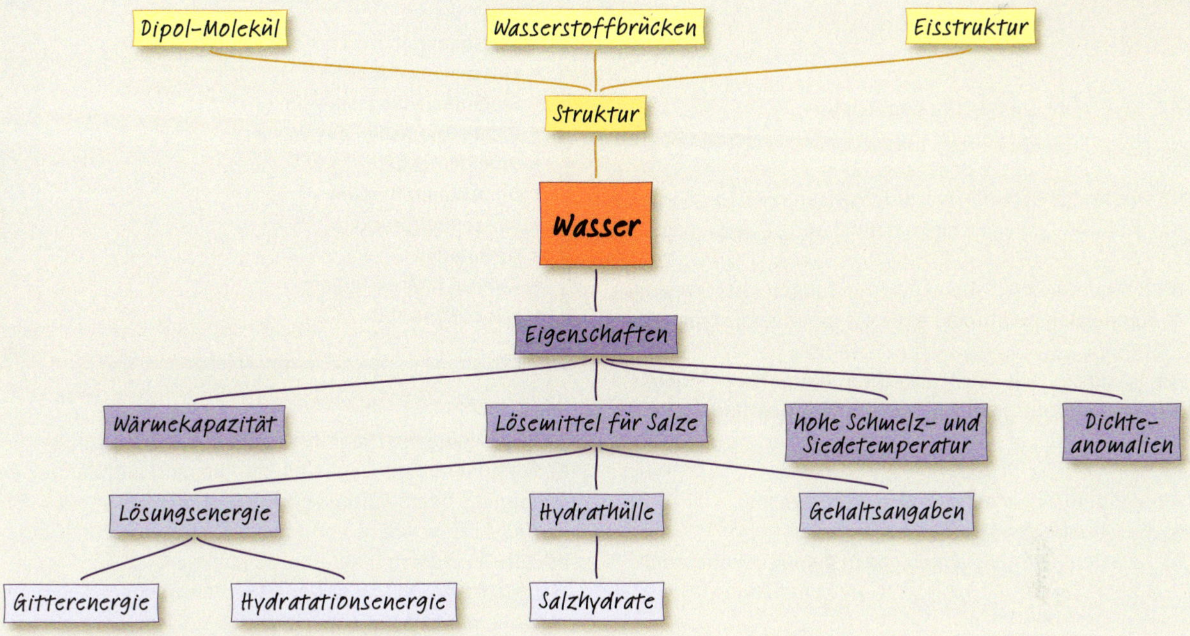

Wasser – außergewöhnlich und lebensnotwendig

Chemie in unserer Welt

Wasser ist uns von Kindes Beinen an vertraut. Im Alltag verwenden wir Wasser zum Waschen und zur Körperpflege. Dabei gibt es Stoffe, die sich sehr gut lösen und andere, die nur sehr schlecht mit Wasser zu entfernen sind. Diese und alle anderen teilweise sehr ungewöhnlichen Eigenschaften des Wassers sind auf die Struktur des Wasser-Moleküls zurückzuführen.
Der gewinkelte Bau und die polare Elektronenpaarbindung machen das Wasser-Molekül zu einem *Dipol-Molekül*. Die stark polare O-H-Bindung und die am Sauerstoff-Atom vorhandenen freien Elektronenpaare ermöglichen die Ausbildung von *Wasserstoffbrücken*.

Außergewöhnliche Eigenschaften. Aus dem Dipol-Charakter des Wasser-Moleküls und aus den Wasserstoffbrücken zwischen Wasser-Molekülen ergeben sich außergewöhnliche Eigenschaften. Die ungewöhnlich hohe *Schmelz- und Siedetemperatur* des Wassers ist durch die Struktur des Wasser-Moleküls erklärbar. Auch die *Struktur des Eisgitters* sowie die Dichte-Anomalien des Wassers sind eine Folge dieser Wasserstoffbrücken.
Zu den außergewöhnlichen Eigenschaften des Wassers zählen auch seine hohe *Wärmekapazität* sowie sein hervorragendes *Lösevermögen* für Ionenverbindungen und viele polare Molekülverbindungen.

Grundlage des Lebens. Wasser ist Leben – lautet ein bekanntes Sprichwort. Nahezu alle Lebensvorgänge laufen in Lösungen ab. Als Lösemittel transportiert Wasser eine Vielzahl von Stoffen, wie Nährstoffe und Mineralien, die neben dem Wasser selbst für alle Organismen lebensnotwendig sind. Ohne diese Besonderheiten in der Struktur der Wasser-Moleküle hätte sich das Leben, so wie wir es kennen, nicht ausbilden können.

Eis hat eine geringere Dichte als Wasser. Ein See friert daher im Winter zuerst oben zu. In der Tiefe bleibt meist ein Rest an Wasser, in dem Pflanzen und Tiere überleben. Hätte Eis eine größere Dichte als Wasser, würden Gewässer vom Boden her zufrieren. Lebewesen hätten dann keine Chance zum Überleben.

Die räumliche Struktur vieler Biomoleküle wie Enzyme oder die Erbsubstanz DNA wäre ohne Wasserstoffbrücken nicht denkbar. Diese zwischenmolekularen Kräfte fixieren den dreidimensionalen Bau der Moleküle, der ihre Funktion bestimmt.

Die Bedeutung von Wasser als Grundlage für das Leben zeigt sich auch in der Raumfahrt: Die Suche nach Leben auf fremden Planenten und auf Monden ist stets eine Suche nach Wasser.

Prüfe dein Wissen

Quiz

A1 a) Erkläre die Begriffe des Fensters.
b) Notiere auf der Vorderseite von Karteikarten den Begriff, auf der Rückseite die Erklärung.
c) Ordne die Begriffe den drei Basiskonzepten „Struktur der Materie“, „chemische Reaktion“ und „Energie“ zu.

A2 Erkläre, weshalb Molekülverbindungen meist niedrigere Schmelztemperaturen haben als Ionenverbindungen.

A3 Erläutere, wie sich zwischen Ammoniak-Molekülen Wasserstoffbrücken ausbilden können. Begründe mithilfe der LEWIS-Formeln.

A4 Kaliumbromid löst sich sehr gut in Wasser.
a) Beschreibe den Lösungsvorgang.
b) Skizziere den Lösevorgang nach dem Teilchenmodell.

Know-how

A5 Beurteile, ob sich Wasser als Steigflüssigkeit eines Thermometers eignet.

A6 Löst man Kaliumnitrat in Wasser, so kühlt sich die Lösung ab. Führt man den gleichen Versuch mit Natriumhydroxid durch, steigt die Temperatur der Lösung. Erkläre das unterschiedliche Verhalten aus energetischer Sicht.

A7 a) Trage in einem Diagramm die Siedetemperaturen der Wasserstoffverbindungen der VI. Hauptgruppe gegen die Molekülmasse auf.
(H_2O: 100 °C, H_2S: −62 °C, H_2Se: −41 °C, H_2Te: −2 °C).
b) Schätze die Siedetemperatur von Wasser ab, wenn es sich in diese Reihe einordnen würde.
c) Begründe die hohe Siedetemperatur des Wassers.

Natur – Mensch – Technik

A8 Zur Korrektur von Fehlsichtigkeit werden unter anderem Kontaktlinsen verwendet. Die Linsen schwimmen auf dem Tränenfilm im Auge und berühren die Hornhaut nicht direkt. Begründe, warum die Haftschalen nicht herausfallen.

A9 a) Wickelt man im Sommer eine Getränkedose in ein feuchtes Tuch, so bleibt das Getränk länger kühl. Erkläre das Phänomen.
b) Man stellt eine Schale mit Wasser und eine Schale mit Oktan in die Sonne. In beide Flüssigkeiten taucht ein Thermometer. Was kann man beobachten? Begründe.

Die wichtigsten Begriffe

- Löslichkeit
- Massenanteil
- Massenkonzentration
- Stoffmengenkonzentration
- Dichte-Anomalien des Wassers
- Dipol-Molekül
- Dipol/Ionen-Bindung
- Wasserstoffbrücken
- Hydratation
- VAN-DER-WAALS-Bindung
- Wärmekapazität

A10 Das folgende Diagramm soll ausgewertet werden.
a) Formuliere eine Fragestellung, die man mithilfe dieses Diagramms beantworten kann.
b) Beschreibe, wie du vorgehen müsstest, um durch Experimente zu diesem Diagramm zu kommen.
c) Beschreibe und vergleiche die verschiedenen Kurvenverläufe. Ermittle für jedes Salz eine Aussage über das Löslichkeitsverhalten.
d) Berechne den Massenanteil von Kaliumchlorid und von Natriumchlorid bei 20 °C und bei 80 °C.
e) Kaliumchlorid und Natriumchlorid kommen in einigen Salzlagern miteinander vergesellschaftet vor. Kaliumchlorid ist ein wichtiger Bestandteil von Düngern. Um es vom Kochsalz abzutrennen, verwendet man das *Heißlöseverfahren*. Dabei löst man zunächst das Mischsalz in etwa 100 °C heißem Wasser, bis sich ein Bodenkörper bildet. Dieser wird filtriert. Beschreibe, was beim Abkühlen der Lösung geschieht und begründe daran die Eignung dieses Verfahrens zur Trennung von Kaliumchlorid und Natriumchlorid.
f) Am Rand von Salzseen findet man Salze, die in vielfachen Schichten übereinander liegen. Erkläre dies.

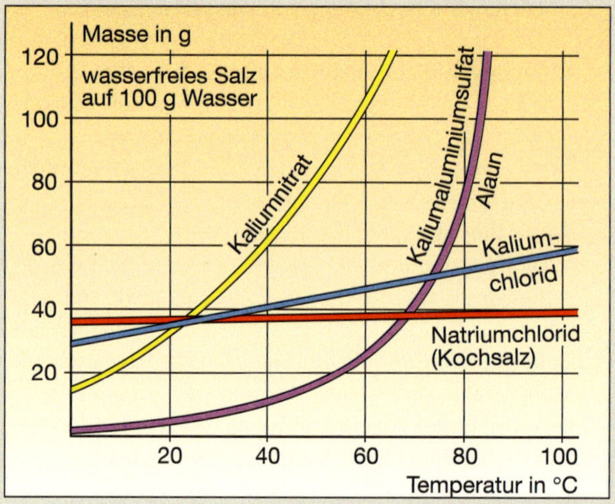

Wasser – alltäglich und doch außergewöhnlich

Wissen vernetzt

A1 Sprengung im Kühlschrank

Ein heißer Sommertag geht zu Ende. Durstig kommst du vom Sport nach Hause und öffnest den Kühlschrank, um eine Mineralwasserflasche zu entnehmen. Vor dem Weggehen hattest du sie extra ins Gefrierfach gelegt, damit sie schnell und tief abkühlt. Nun musst du aber zu deinem Erstaunen feststellen, dass du im Gefrierfach statt der Flasche nur einen flaschenförmigen Eisblock und um ihn herum eine Menge Glasscherben vorfindest.

a) Erkläre mithilfe des Aufbaus des Wasser-Moleküls und der Wechselwirkungen zwischen den Molekülen, wie es zur Sprengung der Glasflasche kommen konnte: Gehe dabei von den unterschiedlichen Darstellungsmöglichkeiten der Formel aus: Kläre, was die Molekülformel und die Lewisformel zur Lösung des Problems beitragen können und was sie hierbei nicht leisten können. Zeichne zusätzlich ein räumliches Modell eines Wasser-Moleküls, das sowohl die Struktur als auch die elektrischen Ladungsverhältnisse beschreibt.
Erkläre auf der so erarbeiteten Grundlage die Ursache und den Ablauf der Sprengung der Wasserflasche im Gefrierfach.

b) Die Ursache für das Unglück im Gefrierfach liegt in der Dichteanomalie des Wassers. Erläutere, was man darunter versteht. Nenne weitere Beispiele für ungewöhnliches Verhalten von Wasser. Deute sie ebenfalls mithilfe des Molekülmodells.
Erkläre, was man im Gegensatz zu Wasser als normale Stoffeigenschaften versteht. Nenne drei Faustregeln, die dies belegen.

c) Mit einer Flasche Öl wäre das Unglück im Gefrierfach nicht passiert: Mit dem tiefgefrorenen festen Öl kann man zwar keinen Salat anrichten, aber die Flasche bleibt wenigstens heil. Erkläre den Unterschied zu der Flasche Wasser.

A2 Natriumacetat als Wärmespeicher

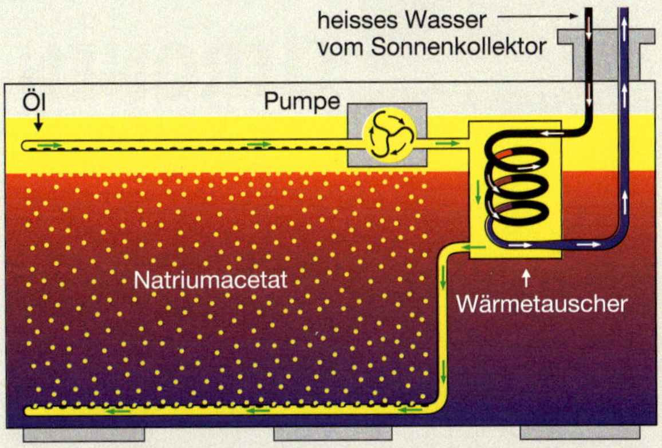

Wärmekissen sorgen im Winter für angenehm warme Hände. Die Plastikbeutel enthalten Natriumacetat-Trihydrat. Erhitzt man das Salzhydrat, treten die Wasser-Moleküle aus dem Kristallgitter. Die Natrium-Ionen und die Acetat-Ionen lösen sich in dem freigesetzten Wasser und es entsteht eine übersättigte Lösung. Die Kristallisation ist gehemmt, kann jedoch durch das Knicken eines Metallplättchens oder – im Experiment – durch einen Impfkristall ausgelöst werden. Beim Auskristallisieren erhitzt sich der Kristallbrei auf 50 °C bis 60 °C.
Nach dem gleichen Prinzip funktioniert ein Wärmespeicher, mit dem man ein ganzes Einfamilienhaus beheizen kann. Ein großer 2000 Liter fassender Stahltank ist mit Natriumacetat-Trihydrat gefüllt. Durch das Salz wird Öl gepumpt, das über Sonnenkollektoren erwärmt wird. Das Salz wird erhitzt und dabei gelöst. Zum Heizen der Wohnung lässt man die übersättigte Lösung kristallisieren. Die frei werdende Wärmeenergie wird über das Öl und einen Wärmetauscher auf das Wasser im Heizkreislauf des Hauses übertragen.

a) Erkläre die Begriffe Salzhydrat und Kristallwasser am Beispiel des Calciumchlorid-Hexahydrats ($CaCl_2 \cdot 6\ H_2O$). Erläutere deine Vorstellung von der Anordnung der Wasser-Moleküle in dem Ionengitter.

b) Gib je drei weitere Beispiele für Salzhydrate und für wasserfreie Salze an.

c) Beschreibe den Vorgang der Kristallisation der Natriumacetat-Lösung. Veranschauliche deine Beschreibung auf der Teilchenebene durch eine Folge von drei Bildern.

d) Erkläre das Erwärmen des Kristallbreis bei der Kristallisation von Natriumacetat-Trihydrat. Verwende dabei die Begriffe Gitterenergie, Lösungsenergie und Hydratationsenergie.

e) Stelle eine Hypothese auf, wo die Wärme beim Erhitzen des Salzhydrates bleibt. Diskutiere auf der Teilchenebene.

f) Beurteile, inwiefern dieses Verfahren ökologisch sinnvoll ist.

20 Säuren und Laugen – Werkzeuge nicht nur für Chemiker

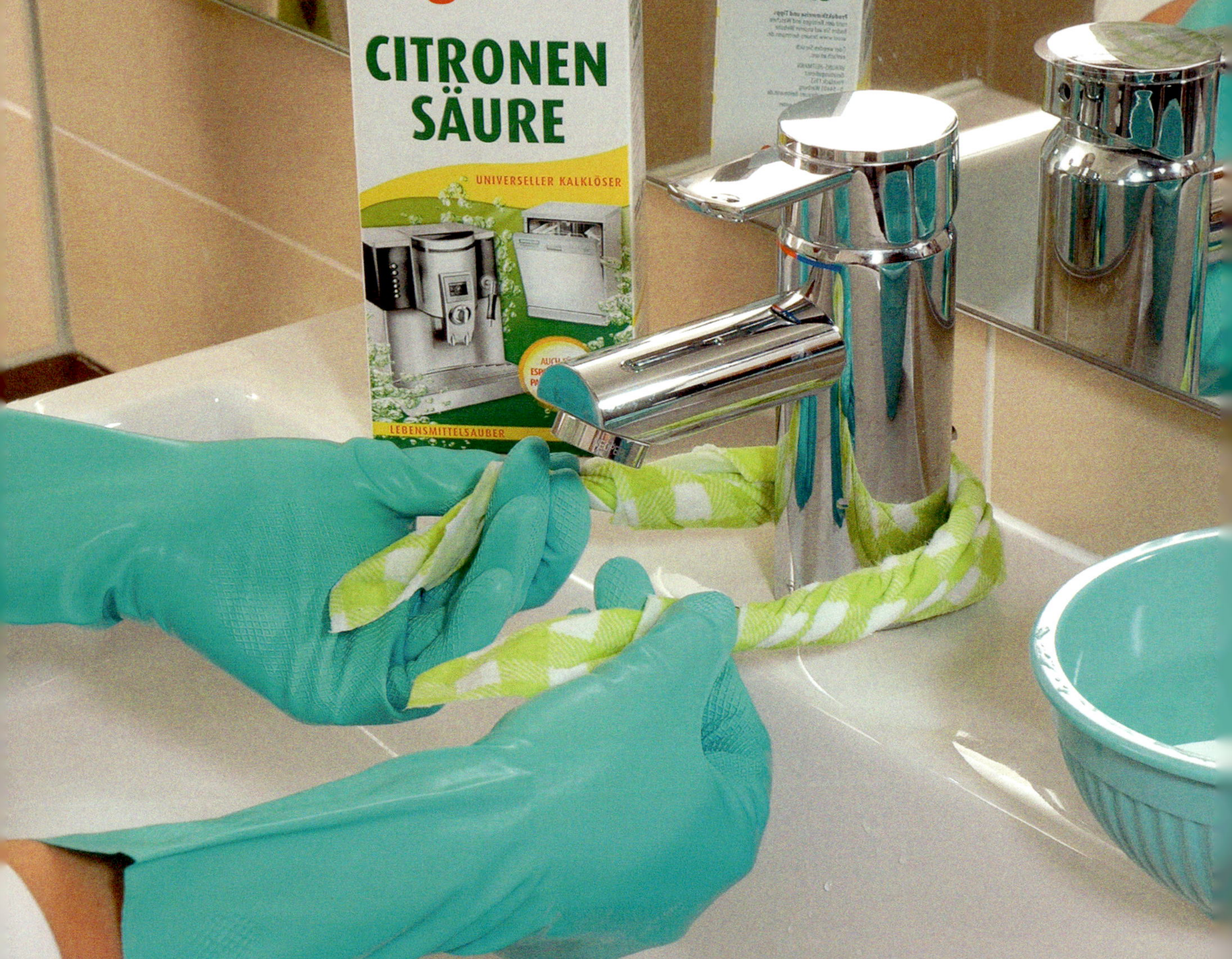

Wer an Chemie denkt, denkt oft auch an gefährliche Säuren und ätzende Flüssigkeiten. Säuren sind zwar manchmal gefährlich, sie erleichtern aber in vielerlei Hinsicht die Arbeit im alltäglichen Leben. So werden sie verwendet, um lästige Kalkflecken zu beseitigen. In der Küche werden sie zum Würzen von Salaten benutzt, oder man konserviert Lebensmittel wie Gurken damit.

Neben den Säuren stellen auch Laugen eine wichtige Stoffklasse in der Chemie dar. Säuren und Laugen sind aufgrund ihrer Reaktionsweisen wirksame Chemikalien und daher häufig in Reinigungsmitteln enthalten.
Dabei unterscheidet man zwischen sauren Reinigern und alkalischen Reinigungsmitteln, die Laugen enthalten. Säuren und Laugen kann man mit Indikatoren nachweisen.

Zentrale Fragen:
- In welchen Reinigungsmitteln sind Säuren, in welchen sind Laugen enthalten? Welche Verschmutzungen lösen sie?
- Welche Säuren und Laugen werden im Haushalt verwendet?
- Was sind Säuren, was sind Laugen?
- Welche Eigenschaften haben saure und alkalische Lösungen?

20.1 Säuren und Laugen in Reinigungsmitteln

Sauberkeit und Hygiene sind in unserer Gesellschaft selbstverständliche Grundbedürfnisse. Daher ist in den Regalen der Supermärkte die Auswahl an Reinigungsmitteln schier unüberschaubar. Für jeden Bereich und für jede Art von Schmutz gibt es passende Reinigungsmittel. Die einzelnen Produkte weisen dabei deutliche Unterschiede auf. Aufgrund ihrer Zusammensetzungen kann man die Reinigungsmittel in neutrale, saure und alkalische Reiniger einteilen. Dabei kommt den sauren und alkalischen Reinigungsmitteln eine besondere Bedeutung zu.

Saure Reiniger. Im Sanitärbereich werden vor allem saure Reinigungsmittel verwendet. Sie enthalten neben anderen Stoffen in der Regel Zitronensäure oder Essigsäure. Saure Reiniger werden eingesetzt, um Kalkränder auf Fliesen, Armaturen und Geräten zu entfernen. Sie können auch andere wasserunlösliche Ablagerungen wie etwa Urinstein in eine wasserlösliche Form überführen. Einen besonders hohen Säuregehalt findet man in *Entkalkern*. Hierbei wird Kalk in eine wasserlösliche Form überführt, die dann einfach abgespült werden kann.

Alkalische Reiniger. Neben den sauren Reinigern gibt es auch Reinigungsmittel, die Laugen enthalten. Dabei handelt es sich meist um Natronlauge. Mit solchen Reinigungsmitteln kann man Rückstände von Eiweißstoffen aufquellen, die anschließend leicht weggespült werden können. Alkalische Reiniger wie beispielsweise Backofensprays entfernen auch Verkrustungen wie eingebrannte Fettspritzer.

In vielen Reinigungsmitteln sind Säuren oder Laugen enthalten. Sie unterstützen die reinigende Wirkung. Dabei entfernen Säuren Kalkablagerungen; Laugen zersetzen Rückstände von Fett und Eiweiß.

1 Beschreibe, wie ein Entkalker wirkt.
2 Gib an, welche Verunreinigungen im Haushalt mit sauren und welche mit alkalischen Reinigungsmitteln beseitigt werden können.
3 Beschreibe, worauf man beim Umgang mit Reinigungsmitteln achten muss.
4 Überprüfe mithilfe der Etikettbeschreibung, welche Reinigungsmittel im Haushalt Säuren oder Laugen enthalten und wozu diese verwendet werden.
5 Sortiere die Putzmittel in eurem Haushalt nach gesundheitsschädlichen und ungefährlichen Inhaltsstoffen. Finde heraus, welche Inhaltsstoffe zu Gesundheitsschäden führen.
6 Recherchiere die Herkunft des Begriffs *ätzend*.

Ein großes Angebot an Reinigungsmitteln

Backofenspray – ein alkalischer Reiniger

Tipps für den Umgang mit Reinigungsmitteln

- Die Gefahr, die von einem Reinigungsmittel ausgehen kann, erkennt man an den angegebenen Gefahrstoffsymbolen auf der Verpackung.
- Manche Reinigungsmittel können Hautreizungen verursachen. Daher sollte man bei Verwendung dieser Reinigungsmittel Gummihandschuhe tragen.
- Saure Reinigungsmittel dürfen nicht bei empfindlichen Materialien wie Aluminium oder auch Marmor verwendet werden. Die enthaltene Säure greift diese Materialien an.
- Chlorhaltige Reinigungsmittel dürfen nie mit sauren Reinigern zusammen verwendet werden. Gib man Säure zu diesen Reinigungsmitteln, so entwickelt sich giftiges Chlorgas.

Übersicht Indikatoren

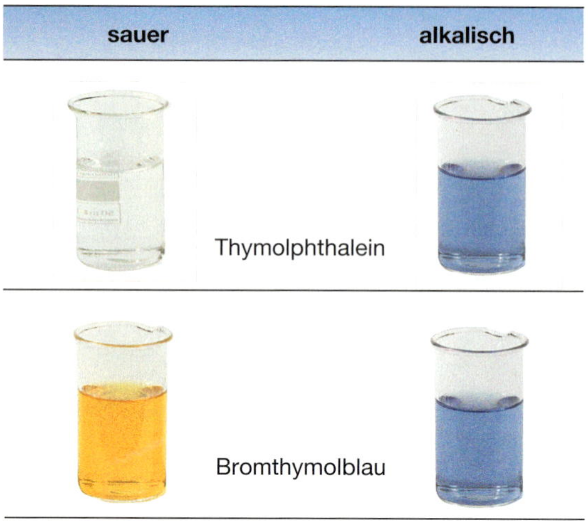

Rotkohl zeigt Säuren durch Rotfärbung an

Um festzustellen, ob eine Lösung sauer, neutral oder alkalisch ist, verwendet man Indikatoren (lat. *indicare*: anzeigen). Darunter versteht man Farbstoffe, die in alkalischen Lösungen eine andere Färbung anzeigen als in sauren Lösungen.
Im Labor benutzt man besonders häufig eine Lösung von Bromthymolblau als Indikator. Alkalische Lösungen färben diesen Indikator blau, eine Gelbfärbung zeigt eine saure Lösung an und neutrale Lösungen erkennt man an der Mischfarbe grün. Weitere häufig verwendete Indikatoren sind Thymolphthalein und Lackmus. Universalindikatoren enthalten ein Gemisch aus verschiedenen Indikatoren.
Verschiedene Lebensmittel wie etwa schwarzer Tee oder Rotkohlsaft können als Indikatoren im Haushalt verwendet werden. Saure Lösungen färben den Rotkohlsaft rot, alkalische Lösungen erkennt man an einer Blaufärbung des Rotkohlsafts.

pH-Wert. Um anzugeben, wie stark sauer oder alkalisch eine Lösung ist, benutzt man den pH-Wert. Die übliche pH-Skala reicht von 0 bis 14. In sauren Lösungen ist der pH-Wert kleiner als 7, in alkalischen Lösungen ist der pH-Wert größer als 7. Je stärker sauer die Lösung, desto kleiner ist ihr pH-Wert, je stärker alkalisch, desto größer der pH-Wert. In neutralen Lösungen und in reinem Wasser beträgt der pH-Wert 7.

1 Beschreibe, wozu ein Indikator dient.
2 Erkläre, welche Informationen der pH-Wert gibt.

Farbskala des Universalindikators und zugehörige pH-Werte

Praktikum Indikatoren

V1: Indikatoren – sauer oder alkalisch

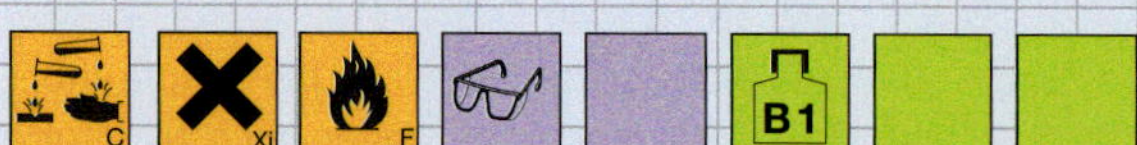

Materialien: Tropfpipetten;
Lösungen von Zitronensaft, Spülmittel, Klarspüler, Salmiak-Reiniger, Entkalker (Xi), Kernseife, Abflussreiniger (C) und Backofenreiniger (Xi, F), Bromthymolblau (F), Thymolphthalein (F), Universalindikator (F).

Durchführung:
1. Gib in 8 Reagenzgläser jeweils etwa 5 ml einer der Lösungen.
2. Gib nun in jedes Reagenzglas einige Tropfen Bromthymolblau-Lösung.
3. Wiederhole die Versuchsreihe mit Thymolphthalein-Lösung und dem Universalindikator.

Aufgaben:
a) Notiere deine Beobachtungen.
b) Teile die Reinigungsmittel nach ihrer Reaktion mit dem Indikator in saure und alkalische Reinigungsmittel ein.

20.2 Essigreiniger

Reinigen mit der Kraft der Essigsäure

Ein oft verwendetes Reinigungsmittel im Haushalt ist Essigreiniger. Man erkennt ihn an seinem charakteristischen Geruch. Es handelt sich dabei um eine saure Lösung, die neben seifenähnlichen Reinigungsmitteln auch Essigsäure enthält und vor allem zum Entfernen von Kalkflecken in Küche oder Bad eingesetzt wird.
Essigsäure hat die chemische Formel CH_3COOH. Man verwendet oft auch das Kürzel HAc, da Reaktionsgleichungen dadurch wesentlich vereinfacht werden. Diese Abkürzung leitet sich vom lateinischen Namen von Essigsäure *acidium aceticum* ab. Salze der Essigsäure werden Acetate genannt und mit Ac abgekürzt.

Beim Entfernen von Kalkflecken läuft eine chemische Reaktion ab, bei der Kalk mit Essigsäure reagiert und dadurch in eine lösliche Form überführt wird.

$$2\ HAc\ (aq) + CaCO_3\ (s) \longrightarrow CaAc_2\ (aq) + CO_2\ (g) + H_2O\ (l)$$

Essigsäure + Kalk ⟶ Calciumacetat + Kohlenstoffdioxid + Wasser

Da Marmor eine kristalline Form von Kalk ist, darf man Marmoroberflächen nicht mit Essig reinigen.

Auch unedle Metalle werden von Essigsäure angegriffen. Gibt man beispielsweise Essigsäure auf Zink, so entwickelt sich Wasserstoff-Gas und das Metall löst sich langsam auf.

$$Zn\ (s) + 2\ HAc\ (aq) \longrightarrow ZnAc_2\ (aq) + H_2\ (g)$$

Zink + Essigsäure ⟶ Zinkacetat + Wasserstoff

Auf Oberflächen aus unedlen Metallen darf man daher keinen Essigreiniger verwenden.

Neben Kalkflecken kann Essigsäure auch Oxidschichten von Metalloberflächen entfernen.

$$CuO\ (s) + 2\ HAc\ (aq) \longrightarrow CuAc_2\ (aq) + H_2O\ (l)$$

Kupferoxid + Essigsäure ⟶ Kupferacetat + Wasser

Essigsäure. Reine Essigsäure ist eine farblose, stechend riechende Flüssigkeit. Sie erstarrt schon bei 17 °C zu einer eisartigen Masse. Man nennt reine Essigsäure daher auch *Eisessig*. In konzentrierter Form ist Essigsäure eine aggressive, ätzende Substanz. Sie ist eine organische Säure. In Wasser gelöste Essigsäure reagiert sauer: Universalindikator färbt sich rot.
Der im Haushalt verwendete Speiseessig ist eine 5%ige Lösung und wird kurz als Essig bezeichnet. Er ist nicht mehr ätzend. Essig wird oft als Säuerungsmittel beim Würzen von Speisen wie beispielsweise bei Salaten oder Sauerbraten verwendet. Beim Einlegen von Gurken in Essig dient er zugleich als Konservierungsmittel. Die Säure verhindert, dass sich Bakterien und Schimmelpilze vermehren, und führt so zu einer längeren Haltbarkeit.

Essigsäure wird in Reinigungsmitteln zum Entfernen von Kalkflecken und Oxidschichten bei Metallen verwendet. Unedle Metalloberflächen werden leicht angegriffen.

1 Magnesium bildet sehr schnell eine Oxidschicht. Diese kann man mit Essigreiniger leicht entfernen. Formuliere die Reaktionsgleichung hierfür.
2 Nenne Lebensmittel, die mit Essig konserviert werden.

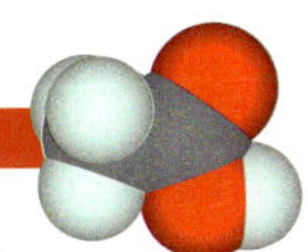

Steckbrief: Essigsäure

Formel: CH_3COOH (HAc)
Eigenschaften: stechend riechende Flüssigkeit
Farbe: farblos
Dichte: 1,05 g/cm³
Schmelztemperatur: 17 °C
Siedetemperatur: 118 °C
Löslichkeit: vollständig mit Wasser mischbar, in Lösung elektrisch leitend
Indikatorfärbung: rot

Essigsäure ist eine schwache Säure. Sie wird zur Reinigung und in chemischen Synthesen genutzt. In Lebensmitteln verwendete, verdünnte Essigsäure wird als Essig bezeichnet. Essig gewinnt man aus Wein oder Branntwein.

20.3 Salzsäure – im Labor die wichtigste Säure

Die wohl bekannteste Säure ist die **Salzsäure**. Sie wird wie Essigsäure in speziellen Reinigungsmitteln eingesetzt und übernimmt hierbei ähnliche Aufgaben wie die Essigsäure im Essigreiniger.
Salzsäure zählt zu einer der wichtigsten Säuren im Labor und in der chemischen Industrie. Bei Salzsäure handelt es sich um eine farblose und stark ätzende Flüssigkeit.
Ihren Namen verdankt die Salzsäure einer alten Labormethode zu ihrer Herstellung: Man tropft dabei konzentrierte Schwefelsäure auf Kochsalz. Bei der Reaktion bildet sich ein farbloses Gas: Chlorwasserstoff. Dieses Gas löst sich sehr gut in Wasser. Die wässrige Lösung von Chlorwasserstoff bezeichnet man allgemein als *Salzsäure*.

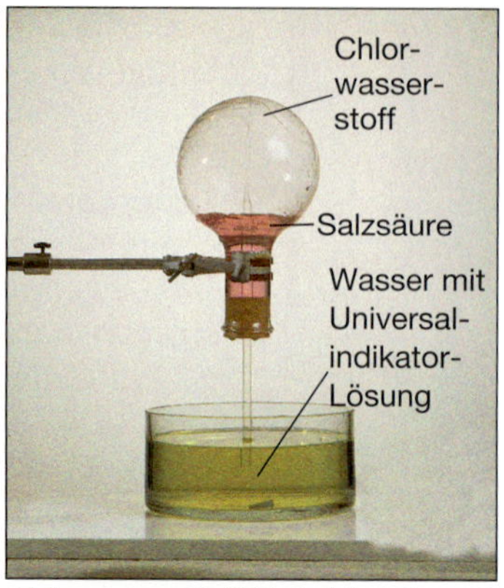

Chlorwasserstoff löst sich sehr gut in Wasser

Chlorwasserstoff. Bei Raumtemperatur und normalem Druck kann ein Liter Wasser knapp 500 Liter Chlorwasserstoff-Gas aufnehmen. Diese gute Wasserlöslichkeit von Chlorwasserstoff lässt sich mit einem einfachen Versuch demonstrieren. Dazu füllt man einen Glaskolben mit Chlorwasserstoff und verschließt ihn mit einem Gummistopfen mit Glasrohr. Dann taucht man das Glasrohr in Wasser, das mit Universalindikator versetzt ist. Das Wasser steigt langsam im Glasrohr hoch, weil sich etwas Chlorwasserstoff löst und dadurch ein Unterdruck entsteht. Wenn die ersten Wassertropfen den Gasraum erreichen, löst sich noch mehr Chlorwasserstoff und der Unterdruck wird größer. Dabei spritzt das Wasser wie in einem Springbrunnen in den Kolben. Zum Schluss kann der Kolben ganz mit Flüssigkeit gefüllt sein.

Die Lösung färbt den Universalindikator rot, sie reagiert also sauer. Beim Lösen erwärmt sich die Lösung: Die Reaktion von Chlorwasserstoff mit Wasser verläuft also exotherm.
Die entstandene Salzsäure leitet den elektrischen Strom, da die HCl-Moleküle beim Lösen in die Ionen H^+ und Cl^- gespalten werden. Da Wasser-Moleküle Dipole sind, ordnen sie sich entsprechend ihrer Teilladung um die H^+- und Cl^--Ionen an und bilden *hydratisierte* Wasserstoff-Ionen H^+ (aq) und Chlorid-Ionen Cl^- (aq). Die Hydratisierung der Ionen ist also die Ursache für die Erwärmung.

$$HCl\ (g) \xrightarrow{\text{Wasser}} \underbrace{H^+\ (aq) + Cl^-\ (aq)}_{\text{Salzsäure}};\quad \text{exotherm}$$

Konzentrierte Salzsäure enthält etwa 36 % Chlorwasserstoff. In 100 g konzentrierter Salzsäure sind somit 36 g Chlorwasserstoff gelöst. Im Labor arbeitet man häufig mit *verdünnter Salzsäure*. Sie enthält 7 % Chlorwasserstoff.

Salzsäure ist eine Lösung von Chlorwasserstoff in Wasser. In der Lösung liegen hydratisierte H^+-Ionen und hydratisierte Cl^--Ionen vor.

1 Erläutere die Herkunft des Namens *Salzsäure*.

2 a) Erläutere die Bezeichnung 7 % bei verdünnter Salzsäure.

b) Berechne die Stoffmengenkonzentration an Chlorwasserstoff in der verdünnten Salzsäure.

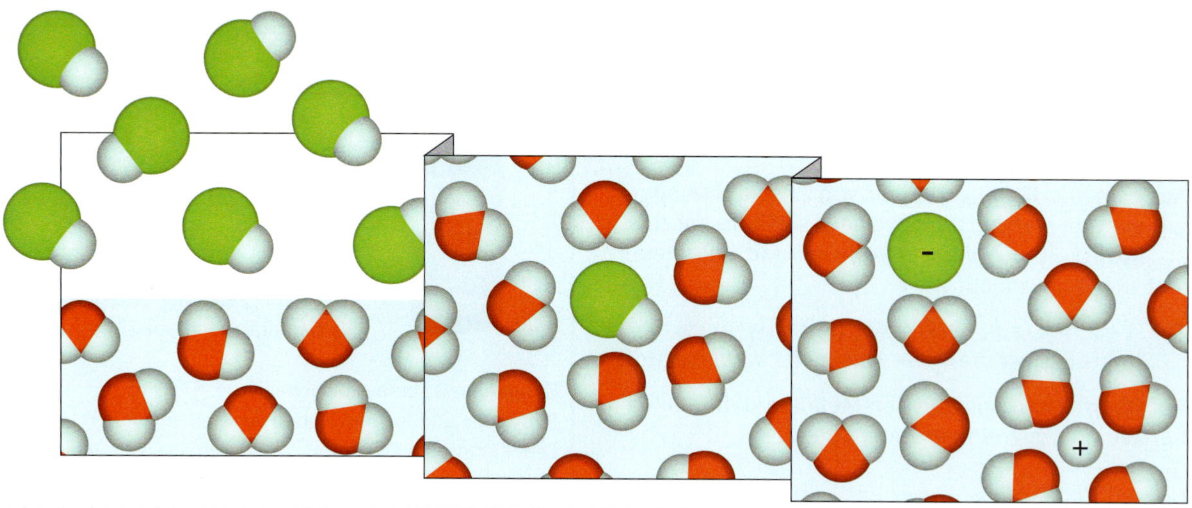

Bildung einer sauren Lösung: Reaktion von Chlorwasserstoff-Gas mit Wasser zu Salzsäure

Chemie-Recherche

Location: http://www.schroedel.de/chemie_heute.html

Suche:

Salzsäure

Ergebnisse:

Steckbrief: Chlorwasserstoff

farbloses, sehr gut wasserlösliches Gas

Molekülformel:	HCl
molare Masse:	36,5 $\frac{g}{mol}$
Dichte (20 °C, 1000 hPa):	1,52 $\frac{g}{l}$
Schmelztemperatur:	–114 °C
Siedetemperatur:	–85 °C
Löslichkeit in 100 g Wasser (25 °C):	75 g

Herstellung von Chlorwasserstoff

Salzsäure

konzentrierte Salzsäure: w (HCl) = 36 %
c (HCl) = 12 $\frac{mol}{l}$
ϱ (HCl) = 1,18 $\frac{g}{cm^3}$

farblose, stechend riechende Flüssigkeit, die an der Luft Salzsäure-Nebel bildet (rauchende Salzsäure)

Vorsicht ätzend!

R 34 Verursacht Verätzungen
R 37 Reizt die Atemorgane
S 2 Darf nicht in die Hände von Kindern gelangen
S 26 Bei Berührung mit den Augen gründlich mit Wasser abspülen und Arzt konsultieren
S 45 Bei Unfall oder Unwohlsein sofort Arzt hinzuziehen

Dichte ϱ und Massenanteil w von Salzsäure bei 20 °C

ϱ (HCl) in $\frac{g}{ml}$	w (HCl) in %
1,050	10,5
1,075	15,5
1,100	20,4
1,110	22,3
1,120	24,3
1,130	26,2

ϱ (HCl) in $\frac{g}{ml}$	w (HCl) in %
1,140	28,2
1,150	30,1
1,160	32,1
1,170	34,2
1,180	36,2
1,190	38,3

Magensäure ist Salzsäure

Unser Magensaft besteht aus etwa 0,3%iger Salzsäure. Der pH-Wert liegt zwischen 1 und 2. Die Salzsäure ermöglicht es dem Magen, eiweißhaltige Nahrung zu verdauen. Zugleich hemmt sie schädliches Bakterienwachstum. Enthält der Magen zu viel Salzsäure, entsteht oft ein brennendes Gefühl in der Speiseröhre, das man Sodbrennen nennt. Gegen Sodbrennen kann es schon helfen, wenn man Wasser trinkt und so die Magensäure verdünnt. Bei stärkeren Beschwerden muss man säurebindende Stoffe wie Magnesiumoxid einnehmen.

Aufgabe

1 Bei der Einnahme von Magnesiumoxid-Präparaten gegen Sodbrennen bilden sich Magnesiumchlorid ($MgCl_2$) und Wasser. Stelle die Reaktionsgleichung auf.

2 Recherchiere, wie viel Salzsäure in Deutschland jährlich produziert und wie viel verbraucht wird.

Exkurs

Wichtige Säuren

Steckbrief: Ameisensäure

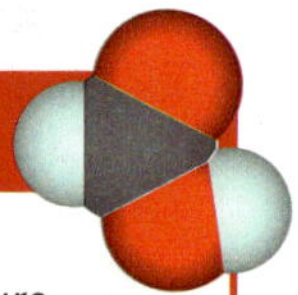

Formel: HCOOH
Stärke: schwache Säure
Verwendung: Konservierungsmittel, Reinigungsmittel
Säurerest-Ion:
Methanoat-Ion: $HCOO^-$
(auch Formiat-Ion, lat. *formica:* Ameise)

Steckbrief: Schwefelsäure

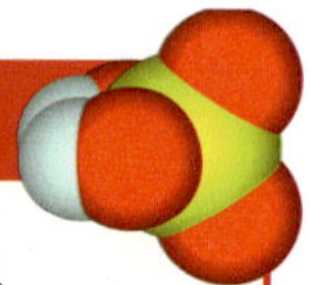

Formel: H_2SO_4
Stärke: starke Säure
konzentrierte Säure: 98 %ig
Verwendung: Akkusäure, Herstellung von Düngemitteln und Waschmitteln
Säurerest-Ionen:
Hydrogensulfat-Ion: HSO_4^-
Sulfat-Ion: SO_4^{2-}

Steckbrief: Salpetersäure

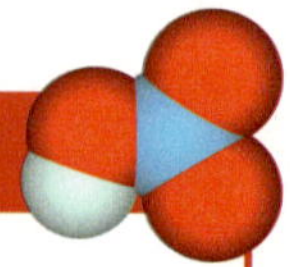

Formel: HNO_3
Stärke: starke Säure
konzentrierte Säure: 65 %ig
Verwendung: Herstellung von Düngemitteln, Farbstoffen, Lacke und Explosivstoffen
Säurerest-Ion:
Nitrat-Ion: NO_3^-

Steckbrief: Kohlensäure

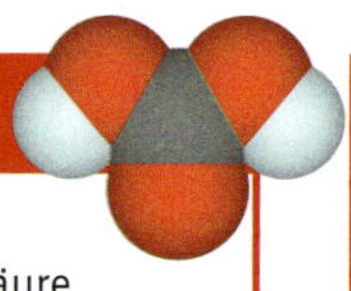

Formel: $H_2CO_3(aq)$
Stärke: schwache Säure nur in verdünnter Lösung
Verwendung: in Getränken
Säurerest-Ionen:
Hydrogencarbonat-Ion: HCO_3^-
Carbonat-Ion: CO_3^{2-}

Steckbrief: Schweflige Säure

Formel: H_2SO_3 (aq)
Stärke: schwache Säure nur als verdünnte Lösung
Verwendung: Bleichmittel, Desinfektionsmittel, Konservierungsmittel
Säurerest-Ionen:
Hydrogensulfit-Ion: HSO_3^-
Sulfit-Ion: SO_3^{2-}

Steckbrief: Phosphorsäure

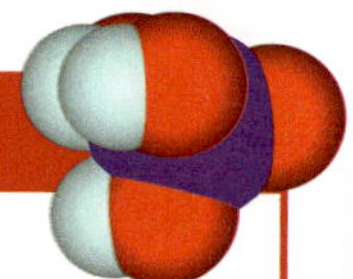

Formel: H_3PO_4
Stärke: mittelstarke Säure
konzentrierte Säure: 85 %ig
Verwendung: Herstellung von Düngemitteln, Säuerungsmittel in Lebenmitteln
Säurerest-Ionen:
Dihydrogenphosphat-Ion: $H_2PO_4^-$
Hydrogenphosphat-Ion: HPO_4^{2-}
Phosphat-Ion: PO_4^{3-}

1 Nenne Gemeinsamkeiten und Unterschiede von Säuren.

2 Formuliere Gleichungen für die Reaktionen von Schwefelsäure und von Salpetersäure mit Wasser.

3 Stelle die Gleichung für folgende Reaktionen auf:
a) Calcium reagiert mit Salzsäure
b) Aluminium reagiert mit Salpetersäure
c) Barium reagiert mit Phosphorsäure

20.4 Säuren und saure Lösungen

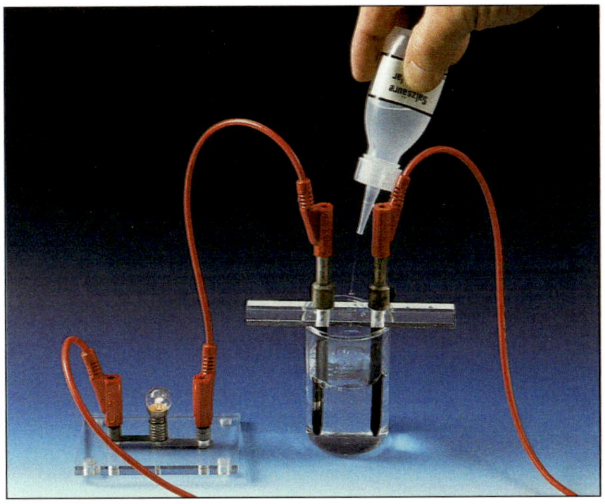

Saure Lösungen leiten den elektrischen Strom

Säuren lösen Kalkstein

Im Haushalt, im Labor und in der Industrie verwendet man neben Essigsäure und Salzsäure auch noch viele andere Säuren. Alle Säuren haben gemeinsame Eigenschaften und bilden daher eine Stoffgruppe.

Indikatorfärbung. Alle Säuren verfärben Indikator-Lösungen: Lackmus und Universalindikator werden rot gefärbt, Bromthymolblau gelb.

Elektrische Leitfähigkeit. Saure Lösungen leiten den elektrischen Strom. In den Lösungen müssen Ladungsträger vorhanden sein, die den Ladungstransport übernehmen. In wässriger Lösung zerfallen Säuremoleküle in Ionen. Dabei entstehen positiv geladene Wasserstoff-Ionen und negativ geladene Säurerest-Ionen, die den Strom leiten. Den Zerfall der Moleküle in Ionen bezeichnet man als Dissoziation. Die Ionen umgeben sich dabei mit Wasser-Molekülen, man spricht von *Hydratation*.

Essigsäure: $HAc \longrightarrow H^+ (aq) + Ac^- (aq)$

Salzsäure: $HCl \longrightarrow H^+ (aq) + Cl^- (aq)$

Schwefelsäure: $H_2SO_4 \longrightarrow 2\,H^+ (aq) + SO_4^{2-} (aq)$

Die Dissoziation einer Säure der allgemeinen Formel HA, wobei A dabei für den Säurerest steht, kann man wie folgt darstellen:

$$HA \longrightarrow H^+ (aq) + A^- (aq)$$

Wie Essigsäure oder Salzsäure bilden auch andere Säuren in wässriger Lösung hydratisierte H^+-Ionen. Da alle Säuren gleich reagieren, müssen die hydratisierten Wasserstoff-Ionen für die saure Reaktion verantwortlich sein.

Reaktionen. Säuren reagieren mit unedlen Metallen. Bei der Reaktion bildet sich Wasserstoff:

$$2\,HAc\,(aq) + Zn\,(s) \longrightarrow ZnAc_2\,(aq) + H_2\,(g)$$

$$2\,HCl\,(aq) + Zn\,(s) \longrightarrow ZnCl_2\,(aq) + H_2\,(g)$$

$$2\,HNO_3\,(aq) + Zn\,(s) \longrightarrow Zn(NO_3)_2\,(aq) + H_2\,(g)$$

Hier reagieren die Wasserstoff-Ionen mit den Zink-Atomen nach folgender Reaktionsgleichung:

$$Zn\,(s) + 2\,H^+\,(aq) \longrightarrow Zn^{2+}\,(aq) + H_2\,(g)$$

Auch die Reaktion mit Metalloxiden lässt sich verallgemeinern als Reaktion zwischen dem Metalloxid und Wasserstoff-Ionen.

$$MgO + 2\,H^+\,(aq) \longrightarrow Mg^{2+}\,(aq) + H_2O$$

Die Reaktion von Säuren mit Kalk ist im Grunde die Reaktion von H^+-Ionen mit Kalk. Dabei bildet sich Kohlenstoffdioxid.

$$2\,H^+\,(aq) + CaCO_3 \longrightarrow Ca^{2+}\,(aq) + CO_2 + H_2O$$

Säuren reagieren ähnlich, da sie in Wasser hydratisierte Wasserstoff-Ionen enthalten. Sie leiten den elektrischen Strom und reagieren mit unedlen Metallen, Metalloxiden und Carbonaten.

1 Erläutere, warum alle Säuren gemeinsame Eigenschaften haben.

2 Gib die Formel von Bromwasserstoff an. Nenne die Teilchen, die in der wässrigen Lösung vorliegen.

3 Schlage ein Experiment vor, mit dessen Hilfe man ein schmutziges Centstück reinigen könnte. Stelle hierzu die Reaktionsgleichung auf.

Praktikum

Reaktionen von Säuren und sauren Lösungen

V1: Säure und Metall sowie Säure und Metalloxid

Materialien: Becherglas (150 ml), Gasbrenner;
Salzsäure (verd., Xi), Magnesium (Späne; F), Magnesiumoxid.

Durchführung:

1. Gib etwa 3 ml verdünnte Salzsäure in ein Reagenzglas.
2. Gib einige Magnesiumspäne in die Salzsäure.
3. Halte das Reagenzglas während der Reaktion mit der Mündung an die Flamme des Gasbrenners.
4. Gieße den Inhalt des Reagenzglases in ein Becherglas und dampfe nach Ende der Reaktion die Lösung vorsichtig ein.
5. Wiederhole den Versuch mit Magnesiumoxid.

Aufgaben:

a) Notiere deine Beobachtungen.
b) Stelle die Reaktionsgleichungen auf.
c) Erkläre, welche Reaktionen ablaufen, wenn man zu Essigreiniger Aluminiumkörner oder Calciumoxid gibt. Stelle hierzu die entsprechenden Reaktionsgleichungen auf.

V2: Säure und Lauge

Materialien: Bechergläser (150 ml), Tropfpipetten, Gasbrenner;
Natronlauge (verd.; C), Calciumhydroxid-Lösung, Salzsäure (verd.; Xi), Schwefelsäure (verd.; Xi), Thymolphthalein-Lösung (F).

Durchführung:

1. Gib 10 ml Natronlauge in ein Becherglas.
2. Setze einige Tropfen Thymolphthalein-Lösung hinzu.
3. Gib tropfenweise Schwefelsäure zu, bis der Indikator umschlägt.
4. Dampfe die Lösung vorsichtig ein.
5. Wiederhole den Versuch mit Calciumhydroxid-Lösung und Salzsäure.

Aufgaben:

a) Notiere deine Beobachtungen.
b) Formuliere die Reaktionsgleichungen.
c) Erkläre, was man beobachten würde, wenn man zu Essigreiniger, der mit Bromthymolblau-Lösung versetzt ist, tropfenweise eine Rohrreiniger-Lösung gibt.

V3: Säure und Salz

Materialien: Reagenzglas mit seitlichem Ansatz, Stopfen mit Bohrung, Winkelrohr, Schlauchstück, Tropfpipette, Trichter, Filtrierpapier, Gasbrenner;
Calciumcarbonat, Salzsäure (verd. Xi), Calciumhydroxid-Lösung (Kalkwasser).

Durchführung:

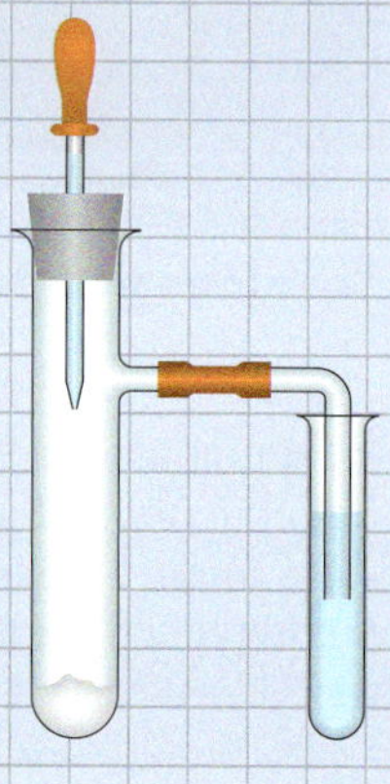

1. Gib einen Spatel Calciumcarbonat in das Reagenzglas und setze den Versuchsaufbau gemäß der Abbildung zusammen.
2. Fülle das Reagenzglas zu zwei Dritteln mit klarem Kalkwasser und tauche das Gasableitungsrohr ein.
3. Tropfe so viel Salzsäure auf das Calciumcarbonat, bis es aufgelöst ist.
4. Fülle die Lösung aus dem Reagenzglas mit Ansatz in ein Reagenzglas und dampfe sie vorsichtig ein.

Aufgaben:

a) Notiere deine Beobachtungen.
b) Formuliere die Reaktionsgleichung für die Bildung des Salzes.

V4: Säurestärke

Materialien: Reagenzgläser, Tropfpipette;
Salzsäure (1 $\frac{mol}{l}$), Essigsäure (1 $\frac{mol}{l}$; Xi), Magnesiumspäne (F).

Durchführung:

1. Gib 2 ml Salzsäure in ein Reagenzglas, in ein zweites Reagenzglas die gleiche Menge Essigsäure.
2. Gib in beide Reagenzgläser etwa die gleiche Menge an Magnesiumspänen.

Aufgaben:

a) Notiere deine Beobachtungen.
b) Formuliere die Reaktionsgleichungen.
c) Erkläre, welche der beiden Säuren die stärkere ist.

A1: Gib alle Methoden zur Herstellung von Magnesiumbromid und von Aluminiumsulfat an. Stelle jeweils die Reaktionsgleichungen auf.

20.5 Nur eine Frage der Konzentration? ☆

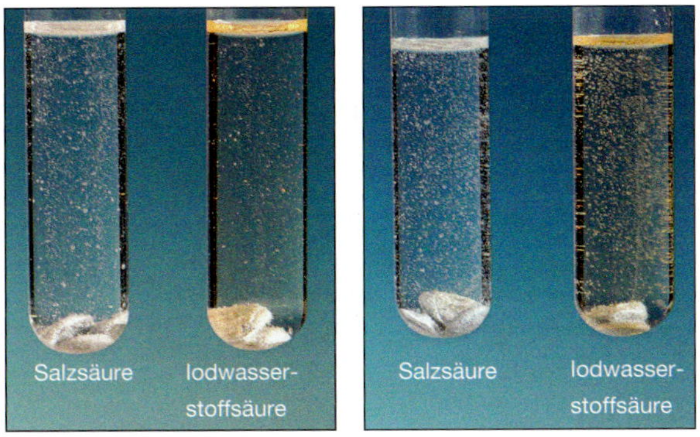

Reaktion unterschiedlich konzentrierter Säuren mit Zink: w = 5 % (links) und c = 0,1 $\frac{mol}{l}$ (rechts)

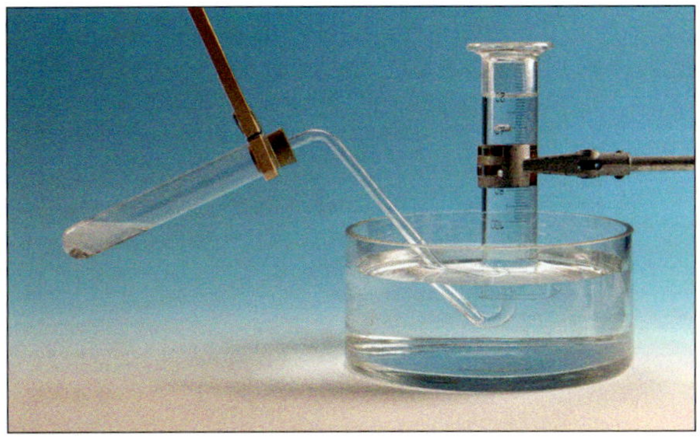

Reaktion von Zink mit Schwefelsäure: Messung des Wasserstoffvolumens

Wie sauer oder wie alkalisch eine Lösung reagiert, hängt vom Gehalt der jeweiligen Säure oder Lauge ab. Dabei gibt es verschiedene Möglichkeiten, den Gehalt einer Säure oder Lauge anzugeben.
Eine einfache Möglichkeit der Gehaltsangabe für Lösungen ist der Massenanteil *w*. Eine Salzsäure mit $w = 0{,}05 = 5\ \%$ enthält demnach 5 g Chlorwasserstoff in 100 g Lösung.
Lässt man aber beispielsweise 5%ige Salzsäure und 5%ige Iodwasserstoffsäure mit jeweils der gleichen Menge Zink reagieren, so stellt man fest, dass Salzsäure wesentlich heftiger reagiert. Trotz des gleichen Massenanteils beobacht man hier eine stärkere Gasentwicklung als bei Iodwasserstoffsäure. Die gleiche Beobachtung macht man auch, wenn die Massenkonzentrationen β der Säuren gleich sind.
Wiederholt man das Experiment mit Salzsäure und Iodwasserstoffsäure der gleichen Stoffmengenkonzentration *c*, läuft in beiden Fällen die Reaktion gleich heftig ab. Bei gleicher Stoffmengenkonzentration *c* enthalten gleiche Volumina gleich viele H^+-Ionen, die für die Reaktion verantwortlich sind. Die Angabe von Stoffmengenkonzentrationen wird daher in der Chemie häufig bevorzugt.

Starke und schwache Säuren. Bei dem Vergleich der Reaktionen von Essigsäure und von Salzsäure mit Zink beobachtet man trotz gleicher Konzentrationen einen erstaunlichen Unterschied: Salzsäure reagiert wesentlich heftiger. Die Konzentration an H^+-Ionen ist in der Salzsäure nämlich wesentlich höher als in der Essigsäure. Bei der Salzsäure dissoziieren praktisch alle HCl-Moleküle in H^+-Ionen und Cl^--Ionen. Bei der Essigsäure erfolgt die Dissoziation in H^+-Ionen und Ac^--Ionen nur zu einem geringen Teil. Da Salzsäure stark dissoziert ist und stark reagiert, bezeichnet man Salzsäure als eine *starke Säure*. Essigsäure ist hingegen eine *schwache Säure*.

Mehrprotonige Säuren. Säuren wie Salzsäure oder Essigsäure bezeichnet man als *einprotonige* Säuren. Bei der Dissoziation eines Säure-Moleküls entsteht *ein* H^+-Ion. Bei einem Schwefelsäure-Molekül hingegen können *zwei* H^+-Ionen entstehen: Schwefelsäure ist eine *zweiprotonige* Säure. Bei Schwefelsäure beträgt das Stoffmengenverhältnis $n\,(H^+) : n\,(H_2SO_4)$ somit 2 : 1

$$H_2SO_4 \longrightarrow 2\ H^+\ (aq) + SO_4^{\ 2-}\ (aq)$$

Mehrprotonige Säuren können Hydrogensalze bilden. Hier entscheiden die Mengen der Ausgangsstoffe. So kann bei der Reaktion von Schwefelsäure mit Natriumoxid neben Natriumsulfat auch Natriumhydrogensulfat entstehen. Natürlich können, wenn die Menge an Schwefelsäure für die erste Reaktion nicht ausreicht, beide Produkte nebeneinander entstehen:

$$2\ H_2SO_4 + Na_2O \longrightarrow 2NaHSO_4 + 2\ H_2O$$

$$H_2SO_4 + Na_2O \longrightarrow NaHSO_4 + 2\ H_2O$$

Starke Säuren dissoziieren in wässriger Lösung nahezu vollständig, schwache Säuren nur in geringem Maße. Die Moleküle von mehrprotonige Säuren liefern bei der Dissoziation mehrere H^+-Ionen.

1 Berechne die Stoffmengenkonzentration von je 10 g Chlorwasserstoff und Iodwasserstoff in 100 ml Lösung.
2 Berechne, welche Stoffmenge an Wasserstoff-Ionen in 25 ml Salzsäure der Konzentration 0,1 $\frac{mol}{l}$ enthalten ist.
3 Jeweils 30 ml einer Salzsäure und einer Schwefelsäure, beide mit der Konzentration von 0,3 $\frac{mol}{l}$, reagieren mit Magnesium vollständig. Berechne für beide Reaktionen das Volumen des sich bildenden Wasserstoffs.

20.6 Woher kommen die Kalkablagerungen? ☆

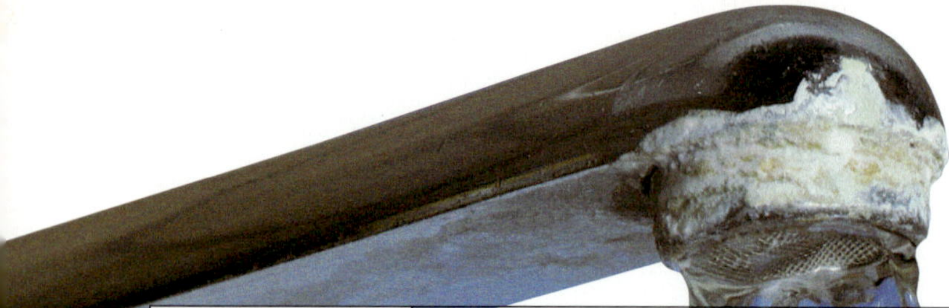

Ein Grad deutscher Härte (1 °d) bedeutet:
100 Liter Wasser enthalten ebenso viele Calcium-Ionen wie ein Gramm Calciumoxid, das entspricht $c\ (Ca^{2+}) = 0{,}18\ \frac{mmol}{l}$.

Sie erhalten von uns: **Trinkwasser**	Härtebereich: **2** Mittel **8,5 Grad deutscher Härte**			
Härtebereich	**1**	**2**	**3**	**4**
Wasserhärte in $\frac{mmol}{l}$	bis 1,3	1,3 bis 2,5	2,5 bis 3,8	über 3,8
in °d	0 bis 7	7 bis 14	14 bis 21	über 21
Bezeichnung	weich	mittel	hart	sehr hart
Bitte mit Trinkwasser sparsam umgehen!				

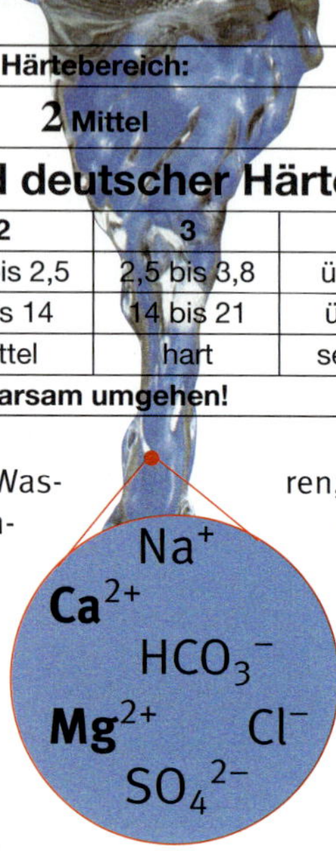

Aus der Dusche rieseln nur noch dünne Wasserstrahlen, denn weißliche Ablagerungen verstopfen teilweise die Düsen des Duschkopfs. Die Ursache dafür ist *hartes Wasser:* Es enthält neben anderen Ionen viele Calcium-Ionen und Magnesium-Ionen. Schädliche Wirkungen von hartem Wasser gehen auf diese Ionen zurück.
Die **Wasserhärte** ist ein Maß für die Konzentration an Calcium-Ionen und Magnesium-Ionen. Sie hängt von den Bodenschichten und Gesteinen ab, durch die das Wasser ins Grundwasser gelangt. Sickert es durch kalkhaltige Schichten, so gehen Calcium-Ionen in Lösung und hartes Wasser entsteht.

Erhitzt man hartes Wasser, so fällt Kalk aus. Er setzt sich als Kesselstein an den Wänden von Töpfen, Rohren, Heißwasserspeichern oder Heizspiralen ab und behindert dort den Wärmeaustausch. Der chemische Name für Kalk ist Calciumcarbonat.

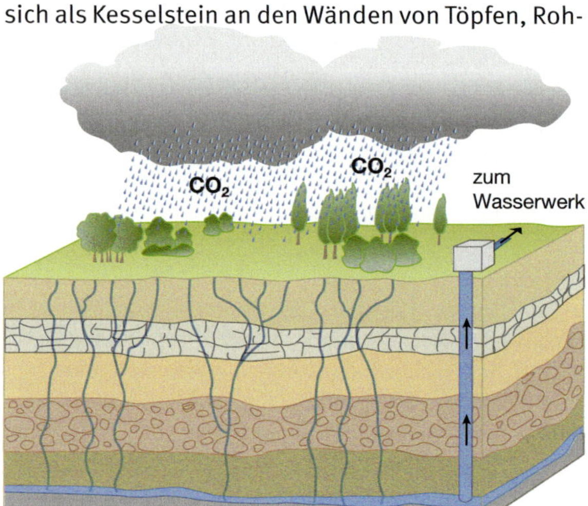

Hartes Wasser entsteht.

Es entsteht beim Erhitzen von Wasser aus Calcium-Ionen und Hydrogencarbonat-Ionen, die sich aus gelöstem Kohlenstoffdioxid bilden:

$$CO_2\ (g) + H_2O\ (l) \longrightarrow H^+\ (aq) + HCO_3^-\ (aq)$$

$$Ca^{2+}\ (aq) + 2\ HCO_3^-\ (aq) \xrightarrow{\text{erhitzen}} CaCO_3\ (s) + CO_2\ (g) + H_2O\ (l)$$

Hartes Wasser erkennt man auch beim Händewaschen. Die Seife ist schnell abgewaschen und im Waschwasser bilden sich wasserunlösliche *Kalkseifen*, die sich aus den Calcium-Ionen des harten Wassers und den Anionen der Seife bilden. Erst wenn alle Calcium-Ionen gebunden sind, kann die Seife schäumen und ihre volle Waschwirkung entfalten.
Textilien sollte man in hartem Wasser nicht mit Seifen waschen, da sich die Kalkseifen im Gewebe festsetzen. Moderne Waschmittel enthalten daher *Enthärter*, die Calcium-Ionen binden.

Die Wasserhärte ist ein Maß für den Gehalt von Calcium-Ionen und Magnesium-Ionen im Wasser.

1 Erkläre, welche Nachteile hartes Wasser im Haushalt hat.
2 Erkläre, warum die Heizstäbe in Waschmaschinen weniger verkalken als in Heißwassergeräten.
3 Informiere dich über die Wasserhärte in deiner Wohngegend und vergleiche sie mit anderen Gegenden.

Künstler und Handwerker arbeiten mit Säuren und Laugen

Exkurs

Säuren und Laugen werden zur Oberflächenbehandlung verwendet, dabei unterscheidet man zwischen Ätzen und Beizen.
Wird bei einem Material nicht nur die Oberfläche, sondern auch der Untergrund abgetragen, spricht man vom **Ätzen.** In der Drucktechnik und bei Künstlern spielt dieses Handwerk eine große Rolle. REMBRANDT fertigte so 1630 seine Radierung „Selbstbildnis mit aufgerissenen Augen“ an. Für eine solche *Radierung* wird zunächst die Vorderseite einer Kupferplatte mit einer säurebeständigen Schicht aus Asphalt, Harz oder Wachs überzogen und mit Ruß geschwärzt. Auf die so behandelte Platte graviert der Künstler mit einer spitzen Nadel seitenverkehrt seine Zeichnung. Danach wird die Platte in halbkonzentrierte Salpetersäure gelegt. Die Säure greift die von der Radiernadel freigelegten Stellen an und vertieft sie. Kupfer-Ionen werden herausgelöst und bleiben in Lösung. Der Kupferstecher säubert dann die Platte und sticht Korrekturen ein.
Zum Färben der Platte reibt man die Farbe in die vertieften Linien ein und wischt die Oberfläche wieder frei. Beim Druck saugt das Papier die Farbe auf. Von einer Platte mit guter Qualität können bis zu 500 Radierungen abgezogen werden.

Beizen greifen nur die Oberfläche an, dringen jedoch nicht in den Untergrund vor. Will man von Möbeln alte Farbschichten ablösen, kann dies durch *Abbeizen* geschehen. Ein wirksames Mittel hierfür ist stark ätzende, konzentrierte Natronlauge, die man mit Kartoffelstärke oder Kleister eindickt, um ein Verfließen beim Auftragen mit dem Pinsel zu verhindern.
Nach einigen Minuten Einwirkzeit löst sich der alte Anstrich auf und kann mit dem Spachtel entfernt werden. Nun wird das Holz mit Wasser gereinigt und schließlich noch einmal mit verdünnter Essigsäure gewaschen, um letzte Laugenreste zu entfernen.

1 Erkläre, warum die Kupferplatte mit Ruß geschwärzt wird.
2 Begründe, weshalb das Drucken einer Radierung als Tiefdruckverfahren bezeichnet wird.
3 Gib an, welche Vorsichtsmaßnahmen man beim Abbeizen beachten muss.
4 Mit dem Lithographie-Verfahren werden in der Mikroelektronik kleinste Strukturen als Leiterbahnen und Schaltungen aufgebracht. Informiere dich über das Verfahren.
5 Vergleiche den Beizvorgang mit der Reinigung eines Backofens.

Karies – ein Säureanschlag auf die Zähne

Exkurs

Zähne enthalten schwerlösliche Calciumsalze. Sie sorgen für die nötige Härte der Zähne. Besonders hart ist die äußere Schicht des Zahns, der Zahnschmelz.
Der Körper gleicht die natürliche Abnutzung der Zähne mit Calcium-Verbindungen aus der Nahrung aus. Es gibt aber auch Vorgänge, die den Zahnschmelz verstärkt abbauen. Viele kennen das unangenehme Gefühl, wenn man unverdünnten Zitronensaft an die Zähne bekommt. Die Zahnoberfläche wird stumpf, weil die Zitronensäure den Zahnschmelz anätzt.

Auch bei **Karies** ist eine Säure für den Abbau von Zahnschmelz verantwortlich. Verursacher dieser Krankheit sind Bakterien, die sich von Zucker ernähren. Als Stoffwechselprodukt entsteht Milchsäure. Diese Säure wandelt die schwerlöslichen Calciumsalze in leichtlösliche Calciumsalze um.

Der Zahnschmelz wird angegriffen und schließlich durchbrochen, das weichere Zahnbein wird dann rasch zerstört. Das beste Mittel gegen Karies ist eine gute Zahnpflege. Vor allem nach dem Genuss zuckerhaltiger Nahrungsmittel müssen die Zähne gründlich geputzt werden.

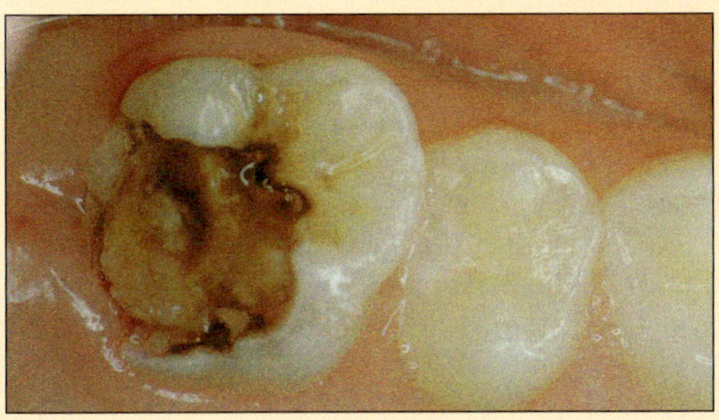

20.7 Rohrreiniger ☆

Wer kennt diese Probleme nicht: Das Waschbecken ist verstopft oder in der Dusche steht mal wieder das Wasser. Hier helfen Rohrreiniger, die Abwasserrohre schnell von Verstopfung durch organische Stoffe wie Haare, Hautschuppen oder Fette befreien.
Chemische Rohrreiniger enthalten als Hauptbestandteil Natriumhydroxid und als weiteren Bestandteil Aluminium-Stückchen. Das Natriumhydroxid ist zusätzlich mit Natriumcarbonat ummantelt, damit es streufähig bleibt.

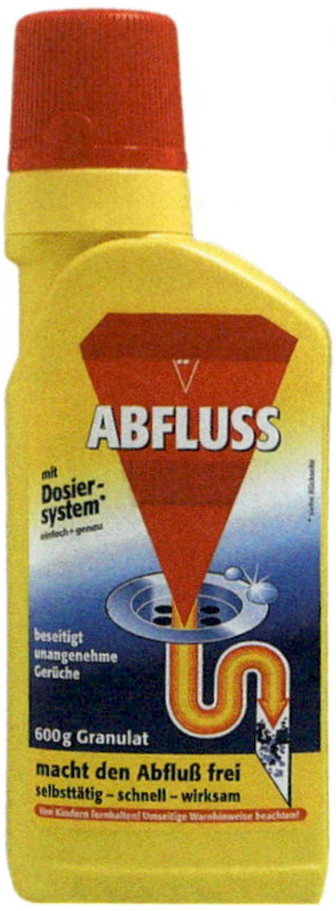

Rohrreiniger in Aktion: Natriumhydroxid zersetzt organische Stoffe

Chemische Rohrreiniger enthalten als Hauptbestandteil Natriumhydroxid. Damit werden organische Ablagerungen zersetzt, die dann weggespült werden können.

Abflussreinigung. Beim Lösen des Rohrreinigers entsteht unter starker Erwärmung konzentrierte Natronlauge. Die Lösung färbt Universalindikator und Thymolphthalein blau. Die Indikatoren zeigen also, dass die Lösung alkalisch reagiert.
Diese stark alkalische Lösung zersetzt Haare, Papier, Hautschuppen und Fettablagerungen, die zur Verstopfung der Rohres geführt haben. Die im Rohrreiniger enthaltenen Aluminiumkörner reagieren ebenfalls mit der Natronlauge. Dabei entsteht Wasserstoff. Die Wasserstoff-Bläschen dringen zwischen die Ablagerungen und lockern diese auf. So wird der Schmutz nach einiger Einwirkungszeit flüssig und kann mit Wasser weggespült werden.

Gefahrenquelle Abflussreinigung. Beim Umgang mit Rohrreinigern ist höchste Vorsicht geboten. Heiße konzentrierte Natronlauge, wie sie beim Lösen des Rohrreinigers entsteht, ist stark ätzend. Spritzt sie auf die Haut, kann es zu schwer heilenden, schmerzhaften Verletzungen führen. Gelangen Spritzer in das Auge, kann das sogar zum Verlust des Sehvermögens führen. Die Spritzgefahr ist besonders hoch, weil das entweichende Gas leicht Natronlauge-Tröpfchen mitreißt.

1 Nenne Möglichkeiten, wie man Rohrverstopfungen vermeiden kann.
2 Erkläre, welche Sicherheitsvorkehrungen beim Umgang mit Reinigungsmitteln wie Rohrreiniger beachtet werden sollten.
3 Erläutere die Wirkungsweise eines chemischen Rohrreinigers.
4 Informiere dich über den Einfluss von chemischen Rohrreinigern auf die Umwelt.
5 Erläutere, warum man Rohrreiniger nicht mit anderen Reinigern kombiniert einsetzen sollte.

Tipps beim Umgang mit einem Rohrreiniger

- Bevor man zu einem Rohrreiniger greift, sollte man zunächst auf mechanischem Wege, etwa mithilfe einer Saugpumpe, versuchen, die Verstopfung zu lösen. Der übermäßige Einsatz von Rohrreinigern ist umweltschädlich.
- Rohrreiniger wirkt stark ätzend, deswegen sollte man Gummihandschuhe tragen. Eine Schutzbrille kann die Augen vor den gefährlichen Spritzern aus Natronlauge schützen.

20.8 Natriumhydroxid und Natronlauge

Im Haushalt verwendet man Natriumhydroxid als Hauptbestandteil des Rohrreinigers. Er sorgt für die schmutzlösende Wirkung. Doch auch industriell gibt es viele Einsatzgebiete für Natriumhydroxid.

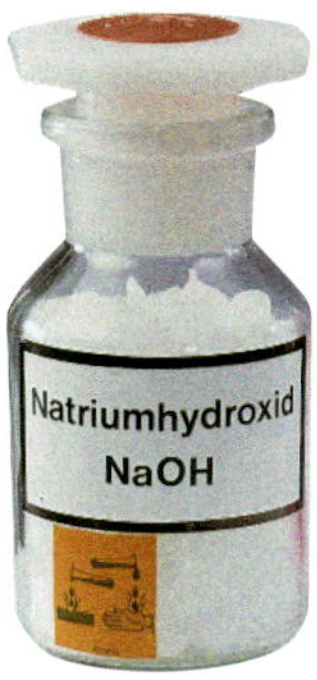

Natriumhydroxid. Eine der wichtigsten Grundchemikalien ist Natriumhydroxid. Es ist eine weiße Ionenverbindung, die aus Natrium-Ionen Na^+ und Hydroxid-Ionen OH^- besteht. Natriumhydroxid kommt in Form kleiner Plätzchen oder Schuppen in den Handel. Diese Plätzchen sind zunächst matt. An der Luft werden sie jedoch schnell glänzend und feucht. Sie zerfließen allmählich, weil Natriumhydroxid Feuchtigkeit aus der Luft aufnimmt. Man sagt Natriumhydroxid ist *hygroskopisch*.

Natronlauge. Gibt man festes Natriumhydroxid in Wasser, löst es sich unter starker Wärmeentwicklung auf. Die entstehende Lösung bezeichnet man als Natronlauge. Sie färbt Universalindikator blau und Thymolphthalein rot.
Natronlauge leitet den elektrischen Strom, da die Lösung geladene Teilchen enthält, die frei beweglich sind. In der Lösung sind die positiv geladenen Na^+-Ionen und negativ geladenen OH^--Ionen hydratisiert.

$$\underset{\text{Natriumhydroxid}}{NaOH\,(s)} \xrightarrow{\text{Wasser}} \underbrace{Na^+\,(aq) + OH^-\,(aq)}_{\text{Natronlauge}}; \quad \text{exotherm}$$

Ein Vergleich zwischen Salzwasser und Natronlauge zeigt, dass nur die Lösung von NaOH alkalisch reagiert. Die Natrium-Ionen kommen so als Auslöser der alkalischen Reaktion nicht in Frage, es können also nur die Hydroxid-Ionen dafür verantwortlich sein.

Auch andere Hydroxide wie Kaliumhydroxid oder Calciumhydroxid bilden Laugen. Ihre Lösungen in Wasser werden Kalilauge und Kalkwasser genannt.

Sowohl Natriumhydroxid als auch Natronlauge wirken ätzend. Sie greifen Stoffe wie Fett oder Eiweiß an. Mit Natronlauge lassen sich Lacke und Farben entfernen; man spricht deshalb auch von Ätznatron. Auch die Haut kann durch die ätzende Wirkung der Natronlauge zerstört werden. Verdünnte Natronlauge fühlt sich deshalb glitschig an wie Seifenlauge.

Natriumhydroxid löst sich gut in Wasser und bildet eine alkalische Lösung, die man als Natronlauge bezeichnet. Die alkalische Wirkung wird durch hydratisierte Hydroxid-Ionen verursacht.

1 Erkläre den Unterschied zwischen Natriumhydroxid und Natronlauge.
2 Begründe, warum Natriumhydroxid-Plätzchen an der Luft zerfließen.
3 Recherchiere, warum Seifenschaum in den Augen brennt.
4 Die Anstriche alter Möbel werden mit Natronlauge abgebeizt. Erkläre, welche Eigenschaft der Natronlauge hierbei ausgenutzt wird.

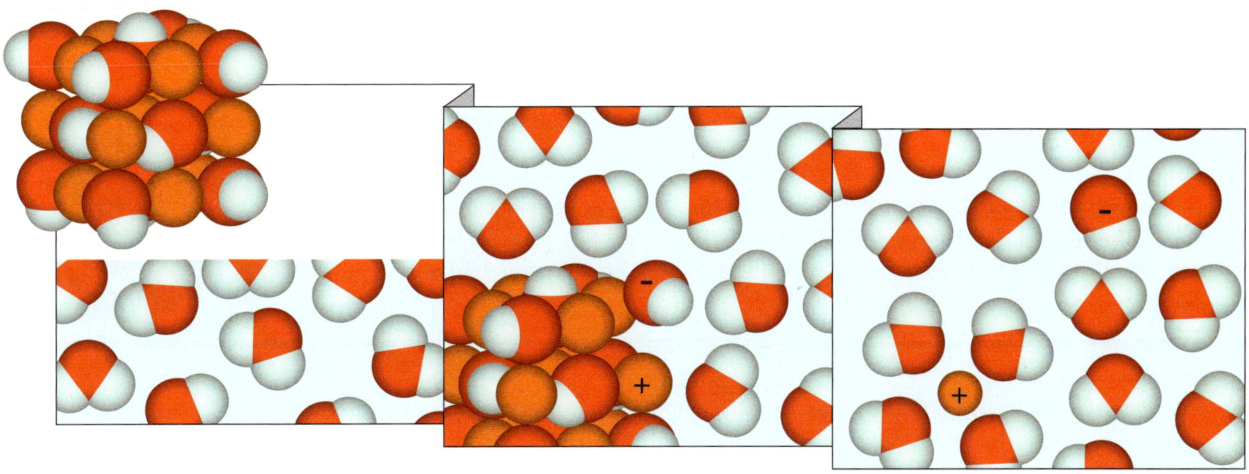

Chemie-Recherche

Location: http://www.schroedel.de/chemie_heute.html

Suche:

Natriumhydroxid und Natronlauge

Ergebnisse:

→ **Natriumhydroxid: NaOH (s)**
Natriumhydroxid ist ein weißer Feststoff, der bei 322 °C schmilzt. Die Schmelze leitet den elektrischen Strom. Natriumhydroxid nimmt aus der Luft Wasser auf, es ist *hygroskopisch*. Natriumhydroxid-Plätzchen zerfließen deshalb an feuchter Luft. In Wasser löst sich Natriumhydroxid unter starker Wärmeentwicklung.

→ **Natronlauge: NaOH (aq)**
Als *konzentrierte* Natronlauge wird im Labor meist eine wässerige Lösung mit einem Massenanteil von 33 % Natriumhydroxid verwendet. *Verdünnte* Natronlauge enthält meist 7,5 % Natriumhydroxid. Da die stark ätzende Natronlauge auch Glas angreift, wird sie in Kunststoffflaschen aufbewahrt. Natronlauge reagiert stark alkalisch. Bereits ein Tropfen verdünnter Natronlauge reicht aus, um in einem Becherglas mit Wasser eine Universalindikator-Lösung blauviolett zu färben.

→ **Vorsicht ätzend!**

R 35	Verursacht schwere Verätzungen
S 1/2	Unter Verschluss und für Kinder unzugänglich aufbewahren
S 26	Bei Berührung mit den Augen sofort gründlich mit Wasser abspülen und Arzt konsultieren
S 37/39	Bei der Arbeit geeignete Schutzhandschuhe und Schutzbrille/Gesichtsschutz tragen
S 45	Bei Unfall oder Unwohlsein Arzt hinzuziehen

→ **Natriumhydroxid – eine Industriechemikalie**
Natriumhydroxid wird weltweit in sehr großen Mengen produziert. Allein in Deutschland sind es jährlich mehr als vier Millionen Tonnen. Nur ein kleiner Anteil davon wird im Labor eingesetzt oder im Alltag genutzt. So enthalten chemisch wirkende Abflussreiniger Natriumhydroxid und die Anstriche alter Möbel werden mit Natronlauge abgebeizt. Der größte Teil des Natriumhydroxids wird in der chemischen Industrie verbraucht. Meist geht es darum, störende Säuren in Stoffgemischen zu neutralisieren. In großen Mengen wird Natronlauge bei der Gewinnung von Aluminium benötigt. Weitere Einsatzbereiche sind die Produktion von Kunstseide, Filmmaterialien, Waschmitteln und Bleichmitteln.

→ **Mercerisieren**
Der englische Chemiker John MERCER erfand bereits 1844 ein Verfahren zur Veredelung von Baumwolle, das aber erst seit 1895 angewendet wird. Garne und Gewebe werden dabei in gespanntem Zustand in verdünnte Natronlauge getaucht. Die Außenhaut der Fasern platzt ab, die Fasern werden glatt und die Oberfläche erhält einen seidigen Glanz. Gleichzeitig wird das Material reißfester und lässt sich besser anfärben.

→ **Laugenbrezeln**
Vor dem Backen wird das Laugengebäck in Brezellauge getaucht. Sie enthält etwa 3 % Natriumhydroxid. Beim Backen werden die Brezeln dann schön braun. Überschüssige Natronlauge reagiert dabei mit Kohlenstoffdioxid zu unschädlichem Natriumcarbonat (Soda).

Aufgaben

1 Erkläre, weshalb Laborgefäße aus Glas, in denen mit Natronlauge gearbeitet wurde, besonders gründlich gespült werden müssen.

2 Beim Backen von Laugenbrezeln reagiert überschüssige Natronlauge mit Kohlenstoffdioxid zu Soda (Na_2CO_3) und Wasser. Stelle die Reaktionsgleichung auf.

Chemie im Haushalt

Projekt

Verschiedene Geschirr-Reiniger

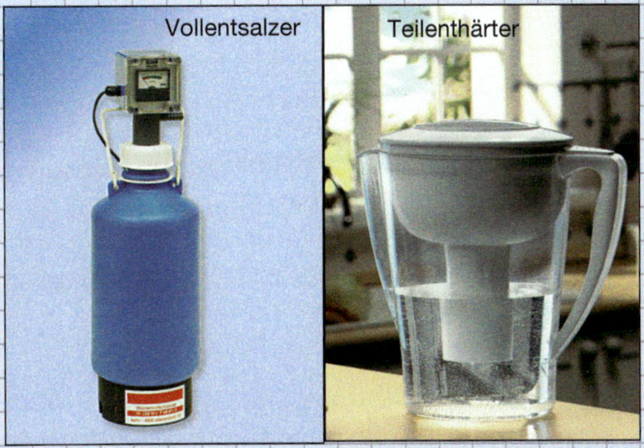

Vollentsalzer und Teilenthärter

Gläser, die mit dem Geschirrspüler gereinigt wurden, haben manchmal hässliche weiße Wasserflecken. Die Stärke der Verschmutzung hängt mit der Wasserhärte der jeweiligen Region zusammen.
Welche Zaubermittel sind in Reinigungsmitteln enthalten, die versprechen, dass Gläser nach dem Spülen in der Geschirrspülmaschine keine hässlichen Wasserflecken aufweisen?

V1: Enkalker/Klarspüler
- Informiert euch über die Inhaltsstoffe von Klarspülern und Entkalkern.
- Überprüft an verkalkten Gegenständen die Wirksamkeit von Klarspülern und eines handelsüblichen Entkalkern.
- Stellt mithilfe der Informationen des Buches einen Entkalker selbst her und überprüft seine Wirksamkeit.
- Stellt die Ergebnisse in Form eines Kurzreferates vor.

A1: Geschirrspüler
- Informiert euch über die Inhaltsstoffe von Geschirrspülreinigern.
- Gebt an, weshalb diese Stoffe in Geschirrspülreinigern enthalten sind.
- Recherchiert, ob das Spülen mit der Hand umweltfreundlicher ist als das Spülen mit einem Geschirrspüler.
- Vergleicht Vorteile und Nachteile eines Geschirrspülers.
- Plant in der Klasse ein Rollenspiel zum Thema „umweltfreundliches Spülen“.

A2: Wasserhärte
- Informiert euch über die Wasserhärte in eurer Region. Fertigt eine Karte an und tragt die Angaben zur Wasserhärte ein.
- Informiert euch, welchen Einfluss die Wasserhärte auf die benötigte Menge an Reinigungsmittel beim Wäschewaschen hat.
- Recherchiert, was man unter den Begriffen Vollentsalzer und Teilenthärter versteht. Informiert euch über deren Arbeitsweise und Einsatzbereiche.
- Stellt die Ergebnisse in einem Kurzreferat vor.

Härtebereich	$mmol \cdot l^{-1}$	°d
1 (weich)	0–1,3	0–7
2 (mittelhart)	1,3–2,5	7–14
3 (hart)	2,5–3,8	14–21
4 (sehr hart)	> 3,8	> 21

V2: Inhaltsstoffe/Wirkungsweise eines Rohrreinigers
- Plant eine Versuchsreihe, mit der ihr die Inhaltsstoffe eines Rohrreinigers nachweisen könnt.
- Plant einen Versuch, mit dem ihr die Wirkungsweise eines Rohrreinigers überprüfen könnt.
- Besprecht eure Versuchsplanung und Sicherheitsvorkehrungen mit der Lehrkraft.
- Erstellt einen Arbeitsplan, führt die Versuche aus und protokolliert eure Ergebnisse.
- Stellt eure Ergebnisse in einer Präsentation vor.

Exkurs

Ammoniak-Reiniger

Ammoniak-Gas löst sich sehr gut in Wasser

Reaktion von Ammoniak und Chlorwasserstoff

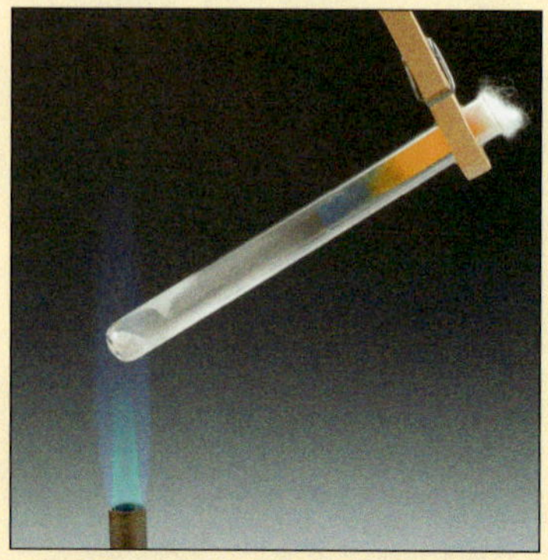

Zersetzung von Ammoniumchlorid

Ein altbewährtes Reinigungsmittel ist der sogenannte Ammoniakreiniger. Er enthält Ammoniak, das einen charakteristischen Geruch aufweist. Ammoniak ist ein Gas. Es besteht aus NH_3-Molekülen und ist sehr gut wasserlöslich: In einem Liter einer gesättigten Lösung sind mehr als 400 Liter Ammoniak-Gas gelöst. Ähnlich wie bei Chlorwasserstoff lässt sich die gute Wasserlöslichkeit des Ammoniak-Gases eindrucksvoll mit dem Springbrunnenversuch zeigen. Sobald sich ein Teil des Ammoniak-Gases im Wasser löst, schießt das Wasser durch den entstehenden Unterdruck im Kolben springbrunnenartig nach oben. Universalindikator färbt sich blau, das entstandene *Ammoniakwasser* ist alkalisch.

Im Gegensatz zu Natriumhydroxid besteht Ammoniak nicht aus Ionen, sondern aus Molekülen. Die Hydroxid-Ionen, die die alkalische Reaktion hervorrufen, entstehen erst durch die Reaktion mit Wasser:

$$NH_3\,(g) + H_2O\,(l) \longrightarrow NH_4^+\,(aq) + OH^-\,(aq)$$

Beim Ammoniakreiniger handelt es sich um eine Lösung von Ammoniak und Tensiden in Wasser. Diese Mischung ist in der Lage, ölige und fettige Verschmutzungen zu lösen. Sie zersetzt ähnlich wie chemischer Rohrreiniger organische Substanzen, nur auf eine etwas schonendere Art und Weise, da nur ein kleiner Teil der Ammoniak-Moleküle mit Wasser reagiert. Ammoniakwasser ist also eine schwache Lauge.
Wegen seiner alkalischen Wirkung sollte man beim Reinigen mit Ammoniakreiniger Schutzhandschuhe aus Gummi tragen.

Ammoniumchlorid. Bringt man Ammoniak mit Salzsäure zur Reaktion, entsteht ein farbloses, gut wasserlösliches Salz, Ammoniumchlorid. Umgangssprachlich bezeichnet man das Salz auch als *Salmiak*. Lässt man Ammoniak-Gas mit Chlorwasserstoff-Gas reagieren, bildet sich ein weißer Rauch von Ammoniumchlorid. Dieses Experiment wird oftmals zum Nachweis einer der beiden Verbindungen genutzt.

$$NH_3\,(g) + HCl\,(g) \longrightarrow \underset{\text{Ammoniumchlorid}}{NH_4Cl\,(s)}$$

Bei steigender Temperatur zersetzt sich Ammoniumchlorid leicht wieder in seine Ausgangsstoffe Ammoniak und Chlorwasserstoff.

$$NH_4Cl\,(s) \xrightarrow{\text{Energie}} NH_3\,(g) + HCl\,(g)$$

Aus diesem Grund wird Ammoniumchlorid beispielsweise als Lötstein verwendet. Dabei nutzt man, dass beim Zerfall Ammoniak und Chlorwasserstoff gebildet werden, die Oxide von der Metalloberfläche entfernen. Ammoniumchlorid ist auch in manchen Halspastillen enthalten, sogenannten Salmiakpastillen. Ammoniumchlorid wirkt schleimlösend.

1 Informiere dich über die Herstellung und Verwendung von Ammoniak. Bereite hierzu einen Kurzvortrag vor.
2 Überprüfe, woher der Name Salmiak kommt, was der Name bedeutet und informiere dich über die Verwendungszwecke von Salmiak.

Steckbrief: Ammoniak

Formel: NH_3
Eigenschaften: farblos, stechend riechendes Gas, ätzend, giftig, wässrige Lösung ist eine schwache Lauge
Verwendung: Herstellung von Düngemitteln und Sprengstoffen
Salze: NH_4^+ (Ammonium-Kation)

Säuren und Laugen – Werkzeuge nicht nur für Chemiker

Basiswissen

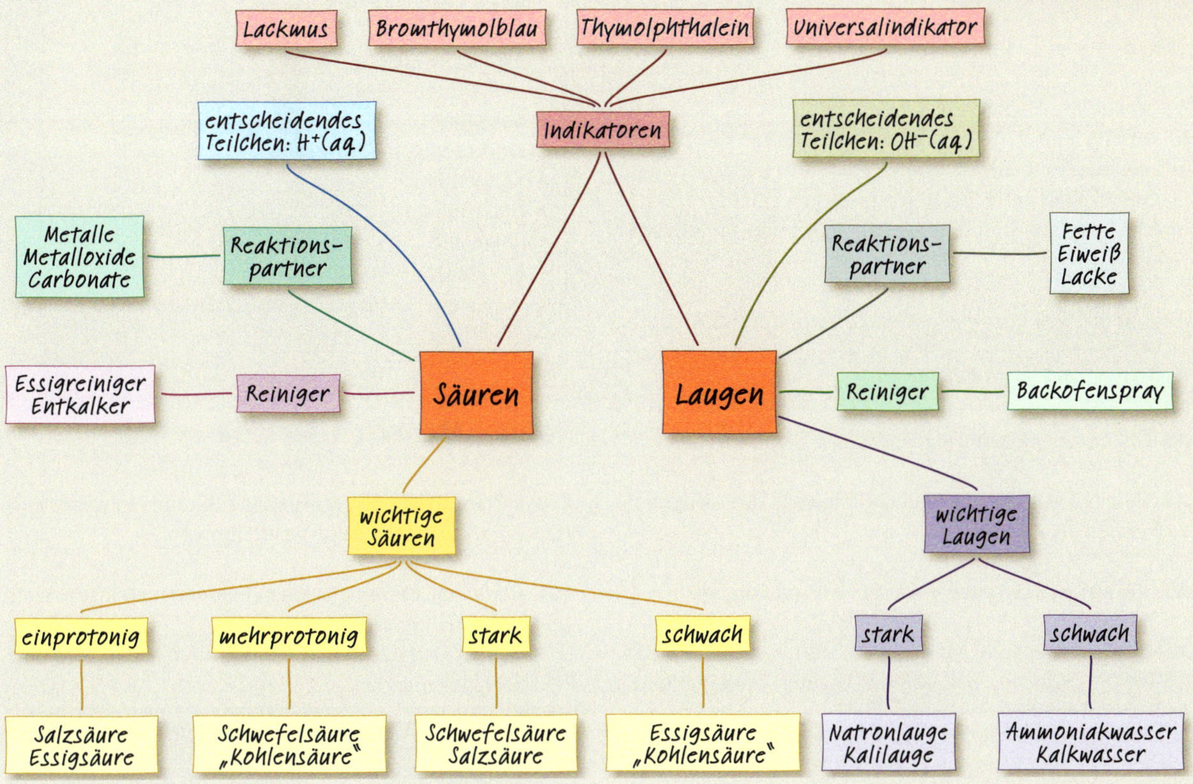

Säuren – ein Problem?

Chemie in unserer Welt

Bedeutung von Säuren und Laugen. Der vielseitige Einsatz von Säuren und Laugen als Reinigungsmittel oder als Reaktionspartner bei chemischen Synthesen zeigt die außerordentliche Bedeutung dieser Stoffgruppen. Deshalb ist es nicht verwunderlich, wenn jährlich weltweit etwa 150 Millionen Tonnen Schwefelsäure hergestellt werden, davon etwa 5 Millionen Tonnen in Deutschland. Auch an Salzsäure, Natriumhydroxid und Ammoniak werden in Deutschland jährlich Millionen Tonnen produziert.

Saurer Regen – ein Umweltproblem. Jedoch gibt es auch negative Einflüsse durch Säuren wie beispielsweise in Form von saurem Regen. Abgase aus Autos oder Verbrennungsanlagen können Verbrennungsprodukte wie Schwefeloxide oder Stickstoffoxide enthalten, die mit dem Regen gefährliche Säuren wie Salpetersäure oder Schwefelsäure bilden. Diese Säuren gelangen dann ungehindert in den Boden und ins Wasser, wo sie den pH-Wert stark absenken.

Saurer Regen – Lösung des Problems. Bei der Vermeidung und auch der Beseitigung der Schäden hilft die Chemie: So ist der saure Regen heute in den Industrieländern dank der technischen Chemie fast kein Problem mehr. Kraftwerke sind mit Entschwefelungs- und Entstickungsanlagen ausgerüstet. In Kraftfahrzeugen kommen Abgaskatalysatoren zum Einsatz, die umweltschädigende Abgase in ungefährliche Stoffe umwandeln. Wenn dennoch ein Boden oder ein Fluss zu sauer geworden ist, kann die Chemie mit geeigneten Chemikalien helfen.

Entsorgung. In Kläranlagen wird der pH-Wert des Abwassers überwacht. Ist der Anteil an Säuren oder Laugen zu groß, trifft man geeignete Maßnahmen. Inzwischen werden auch nicht länger Abfallsäuren in Meere eingeleitet. Stattdessen wird die industriell genutzte Säure aufbereitet und dann wiederverwendet. Dabei gilt der Grundsatz, dass die Vermeidung von schädlichen Abfallstoffen besser ist als ihre Entsorgung.

Prüfe dein Wissen

Quiz

A1 a) Erkläre die Begriffe des Fensters.
b) Notiere auf der Vorderseite von Karteikarten den Begriff, auf der Rückseite die Erklärung.
c) Ordne die Begriffe den Basiskonzepten „Materie", „chemische Reaktion" und „Energie" zu. Begründe deine Zuordnung.

A2 Gib an, welche Ionen jeweils in verdünnter Salzsäure, in verdünnter Schwefelsäure, in verdünnter Natronlauge und in Kalkwasser vorliegen.

A3 Nenne gemeinsame Eigenschaften aller Säuren.

A4 Nenne drei Indikatoren und gib jeweils die Färbung in saurer und alkalischer Lösung an.

A5 Gib an, welche Ionen in hartem Wasser vorliegen.

A6 Eine saure Lösung hat den pH-Wert 0, eine andere den pH-Wert 3. Gib an, bei welcher Lösung weitergehende Schutzmaßnahmen notwendig sind.

A7 Nenne eine Methode, mit der man im Labor Wasserstoff in kleinen Mengen herstellen kann. Gib dazu die Reaktionsgleichung an.

Know-how

A8 Hält man trockenes Indikatorpapier in Chlorwasserstoff-Gas, zeigt sich nur langsam eine Veränderung; angefeuchtetes Indikatorpapier wird dagegen sofort rot.
Erkläre die Vorgänge.

A9 Die Leitfähigkeit von Ammoniakwasser und einer gleichkonzentrierten Salzsäure soll verglichen werden.
Gib an, in welchem der abgebildeten Versuche die Glühlampe leuchtet. Begründe deine Antwort.

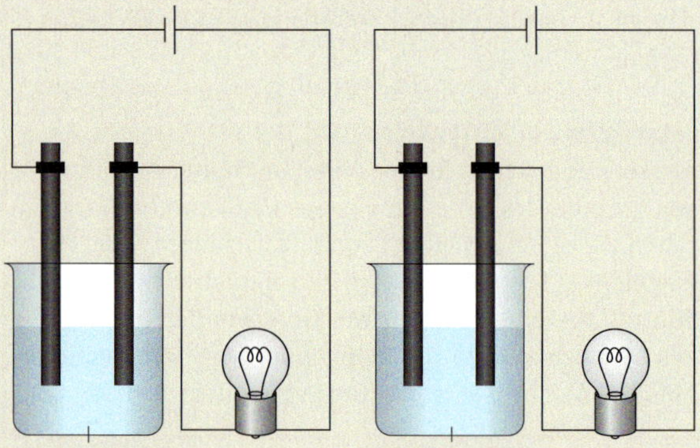

Die wichtigsten Begriffe

- saure Lösung, Säure
- Hydroxid
- alkalische Lösung, Lauge
- Indikatoren
- Salzsäure
- einprotonig, mehrprotonig
- Säurestärke
- Natronlauge
- Entkalker
- Ammoniak, Ammoniumsalze

Natur – Mensch – Technik

A10 Erkläre, warum Warmwasserleitungen wesentlich stärker verkalken als Kaltwasserleitungen.

A11 Geologen führen für Gesteinsuntersuchungen stets ein Fläschchen Salzsäure mit sich.
Erkläre, was sie mit der Säure überprüfen. Gib hierzu eine Reaktionsgleichung an.

A12 Einige pulverförmige WC-Reiniger enthalten Natriumhydrogensulfat.
Erkläre, wieso eine wässrige Lösung des Salzes sauer reagiert.

A13 Nenne Lebensmittel, die mit Essig konserviert werden. Erkläre, worauf die konservierende Wirkung beruht.

A14 Cola-Getränke enthalten Phosphorsäure ($w = 0{,}1$ %). Erkläre, warum Cola-Getränke trotzdem ungefährlich sind. Berücksichtige dabei die Gehaltsangaben für die Einstufung der Phosphorsäure als Gefahrstoff.

A15 In Haushaltsessig beträgt die Konzentration an Essigsäure etwa 1 $\frac{mol}{l}$. Der pH-Wert liegt bei pH = 3. Mit Essig kann man ohne Probleme Speisen würzen. Salzsäure mit der Konzentration 1 $\frac{mol}{l}$ hat dagegen einen pH-Wert 0, man sollte eine Schutzbrille tragen.
Erkläre den Unterschied.

Säuren und Laugen – Werkzeuge nicht nur für Chemiker

Wissen vernetzt

A1 Hydroxide in der Raumfahrt

Kommandokapsel eines Raumschiffs

Kohlenstoffdioxid wird ab einem Volumenanteil von etwa 8 % lebensbedrohlich. In der Raumfahrt bindet man deshalb Kohlenstoffdioxid, das bei der Atmung entsteht, mit Lithiumhydroxid.
Am 13. April 1970 kam es im Raumschiff Apollo 13 zu einer Explosion, bei der ein Sauerstofftank beschädigt wurde. Die drei Astronauten mussten deshalb in die Mondlandefähre überwechseln, die eigentlich nur für zwei Personen konstruiert war. Die Astronauten glaubten sich dort in Sicherheit. Im Laufe der Zeit stieg die Konzentration an Kohlenstoffdioxid in der Luft aber an und erreichte lebensbedrohliche Werte. Mit Hilfe einer Anleitung durch die Bodenstation in Houston wurde ein Notschlauch zu den Lithiumhydroxid-Behältern in der zum Großteil zerstörten Kommandokapsel verlegt. Dadurch konnte der Anteil an Kohlenstoffdioxid in der Atemluft wieder gesenkt werden. Die drei Astronauten überlebten und kamen unbeschadet zur Erde zurück.
Außer in den Raumfahrzeugen werden Hydroxide auch in Untersee-Booten, in Narkosegeräten und in Tauchgeräten verwendet, um das ausgeatmete Kohlenstoffdioxid zu binden.

a) Gib die Reaktionsgleichung für die Umsetzung von Lithiumhydroxid mit Kohlenstoffdioxid an.
b) Erkläre, weshalb man in den Apollo-Kapseln Lithiumhydroxid und nicht ein preiswerteres Produkt wie Natriumhydroxid verwendete.
c) Erläutere die Funktionsweise des abgebildeten Tauchgeräts.

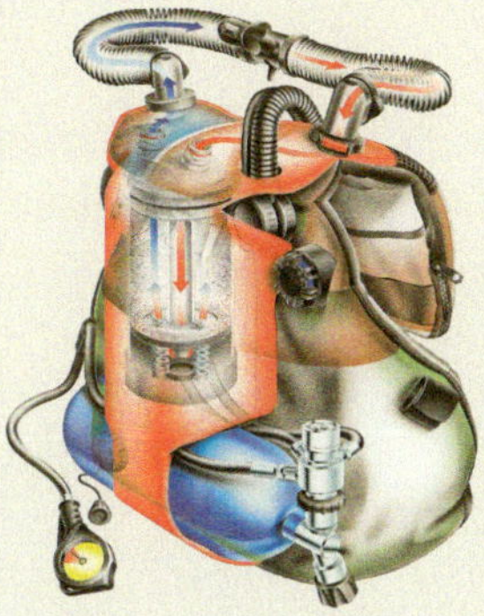

A2 Saure Oxide in der Luft

Durch den sauren Regen geschädigter Wald

Beim Verbrennen kohlenstoffhaltiger Brennstoffe entsteht vor allem Kohlenstoffdioxid. Dieses Gas wird außerdem beim Ausatmen und bei Gärprozessen gebildet. Kohlenstoffdioxid ist für das Wachstum der grünen Pflanzen notwendig. Sie verbrauchen Kohlenstoffdioxid und produzieren dabei wieder Sauerstoff. Inzwischen wird jedoch so viel an Kohlenstoff-Verbindungen verbrannt, dass sich die Kohlenstoffdioxid-Konzentration in der Atmosphäre erhöht. Der Klimawandel in den letzten Jahrzehnten wird darauf zurück geführt.
Bei unvollständiger Verbrennung kohlenstoffhaltiger Brennstoffe kann sich auch das giftige Kohlenstoffmonooxid bilden. Stickstoffoxide sind weitere gefährliche Gase, die in die Luft gelangen können. Sie werden beispielsweise in Kraftzeug-Motoren gebildet. Der Ausstoß dieser Gefahrstoffe wurde allerdings durch den Einsatz von Autokatalysatoren stark reduziert. Nach Gewittern steigt die Konzentration an Stickstoffoxiden dennoch an, weil Blitze Stickstoff und Sauerstoff aus der Luft miteinander reagieren lassen. In geringen Mengen findet man auch Schwefeldioxid in der Luft, das als Produkt bei der Verbrennung von schwefelhaltigen Verbindungen entsteht.

a) Beschreibe, wie Nichtmetalloxide wie Kohlenstoffdioxid, Stickstoffoxide und Schwefeldioxid in die Atmosphäre gelangen können.
b) Erläutere, wie man den Ausstoß von Nichtmetalloxiden in die Atmosphäre vermindert.
c) Erläutere, welche chemischen Reaktionen mit Nichtmetalloxiden ablaufen, wenn es regnet. Gib die entsprechenden Reaktionsgleichungen an. Bewerte die Auswirkungen dieser Reaktionen.
d) Recherchiere, welche Auswirkungen die Erhöhung der Kohlenstoffdioxid-Konzentration auf die Meere hat.

21 Haut und Haar – alles im neutralen Bereich?

Beim regelmäßigen Duschen wollen wir zunächst einmal den Schmutz entfernen, doch heute spielt gleichzeitig auch die Pflege eine wichtige Rolle: Viele Mittel zur Körperpflege unterstützen die natürlichen Schutzmechanismen von Haut und Haar und halten sie somit gesund und widerstandsfähig.
Doch man muss acht geben: Teilweise halten Pflegeprodukte nicht alle Versprechungen, die in der Werbung gemacht werden. Manche zeigen die angekündigten Effekte nicht oder nur in geringem Ausmaß, in anderen Fällen tritt sogar der gegenteilige Effekt auf: Die Haut oder das Haar werden in ihrem Aufbau stark beansprucht und dadurch langfristig geschädigt.
Manchmal stellt man sogar fest, dass sich bei gleichzeitiger Anwendung unterschiedlicher Produkte die Vorzüge der einzelnen Präparate nicht addieren, sondern sich die jeweiligen Wirkungen auch gegenseitig aufheben. Die Wirkung solcher Pflegeprodukte hängt oft stark vom pH-Wert ihrer Inhaltsstoffe, aber auch vom pH-Wert von Haut und Haar ab.

Zentrale Fragen:
- **Was bedeutet der Begriff hautneutral?**
- **Welche Funktion besitzt der Säureschutzmantel der Haut?**
- **Welche Reaktionen laufen beim Färben von Haaren ab?**
- **Was bedeuten die Begriffe pH-Wert und pH-Skala?**
- **Was versteht man unter Neutralisation?**
- **Was ist eine Titration?**
- **Was kennzeichnet eine Säure-Base-Reaktion?**

21.1 pH-Wert nach Maß

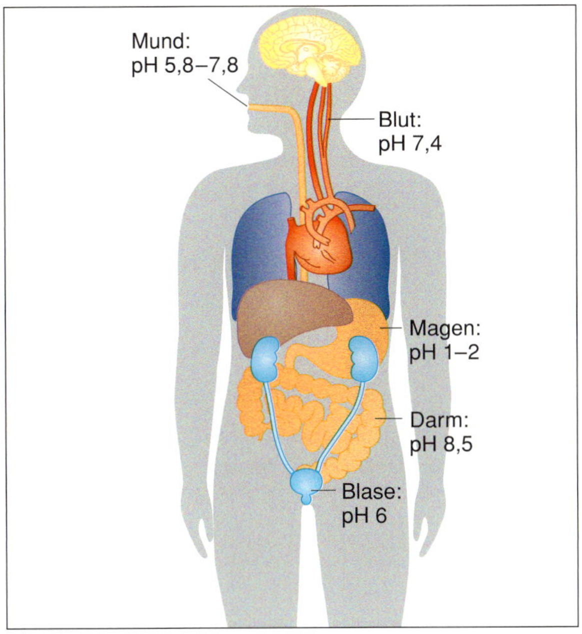

pH-Werte unseres Körpers

In den einzelnen Organen unseres Körpers findet man unterschiedliche pH-Werte. Die Funktion der Organe hängt davon ab, dass der pH-Wert immer im richtigen Bereich bleibt.

Verdauung. Normalerweise herrscht im Mund ein leicht saurer pH-Wert. Wird beim Kauen verstärkt Speichel abgesondert, so verschiebt sich der pH-Wert in den schwach alkalischen Bereich. Beim Verzehr von stark sauren Lebensmitteln kann der pH-Wert in unserem Mund jedoch auch schnell wieder sinken. Dann wird es gefährlich für die Zähne: Der Zahnschmelz wird angegriffen; er wird schließlich porös und verliert dadurch seine schützende Funktion. Daher ist es ratsam, im Anschluss an ein säurehaltiges Essen die Zähne zu putzen und damit den optimalen pH-Wert wieder herzustellen.
Anders als der Speichel ist der Magensaft stark sauer. Je nach Füllung des Magens liegt der pH-Wert zwischen 1 und 3. In diesem stark sauren Milieu werden die Eiweißstoffe der Nahrung gut verdaut. Gleichzeitig schützt es auch den weiteren Verdauungstrakt vor dem Eindringen von Krankheitserregern wie Bakterien oder Pilzen, die bei diesem pH-Wert abgetötet werden. Ist unser Magen allerdings übersäuert, so fühlen wir uns sehr schnell unwohl.
Die Nahrung gelangt vom Magen in den Darm, der einen pH-Wert von etwa 8 aufweist. Hier werden die anderen Nährstoffe wie Kohlenhydrate und Fette verdaut.

Haut. Oft ist die Haut von einem dünnen Film von Flüssigkeit bedeckt, der verhindert, dass sich unser Körper bei körperlicher Anstrengung überhitzt. Schon am Geruch kann man allerdings erkennen, dass der Schweiß nicht nur aus Wasser besteht. Er enthält zahlreiche andere Stoffe, die wichtige Funktionen erfüllen: Mit fetthaltigen Absonderungen der Talgdrüsen entsteht eine Öl-Wasser-Emulsion, die zusätzlich Säuren aus dem Abbau von Eiweißstoffen enthält. Der Flüssigkeitsfilm hat daher einen pH-Wert von etwa 5,5. Er wird als *Säureschutzmantel* bezeichnet. Er hemmt das Wachstum von Bakterien und Pilzen und verhindert so Entzündungen und andere Erkrankungen der Haut.

Doch der Säureschutzmantel enthält auch Substanzen, die nach längerer Zeit einen unangenehmen Geruch verbreiten. Durch Waschen mit Seife wird nicht nur der alltägliche Schmutz entfernt, auch der Säureschutzmantel wird abgewaschen. Die Haut wird durch die Seifenlösung mit einem pH-Wert von 9 alkalisch. Es dauert eine ganze Weile, bis der optimale pH-Wert wieder eingestellt ist.

Einige Kosmetika werben mit der Aufschrift **hautneutral**. Der Begriff *neutral* steht in der Chemie für einen pH-Wert von 7. Hautneutrale Pflegeprodukte haben jedoch den gleichen pH-Wert wie unsere Haut, nämlich 5,5. Diese Produkte werden als hautneutral bezeichnet, weil sie den pH-Wert der Haut nicht beeinflussen. Die hautneutralen Pflegemittel besitzen allerdings eine stärker entfettende Wirkung als Kernseife. Daher werden häufig sogenannte rückfettende Substanzen zugesetzt. Dennoch ist die herkömmliche Seife noch immer eine oft genutzte Alternative, um die Haut zu reinigen.

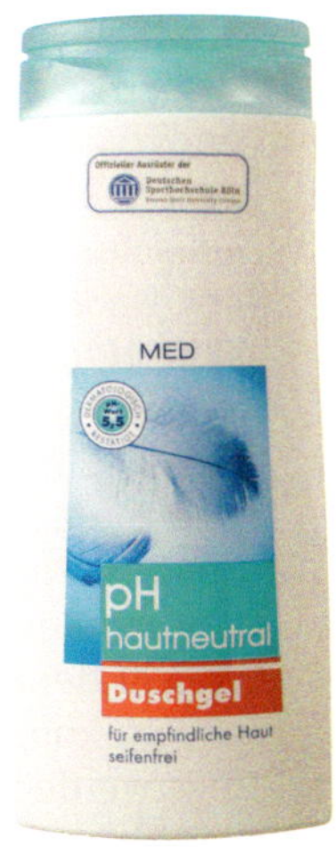

Der Säureschutzmantel unserer Haut hat einen pH-Wert von etwa 5,5. Pflegeprodukte mit diesem pH-Wert werden als hautneutral bezeichnet.

1 Erläutere den Begriff *hautneutral*.
2 Fasse mithilfe von Beispielen in eigenen Worten zusammen, welche Bedeutung der richtige pH-Wert bei der Verdauung hat.
3 Notiere, welche Pflegemittel in eurem Bad benutzt werden. Informiere dich über ihre Bestandteile. Ordne sie nach ihrem Verwendungszweck.

21.2 Der pH-Wert

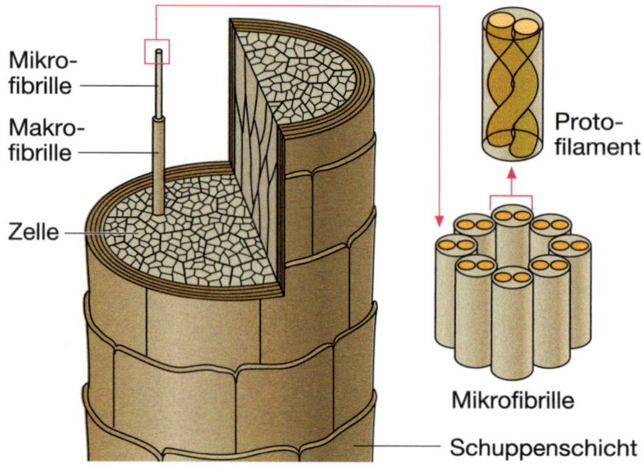

Aufbau des menschlichen Haars

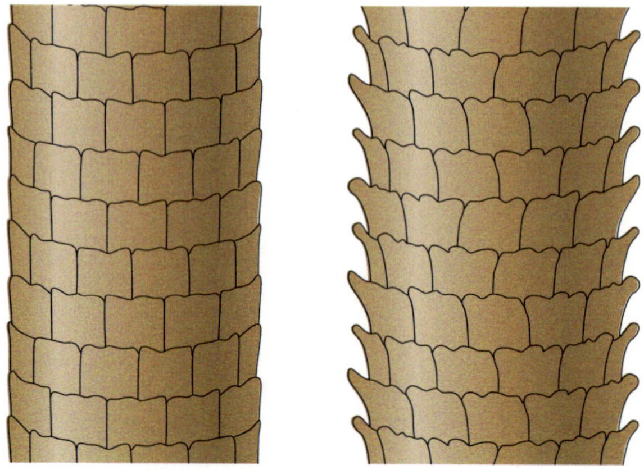

Haar nach Behandlung mit neutraler Lösung (links) und mit saurer oder alkalischer Lösung (rechts)

Die äußerste Schicht unserer Haare besteht aus flachen, verhornten Schuppen. Im normalen Zustand im schwach sauren Bereich, liegen die einzelnen Schuppen dicht aufeinander. In stark saurer oder in alkalischer Umgebung richten sich die Schuppen dagegen auf. In die entstandenen Öffnungen können Stoffe aus der Umgebung eindringen.

Der Friseur als Chemiker. Dieses Wissen macht sich der Friseur beim *Haare-Färben* zunutze: Mit einer alkalischen Lösung wird die Schuppenschicht geöffnet. Dann zerstört man mit einem Reagenz die natürliche Haarfarbe im Haarinneren. Anschließend wird die Wunschfarbe durch die geöffneten Poren eingelagert. Eine leicht saure Spülung führt dazu, dass sich die aufgerichteten Schuppen wieder absenken und die Poren schließen. Damit ist der Farbstoff im Inneren des Haares fest eingeschlossen.
Weicht der pH-Wert zu sehr vom vorgegebenen Wert ab, so können Haarstruktur und Kopfhaut geschädigt werden. Sind die Poren zu weit offen, verliert das Haar seine Stabilität. Sind die Poren nicht weit genug geöffnet, kann die Farbe erst gar nicht tief genug ins Haarinnere eindringen. Anschließend würde sie einfach ausgewaschen werden. Daher muss der pH-Wert beim Färben von Haaren immer genau eingehalten werden.

pH-Skala. Der pH-Wert ist ein Maß für die Konzentration an Wasserstoff-Ionen und Hydroxid-Ionen. Die übliche pH-Skala umfasst die Werte von 0 bis 14. Saure Lösungen haben pH-Werte kleiner als 7. Je kleiner der pH-Wert ist, desto größer ist die Konzentration an Wasserstoff-Ionen und umso stärker sauer ist eine Lösung: Salzsäure mit der Konzentration $1\,\frac{mol}{l}$ hat den pH-Wert 0. Verdünnt man sie auf das zehnfache Volumen, so sinkt die Konzentration auf $0{,}1\,\frac{mol}{l}$, der pH-Wert steigt auf 1. Bei der weiteren Verdünnung auf das zehnfache Volumen erhöht sich der pH-Wert auf 2. Jede Konzentrationsänderung um den Faktor 10 verändert den pH-Wert um eine Einheit.

$$c(H^+) = 0{,}1\,\frac{mol}{l} = 10^{-1}\,\frac{mol}{l} \longrightarrow pH = 1$$

Verdünnung 1:10 $$c(H^+) = 0{,}01\,\frac{mol}{l} = 10^{-2}\,\frac{mol}{l} \longrightarrow pH = 2$$

Alkalische Lösungen haben einen pH-Wert größer als 7. Je größer der pH-Wert, desto höher ist die Konzentration an Hydroxid-Ionen und umso stärker alkalisch ist eine Lösung: Natronlauge mit der Konzentration $1\,\frac{mol}{l}$ besitzt den pH-Wert 14. Verdünnt man sie auf das zehnfache Volumen, sinkt die Konzentration auf $0{,}1\,\frac{mol}{l}$ und der pH-Wert auf 13. Verdünnt man nochmals auf das zehnfache Volumen, fällt der pH-Wert auf 12. Eine Konzentrationsänderung um den Faktor 10 bedeutet also auch hier eine Änderung des pH-Werts um eine Einheit.
Neutrale Lösungen haben den pH-Wert 7. Sie enthalten Wasserstoff-Ionen und Hydroxid-Ionen in sehr geringen, aber *gleich großen Konzentrationen.*

Der pH-Wert einer Lösung ist ein Maß für die Konzentration an Wasserstoff- und Hydroxid-Ionen. Ein Konzentrationsänderung um den Faktor 10 bedeutet eine Veränderung um eine Einheit auf der pH-Skala.

1 Erläutere den Aufbau der pH-Skala.
2 Aus einem Liter Salzsäure mit pH = 2 will man Salzsäure mit pH = 5 herstellen. Beschreibe die Vorgehensweise.
3 10 ml Natronlauge mit pH = 14 werden auf 10 l verdünnt. Gib die Änderung des pH-Werts an.

Die pH-Skala

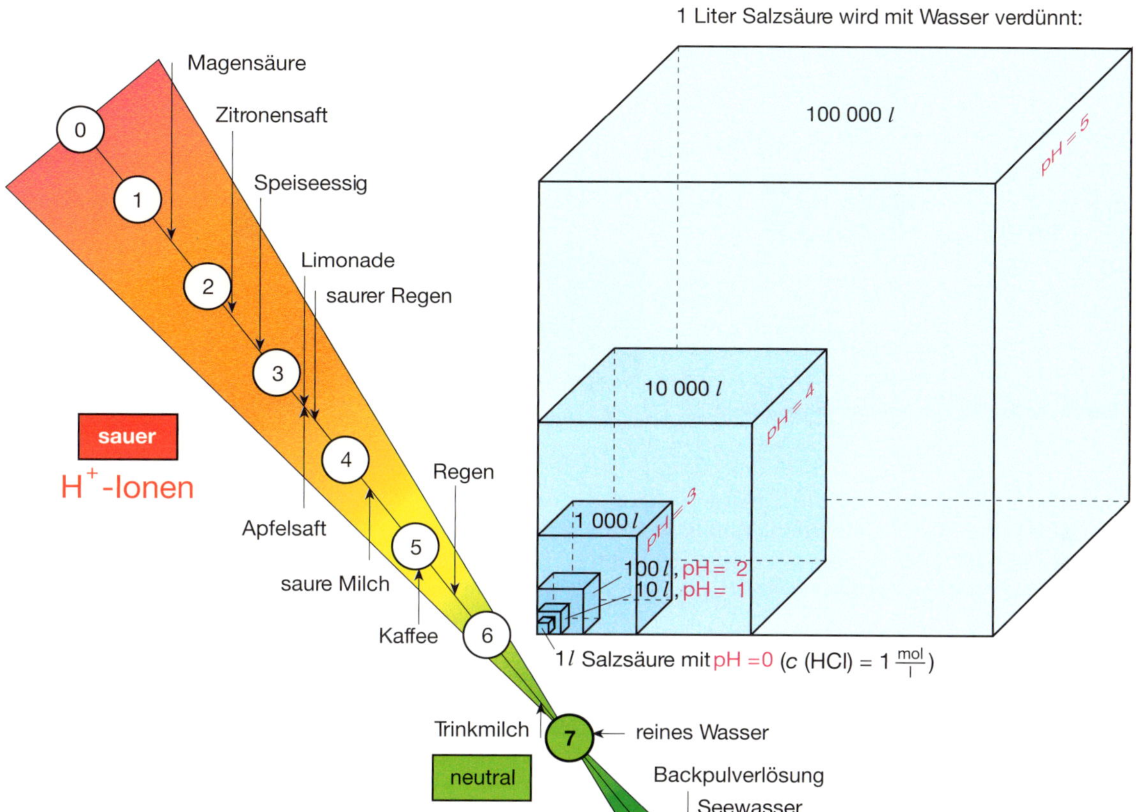

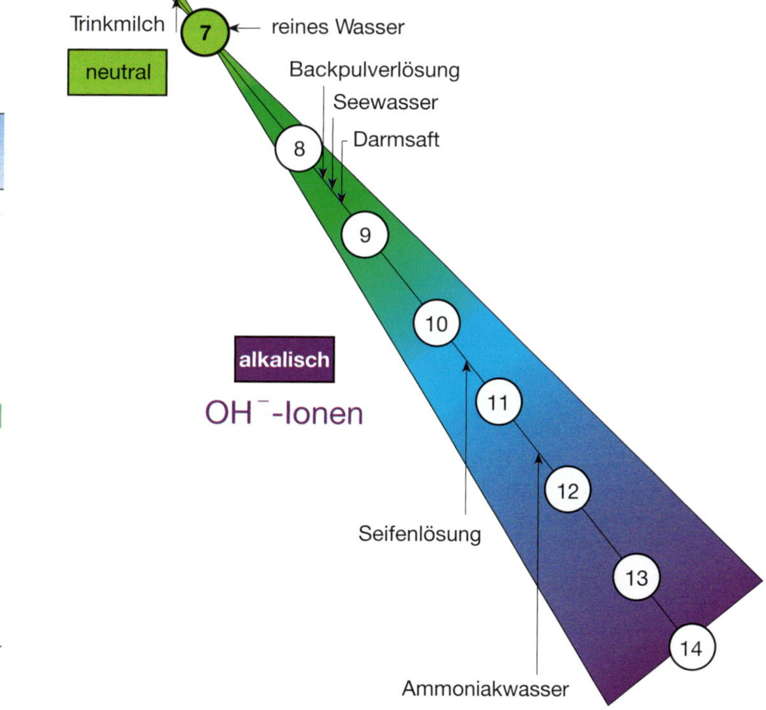

$c(H^+(aq))$ $\frac{mol}{l}$	pH	$c(OH^-(aq))$ $\frac{mol}{l}$
$10^0 = 1$	0	10^{-14}
10^{-1}	1	10^{-13}
10^{-2}	2	10^{-12}
10^{-3}	3	10^{-11}
10^{-4}	4	10^{-10}
10^{-5}	5	10^{-9}
10^{-6}	6	10^{-8}
10^{-7}	7	10^{-7}
10^{-8}	8	10^{-6}
10^{-9}	9	10^{-5}
10^{-10}	10	10^{-4}
10^{-11}	11	10^{-3}
10^{-12}	12	10^{-2}
10^{-13}	13	10^{-1}
10^{-14}	14	$10^0 = 1$

zunehmend sauer

zunehmend alkalisch

1 Berechne, wie viel Wasser benötigt wird, um eine Flasche von 250 ml herkömmlicher Seifenlösung mit einem pH-Wert von 10 auf einen pH-Wert von 8 zu bringen.

2 Eine Limonade hat den pH-Wert 4.
a) Erkläre, wie sich der pH-Wert ändert, wenn man die Limonade 1 : 10 verdünnt.
b) Begründe, weshalb man auch bei 20 000facher Verdünnung nicht pH = 8 erreichen kann.

21.3 Neutralisation – Gegensätze heben sich auf

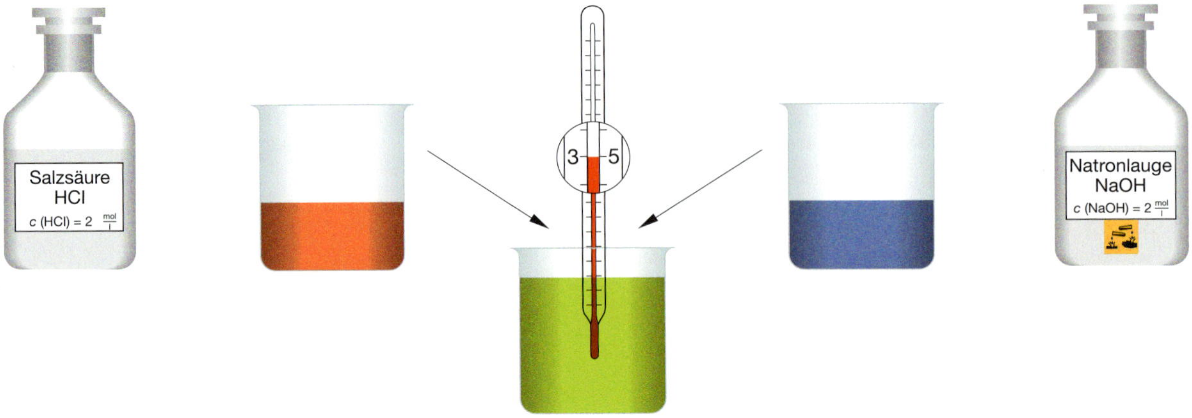

Die Neutralisation ist eine exotherme Reaktion

Ein Friseur muss genau wissen, welche Vorgänge beim Färben von Haaren ablaufen, damit die Färbung optimal hält. Auch ohne dass es ihm bewusst sein muss, arbeitet er praktisch wie ein Chemiker.

Neutralisation. Der Friseur nutzt bei seiner Arbeit Reaktionen von sauren mit alkalischen Lösungen. Mithilfe eines einfachen Experiments lässt sich die Reaktion untersuchen, die dabei abläuft.
Versetzt man Salzsäure mit Universalindikator und gibt tropfenweise die gleiche Stoffmenge an Natronlauge hinzu, so stellt man zunächst keine Veränderung fest. Im weiteren Verlauf treten an der Eintropfstelle grüne Schlieren auf, die jedoch wieder verschwinden. Am Ende färbt sich die ganze Lösung grün.
Gibt man in einem weiteren Versuch das gesamte Volumen an Natronlauge auf einmal zur Salzsäure, so kann auch eine Temperaturerhöhung beobachtet werden.
Beide Beobachtungen zeigen, dass eine Reaktion abläuft. In der grünen Lösung sind die Wirkungen sowohl der sauren als auch der alkalischen Lösung aufgehoben: die Lösung ist weder sauer noch alkalisch, sondern *neutral*. Daher bezeichnet man die Reaktion als *Neutralisation*. Die dabei frei werdende Wärme nennt man *Neutralisationswärme*.

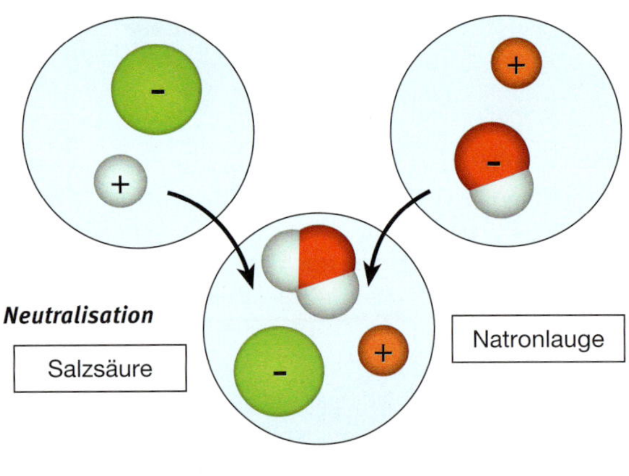

Neutralisation

Dampft man die bei der Neutralisation entstandene Lösung ein, so scheidet sich Kochsalz ab. Bei der Neutralisation von Salzsäure und Natronlauge ist also eine Kochsalz-Lösung entstanden.
Die in der Salzlösung enthaltenen Natrium-Ionen stammen aus der Natronlauge, die Chlorid-Ionen aus der Salzsäure. Die Wasserstoff-Ionen und die Hydroxid-Ionen reagieren bei der Neutralisation zu Wasser:

$$\underbrace{H^+ (aq) + Cl^- (aq)}_{\text{Salzsäure}} + \underbrace{Na^+ (aq) + OH^- (aq)}_{\text{Natronlauge}} \longrightarrow \underbrace{H_2O (l)}_{\text{Wasser}} + \underbrace{Na^+ (aq) + Cl^- (aq)}_{\text{Kochsalz-Lösung}}; \quad \text{exotherm}$$

Die exotherme Reaktion ist hierbei:

$$H^+ (aq) + OH^- (aq) \longrightarrow H_2O (l); \quad \text{exotherm}$$

Unabhängig von der verwendeten Säure oder Lauge man enthält die bei der Neutralisation entstehende Salzlösung stets positiv geladene Metall-Ionen aus der alkalischen Lösung und negativ geladene Säurerest-Ionen aus der sauren Lösung. Diese Ionen sind an der Neutralisationsreaktion, die zwischen den Wasserstoff-Ionen und den Hydroxid-Ionen abläuft, nicht beteiligt.

Neutralisation und Teilchenzahl. Eine neutrale Lösung mit dem pH-Wert von 7 erhält man nur, wenn die Anzahl der Wasserstoff-Ionen in der Säure mit der Anzahl der Hydroxid-Ionen in der Lauge übereinstimmt. Bei der Reaktion müssen alle H^+-Ionen und OH^--Ionen zu Wasser-Molekülen reagieren.
Dies gilt auch, wenn man eine zweiprotonige Säure wie die Schwefelsäure neutralisiert:

$$2\,H^+ (aq) + SO_4^{2-} (aq) + 2\,Na^+ (aq) + 2\,OH^- (aq) \longrightarrow 2\,H_2O (l) + 2\,Na^+ (aq) + SO_4^{2-} (aq)$$

Neutralisation in Labor und Technik. Abwässer aus Produktionsanlagen der chemischen Industrie sind vielfach stark sauer oder stark alkalisch. Sie würden die Mikroorganismen in den biologischen Kläranlagen schädigen, wenn man sie direkt einleitet. Industrielle Abwässer werden daher ständig auf ihren pH-Wert überprüft und automatisch durch gezielte Zugabe von Säure oder Lauge neutralisiert.

Auch im Chemielabor dürfen stark saure oder stark alkalische Lösungen nicht direkt in den Ausguss geschüttet werden. Sie müssen zuvor neutralisiert werden.
Oft sammelt man dazu alle alkalischen und sauren Lösungen in einem gemeinsamen Gefäß. Hier finden bereits Neutralisationsreaktionen statt. Um dieses Gemisch zu entsorgen, muss am Ende nur noch wenig Säure oder Lauge zugegeben werden, um einen pH-Wert von etwa 7 zu erhalten. Diese neutrale Lösung enthält dann nur noch ungiftige Salze, die in den Abfluss gegeben werden können.

Bei der Neutralisation reagieren die Wasserstoff-Ionen mit den Hydroxid-Ionen zu Wasser-Molekülen. Die dabei freiwerdende Wärme heißt Neutralisationswärme.

1 Erkläre **a)** den Begriff *Neutralisation* mit eigenen Worten,
b) wie man vorgehen muss, um eine Kaliumhydroxid-Lösung zu neutralisieren.
2 Erkläre den Unterschied zwischen Neutralisation und einer neutralen Lösung.
3 a) Erläutere, was man unter Neutralisationswärme versteht.
b) Begründe, weshalb die Neutralisationswärme bei allen Neutralisationsreaktionen gleich groß ist.
4 Beschreibe die Vorgänge, die ablaufen, wenn man Haut
a) mit Kernseife oder
b) mit hautneutraler Waschlösung wäscht.
5 Bei Magenbeschwerden durch zu viel Magensäure kann man Präparate einnehmen, die Aluminiumhydroxid ($Al(OH)_3$) enthalten. Gib eine Reaktionsgleichung für die Reaktion im Magen an.

Praktikum Neutralisation

Praktikum

V1: Neutralisation

Materialien: Bechergläser (150 ml), Tropfpipetten, Gasbrenner;
Natronlauge (verd.; C), Salzsäure (verd.; Xi), Schwefelsäure (verd.; Xi), Calciumhydroxid-Lösung, Thymolphthalein-Lösung (F).

Durchführung:
1. Gib 10 ml Natronlauge in ein Becherglas.
2. Versetze die Natronlauge mit einigen Tropfen Thymolphthalein-Lösung.
3. Gibt tropfenweise Schwefelsäure hinzu, bis der Indikator umschlägt.
4. Dampfe die Lösung vorsichtig ein.
5. Wiederhole den Versuch mit Calciumhydroxid-Lösung und Salzsäure.

Aufgaben:
a) Notiere deine Beobachtungen.
b) Begründe anhand deiner Beobachtungen, warum Reaktionen stattgefunden haben müssen.
c) Formuliere die Reaktionsgleichungen.
d) Erläutere, warum unterschiedliche Mengen an Salzsäure und an Schwefelsäure zugesetzt werden müssen.

V2: Neutralisationswärme

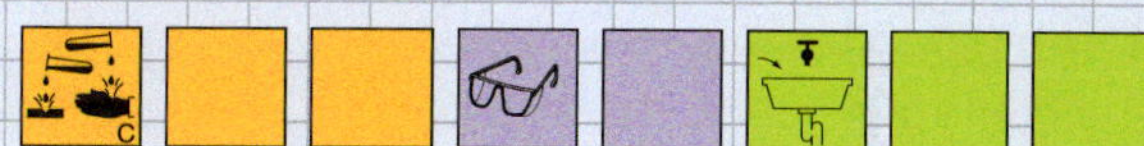

Materialien: Bechergläser (150 ml), Magnetrührplatte, Magnetrührstäbchen, Thermometer;
Natronlauge ($1\frac{mol}{l}$; C), Salzsäure ($1\frac{mol}{l}$), Schwefelsäure ($0{,}5\frac{mol}{l}$)

Durchführung:
1. Gib 50 ml Salzsäure in ein Becherglas und stelle es auf die Magnetrührplatte.
2. Bestimme zwei Minuten lang alle 15 Sekunden die Tempetatur. Rühre dabei ständig um.
3. Gib anschließend 50 ml Natronlauge auf einmal zu der Salzsäure und bestimme die Temperatur weitere drei Minuten lang alle 15 Sekunden.
4. Wiederhole den Versuch mit Schwefelsäure und Natronlauge.

Aufgaben:
a) Erstelle ein Temperatur/Zeit-Diagramm mit der Zeit als x-Achse und der Temperatur als y-Achse.
b) Formuliere die Reaktionsgleichungen und erkläre damit deine Beobachtungen.
c) Vergleiche die Ergebnisse der Experimente, die mit Salzsäure und die mit Schwefelsäure erhalten wurden.

21.4 Titration – ein quantitatives Verfahren

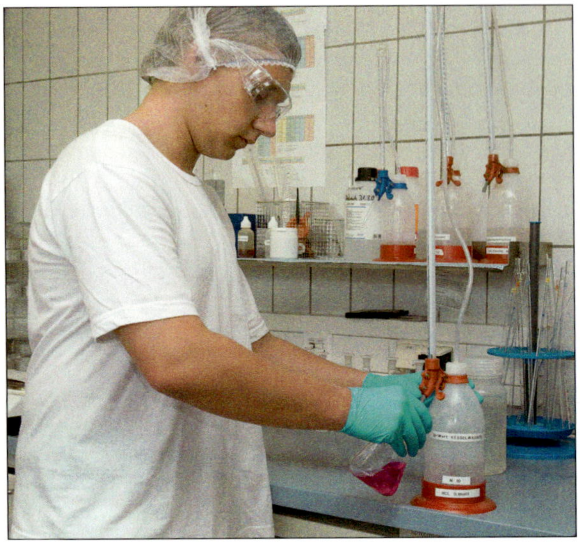

Titration: per Hand mit einer Bürette ...

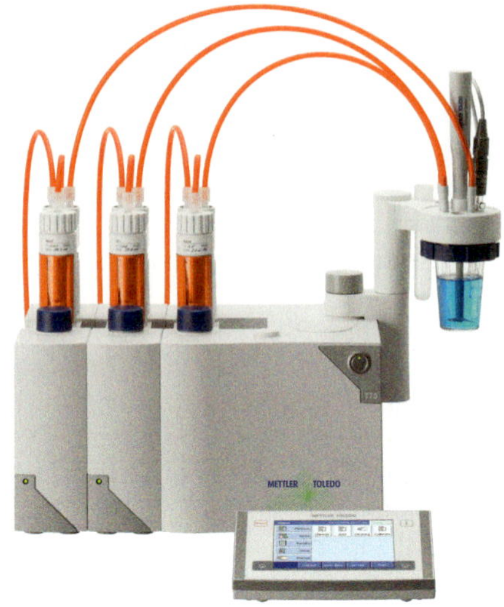

... oder vollautomatisch mit einem Titrator

Bei einer unbekannten Probe will man im Analysenlabor zunächst wissen, woraus diese Probe besteht. Dazu führen die Chemiker zuerst eine *qualitative Analyse* durch. Dabei werden die genauen Bestandteile bestimmt, die in der Probe enthalten sind. Anschließend wird untersucht, in welchen Konzentrationen die einzelnen Bestandteile in der Probe vorliegen. Man führt hierfür eine *quantitative Analyse* durch. Dabei werden die Mengen der einzelnen Bestandteile der Probe bestimmt.

Titration. Ein einfaches Verfahren der quantitativen Analyse ist die *Titration*. Hierbei benötigt man eine Lösung, deren Konzentration genau bekannt ist. Mithilfe dieser *Maßlösung* lassen sich unbekannte Konzentrationen von Probelösungen bestimmen. Diese Art der quantitativen Analyse nennt man daher auch *Maßanalyse*.
Bei der Titration von Säuren und von Laugen wird die Konzentration in der Probe durch eine Neutralisationsreaktion bestimmt:

$$H^+ (aq) + OH^- (aq) \longrightarrow H_2O (l)$$

Soll beispielsweise die Konzentration einer Natronlauge ermittelt werden, versetzt man ein bestimmtes Volumen dieser Lösung mit einigen Tropfen Indikator-Lösung. Dann gibt man tropfenweise eine Maßlösung von Salzsäure zu, bis der Indikator gerade umschlägt und der *Neutralpunkt* erreicht ist. Das Volumen der Maßlösung, das zur Neutralisation der Natronlauge benötigt wurde, wird abgelesen. Mit diesem Wert kann die Konzentration der Natronlauge berechnet werden.

Auswertung einer Titration. Am Neutralpunkt ist die Stoffmenge der Wasserstoff-Ionen ebenso groß wie die Stoffmenge der Hydroxid-Ionen. Also ist auch bei einfachen Säure und Laugen wie Salzsäure und Natronlauge die Stoffmenge der zugegebenen Säure gleich der Stoffmenge der Lauge. Es gilt also:

$$n(\text{HCl}) = n(\text{NaOH})$$

Die Stoffmenge lässt sich aus dem Volumen und der Konzentration berechnen:

$$n = c \cdot V$$

Am Neutralpunkt ergibt sich somit:

$$c\,(\text{HCl}) \cdot V\,(\text{HCl}) = c\,(\text{NaOH}) \cdot V\,(\text{NaOH})$$

Für die Konzentration der Natronlauge gilt also:

$$c\,(\text{NaOH}) = \frac{c\,(\text{HCl}) \cdot V\,(\text{HCl})}{V\,(\text{NaOH})}$$

Wurden beispielsweise 25 ml Natriumhydroxid-Lösung mit Salzsäure der Konzentration $c = 0{,}2\,\frac{\text{mol}}{\text{l}}$ titriert und dabei bis zum Neutralpunkt 17,2 ml Maßlösung verbraucht, erhält man für die Konzentration der Natronlauge:

$$c\,(\text{NaOH}) = \frac{0{,}2\frac{\text{mol}}{\text{l}} \cdot 17{,}2\text{ ml}}{25\text{ ml}} = 0{,}14\frac{\text{mol}}{\text{l}}$$

Die Titration ist eine quantitative Analysenmethode. Die Stoffmengenkonzentration einer Säure oder Lauge wird durch tropfenweise Zugabe einer Maßlösung in Gegenwart eines Indikators bestimmt.

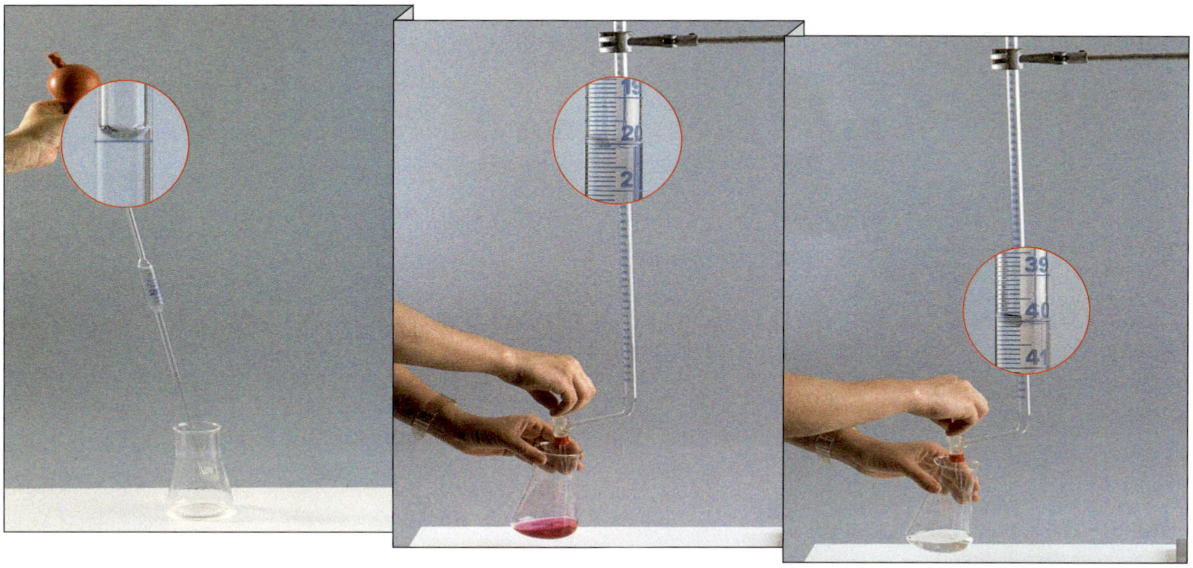

Durchführung und Auswertung einer Titration

1. Man gibt ein bestimmtes Volumen der zu untersuchenden Lösung mit einer Vollpipette in einen Erlenmeyerkolben und fügt wenige Tropfen eines geeigneten Indikators hinzu.
2. Dann füllt man die Maßlösung in die Bürette und liest den Flüssigkeitsstand ab.
3. Danach lässt man die Maßlösung aus der Bürette in die Analysenlösung tropfen. Dabei muss der Erlenmeyerkolben ständig geschwenkt werden, um eine gute Durchmischung der beiden Lösungen zu gewährleisten.
4. Wenn der Indikator umschlägt, ist die Titration beendet. Der Flüssigkeitsstand wird an der Bürette erneut abgelesen und der Verbrauch an Maßlösung berechnet.
5. Die Titration wird mehrfach wiederholt. Aus den Einzelergebnissen bildet man den Mittelwert.
6. Die Auswertung erfolgt nach der Größengleichung: $c\,(\text{Säure}) \cdot V\,(\text{Säure}) = c\,(\text{Lauge}) \cdot V\,(\text{Lauge})$

1 5 g Natriumhydroxid werden in Wasser gelöst und die Lösung mit Wasser auf 500 ml aufgefüllt. Berechne die Stoffmengenkonzentration der Natriumhydroxid-Lösung.

2 a) Berechne, welche Stoffmenge an Wasserstoff-Ionen in 25 ml Salzsäure der Konzentration $0{,}1\,\frac{\text{mol}}{\text{l}}$ enthalten ist.

b) Berechne, wie viele Milliliter Natriumhydroxid-Lösung mit der Konzentration $0{,}125\frac{\text{mol}}{\text{l}}$ benötigt werden, um die saure Lösung von **a)** zu neutralisieren.

Rechenbeispiel

20 ml Salzsäure werden mit einer Natriumhydroxid-Lösung der Stoffmengenkonzentration $c = 0{,}1\,\frac{\text{mol}}{\text{l}}$ titriert. Der Verbrauch an Maßlösung beträgt 27,3 ml. Berechne die Stoffmengenkonzentration der Salzsäure.

1. Die gegebenen und die gesuchten Werte werden notiert:

gegeben:

$c\,(\text{NaOH}) = 0{,}1\,\frac{\text{mol}}{\text{l}}$

$V\,(\text{NaOH}) = 27{,}3\text{ ml}$

$V\,(\text{HCl}) = 20\text{ ml}$

gesucht: $c\,(\text{HCl})$

2. Die Größengleichung wird nach der gesuchten Größe umgestellt:

$n\,(\text{HCl}) = n\,(\text{NaOH})$

$c\,(\text{HCl}) \cdot V\,(\text{HCl}) = c\,(\text{NaOH}) \cdot V(\text{NaOH})$

$$c\,(\text{HCl}) = \frac{c\,(\text{HCl}) \cdot V\,(\text{NaOH})}{V\,(\text{HCl})}$$

3. Die bekannten Größen werden in die Größengleichung eingesetzt und die gesuchte Größe wird berechnet:

$$c\,(\text{HCl}) = \frac{0{,}1\frac{\text{mol}}{\text{l}} \cdot 27{,}3\text{ ml}}{20\text{ ml}} = 0{,}14\,\frac{\text{mol}}{\text{l}}\ \text{l}$$

Die Salzsäure besitzt eine Stoffmengenkonzentration von $c = 0{,}14\,\frac{\text{mol}}{\text{l}}$.

Praktikum Titration – ein quantitatives Verfahren

V1: Titration von Natronlauge

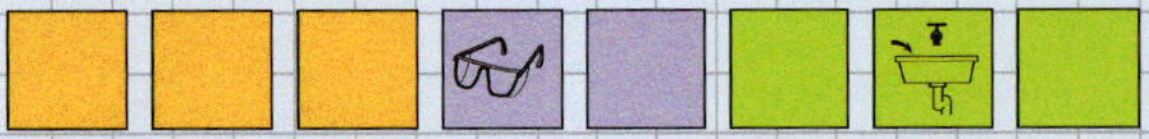

Materialien: Erlenmeyerkolben (200 ml, weit), Pipette (20 ml), Pipettierhilfe, Bürette, kleiner Trichter, Becherglas (100 ml);
Probelösung: Natronlauge ($c \approx 0{,}1\,\frac{mol}{l}$),
Maßlösung: Salzsäure ($0{,}1\,\frac{mol}{l}$), Bromthymolblau-Lösung.

Durchführung:

1. Miss mit der Pipette 20 ml Natronlauge genau ab und lasse die Lösung in den Erlenmeyerkolben laufen.
Hinweis: Die Pipette darf *nicht* ausgeblasen werden, sie ist auf Auslauf geeicht.
2. Setze einige Tropfen Indikator-Lösung zu.
3. Fülle die Bürette mit Salzsäure-Maßlösung. Lass einige Tropfen in das Becherglas ablaufen, damit der Bürettenauslauf gefüllt ist. Lies den Flüssigkeitsstand in der Bürette ab.
4. Unter ständigem Umschwenken des Erlenmeyerkolbens lässt man nun Salzsäure in die Natronlauge tropfen, bis die Farbe des Indikators umschlägt. Lies das Volumen an der Bürette ab.

Aufgabe: Berechne die Stoffmengenkonzentration der Natronlauge.

V2: Titration von Speiseessig

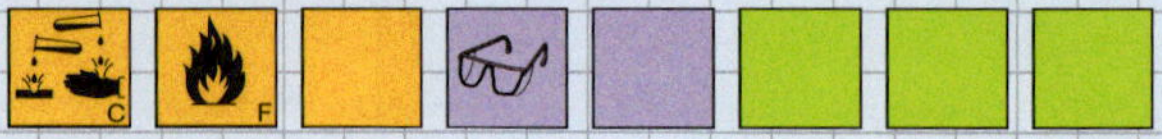

Materialien: Vollpipette (20 ml), Pipettierhilfe, Erlenmeyerkolben (200 ml, weit), Bürette;
Speiseessig, Natronlauge ($1\,\frac{mol}{l}$, C), Thymolphthalein-Lösung (F).

Durchführung:

1. Gib mit der Vollpipette 20 ml Speiseessig in den Erlenmeyerkolben und versetze die Probe mit einigen Tropfen Phenolphthalein-Lösung.
2. Fülle die Bürette mit Natronlauge.
3. Titriere die Probe, bis sich die Lösung gerade schwach blau färbt.

Aufgaben:

a) Berechne die Stoffmengenkonzentration der Essigsäure in Essig. Rechne das Ergebnis in Massenanteil um.
Hinweis: Die Dichte von Essig beträgt etwa 1 g/ml.

a) Vergleiche dein Rechenergebnis mit der Angabe auf dem Etikett einer Flasche handelsüblichen Essigs.

Hinweis: Auf dem Etikett einer Essigflasche wird der Gehalt in Volumenanteil angegeben. Vereinfachend kann man davon ausgehen, diese Angabe in etwa mit dem Gehalt in Massenprozent übereinstimmt.

Exkurs Maßlösungen

In einem Labor, das quantitative Analysen durchführt, werden sehr viele Maßlösungen benötigt. Da nicht jede Maßlösung im Handel erhältlich ist, müssen sie öfter im Labor selbst hergestellt werden. Ein Beispiel für eine häufig benötigte Maßlösung ist dabei die Oxalsäure-Lösung.

Um einen Liter einer Oxalsäure-Maßlösung mit einer Konzentration von $1\,\frac{mol}{l}$ herzustellen, muss man zunächst die benötigte Masse an Oxalsäure ($H_2C_2O_4$) abwiegen. Sie ergibt sich wie folgt aus der gewünschten Konzentration, der molaren Masse und dem gewünschten Volumen:

$$m = c \cdot M \cdot V = 1\,\frac{mol}{l} \cdot 90\,\frac{g}{mol} \cdot 1\,l = 90\,g$$

Der Feststoff wird nun vollständig in einen Messkolben überführt und anschließend in Wasser gelöst. Dabei wird zunächst noch nicht das gesamte benötigte Volumen an Wasser in den Messkolben geben, da beim Lösen des Feststoffes Wärme entsteht. Eine exakte Volumenmessung ist mit einem Messkolben stets nur bei 20 °C möglich. Erst wenn der komplette Feststoff gelöst und die Lösung wieder auf 20 °C abgekühlt ist, wird der Messkolben daher bis zur Markierung mit Wasser aufgefüllt und anschließend gut durchmischt.

Fehlerbetrachtung: Wie genau misst eine Titration? ☆

Im Praktikum wurde die Konzentration von Haushaltsessig durch eine Titration mit Natronlauge bestimmt. Obwohl alle Gruppen eine Probe von 20 ml genommen hatten und alle die gleiche Natronlauge mit einer Konzentration von 1 $\frac{\text{mol}}{\text{l}}$ und Thymolphthalein als Indikator verwendeten, gab es deutlich abweichende Ergebnisse: Der Verbrauch an Natronlauge lag zwischen 16,3 ml und 17,5 ml.
Es ist nicht verwunderlich, dass die Gruppen unterschiedliche Ergebnisse hatten, denn bei jeder Messung gibt es Messfehler. *Systematische Fehler* sind in dem Messverfahren begründet. Ein Beispiel für einen solchen Fehler ist der zusätzliche Verbrauch an Natronlauge durch den Indikator. Durch eine möglichst geringe Menge an Indikator kann man diesen Fehler klein halten, jedoch nicht ganz ausschließen. *Zufällige Fehler* lassen sich dagegen vermeiden.

Messung der Volumina. Bei Titrationen sind zufällige Fehler vor allem durch Ungenauigkeiten beim Ablesen von Volumina begründet: Beim Abmessen des Volumens des Essigs mit einer Vollpipette hat man leicht einen Fehler von ± 0,1 ml gemacht. Hier muss man die Regeln genau einhalten:
- Augen auf die Höhe des Flüssigkeitsstandes,
- Ablesen an der *Unterseite* des gewölbten Flüssigkeitsspiegels.

Hinzu kommen Fehler beim Auslaufen der Pipette: Je nach Sauberkeit, insbesondere an der Spitze der Pipette, macht man noch einmal einen Fehler in der gleichen Größenordnung. Diese beiden Fehler können sich gegenseitig aufheben oder aber auch addieren, so dass am Ende statt 20 ml Essig nur 19,8 ml oder gar 20,2 ml im Erlenmeyerkolben vorliegen.

Eine weitere Fehlerquelle stellt die Bestimmung des Flüssigkeitsstandes in der Bürette vor und nach der Titration dar. Auch hier hat man schnell bei jedem Ablesen einen Fehler von bis zu 0,2 ml gemacht. So ergibt sich dann bei einem korrekten Verbrauch von 16,7 ml Natronlauge ein Wert 16,5 ml oder 16,9 ml. Wenn man dann auch noch die oben genannte Ungenauigkeit beim Abmessen des Essigvolumens unterstellt, erhält man ein Volumen an Natronlauge zwischen 16,3 ml und 17,1 ml.

Endpunkt der Titration. Eine andere wichtige Fehlerquelle liegt in der exakten Bestimmung des Endpunktes der Titration. Der Indikator Thymolphthalein schlägt an der Eintropfstelle schon nach blau um, bevor die Essigsäure vollständig neutralisiert ist. Beim Umrühren entfärbt sich dann die Lösung nach kurzer Zeit wieder. Wenn man dann immer wieder Natronlauge zutropft, kann es passieren, dass der Umschlagspunkt des Indikators überschritten wird. Bei anderen Indikatoren ist es oft schwierig, den Umschlagspunkt genau zu erkennen. So erfolgt der Umschlag von Bromthymolblau von gelb über gelbgrün und grünblau zu blau. Um die richtige Farbnuance des Umschlagspunkts zu erkennen, braucht man viel Übung im Umgang mit dem Indikator. Oft bleibt dann eine Unsicherheit von einigen Tropfen Natronlauge, insgesamt wiederum etwa 0,1 ml. Auch dieser Messfehler kann in der Summe die übrigen Fehler teilweise ausgleichen oder aber verstärken.

Gesamtfehler. Unter Berücksichtigung der genannten Fehlerquellen liegt das ermittelte Volumen an Natronlauge zwischen 16,2 ml und 17,1 ml. Für die Konzentration des Essigs ergibt sich unter Berücksichtigung des niedrigeren Verbrauchs:

$$n\,(\text{Essig}) = n\,(\text{NaOH})$$

$$c\,(\text{Essig}) \cdot V\,(\text{Essig}) = c\,(\text{NaOH}) \cdot V\,(\text{NaOH})$$

$$c\,(\text{Essig}) = \frac{c\,(\text{NaOH}) \cdot V\,(\text{NaOH})}{V\,(\text{Essig})}$$

$$c\,(\text{Essig}) = \frac{1\,\frac{\text{mol}}{\text{l}} \cdot 16{,}3\text{ ml}}{20\text{ ml}} = 0{,}82\,\frac{\text{mol}}{\text{l}}$$

Für einen Verbrauch von 17,1 ml erhält man:

$$c\,(\text{Essig}) = \frac{1\,\frac{\text{mol}}{\text{l}} \cdot 17{,}1\text{ ml}}{20\text{ ml}} = 0{,}86\,\frac{\text{mol}}{\text{l}}$$

Um ein aussagekräftiges Ergebnis zu erhalten, muss die Titration mehrfach durchgeführt werden. Aus den Einzelmesswerten kann dann ein Mittelwert gebildet werden, bei dem sich die zufälligen Fehler häufig gegenseitig aufheben. Grobe Ausreißer unter den Messwerten müssen bei der Ermittlung des Mittelwertes außen vor bleiben.

1 Beim Titrieren von Essigsäure wurde eine Probe um vier Tropfen Natronlauge „übertitriert". Erläutere, wie man vorgehen müsste, um die Größe des dadurch entstandenen Fehlers zu beurteilen.
2 Diskutiere die Messfehler, die deine Gruppe beim selbständigen Titrieren im Praktikum gemacht hat. Versuche die Größe der Einzelfehler abzuschätzen. Berechne den relativen Fehler als Quotient von der Gesamtfehler und Mittelwert aller Gruppen.

Exkurs

Historische Säure/Base-Begriffe

An zahlreichen chemischen Reaktionen sind Säuren oder Laugen beteiligt, an vielen auch Säuren *und* Laugen. Daher hat man im Laufe der Zeit immer wieder versucht, Konzepte für eine allgemeine Theorie solcher Reaktionen zu entwickeln. Bei allen unterschiedlichen Ansätzen wurde dabei der Begriff Säure beibehalten; er wurde lediglich immer wieder neu interpretiert. Die Gegenspieler der Säuren erhielten dagegen verschiedene Namen: einmal sprach man von Laugen, ein andermal von *Basen*.

Heute spielt die von BRÖNSTED entwickelte Säure-Base-Theorie eine besondere Rolle. Aber auch ältere Vorstellungen behaupten daneben immer noch ihren Platz.

1650
Johann Rudolph GLAUBER wurde 1604 in Karlstadt geboren. Er beschrieb Säuren und Basen als feindlich und entgegengesetzt. Wenn beide zusammen gebracht werden, bilden sich jedoch Salze. Das von ihm entdeckte Glaubersalz (Natriumsulfat) wird auch heute noch wegen seiner abführenden Wirkung verwendet.

1778
Der Franzose Antoine Laurent de LAVOISIER prägte im Zusammenhang mit seinen Arbeiten über Sauerstoff den Namen des Elements sowie die Begriffe Oxidation und Oxid. Nach seiner Auffassung entstehen Säuren durch die Reaktion von Nichtmetalloxiden mit Wasser; Säuren sind also Sauerstoff-Verbindungen.

1816
Der Engländer Sir Humphry DAVY gilt als der Wegbereiter der Elektrochemie und konnte als erster die Elemente Natrium, Kalium, Barium, Strontium, Calcium und Magnesium darstellen. Er beschrieb Säuren als Wasserstoff-Verbindungen.

1838
Der deutsche Chemiker Justus von LIEBIG gilt als Begründer der organischen Chemie. Er beschäftigte sich lange mit Fragen der Landwirtschaft, insbesondere mit der Düngung. Dabei fand er heraus, dass sich Salze bilden, wenn in Säuren Wasserstoff-Atome durch Metall-Atome ersetzt werden.

1884
Der schwedische Chemiker und Physiker Svante ARRHENIUS entdeckte, dass Säuren in wässriger Lösung in positiv geladene Wasserstoff-Ionen und in negativ geladene Säurerest-Ionen zerfallen. Eine Base definierte er dadurch, dass sie positiv geladene Baserest-Ionen und negativ geladene Hydroxid-Ionen bildet.

1923
1923 veröffentlichte der Däne Johannes Nicolaus BRÖNSTED seine Säure/Base-Theorie zeitgleich, aber unabhängig von Thomas Martin LOWRY. BRÖNSTED definierte Säuren als Protonendonatoren, da sie Protonen abgeben. Basen nehmen Protonen auf, es handelt sich also um Protonenakzeptoren.

1 Ordne die hier genannten Naturforscher auf einer Zeitskala an und füge weitere wichtige Personen und Ereignisse der allgemeinen Geschichte hinzu.

2 Vergleiche

a) die Säure-Definition von ARRHENIUS mit der von BRÖNSTED,

b) die Base-Definition der beiden Wissenschaftler.

c) Recherchiere nach der Säure/Base-Definition nach LEWIS.

ARRHENIUS

Exkurs

Svante ARRHENIUS (1859–1927)

Ende des 19. Jahrhunderts entwickelte der schwedische Naturwissenschaftler Svante ARRHENIUS eine Theorie „über die Dissoziation der in Wasser gelösten Stoffe".
Der deutsche Physiker Rudolf CLAUSIUS hatte zuvor die Hypothese aufgestellt, dass „elektrische Moleküle" in wässriger Lösung in Ionen aufgespalten seien, auch wenn kein Strom durch die Lösung fließt. ARRHENIUS untersuchte in seiner Doktorarbeit die elektrische Leitfähigkeit von Salz- und Säurelösungen und konnte mit seiner Arbeit die Annahme von CLAUSIUS experimentell bestätigen. Die Bildung von Ionen aus Molekülen bezeichnete er als *Dissoziation*.

Seine Erkenntnisse widersprachen der damals geltenden Lehrmeinung und so erhielt ARRHENIUS zunächst keine gute Beurteilung. Erst als sich der berühmte Chemiker Wilhelm OSTWALD lobend über die Arbeiten von ARRHENIUS äußerte, wurde ihm die verdiente Anerkennung zuteil. 1897 veröffentlichte er seine „Theorie der elektrolytischen Dissoziation": 1903 wurde ihm der Nobelpreis für Chemie verliehen.

Ionen-Theorie. Heute gilt ARRHENIUS als Begründer der Ionen-Theorie wässriger Lösungen. Danach zerfallen Stoffe, die den elektrischen Strom in wässriger Lösung leiten, weitgehend in frei bewegliche geladene Teilchen, die **Ionen**. Solche Stoffe bezeichnet man als Elektrolyte. Elektrolyt-Lösungen sind Salzlösungen und saure oder alkalische Lösungen.
Man weiß heute, dass Ionen in der Natur sehr häufig vorkommen: Alle Salze sind aus Ionen aufgebaut. Die Ionen entstehen nicht erst beim Lösen von Salzen in Wasser, sondern bilden bereits die kleinsten Teilchen im festen Salzkristall. Sie sind dort gitterartig angeordnet. Beim Lösen in Wasser werden die Ionen frei beweglich und können so elektrische Ladungen transportieren.

Säuren und Basen. Auf der Basis der Ionen-Theorie konnte ARRHENIUS die Begriffe Säure und Base neu definieren:
Säuren sind danach Stoffe, die beim Auflösen in Wasser in Wasserstoff-Ionen (H^+-Ionen) und Säurerest-Ionen dissoziieren. Basen bilden alkalische Lösungen, die neben Hydroxid-Ionen (OH^--Ionen) auch Metall-Ionen enthalten.

Die Vorgänge beim Lösen von Säuren und Basen können durch Dissoziationsgleichungen beschrieben werden.

$$\underset{\text{Chlorwasserstoff}}{HCl\ (g)} \xrightarrow{H_2O} \underbrace{H^+\ (aq) + Cl^-\ (aq)}_{\text{Salzsäure}}; \quad \text{exotherm}$$

Chlorwasserstoff-Moleküle dissozieren in Wasserstoff-Ionen und Chlorid-Ionen:
Wie alle salzartigen Stoffe besteht Natriumhydroxid dagegen bereits im festen Zustand aus Ionen. Bei der Bildung von Natronlauge werden die Ionen frei beweglich.

$$\underset{\text{Natriumhydroxid}}{NaOH\ (s)} \xrightarrow{H_2O} \underbrace{Na^+\ (aq) + OH^-\ (aq)}_{\text{Natronlauge}}; \quad \text{exotherm}$$

Dabei würde man heute nicht mehr von Dissoziation sprechen.

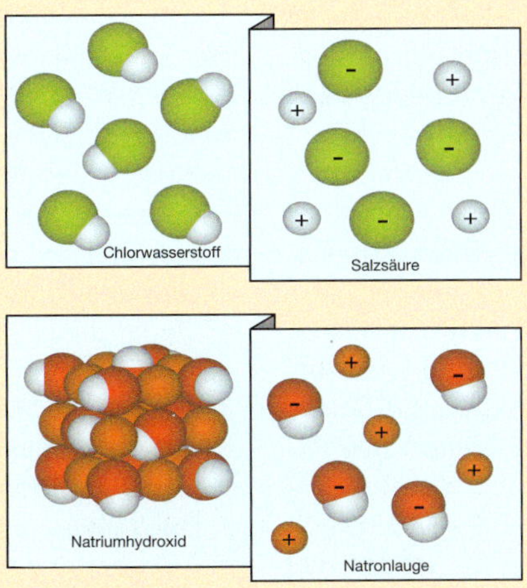

1 Nenne zwei Merkmale, an denen Elektrolyte zu erkennen sind.
2 Beschreibe die Vorgänge beim Auflösen von Natriumchlorid in Wasser.
3 Erkläre, wie ARRHENIUS Säuren und Basen definierte.
4 Gib die Gleichungen für das Auflösen von Magnesiumhydroxid und Aluminiumhydroxid in Wasser an.
5 Gib die Dissoziationsgleichungen für das Lösen von Bromwasserstoff (HBr) und Schwefelwasserstoff (H_2S) in Wasser an.

21.5 Protonen auf Wanderschaft: Säure/Base-Reaktionen

Das Gas Chlorwasserstoff löst sich unter Erwärmung sehr gut in Wasser. Dabei bildet sich Salzsäure. Die Lösung leitet den elektrischen Strom, sie enthält also Ionen. Die Ionen entstehen in einer exothermen Reaktion der Chlorwasserstoff-Moleküle mit den Wasser-Molekülen:

$$HCl\ (g) + H_2O\ (l) \longrightarrow H_3O^+\ (aq) + Cl^-\ (aq)$$

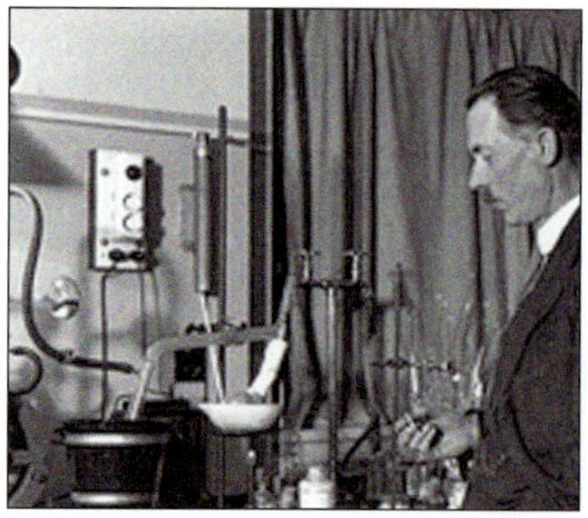

Johannes Nicolaus BRÖNSTED
(1879–1947)
Säure: Protonendonator
Base: Protonenakzeptor

Bei dieser Reaktion wird ein Wasserstoff-Ion, also ein Proton, vom Chlorwasserstoff-Molekül auf ein Wasser-Molekül übertragen. Das Chlorwasserstoff-Molekül gibt demnach ein Proton ab, es ist also ein **Protonendonator.** Solche Teilchen werden nach BRÖNSTED als **Säuren** bezeichnet. Das Wasser-Molekül ist bei dieser Reaktion ein **Protonenakzeptor,** nach BRÖNSTED eine **Base.** BRÖNSTED entwickelte damit einen völlig neuen Säure/Base-Begriff.

Es gibt auch Reaktionen, bei denen Wasser als Protonendonator, also als BRÖNSTED-Säure reagiert. Das Gas Ammoniak (NH_3) löst sich unter Erwärmung sehr gut in Wasser. Die Lösung leitet den elektrischen Strom und färbt Universalindikator blau. Es liegen also Ionen, insbesondere Hydroxid-Ionen, vor. Die Ionen entstehen in einer exothermen Reaktion der Ammoniak-Moleküle mit den Wasser-Molekülen:

$$NH_3\ (g) + H_2O\ (l) \longrightarrow NH_4^+\ (aq) + OH^-\ (aq)$$

Bei dieser Reaktion wird ein Proton von einem Wasser-Molekül auf ein Ammoniak-Molekül übertragen. Das Proton lagert sich an das freie Elektronenpaar des Ammoniak-Moleküls an. Es entsteht ein Ammonium-Ion. Das Ammoniak-Molekül nimmt bei der Reaktion ein Proton auf, es ist ein Protonenakzeptor.

Nach BRÖNSTED bezeichnet man eine *Protonenübertragungsreaktion* als **Säure/Base-Reaktion.** Ob ein Stoff als BRÖNSTED-Säure oder als BRÖNSTED-Base reagiert, hängt jeweils vom Reaktionspartner ab. Teilchen wie Wasser-Moleküle, die einerseits als BRÖNSTED-Base, andererseits als BRÖNSTED-Säure reagieren können, bezeichnet man als *Ampholyte.*

Reagieren Teilchen gegenüber Wasser als BRÖNSTED-Säure, so erhält man eine saure Lösung, in der Hydronium-Ionen ($H_3O^+(aq)$) vorliegen. Oft wird für diese Ionen vereinfachend $H^+(aq)$ geschrieben. Ein Proton kommt allerdings in wässeriger Lösung nicht frei vor. Es lagert sich immer an ein freies Elektronenpaar eines Wasser-Moleküls. Um das H_3O^+ Ion bildet sich wie auch bei anderen Ionen eine Hydrathülle: Es entsteht H_3O^+ (aq).

Reagieren Teilchen gegenüber Wasser als BRÖNSTED-Base, so entsteht eine alkalische Lösung, die Hydroxid-Ionen ($OH^-(aq)$) enthält. Säure/Base-Reaktionen im Sinne von BRÖNSTED können nicht nur in wässeriger Lösung, sondern auch in der Gasphase ablaufen. So reagiert Ammoniak-Gas mit Chlorwasserstoff-Gas zu festem Ammoniumchlorid:

$$NH_3\ (g) + HCl\ (g) \longrightarrow NH_4Cl\ (s)$$

Hier ist das Chlorwasserstoff-Molekül die BRÖNSTED-Säure, das Ammoniak-Molekül die BRÖNSTED-Base.

Nach der BRÖNSTEDschen Säure-Base-Theorie sind Säuren Teilchen, die Protonen abgeben. Basen sind Teilchen, die Protonen aufnehmen. Säure/Base-Reaktionen sind nach BRÖNSTED Protonenübertragungsreaktionen.

1 Leitet man gasförmigen Bromwasserstoff (HBr) in Wasser, so entsteht eine saure Lösung. Formuliere die Reaktionsgleichung und benenne Säure und Base.

2 Schwefelsäure reagiert mit Wasser in zwei Schritten. Gib für die beiden nacheinander ablaufenden Säure/Base-Reaktionen die Reaktionsgleichungen an und benenne jeweils Säure und Base.

3 Tropft man Natronlauge auf Ammoniumchlorid, entweicht gasförmiges Ammoniak. Formuliere die Reaktionsgleichung und erkläre, ob es sich um eine Säure/Base-Reaktion handelt.

4 Magnesium reagiert mit verdünnter Salzsäure unter Bildung von Wasserstoff. Stelle die Gleichung auf und erkläre, ob es sich um eine Säure/Base-Reaktion handelt.

5 Begründe, warum die Reaktion einer sauren Lösung mit einer alkalischen Lösung eine Säure/Base-Reaktion ist.

6 Die Teilchen eines Säure/Base-Paares wie NH_4^+/NH_3 unterscheiden sich nur um ein Proton. Formuliere folgende Teilchen als Säure/Base-Paar: HNO_3, NH_3, I^-, OH^-, HCO_3^-, H_2O. Beachte dabei, dass es in manchen Fällen mehrere Möglichkeiten gibt.

7 Eine Lösung von Chlorwasserstoff in Benzin leitet den elektrischen Strom nicht. Deute diese Beobachtung.

8 Bei einer Reaktion von Magnesiumoxid mit Salzsäure entsteht eine Lösung von Magnesiumchlorid. Gib an, ob es sich um eine Säure/Base-Reaktion handelt.

Protonenübertragungen

Übersicht

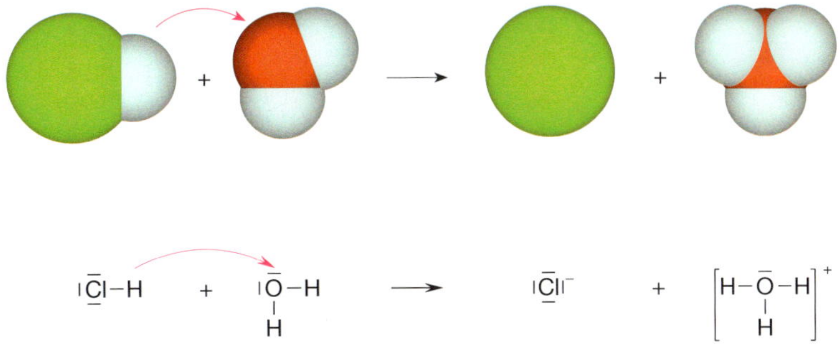

$$HCl + H_2O \longrightarrow Cl^- + H_3O^+$$

Chlorwasserstoff reagiert mit Wasser. *Es entsteht eine saure Lösung.*

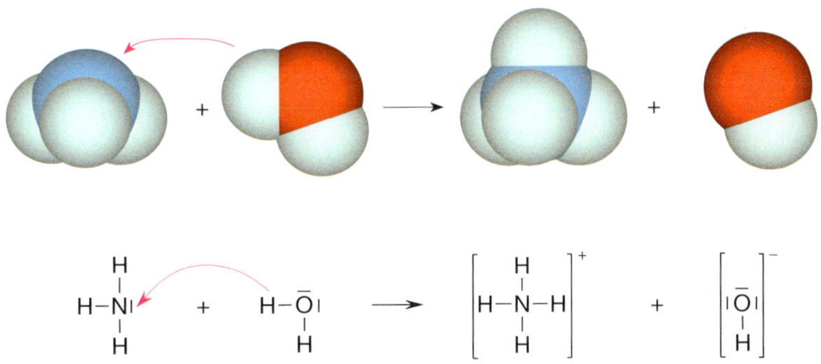

$$NH_3 + H_2O \longrightarrow NH_4^+ + OH^-$$

Ammoniak reagiert mit Wasser. *Es entsteht eine alkalische Lösung.*

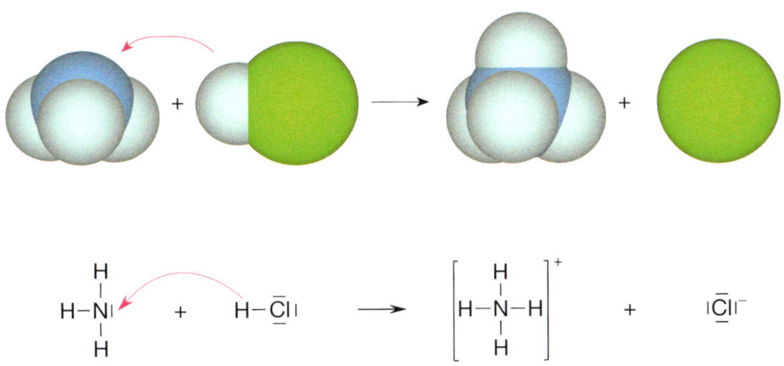

$$NH_3 + HCl \longrightarrow (NH_4)^+Cl^-$$

Ammoniak reagiert mit Chlorwasserstoff. *Es entsteht Ammoniumchlorid.*

Haare

Werbeplakate für Haarpflegeprodukte

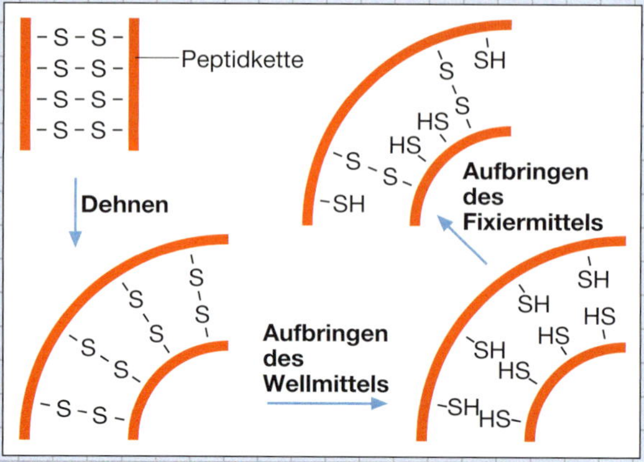

So entsteht eine Dauerwelle

Mit Ausnahme der Schleimhäute und der Innenflächen von Händen und Füßen ist unsere gesamte Körperoberfläche mit Haaren bewachsen. Dem Kopfhaar kommt dabei eine besondere Bedeutung zu, denn wir nehmen es schon beim ersten Blick ins Gesicht eines anderen Menschen wahr. Daher ist es seit Jahrhunderten üblich, das Kopfhaar in besonderer Weise zu pflegen und zu frisieren. Heute gehören besondere Pflegemittel für die Frisur zur Grundausstattung eines jeden Badezimmers. Zu den am häufigsten verwendeten Produkten zählen neben Haarsprays Shampoos, Spülungen, Kuren, Festiger und Tönungen, deren Rezepturen immer weiter verfeinert wurden.

A1: Geschichte der Haarpflegemittel
- Informiere dich, welche Mittel früher für die Haarpflege verwendet wurden. Diskutiere, welche Vorteile und welche Nachteile diese Präparate haben.
- Erkläre, welche Rolle saure Kurspülungen übernehmen. Informiere dich, welche Substanzen früher als Spülungen eingesetzt wurden.

V1: Alkalisch, sauer oder neutral?
- Eine Haarsträhne soll getönt, eine zweite gefärbt werden. Dabei sollen die unterschiedlichen pH-Werte während der einzelnen Arbeitsschritte überprüft werden. Plane geeignete Experimente und führe sie durch.
- Informiere dich darüber, welche Funktion die einzelnen pH-Werte während des Färbens besitzen und warum immer eine saure Kurspülung in einer Färbepackung beiliegt. Vergleiche diese Informationen mit deinen Ergebnissen.

A2: Inhaltsstoffe von Pflegeprodukten
- Sammle verschiedene Haarpflegemittel. Bestimme den pH-Wert der einzelnen Produkte und ordne sie in Gruppen.
- Informiere dich über die Inhaltsstoffe der einzelnen Pflegeprodukte. Erkläre, welche Funktion die einzelnen Inhaltsstoffe übernehmen. Diskutiere, warum die unbedachte gleichzeitige Verwendung von unterschiedlichen Produkten nicht sinnvoll ist.

V2: Wasserwelle oder Dauerwelle
- Informiere dich über die grundlegenden Unterschiede zwischen einer Wasserwelle und einer Dauerwelle.
- Vergleiche Wasserwellen und Dauerwellen bezüglich der Handhabung und der Haltbarkeit der Wellen sowie der Verträglichkeit der Inhaltsstoffe der jeweiligen Präparate. Plane Experimente, mit denen man diese Aspekte nachprüfen kann. Führe die Versuche durch.
- Erkläre mithilfe der Abbildung, welche Reaktionen beim Wellen der Haare stattfinden und wie diese sich auf die Haarstruktur auswirken.

V3: Dehnung von Haaren
- Die Wirkung von Lösungen mit unterschiedlichen pH-Werten auf Haare soll untersucht werden. Dazu soll die Dehnung von einzelnen Haarsträhnen, an denen Gewichte befestigt sind, bei der Einwirkung von Wasser, Natronlauge und Dauerwellflüssigkeit beobachtet werden. Plane das Experiment und führe es durch.
- Erkläre die Beobachtungen mit dem Einfluss des pH-Wertes auf die Struktur eines Haares.

Haut und Haar – alles im neutralen Bereich

Basiswissen

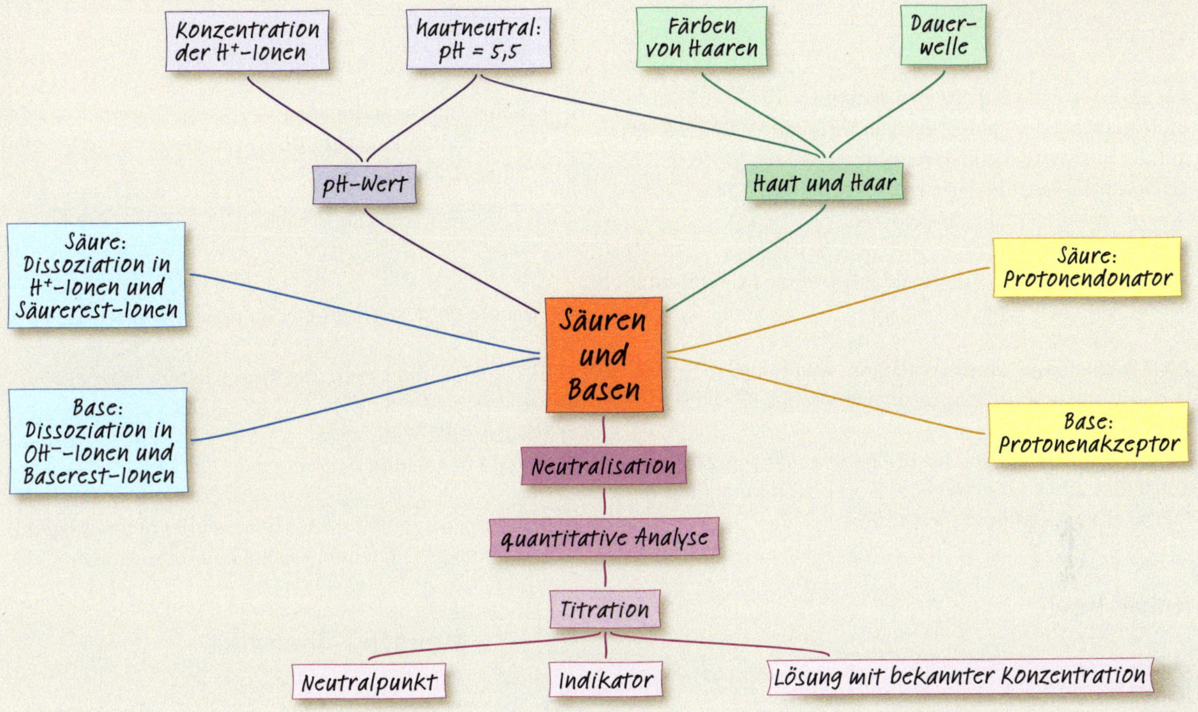

Säuren und Basen

Chemie in unserer Welt

Spieglein, Spieglein an der Wand. Das Schönheitsideal der kosmetischen Industrie lächelt uns tagtäglich von Werbeplakaten an oder begegnet uns in Werbespots beim Fernsehen. Kosmetik ist heutzutage mehr als Pflege von Haut und Haar: Ihre Verwendung vermittelt das Lebensgefühl von Schönheit und jungendlichem Aussehen. Um die natürliche Alterung der Haut zu verzögern, muss man genauestens wissen, wie sie aufgebaut ist. Und auch bei der Pflege des Haares muss man chemische Kenntnisse mitbringen. Immer noch wird von vielen Chemikern intensive Forschung betrieben, um mehr über Haut und Haar herauszufinden. Die Verbesserung von bereits bestehenden kosmetischen Rezepturen, aber auch die Entwicklung neuartiger Pflegekonzepte stehen hier im Mittelpunkt.

Modellwechsel. Die Vorstellung davon, was Säuren und was Basen sind, unterlag in der Vergangenheit einem vielfältigen Wandel. Die Entwicklung neuer Modellvorstellungen, die im Gegensatz zur anerkannten Lehrmeinung standen, war immer wieder eine große Herausforderung. Diese Arbeit ist Triebfeder des wissenschaftlichen Fortschritts. Sie ermöglicht eine bessere wissenschaftliche Strukturierung und eine Verbreiterung der theoretischen Grundlagen. Letztlich wird dadurch auch der Bereich der Anwendungen erweitert.

Quantitative Analyse. Die Titration gilt als eine der ersten quantitativen chemischen Untersuchungsmethoden. In der Lebensmittelindustrie und in vielen anderen Zweigen der chemischen Industrie musste früher oft eine Vielzahl von Laboranten Titrationen wie am Fließband durchführen. Heute entlasten Automaten von dieser Routinearbeit: Laboruntersuchen sind meist vollautomatisiert und das Laborpersonal kann sich auf andere Arbeiten konzentrieren. Dazu gehören die Probennahme, die sorgfältige Vorbereitung der Proben und die Bedienung technisch anspruchsvoller Geräte. Die ermittelten Daten werden selbstverständlich auf Computer übertragen und dort maschinell ausgewertet und grafisch aufbereitet. Auf andere Weise wäre eine zeitgemäße Qualitätskontrolle heute nicht mehr möglich.

Prüfe dein Wissen

Quiz

A1 a) Erkläre die Begriffe des Fensters.
b) Notiere auf der Vorderseite von Karteikarten den Begriff, auf der Rückseite die Erklärung.
c) Ordne die Begriffe den Basiskonzepten „Materie", „chemische Reaktion" und „Energie" zu.

A2 Nenne drei Indikatoren und gib jeweils die Färbung in saurer und alkalischer Lösung an.

A3 Gib die Ionen an, die vorliegen, wenn man zu Schwefelsäure wenig Natronlauge zugegeben hat.

A4 Erläutere, wie sich der pH-Wert in Abhängigkeit von Konzentrationsänderungen der Wasserstoff-Ionen und der Hydroxid-Ionen einer Lösung ändert.

Know-how

A5 Eine saure Lösung hat den pH-Wert 0, eine andere den pH-Wert 3.
Zeige anhand einer Berechnung der Wasserstoff-Ionen-Konzentrationen, welche der Lösungen konzentrierter und damit gefährlicher ist.

A6 Bei der Neutralisation von Säuren erwärmt sich die Lösung.
a) Erläutere den Vorgang mit einer Reaktionsgleichung.
b) Deute die Beobachtung, dass bei der Neutralisation von Schwefelsäure die Temperatur unter gleichen Bedingungen stärker steigt als bei Salzsäure.

A7 a) Zur Neutralisation von 20 ml Salzsäure unbekannter Konzentration verbraucht man 27,2 ml Natronlauge mit der Konzentration $0{,}1\ \frac{mol}{l}$. Berechne die Konzentration der Salzsäure. Führe eine Fehlerbetrachtung des Ergebnisses durch.
b) 25 ml Natronlauge werden mit Schwefelsäure ($0{,}1\ \frac{mol}{l}$) titriert. Der Verbrauch beträgt 20 ml. Berechne die Konzentration der Natronlauge.
c) Eine Probe von 20 ml Calciumhydroxid-Lösung ($Ca(OH_2)$) wird mit Salzsäure ($0{,}01\ \frac{mol}{l}$) titriert. Dabei werden 5,3 ml Salzsäure verbraucht. Berechne die Konzentration der Calciumhydroxid-Lösung und die Stoffmenge sowie Masse an Calciumhydroxid in der Probe.

A8 Verdünnte Salpetersäure reagiert mit Kalilauge.
a) Stelle die Reaktionsgleichung auf.
b) Erläutere, ob es sich hierbei um eine Säure/Base-Reaktion im Sinne von BRÖNSTED handelt.

Die wichtigsten Begriffe

- pH-Wert
- Neutralisation
- Indikator
- Titration
- Säure (Protonendonator)
- Base (Protonenakzeptor)
- Säure/Base-Reaktion

A9 Unsere Haut ist mit einem Säureschutzmantel überzogen.
a) Gib die Zusammensetzung dieses Schutzfilms an.
b) Beschreibe die Aufgaben des Säureschutzmantels.
c) Erläutere die Wirkungen.
d) Erkläre den Begriff *hautneutral*.

A10 Gib an, ob verdünnte Essigsäure oder reine Essigsäure den Strom besser leiten. Erkläre den Unterschied.

Natur – Mensch – Technik

A11 Schmutz besteht häufig aus einer Mischung verschiedener Stoffe. So kann ein Kochfeld zugleich mit Kalkablagerungen und Fettspritzern verschmutzt sein.
a) Nenne ein Mittel zur Beseitigung der Kalkablagerungen. Formuliere für das Lösen des Kalks eine Reaktionsgleichung.
b) Die eingebrannten Fettspritzer kann man mit Laugen entfernen. Gib die erforderlichen Vorsichtsmaßnahmen an.
c) Gib an, ob man beide Verschmutzungen gleichzeitig entfernen kann. Begründe deine Aussage.

A12 In Haushaltsessig beträgt die Konzentration an Essigsäure etwa $1\ \frac{mol}{l}$. Der pH-Wert liegt bei pH = 3. Mit Essig kann man ohne Probleme Speisen würzen. Salzsäure mit der Konzentration von $1\ \frac{mol}{l}$ hat dagegen einen pH-Wert von 0; man sollte beim Umgang mit dieser Säure eine Schutzbrille tragen.
Erkläre den Unterschied.

A13 Die Struktur von Haaren hängt stark vom pH-Wert ab.
a) Beschreibe, wie sich die Struktur von Haaren mit dem pH-Wert ändert.
b) Erstelle ein Diagramm, in dem du die Dicke einer Haarsträhne in Abhängigkeit vom pH-Wert aufträgst.
c) Erläutere, welche Rolle der pH-Wert beim Färben von Haaren und der Herstellung von Dauerwellen spielt.

Haut und Haar – alles im neutralen Bereich?

Wissen vernetzt

A1 Sodbrennen

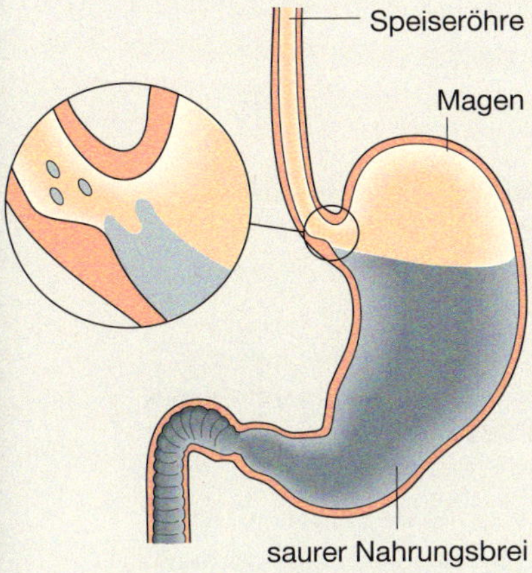

Etwa jeder dritte Bundesbürger leidet häufig unter Sodbrennen. Dabei steigt Magensaft in die Speiseröhre auf und verursacht in der Höhe des Brustbeins brennende Schmerzen. Beim gesunden Menschen verhindert ein Schließmuskel am Magenmund das Aufsteigen des Magensaftes. Durch Alkohol, Nikotin, stark gewürzte Nahrung, Stress oder geringe Flüssigkeitsaufnahme kann es zu Funktionsstörungen des Schließmuskels kommen. Auf Dauer kann die Magensäure ernst zu nehmende Entzündungen der Speiseröhrenschleimhaut bewirken.

Bei leichteren Beschwerden hilft es häufig schon, wenn man ein Glas Wasser oder Kräutertee trinkt. Darüber hinaus gibt es in der Apotheke eine ganze Reihe von frei verkäuflichen Medikamenten. Als Wirkstoffe enthalten diese *Antacida* meist Carbonate oder Hydroxide:

Handelsname	Wirkstoff
Bullrich Salz®	$NaHCO_3$ (Natron)
Rennie®	$CaCO_3/MgCO_3$
Solugastril®	$Al(OH)_3/CaCO_3$
Almag	$Al(OH)_3/Mg(OH)_2$

Antacida können bei empfindlichen Personen Völlegefühl und ein unangenehmes Aufstoßen bewirken. Sie sollten daher nur bei selten auftretenden Beschwerden eingenommen werden. Länger andauerndes und regelmäßig wiederkehrendes Sodbrennen sollte dagegen unbedingt von einem Arzt behandelt werden.

a) Begründe, weshalb es bei leichtem Sodbrennen ausreicht, Wasser oder Tee zu trinken, um die Beschwerden zu lindern.

b) Erkläre die Wirkung der Antacida bei Sodbrennen. Formuliere die Reaktionsgleichungen für die Reaktionen der Wirkstoffe mit der Magensäure.

c) Erkläre die Folgen einer Überdosierung von Antacida. Beziehe auch die Bedeutung der Magensäure für die Verdauung in deine Überlegungen ein.

A2 Waldsterben hat viele Ursachen

Anfang der 70er Jahre des 20. Jahrhunderts beobachtete man in Deutschland erhebliche Schäden an den Bäumen der Wälder. Man sprach von *neuartigen Waldschäden* oder auch kurz vom *Waldsterben*. Seit dieser Zeit wird jährlich in einem Waldzustandsbericht über das Ausmaß der Waldschäden berichtet.

Als Ursache vermutete man die damals stark zunehmende Luftverschmutzung und den dadurch verursachten sauren Regen. Genauere Untersuchungen zeigten, dass es sich um ein komplexes Problem handelt, bei dem viele Ursachen ineinander greifen:

Schwefeldioxid und Ozon gelangen durch die Spaltöffnungen der Blätter und Nadeln in die Blattzellen. Dort verändert Schwefeldioxid das Chlorophyll, wodurch die Photosynthese beeinträchtigt wird. Darüber hinaus behindert es das Schließen der Spaltöffnungen; Blätter und Nadeln trocknen aus. Als starkes Oxidationsmittel zerstört Ozon die Zellmembranen und beeinträchtigt den Stoffwechsel der Pflanze.

Saurer Regen greift die Oberfläche von Blättern und Nadeln an, wodurch sie anfälliger für Infektionen oder Fraßinsekten werden. Weiterhin versauert der Boden. Dadurch werden einerseits wichtige Nährsalze wie Magnesium- und Calcium-Ionen ausgewaschen, andererseits giftige Aluminium- und Schwermetall-Ionen freigesetzt. Diese gelangen in die Pflanze und schädigen insbesondere den Wurzelbereich.

Schädlinge wie Borkenkäfer oder Schmetterlingsraupen und *Krankheitserreger* wie Bakterien, Pilze und Viren sind für Bäume eine ständige Bedrohung. Je geschwächter ein Baum ist, desto lebensbedrohlicher ist ein Schädlingsbefall.

Extreme Wetter- und *Klimaverhältnisse* wie Temperaturstürze, kalte Winter, lange Trockenheit oder die gerade in jüngster Zeit zunehmenden Stürme machen Bäumen ebenfalls zu schaffen und haben sich schon immer negativ auf den Waldbestand ausgewirkt.

a) Erstelle mithilfe deines Biologiebuches eine Schemazeichnung eines Blattquerschnittes und trage die im Text genannten Schadstoffwege und deren Wirkungen ein.

b) Erstelle ein Concept-Map über die möglichen Ursachen von Waldschäden.

c) Schädlinge oder ungünstige Witterungsverhältnisse verschlimmern das Waldsterben, verursachen es aber nicht. Erkläre diese Aussage.

22 Kraftstoffe – begehrte Ressourcen

Kraftstoffe sind aus unserem Leben nicht mehr wegzudenken. So dienen Kraftstoffe in Kraftwerken zur Erzeugung elektrischer Energie. In Motoren treiben sie Fahrzeuge an. Mit Kraftstoffen erzeugt man Wärme für Haushalte und für industrielle Prozesse.

Kraftstoffe werden überwiegend aus fossilen Rohstoffen gewonnen und müssen in großen Anlagen der chemischen Industrie hergestellt werden. Alle Kraftstoffe bestehen hauptsächlich aus Kohlenwasserstoffen.

Die Verbrennung von Kraftstoffen belastet die Umwelt mit Abgasen. Deshalb wird nach anderen Möglichkeiten gesucht, die benötigte Energie bereit zu stellen.

Zentrale Fragen:
- Wo findet man die Rohstoffe, aus denen Kraftstoffe gewonnen werden können?
- Welche Kraftstoffe gibt es?
- Wie werden Kraftstoffe hergestellt?
- Wie kann man die Ressource Kraftstoff schonen?
- Was kann man zum Schutz der Umwelt tun?

Alles Sonnenenergie

Übersicht

Um Fahrzeuge zu bewegen, elektrischen Strom zu erzeugen oder ein Haus zu heizen, verwenden wir unterschiedliche Energieträger. Die Quelle all dieser Energieformen ist die Sonne. In der *Biomasse*, die wir verbrennen oder zur Herstellung von *Biokraftstoffen* nutzen, ist zuvor Sonnenergie beim Aufbau des Pflanzenmaterials gespeichert worden. *Wasserkraft* und *Windkraft* werden durch die Wärme der Sonne angetrieben. Sonnenenergie kann auch Wasser in Sonnenkollektoren erwärmen oder in Solarzellen elektrischen Strom erzeugen. Alle diese Energieformen nennen wir **regenerativ.**

Kohle, Erdöl und *Erdgas* entstanden aus Lebewesen, die vor vielen Millionen Jahren mithilfe von Sonnenenergie Kohlenstoffdioxid in energiereichere Substanzen umgewandelt haben. Sie zählen zu den **fossilen** Brennstoffen.

Bei der *Atomenergie* und der *Geothermie* nutzt man Sonnenenergie in einer Form, die vor noch längerer Zeit gespeichert wurde.

Kohle, Erdöl und Erdgas sind aus Überresten von Pflanzen oder Meereslebewesen entstanden, die vor Millionen Jahren sehr viel Kohlenstoff gespeichert haben. Bei der Verbrennung dieses Kohlenstoffs wird heute Kohlenstoffdioxid freigesetzt.

Biomasse besteht aus Pflanzen, die mithilfe von Sonnenenergie Kohlenstoffdioxid und Wasser in energiereiche Kohlenstoff-Verbindungen umgewandelt haben. Bei der Verbrennung der Biomasse wird das kurz zuvor aufgenommene Kohlenstoffdioxid wieder freigesetzt.

Geothermie nutzt die Wärme im Erdinneren aus. Als die Erde aus dem Staub gestorbener Sonnen entstand, war sie ein glühender Feuerball. Die Restwärme spüren wir noch heute. Auch radioaktive Prozesse tragen zur Erdwärme bei.

Wasserkraft kann genutzt werden, wenn Wasser bergab strömt. Durch Sonnenenergie verdunstet das Wasser, kondensiert dann in Wolken und fällt als Regen auch auf höher gelegene Gebiete.

Windkraft nutzt Luftströmungen aus. Der Wind entsteht durch Druckunterschiede in der Atmosphäre aufgrund unterschiedlicher Sonneneinstrahlung.

Solarzellen nutzen die Sonnenstrahlung zur Erzeugung elektrischer Energie. In **Sonnenkollektoren** hingegen wird Wasser durch die Wärmestrahlung der Sonne aufgeheizt.

Atomenergie wird bei der Spaltung bestimmter Atomkerne freigesetzt, die noch vor der Entstehung unseres Sonnensystems in anderen Sonnen gebildet wurden.

22.1 Entstehung und Förderung von Erdöl und Erdgas ☆

Vor 200 Millionen Jahren bildeten sich in tropischen Meeren riesige Planktonmengen. Diese Kleinlebewesen sanken nach dem Absterben auf den Meeresgrund. Dort wurden sie mit Sand, Gestein und anderen Sedimenten abgedeckt und zersetzten sich unter Luftabschluss bei hohem Druck und hohen Temperaturen. So entstand eine Faulschlammschicht mit einem großen Anteil an *Kohlenwasserstoffen*, also Verbindungen, die nur aus den Elementen Kohlenstoff und Wasserstoff bestehen. Einige Kohlenwasserstoffe sind bei normalem Druck gasförmig, viele flüssig und einige auch fest und zum größten Teil in dem flüssigen Gemisch gelöst.

Förderung. Bei der Entstehung waren Erdöl und Erdgas fein verteilt. Einsickerndes Wasser mit der größeren Dichte verdrängte die Kohlenwasserstoffe, die allmählich aufstiegen. Im Laufe der Zeit sammelten sich Erdöl und Erdgas unter Sedimentschichten, die für Öl und Gas undurchlässig sind. Von dort können sie heute an die Oberfläche befördert werden.
Bei der Exploration werden Gebiete, in denen Erdöl vermutet wird, seismisch untersucht. Hierbei erzeugt man mit kleinen Sprengungen Schallwellen, die in den Boden eindringen. Der Schall wird wie bei einem Echo an Gesteinsschichten reflektiert, von empfindlichen Geräten aufgezeichnet und mit Com-putern zu dreidimensionalen Karten verarbeitet. An den Stellen, wo die Karten Erdölvorkommen anzei-gen, führt man dann Probebohrungen durch. Wenn schließlich Öl oder Gas gefunden wurde, wird das Lager an mehreren Stellen angebohrt. Pumpen wer-den installiert, die die wertvollen Rohstoffe an die Erdoberfläche befördern.

Transport. Über Pipelines gelangt das Erdöl zu Aufbereitungsanlagen oder zu Häfen, wo es in Tanker gepumpt und über die Meere verschifft wird. Erdgas dagegen wird überwiegend über lange Rohrleitungen nach Deutschland transportiert. Wir importieren Rohöl und Gas hauptsächlich aus Russland, dem Nordsee-Raum und dem Nahen Osten.

Förderplattform in der Nordsee

Erdöl und Erdgas als Kohlenstoffspeicher. Die Lebewesen, aus denen Öl und Gas entstanden sind, haben während ihres Lebens Kohlenstoffdioxid aufgenommen und in organische Verbindungen umgewandelt. Bei ihrem Absterben blieb der Kohlenstoff gespeichert, auch als sich die organischen Verbindungen in Kohlenwasserstoffe umwandelten. Heute verbrennen wir Öl und Gas und setzen damit den Kohlenstoff als Kohlenstoffdioxid wieder frei.

Erdöl und Erdgas bestehen überwiegend aus Kohlenwasserstoffen und sind vor vielen Millionen Jahren aus Überresten von Meereslebewesen entstanden.

1 „Im Erdöl steckt gespeicherte Sonnenenergie". Begründe diese Aussage anhand der Entstehung von Erdöl.

2 Recherchiere, auf welchen Wegen Erdgas nach Deutschland kommt.

3 Skizziere ein Bild des Kohlenstoffkreislaufs an den Beispielen von Erdöl und von Rapsöl. Vergleiche die Zeiträume, die zwischen der Speicherung und Freisetzung von Kohlenstoff vergehen. Begründe die Begriffe „fossile" und „regenerative" Brennstoffe.

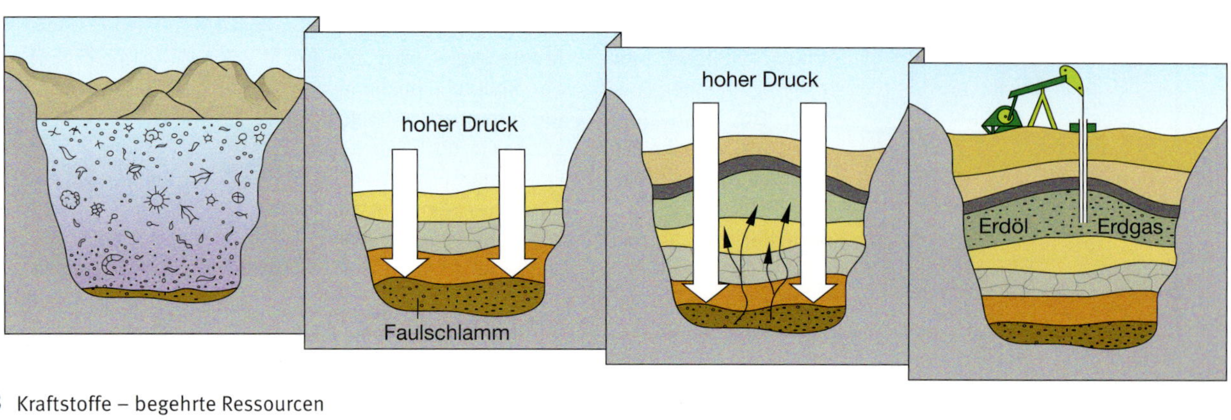

22.2 Erdölaufbereitung – eine raffinierte Sache ☆

Mit Erdöl kann man keinen Motor betreiben und kein Getriebe schmieren, denn es enthält Sand, Salz und Wasser. Da zudem sehr unterschiedliche Kohlenwasserstoffe im Erdöl enthalten sind, muss es aufgetrennt werden, um geeignete Produkte wie Kraftstoffe oder Schmiermittel zu erhalten.

Nach der Entfernung der Verunreinigungen wird das *Rohöl* in einer **Raffinerie** destilliert. Dabei fallen Kohlenwasserstoffe mit ähnlichen Siedetemperaturen als *Fraktionen* an. Dieses Trennver-fahren nennt man daher *fraktionierte Destillation.*

Fraktionierte Destillation. Im großtechnischen Raffinerie-Verfahren wird Rohöl auf 350 °C erhitzt, sodass ein großer Teil des Erdöls verdampft. Die Dämpfe strömen in eine *Destillationskolonne* mit etwa 40 Etagen, die Böden genannt werden. Der heiße Dampf strömt durch kurze Röhren, die die Böden miteinander verbinden, nach oben. Auf dem Weg von Boden zu Boden kühlt sich der Dampf nach und nach ab. In der Destillationskolonne kondensieren daher auf den unteren Böden höher siedende, und weiter oben Kohlenwasserstoffe mit niedrigeren Siedetemperaturen. Die Siedetemperatur der Kohlenwasserstoffe steigt dabei mit der zunehmenden Kettenlänge der Moleküle. Am Kopf der Destillationskolonne entnimmt man die gasförmigen Kohlenwasserstoffe. Die Kondensate mehrerer Böden werden zu Fraktionen zusammengefasst. So erhält man die Produkte **Schweröl, Dieselöl, Petroleum, Kerosin** und **Benzin.**

Vakuumdestillation. Bei der Rohöl-Destillation bleibt eine schwarze, zähe Flüssigkeit zurück. Sie besteht überwiegend aus besonders langkettigen Kohlenwasserstoffen. Eine Destillation bei höherer Temperatur ist nicht möglich, weil die Moleküle dabei gespalten werden. Man arbeitet deshalb bei Unterdruck. **Schweres Heizöl** und die noch höher siedenden **Schmieröle** verdampfen dann unzersetzt. Nach dieser *Vakuumdestillation* bleibt **Bitumen** übrig, das im Straßenbau als Asphalt verwendet wird.

Rohöl wird durch Destillationen in Fraktionen zerlegt, die aus Kohlenwasserstoffen gleicher Siedebereiche bestehen.

1 Erläutere den Begriff fraktionierte *Destillation.*
2 Erkläre den Begriff *Vakuumdestillation.*
3 Nenne die gasförmigen Kohlenwasserstoffe, die im Benzin enthalten sind.
4 Erläutere den Begriff *Petrochemie.*
5 Recherchiere, warum man beim Hausbau Bitumenmasse an die äußeren Kellerwände streicht.

Destillationskolonnen

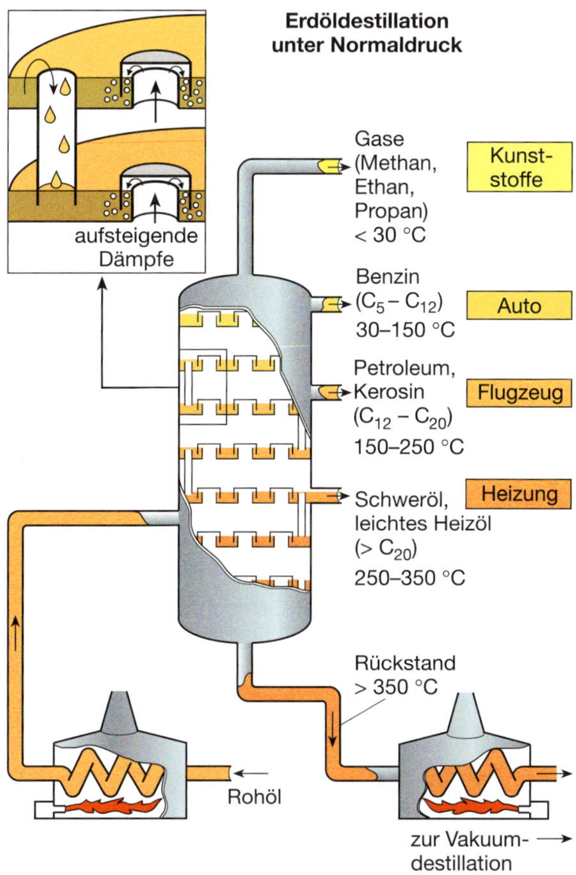

Schema einer Erdöl-Destillation

22.3 Alkane – Inhaltsstoffe des Erdöls

Erdgas besteht im Wesentlichen aus *Methan*, enthält aber auch *Propan* und *Butan*. Erdöl enthält zahlreiche weitere gasförmige, flüssige und feste Kohlenstoff-Wasserstoff-Verbindungen, sogenannte *Kohlenwasserstoffe*. Die Vielfalt der Kohlenwasserstoffe beruht auf einer Eigenschaft, die beim Element Kohlenstoff besonders ausgeprägt ist: In einem Molekül können beliebig viele Atome über Elektronenpaarbindungen direkt miteinander verknüpft werden. Neben unterschiedlich langen Ketten können auch verzweigte Ketten oder Ringe gebildet werden.

Bei den Kohlenwasserstoffen unterscheidet man zwischen den *gesättigten* und *ungesättigten* Verbindungen. Zu den gesättigten Kohlenwasserstoffen gehören alle Verbindungen, in denen die Kohlenstoff-Atome jeweils vier Bindungspartner haben. Zwischen den C-Atomen liegen nur Einfachbindungen vor. Diese Stoffgruppe bezeichnet man als **Alkane.**
Bei den ungesättigten Kohlenwasserstoffen treten dagegen auch C/C-Mehrfachbindungen auf.

Homologe Reihe. Die Alkane lassen sich nach der Anzahl der Kohlenstoff-Atome im Molekül ordnen. Mit der Molekülformel CH_4 steht das *Methan* an erster Stelle. Es folgt das *Ethan* mit der Molekülformel C_2H_6. Fügt man formal eine CH_2-Gruppe ein, erhält man ein C_3H_8-Molekül, ein Molekül des *Propans*.
Innerhalb der Stoffgruppe der Alkane wachsen die Moleküle jeweils um eine CH_2-Gruppe gegenüber dem vorhergehenden Molekül; eine solche regelmäßige Reihe bezeichnet man als **homologe Reihe.** Aufgrund dieses regelmäßigen Aufbaus ergibt sich für alle Glieder der Alkan-Reihe die *allgemeine Molekülformel* $\mathbf{C_nH_{2n+2}}$.

Bei den Alkanen steigt mit wachsender Kettenlänge die Stärke der VAN-DER-WAALS-Bindungen. Dadurch nehmen Schmelz- und Siedetemperaturen zu. Die Kettenlänge der Moleküle bestimmt auch die Anwendungsmöglichkeiten. So ist *Octan* (C_8H_{18}) ein Bestandteil des Benzins; *Octadecan* ($C_{18}H_{38}$) ist in Kerzenwachs enthalten.

Benennung von Alkanen. Die Namen der ersten vier Glieder der homologen Reihe entstanden zu einer Zeit als der Aufbau der Moleküle noch nicht bekannt war. Auch heute noch werden diese Trivialnamen verwendet. Die Namen der weiteren Glieder werden gebildet, indem man vor die Endung **-an** ein lateinisches oder griechisches Zahlwort setzt, das die Anzahl der Kohlenstoff-Atome im Molekül angibt: *Pentan* (C_5H_{12}), *Hexan* (C_6H_{14}), *Heptan* (C_7H_{16}).

Alkyl-Gruppen. Spaltet man formal von einem Alkan-Molekül ein Wasserstoff-Atom ab, erhält man eine Alkyl-Gruppe. So leitet sich die *Methyl*-Gruppe ($-CH_3$) vom Methan und die *Ethyl*-Gruppe ($-CH_2CH_3$) vom Ethan ab. Allgemein spricht man auch von **Alkyl-Resten.** In Formeln bezeichnet man sie kurz durch –R.

Die Alkane sind gesättigte Kohlenwasserstoffe. In ihren Molekülen liegen nur Einfachbindungen vor.
Die Alkane bilden eine homologe Reihe mit der allgemeinen Molekülformel C_nH_{2n+2}.

1 Nenne den Unterschied zwischen gesättigten und ungesättigten Kohlenwasserstoffen.
2 Auch die Alkyl-Gruppen bilden eine homologe Reihe. Gib Namen, Formeln der ersten vier Glieder an. Stelle eine allgemeine Formel auf.

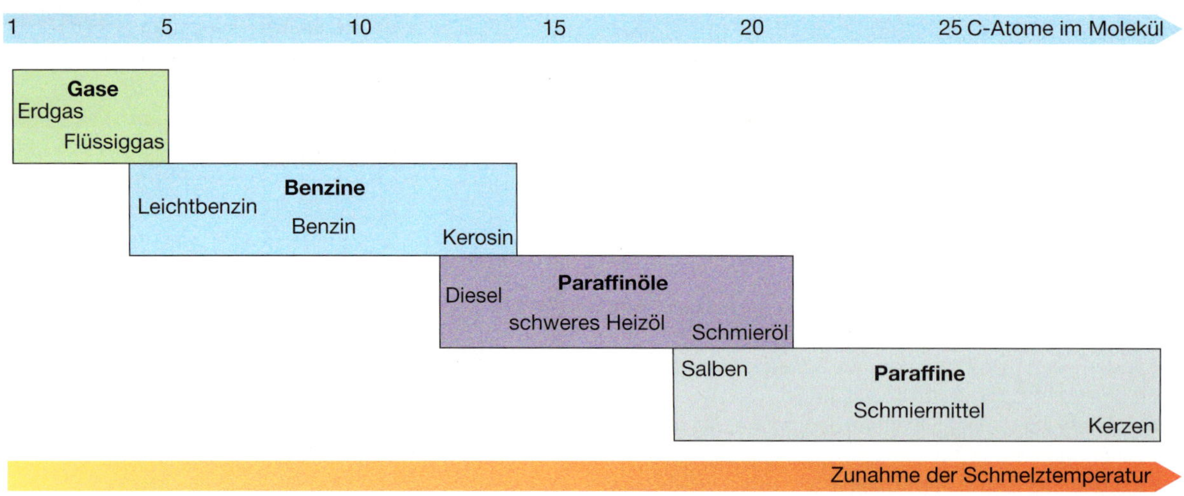

Alkane – Stoffgruppeneinteilung nach der Anzahl der Kohlenstoff-Atome und ihre Verwendung

Homologe Reihe der Alkane

Übersicht

Alkane	Kugel/Stab-Modell	Molekülformel	Struktur-Formel	vereinfachte-Strukturformel	Schmelztemp. in °C	Siedetemp. in °C
Methan		CH_4	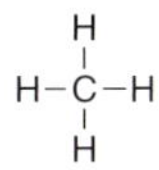	CH_4	−182	−161
Ethan		C_2H_6	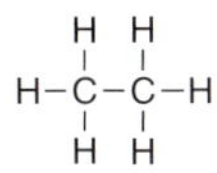	$H_3C\text{-}CH_3$	−183	−89
Propan	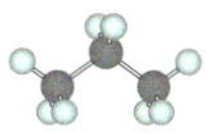	C_3H_8	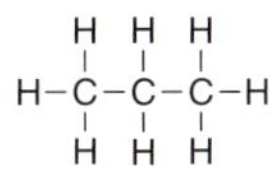	$H_3C\text{-}CH_2\text{-}CH_3$	−189,7	−42
Butan	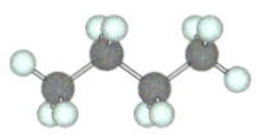	C_4H_{10}	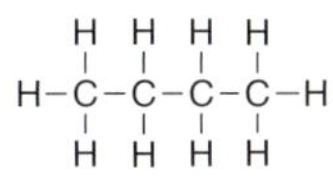	$H_3C\text{-}(CH_2)_2\text{-}CH_3$	−135	−1
Pentan	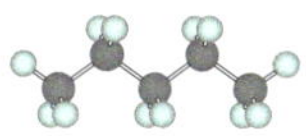	C_5H_{12}	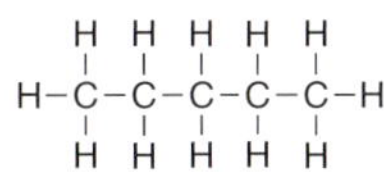	$H_3C\text{-}(CH_2)_3\text{-}CH_3$	−130	36
Hexan	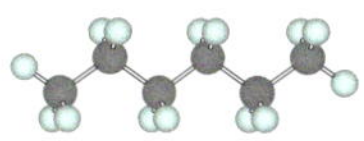	C_6H_{14}	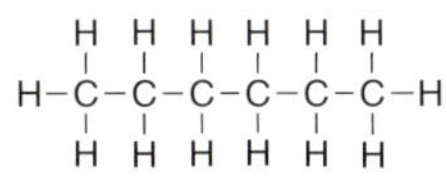	$H_3C\text{-}(CH_2)_4\text{-}CH_3$	−95	69
Heptadecan		$C_{17}H_{36}$	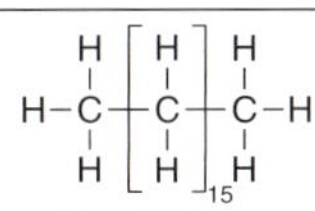	$H_3C\text{-}(CH_2)_{15}\text{-}CH_3$	22	302

Chemie-Rekorde – die längsten Kohlenstoffketten

Exkurs

1985 gelang es Wissenschaftlern, einen *reinen* Kohlenwasserstoff mit besonders langen Molekülen zu synthetisieren. Es handelt sich dabei um das *Nonacontatrictan*, ein Alkan mit einer Kette aus 390 Kohlenstoff-Atomen im Molekül: $C_{390}H_{782}$. Das Nonacontatrictan kann, wie Polymere auch, auf Oberflächen wie Graphit kristallisieren. Es bildet dabei dünne Schichten aus. Die Schichten können mit dem Rasterkraftmikroskop abgetastet und so dargestellt werden. Mit dem Rasterkraftmikroskop ist es möglich, die Eigenschaften von Nonacontatrictan-Oberflächen zu untersuchen. So können beispielsweise chemische und mechanische Eigenschaften bestimmt werden.

Das größte bekannte Ringsystem unter den synthetischen Kohlenwasserstoffen weist 288 Kohlenstoff-Atome auf. Der systematische Name für dieses Cycloalkan mit der Molekülformel $C_{288}H_{576}$ ist Cyclooctaoctacontadictan.

Ob einzelne Riesenmoleküle stabil sind, hängt entscheidend von der Temperatur ab. In der Wärme werden die Molekülschwingungen so stark, dass bei einem langen Molekül die Wahrscheinlichkeit für den Bruch einer Bindung ansteigt. Deshalb bleibt es abzuwarten, ob diese Stoffe mit ihren spezifischen Eigenschaften jemals Einzug in unseren Alltag halten.

22.4 Vielfalt durch Verzweigung

Kraftstoffe bestehen aus einem Gemisch vieler verschiedener Verbindungen, die eines gemeinsam haben: Sie sind überwiegend aus Atomen der Elemente Kohlenstoff und Wasserstoff zusammengesetzt. Da Kohlenstoff-Atome vier Bindungen eingehen können, Wasserstoff-Atome eine Bindung, ergeben sich schon bei sehr wenigen Atomen pro Molekül viele verschiedene Verknüpfungsmöglichkeiten, die nahezu alle in der Natur vorkommen.

Isomere. Ein Hexan-Molekül besteht aus sechs Kohlenstoff-Atomen und vierzehn Wasserstoff-Atomen. Aus diesen zwanzig Atomen kann man bereits fünf verschiedene Verbindungen konstruieren. Tatsächlich sind im Erdöl alle denkbaren Hexan-Moleküle enthalten. Man nennt Verbindungen mit gleicher Molekülformel, aber unterschiedlicher Struktur *Isomere*. Ebenso spricht man von Isomerie, wenn es verschiedene Moleküle mit gleicher Molekülformel gibt.

Eigenschaften von Kraftstoffen. Die verschiedenen Isomere einer Verbindung verhalten sich auch bei der Verbrennung im Fahrzeugmotor sehr unterschiedlich. Zwischen unverzweigten Molekülen wie den Hexan-Molekülen liegen stärkere VAN-DER-WAALS-Bindungen vor als zwischen verzweigten Molekülen wie im 2,2-Dimethylbutan. Deshalb verdunstet Hexan beim Vermischen mit der Ansaugluft nicht so schnell wie Dimethylbutan. Diese Eigenschaft müssen Kraftfahrzeug-Ingenieure berücksichtigen.

Die Form der Moleküle bestimmt auch, wie leicht sich ein Kohlenwasserstoff entzünden lässt. Je leichter sich der Kraftstoff entzünden lässt, desto größer ist die Gefahr, dass das Benzin-Luft-Gemisch im Motor bereits explodiert, bevor die Zündkerze durch einen Funken die Verbrennung auslöst. In diesem Fall kann es zu Motorschäden kommen. Wegen der bei der vorzeitigen Entzündung hörbaren Geräusche sagt man, der Motor klopft. Autofahrer müssen beim Tanken darauf achten, Benzin mit der richtigen Zündfähigkeit zu tanken. Als Maß für die Zündfähigkeit wurde die **Oktanzahl** festgelegt.

Beim *Zündzeitpunkt* muss das richtige Benzin/Luft-Gemisch vorliegen. Da verschiedene Alkane aber verschiedene Siedetemperaturen haben, muss man daher den richtigen Zeitpunkt für das Einspritzen des Kraftstoffs wählen. Zwischen diesem *Einspritzzeitpunkt* und dem Zündzeitpunkt muss der Kraftstoff vollständig verdunsten. Einspritzzeitpunkt und Zündzeitpunkt werden durch die Motorsteuerung geregelt.

> Das Auftreten verschiedener Verbindungen mit gleicher Molekülformel nennt man Isomerie. Kraftstoffe bestehen aus eine Vielzahl isomerer Alkane mit unterschiedlichen Eigenschaften.

1 Zeichne die LEWIS-Formeln aller Isomere des Heptans. Gib deren Namen an und recherchiere ihre Siedetemperaturen.

2 Begründe, warum ein Kraftstoff aus stark verzweigten Molekülen bei einer tieferen Temperatur siedet als einer aus kettenförmigen Molekülen, obwohl die entsprechenden Kraftstoff-Moleküle gleiche Massen haben.

3 Recherchiere, wie die vier Takte eines Verbrennungsmotors ablaufen und beschreibe, wie das „Klopfen" zustande kommt.

$\overset{1}{C}H_3-\overset{2}{C}H_2-\overset{3}{C}H_2-\overset{4}{C}H_2-\overset{5}{C}H_2-\overset{6}{C}H_3$

Siedetemperatur: 68 °C

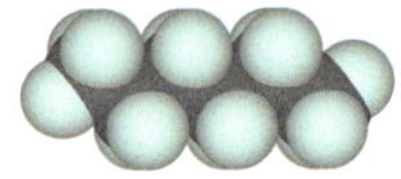

Hexan

CH_3 (an C-2)
$\overset{1}{C}H_3-\overset{2}{C}H-\overset{3}{C}H_2-\overset{4}{C}H_2-\overset{5}{C}H_3$

Siedetemperatur: 60 °C

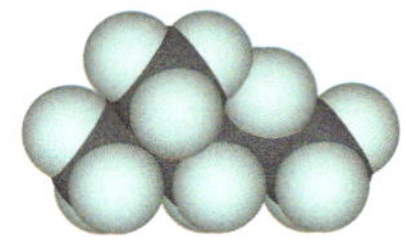

2-Methylpentan

CH_3 (an C-3)
$\overset{1}{C}H_3-\overset{2}{C}H_2-\overset{3}{C}H-\overset{4}{C}H_2-\overset{5}{C}H_3$

Siedetemperatur: 63 °C

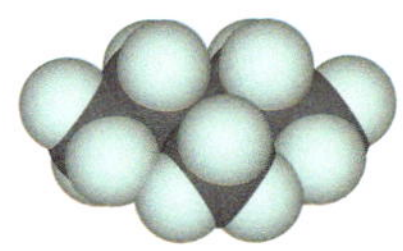

3-Methylpentan

CH_3 (an C-2, oben und unten)
$\overset{1}{C}H_3-\overset{2}{C}(CH_3)_2-\overset{3}{C}H_2-\overset{4}{C}H_3$

Siedetemperatur: 58 °C

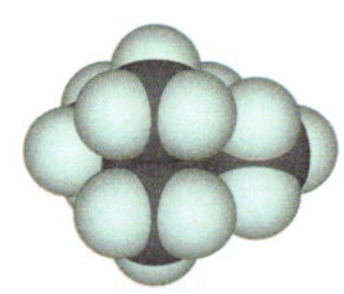

2,2-Dimethylbutan

CH_3 CH_3 (an C-2 und C-3)
$\overset{1}{C}H_3-\overset{2}{C}H-\overset{3}{C}H-\overset{4}{C}H_3$

Siedetemperatur: 50 °C

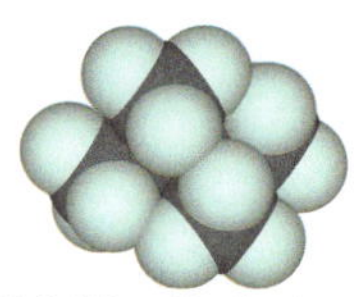

2,3-Dimethylbutan

Isomere des Hexans

22.5 Nomenklatur – Namen leicht zu finden

Bis heute wurden bereits mehr als zehn Millionen organische Verbindungen näher untersucht, darunter zahlreiche isomere Alkane. Damit trotz dieser Vielzahl der Überblick nicht verloren geht, war es notwendig, ein eindeutiges und möglichst rationelles System der Namensgebung, eine *Nomenklatur,* einzuführen. Heute halten sich die Chemiker bei der Benennung organischer Verbindungen weltweit an Regeln, die von den zuständigen Kommissionen der **IUPAC** (**I**nternational **U**nion of **P**ure and **A**pplied **C**hemistry) erarbeitet werden.

Für die wissenschaftlich exakte Benennung der isomeren Alkane gelten folgende IUPAC-Regeln: Zuerst wird die längste Kohlenstoff-Kette im Molekül, die *Hauptkette,* bestimmt. Dann betrachtet man die Verzweigungen. Diese *Seitenketten* bezeichnet man allgemein als Alkyl-Gruppen. Die Namen der Alkyl-Gruppen ergeben sich, indem man die Silbe -an im Namen des zugehörigen Alkans durch die Endung **-yl** ersetzt. Die einfachsten Alkyl-Reste sind der Methyl-Rest (CH_3-Rest) und der Ethyl-Rest (C_2H_5-Rest).

Nomenklaturregeln für Alkane:

1. Alkane haben die Endung **-an.** Der Name des Alkans, das die Hauptkette bildet, liefert den *Stammnamen* der Verbindung.

1 2 3 4 5

$CH_3-CH_2-CH_2-CH_2-CH_3$

Beispiel: Pentan

2. Die Namen der Seitenketten werden dem Stammnamen vorangestellt.
Um anzuzeigen, an welches C-Atom die Seitenkette gebunden ist, wird die Hauptkette nummeriert. Die Verzweigungsstellen sollen dabei möglichst kleine Zahlen erhalten. Diese Zahlen werden den Namen der Seitenketten vorangestellt.

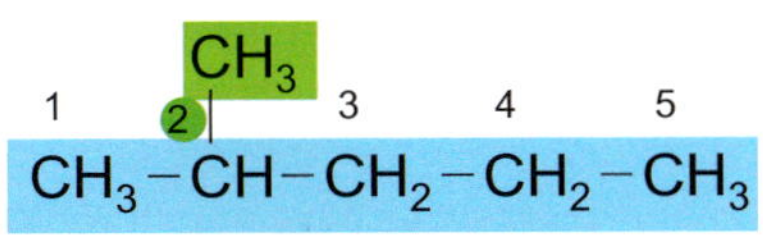

Beispiel: 2-Methyl pentan

Achtung: 2-Methylpentan ist ein Isomer des *Hexans.* Die Benennung erfolgt aber nach der Anzahl der Kohlenstoff-Atome in der längsten Kette: Der Stammname ist deshalb *-pentan.*

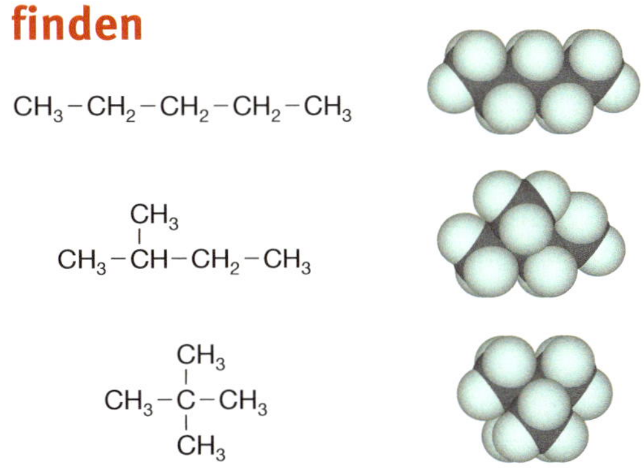

Pentan und seine Isomere

3. Treten gleiche Seitenketten mehrfach in einem Molekül auf, so wird ein entsprechendes Zahlwort (di-, tri-, tetra-, penta-) vorangestellt.
Unterschiedliche Seitenketten werden alphabetisch nach den Namen der Alkyl-Gruppen geordnet.
Beispiel:

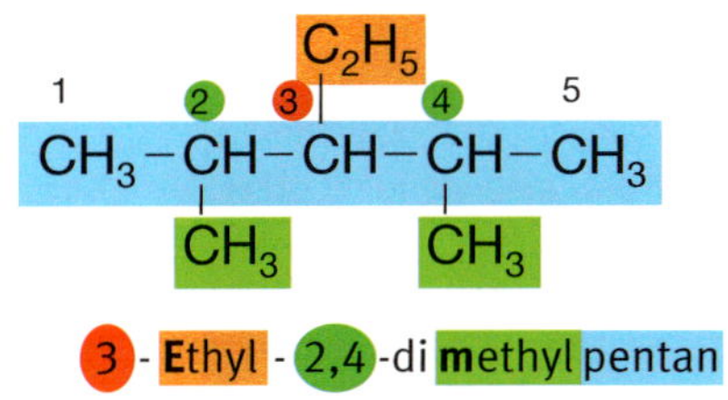

1 Benenne die oben dargestellten isomeren Pentane.
2 Nenne das unverzweigte Alkan, das zu 2,2-Dimethylpropan isomer ist. Begründe.
3 Gib die Strukturformeln folgender Verbindungen an: 3-Ethylpentan, 3-Ethyl-2-methylhexan, 2,2,4-Trimethylpentan und 2,2,3-Trimethyl-4-propylheptan.
4 Auch bei Alkyl-Resten tritt Isomerie auf. Zeige dies am Beispiel der Propyl-Gruppe.
5 Benenne folgende Alkane:

a)

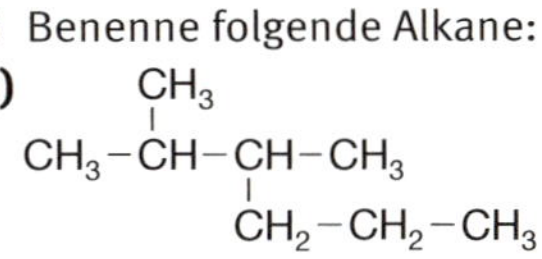

b)

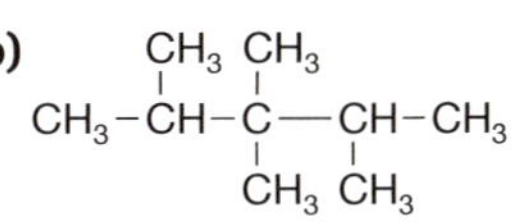

c)

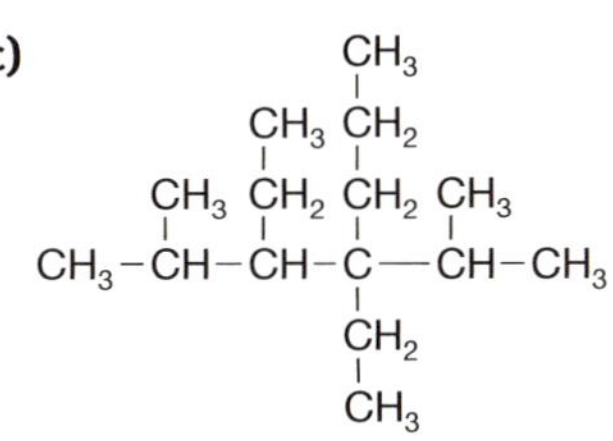

Hinweis:
$-CH(CH_3)_2$
= *iso*-Propyl-Rest

22.6 Erdöl – Kohlenwasserstoffe, die niemand braucht?

Erdöl - ein zähflüssiges Gemisch

Erdöl ist ein Gemisch aus unterschiedlichen Kohlenwasserstoffen. Je nach Herkunft enthält es mehr oder weniger langkettige, kurzkettige und auch ringförmige Moleküle. Die Zusammensetzung des gefundenen Erdöls deckt aber nicht den Bedarf an Benzin, Dieselöl und anderen Kraftstoffen.

Benzin. Kohlenwasserstoffe, die für die Verbrennung im Ottomotor geeignet sind, müssen beim Mischen mit Luft schnell verdunsten. Außerdem dürfen sie sich erst durch den Funken der Zündkerze entzünden und nicht schon beim Verdichten des Benzin-Luft-Gemisches im Motor. Nur wenige Bestandteile des Erdöls weisen diese Eigenschaften auf. 2,2,4-Trimethylpentan (Isooctan) ist dabei ein besonders geeignetes Alkan und wird als Vergleichsbenzin benutzt. Da das 2,2,4-Trimethylpentan-Molekül acht Kohlenstoff-Atom enthält wird es in der Technik auch als Oktan bezeichnet. Ein Benzin mit der Oktanzahl 100 verhält sich im Motor wie reines Trimethylpentan.

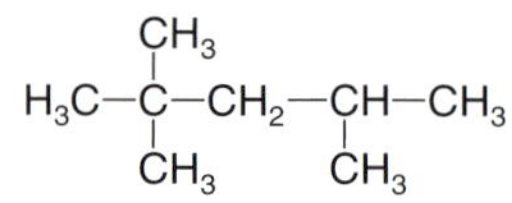

Bitumen - ein nützlicher Rückstand

Dieselkraftstoff. Dieselöl wird direkt in den Verbrennungsraum des Motors eingespritzt und muss sich danach sehr schnell entzünden. Anschließend soll der Kraftstoff möglichst vollständig und ohne Rußentwicklung verbrennen. Außerdem muss der Kraftstoff so dünnflüssig sein, dass er problemlos mit hoher Geschwindigkeit durch sehr feine Düsen gespritzt werden kann. Diese Eigenschaften hat ein Gemisch, das Kohlenwasserstoffe mit etwa 16 C-Atomen in den Molekülen besitzt, wie das Hexadecan. Der Flugzeugkraftstoff Kerosin, hat ähnliche Eigenschaften wie Dieselöl.

$CH_3{-}CH_2{-}CH_2{-}CH_2{-}CH_2{-}CH_2{-}CH_2{-}CH_2{-}CH_2{-}CH_2{-}CH_2{-}CH_2{-}CH_2{-}CH_2{-}CH_2{-}CH_3$

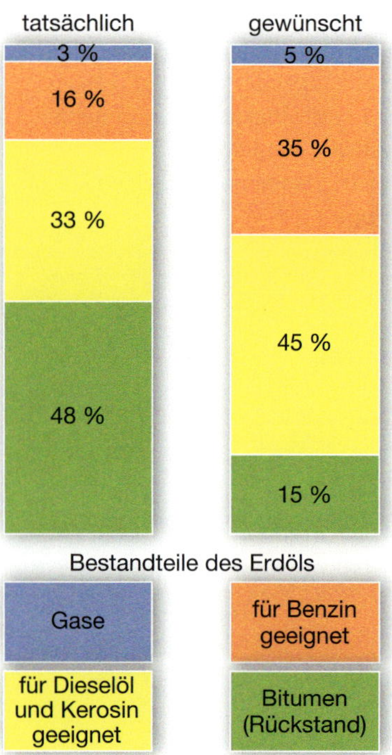

Zusammensetzung des Erdöls

Hauptbestandteile des Erdöls. An Stelle der kurzkettigen verzweigten Moleküle, die für Benzinmotoren gut geeignet sind und der etwas längeren unverzweigten Moleküle, die für Dieselmotoren geeignet sind, enthält Erdöl leider einen großen Anteil an Kohlenwasserstoffen aus sehr langkettigen Molekülen. Diese Verbindungen sind dickflüssig oder auch fest. Sie werden zu Schweröl oder Bitumen verarbeitet. Bitumen verwendet man als Straßenbelag.

Neben den Fraktionen, die für Verbrennungsmotoren geeignet sind, enthält das Erdöl große Anteile an langkettigen Alkanen.

1 Vergleiche die tatsächliche Zusammensetzung des Erdöls mit der Nachfrage. Erläutere, warum Benzin auch nach Abzug der Steuern häufig teurer ist als Dieselkraftstoff.

2 Rapsöl kann in Dieselmotoren normalerweise nicht verbrannt werden, weil es unter anderem zu zähflüssig ist.
Ermittle die molare Massen von Rapsöl und von Hexadecan und erkläre das unterschiedliche Verbrennungsverhalten.

3 Recherchiere die Zusammensetzung von Erdöl aus verschiedenen Regionen der Welt und notiere, wie viel sich davon zu Benzin und Dieselöl verarbeiten lässt.

22.7 Aus Schweröl wird Kraftstoff – Cracken und Reforming ☆

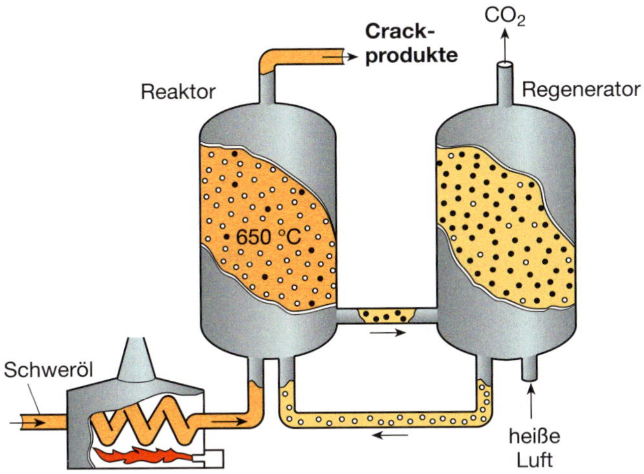

Schema einer Crack-Anlage

Um die Nachfrage nach Kraftstoffen auf dem Weltmarkt befriedigen zu können, müsste mehr als ein Drittel des Erdöls aus Benzin bestehen. Diese Bedingung erfüllt das Erdöl aber nicht. Stattdessen enthält es meist nur ein Sechstel benzinähnliche Verbindungen, dagegen viel mehr Schweröl und Bitumen als man benötigt. Um daraus zusätzliches Benzin und Dieselöl zu gewinnen, hat man das *Cracken* (engl. *crack*: spalten) und das *Reforming* (engl. *reform*: neu zusammensetzen) entwickelt.

Cracken. Lässt man Schweröl auf eine heiße Eisenplatte tropfen, so entstehen niedriger siedende Kohlenwasserstoffe: Bei dem plötzlichen Erhitzen zerbrechen langkettige Alkan-Moleküle in kürzere Moleküle. Diese Möglichkeit nutzt man großtechnisch beim *Crack-Prozess*. Dabei leitet man 650 °C heiße Schweröl-Dämpfe in einen Reaktor mit umherwirbelnden Katalysator-Perlen, an dem die Moleküle zerlegt werden. Allerdings bildet sich dabei auch Ruß. Deshalb bläst man einen Teil der Katalysator-Perlen zur Reinigung zusammen mit Luft in einen Regenerator, wo der Ruß zu CO_2 verbrennt.

Reforming. Während in Dieselmotoren ein Gemisch aus Kohlenwasserstoffen verbrannt wird, deren Moleküle überwiegend unverzweigt aufgebaut sind, benötigen Benzinmotoren Kohlenwasserstoffe mit verzweigten und zum Teil ringförmigen Molekülen. Viele dieser Stoffe enthalten Moleküle mit Ringen aus sechs Kohlenstoff-Atomen nach dem Beispiel des Benzols (C_6H_6). Man nennt diese Substanzen auch *Aromaten*.

Um die Hauptbestandteile des Fahrzeugbenzins zu erhalten, wird Leichtöl mit einem Siedebereich von 75 °C bis 160 °C bei einer Temperatur von etwa 500 °C nacheinander über Katalysatoren aus Platin-Zinn und Aluminiumoxid geleitet. Dabei brechen die langen kettenförmigen Kohlenwasserstoff-Moleküle auf und setzen sich in verzweigter Form wieder zusammen. So entstehen kurze Kohlenwasserstoffketten mit mehreren Seitenketten. Teilweise werden auch Wasserstoff-Atome abgespalten und ringförmige Moleküle gebildet.

Beim Cracken entstehen aus langkettigen Kohlenwasserstoff-Molekülen mehrere kürzere Moleküle. Beim Reforming erhält man stärker verzweigte Verbindungen.

1 Formuliere eine Reaktionsgleichung für die Umwandlung von Dodekan ($C_{12}H_{26}$) in Benzol (C_6H_6). Gib an, welcher Stoff außer Benzol noch entstehen muss.

2 Gib an, durch welches Verfahren Octan in Trimethylpentan umgewandelt werden kann und zeichne die Strukturformeln der beiden Verbindungen.

3 Baue alle unterschiedlichen Trimethylpentan-Isomere mit einem Molekülbaukasten. Gib ihre Strukturformeln an und benenne die Moleküle.

4 Begründe, weshalb beim Cracken von Kohlenwasserstoff-Verbindungen Ruß entsteht. Gib an, wie man diesen Kohlenstoff beseitigt.

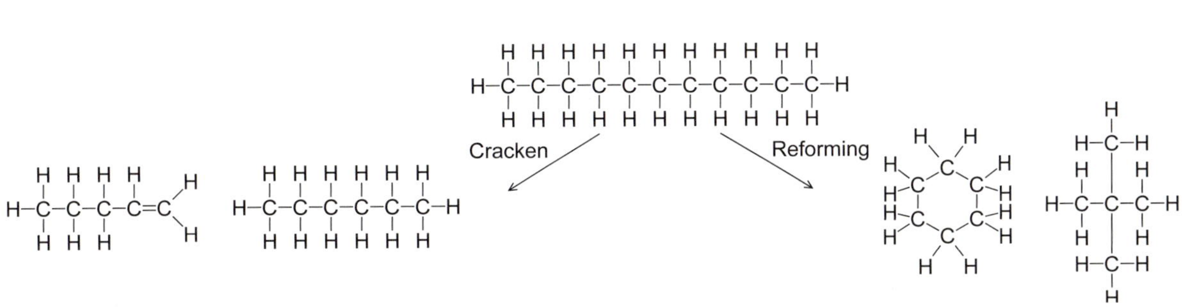

Cracken und Reforming im Modell

22.8 Woher kommt die Verbrennungswärme?

Im Motor werden Kraftstoffe verbrannt, um Bewegungsenergie zu erhalten. Tatsächlich wird zuerst Verbrennungsenergie als Wärme im Motor freigesetzt; die Umsetzung in Bewegungsenergie übernimmt der Motor. Um zu verstehen, wie aus der chemischen Energie des Kraftstoff/Luft-Gemisches Wärme wird, muss man sich die verschiedenen Vorgänge auf der Ebene von Atomen und Molekülen vor Augen führen. Weil die Vorgänge sehr komplex sind, zerlegen wir die Verbrennung gedanklich in einzelne Schritte.
Als Beispiel nehmen wir dazu den Brennstoff mit den einfachsten Molekülen, das Methan. Seine Moleküle bestehen aus einem Kohlenstoff-Atom und vier Wasserstoff-Atomen.

Aufstellen einer Reaktionsgleichung. Bei der Verbrennung reagiert Methan mit dem Sauerstoff der Luft. Dabei entstehen Kohlenstoffdioxid und Wasserdampf:

$CH_4 + 2\,O_2 \longrightarrow CO_2 + 2\,H_2O$

Formales Lösen von Bindungen. Zu Beginn werden Bindungen zwischen Kohlenstoff-Atomen und Wasserstoff-Atomen und auch zwischen Sauerstoff-Atomen gelockert. Modellhaft lassen wir jedoch sofort einzelne Kohlenstoff-Atome, Wasserstoff-Atome und Sauerstoff-Atome entstehen:

$CH_4 \longrightarrow C + 4\,H$ und $2\,O_2 \longrightarrow 4\,O$

Hierbei werden vier C–H-Bindungen und zwei O=O-Bindungen gelöst. Um die Bindungen in einem Methan-Molekül zu lösen, benötigt man vier Mal die *Bindungsenergie* einer C–H-Bindung, für ein Mol Methan also 4 · 415 kJ = 1660 kJ. Zum Spalten von zwei Mol Sauerstoff-Molekülen wären 2 · 498 kJ, also 996 kJ nötig. Insgesamt wären also 2656 kJ erforderlich.

Formales Knüpfen neuer Bindungen. Während des Verbrennungsvorgangs entstehen neue Moleküle. Ebenso modellhaft wie zuvor lassen wir die Moleküle aus einzelnen Atomen entstehen:

$C + 4\,H + 4\,O \longrightarrow CO_2 + 2\,H_2O$

Dabei bilden sich zwei neue C=O-Bindungen und vier neue O–H-Bindungen. Erst bei diesem Vorgang wird Energie freigesetzt, und zwar genau so viel aber mit anderem Vorzeichen, wie man für die Spaltung aufwenden müsste. Für die Bindungen in einem Mol Kohlenstoffdioxid und zwei Mol Wasser wären das insgesamt 4 · (–463 kJ) und 2 · (–804 kJ) also –3460 kJ.

Energiebilanz. Bei der Bildung der Reaktionsprodukte wird mehr Energie frei, als zur Spaltung der Moleküle der Ausgangsstoffe notwendig war. Diese Energiemenge von –800 kJ ergibt sich als Summe:

2656 kJ + (–3460 kJ)= –804 kJ

Auch wenn die Berechnung nur über ein Modell erfolgt ist, stimmt das Ergebnis mit der realen Verbrennungsenergie überein.

Die bei der Verbrennung frei werdende Energie lässt sich aus den Bindungsenergien der Ausgangsstoffe und der Produkte berechnen.

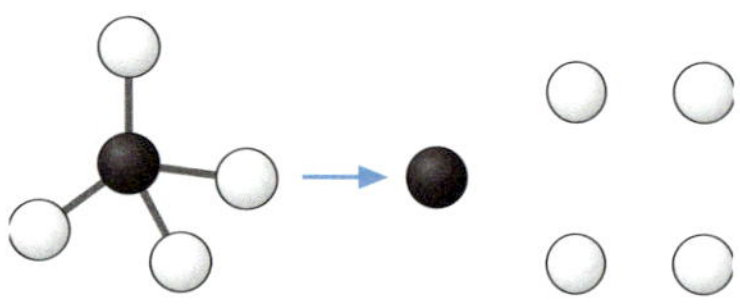

4 · 415 kJ = 1660 kJ

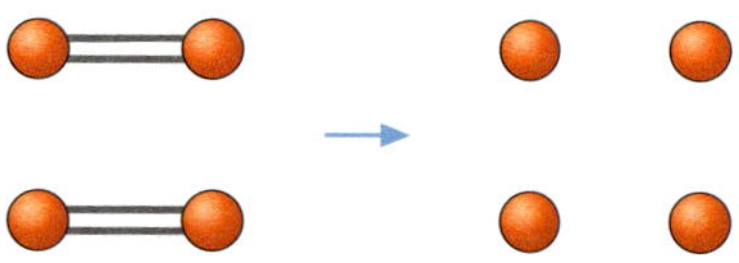

2 · 498 kJ = 996 kJ

2 · (–804 kJ) = –1608 kJ

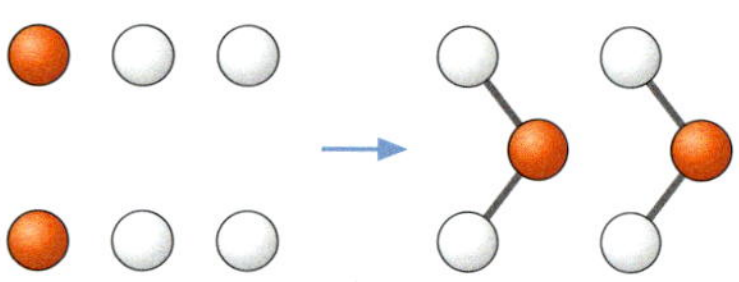

4 · (–463 kJ) = –1852 kJ

Bilanz:

1660 kJ
996 kJ
–1852 kJ
–1608 kJ
———
–804 kJ

Zur Spaltung von einem Mol benötigte Energie in kJ:

C-C 348	C=C 614	C≡C 839	C-H 415
O=O 498	C=O 804	H-O 463	H-H 436

1 Berechne mithilfe der Tabelle, wie viel Energie bei der Verbrennung von einem Mol Propan (C_3H_8) frei wird.

Die Mischung macht's

Die Zusammensetzung des Kraftstoff-Luft-Gemisches entscheidet darüber, ob der Motor gut läuft, ob kein Benzin unverbrannt aus dem Auspuff ausgestoßen wird und ob der Abgas-Katalysator die giftigen Abgasbestandteile in ungiftige umwandeln kann. Mit dem folgenden Experiment kann das richtige Benzin-Luft-Gemisch ermittelt werden.

Lehrerversuch

V1: Ermittlung eines geeigneten Benzin-Luft-Gemisches

Materialien: Standzylinder (400 ml), Glasplatte, Reagenzglas (etwa 10 ml), 5 bis 6 Korkstückchen von etwa 5 mm Kantenlänge, feine Tropfpipette, Holzspan, Gummistopfen, Messzylinder (10 ml), Analysenwaage, Messzylinder (1 l);
Benzin (F+, Siedebereich 40 °C bis 60 °C).

Bestimmung der optimalen Benzinmenge

Durchführung:

1. Das Reagenzglas wird mit etwa 5 ml Benzin gefüllt.
2. Man gibt einen Tropfen Benzin und die Korkstückchen in den Standzylinder und deckt ihn sofort mit der Glasplatte ab.
3. Der Standzylinder wird geschüttelt, um Benzindämpfe und Luft miteinander zu vermischen.
3. Der Holzspan wird angezündet, danach die Abdeckung vom Standzylinder entfernt und das Benzin-Luft-Gemisch mit dem Holzspan entzündet.
4. Der Standzylinder wird gut ausgeblasen, um die entstandenen Abgase zu entfernen.
5. Man wiederholt das Experiment mit jeweils einem Tropfen Benzin mehr. Mit zehn Benzintropfen ist die Versuchsreihe beendet.

Aufgaben:

a) Beobachte die Flamme und achte besonders auf die Geschwindigkeit, mit der sich die Flamme nach unten ausbreitet.
b) Notiere, mit wie vielen Tropfen Benzin die Verbrennung am schnellsten verlief.
c) Begründe, warum man der Benzin-Luft-Mischung Korkstückchen zusetzt.

Ermittlung der Masse eines Benzintropfens

Durchführung:

Hinweis: Dieser Versuchsteil kann von einer Gruppe für alle durchgeführt werden.

1. Der 10-ml-Messzylinder wird auf eine Analysenwaage gestellt und die Waage auf null Gramm tariert.
2. Tropfe genau 2 ml Benzin in den Messzylinder. Zähle dabei Anzahl der Tropfen. Bestimme die Masse der 2 ml Benzin.

Aufgaben:

a) Notiere Masse und Volumen des Benzins und die Anzahl der benötigten Tropfen.
b) Bestimme die Masse und das Volumen eines Benzintropfens.

Ermittlung des Luftvolumens in dem Standzylinder

Durchführung:

1. Der Standzylinder wird randvoll mit Leitungswasser gefüllt.
2. Das Wasser wird in den Messzylinder umgefüllt und das Volumen abgelesen.

Aufgabe:

Notiere das Volumen des Standzylinders.

Auswertung

Aufgaben:

a) Berechne, wie viel Liter Luft mit jedem Liter Benzin bei der besten Verbrennung verbraucht werden.
b) Berechne die Masse des dabei zugetropften Benzins und die Masse der bei der Verbrennung verbrauchten Luft (Dichte der Luft $\rho = 1{,}3\ \frac{g}{l}$).
c) Formuliere die Reaktionsgleichung für die Verbrennung von Benzin mit der Molekülformel C_5H_{12}.
d) Überprüfe das experimentelle Ergebnis rechnerisch durch die Verwendung der Reaktionsgleichung.
e) Recherchiere, wie man in Kraftfahrzeugen ein optimales Kraftstoff-Luft-Gemisch erreicht.
f) Erläutere, warum man in dieser Versuchsreihe Benzin im Siedebereich 40 °C bis 60 °C an Stelle des preiswerteren Feuerzeugbenzins verwendet.

22.9 Regenerative Kraftstoffe – immer umweltfreundlich? ✩

Biokraftstoffe vom Feld in den Tank

Rohrzuckerplantagen für Bioethanol

Bei der Verbrennung von kohlenstoffhaltigen Verbindungen wird Kohlenstoffdioxid frei gesetzt, das in der Atmosphäre ähnlich wirkt wie das Glas eines Treibhauses. Es gibt Hinweise darauf, dass sich dadurch die Erdatmosphäre erwärmt und sich das Klima weltweit ändert.
Alternative Brennstoffe, die diesen Nachteil nicht aufweisen, werden aus schnell wachsenden Pflanzen hergestellt. Sie nehmen bei ihrem Wachstum durch die Photosynthese ebenso viel Kohlenstoffdioxid auf, wie später bei Verbrennung wieder entsteht. Da die Pflanzen nachwachsen, spricht man von **regenerativen Kraftstoffen**. Für Benzinmotoren haben sich dabei Bioethanol und Biogas bewährt, für Dieselmotoren Biodiesel.

Bioethanol. Ethanol ist der Alkohol, der auch in alkoholischen Getränken enthalten ist. Er entsteht durch die Vergärung von Zucker mithilfe von Hefe:

$$\underset{\text{Zucker}}{C_{12}H_{22}O_{11}} + H_2O \xrightarrow{\text{Hefe}} 4\ \underset{\text{Ethanol}}{C_2H_5OH} + 4\ CO_2$$

In der Europäischen Union wird Benzin mit 5 % Bioethanol versetzt. Dieser E5 genannte Kraftstoff kann ohne Umrüstung der Tankstellen und Motoren genutzt werden. Fertigt man die Dichtungen an den Benzinleitungen aus Materialien, die gegen Ethanol widerstandsfähiger sind, kann auch ein Gemisch mit einem höheren Alkoholanteil eingesetzt werden. Allerdings muss der Motor dafür eingestellt werden.
In Brasilien, wo man Zucker preiswert aus Zuckerrohr gewinnt, fahren viele Autos mit E85, einem Gemisch aus 85 % Ethanol und 15 % Benzin. Da Brasilien so vom Erdöl weitgehend unabhängig ist, kommen auch ärmere Bürger in den Genuss eines eigenen Autos.

Doch gerade in Brasilien werden Probleme deutlich: Für den Anbau des Zuckerrohrs wurden große Flächen Regenwald gerodet. Dabei wurden Bäume verbrannt, die anstatt Jahr für Jahr große Mengen Kohlenstoffdioxid aufzunehmen, plötzlich selbst Kohlenstoffdioxid freisetzten. In anderen Gegenden hat man auf landwirtschaftlichen Nutzflächen Zuckerrohr angebaut, auf denen Getreide für die einheimische Bevölkerung geerntet werden könnte.

Biodiesel. Aus Rapsöl wird in Europa Biodiesel hergestellt. Da das Pflanzenöl zu zähflüssig ist, wird es mit dem Alkohol Methanol umgesetzt. Dabei entsteht Rapsmethylester, eine Verbindung mit ähnlichen Eigenschaften wie Dieselöl. In wärmeren Ländern setzt man auch Palmöl ein, um daraus Biodiesel herzustellen. Aber auch hier werden landwirtschaftliche Flächen genutzt, die dann nicht mehr für den Getreideanbau zur Verfügung stehen.

Biogas. Bei der Vergärung von organischen Abfällen aus Haushalt und Landwirtschaft entsteht Methan. Dieses Gas kann man ebenfalls problemlos in Benzinmotoren verbrennen. Schwierig sind hierbei hauptsächlich die Lagerung und der Transport des Gases in Druckgasbehältern, die mehr Platz einnehmen als ein Benzintank.

Kraftstoffe für Fahrzeugmotoren können auch aus Pflanzenmaterial hergestellt werden. Bei der Nutzung von Biokraftstoffen wird weniger Kohlenstoffdioxid frei gesetzt als bei der Nutzung fossiler Brennstoffe.

1 Sammle Argumente für und gegen die Gewinnung von Biokraftstoffen und stelle sie in einer Mindmap zusammen.

Biogas – Kraftstoff aus Mist

Ottomotoren kann man nicht nur mit Benzin, sondern auch mit Gas betreiben. Dabei muss es kein Erdgas sein. Chemisch nahezu identisch mit Erdgas ist Biogas, das bei der Vergärung organischer Abfälle entsteht. Der Hauptbestandteil von Erdgas und Biogas ist *Methan* (CH_4), der einfachste Kohlenwasserstoff.
Auch im Schulexperiment lässt sich aus organischem Material Biogas gewinnen. Die dazu notwendigen Bakterien findet man dort, wo Fäulnisprozesse unter Luftabschluss ablaufen, beispielsweise im Schlamm auf dem Boden eines Teiches. Als Ausgangsmaterial lassen sich die *Kohlenhydrate* aus Kartoffelschalen und die *Eiweißstoffe* aus Brühwürfeln nutzen.

V1: Biogas aus dem Thermosgefäß

Materialien: Erlenmeyerkolben (300ml) mit Stopfen, Waage, Wasserbad, Thermosgefäß (250 ml), Stopfen mit zwei Löchern, Thermometer, gewinkeltes Glasrohr, Kolbenprober mit Hahn (100 ml);
Kohlenstoffdioxid, Găransatz: 100 g Teichschlamm, 10 g Grasschnitt, 10 g Kartoffelschalen, 2 Fleischbrühwürfel.

Durchführung:

1. Gib den Găransatz in den Erlenmeyerkolben.
2. Erwärme den Ansatz im Wasserbad auf 40 °C.
3. Spüle das Thermosgefäß mit Kohlenstoffdioxid und fülle den Inhalt des Erlenmeyerkolbens in das Thermosgefäß. Gib soviel Wasser hinzu, dass zwischen Găransatz und Stopfen ein Zwischenraum von 2 cm bleibt.
4. Baue nun die Apparatur nach der Abbildung zusammen.
5. Notiere über 10 Stunden den Temperaturverlauf und das gebildete Gasvolumen. Schüttle das Thermosgefäß dabei gelegentlich, ohne es aber zu öffnen. Beende den Versuch, wenn die Gasentwicklung merklich nachlässt.
6. *Zusatz:* Verschließe den Kolbenprober mit dem Hahn und verwende das Biogas für Versuch 2.

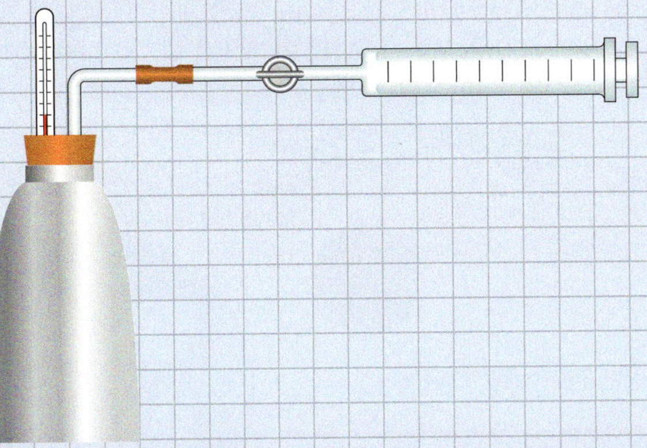

V2: Biogas als Energieträger

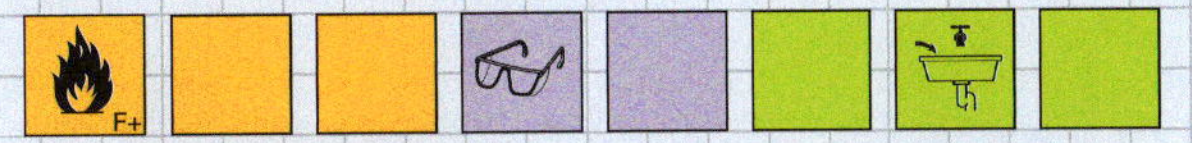

Materialien: Weithalsflasche (500 ml) mit Graduierung, Stopfen mit zwei Löchern, Dreiwegehahn, Ausgleichsbehälter mit Glasrohr mit kapillarer Spitze, gewinkeltes Glasrohr mit Spitze, leere Getränkedose (Blechdose), Thermometer (Einteilung 0,1 °C), Messzylinder (100 ml);
Erdgas (F+), Biogas (F+).

Durchführung:

1. Fülle die graduierte Glasflasche mit Wasser und baue die Apparatur nach der Abbildung zusammen.
2. Leite über den Dreiwegehahn 250 ml Erdgas in die Flasche. Dabei wird das Wasser in den Ausgleichsbehälter verdrängt.
3. Fülle 75 ml Wasser in die Getränkedose und lies die Temperatur des Wassers auf 0,1 °C genau ab.
4. Stelle nun den Dreiwegehahn so ein, dass Gas durch die Glasspitze strömt und entzünde das Gas.
5. Bringe die Getränkedose mit dem Wasser und dem Thermometer über die Flamme. Stelle den Gasstrom ab, wenn ein Gasvolumen von 150 ml verbrannt ist.
6. Durchmische das Wasser in der Dose und lies die Temperatur ab. Ermittle die Temperaturänderung.
7. Ersetze das Wasser in der Blechdose durch 75 ml frisches Wasser und führe den Versuch mit Biogas erneut durch.

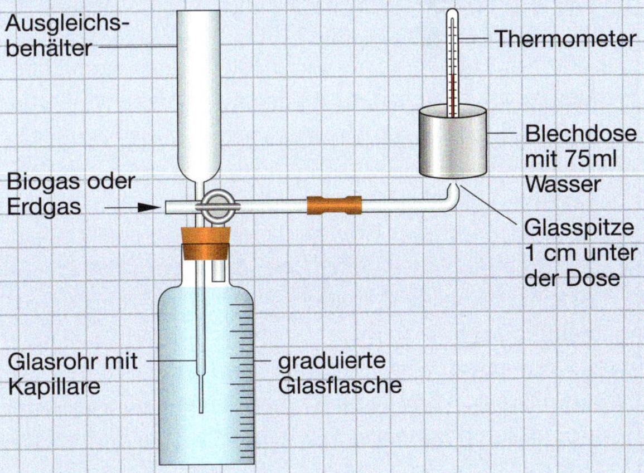

Aufgaben:

a) Vergleiche deine Werte mit den folgenden Durchschnittswerten: Temperaturerhöhung bei Biogas 7 °C; bei Erdgas 11,4 °C (jeweils bei 150 ml Gas).

b) Berechne die Verbrennungsenergie für 1 g Biogas und vergleiche sie mit dem Literaturwert.

Exkurs

Auto-Abgaskatalysator

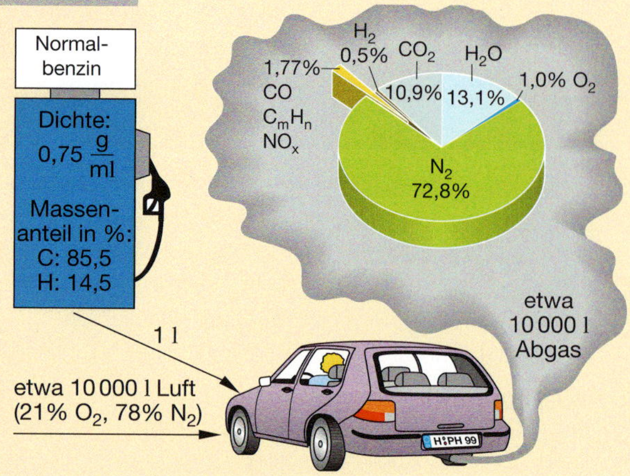

Abgase des Otto-Motors ohne Katalysator

Bei einer Geschwindigkeit von 130 $\frac{km}{h}$ benötigt ein 1,8-Liter-Motor in jeder Minute fast zwei Kubikmeter gasförmiges Kraftstoff/Luft-Gemisch. In dieser Zeit verlässt etwa dieselbe Menge Abgas den Auspuff. Das Abgas eines Pkw-Motors besteht zu 98 % aus Stickstoff, Wasserdampf und Kohlenstoffdioxid. Die restlichen 2 % sind umweltschädliche Stoffe wie unverbrannte *Kohlenwasserstoffe, Kohlenstoffmonooxid* und *Stickstoffoxide.* Bei Diesel-Motoren kommt noch die Emission von Rußpartikeln hinzu.

Auto-Abgaskatalysator. Der Katalysator (Auto-Kat) wan-delt umweltschädliche Stoffe des Abgases in umweltverträgliche Verbindungen um. Der Auto-Kat befindet sich bei einem Pkw im mittleren Abschnitt des Auspuffrohrs. Er besteht aus einem länglichen Keramikkörper, der von zahlreichen Kanälen durchzogen ist. Deren Ober-fläche wird durch eine Schicht aus porösem Aluminiumoxid auf das 6000fache vergrößert. Als chemisch wirksamer Katalysator dient eine Platin/Rhodium-Legierung. Zwei Gramm davon sind sehr fein auf dem Aluminiumoxid verteilt. An der Oberfläche dieser Edelmetall-Körnchen laufen verschiedene chemische Reaktionen ab.
Aus Kohlenwasserstoffen und Sauerstoff entstehen dabei Kohlenstoffdioxid und Wasser. Kohlenstoffmonooxid und Stickstoffmonooxid reagieren miteinander in einer Redoxreaktion. Zwei umweltschädliche Stoffe vernichten sich somit gegenseitig. Es bilden sich Kohlenstoffdioxid und Stickstoff:

$$2\,CO\,(g) + 2\,NO\,(g) \longrightarrow 2\,CO_2\,(g) + N_2\,(g)$$

Da die drei Schadstoffe Kohlenwasserstoffe, Kohlenstoffmonooxid und Stickstoffmonooxid in einem einzigen Schritt aus dem Abgas entfernt werden, spricht man von einem **Dreiwegekatalysator.**

Geregelter Katalysator. Für die Oxidation der Kohlenwasserstoffe und des Kohlenstoffmonooxids wird Sauerstoff benötigt. Der Sauerstoffgehalt darf jedoch nicht zu hoch sein, da Stickstoffmonooxid sonst nicht vollständig reduziert wird. Außerdem ändert sich der Sauerstoffbedarf bei den wechselnden Betriebsbedingungen einer Fahrt ständig. Bei einem geregelten Katalysator misst die sogenannte **λ-Sonde** („Lambda-Sonde") die Konzentration des Sauerstoffs im Abgas, bevor es den Katalysator erreicht. Ein elektronisches Regelsystem wertet die Informationen der Sonde aus und stellt den Sauerstoffgehalt des Kraftstoff/Luft-Gemischs optimal ein.

Betriebsbedingungen. Da die Abgase den Katalysator sehr schnell durchströmen, müssen die chemischen Prozesse innerhalb eines Zeitraumes von nur 0,03 Sekunden ablaufen. Doch nur unter bestimmten Betriebsbedingungen kann der Katalysator das Abgas optimal reinigen: Die Temperatur des Katalysators muss etwa 500 °C betragen und man darf nicht viel schneller als 130 $\frac{km}{h}$ fahren, weil die Abgase sonst nicht lange genug im Katalysator verweilen. Werden die optimalen Betriebsbedingungen eingehalten, verlassen hauptsächlich umweltneutrale Stoffe den Auspuff. Allein das Kohlenstoffdioxid schafft dann noch Umweltprobleme, denn es verstärkt den *Treibhauseffekt.*

1 Formuliere die Reaktionsgleichung für die vollständige Oxidation von Kraftstoff zu Wasser und Kohlenstoffdioxid. Beschreibe den Kraftstoff dabei vereinfachend durch die Formel von Octan.
2 Erläutere die Arbeitsweise eines Abgaskatalysators.
3 Erkläre die Aufgabe der Lambda-Sonde.
3 Gib begründet an, welche giftigen Abgasbestandteile vermehrt auftreten bei folgenden Gemischeinstellungen:
a) zu hohem Sauerstoffgehalt (mageres Gemisch),
b) zu niedrigem Sauerstoffgehalt (fettes Gemisch).

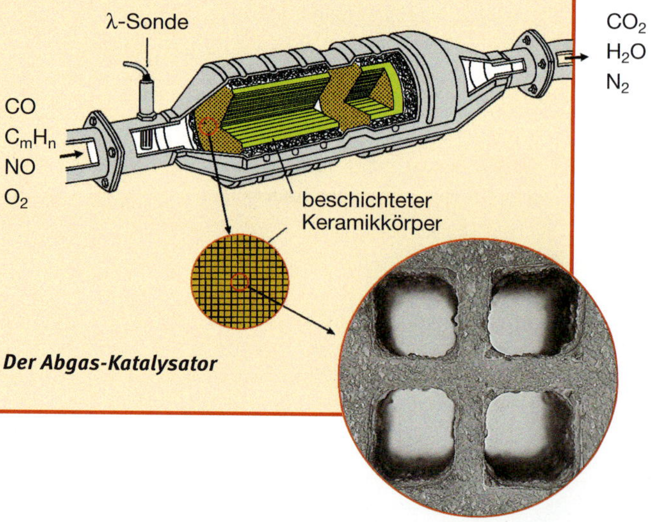

Der Abgas-Katalysator

Kraftstoffe – begehrte Ressourcen

Basiswissen

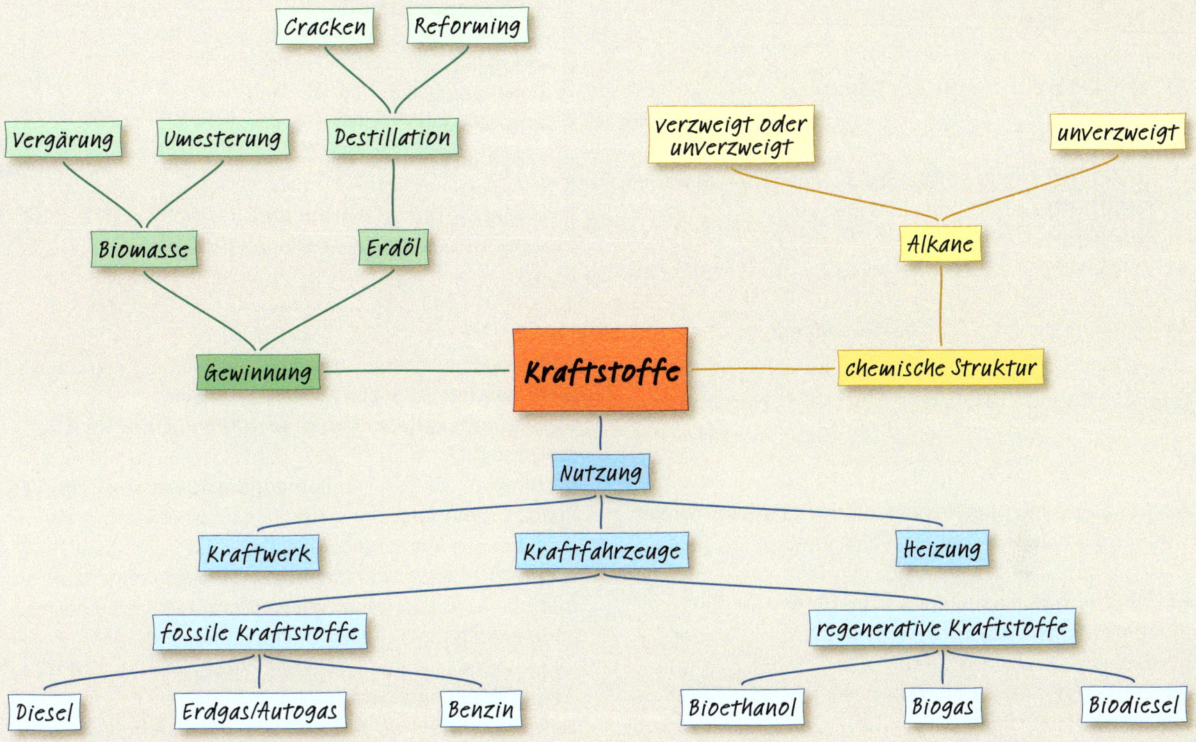

Kraftstoff – ein Fall für die Chemie

Chemie in unserer Welt

Viel Bitumen – wenig Benzin. Häufig spricht man von der mobilen Gesellschaft. Täglich werden in Deutschland mehr als 2 Milliarden Kilometer im Straßenverkehr zurückgelegt. Für all diese Fahrten benötigen wir Kraftstoffe. Die wichtigste Ressource stellt dabei das Erdöl dar. Die Aufbereitung des Erdöls somit ist eine bedeutende Aufgabe, die der Chemie zufällt. Dabei setzt man das für die Chemie wichtigste Stofftrennungsverfahren ein: die Destillation.
Da der Anteil von Benzin und Dieselöl im Erdöl zu gering ist, erzeugt man Kraftstoffe auch aus weniger wertvollen Bestandteilen des Erdöls wie Bitumen. Mit der Entwicklung des Crackverfahrens und des Reforming-Prozesses hat die chemische Industrie entscheidende Schritte zu einer ausreichenden Kraftstoffversorgung getan. Auch heute noch sind viele Chemiker tätig, um die Qualität unserer Kraftstoffe weiter zu verbessern.

Katalysatoren. Katalysatoren helfen chemische Reaktionen energiesparend und schnell durchzuführen. In nahezu allen chemischen Prozessen der Erdölverarbeitung nutzt man diese Vorteile von Katalysatoren aus. Spricht man in der Alltagssprache vom Katalysator, so meint man den Abgaskatalysator im Auto. Er hat erheblich zur Reinerhaltung der Luft beigetragen. Auch die Abgase von Kraftwerken und Industrieanlagen werden mit Katalysatoren gereinigt.

Regenerative Kraftstoffe. Die Verbrennung fossiler Kraftstoffe kann die Umwelt gefährden. Daher werden alternative Kraftstoffe erforscht und produziert. Auch die Herstellung und Reinigung der regenerativen Kraftstoffe wie Bioethanol oder Rapsölmethylester wird durch die chemische Industrie geleistet. Zugleich erforscht sie weitere Kraftstoffe, wie etwa Wasserstoff oder Methanol, vielleicht die Kraftstoffe unserer Zukunft.

Arbeitsfeld: Petrochemie. Nicht nur Tankwarte können ihren Beruf nur deswegen ausüben, weil es genügende Mengen an hochwertigen Kraftstoffen gibt. Dazu gibt es viele Arbeitsplätze im Bereich Kraftstoffherstellung der chemischen Industrie. So arbeiten in einer Erdöl-Raffinerie meist mehr als 1000 Arbeitskräfte: Chemiker, Chemikanten, Ingenieure und Techniker.

Prüfe dein Wissen

Quiz

A1 a) Erkläre die Begriffe des Fensters.
b) Notiere auf der Vorderseite von Karteikarten den Begriff, auf der Rückseite die Erklärung.
c) Ordne die Begriffe den Basiskonzepten „Materie", „chemische Reaktion" und „Energie" zu.

A2 Zeichne die Strukturformel von 2,2,4-Trimethylpentan.

A3 Benenne die folgenden Verbindungen:

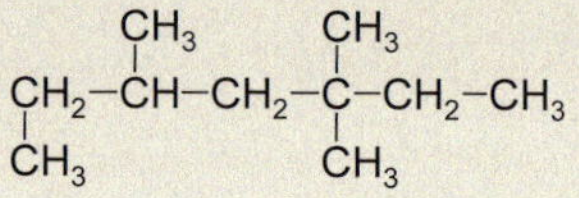

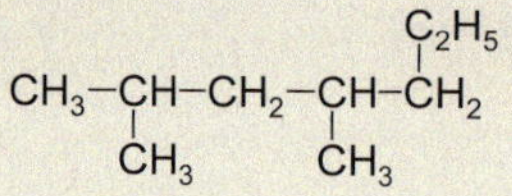

A4 Gib das Isomer des Octans mit der kürzesten Kohlenstoffkette an. Zeichne die Strukturformel.

A5 Erkläre, warum isomere Alkane unterschiedliche Siedetemperaturen haben.

A6 Erkläre, wie die Landschaften vor 200 bis 300 Millionen Jahren in den Regionen aussahen, in denen man heute Kohle abbaut oder Erdöl fördert.

Know-how

A7 Nenne die wichtigsten Kraftstoffarten und beschreibe ihre chemische Zusammensetzung.

A8 Destilliert man Erdöl in einer einfachen Destillieranlage, so erhält man als Destillat zuerst Benzin, später Petroleum und zuletzt Schweröl. Erkläre die Reihenfolge.

A9 Erläutere, welche Produkte man durch Cracken von Decan erhalten kann. Zeichne die zugehörigen Strukturformeln.

A10 Die Kraftstoffe Benzin und Dieselöl unterscheiden sich deutlich in ihrer Zusammensetzung.
a) Nenne je zwei typische Verbindungen.
b) Zeichne ihre Strukturformeln.
c) Zeige die Strukturmerkmale auf, in denen sich die Verbindungen unterscheiden.

A11 Der Reforming-Prozess ist ein wichtiger Schritt bei der Erdölverarbeitung.
a) Zeige Reaktionen, die beim Reforming-Prozess ablaufen, in Beispielen auf.
b) Erläutere die Bedeutung des Reforming-Prozesses.

Die wichtigsten Begriffe

- Kraftstoffe
- Kohlenwasserstoffe
- Methan, Propan, Octan
- Isomere
- Strukturformel
- Bioethanol
- Biodiesel
- Biogas
- Katalysator

A12 Auch bei der Verbrennung von Biogas (Methan) entsteht das Treibhausgas Kohlenstoffdioxid.
a) Begründe diese Aussage durch eine Reaktionsgleichung.
b) Bewerte diesen Kohlenstoffdioxid-Ausstoß im Vergleich zu den Abgasemissionen von Kohlekraftwerken.

A13 Kohle lässt sich mithilfe von Wasserdampf in ein brennbares Gasgemisch verwandeln. Erkläre diesen Vorgang und stelle die Reaktionsgleichung auf.

A14 Wähle einen Zweig aus dem Mindmap des Basiswissens aus. Erläutere die grafisch dargestellten Sachverhalte.

Natur – Mensch – Technik

A15 Wenn man über einen brennenden Benzintropfen ein Glas stülpt, erlischt er nach kurzer Zeit. Zuvor beschlägt das Glas von innen.
a) Erkläre diese Beobachtungen.
b) Gib an, wie man ein Benzinfeuer gut löschen kann.

A16 Bringt man ein brennendes Streichholz in die Nähe einer Benzinlache, so fängt das Benzin sofort Feuer. In Dieselöl kann man dagegen das Streichholz eintauchen, wobei die Flamme gelöscht wird.

a) Erkläre diese Beobachtungen.
b) Gib einige Möglichkeiten an, wie man das Dieselöl anzünden kann.

A17 „Durch vermehrte Produktion von Biokraftstoffen können die Lebensmittelpreise steigen". Begründe diese Behauptung.

A1 Von der Kohle zum Synthesegas

Wasserstoff – der Treibstoff der Zukunft?

Kohle ist der preiswerteste fossile Brennstoff mit dem größten Vorkommen. Doch Kohle lässt sich im Vergleich zu flüssigen und gasförmigen Brennstoffen wesentlich schlechter verbrennen. Als Fahrzeugkraftstoff ist Kohle daher schlecht geeignet.

Kohlevergasung. Leitet man Wasserdampf über heiße Kohle, so reagieren Kohlenstoff und Wasser miteinander zu Wasserstoff und Kohlenstoffmonooxid. Beide Produkte sind brennbare Gase. Kohlenstoffmonooxid ist allerdings hoch giftig. Es kann mit weiterem Wasserdampf zu Kohlenstoffdioxid und Wasserstoff reagieren. So erhält man als Endprodukt Wasserstoff, der als Kraftstoff in Fahrzeugen eingesetzt werden kann. Die Verwendung von Wasserstoff ist umweltfreundlicher, da bei der Verbrennung nur ungiftiger Wasserdampf entsteht.
Aus dem Gemisch aus Kohlenstoffmonooxid und Wasserstoff, das auch als *Synthesegas* bezeichnet wird, lassen sich weitere wichtige Produkte herstellen, die man sonst aus Erdöl erzeugen müsste. Dazu gehören Düngemittel, Kunststoffe und Arzneimittel.

a) Formuliere eine Reaktionsgleichung für die Herstellung von Synthesegas, in einem Gemisch aus Kohlenstoffmonooxid und Wasserstoff aus Kohle und Wasserdampf.
b) Notiere eine Reaktionsgleichung für die „Entgiftung" des Synthesegases, bei der Kohlenstoffmonooxid mit Wasserdampf reagiert.
c) Schlage ein Verfahren vor, um aus dem Gemisch von Kohlenstoffdioxid und Wasserstoff das Kohlenstoffdioxid zu entfernen. Begründe, warum die Entfernung des Kohlenstoffdioxids sinnvoll ist.
d) Bei Dampflokomotiven wurde Kohle lange Zeit als Kraftstoff genutzt. Informiere dich über diese Form des Antriebs und zeige wesentliche Unterschiede zu Verbrennungsmotoren auf.

A2 Forscher in Not

Extreme Kälte erfordert eine spezielle Ausrüstung

Die Forscher Mateo und Remy befinden sich auf einer mehrtägigen Tour durch die Antarktis. Sie sind am ersten Tag früh aufgebrochen und viele Stunden bei −8 °C gelaufen. Am Nachmittag möchten sie sich ausruhen, aufwärmen und eine warme Mahlzeit zubereiten. Dazu schlagen sie ihr Zelt auf und richten sich für die Nacht ein. Mateo hat einen Gaskocher und eine Gaslampe eingepackt, Remy hat sich extra die gleichen Ausrüstungsgegenstände, aber benzinbetrieben zugelegt. Ein neues Gasfeuerzeug hatte Mateo ebenfalls im Rucksack verstaut. Wegen der großen Kälte haben beide auch noch im Zelt dünne Handschuhe an. Als Mateo seinen Gaskocher anzünden will, gelingt es ihm nicht, das neue Gasfeuerzeug in Betrieb zu nehmen. Bei einem Test im Geschäft funktionierte das Feuerzeug noch einwandfrei.

a) Mateos neues Gasfeuerzeug ist mit Butangas gefüllt. Erkläre, warum es nicht funktioniert, obwohl es nicht beschädigt ist.
b) Beschreibe, wie Mateo sein Feuerzeug doch noch in Betrieb setzen kann.
c) Nenne Alternativen, mit denen sich unter vorherrschenden Temperaturen besser Feuer machen lässt.
d) In den Polargebieten können die Temperaturen nachts bei einem Schneesturm auch unter −45 °C fallen. Erläutere, was dies für den Gaskocher und die Gaslampe bedeutet, die beide mit Propangas betrieben werden.
e) Begründe die Entscheidung, eine Benzinlampe und einen Benzinkocher zu kaufen, obwohl diese Geräte teurer sind als die entsprechenden gasbetriebenen Geräte.
f) Als Remy aus einer Vorratsflasche die Benzinlampe neu befüllen will, läuft ihm versehentlich etwas Benzin über die Finger. Nach kurzer Zeit schreit er laut auf. Erkläre, warum er plötzlich so starke Schmerzen in den Fingern fühlt.
g) Nenne sieben Ausrüstungsgegenstände, die mithilfe von Erdöl hergestellt wurden und ein Überleben in den extremen Bedingungen der Antarktis für Menschen erst ermöglichen.

23 Elektrisch mobil

Batterien, Akkumulatoren, Brennstoffzellen: Mobile Energiequellen sind aus unserer modernen Welt nicht mehr weg zu denken. Ihre Bedeutung erkennt man häufig erst dann, wenn sie erschöpft sind: Der MP3-Player spielt das Lieblingsstück nicht vollständig ab, das Gespräch mit dem Handy kann nicht zu Ende geführt werden und das Auto lässt sich nicht mehr starten.
Wenn dann eine neue Batterie her muss, fällt die Auswahl oft schwer. Es sind unterschiedliche Bauformen und Größen im Angebot. Einzelne Marken versprechen lange Haltbarkeit und größtmögliche Umweltverträglichkeit, andere werben mit einem besonders niedrigen Preis. Oder sollte man fürs nächste Mal die Qual der Wahl vermeiden und gleich einen Akku kaufen, den man bei Bedarf wieder aufladen kann?

Zentrale Fragen:

- Wie funktionieren mobile Energiequellen?
- Welche chemischen Reaktionen laufen in den Batterien und in Akkumulatoren ab?
- Welche Arten von Batterien und Akkumulatoren gibt es?
- Wann ist eine Batterie erschöpft?
- Was ist eine Brennstoffzelle, wie funktioniert sie? Welche Vorteile bietet sie?
- Auf welche Weise kann man Sonnenenergie in elektrische Energie umwandeln?

23.1 Die DANIELLsche Zelle

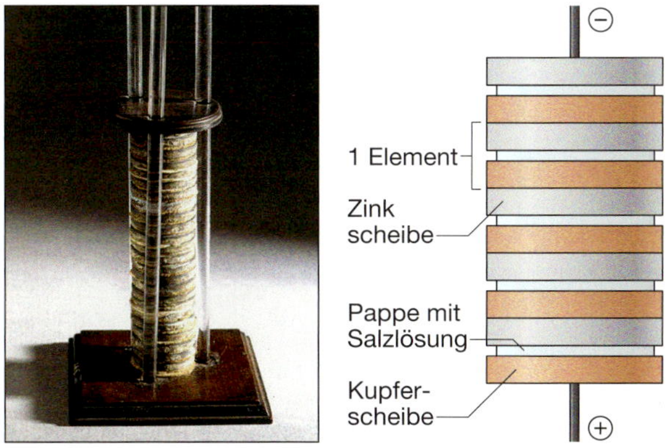

Aufbau der VOLTAschen Säule

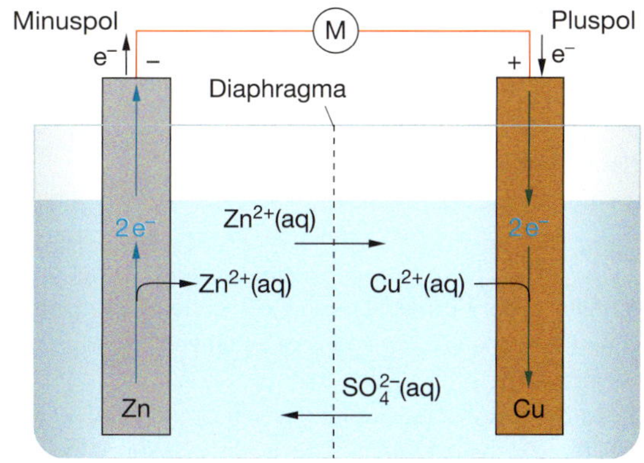

DANIELLsche Zelle

Atome unedler Metalle geben leicht Elektronen ab: sie werden dabei oxidiert. Ionen edler Metalle nehmen leicht Elektronen auf und werden dann zu dem Metall reduziert (S. 242). Der Elektronenübergang von einem Atom auf ein Ion kann dabei als ein Stromfluss in atomaren Dimensionen aufgefasst werden.
Bereits um 1800 entwickelte der italienische Naturforscher Alessandro VOLTA eine Versuchsanordnung, bei der sich nach diesem Prinzip elektrischer Strom auch in größeren Dimensionen erzeugen lässt: Er stapelte abwechselnd Scheiben aus Kupfer und Zink zu einer Säule aufeinander und fügte nach je zwei Scheiben ein Stück mit Salzlösung getränkter Pappe ein.
Das Funktionsprinzip dieser *VOLTAschen Säule* lässt sich relativ einfach an einer Apparatur erklären, die einige Jahre später von dem Engländer John Frederic DANIELL konstruiert und später nach ihm benannt wurde, der DANIELLschen Zelle.

DANIELLsche Zelle. Bei DANIELLs Apparatur taucht ein Zinkblech in eine Zinksulfat-Lösung und ein Kupferblech in eine Kupfersulfat-Lösung. Beide Lösungen sind durch eine poröse Wand voneinander getrennt. Verbindet man die beiden Bleche elektrisch leitend miteinander, fließt ein elektrischer Strom.
Die beiden Metallbleche der DANIELLschen Zelle bezeichnet man als Elektroden. Das unedlere Zink bildet dabei den Minuspol. Dort geben Zink-Atome zwei Elektronen ab und gehen als zweifach positiv geladene Zink-Ionen in Lösung. An der Zink-Elektrode findet also eine Oxidation statt:

$$Zn\,(s) \longrightarrow Zn^{2+}(aq) + 2e^-$$

Die Elektronen bewegen sich über den elektrischen Leiter zum Kupferblech, das den positiven Pol bildet. Dort nehmen in der Lösung enthaltene zweifach positiv geladene Kupfer-Ionen je zwei Elektronen auf und scheiden sich als Kupfer-Atome ab. Hier findet also eine Reduktion statt:

$$Cu^{2+}(aq) + 2e^- \longrightarrow Cu\,(s)$$

Durch die Bildung von Zn^{2+}-Ionen, den Elektronenfluss vom Minuspol zum Pluspol und die Entladung Cu^{2+}-Ionen kommt es zu einer Ladungsverschiebung. Wegen der unterschiedlichen Ladung der beiden Kammern strömen dann negativ geladene Sulfat-Ionen von der Kupfersulfat-Lösung durch die poröse Wand in die Zinksulfat-Lösung; gleichzeitig wandern Zink-Ionen in umgekehrter Richtung. Damit schließt sich der Stromkreis.

Allgemein spricht man heute bei einer Kombination zweier unterschiedlich edler Metalle, die in ihre Salzlösungen oder andere Elektrolytlösungen tauchen, von einer *galvanischen* Zelle. Dabei bildet das unedlere Metall den Minuspol, das edlere den Pluspol. Bei geschlossenem Stromkreis wird chemische Energie in elektrische Energie umgewandelt.

In der DANIELLschen Zelle geben die Atome eines unedleren Metalls in einem Stromkreis Elektronen an die Ionen eines edleren Metalls ab. Dabei wird chemische in elektrische Energie umgewandelt.

1 Eine galvanische Zelle besteht aus einem Nickelblech, das in eine Nickelsalz-Lösung taucht, und einem Kupferblech, das in Kupfersalz-Lösung taucht.
a) Zeichne den Versuchsaufbau und kennzeichne den Pluspol und den Minuspol.
b) Formuliere Reaktionsgleichungen für die Teilreaktionen an den beiden Elektroden.
2 Bei einem DANIELL-Element sind die beiden Elektrodenräume durch eine poröse Wand getrennt. Erkläre die Bedeutung dieser Wand.

Chemie-Recherche

Location: http://www.schroedel.de/chemie_heute.html

Suche:

Streifzug durch die Physik

Ergebnisse:

→ **Elektrische Ladung *Q***

Körper können eine positive oder eine negative *elektrische Ladung* Q tragen. Sie beruht stets auf einem Mangel oder einem Überschuss an Elektronen. Bei einem Mangel an Elektronen überwiegen in dem Körper die positiven Ladungen der Atomkerne; der Körper ist dann elektrische positiv geladen. Bei einem Überschuss an Elektronen überwiegen die negativen Ladungen; der Körper ist damit negativ geladen.

Die Einheit der elektrischen Ladung ist ein *Coulomb* (C). Ein Coulomb ist definiert als die elektrische Ladung, die in einer Sekunde durch den Querschnitt eines Drahts transportiert wird, in dem ein elektrischer Strom der Stärke von einem Ampere fließt:

$$1\ \text{C} = 1\ \text{A} \cdot 1\ \text{s}$$

Die kleinste elektrische Ladung ist die Ladung eines Elektrons bzw. eines Protons. Man spricht von der Elementarladung. Sie beträgt $1{,}6 \cdot 10^{-19}$ C.

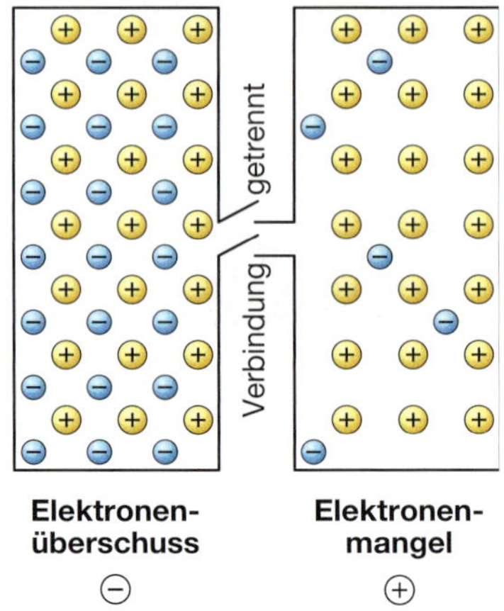

→ **Elektrische Stromstärke *I***

Die Bewegung der Elektronen in einem elektrischen Stromkreis lässt sich mit der Bewegung der Wasser-Teilchen in einem Wasserkreislauf vergleichen: Mit dem Schaufelrad einer Pumpe setzen sich alle Wasser-Teilchen in einem Schlauch gleichzeitig in Bewegung. Entsprechendes geschieht im elektrischen Stromkreis. Sobald Elektronen von einer Stromquelle angeschoben werden, setzen sich *alle* freien Elektronen in Bewegung. Die Anzahl der Elektronen, die durch den Stromkreis fließen, entspricht der *Stromstärke I*; sie wird in Ampere (A) angegeben. Die Stromstärke ist als einzige elektrische Größe eine der sieben Basisgrößen des SI-Systems. Bei einer Stromstärke von 1 A fließen pro Sekunde etwa $6{,}2 \cdot 10^{18}$ Elektronen durch den elektrischen Leiter.

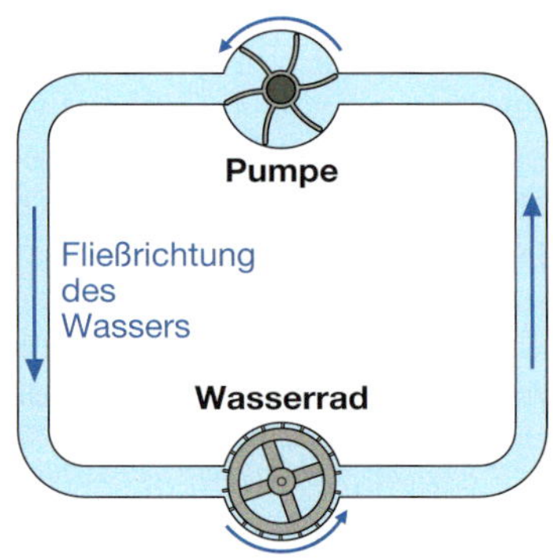

Elektrische Spannung *U*

→ Die elektrische *Spannung U* hat die Einheit Volt (V). Die Spannung ist ein Maß dafür, wie stark die in einem Leiter beweglichen Elektronen von der Spannungsquelle angeschoben werden.

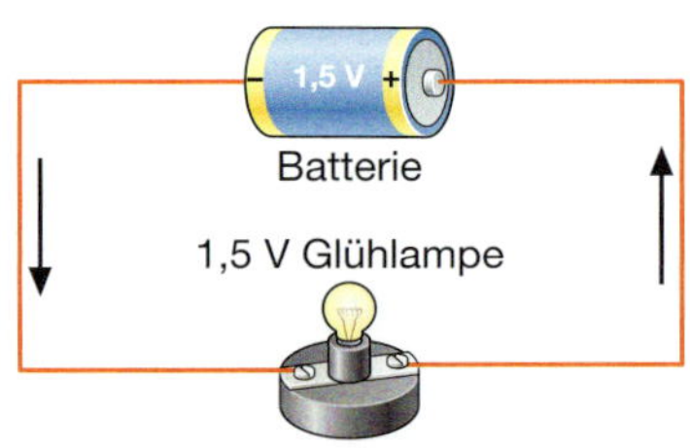

Elektrische Energie *E*

→ Die *elektrische Energie E* ist das Produkt aus Spannung, Stromstärke und Zeit:

$$E = U \cdot I \cdot t$$

Die Einheit ist eine Wattsekunde (1 W · s = 1 J). Aus dem Haushalt besser bekannt ist ein Vielfaches dieser Einheit, die Kilowattstunde.

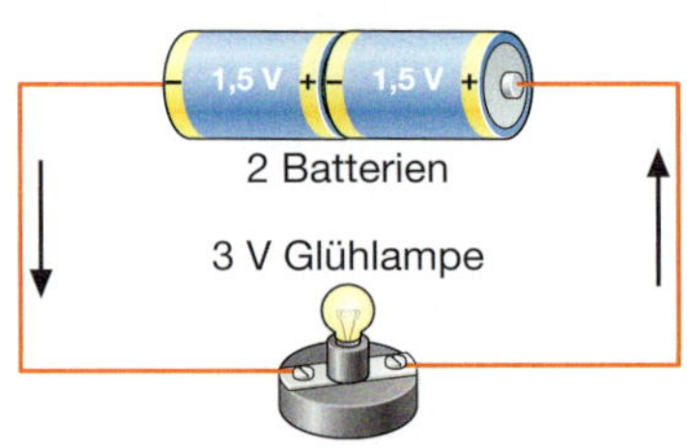

Elektrische Leistung *P*

→ Die *elektrische Leistung P* ist der Quotient aus elektrischer Energie *E* und der Zeit *t* und damit gleichzeitig das Produkt aus elektrischer Spannung *U* und Stromstärke *I*. Die Einheit ist ein Watt (1 W):

$$P = \frac{E}{t} = U \cdot I$$

Aufgaben

1 Berechne die Stromstärke in einer 100 Watt-Glühlampe, die mit 220 V Netzspannung betrieben wird.

2 Berechne die elektrische Energie, die pro Stunde in dem unteren Stromkreis in Wärme und Lichtenergie umgewandelt wird.

3 Informiere dich über das internationale Größensystem SI. Bereite dazu einen Kurzvortrag vor.

23.2 Die Alkali-Mangan-Batterie ☆

Seit VOLTAs und DANIELLs Zeiten haben sich die unhandlichen und nässenden Spannungsquellen zu modernen High Tech-Produkten entwickelt. Unter dem Druck, immer kostengünstiger zu produzieren, verwendet man schon seit über 100 Jahren preiswertere Materialien als Kupfer. Vor 50 Jahren wurde noch damit geworben, dass bestimmte Produkte auslaufsicher sind; Trockenbatterien lautete das Schlagwort. Die Entwicklung ist seither weiter fortgeschritten. Heute ist die Alkali-Mangan-Batterie einer der meist verkauften Batterie-Typen.

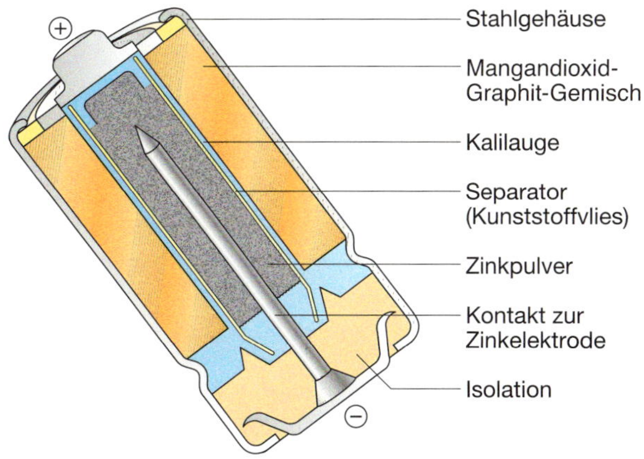

Aufbau einer Alkali-Mangan-Batterie. Auf den ersten Blick liegt der auffälligste Unterschied zwischen einer DANIELLschen Zelle und einer Alkali-Mangan-Batterie in der Bauform. Um weitere Unterschiede zu erkennen, muss man die Batterie öffnen. Nach außen ist sie durch einen Stahlbecher abgeschlossen, der einen gewissen Auslaufschutz darstellt. Darunter findet man ein Gemisch aus Mangandioxid und Graphit, den Pluspol der Batterie. Ein papierartiger Separator trennt den Pluspol von einer Masse aus feinem Zinkpulver. Der in das Zinkpulver ragende Metallstab stellt die Verbindung zum Minuspol an der Außenseite her. Das Zinkpulver, der Separator und das Mangandioxid-Graphit-Gemisch sind mit pastenartig eingedickter Kalilauge als Elektrolyt getränkt. Isolatoren verhindern einen Kurzschluss zwischen den beiden Polen.

Die chemischen Vorgänge. Zink gibt als unedles Metall leicht Elektronen an edlere Metalle ab. Dabei entstehen zweifach positiv geladenen Zink-Ionen, die sich im Elektrolyten lösen. Durch die große Oberfläche des fein verteilten Zinkpulvers können gleichzeitig sehr viele Atome reagieren können. Die von den Zink-Atomen abgegebenen Elektronen fließen über den Ableitnagel zu der Polkappe, die so zum Minuspol der Batterie wird. Durch das angeschlossene elektrische Gerät gelangen sie schließlich zum Pluspol. Hier werden die Elektronen von dem Mangandioxid aufgenommen, das dabei zu Manganoxidhydroxid reagiert. Das Graphit ist an der eigentlichen chemischen Reaktion nicht beteiligt; es dient lediglich der besseren Leitfähigkeit.
Vereinfacht kann man die elektrochemischen Vorgänge durch folgende Gleichungen beschreiben:

Minuspol: $Zn\,(s) \longrightarrow Zn^{2+}\,(aq) + 2\,e^-$

Pluspol: $2\,MnO_2\,(s) + 2\,H_2O\,(l) + 2\,e^- \longrightarrow 2\,MnO(OH)\,(s) + 2\,OH^-\,(aq)$

Die Alkali-Mangan-Batterie ist wegen der eingesetzten Materialien preiswert zu produzieren, lange lagerfähig und liefert eine weitgehend gleich bleibende Spannung.

In einer Alkali-Mangan-Batterie geben Zink-Atome Elektronen ab. Sie fließen über elektrische Leiter zum Pluspol, wo sie von Mangandioxid aufgenommen werden. Als Elektrolyt dient Kalilauge.

1 Erläutere, durch welche Konstruktionsmerkmale die hohe Auslaufsicherheit von Alkali-Mangan-Batterien sichergestellt wird.
2 Begründe, welchen Vorteil die Verwendung von pulverförmigen Elektrodenmaterialien gegenüber kompaktem Material bietet.
3 Recherchiere, weshalb die Verwendung von Mangandioxid anstelle von Kupfer vorteilhaft ist.
4 Bei der Zink-Silberoxid-Batterie dient das Zink (Zn) als Minuspol und das Silberoxid (Ag_2O) als Pluspol.
Stelle die Gleichungen für die beiden Pole auf.
5 Durch eine trockene und kühle Lagerung kann man die Selbstentladung von Batterien verzögern.
Erkläre dieses Phänomen.

Praktikum

Batterien selbst gebaut

V1: Die Zitronenbatterie

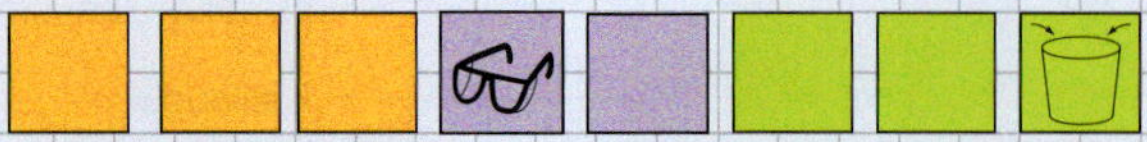

Materialien: Krokodilklemmen, Experimentierkabel, Vielfachmessinstrument, Messer;
Zinkblech, Kupferblech, Zitrone.

Durchführung:

1. Lege die Zitrone auf den Experimentiertisch und rolle sie mit der Handfläche unter mäßigem Druck hin und her.
2. Schneide aus dem Zinkblech und dem Kupferblech jeweils einen Streifen von 2 cm Breite und 10 cm Länge.
3. Schneide in die Zitrone mit einem scharfen Messer zwei Einschnitte in etwa 5 cm Abstand und stecke je eines der Bleche in die Einschnitte. Die beiden Bleche dürfen sich im Innern der Zitrone nicht berühren.

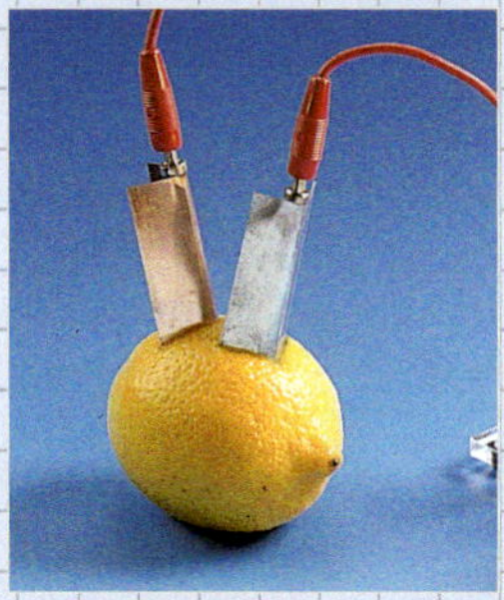

4. Verbinde die Bleche über Krokodilklemmen und Experimentierkabel mit den Polen des Messinstrumentes und lies die Spannung ab.

Aufgaben:

a) Notiere deine Beobachtungen.
b) Ordne den Blechen Pluspol und Minuspol zu.
c) Erkläre die Funktion der Zitrone.

V2: Bau einer Alkali-Mangan-Batterie

Materialien: Becherglas (100 ml, hoch), Extraktionshülse, Experimentierkabel, Krokodilklemmen, Vielfachmessinstrument;
Zinkpulver (F), Eisennagel, Stärke, Eisenblech, Graphitpulver, Mangandioxid, Kalilauge (20 %; C).

Durchführung:

1. Mische 40 g Mangandioxid mit 7 g Graphitpulver und verrühre das Gemisch mit 40 ml Kalilauge zu einem dicken Brei.
2. Biege ein passendes Stück Eisenblech so, dass es an der inneren Wand des Becherglases anliegt.
3. Mische 10 g Zinkpulver und 5 g Stärke und verrühre das Gemisch mit 10 ml Kalilauge zu einem dicken Brei. Befülle damit die Extraktionshülse. Stecke den Eisennagel zu zwei Dritteln in das Gemisch.
4. Stelle die Extraktionshülse in die Mitte des Becherglases und befülle den Zwischenraum zum Eisenblech mit dem Brei aus Mangandioxid, Graphit und Kalilauge.
5. Verbinde den Eisennagel und das Eisenblech jeweils über Krokodilklemmen und Experimentierkabel mit dem Messinstrument und lies die Spannung ab.

Aufgaben:

a) Notiere deine Beobachtungen.
b) Benenne den Pluspol und den Minuspol deiner Batterie.
c) Erkläre die Funktion des Graphit-Pulvers, der Stärke und der Extraktionshülse.

V3: Batterien in Reihe und parallel geschaltet

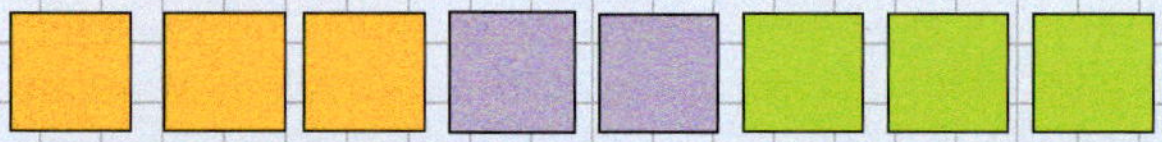

Materialien: drei 1,5 V-Monozellen, 3 V-Glühlampe, Vielfachmessgerät, Experimentierkabel.

Durchführung 1: Verbinde die Experimentierkabel mit den Polen einer Batterie und dem Vielfachmessinstrument und und miss die Spannung sowie die Stromstärke.

Durchführung 2:

1. Baue die Schaltung nach der nebenstehenden Skizze zusammen und miss wiederum die Spannung.
2. Lege eine der Zellen verkehrt herum und miss die Spannung.
3. Miss jeweils auch die Stromstärke.

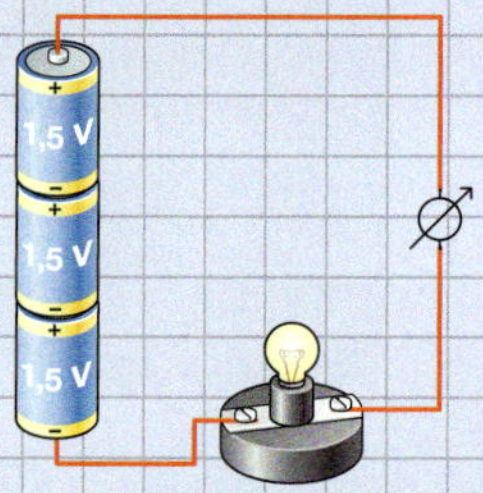

Durchführung 3:

1. Baue die Schaltung nach den nebenstehenden Skizze zusammen und miss die Spannung.
2. Miss auch die Stromstärke.

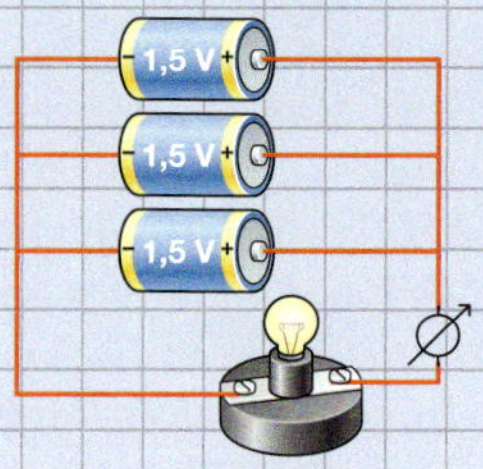

Aufgaben:

a) Notiere Deine Beobachtungen.
b) Gib eine Erklärung für die Messergebnisse.
c) Informiere dich über den inneren Aufbau einer 9 V-Blockbatterie. Erstelle eine Zeichnung und bereite ein Kurzreferat dazu vor.

Für jeden Zweck die richtige Batterie

Exkurs

Bereits auf den ersten Blick unterscheiden sich Batterien durch ihre Bauform und ihre Größe. Wegen der einfachen Produktion und der mechanischen Stabilität haben die meisten Batterien eine zylindrische Form. Daneben findet man häufig Batterien in Form von Knopfzellen. Diese Bauform wird überall da eingesetzt, wo neben einer kleinen Abmessung eine hohe Kapazität gefordert wird. Durch spezielle Bauformen wird bei Batterien für wertvolle Geräte sichergestellt, dass die Batterie nur richtig gepolt eingesetzt werden kann. Gibt es bei gleicher Bauform unterschiedliche Größen, so unterscheiden sich die größeren Batterien von den kleineren durch ihre Kapazität.
Die wichtigsten Unterschiede von Batterien bestehen jedoch in der Chemie, nämlich bei den Elektrodenmaterialien und bei dem Elektrolyten.

Zink-Kohle-Batterie

Spannung: 1,5 V oder 9 V
Minuspol: Zink
Pluspol: Mangandioxid
Elektrolyt: wässrige Lösung von Ammoniumchlorid.

Eigenschaften: Spannung sinkt bei Entladung deutlich ab.
Verwendung: Taschenlampen, Spielzeug.
Anmerkung. Besonders preiswerte Batterie; heute jedoch weitgehend verdrängt durch Alkali-Mangan-Batterie.

Alkali-Mangan-Batterie

Spannung: 1,5 V oder 9 V
Minuspol: Zink
Pluspol: Mangandioxid
Elektrolyt: Kalilauge

Eigenschaften: hohe Leistung, langlebig, auslaufsicher
Verwendung: Radios, Taschenlampen, Spielzeug, preiswerte Fernbedienungen
Anmerkung: noch preisgünstig, aber teurer als Zink-Kohle Batterien

Silberoxid-Batterie

Spannung: 1,5 V
Minuspol: Zink
Pluspol: Silberoxid
Elektrolyt: Kalilauge

Eigenschaften: Spannung bleibt lange konstant, langlebig.
Verwendung: Kameras, Herzschrittmacher, Quarz-Armbanduhren.
Anmerkung: als Ersatz für die heute verbotenen Quecksilberoxid-Batterien; relativ teuer.

Zink-Luft-Batterie

Spannung: 1,5 V
Minuspol: Zink
Pluspol: Sauerstoff
Elektrolyt: Kalilauge

Eigenschaften: lange Spannungskonstanz, sehr langlebig.
Verwendung: Weidezaunspannungsgeräte, Baustellenwarnleuchten, Hörgeräte.
Anmerkung: bereits während des 2. Weltkriegs zur Materialeinsparung entwickelt.

Lithium-Batterie

Spannung: 3 V
Minuspol: Lithium
Pluspol: Mangandioxid
Elektrolyt: Lithiumperchlorat in einem organischen Lösemittel

Eigenschaften: Spannung bleibt lange konstant, lange lagerfähig.
Verwendung: hochwertige Fernbedienungen, Fotoapparate, Computer-Hauptplatine.
Anmerkung: High End-Produkt auf dem Batteriesektor, relativ teuer.

23.3 Schadstoffe in Batterien

Nach den gesetzlichen Bestimmungen dürfen Batterien und Akkus nicht im Hausmüll entsorgt werden. Der Handel ist verpflichtet, sie nach Gebrauch wieder zurückzunehmen und einer Wiederverwertung zuzuführen. Damit wird einerseits sichergestellt, dass wertvolle Stoffe wieder in den Produktionsprozess zurück gelangen, und dass andererseits gefährliche Inhaltsstoffe weder die Umwelt belasten noch die Gesundheit beeinträchtigen. Unter den Inhaltsstoffen von Batterien sind Blei, Cadmium und Quecksilber besonders gefährlich. Bereits kleine Mengen können eine schleichende Schwermetallvergiftung auslösen.

Früher wurde in Batterien dem Elektrodenmaterial Zink stets Quecksilber zugesetzt. Seit 1990 sind quecksilberhaltige Rundbatterien in Deutschland nicht mehr erhältlich. Als Effekt ergab sich eine Einsparung von rund 30 Tonnen Quecksilber pro Jahr. Das Verbot von Zink-Quecksilberoxid-Batterien führte zu einer weiteren Einsparung von rund 10 Tonnen Quecksilber pro Jahr. Andere Knopfzellen dürfen höchstens noch 2 % Quecksilber enthalten.

In Nickel-Cadmium-Akkus wird Cadmium als Elektrodenmaterial für den Pluspol verwendet. Seit 2006 sind allerdings Nickel-Cadmium-Akkus für viele Anwendungen verboten. Daher zeigt sich heute eine deutliche Zunahme der Anwendung von Nickel-Metallhydrid-Akkus und gleichzeitig ein Rückgang in der Produktion von NiCd-Akkus, der in Deutschland insgesamt zu einer Substitution an Cadmium von etwa 90 Tonnen pro Jahr führen wird.

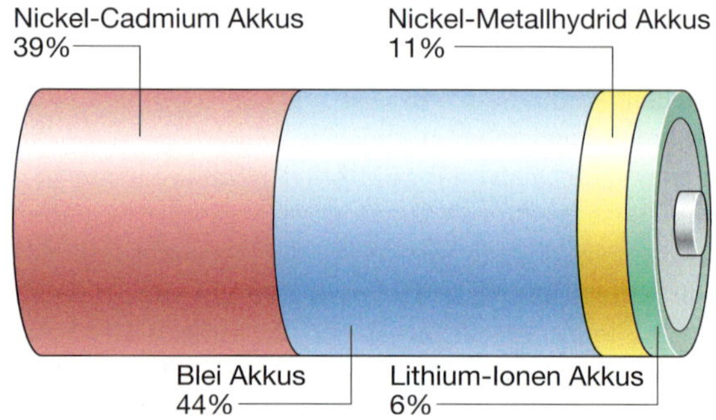

Anteile verschiedener Akkus bei der Rücknahme

Jährlich werden in Deutschland rund 200 000 Tonnen **Blei** für die Herstellung von Blei-Akkumulatoren, im Wesenlichen als Starterbatterien in Kraftfahrzeugen, verarbeitet. Ein wirtschaftlich sinnvoller Ersatz für den Blei-Akku ist derzeit nicht in Sicht. Das Gefahrenpotential von Blei wird allerdings durch ein gut funktionierendes Pfandsystem minimiert. So beträgt die Recycling-Quote für Bleiakkumulatoren in Deutschland 96 %.

Weil **Nickel** als Allergen wirkt, sind auch nickelhaltige Spannungsquellen in Verruf geraten. Eine wirkliche Lösung des Problems ist derzeit nicht in Sicht.

Die Umweltbelastung durch Inhaltsstoffe von Batterien und Akkus wird durch Recycling vermindert.

1 Plane ein Plakat, mit dem die Mitschüler angeregt werden, Batterien und Akkumulatoren in der Zukunft nicht mehr im Hausmüll zu entsorgen, sondern zum Recycling zu sammeln.

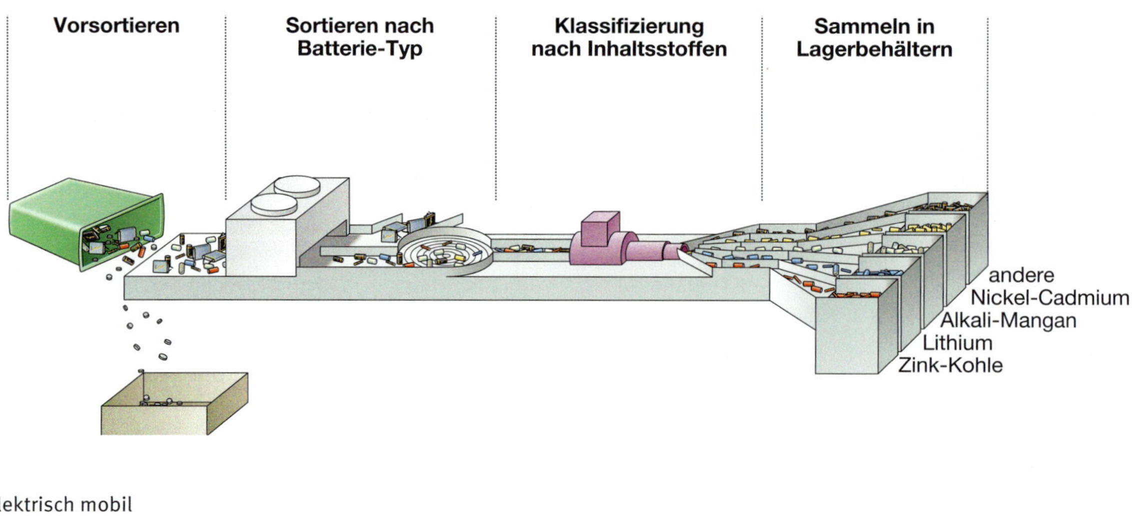

23.4 Brennstoffzellen

Wasserstoff als Energieträger der Zukunft?

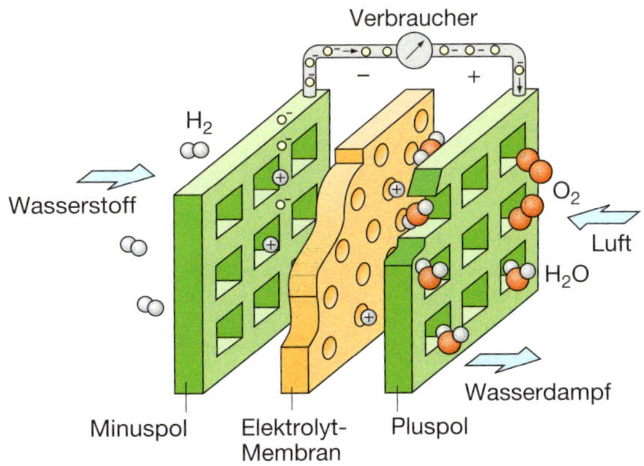

Aufbau einer Brennstoffzelle

Unser Energiebedarf nimmt angesichts einer steigenden Weltbevölkerung und der wachsenden Mobilität ständig zu. Der Vorrat an fossilen Energieträgern wie Erdöl oder Erdgas ist jedoch begrenzt. Zudem wird bei ihrer Verbrennung klimaschädigendes Kohlenstoffdioxid frei.

In dieser Situation ruhen viele Hoffnungen auf Wasserstoff als Energieträger der Zukunft. So lässt sich durch die Reaktion von Wasserstoff mit Sauerstoff nicht nur Wärme sondern auch elektrische Energie gewinnen:

$$2\ H_2\ (g) + O_2\ (g) \longrightarrow 2\ H_2O\ (l)$$

Die Vorteile dieser bereits seit Jahrzehnten diskutierten Energieerzeugung liegen auf der Hand: Sauerstoff steht praktisch unbegrenzt zur Verfügung; Wasserstoff lässt sich durch Elektrolyse aus Wasser gewinnen. Als Produkt entsteht nur Wasser, Schadstoffe werden nicht gebildet. Die technische Realisierung dieser Reaktion erfolgt in einer **Brennstoffzelle**, die chemische Energie in elektrische umwandelt. In dieser galvanischen Zelle läuft die Umsetzung nicht wie bei einer Knallgasreaktion explosionsartig ab, sondern findet kontrolliert an platinbeschichteten Elektroden statt.

In der Brennstoffzelle werden Wasserstoff und Sauerstoff getrennten Elektrodenräumen zugeführt. Eine nur für Wasserstoff-Ionen durchlässige Elektrolyt-Membran verhindert, dass die Gase direkt miteinander reagieren. An den Elektroden laufen die folgenden Reaktionen ab:

Minuspol: $2\ H_2 \dashrightarrow 4\ H^+ + 4\ e^-$
Pluspol: $O_2 + 4\ H^+ + 4\ e^- \dashrightarrow 2\ H_2O$

Dabei gelangen die am Minuspol gebildeten Wasserstoff-Ionen (H^+) durch die Membran zum Pluspol und werden hier zu Wasser umgesetzt.

Probleme in der Praxis. Trotz der augenscheinlichen Vorteile werden sowohl der Energieträger Wasserstoff als auch die Brennstoffzellen-Technologie bisher nur wenig genutzt. So gibt es eine Reihe von Pilotprojekten mit Brennstoffzellen zur Energieversorgung von Wohnhäusern. Auch Prototypen von mobilen Brennstoffzellen für den Antrieb von Kraftfahrzeugen wurden entwickelt.

Trotz einiger Erfolge in Teilbereichen gibt es für mehrere wichtige Probleme noch keine wirtschaftlich vertretbare Lösung:

- Zuverlässige Brennstoffzellen für die Anwendung in Autos oder in kleinen stationären Anlagen sind sehr teuer, denn man benötigt dazu das wertvolle Edelmetall Platin. Auch die Membranen sind sehr kostspielig.
- Für die Gewinnung von Wasserstoff mittels Elektrolyse wird viel mehr elektrische Energie benötigt als – selbst mit bester Technik – jemals zurückgewonnen werden kann. Wirtschaftlich sinnvoll wäre deshalb nur eine Elektrolyse in südlichen Ländern mit Kraftwerken, die Sonnenenergie in elektrische Energie umwandeln.
- Der sichere Transport von Wasserstoff verursacht hohe Kosten. So erfordert Wasserstoff-Gas weit reichende Pipeline-Netze und aufwändige Druckbehälter. Noch kostspieliger ist der Transport von Wasserstoff in flüssiger Form, denn dazu muss das Gas auf −253 °C abgekühlt werden.

In Brennstoffzellen wird elektrische Energie durch die Reaktion von Wasserstoff mit Sauerstoff gewonnen.

1 Recherchiere im Internet Pilotprojekte, bei denen Brennstoffzellen zum Einsatz kommen.

Exkurs Energie aus Sonnenlicht

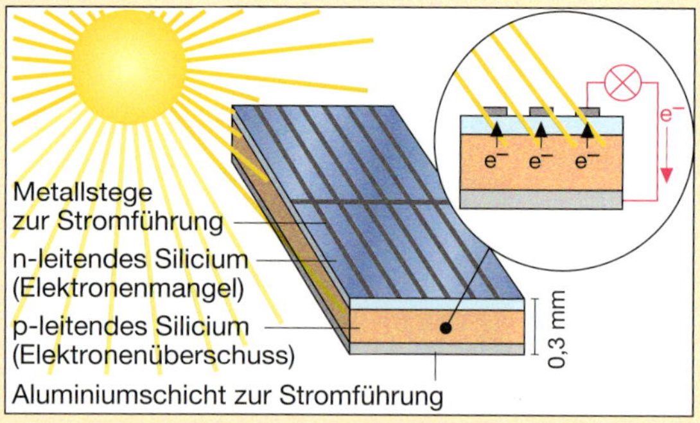

Schematischer Aufbau einer Solarzelle

Haus mit Solarzellen und Sonnenkollektoren

Solarzellen. Auf immer mehr Hausdächern sieht man bläulich glänzende Solarzellen, die Sonnenlicht direkt in elektrische Energie umwandeln.

Eine *Solarzelle* besteht aus zwei unterschiedlichen Schichten von kristallinem Silicium. Dabei ist jedes Silicium-Atom mit seinen vier Außenelektronen mit vier anderen Silicium-Atomen über eine Elektronenpaarbindung verbunden. In die obere Schicht, die *n*-Schicht, werden in geringen Mengen Atome mit fünf Außenelektronen eingebaut, von denen aber nur vier an Bindungen beteiligt werden. Das fünfte Elektron bleibt ohne Bindung und damit leicht beweglich.

In die untere Schicht, die *p*-Schicht, baut man Atome mit drei Außenelektronen ein. Hier entsteht also eine Elektronenlücke, weil bei einem Silicium-Atom ein Außenelektron keinen Bindungspartner hat.

Trifft nun Licht auf die obere *n*-Siliciumschicht werden die freien Elektronen in die untere *p*-Siliciumschicht bewegt und es entsteht eine elektrische Spannung, die abgeleitet werden kann. Durch eine Reihenschaltung von mehreren Modulen wird die Spannung so weit erhöht, dass sie nutzbar wird.

Sonnenkollektoren. Auf manchen Hausdächern sieht man auch eher schwarze Platten. Diese Installationen dienen der Wärmeerzeugung durch Sonnenlicht. Es handelt sich hierbei um Sonnekollektoren.

Sonnenkollektoren bestehen aus miteinander verbundenen Rohren aus Aluminium oder Kupfer. Unterstützt durch eine besondere Beschichtung erwärmt sich dieses Röhrensystem im Sonnenlicht. Die Wärme wird von einer in den Röhren strömenden Absorberflüssigkeit aufgenommen und zu einer Heizungsanlage, zu einer Warmwasserbereitungsanlage oder auch zu einem Wärmespeicher transportiert. Die sonstige Technik des Sonnenkollektors dient nur der Wärmeisolierung des Absorbers. Durch geeignete Isoliermaterialien werden Wärmeverluste verringert und damit höhere Arbeitstemperaturen ermöglicht. Daneben gibt es auch teurere Vakuumkollektoren, bei denen ein Vakuum die Wärmeisolierung gewährleistet.

1 Ordne der *n*-Schicht und der *p*-Schicht einer Solarzelle Pluspol und Minuspol zu. Begründe die Zuordnung.

Praktikum Wasserstoff – Energie für morgen

V1: Modellversuch zur Brennstoffzelle

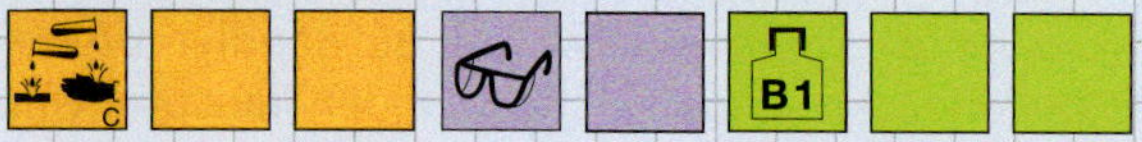

Materialien: Nickel-Netz-Elektroden, Becherglas (100 ml), Gleichspannungsquelle, Vielfachmessinstrument, Experimentierkabel;
Kaliumhydroxid-Lösung (C).

Durchführung:

1. Fülle das Becherglas bis zur Hälfte mit Kaliumhydroxid-Lösung. Tauche dann die zwei Nickel-Netz-Elektroden in die Lösung und verbinde sie über Kabel mit der Gleichspannungsquelle. Elektrolysiere einige Minuten bei etwa 4 Volt.
2. Schalte die Spannungsquelle aus und ersetze sie gegen ein Voltmeter. Miss die Spannung, die sich nach dem Abschalten der Spannungsquelle ergibt.

Aufgaben:

a) Notiere die Beobachtungen und die gemessene Spannung.

b) Formuliere Teilgleichungen für die Vorgänge an den Elektroden während der Elektrolyse an.

c) Beschreibe die Reaktionen an den Elektroden, wenn man nach der Elektrolyse einen Verbraucher in den Stromkreis schaltet.

Elektrisch mobil

Basiswissen

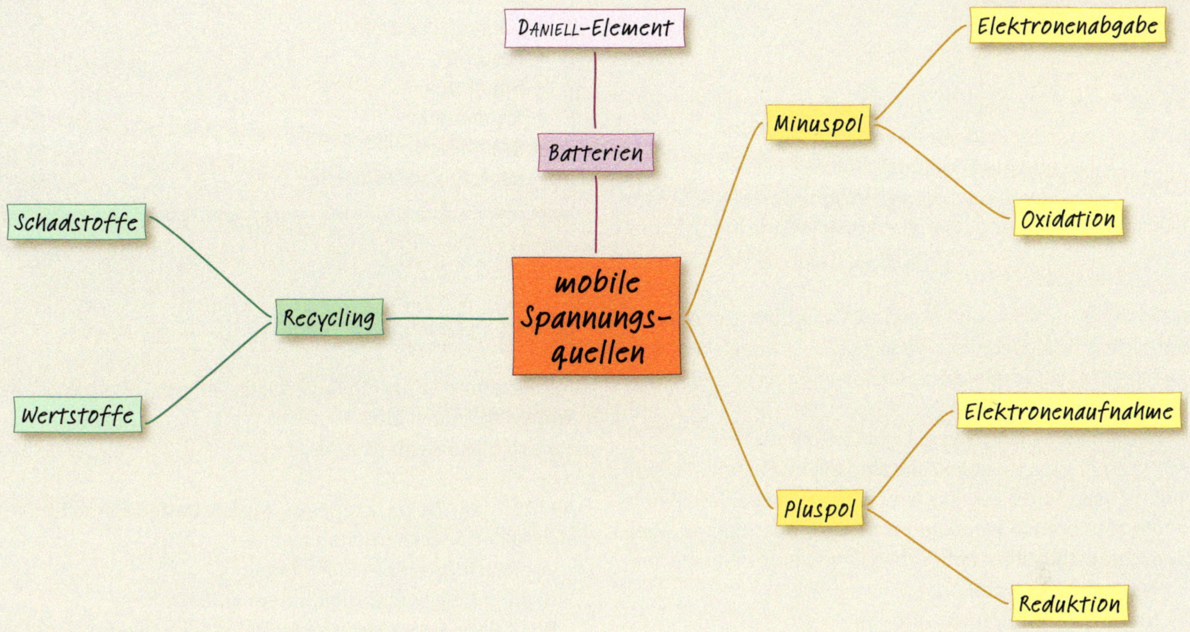

Elektrizität – biologisch betrachtet

Chemie in unserer Welt

Wenn der Begriff Elektrizität fällt, denken wir zunächst an unser Stromnetz oder an Batterien. Elektrizität kommt aber auch in der Natur in den verschiedensten Bereichen vor. Jeder kennt die elektrischen Entladungen, die bei einem Gewitter durch Blitze erfolgen. Aber auch in lebenden Organismen spielen elektrische Spannungen eine wichtige Rolle.

Gedankenblitze. Unsere Sinneszellen nehmen äußere Reize auf und induzieren an den Membranen von Nervenzellen eine Ladungsverschiebung. Zwischen dem Zellinneren und der Umgebung der Nervenzelle tritt dadurch eine elektrische Spannung auf, die weitergeleitet werden kann. Jede Nervenzelle hat dazu einen lang gestreckten Ausläufer, das Axon, das auf besondere Weise elektrisch isoliert ist. Die Ladungsverschiebung – und damit die Spannung, wird über das Axon transportiert. Am Ende des Axons wird dann eine Transmittersubstanz ausgeschüttet, die an der folgenden Nervenzelle wiederum eine Ladungsverschiebung bewirkt. Auf diese Weise gelangt die von der Sinneszelle aufgenommene Information als elektrisches Signal in das Gehirn und wird dort ebenfalls durch bloße Ladungsverschiebungen an Nervenzellen verarbeitet. In diesem Sinne trifft das Wort „Gedankenblitz" durchaus den Kern der Sache.

Tierische Elektrizität. In Flüssen in Südamerika lebt ein merkwürdiger Fisch, der Zitteraal. Er besitzt einen langen schlangenförmigen Körper mit einem breiten, abgeflachten Kopf und einem mächtigen Maul. Dieser Fisch erzeugt zur Verteidigung und auch bei der Jagd gefährliche Stromstöße. Dazu ist der größte Teil seines Körpers mit elektrischen Organen besetzt, die wie die Zellen eines Blei-Akkus in Reihe geschaltet sind. Dadurch steht eine Spannung von bis zu 500 V zur Verfügung.

Für die Gefährlichkeit von elektrischem Strom ist nicht nur die Spannung, sondern auch die Stromstärke entscheidend. Hier schafft es der Zitteraal auf 1 Ampere. Multipliziert man nun Spannung und Strom, erhält man die Leistung. Das wären 500 Volt x 1 Ampere = 500 Watt. Ein guter Tauchsieder leistet nur etwa das Doppelte. So kann man sich vorstellen, dass ein Zitteraal sogar größere Tiere oder einen Menschen töten kann.
Bei den meisten Fischen, die elektrische Spannungen erzeugen, liegen die Spannungen hingegen im Mikrovoltbereich. Sie erzeugen ein elektrisches Feld um ihren Körper, mit dem sie ihre Umgebung wahrnehmen können. Über spezielle Rezeptoren nehmen sie Veränderungen des elektrischen Feldes wahr und können sich so orientieren.

Prüfe dein Wissen

Quiz

A1 a) Erkläre die Begriffe des Fensters.
b) Notiere auf der Vorderseite von Karteikarten den Begriff, auf der Rückseite die Erklärung.
c) Ordne die Begriffe den Basiskonzepten „Materie“, „chemische Reaktion“ und „Energie“ zu. Begründe deine Zuordnung.

A2 Erkläre, warum bei einer galvanischen Zelle keine Spannung zu messen ist, wenn zwei Elektroden aus dem gleichen Metall in gleichen Salzlösungen verwendet werden.

A3 In einer galvanischen Zelle sind ein Eisenstab in Eisensulfat-Lösung und ein Kupferstab in Kupfersulfat-Lösung durch eine poröse Wand getrennt. Verbindet man die beiden Metallstäbe über Kabel, so leuchtet eine in den Stromkreis geschaltete Glühlampe.
a) Skizziere den Versuchsaufbau.
b) Kennzeichne in der Skizze den Pluspol und den Minuspol. Begründe die Zuordnung mit der Stellung der beiden Metalle in der Redoxreihe.
c) Stelle die Reaktionsgleichungen für die bei Stromfluss ablaufenden Reaktionen auf.

A4 Stelle die Reaktionsgleichungen für die Reaktionen auf, die bei Stromfluss in der Alkali-Mangan-Batterie ablaufen.

Know-how

A5 Im Praktikum soll eine galvanische Zelle aus Zinkblech in Zinksulfat-Lösung und Silberblech in Silbernitrat-Lösung untersucht werden. Eine Schülergruppe verwechselt die beiden Lösungen und gibt das Zinkblech in die Silbernitrat-Lösung und das Silberblech in die Zinksulfat-Lösung.
a) Erläutere, welche Reaktionen bei ordnungsgemäßem Versuchsaufbau ablaufen würden.
b) Erkläre, welche dieser Reaktionen nicht mehr möglich sind, wenn die Lösungen vertauscht werden.
c) Begründe, ob man zwischen den beiden Elektroden eine Spannung messen kann.

A6 Im alltäglichen Sprachgebrauch hört man gelegentlich die Redewendung, eine Batterie sei leer. Interpretiere diese Aussage in der Fachsprache der Chemie. Erläutere die Erklärung am Beispiel der Alkali-Mangan-Batterie.

A7 Erläutere am Beispiel der Wasserstoff-Brennstoffzelle das Prinzip der Speicherung von elektrischer Energie.

Die wichtigsten Begriffe

- DANIELLsche Zelle
- Galvanische Zelle
- Batterie
- Spannung
- Stromstärke
- Brennstoffzelle
- Recycling von Batterien

Natur – Mensch – Technik

A8 Batterien bringen bei niedrigen Temperaturen, etwa im Winter im Freien, eine deutlich verminderte Leistung. Erkläre diese Beobachtung.

A9 Auf dem Beipackzettel zu einem Batteriepack finden sich folgende Sicherheitshinweise:
– Vor Feuchtigkeit geschützt lagern
– Nicht in Reichweite von Kindern aufbewahren
– Nicht über 100 °C erhitzen oder ins Feuer werfen
– Nicht kurzschließen
– Nicht öffnen oder beschädigen
– Nicht aufladen
Erläutere den Sinn der einzelnen Hinweise. Konkretisiere dabei die auftretenden Gefahren am Beispiel einer Lithium-Batterie.

A10 Wenn bei einem Automobil die Autobatterie nicht mehr genügend Energie zum Starten des Motors aufbringt, kann man mithilfe der Batterie eines anderen Autos das eigene Auto starten. Dabei muss man auf die richtige Polung beim Anbringen der Überbrückungskabel achten, da es sonst zu einem Kurzschluss kommt, der beide Batterien zerstören kann.
Beschreibe, wie man das Überbrückungskabel zwischen den beiden Batterien richtig anbringt.
b) Begründe deine Überlegungen.

A1 Die Starterbatterie im PKW

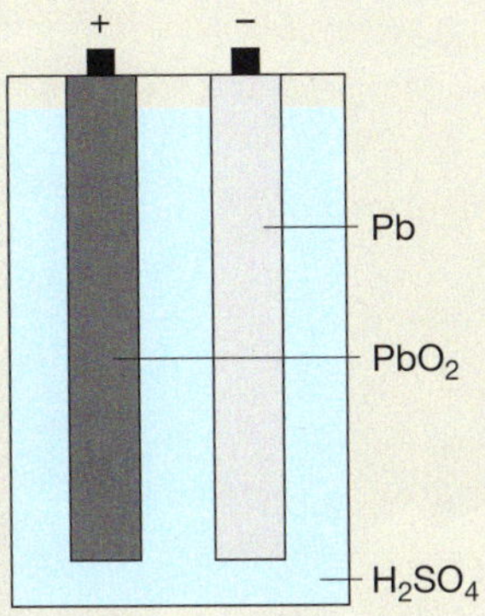

Bei der Starterbatterie in Kraftfahrzeugen handelt es sich um den sogenannten Blei-Akku. Im Prinzip tauchen dabei eine Blei-Elektrode (Pb) und eine Bleidioxid-Elektrode (PbO_2) in eine Schwefelsäure-Lösung. Eine solche galvanische Zelle liefert eine Spannung von rund zwei Volt. Wenn ein Strom fließt, wird an beiden Elektroden schwerlösliches Bleisulfat ($PbSO_4$) gebildet, am Minuspol durch Oxidation von metallischen Blei, am Pluspol durch Reduktion von Bleidioxid.
Akku ist eine Kurzform für die Bezeichnung Akkumulator. Darunter versteht man eine Batterie, die man – im Gegensatz zu einer normalen Batterie wie die Alkali-Mangan-Batterie – wieder aufladen kann, wenn sie verbraucht ist. Im normalen Betrieb in einem Kraftfahrzeug liefert der Blei-Akku den Strom, den der Anlasser benötigt, ein Elektromotor, der den Verbrennungsmotor startet. Während der Fahrt wird der Bleiakku dann durch die Lichtmaschine, die wie ein Dynamo arbeitet, wieder aufgeladen.
Beim Laden des Akkus werden die Vorgänge, die bei Stromentnahme ablaufen, wieder umgekehrt: Am Minuspol wird Bleisulfat zu Blei reduziert, am Pluspol Bleisulfat zu Bleidioxid oxidiert.

a) Formuliere die Reaktionsgleichung für die Reaktion, die am Minuspol abläuft, wenn ein Strom fließt.
b) Entwickle die entsprechende Reaktionsgleichung für die Bildung von Bleisulfat am Pluspol.
c) Bei Stromentnahme entsteht als Nebenprodukt Wasser. Begründe, inwiefern sich dadurch die Konzentration der Schwefelsäure ändert.
d) Gib die Reaktionsgleichungen für die Vorgänge an, die an beiden Elektroden beim Wiederaufladen des Blei-Akkus ablaufen.
e) Ordne den Reaktionen am Minuspol, die beim Entladen und beim Laden ablaufen, die Begriffe *Oxidation* und *Reduktion* sowie *Elektronenabgabe* und *Elektronenaufnahme* zu. Verfahre ebenso mit den Reaktionen am Pluspol des Akkus.
f) Erläutere, worin die besonderen Vorteile eines Akkus gegenüber einer normalen Batterie liegen.
g) Die heute in PKWs üblichen Starterbatterien liefern eine Spannung von 12 Volt. Erstelle eine Schemazeichnung, wie man aus einer 2 V-Blei/Bleidioxid-Zelle eine 12 V-Starterbatterie konstruieren kann.

A2 Starterbatterie – früher und heute

Bei den Starterbatterien in Kraftfahrzeugen handelt es sich um Blei-Akkus. Heute sind diese Akkus praktisch wartungsfrei und verrichten viele Jahre klaglos ihre Arbeit. Ältere Autofahrer können sich in dieser Sache an schlechtere Zeiten erinnern:

- Bis in die 1970er Jahre hinein hatten viele PKWs statt der heute üblichen 12 V-Anlage leistungsschwächere 6 V-Licht-Anlagen.
- Jede Zelle der entsprechend kleineren Batterie hatte einen Schraubverschluss, um bei Bedarf destilliertes Wasser nachzufüllen.
- Viele Autos hatten damals noch eine Kurbel, um den Motor anzuwerfen, wenn die Starterbatterie – besonders im Winter – ihren Dienst versagte.
- Daher empfahl es sich, regelmäßig den Ladezustand des Akkus zu überprüfen. Dazu gab es einfache Dichtemessgeräte. Man entnahm eine kleine Probe der Akku-Säure und konnte aus der Dichte auf den Ladezustand schließen.

a) Beschreibe, wodurch sich ein 6 V-Blei-Akku von den heute üblichen 12 V-Akkus unterscheidet.
b) Begründe die Notwendigkeit bei früheren Modellen des Blei-Akkus, regelmäßig Wasser nachzufüllen. Weshalb kann dieser Aufwand heute entfallen?
c) Erläutere, warum man beim Nachfüllen von Wasser in den Akku destilliertes Wasser verwenden muss.
d) Erkläre, weshalb Starterbatterien besonders im Winter Schwerstarbeit zu verrichten haben.
e) Erläutere mithilfe von Reaktionsgleichungen den Zusammenhang zwischen der Dichte der Akku-Säure und dem Ladungszustand des Akkus.

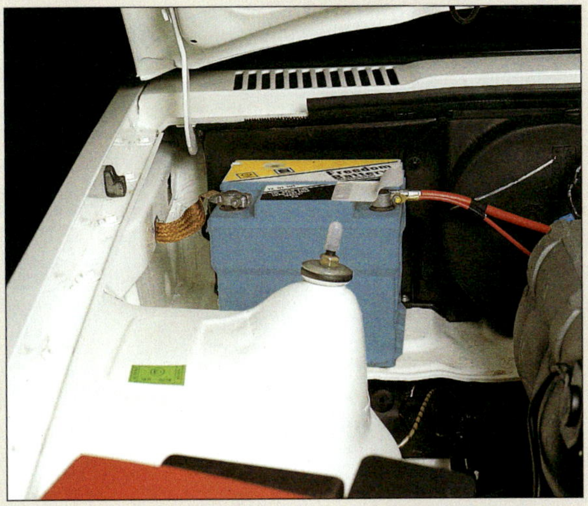

24 Zucker, Alkohol und Essig

In der belebten Natur entstehen durch chemische Reaktionen aus wenigen Grundstoffen zahlreiche unterschiedliche Produkte. Eine zentrale Stellung im Stoffwechsel aller Organismen nimmt dabei Traubenzucker ein.
Schon früh haben Menschen die Vielfalt biochemischer Vorgänge nutzbar gemacht. So wird seit mehr als 6000 Jahren aus süßen Weintrauben Wein gewonnen. Dabei handelt es sich um einen Gärungsprozess, bei dem Mikroorganismen Traubenzucker in Alkohol umwandeln.
Lässt man Wein längere Zeit an der Luft offen stehen, schmeckt er sauer und riecht nach Essig. Aus Wein ist Weinessig entstanden. Auch die Bildung von Essig wird durch Mikroorganismen ausgelöst.

Zentrale Fragen:
- Welche chemischen Reaktionen laufen bei der Gärung von Traubenzucker zu Alkohol ab?
- Welche Eigenschaften besitzen Alkohole?
- Wie kann man das Sauerwerden von Wein erklären?
- Welche Eigenschaften haben Carbonsäuren?
- Welche Zusammenhänge bestehen zwischen der Molekülstruktur und den Eigenschaften bei Alkoholen und Carbonsäuren?

24.1 Kohlenhydrate – alles Zucker oder was?

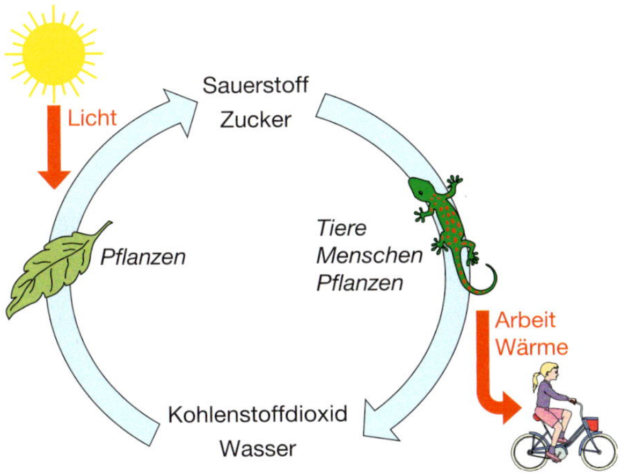

Photosynthese und Atmung

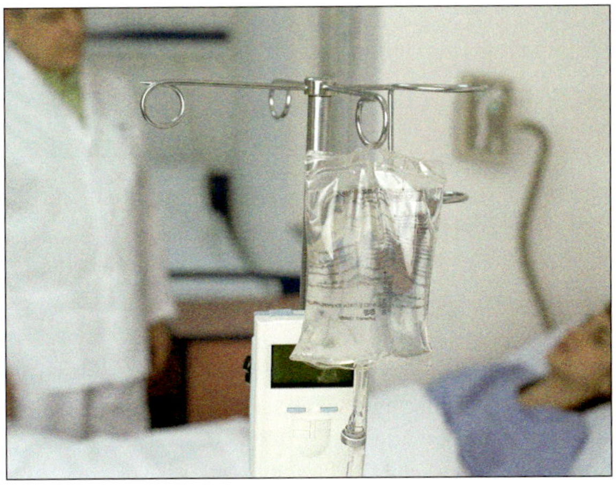

Glucoseinfusion

Aus dem täglichen Leben kennen wir Zucker in unterschiedlichen Formen und Arten. Bekannte Formen sind Puderzucker, Kandiszucker und Würfelzucker. Dabei handelt es sich stets um Rohrzucker. Andere Zuckerarten sind Milchzucker, Fruchtzucker und – besonders bedeutend – **Traubenzucker**. Im Handel findet man Traubenzucker auch unter dem Namen Dextrose; die chemische Bezeichnung ist *Glucose*.

In der Natur wird Traubenzucker bei der *Photosynthese* gebildet: Pflanzen erzeugen diesen Zucker mithilfe des Sonnenlichts aus Kohlenstoffdioxid und Wasser; dabei wird Sauerstoff freigesetzt. Jährlich werden so mehr als 10^{11} t Kohlenstoffdioxid in Glucose umgewandelt; dabei wird Sonnenenergie in der Größenordnung von 10^{19} Kilojoule gespeichert.

Traubenzucker als Energielieferant. Alle Organismen gewinnen die Energie, die sie benötigen, aus Traubenzucker. Bei dieser *Zellatmung* wird Glucose unter Energieabgabe über komplexe biochemische Reaktionen wieder zu Kohlenstoffdioxid und Wasser oxidiert.

Als schnell verfügbarer Energielieferant wird Traubenzucker im Sport in Form von Dextrose-Tabletten eingenommen. In der Medizin erhalten Patienten als Nahrungsersatz Glucose-Infusionen.

Die gut wasserlösliche Glucose ist als langfristiger Energiespeicher ungeeignet. Daher werden in der Natur die kleinen Zuckermoleküle zu langen wasserunlöslichen Kettenmolekülen, sogenannten *Makromolekülen*, verknüpft. Je nach räumlicher Anordnung entstehen dann die Energiespeicherstoffe Stärke und *Glykogen* oder der pflanzliche Baustoff *Cellulose*. Stärke und Glykogen können im Körper wieder leicht zu dem Energielieferanten Glucose abgebaut werden. Im Gegensatz zum Menschen sind Bakterien in der Lage, auch die Gerüstsubstanz Cellulose wieder in Glucose umzuwandeln.

Kohlenhydrate. Alle Arten von Zuckern sowie Stärke, Glykogen und Cellulose zersetzen sich beim Erhitzen. Letztendlich bleibt schwarzer Kohlenstoff zurück. Das gleiche Phänomen lässt sich beobachten, wenn man in einem Reagenzglas Zucker mit konzentrierter Schwefelsäure versetzt. Auch dabei bildet sich „Zuckerkohle" und an den kühleren Bereichen des Reagenzglases kondensiert Wasser. Aus dieser Beobachtung lässt sich sehr leicht die Bezeichnung der gesamten Stoffklasse ableiten: Alle Zucker und Stoffe wie Stärke, Gykogen und Cellulose fasst man unter der Bezeichnung *Kohlenhydrate* zusammen. Der Name spiegelt sich auch in der allgemeiner Molekülformel wieder: $C_n(H_2O)_m$. Diese Formel erweckt den falschen Eindruck, dass diese Stoffe ähnlich wie Salzhydrate chemisch gebundenes Wasser enthalten. Kohlenhydrate sind vielmehr Kohlenstoffverbindungen, die Wasserstoff-Atome und Sauerstoff-Atome im Zahlenverhältnis 2 : 1 enthalten.

Traubenzucker, Stärke und Cellulose gehören zur Stoffklasse der Kohlenhydrate. Stärke und Cellulose sind lange Kettenmoleküle.

1 Beschreibe und erläutere die Abbildung zu Photosynthese und Atmung.

2 Vergleiche die Formel von Kupfersulfat-Pentahydrat mit der allgemeinen Molekülformel der Kohlenhydrate. Erkläre den Unterschied.

Praktikum

Die alkoholische Gärung

V1: Alkoholische Gärung von Traubenzucker

Materialien: Erlenmeyerkolben (400 ml), Stopfen mit Gärrohr, Wasserbad;
Wasser, Glucose, Hefe-Suspension (20 %), Kalkwasser.

Durchführung:

1. Erwärme 150 ml Hefe-Suspension auf 40 °C.
2. Löse 20 g Traubenzucker in der Hefe-Suspension.
3. Fülle das Gärrohr mit Kalkwasser und setze es mit dem Stopfen auf den Erlenmeyerkolben.
4. Beobachte den Versuch über mehrere Tage.

Aufgaben:

a) Notiere deine Beobachtungen.
b) Beweise die Bedeutung der Hefe für die Gärung.

V2: Faktoren, die die Gärung beeinflussen (Methode nach K.-W. LEIENBACH)

Materialien: durchbohrte Stopfen, Kapillarröhrchen, durch Abschleifen abgestumpfte Kanüle, Messpipetten, Bechergläser (400 ml), Thermometer, Wasserbad;
Lösungen (10 %) von Glucose, Fructose, Saccharose, Maltose, Stärke-Lösung (1 %), Hefe-Suspension (20 %), Eis.

Durchführung:

1. Ein Reagenzglas mit 10 ml Glucose-Lösung und 10 ml Hefe-Suspension wird im Wasserbad auf 40 °C erwärmt.
2. Nach Einsetzen des Gärungsvorgangs wird das zweite, mit Wasser gefüllte Reagenzglas wie in der Abbildung gezeigt mit dem ersten Reagenzglas verbunden.
3. Notiere nach 15 Minuten das Volumen des verdrängten Wassers.
4. Wiederhole den Versuch mit Lösungen der anderen Zucker und der Stärke-Lösung.
5. Wiederhole die Versuche bei unterschiedlichen Temperaturen zwischen 10 °C und 70 °C.

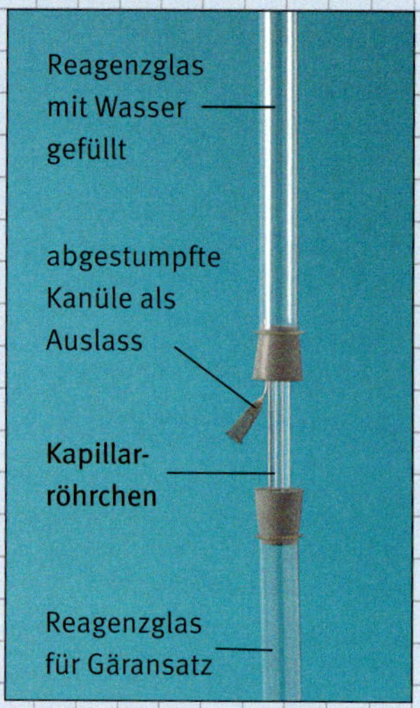

Apparatur nach LEIENBACH

6. Wiederhole den Versuch mit Glucose-Lösung bei 40° C, wobei die Gärlösung jeweils zusätzlich mit a) 5 %, b) 10 %, c) 15 %, d) 20 % Ethanol versetzt wird.

Aufgaben:

a) Notiere deine Beobachtungen und vergleiche.
b) Plane und beschreibe einen Versuch, mit dem sich die optimale Konzentration des Zuckers bestimmen lässt.
c) Ermittle den Alkohol-Gehalt, bei dem keine Gärung mehr stattfindet, und beurteile, unter welchen Bedingungen die Gärung von Glucose optimal abläuft.

V3: Destillation von Wein

Materialien: Gasbrenner, Erlenmeyerkolben, doppelt durchbohrter Stopfen, Thermometer, gebogenes Glasrohr, Siedesteinchen;
Wein.

Durchführung:

1. Baue nach der Abbildung eine einfache Destillationsapparatur zusammen.
2. Fülle etwa 80 ml Wein in den Erlenmeyerkolben und gib einige Siedesteinchen dazu.
3. Erhitze den Wein langsam mit dem Gasbrenner. Notiere dabei die Temperatur im Abstand von je 2 min.
4. Fange das Destillat in einem Reagenzglas auf. Wechsle das Reagenzglas aus, wenn etwa 3 ml Destillat erreicht sind.
5. Beende die Destillation, wenn im zweiten Reagenzglas etwa 5 ml Destillat angefallen sind.
6. Prüfe den Geruch des Destillats.

Aufgaben:

a) Notiere deine Beobachtungen.
b) Erstelle ein Temperatur/Zeit-Diagramm.
c) Erläutere, wodurch sich das Destillat in den beiden Reagenzgläsern unterscheidet.

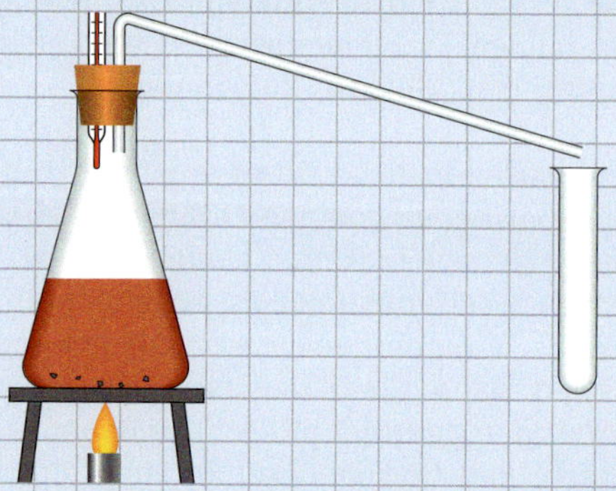

24.2 Vom Traubenzucker zum Ethanol

In frischem Traubensaft und anderen Fruchtsäften steigen nach einigen Tagen Gasbläschen auf. Ursache dafür ist die Reaktion von Traubenzucker zu Alkohol und Kohlenstoffdioxid. Diesen Vorgang bezeichnet man als *alkoholische Gärung*. Dabei wirken die Enzyme von Hefe, die auf den Früchten wächst, als Katalysator.
Die Herstellung von Wein ist ein altes biotechnologisches Verfahren, die auch heute noch sehr große wirtschaftliche Bedeutung besitzt: So werden pro Jahr weltweit rund 40 Milliarden Flaschen Wein erzeugt, davon etwa 3,5 % in Deutschland.

Der Verlauf der Gärung ist vor allem von der Art und der Konzentration der Ausgangsstoffe und von der Temperatur abhängig. Unter optimalen Bedingungen lässt sich bei der Gärung von Traubensaft ein Wein mit einem Alkoholgehalt von maximal 17 % herstellen. Um aus Wein hochprozentigen Alkohol zu gewinnen, muss der Alkohol herausdestilliert werden. Diesen Vorgang nennt man auch *Brennen*. Durch mehrfache Destillation erhält man schließlich 96%igen Alkohol. Der Rest ist Wasser. Dieses Wasser kann nur mithilfe stark wasseranziehender Mittel wie Kupfersulfat entfernt werden. Der reine Alkohol wird als Weingeist bezeichnet; die chemische Bezeichnung ist **Ethanol** oder **Ethylalkohol**.

Struktur des Ethanol-Moleküls. Ethanol brennt mit bläulicher Flamme. Als Reaktionsprodukte bilden sich Wasser und Kohlenstoffdioxid. Ethanol-Moleküle enthalten also Wasserstoff-Atome und Kohlenstoff-Atome. Eine Elementaranalyse zeigt, dass auch das Element Sauerstoff enthalten ist. Andere Elemente sind nicht nachweisbar.
Durch eine quantitative Analyse ergibt sich für Ethanol die Molekülformel C_2H_6O. Moderne analytische Untersuchungen zeigen, dass das Ethanol-Molekül eine OH-Gruppe oder *Hydroxy-Gruppe* enthält, die an einen Ethyl-Rest (C_2H_5-Rest) gebunden ist. Ethanol hat also die Formel CH_3CH_2OH.

Ethanol ist das Produkt der alkoholischen Gärung.
Im Ethanol-Molekül ist ein Ethyl-Rest mit einer Hydroxy-Gruppe (OH-Gruppe) verbunden.

1 Beschreibe den Ablauf der alkoholischen Gärung.
2 Berechne die molare Masse von Ethanol.
3 Begründe, warum man frisch gepressten Obstsaft nicht in geschlossenen Flaschen aufbewahren soll.
4 Recherchiere, warum der Alkoholgehalt bei der alkoholischen Gärung nicht über 17 % steigt.

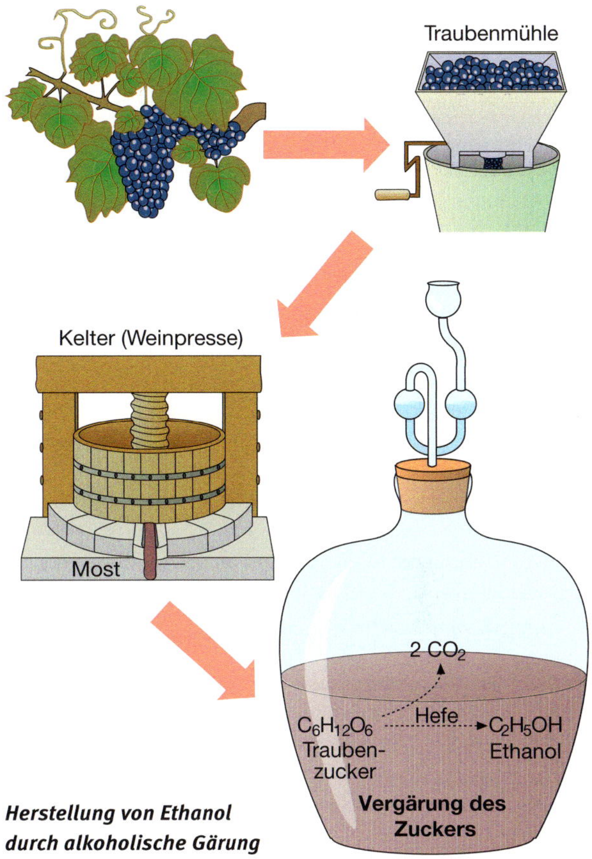

Herstellung von Ethanol durch alkoholische Gärung

Steckbrief: Ethanol

leicht entzündlich

R 11 Leichtentzündlich
S 7 Behälter dicht geschlossen halten
S 16 Von Zündquellen fernhalten – nicht rauchen

Eigenschaften:
- farblose Flüssigkeit mit süßlichem stechendem Geruch
- in jedem Verhältnis mit Wasser mischbar
- keine elektrische Leitfähigkeit
- Dichte: $0{,}79\ \frac{g}{l}$
- Schmelztemperatur: −114 °C
- Siedetemperatur: 78 °C

Strukturformeln:

CH_3-CH_2-OH

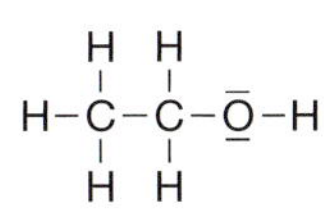

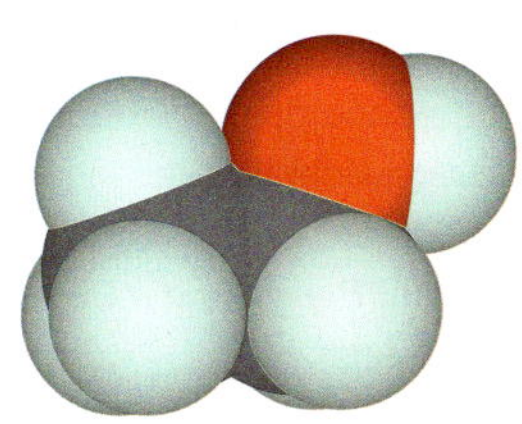

Das Ethanol-Molekül

Chemie-Recherche

Location: http://www.schroedel.de/chemie_heute.html

Suche:

Alkohol – ein Suchtmittel

Schroedel

Ergebnisse:

Wege des Alkohols im Körper

A) Alkohol wird über den Blutkreislauf im Körper verteilt.
B) Der Hauptanteil des Alkohols wird in der Leber abgebaut. Dabei entstehen Kohlenstoffdioxid und Wasser.
C) Bis zu 3 % werden unverändert über die Lunge ausgeschieden.
D) Etwa 2 % werden unverändert über die Niere ausgeschieden.

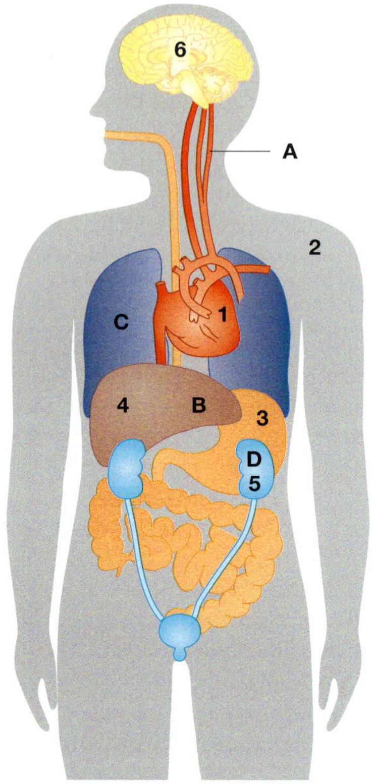

Folgen des Alkoholkonsums

1) Erhöhung des Blutdrucks
2) Erhöhung der Hauttemperatur und Auskühlung
3) Reizung der Magenschleimhaut, Magenschleimhautentzündung
4) Reizung der Leber, Bildung einer Fettleber, Leberzirrhose
5) Behinderung des Nierenstoffwechsels
6) Schädigung des Gehirns

Stadien der Alkoholvergiftung

0,5–1,5 ‰: Erregungszustand mit Wärmegefühl, Hautrötung, schwindende Selbstkritik
1–2 ‰: Schlafstadium mit Muskelerschlaffung, Sprachstörungen, Gehstörungen
2–3 ‰: Narkosestadium, das Großhirn ist narkotisiert, Vollrausch
über 3 ‰: Atemlähmung. Der Tod tritt durch Lähmung des Atemzentrums im Gehirn ein.

Blutalkoholgehalt

Zur Berechnung des Blutalkoholgehalts kann man die unten stehende **Näherungsformel** verwenden.
Für Frauen gilt $r = 0{,}6$; für Männer gilt $r = 0{,}7$.
Pro Stunde sinkt der Blutalkoholgehalt bei Frauen um 0,1 ‰, bei Männern um etwa 0,15 ‰.

$$w\,(\text{Alkohol im Blut in ‰}) = \frac{m\,(\text{Alkohol})\,(\text{in g})}{r \cdot m\,(\text{Körper})\,(\text{in kg})}$$

Alkoholische Getränke im Vergleich

	 2 Weinbrände (je 0,02 l)	 1 Weißwein (0,125 l)	 1 Bier (0,3 l)
Volumenkonzentration $\sigma = \frac{V\,(\text{Alkohol})}{V\,(\text{Getränk})}$	40 %	10 %	5 %
Masse der enthaltenen Alkoholportion	12,5 g	15,6 g	11,7 g

Aufgaben

1 Berechne mithilfe der Tabelle den Blutalkoholgehalt einer Frau (50 kg), die kurz hintereinander drei Schnäpse (je 0,02 l) getrunken hat.

2 **a)** Berechne das Volumen Bier, das ein Mann mit 70 kg Körpergewicht theoretisch innerhalb einer Stunde trinken kann, ohne die 0,5-Promille-Grenze zu überschreiten. Beurteile die Bedeutung des theoretischen Ergebnisses.

3 Nach einem Unfall wird ein Blutalkoholgehalt von 0,3 ‰ festgestellt. Stelle die rechtlichen Folgen dar.

4 Stelle Informationen zusammen, welche Gefahren im Straßenverkehr durch Alkoholgenuss auftreten, auch wenn die gesetzliche Promille-Grenze nicht überschritten wird.

5 Erstelle einen Flyer oder ein Poster mit Hinweisen auf die Gefahren durch Alkohol.

Löse die folgenden Aufgaben mithilfe des Internets:

6 Suche nach Statistiken zur Entwicklung des Alkoholverbrauchs in verschiedenen Staaten. Unterscheide dabei auch die Art der konsumierten Alkoholika.

7 Erläutere die Europäischen Charta zum Thema „Alkohol“.

Untersuchung von Alkoholen

V1: Bestimmung der molaren Masse von Ethanol

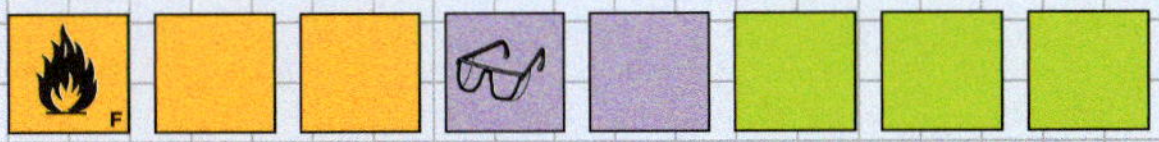

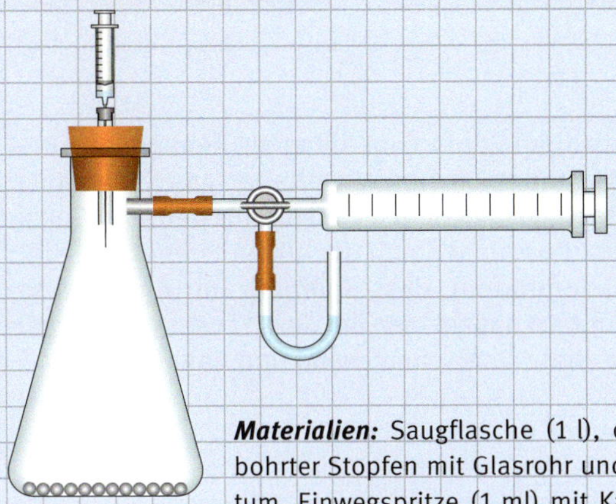

Materialien: Saugflasche (1 l), durchbohrter Stopfen mit Glasrohr und Septum, Einwegspritze (1 ml) mit Kanüle, kleine Stahlkugeln, Kolbenprober mit Dreiwegehahn (100 ml), Schlauchstücke, Manometerrohr, Waage;
Ethanol (F).

Durchführung:

1. Baue die Apparatur nach der Abbildung auf.
2. Prüfe auf Dichtigkeit durch vorsichtiges Ziehen am Kolben.
3. Ziehe etwa 0,1 ml Ethanol in die Spritze auf. Wiege die Spritze und stecke sie durch das Septum.
4. Spritze das Ethanol auf die Stahlkugeln.
5. Verdampfe das Ethanol durch vorsichtiges Schwenken.
6. Sorge für Druckausgleich und lies die Volumenzunahme am Kolbenprober ab.
7. Wiege die Spritze erneut.

Aufgaben:

a) Beschreibe deine Beobachtungen.
b) Berechne die molare Masse von Ethanol.
c) Erkläre, warum nur eine sehr kleine Portion Ethanol genommen werden darf.
d) Gib an, welche Volumenzunahme man messen würde, wenn 0,1 g Ethanol verdampft werden.

Rechenbeispiel

Berechnung der molaren Masse von Ethanol

m (Ethanol) = 0,077 g; V (Ethanol-Dampf) = 40 ml

$$n\text{ (Ethanol)} = \frac{V}{V_m} = \frac{40\text{ ml}}{24\,000\,\frac{\text{ml}}{\text{mol}}} = 0{,}001\,67\text{ mol}$$

$$M\text{ (Ethanol)} = \frac{m\text{ (Ethanol)}}{n\text{ (Ethanol)}} = \frac{0{,}077\text{ g}}{0{,}001\,67\text{ mol}} = 46{,}1\,\frac{\text{g}}{\text{mol}}$$

Die molare Masse von Ethanol beträgt 46 $\frac{\text{g}}{\text{mol}}$.

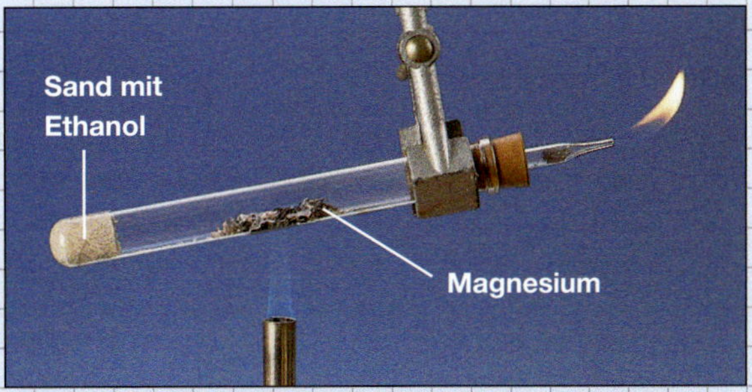

Ethanol-Dampf reagiert mit Magnesium. Es bildet sich weißes Magnesiumoxid.

V2: Löslichkeit der Alkanole

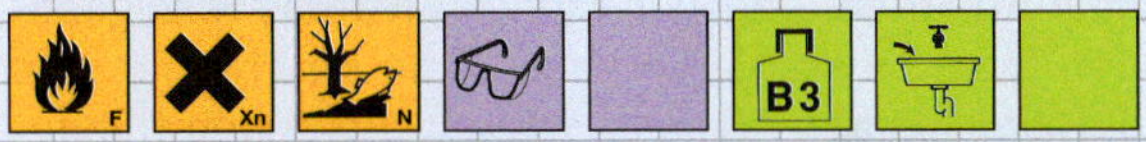

Materialien: Tropfpipette;
Ethanol (F), Butan-1-ol (Xn), Hexadecan-1-ol (Cetylalkohol), Heptan (F, Xn, N).

Durchführung:

1. Prüfe die Mischbarkeit der Alkohole mit Wasser, indem du einige Tropfen bzw. eine Spatelspitze der Alkohole zu einigen Millilitern Wasser gibst.
2. Wiederhole den Versuch mit Heptan (B3) statt Wasser.
3. Prüfe die Mischbarkeit von Butan-1-ol mit Ethanol (B3).

Aufgabe: Stelle deine Versuchsergebnisse in einer Tabelle dar. Begründe die Unterschiede.

V3: Nachweis von Alkoholen

Materialien: Tropfpipetten;
Aceton (F, Xi), Essigsäure (5 %), Ethanol (F), Propan-1-ol (F, Xi), Propan-2-ol (F, Xi), Butan-1-ol (Xn), Ammoniumcer-IV-nitrat-Reagenz (40 g Ammonium-Cer-IV-nitrat in 100 ml Salpetersäure (2 mol/l; O, C).

Durchführung:

1. Verdünne 1 ml Ammoniumcer-IV-nitrat-Reagenz in einem Reagenzglas mit 2 ml Wasser. Gib 5 Tropfen Aceton hinzu und schüttele gut durch.
2. Wiederhole den Versuch wird mit den einzelnen Alkoholen sowie mit Essigsäure.

Aufgaben:

a) Notiere deine Beobachtungen in einer Tabelle.
b) Werte die Beobachtungen aus.

24.3 Alkanole – eine homologe Reihe

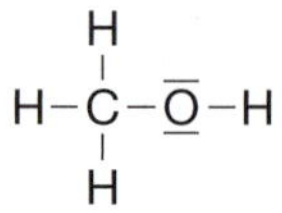
Methanol

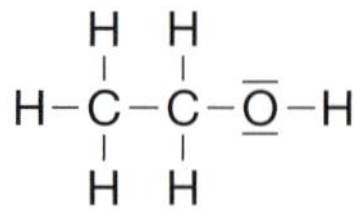
Ethanol

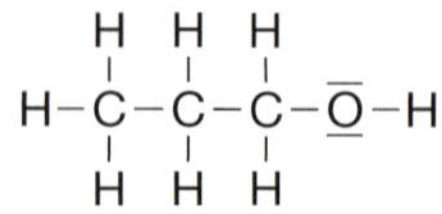
Propanol

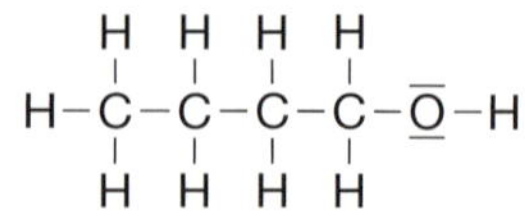
Butanol

In der Chemie werden alle Verbindungen, die wie Ethanol in ihren Molekülen eine oder mehrere Hydroxy-Gruppen enthalten, zur Stoffklasse der **Alkohole** zusammengefasst. Die OH-Gruppe prägt die Eigenschaften der Alkohole. Man bezeichnet sie daher als *funktionelle Gruppe* der Alkohole.
Alkohole, die sich von den Alkanen ableiten, nennt man **Alkanole.** Der Name eines Alkanols wird gebildet, indem man die Endung **-ol** an den Namen des entsprechenden Alkans anhängt. Die ersten Glieder der homologen Reihe der Alkanole sind Methanol, Ethanol, Propanol, Butanol und Pentanol. Die allgemeine Formel der Alkanole lautet $\mathbf{C_nH_{2n+1}OH}$.

Methanol. Das einfachste Alkanol ist Methanol (CH_3OH). Oft wird es auch als *Methylalkohol* bezeichnet. Der Trivialname *Holzgeist* weist darauf hin, dass Methanol früher durch Erhitzen von Holz unter Luftabschluss hergestellt wurde. Heute wird Methanol industriell aus Kohlenstoffmonooxid und Wasserstoff synthetisiert:

$$CO + 2\,H_2 \xrightarrow{\text{Katalysator}} CH_3OH$$

Methanol dient als Lösemittel in der Industrie und als Kraftstoffzusatz. Es kann auch als Brennstoff in Brennstoffzellen eingesetzt werden. Mithilfe von Mikroorganismen lassen sich aus Methanol biologisch wichtige Stoffe wie Eiweiße gewinnen.
Methanol ist sehr giftig. Schon kleine Mengen führen zur Erblindung und anderen Dauerschäden, bereits 25 g können tödlich wirken.

Ethanol. Im Labor und in der Industrie wird Ethanol als vielseitiges *Lösemittel* und als Ausgangsstoff für chemische Synthesen genutzt. In Form von *Brennspiritus* dient Ethanol im Alltag als Reinigungsmittel und als Brennstoff zum Warmhalten von Speisen. Im Gegensatz zu Alkohol in alkoholischen Getränken wird Spiritus nicht durch die Alkoholsteuer belastet. Um zu verhindern, dass Spiritus zum Trinken missbraucht wird, macht man ihn durch Zusatz von Vergällungsmitteln übelschmeckend und ungenießbar.

86 Tote durch Methylwhisky

NARSINGDI. Mindestens 86 Menschen sind in Bangladesch gestorben, nachdem sie gestreckten Whisky getrunken hatten. Das auf dem Schwarzmarkt von Narsingdi rund 40 Kilometer östlich der Hauptstadt Dhaka angebotene Getränk war mit Methylalkohol verlängert worden. Rund 200 Menschen hatten Flaschen gekauft. Dutzende Menschen wurden in ernstem Zustand in die Kliniken eingeliefert. In Bangladesch ist der Verkauf von Alkohol verboten.

Der Bedarf an Ethanol als Chemikalie kann nur gedeckt werden, weil diese Verbindung – außer durch alkoholische Gärung – auch industriell aus Ethen und Wasser hergestellt wird:

$$CH_2{=}CH_2 + H_2O \xrightarrow{\text{Katalysator}} C_2H_5OH$$

Im Labor lässt sich Methanol leicht von Ethanol unterscheiden: Methanol reagiert mit Borsäure zu einer brennbaren, flüchtigen Verbindung. Beim Verbrennen ist die Flamme grün gefärbt. Ethanol reagiert unter diesen Bedingungen nicht mit Borsäure.

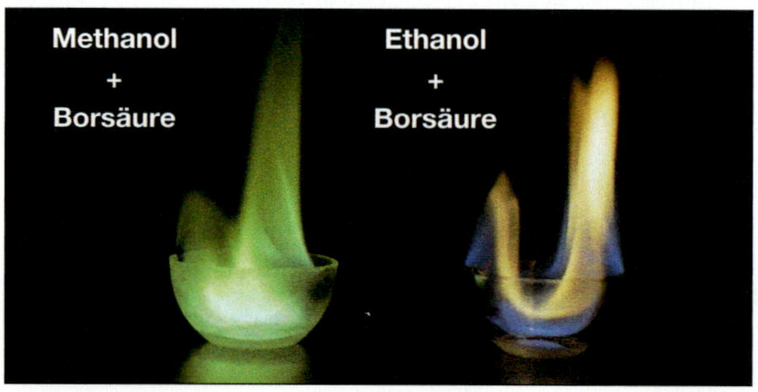

Propanol, Butanol und Pentanol. Propanol (C_3H_7OH) hat große industrielle Bedeutung. Er wird als Frostschutzmittel in Scheibenwaschanlagen und als Desinfektionsmittel in der Medizin eingesetzt.
Butanol (C_4H_9OH) fällt bei der Vergärung von Stärke und Zuckerrüben an. Es wird bei der industriellen Herstellung von Aromastoffen und als Zusatz in Treibstoffen verarbeitet.
Pentanol ($C_5H_{11}OH$) ist ein unerwünschtes Nebenprodukt der alkoholischen Gärung. Es ist gesundheitsschädlich und gehört zu den so genannten *Fuselölen,* die bei Fehlgärungen entstehen.
Butanole und Pentanole werden auch als Lösemittel für Fette, Öle und Harze verwendet.

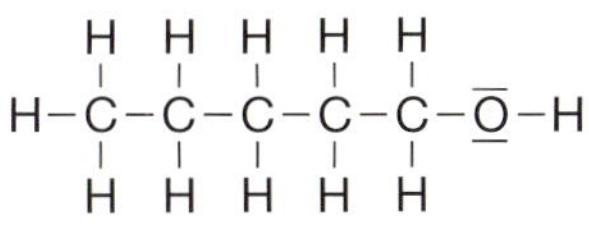

Pentanol

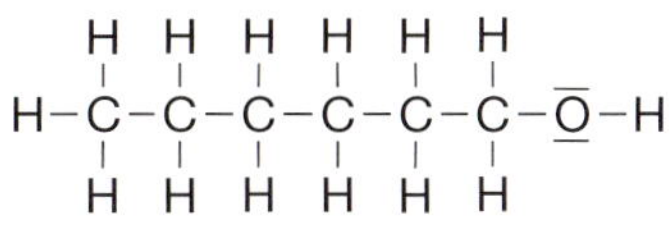

Hexanol

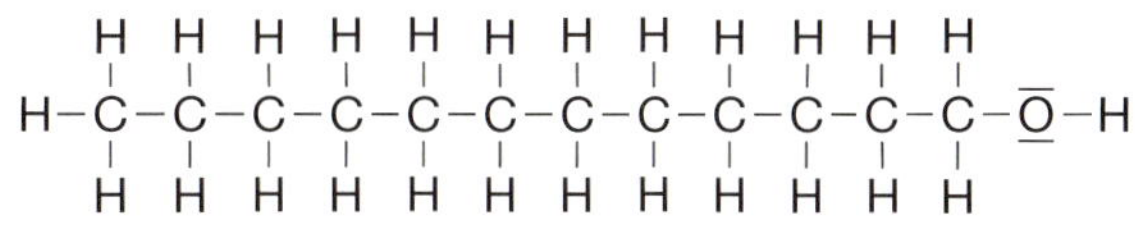

Dodecanol

Isomerie bei Alkanolen. Es gibt zwei isomere Propanole. In einem Fall ist die OH-Gruppe an ein *endständiges* C-Atom gebunden, im anderen Fall befindet sie sich am *mittleren* C-Atom. Man bezeichnet die Isomere oft als *n*-Propanol (*normal*-Propanol) und *iso*-Propanol.
Vom **Butanol** gibt es insgesamt *vier* Isomere, denn der Alkyl-Rest kann auch verzweigt sein. Beim Pentanol treten bereits acht Isomere auf.

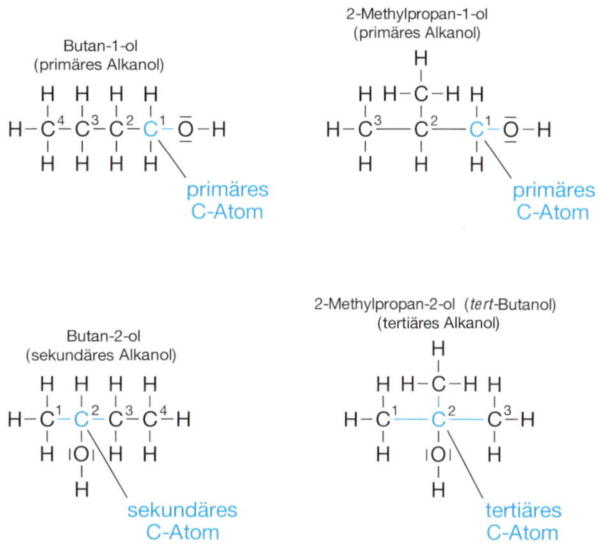

Isomere Butanole

Nomenklatur der Alkanole. Wissenschaftlich wird *n*-Propanol als Propan-1-ol und *iso*-Propanol als Propan-2-ol bezeichnet. Bei der Benennung steht allgemein die Nummer des C-Atoms, das mit der OH-Gruppe verbunden ist, zwischen dem Namen des Alkans und der Endung **-ol.** Dabei ist die Hauptkette immer die längste C–C-Kette, an die die OH-Gruppe gebunden ist.

Primäre, sekundäre und tertiäre Alkanole. Beim Propan-1-ol ist das C-Atom, das die OH-Gruppe trägt, mit *einem* weiteren C-Atom verbunden. Man spricht in diesem Fall von einem *primären* Alkanol. Propan-2-ol ist ein Beispiel für ein *sekundäres* Alkanol: Das C-Atom, das die OH-Gruppe trägt, ist mit *zwei* weiteren C-Atomen verbunden. 2-Methylpropan-2-ol ist ein *tertiäres* Alkanol: Hier ist das C-Atom mit der OH-Gruppe mit *drei* weiteren C-Atomen verknüpft.

Die funktionelle Gruppe der Alkohole ist die Hydroxy-Gruppe (OH-Gruppe). Alkanole bilden eine homologe Reihe mit der allgemeinen Formel $C_nH_{2n+1}OH$.
Man unterscheidet primäre, sekundäre und tertiäre Alkanole.

Exkurs

Fettalkohole für Waschmittel und Cremes

Alkanole mit Kettenlängen von zehn bis zwanzig Kohlenstoff-Atomen werden Fettalkohole genannt, da sie aus Fetten hergestellt werden. Sie sind in Wasser nahezu unlöslich, lösen sich aber gut in Heptan. *Beispiel:* Dodecanol ($C_{12}H_{25}OH$, $\vartheta_m = 23{,}8$ °C). Fettalkohole sind Grundstoffe für die Herstellung von Waschmitteln. In Hautcremes dienen Fettalkohole als Rückfetter und Emulgatoren.

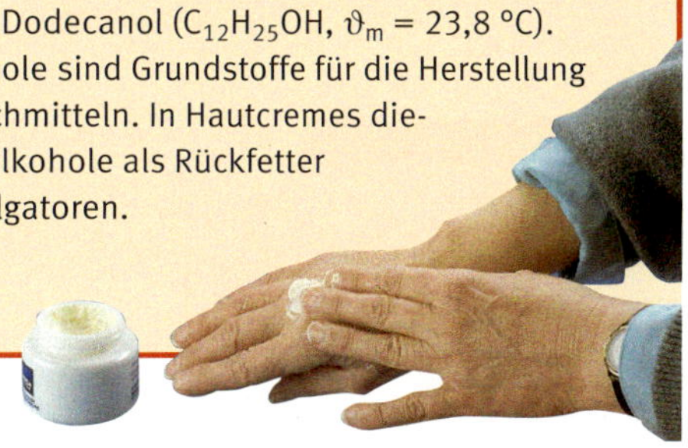

1 Erstelle anhand der Abbildung zu den isomeren Butanolen Regeln zur Benennung der Alkanole.
2 Zeichne die Strukturformeln aller isomeren Pentanole und benenne sie.
3 Früher bezeichnete man die isomeren Propanole als Propylalkohol und Isopropylalkohol.
Erkläre anhand der Strukturformeln, wie diese Namen zu verstehen sind.
4 Begründe, weshalb es isomere Alkanol-Moleküle gibt.
5 Propan-2-ol entsteht bei der Reaktion von Propen mit Wasser. *tert*-Butanol bildet sich entsprechend durch Reaktion von Isobuten mit Wasser.
Gib die Reaktionsgleichungen mit Strukturformeln an.
6 Informiere dich über die Besteuerung von Alkohol. Bereite ein Kurzreferat vor.

24.4 Alkohole – Stoffeigenschaften und Molekülstruktur

Die Stoffeigenschaften der Alkanole werden durch die polare Hydroxy-Gruppe und den unpolaren Kohlenwasserstoff-Rest bestimmt.

Löslichkeit. Die ersten Alkanole der homologen Reihe – Methanol, Ethanol und Propanol – mischen sich in jedem Verhältnis mit Wasser. Bei den darauf folgenden Alkanolen nimmt die Löslichkeit mit steigender Anzahl der Kohlenstoff-Atome stark ab. Schon Hexanol ist in Wasser nahezu unlöslich.

Die Bindung in der OH-Gruppe eines Alkohol-Moleküls ist ähnlich polar wie die O–H-Bindung in einem Wasser-Molekül. Zwischen den OH-Gruppen der Alkohol-Moleküle und den Wasser-Molekülen können sich daher Wasserstoffbrücken bilden. Die Hydroxy-Gruppe vermittelt damit die Löslichkeit der Alkohole in Wasser, man bezeichnet sie als *hydrophil* (wasseranziehend). Für die schlechte Löslichkeit von Hexanol in Wasser ist dagegen der *unpolare* Alkyl-Rest verantwortlich. Man sagt, der Alkyl-Rest ist *hydrophob* (wasserabstoßend).
Zwischen den Alkyl-Resten der Alkanol-Moleküle und den Alkan-Molekülen treten *VAN-DER-WAALS-Bindungen* auf. Ethanol und die höheren Alkanole sind mit Heptan mischbar. Beim Methanol überwiegt der Einfluss der polaren OH-Gruppe, es löst sich daher nicht in Hexan.

Siedetemperaturen. Ethanol ist bei Raumtemperatur flüssig, es siedet bei 78 °C. Propan, ein Alkan ähnlicher molarer Masse, ist dagegen gasförmig. Zwischen den unpolaren Alkan-Molekülen wirken nur schwache VAN-DER-WAALS-Bindungen. Zwischen den polaren Hydroxy-Gruppen der Alkanole bilden sich zusätzlich Wasserstoffbrückenbindungen aus. Alkanole sieden daher erst bei deutlich höheren Temperaturen als Alkane vergleichbarer Molekülgröße.

Die Hydroxy-Gruppe ist hydrophil, der Alkyl-Rest ist hydrophob. Kurzkettige Alkohole lösen sich in Wasser, Ethanol und höhere Alkanole lösen sich in Alkanen. Die Siedetemperatur von Alkanolen ist höher als die von vergleichbaren Alkanen.

1 Begründe, warum Alkyl-Reste hydrophob und Hydroxy-Gruppen hydrophil sind.
2 Erläutere die unterschiedliche Wasserlöslichkeit von Methanol und Heptanol.
3 Gib den Inhalt des Schemas zur Löslichkeit mit eigenen Worten wieder. Welche Kernaussagen werden gemacht?
4 Vergleiche die Siedetemperaturen von Methan/Methanol und Decan/Decanol. Erkläre die unterschiedlichen Differenzen zwischen den Siedetemperaturen der Stoffpaare.

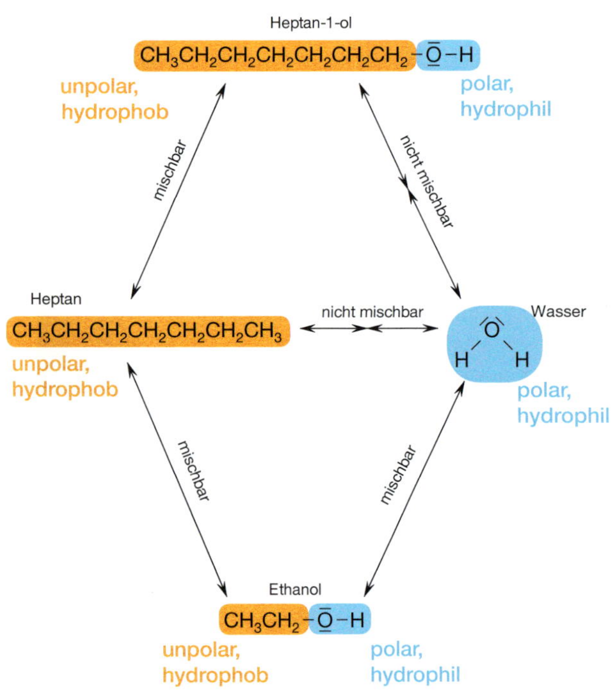

Einfluss der Molekülstruktur auf die Löslichkeit

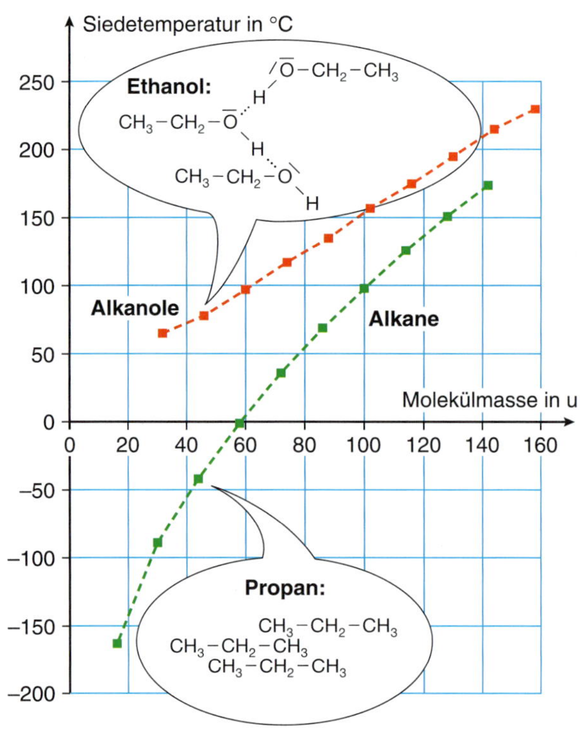

Siedetemperaturen der Alkane und Alkanole

Alkanole

Übersicht

Alkanol	Isomere	Strukturformel	Molekülmodell	Schmelz-temperatur	Siede-temperatur	Löslichkeit in 100 g Wasser
Methanol CH_3OH	–	$\overset{1}{C}H_3{-}OH$ primär		–97 °C	65 °C	∞
Ethanol C_2H_5OH	–	$\overset{2}{C}H_3{-}\overset{1}{C}H_2{-}OH$ primär		–114 °C	78 °C	∞
Propanole C_3H_7OH	Propan-1-ol	$\overset{3}{C}H_3{-}\overset{2}{C}H_2{-}\overset{1}{C}H_2{-}OH$ primär	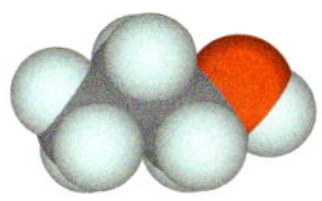	–126 °C	97 °C	∞
	Propan-2-ol	H $\overset{1}{C}H_3{-}\overset{2}{C}{-}\overset{3}{C}H_3$ OH sekundär	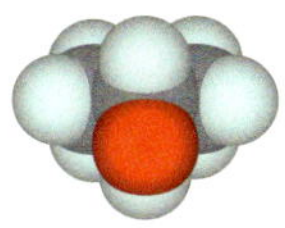	–89 °C	82 °C	∞
Butanole C_4H_9OH	Butan-1-ol	$\overset{4}{C}H_3{-}\overset{3}{C}H_2{-}\overset{2}{C}H_2{-}\overset{1}{C}H_2{-}OH$ primär	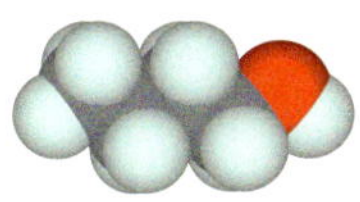	–89 °C	118 °C	8,3 g
	Butan-2-ol	$\overset{4}{C}H_3{-}\overset{3}{C}H_2{-}\overset{2}{C}H{-}\overset{1}{C}H_3$ OH sekundär	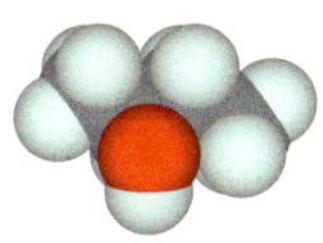	–115 °C	100 °C	12,5 g
	2-Methyl-propan-1-ol	CH_3 $\overset{3}{C}H_3{-}\overset{2}{C}{-}\overset{1}{C}H_2{-}OH$ H primär	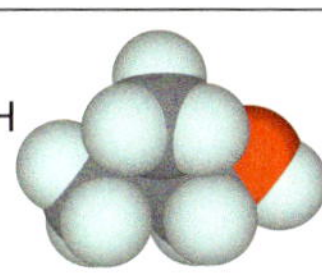	–108 °C	108 °C	9 g
	2-Methyl-propan-2-ol (*tert*-Butanol)	CH_3 $\overset{1}{C}H_3{-}\overset{2}{C}{-}\overset{3}{C}H_3$ OH tertiär	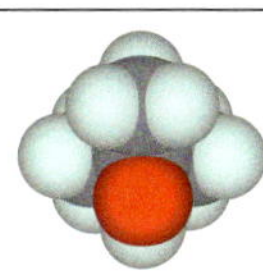	26 °C	83 °C	∞

1 Gib die Strukturformel von 3-Ethylhexan-2-ol an.
2 Zeige an der Strukturformel von 2-Methylpropan-2-ol, wie der systematische Name gebildet wird.
3 Baue Strukturmodelle von Butan-2-ol, 2-Methyl-propan-1-ol und 2-Methylpropan-2-ol.
Erläutere, wodurch sich die C-Atome unterscheiden, die die OH-Gruppe tragen.
4 Die Viskosität ist ein Maß für die Zähigkeit einer Flüssigkeit. Alkane und Alkanole mit langkettigen Molekülen sind viskoser als Alkane und Alkanole mit kurzkettigen Molekülen. Begründe diese Beobachtung.
5 Zeichne acht Wasser-Moleküle, die durch Wasserstoffbrückenbindungen miteinander verbunden sind. Ersetze dann drei Wasser-Moleküle durch Methanol-Moleküle.
Erkläre mithilfe der Abbildung, warum Wasser und Methanol mischbar sind.
6 Tertiäres Butanol ist im Gegensatz zu primärem Butanol vollständig mit Wasser mischbar. Begründe diesen Sachverhalt
7 Erläutere, welche der angegebenen Alkanole sich in Heptan lösen.

Chemie-Recherche

Location: http://www.schroedel.de/chemie_heute.html

Suche:

Mehrwertige Alkohole

Ergebnisse:

→ **Mehrwertige Alkohole**
Die Moleküle der mehrwertigen Alkohole enthalten mehrere Hydroxy-Gruppen, dabei ist jeweils nur eine Hydroxy-Gruppe an ein C-Atom gebunden.
Mehrwertige Alkohole schmecken süß. Darauf weist auch die Silbe *gly-* im Trivialnamen mehrwertiger Alkohole hin (griech. *glykys:* süß).

→ **Glykol (Ethan-1,2-diol)**
Glykol oder *Ethylenglykol* ist ein **zweiwertiger Alkohol.** Seine Moleküle haben zwei OH-Gruppen.
Eine Mischung von gleichen Mengen Wasser und Glykol gefriert erst bei –40 °C. Glykol kann daher als Frostschutzmittel in wassergekühlten Anlagen und Motoren verwendet werden.

Eigenschaften:
Siedetemperatur: 198 °C; gut mit Wasser mischbar; zähflüssig; hygroskopisch

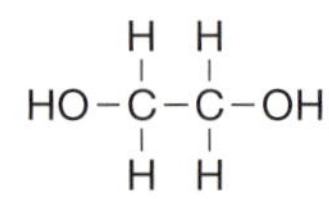

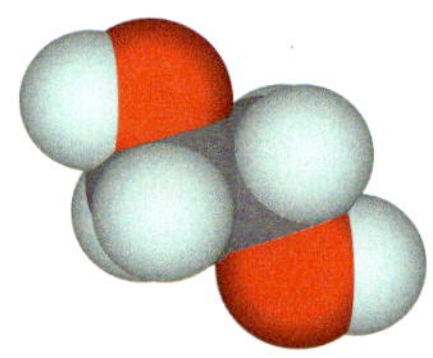

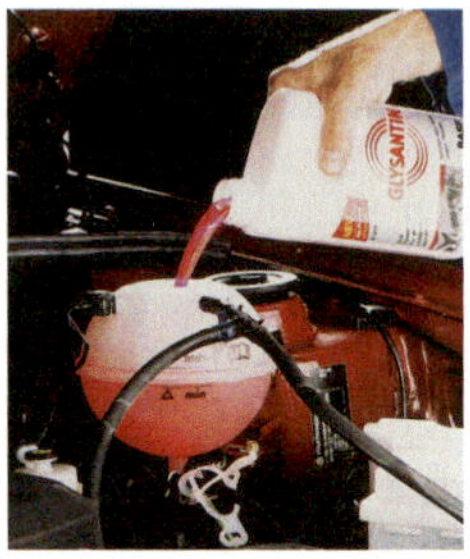

→ **Butan-1,4-diol**
Butan-1,4-diol ist ein **zweiwertiger Alkohol**. Er wird in der chemischen Industrie als Ausgangstoff bei der Herstellung von Lösungsmitteln und Kunststoffen eingesetzt. So ist Butan-1,4-diol beispielsweise eine wichtige Komponente in der Synthese von bioabbaubaren Polyestern.

Eigenschaften:
Siedetemperatur: 230 °C; gut mit Wasser mischbar; zähflüssig; hygroskopisch

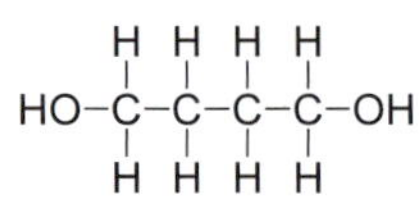

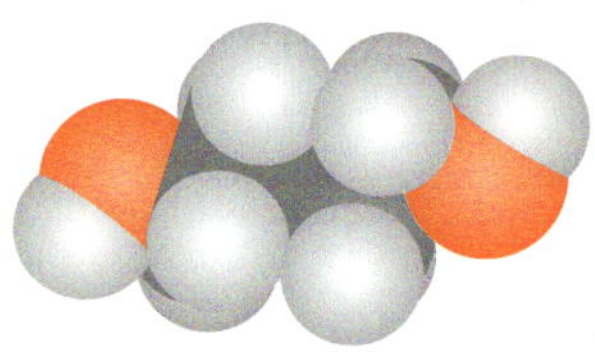

→ **Sorbit**
Sorbit ist ein **sechswertiger Alkohol,** der in vielen Beeren vorkommt. Die Beeren der Eberesche (Vogelbeere) enthalten besonders viel Sorbit. Sorbit wird von Diabetikern als *Zuckeraustauschstoff* genutzt.

Eigenschaften:
Schmelztemperatur: 97 °C;
kristalliner Stoff;
sehr gut wasserlöslich

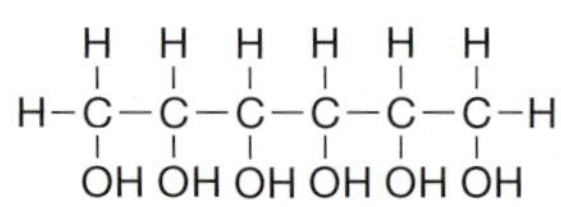

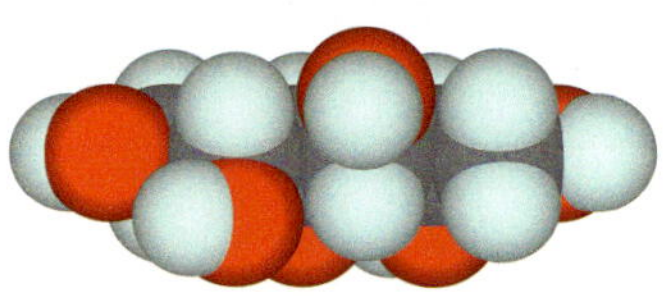

Aufgaben

1 Beschreibe den Unterschied zwischen einem sekundären und einem zweiwertigen Alkohol.

2 Erkläre die gute Mischbarkeit von Ethan-1,2-diol mit Wasser.

3 Ordne den Stoffen Propan-1-ol, Propan-1,2-diol und Propan-1,2,3-triol die entsprechenden Siedetemperaturen zu: 187 °C, 290 °C und 97 °C. Begründe deine Entscheidung.

4 **a)** Pentaerythrit ($C(CH_2OH)_4$) wird zur Herstellung von Kunststoffen und Sprengstoffen eingesetzt. Zeichne die Strukturformel.
Gib an, zu welcher Gruppe der Alkohole dieser Stoff gehört.
b) Erläutere, weshalb Sorbit und Pentaerythrit bei Raumtemperatur fest sind.

24.5 Glycerin ☆

Das ölig fließende Glycerin ist eine farblose und geruchlose Substanz. Der Name bezieht sich auf den süßlichen Geschmack der Flüssigkeit (griech. *glykys*: süß); früher wurde sie auch *Ölsüß* genannt.
Glycerin zählt zu den Alkoholen. Es ist ein dreiwertiger Alkohol: jedes Molekül weist drei OH-Gruppen auf. Die Grundstruktur entspricht der des Propan-Moleküls; an jedem Kohlenstoff-Atom ist lediglich ein Wasserstoff-Atom durch eine OH-Gruppe ersetzt. Der systematische Namen von Glycerin ist daher Propan-1,2,3-triol.

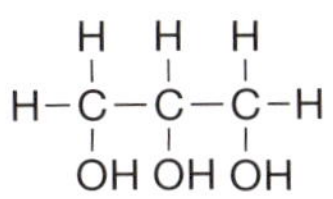

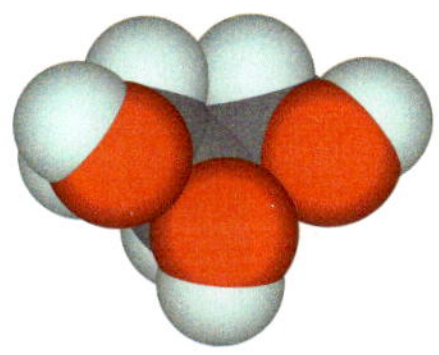

Aufgrund der drei polaren Hydroxy-Gruppen im Molekül löst sich Glycerin gut in polaren Lösungsmitteln wie Wasser oder Ethanol.
In der Natur kommt Glycerin vor allem chemisch gebunden in tierischen und pflanzlichen Ölen und Fetten vor. Am Aufbau eines Fettmoleküls sind jeweils ein Glycerin-Molekül und drei Moleküle der sogenannten Fettsäuren beteiligt.
Zur Herstellung von Seifen werden Fette durch die Reaktion mit Natronlauge gespalten; als Nebenprodukt bildet sich Glycerin. Heute geht man überwiegend von dem Erdölprodukt Propen aus, um Glycerin zu synthetisieren.

Verwendung. In vielen Anwendungsbereichen nutzt man die wasseranziehende Wirkung des Glycerins. So enthalten Zahnpasten, Seifen, Cremes und viele Salben Glycerin als Feuchthaltemittel. Auch Druckfarben, Stempelfarben und Tabakwaren werden meist durch Glycerin feucht gehalten. Als Lebensmittelzusatzstoff (E 422) wird es beispielsweise bei der Herstellung von Kaugummi eingesetzt. Darüber hinaus spielt Glycerin eine wichtige Rolle als Frostschutzmittel, als Schmiermittel, als Bremsflüssigkeit oder als Weichmacher. Der größte Teil des Glycerins wird jedoch bei der Synthese von Kunststoffen weiterverarbeitet.

Glycerin ist ein dreiwertiger Alkohol, der vielseitig als Feuchthaltemittel eingesetzt wird. Fette enthalten Glycerin in chemisch gebundener Form.

1 Stelle die wichtigsten Eigenschaften und Verwendungsmöglichkeiten von Glycerin in einem Steckbrief zusammen.
2 Erkläre, warum sich Glycerin gut in Wasser und in Ethanol löst.
3 Beurteile die Löslichkeit von Glycerin in Heptan.

Vom Nitroglycerin zum Dynamit

Exkurs

Als Hilfsmittel in der Bautechnik spielen bereits seit mehr als 100 Jahren Sprengstoffe eine entscheidende Rolle. Von der Synthese eines Explosivstoffes im Labor bis zur sicheren Anwendung beim Bau eines Eisenbahntunnels oder eines Bergwerkstollens ist es aber meist ein langer Weg.
Im Jahre 1846 gelang dem italienischen Chemiker Ascanio SOBRERO die Synthese einer explosiven Verbindung, die unter dem Namen Sprengöl oder Nitroglycerin bekannt wurde. Er erhielt das Produkt als ölige Flüssigkeit bei der Reaktion von Glycerin mit einer gut gekühlten Mischung von Salpetersäure mit konzentrierter Schwefelsäure. SOBRERO berichtete: „Ein Tropfen wurde in einem Reagenzglas erhitzt und explodierte dabei mit solcher Heftigkeit, dass Glasscherben mich tief in Gesicht und Hände schnitten."

Da die Reaktion schon durch einen leichten Schlag ausgelöst wird, konnte Nitroglycerin in der Praxis nur mit großem Risiko als Sprengstoff verwendet werden. Erst 1867 fand der schwedische Chemiker Alfred NOBEL einen Weg, das kaum berechenbare Nitroglycerin zu bändigen: Er saugte das Sprengöl in poröser Kieselgur auf. Dadurch entstand ein fester Sprengstoff, den man sicher einsetzen konnte: das *Dynamit*. Wenig später wurde dieses Gur-Dynamit durch andere Dynamit-Arten ersetzt. Dazu gehören die Sprenggelatine, bei der Nitroglycerin mithilfe von Kollodium (Dinitrocellulose) gebunden wird.

Exkurs

Wenn der Wein sauer wird

Schon im Altertum war bekannt, dass Wein in offenen Gefäßen nach einiger Zeit *sauer* wird und nach Essig riecht. An der Oberfläche bildet sich eine Schicht aus *Essigbakterien.* Ihre Enzyme katalysieren die Umwandlung des im Wein enthaltenen Alkohols in Essigsäure. Dabei reagiert Ethanol mit dem Sauerstoff der Luft zu einem Zwischenprodukt, das weiter zu Essigsäure oxidiert wird. Der gesamte Vorgang wird als Essigsäuregärung bezeichnet. Im Gegensatz zur alkoholischen Gärung wird für die Essigsäuregärung Sauerstoff benötigt.

Verwendung. Essig wird schon seit mehr als 6000 Jahren zum Würzen von Speisen und zum Konservieren von Lebensmitteln genutzt. In Essig eingelegte Lebensmittel wie Gewürzgurken oder Bratheringe sind haltbar, weil Keime oder Bakterien in der sauren Lösung nicht lebensfähig sind.

Biotechnische Herstellung von Essigsäure. Moderne Anlagen bestehen aus großen Reaktionsgefäßen, in denen Luft in feinsten Bläschen in eine Lösung eingepresst wird, die etwa 5 % Alkohol enthält. Dabei löst sich Sauerstoff in der Flüssigkeit und kann so von den Essigbakterien für eine rasche Oxidation des Ethanols genutzt werden:

$$\underset{\text{Ethanol}}{CH_3{-}CH_2{-}OH} + O_2 \longrightarrow \underset{\text{Essigsäure}}{CH_3{-}COOH} + H_2O$$

Durch die Lagerung in Holzfässern erhält der Essig dann oft eine gelbliche bis braune Färbung.

Handelsformen. *Haushaltsessig* ist eine wässerige Lösung von Essigsäure mit einem Massenanteil von etwa 5 %. In der „Verordnung über den Verkehr mit Essig und Essigsäure" ist festgelegt, dass bei Gärungsessig die Ausgangsprodukte und die Rohstoffe angegeben werden müssen: *Weinessig* wird aus Wein hergestellt, *Obstessig* meist aus Apfelwein. *Branntweinessig* gewinnt man aus Agraralkohol, der durch alkoholische Gärung von landwirtschaftlichen Produkten wie Getreide, Kartoffeln und Rückständen der Zuckerproduktion erzeugt wird. Durch Zusatz von Kräutern oder Kräuterauszügen erhält man *Kräuteressig.*
Essigsäure kann man synthetisch aus Ethanal (CH_3CHO) sowie aus Methanol (CH_3OH) und Kohlenstoffmonooxid herstellen. Sie wird als *Syntheseessig* oder in konzentrierter Form als Essigessenz angeboten. Essigessenz hat einen Essigsäuregehalt von bis zu 25 %.

1 Erkläre die Bedeutung der Essigsbakterien bei der Essigherstellung.

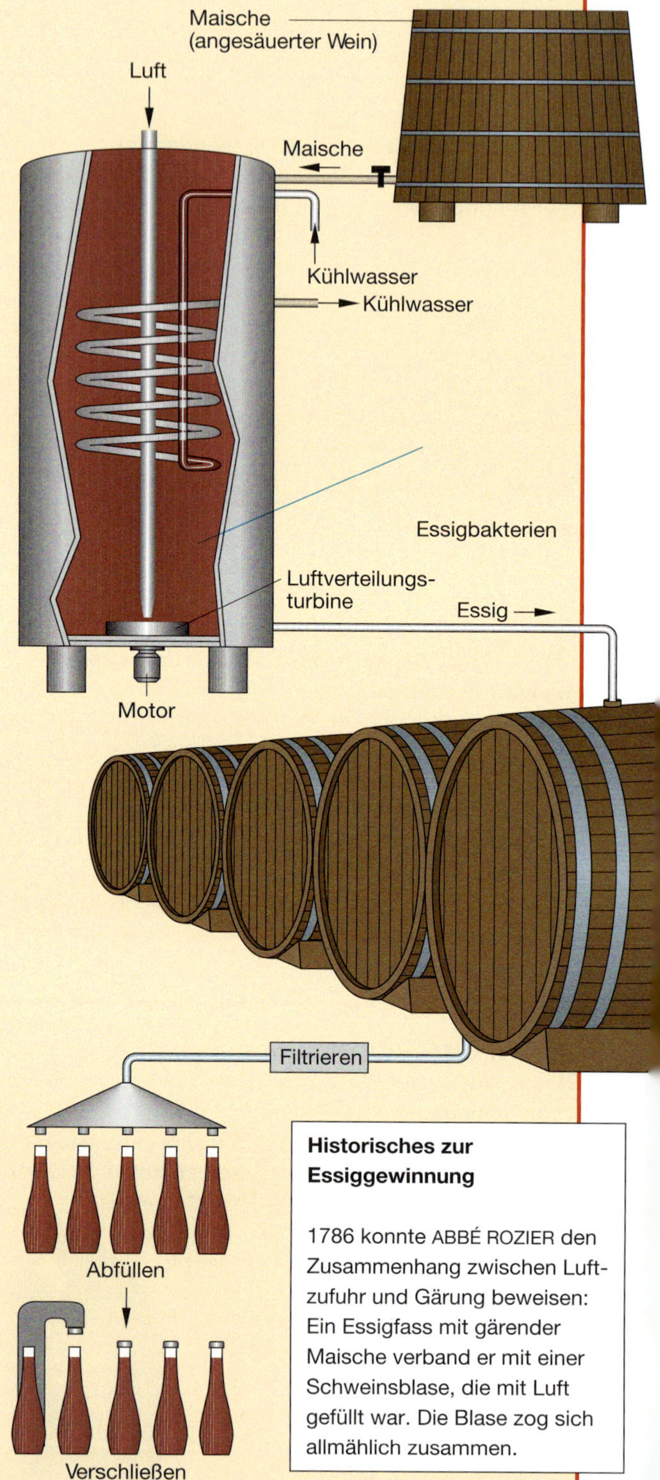

Historisches zur Essiggewinnung

1786 konnte ABBÉ ROZIER den Zusammenhang zwischen Luftzufuhr und Gärung beweisen: Ein Essigfass mit gärender Maische verband er mit einer Schweinsblase, die mit Luft gefüllt war. Die Blase zog sich allmählich zusammen.

2 Beschreibe, wie die Essigsäuregärung bei der biotechnischen Herstellung beschleunigt wird.
3 Erläutere, wie ABBÉ ROZIER nachwies, dass für die Essiggärung Luftzufuhr notwendig ist.

24.6 Essigsäure – chemisch betrachtet

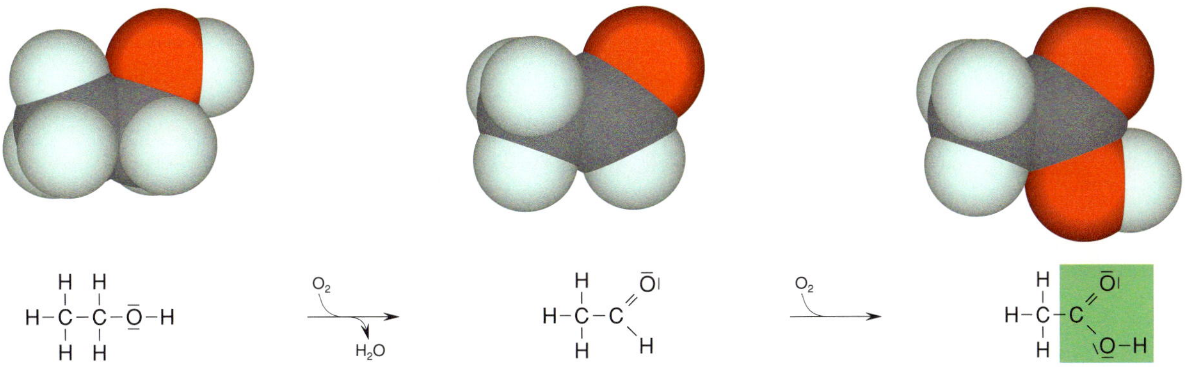

Ethanol — Ethanal — Ethansäure (Essigsäure)

Essigsäure bildet sich bei der Oxidation von Ethanol oder von Ethanal. Durch die Reaktion entsteht eine neue funktionelle Gruppe, die Carboxy-Gruppe (COOH-Gruppe). Man spricht allgemein von **Alkansäuren**, wenn diese Gruppe mit einem Alkyl-Rest verknüpft ist. Der systematische Name für Essigsäure ist daher Ethansäure.

Carboxy-Gruppe. Die Carboxy-Gruppe bestimmt weitgehend die Eigenschaften und das Reaktionsverhalten der Essigsäure. Sie ist stark polar und kann Wasserstoffbrückenbindungen ausbilden. Daher löst sie sich gut im polaren Lösungsmittel Wasser. Der Einfluss der unpolaren Methyl-Gruppe auf die Eigenschaften der Essigsäure ist dagegen gering.

Reine Essigsäure ist eine wasserklare Flüssigkeit. Sie erstarrt schon bei 17 °C zu einer eisartigen Masse; man bezeichnet sie daher auch als Eisessig. Essigsäure riecht stechend. In konzentrierter Form ist sie eine aggressive, ätzende Substanz.

Die wässrige Lösung von Essigsäure verhält sich ganz ähnlich wie verdünnte Salzsäure:

- Universalindikator färbt sich rot.
- Die Lösung leitet den elektrischen Strom.
- Mit unedlen Metallen bildet sich Wasserstoff.
- Bei der Neutralisation mit alkalischen Lösungen erhält man eine Salzlösung.

Aus diesen Beobachtungen ergibt sich, dass Essigsäure mit Wasser unter Bildung einer sauren Lösung reagiert. Die O–H-Bindung in der Carboxy-Gruppe ist stärker polar als die O–H-Bindung im Alkohol-Molekül. Daher gibt ein Teil der Essigsäure-Moleküle ein H^+-Ion aus der COOH-Gruppe ab. Wie bei anorganischen Säuren bilden sich dabei Wasserstoff-Ionen (H^+(aq)). Als Säurerest-Ionen entstehen **Acetat-Ionen** (CH_3COO^-).

Essigsäure ist eine *schwache Säure:* In einer verdünnten Lösung wie im Haushaltsessig haben nur etwa 0,4 % der Essigsäure-Moleküle ein H^+-Ion abgegeben.

Bei der Neutralisation von Essigsäure mit Natronlauge entsteht eine Lösung von Natriumacetat. Beim Eindampfen der Lösung kristallisiert dieses Natriumsalz der Essigsäure aus.

$$\underset{\text{Essigsäure}}{CH_3COOH\,(aq)} + \underset{\text{Natronlauge}}{Na^+\,(aq) + OH^-\,(aq)} \xrightarrow{\text{Neutralisation}}$$

$$\underset{\text{Acetat-Ion}}{CH_3COO^-\,(aq)} + \underset{\text{Natrium-Ion}}{Na^+\,(aq)} + \underset{\text{Wasser}}{H_2O\,(l)}$$

Essigsäure (CH_3–COOH) ist eine schwache Säure. Für die saure Wirkung ist die Carboxy-Gruppe (COOH-Gruppe) verantwortlich. Die Salze der Essigsäure heißen Acetate.

1 Erkläre, worauf sich der Name Eisessig bezieht.
2 Begründe die saure Reaktion von Essigsäure.
3 Erläutere den Begriff *schwache Säure.*
4 Selbst bei starker Verdünnung kann man den Geruch von Essigsäure wahrnehmen. Begründe die Beobachtung.
5 Gib eine Reaktionsgleichung für die Bildung von Magnesiumacetat an.

Sapa: Der erste künstliche Süßstoff

Plinius (23–79 n.Chr.) beschrieb die Herstellung eines in der Antike verbreiteten Süßstoffes so: „Sauer gewordener Wein wird in Pfannen aus Blei eingedampft, bis Wasser und Alkohol entfernt sind."

Als man im 18. Jahrhundert diesen süßen, kristallinen Stoff als Bleiacetat identifiziert hatte, prägte man den Namen Bleizucker. Die Giftigkeit von Bleiacetat wird als ein Grund für die zunehmende Unfruchtbarkeit in der römischen Oberschicht in der Antike angesehen.

Chemie-Recherche

Location: http://www.schroedel.de/chemie_heute.html

Suche:

Essigsäure und verwandte Carbonsäuren

Ergebnisse:

Carbonsäuren
Moleküle mit einer oder mehreren Carboxy-Gruppen bezeichnet man allgemein als **Carbonsäuren.** *Alkansäuren* leiten sich von Alkanen ab.

Trivialname (systematischer Name)	Strukturformel	Schmelz-temperatur	Siede-temperatur
Ameisensäure (Methansäure)	H–COOH	8 °C	101 °C
Essigsäure (Ethansäure)	CH_3–COOH	17 °C	118 °C
Propionsäure (Propansäure)	C_2H_5–COOH	–21 °C	141 °C
Buttersäure (Butansäure)	C_3H_7–COOH	–5 °C	163 °C
Valeriansäure (Pentansäure)	C_4H_9–COOH	–34 °C	186 °C

Ameisensäure (HCOOH)
Ameisen, Brennnesseln und Quallen sondern bei Berührung die schmerzhaft brennende Ameisensäure ab. Sie ist die einfachste Carbonsäure, riecht stechend und reizt die Haut. Von den anderen Carbonsäuren unterscheidet sie sich dadurch, dass sie reduzierend wirkt und dabei selbst zu Kohlenstoffdioxid oxidiert wird.
Ameisensäure wird bei der Wollfärberei, zur Konservierung von Lebensmitteln und als Entkalker im Haushalt verwendet.
Im Labor benutzt man Ameisensäure, um Kohlenstoffmonooxid herzustellen:

$$HCOOH\ (l) \longrightarrow CO\ (g) + H_2O\ (l)$$

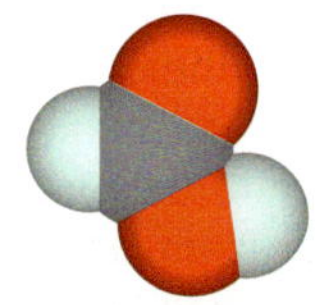

Essigsäure (CH_3COOH)
Der im Haushalt verwendete *Speiseessig* ist eine etwa 5%ige Lösung von Essigsäure. In der Industrie dient Essigsäure als wichtige Grundchemikalie zur Herstellung von Kunstseide, Arzneimitteln, Lösemitteln und Duftstoffen.
Als altes Hausmittel wird *Aluminiumacetat (essigsaure Tonerde)* für Umschläge genutzt. Es fördert die Wundheilung, da es desinfizierend und entzündungshemmend wirkt.

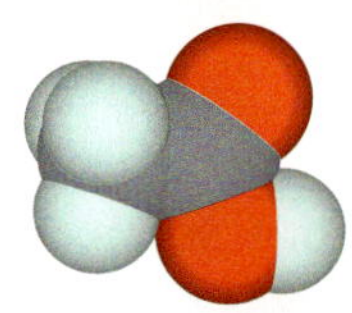

Propionsäure (C_2H_5COOH)
Propionsäure dient als Konservierungsmittel für Backwaren sowie zur Herstellung von Duftstoffen, Aromastoffen, Kunststoffen und Unkrautvertilgungsmitteln.
Propionsäure entsteht bei der Reifung vieler Käsesorten. So enthält Emmentaler Käse bis zu 1 % Propionsäure.

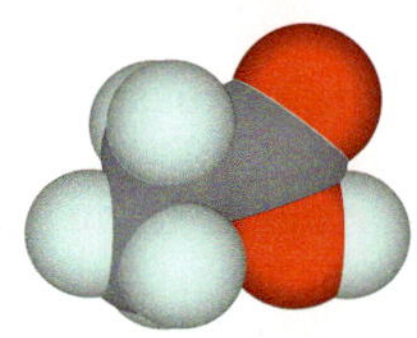

Buttersäure (C_3H_7COOH) und höhere Carbonsäuren
Buttersäure ist eine unangenehme Flüssigkeit mit einem Geruch nach Erbrochenem und nach ranziger Butter. Daher leitet sich auch der Name ab. Valeriansäure (C_4H_9COOH) ist eine Alkansäure, deren Namen sich von ihrem Vorkommen ableitet: Sie kommt in der Wurzel von Baldrian vor. Capronsäure ($C_5H_{11}COOH$) besitzt wie Buttersäure einen unangenehmen Geruch. Der Name leitet sich von *caprus* (lat.: *Bock*) ab.

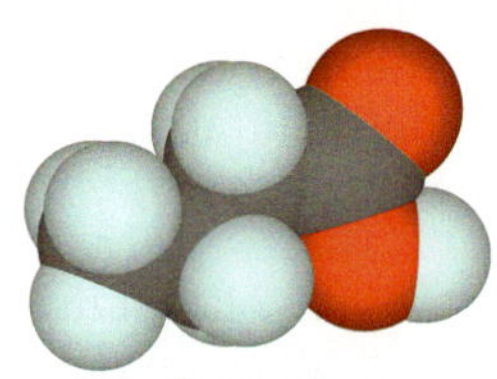
Buttersäure

Aufgaben

1 Erkläre die Herkunft des Namens *Ameisensäure*.
2 Wenn man einen Bleistiftspitzer aus Magnesium in Essig legt, steigen kleine Gasbläschen auf. Gib die Reaktionsgleichung an. Benenne die Produkte.
3 Erkläre den Begriff *essigsaure Tonerde.* Gib die Formel an.
4 Beim Entkalken mit Ameisensäure beobachtet man eine starke Gasentwicklung. Gib die Reaktionsgleichung an.
5 Gib die Strukturformeln von zwei isomeren Pentansäuren an.

24.7 Carbonsäuren – Stoffeigenschaften und Molekülstruktur

Die Eigenschaften der Stoffe beruhen auf der Art und Struktur ihrer Teilchen. Das gilt auch für das Löslichkeitsverhalten, die Schmelztemperaturen und die Siedetemperaturen der Carbonsäuren.

Löslichkeit. Sowohl der unpolare Alkyl-Rest als auch die polare Carboxy-Gruppe beeinflussen die Löslichkeit der Carbonsäuren. Der Alkyl-Rest wirkt wasserabstoßend oder *hydrophob*, die Carboxy-Gruppe wirkt wasseranziehend oder *hydrophil*.

Ameisensäure, Essigsäure, Propionsäure und Buttersäure mischen sich in jedem Verhältnis mit Wasser. Pentansäure und höhrere Carbonsäuren lösen sich dagegen nur noch geringfügig und Hexansäure ist in Wasser nahezu unlöslich. Mit zunehmender Größe des Alkyl-Rests verliert also die hydrophile Carboxy-Gruppe an Einfluss.

In überraschender Weise lösen alle Carbonsäuren sich dagegen in unpolaren Lösemitteln wie Benzin oder Heptan: Zwischen den Carboxy-Gruppen zweier Carbonsäure-Moleküle bilden sich dabei stabile Wasserstoffbrückenbindungen aus. Auf diese Weise entstehen Doppelmoleküle, die nach außen hin unpolar sind.

Schmelztemperaturen. Essigsäure ist bei Raumtemperatur flüssig. Die Stärke der VAN-DER-WAALS-Bindungen nimmt aber mit der Anzahl der Kohlenstoff-Atome und der dadurch wachsenden Oberfläche der Moleküle zu. Carbonsäuren mit mehr als neun Kohlenstoff-Atomen wie Decansäure oder Stearinsäure sind daher bei Raumtemperatur fest.

Siedetemperaturen. Der Kohlenwasserstoff Butan (C_4H_{10}) siedet bei −0,5 °C. Essigsäure mit ähnlich großer Molekülmasse siedet dagegen erst bei 118 °C. Dies entspricht etwa der Siedetemperatur des Kohlenwasserstoffs Octan (C_8H_{18}; Siedetemperatur: 126 °C). Die hohe Siedetemperatur der Essigsäure weist darauf hin, dass auch in diesem Temperaturbereich noch Doppelmoleküle vorliegen.

Fettsäuren. Carbonsäuren mit längerkettigen Kohlenwasserstoff-Resten spielen in der Ernährung eine wichtige Rolle: Jeweils drei solcher Carbonsäure-Moleküle bilden gebunden an ein Glycerin-Molekül ein Fett-Molekül. Daher bezeichnet man längerketti-ge Carbonsäuren auch als Fettsäuren. Die wichtigs-ten Vertreter mit einem Alkylrest sind die Palmitin-säure (Hexadecansäure, $C_{15}H_{31}COOH$) und die Stearinsäure (Octadecansäure, $C_{17}H_{35}COOH$). Sogenannte ungesättigte Fettsäuren enthalten eine oder mehrere C=C-Zweifachbindungen im Molekül. Ein Beispiel ist die Ölsäure ($C_{17}H_{33}COOH$). Ungesättigte Fettsäuren sind vorwiegend in pflanzlichen Fetten enthalten; sie sind für eine gesunde Ernährung von besonderer Bedeutung.

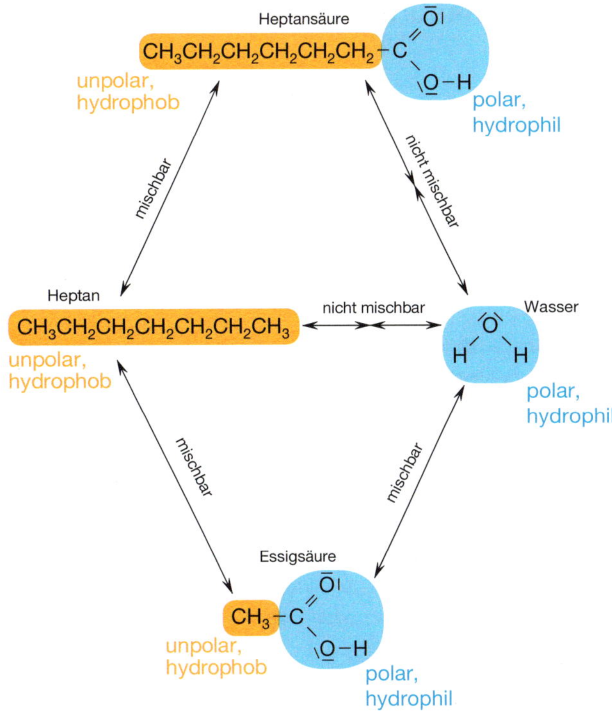

Einfluss der Molekülstruktur auf die Löslichkeit

> Die Eigenschaften der Carbonsäuren werden durch die hydrophile Carboxy-Gruppe und den hydrophoben Alkyl-Rest bestimmt. Mit zunehmender Kettenlänge nimmt der Einfluss des Alkyl-Rests zu.

1 Gib die Faktoren an, die die Löslichkeit von Carbonsäuren beeinflussen.

2 Gib den Inhalt des Schemas zur Löslichkeit mit eigenen Worten wieder. Nenne die Kernaussagen, die in dem Schema gemacht werden.

3 Begründe die vergleichsweise hohe Siedetemperatur der Essigsäure.

4 Begründe die niedrige Schmelztemperatur von Hexadecan (18,2 °C) im Vergleich zur Hexadecansäure (63 °C).

5 Beschreibe die Beobachtungen beim Mischen von Stearinsäure mit Wasser, das Universalindikator enthält.

6 Beurteile die Wasserlöslichkeit von Fettsäuren.

7 Recherchiere im Internet,

a) weshalb ungesättigte Fettsäuren für unsere Ernährung besonders wichtig sind.

b) was man unter Omega-3-Fettsäuren versteht.

Chemie-Recherche

Location: http://www.schroedel.de/chemie_heute.html

Suche:

Carbonsäuren mit mehreren funktionellen Gruppen

Schroedel

Ergebnisse:

→ **Dicarbonsäuren und Hydroxycarbonsäuren**
Carbonsäuren mit zwei oder mehr Carboxy-Gruppen sind in der Natur weit verbreitet. Sie sind stärker sauer und schwerer flüchtig als die entsprechenden Carbonsäuren mit nur einer Carboxy-Gruppe.
Carbonsäuren mit einer oder mehreren Hydroxy-Gruppen bezeichnet man als *Hydroxycarbonsäuren.*

→ **Oxalsäure (Ethandisäure)**
Der saure Geschmack von Sauerampfer, Sauerklee und Rhabarber wird durch Oxalsäure hervorgerufen. Oxalsäure ist die einfachste Dicarbonsäure.

Aufgrund der stark polaren Carboxy-Gruppen herrschen zwischen Oxalsäure-Molekülen starke zwischenmolekulare Kräfte. Oxalsäure ist daher ein kristalliner Feststoff, der sich gut in Wasser löst.
Oxalsäure und ihre Salze sind giftig. Schon 5 g können tödlich wirken: Oxalsäure stört den Calcium-Stoffwechsel, weil Oxalat-Ionen mit Calcium-Ionen ein schwerlösliches Salz bilden. Calciumoxalat ist auch für die Bildung von bestimmten Nierensteinen oder Blasensteinen verantwortlich.

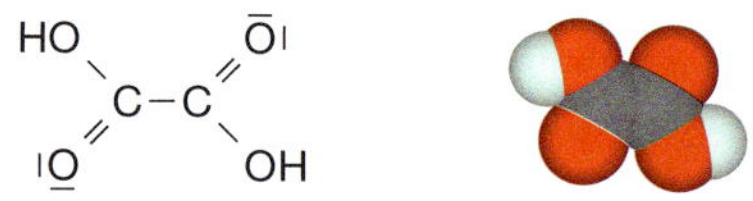

→ **Malonsäure und weitere Dicarbonsäuren**
Malonsäure (Propandisäure) ist ein Oxidationsprodukt der *Äpfelsäure* (Hydroxybutandisäure); daher leitet sich auch der Name ab (lat. *malum:* Apfel). Sie ist in der Natur wesentlich seltener als Oxalsäure.
Bernsteinsäure (Butandisäure) tritt als wichtiges Zwischenprodukt im Zellstoffwechsel auf. *Adipinsäure* (Hexandisäure) dient als Ausgangsstoff zur Herstellung von Nylonfasern.

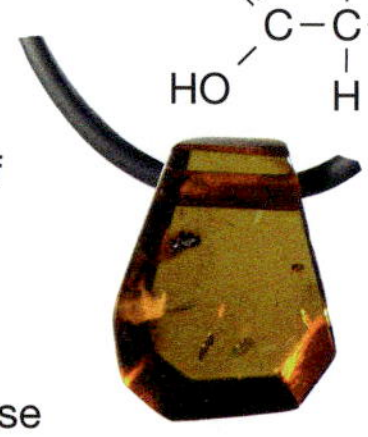

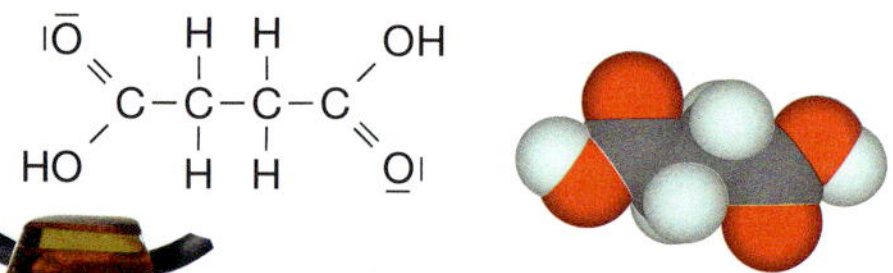

Bernsteinsäure

→ **Milchsäure (2-Hydroxypropansäure)**
Milchsäure entsteht beim bakteriellen Abbau von Milchzucker. Durch diese *Milchsäuregärung* wird die Milch sauer und gerinnt. Die Milchsäuregärung spielt auch eine wichtige Rolle bei der Zubereitung von Sauerkraut, Salzgurken und Silofutter. Auch beim enzymatischen Abbau von Glucose (Traubenzucker) im Stoffwechsel unserer Muskulatur kann sich Milchsäure bilden.

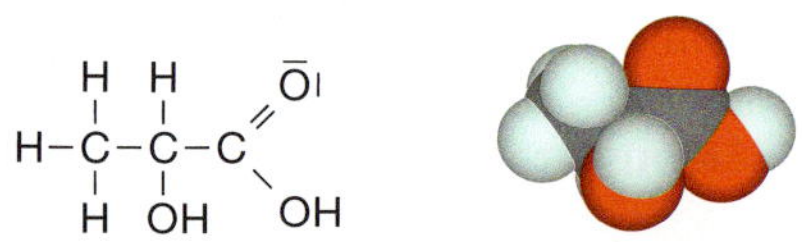

→ **Weinsäure (2,3-Dihydroxybutandisäure)**
Weinsäure ist eine Dicarbonsäure mit zwei Hydroxy-Gruppen. Sie ist in vielen reifen Früchten enthalten, vor allem in Weintrauben. Ein schwerlösliches Salz der Weinsäure, das *Kaliumhydrogentartrat,* setzt sich in Weinfässern als Weinstein ab.

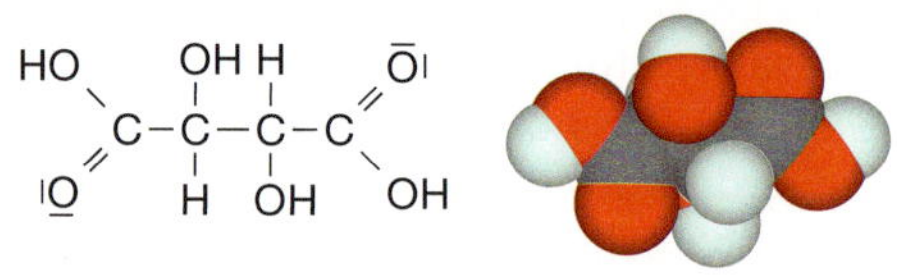

→ **Zitronensäure (2-Hydroxypropan-1,2,3-tricarbonsäure)**
Zitronensäure kommt nicht nur in Zitronen vor, sondern auch in vielen anderen Früchten wie Johannisbeeren oder Stachelbeeren. In der Lebensmittelindustrie wird Zitronensäure vielfältig als Säuerungsmittel verwendet. Sie ist auch in Backpulver und Brausepulver enthalten.

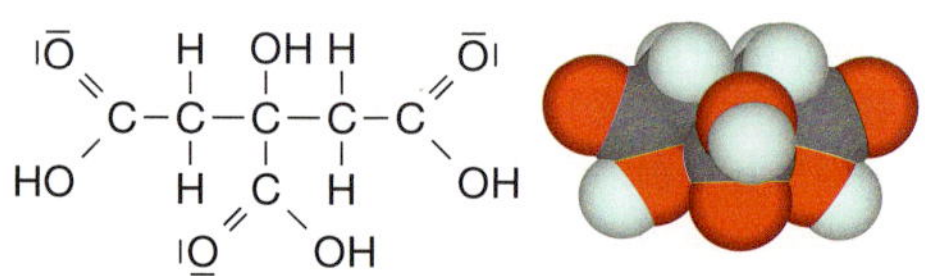

Aufgaben

1 Rhabarber sollte nicht in größeren Mengen roh verzehrt werden. Begründe diesen Ratschlag.

2 Notiere die Formel von Kaliumhydrogentartrat.

3 0,9 g Oxalsäure werden in Wasser gelöst. Berechne das Volumen der Natronlauge ($1\frac{mol}{l}$), das zur Neutralisation benötigt wird.

Organische Säuren – Zusatzstoffe für Lebensmittel

Exkurs

Die meisten Lebensmittel verderben, wenn sie länger gelagert werden. Die in den Lebensmitteln enthaltenen Nährstoffe und Vitamine gehen dabei verloren. Dieser Abbau erfolgt durch Bakterien und Pilze oder durch Oxidationsprozesse, an denen der Sauerstoff der Luft beteiligt ist. Außerdem sind viele der von Bakterien und Pilzen gebildeten Stoffwechselprodukte für den Menschen giftig. So produzieren bestimmte Schimmelpilze Aflatoxine, die Krebs auslösen können. Das Botulinusbakterium erzeugt in unsachgemäß verarbeiteten und gelagerten Fleischkonserven ein tödliches Gift. Seit Jahrhunderten werden Lebensmitteln daher Säuren zugesetzt, um sie haltbar zu machen. Säuren dienen in diesem Fall zur *Konservierung*. Häufig werden Säuren aber auch einfach nur als *Säuerungsmittel* eingesetzt, um den Geschmack zu verbessern. Solche Zusatzstoffe müssen auf der Verpackung angegeben werden. Häufig werden nur die entsprechenden **E-Nummern** aufgeführt. Die genauen Angaben zu den E-Nummern lassen sich in Broschüren von Verbraucherdiensten nachschlagen.

Konservierung. Ein wichtiger Konservierungsstoff ist *Sorbinsäure* (C_5H_7COOH), eine Carbonsäure mit zwei Zweifachbindungen im Molekül. Sie verhindert die Bildung von Brotschimmel. Neben Essigsäure und Sorbinsäure wird auch *Benzoesäure* (C_6H_5COOH) als Konservierungsstoff verwendet. *Benzoesäure* wird häufig Fleischsalaten und Fischmarinaden zugesetzt.

Säuerung. Viele Getränke erscheinen uns erst dann richtig erfrischend, wenn sie säuerlich schmecken. Deshalb setzt man vielen Getränken *Zitronensäure, Weinsäure* oder *Äpfelsäure* zu.
Als feste Säure ist die Weinsäure Bestandteil von Brausepulver, das außerdem noch Natriumhydrogencarbonat enthält. Mit Wasser sprudelt das Pulver auf, weil die Säure mit Hydrogencarbonat-Ionen reagiert und Kohlenstoffdioxid freisetzt.

Hemmung der Oxidation. Apfelmus verfärbt sich schnell unansehnlich braun, wenn man es an der Luft stehen lässt. Ein Zusatz von *Ascorbinsäure* (Vitamin C) kann diese Reaktion verhindern. Auch Orangensaft behält mit Ascorbinsäure seine typische Farbe.
Ascorbinsäure ist *keine* Carbonsäure. Sie reagiert aber trotzdem sauer und wirkt stark reduzierend. Daher wird sie manchen Lebensmitteln als *Antioxidationsmittel* zugesetzt. Zusätzlich wird so der Vitamin-C-Bedarf des Menschen gedeckt.

E-Nr.	Konservierungsstoff
200	Sorbinsäure
201	Na-Salz
210	Benzoesäure
236	Ameisensäure
280	Propinsäure
300	Ascorbinsäure

E-Nr.	Säuerungsmittel
260	Essigsäure
270	Milchsäure
296	Äpfelsäure
300	Ascorbinsäure
330	Zitronensäure
334	Weinsäure

Äpfelsäure

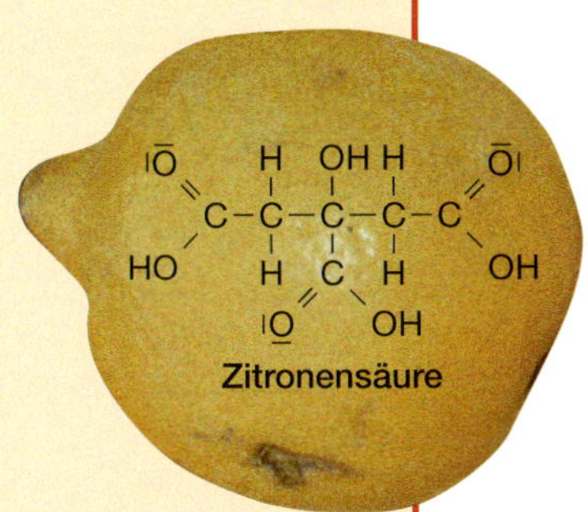

Zitronensäure

1 Brausepulver enthält Weinsäure, Natriumhydrogencarbonat, Farbstoffe und Geschmacksstoffe.
Beschreibe die zu erwartenden Beobachtungen, wenn man Brausepulver in Wasser gibt.
Erläutere die Aufgabe der Weinsäure.

2 Gib die Lebensmittel aus eurer Küche an, die organische Säuren als Konservierungsmittel oder als Säuerungsmittel enthalten.

3 Informiere dich über weitere Möglichkeiten, Lebensmittel haltbar zu machen.

4 Viele Milcherzeugnisse haben einen sauren Geschmack, da sie Milchsäure enthalten.
a) Nenne einige Beispiele.
b) Erkläre das Vorkommen von Milchsäure in Milch.
c) Sauermilcherzeugnisse und Frischmilch unterscheiden sich im Geschmack. Nenne weitere Unterschiede.

5 *Experimentelle Hausaufgabe:* Schneide eine Banane in Scheiben. Beträufele einen Teil mit Zitronensaft und lasse den anderen unbehandelt. Beobachte, wie sich die Bananenscheiben innerhalb einiger Stunden verändern. Wiederhole den Versuch mit Apfelstücken.
a) Notiere deine Beobachtungen und erkläre sie durch den Vitamin-C-Gehalt der Zitrone.
b) Häufig gibt man Zitronensaft zu Obstsalat.
Erkläre diese Beobachtung.

Praktikum

Carbonsäuren

V1: Untersuchung von Essigsäure

Materialien: Netzgerät, Leitfähigkeitsprüfer, Pipette (5 ml) mit Pipettierhilfe, Erlenmeyerkolben (50 ml), Bürette (25 ml), Porzellanschale, Gasbrenner, Dreifuß mit Drahtnetz; Universalindikator-Papier, Essigsäure (verd.), Magnesiumpulver (F), Natronlauge (1 $\frac{mol}{l}$; C), Thymolphthalein-Lösung (F).

Durchführung:

1. Prüfe vorsichtig den Geruch der Essigsäure.
2. Ermittle den pH-Wert mit Universalindikator-Papier.
3. Untersuche die elektrische Leitfähigkeit.
4. Gib zu 5 ml Essigsäure eine Spatelspitze Magnesiumpulver, fange das entstehende Gas auf und führe die Knallgasprobe durch. Dampfe die Lösung anschließend in der Porzellanschale vorsichtig ein.
5. Gib 5 ml Essigsäure, etwa 10 ml Wasser und einige Tropfen Thymolphthalein in den Erlenmeyerkolben. Titriere die Lösung mit Natronlauge bis zur bleibenden Blaufärbung.
6. Neutralisiere 5 ml Essigsäure in der Porzellanschale mit *der* Menge an Natronlauge, die bei der Titration verbraucht wurde. Dampfe die Lösung anschließend vorsichtig ein.

Aufgaben:

a) Notiere den pH-Wert hat der Essigsäure. Formuliere die Reaktionsgleichung für die Reaktion von Essigsäure mit Wasser. Gib die Teilchen an, die in der wässerigen Lösung vorliegen.

b) Formuliere die Reaktionsgleichung für die Reaktion von Essigsäure mit Magnesium.

c) Formuliere die Reaktionsgleichung für die Neutralisation von Essigsäure mit Natronlauge und benenne die Reaktionsprodukte.

Experimentelle Hausaufgabe:

1. Suche in der Küche nach Stoffen, die zur Konservierung von Lebensmitteln geeignet erscheinen.
2. Entwickle eine Versuchsreihe, mit der sich die Wirkung der gewählten Konservierungsmittel prüfen lässt.
3. Protokolliere die Ergebnisse und vergleiche die konservierende Wirkung der verschiedenen Stoffe.

V2: Essigsäure in Essig

Materialien: Vollpipetten (10 ml und 20 ml), Pipettierhilfe, Messkolben (100 ml), Becherglas (100 ml), Erlenmeyerkolben (200 ml, weit), Bürette;
Natronlauge (0,1 $\frac{mol}{l}$, Xi), Essig, Thymolphthalein-Lösung (F).

Durchführung:

1. Gib 10 ml Speiseessig in den Messkolben, fülle mit Wasser bis zur Marke auf und vermische den Inhalt.
2. Entnimm aus dem Messkolben 20 ml der Lösung und fülle die Probe in den Erlenmeyerkolben.
3. Gib drei Tropfen Thymolphthalein-Lösung zu der Probe.
4. Fülle die Bürette mit Natronlauge und titriere die Probe bis zum Farbumschlag.

Aufgaben:

a) Berechne die Stoffmengenkonzentration der Essigsäure in Essig nach der folgenden Gleichung:

$$c\,(CH_3COOH) = \frac{c\,(NaOH) \cdot V\,(Natronlauge)}{V\,(Essig)}$$

b) Auf dem Etikett einer Essigflasche ist der Säuregehalt in Prozent angegeben. Berechne aus deinem Ergebnis den Massenanteil der Essigsäure im Essig in Prozent.
Hinweis: Speiseessig hat etwa die Dichte $\varrho = 1\ \frac{g}{cm^3}$

V3: Bestimmung des Säuregehalts von Jogurt

Materialien: Erlenmeyerkolben (200 ml, weit), Bürette, Waage, Löffel;
Magermilch-Jogurt, Natronlauge (0,1 $\frac{mol}{l}$, Xi), Thymolphthalein-Lösung (F).

Durchführung:

1. Gib etwa 50 ml Wasser in den Erlenmeyerkolben und rühre exakt 20 g Jogurt ein. Gib einige Tropfen Indikator-Lösung zu.
2. Befestige die Bürette an einem Stativ, fülle sie mit der Natronlauge-Maßlösung und titriere die Jogurt-Probe, bis die Mischung blau gefärbt bleibt.

Aufgaben:

a) Berechne die Stoffmenge an umgesetzten OH^--Ionen.

b) Berechne die Stoffmenge an Säure ist demnach in 100 g Jogurt enthalten ist.

c) Berechne den entsprechenden Massenanteil an Milchsäure (CH_3–CHOH–COOH).

Zucker, Alkohol und Essig

Basiswissen

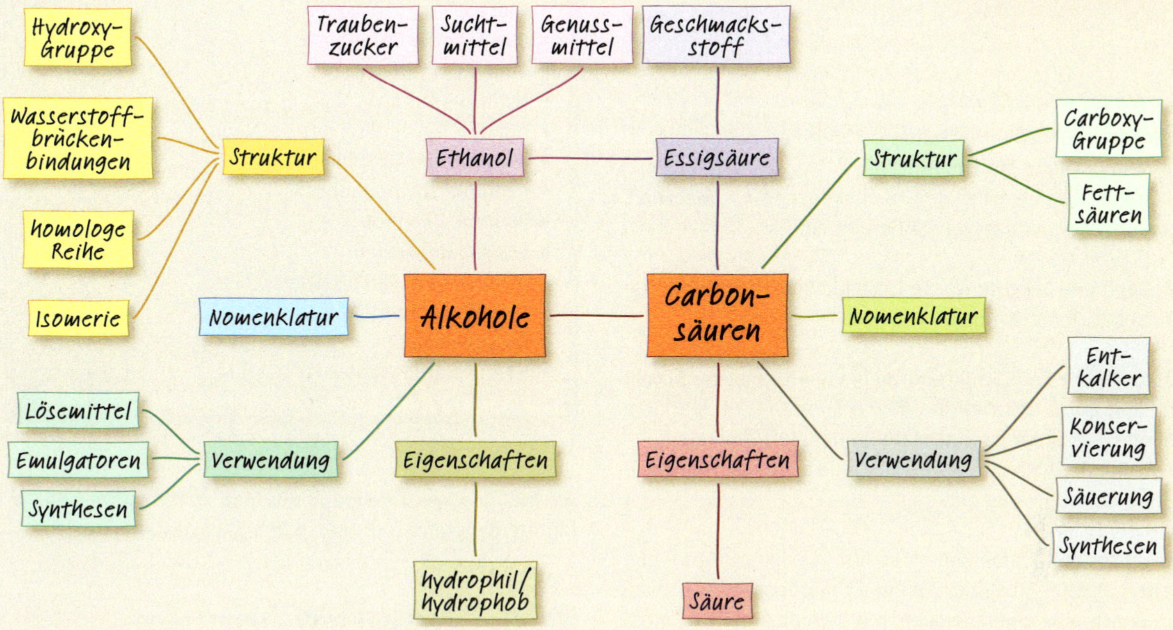

Lösemittel & Co

Chemie in unserer Welt

Lösemittel. Manche der früher gebräuchlichen Lösemittel sind in den letzten Jahren in Verruf geraten und dann nach und nach vom Markt verschwunden. Bei einigen von ihnen hat man krebserzeugende Eigenschaften gefunden – und damit gehören sie weder in eine Lackfarbe noch in eine industrielle Anwendung, bei der Arbeitnehmer in Kontakt mit dem Gefahrstoff kommen können. Bei anderen hat man erkannt, dass sie langfristig die Ozonschicht in der Stratosphäre schädigen. Auch sie sind inzwischen verboten. Als Beitrag der Chemie konnten sie inzwischen durch andere, weniger gefährliche Stoffe ersetzt werden.

Emulgatoren. Im Normalfall ist die Welt der hydrophilen Stoffe sauber von der Welt der lipophilen Stoffe getrennt. So findet man zwischen Wasser und Öl regelmäßig eine gut sichtbare Grenzfläche. Will man hydrophile Stoffe und lipophile Stoffe stabil mischen, benötigt man Emulgatoren. Darunter versteht man Verbindungen, die nach ihrem Molekülbau zu beiden Welten gehören: Ihre Moleküle bestehen aus einem hydrophilen und einem lipophilen Teil. Damit bilden sie das Bindeglied etwa zwischen hydrophilen Wasser-Molekülen und lipophilen Öl-Molekülen. Als Emulgatoren eignen sich langkettige Fettalkohole oder Fettsäuren und ihre Salze.

Neuartige Waschmittel. Stoffe, deren Teilchen hydrophile und lipophile Enden besitzen, werden auf breiter Basis als Waschmittel verwendet. Bis vor einhundert Jahren waren dabei Seifen, die Anionen von Fettsäuren, das Mittel der Wahl. Später eroberten besser geeignete chemische Produkte den Markt. Inzwischen gibt es noch einmal eine neuere Generation an waschaktiven Substanzen, die aus nachwachsenden Rohstoffen hergestellt werden: Durch die Reaktion von Glucose mit Fettalkoholen erhält man Alkylpolyglycoside (APG). Diese neuartigen Waschmittel sind schon bei niedrigen Temperaturen gut wasserlöslich. Sie sind hautverträglich, biologisch besonders leicht abbaubar und damit besonders umweltverträglich.

Konservierungsstoffe. Den engsten Kontakt mit chemischen Produkten erhält man, wenn sie in unseren Nahrungsmitteln enthalten sind. Jedermann denkt dabei an Konservierungsstoffe und damit an Carbonsäuren wie Sorbinsäure oder Benzoesäure. Oft wünschen sich die Verbraucher dann Lebensmittel, die frei sind von solchen Zusatzstoffen. Sie bedenken dabei nicht, dass es zu keiner anderen Zeit so wenig Erkrankungen und Todesfälle durch Lebensmittelvergiftungen gegeben hat wie heute: Konservierungsstoffe dienen damit der Gesundheitsvorsorge.

Prüfe dein Wissen

Quiz

A1 a) Erkläre die Begriffe des Fensters.
b) Notiere auf der Vorderseite von Karteikarten den Begriff, auf der Rückseite die Erklärung.
c) Ordne die Begriffe den Basiskonzepten „Materie", „chemische Reaktion" und „Energie" zu.

A2 Begründe die gute Wasserlöslichkeit und die relativ hohe Schmelztemperatur von Zucker.

A3 a) Zeichne die Strukturformeln von Butan-1-ol, Butan-2,3-diol, Butan-1,2,3-triol, 2-Methylpropan-2-ol. Markiere primäre, sekundäre und tertiäre Kohlenstoff-Atome.
b) Ordne die Alkanole in einer Tabelle als einwertig, zweiwertig und dreiwertig ein.

A4 Durch Destillation kann man nur 96%iges Ethanol herstellen. Das Destillat enthält immer mindestens 4 % Wasser. Beschreibe einen Versuch, mit dem das restliche Wasser entfernt werden kann.

A5 Zeichne die Strukturformeln der einfachsten Dicarbonsäure und der einfachsten Hydroxycarbonsäure. Benenne die Verbindungen.

Know-how

A6 a) Die Siedetemperatur von Ethanol beträgt 78 °C, die Siedetemperatur von Hexan dagegen nur 69 °C. Erkläre diesen Sachverhalt.
b) Erläutere, mit welchem Alkan man Ethanol vergleichen müsste, um die grundsätzlichen Unterschiede in den Siedetemperaturen von Alkanen und Alkanolen zu klären.

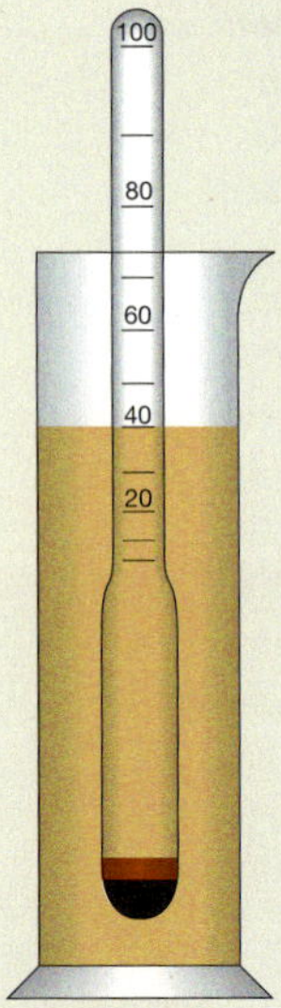

A7 a) Propansäure löst sich gut in Wasser und in Natronlauge. Pentansäure löst sich nur in Natronlauge. Erkläre das unterschiedliche Lösungsverhalten.
b) Begründe deine Aussagen mit Reaktionsgleichungen.

A8 Mit einem Aräometer wird der Alkoholgehalt eines Weinbrands bestimmt. Dabei wird die Volumenkonzentration des Ethanols in %Vol angezeigt.
a) Bei einem Weinbrand wird eine Volumenkonzentration von 38 % Vol. bestimmt. Berechne näherungsweise die Masse an Ethanol ($\rho = 0{,}78\ g/cm^3$), die in einem Liter des Weinbrands enthalten ist.
b) Erkläre anhand der Abbildung die Funktionsweise des Aräometers.

Die wichtigsten Begriffe

- Glucose
- alkoholische Gärung
- Ethanol
- Hydroxy-Gruppe
- primäre, sekundäre, tertiäre Alkohole
- mehrwertige Alkohole
- hydrophil, hydrophob
- lipophil, lipophob
- Essigsäure, Acetat
- Alkansäuren, Carbonsäuren
- Carboxy-Gruppe
- Dicarbonsäure
- Hydroxycarbonsäure

A9 Wähle einen Zweig aus der Map zum Basiswissen. Erläutere die grafisch dargestellten Sachverhalte.

Natur – Mensch – Technik

A10 Ethylenglykol (1,2-Ethandiol) wird als Lösemittel und als Frostschutzmittel in Autokühlern verwendet. Darüber hinaus ist es als illegaler Weinzusatz bekannt geworden. Erläutere die Verwendungen.

A11 a) Erkläre, auf welche Arten man einen Spiritusbrand löschen kann.
b) Begründe, welche der Löschmethoden nicht zum Löschen eines Brandes geeignet sind, bei dem ein längerkettiger Alkohol wie Cetylalkohol brennt.

A12 Ein Mann mit 90 kg Körpergewicht prahlt gegenüber seinem Zechkumpanen, der 60 kg wiegt: „Ich bin viel besser dran als du! Nach einem Liter Bier dauert es bei mir nicht einmal 'ne Stunde und schon bin ich wieder unter der Promillegrenze von 0,5 ‰."
a) Rechne nach, ob die Behauptung stimmt.
b) Erkläre, weshalb der Mann, unabhängig vom Rechenergebnis, weder Fahrrad noch Auto fahren sollte.

A13 Wenn frische Kuhmilch einige Tage in einem warmen Zimmer steht, wird sie sauer. Es entsteht Dickmilch. Der pH-Wert sinkt dabei von etwa 7,5 auf 4.
a) Erkläre die Änderung des pH-Werts.
b) Begründe die längere Haltbarkeit von Milch im Kühlschrank.
c) Erläutere die längere Haltbarkeit von Dickmilch und andere Sauermilcherzeugnisse gegenüber der Frischmilch.

A1 Fuselöle im Bier

Bier wird durch Gärung eines Gemischs von Wasser, Malz und Hopfen gewonnen. Das Malz liefert dabei letztlich den Zucker, der zu Alkohol vergoren wird. Der Hopfen bestimmt die typisch bittere Geschmacksnote von Bier.
Das Malz wird hauptsächlich aus Gerste gewonnen. Dazu werden Gerstenkörner eingeweicht und dadurch zum Keimen gebracht und dann bei langsam auf 80 °C steigenden Temperaturen getrocknet und geröstet. Das geröstete Malz wird gemahlen, mit Wasser zu einer Maische angerührt, erhitzt und abschließend filtriert. Das Filtrat wird mit Hopfenblüten aufgekocht und anschließend erneut filtriert. Die so hergestellte Bierwürze wird mit Hefe versetzt.
Bei der Gärung wandeln die Enzyme der Hefe den Malzzucker der Würze in Ethanol und Kohlenstoffdioxid um. Nach dieser Hauptgärung muss das Bier noch einige Wochen in Tanks nachgären, ehe es in Fässer und Flaschen abgefüllt wird.
Neben dem gewünschten Produkt bildet die Hefe bei der Gärung in kleineren Mengen weitere Alkohole (Propanole, Butanole, Pentanole), die man als Fuselöle bezeichnet. In kleinen Mengen verleihen sie der vergorenen Flüssigkeit den charakteristischen Geruch und ein angenehmes Aroma. In größeren Mengen sind diese Begleitstoffe für den „Kater“ verantwortlich.

a) Erläutere, von welchen Faktoren es abhängt, wie hoch der Alkoholgehalt eines alkoholischen Getränks ist.
b) Stelle den Vorgang des Bierbrauens grafisch dar. Erläutere die Bedingungen.
c) Zeichne die Strukturformeln der isomeren Propanole, Butanole und Pentanole. Benenne sie nach der IUPAC-Nomenklatur.
d) Erläutere die besondere Problematik bei der Herstellung von alkoholfreiem Bier.

A2 Neue Technologie in Wäscherei

In Waschstraßen von Großwäschereien werden große Mengen an Waschmitteln, Waschkraftverstärkern, Reduktionsmitteln, Entfärbern, Rostlösern, Wasserenthärtern und Fällungsmitteln für die Abwasserbehandlung eingesetzt. Aus ökonomischen und ökologischen Gründen wird der Waschprozess ständig optimiert.
Das gewerbliche Waschen der Massenwäsche findet im alkalischen Bereich bei einem pH-Wert von 9–12 statt. Die Spülbäder mit Wasser reichen dabei meist nicht aus, um die Wäsche zu neutralisieren. Deshalb wird dem letzten Spülbad 50%ige bis 80%ige Essigsäure oder 100%ige Ameisensäure als Absäuerungsmittel zugesetzt. Eine Weiterentwicklung stellt die Neutralisation mit einer 50%igen Zitronensäure-Lösung in den Waschanlagen dar.

a) Stelle in einer Tabelle die in der Wäscherei benutzten Chemikalien und ihre Funktion zusammen.
b) Formuliere die Reaktionsgleichung für die Reaktion von Essigsäure mit Natronlauge.
c) Gib die Strukturformeln der eingesetzten Säuren an und benenne Sie nach den IUPAC-Regeln.
d) Erläutere ausführlich die Vorteile des Einsatzes von Zitronensäure als Neutralisationsmittel.

Wirkstoffbasis	Essigsäure	Ameisensäure	Zitronensäure
flüchtige Säure	ja	ja	nein
geruchsintensiv	ja	ja	nein
Gefahrgut	ja	ja	nein
Gefahrstoff	ätzend	ätzend	reizend
Dosiermengen in ml/l	0,3–0,5	0,2–0,4	0,4–0,6

Absäuerungsmittel für Textilpflegebetriebe

25 Kunststoffe – designed by chemistry

Ein Blick in den Supermarkt offenbart es: Wir leben in einem Kunststoff-Zeitalter. Verpackungen, Haushaltsartikel, Bekleidung, Unterhaltungselektronik und nicht zuletzt große Teile des Supermarkts selbst bestehen aus diesen Stoffen, die vor 150 Jahren noch völlig unbekannt waren.

So vielfältig wie die Eigenschaften von Kunststoffen sind auch ihre Einsatzgebiete. So gibt es harte und weiche, trübe und durchsichtige, hitzebeständige und leicht schmelzende, glatte und griffige, leichte und schwere Kunststoffe. Diese Eigenschaften können jeweils durch die chemische Zusammensetzung und die technische Verarbeitung der Kunststoffe kontrolliert werden. Es gibt keine anderen Materialien, die derart vielseitig sind.

Zentrale Fragen:
- Welche Vorteile und welche Nachteile haben Kunststoffe?
- Wie sind Kunststoffe aufgebaut und wie stellt man sie her?
- Wie lassen sich Kunststoffe aufgrund ihrer Eigenschaften ordnen und unterscheiden?
- Welche Zusammenhänge bestehen zwischen dem Aufbau und den Eigenschaften von Kunststoffen?

25.1 Naturstoffe und Kunststoffe

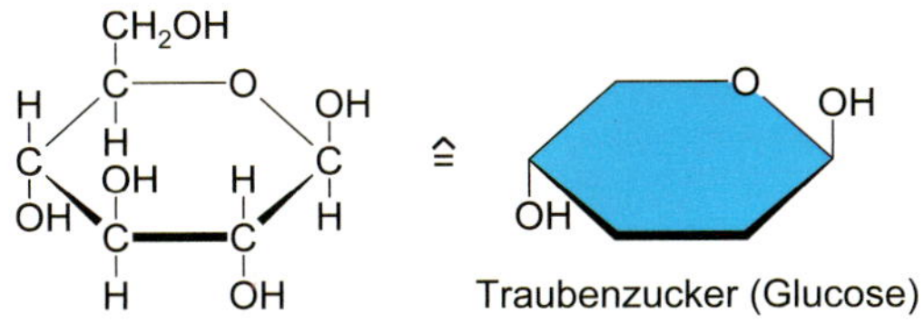

Vom Baustein zum Makromolekül

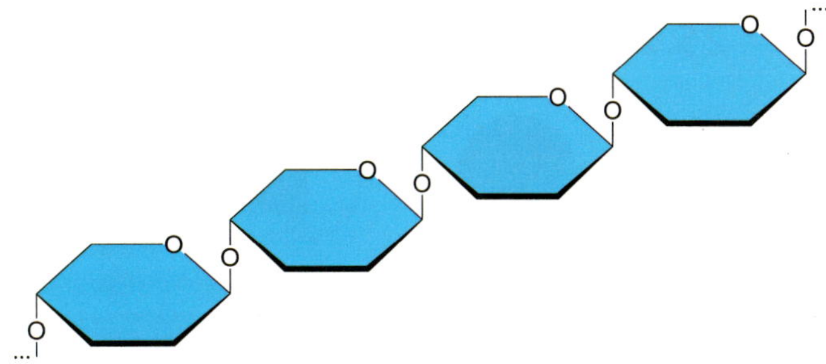

Ausschnitt aus einer Cellulose-Kette

Die kulturelle Entwicklung des Menschen ist eng verbunden mit der Verwendung der jeweiligen Werkstoffe. Vom Feuerstein über Bronze und Eisen hin zu Kunststoffen prägt die Nutzung dieser Materialien die jeweilige Zeit und Kultur. Unsere Gegenwart kann man daher auch als Kunststoffzeitalter bezeichnen. Kunststoffe bestehen aus Makromolekülen. Solche Riesenmoleküle sind aus über tausend Atomen aufgebaut. Sie haben eine molare Masse von mehr als 10 000 g/mol.

Makromoleküle in der Natur. Der Schritt von kleinen Molekülen hin zu Makromolekülen ist keine Erfindung des Menschen. So besteht Cellulose, der Faserstoff der Baumwolle, aus langen Ketten von Traubenzucker-Molekülen, die durch Elektronenpaarbindungen miteinander verknüpft sind.

Modifizierung natürlicher Makromoleküle. Seit jeher verwendet der Mensch makromolekulare Naturstoffe wie Baumwolle oder Seide. Mitte des 19. Jahrhunderts gelang es, Makromoleküle chemisch zu verändern. So konnte aus Cellulose der Kunststoff Celluloseacetat gewonnen werden, obwohl damals die Struktur des Materials noch nicht bekannt war. Celluloseacetat kann zu sehr weichen, seidig glänzenden und schnell trocknenden Fasern versponnen werden, die als Kunstseide bekannt sind und neue Einsatzgebiete eröffnen.

Kunststoffe heute. Der langkettige Aufbau von Makromolekülen wurde erst 1922 von dem deutschen Chemiker Herrmann STAUDINGER (1881–1965) entdeckt. Damit wurde der zielgerichtete Aufbau neuer Makromoleküle aus synthetischen Einzelbausteinen möglich.

Heute gibt es eine große Vielfalt von Kunststoffen, ohne die unser Alltag so nicht möglich wäre. Kunststoffe mit maßgeschneiderten Eigenschaften finden sich in nahezu allen Bereichen wie Freizeit, Kommunikation, Medizin und Verkehr. In jedem Auto werden viele hundert unterschiedliche Teile aus dem jeweils geeigneten Kunststoff verarbeitet. Reifen müssen beispielsweise flexibel sein und können durch einen geringen Rollwiderstand den Kraftstoffverbrauch reduzieren. Batteriekästen müssen bruchfest und säurebeständig sein. Scheinwerferabdeckungen hingegen bestehen aus klaren und äußerst kratzfesten sowie lichtbeständigen Kunststoffen.

Kunststoffe wie auch einige Naturstoffe bestehen aus Makromolekülen. Kunststoffe lassen sich durch chemische Reaktionen auf die Anwendung anpassen.

1 Erläutere den Begriff Makromolekül.

2 Beschreibe, wie man Traubenzucker und Cellulose unterscheiden kann.

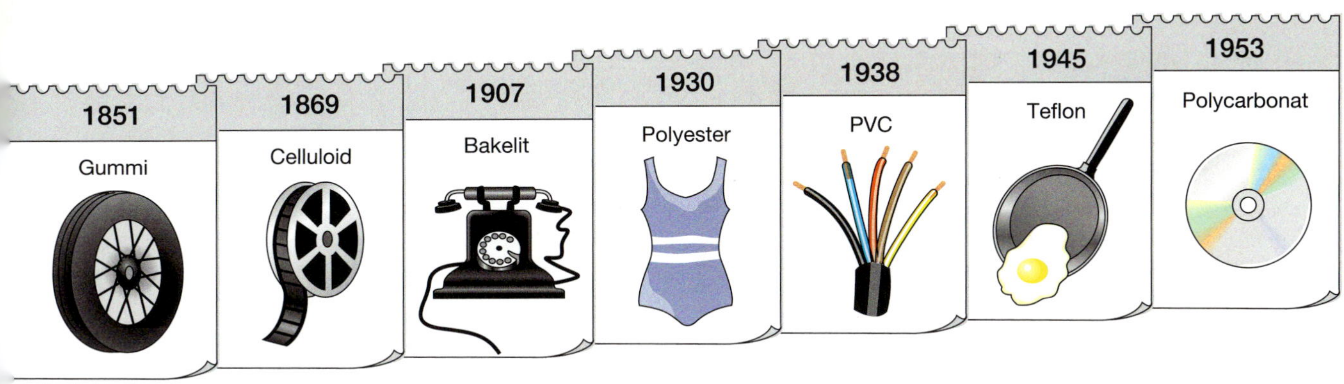

Meilensteine aus der Geschichte der Kunststoffe

25.2 Vom Ester zum Polyester

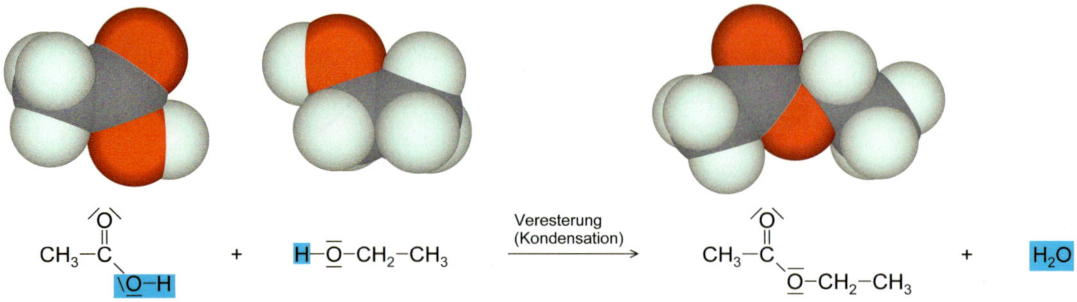

Veresterung von Essigsäure und Ethanol

Ein vielseitig verwendeter Kunststoff ist Polyester. Als namensgebendes Element enthalten die Makromoleküle eine Vielzahl von *Ester-Gruppen*.

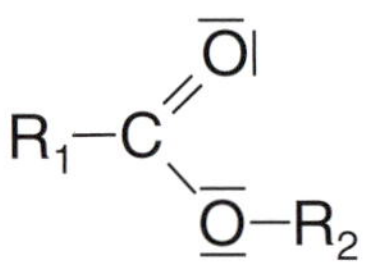

Esterbildung. Essigsäure und Ethanol reagieren unter Wasserabspaltung miteinander und es entsteht Essigsäureethylester, ein Carbonsäureester. Das charakteristische Strukturelement dieser Stoffe ist die Estergruppe.

Bei der Reaktion wird den Ausgangsstoffen meist eine kleine Menge Säure hinzugesetzt. Das Wasserstoff-Ion der Säure wirkt als *Katalysator*. Eine Reaktion wie die Veresterung, bei der sich zwei Moleküle verbinden und Wasser abgespalten wird, nennt man *Kondensation*. Zur vollständigen Umsetzung muss man das Wasser binden. Dazu verwendet man die hygroskopische Schwefelsäure als Katalysator.

Polyester. Setzt man nun eine *Dicarbonsäure* und einen *mehrwertigen Alkohol* ein, kann eine *Polykondensation* stattfinden. Dabei reagieren eine Carboxy-Gruppe und eine Hydroxy-Gruppe miteinander und spalten ein Molekül Wasser ab. So entstehen erst kürzere Molekülketten; nach und nach werden Makromoleküle gebildet: Ein Polyester ist entstanden.

Polyester sind wichtige Kunststoffe, die zu Fasern, Folien und Flaschen verarbeitet werden können. Aus dem Polyester Polyethylenterephtalat werden beispielsweise Fasern gesponnen, die unter dem Markenname Diolen® in pflegeleichten und wetterfesten Kleidungsstücken aber auch in Anschnall-Gurten und Keilriemen in Automobilen verarbeitet werden. Bekannt ist Polyethylenterephtalat auch durch die PET-Flaschen.

Ester entstehen bei der Reaktion von Säuren mit Alkoholen unter Wasserabspaltung. Polyester sind Makromoleküle, die durch Polykondensation von Dicarbonsäuren und Diolen gebildet werden.

1 Stelle die Reaktionsgleichung für die Veresterung von Essigsäure mit Methanol auf.

2 Erkläre, warum man bei Veresterungen oft Schwefelsäure zusetzt.

3 Gib an, was du unter einer Polykondensation verstehst.

4 Beschreibe den Reaktionsablauf für die Herstellung von Polyethylenterephthalat aus Ethandiol und Terephthalsäure.

5 Informiere dich über die mehrfache Bedeutung des Wortes *Diolen*.

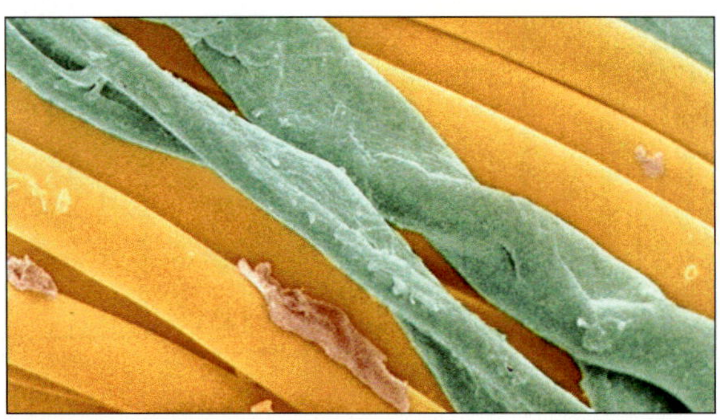

Mikroskopische Aufnahme von Baumwollfasern (grün) und Polyesterfasern (gelb) in einem T-Shirt

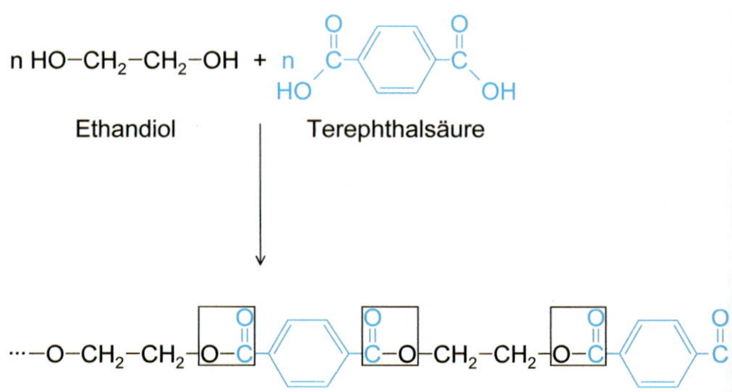

Bildung von Polyethylenterephtalat (PET)

Von der Terephthalsäure zur Colaflasche

Exkurs

Durch Polykondensation von Terephthalsäure und Ethandiol erhält man **Poly**e**thylen**t**erephthalat** (PET). Dieser Kunststoff kann außer zu Fasern auch zu Flaschen verarbeitet werden. Mehrweg-Flaschen haben dabei eine größere Wandstärke als Einweg-Flaschen und sind daher stabiler.

Herstellung. PET-Flaschen werden in einem mehrstufigen Prozess hergestellt. Dazu wird zunächst mit dem Spritzguss-Verfahren ein kleiner dickwandiger Rohling produziert. Der Rohling besitzt bereits das stabile Gewinde in seiner späteren Größe. Der eigentliche Flaschenkörper wird erst in einem zweiten Schritt aufgeblasen. Hierbei wird der untere Teil des Rohlings in ein Werkzeug für die gewünschte Flasche eingesetzt, auf 100 °C erhitzt und mit Druckluft aufgeblasen. Nach dem Abkühlen wird die Form entfernt. Die so erzeugten PET-Flaschen haben eine gleichmäßige Wandstärke. Beim Gebrauch sollten die Flaschen nicht zu stark erwärmt werden, da sich das gedehnte Material sonst wieder zusammenziehen kann.

Flaschen-Rohling und fertige PET-Flaschen

1 Diskutiere die Vorteile der vorgestellten zweistufigen PET-Flaschenherstellung gegenüber einem direkten Spritzgussverfahren.

2 Informiere dich über das Spritzguss-Verfahren. Bereite dazu einen Kurzvortrag vor.

Weichmacher – Phthalsäureester in aller Munde?

Exkurs

Ohne weitere Behandlung sind viele Kunststoffe spröde und so nicht als Werkstoff geeignet. Daher werden Weichmacher zugesetzt, um sie biegsam oder dehnbar zu machen.
Weichmacher sind in teilweise sehr großen Mengen in Lacken, Dichtungsmassen, Kautschuk-Artikeln und in Klebstoffen enthalten. PVC-Schläuche bestehen oft bis zu 30 % aus Weichmachern. Hart-PVC ist hingegen nahezu frei von Weichmachern. Als Weichmacher werden heute vor allem schwerflüchtige Phthalsäureester wie Phthalsäure-bis-(2-ethylhexylester) eingesetzt.

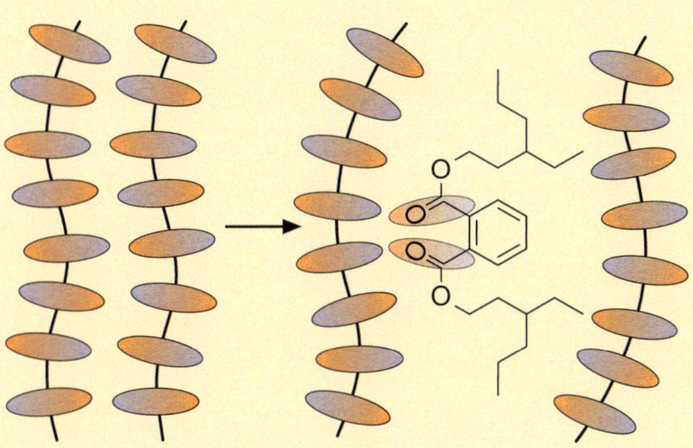

Wirkung von Weichmachern in Kunststoffen

Funktion. In Kunststoffen liegen die kettenförmigen Makromoleküle weitgehend parallel neben einander und ziehen sich als Dipole gegenseitig an. Durch die intermolekularen Bindungen ist der reine Kunststoff relativ hart. Die Weichmacher-Moleküle schieben sich zwischen die Makromoleküle und verhindern Bindungen zwischen Kunststoff-Molekülen. Die Ketten werden dadurch beweglicher und das Material wird weicher und dehnbarer.

Nebenwirkungen. Weichmacher können leicht aus dem Kunststoff austreten. Der Kunststoff verliert dann seine elastischen Eigenschaften – er „altert". Allerdings können die austretenden Weichmacher aus Lebensmittelverpackungen über die Nahrung auch leicht in den Körper aufgenommen werden. Vor allem bei Kindern hat man gesundheitliche Schäden festgestellt, die auf Weichmacher zurückgeführt wurden.

1 Erläutere den Begriff *Weichmacher*.
2 Fasse zusammen, warum Weichmacher eingesetzt werden.
3 Ein Kunststoffschlauch, mit dem man Lösemittel abfüllt, quillt auf und wird sehr weich. Beim Trocknen wird er hingegen spröde. Deute diese Beobachtung.

25.3 Die Struktur bestimmt die Eigenschaft

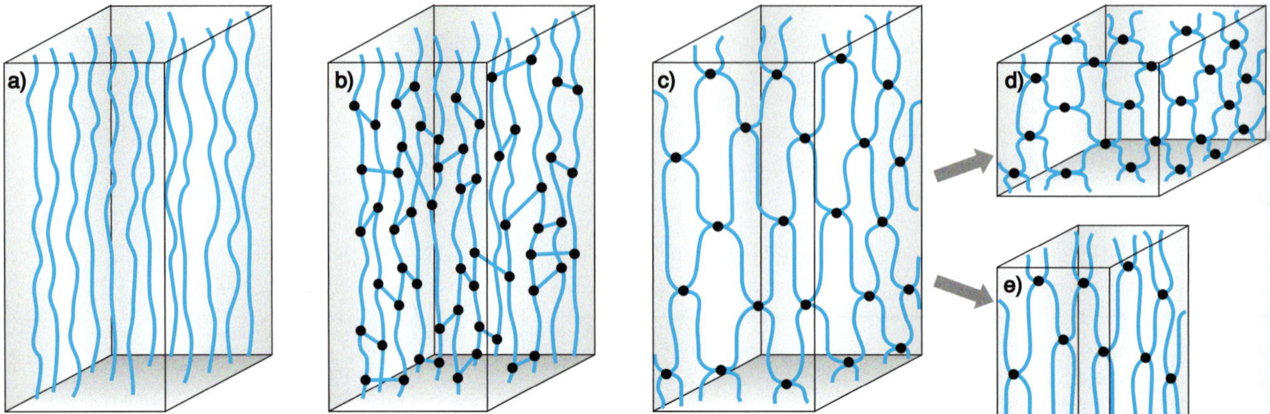

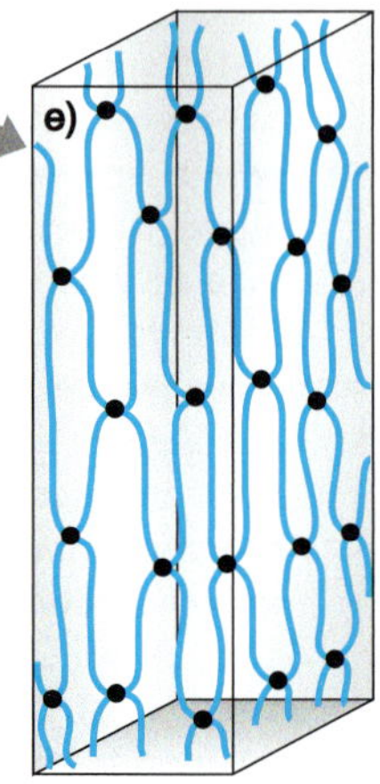

Verschiedene Strukturen in Kunststoffen: a) Thermoplaste, b) Duroplaste, c) Elastomere; d) Elastomer-Struktur bei Druck, e) Elastomer-Struktur bei Zug

Nach ihrem Verhalten beim Erhitzen und ihrer Reaktion auf Druck und Zug lassen sich Kunststoffe unterschiedlichen Gruppen zuordnen. Man unterscheidet *Thermoplaste, Duroplaste* und *Elastomere.*

Thermoplaste. Acrylglas wird beim Erhitzen auf etwa 100 °C weich und schmilzt, Acrylglas ist also in der Hitze *plastisch verformbar*. Kunststoffe mit dieser Eigenschaft werden als *Thermoplaste* bezeichnet. Auch *Polyethen, Polystyrol* und *Polyvinylchlorid* gehören zu den Thermoplasten.

Thermoplaste bestehen aus langkettigen Makromolekülen. Zwischen den Molekülen liegen schwache VAN-DER-WAALS-Bindungen vor. Beim Erwärmen können die Molekülketten aneinander vorbeigleiten.
Thermoplaste, die bei Raumtemperatur weich sind, bestehen überwiegend aus verknäuelten Makromolekülen. Manche Thermoplaste sind bei Raumtemperatur dagegen hart. Bei ihnen sind die Makromoleküle in bestimmten Bereichen parallel geordnet. Man spricht von einem teilkristallinen Zustand.

Duroplaste. Steckverbindungen an elektrischen Kabeln werden oft sehr heiß, dürfen sich dabei aber nicht verformen. Kunststoffe, die diese Werkstoffeigenschaft besitzen, nennt man *Duroplaste*. Zu ihnen gehören *Melaminharze, Bakelit, Epoxidharze* und *Polyesterharze*.

Die Makromoleküle eines *Duroplasten* sind über Elektronenpaarbindungen fest miteinander verknüpft. Die Struktur bleibt auch beim Erhitzen erhalten. Erst bei höheren Temperaturen werden C–C-Bindungen dieses Netzwerkes gespalten und der Kunststoff zersetzt sich. Duroplastische Werkstücke sind also nicht plastisch verformbar, sie müssen ihre endgültige Form schon bei der Herstellung erhalten. Sie lassen sich dann durch Feilen, Sägen, Bohren oder Fräsen mechanisch bearbeiten.

Elastomere. Reifen und Sitzpolster sollen weich und elastisch, aber doch fest sein. Sie werden aus *Elastomeren* hergestellt. Diese Stoffe geben äußerem Zug oder Druck nach, kehren aber anschließend wieder in ihre alte Form zurück.
Die Struktur von Elastomeren ähnelt der von Duroplasten, Elastomere sind jedoch viel weitmaschiger vernetzt. Durch Zug werden die Molekülketten in die Länge gezogen, halten aber an den Vernetzungspunkten zusammen. Äußerer Druck staucht die Molekülketten. Da die Vernetzungspunkte erhalten bleiben, wird die Struktur nur vorübergehend verzerrt. Ist der Zug jedoch zu stark oder die Temperatur zu hoch, wird die Struktur zerstört. So zerreißt ein Gummiring, wenn man ihn zu sehr spannt, und bei einer Notbremsung qualmen die Reifen.

Thermoplaste, Duroplaste und Elastomere unterscheiden sich in ihrem Verhalten beim Erhitzen und in ihrer Reaktion auf Druck und Zug.

1 **a)** Nenne Eigenschaften von Thermoplasten, Duroplasten und Elastomeren.
b) Erkläre diese Eigenschaften aus der Kenntnis des molekularen Aufbaus.
2 Bringe Gegenstände aus Kunststoff mit und stelle sie im Unterricht als Beispiele für Thermoplaste, Duroplaste und Elastomere vor.

Kunststoffe

V1: Polyester aus Phthalsäure

Materialien: Becherglas (100 ml, hoch), Heizplatte, Holzstab, Pasteurpipette, Siedestein;
Phthalsäure (Xi), Ethandiol (Xn), Glycerin.

Durchführung:

1. Mische in dem Becherglas 2,0 g Phthalsäure mit 0,7 ml Ethandiol und gib einen Siedestein hinzu.

2. Erhitze das Reaktionsgemisch unter einem Abzug auf der 300 °C heißen Heizplatte für ungefähr 10 min zum schwachen Sieden.
Hinweis: Mehrere Gläser passen auf eine Heizplatte!

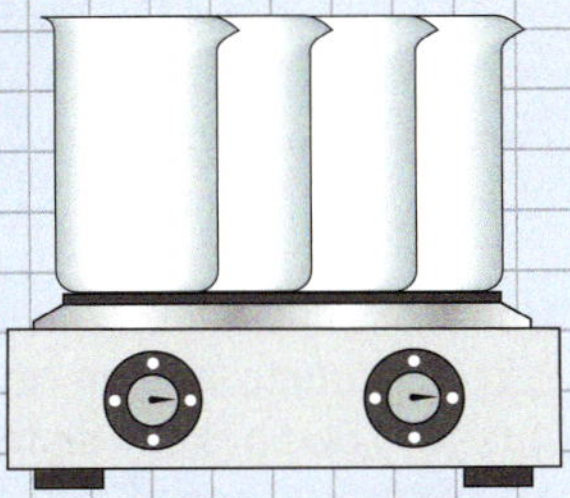

3. Lass die Reaktionsmischung abkühlen und ziehe mit dem Holzstab Fäden aus der noch warmen Masse.

4. Lass die Fäden abkühlen und untersuche sie.

5. Wiederhole den Versuch mit 1 ml Glycerin anstatt Ethandiol.

Aufgaben:

a) Notiere Deine Beobachtungen.

b) Formuliere die Reaktionsgleichungen.

c) Vergleiche die mechanischen Eigenschaften der erhaltenen Polymere. Begründe deine Beobachtungen.

V2: Synthese von Polymilchsäure

Materialien: Becherglas (100 ml, hoch), Pasteurpipette, Heizplatte, Glasstab, Trockenschrank;
Milchsäure-Lösung (90 %; Xi).

Durchführung:

1. Stelle das Becherglas mit etwa 3 ml Milchsäure-Lösung für 24 Stunden in den Trockenschrank (200 °C).

2. Lass die Probe auf Raumtemperatur abkühlen.

3. Erwärme die Probe auf der Heizplatte auf 150 °C und ziehe mit dem Glasstab Fäden aus der Masse.

Aufgaben:

a) Notiere Deine Beobachtungen.

b) Beschreibe die Veränderung der Milchsäure durch längeres Erhitzen.

c) Stelle die Reaktionsgleichung auf.

V3: Weichmacher in Kunststoffen

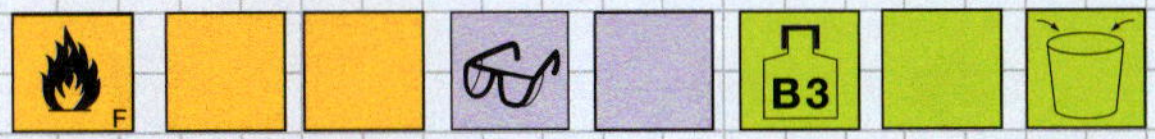

Materialien: Erlenmeyerkolben (100 ml; weit), Uhrglas, Heizplatte, Waage;
weiche PVC-Folie, andere weiche Kunststoffe, Ethanol (F).

Durchführung:

1. Wiege ein Stück weiche PVC-Folie und gibt die Probe mit etwa 20 ml Ethanol in den Erlenmeyerkolben.

2. Erhitze die Mischung auf der Heizplatte zum leichten Sieden.

3. Decke den Kolben mit dem Uhrglas ab und lass die Folie ca. eine halbe Stunde bei etwa 70 °C ziehen.

4. Nimm die Folie heraus und lasse sie an der Luft etwa 5 min trocknen.

5. Wiege die behandelte PVC-Folie erneut.

6. Wiederhole den Versuch mit den anderen Kunststoffen.

Aufgaben:

a) Notiere Deine Beobachtungen.

b) Vergleiche die behandelte Probe mit einem Stück unbehandeltem PVC.

c) Berechne den Weichmacher-Anteil in der PVC-Folie.

d) Erkläre, welche Messfehler das Ergebnis verfälschen können.

V4: Kleben mit Kunststoffen

Materialien: Becherglas (100 ml), Holzstab, Styropor®, Tischtennisball; Proben für Klebetests: Alufolie, Papier, Holz, Kunststoffprobe (PET);
Essigsäureethylester (F, Xi), Aceton (F, Xi).

Durchführung:

1. Fülle 10 ml Essigsäureethylester in ein Becherglas.

2. Gib in kleinen Portionen unter Rühren 3 g Styropor® hinzu bis eine gleichmäßige Lösung entsteht.

3. Prüfe die Klebeeigenschaften der Lösung mit Alufolie, Papier, Holz und Kunststoff (PET).

4. Wiederhole den Versuch mit einem Tischtennisball aus Celluloid, der in 15 ml Aceton gelöst wird.
Hinweis: Die Kunststoff-Lösungen lassen sich gut in einem fest verschlossenen Gefäß lagern.

Aufgaben:

a) Notiere deine Beobachtungen.

b) Vergleiche die Klebeeigenschaften der Kunststofflösungen.

25.4 Ethen – ein Alken ☆

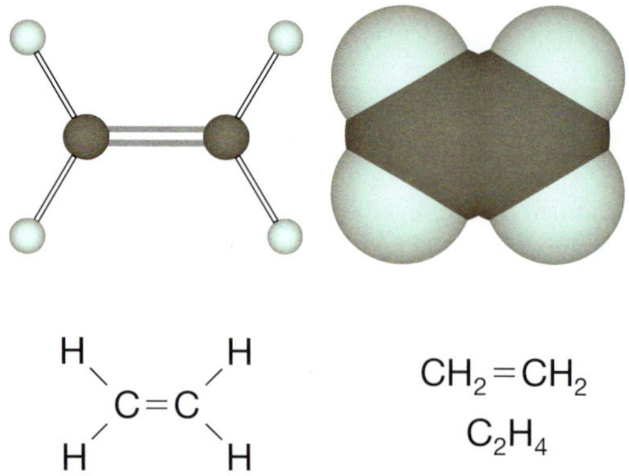

Das Ethen-Molekül

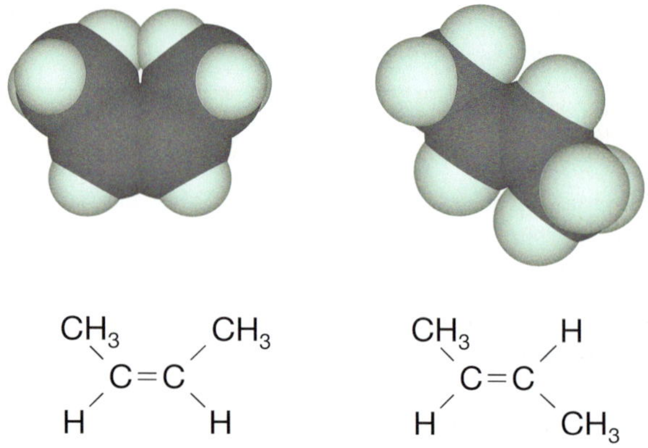

cis-But-2-en und trans-But-2-en

Jeder kennt Polyethylen, den Kunststoff, aus dem Folien und Plastiktüten produziert werden. Dieser von Chemikern *Polyethen* genannte Kunststoff wird aus dem farblosen Gas *Ethen* hergestellt.

Struktur des Ethen-Moleküls. Die Bestimmung der Molekülformel von Ethen ergibt C_2H_4. An jedes Kohlenstoff-Atom sind zwei Wasserstoff-Atome gebunden. Da ein Kohlenstoff-Atom immer vier Bindungen eingeht, muss im Ethen-Molekül eine C=C-*Zweifachbindung* vorliegen. Ethen ist ein *ungesättigter Kohlenwasserstoff*, da die Kohlenstoff-Atome jeweils noch ein weiteres Atom binden können. Ungesättigte Kohlenwasserstoffe enthalten mindestens eine C/C-Mehrfachbindung.

Alkene. Ethen ist das erste Glied der homologen Reihe der Alkene. Die Moleküle dieser Kohlenwasserstoffe haben je eine C=C-Zweifachbindung; ihre allgemeine Formel lautet C_nH_{2n}. Die Namen der Alkene werden gebildet, indem die Endung *-an* des entsprechenden Alkans durch **-en** ersetzt wird.
Alkene unterscheiden sich in ihren physikalischen Eigenschaften kaum von den Alkanen. Ihre Löslichkeit ist ähnlich und bei gleicher Kettenlänge haben sie vergleichbare Schmelztemperaturen und Siedetemperaturen. Alken-Moleküle sind wie Alkan-Moleküle unpolar und gehen untereinander VAN-DER-WAALS-Bindungen ein.
Von Buten an gibt es isomere Moleküle, die sich in der Lage der C=C-Zweifachbindung unterscheiden. Die Stellung der C=C-Zweifachbindung wird durch eine Ziffer vor der Silbe **-en** angegeben.

1 2 3	1 2 3	1 2 3
$CH_2{=}CH{-}CH_2{-}CH_3$	$CH_3{-}CH{=}CH{-}CH_3$	$CH_2{=}CH{-}CH{=}CH_2$
But-1-en	But-2-en	Buta-1,3-dien

Neben den Alkenen mit nur einer Zweifachbindung gibt es auch Alkene mit mehreren Zweifachbindungen. Das bekannteste Beispiel ist Buta-1,3-dien, aus dem Synthese-Kautschuk hergestellt wird.

cis/trans-Isomerie. Anders als bei der C–C-Einfachbindung sind die Molekülteile nicht um die C=C-Zweifachbindung drehbar. Dadurch entsteht eine neue Art von Isomerie, die *cis/trans-Isomerie*: Beim *cis*-But-2-en-Molekül liegen die beiden Methyl-Gruppen auf der gleichen Seite der C=C-Zweifachbindung, beim *trans*-But-2-en-Molekül stehen sie einander gegenüber. *Cis/trans*-Isomere können nicht ohne chemische Reaktionen ineinander überführt werden. Sie unterscheiden sich in ihren Eigenschaften, beispielsweise in den Siedetemperaturen, den Schmelztemperaturen oder den Löslichkeiten.

Alkene sind ungesättigte Kohlenwasserstoffe mit der allgemeinen Formel C_nH_{2n}. Da die C=C-Zweifachbindung nicht drehbar ist, gibt es *cis/trans*-Isomere.

1 Gib die Molekülformel von Propen an.
2 Benenne die folgenden Verbindungen:
a) $CH_2{=}CH{-}CH{=}CH{-}CH_3$
b) 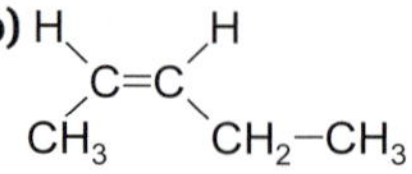
3 Zeichne die Strukturformeln der isomeren Pentene und benenne die Verbindungen.
4 Gib die Strukturformeln von drei weiteren cis/trans-Isomerenpaaren an.
5 Zeige am Beispiel des Ethen-Moleküls, dass die Oktett-Regel für beide Kohlenstoff-Atome erfüllt ist.
6 Grüne Bananen werden mit Ethen begast. Recherchiere die Bedeutung dieser Behandlung.

Eigenschaften von Alkenen

V1: Darstellung von Isobuten

Materialien: Heizplatte, Erlenmeyerkolben, Stopfen mit Bohrung, Glasrohr, Spritze, Siedesteine;
2-Methyl-2-propanol (F, Xn), Schwefelsäure (konz., C).

Durchführung:

1. Baue die Versuchsapparatur nach der Abbildung auf und gib 20 ml 2-Methyl-2-propanol, 0,5 ml konzentrierte Schwefelsäure und zwei Siedesteine in den Kolben.

2. Erhitze das Reaktionsgemisch auf der Heizplatte für ungefähr 2 min zum Sieden, wobei das 2-Methyl-2-propanol im Kolben oder höchstens im Glasrohr kondensieren soll.

3. Schließe bei leichtem Sieden der Reaktionsmischung die Spritze am freien Ende des Glasrohres an und entnimm langsam eine Probe des entstehenden Gases (F).

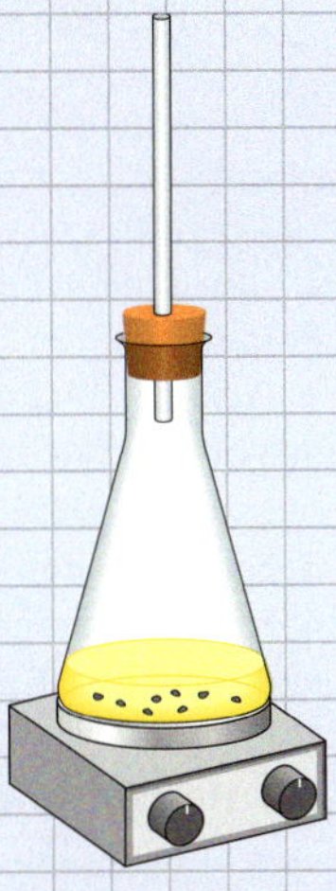

Aufgaben:

a) Notiere deine Beobachtungen.

b) Erkläre, wie nachgewiesen werden kann, dass eine Reaktion stattgefunden hat.

c) Stelle eine Reaktionsgleichung auf.

V2: Nachweis von Alkenen mit dem BAEYER-Reagenz

Materialien: Einwegspritze (20 ml) mit abgestumpfter Kanüle, kleines Reagenzglas, Stopfen;
BAEYER-Reagenz (Kaliumpermanganat-Lösung mit Zusatz von Natriumcarbonat), Isobuten aus Versuch 1 (F).

Durchführung:

1. Baue die Versuchsapparatur nach der Abbildung auf.

2. Drücke das Isobuten mit der Spritze in kleinen Blasen langsam in die BAEYER-Reagenzlösung. Die Kanüle sollte dabei etwa bis zur halben Höhe in die Lösung eintauchen. Schüttle das Reagenzglas vorsichtig nach jeder Zugabe einer Gasportion. Dabei muss die Spritze festgehalten werden.

3. Entlüfte das Reagenzglas von Zeit zu Zeit.

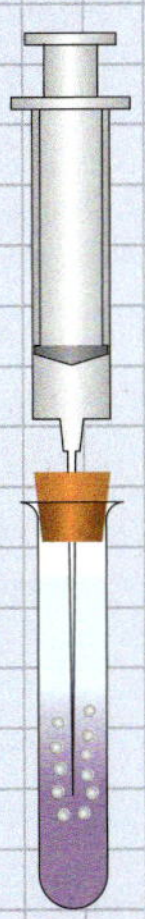

Aufgabe: Notiere deine Beobachtungen.

V3: Nachweis von Alkenen mit Brom

Materialien: Tropfpipetten, Stopfen;
Bromwasser (gesättigte Lösung, vor Ausgabe auf das vierfache Volumen verdünnen; Xn), Oct-1-en (F, N).

Durchführung:

1. Gib einen Tropfen Oct-1-en in ein Reagenzglas und füge einige Tropfen Bromwasser hinzu.

2. Verschließe das Reagenzglas mit dem Stopfen und schüttle kräftig.

Aufgaben:

a) Notiere deine Beobachtungen.

b) Erkläre deine Versuchsbeobachtungen.

c) Stelle eine Reaktionsgleichung auf.

V4: Reifung von Bananen

Materialien: 2 Einwegspritzen (20 ml), Kanüle, 3 PE-Gefrierbeutel (1 l), 3 Gefrierbeutelverschlüsse, Klebeband;
4 Bananen (möglichst grün), 1 Banane (möglichst reif), Ethen (F+).

Durchführung:

1. Gib in jeden der drei Gefrierbeutel eine unreife Banane und lagere die vierte offen.

2. Füge in einen der drei Beutel die reife Banane hinzu.

3. Verschließe die Gefrierbeutel gasdicht mit dem Verschluss.

4. Spritze 40 ml Ethen in einen Gefrierbeutel mit einer unreifen Banane. Verschließe die Einstichstelle möglichst schnell mit dem Klebeband und kennzeichne diesen Beutel entsprechend.

5. Lagere die vier Bananen unter gleichen Bedingungen, bis ein deutlicher Unterschied im Reifungsgrad bemerkbar ist (etwa drei Tage).

Aufgaben:

a) Notiere deine Beobachtungen.

b) Erkläre, wie man aus der Versuchsreihe schließen kann, dass reife Bananen Ethen abgeben.

c) Bananen werden in den Herkunftsländern im grünen Zustand geerntet und in Kühlräumen gelagert. Erst bei Bedarf lässt man sie durch Begasung mit einem Gemisch aus 5 % Ethen und 95 % Stickstoff reifen und bringt sie in den Handel. Gib an, warum die Bananen nicht reif geerntet und dann zum Verbraucher gebracht werden.

25.5 Polymerisation ☆

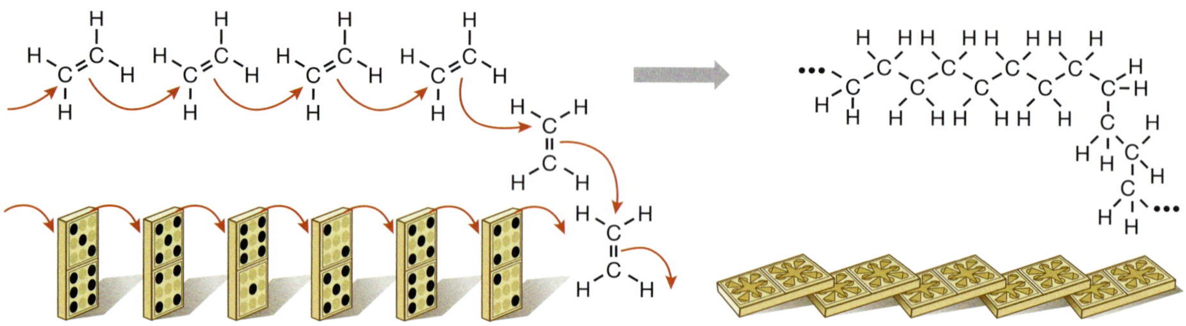

Polymerisation von Ethen

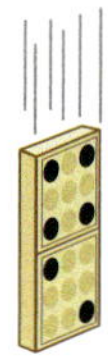

In der Art eines molekularen „Domino-Day's" können zahlreiche gleichartige Moleküle, die Monomere (griech. *mono*: ein, einzeln; *meros*: Teil), in einer Polyreaktion miteinander zu einem Polymer (griech. *poly*: viel) reagieren.

Polyethen und Polypropen. Der Kunststoff Polyethen wird aus Ethen hergestellt. Unter dem Einfluss eines Katalysators spaltet sich eine Bindung der C=C-Zweifachbindung auf und die Einzelmoleküle verbinden sich zu langen Ketten. Da hierbei viele Monomere zu einem Makromolekül zusammentreten, spricht man von *Polymerisation*. Das Produkt bezeichnet man als *Polymerisat*. Ganz entsprechend bildet sich Polypropen durch Polymerisation von Propen. Bei einer Polymerisation werden im Gegensatz zur Polykondensation keine kleinen Moleküle abgespalten.

Viele Kunststoffteile im Haushalt, in der Industrie und an wissenschaftlichen Geräten bestehen aus Polyethen oder Polypropen. Diese Kunststoffe werden zu Folien, Fasern, Röhren und Gefäßen Form verarbeitet. Sie sind beständig gegen Säuren und Laugen und eignen sich auch als Verpackung oder Aufbewahrungsgefäße für Lebensmittel.

PVC. Polyvinylchlorid (PVC) erhält man durch Polymerisation von Monochlorethen (Vinylchlorid). PVC ist ein vielseitig verwendbarer Werkstoff. Er wird unter anderem zu Folien, Bodenbelägen, Abwasserrohren und Kunststofffenstern verarbeitet. Seit einiger Zeit ist PVC jedoch in die Umweltdiskussion geraten: Bei Bränden wird aus PVC Chlorwasserstoff freigesetzt. Außerdem können giftige Dioxine entstehen. Probleme bestehen auch bei der Entsorgung der anfallenden Altmaterialien.

Bei der Polymerisation reagieren ungesättigte Monomere zu Makromolekülen. Das Produkt bezeichnet man als Polymerisat.

1 Gib eine Reaktionsgleichung für die Polymerisation von Propen an.

2 Plexiglas® ist der Handelsname eines Kunststoffes, der aus Methacrylsäuremethylester entsteht. Zeichne einen Ausschnitt aus dem Polymer-Molekül.

3 Zeichne einen Ausschnitt eines PVC-Moleküls.

4 Formuliere eine Reaktionsgleichung für die Verbrennung von PVC. Gehe dabei von der Formel des Monomers aus.

5 Styrol und Ethen bilden ein Mischpolymerisat. Zeichne einen Molekülausschnitt, der die beiden Monomere abwechselnd enthält.

6 Informiere dich im Internet über Polyvinylchlorid. Stelle Argumente zur Debatte über die Verwendung von PVC zusammen und plane ein Rollenspiel.

Polymer	Monomer	
	Name	Strukturformel
Polyethen (PE)	Ethen	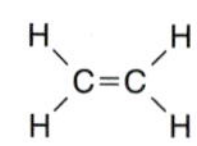
Polypropen (PP)	Propen	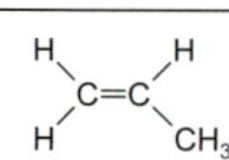
Polyvinylchlorid (PVC)	Chlorethen	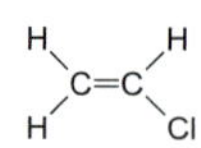
Polyacrylnitil (PAN)	Acrylnitril	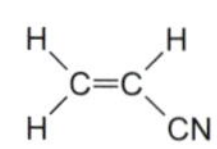
Polytetrafluorethen (PTFE)	Tetrafluorethen	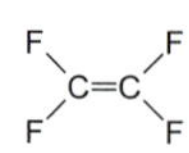
Polystyrol (PS)	Styrol	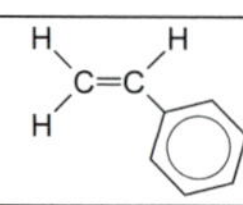
Polymethylmethacrylat (PMMA)	Methacrylsäuremethylester	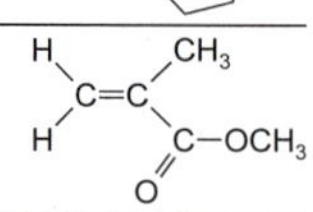

Verarbeitung der Thermoplaste

Unter den Kunststoffen bilden die Thermoplaste die größte Gruppe. Sie werden als Pulver oder Granulat an die kunststoffverarbeitende Industrie geliefert, die daraus mithilfe verschiedener Verfahren ihre Produkte herstellt.

Spritzgießen. Ein Extruder arbeitet wie ein beheizter Fleischwolf. Er fördert die zähflüssige Spritzmasse durch eine Düse in ein Spritzgusswerkzeug. Nach dem Abkühlen öffnet sich das Werkzeug und stößt das erhärtete Produkt automatisch aus. So lassen sich selbst komplizierte Formteile mit hoher Genauigkeit und in großer Stückzahl herstellen.

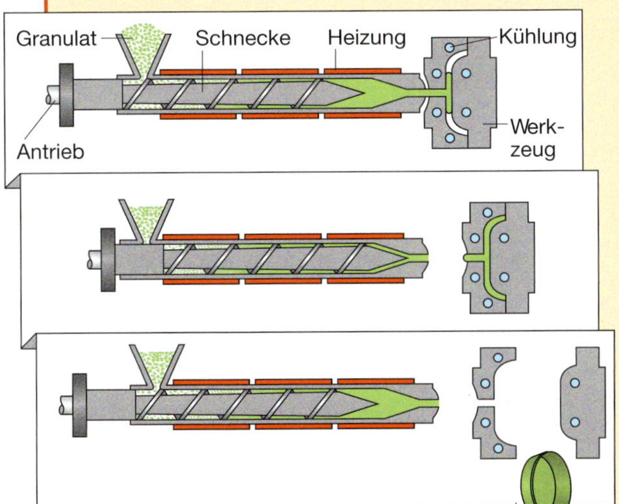

Blasformen. Um Hohlkörper wie Flaschen oder Heizöltanks zu fertigen, bedient man sich des Blasform-Verfahrens. Ein Extruder treibt einen zähflüssigen Kunststoffschlauch in eine zweiteilige Form. Diese schließt sich und quetscht den Schlauch nach allen Seiten luftdicht ab. Druckluft presst den Kunststoffschlauch nun an die gekühlten Innenwände. Wenn sich die Form öffnet, fällt das fertige Produkt heraus.

Folienblasen. Um Folienschläuche zu erzeugen, drückt der Extruder die plastische Masse durch eine ringförmige Düse. Danach wird das noch plastisch verformbare Rohr zu einem weiten Schlauch aufgeblasen, der dann aufgerollt wird. Um Folien zu erzeugen, schneidet man den Schlauch an der Seite auf. Kunststoffsäcke erhält man, indem der Schlauch in regelmäßigen Abständen heiß verschweißt wird.

1 Begründe, warum sich Duroplaste und Elastomere nicht durch Blasfromen oder Spritzgießen verarbeiten lassen.

***Blasformen:** a) Der Rohling wird in die geöffnete Form eingesetzt, b) die Form ist geschlossen, c) die geöffnete Form zeigt das fertige Werkstück.*

25.6 Vom Abfall zum Wertstoff

Mülltrennung in einer modernen Sortieranlage

Die einmalige Verwendung von Kunststoffen stellt eine riesige Verschwendung von Ressourcen dar. Mit Recycling werden die Ressourcen geschont. So wurden 2005 von insgesamt 4,2 Mio t Kunststoffabfällen 3,2 Mio t wiederverwertet. Die Abfälle stammen aus der kunststoffverarbeitenden Industrie und aus dem Verpackungsmaterial der Kleinbetriebe und Haushalte.

Für die Verwertung dieses Materials kommen drei Wege in Frage:

- Beim **werkstofflichen Recycling** werden die Kunststoffabfälle zerkleinert, umgeschmolzen und wieder verwendet.
- Was sich nicht in dieser Weise wiederverwenden lässt, wird oft dem **rohstofflichen Recycling** zugeführt. Bei diesem Verfahren werden Polymere in Monomere gespalten, und anschließend zur Herstellung neuer Produkte verwendet. Auch die Ausnutzung der Reduktionskraft von Kunststoffen bei der Stahlerzeugung gehört zum rohstofflichen Recycling.
- Kunststoffmüll, der weder werkstofflich noch rohstofflich recycelt werden kann, wird verbrannt. Bei dieser **thermischen Verwertung** wird der Energiegehalt des Materials genutzt und die direkte Verbrennung fossiler Rohstoffe verringert.

Mülltrennung. Das Recycling von Kunststoffen hat ganz allgemein zum Ziel, Rohstoffe einzusparen, den Energieeinsatz zu reduzieren und die Müllmenge zu verringern. Die Verfahren sollen möglichst kostengünstig sein und die Umwelt nicht belasten. Seit 1993 hat die *Duales System Deutschland AG* es übernommen, Verkaufsverpackungen, die in Haushalten und im Kleingewerbe anfallen, zu sammeln, zu sortieren und zu verwerten. So sollen beim Kunststoff 60 % des Mülls in der einen oder anderen Weise verwertet werden. Vorrangig soll dabei das Recycling des Werkstoffs stehen.

Modernste Anlagen ermöglichen heute die vollautomatische Sortierung des Inhalts der „Gelben Säcke". Bei der Vorsortierung werden Papier und Pappe, Metalle sowie Glas vom Kunststoffmüll getrennt. Dieser Müll wird zerkleinert und sortenrein aufbereitet. Dabei werden Nah-Infrarot-Trenner (NIR-Trenner) eingesetzt, die Kunststoffe anhand ihres „molekularen Fingerabdrucks" erkennen können.

Der Metallabfall wird mit Magneten weiter aufgetrennt. Glas wird optisch nach Farben sortiert, und bei der Trennung von Papier und Pappe nutzt man Gewichtsunterschiede.

Kunststoffreste werden gesammelt und werkstofflich oder rohstofflich wieder verwertet. Der Rest wird verbrannt, wobei die Energie genutzt wird.

1 Nenne Techniken, mit denen sich ein Gemisch aus Kunststoffabfällen sortieren lässt.

2 Stelle Vorteile und Nachteile des Recyclings zusammen.

3 Informiere dich über die Verwertung von Kunststoffabfällen und bereite ein Referat vor.

4 Informiere dich in deinem Wohnort nach dem dortigen Abfallbeseitigungskonzept.

5 Beschreibe das abgebildete Fließschema zur Wertstoffsortierung.

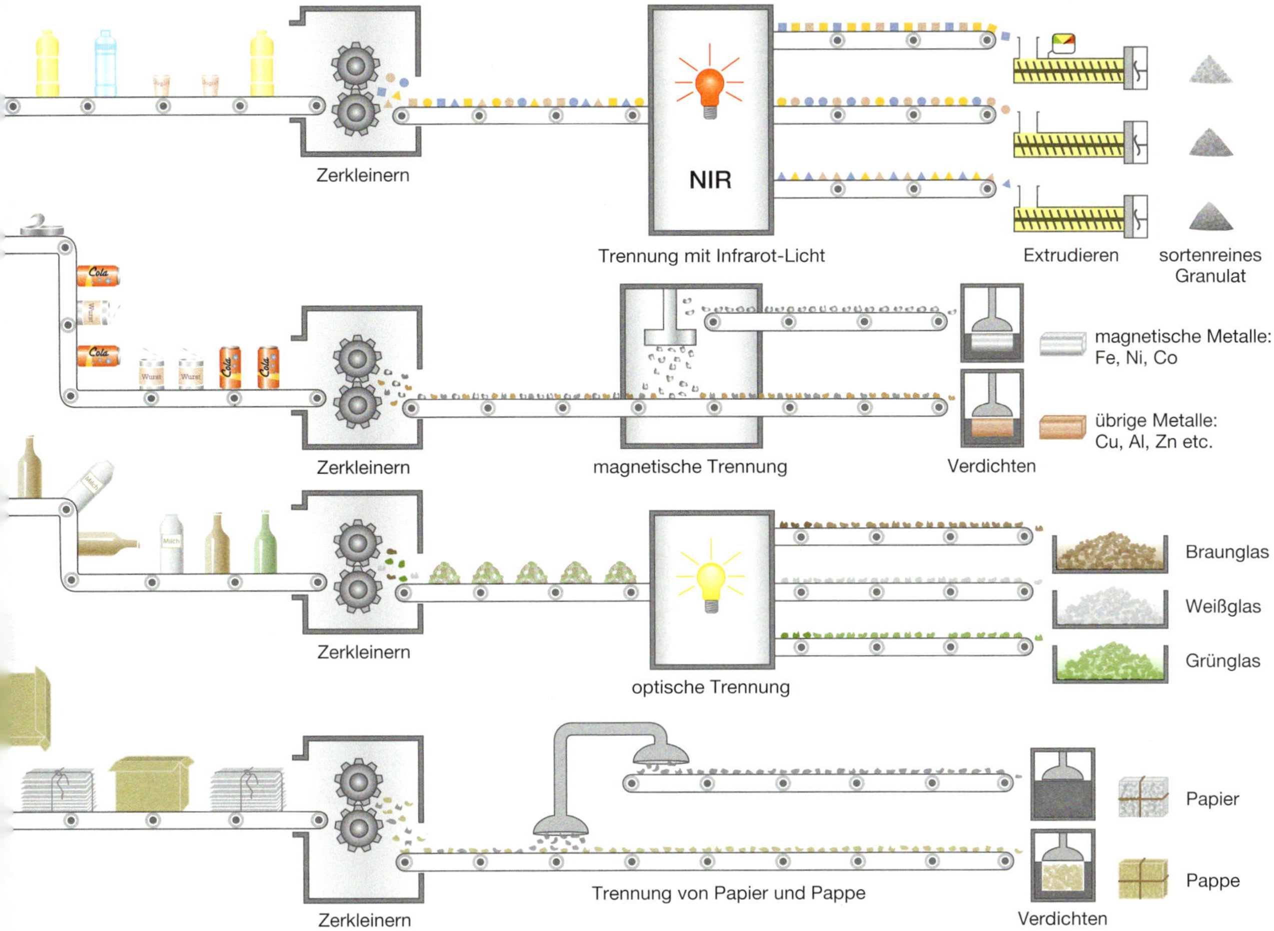

Exkurs

Kunststoffabfall als Reduktionsmittel

Steigende Preise fossiler Energieträger gepaart mit einem wachsenden Umweltbewusstsein lassen das Interesse an Sekundärrohstoffen stetig anwachsen. Kunststoffpellets als Schwerölersatz werden erfolgreich in Hochöfen bei der Herstellung von Roheisen verwendet. Dieses rohstoffliche Recycling durch den Einsatz von Kunststoffabfällen als Reduktionsmittel ist eine wichtige Ergänzung zur energetischen Verwertung.

Die Kunststoffabfälle werden zu neun mal sechs Millimeter großen Pellets verarbeitet. Diese Größe ist erforderlich, um ein optimales Einblasen in den Hochofen zu ermöglichen. Die Pellets bestehen zu 50 % aus gesichtetem Gewerbemüll, zu 30 % aus in Restmüll-Sortieranlagen anfallenden Kunststoff-Fraktionen und zu 20 % aus Kunststoffverpackungen aus dem gelben Sack beziehungsweise der gelben Tonne.

1 Informiere dich über den Hochofenprozess.
2 Recherchiere die Vorteile und die Einsatzgebiete des rohstofflichen Recyclings. Bereite dazu ein Referat vor.

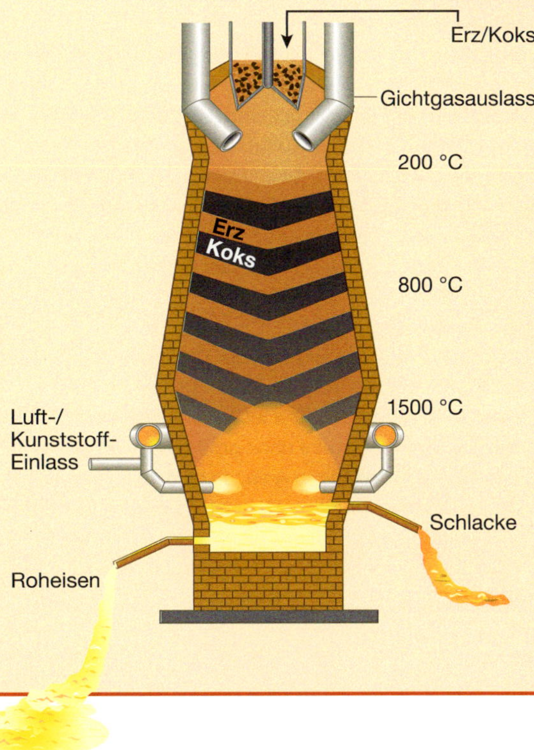

Chemie-Recherche

Location: http://www.schroedel.de/chemie_heute.html

Suche:

Umweltfreundliche Kunststoffe

Ergebnisse:

→ **Kunststoffe aus nachwachsenden Rohstoffen**

Eine umweltfreundliche Alternative zu konventionellen Kunststoffen bieten Materialien auf Basis nachwachsender Rohstoffe, sogenannte Biokunststoffe. Teilweise sind diese Kunststoffe als Verpackungsmaterial sogar besser geeignet als herkömmliche Materialien. Allerdings ist Kunststoff aus nachwachsenden Rohstoffen derzeit noch teurer ist als petrochemische Produkte und findet daher nur begrenzt Einsatz.

→ **Biologisch abbaubare Kunststoffe**

Biologisch abbaubare Kunststoffe zersetzen sich in einer Kompostieranlage in der Regel innerhalb von 6 bis 12 Wochen. Diese Abbaubarkeit ist nicht nur auf nachwachsende Kunststoffe begrenzt, sondern durch die chemische Struktur bestimmt: Auch viele Polyester auf petrochemischer Basis sind kompostierbar.

→ **Naturkautschuk**

Naturkautschuk ist ein industriell genutztes Massenprodukt mit einer Jahresproduktion von über 7,5 Mio. t. Für die Produktion von Autoreifen werden bis zu 70 % der Weltproduktion eingesetzt. Naturkautschuk wird aus Latex, dem Milchsaft des Kautschuk-Baumes, gewonnen und besteht aus polymerisiertem 2-Methylbutadien. Naturkautschuk ist ein nachwachsendes, aber nur langsam abbaubares Material.

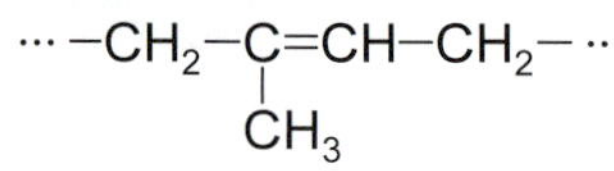

→ **Stärke**

Stärke lässt sich – mit wasserabweisenden, biologisch abbaubaren Polymeren und weiteren Additiven vermischt – unter Hitze und Druck zu thermoplastischen Kunststoffen verarbeiten. Aus diesen Kunststoffen werden kurzlebige Artikel wie Trage-taschen, Jogurtbecher, Einmalbesteck, Pflanztöpfe oder Windelfolien hergestellt.

→ **Polymilchsäure**

Durch Vergärung von Stärke aus Mais, Getreide oder Kartoffeln oder von Cellulose aus Holz oder Pflanzenfasen kann man Milchsäure herstellen, die zu Polymilchsäure weiterverarbeitet wird. Bei der gesamten Produktion, die zwar relativ viel Prozesswärme aus fossilen Quellen benötigt, werden immerhin etwa 35 % weniger fossile Energieträger eingesetzt als bei herkömmlichen Kunststoffen.
Aus Polymilchsäure werden Flaschen, Folien, Fasern für Textilien oder Trinkbecher gefertigt. Polymilchsäurefolien haben gegenüber herkömmlichen Folien einen weiteren Vorteil: Sie sind durchlässiger für Luft und Wasserdampf.

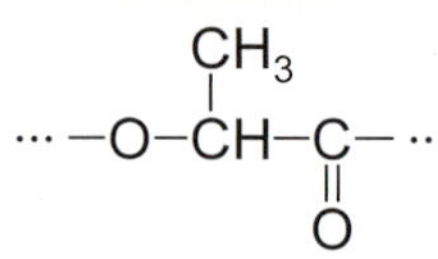

→ **Polyhydroxybuttersäure**

Aus Bakterien, die sich von Stärke oder Zucker ernähren, lässt sich der Polyester Polyhydroxybuttersäure (PHB) gewinnen. Im Unterschied zur Polymilchsäure-Herstellung wird PHB gleich als Polymer in den Bakterien gebildet. Polyhydroxybuttersäure kann wie Polymilchsäure ohne große technische Umrüstungen in herkömmlichen kunststoffverarbeitenden Anlagen eingesetzt werden. In seinen mechanischen Eigenschaften ist dieser Kunststoff vergleichbar mit Polypropylen.

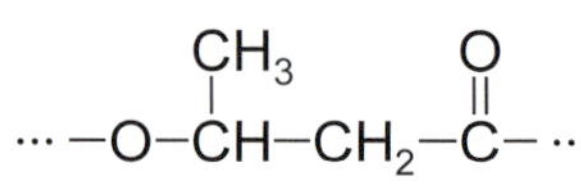

Aufgaben

1 Nenne Kategorien zur Bewertung von Kunststoffen.

2 Plant ein Rollenspiel zum Thema: „Kunststoffe – Eine Gefahr für die Umwelt?“

Kunststoffe – designed by chemistry

Basiswissen

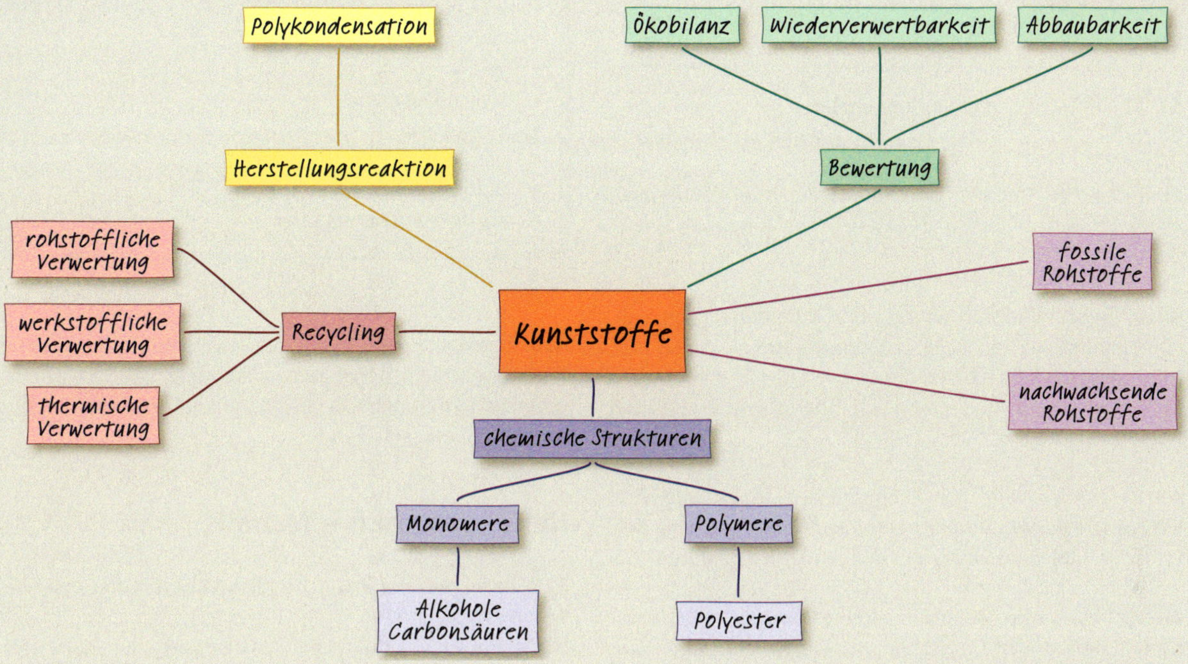

Kunststoffe – eine Errungenschaft mit Nachteilen

Chemie in unserer Welt

Ob im Automobilbau oder im Sport, in der Mode oder in der Medizin, ob am Bau oder im Haushalt: Ohne Kunststoffe läuft heute so gut wie nichts mehr. Und dabei sind die Möglichkeiten von Kunststoffen noch längst nicht erschöpft. Neue Kunststoffe eröffnen immer wieder neue technische Möglichkeiten, die das tägliche Leben direkt oder indirekt beeinflussen.

Lebensqualität. Die Vorteile, die ein neuer Kunststoff für unser Leben bringen kann, werden am Beispiel des Polytetrafluorethen (PTFE) besonders deutlich. Dieser Kunststoff wird aus Tetrafluorethen hergestellt. Bekannt ist er besonders unter dem Markennamen Teflon.
Aufgrund seiner geringen chemischen Reaktivität, der hohen Hitzebeständigkeit, des geringen Reibungswiderstands und der geringen Benetzbarkeit finden wir diesen Kunststoff in vielen Produkten wieder, die unser Leben erleichtern. So erlauben antihaft-beschichtete Pfannen die fettarme und leichte Zubereitung von Speisen. Gore-Tex®-Materialen, die Wind und Wasser abweisen aber Wasserdampf durchlassen, bestehen ebenso aus PTFE wie die Gleitfüße von Computermäusen oder Gefäße für aggressive Chemikalien. Auch in der Medizin benutzt man PTFE, da es besonders gut zu reinigen ist.

Ökobilanz. Häufig findet man auf Strassen und Wegen Reste von Kunststoffverpackungen. Der Müll scheint zu einem großen Teil aus Kunststoffen zu bestehen. So sind Kunststoffe in den Ruf gekommen, unsere Umwelt zu verschmutzen. Doch häufig ist auch das Gegenteil der Fall. So sinkt die Müllmenge, weil sich gut verpackte Lebensmittel länger halten oder Gegenstände unter Schutzfolien weniger korrodieren und verschmutzen. Auch als Werkstoffe können Kunststoffe die Umwelt schonen. So werden für Kraftfahrzeuge viele Bauteile aus Kunststoff anstatt aus Metall gefertigt. So werden Autos leichter und verbrauchen daher deutlich weniger Kraftstoff.

Recycling. Mit dem Gebrauch von immer mehr Kunststoffartikeln gewinnen Recyclingverfahren an Bedeutung. Hier wurden erste erfolgreiche Schritte unternommen, Kunststoffe wieder zu verwenden oder den Abfall sinnvoll zu nutzen. Dies gilt für etwa 60 % des Kunststoffmülls. Auch achtet man darauf, dass Kunststoffe nach Möglichkeit biologisch gut abbaubar sind. Dennoch gibt es auf diesem Feld noch viel zu forschen, zu entwickeln und auch umzusetzen, bevor die Kunststoffe ihren schlechten Ruf als Müllstoffe ablegen können.

Prüfe dein Wissen

Quiz

A1 a) Erkläre die Begriffe des Fensters.
b) Notiere auf der Vorderseite von Kateikarten den Begriff und auf der Rückseite die Erklärung.
c) Ordne die Begriffe den Basiskonzepten „Materie", „chemische Reaktion" und „Energie" zu. Begründe deine Zuordnung.

A2 a) Beschreibe den Ablauf einer Veresterung am Beispiel der Bildung von Essigsäurepropylester.
b) Gib die Reaktionsgleichung an.
c) Vergleiche die Veresterung von Ethanol und Essigsäure mit der Veresterung zu Polyestern.

A3 Beschreibe, wie man Thermoplaste, Duroplaste und Elastomere einfach unterscheiden kann. Deute diesen Befund mit Hilfe einer Skizze der molekularen Strukturen.

A4 a) Beschreibe die Einsatzgebiete von Weichmachern.
b) Erläutere anhand einer Skizze, wie Weichmacher wirken.

A5 Stelle die Anforderungen zusammen, die an die unterschiedlichen Biokunststoffe gestellt werden.

A6 Erkläre, wie natürliche Makromoleküle wie Stärke oder Cellulose in Biokunststoffe überführt werden können.

A7 Kunststoffe werden durch Polymerisation oder durch Polykondensation hergestellt. Gib an, wodurch sich diese Polyreaktionen unterscheiden.

Know-how

A8 Polyethylenterephthalat ist ein Kunststoff, der zu Flaschen, aber auch zu Textilfasern verarbeitet wird.
a) Zeichne einen Ausschnitt aus der Molekülstruktur von Polyethylenterephthalat.
b) Erläutere, warum dieses Material so vielseitig eingesetzt werden kann.

A9 Begründe, warum die Herstellung von Kunststoffen aus nachwachsenden Rohstoffen nicht ohne den Einsatz fossiler Rohstoffe auskommt.

Die wichtigsten Begriffe

- Kunststoff
- Makromolekül
- Ester
- Polykondensation
- Thermoplaste
- Duroplaste
- Elastomere
- Recycling von Kunststoffen

A10 Elastische Reifen werden aus zähflüssigem Latex (Roh-Kautschuk) hergestellt. Diskutiere, welche chemischen Veränderungen im Produktionsprozess eines Reifens stattfinden müssen.

Natur – Mensch – Technik

A11 Beschreibe, auf welche Weise Kunststoffe unser Leben verändert haben. Stelle als einen möglichen Schwerpunkt dar, welche Bauteile eines Computers aus Kunststoffen hergestellt werden. Bedenke dabei, dass Kunststoffe auch gute elektrische Isolatoren sind.

A12 Erläutere, weshalb Gegenstände wie Elektroschalter oder Elektrostecker, die hohen Temperaturen standhalten müssen, in der Regel aus Duroplasten hergestellt werden.

A13 Der Marktanteil von Kunststoffen aus nachwachsenden Rohstoffen bei kurzlebigen Kunststoffartikeln ist mit weniger als einem Prozent sehr gering. Diskutiere mögliche Gründe hierfür.

A14 Legt man einen Radiergummi auf ein Stück weiches PVC und lässt es für lange Zeit dort liegen, wird das PVC an dieser Stelle hart und spröde. Interpretiere diese Beobachtung.

A15 Kunststoffe besitzen einen hohen Brennwert. Diskutiere die ökologischen Aspekte der Herstellung von Kunststoffen aus fossilen Energieträgern. Berücksichtige dabei die spätere thermische oder rohstoffliche Verwertung der gebrauchten Kunststoffe.

A16 Bis vor 60 Jahren war die Verwendung von Kunststoffen für die Herstellung von Bekleidung auf Regenmäntel beschränkt. Heute wird sogar Unterwäsche daraus hergestellt. Erläutere die Anforderungen, die dabei an die Materialien gestellt werden, und wie sie auf der Ebene der Moleküle und Bindungsverhältnisse erfüllt werden können.

Kunststoffe – designed by chemistry

Wissen vernetzt

A1 Kunststoffe im mobilen Einsatz – eine Ökobilanz

Der Verbrauch fossiler Energieträger für die Herstellung von Kunststoffen ist ein stetiger Diskussionsanlass. Bei einer sachlichen Diskussion ist es notwendig, den Anteil des für Kunststoffe verbrauchten Erdöls zu betrachten und den Nutzen des erzeugten Kunststoffs gegenzurechnen.

Das geförderte Erdöl wird zu 45 % für Transportzwecke, zu 42 % für Energie und Heizung, zu 8 % von der chemischen Industrie und davon nur zu 4 % für die Herstellung von Kunststoffen verbraucht.
Dabei reichen 100 kg Erdöl für:
- eine Woche lang Heizen einer Vierzimmerwohnung
- eine Hin- und Rückfahrt mit dem Auto von Düsseldorf nach München
- die Herstellung aller Abwasserrohre eines Hauses mit drei Vierzimmerwohnungen
- die Herstellung von 3500 Tragetaschen aus Polyethen
- die Herstellung von 8500 Polystyrol-Jogurtbechern
- die Herstellung von 13 000 medizinischen Polypropen-Einwegspritzen

Bei einer ökologischen Bewertung von Kunststoffen müssen die zur Herstellung notwendigen Rohstoffe, die dabei erforderliche Energie und der Wert des gesamten Nutzens während der Gebrauchphase berücksichtigt werden. Gerade in Hinblick auf die Energie helfen Kunststoffe wertvolle Ressourcen zu schonen. So kann man in einem Auto mit 1 kg Kunststoff 2 kg Stahl ersetzen. Für die Herstellung von 1 kg Polypropen werden 1,8 l Erdöl benötigt, während für 1 kg Stahl nur 0,7 l Erdöl verbrauchen werden. Aber eine Gewichtsersparnis von 100 kg bei einem Auto spart 0,4 l Benzin auf 100 km.

a) Berechne, wie viel Erdöl für die Produktion einer 12 kg schweren Stahlstoßstange benötigt werden.
b) Berechne den entsprechenden Erdölverbrauch für die entsprechen Kunststoffstoßstange.
c) Berechne die Benzinersparnis für ein Auto mit einer Kunststoffstoßstange, das in seiner Nutzungsdauer von 12 Jahren jährlich 12 000 km zurücklegt.
d) Bewerte mit deinen Berechnungen den Einsatz von Kunststoffteilen in einem Auto.

A2 Kunststoffverpackungen – Fluch oder Segen

Kurzlebige Kunststoffprodukte finden sich vor allem im Verpackungsbereich. Dort erfüllen sie eine Vielzahl von Anforderungen. Jedoch führen Kunststoffverpackungen auch zu ökologischen Problemen.

a) Beschreibe die Anforderungen, die an Kunststoffverpackungen gestellt werden, und erläutere, wie Kunststoffe diese Anforderungen erfüllen.
b) Umweltbelastungen durch Kunststoffverpackungen werden unter vielen Gesichtspunkten diskutiert. Erstelle eine Gegenüberstellung der Vorteile und Nachteile von Kunststoffverpackungen für Lebensmittel.
c) Es werden immer mehr und immer kleinere Verpackungen benötigt. Diskutiere die Gründe für diesen wachsenden Bedarf.
d) Eine 1 l-PET-Mehrwegflasche wiegt leer nur 40 g. Eine 0,7 l Mehrweg-Mineralwasserflasche wiegt 600 g. Vergleiche die Vorteile und Nachteile beider Verpackungsvarianten.

Aufgaben zur Selbstkontrolle

12 Die Erde, mit der wir leben

1 a) Liste die Elemente der Alkalimetalle, der Erdalkalimetalle und der Halogene mit Namen und Elementsymbolen auf und gib die typischen Eigenschaften dieser Elementfamilien an.
b) Beschreibe an diesen Beispielen das Ordnungsprinzip einer Elementfamilie.
2 a) Die Elemente Lithium, Natrium und Kalium werden in Paraffinöl aufbewahrt. Rubidium und Caesium werden in Glasampullen unter einer Argonatmosphäre aufbewahrt. Begründe diese Art der Aufbewahrung.
b) Stelle die Reaktionsschemata und die Reaktionsgleichungen für die Reaktionen von Natrium und Calcium mit Wasser auf. Leite daraus eine allgemeine Reaktionsgleichung für die Reaktionen der Alkalimetalle sowie der Erdalkalimetalle mit Wasser ab.
c) Erkläre, woran man erkennt, dass Natrium und Calcium sich nicht bloß in Wasser lösen, sondern mit dem Wasser reagieren.
3 a) Formuliere die Reaktionsgleichungen für die Bildung von Magnesiumiodid (MgI_2) und von Iodwasserstoff (HI) aus den Elementen.
b) Gib an, ob du bei den Produkten eine Molekülformel oder eine Verhältnisformel angeben musst. Begründe deine Entscheidung.
4 Jemand behauptet, das Natriumchlorid im Vorratsgefäß sei mit Kaliumiodid verunreinigt. Beschreibe, wie man diese Behauptung überprüfen könnte.

13 Elemente – Vielfalt gut geordnet

1 Gib die Ordnungsprinzipien an, nach denen die Elemente im Periodensystem geordnet sind.
2 a) Skizziere den Streuversuch von Rutherford schematisch aus dem Gedächtnis.
b) Beschreibe die wesentlichen Erkenntnisse über den Bau der Atome, die Rutherford aus seinen Versuchsergebnissen erhalten hat.
3 a) Gib von den Atomen ${}^{12}_{6}C$ und ${}^{88}_{50}Sr$ die Zahl der Protonen, Neutronen und Elektronen an.
b) Zeichne die Schalenmodelle der oben angegebenen Atome.
4 Überprüfe die folgenden Behauptungen und berichtige sie gegebenenfalls:
a) Die Hauptgruppennummer entspricht der Anzahl der Außenelektronen eines Atoms.
b) Die Elektronenanzahl eines Elements entspricht der Periodennummer.
c) Die Reaktivität der Elemente nimmt innerhalb einer Gruppe von oben nach unten zu.
d) Der metallische Charakter der Elemente nimmt innerhalb einer Periode von rechts nach links und innerhalb einer Gruppe von oben nach unten zu.
e) Der Atomradius nimmt innerhalb einer Gruppe von oben nach unten ab und innerhalb einer Periode von links nach rechts zu.

14 Salz – nicht nur als Gewürz

1 Eine wichtige Eigenschaft von Salzlösungen ist deren Leitfähigkeit für elektrischen Strom.
a) Skizziere eine Apparatur, mit der man die Leitfähigkeit von Salzlösungen überprüfen kann.
b) Erkläre die elektrische Leitfähigkeit von Salzlösungen.
2 Mineraldünger sind Gemische aus bestimmten Ionenverbindungen, die lebensnotwendige Bestandteile für das Wachstum von Pflanzen darstellen. Landläufig bezeichnet man solche Ionenverbindungen als Mineralsalze. Neben Nitrat-, Phosphat-, Magnesium- und Ammonium-Ionen (NH_4^+), sind auch Kalium-, Calcium-, Sulfat- und Chlorid-Ionen in einem Mineraldünger enthalten.
a) Gib an, welche der Ionen Anionen und welche Kationen sind.
b) Beschreibe, wie du durch Experimente nachweisen kannst, ob ein Mineraldünger Calcium-, Kalium-, Sulfat- und Chlorid-Ionen enthält.
3 Magnesium reagiert mit Schwefel zu Magnesiumsulfid.
a) Stelle die an der Reaktion beteiligten Atome und Ionen im Schalenmodell dar.
b) Begründe, welches Atom bei der Reaktion zum Kation und welches zum Anion wird und gib die Edelgaskonfiguration für die sich bildenden Ionen an.
c) Beschreibe der Verlauf der Reaktion mit eigenen Worten.
4 In einem Chemieheft findet man zur Reaktion von Natrium mit Chlor folgende Reaktionsgleichung. Zur Veranschaulichung hat der Schüler zusätzlich eine Schemazeichnung angefertigt. Prüfe, ob die Schemazeichnung richtig ist und korrigiere sie gegebenenfalls.

$$2\,Na\,(s) \quad Cl_2\,(g) \longrightarrow 2\,NaCl\,(s)$$

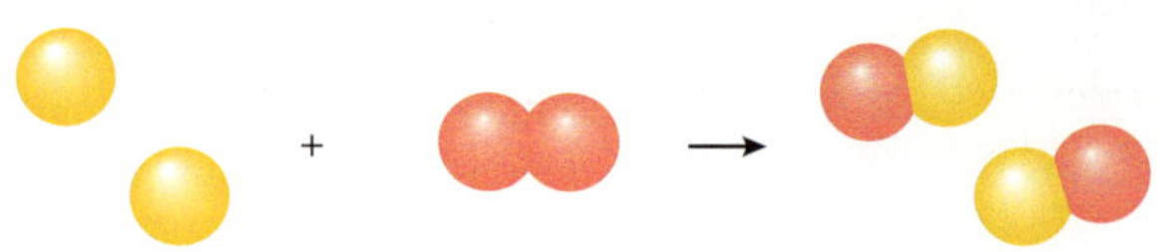

5 Gib die Verhältnisformeln für die folgenden Ionenverbindungen an: **a)** Lithiumchlorid, **b)** Kaliumbromid, **c)** Calciumsulfat, **d)** Aluminiumfluorid, **e)** Magnesiumoxid, **f)** Magnesiumnitrid, **g)** Magnesiumsulfid, **h)** Natriumcarbonat.
6 a) Leite aus den Verhältnisformeln ab, aus welchen Ionen die folgenden salzartigen Verbindungen bestehen: Ag_2S, $CuCl_2$, TiO_2, AlN.
b) Benenne die Salze.

7 a) Berechne die Stoffmenge der einzelnen Ionen in: 3 mol Kaliumbromid, 0,5 mol Aluminiumbromid, 2,5 mol Magnesiumnitrid und 1 mol Natriumoxid.
b) Ermittle die Masse der jeweiligen Salzportionen.
8 Metalle kommen in Lebewesen stets als Kationen vor. Lies die folgenden Zitate aus Zeitungen und stelle sie gegebenenfalls richtig:
a) „Eine Form von Anämie ist häufig von einem Eisenmangel begleitet."
b) „Der Körper eines etwa 70 kg schweren Menschen enthält durchschnittlich etwa 110 g Natrium und 145 g Kalium."
c) „Die Ursache von Muskelkrämpfen ist häufig ein Magnesiummangel."

15 Mineralien – meist hart, mal weich

1 Beschreibe aus dem Gedächtnis, was beim Verdunsten des Wassers einer Salzlösung geschieht.
2 Erkläre in knapper Form, was unter einer Ionenbindung zu verstehen ist.
3 a) Nenne die grundlegenden Eigenschaften von Ionenverbindungen.
b) Erkläre diese Eigenschaften mithilfe der Anordnung der Ionen im Ionengitter.
4 Die folgende Tabelle zeigt die Ionenradien einiger Ionen in pm (= 10^{-12}m). Beschreibe die Änderungen der Ionenradien innerhalb einer Gruppe und einer Periode und erkläre die Unterschiede.

Li^+ 90	Be^{2+} 59	N^{3-} 132	O^{2-} 126	F^- 119
Na^+ 116	Mg^{2+} 86	P^{3-} 212	S^{2-} 170	Cl^- 167
K^+ 152	Ca^{2+} 114	As^{3-} 222	Se^{2-} 184	Br^- 182
Rb^+ 166	Sr^{2+} 132		Te^{2-} 207	I^- 206
Cs^+ 181	Ba^{2+} 149	Ionenradien in pm		

5 Mit der Gitterenergie lassen sich die Unterschiede in den Eigenschaften verschiedener Salze erklären.
a) Erkläre, weshalb die Schmelztemperaturen der Natriumhalogenide in der Reihe NaF, NaCl, NaBr, NaI abnehmen.
b) Ordne den Salzen Lithiumfluorid, Calciumchlorid und Aluminiumoxid die folgenden Gitterenergien zu und begründe deine Entscheidung: – 2231 kJ/mol, – 15195 kJ/mol, –1039 kJ/mol.

16 Dem Rost auf der Spur

1 Eisen rostet an feuchter Luft, es bilden sich braune Gemische aus Eisenoxiden und Eisenhydroxiden. Formuliere die Reaktionsgleichungen für die beim Rosten ablaufenden Reaktionen.
2 Gibt man etwas Aluminiumfolie in einen Standzylinder mit Brom, reagieren beide Stoffe nach kurzer Zeit unter starker Feuererscheinung zu Aluminiumbromid.
a) Erkläre, weshalb diese Reaktion eine Redoxreaktion darstellt.
b) Formuliere die Teilreaktionsgleichungen für die Oxidation und die Reduktion und fasse diese zur Reaktionsgleichung für die Redoxreaktion zusammen. Ordne die Begriffe *Reduktionsmittel* und *Oxidationsmittel* zu.
3 Sage voraus, ob folgende Reaktionen ablaufen. Begründe deine Einschätzung.
a) Ein Zinkstab taucht in eine Kupfersulfat-Lösung.
b) Ein Kupferblech wird in eine Magnesiumchlorid-Lösung getaucht.
4 Eisen lässt sich durch Schläge mit einem Hammer verformen, ein Kochsalz-Kristall zerspringt in Stücke mit rechtwinkligen Kanten. Erkläre diese Unterschiede und veranschauliche deine Aussagen durch geeignete Modellzeichnungen.

17 Kampf der Korrosion

1 Um die Korrosion von Eisen zu verhindern, kann man das Eisen durch einen Farbanstrich schützen oder eine dünne Zinkschicht auftragen.
a) Erläutere beide Verfahren.
b) Begründe, weshalb Putzen allein keinen dauerhaften Schutz gegen die Korrosion darstellt.
2 In einem Handbuch für Installateure heißt es: „Beim Austausch von alten Wasserleitungen ist unbedingt darauf zu achten, dass Kupferrohre nicht mit vorhandenen Zink- oder Bleirohren verbunden werden dürfen."
a) Erkläre diese Regel und gib mögliche Folgen an.
b) Beschreibe die an der Nahtstelle ablaufenden Vorgänge und stelle entsprechende Reaktionsgleichungen auf.
3 Die Schreibfeder teurer Füllfederhalter ist häufig galvanisch vergoldet. Beschreibe das Verfahren des Galvanisierens mit eigenen Worten und gib an, welche Elektrode mit der Schreibfeder verbunden werden muss.
4 Viele unedle Metalle wie Aluminium oder Natrium lassen sich durch Elektrolyse aus den Schmelzen ihrer Salze gewinnen. Für die Gewinnung von elementarem Natrium wird eine Natriumchlorid-Schmelze in einer DOWNS-Zelle elektrolysiert. Die Abbildung zeigt den Aufbau einer DOWNS-Zelle.

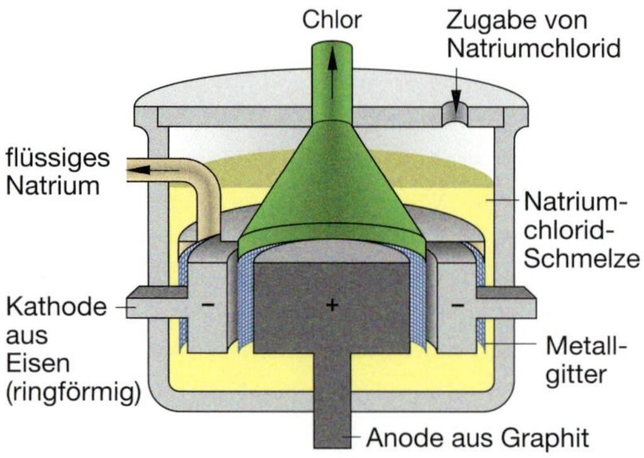

a) Beschreibe für die Elektrolyse von geschmolzenem Natriumchlorid die an den Elektroden ablaufenden Vorgänge mit eigenen Worten. Benenne die Stoffe, die sich an den Elektroden bilden.
b) Stelle die Teilreaktionsgleichungen für die Oxidation und die Reduktion auf und leite daraus die Reaktionsgleichung für die Redoxreaktion ab.

18 Für jeden Fleck die richtige Lösung

1 Nenne Lösemittel, die im Haushalt verwendet werden.
2 a) Gib an, was man unter einem Molekül versteht.
b) Gib die Formeln von Hexan und von Aceton an.
c) Begründe, weshalb Molekülverbindungen niedrigere Siedetemperaturen haben als Ionenverbindungen.
3 a) Erkläre den Begriff *Elektronenpaarbindung*.
b) Erläutere die Bildung einer Elektronenpaarbindung am Beispiel des Fluorwasserstoff-Moleküls (HF).
c) Vergleiche die Edelgasregel bei der Ionenbindung mit der Oktettregel bei der Elektronenpaarbindung.
4 Stelle die LEWIS-Formeln folgender Moleküle auf:
a) Sauerstoff (O_2), **b)** Stickstoff (N_2), **c)** Kohlenstoffmonooxid (CO).
5 Gib die Grundregeln des Elektronenpaarabstoßungsmodells an.
6 a) Das Wasser-Molekül ist gewinkelt; der Bindungswinkel beträgt rund 105°. Begründe, weshalb das Wasser-Molekül keinen linearen Bau mit einem H-O-H-Winkel von 180° besitzt.
b) Für das Wasser-Molekül könnte man auch die Aussage formulieren, es sei tetraedrisch gebaut und weise somit einen Winkel in der Größenordnung des Tetraederwinkels von 109° auf. Erkläre, wie sich die beiden Aussagen vereinbaren lassen.
7 a) Beschreibe, was man unter einer polaren Elektronenpaarbindung versteht.
b) Grenze gegeneinander ab: Polare Elektronenpaarbindung – Dipolmolekül.
c) Das Wasser-Molekül besitzt zwei polare O-H-Bindungen. Begründe, ob es sich bei dem Wasser-Molekül um ein Dipolmolekül handelt.
8 a) Gib an, was man unter Dipol/Dipol-Bindungen versteht.
b) Erkläre, anhand welcher Stoffeigenschaften man das Vorliegen von Dipol/Dipol-Bindungen erkennt.
9 a) Gib an, was man unter VAN-DER-WAALS-Bindungen versteht.
b) Erkläre, worauf VAN-DER-WAALS-Bindungen zurückzuführen sind.
c) Erkläre am Beispiel der Halogene Fluor, Chlor, Brom und Iod, wovon die Stärke von VAN-DER-WAALS-Bindungen abhängt.

19 Wasser – alltäglich und doch ungewöhnlich

1 a) Beschreibe, welche Vorgänge auf der Ebene der Teilchen beim Lösen von Salz in Wasser ablaufen.
b) Erkläre die energetischen Verhältnisse des Lösungsvorgangs unter Berücksichtigung der Trennung und der Neuorientierung entgegengesetzter Ladungen.
2 Vergleiche die energetischen Verhältnisse beim Lösen mit denen beim Auskristallisieren von Salz.
3 a) Das Wasser der Nordsee enthält pro Liter rund 30 g Natriumchlorid. Berechne die Stoffmengenkonzentration.
b) Der Natriumchlorid-Gehalt des Toten Meeres beträgt etwa 4 mol/l. Berechne, wie viel Gramm Natriumchlorid in einem Liter des Wassers enthalten sind.
4 Begründe, bei welchen Verbindungen Wasserstoffbrücken vorliegen: **a)** H_2S, **b)** CO_2, **c)** HCl, **d)** NH_3.
5 Die Temperaturregulation unseres Körpers ist ein komplexer Vorgang. Dabei spielt neben dem Wärmetransport mit dem Blut auch die Verdunstung von Wasser eine wichtige Rolle.
a) Beschreibe, in welche Richtung der Wärmetransport mit dem Blut im Normalfall erfolgt.
b) Erkläre, inwiefern das Schwitzen an der Temperaturregulation beteiligt ist.
6 Gib an, welche zwischenmolekularen Bindungen jeweils auftreten zwischen:
a) Methan-Molekülen,
b) einem Natrium-Ion und seiner Hydrathülle,
c) einem Wasserstoff-Ion und seiner Hydrathülle,
d) Wasserstoff-Molekülen,
e) Chlorwasserstoff-Molekülen,
f) Wasser-Molekülen.
7 Ein nettes Gespräch beim Genuss eisgekühlter Getränke beginnt mit der Frage, ob ein volles Glas überläuft, wenn die darin schwimmenden Eisstücke schmelzen. Gib eine begründete Antwort.

20 Säuren und Laugen – Werkzeuge nicht nur für Chemiker

1 Gib an, wozu man im Haushalt saure Reiniger verwendet und wozu alkalische Reiniger.

2 a) Fliesenleger entfernen Kalkrückstände meist mit Salzsäure. Gib die Reaktionsgleichung für die Reaktion von Salzsäure mit Kalk an.

b) Im Haushalt verwendete Reiniger enthalten meist Essigsäure anstelle von Salzsäure. Begründe die Entscheidung für die teurere Säure aus chemischer Sicht.

3 Mit sauren Reinigern muss man vorsichtig umgehen, denn manche Materialien können dabei Schaden leiden. Erläutere mit Hilfe von Reaktionsgleichungen, bei welchen Materialien man besonders acht geben muss.

4 Gib zwei Möglichkeiten an, Salzsäure herzustellen. Stelle jeweils die Reaktionsgleichung auf.

5 a) Erläutere, welche Gemeinsamkeiten alle sauren Lösungen besitzen.

b) Gib an, wodurch sich verschiedene Säuren unterscheiden.

6 Erstelle eine Tabelle folgender Säuren: Salzsäure, Schwefelsäure, Kohlensäure.

a) Gib jeweils die Formel der Säure und die Formel des Säurerests an.

b) Entscheide für jede der Säuren, ob es sich um eine starke oder eine schwache Säure handelt.

c) Gib an, welche der Säuren einprotonige Säuren sind und welche mehrprotonige Säuren.

7 a) Gib an, was man unter hartem Wasser versteht.

b) Beschreibe, wie hartes Wasser entsteht.

c) Nenne Beispiele für die nachteilige Wirkung von hartem Wasser.

8 Gib die Reaktionsgleichung für die Abscheidung von Kalk aus hartem Wasser an.

9 a) Beschreibe den Aufbau von festem Natriumhydroxid.

b) Gib an, welche Teilchen in einer Lösung von Natriumhydroxid in Wasser vorliegen. Berücksichtige dabei die Hydratation. Skizziere die Teilchen.

21 Haut und Haar – alles im neutralen Bereich?

1 Grenze den Begriff *hautneutral* gegenüber dem chemischen Fachbegriff *neutral* ab.

2 a) Beschreibe die pH-Skala.

b) Berechne, wie sich der pH-Wert ändert, wenn man Salzsäure mit dem pH-Wert 1 auf das 100fache verdünnt.

c) Erläutere, wie sich der pH-Wert ändert, wenn man Salzsäure mit dem pH-Wert 6 auf das 100fache verdünnt.

3 Bei allen Neutralisationsreaktionen ist die Neutralisationswärme gleich groß.

a) Erläutere diese Aussage.

b) Erkläre, unter welchen Bedingungen diese Aussage zutrifft.

4 a) Beschreibe, wie man vorgehen muss, um Schwefelsäure zu neutralisieren.

b) Gib an, worin der Unterschied zur Neutralisation von Salzsäure besteht.

5 Haare bestehen im Wesentlichen aus Eiweißstoffen.

a) Bei der Nassrasur und bei der Entfernung unerwünschter Haare an den Beinen verwendet man kleine Mengen in höheren Konzentrationen ätzender Substanzen. Erläutere, welche Inhaltstoffe in Frage kommen, um die Eiweißsubstanz der Haare aufzuweichen.

b) Begründe, weshalb man diese Substanzen später beispielsweise mit Rasierwasser neutralisieren muss.

6 a) Bei der Titration von 10 ml Haushaltsessig verbraucht man 11,3 ml Natronlauge der Konzentration 1,0 mol/l. Berechne die Konzentration des Haushaltsessigs.

b) Eine Natronlauge enthält etwa 10 g Natriumhydroxid in 100 ml Lösung. Zur Bestimmung der exakten Konzentration soll eine Titration mit Salzsäure durchgeführt werden. An Material stehen eine 20-ml-Vollpipette und eine 50-ml-Bürette zur Verfügung, sowie Salzsäure-Lösungen der Konzentrationen 0,1 mol/l und 1 mol/l. Begründe, welche der Salzsäure-Lösungen verwendet werden sollte.

7 Natriumhydroxid ist im Sinne der ARRHENIUSschen Base-Definition eine Base. Erläutere, ob Natriumhydroxid auch im Sinne BRÖNSTEDs eine Base ist.

8 Begründe, welche der folgenden Reaktionen Säure/Base-Reaktionen im Sinne BRÖNSTEDs sind:

a) Salzsäure reagiert mit Magnesium.

b) Schwefelsäure reagiert mit Magnesiumoxid.

22 Kraftstoffe

1 Erkläre den Begriff *Destillation*.

2 Bei der Gewinnung von Duftstoffen aus Pflanzenmaterial wendet man oft die Vakuumdestillation an.

a) Erkläre, was man darunter versteht.

b) Begründe, weshalb die Vakuumdestillation hierbei sinnvoller ist als eine normale Destillation.

3 a) Ein Alkan-Molekül enthält 9 Kohlenstoff-Atome. Gib an, wie der Kohlenwasserstoff heißt.

b) Gib die Formel von Hexan an.

c) Erkläre den Unterschied zwischen Alkyl-Gruppen und der Gruppe der Alkane.

4 a) Erkläre den Begriff *Isomerie*.

b) Gib die Strukturformeln an: 2,3-Dimethylpentan, 4-Propylnonan, 2,2,3,3-Tetramethylhexan.

c) Benenne die Verbindungen:

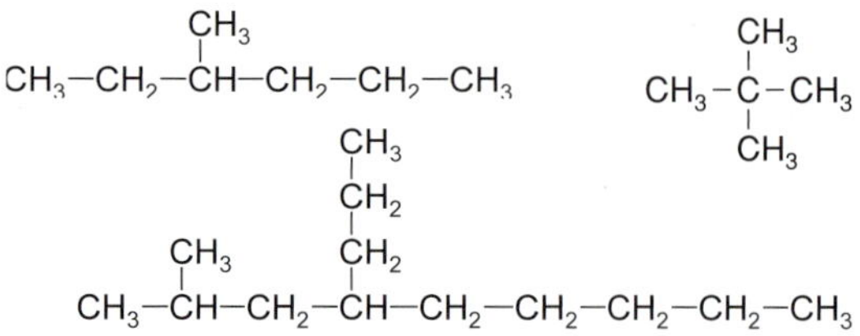

5 **a)** Beschreibe die Vorgänge, die beim Cracken auf molekularer Ebene ablaufen.
b) Erkläre, was man unter *Reforming* versteht.
c) Erläutere und begründe, welche Rolle das Cracken bei der Gewinnung von Benzin spielt.
6 a) Berechne die Energie, die bei der Verbrennung von 1 mol Diamant zu Kohlenstoffdioxid frei wird.
b) Vergleiche mit der Energie, die bei der Verbrennung der gleichen Masse Wasserstoff freigesetzt wird.
7 a) Nenne drei Beispiele für regenerative Kraftstoffe.
b) Erläutere den Unterschied zwischen regenerativen und konventionellen Kraftstoffen.
8 a) Gib an, welche Schadstoffe der Auto-Abgaskatalysator aus den Abgasen entfernt
b) Erkläre, was man aus chemischer Sicht unter einem Katalysator versteht.

23 Elektrisch mobil

1 a) Skizziere den Aufbau einer DANIELLschen Zelle.
b) Ordne die Begriffe *Pluspol* und *Minuspol* zu.
c) Beschreibe die Vorgänge an den Elektroden, wenn Strom fließt.
2 **a)** Beschreibe den Aufbau einer Alkali-Mangan-Batterie.
b) Formuliere die chemischen Reaktionen, die bei der Stromentnahme ablaufen.
c) Vergleiche tabellarisch die Bauteile einer Alkali-Mangan-Batterie mit den Bestandteilen einer DANIELLschen Zelle.
d) Erläutere, inwiefern die Alkali-Mangan-Batterie besser alltagstauglich ist als eine DANIELLsche Zelle.
3 **a)** Beschreibe den Aufbau eines Blei-Akkus.
b) Gib an, welche Reaktionen an den Elektroden bei Stromentnahme ablaufen.
c) Formuliere die Reaktionen an den Elektroden beim Laden des Akkumulators.
4 a) Erläutere, was man unter einer Brennstoffzelle versteht.
b) Beschreibe mithilfe der Abbildung Bau und Funktion einer Wasserstoff-Sauerstoff-Brennstoffzelle.
c) Gib die Reaktionen an, die in einer Wasserstoff-Sauerstoff-Brennstoffzelle bei Stromfluss ablaufen.

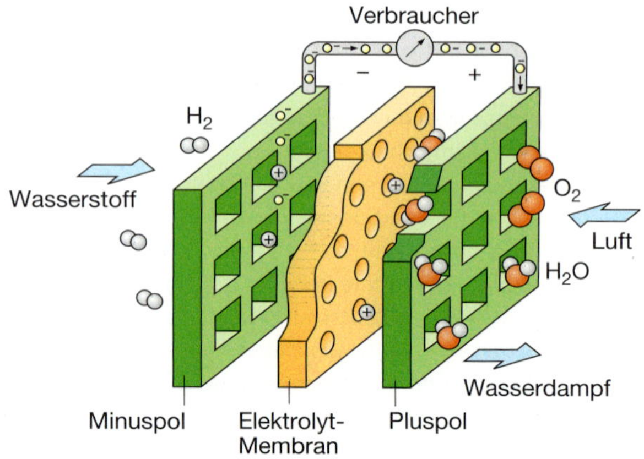

5 Eine Aussage eines Schülers über Brennstoffzellen lautet: *„Eine Brennstoffzelle ist so etwas wie ein Batterie. Man kann allerdings dauernd elektrische Energie entnehmen, denn sie wird nie leer.“*
Kläre den Sachverhalt:
a) Erläutere, inwieweit eine Brennstoffzelle mit einer Batterie vergleichbar ist.
b) Formuliere eine korrekte Fassung des zitierten Satzes.

24 Zucker, Alkohol und Essig

1 Gib die allgemeine Formel von Kohlenhydraten an und nenne Beispiele für Kohlenhydrate.
2 a) Erkläre, was man unter der *alkoholischen Gärung* versteht.
b) Formuliere eine Reaktionsgleichung für die alkoholische Gärung.
c) Begründe, weshalb man bei der alkoholischen Gärung keine hochprozentigen Schnäpse erhalten kann.
3 a) Gib die einzelnen Schritte an, mit denen man aus Zucker reinen Alkohol herstellen kann.
b) Beschreibe die Struktur des Alkohol-Moleküls.
c) Erläutere, welche Gemeinsamkeiten die Stoffe haben, die man zur Gruppe der Alkohole zusammenfasst.
4 Gib die Strukturformeln von2-Methylpropan-1-ol und Butan-2-ol an. Markiere in den Formeln die primären, die sekundären und die tertiären C-Atome.
5 Benenne folgende Alkohole:

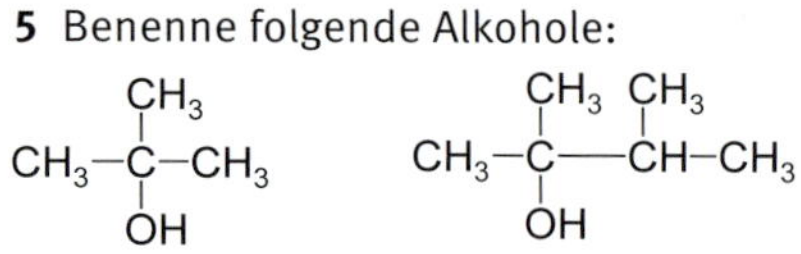

6 Gib die Eigenschaften von Methanol an.
7 Gib an, wozu man Propanol verwendet.
8 Erläutere die Löslichkeit von Alkoholen.
9 Vergleiche die Siedetemperaturen von Alkanolen mit den Siedetemperaturen von Alkanen. Begründe den Unterschied.

10 Vergleiche die Eigenschaften mehrwertiger Alkohole mit den Eigenschaften einwertiger Alkohole.
11 a) Begründe, weshalb eine Lösung von Essigsäure in Wasser im Gegensatz zu reiner Essigsäure den elektrischen Strom leitet.
b) Erläutere den Begriff *schwache Säure* am Beispiel der Essigsäure.
12 Die Siedetemperaturen von Alkansäuren und von Alkanen sollen miteinander verglichen werden.
a) Erkläre, weshalb man dabei jeweils Alkansäuren und Alkane gleicher Molekülmasse betrachten muss.
b) Begründe, weshalb die Siedetemperatur bei Alkansäuren höher ist.

25 Kunststoffe – designed by chemistry

1 a) Erkläre den Begriff *Makromolekül*.
b) Nenne ein Beispiel für einen Naturstoff, der aus Makromolekülen aufgebaut ist.
2 a) Erkläre, was man unter einem Ester versteht. Gib dazu auch eine Strukturformel an.
b) Formuliere die Reaktionsgleichung für die Bildung von Essigsäureethylester.
c) Begründe, weshalb man im Zusammenhang der Veresterung von einer Kondensationsreaktion spricht.
3 a) Erläutere das Prinzip der Polykondensation am Beispiel der Bildung eines Polyesters aus Butandisäure und Propan-1,3-diol.
b) Skizziere aus Ausschnitt aus dem Molekül des entstehenden Polyesters.
c) Erkläre die Abkürzung PET.
4 a) Erläutere die Begriffe *Thermoplaste* und *Duroplaste*.
b) Erkläre, wodurch sich der molekulare Aufbau von Thermoplasten und von Duroplasten unterscheidet.
c) Vergleiche Eigenschaften und Molekülbau von Duroplasten und Elastomeren.
5 a) Erkläre den Begriff ungesättigt.
b) Gib an, welche der folgenden Moleküle ungesättigt sind: C_2H_6, C_4H_8, C_3H_8, $C_{10}H_{22}$, C_6H_{12}.
6 a) Gib die Strukturformeln an: Hex-3-en, Pent-2-en, Penta-1,3-dien, Deca-1,3,7-trien.
b) Gib die Namen an:

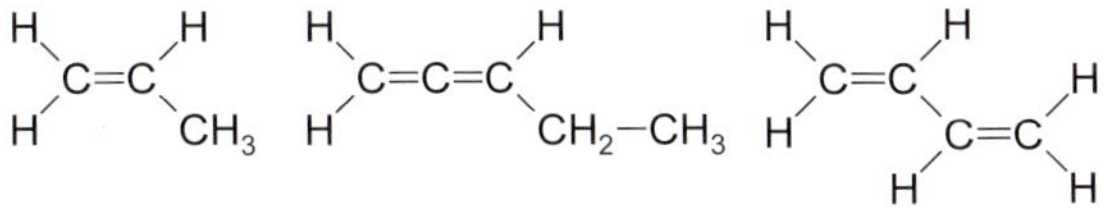

7 a) Erläutere den Begriff *Isomerie*.
b) Begründe, weshalb man bei Alkanen in der Regel keine *cis/trans*-Isomerie findet.
c) Gib die Formel für *trans*-Pent-2-en an.
8 Erkläre den Begriff der *Polymerisation*.

Lösungen

12 Die Erde, mit der wir leben

1 a) Alkalimetalle: Lithium (Li), Natrium (Na), Kalium (K),Rubidium (Rb), Cäsium (Cs); Eigenschaften: unedle Leichtmetalle mit niedrigen Schmelztemperaturen und geringer Härte, bilden mit Wasser unter Wasserstoffentwicklung Hydroxide der Formel MeOH, ihre Salze zeigen typische Flammenfärbungen.
Erdalkalimetalle: Beryllium (Be), Magnesium (Mg), Calcium (Ca), Strontium (Sr), Barium (Ba); Eigenschaften: vergleichbar mit denen der Alkalimetalle, weisen eine geringere Reaktivität und eine größere Härte auf, bilden mit Wasser Hydroxide der Formel $Me(OH)_2$.
Halogene: Fluor (F), Chlor (Cl), Brom (Br), Iod (I); Eigenschaften: sind reaktionsfreudige Nichtmetalle, bilden mit Metallen Salze und mit Wasserstoff Halogenwasserstoffe, Halogene kommen als zweiatomige Moleküle vor.
b) Elemente mit ähnlichen physikalischen und chemischen Eigenschaften werden zu einer Elementfamilie zusammengefasst.
2 a) Die Alkalimetalle dürfen nicht mit Wasser in Berührung kommen, da sie damit stark exotherm zu Wasserstoff-Gas und einem Alkalimetallhydroxid reagieren. Da die Reaktivität vom Lithium zum Cäsium zunimmt, reicht die Luftfeuchtigkeit für eine Selbstentzündung der Elemente Rubidium und Cäsium aus.
b) Natrium (s) + Wasser (l) $\longrightarrow$
Natriumhydroxid (aq) + Wasserstoff (g);
$2\ Na\ (s) + 2\ H_2O\ (l) \longrightarrow 2\ NaOH\ (aq) + H_2\ (g)$
Allgemein: $2\ Me\ (s) + 2\ H_2O\ (l) \longrightarrow 2\ MeOH\ (aq) + H_2\ (g)$
Calcium (s) + Wasser (l) $\longrightarrow$
Calciumhydroxid (aq) + Wasserstoff (g);
$Ca\ (s) + 2\ H_2O\ (l) \longrightarrow Ca(OH)_2\ (aq) + H_2\ (g)$
Allgemein: $Me\ (s) + 2\ H_2O\ (l) \longrightarrow Me(OH)_2\ (aq) + H_2\ (g)$
c) Es entstehen neue Stoffe und eine Energieumwandlung erfolgt.
3 a), b) $Mg\ (s) + I_2\ (s) \longrightarrow MgI_2\ (s)$; Verhältnisformel, da ein Salz (Metall-Nichtmetallverbindung) entsteht.
$H_2\ (g) + I_2\ (s) \longrightarrow 2\ HI\ (g)$; Molekülformel, da eine Verbindung aus zwei Nichtmetallen entstanden ist.
4 Bei der Flammenfärbung zeigt eine violette Färbung neben der gelben Flammenfärbung des Natriums eine Verunreinigung mit Kalium an. Iodid lässt sich durch eine gelbe Fällung bei der Silbernitrat-Probe erkennen.

13 Elemente – Vielfalt gut geordnet

1 Zugehörigkeit zu einer Elementfamilie und steigende Atommasse.
2 a) Vgl. Skizze im Buch auf der Seite 43.
b) Atome bestehen aus einem Atomkern, der 99,9 % der Masse des Atoms ausmacht, jedoch 10 000-mal kleiner ist als die Atomhülle. Der Atomkern enthält Protonen und Neutronen, die Hülle ebensoviele Elektronen wie Protonen im Kern sind.
3 a) Kohlenstoff-Atom: 6 Protonen, 6 Elektronen, 6 Neutronen; Strontium-Atom: 38 Protonen, 50 Neutronen, 38 Elektronen.
b)

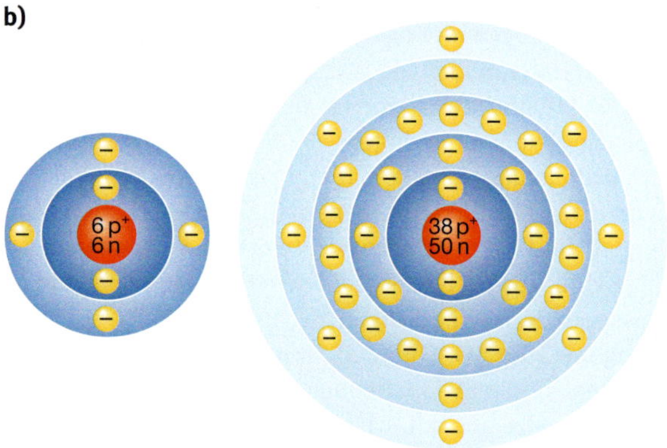

4 a) Richtig. **b)** Falsch: Die Schalenanzahl entspricht der Periodennummer. **c)** Für die Alkalimetalle und Erdalkalimetalle richtig, für die Halogene gilt die umgekehrte Abstufung. **d)** Richtig. **e)** Falsch: Der Atomradius nimmt innerhalb einer Gruppe von oben nach unten zu und innerhalb einer Periode von links nach rechts ab.

14 Salz – nicht nur als Gewürz

1 a)

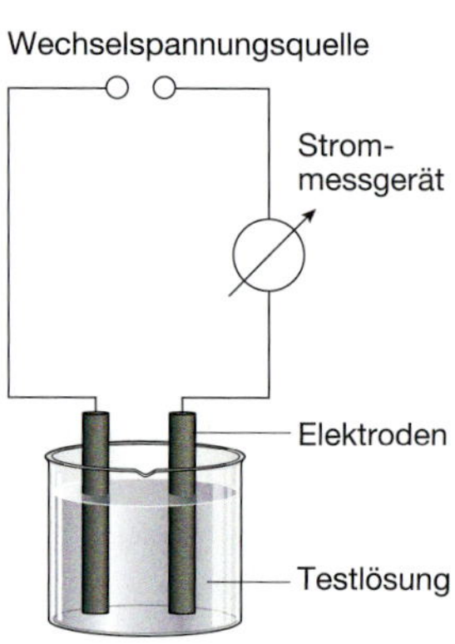

b) In einer Salzlösung sind frei bewegliche Ionen vorhanden, die sich im elektrischen Feld der Elektroden bewegen können und so Ladung transportieren.
2 a) Kationen: Ammonium-, Magnesium-, Kalium-, Calcium-Ionen; Anionen: Nitrat-, Phosphat-, Sulfat-, Chlorid-Ionen; **b)** Calcium-Ionen lassen sich durch eine ziegelrote Flammenfärbung, Kalium-Ionen durch eine violette Flammenfärbung nachweisen. Chloride ergeben mit Silbernitrat-Lösung einen weißen Niederschlag aus Silberchlorid. Sulfate bilden mit Bariumchlorid-Lösung eine weiße Fällung aus Bariumsulfat.
3 a)

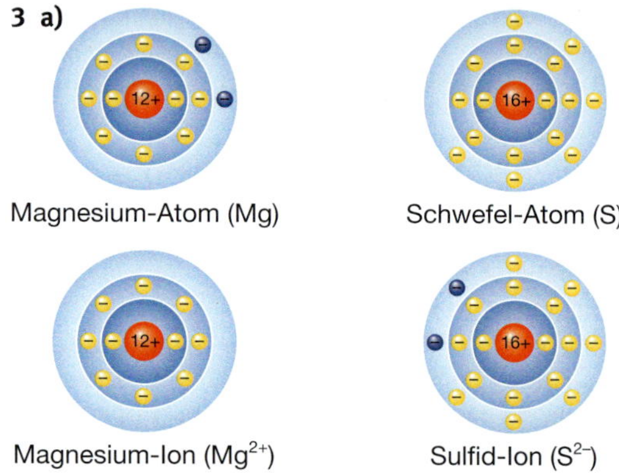

b, c) Das Magnesium-Atom gibt bei der Reaktion seine beiden Valenzelektronen ab und wird zum Mg^{2+}-Kation. Es erreicht die Edelgaskonfiguration eines Neon-Atoms. Die beiden Elektronen werden von einem Schwefel-Atom aufgenommen, welches dadurch zum S^{2-} -Anion wird. Das Sulfid-Ion hat die Edelgaskonfiguration des Argon-Atoms.
4 Die Schemazeichnung weist folgende Fehler auf: Beim Natrium handelt es sich um ein Metall, in dem die Metall-Atome feste Gitterplätze besetzen. Auch beim entstandenen Natriumchlorid muss eine gitterartige Anordnung der Ionen gezeichnet werden. Es fehlen die Ladungen in den Ionensymbolen der Produkt-Teilchen. Das Chlorid-Ion muss größer gezeichnet werden als das Chlor-Atom und das Natrium-Ion ist kleiner als das Natrium-Atom.

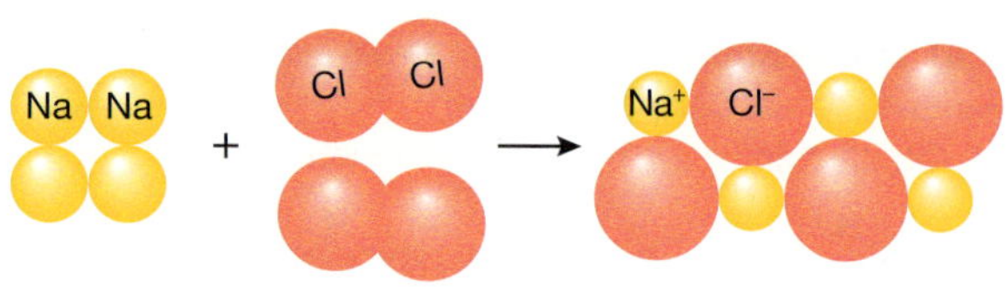

5 a) LiCl, **b)** KBr, **c)** $CaSO_4$, **d)** AlF_3, **e)** MgO, **f)** Mg_3N_2, **g)** MgS, **h)** Na_2CO_3
6 a, b) Ag^+, S^{2-} (Silbersulfid); Cu^{2+}, Cl^- (Kupferchlorid); Ti^{4+}, O^{2-} (Titandioxid); Al^{3+}, N^{3-} (Aluminiumnitrid)
7 a, b) 3 mol K^+, 3 mol Br^- (357 g); 0,5 mol Al^{3+}, 1,5 mol Br^- (266,68 g); 7,5 mol Mg^{2+}, 5 mol N^{3-} (252,32 g); 2 mol Na^+, 1 mol O^{2-} (61,98 g).
8 a – c) In den Zitaten sind fälschlicherweise die Namen

der Metall-Atome anstatt der Ionensymbole angegeben. Anämie ist der Mangel an Fe^{2+}-Ionen im Blut. Der Körper enthält Na^{+}- und K^{+}-Ionen. Eine Ursache von Muskelkrämpfen ist der Mangel an Mg^{2+}-Ionen.

15 Mineralien – meist hart, mal weich

1 Beim Verdunsten diffundieren Wasser-Moleküle aus der Salzlösung. Die Kationen und Anionen kommen sich nach und nach näher und ziehen sich an. Je geringer der Abstand zwischen den entgegengesetzt geladenen Ionen ist, desto größer sind die Anziehungskräfte. Schließlich bildet sich ein dreidimensionales Ionengitter, in dem die Kationen und Anionen schachbrettartig angeordnet sind.
2 Die Ionenbindung ist der Bindungstyp in Ionenverbindungen, der auf elektrostatische Anziehungskräfte zwischen entgegengesetzt geladenen Ionen beruht.
3 a, b) Die Anziehungskräfte zwischen den Ionen (Ionenbindung) sind sehr stark, sodass viel Wärmeenergie nötig ist, die im Gitter angeordneten Ionen voneinander zu trennen. Dies erklärt die hohen Schmelz- und Siedetemperaturen und die große Härte von Ionenverbindungen, sowie die Isolatoreigenschaften und die Form der Kristalle. Die Sprödigkeit von Salzen beruht darauf, dass sich bei einem Schlag auf einen Salzkristall die Ionenschichten so verschieben, dass nun gleichnamig geladene Ionen benachbart sind und sind nun abstoßen.
4 Innerhalb einer Gruppe nehmen die Ionenradien von oben nach unten zu, da das jeweils nachfolgende Ion eine Schale mehr hat als das Ion oberhalb. Innerhalb einer Periode erkennt man, dass die Kationen der Alkalimetalle und der Erdalkalimetalle deutlich kleiner sind als die Anionen der Atome der folgenden Elementfamilien. Die Kationen besitzen eine Schale weniger als die Anionen der gleichen Periode. Sie sind daher kleiner als die Anionen. Weiterhin erkennt man, dass die Kationen der Alkalimetalle stets größer sind als die der Erdalkalimetalle. Da bei den Erdalkalimetallen jeweils ein Proton mehr vorhanden ist und zwei Elektronen fehlen, ist die Anziehungskraft des Atomkerns auf die vorhandenen Elektronen größer. Das Ion ist kleiner. Von der 5. zur 7. Hauptgruppe nehmen die Ionenradien ab, da die jeweils neu hinzu kommenden Protonen die Elektronen stärker anziehen.
5 a) Die Gitterenergie steigt, wenn der Ionenradius kleiner wird. Da Fluorid-Ionen kleiner sind als Iodid-Ionen, sind die Gitterkräfte und somit auch die Schmelztemperaturen von NaF höher als die von NaI. **b)** LiF (-1039 kJ/mol), $CaCl_2$ (-2231 kJ/mol). Al_2O_3 (-15 195 kJ/mol). Die Höhe der Gitterenergie ist bei mehrfach geladenen Ionen (Al_2O_3) größer als bei einfach geladenen Ionen (LiF).

16 Dem Rost auf der Spur

1 $4\ Fe\ (s) + 3\ O_2\ (g) + 2\ H_2O\ (l) \longrightarrow 4\ FeO(OH)\ (s)$
Eisenoxidhydroxid
$4\ FeO(OH)\ (s) \longrightarrow 2\ Fe_2O_3\ (s) + 2H_2O\ (l)$
rotes Eisenoxid

2 a) Bei der Reaktion gibt das Aluminium-Atom drei Elektronen ab; es wird oxidiert. Ein Brom- Atom nimmt jeweils ein Elektron auf; es wird reduziert. Da beides gemeinsam abläuft, spricht man von einer Redoxreaktion.
b) Oxidation: $Al \dashrightarrow Al^{3+} + 3\ e^-$ x 2
Reduktion: $Br_2 + 2\ e^- \dashrightarrow 2\ Br^-$ x 3
Redoxreaktion: $2\ Al + 3\ Br_2 \longrightarrow 2\ Al^{3+} + 6\ Br^-$
Oxidationsmittel: Br_2-Moleküle; Reduktionsmittel: Al-Atome
3 a) Die Reaktion läuft ab, da Zink unedler ist als Kupfer. Die Zn-Atome werden leicht oxidiert und die Cu^{2+}-Ionen werden zu Cu-Atomen reduziert. **b)** Die Reaktion läuft nicht ab, da sich die Atome des edleren Kupfers nicht von den Ionen des unedleren Magnesiums oxidieren lassen.
4 Bei einem Kochsalz-Kristall gelangen durch einen Schlag gleich geladene Ionen in Nachbarposition; der Kristall zerspringt aufgrund der Abstoßungskräfte. Bei einem Metallgitter bleiben die Elektronen wie die Teilchen in einem Gas zwischen den Metall-Ionen gleichmäßig verteilt. Eine Abstoßung tritt nicht auf.

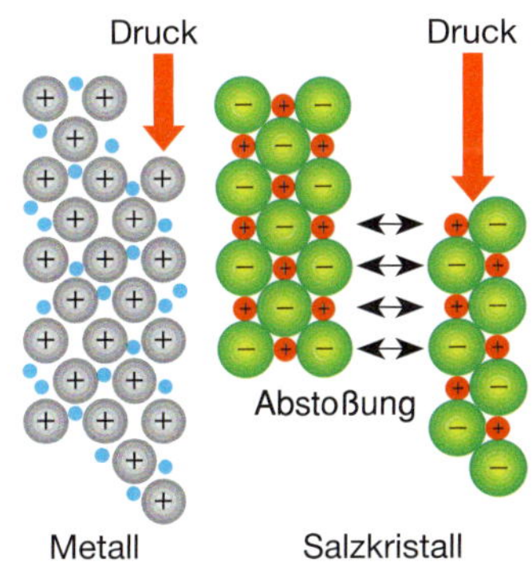

17 Kampf der Korrosion

1 a) Beide Überzüge verhindern, dass Sauerstoff und Feuchtigkeit an das Eisen gelangen können. Die Zinkschicht hat zusätzlich den Vorteil, dass bei einer Verletzung der Schicht nicht das Eisen, sondern das unedlere Zink oxidiert wird. **b)** Das Putzen führt nur kurzzeitig dazu, dass Wasser vom Eisen entfernt wird. Ohne weitere Maßnahmen bildet sich auf dem Eisen schnell wieder ein Flüssigkeitsfilm, der die Rostbildung fördert.
2 a, b) Berühren sich zwei verschieden edle Metalle, wird das unedlere Metall oxidiert. Die Elektronen fließen zum edleren Metall und reduzieren dort Sauerstoff-Moleküle zu Hydroxid-Ionen. Es kommt zum Lochfraß und als Folge dessen zu einem Wasserrohrbruch.
Oxidation: $Zn \dashrightarrow Zn^{2+} + 2\ e^-$ oder $Pb \dashrightarrow Pb^{2+} + 2\ e^-$
Reduktion: $O_2 + 2\ H_2O + 4\ e^- \dashrightarrow 4\ OH^-$

3 Um eine Füllfederhalterfeder zu vergolden, taucht man eine Feder aus Stahl in eine Lösung, die Au^+-Ionen enthält und schaltet die Feder als Minuspol. Die Au^+-Ionen werden an der Federoberfläche zu Au-Atomen reduziert und es entsteht eine dünne, fest haftende und glänzende Goldschicht.

4 a) Na^+-Ionen werden vom Minuspol angezogen. Stößt ein Na^+-Ion an die Elektrode, wird diesem ein Elektron von der Elektrode übertragen. Das Na^+-Ion wird zum Na-Atom reduziert. Die Cl^- -Ionen werden vom Pluspol angezogen. Dort wird jedem Cl^- -Ion ein Elektron entzogen, wodurch die Cl^--Ionen zu Cl-Atomen oxidiert werden.

b) Minuspol (Reduktion): $Na^+ + e^- \dashrightarrow Na$;
Pluspol (Oxidation): $2\ Cl^- \dashrightarrow Cl_2 + 2\ e^-$
Redoxreaktion: $2\ Na^+ + 2\ Cl^- \longrightarrow 2\ Na + Cl_2$; endotherm

18 Für jeden Fleck die richtige Lösung

1 Wasser, Waschbenzin, Alkohol, Aceton.

2 a) Moleküle sind Teilchen, die aus einer bestimmten Anzahl von Atomen aufgebaut sind.

b)

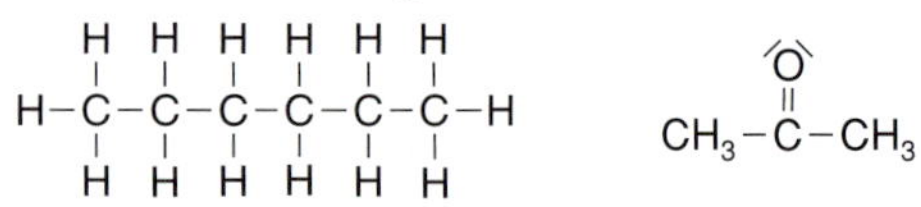

c) Die Anziehungskräfte zwischen Molekülen sind kleiner als die Anziehungskräfte in einem Ionengitter.

3 a) Atome sind über ein oder mehrere gemeinsame Elektronenpaare verbunden.

b) Das Wasserstoff-Atom hat ein Außenelektron, das Fluor-Atom hat sieben Außenelektronen, drei Elektronenpaare und ein ungepaartes Elektron. Das Elektron des Wasserstoff-Atoms und das ungepaarte Elektron des Fluor-Atoms bilden ein bindendes Elektronenpaar.

c) Nach beiden Regeln wird ein Zustand mit acht Außenelektronen angestrebt (Edelgasanordnung). Bei der Edelgasregel werden die Elektronen für jedes Atom einzeln betrachtet, bei der Oktettregel werden die bindenden Elektronenpaare bei beiden Atomen mitgezählt.

4 a) ⟨O=O⟩ **b)** |N≡N| **c)** |C≡O|

5 Elektronenpaare werden als Elektronenwolken betrachtet, die sich gegenseitig abstoßen. Mehrfachbindungen werden wie Einfachbindungen behandelt. Die Anzahl der Elektronenpaare am zentralen Atom bestimmt die räumliche Anordnung.

6 a) Außer den beiden bindenden Elektronenpaaren müssen auch die nichtbindende Elektronenpaare des Sauerstoff-Atoms betrachtet werden.

b) Unter Berücksichtigung der vier Elektronenpaare des O-Atoms ergibt sich eine tetraedrische Struktur.

7 a) Bei einer polaren Elektronenpaarbindung zieht eines der Atome die bindenden Elektronen näher zu sich heran.

b) Ein Dipolmolekül liegt vor, wenn eine oder mehrere Bindungen im Molekül polar sind und die Ladungsschwerpunkte nicht zusammenfallen. Dies ist bei unsymmetrischen Molekülen der Fall.

c) Das Wasser-Molekül ist ein Dipol, da die Ladungsschwerpunkte nicht zusammenfallen.

8 a) Dipol/Dipol-Bindungen sind die Anziehungskräfte zwischen Dipolmolekülen.

b) Dipol/Dipol-Bindungen wirken sich auf die Schmelztemperatur, die Siedetemperatur und die Löslichkeit aus.

9 a) VAN-DER-WAALS-Bindungen sind die Anziehungskräfte zwischen unpolaren Molekülen.

b) VAN-DER-WAALS-Bindungen sind auf temporäre und auf induzierte Dipolmoleküle zurückzuführen.

c) Die Stärke von VAN-DER-WAALS-Bindungen nimmt steigender Atomgröße zu.

19 Wasser – alltäglich und doch ungewöhnlich

1 a) vgl. Seite 128, linke Spalte, vorletzter Absatz

b) vgl. Seite 126, Abschnitt Gitternergie und Hydrationsenergie

2 Beim Kristallisieren wird die Gitterenergie frei und die Hydratationsenergie muss aufgebracht werden.

3 a) 0,5 mol/l

b) 234 g/l

4 Wasserstoffbrücken gibt es nur zu Atomen der zweiten Periode. Daher können H_2S-Moleküle und HCl-Moleküle keine Wasserstoffbrücken bilden. Das CO_2-Molekül enthält keine H-Atome.

5 a) Das Blut transportiert im Normalfall Wärme aus dem Köperinneren in die Peripherie.

b) Beim Schwitzen verdunstet Wasser. Dazu wird dem Körper die Verdampfungswärme entzogen.

6 a) VAN-DER-WAALS-Bindungen,

b) Ion/Dipol-Bindungen,

c) Wasserstoffbrücken,

d) VAN-DER-WAALS-Bindungen,

e) Dipol/Dipol-Bindungen,

f) Wasserstoffbrücken.

7 Der Flüssigkeitsspiegel steigt nicht an, da das Eis das gleiche Volumen an Wasser verdrängt, das das Eis nach dem Schmelzen einnimmt.

20 Säuren und Laugen – Werkzeuge nicht nur für Chemiker

1 Saure Reiniger: Kalkflecken; alkalische Reiniger: fetthaltige und eiweißhaltige Rückstände

2 a) $CaCO_3 + 2\ HCl \longrightarrow CaCl_2 + CO_2 + H_2O$

b) Essigsäure ist im Gegensatz zu Salzsäure eine schwache Säure und daher weniger aggressiv.

3 Bei Oberflächen aus Metallen und aus Metalloxiden sowie bei Kalk und Marmor können Schäden auftreten.
4 *Variante 1:* Chlorwasserstoff aus Wasserstoff und Chlor herstellen und in Wasser lösen.
Variante 2: Chlorwasserstoff aus Natriumchlorid und Schwefelsäure in Wasser lösen.
5 a) Saure Lösungen enthalten H^+-Ionen; sie reagieren mit unedlen Metallen, mit Metalloxiden und mit Kalk.
b) Die einzelnen Säuren unterscheiden sich durch ihre Stärke und durch die Anzahl der Wasserstoff-Atome pro Molekül.
6

Säure	Formel	Anion	Stärke	H-Atome pro Molekül
Salzsäure	HCl	Cl^-	stark	1
Schwefelsäure	H_2SO_4	SO_4^{2-}	stark	2
Salpetersäure	HNO_3	NO_3^-	stark	1
Kohlensäure	H_2CO_3	CO_3^{2-}	schwach	1

7 a) Hartes Wasser enthält viele Calcium-Ionen und Magnesium-Ionen.
b) Hartes Wasser entsteht, wenn Oberflächenwasser durch kalkhaltige Böden versickert.
c) Beim Erhitzen von hartem Wasser setzt sich Kalk an den Gefäßwänden, an Rohren und an Heizstäben ab. Beim Waschen bildet sich unlösliche Kalkseife.
8 $Ca^{2+} + 2\ HCO_3^- \longrightarrow CaCO_3\ (s) + H_2O + CO_2$
9 a) Bei festem Natriumhydroxid sind positive Natrium-Ionen und negative Hydroxid-Ionen in einem Ionengitter angeordnet.
b) In einer wässrigen Lösung liegen hydratisierte Natrium-Ionen und hydratisierte OH^--Ionen vor.

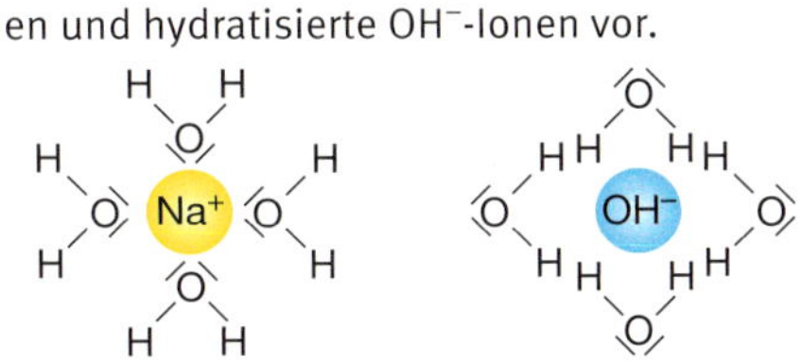

21 Haut und Haar – alles im neutralen Bereich?

1 hautneutral: pH = 5,5; neutral: pH = 7
2 a) Die pH-Skala reicht von 0 bis 14. Sauer: pH ‹ 7; neutral: pH = 7; alkalisch: pH › 7
b) Der pH-Wert steigt auf 3.
c) Der pH-Wert steigt auf 7. Eine saure Lösung kann durch Verdünnen keinen pH › 7 haben.
3 a) Bei allen Neutralisationsreaktionen läuft die gleiche Reaktion ab: $H^+ + OH^- \longrightarrow H_2O$
b) Die Aussage gilt nur, wenn gleich viele Teilchen reagieren.
4 a) Das Volumen einer Probe Schwefelsäure wird präzise gemessen und mit einigen Tropfen Indikator versetzt. Dann füllt man Natronlauge bekannter Konzentration als Maßlösung in die Bürette und titriert bis zum Umschlag des Indikators. Aus Volumen und Konzentration der Maßlösung und dem Volumen der Probe errechnet sich die Konzentration der Schwefelsäure.
b) Bei Schwefelsäure muss man berücksichtigen, dass es sich um eine zweiprotonige Säure handelt. Die Konzentration ist bei sonst gleichen Ergebnissen nur halb so groß wie bei Salzsäure.
5 a) alkalische Lösungen
b) Durch alkalische Lösungen wird der Säureschutzmantel der Haut zerstört.
6 a) 1,13 mol/l
b) Maßlösung mit 1 mol/l, da die Konzentration der Natronlauge rund 2,5 mol/l beträgt.
7 Im Sinne BRÖNSTEDs ist das OH^--Ion eine Base, Natriumhydroxid ist ein Salz.
8 a) keine Säure/Base-Reaktion
b) Säure/Base-Reaktion: die Säure H_2SO_4 reagiert mit der Base O^{2-}.

22 Kraftstoffe

1 Unter Destillation versteht man ein Trennverfahren, das auf der unterschiedlichen Siedetemperatur der zu trennenden Stoffe beruht.
2 a) Vakuumdestillation ist eine Destillation unter stark vermindertem Druck.
b) Dadurch werden die Siedetemperaturen deutlich gesenkt und eine Zersetzung der Stoffe durch zu hohe Temperaturen wird verhindert.
3 a) Nonan, **b)** C_6H_{14}
c) Alkyl-Gruppen sind Atomgruppen, die sich von Alkan-Molekülen ableiten. Sie haben ein Wasserstoff-Atom weniger als das entsprechende Alkan-Molekül. Die Gruppe der Alkane ist eine Stoffgruppe mit der allgemeinen Formel C_nH_{2n+2}.
4 a) Unter Isomerie versteht man die Erscheinung, dass Stoffe mit gleicher Molekülformel unterschiedliche Molekülstrukturen aufweisen.
b)

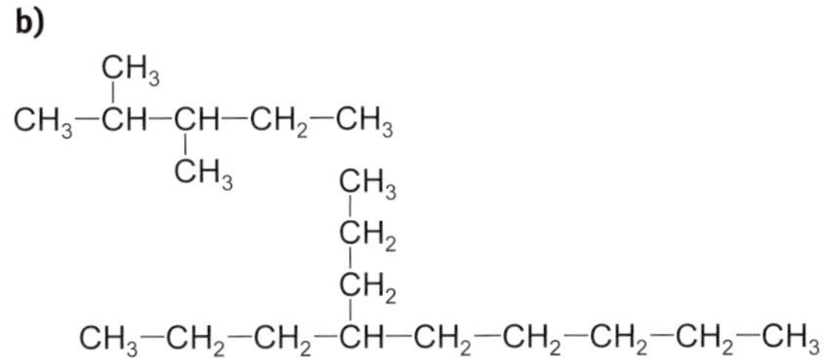

c) 3-Methylhexan; 2,2-Dimethylpropan; 2-Methyl-4-propylnonan.
5 a) Beim Cracken werden langkettige Alkan-Moleküle durch plötzliches Erhitzen in kürzere Moleküle zerbrochen.

b) Beim Reforming erhält man katalytisch aus Kohlenwasserstoffen mit geradkettigen Molekülen Kohlenwasserstoffe mit verzweigten Molekülen.
c) Im Erdöl ist der Anteil an Kohlenwasserstoffen, die für die Kraftstoffproduktion benötigt werden, zu gering. Durch Cracken erhält man zusätzliche Ressourcen für Kraftstoffe.
6 a) Jeweils bezogen auf 1 mol (12 g Kohlenstoff) gilt:
Spaltung: C-C-Bindungen: 2 · 348 kJ; O=O-Bindung: 498 kJ
zur Bildung von CO_2: 2 · (–804) kJ;
Bilanz: 2 · 348 kJ + 498 kJ – 2 · (–804) kJ = **–414 kJ**
b) Für 12 g H_2(6 mol):
Spaltung von H_2: 6 · 436 kJ und Spaltung O_2: 3 · 498 kJ;
Bildung von 12 OH-Bindungen: 2 · (–463) kJ = –5556 kJ;
Bilanz: **–1446 kJ**
7 a) Biodiesel, Biogas, Bioethanol.
b) Regenerative Kraftstoffe werden aus nachwachsenden Rohstoffen hergestellt. Das bei der Verbrennung gebildete Kohlenstoffdioxid wurde vorher beim Wachstum der Atmosphäre entnommen. Konventionelle Kraftstoffe werden aus Erdöl gewonnen. Das bei der Verbrennung entstehende Kohlenstoffdioxid erhöht den CO_2-Gehalt der Atmosphäre.
8 a) Kohlenwasserstoffe, Kohlenstoffmonooxid, Stickstoffoxide.
b) Ein Katalysator verringert die für eine chemische Reaktion notwendige Aktivierungsenergie und beschleunigt die Reaktion.

23 Elektrisch mobil

1a), b) vgl. Seite 197 oben rechts
c) *Minuspol*: $Zn\ (s) \longrightarrow Zn^{2+}\ (aq) + 2\ e^-$
Pluspol: $Cu^{2+}\ (aq) + 2\ e^- \longrightarrow Cu\ (s)$
2 a) vgl. Seite 199, 2. Absatz
b) vgl. Seite 11, rechte Spalte
c)

Bauteil	DANIELLsche-Zelle	Alkali-Mangan-Batterie
Pluspol	Kupfer	Mangandioxid
Minuspol	Zink	Zink
Elektrolyt	Kupfersulfat Zinksulfat	Kalilauge
Trennschicht	Separator	Poröse Wand

d) Die Alkali-Mangan-Batterie liefert wegen der größeren Elektrodenflächen mehr Strom mit einer größeren Stromstärke. Sie hat weniger unnötige Masse und ist zudem auslaufsicher.
3 a) vgl. Seite 207
b) vgl. Seite 207
c) $PbSO_4\ (s) + 2\ H_2O\ (l) \longrightarrow$
$PbO_2\ (s) + H_2SO_4\ (aq) + 2\ H^+\ (aq) + 2\ e^-$
$PbSO_4\ (s) + 2\ H^+\ (aq) + 2\ e^- \longrightarrow Pb\ (s) + H_2SO_4\ (aq)$
4 a) Eine Brennstoffzelle ist eine galvanische Zelle, in der Wasserstoff und Sauerstoff in einer katalytisch gesteuerten Reaktion miteinander reagieren.
b) vgl. Seite 205, 4. und 5. Absatz
c) $H_2 \dashrightarrow 2\ H^+ + 2\ e^-$
$O_2 + 4\ e^- + 4\ H^+ \dashrightarrow 2\ H_2O$
5 a) Batterien und Brennstoffzellen wandeln chemische Energie in elektrische Energie um.
b) Eine Brennstoffzelle ist vergleichbar mit einer Batterie, bei der die elektronenabgebenden Stoffe und die elektronenaufnehmenden Stoffe ständig nachgeliefert werden.

24 Zucker, Alkohol und Essig

1 Kohlenhydrate sind Verbindungen mit der allgemeinen Formel $C_m(H_2O)_n$. Beispiele sind Zucker, Stärke, Cellulose.
2 a) Alkoholische Gärung ist die enzymatische Umwandlung von Zucker in Alkohol und Kohlenstoffdioxid.
b) $C_6H_{12}O_6 \longrightarrow 2\ C_2H_5OH + 2\ CO_2$
c) Durch alkoholische Gärung erhält man einen maximalen Alkoholgehalt von 14 %. Hochprozentige alkoholische Getränke lassen sich nur durch Brennen herstellen.
3 a) Um aus Zucker reinen Alkohol zugewinnen, lässt man eine Zuckerlösung unter Einwirkung von Hefepilzen vergären. Dabei ensteht eine Lösung mit einem Alkoholgehalt von bis zu 14 %. Durch Destillation erhält man im nächsten Schritt 96%igen Alkohol. Das verbleibende Wasser lässt sich in einem weiteren Schritt mit Trocknungsmittel wie weißem Kupfersulfat entfernen.
b) Das Ethanol-Molekül besteht aus einer polaren Hydroxy-Gruppe und einem unpolaren Kohlenwasserstoff-Rest, dem Ethyl-Rest.
c) Alkohole haben eine (oder mehrere) OH-Gruppe(n) in ihrem Molekül.
4

5 2-Methylpropan-2-ol; 2,3-Dimethylbutan-2-ol
6 gutes Lösemittel, brennbar, sehr giftig.
7 Frostschutzmittel in Scheibenwaschanlagen, Desinfektion.
8 Alkohole mit kurzkettigen Alkylresten sind gut wasserlöslich. Mit zunehmender Größe des Alkylrestes nimmt die Wasserlöslichkeit ab, die Löslichkeit in Alkanen dagegen zu. Die Wasserlöslichkeit nimmt mit der Anzahl der OH-Gruppen zu.
9 Alkohole sieden höher als vergleichbare Alkane. Ursache sind die Wasserstoffbrücken zwischen den Alkohol-Molekülen.

10 Mehrwertige Alkohole sind besser wasserlöslich, sie haben eine höhere Siedetemperatur, meist ist ihre Viskosität höher als die einwertiger Alkohole.
11 a) In wässriger Lösung zerfällt ein Teil der Essigsäure-Moleküle in Wasserstoff-Ionen und Acetat-Ionen.
b) Bei starken Säuren dissoziieren alle Moleküle in Ionen, bei schwachen Säuren nur ein kleiner Teil.
12 a) Man muss Stoffe mit gleicher Molekülmasse vergleichen, damit die VAN-DER-WAALS-Bindungen etwa gleich sind.
b) Die Siedetemperatur der Alkansäuren ist höher, da Doppelmoleküle vorliegen, die durch Wasserstoffbrücken zusammengehalten werden.

25 Kunststoffe – designed by chemistry

1 a) Makromoleküle sind riesengroße Moleküle mit einer Molekülmasse, die größer ist als 10000 u.
b) Cellulose
2 a) Ein Ester ist eine Verbindung aus einem Alkohol und einer Carbonsäure. Formel vgl. Seite 232.
b) $C_2H_5OH + HOOC\text{-}CH_3 \longrightarrow C_2H_5O\text{-}CO\text{-}CH_3 + H_2O$
c) Bei der Reaktion wird ein Wasser-Molekül abgespalten.
3 a) Zunächst reagiert ein Butandisäure-Molekül mit einem Propandiol-Molekül. Es bildet sich ein Ester, der noch eine Carboxy-Gruppe und eine Hydroxy-Gruppe enthält, die weitere Esterbindungen eingehen können:
$HOOC\text{-}C_2H_4\text{-}COOH + HO\text{-}C_3H_6\text{-}OH \longrightarrow HOOC\text{-}C_2H_4\text{-}CO\text{-}O\text{-}C_3H_6\text{-}OH$
b) $HOOC\text{-}C_2H_4\text{-}CO\text{-}O\text{-}C_3H_6\text{-}O\text{-}OC\text{-}C_2H_4\text{-}CO\text{-}O\text{-}C_3H_6\text{-}OH$
c) Polyethylenterephthalat ist ein Polyester aus Glykol und Terephthalsäure.
4 a) Thermoplaste lassen sich in der Wärme verformen, Duroplaste zersetzen sich dagegen beim Erhitzen.
b) Thermoplaste haben lineare Moleküle; die Moleküle von Duroplasten sind dagegen dreidimensional vernetzt.
c) Duroplaste sind hart und fest, Elastomere dagegen weich und elastisch. Die Struktur ist ähnlich, allerdings sind die Vernetzungen bei den Elastomer-Molekülen wesentlich weitmaschiger.
5 a) Ungesättigte Moleküle haben eine oder mehrere C/C-Mehrfachbindungen.
b) ungesättigte Verbindungen sind: C_4H_8 und C_6H_{12}.
6 a)
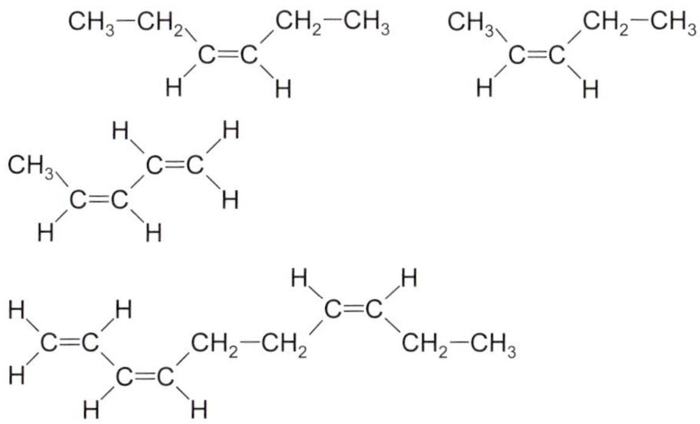
b) Propen, Penta-1,2-dien, Buta-1,3-dien.
7 a) Isomerie ist die Erscheinung, dass Verbindungen mit gleicher Molekülformel, aber unterschiedlicher Struktur existieren.
b) Alkan-Moleküle sind um die C-C-Bindungen drehbar.
c)
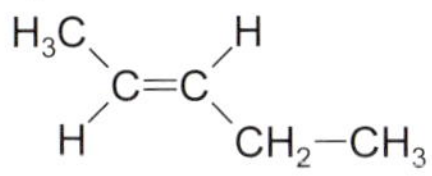
8) Bei der Polymerisation entstehen Makromoleküle, indem sich C=C-Zweifachbindungen aufspalten.

Gefahrenhinweise und Sicherheitsratschläge für gefährliche Stoffe

Gefahrenhinweise (R-Sätze)

Diese Hinweise geben in einer ausführlicheren Weise als die Gefahrensymbole Auskunft über die Art der Gefahr.

R 1 In trockenem Zustand explosionsgefährlich
R 2 Durch Schlag, Reibung, Feuer oder andere Zündquellen explosionsgefährlich
R 3 Durch Schlag, Reibung, Feuer oder andere Zündquellen besonders explosionsgefährlich
R 4 Bildet hochempfindliche explosionsgefährliche Metallverbindungen
R 5 Beim Erwärmen explosionsfähig
R 6 Mit und ohne Luft explosionsfähig
R 7 Kann Brand verursachen
R 8 Feuergefahr bei Berührung mit brennbaren Stoffen
R 9 Explosionsgefahr bei Mischung mit brennbaren Stoffen
R 10 Entzündlich
R 11 Leichtentzündlich
R 12 Hochentzündlich
R 14 Reagiert heftig mit Wasser
R 15 Reagiert mit Wasser unter Bildung hochentzündlicher Gase
R 16 Explosionsgefährlich in Mischung mit brandfördernden Stoffen
R 17 Selbstentzündlich an der Luft
R 18 Bei Gebrauch Bildung explosionsfähiger / leichtentzündlicher Dampf-Luftgemische möglich
R 19 Kann explosionsfähige Peroxide bilden
R 20 Gesundheitsschädlich beim Einatmen
R 21 Gesundheitsschädlich bei Berührung mit der Haut
R 22 Gesundheitsschädlich beim Verschlucken
R 23 Giftig beim Einatmen
R 24 Giftig bei Berührung mit der Haut
R 25 Giftig beim Verschlucken
R 26 Sehr giftig beim Einatmen
R 27 Sehr giftig bei Berührung mit der Haut
R 28 Sehr giftig beim Verschlucken
R 29 Entwickelt bei Berührung mit Wasser giftige Gase
R 30 Kann bei Gebrauch leichtentzündlich werden
R 31 Entwickelt bei Berührung mit Säure giftige Gase
R 32 Entwickelt bei Berührung mit Säure sehr giftige Gase
R 33 Gefahr kumulativer Wirkung
R 34 Verursacht Verätzungen
R 35 Verursacht schwere Verätzungen
R 36 Reizt die Augen
R 37 Reizt die Atmungsorgane
R 38 Reizt die Haut
R 39 Ernste Gefahr irreversiblen Schadens
R 40 Irreversibler Schaden möglich
R 41 Gefahr ernster Augenschäden
R 42 Sensibilisierung durch Einatmen möglich
R 43 Sensibilisierung durch Hautkontakt möglich
R 44 Explosionsgefahr bei Erhitzen unter Einschluss
R 45 Kann Krebs erzeugen
R 46 Kann vererbbare Schäden verursachen
R 48 Gefahr ernster Gesundheitsschäden bei längerer Exposition
R 49 Kann Krebs erzeugen beim Einatmen
R 50 Sehr giftig für Wasserorganismen
R 51 Giftig für Wasserorganismen
R 52 Schädlich für Wasserorganismen
R 53 Kann in Gewässern längerfristig schädliche Wirkungen haben
R 54 Giftig für Pflanzen
R 55 Giftig für Tiere
R 56 Giftig für Bodenorganismen
R 57 Giftig für Bienen
R 58 Kann längerfristig schädliche Wirkungen auf die Umwelt haben
R 59 Gefährlich für die Ozonschicht
R 60 Kann die Fortpflanzungsfähigkeit beeinträchtigen
R 61 Kann das Kind im Mutterleib schädigen
R 62 Kann möglicherweise die Fortpflanzungsfähigkeit beeinträchtigen
R 63 Kann das Kind im Mutterleib möglicherweise schädigen
R 64 Kann Säuglinge über die Muttermilch schädigen
R 65 Gesundheitsschädlich: Kann beim Verschlucken Lungenschäden verursachen
R 66 Wiederholter Kontakt kann zu spröder oder rissiger Haut führen
R 67 Dämpfe können Schläfrigkeit oder Benommenheit verursachen

Sicherheitsratschläge (S-Sätze)

Hier werden Empfehlungen gegeben, wie Gesundheitsgefahren beim Umgang mit gefährlichen Stoffen abgewehrt werden können.

S 1 Unter Verschluss aufbewahren
S 2 Darf nicht in die Hände von Kindern gelangen
S 3 Kühl aufbewahren
S 4 Von Wohnplätzen fernhalten
S 5 Unter ... aufbewahren (geeignete Flüssigkeit vom Hersteller anzugeben)
S 6 Unter ... aufbewahren (inertes Gas vom Hersteller anzugeben)
S 7 Behälter dicht geschlossen halten
S 8 Behälter trocken halten
S 9 Behälter an einem gut gelüfteten Ort aufbewahren
S 12 Behälter nicht gasdicht verschließen
S 13 Von Nahrungsmitteln, Getränken und Futtermitteln fernhalten
S 14 Von ... fernhalten (inkompatible Substanzen sind vom Hersteller anzugeben)
S 15 Vor Hitze schützen
S 16 Von Zündquellen fernhalten – Nicht rauchen
S 17 Von brennbaren Stoffen fernhalten
S 18 Behälter mit Vorsicht öffnen und handhaben
S 20 Bei der Arbeit nicht essen und trinken
S 21 Bei der Arbeit nicht rauchen
S 22 Staub nicht einatmen
S 23 Gas/Rauch/Dampf/Aerosol nicht einatmen (geeignete Bezeichnung(en) vom Hersteller anzugeben)
S 24 Berührung mit der Haut vermeiden
S 25 Berührung mit den Augen vermeiden
S 26 Bei Berührung mit den Augen sofort gründlich mit Wasser abspülen und Arzt konsultieren
S 27 Beschmutzte, getränkte Kleidung sofort ausziehen
S 28 Bei Berührung mit der Haut sofort abwaschen mit viel ... (vom Hersteller anzugeben)
S 29 Nicht in die Kanalisation gelangen lassen
S 30 Niemals Wasser hinzugießen
S 33 Maßnahmen gegen elektrostatische Aufladung treffen
S 35 Abfälle und Behälter müssen in gesicherter Weise beseitigt werden
S 36 Bei der Arbeit geeignete Schutzkleidung tragen
S 37 Geeignete Schutzhandschuhe tragen
S 38 Bei unzureichender Belüftung Atemschutzgerät anlegen
S 39 Schutzbrille/Gesichtsschutz tragen
S 40 Fußboden und verunreinigte Gegenstände mit ... reinigen (Material vom Hersteller anzugeben)
S 41 Explosions- und Brandgase nicht einatmen
S 42 Bei Räuchern/Versprühen geeignetes Atemschutzgerät anlegen (geeignete Bezeichnung(en) vom Hersteller anzugeben)
S 43 Zum Löschen ... (vom Hersteller anzugeben) verwenden (wenn Wasser die Gefahr erhöht, anfügen: „Kein Wasser verwenden“)
S 45 Bei Unfall oder Unwohlsein sofort Arzt hinzuziehen (wenn möglich dieses Etikett vorzeigen)
S 46 Bei Verschlucken sofort ärztlichen Rat einholen und Verpackung oder Etikett vorzeigen
S 47 Nicht bei Temperaturen über ... °C aufbewahren (vom Hersteller anzugeben)
S 48 Feucht halten mit ... (geeignetes Mittel vom Hersteller anzugeben)
S 49 Nur im Originalbehälter aufbewahren
S 50 Nicht mischen mit ... (vom Hersteller anzugeben)
S 51 Nur in gut gelüfteten Bereichen verwenden
S 52 Nicht großflächig für Wohn- und Aufenthaltsräume verwenden
S 53 Exposition vermeiden – vor Gebrauch besondere Anweisungen einholen
S 56 Diesen Stoff und seinen Behälter der Problemfallentsorgung zuführen
S 57 Zur Vermeidung einer Kontamination der Umwelt geeigneten Behälter verwenden
S 59 Information zur Wiederverwendung beim Hersteller/Lieferanten erfragen
S 60 Dieser Stoff und sein Behälter sind als gefährlicher Abfall zu entsorgen
S 61 Freisetzung in die Umwelt vermeiden. Besondere Anweisungen einholen / Sicherheitsdatenblatt zu Rate ziehen
S 62 Bei Verschlucken kein Erbrechen herbeiführen. Sofort ärztlichen Rat einholen und Verpackung oder dieses Etikett vorzeigen
S 63 Bei Unfall durch Einatmen: Verunfallten an die frische Luft bringen und ruhig stellen
S 64 Bei Verschlucken Mund mit Wasser ausspülen (nur wenn Verunfallter bei Bewusstsein ist)

Stoffliste

Stoff	Gefahrensymbole, Sicherheitssymbole, Entsorgungssymbole	Ratschläge R/S-Sätze
Aceton	F Xn B2	R: 11–36–66/67 S: 9–16–26
Ammoniumcer(IV)-nitrat	O Xn B2	R: 8–36/37/38 S: 17–26–36
Ammoniumchlorid	Xn	R: 22–36 S: 22
Ammoniumsulfat	Xn B1	R: 36/37/38 S: 26–37/39
Bariumchlorid	T+ B2	R: 20–25 S: 45
Benzin (Waschbenzin)	F Xn N B3	R: 11–51/53–65–66–67 S: 9–16–23–24–61–62
Brennspiritus	F B2	R: 11 S: 7–16
Bromthymolblau		R: S:
Bromwasser (ges.)	T+ Xn X	R: 23–24–36//38 S: 7/9–26–45
Butan-1-ol	Xn B3	R: 10–22–/37/38 41–67 S: 7/9–13–26–37/39–46
Calcium	F X	R: 15 S: 8–24/25–43
Calciumcarbonat		R: S:
Calciumchlorid	Xi	R: 36 S: 22–24
Calciumoxid	Xi B1	R: 41 S: 22–24–26–39
Cetylalkohol (Hexadecanol)	B3	R: S:
Chlorwasser (ges.)	Xn X	R: 20–36/37/38/23 S: 7/9–45
Chrom(III)-oxid	B2	R: S:
Eisen(III)-chlorid	Xn	R: 22–38–41 S: 26–39
Eisenpulver, -wolle (Stahlwolle)		R: S:
Eisen(II)-sulfat	Xn	R: 22 S: 24/25
Essigsäure $w \geq 25\,\%$	C B1	R: 35 S: 23–26–45
Essigsäure $10\,\% \leq w < 25\,\%$	Xi	R: 36/38 S: 23–26–45
Essigsäure $w < 10\%$	Xi	R: S:
Essigsäureethylester (Ethylacetat)	Xi F B3	R: 11–36–66–67 S: 16–23–26–33
Ethandiol	Xn B3	R: 22 S: 2
Ethanol	F B3	R: 11 S: 7–16
Ethen	F	R: 12 S: 9–16–33
Glycerin		R: S:
Graphitpulver	Xn X	R: 36/37 S: 22–26–36
Heptan	Xn F N B3	R: 11–38–50/53–65–67 S: 9–16–29–33–60–61–62
Hexan	Xn F N B3	R: 11–38–48/20–51/53–62–65–67 S: 9–16–29–33 36/37–61–62
Iod	Xn N B1	R: 20/21–50 S: 23–25–61
Iod-Lösung (in Kaliumiodid-Lösung)		R: S:
Isobuten	F+ B3	R: 12 S: 9–16–33
Kalilauge $w \geq 2\%$	C B1	R: 35 S: 26–37/39–45
Kalilauge $0{,}5\,\% \leq w < 2\%$	Xi B1	R: 34 S: 26–37/39–45
Kaliumaluminiumsulfat (Alaun)		R: S:
Kaliumbromid		R: S:
Kaliumchlorid		
Kaliumhexacyanoferrat(III)		R: S:
Kaliumhydrogencarbonat		R: S:
Kaliumhydroxid	C B1	R: 22–35 S: 2–26–37/39–45
Kaliumiodid		R: S:
Kaliumnatriumtartrat		R: S:
Kaliumnitrat	O	R: 8 S: 16–41
Kaliumpermanganat	Xn O N B2	R: 8–22–50/53 S: 60–61
Kalkwasser (Calciumhydroxid-Lsg)		R: S:
Kohlenstoffdioxid		R: S:
Kupferblech -pulver		R: S:
Kupferiodid		R: S:
Kupfer(II)-oxid	Xn N B2	R: 20–50/53 S: 22–61
Kupfersulfat	Xn N B2	R: 22–36/38–50/53 S: 22–60–61
Lithium	C F X	R: 14/15–34 S: 8–43–45
Lithiumcarbonat	Xn	R: 22–36 S: 24
Lithiumchlorid	Xn	R: 22–36/38 S:
Magnesium (Band, Pulver)	F X	R: 11–15–17 S: 7/8–43
Magnesiumchlorid		R: S:
Magnesiumoxid		R: S: 22

Stoff	Gefahrensymbole, Sicherheitssymbole, Entsorgungssymbole	Ratschläge R/S-Sätze
Mangandioxid (Braunstein)	B2	R: 20/22 S: 25
Mangansulfat	B2	R: 48/20/22–51/53 S: 22–61
Methan		R: 12 S: 9–16–33
2-Methylpropan-2-ol (*tert*-Butanol)	B3	R: 11–20 S: 9–16
Milchsäure		R: 36/38
Natriumacetat		
Natriumammoniumhydrogenphosphat		R: S:
Natriumbromid		R: S:
Natriumcarbonat		S: 22–26
Natriumchlorid		R: S:
Natriumhydroxid	B1	R: 35 S: 26–37/39–45
Natriumhydrogencarbonat (Natron)		R: S:
Natriumhydrogensulfat		R: 41 S: 24–26
Natriumiodid		R: S:
Natriumsulfat		S:
Natronlauge *w* ≥ = 2 %	B1	R: 35 S: 26–37/39–45
Natronlauge 0,5 % ≤ w < 2%	B1	R: 36/38 S: 26
Oct-1-en	B3	R: 11–65 S: 16–62
Paraffin	B3	R: S:
Petrolether	B3	R: 11–38–20/48–51/53–62–65–67 S: 36/37–61–62
Petroleum	B3	R: 11 S: 9–16–29–33
Phenolphthalein-Lösung (alkohol.)	B3	R: 11 S: 7–16
Phosphorpentoxid	B1	R: 35 S: 22–26–45
Phosporsäure *w* ≥ = 25%	B1	R: 34 S: 26–35
Phthalsäure	B3	R: 36/37/38 S: 26–37/39
Propan-1-ol Propan-2-ol	B3	R: 11–41–67 S: 7–16–24–26–39
Salpetersäure *w* ≥ 70 %	B1	R: 8–35 S: 23–26–36–45
Salpeteräure 5 % ≤ w < 70 %	B1	R: 35 S: 23–26–27
Salpeteräure 1 % ≤ w < 5 %	B1	R: 36/37/38 S:
Salzsäure *w* ≥ 25%	B1	R: 34–37 S: 26–45
Salzsäure 10 % ≤ w < 25 %	B1	R: 36/37/38 S: 28
Salzsäure (verd.)		R: S:
Schwefelsäure *w* ≥ 15%	B1	R: 35 S: 26–30–45
Schwefelsäure 5 % ≤ w < 15 %	B1	R: 36/38 S: 26
Seifenlösung (alkohol.)	B3	R: 11 S: 7–16
Silbernitrat	B2	R: 34–50/53 S: 26–45–60–61
Silbernitrat-Lösung (*w* = 1 %)		R: S:
Speiseessig (5 % Essigsäure)		R: S:
Strontiumchlorid		R: S:
Sudanrot–Lösung (ethanol.)	B3	S:
Thioharnstoff	B3	R: 22–40–51/53–63 S: 36/37–61
Universalindikator		R: S:
Waschbenzin	B3	R: 10–51/53–65–66 S: 23–24–62
Zinkchlorid-Lösung	B2	R: 22–34–50/53 S: 1/2–26–36/37/38–45–60–61
Zinkpulver		R: 15–17 S: 7/8–43
Zinksulfat	B2	R: 36/38–50/53 S: 22–25–60–61

X: spezielle Entsorgungsreaktion

Unter http://www.schroedel.de/Gefahrstoffe finden Sie eine Liste, in der die Gefahrenstoffe nach GHS-Verordnung eingestuft sind. Die Liste wird in regelmäßigen Abständen aktualisiert, da zur Drucklegung noch nicht für alle Chemiekalien zuverlässige Daten vorlagen.
Gefährdungsbeurteilungen zu allen Versuchen finden Sie im Internet beim Schülerband unter "Downloads".

Gefahrensymbole – alt und neu

Einfache Bildsymbole geben Hinweise auf Gefahren, die von Chemikalien ausgehen. Gab es bislang national verschiedene Symbole, wird seit 2009 weltweit das global harmonisierte System (GHS) eingeführt.

Die neun Gefahrenklassen werden nochmals unterteilt in bis zu fünf Gefahrenkategorien. So entfällt das bisherige Symbol des Kreuzes mit der Kennzeichnung für gesundheitsschädliche oder reizende Stoffe. Je nach Gefahrenpotential ist das Symbol für Ätzwirkung, Gesundheitsgefahr oder das Ausrufezeichen einzusetzen und auf dem Etikett die Kategorie anzugeben.

Neu sind die Bildsymbole mit Gasflasche, Ausrufezeichen und die Gesundheitsgefahr – ein Mensch mit Stern.

Das Ausrufezeichen wird weiter aufgeschlüsselt. Hierbei spielt die Stärke der Gefährdung eine größere Rolle als die Art der Gefahr. Ebenso muss die Gesundheitsgefahr durch weitere Angaben genauer beschreiben werden. So kann eine Substanz toxisch, krebserregend oder Allergie auslösend sein.

Das Ausrufezeichen entfällt, wenn schon stärkere gesundheitliche Gefahren wie Giftigkeit angeführt wurden.

Auf Etiketten gibt es zusätzliche Signalwörter, die den Grad der Gefährdung anzeigen.

Gefahr für schwerwiegende Gefahrenkategorien
Warnung für weniger schwerwiegende Gefahrenkategorien

neues Symbol	Bezeichnung	Erläuterungstext	altes Symbol	Gefahrenbezeichnung
	explosiv	Stoffe, die explodieren können.		explosionsgefährlich
	entzündbar, Kategorie 1	Stoffe, die sich an der Luft von allein entzünden können.		hochentzündlich
	entzündbar, Kategorie 2	Stoffe, die schon durch kurzzeitige Einwirkung einer Zündquelle entzündet werden können.		leichtentzündlich
	entzündbar, Kategorie 3	Stoffe, die sich beim Erwärmen selbst entzünden können.	–	–
	oxidierend, Kategorie 1, 2, 3	Stoffe, die einen Brand oder eine Explosion verursachen oder verstärken.		brandfördernd
	komprimierte Gase	Komprimierte Gase stehen unter Druck. Vor direkter Sonneneinstrahlung schützen.	–	–
	ätzend, Kategorie 1	Stoffe, die das Hautgewebe an der betroffenen Stelle innerhalb weniger Minuten vollständig zerstören können oder bei Kontakt mit den Augen Schäden verursachen.		ätzend
	ätzend, Kategorie 2	Stoffe, die auf der Haut nach mehrstündiger Einwirkung deutliche Entzündungen hervorrufen können.		reizend
	akute Toxizität, Kategorie 1	Stoffe, die beim Verschlucken oder Einatmen oder bei Aufnahme durch die Haut schwere Gesundheitsschäden oder gar den Tod bewirken können.		sehr giftig
	akute Toxizität, Kategorie 2	Stoffe, die beim Verschlucken oder Einatmen oder bei Aufnahme durch die Haut schwere Gesundheitsschäden bewirken können.	 	sehr giftig oder giftig
	akute Toxizität, Kategorie 3	Stoffe, die beim Verschlucken oder Einatmen oder bei Aufnahme durch die Haut beschränkte Gesundheitsschäden hervorrufen können.	 	giftig oder gesundheitsschädlich
	akute Toxizität, Kategorie 4	Stoffe, die beim Verschlucken oder Einatmen oder bei Aufnahme durch die Haut chronische Gesundheitsschäden hervorrufen können.		gesundheitsschädlich
	Gesundheitsgefahr, Kategorie 1A, 1B, 2	Stoffe, die beim Verschlucken oder Einatmen oder bei Aufnahme durch die Haut krebsauslösend sind.	–	–
	Gesundheitsgefahr gezielte Organtoxizität, Kategorie 1, 2	Stoffe, die beim Verschlucken oder Einatmen oder bei Aufnahme durch die Haut krebsauslösend sind.	–	–
	gezielte Organtoxizität, Kategorie 3	Stoffe, die bei Aufnahme Unwohlsein oder leichte Beschwerden bewirken können.	–	–
	Gesundheitsgefahr Atemwegssensibilisierend, Kategorie 1	Stoffe, die beim Einatmen allergische Reaktionen bewirken können.	–	–
	Hautsensibilisierend, Kategorie 1	Stoffe, die auf der Haut allergische Reaktionen bewirken können.	–	–
	umweltgefährlich, Kategorie 1, 2, 3	Stoffe, die selbst oder in Form ihrer Umwandlungsprodukte geeignet sind, sofort oder später Gefahren für die Umwelt herbeizuführen.		umweltgefährlich

Gefahrenhinweise nach GHS-Verordnung (H-Sätze)

Physikalische Gefahren

H200	Instabil, explosiv
H201	Explosiv, Gefahr der Massenexplosion.
H202	Explosiv; große Gefahr durch Splitter, Spreng- und Wurfstücke.
H203	Explosiv; Gefahr durch Feuer, Luftdruck oder Splitter, Spreng- und Wurfstücke.
H204	Gefahr durch Feuer oder Splitter, Spreng- und Wurfstücke.
H205	Gefahr der Massenexplosion bei Feuer.
H220	Extrem entzündbares Gas.
H221	Entzündbares Gas.
H222	Extrem entzündbares Aerosol.
H223	Entzündbares Aerosol.
H224	Flüssigkeit und Dampf extrem entzündbar.
H225	Flüssigkeit und Dampf leicht entzündbar.
H226	Flüssigkeit und Dampf entzündbar.
H228	Entzündbarer Feststoff.
H240	Erwärmung kann Explosion verursachen.
H241	Erwärmung kann Brand oder Explosion verursachen.
H242	Erwärmung kann Brand verursachen.
H250	Entzündet sich in Berührung mit Luft von selbst.
H251	Selbsterhitzungsfähig; kann in Brand geraten.
H252	In großen Mengen selbsterhitzungsfähig; kann in Brand geraten.
H260	In Berührung mit Wasser entstehen entzündbare Gase, die sich spontan entzünden können.
H261	In Berührung mit Wasser entstehen entzündbare Gase.
H270	Kann Brand verursachen oder verstärken; Oxidationsmittel.
H271	Kann Brand oder Explosion verursachen; starkes Oxidationsmittel.
H272	Kann Brand verstärken; Oxidationsmittel.
H280	Enthält Gas unter Druck; kann bei Erwärmung explodieren.
H281	Enthält tiefgekühltes Gas; kann Kälteverbrennungen oder -verletzungen verursachen.
H290	Kann gegenüber Metallen korrosiv sein.

Gesundheitsgefahren

H300	Lebensgefahr bei Verschlucken.
H301	Giftig bei Verschlucken.
H302	Gesundheitsschädlich bei Verschlucken.
H304	Kann bei Verschlucken und Eindringen in die Atemwege tödlich sein.
H310	Lebensgefahr bei Hautkontakt.
H311	Giftig bei Hautkontakt.
H312	Gesundheitsschädlich bei Hautkontakt.
H314	Verursacht schwere Verätzungen der Haut und schwere Augenschäden.
H315	Verursacht Hautreizungen.
H317	Kann allergische Hautreaktionen verursachen.
H318	Verursacht schwere Augenschäden.
H319	Verursacht schwere Augenreizung.
H330	Lebensgefahr bei Einatmen.
H331	Giftig bei Einatmen.
H332	Gesundheitsschädlich bei Einatmen.
H334	Kann bei Einatmen Allergie, asthmaartige Symptome oder Atembeschwerden verursachen.
H335	Kann die Atemwege reizen.
H336	Kann Schläfrigkeit und Benommenheit verursachen.
H340	Kann genetische Defekte verursachen.
H341	Kann vermutlich genetische Defekte verursachen.
H350	Kann Krebs erzeugen.
H351	Kann vermutlich Krebs erzeugen.
H360	Kann die Fruchtbarkeit beeinträchtigen oder das Kind im Mutterleib schädigen.
H360 F	Kann die Fruchtbarkeit beeinträchtigen.
H360 D	Kann das Kind im Mutterleib schädigen.
H360 FD	Kann die Fruchtbarkeit beeinträchtigen. Kann das Kind im Mutterleib schädigen.
H360 Fd	Kann die Fruchtbarkeit beeinträchtigen. Kann vermutlich das Kind im Mutterleib schädigen.
H360 Df	Kann das Kind im Mutterleib schädigen. Kann vermutlich die Fruchtbarkeit beeinträchtigen.
H361	Kann vermutlich die Fruchtbarkeit beeinträchtigen oder das Kind im Mutterleib schädigen.
H361 f	Kann vermutlich die Fruchtbarkeit beeinträchtigen.
H361 d	Kann vermutlich das Kind im Mutterleib schädigen.
H361 fd	Kann vermutlich die Fruchtbarkeit beeinträchtigen. Kann vermutlich das Kind im Mutterleib schädigen.
H362	Kann Säuglinge über die Muttermilch schädigen.
H370	Schädigt die Organe.
H371	Kann die Organe schädigen.
H372	Schädigt die Organe bei längerer oder wiederholter Exposition.
H373	Kann die Organe schädigen bei längerer oder wiederholter Exposition.

Umweltgefahren

H400 Sehr giftig für Wasserorganismen.
H410 Sehr giftig für Wasserorganismen mit langfristiger Wirkung.
H411 Giftig für Wasserorganismen, mit langfristiger Wirkung.
H412 Schädlich für Wasserorganismen, mit langfristiger Wirkung.
H413 Kann für Wasserorganismen schädlich sein, mit langfristiger Wirkung.

EUH-Sätze

EUH 001 In trockenem Zustand explosiv.
EUH 006 Mit und ohne Luft explosionsfähig.
EUH 014 Reagiert heftig mit Wasser.
EUH 018 Kann bei Verwendung explosionsfähige / entzündbare Dampf / Luft-Gemische bilden.
EUH 019 Kann explosionsfähige Peroxide bilden.
EUH 044 Explosionsgefahr bei Erhitzen unter Einschluss.
EUH 029 Entwickelt bei Berührung mit Wasser giftige Gase.
EUH 031 Entwickelt bei Berührung mit Säure giftige Gase.
EUH 032 Entwickelt bei Berührung mit Säure sehr giftige Gase.
EUH 066 Wiederholter Kontakt kann zu spröder oder rissiger Haut führen.
EUH 070 Giftig bei Berührung mit den Augen.
EUH 071 Wirkt ätzend auf die Atemwege.
EUH 059 Die Ozonschicht schädigend.
EUH 201 Enthält Blei. Nicht für den Anstrich von Gegenständen verwenden, die von Kindern gekaut oder gelutscht werden könnten.
EUH 201 A Achtung! Enthält Blei.
EUH 202 Cyanacrylat. Gefahr. Klebt innerhalb von Sekunden Haut und Augenlider zusammen. Darf nicht in die Hände von Kindern gelangen.
EUH 203 Enthält Chrom(VI). Kann allergische Reaktionen hervorrufen.
EUH 204 Enthält Isocyanate. Kann allergische Reaktionen hervorrufen.
EUH 205 Enthält epoxidhaltige Verbindungen. Kann allergische Reaktionen hervorrufen.
EUH 206 Achtung! Nicht zusammen mit anderen Produkten verwenden, da gefährliche Gase (Chlor) freigesetzt werden können.
EUH 207 Achtung! Enthält Cadmium. Bei der Verwendung entstehen gefährliche Dämpfe. Hinweise des Herstellers beachten. Sicherheitsanweisungen einhalten.
EUH 208 Enthält (Name des sensibilisierenden Stoffes). Kann allergische Reaktionen hervorrufen.
EUH 209 Kann bei Verwendung leicht entzündbar werden.
EUH 209 A Kann bei Verwendung entzündbar werden.
EUH 210 Sicherheitsdatenblatt auf Anfrage erhältlich.
EUH 401 Zur Vermeidung von Risiken für Mensch und Umwelt die Gebrauchsanleitung einhalten.

Die chemischen Elemente

Elemente Name	Symbol	OZ	Atommasse in u	Dichte[1] in $\frac{g}{cm^3}$ (Gase: $\frac{g}{l}$)	Schmelztemperatur in °C	Siedetemperatur in °C
Actinium	Ac	**89**	(227)	10,1	1050	–
Aluminium	Al	**13**	26,9815	2,70	660	≈ 2300
Americium	Am	**95**	(243)	11,7	827	2610
Antimon (Stibium)	Sb	**51**	121,75	6,68	630	1640
Argon	Ar	**18**	39,948	*1,784*	–189	–186
Arsen	As	**33**	74,9216	5,73	817p	633s
Barium	Ba	**56**	137,34	3,7	717	1640
Beryllium	Be	**4**	9,0122	1,86	1278	2970
Bismut	Bi	**83**	208,980	9,80	271	1560
Blei (Plumbum)	Pb	**82**	207,2	11,4	327	1750
Bor	B	**5**	10,81	2,34	≈ 2000	≈ 2500
Brom	Br	**35**	79,904	3,14	–7	58
Cadmium	Cd	**48**	112,40	8,64	321	767
Caesium	Cs	**55**	132,905	1,90	29	690
Calcium	Ca	**20**	40,08	1,55	845	1440
Cer	Ce	**58**	140,12	6,8	800	3600
Chlor	Cl	**17**	35,453	*3,214*	–102	–34
Chrom	Cr	**24**	51,996	7,19	≈ 1900	≈ 2500
Cobalt	Co	**27**	58,9332	8,83	1490	3100
Dysprosium	Dy	**66**	162,50	8,54	1407	≈ 2600
Eisen (Ferrum)	Fe	**26**	55,847	7,86	1535	2750
Erbium	Er	**68**	167,26	9,05	1497	2900
Europium	Eu	**63**	151,96	5,26	826	1439
Fluor	F	**9**	18,9984	*1,70*	–220	–188
Gadolinium	Gd	**64**	157,25	7,90	1312	≈ 3000
Gallium	Ga	**31**	69,72	6,0	30	2340
Germanium	Ge	**32**	72,59	5,36	960	≈ 2700
Gold (Aurum)	Au	**79**	196,967	19,3	1063	2700
Hafnium	Hf	**72**	178,49	13,3	2220	> 3000
Helium	He	**2**	4,0026	*0,178*	–272p	–269
Holmium	Ho	**67**	164,930	8,80	1461	≈ 2600
Indium	In	**49**	114,82	7,31	156	2000
Iod	I	**53**	126,9044	4,94	114	184
Iridium	Ir	**77**	192,2	22,6	2454	> 4500
Kalium	K	**19**	39,102	0,86	64	760
Kohlenstoff (Carboneum)	C	**6**	12,0115	[2]	≈ 3700s	
Krypton	Kr	**36**	83,80	*3,708*	–157	–153
Kupfer (Cuprum)	Cu	**29**	63,546	8,93	1083	2350
Lanthan	La	**57**	138,91	6,1	920	4515
Lithium	Li	**3**	6,941	0,53	180	1335
Lutetium	Lu	**71**	174,97	9,84	1652	3327
Magnesium	Mg	**12**	24,305	1,74	650	1105
Mangan	Mn	**25**	54,9380	7,3	1220	2150
Molybdän	Mo	**42**	95,94	10,2	2620	≈ 5000
Natrium	Na	**11**	22,9898	0,97	98	883
Neodym	Nd	**60**	144,24	7,0	1024	3300
Neon	Ne	**10**	20,179	*0,90*	–249	–246
Neptunium	Np	**93**	(237)	19,5	–	–
Nickel	Ni	**28**	58,70	8,90	1453	≈ 2800
Niob	Nb	**41**	92,906	8,5	2468	≈ 3700
Osmium	Os	**76**	190,2	22,5	≈ 2600	≈ 5500
Palladium	Pd	**46**	106,4	12,0	1555	3380
Phosphor	P	**15**	30,9738	[3]	44[4]	285[4]
Platin	Pt	**78**	195,09	21,45	1770	3300
Plutonium	Pu	**94**	(244)	19,7	640	3200
Polonium	Po	**84**	(209)	9,32	254	962
Praseodym	Pr	**59**	140,907	6,7	935	≈ 3300
Quecksilber (Hydrargyrum)	Hg	**80**	200,59	13,55	–39	357
Radium	Ra	**88**	226,05	≈ 6	≈ 700	1140
Radon	Rn	**86**	(222)	*9,96*	–71	–62
Rhenium	Re	**75**	186,2	20,9	3170	≈ 5900
Rhodium	Rh	**45**	102,905	12,4	1966	4500
Rubidium	Rb	**37**	85,47	1,53	39	690
Ruthenium	Ru	**44**	101,07	12,4	2400	≈ 4500
Samarium	Sm	**62**	150,35	7,5	1072	≈ 1900
Sauerstoff (Oxygenium)	O	**8**	15,9994	*1,429*	–219	–183
Scandium	Sc	**21**	44,956	3,0	1540	2730
Schwefel (Sulfur)	S	**16**	32,06	2,0	119	444
Selen	Se	**34**	78,96	4,8	220	688
Silber (Argentum)	Ag	**47**	107,870	10,5	960	2150
Silicium	Si	**14**	28,086	2,4	1410	2630
Stickstoff (Nitrogenium)	N	**7**	14,0067	*1,251*	–210	–196
Strontium	Sr	**38**	87,62	2,6	757	1365
Tantal	Ta	**73**	180,948	16,7	2990	> 5000
Technetium*	Tc	**43**	(97)	11,5	2140	–
Tellur	Te	**52**	127,60	6,2	450	990
Terbium	Tb	**65**	158,924	8,3	1350	≈ 2800
Thallium	Tl	**81**	204,37	11,85	303	1457
Thorium	Th	**90**	232,038	11,7	≈ 1800	≈ 3600
Thulium	Tm	**69**	168,934	9,33	1545	1727
Titan	Ti	**22**	47,90	4,51	≈ 1700	3260
Uran	U	**92**	238,029	19,1	1133	≈ 3600
Vanadium	V	**23**	50,9414	6,1	≈ 1800	> 3000
Wasserstoff (Hydrogenium)	H	**1**	1,00797	*0,0899*	–259	–253
Wolfram	W	**74**	183,85	19,30	3410	5400
Xenon	Xe	**54**	131,30	*5,89*	–112	–108
Ytterbium	Yb	**70**	173,04	6,5	8,25	1427
Yttrium	Y	**39**	88,905	4,5	1490	2927
Zink	Zn	**30**	65,38	7,2	420	910
Zinn (Stannum)	Sn	**50**	118,69	7,3	232	≈ 2400
Zirconium	Zr	**40**	91,22	6,5	1860	≈ 3600

* künstlich gewonnenes Element, OZ Ordnungszahl, (243) Eine eingeklammerte Zahl gibt die Nukleonenzahl des langlebigsten Isotops des Elements an.
– Werte sind nicht bekannt, ≈ Wert sehr ungenau, p unter Druck, s sublimiert, 1) Bei gasförmigen Elementen wird die Dichte *kursiv* gedruckt angegeben. Sie gilt für 0 °C und 1013 hPa. 2) Graphit: 2,25, Diamant: 3,51, 3) weißer P: 1,83, roter P: 2,2, 4) weißer P

Eigenschaften von Gasen

Name	Dichte bei 20 °C (1013 hPa) in $\frac{g}{l}$	Schmelztemperatur in °C bei 1013 hPa	Siedetemperatur in °C bei 1013 hPa	Löslichkeit bei 25 °C in 1 l Wasser in l
Wasserstoff (H_2)	0,084	–259	–253	0,019
Stickstoff (N_2)	1,17	–210	–196	0,015
Sauerstoff (O_2)	1,33	–219	–183	0,028
Fluor (F_2)	1,58	–220	–188	–
Chlor (Cl_2)	2,95	–101	–35	2,2
Helium (He)	0,17	–270	–269	0,09
Neon (Ne)	0,84	–249	–246	0,016
Argon (Ar)	1,66	–189	–186	0,032
Krypton (Kr)	3,48	–157	–152	0,071
Luft	1,20	–	–	0,0063* 0,012**
Ammoniak (NH_3)	0,71	–78	–33	680
Chlorwasserstoff (HCl)	1,52	–114	–85	466
Schwefelwasserstoff (H_2S)	1,42	–83	–62	2,41
Schwefeldioxid (SO_2)	2,67	–73	–10	35
Kohlenstoffmonooxid (CO)	1,17	–205	–190	0,023
Kohlenstoffdioxid (CO_2)	1,83	–78 (sublimiert)		0,80
Methan (CH_4)	0,67	–182	–162	0,032
Ethan (C_2H_6)	1,25	–183	–89	0,043
Propan (C_3H_8)	1,84	–188	–42	0,06
Butan (C_4H_{10})	2,47	–138	–1	0,14
Ethen (C_2H_4)	1,17	–169	–104	0,13
Ethin (C_2H_2)	1,06	–84 (sublimiert)		0,95

* von Sauerstoff aus der Luft
** von Stickstoff aus der Luft

Gewinde und Farbkennzeichnung von Stahlflaschen für Gase

Gas	Gewinde	alte Farbkennzeichnung	neue Farbkennzeichnung („N") Flaschenschulter	Flaschenmantel
Sauerstoff	rechts	blau	weiß	blau oder grau
Stickstoff	rechts	dunkelgrün	schwarz	grau, schwarz oder dunkelgrün
Druckluft	rechts	grau	leuchtend grün	grau
Argon	rechts	grau	dunkelgrün	grau oder dunkelgrün
Helium	rechts	grau	braun	grau
Kohlenstoffdioxid	rechts	grau	grau	grau
Wasserstoff	links	rot	rot	rot
Acetylen	Spezialgewinde	gelb	kastanienbraun	kastanienbraun, schwarz oder gelb

Reagenzlösungen

Chlorwasser (Xn): Destilliertes Wasser durch Einleiten von Chlor sättigen; in brauner Flasche aufbewahren.

Bromwasser (T, Xi): 10 Tropfen Brom in 250 ml destilliertem Wasser lösen.

Iodwasser: Einige Blättchen Iod in destilliertem Wasser kurz aufkochen.

Iod/Kaliumiodid-Lösung: 2 g Kaliumiodid in wenig Wasser vollständig lösen und 1 g Iod zugeben. Nach dem Lösen auf 300 ml auffüllen und in brauner Flasche aufbewahren.

FEHLING-Lösung I: 7 g Kupfersulfat ($CuSO_4 \cdot 5\ H_2O$) in 100 ml Wasser lösen.

FEHLING-Lösung II (C): 35 g Kaliumnatriumtartrat (Seignette-Salz) und 10 g Natriumhydroxid in 100 ml Wasser lösen.

Kalkwasser: 1 g Calciumoxid in 500 ml destilliertem Wasser schütteln und filtrieren (0,02 $\frac{mol}{l}$).

Silbernitrat-Lösung: 17 g Silbernitrat auf 1 Liter auffüllen (0,1 $\frac{mol}{l}$).

Bariumchlorid-Lösung (Xn): 24,4 g Bariumchlorid ($BaCl_2 \cdot 2\ H_2O$) auf 1 Liter auffüllen (0,1 $\frac{mol}{l}$).

Bleiacetat-Lösung (T): 9,5 g Bleiacetat ($Pb(CH_3COO)_2 \cdot 3\ H_2O$) auf 250 ml auffüllen (0,1 $\frac{mol}{l}$).

Indikatorlösungen:
Bromthymolblau: 0,1 g in 100 ml 20%igem Ethanol.
Methylrot (F): 0,2 g in 100 ml 90%igem Ethanol.
Phenolphthalein (F): 0,1 g in 100 ml 70%igem Ethanol.
Universalindikator für pH 2–10 (F): 300 mg Dimethylgelb, 200 mg Methylrot, 400 mg Bromthymolblau, 500 mg Thymolblau und 100 mg Phenolphthalein in 500 ml 90%igem Ethanol.
Farbstufen: pH ≤ 2: rot; pH 4: orange; pH 6: gelb; pH 8: grün; pH 10: blau

BAEYER-Reagenz: 10%ige Sodalösung mit einer verdünnten Kaliumpermanganat-Lösung versetzen, bis die Lösung kräftig violett gefärbt ist.

TOLLENS-Reagenz (ammoniakalische Silbernitrat-Lösung): Silbernitrat-Lösung (0,1 mol · l^{-1}) mit etwa einem Zehntel des Volumens verdünnter Natronlauge versetzen. Anschließend unter Schütteln Ammoniak-Lösung (25 %) zutropfen, bis sich der Silberoxid-Niederschlag gerade wieder löst. Die Reagenz-Lösung wird jeweils frisch zubereitet. Sie darf nicht aufbewahrt werden, da sich Silberazid bilden könnte (Explosionsgefahr). Reste der Reagenz-Lösung ansäuern und über den Behälter B2 entsorgen.

SCHIFF-Reagenz (fuchsinschweflige Säure): 0,25 g Fuchsin in 1 Liter Wasser lösen (Rotfärbung); unter ständigem Rühren schweflige Säure (oder angesäuerte Lösung von $Na_2S_2O_5$) zutropfen, bis Entfärbung eintritt.

Saure und alkalische Lösungen

Lösung	gelöster Stoff	*	verdünnt Massenanteil	verdünnt Dichte bei 20 °C	konzentriert Massenanteil	konzentriert Dichte bei 20 °C
Salzsäure	HCl (g)	2	7 %	1,033	36 %	1,179
Schwefelsäure	H_2SO_4 (l)	1	9 %	1,059	98 %	1,836
Salpetersäure	HNO_3 (l)	2	12 %	1,066	68 %	1,391
Phosphorsäure	H_3PO_4 (s)	1	10 %	1,05	85 %	1,71
Essigsäure	CH_3COOH (l)	2	12 %	1,015	99 %	1,052
Natronlauge	NaOH (s)	2	8 %	1,087	30 %	1,328
Kalilauge	KOH (s)	2	11 %	1,100	27 %	1,256
Kalkwasser	$Ca(OH)_2$ (s)		0,16 %**	1,001**	** Angaben für gesättigte Lösungen	
Barytwasser	$Ba(OH)_2$ (s)		3,4 %**	1,04**		
Ammoniak-Lösung	NH_3 (g)	2	3 %	0,981	25%	0,907

* Stoffmengenkonzentration in $\frac{mol}{l}$

Größen und ihre Einheiten

Größe		Einheit		
Name	Zeichen	Name	Zeichen	Beziehungen
Masse	m	Kilogramm	kg	1 kg = 1000 g 1 g = 1000 mg
Volumen	V	Kubikmeter	m^3	1 m^3 = 1000 dm^3 1 dm^3 = 1 l
		Liter	l	1 l = 1000 ml 1 ml = 1 cm^3
Dichte	ϱ	$\frac{\text{Kilogramm}}{\text{Kubikmeter}}$	$\frac{kg}{m^3}$	$1\,\frac{g}{cm^3} = 1000\,\frac{kg}{m^3}$
		$\frac{\text{Gramm}}{\text{Liter}}$	$\frac{g}{l}$	$1\,\frac{g}{l} = 0{,}001\,\frac{g}{m^3}$
Druck	p	Pascal	Pa	$1\text{ Pa} = 1\,\frac{N}{m^2}$ 100 Pa = 1 hPa
		Bar	bar	1 bar = 100 000 Pa 1 mbar = 100 Pa
Energie	E	Joule	J	$1\text{ J} = 1\text{ N}\cdot\text{m} = 1\,\frac{kg\cdot m^2}{s^2}$
Elektrizitätsmenge	Q	Coulomb	C	1 C = 1 A · s
Anzahl	N			
Stoffmenge	n	Mol	mol	1 mol enthält $6{,}022\cdot10^{23}$ Teilchen
molare Masse	M	$\frac{\text{Gramm}}{\text{Mol}}$	$\frac{g}{mol}$	
Stoffmengenkonzentration	c	$\frac{\text{Mol}}{\text{Liter}}$	$\frac{mol}{l}$	
Temperatur	ϑ	Grad Celsius	°C	
	T	Kelvin	K	0 °C = 273,15 K

Umrechnungsfaktoren

Energie	J	cal	eV
1 J	1	0,2390	$6{,}242\cdot10^{18}$
1 cal	4,184	1	$2{,}612\cdot10^{19}$
1 eV	$1{,}602\cdot10^{-19}$	$3{,}829\cdot10^{-20}$	1
1 J = 1 N · m = 1 W · s = 1 V · A · s			

Druck	Pa	atm	mm Hg	bar
1 Pa	1	$9{,}869\cdot10^{-6}$	$7{,}501\cdot10^{-3}$	10^{-5}
1 atm	$1{,}013\cdot10^{5}$	1	760,0	1,013
1 mm Hg (Torr)	133,3	$1{,}316\cdot10^{-3}$	1	$1{,}333\cdot10^{-3}$
1 bar	10^5	0,9869	750,1	1

100 Pa = 1 hPa; 1 mbar = 1 hPa; 1 mm Hg = 1 Torr; $1\text{ Pa} = 1\,\frac{N}{m^2}$

Konstanten

Atomare Masseneinheit	u	$1{,}661\cdot10^{-27}$ kg
AVOGADRO-Konstante	N_A	$6{,}022\cdot10^{23}\,\frac{1}{mol}$
Molares Volumen eines idealen Gases (bei 1013 hPa und 20 °C)	V_m	$24{,}056\,\frac{l}{mol}$
Ladung eines Elektrons	e	$1{,}602\cdot10^{-19}$ C
Masse eines Elektrons	m_e	$9{,}109\cdot10^{-31}$ kg
Masse eines Protons	m_p	$1{,}673\cdot10^{-27}$ kg
Masse eines Neutrons	m_n	$1{,}675\cdot10^{-27}$ kg
FARADAY-Konstante	F	$96\,485\,\frac{C}{mol}$

Gehaltsangaben für Mischungen und Lösungen (nach DIN 1310)

Masse einer Stoffportion:	m_i	Massenkonzentration:	$\beta_i = \frac{m_i}{V}$
Volumen einer Stoffportion:	V_i	Volumenkonzentration:	$\sigma_i = \frac{V_i}{V}$
Stoffmenge einer Stoffportion:	n_i	Stoffmengenkonzentration:	$c_i = \frac{n_i}{V}$
Teilchenzahl einer Stoffportion:	N_i	Teilchenkonzentration:	$C_i = \frac{N_i}{V}$
		(*V*: Gesamtvolumen **nach** dem Mischen)	

Massenanteil (früher: Gewichtsprozent): $w_i = \frac{m_i}{m}$

Gesamtmasse $m = m_1 + m_2 + \ldots$

Volumenanteil (früher: Volumenprozent): $\phi_i = \frac{V_i}{V_0}$

Gesamtvolumen $V_0 = V_1 + V_2 + \ldots$ (**vor** dem Mischen)

Stoffmengenanteil: $x_i = \frac{n_i}{n}$

Gesamtstoffmenge $n = n_1 + n_2 + \ldots$

Teilchenzahlanteil: $X_i = \frac{N_i}{N}$

Gesamtteilchenanzahl $N = N_1 + N_2 + \ldots$

Das Wort Gehalt wird als Oberbegriff bei der qualitativen Beschreibung verwendet. *Beispiel:* der Wassergehalt einer Probe

Dezimale Teile/Vielfache

Potenz	Vorsilbe	Symbol	Potenz	Vorsilbe	Symbol
10^{-1}	Dezi	d	10	Deka	da
10^{-2}	Zenti	c	10^2	Hekto	h
10^{-3}	Milli	m	10^3	Kilo	k
10^{-6}	Mikro	μ	10^6	Mega	M
10^{-9}	Nano	n	10^9	Giga	G
10^{-12}	Piko	p	10^{12}	Tera	T
10^{-15}	Femto	f			
10^{-18}	Atto	a			

Griechisches Alphabet

Buchstabe		Name	Buchstabe		Name
klein	groß		klein	groß	
α	Α	alpha	ν	Ν	nü
β	Β	beta	ξ	Ξ	xi
γ	Γ	gamma	ο	Ο	omikron
δ	Δ	delta	π	Π	pi
ε	Ε	epsilon	ϱ	Ρ	rho
ζ	Ζ	zeta	σ	Σ	sigma
η	Η	eta	τ	Τ	tau
ϑ	Θ	theta	φ	Φ	phi
ι	Ι	jota	υ	Υ	ypsilon
κ	Κ	kappa	χ	Χ	chi
λ	Λ	lambda	ψ	Ψ	psi
μ	Μ	mü	ω	Ω	omega

Griechische Zahlwörter

½	hemi		
1	mono	11	undeca
2	di	12	dodeca
3	tri	13	trideca
4	tetra	14	tetradeca
5	penta	15	pentadeca
6	hexa	16	hexadeca
7	hepta	17	heptadeca
8	octa	18	octadeca
9	nona	19	enneadeca
10	deca	20	eicosa

Kleines Lexikon der Chemie

Adsorption: Anlagerung von Teilchen an die Oberfläche eines porösen Feststoffs wie Aktivkohle.

Aggregatzustand: gibt an, ob ein Stoff fest, flüssig oder gasförmig vorliegt.
Symbole: s (fest), l (flüssig), g (gasförmig).

α-Strahlung: radioaktive Strahlung; sie besteht aus Helium-Atomkernen, also He^{2+}-Ionen.

Aktivierungsenergie: die Energie, die man benötigt, um eine Reaktion in Gang zu setzen.

Alkalimetalle: Elemente der I. Hauptgruppe des Periodensystems; bilden einfach geladene Kationen.

Alkane: gesättigte Kohlenwasserstoffe; allgemeine Molekülformel: C_nH_{2n+2}

Alkene: ungesättigte Kohlenwasserstoffe mit einer C=C-Zweifachbindung; allgemeine Molekülformel: C_nH_{2n}

Alkine: ungesättigte Kohlenwasserstoffe mit einer C≡C-Dreifachbindung; allgemeine Molekülformel: C_nH_{2n-2}

Alkohole: organische Verbindungen, deren Moleküle eine oder mehrere Hydroxyl-Gruppen (OH-Gruppen) besitzen. Ist die OH-Gruppe an einen Alkyl-Rest gebunden, liegt ein **Alkanol** vor.

Anion: negativ geladenes Ion.

Anode: positive *Elektrode.*

Anregungsenergie: siehe Aktivierungsenergie.

Atombindung: siehe Elektronenpaarbindung.

Atome: Grundbausteine der Materie; es gibt ebenso viele Atomarten, wie es Elemente gibt; eine Atomart ist gekennzeichnet durch die Anzahl der Protonen im Atomkern.

Atomhülle: Aufenthaltsbereich der Elektronen; sie bewegen sich in bestimmten Schalen um den Atomkern. (→ Kern/Hülle-Modell)

Atomkern: Massezentrum des Atoms; besteht aus positiv geladenen Protonen und elektrisch neutralen Neutronen.

Atommasse: Masse eines Atoms; sie wird in der atomaren Masseneinheit 1 u angegeben; $1\ u = 1{,}66 \cdot 10^{-24}\ g$

Außenelektronen: Elektronen der äußeren Schale eines Atoms; sie bestimmen die chemischen Eigenschaften des jeweiligen Elements.

AVOGADRO-Gesetz: Bei gleichem Druck und gleicher Temperatur enthalten gleiche Volumina von Gasen gleich viele Teilchen.

AVOGADRO-Konstante: Größe zur Umrechnung zwischen Stoffmenge und Teilchenanzahl; $N_A = 6 \cdot 10^{23}\ 1/mol$

β-Strahlung: radioaktive Strahlung; sie besteht aus Elektronen.

Basen: Teilchen, die Protonen aufnehmen können (Protonenakzeptoren).

Bindungsenergie: Energie, die man aufwenden muss, um eine Elektronenpaarbindung zu spalten.

Cycloalkane: gesättigte Kohlenwasserstoffe mit ringförmigen Molekülen; allgemeine Formel: C_nH_{2n}

Destillation: Trennverfahren für Flüssigkeitsgemische; die Trennung erfolgt aufgrund unterschiedlicher Siedetemperaturen.

Diffusion: auf der Teilchenbewegung beruhende selbstständige Durchmischung gasförmiger und gelöster Stoffe.

Dipol: Molekül mit polaren Elektronenpaarbindungen, bei dem die Ladungen nicht symmetrisch verteilt sind.

Edelgase: Elemente der VIII. Hauptgruppe des Periodensystems; Edelgase sind besonders reaktionsträge.

Edelgaskonfiguration: energetisch besonders stabile Elektronenverteilung: Die äußere Schale ist wie bei den Edelgasen mit 8 Elektronen besetzt (beim Helium 2 Elektronen). (→ Oktettregel)

Elektrolyse: Zerlegung einer chemischen Verbindung mithilfe elektrischer Energie.

Elektronegativität: Maß für die Fähigkeit eines Atoms Bindungselektronen anzuziehen.

Elektronen: Träger der kleinsten negativen elektrischen Ladung; nahezu masselose Bausteine der Atome, die sich in der Atomhülle aufhalten.

Elektronenpaarabstoßungs-Modell: Modellvorstellung über den Bau der Atomhülle; danach werden die Außenelektronen der zu Molekülen verbundenen Atome zu Elektronenpaaren zusammengefasst. Sie bilden Elektronenwolken, die sich gegenseitig abstoßen und so den räumlichen Bau der Moleküle bestimmen.

Elektronenpaarbindung (Atombindung): Bindungstyp in Molekülen; der Zusammenhalt der Atome wird durch gemeinsame Elektronenpaare bewirkt. (→ Oktettregel)

Eliminierungsreaktion: Reaktion, bei der von einem Molekül unter Ausbildung einer Mehrfachbindung ein anderes Molekül abgespalten wird.

Emulsion: heterogenes Gemisch aus nicht ineinander lölichen Flüssigkeiten

endotherme Reaktion: Reaktion, bei der aus der Umgebung Wärme aufgenommen wird.

Erdalkalimetalle: Elemente der II. Hauptgruppe des Periodensystems; bilden zweifach geladene Kationen.

exotherme Reaktion: Reaktion, bei der Wärme frei wird.

Extrahieren: Trennverfahren, bei dem lösliche Stoffe aus einem Gemisch herausgelöst werden.

Formeln: *Verhältnisformeln* geben das Atomanzahlverhältnis einer Verbindung an; *Molekülformeln* geben die zahlenmäßige Zusammensetzung eines Moleküls an; *Strukturformeln* geben die Anordnung der Atome in einem Molekül an.

funktionelle Gruppe: ein Molekülteil mit charakteristischem Reaktionsverhalten.

galvanische Zelle: Anordnung, mit der die bei einer Elektronenübertragungsreaktion frei werdende Energie als elektrische Energie genutzt werden kann. Beispiel: Batterien

Halogene: Elemente der VII. Hauptgruppe des Periodensystems; bilden einfach geladene Anionen.

heterogene Gemische: uneinheitliche Gemische, bei denen man, manchmal auch nur mit dem Mikroskop, die einzelnen Bestandteile erkennen kann; einheitliche Gemische bezeichnet man als **homogene Gemische.**

homologe Reihe: Reihe von organischen Verbindungen, deren aufeinanderfolgende Glieder sich jeweils durch eine CH_2-Gruppe unterscheiden.

Hydratation: Bildung einer Hülle von Wasser-Molekülen *(Hydrathülle)* um ein Molekül oder Ion während des Lösungsvorgangs.

hydrophiler Stoff: wasserlöslicher Stoff mit polarem Molekülbau.

hydrophober Stoff: fettlöslicher Stoff mit unpolarem Molekülbau.

Hydroxy-Gruppe: OH-Gruppe; funktionelle Gruppe der Alkanole (Alkohole).

hygroskopischer Stoff: ein Stoff, der begierig Wasserdampf aus der Luft aufnimmt.

Indikator: ein Farbstoff, der durch seine Farbe anzeigt, ob eine saure, eine neutrale oder eine alkalische Lösung vorliegt. (→ pH-Skala)

Ionen: geladene Atome oder positiv bzw. negativ geladene Teilchen.

Ionenbindung: Bindungstyp in Ionenverbindungen; der Zusammenhalt wird durch die elektrostatischen Kräfte der entgegengesetzt geladenen Ionen bedingt. Daraus ergibt sich die dreidimensionale Struktur eines **Ionengitters.**

Ionenverbindungen: salzartige Stoffe; besitzen eine relativ hohe Schmelz- und Siedetemperatur und leiten in Schmelze und Lösung den elektrischen Strom.

Isomere: Stoffe mit gleicher Molekülformel, aber unterschiedlicher Molekülstruktur.

Isotope: Atome eines Elements mit gleicher Protonen-Anzahl, aber unterschiedlicher Neutronen-Anzahl.

IUPAC-Nomenklatur: internationale Regeln zur Benennung von chemischen Verbindungen.

Katalysator: ein Stoff, der die Geschwindigkeit einer Reaktion erhöht und unverändert aus der Reaktion hervorgeht.

Kathode: negative *Elektrode.*

Kation: positiv geladenes Ion.

Kern/Hülle-Modell: Atommodell, das auf RUTHERFORD zurückgeht; danach bestehen Atome aus einem kleinen, positiv geladenen *Atomkern,* der praktisch die gesamte Masse des Atoms enthält, und der *Atomhülle,* in der sich die negativ geladenen Elektronen bewegen.

Kohlenwasserstoffe: Kohlenstoff/Wasserstoff-Verbindungen; man unterscheidet: *gesättigte* Kohlenwasserstoffe mit C/C-Einfachbindungen und *ungesättigte* Kohlenwasserstoffe mit einer oder mehreren C/C-Mehrfachbindungen.

Laugen: Lösungen, die Hydroxid-Ionen enthalten. (→ Säuren)

Legierung: ein homogenes Gemisch aus zwei oder mehreren Metallen, das in der Schmelze hergestellt wird.

LEWIS-Formel: Strukturformel, in der *bindende* und *freie* (nicht bindende) Elektronenpaare angegeben sind.

Lösung: ein homogenes flüssiges Gemisch aus zwei oder mehreren Stoffen.

Massenzahl: gibt die Anzahl der Nukleonen im Atomkern an.

Modifikationen: Erscheinungsformen eines Elements. Sie sind aus den gleichen Atomen aufgebaut, unterscheiden sich aber in der Anordnung der Atome.
Beispiel: Diamant und Graphit sind Modifikationen des Kohlenstoffs.

Mol: 1 mol ist die *Stoffmenge* einer Portion, die $6 \cdot 10^{23}$ Teilchen enthält.

molare Masse *M*: stoffspezifische Größe zur Umrechnung zwischen Masse und Stoffmenge; ihr Zahlenwert entspricht dem der Teilchenmasse in u, die Einheit ist g/mol.

molares Volumen V_m: Größe zur Umrechnung zwischen Volumen und Stoffmenge; bei normalem Druck und Raumtemperatur gilt für alle Gase $V_m = 24$ l/mol.

Moleküle: Atomverbände mit definierter Zusammensetzung.

Molekülformel: siehe Formel.

Molekülmasse: ergibt sich durch Addition der jeweiligen Atommassen.

Nebel: heterogenes Gemisch, bei dem eine Flüssigkeit in einem Gas verteilt wird.

Neutralisation: Reaktion von H^+-Ionen aus einer *sauren* Lösung mit OH^--Ionen aus einer *alkalischen* Lösung zu Wasser-Molekülen.

Neutron: elektrisch neutraler Baustein des Atomkerns ($m \approx 1$ u).

Normbedingungen: häufig gewählte Bedingungen für die Angabe von Gasvolumina: $\vartheta = 0$ °C, $p = 1013$ hPa.

Nukleonen: Bausteine des Atomkerns: *Protonen* und *Neutronen.*

Oktettregel: Regel, nach der die Ausbildung von Elektronenpaarbindungen so erfolgt, dass die beteiligten Atome auf der äußeren Schale die Edelgaskonfiguration von 8 Elektronen erreichen.

Ordnungszahl: entspricht der *Kernladungszahl,* gibt die Anzahl der Protonen im Atomkern an.

organische Chemie: Chemie der Kohlenstoff-Verbindungen; Gegenteil: *anorganische Chemie.*

Oxidation: Reaktion, bei der ein Stoff Sauerstoff aufnimmt; im erweiterten Sinn Abgabe von Elektronen; die Umkehrung der Oxidation ist die **Reduktion.**

Oxidationsmittel: ein Stoff, der einen anderen Stoff oxidiert; Gegenteil: **Reduktionsmittel.**

Ozonschicht: Teil der Stratosphäre; liegt etwa in 30 km Höhe; dort absorbieren Ozon-Moleküle den größten Teil der UV-Strahlung der Sonne.

Paraffine: veraltete Bezeichnung für gesättigte Kohlenwasserstoffe (Alkane).

Periodensystem: tabellarische Anordnung der einzelnen Elemente; untereinander stehende Elemente bilden eine *Gruppe,* nebeneinander stehende eine *Periode.* Die Elemente sind nach ähnlichen Eigenschaften und dem Bau der Atome angeordnet.

pH-Skala: umfasst die Werte von 0 bis 14; der *pH-Wert* ist ein Maß für den Gehalt einer Lösung an H^+- oder OH^--Ionen. Bei pH 7 liegt eine *neutrale* Lösung vor, bei pH-Werten unterhalb von 7 ist die Lösung *sauer,* oberhalb von 7 *alkalisch.*

polare Elektronenpaarbindung: durch unterschiedliche Elektronegativität der Bindungspartner verursachte ungleichmäßige Ladungsverteilung entlang der Bindungsachse.

Proton: positiv geladenes Teilchen im Atomkern ($m \approx 1$ u).

Radioaktivität: Eigenschaft bestimmter Stoffe in andere Elemente zu zerfallen und dabei α-, β- oder γ-Strahlung auszusenden.

Rauch: heterogenes Gemisch, bei dem ein Feststoff in einem Gas verteilt ist.

Redoxreaktion: Reaktion, bei der Sauerstoff ausgetauscht wird; im erweiterten Sinn eine Reaktion, bei der Elektronen ausgetauscht werden.

Redoxreihe: Auflistung von Stoffen nach ihrer Oxidierbarkeit; im erweiterten Sinn nach ihrer Fähigkeit, Elektronen abzugeben.

Reduktion: Reaktion, bei der einem Stoff Sauerstoff entzogen wird.

Reduktionsmittel: ein Stoff, der einen anderen Stoff reduziert.

saurer Regen: Regen, der durch aus Luftschadstoffen (SO_2, NO_2) gebildete Säuren sauer reagiert (pH-Wert ≤ 4,5).

Säuren: Molekülverbindungen, die beim Lösen in Wasser in H^+-Ionen und Säurerest-Ionen zerfallen; *Protonendonatoren.*
(→ Laugen)

Säure/Base-Reaktion: Reaktion, bei der Protonen übertragen werden.

Schalenmodell: Modellvorstellung über den Aufbau der Atomhülle; die Elektronen bewegen sich in definierten Schalen, denen jeweils ein bestimmtes Energieniveau zugeordnet werden kann.

Sedimentieren: Trennverfahren für *Suspensionen*; der Feststoff setzt sich aufgrund der höheren Dichte ab.

Stoffmenge: Zählgröße für die Teilchenanzahl in einer Stoffportion. Einheit: 1 mol (1 mol = $6 \cdot 10^{23}$ Teilchen)

Stoffmengenkonzentration: gibt an, wie viel Mol eines Stoffs in einem Liter Lösung enthalten sind. Einheit: mol/l

Substitutionsreaktion: Reaktion, bei der in einem Molekül ein Atom oder eine Atomgruppe durch ein anderes Atom oder eine Atomgruppe ersetzt wird.

Suspension: heterogenes Gemisch eines Feststoffs in einer Flüssigkeit.

Tetraederstruktur: Molekülstruktur, die sich ergibt, wenn vier Elektronenpaare um ein zentrales Atom angeordnet sind.
Beispiel: Methan (CH_4).

Titration: Verfahren zur Bestimmung des Gehalts einer Lösung durch allmähliche Zugabe einer anderen Lösung mit bekannter Konzentration.

VAN-DER-WAALS-Bindung: Anziehung zwischen unpolaren oder schwach polaren Molekülen.

Verbindung: Reinstoff, der durch chemische Reaktionen in Elemente zerlegt werden kann.

Wasserstoffbrückenbindungen: zwischenmolekulare Bindungen, die zwischen stark polar gebundenen Wasserstoff-Atomen des einen und freien Elektronenpaaren von Sauerstoff-Atomen oder Stickstoff-Atomen eines anderen Teilchens wirksam werden.

Stichwortverzeichnis

Bildquellen

Umschlag: Tek image/SPL/Agentur Focus, Hamburg; Vorsatz: Corbis, Düsseldorf (Image Source); 12.1: A. Berger, Hameln; 13.1: AKG, Berlin; 13.2: Bayer AG, Leverkusen; 14.1: Udo Heuer, Hannover; 14.5: SanDisk, Schweden; 14.7: Reinhard Tierfoto, Heiligkreuzsteinach; 15.1: Corbis, Düsseldorf (Jose Luis Pelaez, Inc.); 15.5: Agentur Focus, Hamburg (Simon Fraser/SPL); 15.6: Studio Schmidt-Lohmann, Hannover; 15.7: Wildlife, Hamburg (D. Harms); 19.1: Möller, Föritz; 20.1: Klaus G. Kohn, Braunschweig; 22.1: altrofoto, Regensburg; 23.1: Klaus G. Kohn, Braunschweig; 23.2: A. Berger, Hameln; 24.1: Corbis, Düsseldorf (image100); 25.1: Corbis, Düsseldorf (Elizabeth Hathon); 25.2: Jupiterimages, München (BE&W); 25.3: Corbis, Düsseldorf (KMSS/zefa); 25.4 – 26.3: A. Berger, Hameln; 26.3: Studio Schmidt-Lohmann, Hannover; 28.3: Hans Schriefer, Münster; 29.1: Solvay Deutschland GmbH, Hannover; 33.3: Wikipedia - public domain; 33.4: WMF AG, Geislingen; 33.5: Simper, Wennigsen; 33.6: A. Berger, Hamlen; 35.1: LMU, München (Dr. Markus Lackinger); 37.1 – 3: Klaus G. Kohn, Braunschweig; 40.1: Udo Heuer, Hannover; 40.1: picture-alliance, Frankfurt (Sander); 43.3: Carl Kühne KG (GmbH & Co.), Hamburg; 46.1: Peter Widmann, München; 46.2: E.I.S. Eis Info Service, Köln; 47.1: S. Ferring, Abtsgmünd; 47.2: SPL/Agentur Focus (Dr. Jeremy Burgess); 48.1: E.I.S. Eis Info Service, Köln; 49.1 – 3: A. Berger, Hameln; 51.1: bildagentur geduldig, Maulbronn; 51.1+2: Klaus G. Kohn, Braunschweig; 53.1+2: A. Berger, Hameln; 54.1: Okapia KG, Frankfurt (Lothar Lenz); 57.3: CMA, Bonn; 58.1: Corbis, Düsseldorf (S. Hammid/zefa); 59.1: Stockfood (von Cimbal, Walter); 59.2: Stockfood (von Arras, K.); 59.3: Stockfood (von Dinner, Allison); 60.1: Stockfood (von Heinze, Winfried); 61.1: Stockfood (Nobile, Paolo); 61.2+3: A. Berger, Hameln; 63.1: Corbis, Düsseldorf (Hein van den Heuvel/zefa); 64.1 A: Rolf Schulte-Coerne, Gelsenkirchen; 65.1: Deutsche Gesellschaft für Ernährung e. V., Bonn; 66.1: Stock4B, GmbH; 66.2: Alimdi.net (Justus de Cuveland); 69.2: L. Bergmann GmbH & Co.KG, Goldenstedt; 69.3: IFA-Bilderteam, Ottobrunn (Schmitz); 70.1: Corbis, Düsseldorf (Cathrine Wessel); 72.1: Simper, Wennigsen; 73.1: Mauritius, Mittenwald (Photo Researchers); 73.2: Alamy; 74.1 – 3: A. Berger, Hameln; 75.1: Aral AG & Co. KG, Bochum; 75.3+4: Tönnies, Laatzen; 75.5: Mauritius, Mittenwald (Ritschel); 75.6 – 8: Tönnies, Laatzen; 78.1: Internationaler Feuerwerkswettbewerb - Hannover Marketing und Tourismus GmbH, Hannover; 80.2: Wikipedia; 81.1: Agentur für Erneuerbare Energien e.V., Berlin; 82.1: dpa picture-alliance, Frankfurt (dpa/dpaweb); 84.2 – 6: Tönnies, Laatzen; 85.1+2: Tönnies, Laatzen; 86.1: Tönnies, Laatzen; 86.2 – 5: Gloria-Werke, Wadersloh; 88.1: Feuerwehr Hannover; 89.1+2: A. Berger, Hameln; 89.3: Torquato AG, Geesthacht; 90.1: E-On AG; 90.2: RWE Power AG; 90.3: Stadtwerke Hannover AG; 90.4: Tönnies, Laatzen; 90.1: Okapia KG, Frankfurt (St. Osolinski); 93.1+2: Freiwillige Feuerwehr Hersbruck 94.1: Stadtwerke Düsseldorf AG - Unternehmenskommunikation; 96.1 A+B: Simper, Wennigsen; 96.3: Deutsches Museum, München; 101.1: Gesellschaft Deutscher Chemiker; 104.1: Astrofoto, Sörth; 105.1: Astrofoto, Sörth; 105.3: Lonely Planet Images (Luke Hunter); 105.4: Picture-Alliance/dpa; 107.1: SkySails; 110.1: Werner Bachmeier, Ebersberg; 113.1: Tanja Ripke; 113.2: A. Oberst, Schifferstadt; 114.1: Keystone (Volkmar Schulz); 114.2: VISUM (Ludolf Dahmen); 115.1: Westfälisches Amt für Denkmalpflege; 116.1: Corbis, Düsseldorf; 120.1: Groskinsky, Washington/USA; 121.1: Wikipedia; 122.1: Corbis, Düsseldorf (Angelo Cavalli/zefa); 123.1: NASA; 123.2: Thomas Schmidt, Düsseldorf; 124.1: A. Berger, Hameln; 124.2: Tönnies, Laatzen; 124.3: Simper, Wennigsen; 124.4: Fotodesign (Gerhard P. Müller); 124.5: Quelle GmbH; 125.2: Nautilus Wassermanagement GmbH & Co. KG; 127.1: Wernicke; 132.1: Tönnies, Laatzen; 132.3: Tönnies, Laatzen; 134.2: A. Berger, Hameln; 134.3 – 4: Klaus G. Kohn, Braunschweig; 136.3: Deutsches Museum, München; 140.2: www.chemsite.de; 142.1: Stadt Ingolstadt; 143.2: Deutsches Kupferinstitut; 144.2: A. Berger, Hameln; 145.1 A: Marko Burkhardt, Selters/Taunus; 145.1 B: Peter Haas; 145.2: SPL/Agentur Focus; 146.1: Okapia KG, Frankfurt (NAS/Calvin Larsen); 146.2: Deutsches Kupferinstitut, Düsseldorf; 146.3: Norddeutsche Affinerie, Hamburg; 146.4: Deutsches Kupferinstitut, Düsseldorf; 153.3: Agentur Focus, Hamburg (eye of science); 153.4: NIST (Joseph Stroscio and Robert Celotta); 156.1: Deutsches Museum, München; 157.1: Stiftung Preußischer Kulturbesitz, Berlin; 157.2: Wolfgang Asselborn, Saarlouis; 158.1: ThyssenKrupp Steel AG; 159.1: Uni Bremen, Fachgebiet Mineralogie; 159.2: AIDA Cruises, Rostock; 162.1+2: Dillinger Hüttenwerke, Dillingen; 163.1: Wikipedia (Peter Binter); 163.2: Robbe & Berking, Flensburg; 166.1: DB AG, Berlin (Mann); 168.1: Jan Potente, Dortmund; 168.2: Stahl-Zentrum, Düsseldorf; 173.1: Matthias Luedecke, Zittau; 173.2: Mauritius, Mittenwald (Frei); 176.1: Rug/A1PIX, Taufkirchen; 177.1: Sieve, Hannover; 177.3a–c, 178.1a–b: A. Berger, Hameln; 180.1: Martyn Chillmaid/SPL/Agentur Focus, Hamburg; 180.3: akg-images, Berlin; 180.4: vario images, Bonn; 182.1: Dreamstime, www.dreamstime.com; 182.2: Rabenich/Lufthansa, Köln; 182.3: Peter Launhardt, Berlin; 186.2: Kage, Lauterstein; 195.1: ullstein bild, Berlin; 195.2: Reinhard Eisele, Augsburg; 197.1: Abecasis/mediacolor's Bildagentur & -Produktion, Zürich; 197.2: Deutsches Museum, München; 197.3: NAS/Omikron/Okapia, Frankfurt; 197.5: akg-images, Berlin; 197.6: SPL/Agentur Focus, Hamburg; 197.8: Deutsches Museum, München; 198.2: Gibe - Wikipedia/GNU-Free Documentation License; 200.2: akg-images, Berlin; 200.4: SPL/Agentur Focus, Hamburg; 206.2: More Media, Hamburg; 201.1: Index Stock/Omni Photo Communications Inc./Avenue Images, Hamburg; 201.2: mauritius images, Mittenwald; 211.1: Matzel/Das Fotoarchiv, Essen; 212.1: Matthias Lüdecke, Berlin; 212.2: Bildagentur Begsteiger, Gleisdorf; 222.2: FDC/A1PIX, Taufkirchen; 223.1a–d: Sieve, Hannover; 223.2a: Stadt Salzkotten; 224.0: Terry Vine /Getty images, München; 224.1: BVMed-Bilderpool; 225.1: Picture Press, Hamburg; 225.2: Enters/Imago, Berlin; 225.3: Volkmar Schulz/Keystone, Hamburg; 225.4: www.bloss-auktionen.de; 225.5: © Victoria Visuals /fotolia, New York; 231.1: Michael

Timm, München; 231.2: Robert Holz/Optiker Holz - opti art Galerie, Boppard; 231.3, 231.4: www.dreamstime.de/Alphaluxury; 231.5: O. Diez/WILDLIFE, Hamburg; 233.1: Schrader, Peine; 234.1: SPL/Dirk Wiersma/Agentur Focus, Hamburg; 234.2: Medenbach, Witten; 234.3: SPL/Dirk Wiersma/Agentur Focus, Hamburg; 234.4: SPL/Sinclair Stammers/Agentur Focus, Hamburg; 236.1: Pregizer/mediacolor's Bildagentur & -Produktion, Zürich; 237.1: Redux/laif, Köln; 237.3: Paech, Weipholzhausen; 238.1: Prisma/mauritius images, Mittenwald; 244.1: NIST, National Institute of Standards anf Technology, Gaithersburg; 245.2a–c: Sieve, Hannover; 246.1: vario images, Bonn; 248.1: Artwork/Blickwinkel, Witten; 250.1: Robert Harding/Schapowallow, Hamburg; 250.2: Wilhelm Mierendorf, Stuttgart; 251.1a: Arnulf Hetterich/Fnoxx, Stuttgart; 251.2: Noack/Flora Press, Hamburg; 251.4: imagebroker/Jürgen Eis/mauritius images, Mittenwald; 251.5: dpa/picture-alliance, Frankfurt; 253.1: Peter Dudek/VISUM, Hamburg; 253.2: Rosenfeld/mauritius images, Mittenwald; 253.3: Guido Schiefer, Köln; 256.2: Schrader, Peine; 257.1: Deutsches Kupfer-Institut, Düsseldorf; 258.2, 258.3: Sieve, Hannover; 259.1: allesalltag, Hamburg; 260.1: PHOTOPOOL GmbH, Hersbruck; 260.2: Volkmar Schulz/Keystone, Hamburg; 262.1: Schrader, Peine; 263.2: vario images, Bonn; 264.1: Stock4B, München; 265.1: Felipe Rodriguez/Caro Fotoagentur, Berlin; 267.1: Matthias Tunger, München; 267.2a: Medenbach, Witten; 272.1, 272.6: Jänisch, Frankfurt; 278.3: Udo Heuer, Hannover; 280.1, 280.2: Simper, Wennigsen; 282.3: ESA/ESOC, Darmstadt; 283.1: Rupert Oberhäuser/Caro Fotoagentur, Berlin; 283.2: Hohenstein Institute, Boennigheim; 284.1: NASA; 288.1b: Aflo/F1 Online, Frankfurt a. M.; 288.2: Bildagentur Huber, Garmisch-Partenkirchen; 288.4: Zefa/Corbis, Düsseldorf; 291.1: NAS/Eisenbeiss/Okapia, Frankfurt; 293.3: mauritius images, Mittenwald; 296.1: Pustlauk, Tuttlingen; 297.1: mauritius images, Mittenwald; 298.1: Flora Press, Hamburg; 299.1: Jochen Zick/Keystone, Hamburg; 299.2: MLP/Fotex, Hamburg; 301.1: Flora Press, Hamburg; 301.3: Simper, Wennigsen; 303.3: stills online, Hamburg; 304.1b: Pfletschinger/Tierbildarchiv Angermayer, Holzkirchen; 304.2b: Tönnies, Laatzen; 304.3b: Varta AG, Hannover; 304.4b: Christian Kargl/westend61, Fürstenfeldbruck; 304.5b, 308.1: Simper, Wennigsen; 308.3: Berkefeld GmbH, Celle; 309.1: akg-images, Berlin; 309.2: Tom Porchert; 310.1a–b: Simper, Wennigsen; 312.2: Daniel Koelsche/photoplexus, Dortmund; 312.3: Karin Jähne/fotolia, New York; 313.2a: behr Labortechnik, Düsseldorf; 313.2b: Brita GmbH, Taunusstein; 317.1: NASA; 317.2: Dräger Safety AG & Co. KGaA, Lübeck; 317.3: imagebroker /mauritius images, Mittenwald; 318.1: Ken Kaminesky/corbis, Düsseldorf; 319.2: Michael Dropmann, Osnabrück; 324.1: Rupert Oberhäuser/Caro Fotoagentur, Berlin; 324.2: Mettler Toledo Deutschland, Giessen; 327.1: SPL/Jerry Mason/Agentur Focus, Hamburg; 328.1, 328.2: Deutsches Museum, München; 328.3: Sheila Terry/Agentur Focus, Hamburg SPL; 328.4: ullstein bild, Berlin; 328.5: SPL/Emilio Segre Visual Archives/American Institute of Physics/ Agentur Focus, Hamburg; 328.6: SPL/Agentur Focus, Hamburg; 329.1: Deutsches Museum, München; 332.1a–b: Wolfgang Maria Weber/TV yesterday, München; 336.1: vario images, Bonn; 337.1: Jan Halaska/mauritius images, Mittenwald; 337.2: fotolia, New York;337.3: Hans-Günter Wessely/photoplexus, Ingelheim; 337.4: E.ON Energie AG, München; 337.5: Thomas Langreder/VISUM, Hamburg; 337.6: J. Boethling/agenda, Hamburg; 337.7: fotolia, New York; 338.2: Mobil Erdöl-Erdgas GmbH, Hamburg; 339.1: BASF Agrarzentrum Limburgerhof; 341.2: MikroMash, Spanien; 344.1: SPL/Paul Rapson/Agentur Focus, Hamburg; 344.2: Benno Grieshaber/VISUM, Hamburg; 347.1: Hans Schriefer, Münster; 348.1: Martin Shields/Okapia, Frankfurt; 348.2: Christian Heeb/laif, Köln; 350.2b: Degussa-Hüls AG, Frankfurt a. M.; 353.1: Matthias Lüdecke, Berlin; 353.2: Alaska Stock/mauritius images, Mittenwald; 354.1: Michael Dropmann, Osnabrück; 355.1a: SSPL/ Royal Institution/Science & Society, Berlin; 357.1: VARTA Microbattery GmbH, Ellwangen; 357.2: Charles D. Winters/DPL/Agentur Focus, Hamburg; 359.1: Dieter Rixe, Braunschweig; 359.2: Hardy Haenel, Hamburg; 359.3, 359.4: Dieter Rixe, Braunschweig; 359.5: VARTA Microbattery GmbH, Ellwangen; 360.1: GRS Batterien, Hamburg; 361.1: MAN Nutzfahrzeuge Gruppe, München; 362.2: mauritius images, Mittenwald; 364.1: Volkmar Schulz/keystone, Hamburg; 366.1: Erwin Wodicka/Bildmaschine.de, Berlin; 367.2: stock4B, München; 368.1: Michael Dropmann, Osnabrück; 369.1: Heidolph, Kottgeisering; 376.4, 376.5: BASF AG, Ludwigshafen; 376.6: Prof. Strauß; 377.2: Nobelstiftelsen, Stockholm; 382.1a: Wellinghorst, Badbergen; 382.2c: Heuer, Hannover; 383.1: Tönnies, Laatzen; 383.2a: atelier krebs, Hannover; 383.2c: DRAGOCO Gerberding & Co. AG, Holzminden; 387.1: Floris Leeuwenberg/corbis, Düsseldorf; 387.2: Rainer Weisflog, Cottbus; 388.1: Photononstop/mauritius images, Mittenwald; 388.4: Andrew Syre/SPL/Agentur Focus, Hamburg; 391.1: Kosme GmbH, Sollenau; 397.2a–c: Krupp Kautex Maschinenbau GmbH, Bonn; 397.3: BASF AG, Ludwigshafen; 400.1: Erwin Wodicka/Bilderbox, Breitbrunn; 400.2: R. Philips/Arco Images, Lünen; 400.4: Fstop/F1 Online, Frankfurt a. M.; 400.5: F. Kesselring – FKuR Willich – Wikipedia – Diese Datei ist lizenziert unter der Creative-Commons-Lizenz 3.0 Deutschland; 402.1: tabato GmbH, Köln; 403.1: bildagenturonline, Burgkunstadt; 424.1: Westfalen AG, Münster.

Es war uns leider nicht bei allen Abbildungen möglich, den Inhaber der Rechte ausfindig zu machen. Berechtigte Ansprüche werden selbstverständlich im Rahmen der üblichen Vereinbarungen abgegolten.

Das illustrierte Periodensystem

Hauptgruppen

I

1 Wasserstoff
○ Raketentreibstoff
○ Fetthärtung
○ Entschwefelung von Erdöl
○ Herstellung von Ammoniak
x 1,008

VIII

2 Helium
○ Füllung für Ballone und Zeppeline
○ Tauchglockenatmosphäre
○ Laser und Leckdetetoren
○ Kühlmittel für Kernkraftwerke
x 4,003

3 Lithium
v Schmieroladditiv Batterien
+ Legierungen für die Raumfahrt
v Laborglas
x 6,94

II

4 Beryllium
Fenster für Röntgenröhren
+ Uhrfedern
+ Funkenfreie Werkzeuge
x 9.01

III

5 Bor
v Moderator in Kernkraftwerken
v Tennisschläger
v Hitzefestes Glas
v Bleichmittel
x 10,81

IV

6 Kohlenstoff
○ Diamanten, Bleistifte
○ Färbemittel für Reifen
○ Moderator in Kernkraftwerken
v Kunststoffe
x 12,01

V

7 Stickstoff
○ Kältetherapie
○ Kühlmittel (flüssig)
○ Ammoniakherstellung
v Düngemittel
x 14,01

VI

8 Sauerstoff
○ Verbrennungen
○ Stahlproduktion
○ Wasseraufbereitung
v Sand, Wasser, Beton
x 16,00

VII

9 Fluor
v Anreicherung von Uran-235
v Kühlmittel
v Zahnpasta
v Teflon
x 19,00

10 Neon
○ Neonleuchten
○ Scheinwerfer
○ Laser
○ Spannungsprüfer
x 20,18

11 Natrium
○ Straßenbeleuchtung
○ Kühlmittel für Kernreaktoren
+ Batterien
v Kochsalz, Soda, Glas
x 22,99

12 Magnesium
○ Unterwasserfackel
+ Flugzeuge, Motorenteile
v Schamottsteine
v Pigmente, Filter
x 24,31

13 Aluminium
○ Fenster- und Türbeschläge
○ Rohre, Kabel, Folien
○ Feuerwerk
+ Automobile, Raketen, Flugzeuge
x 26,98

14 Silicium
○ Elektronische Bauteile, Solarzellen
+ Werkzeuge
v Zement, Quarzglas
v Silikonschmierstoffe
x 28,09

15 Phosphor
○ Feuerwerk, Zündhölzer
v Düngemittel, Waschmittel
v Zahnpasta
v Pestizide
x 30,97

16 Schwefel
○ Zündhölzer, Feuerwerk
○ Batterien
○ Gummivulkanisierung
v Haarfestiger
x 32,06

17 Chlor
○ Wasseraufbereitung
v Bleiche, Salzsäure
v PVC
v Rostentferner
x 35,45

18 Argon
○ Glühbirnen
○ Glasentladungsröhren
○ Laser, Geigerzähler
○ Schutzgas zum Schweißen
x 39,95

19 Kalium
v Düngemittel
v Optische Gläser
v Zündhölzer, Schießpulver
v Kochsalzersatz
x 39,10

20 Calcium
○ Metallurgie
+ Kabelisolierung
v Düngemittel
v Beton, gebrannter Kalk
x 40,08

31 Gallium
○ Quarzthermometer
v Informationsspeicher
v Transistoren, Laserdioden
v Lokalisierung von Tumoren
x 69,72

32 Germanium
○ Infrarotprismen
○ Transistoren, Dioden
○ Schmucklot
○ Weitwinkelobjektiv
x 72,59

33 Arsen
+ Schrotkugeln
+ Spiegelbeschichtung
v Leuchtdioden
v Glas, Laser
x 74,92

34 Selen
○ Belichtungsmesser
○ Fotokopierer
○ Solarzellen
v Anti-Schuppen-Shampoo
x 78,96

35 Brom
v Tränengas
v Brandschutz
v Desinfektionsmittel
v Filme
x 79,90

36 Krypton
○ Leuchtröhren
○ Blitzbirnen
○ Wellenlängen-Standard
v UV-Laser
x 83,80

37 Rubidium
○ Fotozellen
○ Gasfalle in Vakuumbehältern
○ Herzmuskelforschung
x 85,47

38 Strontium
v Nuklearbatterien
v Beta-Strahler
v Leuchtfarbe
v Feuerwerk
x 87,62

49 Indium
○ Solarzellen, Spiegel
+ Moderator in Kernreaktoren
v Fotozellen, Transistoren
v Blut- und Lungenforschung
x 114,82

50 Zinn
+ Geschirr
+ Münzen
+ Orgelpfeifen
v Opalglas, Email
x 118,69

51 Antimon
+ Lot, Klischees
+ Bleibatterien, Dichtungen
v Infrarotdetektoren
v Arznei gegen Parasiten
x 121,75

52 Tellur
○ Zündhütchen
○ Gummivulkanisierung
○ Batteriegehäuse
+ Elektrische Widerstände
x 127,60

53 Iod
○ Desinfektionsmittel
○ Halogenlampen
v Tintenpigmente
v Kochsalzzusatz
x 126,90

54 Xenon
○ UV-Lampen, Solarien
○ Farbentester
○ Projektionslampen
○ Elektronenblitze
x 131,30

55 Caesium
○ Fotozellen
○ Gammastrahlenquelle
○ Atomuhren
○ Infrarotlampen
x 132,91

56 Barium
+ Zündkerzen
+ Gasfallen in Vakuumbehältern
v Feuerwerk
v Fluoreszenzlampen
x 137,34

81 Thallium
+ Thermometer
v Infrarotdetektoren
v Herzmuskelforschung
v Insektizide
x 204,37

82 Blei
○ Strahlenschutz
○ Bedachungen, Batterien
+ Lot, Munition
v Farbstoffe
x 207,2

83 Bismut
○ Katalysator in der Gummiproduktion
+ Sicherungen
+ Sprinkler
v Glas, Keramik
x 208,98

84 Polonium
○ Nuklearbatterien
○ Neutronenquelle
○ Antistatikmittel
○ Filmreiniger
x (209)

85 Astat
Keine kommerzielle Verwendung
x (210)

86 Radon
○ Erdbebenvorhersage
○ Gesundheitsgefahr in Häusern, die auf Granit gebaut sind. Kommt in der Natur selten vor.
x (222)

87 Francium
Kommt in der Natur selten vor
(223)

88 Radium
v Neutronenquelle
v Strahlentherapie
x 226,03

Aggregatzustand bei Zimmertemperatur:

Gelb	Gas
Rot	Flüssigkeit
Weiß	Feststoff
Grün	Feststoff (radioaktiv)

Vorkommen in der Natur:

- nur in Verbindungen
- nur elementar
- in Verbindungen und elementar

Verwendung:

20 Calcium — Ordnungszahl und Name
○ elementar
+ in Legierung, Gemenge oder Beimischung
v als Verbindung
x — Atommasse in u (Nukleonenzahl des wichtigsten Isotops in Klammern)